1979年诺贝尔物理学奖获得者
STEVEN WEINBERG 著作选译
温伯格

THE QUANTUM THEORY OF FIELDS
VOLUME I FOUNDATIONS

量子场论
（第一卷）基础
S. 温伯格 著

1979年诺贝尔物理学奖获得者
STEVEN WEINBERG 著作选译
温伯格

THE QUANTUM THEORY OF FIELDS
VOLUME II MODERN APPLICATIONS

量子场论
（第二卷）现代应用
S. 温伯格 著

1979年诺贝尔物理学奖获得者
STEVEN WEINBERG 著作选译
温伯格

THE QUANTUM THEORY OF FIELDS
VOLUME III SUPERSYMMETRY

量子场论
（第三卷）超对称
S. 温伯格 著

1979年诺贝尔物理学奖获得者
STEVEN WEINBERG 著作选译
温伯格

GRAVITATION AND
COSMOLOGY
PRINCIPLES AND APPLICATIONS OF
THE GENERAL THEORY OF RELATIVITY

引力和宇宙学
广义相对论的原理和应用
S. 温伯格 著　邹振隆　张历宁 等译

1983年诺贝尔物理学奖获得者
S. CHANDRASEKHAR 著作选译
钱德拉塞卡

THE MATHEMATICAL THEORY
OF BLACK HOLES

黑洞的数学理论
S. 钱德拉塞卡　卢炬甫 译

1958年诺贝尔物理学奖获得者
И. Е. TAMM 著作选译
塔姆

ОСНОВЫ ТЕОРИИ
ЭЛЕКТРИЧЕСТВА

电学原理（第十一版）
И. Е. 塔姆 著

ISBN: 978-7-04-048718-3　　　　ISBN: 978-7-04-049097-8

1997年诺贝尔物理学奖获得者
C. COHEN-TANNOUDJI 著作选译 第一辑
科恩·塔努季

MÉCANIQUE QUANTIQUE
TOME I

量子力学（第一卷）
J. Cohen-Tannoudji　B. Diu　F. Laloe 著　刘家谟　陈星奎 译

1997年诺贝尔物理学奖获得者
C. COHEN-TANNOUDJI 著作选译 第二辑
科恩·塔努季

MÉCANIQUE QUANTIQUE
TOME II

量子力学（第二卷）
J. Cohen-Tannoudji　B. Diu　F. Laloe 著　陈星奎　刘家谟 译

1997年诺贝尔物理学奖获得者
C. COHEN-TANNOUDJI 著作选译 第三辑
科恩·塔努季

MÉCANIQUE QUANTIQUE
TOME III　FERMIONS, BOSONS,
PHOTONS, CORRÉLATIONS ET INTRICATION

量子力学（第三卷）

ISBN: 978-7-04-039670-6　　　　ISBN: 978-7-04-043991-5

1965年诺贝尔物理学奖获得者
RICHARD P. FEYNMAN 著作选译 第一辑
费曼

QUANTUM
ELECTRODYNAMICS

量子电动力学讲义
R.P. 费曼 著　张邴钰 译　朱重远 校

1965年诺贝尔物理学奖获得者
RICHARD P. FEYNMAN 著作选译 第二辑
费曼

QUANTUM MECHANICS
AND PATH INTEGRALS

量子力学与路径积分
R.P. 费曼　A.R. 希布斯 著　张邴钰 译

1965年诺贝尔物理学奖获得者
RICHARD P. FEYNMAN 著作选译
费曼

STATISTICAL MECHANICS
A SET OF LECTURES

费曼统计力学讲义
R.P. 费曼 著

ISBN: 978-7-04-036960-1　　　　ISBN: 978-7-04-042411-9

U0364139

列夫·达维多维奇·朗道(1908—1968) 理论物理学家、苏联科学院院士、诺贝尔物理学奖获得者。1908 年 1 月 22 日生于今阿塞拜疆共和国的首都巴库，父母是工程师和医生。朗道 19 岁从列宁格勒大学物理系毕业后在列宁格勒物理技术研究所开始学术生涯。1929—1931 年赴德国、瑞士、荷兰、英国、比利时、丹麦等国家进修，特别是在哥本哈根，曾受益于玻尔的指引。1932—1937 年，朗道在哈尔科夫担任乌克兰物理技术研究所理论部主任。从 1937 年起在莫斯科担任苏联科学院物理问题研究所理论部主任。朗道非常重视教学工作，曾先后在哈尔科夫大学、莫斯科大学等学校教授理论物理，撰写了大量教材和科普读物。

朗道的研究工作几乎涵盖了从流体力学到量子场论的所有理论物理学分支。1927 年朗道引入量子力学中的重要概念——密度矩阵；1930 年创立电子抗磁性的量子理论（相关现象被称为朗道抗磁性，电子的相应能级被称为朗道能级）；1935 年创立铁磁性的磁畴理论和反铁磁性的理论解释；1936—1937 年创立二级相变的一般理论和超导体的中间态理论（相关理论被称为朗道相变理论和朗道中间态结构模型）；1937 年创立原子核的概率理论；1940—1941 年创立液氦的超流理论（被称为朗道超流理论）和量子液体理论；1946 年创立等离子体振动理论（相关现象被称为朗道阻尼）；1950 年与金兹堡一起创立超导理论（金兹堡-朗道唯象理论）；1954 年创立基本粒子的电荷约束理论；1956—1958 年创立了费米液体的量子理论（被称为朗道费米液体理论）并提出了弱相互作用的 CP 不变性。

朗道于 1946 年当选为苏联科学院院士，曾 3 次获得苏联国家奖；1954 年获得社会主义劳动英雄称号；1961 年获得马克斯·普朗克奖章和弗里茨·伦敦奖；1962 年他与栗弗席兹合著的《理论物理学教程》获得列宁奖，同年，他因为对凝聚态物质特别是液氦的开创性工作而获得了诺贝尔物理学奖。朗道还是丹麦皇家科学院院士、荷兰皇家科学院院士、英国皇家学会会员、美国国家科学院院士、美国国家艺术与科学院院士、英国和法国物理学会的荣誉会员。

“朗道十诫”石板*

1958年苏联原子能研究所为庆贺朗道50岁寿辰，送给他的刻有朗道在物理学上最重要的10项科学成果的大理石板，这10项成果是：

1. 量子力学中的密度矩阵和统计物理学（1927年）
2. 自由电子抗磁性的理论（1930年）
3. 二级相变的研究（1936—1937年）
4. 铁磁性的磁畴理论和反铁磁性的理论解释（1935年）
5. 超导体的混合态理论（1934年）
6. 原子核的概率理论（1937年）
7. 氦Ⅱ超流性的量子理论（1940—1941年）
8. 基本粒子的电荷约束理论（1954年）
9. 费米液体的量子理论（1956年）
10. 弱相互作用的CP不变性（1957年）

---

* Бессараб М. Я. Ландау: Страницы жизни. Москва: Московский рабочий, 1988.

ТЕОРЕТИЧЕСКАЯ ФИЗИКА ТОМ VIII

Л. Д. ЛАНДАУ
Е. М. ЛИФШИЦ

ЭЛЕКТРОДИНАМИКА СПЛОШНЫХ СРЕД

理论物理学教程 第八卷

LIANXU JIEZHI DIANDONGLIXUE

连续介质电动力学（第四版）

Л. Д. 朗道 Е. М. 栗弗席兹 著 刘寄星 周奇 译

俄罗斯联邦教育部推荐大学物理专业教学参考书

高等教育出版社·北京

图字：01-2007-0917 号

ЭЛЕКТРОДИНАМИКА СПЛОШНЫХ СРЕД/Л. Д. Ландау, Е. М. Лифшиц/
FIZMATLIT ® PUBLISHERS RUSSIA

Л. Д. Ландау, Е. М. Лифшиц. Теоретическая физика. Учебное пособие для вузов в 10 томах

图书在版编目（CIP）数据

连续介质电动力学 ：第四版 /（俄罗斯）朗道，（俄罗斯）栗弗席兹著 ；刘寄星，周奇译 . -- 北京 ：高等教育出版社，2020. 4（2024.1重印）

ISBN 978-7-04-052701-8

Ⅰ. ①连… Ⅱ. ①朗… ②栗… ③刘… ④周… Ⅲ. ①连续介质–电动力学 Ⅳ. ① O442

中国版本图书馆 CIP 数据核字（2019）第 205120 号

策划编辑 王 超　　责任编辑 王 超　　封面设计 王 洋　　版式设计 杨 树
责任校对 陈 杨　　责任印制 沈心怡

出版发行	高等教育出版社	咨询电话	400-810-0598
社　　址	北京市西城区德外大街4号	网　　址	http://www.hep.edu.cn
邮政编码	100120		http://www.hep.com.cn
印　　刷	涿州市星河印刷有限公司	网上订购	http://www.hepmall.com.cn
开　　本	787mm× 1092mm　1/16		http://www.hepmall.com
印　　张	37.25		http://www.hepmall.cn
字　　数	680 千字	版　　次	2020 年 4 月第 1 版
插　　页	1	印　　次	2024 年 1 月第 3 次印刷
购书热线	010-58581118	定　　价	149.00 元

物 料 号　52701-00

目　　录

第三版序言

在《连续介质电动力学》的这一版中, 修改了已发现的印刷错误并做出了一系列解释性补充, 此外, 为第 126 节添加了一个习题。

我谨感谢 А. Ф. 安德烈耶夫、И. Е. 加洛辛斯基和 М. И. 卡冈诺夫, 感谢他们对准备本次再版时出现的问题的讨论。

Л. П. 皮塔耶夫斯基

1990 年 7 月

第二版序言

本书的第一版是 25 年前撰写的。十分自然, 经过这么长时间之后准备第二版, 必须对全书进行大量的修订和补充。

不过第一版所选择的材料除极少量之外, 直到现在依然没有过时。因此, 对于这部分内容, 我们只作了相对不大的补充和改善。

但是需要对本书补充大量重要的新内容。尤其是需要增加物质磁性的理论和有关光学现象的理论; 在第二版中新增了有关空间色散和非线性光学的两章。

本版删去了第一版中有关电磁涨落的一章, 因为这部分内容以另外的方式移到了教程的另外一卷——第九卷中叙述。

如同在修订教程的其他各卷时一样, 我们的科学同行们以他们大量的宝贵建议帮助了本卷的修订, 这些同事的人数实在太多, 无法在此一一列举他们的姓名。我们谨对他们致以诚挚的感谢。对本书修订提出特别多建议的是 В. Л. 金兹堡, Б. Я. 泽利多维奇和 В. П. 克拉依诺夫。弥足珍贵的是, 我们能与 А. Ф. 安德烈耶夫, И. Е. 加洛辛斯基和 И. М. 栗弗席兹就修订中出现的问题进行经常性的讨论。对 С. И. 瓦因斯坦和 Р. В. 波洛温在修订电磁流体力学一章时给予的大力协助, 我们要致以特别的感谢。

最后, 我们要感谢 А. С. 波罗维克–罗曼诺夫, В. И. 格里高利耶夫和 М. И. 卡冈诺夫, 他们阅读了本书的手稿并提出了一系列有益的修改建议。

Е. М. 栗弗席兹, Л. П. 皮塔耶夫斯基

1981 年 7 月

第一版序言

呈献在读者面前的《理论物理学教程》的这一卷阐述物质介质中的电磁场理论以及物质宏观电学性质和磁学性质的理论。由本书的目录可以看出，它所涉及问题的范围非常广泛。

我们在撰写本书时遇到了相当大的困难，这些困难，既与要从浩瀚的资料中选取必要的内容有关，也与通常对本书所包括的内容的阐述缺少应有的物理清晰度，而且常常含有错误有关。我们自己十分清楚，本书的阐述仍然还会有许多缺陷，这些我们打算在今后再版时予以改正。

我们感谢 В. Л. 金兹堡教授，他阅读了本书手稿并提出一系列有益的建议。我们也感谢 И. Е. 加洛辛斯基和 Л. П. 皮塔耶夫斯基在阅读校样时给予的帮助。

Л. Д. 朗道，Е. М. 栗弗席兹

莫斯科，1956 年 10 月

若干记号

电场强度和电感应强度: $\boldsymbol{E}$ 和 $\boldsymbol{D}$

磁场强度和磁感应强度: $\boldsymbol{H}$ 和 $\boldsymbol{B}$

外电场强度和外磁场强度: 矢量 $\boldsymbol{\mathfrak{C}}, \boldsymbol{\mathfrak{H}}$; 绝对值 $\mathfrak{C}, \mathfrak{H}$

介电极化强度: $\boldsymbol{P}$

磁化强度: $\boldsymbol{M}$

物体的总电矩和总磁矩: $\mathscr{P}$ 和 $\mathscr{M}$

介电常量: ε

介电极化率: $\varkappa$

磁导率: μ

磁化率: χ

电流密度: $\boldsymbol{j}$

电导率: σ

绝对温度 (能量单位): T

压强: P

体积: V

热力学量	单位体积的	物体整体的
熵	S	$\mathscr{S}$
内能	U	$\mathscr{U}$
自由能	F	$\mathscr{F}$
热力学势	Φ	ϕ
化学势	ζ	

复数时间周期因子都取为 $\mathrm{e}^{-\mathrm{i}\omega t}$

体积元: $\mathrm{d}V$ 或 d^3x; 面积元: $\mathrm{d}\boldsymbol{f}$

全书采用通常的矢量和张量求和法则, 三维矢量和张量的角标 (拉丁字母) 或二维矢量和张量的角标 (希腊字母) 重复出现两次即表示求和。

在引用本教程其他各卷的章节与公式时, 给出的卷号对应的书名为:
第一卷:《力学》, 俄文第五版, 中文第一版;
第二卷:《场论》, 俄文第八版, 中文第一版;
第三卷:《量子力学 (非相对论理论)》, 俄文第六版, 中文第一版;
第四卷:《量子电动力学》, 俄文第四版, 中文第一版;
第五卷:《统计物理学 I》, 俄文第五版, 中文第一版;
第六卷:《流体动力学》, 俄文第五版, 中文第一版;
第七卷:《弹性理论》, 俄文第五版, 中文第一版;
第九卷:《统计物理学 II (凝聚态理论)》, 俄文第四版, 中文第二版;
第十卷:《物理动理学》, 俄文第二版, 中文第一版。

第一章
导体的静电学

§1 导体的静电场

宏观电动力学的对象是研究充满物质的空间内的电磁场. 和任何宏观理论一样, 电动力学处理的物理量是对 "物理无限小" 体积元所求得的平均值, 而对于因物质分子结构而引起这些物理量的微观变化不感兴趣. 例如, 不用电场强度的实际 "微观" 值 $\boldsymbol{e}$, 我们将要研究的是其平均值, 这个平均值表示为

$$\overline{\boldsymbol{e}} = \boldsymbol{E}. \tag{1.1}$$

对真空内电磁场方程求平均值, 就得到连续介质电动力学的基本方程. 这种从微观方程变换到宏观方程的方法, 是由 H. A. 洛伦兹首先提出的 (H. A. 洛伦兹, 1902).

宏观电动力学方程的形式及其所含物理量的意义, 主要决定于介质的物理性质以及场随时间变化的特性. 因此, 分别针对每一类物理对象推导和研究这些方程是很合理的.

大家知道, 所有的物体按照它们的电学性质可分成两大类——**导体**和**介电体**, 前者与后者的区别是: 任何电场均在导体内引起电荷运动, 即产生电流①.

我们从研究带电导体所产生的恒定电场开始 (导体的静电学). 首先从导体的基本性质可知, 在静电学的情况下, 导体内电场强度必须等于零. 实际上,

① 此处假定导体是均匀的 (指成分、温度等). 如后文将看到的, 在不均匀导体内可能存在电场, 但不会引起电荷运动.

不为零的**电场强度** $\boldsymbol{E}$ 将引起电流的产生; 而且电流在导体内流动要引起能量损耗, 因而自身 (没有外加电源) 不能维持定常状态.

由此可知, 导体中的全部电荷应该分布于导体表面, 因为导体内部如果存在电荷, 必然在导体内产生电场 ①; 电荷在导体表面的分布可以这样实现, 使这些电荷在导体内部产生的电场互相抵消.

因此, 导体静电学的任务就归结为确定导体外真空中的电场和确定电荷在导体表面的分布.

在不十分靠近导体表面的各点处, 真空内的平均电场 $\boldsymbol{E}$ 事实上和实际电场 $\boldsymbol{e}$ 相等. 只在离导体很近处, 因仍有不规则分子场的影响, 这两个量才有差别. 但是, 后一情况并不影响平均场方程的形式. 真空中精确的微观麦克斯韦方程是

$$\operatorname{div} \boldsymbol{e} = 0, \tag{1.2}$$

$$\operatorname{rot} \boldsymbol{e} = -\frac{1}{c}\frac{\partial \boldsymbol{h}}{\partial t} \tag{1.3}$$

(式中 $\boldsymbol{h}$ 为微观磁场强度). 因为假定平均磁场不存在, 因而导数 $\partial \boldsymbol{h}/\partial t$ 经过平均后变成零; 于是我们得到真空内恒定电场满足通常的方程:

$$\operatorname{div} \boldsymbol{E} = 0, \quad \operatorname{rot} \boldsymbol{E} = 0, \tag{1.4}$$

亦即电场是电势为 φ 的有势场, 电势和电场强度的关系为

$$\boldsymbol{E} = -\operatorname{grad} \varphi, \tag{1.5}$$

并且满足拉普拉斯方程:

$$\Delta \varphi = 0. \tag{1.6}$$

电场 $\boldsymbol{E}$ 在导体表面上的边界条件可从方程 $\operatorname{rot} \boldsymbol{E} = 0$ 得出, 这个方程 (和初始方程 (1.3) 一样) 在导体外和导体内都同样正确. 我们选择导体表面某一点的法线方向为 z 轴. 于是在紧邻导体表面处, 电场分量 E_z 达到非常大的值 (由于在很小的距离上存在一有限电势差). 这个很大的场是导体表面的一种性质, 并且决定于导体表面的物理特性, 但和我们所研究的静电学问题没有关系, 因为它在相当于原子距离的范围内已迅速减小. 重要的是, 如果导体表面是均匀的, 虽然 E_z 本身会变成无穷大, 沿导体表面的导数 $\dfrac{\partial E_z}{\partial x}, \dfrac{\partial E_z}{\partial y}$ 仍保持有限值. 因此, 由

$$(\operatorname{rot} \boldsymbol{E})_x = \frac{\partial E_z}{\partial y} - \frac{\partial E_y}{\partial z} = 0$$

① 这由下面导出的方程 (1.8) 可清楚地看出.

可知, $\dfrac{\partial E_y}{\partial z}$ 是有限的. 这表明, 在导体表面上 E_y 是连续的 (因为 E_y 的不连续表明导数 $\dfrac{\partial E_y}{\partial z}$ 变为无穷大). 同样 E_x 也是如此, 然而因为在导体内总有 $\boldsymbol{E}=0$, 所以我们得到的结论是: 在导体表面上, 外电场的切向分量必须为零:

$$\boldsymbol{E}_t = 0. \tag{1.7}$$

由此可见, 在导体表面的每一点处, 静电场应垂直于导体表面. 因为 $\boldsymbol{E} = -\operatorname{grad}\varphi$, 这表明在每一给定导体的全部表面上, 电势应为常数. 换句话说, 均匀导体表面是静电场的等势面.

垂直于导体表面的电场分量和分布于导体表面的电荷密度之间存在一个非常简单的关系, 这关系可从普遍电动力学方程 $\operatorname{div}\boldsymbol{e} = 4\pi\rho$ 得出, 这个方程在平均后给出

$$\operatorname{div}\boldsymbol{E} = 4\pi\overline{\rho}, \tag{1.8}$$

其中 $\overline{\rho}$ 是平均电荷密度. 大家知道, 这方程的积分形式表明, 通过闭合表面的电场通量等于闭合面所包围的体积内的总电荷乘以 4π. 把这定理应用到无限靠近的两个单位小面积所包围的体积元上 (两个单位小面积从两侧贴近导体表面), 并考虑到在内侧的小面积上 $\boldsymbol{E}=0$, 于是得到 $E_n = 4\pi\sigma$, 式中 σ 是电荷的面密度, 也就是导体表面单位面积上的电荷. 因此, 导体表面的电荷分布由下式给出

$$\sigma = \frac{1}{4\pi}E_n = -\frac{1}{4\pi}\frac{\partial\varphi}{\partial n} \tag{1.9}$$

(沿导体表面的外法线方向取电势的导数). 导体上总电荷为

$$e = -\frac{1}{4\pi}\oint\frac{\partial\varphi}{\partial n}\mathrm{d}f, \tag{1.10}$$

其中积分对导体全部表面进行.

所有静电场内的电势分布都具有以下引人注目的性质: 势函数 $\varphi(x,y,z)$ 只在电场区域的边界上有极大值或极小值. 这个定理也可表述成这样的说法: 带到电场内的试验电荷 e 不可能保持稳定平衡, 因为在电场内没有任何一点处的势能 $e\varphi$ 是极小值.

这个定理的证明非常简单. 例如, 我们假设在某一点 A 处 (不在场的边界上) 电势有极大值. 于是我们可以用一个很小的封闭面把 A 点包围起来, 在封闭面上各处法向导数 $\dfrac{\partial\varphi}{\partial n}<0$, 因而对这个表面的积分 $\displaystyle\int\frac{\partial\varphi}{\partial n}\mathrm{d}f<0$. 但是由于拉普拉斯方程

$$\int\frac{\partial\varphi}{\partial n}\mathrm{d}f = \int\Delta\varphi\mathrm{d}V = 0,$$

与假设相矛盾, 故问题得证.

§2 导体的静电场能量

现在我们来计算带电导体静电场的总能量 $\mathscr{U}$①:

$$\mathscr{U} = \frac{1}{8\pi}\int \boldsymbol{E}^2 \mathrm{d}V, \tag{2.1}$$

其中积分对导体外的全部空间进行. 用以下方式变换这个积分:

$$\mathscr{U} = -\frac{1}{8\pi}\int \boldsymbol{E}\cdot \operatorname{grad}\varphi \mathrm{d}V = -\frac{1}{8\pi}\int \operatorname{div}(\varphi \boldsymbol{E})\mathrm{d}V + \frac{1}{8\pi}\int \varphi \operatorname{div}\boldsymbol{E}\mathrm{d}V.$$

由于 (1.4) 式, 右端第二个积分变为零, 而第一个积分可以变换成对包围场的导体表面和对无限远表面的积分. 但是, 由于场在无穷远处衰减得相当快, 因而后一个面积分变成零 (此处假设 φ 中任意常数选择得使无穷远处 $\varphi = 0$). 用下角标 a 编号导体, 并用 φ_a 标记每个导体上恒定电势值, 于是得到②

$$\mathscr{U} = \frac{1}{8\pi}\sum_a \oint \varphi E_n \mathrm{d}f = \frac{1}{8\pi}\sum_a \varphi_a \oint E_n \mathrm{d}f.$$

最后, 根据 (1.10) 式引入导体总电荷 e_a, 最终得到表达式

$$\mathscr{U} = \frac{1}{2}\sum_a e_a \varphi_a \tag{2.2}$$

和点电荷系统的能量表达式类似.

导体的电荷和电势不可能同时以任意方式给定, 它们之间存在确定的关系. 由于真空内的场方程是线性和齐次的, 因而这种关系也必须是线性的, 亦即可用以下形式的关系式表示:

$$e_a = \sum_b C_{ab}\varphi_b, \tag{2.3}$$

其中量 C_{aa}、C_{ab} 具有长度量纲并依赖于导体的形状和导体之间的相互位置. 量 C_{aa} 称为**电容系数**, 而量 $C_{ab}(a \neq b)$ 称为**静电感应系数**. 特别是, 如果总共只有一个导体, 则 $e = C\varphi$, 其中 C 是电容; 电容的数量级和导体线性尺度相同. 用电荷表示电势的逆表达式是

$$\varphi_a = \sum_b C_{ab}^{-1} e_b, \tag{2.4}$$

① 电场平方 $\boldsymbol{E}^2$ 并不等于导体表面附近以及导体内 (其中 $\boldsymbol{E} = 0$, 但自然有 $\overline{\boldsymbol{e}^2} \neq 0$) 的实际场的方均值. 在计算积分 (2.1) 时, 我们因此略去了不感兴趣的导体的内能和电荷与导体表面的亲和能.

② 此处和下面在将体积分变换为面积分时必须注意, E_n 是导体外法线方向的电场分量, 这个方向和进行体积分的区域 (即导体外空间) 的外法线方向相反. 因此, 在变换时积分的正负号改变.

式中系数 C_{ab}^{-1} 所组成的矩阵是系数 C_{ab} 所组成的矩阵的逆矩阵.

现在来计算当导体系统中的电荷或电势发生无穷小变化时系统能量的变化. 对初始方程 (2.1) 作变分, 我们得到

$$\delta\mathscr{U}=\frac{1}{4\pi}\int\boldsymbol{E}\cdot\delta\boldsymbol{E}\mathrm{d}V.$$

这个表达式可以用两种等价方法进一步变换. 代入 $\boldsymbol{E}=-\operatorname{grad}\varphi$, 并注意到变分场和初始场一样满足方程 (1.4) (因而 $\operatorname{div}\delta\boldsymbol{E}=0$), 于是我们有

$$\begin{aligned}\delta\mathscr{U}&=-\frac{1}{4\pi}\int\operatorname{grad}\varphi\cdot\delta\boldsymbol{E}\mathrm{d}V\\&=-\frac{1}{4\pi}\int\operatorname{div}(\varphi\delta\boldsymbol{E})\mathrm{d}V=\frac{1}{4\pi}\sum_a\varphi_a\oint\delta E_n\mathrm{d}f,\end{aligned}$$

或者最后写成

$$\delta\mathscr{U}=\sum_a\varphi_a\delta e_a,\tag{2.5}$$

也就是我们得到用电荷变化所表示的能量变化. 但是显而易见, 这结果也就是将无穷小电荷 δe_a 从无穷远处 (该处电势等于零) 移到给定导体上所必须做的功.

另一方面, 可以写出

$$\begin{aligned}\delta\mathscr{U}&=-\frac{1}{4\pi}\int\boldsymbol{E}\cdot\operatorname{grad}\delta\varphi\mathrm{d}V\\&=-\frac{1}{4\pi}\int\operatorname{div}(\boldsymbol{E}\delta\varphi)\mathrm{d}V=\frac{1}{4\pi}\sum_a\delta\varphi_a\oint E_n\mathrm{d}f,\end{aligned}$$

或者写成

$$\delta\mathscr{U}=\sum_a e_a\delta\varphi_a,\tag{2.6}$$

也就是能量变化可用导体电势变化表示.

公式 (2.5) 和 (2.6) 表明, 将能量 $\mathscr{U}$ 对电荷量求微商, 我们就得到导体的电势, 而 $\mathscr{U}$ 对电势的导数给出电荷量:

$$\frac{\partial\mathscr{U}}{\partial e_a}=\varphi_a,\quad\frac{\partial\mathscr{U}}{\partial\varphi_a}=e_a.\tag{2.7}$$

另一方面, 电势和电荷互为线性函数. 利用 (2.3) 式, 我们有

$$\frac{\partial^2\mathscr{U}}{\partial\varphi_a\partial\varphi_b}=\frac{\partial e_b}{\partial\varphi_a}=C_{ba},$$

改变微分次序, 我们得到 C_{ab}. 由此可见,

$$C_{ab} = C_{ba} \tag{2.8}$$

(同样地, 有 $C^{-1}_{ab} = C^{-1}_{ba}$). 于是能量 $\mathscr{U}$ 可以表示成电势或电荷的二次式:

$$\mathscr{U} = \frac{1}{2}\sum_{a,b} C_{ab}\varphi_a\varphi_b = \frac{1}{2}\sum_{a,b} C^{-1}_{ab}e_a e_b. \tag{2.9}$$

这个二次式和初始表达式 (2.1) 一样, 必须是正定的. 从这一条件可导出系数 C_{ab} 所满足的各种不等式. 特别是, 全部电容系数都是正的:

$$C_{aa} > 0 \tag{2.10}$$

(以及 $C^{-1}_{aa} > 0$) ①.

相反地, 全部静电感应系数都是负的:

$$C_{ab} < 0 \quad (a \neq b). \tag{2.11}$$

从下面简单论证中已可以明显地看出这种情况. 假设除其中第 a 个导体外, 全部导体一律接地, 也就是说, 它们的电势都等于零. 于是由第 a 个带电导体在某一导体 b 上所感生的电荷等于 $e_b = C_{ba}\varphi_a$. 感生电荷的正负号和感应电势的正负号相反, 因而 $C_{ab} < 0$. 根据静电场电势在导体外不可能达到极大值和极小值, 可以更严格地证明这一点. 例如, 假设唯一未接地的导体的电势为 $\varphi_a > 0$. 于是在全部空间内电势也将是正的, 只在接地导体上, 电势才达到最小值 (零值). 由此得出, 在接地导体表面, 电势的法向导数 $\dfrac{\partial\varphi}{\partial n}$ 是正的, 而按照 (1.10) 式, 它们的电荷是负的.

根据类似考虑, 可以确认 $C^{-1}_{ab} > 0$.

导体的静电场能量具有某种极值的性质, 这性质与其说是物理特征, 毋宁说是一种形式性的特征. 为了导出这种性质, 我们想象导体上的电荷分布发生了一无穷小变化 (但每个导体的总电荷不变), 因而电荷也有可能落入导体的内部; 这时我们暂且不管这种电荷分布实际上不可能是稳定的. 现在我们来研究积分

$$\mathscr{U} = \frac{1}{8\pi}\int \boldsymbol{E}^2 \mathrm{d}V$$

的相应变化, 这个积分现在必须扩展到全空间, 包括导体本身的体积在内 (因

① 我们也可以证明, 在 (2.9) 式为正值的条件中还出现不等式: $C_{aa}C_{bb} > C^2_{ab}$.

为电荷移动以后, 电场 $\boldsymbol{E}$ 一般说来在导体内部也不为零). 我们写出

$$\begin{aligned}\delta\mathscr{U} &= -\frac{1}{4\pi}\int \operatorname{grad}\varphi\cdot\delta\boldsymbol{E}\mathrm{d}V\\ &= -\frac{1}{4\pi}\int \operatorname{div}(\varphi\delta\boldsymbol{E})\mathrm{d}V + \frac{1}{4\pi}\int\varphi\operatorname{div}\delta\boldsymbol{E}\mathrm{d}V,\end{aligned}$$

其中第一个积分变换成对无穷远表面积分以后成为零. 在第二个积分内, 由于 (1.8) 式, 我们得到 $\operatorname{div}\delta\boldsymbol{E} = 4\pi\delta\overline{\rho}$, 因此,

$$\delta\mathscr{U} = \int\varphi\delta\overline{\rho}\mathrm{d}V$$

但是, 如果 φ 对应于真实的静电场的势, 这个积分为零, 因为在这种情况下在每个导体内部, $\varphi =$ 常数, 而积分 $\int\delta\overline{\rho}\mathrm{d}V$ 对导体的全部体积积分后等于零, 因为导体的总电荷保持不变.

由此可见, 和电荷沿导体体积作其他任何分布时所产生的电场能量比较, 真实的静电场能量为极小值 ① (**汤姆孙定理**).

具体地说, 从这个定理可以得出这样的结果: 将不带电的导体引入给定电荷 (带电导体) 的电场内, 则使电场总能量减小. 为了证明这一点, 我们只要比较一下未带电导体引入后所建立的真实电场能量和相应于被引入导体上不存在感生电荷时的虚电场能量就足够了. 第一种能量因为是可能的极小值, 所以小于第二种能量, 而后者则和原来电场能量相等 (因为不存在感生电荷, 电场 "透入" 导体内部而无任何变化). 这一结果也能够表述成另一种形式: 离电荷系统很远的不带电导体, 会受到电荷系统的吸引.

最后可以证明, 移入静电场内的导体 (带电的或不带电的) 仅在电力作用下一般不可能处于稳定平衡. 这个论断推广了前一节末尾所证明的点电荷的相似定理; 联合使用点电荷的这个定理和汤姆孙定理, 就可以得出这种论断; 我们在这里不准备对此作相应讨论.

用公式 (2.9) 来计算各个导体彼此分开有限距离的导体系统的能量是非常方便的. 但是, 要计算处于均匀外电场 $\mathfrak{E}$ (可以想象为由无穷远处电荷所产生的) 中的未带电导体的能量, 则需要作特别研究. 根据 (2.2) 式, 这一能量等于 $\mathscr{U} = e\varphi/2$, 其中 e 是产生电场的远处电荷, 而 φ 是所研究导体在电荷 e 所在点处所产生的电势 (从 $\mathscr{U}$ 内消去了电荷 e 在其自身产生的场内的能量, 因为它与我们要计算的导体能量无关). 导体的电荷虽然等于零, 但在外电场作用下, 导体得到电偶极矩, 我们用 $\mathscr{P}$ 表示它. 大家知道, 电偶极子在离其很大

① 在此我们就不给出证明我们所指的确是极小值而不是一般的极值的简单论证了.

距离 $\boldsymbol{r}$ 处的场势是 $\varphi = \mathscr{P}\cdot\boldsymbol{r}/r^3$. 因此

$$\mathscr{U} = \frac{e}{2r^3}\mathscr{P}\cdot\boldsymbol{r}.$$

但是 $-e\boldsymbol{r}/r^3$ 正是电荷 e 所产生的电场强度 $\mathfrak{E}$. 所以

$$\mathscr{U} = -\frac{1}{2}\mathscr{P}\cdot\mathfrak{E}. \tag{2.12}$$

因为所有场方程都是线性的, 因而十分显然, 偶极矩 $\mathscr{P}$ 的分量是电场强度 $\mathfrak{E}$ 的分量的线性函数. $\mathscr{P}$ 和 $\mathfrak{E}$ 间比例系数的量纲是长度的立方, 因而和导体体积成正比:

$$\mathscr{P}_i = V\alpha_{ik}\mathfrak{E}_k, \tag{2.13}$$

式中系数 α_{ik} 只与导体的形状有关. $V\alpha_{ik}$ 的总体组成一个张量, 称为物体的**极化张量**. 这个张量是对称的: $\alpha_{ik} = \alpha_{ki}$ (这一论断的证明在 §11 中给出). 相应地, 能量 (2.12) 可以写成下列形式:

$$\mathscr{U} = -\frac{1}{2}V\alpha_{ik}\mathfrak{E}_i\mathfrak{E}_k. \tag{2.14}$$

习 题

1. 试用系数 C_{ab} 表示由两个所带电荷分别为 $\pm e$ 的**导体的互电容** C.

解: 两个导体的互电容定义为下列关系式中的系数:

$$e = C(\varphi_2 - \varphi_1),$$

于是导体系统的能量用 C 表示为 $\mathscr{U} = e^2/2C$. 和 (2.9) 式比较, 我们得到

$$\frac{1}{C} = C_{11}^{-1} - 2C_{12}^{-1} + C_{22}^{-1} = \frac{C_{11} + 2C_{12} + C_{22}}{C_{11}C_{22} - C_{12}^2}.$$

2. 设点电荷 e 位于接地导体系统附近的 O 点处, 并在这些导体上感生出电荷 e_a. 如果电荷 e 不存在, 而其中一个导体 (第 a 个) 的电势为 φ_a' (其余导体仍接地), 则在 O 点处的势为 φ_0'. 试用 φ_a' 和 φ_0' 表示电荷 e_a.

解: 如果导体上的电荷 e_a 使导体得到电势 φ_a, 而电荷 e_a' 使导体得到电势 φ_a', 则从 (2.3) 式可知:

$$\sum_a \varphi_a e_a' = \sum_{a,b}\varphi_a C_{ab}\varphi_b' = \sum_a \varphi_a' e_a.$$

我们把这一关系式应用到由所有导体和一个点电荷 e (把后者看作小线度导体的极限情况) 所构成系统的两种状态. 在一种状态中有电荷 e, 导体上电荷

为 e_a, 电势为 $\varphi_a=0$. 在另一种状态中, 电荷 $e=0$, 但有一个导体的电势为 $\varphi'_a\neq 0$. 于是得到 $e\varphi'_0+e_a\varphi'_a=0$, 由此得

$$e_a=-\frac{e\varphi'_0}{\varphi'_a}.$$

例如, 若电荷 e 至半径为 a 的接地导体球中心的距离为 $r\ (r>a)$, 则 $\varphi'_0=\varphi'_a\dfrac{a}{r}$, 而在球上感生的电荷为

$$e_a=-\frac{ea}{r}.$$

作为另一个例子, 我们来研究两个接地的半径分别为 a 和 b 的同心球间的电荷 e (电荷在离球心 r 处, 而且 $a<r<b$). 若外球接地, 而内球充电到电势为 φ_a, 则在距离 r 处的电势等于

$$\varphi'_0=\varphi'_a\frac{1/r-1/b}{1/a-1/b}.$$

因此, 电荷 e 在内球上感生的电荷等于

$$e_a=-e\frac{a(b-r)}{r(b-a)}.$$

同理, 在外球上感生的电荷为

$$e_b=-e\frac{b(r-a)}{r(b-a)}.$$

3. 设有电容分别为 C_1 和 C_2 的**两个导体相隔**距离为 r, 而 r 大于导体本身的线度. 试确定系数 C_{ab}.

解: 若导体 1 带的电荷为 e_1, 导体 2 不带电, 则在初次近似下, $\varphi_1=\dfrac{e_1}{C}$, $\varphi_2=\dfrac{e_1}{r}$; 这里我们略去了导体 2 上的电场变化和它的极化强度. 于是 $C_{11}^{-1}=\dfrac{1}{C_1}$, $C_{12}^{-1}=\dfrac{1}{r}$, 类似地, $C_{22}^{-1}=\dfrac{1}{C_2}$. 由此求得系数 C_{ab} 为①

$$C_{11}=C_1\left(1+\frac{C_1C_2}{r^2}\right),\quad C_{12}=-\frac{C_1C_2}{r},\quad C_{22}=C_2\left(1+\frac{C_1C_2}{r^2}\right).$$

4. 试确定圆截面细导线做成的**圆环的电容** C (环半径为 b, 导线截面的半径为 a, 而 $b\gg a$).

① 在一般情况下, 展开式的后续项比前面写出的项高一次幂 (对 $\dfrac{1}{r}$ 而言). 但是, 若把 r 看成是两个导体的 "电荷中心" 间的距离 (对球为几何中心间的距离), 则后续项的幂次将高 2.

解: 由于圆环很细, 在它表面附近的电场和由同样的电荷分布于圆环轴线上所产生的电场相等 (这对于直圆柱体是精确的). 因此圆环电势为

$$\varphi_a = \frac{e}{2\pi b}\oint \frac{\mathrm{d}l}{r},$$

其中 r 是环面上给定点至其轴线元 $\mathrm{d}l$ 的距离, 积分对轴线进行. 我们把积分分成两个区域: $r < \Delta$ 和 $r > \Delta$, 其中 Δ 是这样一个距离, 即 $a \ll \Delta \ll b$. 于是在 $r < \Delta$ 时, 可以假设圆环的这一段是直线, 因而

$$\int_{\Delta > r} \frac{\mathrm{d}l}{r} = \int_{-\Delta}^{\Delta} \frac{\mathrm{d}l}{\sqrt{l^2 + a^2}} \approx 2\ln\frac{2\Delta}{a}.$$

在区域 $r > \Delta$ 内, 可以略去导线厚度不计, 也即是假设 r 就是圆环轴线上两点间的距离. 于是

$$\int_{r>\Delta} \frac{\mathrm{d}l}{r} = 2\int_{\varphi_0}^{\pi} \frac{b\,\mathrm{d}\varphi}{2b\sin(\varphi/2)} = -2\ln\tan\frac{\varphi_0}{4},$$

式中 φ 是弦 r 对环心所张的角, 而积分下限由 $2b\sin\left(\frac{\varphi_0}{2}\right) = \Delta$ 得出, 由此得到 $\varphi_0 \approx \Delta/b$. 将积分的两部分相加, 量 Δ 自动消去, 最后得到圆环电容 $C = \dfrac{e}{\varphi_a}$ 的表达式为

$$C = \frac{\pi b}{\ln(8b/a)}.$$

§3 静电学问题的解法

在各种表面上给定边界条件下求解拉普拉斯方程的普遍方法, 是由数学物理的有关章节研究的, 详细叙述这些方法不是我们的目的. 在本节中, 我们只限于指出一些比较简单的方法和求解一些有独立意义的典型问题 ①.

1. **镜像法** 确定处于充满了半空间的导电介质之外的一个点电荷 e 所产生的电场, 是应用所谓镜像法的最简单的例子. 这个方法的基本思想是选择这样一些附加的虚点电荷, 使给定导体的表面与这些虚点电荷和给定实电荷一起产生的电场的一个等势面重合. 在现在的情况下要做到这点, 可设想在位

① 许多比较复杂问题的解法, 可参阅 W. R. 斯迈思的书和 Г. А. 格林伯格的专著: W. R. Smythe: *Static and Dynamic Electricity* (1954) (中译本: 斯迈思. 静电学和电动力学 (上、下册). 戴世强, 译. 北京: 科学出版社, 1981, 1982); *Гринберг Г. А.* Избранные вопросы математической теории электрических и магнитных явлений. — М.: Изд. АН СССР, 1948.

于点 e 的导电介质边界平面的镜面反射点放上虚电荷 $e' = -e$. 电荷 e 和它的"镜像" e' 所产生的电势为

$$\varphi = e\left(\frac{1}{r} - \frac{1}{r'}\right), \tag{3.1}$$

其中 r 和 r' 分别为观测点至点电荷 e 和 e' 的距离. 在边界平面上 $r = r'$, 因而电势具有恒定值 $\varphi = 0$, 于是必要的边界条件实际上已被满足, 故 (3.1) 式给出了所提问题的解. 我们注意到, 电荷 e 被吸向导体的力为 $e^2/(2a)^2$ (**镜像力**), 而相互作用能等于 $-e^2/(4a)$.

点电荷 e 所感生的面电荷在边界平面上的分布, 由下式得出:

$$\sigma = -\frac{1}{4\pi}\frac{\partial\varphi}{\partial n}\bigg|_{r=r'} = -\frac{e}{2\pi}\frac{a}{r^3}, \tag{3.2}$$

式中, a 是电荷至平面的距离. 容易证明, 在边界平面上的总电荷等于

$$\int \sigma \mathrm{d}f = -e,$$

这正是应得到的结果.

其他电荷在原来不带电的绝缘导体上所感生的总电荷, 不言而喻, 仍然等于零. 因此, 在现在情况下, 如果导电介质 (实际上是大导体) 是绝缘的, 则必须设想, 除电荷 $-e$ 外, 还感生出了电荷 $+e$, 但由于后者分布在很大的导体表面上, 因而其电荷密度几乎为零.

其次, 我们来研究一个更为复杂的问题, 即球形导体附近的点电荷 e 所产生的电场. 要解决这个问题, 我们使用下面容易用直接计算证明的结果. 两个点电荷 e 和 $-e'$ 所产生的电势

$$\varphi = \frac{e}{r} - \frac{e'}{r'}$$

在半径为 R 的球面上变为零, 这个球面的球心在连接 e 和 e' 连线的延长线上, 球心至这些点电荷的距离分别为 l 和 l', 而且 l, l', R 满足等式 $l/l' = (e/e')^2, R^2 = ll'$.

首先假设, 球形导体保持等势状态 $\varphi = 0$ (球接地). 于是距离球心为 l 的点电荷 e (在图 1 中 A 点处) 在球外所产生的电场, 将和两个点电荷——实电荷 e 和放在球内 (A' 点) 距离球心为 l' 的虚电荷 $-e'$——所组成的系统产生的电场相同, 而且

$$l' = \frac{R^2}{l}, \quad e' = \frac{eR}{l}. \tag{3.3}$$

这个场的电势为

$$\varphi = \frac{e}{r} - \frac{eR}{lr'} \tag{3.4}$$

(r 和 r' 如图 1 所示). 这时在球面上感生出不为零的总电荷等于 $-e'$. 电荷和球形导体的相互作用能等于

$$\mathscr{U} = -\frac{ee'}{2(l-l')} = -\frac{e^2R}{2(l^2-R^2)}, \tag{3.5}$$

电荷被吸向球的力为

$$F = -\frac{\partial \mathscr{U}}{\partial l} = -\frac{e^2 lR}{(l^2-R^2)^2}.$$

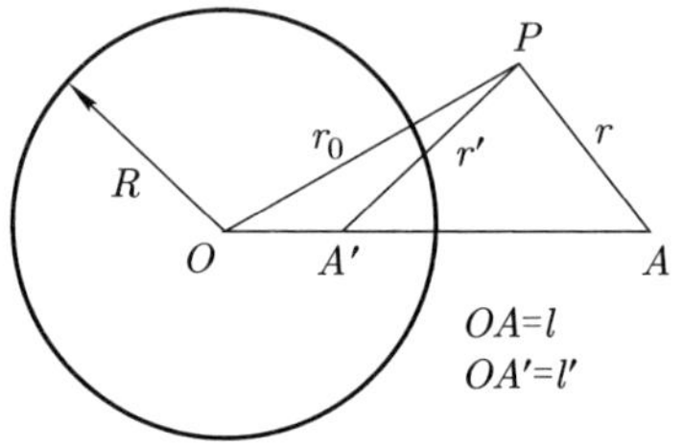

图 1

如果球形导体保持总电荷等于零 (球被绝缘, 并不带电), 则必须再引进一个虚电荷, 使球面上所感生的总电荷等于零, 同时不应破坏球面上电势不变的条件. 把电荷 $+e'$ 放在球心上就可以做到这点. 这样一来, 所求电场势由下式得出:

$$\varphi = \frac{e}{r} - \frac{e'}{r'} + \frac{e'}{r_0}. \tag{3.6}$$

这种情况下的相互作用能是

$$\mathscr{U} = \frac{ee'}{2}\left(\frac{1}{l} - \frac{1}{l-l'}\right) = -\frac{e^2R^3}{2l^2(l^2-R^2)}. \tag{3.7}$$

最后, 若电荷 e 在导电介质内的球形空腔内 (图 1 的 A' 点处), 则空腔内的电场将和电荷 e 及其在球外 A 点处 "镜像" 所产生的电场相等 (和导体接地或被绝缘无关):

$$\varphi = \frac{e}{r'} - \frac{eR}{l'r}. \tag{3.8}$$

2. **反演法** 有这样一种简单方法, 它使我们在许多情况下可以根据一个静电学问题的已知解答求出另一个问题的解答. 这种方法的基础是拉普拉斯方程对确定的变量变换的不变性.

在球坐标系下, 拉普拉斯方程的形式为

$$\frac{1}{r^2}\frac{\partial}{\partial r}\left(r^2\frac{\partial \varphi}{\partial r}\right) + \frac{1}{r^2}\Delta_\Omega \varphi = 0,$$

式中 Δ_Ω 表示拉普拉斯算符的角度部分. 容易证明, 如果按照下式

$$r=\frac{R^2}{r'} \tag{3.9}$$

用新变量 r' 代换原来的变量 r (称为**反演变换**), 同时用满足下式的 φ' 代换未知函数 φ,

$$\varphi=\frac{r'}{R}\varphi' \tag{3.10}$$

其中 R 是量纲为长度的常量 (即**反演半径**), 则上述拉普拉斯方程的形式仍然不变. 因此, 若函数 $\varphi(\boldsymbol{r})$ 满足拉普拉斯方程, 则函数

$$\varphi'(\boldsymbol{r}')=\frac{R}{r'}\varphi\left(\frac{R^2}{r'^2}\boldsymbol{r}'\right) \tag{3.11}$$

也是拉普拉斯方程的解.

假设我们已知由具有同一电势 φ_0 的导体系统与一个点电荷系统所产生的静电场问题的解. 电势 $\varphi(\boldsymbol{r})$ 通常是这样确定的, 即让其在无穷远处为零. 但是, 我们现在以在无穷远处趋于 $-\varphi_0$ 来确定 $\varphi(\boldsymbol{r})$; 于是在导体上 $\varphi=0$.

现在我们来阐明, 什么样的静电学问题可以利用变换后的函数 (3.11) 解出. 首先, 改变所有延展性导体的形状及其相互位置. 于是导体表面上电势不变的边界条件自动得到满足, 因为 $\varphi=0$ 时, φ' 也将等于零. 其次, 改变所有点电荷的位置及其数值. 于是在点 $\boldsymbol{r}_0$ 处的电荷移到点 $\boldsymbol{r}_0'=(R^2/r_0^2)\boldsymbol{r}_0$ 处, 并得到电荷 e', 这个电量可用以下方式求出. 当 $\boldsymbol{r}\to\boldsymbol{r}_0$ 时, 电势 $\varphi(\boldsymbol{r})$ 按照 $\varphi=e/|\delta\boldsymbol{r}|$ 的规律变成无穷大, 其中 $\delta\boldsymbol{r}=\boldsymbol{r}-\boldsymbol{r}_0$. 另一方面, 对关系式 $\boldsymbol{r}=(R^2/r'^2)\boldsymbol{r}'$ 求微分, 我们发现, 小差值 $\delta\boldsymbol{r}$ 与 $\delta\boldsymbol{r}'=\boldsymbol{r}'-\boldsymbol{r}_0'$ 的绝对值之间存在下列关系:

$$(\delta\boldsymbol{r})^2=\frac{R^4}{r_0'^4}(\delta\boldsymbol{r}')^2.$$

因此, 当 $\boldsymbol{r}'\to\boldsymbol{r}_0'$ 时, 函数 φ' 按

$$\varphi'=\frac{R}{r_0'}\frac{e}{|\delta\boldsymbol{r}|}=\frac{er_0'}{R|\delta\boldsymbol{r}'|}$$

的规律趋于无穷大, 相应的电荷为

$$e'=\frac{er_0'}{R}=\frac{eR}{r_0}. \tag{3.12}$$

最后研究函数 $\varphi'(\boldsymbol{r}')$ 在坐标原点附近的行为. $\boldsymbol{r}'=0$ 的点对应于 $\boldsymbol{r}\to\infty$. 但是当 $\boldsymbol{r}\to\infty$ 时, 函数 $\varphi(\boldsymbol{r})$ 趋于 $-\varphi_0$. 因此, 当 $\boldsymbol{r}'\to 0$ 时, 函数 φ' 按照

$$\varphi'=-\frac{R\varphi_0}{r'}$$

的规律变成无穷大, 这表明在 $\boldsymbol{r}'=0$ 点处有电荷 $e_0=-R\varphi_0$.

我们这里指出反演变换时某些几何图形是如何变换的. 球心在点 $\boldsymbol{r}_0$ 处半径为 a 的球面的方程为

$$(\boldsymbol{r}-\boldsymbol{r}_0)^2=a^2.$$

进行反演变换后, 我们得到方程:

$$\left(\frac{R^2}{r'^2}\boldsymbol{r}'-\boldsymbol{r}_0\right)^2=a^2,$$

这个方程在乘以 r'^2 并重组各项后变成下列形式:

$$(\boldsymbol{r}'-\boldsymbol{r}_0')^2=a'^2,$$

其中

$$\boldsymbol{r}_0'=-\frac{R^2\boldsymbol{r}_0}{a^2-r_0^2},\quad a'=\frac{aR^2}{|a^2-r_0^2|}. \tag{3.13}$$

由此可见, 我们重新得到半径为 a' 而球心在 $\boldsymbol{r}_0'$ 点处的另一个球面. 如果原来的球面通过坐标原点 $(a=r_0)$, 则 $a'=\infty$; 在这种情况下, 球面变成垂直于 $\boldsymbol{r}_0$ 方向的平面, 并且距离坐标原点

$$r_0'-a'=\frac{R^2}{a+r_0}=\frac{R^2}{2a}$$

3. **保角映射法** 只和两个笛卡儿坐标 $(x、y)$ 有关的场称为平面场. 解平面静电学问题的有力工具是复变函数理论. 应用这一理论的根据如下.

真空中的静电场满足两个方程: $\operatorname{rot}\boldsymbol{E}=0$ 和 $\operatorname{div}\boldsymbol{E}=0$. 由第一个方程, 我们可以按照 $\boldsymbol{E}=-\operatorname{grad}\varphi$ 引进电势. 第二个方程表明, 除了 φ 以外, 我们也可以按照 $\boldsymbol{E}=\operatorname{rot}\boldsymbol{A}$ 引进电场的 "矢量势" $\boldsymbol{A}$. 在平面场情况下, 矢量 $\boldsymbol{E}$ 在 xy 平面内, 并且只和这两个坐标有关. 相应地, 可以这样选择矢量 $\boldsymbol{A}$, 使它处处与 xy 平面垂直. 于是电场强度分量可表示成 φ 或 $\boldsymbol{A}$ 的导数的形式:

$$E_x=-\frac{\partial\varphi}{\partial x}=\frac{\partial A}{\partial y},\quad E_y=-\frac{\partial\varphi}{\partial y}=-\frac{\partial A}{\partial x}. \tag{3.14}$$

但是函数 φ 和 A 的导数之间的这种关系式, 从纯数学观点看来, 和众所周知的柯西–黎曼条件相同. 柯西–黎曼条件所表达的是复表达式

$$w=\varphi-\mathrm{i}A \tag{3.15}$$

乃是复宗量 $z=x+\mathrm{i}y$ 的解析函数这样一个事实. 这意味着函数 $w(z)$ 在每一点处都有确定的导数, 而与取导数的方向无关. 例如, 在 x 轴方向求微商, 我们得到

$$\frac{\mathrm{d}w}{\mathrm{d}z}=\frac{\partial\varphi}{\partial x}-\mathrm{i}\frac{\partial A}{\partial x},$$

或者

$$\frac{\mathrm{d}w}{\mathrm{d}z} = -E_x + \mathrm{i}E_y. \tag{3.16}$$

函数 w 称为**复势**.

电力线由方程

$$\frac{\mathrm{d}x}{E_x} = \frac{\mathrm{d}y}{E_y}$$

确定. 把 E_x 和 E_y 通过 A 的导数表示出来, 我们把这个方程改写为

$$\mathrm{d}x\frac{\partial A}{\partial x} + \mathrm{d}y\frac{\partial A}{\partial y} = \mathrm{d}A = 0,$$

由此得出 $A(x,y) = \mathrm{const}$. 因此, 函数 $w(z)$ 的虚部的等值线代表电力线. 这个函数的实部的等值线就是等势线. 这两族线互相正交已由初始关系式 (3.14) 保证, 根据这些关系式,

$$\frac{\partial \varphi}{\partial x}\frac{\partial A}{\partial x} + \frac{\partial \varphi}{\partial y}\frac{\partial A}{\partial y} = 0.$$

无论是解析函数 $w(z)$ 的实部还是虚部都同样地满足拉普拉斯方程. 因此, 也可以同样地取 $\mathrm{Im}\,w$ 作为电势. 相应地, 这时电力线由方程 $\mathrm{Re}\,w =$ 常数给出. 在这种情况下, 代替 (3.15) 式, 我们得到

$$w = A + \mathrm{i}\varphi.$$

通过某一段等势线的电场强度通量由积分

$$\oint E_n \mathrm{d}l = -\oint \frac{\partial \varphi}{\partial n}\mathrm{d}l$$

给出, 式中 $\mathrm{d}l$ 为等势线线元, 而 $\boldsymbol{n}$ 是其法线方向. 根据关系式 (3.14), 我们有 $\dfrac{\partial \varphi}{\partial n} = -\dfrac{\partial A}{\partial l}$, 同时正负号的选择表明, 如果从 $\boldsymbol{n}$ 方向看去, 则 l 的正方向指向左方. 因此

$$\oint E_n \mathrm{d}l = \oint \frac{\partial A}{\partial l}\mathrm{d}l = A_2 - A_1,$$

其中 A_1 和 A_2 是等势线线段两端的 A 值. 特别是通过闭合回路的电场通量等于 $4\pi e$, 其中 e 是这一回路所包围的总电荷 (相对于沿 z 方向的单位长度导体). 因此,

$$e = \frac{1}{4\pi}\Delta A, \tag{3.17}$$

式中 ΔA 是 A 沿逆时针方向绕闭合等势线一圈的变化

复势的最简单的例子, 是带电的直导线 (和 z 轴相合) 的电势. 这个场的强度由公式

$$E_r = \frac{2e}{r}, \quad E_\theta = 0$$

给出, 式中 r,θ 是 xy 平面内的极坐标, 而 e 是单位长度导线上的电荷. 相应的复势为

$$w=-2e\ln z=-2e\ln r-2\mathrm{i}e\theta. \tag{3.18}$$

若带电导线不通过坐标原点, 而是通过 (x_0,y_0) 点, 则复势为

$$w=-2e\ln(z-z_0), \tag{3.19}$$

其中 $z_0=x_0+\mathrm{i}y_0$.

从数学的观点看来, 函数关系 $w=w(z)$ 实现了复数 z 平面在复数 w 平面上的**保角映射**. 假定 C 是导体在 xy 平面的截面的廓线, 而 φ_0 为这个导体的电势. 从上面讨论可知, 确定这一导体所产生电场的问题, 归结为寻求这样一个函数 $w(z)$, 它把 z 平面内的廓线 C 映射到 w 平面内平行于纵坐标轴的 $w=\varphi_0$ 线上. 于是由实部 $\mathrm{Re}\,w$ 就可得出所研究的电势 (若函数 $w(z)$ 将廓线 C 映射到平行于横坐标轴的线上, 则电势由函数 $\mathrm{Im}\,w$ 得出).

4. **劈问题** 为供参考, 我们在这里写出确定位于两相交半平面导体之间的空间内的点电荷 e 所产生电场的公式. 设柱面坐标系 r,θ,z 的 z 轴和交角顶边重合, 而 θ 角从交角一侧算起; 并假设电荷 e 在 $(a,\gamma,0)$ 点处 (图 2), 两平面间的张角 α 可以小于 π, 也可以大于 π, 在后一种情况下, 电荷位于劈形导体以外.

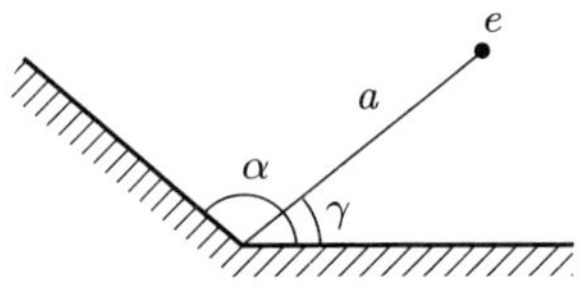

图 2

电势由下列公式给出:

$$\varphi=\frac{e}{\alpha\sqrt{2ar}}\int_\eta^\infty\left[\frac{\sinh\left(\dfrac{\pi\zeta}{\alpha}\right)}{\cosh\dfrac{\pi\zeta}{\alpha}-\cos\dfrac{\pi(\theta-\gamma)}{\alpha}}-\frac{\sinh\left(\dfrac{\pi\zeta}{\alpha}\right)}{\cosh\dfrac{\pi\zeta}{\alpha}-\cos\dfrac{\pi(\theta+\gamma)}{\alpha}}\right]\times\frac{\mathrm{d}\zeta}{\sqrt{\cosh\zeta-\cosh\eta}}, \tag{3.20}$$

$$\cosh\eta=\frac{a^2+r^2+z^2}{2ar},\quad \eta>0;$$

在导体表面上, 即当 $\theta=0$ 或 α 时, 电势 $\varphi=0$ (H. M. 麦克唐纳, 1895) ①.

特别是当 $\alpha=2\pi$ 时, 我们就得到点电荷电场内的导电半平面. 在这种情况下, 积分 (3.20) 可以以有限形式算出, 为

$$\varphi|_{\alpha=2\pi}=\frac{e}{\pi}\left[\frac{1}{R}\arccos\left(-\frac{\cos\dfrac{\theta-\gamma}{2}}{\cosh\dfrac{\eta}{2}}\right)-\frac{1}{R'}\arccos\left(-\frac{\cos\dfrac{\theta+\gamma}{2}}{\cosh\dfrac{\eta}{2}}\right)\right], \tag{3.21}$$

$$R=[a^2+r^2+z^2-2ar\cos(\gamma-\theta)]^{1/2},$$
$$R'=[a^2+r^2+z^2-2ar\cos(\gamma+\theta)]^{1/2}.$$

在极限情况下, 当电场的观测点趋近于电荷 e 所在点时, 电势 (3.21) 取下列形式:

$$\varphi=\frac{e}{R}+\varphi',\quad \varphi'=-\frac{e}{2\pi a}\left(1+\frac{\pi-\gamma}{\sin\gamma}\right). \tag{3.22}$$

第一项是纯粹的库仑势, 当 $R\to 0$ 时变为无穷大, 而 φ' 是电荷 e 所在点处由导体所引起的电势变化. 于是电荷和导电半平面的相互作用能为

$$\mathscr{U}=\frac{e\varphi'}{2}=-\frac{e^2}{4\pi a}\left(1+\frac{\pi-\gamma}{\sin\gamma}\right). \tag{3.23}$$

习　　题

1. 试确定均匀外电场 $\mathfrak{E}$ 内半径为 R 的未带电球形导体周围的电场.

解: 把电势写为 $\varphi=\varphi_0+\varphi_1$, 式中 $\varphi_0=-\mathfrak{E}\cdot\boldsymbol{r}$ 是外电场的电势, 而 φ_1 是需要确定的球形导体所引起的电势变化. 由于球是对称的, 函数 φ_1 只能依赖于一个恒定矢量 $\mathfrak{E}$. 在这种情况下, 在无穷远处为零的拉普拉斯方程的唯一解为

$$\varphi_1=-\text{const}\cdot\mathfrak{E}\nabla\frac{1}{r}=\text{const}\cdot\frac{\mathfrak{E}\cdot\boldsymbol{r}}{r^3}$$

(坐标原点取在球心上). 在球表面上, φ 应为常数; 由此得到式中的 const $=R^3$, 于是

$$\varphi=-\mathfrak{E}r\cos\theta\left(1-\frac{R^3}{r^3}\right),$$

① 该公式推导可在 H. M. 麦克唐纳的书和 B. B. 巴蒂金及 И. H. 托普蒂金的习题集中找到: H. M. Macdonald, *Electromagnetism* (1934), Bell, London, P79; *Батыгин В. В., Топтыгин И. Н.*, Сборник задач по электродинамике. —М.: Наука, 1970 (习题 205, 206) (英译本, V. V. Batygin and I. N. Toptygin. Problems in Electrodynamics, 2nd ed. London: Academic Press, 1978: 46-47, 习题 3.77, 3.78; 中译本: 巴蒂金, 托普蒂金. 电动力学习题集. 汪镇藩, 郑锡琏, 译. 北京: 人民教育出版社, 1964: 习题 205, 206).

θ 是 $\mathfrak{E}$ 和 $\boldsymbol{r}$ 间的夹角. 电荷在球表面的分布由下式给出

$$\sigma = -\frac{1}{4\pi}\frac{\partial\varphi}{\partial r}\bigg|_{r=R} = \frac{3\mathfrak{E}}{4\pi}\cos\theta;$$

总电荷 $e = 0$.

将 φ_1 与电偶极子的场势 $\mathscr{P}\cdot\boldsymbol{r}/r^3$ 比较, 就可极其简单地求得球的偶极矩为

$$\mathscr{P} = R^3\mathfrak{E}.$$

2. 试确定在均匀横向电场内的无限长圆柱体周围的电场.

解: 采用垂直于柱体轴的平面内的极坐标. 于是, 只与一个恒定矢量有关的二维拉普拉斯方程的解为

$$\varphi_1 = \text{const}\cdot\mathfrak{E}\cdot\nabla\ln r = \text{const}\cdot\frac{\mathfrak{E}\cdot\boldsymbol{r}}{r^2}.$$

将上式与 $\varphi_0 = -\boldsymbol{r}\cdot\mathfrak{E}$ 相加, 并令式中 const $= R^2$, 我们得到

$$\varphi = -\mathfrak{E}r\cos\theta\left(1 - \frac{R^2}{r^2}\right).$$

面电荷密度为

$$\sigma = \frac{\mathfrak{E}}{2\pi}\cos\theta.$$

单位长度圆柱体的偶极矩 $\mathscr{P}$ 可通过将 φ 与二维偶极场的电势比较求得, 后者的形式为

$$2\mathscr{P}\cdot\nabla\ln r = \frac{2\mathscr{P}\cdot\boldsymbol{r}}{r^2},$$

因而 $\mathscr{P} = \mathfrak{E}R^2/2$.

3. 试确定导体上劈顶边缘附近的电场.

解: 选用垂直于劈顶边缘的平面内的极坐标 r, θ, 原点在劈的张角 θ_0 的顶点上 (图 3). 设 θ 角从劈的一侧算起; 导体外的区域对应的 θ 值为 $0 \leqslant \theta \leqslant 2\pi - \theta_0$. 劈顶边缘附近的电势可以展开为 r 的幂级数, 但我们感兴趣的只是展开式内包含 r 最低阶幂的第一项 (常数项后面的项). 二维拉普拉斯方程的解中与 r^n 成比例的是 $r^n\cos n\theta$ 与 $r^n\sin n\theta$. 于是 n 最小而且当 $\theta = 0$ 或 $\theta = 2\pi - \theta_0$ 时 (在导体表面上) 满足条件 $\varphi = \text{const}$ 的解是

$$\varphi = \text{const}\cdot r^n\sin n\theta, \quad n = \frac{\pi}{2\pi - \theta_0}.$$

于是电场强度按照 r^{n-1} 随 r 而变化. 因此, 当 $\theta_0 < \pi$ $(n < 1)$ 时, 电场强度在劈顶角边缘附近变为无穷大. 特别是对于很尖的劈 $(\theta_0 \ll 1, n \approx 1/2)$, E 按照

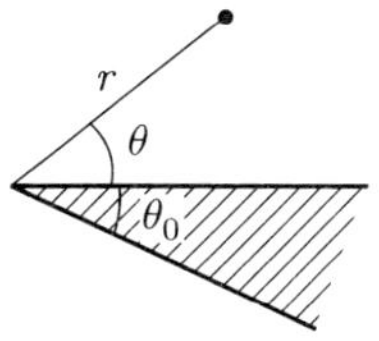

图 3

$r^{-1/2}$ 随 r 减小而增大. 而在凹形劈顶边缘附近 $(\theta_0>\pi, n>1)$ 的导体表面上, 电场趋向于零.

解中的常数值只能从求解整个场问题得出. 例如对于处于点电荷 e 的电场内的很尖的劈, (3.21) 式中向小 r 值的极限过渡证实

$$\varphi=\text{const}\cdot\sqrt{r}\sin\frac{\theta}{2}$$

的规律, 其中

$$\text{const}=\frac{4e\sqrt{a}}{\pi(a^2+z^2)}\sin\frac{\gamma}{2}.$$

本题中"劈顶边缘附近"一句话, 在此情况下意味着条件 $r\ll a$, 此条件满足时可以忽略拉普拉斯方程中的 $\partial^2\varphi/\partial z^2$ 项.

4. 试确定导体表面上细锥形尖端附近的电场.

解: 选用球面坐标, 原点选在圆锥形尖的顶点上, 取圆锥轴为极轴. 设圆锥体的张角为 $2\theta_0\ll 1$, 于是导体外区域对应的极角值为 $\theta_0\leqslant\theta\leqslant\pi$. 与题 3 类似, 现在寻求电势变化部分对于圆锥轴为对称的形如

$$\varphi=r^n f(\theta) \tag{1}$$

且 n 取最小可能值的解. 将上式代入拉普拉斯方程

$$\frac{1}{r^2}\frac{\partial}{\partial r}\left(r^2\frac{\partial\varphi}{\partial r}\right)+\frac{1}{r^2\sin\theta}\frac{\partial}{\partial\theta}\left(\sin\theta\frac{\partial\varphi}{\partial\theta}\right)=0$$

后, 得出

$$\frac{1}{\sin\theta}\frac{\mathrm{d}}{\mathrm{d}\theta}\left(\sin\theta\frac{\mathrm{d}f}{\mathrm{d}\theta}\right)+n(n+1)f=0. \tag{2}$$

锥尖表面上电势为常量的条件表明, 必须有 $f(\theta_0)=0$.

我们来求小 θ_0 时的解, 假设 $n\ll 1$, 而 $f(\theta)$ 的形式为 $\boldsymbol{f}=\text{const}\cdot[1+\psi(\theta)]$, 式中 $\psi\ll 1$ (当 $\theta_0\to 0$, 即对无穷细的锥尖, 自然可以期待在锥尖周围几乎全部区域内, φ 趋近于常量). 于是得到 ψ 的方程为

$$\frac{1}{\sin\theta}\frac{\mathrm{d}}{\mathrm{d}\theta}\left(\sin\theta\frac{\mathrm{d}\psi}{\mathrm{d}\theta}\right)=-n. \tag{3}$$

在锥尖之外区域内 (特别是当 $\theta=\pi$ 时) ψ 无奇点的解为

$$\psi(\theta)=2n\ln\sin\frac{\theta}{2}.$$

当 $\theta\sim\theta_0\ll 1$ 时, 函数 ψ 不再是小量. 虽然如此, 我们所得到的表达式仍然可以应用, 因为在这区域内, 由于 θ 很小, 一般可以略去方程 (2) 内的第二项. 为了确定初次近似下的常数 n, 必须使上面求得的函数 $f=1+\psi$ 在 $\theta=\theta_0$ 时变为零. 于是求得①

$$n=-\frac{1}{2\ln\theta_0}.$$

在趋近于圆锥尖端时, 电场强度随 $r^{-(1-n)}$, 亦即基本上随 $\dfrac{1}{r}$ 无限地增大.

5. 试确定导体表面上细圆锥形坑附近的电场.

解: 现在导体外区域对应的 θ 值为 $0\leqslant\theta\leqslant\theta_0$. 和前一问题一样, 把 φ 写成 (1) 式的形式, 但是在本题中 $n\gg 1$. 因为在场的整个区域内, 现在是 $\theta\ll 1$, 于是方程 (2) 可以写成下面的形式:

$$\frac{1}{\theta}\frac{\mathrm{d}}{\mathrm{d}\theta}\left(\theta\frac{\mathrm{d}f}{\mathrm{d}\theta}\right)+n^2f=0.$$

这是贝塞尔方程, 它在电场区域内无奇点的解为 $\mathrm{J}_0(n\theta)$. n 的值由方程 $\mathrm{J}_0(n\theta_0)=0$ 的最小根确定, 由此得到

$$n=2.4/\theta_0.$$

6. 试确定电偶极子与平面导体表面间的吸引能.

解: 选择 x 轴垂直于导体表面, 并通过偶极子所在的点; 设偶极矩矢量 $\mathscr{P}$ 在 xy 平面内. 偶极子的"像"在 $-x$ 点处并且具有偶极矩 $\mathscr{P}'_x=\mathscr{P}_x, \mathscr{P}'_y=-\mathscr{P}_y$. 于是所要求的吸引能相当于偶极子与其"镜像"的相互作用能, 并等于

$$\mathscr{U}=-\frac{1}{8x^3}(2\mathscr{P}_x^2+\mathscr{P}_y^2).$$

7. 试确定两个平行无限长圆柱形导体单位长度上的互电容 (柱体半径分别为 a 和 b, 轴间距离为 c) ②.

解: 两个圆柱体所产生的电场, 和通过相应选择的 A 点和 A' 点 (图 4) 的两条带电导线 (在柱体外空间内) 所产生的电场相同. 导线单位长度上的电荷

① 包含有大的自然对数系数的更精确的公式 $n=1/[2\ln(2/\theta_0)]$, 实际上不能用上面所提示的简单方法得到. 但是, 由于一些偶然原因, 更精确的计算恰好导致这一公式.

② 两球形导体的类似问题不能在有限形式下解出, 其差别在于: 在两条平行的带电 (电荷相等、符号相反) 导线的电场内, 全部等势面为圆柱形的, 而在两个点电荷 $\pm e$ 的电场内, 等势面不是球形的.

分别为 $\pm e'$, 等于柱体单位长度上的电荷, 而 A 点和 A' 点必须在 OO' 线上, 以使柱体表面与等势面重合. 为此, 距离 OA 和 $O'A'$ 必须满足以下关系式:

$$OA \cdot OA' = a^2, \quad O'A' \cdot O'A = b^2,$$

亦即

$$d_1(c - d_2) = a^2, \quad d_2(c - d_1) = b^2.$$

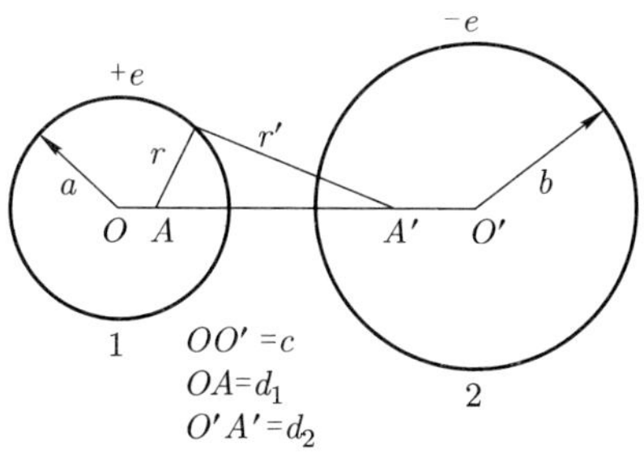

图 4

此时在每一个圆周上距 A 点和 A' 点的距离之比 $\dfrac{r'}{r}$ 为常数; 在圆周 1 上,

$$\frac{r}{r'} = \frac{a}{OA'} = \frac{a}{c - d_2} = \frac{d_1}{a},$$

而在圆周 2 上, $r'/r = d_2/b$. 相应地, 圆柱导体的电势分别为

$$\varphi_1 = -2e\ln\frac{r}{r'} = -2e\ln\frac{d_1}{a}, \quad \varphi_2 = 2e\ln\frac{d_2}{b}, \quad \varphi_2 - \varphi_1 = 2e\ln\frac{d_1 d_2}{ab}.$$

由此求得互电容 $C = e/(\varphi_2 - \varphi_1)$ 为

$$\frac{1}{C} = 2\ln\frac{d_1 d_2}{ab} = 2\operatorname{arcosh}\frac{c^2 - a^2 - b^2}{2ab}.$$

特别是对离开导体面的距离为 $h(h > a)$ 而半径为 a 的圆柱体来说, 必须令 $c = b + h$, 并取极限 $b \to \infty$; 于是得到

$$\frac{1}{C} = 2\operatorname{arcosh}\frac{h}{a}.$$

如果有两个空心圆柱体, 一个放在另一个里面 $(c < b - a)$, 则导体外没有电场, 而在两个圆柱体之间的空隙内的电场和通过 A 点和 A' 点 (图 5) 并分别带有电荷 $+e$ 和 $-e$ 的两条导线所产生的电场完全相同. 用同样方法, 我们得到下面的结果:

$$\frac{1}{C} = 2\operatorname{arcosh}\frac{a^2 + b^2 - c^2}{2ab}.$$

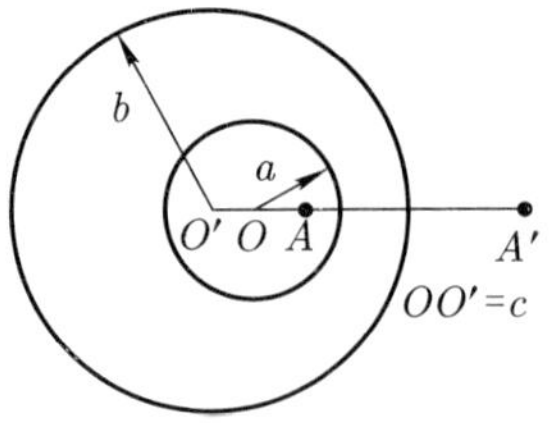

图 5

8. 设导体边界为一带有半球状凸出的无限平面. 试确定导体表面上的电荷分布.

解: 在习题 1 中求出的电势形式为

$$\varphi = \text{const} \cdot z\left(1 - \frac{R^3}{r^3}\right)$$

的场中, 带有半径 $r = R$ 的半球凸出的 $z = 0$ 的平面为一等势面 (在这等势面上, $\varphi = 0$). 因此, 它也可以是导体表面, 而上面写出的公式确定导体之外的电场. 导体表面平面部分的电荷分布由公式

$$\sigma = -\frac{1}{4\pi}\frac{\partial \varphi}{\partial z}\bigg|_{z=0} = \sigma_0\left(1 - \frac{R^3}{r^3}\right)$$

给出 (我们假定势 φ 中的 const $= -4\pi\sigma_0$, 式中 σ_0 为距凸出部分很远处的电荷密度). 在凸出部分的表面上

$$\sigma = -\frac{1}{4\pi}\frac{\partial \varphi}{\partial r}\bigg|_{r=R} = 3\sigma_0\frac{z}{R}.$$

9. 试求处于电场 $\mathfrak{E}$ 内的导电细圆柱杆 (长度为 $2l$, 半径为 a, 而 $a \ll l$) 的电偶极矩, 电场与杆的轴平行.

解: 设 $\tau(z)$ 为杆表面单位长度上所感生的电荷; z 为沿圆柱杆轴的坐标, 坐标原点选在杆轴中点. 在导体表面上电势为常量的条件的形式为

$$-\mathfrak{E}z + \frac{1}{2\pi}\int_0^{2\pi}\int_{-l}^{l}\frac{\tau(z')\mathrm{d}z'\mathrm{d}\varphi}{R} = 0, \quad R = \left[(z'-z)^2 + 4a^2\sin^2\frac{\varphi}{2}\right]^{1/2},$$

其中 φ 是通过杆轴及其表面上相距为 R 的两点的平面间的夹角. 在积分中利用恒等式 $\tau(z') = \tau(z) + [\tau(z') - \tau(z)]$, 将积分分为两部分. 在积分的第一部分中, 注意到 $l \gg a$, 对离杆的两端不十分近的点, 我们有

$$\frac{\tau(z)}{2\pi}\iint\frac{\mathrm{d}z'\mathrm{d}\varphi}{R} \approx \frac{\tau(z)}{2\pi}\int_0^{2\pi}\ln\frac{l^2 - z^2}{a^2\sin^2(\varphi/2)}\mathrm{d}\varphi = \tau(z)\ln\frac{4(l^2 - z^2)}{a^2}$$

(此处利用了已知的积分值 $\int_0^{\pi} \ln\sin\varphi \mathrm{d}\varphi = -\pi\ln 2$). 在包含差值 $\tau(z')-\tau(z)$ 的第二部分积分内, 可以略去 R 内含有 a^2 的项, 因为这并不会引起积分的发散. 于是

$$\mathfrak{C}z = \tau(z)\ln\frac{4(l^2-z^2)}{a^2} + \int_{-l}^{l}\frac{\tau(z')-\tau(z)}{|z'-z|}\mathrm{d}z'.$$

τ 对 z 的依赖关系基本上归结为与 z 成正比; 在这种近似下, 上式中的积分给出 $-2\tau(z)$, 结果我们得到

$$\tau(z) = \frac{\mathfrak{C}z}{\ln[4(l^2-z^2)/a^2]-2}.$$

在杆的两端点附近, 这个表达式不适用, 但是对于计算所要求的偶极矩, z 值的这个区域并不重要. 在我们这里所采纳的精确度下, 我们有

$$\mathscr{P} - \int_{-l}^{l}\tau(z)z\mathrm{d}z = \frac{\mathfrak{C}}{L}\int_0^{l}\left[z^2 - \frac{z^2}{2L}\ln\left(1-\frac{z^2}{l^2}\right)\right]\mathrm{d}z$$

$$= \mathfrak{C}\frac{l^3}{3L}\left[1+\frac{1}{L}\left(\frac{4}{3}-\ln 2\right)\right]$$

(式中 $L = \ln(2l/a) - 1$ 是一个大数), 或者在同样精确度下

$$\mathscr{P} = \frac{\mathfrak{C}l^3}{3[\ln(4l/a)-7/3]}.$$

10. 试确定空心导体球冠的电容.

解: 选择坐标原点 O 在球冠边缘的某一点处 (图 6), 并进行反演变换 $r = l^2/r'$ (l 为球冠主截面内的弦长). 这时球冠变成垂直于球冠半径 AO 的半平面 (图 6 上虚线), 这个半平面通过球冠边缘上的 B 点; 角 $\gamma = \pi - \theta$, 此处 2θ 为球冠主截面弦长 OB 对球心的张角.

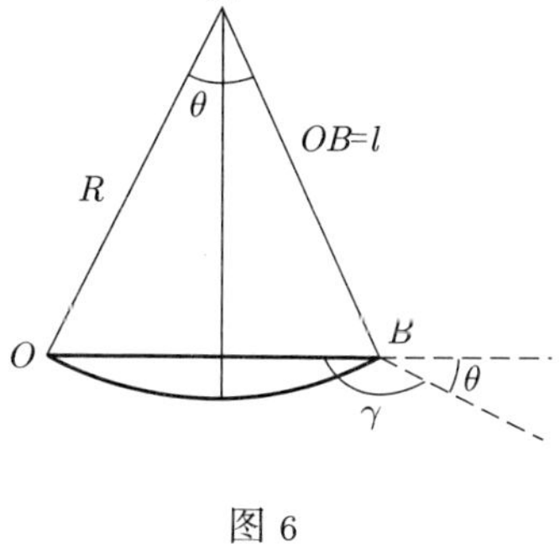

图 6

如果球冠上的电荷为 e, 并取其电势为零, 则 $r \to \infty$ 时, 场势变为

$$\varphi \approx -\varphi_0 + \frac{e}{r}.$$

相应地, 在变换后的问题中当 $r' \to 0$ 时, 电势趋向于

$$\varphi' = \frac{l\varphi}{r'} \approx -\frac{l\varphi_0}{r'} + \frac{e}{l}$$

(第一项相应于坐标原点处的电荷 $e' = -l\varphi_0$).

另一方面, 根据 (3.22) 式, 我们有

$$\varphi' = \frac{e'}{r'} - \frac{e'}{2\pi l}\left(1 + \frac{\theta}{\sin\theta}\right)$$

(这是距离电势为零的半平面导体边缘 l 处的电荷 e' 附近的电势). 比较两个表达式后, 我们得到所要求的电容 $C = e/\varphi_0$ 的以下公式:

$$C = \frac{l}{2\pi}\left(1 + \frac{\theta}{\sin\theta}\right) = \frac{R}{\pi}(\sin\theta + \theta)$$

(R 为球冠的半径).

11. 试求出因边缘效应引起的平板电容器电容 $C = S/(4\pi d)$的修正值 (S 为电容器板的面积, d 为两板间的距离; $d \ll \sqrt{S}$).

解: 电容器两极板上存在的自由边缘破坏了电容器两极板上电荷的均匀分布. 为了求得在第一级近似下的修正值, 我们来研究电容器两极板上距离边缘为 x 的点, 其中 $d \ll x \ll \sqrt{S}$. 例如, 我们来研究电容器的上极板 (其电势为 $\varphi = \varphi_0/2$, 如图 7a), 并略去它至中间平面 (等势面 $\varphi = 0$) 的距离 $\dfrac{d}{2}$. 于是我们的问题就成为确定具有不同电势的两部分平面交界附近的电场 (图 7b) 的问题. 这个问题的解法很简单①, 我们得到多余电荷密度 (与离边缘很远的 σ 比较) 的表达式为

$$\Delta\sigma = \frac{E_n}{4\pi} = \frac{\varphi_0}{8\pi^2 x},$$

于是, 总的多余电荷为

$$L\int \Delta\sigma \mathrm{d}x = \frac{\varphi_0 L}{8\pi^2}\ln\frac{\sqrt{S}}{d}$$

(L 为电容器极板的周长); 在计算对数发散的积分时, 我们分别取了区域 $d \ll x \ll \sqrt{S}$ 的边界为积分的上限和下限. 由此求得电容为

$$C = \frac{S}{4\pi d} + \frac{L}{8\pi^2}\ln\frac{\sqrt{S}}{d}.$$

---

① 参见 §23, 在现在情况下, 电势公式 (23.2) 中必须令 $\varphi_{ab} = \varphi_0/2, \alpha = \pi$.

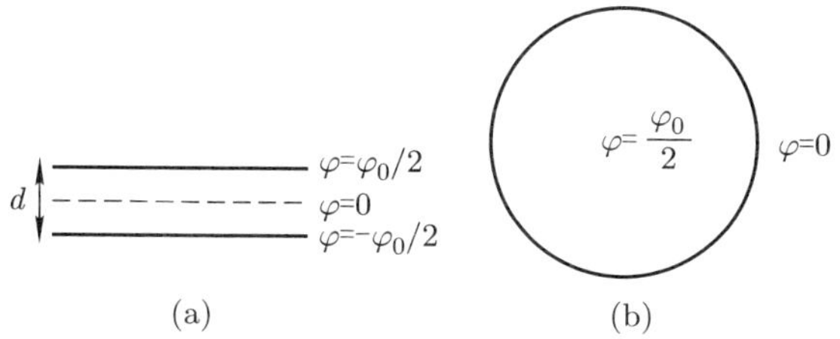

图 7

更精确的计算 (确定对数中宗量的系数) 需要应用远为复杂的方法, 而且所得到结果依赖于两板的形状. 对于圆形极板 (半径为 R), 我们得到**基尔霍夫公式**

$$C=\frac{R^2}{4d}+\frac{R}{4\pi}\left(\ln\frac{16\pi R}{d}-1\right).$$

§4 导电椭球

确定带电椭球导体的电场问题和有关在均匀外场内的椭球问题, 可利用所谓**椭球坐标**来解决.

椭球坐标和笛卡儿坐标的关系由方程

$$\frac{x^2}{a^2+u}+\frac{y^2}{b^2+u}+\frac{z^2}{c^2+u}=1 \quad (a>b>c) \tag{4.1}$$

给出. 这个方程是 u 的三次方程, 它有三个不同的实根 ($u=\xi,\eta,\zeta$), 分别处于以下区间:

$$\xi\geqslant -c^2, \quad -c^2\geqslant\eta\geqslant -b^2, \quad -b^2\geqslant\zeta\geqslant -a^2. \tag{4.2}$$

这三个根也是点 (x,y,z) 的椭球坐标. 它们的几何意义可从以下事实看出, ξ,η,ζ 为常数值的面分别为椭球面、单叶双曲面和双叶双曲面, 而且它们和椭球面

$$\frac{x^2}{a^2}+\frac{y^2}{b^2}+\frac{z^2}{c^2}=1 \tag{4.3}$$

共焦.

三族曲面中每一族均有一个曲面通过空间的每一点, 而且这三个曲面是相互正交的. 求解形如 (4.1) 的三个联立方程, 即可得到从椭球坐标变换到笛

卡儿坐标的变换公式:

$$
\begin{aligned}
x &= \pm\left[\frac{(\xi+a^2)(\eta+a^2)(\zeta+a^2)}{(b^2-a^2)(c^2-a^2)}\right]^{1/2},\\
y &= \pm\left[\frac{(\xi+b^2)(\eta+b^2)(\zeta+b^2)}{(c^2-b^2)(a^2-b^2)}\right]^{1/2},\\
z &= \pm\left[\frac{(\xi+c^2)(\eta+c^2)(\zeta+c^2)}{(a^2-c^2)(b^2-c^2)}\right]^{1/2}.
\end{aligned}
\tag{4.4}
$$

椭球坐标系内的长度元形为

$$
\mathrm{d}l^2 = h_1^2\mathrm{d}\xi^2 + h_2^2\mathrm{d}\eta^2 + h_3^2\mathrm{d}\zeta^2,
$$

$$
h_1 = \frac{\sqrt{(\xi-\eta)(\xi-\zeta)}}{2R_\xi},\quad h_2 = \frac{\sqrt{(\eta-\zeta)(\eta-\xi)}}{2R_\eta},\quad h_3 = \frac{\sqrt{(\zeta-\xi)(\xi-\eta)}}{2R_\zeta}, \tag{4.5}
$$

这里引入了记号:

$$
R_u = \sqrt{(u+a^2)(u+b^2)(u+c^2)},\quad u=\xi,\eta,\zeta.
$$

相应地, 椭球坐标系内的拉普拉斯方程为

$$
\begin{aligned}
\Delta\varphi = \frac{4}{(\xi-\eta)(\zeta-\xi)(\eta-\zeta)}\Bigg[&(\eta-\zeta)R_\xi\frac{\partial}{\partial\xi}\left(R_\xi\frac{\partial\varphi}{\partial\xi}\right)+\\
&(\zeta-\xi)R_\eta\frac{\partial}{\partial\eta}\left(R_\eta\frac{\partial\varphi}{\partial\eta}\right)+(\xi-\eta)R_\zeta\frac{\partial}{\partial\zeta}\left(R_\zeta\frac{\partial\varphi}{\partial\zeta}\right)\Bigg]=0.
\end{aligned}
\tag{4.6}
$$

如果半轴 a,b,c 中有两个变得相等, 则椭球坐标系发生退化. 设 $a=b>c$; 则 (4.1) 式的三次方程退化为二次方程:

$$
\frac{\rho^2}{a^2+u}+\frac{z^2}{c^2+u}=1,\quad \rho^2=x^2+y^2, \tag{4.7}
$$

它有两个根, 其值处于以下范围:

$$
\xi \geqslant -c^2,\quad -c^2\geqslant\eta\geqslant -a^2.
$$

ξ 和 η 为常数的坐标面分别变成共焦扁球面和单叶旋转双曲面 (图 8). 作为第三个坐标可以引进 x,y 平面内的极角 $\varphi(x=\rho\cos\varphi, y=\rho\sin\varphi)$. 至于椭球坐标 ζ, 当 $a=b$ 时它退化为常数 $-a^2$. 它和 φ 角的关系是: 当 b 趋近于 a 时, ζ 趋近于 $-a^2$; 即 $b\to a$ 时, 有

$$
\cos\varphi = \sqrt{\frac{a^2+\zeta}{a^2-b^2}}, \tag{4.8}
$$

从 (4.4) 式或者直接从 (4.1) 式, 很容易确认这一点. 根据 (4.4) 式, 坐标 z, ρ 和坐标 ξ, η 的关系由以下等式给出

$$z = \pm\left[\frac{(\xi + c^2)(\eta + c^2)}{c^2 - a^2}\right]^{1/2}, \quad \rho = \left[\frac{(\xi + a^2)(\eta + a^2)}{a^2 - c^2}\right]^{1/2}. \tag{4.9}$$

坐标 ξ, η, φ 称为**扁球面坐标** ①.

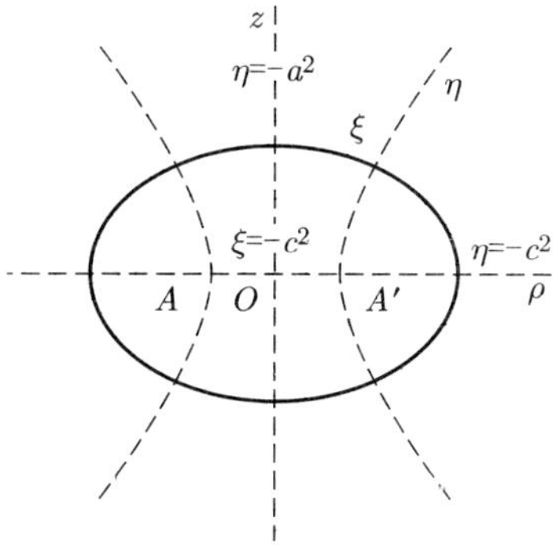

图 8

采用类似方式, 当 $a > b = c$ 时, 椭球坐标退化为所谓**长球面坐标**. 坐标 ξ 和 ζ 为方程

$$\frac{x^2}{a^2 + u} + \frac{\rho^2}{b^2 + u} = 1, \quad \rho^2 - y^2 + z^2 \tag{4.10}$$

的根, 而且 $\xi \geqslant -b^2, -b^2 \geqslant \zeta \geqslant -a^2$. ξ 和 ζ 为常数的面代表长球面和双叶旋转双曲面 (图 9). 当 $c \to b$ 时, 坐标 η 按以下规律退化为常数 $-b^2$:

$$\cos\varphi = \sqrt{\frac{b^2 + \eta}{b^2 - c^2}}, \tag{4.11}$$

式中 φ 是 y, z 平面内的极角.

坐标 ξ, ζ 和坐标 x, ρ 的关系, 由下列公式给出:

$$x = \pm\left[\frac{(\xi + a^2)(\zeta + a^2)}{a^2 - b^2}\right]^{1/2}, \quad \rho = \left[\frac{(\xi + b^2)(\zeta + b^2)}{b^2 - a^2}\right]^{1/2}. \tag{4.12}$$

在扁球面坐标系内, 坐标面 (椭球面和双曲面) 的焦点, 位于 xy 平面内半径为 $\sqrt{a^2 - c^2}$ 的圆上 (图 8 内 AA' 是此圆的直径). 现在我们通过某一点 P 和

① 我们这里采用这样的扁球面坐标的定义, 即它们是椭球坐标的极限情况, 在文献中还采用其他定义, 但很容易化为我们的定义.

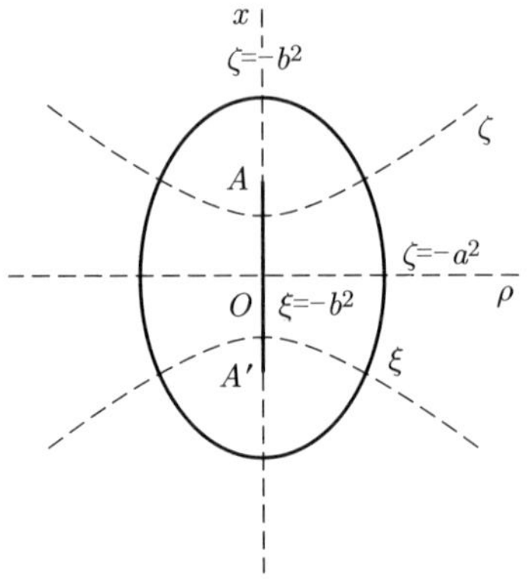

图 9

z 轴作一平面. 它与同焦点圆相交于两点; 设 r_1 和 r_2 分别是这两点至 P 点的距离. 如果 ρ, z 是 P 点的坐标, 则

$$r_1^2 = (\rho - \sqrt{a^2 - c^2})^2 + z^2, \quad r_2^2 = (\rho + \sqrt{a^2 - c^2})^2 + z^2.$$

扁球体坐标 ξ, η 用 r_1, r_2 表示为

$$\xi = \left(\frac{r_1 + r_2}{2}\right)^2 - a^2, \quad \eta = \left(\frac{r_2 - r_1}{2}\right)^2 - a^2. \tag{4.13}$$

在长球面坐标系内, 其焦点为 x 轴上的两个点: $x = \pm\sqrt{a^2 - b^2}$ (图 9 的 A 和 A' 点). 如果 r_1, r_2 是这两个焦点至 P 点的距离, 则

$$r_1^2 = \rho^2 + (x - \sqrt{a^2 - b^2})^2, \quad r_2^2 = \rho^2 + (x + \sqrt{a^2 - b^2})^2,$$

而长球面坐标 ξ, ζ 用 r_1 和 r_2 表示的表达式和 (4.13) 式相同 (以 ζ 代替 η).

现在回到带电椭球的电场问题, 椭球面由方程 (4.3) 给出. 在椭球坐标内, 这即是坐标面 $\xi = 0$. 因此十分清楚, 如果寻求的场势仅是 ξ 的函数, 则全部 $\xi =$ 常数的椭球面 (其中包括导体表面) 都将自动地成为等势面. 此时拉普拉斯方程 (4.6) 归结为

$$\frac{\mathrm{d}}{\mathrm{d}\xi}\left(R_\xi \frac{\mathrm{d}\varphi}{\mathrm{d}\xi}\right) = 0,$$

由此得到

$$\varphi(\xi) = A\int_\xi^\infty \frac{\mathrm{d}\xi}{R_\xi}.$$

式中积分的上限应当这样选择, 以保证无穷远处的场等于零. 常数 A 可以极为简单地从以下条件求出: 在 r 很大时, 电场必须趋近于库仑场 $\varphi \approx e/r$, 其中 e 为

导体上的总电荷. $r \to \infty$ 对应于 $\xi \to \infty$; 这时作为 (4.1) 式中令 $u = \xi$ 所得到的结果, $r^2 \approx \xi$. 从另一方面看, ξ 很大时, 我们有 $R_\xi \approx \xi^{3/2}$ 和 $\varphi \approx 2A/\sqrt{\xi} = 2A/r$. 由此得出 $2A = e$, 于是最后得到

$$\varphi(\xi) = \frac{e}{2}\int_\xi^\infty \frac{\mathrm{d}\xi}{R_\xi}. \tag{4.14}$$

这里的积分是第一类椭圆积分. 导体表面相应于 $\xi = 0$, 因此得到椭球的电容为

$$\frac{1}{C} = \frac{1}{2}\int_0^\infty \frac{\mathrm{d}\xi}{R_\xi}. \tag{4.15}$$

椭球面上的电荷密度分布由电势的法向导数确定:

$$\sigma = -\frac{1}{4\pi}\frac{\partial\varphi}{\partial n}\bigg|_{\xi=0} = -\frac{1}{4\pi}\left(\frac{1}{h_1}\frac{\mathrm{d}\varphi}{\mathrm{d}\xi}\right)_{\xi=0} = \frac{e}{4\pi\sqrt{\eta\zeta}}.$$

用 (4.4) 式容易证明, 当 $\xi = 0$ 时,

$$\frac{x^2}{a^4} + \frac{y^2}{b^4} + \frac{z^2}{c^4} = \frac{\eta\zeta}{a^2b^2c^2}.$$

因此

$$\sigma = \frac{e}{4\pi abc}\left(\frac{x^2}{a^4} + \frac{y^2}{b^4} + \frac{z^2}{c^4}\right)^{-1/2}. \tag{4.16}$$

对双轴椭球而言, 积分 (4.14) — (4.15) 可用初等函数表示. 对于长椭球 $(a > b = c)$, 电势由下式给出:

$$\varphi = \frac{e}{\sqrt{a^2 - b^2}}\operatorname{artanh}\sqrt{\frac{a^2 - b^2}{\xi + a^2}}, \tag{4.17}$$

而其电容为

$$C = \frac{\sqrt{a^2 - b^2}}{\operatorname{arcosh}(a/b)}. \tag{4.18}$$

对于扁椭球 $(a = b > c)$, 我们有

$$\varphi = \frac{e}{\sqrt{a^2 - c^2}}\arctan\sqrt{\frac{a^2 - c^2}{\xi + c^2}}, \quad C = \frac{\sqrt{a^2 - c^2}}{\arccos(c/a)}. \tag{4.19}$$

特别是对于圆盘 $(a = b, c = 0)$

$$C = \frac{2a}{\pi} \tag{4.20}$$

现在我们来研究均匀外电场 $\mathfrak{E}$ 内未带电椭球导体的问题. 不失一般性, 我们只需研究沿椭球一个轴方向上的外电场 $\mathfrak{E}$ 就已足够. 在相反的情况下, 可

以把 $\mathfrak{E}$ 分解为沿椭球轴的三个分量, 单独对各分量求得结果后将各分量的结果叠加起来, 就可得到总电场.

x 轴方向 (椭球的 a 轴) 上的均匀电场 $\mathfrak{E}$ 的势在椭球坐标内的形式为

$$\varphi_0 = -\mathfrak{E}x = -\mathfrak{E}\left[\frac{(\xi+a^2)(\eta+a^2)(\zeta+a^2)}{(b^2-a^2)(c^2-a^2)}\right]^{1/2}. \tag{4.21}$$

我们将椭球外的电势表示为 $\varphi=\varphi_0+\varphi'$, 式中 φ' 确定所要寻求的椭球所引起的外场畸变, 我们将要寻求以下形式的 φ':

$$\varphi' = \varphi_0 F(\xi). \tag{4.22}$$

在函数 φ' 内依赖于 η 和 ζ 的因子和 φ_0 内的因子相同. 函数的这种形式满足 $\xi=0$ 和 η,ζ 为任意值时的边界条件 (在椭球面上). 把 (4.22) 式代入拉普拉斯方程 (4.6), 我们得到 $F(\xi)$ 的方程为

$$\frac{\mathrm{d}^2F}{\mathrm{d}\xi^2}+\frac{\mathrm{d}F}{\mathrm{d}\xi}\frac{\mathrm{d}}{\mathrm{d}\xi}\ln[R_\xi(\xi+a^2)]=0.$$

这个方程的一个解为 $F=\mathrm{const}$, 而另一个解为

$$F(\xi)=A\int_\xi^\infty \frac{\mathrm{d}\xi}{(\xi+a^2)R_\xi}. \tag{4.23}$$

积分上限这样选择, 使在无穷远处 ($\xi\to\infty$) 场势 φ' 趋近于零. 这里的积分是第二类椭圆积分.

在椭球表面上, 应当有 $\varphi=$ 常数. 为了使这一条件在 $\xi=0$ 和 η,ζ 为任意值时得到满足, 必须令这一常数等于零. 适当地选择 $F(\xi)$ 内的系数 A (例如使 $F(0)=-1$), 我们最后得到椭球周围的电势的表达式为

$$\varphi=\varphi_0\left\{1-\int_\xi^\infty\frac{\mathrm{d}s}{(s+a^2)R_s}\bigg/\int_0^\infty\frac{\mathrm{d}s}{(s+a^2)R_s}\right\}. \tag{4.24}$$

现在我们来求离椭球很远的 r 处的电势 φ'. 大的 r 值与大的坐标值 ξ 相对应, 而且 $r^2\approx\xi$, 这从 (4.1) 式可以直接得出. 因此

$$\int_\xi^\infty\frac{\mathrm{d}s}{(s+a^2)R_s}\approx\int_{r^2}^\infty\frac{\mathrm{d}s}{s^{5/2}}=\frac{2}{3r^3},$$

我们得到电势 φ' 为

$$\varphi'=\frac{\mathfrak{E}x}{r^3}\frac{V}{4\pi n^{(x)}},$$

式中 $V = 4\pi abc/3$ 为椭球的体积, 而量 $n^{(x)}$ 以及将在下面出现的类似量 $n^{(y)}, n^{(z)}$ 由以下公式定义:

$$n^{(x)} = \frac{abc}{2}\int_0^\infty \frac{\mathrm{d}s}{(s+a^2)R_s}, \quad n^{(y)} = \frac{abc}{2}\int_0^\infty \frac{\mathrm{d}s}{(s+b^2)R_s},$$
$$n^{(z)} = \frac{abc}{2}\int_0^\infty \frac{\mathrm{d}s}{(s+c^2)R_s}. \tag{4.25}$$

φ' 的表达式理所应当地具有电偶极场势的形式:

$$\varphi' = \mathscr{P}_x \frac{x}{r^3},$$

而且椭球的偶极矩为

$$\mathscr{P}_x = \mathfrak{E}_x \frac{V}{4\pi n^{(x)}}. \tag{4.26}$$

由类似表达式, 可以求出电场 $\mathfrak{E}$ 沿 y 轴或 z 轴方向时的偶极矩.

正的常数 $n^{(x)}, n^{(y)}, n^{(z)}$ 只与椭球的形状有关, 而与它的体积无关, 它们被称为**退极化系数**①. 如果不预先选择坐标轴和椭球轴相重合, 则 (4.26) 式必须写成张量形式:

$$\frac{4\pi}{V} n_{ik} \mathscr{P}_k = \mathfrak{E}_i. \tag{4.27}$$

量 $n^{(x)}, n^{(y)}, n^{(z)}$ 是二秩对称张量 n_{ik} 的主值. 与 (2.13) 的定义比较, 表明 $\alpha_{ik} = n_{ik}^{-1}/4\pi$ 为导体椭球的极化率张量.

在 a, b, c 为任意值的一般情况下, 从 $n^{(x)}, n^{(y)}, n^{(z)}$ 的定义首先可以得出

$$\text{如果 } a > b > c, \text{ 则} \quad n^{(x)} < n^{(y)} < n^{(z)}. \tag{4.28}$$

其次, 将积分 $n^{(x)}, n^{(y)}, n^{(z)}$ 相加, 并引进 $u = R_s^2$ 作为积分变量, 我们得到

$$n^{(x)} + n^{(y)} + n^{(z)} = \frac{abc}{2}\int_{(abc)^2}^\infty \frac{\mathrm{d}u}{u^{3/2}},$$

由此得到

$$n^{(x)} + n^{(y)} + n^{(z)} = 1. \tag{4.29}$$

三个退极化系数之和等于 1 (写成张量形式为 $n_{ii} = 1$). 另一方面, 既然这些系数是正的, 因而其中任何一个的值都不能超过 1.

① 这些系数还会出现在外电场内的介电椭球问题或者磁场内的磁性椭球问题中 (§8). 回转椭球和三轴椭球的这些系数和图可以在 E. C. 斯通纳和 J. A. 奥斯本的下列论文中找到: *Stoner E. C.* // Phil. Mag. 1945. V. 36. P. 803; *Osborn J. A.* // Phys. Rev. 1945. V. 67. P. 351.

对于球体 ($a=b=c$), 由对称性考虑很清楚,

$$n^{(x)}=n^{(y)}=n^{(z)}=\frac{1}{3}. \tag{4.30}$$

对于圆柱体 (柱轴沿 x 轴, $a\to\infty$), 我们有①

$$n^{(x)}=0,\quad n^{(y)}=n^{(z)}=\frac{1}{2}. \tag{4.31}$$

$a,b\to\infty$ 的极限情况 (平板) 明显地对应于以下值:

$$n^{(x)}=n^{(y)}=0,\quad n^{(z)}=1.$$

对所有的旋转椭球, (4.25) 的椭圆积分可用初等函数表示. 对偏心率为 $e=\sqrt{1-b^2/a^2}$ 的长旋转椭球 ($a>b=c$), 我们有

$$n^{(x)}=\frac{1-e^2}{2e^3}\left(\ln\frac{1+e}{1-e}-2e\right),\quad n^{(y)}=n^{(z)}=\frac{1}{2}(1-n^{(x)}). \tag{4.32}$$

如果椭球接近球形 ($e\ll 1$), 则近似地有

$$n^{(x)}=\frac{1}{3}-\frac{2}{15}e^2,\quad n^{(y)}=n^{(z)}=\frac{1}{3}+\frac{1}{15}e^2. \tag{4.33}$$

对于扁椭球 ($a=b>c$):

$$n^{(z)}=\frac{1+e^2}{e^3}(e-\arctan e),\quad n^{(x)}=n^{(y)}=\frac{1}{2}(1-n^{(z)}), \tag{4.34}$$

其中 $e=\sqrt{(a/c)^2-1}$. 如果 $e\ll 1$, 则

$$n^{(z)}=\frac{1}{3}+\frac{2}{15}e^2,\quad n^{(x)}=n^{(y)}=\frac{1}{3}-\frac{1}{15}e^2. \tag{4.35}$$

习 题

1. 试确定用柱坐标表示的带电圆盘 (半径为 a) 电场的表达式, 并求出圆盘上的电荷分布.

解: 通过在公式 (4.16) 中取极限 $c\to 0, z\to 0$, 并按照 (4.3) 式令比值 $z/c=\sqrt{1-r^2/a^2}$ (其中 $r^2=x^2+y^2$) 即可得到电荷分布. 由此得出

$$\sigma=\frac{e}{4\pi a^2}\left(1-\frac{r^2}{a^2}\right)^{-1/2}.$$

① 球和圆柱体的这些值, 当然和 §3 中习题 1 和 2 所得到的结果是一致的.

整个空间内的电势由 (4.19) 式 (其中令 $c=0$) 确定, 将 ξ 用 r 和 z 来表示并借助 (4.1) 式 (其中令 $c=0, u=\xi, a=b$), 得到

$$\varphi=\frac{e}{a}\arctan\left\{\frac{2a^2}{r^2+z^2-a^2+[(r^2+z^2-a^2)^2+4a^2z^2]^{1/2}}\right\}^{1/2}.$$

在圆盘边缘附近, 我们根据 $z=\rho\sin\theta, r=a-\rho\cos\theta(\rho\ll a)$ (图 10) 引进坐标 ρ 和 θ 代替 r 和 z, 求得

$$\varphi\approx\frac{e}{a}\left(\frac{\pi}{2}-\sqrt{\frac{2\rho}{a}}\sin\frac{\theta}{2}\right),$$

这与 §3 的习题 3 的普遍结果一致.

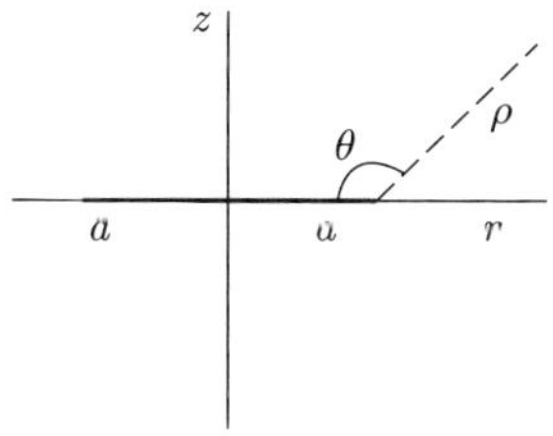

图 10

2. 试确定带电椭球的电四极矩.

解: 带电导体的四极矩张量定义为 $D_{ik}=e(3\overline{x_ix_k}-\overline{r^2}\delta_{ik})$, 其中 c 为它的总电荷, 而横线表示按以下规律

$$\overline{x_ix_k}=\frac{1}{e}\oint x_ix_k\sigma\mathrm{d}f$$

求得的平均值. 显然, 椭球轴同时是张量 D_{ik} 的主轴. 利用 (4.16) 式表示 σ, 并利用表达式

$$\mathrm{d}f=\frac{\mathrm{d}x\mathrm{d}y}{\nu_z}=\frac{\mathrm{d}x\mathrm{d}y}{z/c^2}\left(\frac{x^2}{a^4}+\frac{y^2}{b^4}+\frac{z^2}{c^4}\right)^{1/2}$$

(其中 $\boldsymbol{\nu}$ 为椭球表面法线方向的单位矢量) 表示椭球表面面元, 我们得到

$$\overline{z^2}=\frac{c}{4\pi ab}\int z\mathrm{d}x\mathrm{d}y=\frac{c^2}{3}$$

(对 $\mathrm{d}x\mathrm{d}y$ 的积分在被 xy 平面所切割出的椭球截面上进行两次). 因而

$$D_{xx}=\frac{e}{3}(2a^2-b^2-c^2),\quad D_{yy}=\frac{e}{3}(2b^2-a^2-c^2),\quad D_{zz}=\frac{e}{3}(2c^2-a^2-b^2).$$

3. 试求均匀外电场内未带电椭球表面上的电荷分布.

解: 根据 (1.9) 式, 我们有

$$\sigma = -\frac{1}{4\pi}\frac{\partial\varphi}{\partial n}\bigg|_{\xi=0} = -\left(\frac{1}{4\pi h_1}\frac{\partial\varphi}{\partial\xi}\right)_{\xi=0}$$

(按照 (4.5) 式, 沿椭球表面法线方向的长度元为 $h_1\mathrm{d}\xi$). 借助 (4.24) 式, 并考虑到

$$\nu_x = \frac{1}{h_1}\frac{\partial x}{\partial\xi}\bigg|_{\xi=0} = \frac{x}{2a^2h_1}\bigg|_{\xi=0},$$

当外电场在椭球的 x 轴方向时, 我们得到

$$\sigma = \mathfrak{E}\frac{\nu_x}{4\pi n^{(x)}}.$$

当外电场相对于椭球的 x, y, z 轴取任意方向时,

$$\sigma = \frac{1}{4\pi}\nu_i n_{ik}^{-1}\mathfrak{E}_k = \frac{1}{4\pi}\left[\frac{\nu_x}{n^{(x)}}\mathfrak{E}_x + \frac{\nu_y}{n^{(y)}}\mathfrak{E}_y + \frac{\nu_z}{n^{(z)}}\mathfrak{E}_z\right].$$

4. 试求均匀外电场内与场平行的未带电导体圆盘 (半径为 a) 上的电荷分布①, 并确定圆盘的偶极矩.

解: 我们把圆盘看作短半轴 c 趋近于零的旋转椭球的极限情况. 这时按照 (4.34) 式得出的以下规律

$$n^{(z)} = 1 - \frac{\pi c}{2a}, \quad n^{(x)} = n^{(y)} = \frac{\pi c}{4a}$$

沿该轴 (z 轴) 的退极化系数趋于 1, 而沿 x 轴和 y 轴的退极化系数趋于零. 旋转椭球面法线方向的单位矢量的分量 ν_x 按规律

$$\nu_x = \frac{x}{a^2}\left(\frac{x^2+y^2}{a^4} + \frac{z^2}{c^4}\right)^{-1/2} \to \frac{xc^2}{a^2z} = \frac{xc}{a^2}\left(1 - \frac{x^2+y^2}{a^2}\right)^{-1/2}$$

趋于零. 因此, 电荷密度为

$$\sigma = \mathfrak{E}\frac{\nu_x}{4\pi n^{(x)}} = \mathfrak{E}\frac{\rho\cos\varphi}{\pi^2\sqrt{a^2-p^2}},$$

式中 ρ, φ 为圆盘平面内的极坐标.

圆盘的电偶极矩由公式 (4.26) 确定, 等于

$$\mathscr{P} = \frac{4a^3}{3\pi}\mathfrak{E}.$$

① 对于垂直于电场放置的圆盘, 这个问题相当平庸; 在整个空间内场仍然保持均匀, 而在圆盘两侧感生出电荷 $\sigma = \pm\mathfrak{E}/(4\pi)$.

我们注意到, 它与 a^3 而不是与圆盘的“体积” a^2c 成正比.

5. 试确定未带电旋转椭球导体外的电势, 椭球的对称轴与均匀外场平行.

解: 对于长旋转椭球 ($a > b = c$, 场 $\mathfrak{E}$ 在 x 轴方向), 计算 (4.24) 式中的积分后, 我们得到

$$\varphi = -\mathfrak{E}x\left\{1 - \frac{\operatorname{artanh}\sqrt{\dfrac{a^2-b^2}{a^2+\xi}} - \sqrt{\dfrac{a^2-b^2}{a^2+\xi}}}{\operatorname{artanh}\sqrt{1-\dfrac{b^2}{a^2}} - \sqrt{1-\dfrac{b^2}{a^2}}}\right\}.$$

坐标 ξ 与坐标 x 和 $\rho = \sqrt{y^2+z^2}$ 的关系式为

$$\frac{\rho^2}{b^2+\xi} + \frac{x^2}{a^2+\xi} = 1,$$

而且在椭球外的空间内, $0 \leqslant \xi \leqslant \infty$.

对于扁椭球 ($a = b > c$), 场 $\mathfrak{E}$ 沿 z 轴方向. 为此, 在 (4.24) 式的积分内必须用 $s + c^2$ 代换 $s + a^2$, 并取 $\varphi_0 = -\mathfrak{E}z$, 结果得到

$$\varphi = -\mathfrak{E}z\left\{1 - \frac{\sqrt{\dfrac{a^2-c^2}{\xi+c^2}} - \arctan\sqrt{\dfrac{a^2-c^2}{\xi+c^2}}}{\sqrt{\dfrac{a^2}{c^2}-1} - \arctan\sqrt{\dfrac{a^2}{c^2}-1}}\right\},$$

而且坐标 ξ 与坐标 z 和 $\rho = \sqrt{x^2+y^2}$ 的关系为

$$\frac{\rho^2}{a^2+\xi} + \frac{z^2}{c^2+\xi} = 1.$$

6. 所求与上题相同, 但椭球的对称轴与外场垂直.

解: 对于长椭球 (场在 z 轴方向):

$$\varphi = -\mathfrak{E}z\left\{1 - \frac{\dfrac{\sqrt{\xi+a^2}}{\xi+b^2} - \dfrac{1}{\sqrt{a^2-b^2}}\operatorname{artanh}\sqrt{\dfrac{a^2-b^2}{\xi+a^2}}}{\dfrac{a}{b^2} - \dfrac{1}{\sqrt{a^2-b^2}}\operatorname{artanh}\sqrt{1-\dfrac{b^2}{a^2}}}\right\}.$$

对于扁椭球 (场在 x 轴方向),

$$\varphi = -\mathfrak{E}x\left\{1 - \frac{\dfrac{1}{\sqrt{a^2-c^2}}\arctan\sqrt{\dfrac{a^2-c^2}{\xi+c^2}} - \dfrac{\sqrt{\xi+c^2}}{a^2+\xi}}{\dfrac{1}{\sqrt{a^2-c^2}}\arctan\sqrt{\dfrac{a^2}{c^2}-1} - \dfrac{c}{a^2}}\right\}.$$

7. 设沿 z 轴方向 (在半空间 $z<0$ 内) 的均匀电场 $\mathfrak{E}$ 被一有圆孔的接地导电平面 $z=0$ 所限制. 试求导电平面上的场和电荷分布.

解: 我们把带有半径为 a 圆心在坐标原点处的圆孔的 xy 平面视为旋转单叶双曲面

$$\frac{\rho^2}{a^2-|\eta|}-\frac{z^2}{|\eta|}=1,\quad \rho^2=x^2+y^2$$

在 $|\eta|\to 0$ 时的极限情况. 这些双曲面代表 $c=0$ 的扁椭球坐标系的坐标平面族中的一族平面, 按照 (4.9) 式, 笛卡儿坐标 z 可用 ξ 和 η 表示为 $z=\sqrt{\xi|\eta|/a}$, 而平方根 $\sqrt{\xi}$ 则按照 z 处于上半空间或下半空间内分别取 $+$ 号或 $-$ 号.

我们要寻求形式为 $\varphi=-\mathfrak{E}zF(\xi)$ 的解, 并得到函数 $F(\xi)$ 为

$$F(\xi)=\text{const}\cdot\int\frac{\mathrm{d}\xi}{\xi^{3/2}(\xi+a^2)}=\text{const}\cdot\left(\frac{a}{\sqrt{\xi}}-\arctan\frac{a}{\sqrt{\xi}}\right)$$

(根据 $z\to\infty$, 即 $\sqrt{\xi}\to+\infty$ 时 $\varphi=0$ 的条件, 我们假定积分常数等于零). 这时, 含有负宗量的 arctan 函数必须理解为是

$$\arctan\frac{a}{-\sqrt{\xi}}=\pi-\arctan\frac{a}{\sqrt{\xi}}$$

而不是 $-\arctan(a/\sqrt{\xi})$. 否则在圆孔平面上 $(\xi=0)$ 电势的连续性会遭到破坏. 选择常系数使 $z\to-\infty$ (即 $\sqrt{\xi}\to-\infty$ 时, $\arctan(a/\sqrt{\xi})\to\pi$) 时, $\varphi=-\mathfrak{E}z$, 最后我们得到

$$\varphi=-\mathfrak{E}\frac{z}{\pi}\left[\arctan\frac{a}{\sqrt{\xi}}-\frac{a}{\sqrt{\xi}}\right]=-\mathfrak{E}\frac{\sqrt{|\eta|}}{\pi}\left[\frac{\sqrt{\xi}}{a}\arctan\frac{a}{\sqrt{\xi}}-1\right].$$

在导体表面 $\eta=0$, 如所预料, 电势变为零.

在离开小孔很大距离 $r=\sqrt{z^2+\rho^2}$ 处, 我们有 $\xi\approx r^2$, 于是电势的形式 (在上半空间内) 为

$$\varphi\approx\mathfrak{E}\frac{a^2}{3\pi}\frac{\sqrt{-\eta}}{\xi}=\mathfrak{E}\frac{a^3z}{3\pi r^3},$$

也即是电场是电偶极子型的场, 相应的电偶极矩为 $\mathscr{P}=\mathfrak{E}a^3/3\pi$.

场强随 r^{-3} 而减小, 因而通过无限远表面的电通量 (在上半空间 $z>0$ 内) 为零, 这表明, 穿过小圆孔的所有电力线在导体平面的上侧是闭合起来的.

导电平面上的电荷分布用以下方式计算:

$$\sigma=\mp\frac{1}{4\pi}\frac{\partial\varphi}{\partial z}\bigg|_{z=0}=\mp\frac{a}{4\pi\sqrt{\xi}}\frac{\partial\varphi}{\partial\sqrt{-\eta}}=\pm\mathfrak{E}\frac{1}{4\pi^2}\left[\arctan\frac{a}{\sqrt{\xi}}-\frac{a}{\sqrt{\xi}}\right],$$

式中 $\mp$ 号分别指平面的上侧和下侧. 根据联系 ξ 与 ρ、z 的公式

$$\frac{\rho^2}{a^2+\xi}+\frac{z^2}{\xi}=1,$$

在 $z=0$ 的平面上, 我们有 $\sqrt{\xi}=\pm\sqrt{\rho^2-a^2}$. 于是, 在导电平面下侧的电荷分布由公式

$$\sigma=-\mathfrak{E}\frac{1}{4\pi^2}\left(\pi-\arcsin\frac{a}{\rho}+\frac{a}{\sqrt{\rho^2-a^2}}\right)$$

给出. 当 $\rho\to\infty$ 时, 我们有 $\sigma=-\mathfrak{E}/4\pi$, 这正是我们所预料的. 在导电平面上侧

$$\sigma=-\mathfrak{E}\frac{1}{4\pi^2}\left(\frac{a}{\sqrt{\rho^2-a^2}}-\arcsin\frac{a}{\rho}\right).$$

在平面上侧感生出的总电荷是有限的, 等于

$$e'=\int_a^\infty\sigma\cdot2\pi\rho\mathrm{d}\rho=-\frac{a^2}{8}\mathfrak{E}.$$

8. 所求与上题相同, 但导电平面上的小孔是宽度为 $2b$ 的直狭缝.

解: 我们把沿 x 轴方向具有狭缝的 xy 平面看作双曲柱面

$$\frac{y^2}{b^2-|\eta|}-\frac{z^2}{|\eta|}=1$$

在 $|\eta|\to0$ 时的极限情况. 这些双曲柱面代表 $a\to\infty, c\to0$ 时的椭球坐标面族中的一族表面. 笛卡儿坐标 $z=\sqrt{\xi|\eta|/b}$.

和习题 7 一样, 我们要寻求的解的形式为 $\varphi=-\mathfrak{E}zF(\xi)$, 并得到函数 $F(\xi)$ 为

$$F=\text{const}\cdot\int\frac{\mathrm{d}\xi}{\xi^{3/2}\sqrt{\xi+b^2}}.$$

这里的系数和积分常数分别由 $z\to+\infty$ 和 $z\to-\infty$ (亦即 $\sqrt{\xi}\to+\infty$ 和 $\sqrt{\xi}\to-\infty$) 时 $F=0$ 和 $F=1$ 的条件求出, 最后得到

$$\varphi=\mathfrak{E}\frac{1}{2b}[\sqrt{\xi+b^2}\mp\sqrt{\xi}]\sqrt{|\eta|},$$

在上式中, 我们把根 $\sqrt{\xi}$ 理解为正值, 而 “$-$” 和 “$+$” 对应于区域 $z>0$ 和 $z<0$.

在上半空间内离开狭缝很远处, 我们有 $\xi\cong y^2+z^2=r^2$, 而电势为

$$\varphi\approx\mathfrak{E}\frac{b}{4}\sqrt{\frac{|\eta|}{\xi}}=\mathfrak{E}\frac{b^2z}{4r^2},$$

这即是单位长度狭缝具有电偶极矩 $\mathfrak{E}b^2/8$ 的二维电偶极子型的场 (见 §3 习题 2 中的公式).

导电平面上的电荷分布由下式给出:

$$\sigma=-\mathfrak{E}\frac{1}{8\pi}\left(\frac{|y|}{\sqrt{y^2-b^2}}\mp1\right).$$

在导体平面上侧感生的总电荷 (相对于单位长度狭缝) 等于

$$e' = 2\int_b^\infty \sigma dy = -\mathfrak{E}\frac{b}{4\pi}.$$

在狭缝边缘附近, 可以在 $\varphi(\xi,\eta)$ 的表达式中令 $\xi\to 0$, 且有

$$\eta \approx -2b\rho\sin^2\frac{\theta}{2},$$

其中 ρ,θ 为 yz 平面上的极坐标, 由狭缝边缘算起 $(y=b+\rho\cos\theta, z=\rho\sin\theta)$. 此时

$$\varphi \approx \mathfrak{E}\sqrt{\frac{b\rho}{2}}\sin\frac{\theta}{2},$$

这个结果与 §3 内习题 3 中 $\theta_0\ll 1$ 情况的结果相符.

§5 作用在导体上的力

导体的表面在电场内受到来自电场方面的确定的力的作用, 这些力容易用以下方式算出.

真空中电场内的动量流密度由熟知的麦克斯韦应力张量 ①

$$-\sigma_{ik} = \frac{1}{4\pi}\left(\frac{E^2}{2}\delta_{ik} - E_iE_k\right)$$

给出. 作用在导体表面元 $\mathrm{d}\boldsymbol{f}$ 上的力恰好就是从外面 "流入" 导体内的动量流, 即等于 $\sigma_{ik}\mathrm{d}f_k = \sigma_{ik}n_k\mathrm{d}f$ (由于法向矢量 $\boldsymbol{n}$ 指向导体外面, 而不是指向导体内部, 所以正负号改变). 因此, 量 $\sigma_{ik}n_k$ 为导体表面单位面积上所受的力 $\boldsymbol{F}_\mathrm{s}$. 考虑到在金属表面上场强 $\boldsymbol{E}$ 只有法向分量, 我们得到

$$\boldsymbol{F}_\mathrm{s} = \boldsymbol{n}\frac{E^2}{8\pi}, \tag{5.1}$$

或者引进面电荷密度 σ,

$$\boldsymbol{F}_\mathrm{s} = 2\pi\sigma^2\boldsymbol{n} = \frac{1}{2}\sigma\boldsymbol{E}.$$

因此, 导体表面受到 "负压力" 的作用, 这个力指向导体表面的外法线方向, 其数值等于电场的能量密度.

---

① 参见本教程第二卷 §33. 我们提醒大家, 应力张量 σ_{ik} 等于带负号的三维动量流密度张量.

作用在导体上的总力 $\boldsymbol{F}$, 可由将 (5.1) 式的力对导体的全部表面进行积分而求出①:

$$\boldsymbol{F}=\oint\frac{E^2}{8\pi}\mathrm{d}\boldsymbol{f}. \tag{5.2}$$

但是, 通常更方便的是按照力学的普遍规则, 对能量 $\mathscr{U}$ 求微商来算出这个量. 因此, 沿坐标轴 q 方向作用在导体上的力为 $-\partial\mathscr{U}/\partial q$, 这里的导数应当理解为导体整体地沿 q 轴方向平行移动时的能量变化. 这时能量必须用导体的电荷 (场源) 来表示, 并在保持电荷不变的条件下求微商. 用下角标 e 来标记这种情况, 我们写出

$$F_q=-\left(\frac{\partial\mathscr{U}}{\partial q}\right)_e. \tag{5.3}$$

类似地, 作用在导体上的总力矩在任何一个坐标轴上的投影等于

$$K=-\left(\frac{\partial\mathscr{U}}{\partial\psi}\right)_e, \tag{5.4}$$

其中 ψ 为导体整体地绕该轴转动的角度.

如果将能量表示为电势的函数, 而不是表示为导体电荷的函数, 则对利用这种函数来计算总作用力的问题需要作特别的研究. 问题在于, 要使运动导体上的电势维持不变, 必须求助于另外的物体. 例如, 把这个导体连接到另一个电容非常大的导体上 (“电荷库”), 可以保持该导体的电势不变. 当导体带电荷 e_a 时, 即从 “电荷库” 里取出这些电荷, 而这时 “电荷库” 由于电容很大, 电势 φ_a 并不会改变. 但是, 电荷库的能量减小了 $e_a\varphi_a$. 当整个导体系统都带上电荷 e_a 时, 与导体系统连接的 “库” 的能量总共改变了 $-\sum\limits_a e_a\varphi_a$. 量 $\mathscr{U}$ 内只包含所研究导体的能量, 而不包含 “库” 的能量. 在这种意义上可以说, $\mathscr{U}$ 属于能量非闭合系统. 因此, 对电势保持不变的导体系统而言, 起机械能作用的量不是 $\mathscr{U}$, 而是量

$$\widetilde{\mathscr{U}}=\mathscr{U}-\sum_a e_a\varphi_a. \tag{5.5}$$

把 (2.2) 式代入上式, 我们发现 $\widetilde{\mathscr{U}}$ 与 $\mathscr{U}$ 只相差一个正负号:

$$\widetilde{\mathscr{U}}=-\mathscr{U}. \tag{5.6}$$

保持电势不变条件下将 $\widetilde{\mathscr{U}}$ 对 q 求微商就得到力 F_q, 也就是

$$F_q=-\left(\frac{\partial\widetilde{\mathscr{U}}}{\partial q}\right)_\varphi=\left(\frac{\partial\mathscr{U}}{\partial q}\right)_\varphi. \tag{5.7}$$

① 在这些情况下, 我们不将这个公式应用于物体的真实表面, 而是应用于略微离开它一点距离的表面上, 以便排除物体表面近旁场结构的影响 (参见 §1).

因此, 作用于导体的力既可以在保持电荷不变条件下, 也可以在保持电势不变条件下对 $\mathscr{U}$ 取微商而得到, 唯一的差别是, 在第一种情况下导数必须取负号, 而在第二种情况下应取正号.

这一结果其实可以通过更为形式化的途径得到, 从微分恒等式

$$\mathrm{d}\mathscr{U} = \sum_a \varphi_a \mathrm{d}e_a - F_q \mathrm{d}q \tag{5.8}$$

出发, 把 $\mathscr{U}$ 看作是导体电荷和坐标 q 的函数; 这个恒等式反映了这样一个事实, 即 $\mathscr{U}$ 的偏导数 $\partial\mathscr{U}/\partial e_a = \varphi_a, \partial\mathscr{U}/\partial q = -F_q$. 把变量由 e_a 转换为 φ_a 后, 我们得到

$$\mathrm{d}\widetilde{\mathscr{U}} = -\sum_a e_a \mathrm{d}\varphi_a - F_q \mathrm{d}q, \tag{5.9}$$

由此得到 (5.7) 式.

在 §2 的末尾, 我们曾研究了导体在均匀外电场中的能量. 不言而喻, 在均匀外电场中, 作用于未带电导体上的总力等于零. 但是, 我们也可以利用能量表达式 (2.14) 来确定准均匀场 $\mathfrak{E}$ 中, 也即是在整个导体尺度范围内变化很小的场中, 导体上所受的力. 在这种场内, 在初步近似下仍可以从 (2.14) 式算出导体的能量, 而力 $\boldsymbol{F}$ 则定义为这一能量的梯度:

$$\boldsymbol{F} = -\operatorname{grad}\mathscr{U} = \frac{1}{2}\alpha_{ik} V \operatorname{grad}(\mathfrak{E}_i \mathfrak{E}_k). \tag{5.10}$$

至于总力矩 $\boldsymbol{K}$, 一般说来, 这个量甚至在均匀的外电场中也不为零. 根据力学的普遍法则, 通过研究导体的无穷小虚转动可以确定 $\boldsymbol{K}$. 在这种转动下, 能量变化与 $\boldsymbol{K}$ 的关系为 $\delta\mathscr{U} = -\boldsymbol{K}\cdot\delta\boldsymbol{\psi}$, 式中 $\delta\boldsymbol{\psi}$ 为转动角. 导体在均匀场内转动 $\delta\boldsymbol{\psi}$ 角相当于电场相对于导体转动 $-\delta\boldsymbol{\psi}$ 角. 此时场的变化为 $\delta\mathfrak{E} = -\delta\boldsymbol{\psi}\times\mathfrak{E}$, 而能量变化为

$$\delta\mathscr{U} = \frac{\partial\mathscr{U}}{\partial\mathfrak{E}}\cdot\delta\mathfrak{E} = -\delta\boldsymbol{\psi}\cdot\mathfrak{E}\times\frac{\partial\mathscr{U}}{\partial\mathfrak{E}}.$$

但从比较 (2.13) 式和 (2.14) 式可以看出, $\partial\mathscr{U}/\partial\mathfrak{E} = -\mathscr{P}$. 因此 $\delta\mathscr{U} = -\mathscr{P}\times\mathfrak{E}\cdot\delta\boldsymbol{\psi}$, 由此得

$$\boldsymbol{K} = \mathscr{P}\times\mathfrak{E}, \tag{5.11}$$

这和从真空中场论所得到的通常表达式一致.

如果作用在导体上的总力和总力矩等于零, 则导体在电场内保持静止, 于是与导体形变有关的效应 (称为**电致伸缩**) 提到首要地位. 作用在导体表面上的力 (5.1) 引起导体的形状和体积改变. 这时由于力的拉伸特性, 导体的体积增大. 但要完全确定形变, 必须在导体表面力的分布由 (5.1) 式给定条件下解弹性理论方程. 不过, 如果只对体积变化感兴趣, 问题的解法就要简单得多.

为此必须考虑到, 如果形变很小 (实际上电致伸缩就是这种情况), 则形状变化对体积变化所产生的影响是二级小量效应. 因此, 在初级近似下可以把体积变化看作形状不发生变化的形变, 亦即可以把它看成由某种有效剩余压强 ΔP 作用下的体膨胀, 这种有效剩余压强均匀分布于物体的表面, 代替了 (5.1) 式那样的精确分布. 将 ΔP 乘上物体的各向伸长系数 (均匀膨胀系数), 就得到体积的相对变化. 按照熟知的公式, 压强 ΔP 由导体的电能 $\mathscr{U}$ 对其体积的导数 $\Delta P = -\partial\mathscr{U}/\partial V$ 确定①.

假设引起形变的电场是由带电导体本身所产生的. 此时能量 $\mathscr{U} = e^2/(2C)$, 而压强为

$$\Delta P = -\frac{e^2}{2}\frac{\partial}{\partial V}\left(\frac{1}{C}\right).$$

当导体形状不变时, 导体的电容 (具有长度量纲的量) 与其线度成正比, 亦即正比于 $V^{1/3}$. 因此我们得到

$$\Delta P = \frac{e^2}{6CV} = \frac{e\varphi}{6V}. \tag{5.12}$$

如果未带电导体处于均匀的外电场 $\mathfrak{E}$, 则导体的能量由 (2.14) 式给出. 因此在这种情况下拉伸压强为

$$\Delta P = \frac{1}{2}\alpha_{ik}\mathfrak{E}_i\mathfrak{E}_k. \tag{5.13}$$

习 题

1. 设电容为 C (导体线度的数量级) 的小导体距离半径为 a ($a \gg C$) 的球形导体中心为 r. 假定从导体 C 至球面的距离 $r-a$ 只比 C 大, 但不比 a 大. 两导体用细导线连接使它们的电势 φ 相同. 试确定两个导体间的相互排斥力.

解: 由于导体 C 很小, 可以认为导体的电势为大球在 r 处所产生的电势 $\dfrac{\varphi a}{r}$ 和导体本身的电荷 e 所产生的电势 $\dfrac{e}{C}$ 之和. 由此, 我们得到 $\varphi = \dfrac{\varphi a}{r} + \dfrac{e}{C}$ 或 $e = C\varphi\left(1-\dfrac{a}{r}\right)$. 所要求的相互作用力 F 由导体 C 的电荷 e 与球的电荷 $a\varphi$ 之间的库仑排斥力

$$F = \frac{aC\varphi^2}{r^2}\left(1-\frac{a}{r}\right)$$

确定 (此表达式的正确程度精确到 C 的更高幂次的项) 这个力在 $r = 3a/2$ 处达到极大值 (在该点此力为 $F_{\max} = 4C\varphi^2/(27a)$), 在这一点的两侧力都在减小.

① 这样确定的量为导体本身作用于表面上的压强, 外部作用在表面的压强可由改变正负号得到.

2. 设带电球形导体被切为两半, 试确定两半球的相互斥力①.

解: 设两半球被无限狭窄的小缝分开, 我们通过在它们的表面上对 (5.1) 式给出的力在垂直于半球分界面的方向上的投影 $(E^2/8\pi)\cos\theta$ 进行积分, 来确定每一半球上所受的力 F. 在狭缝内, $E=0$, 而在球的外表面上, $E=\dfrac{e}{a^2}$, 这里 a 为球的半径, 而 e 为球上的总电荷. 结果我们得到

$$F=\frac{e^2}{8a^2}.$$

3. 所求与上题相同, 但导体球未带电并处于在垂直于分界面的均匀外电场 $\mathfrak{E}$ 内.

解: 与习题 2 相似, 不同的只是在球表面上 $E=3\mathfrak{E}\cos\theta$ (根据 §3 的习题 1). 于是所求的斥力为

$$F=\frac{9}{16}a^2\mathfrak{E}^2.$$

4. 试确定均匀外电场内的导体球的体积变化和形状变化.

解: 体积的变化为 $\Delta V/V=\Delta P/K$, 其中 K 为物质的全压缩模量, 而 ΔP 由 (5.13) 式确定. 对于球体, $\alpha_{ik}=\delta_{ik}\alpha=\dfrac{3}{4\pi}\delta_{ik}$ (α 从 §3 的习题 1 得出), 于是

$$\frac{\Delta V}{V}=\frac{3\mathfrak{E}^2}{8\pi K}.$$

形变的结果是球变成长椭球. 为了求出这个长椭球的偏心率, 可以把形变看作在导体体积内的均匀切变, 类似于在求总体积的变化时我们把形变看成是均匀的体膨胀一样.

形变物体的平衡条件, 可以表述为静电能和弹性能之和取极小的条件. 根据 (2.12) 和 (4.26) 式, 第一种能量等于

$$\mathscr{U}_{\mathrm{es}}=-\frac{V}{8\pi n}\mathfrak{E}^2\approx-\frac{3V}{8\pi}\mathfrak{E}^2-\frac{3V}{10\pi}\frac{a-b}{R}\mathfrak{E}^2,$$

其中 R 为球原来的半径, a 和 b 是椭球的半轴, 而

$$n\approx\frac{1}{3}-\frac{4}{15}\frac{a-b}{R}$$

为退极化系数 (见 (4.33) 式).

由于围绕场方向 (即 x 轴方向) 形变是轴对称的, 因而不为零的形变张量的分量只有 u_{xx} 和 $u_{yy}=u_{zz}$. 因为我们研究相对于形状变化的平衡, 这时可以假定体积不变, 即 $u_{ii}=0$. 因此弹性能可以写成

$$\mathscr{U}_{\mathrm{el}}=\frac{V}{2}u_{ik}\sigma_{ik}=\frac{V}{3}(\sigma_{xx}-\sigma_{yy})(u_{xx}-u_{yy}),$$

① 在习题 2 和 3 内均假设两半球的电势相同.

其中 σ_{ik} 是弹性应力张量 (参见本教程第七卷 §4). 于是我们有

$$\sigma_{xx}-\sigma_{yy}=2\mu(u_{xx}-u_{yy}),$$

式中 μ 为物质的剪切模量, 而 $u_{xx}-u_{yy}=(a-b)/R$. 因此

$$\mathscr{U}_{\text{el}}=\frac{2\mu(a-b)^2}{3R^2}V.$$

求出 $\mathscr{U}_{\text{es}}+\mathscr{U}_{\text{el}}$ 之和取极小值时的 $(a-b)$, 我们得到

$$\frac{a-b}{R}=\frac{9}{40\pi\mu}\mathfrak{E}^2.$$

5. 试求沿液态导体带电表平面上传播的波的频率和波长之间的关系 (在重力场内), 并求出这一表面的稳定性条件 (Я. И. 弗仑克尔, 1935).

解: 设波沿 x 轴方向传播, z 轴的方向竖直向上. 液体表面各点的竖直位移为 $\zeta=a\mathrm{e}^{\mathrm{i}(kx-\omega t)}$. 当表面静止时, 表面上方的场强为 $E_z=E=4\pi\sigma_0$, 而电势为 $\varphi=-4\pi\sigma_0 z$, 式中 σ_0 为面电荷密度. 我们将振动着的表面上方的电势写为

$$\varphi=-4\pi\sigma_0 z+\varphi_1,\quad \varphi_1=\text{const}\cdot\mathrm{e}^{\mathrm{i}(kx-\omega t)}\mathrm{e}^{-kz},$$

式中 φ_1 为满足方程 $\Delta\varphi_1=0$ 的小修正, 当 $z\to\infty$ 时, 它变为零. 沿整个导体表面电势必须为恒定值, 我们取其为零; 由此得到

$$\varphi_1\big|_{z=0}=4\pi\sigma_0\zeta.$$

根据 (5.1) 式, 作用在液体带电表面的附加负压强, 精确到 φ_1 的一次项等于

$$\frac{E^2}{8\pi}\approx\frac{E_z^2}{8\pi}\approx 2\pi\sigma_0^2+k\sigma_0\varphi_1\bigg|_{z=0}=2\pi\rho_0^2+4\pi\rho_0^2 k\zeta.$$

常数项 $2\pi\sigma_0^2$ 不重要 (可将其包含在恒定外压强内).

研究波内的流体力学运动完全类似于毛细波理论 (参见本教程第六卷 §62), 所不同的只是这里存在上面指出的附加压强. 在液体表面上, 我们得到边界条件

$$\rho g\zeta+\rho\frac{\partial\Phi}{\partial t}\bigg|_{z=0}-\alpha\frac{\partial^2\zeta}{\partial x^2}-4\pi\sigma_0^2 k\zeta=0,$$

其中 α 为表面张力系数, ρ 为液体的密度, 而 Φ 为液体的速度势. Φ 和 ζ 之间还存在下列的关系式:

$$\frac{\partial\zeta}{\partial t}=\frac{\partial\Phi}{\partial z}\bigg|_{z=0}.$$

将 $\zeta = a\mathrm{e}^{\mathrm{i}(kx-\omega t)}$ 和 $\varPhi = A\mathrm{e}^{\mathrm{i}(kx-\omega t)}\mathrm{e}^{-kz}$ 代入上两个关系式内 ($\varPhi$ 满足方程 $\Delta\varPhi = 0$), 并消去 a 和 A 后, 我们得到所求的 k 与 ω 之间的关系式为

$$\omega^2 = \frac{k}{\rho}(g\rho - 4\pi\sigma_0^2 k + \alpha k^2). \tag{1}$$

为了使液面是稳定的, 频率 ω 在 k 的任何取值下都必须为实数 (否则 ω 将为含有正的虚数部分的复数, 因子 $\mathrm{e}^{-\mathrm{i}\omega t}$ 将无限地增加). (1) 式右端为正值的条件为 $(4\pi\sigma_0^2)^2 - 4g\rho\alpha < 0$, 由此得

$$\sigma_0^4 < \frac{g\rho\alpha}{4\pi^2}.$$

这也就是稳定性条件.

6. 试求带电球形液滴的稳定性条件 (瑞利, 1882).

解: 球形液滴的静电能和表面能之和为

$$\mathscr{U} = \frac{e^2}{2C} + \alpha S,$$

式中 α 是液体的表面张力系数, C 为球形液滴的电容, S 是它的表面面积. 当球随着 e 的增加伸长变为椭球时发生不稳定性, 并且这种不稳定性发生于当 $\mathscr{U}$ 变成偏心率的递减函数时 (保持球形液滴体积不变). 球的形状始终对应于 $\mathscr{U}$ 的极值, 因此, 稳定性条件为

$$\left.\frac{\partial^2\mathscr{U}}{\partial(a-b)^2}\right|_{a=b} > 0,$$

式中 a 和 b 为椭球的半轴, 而进行微分时 $ab^2 = \mathrm{const}$. 利用熟知的椭球表面公式和它的电容公式 (4.18), 在经过较为冗长的计算后, 我们得到

$$e^2 < 16\pi a^3\alpha.$$

这个条件保证了液滴相对于小形变的稳定性. 但是, 它比相对于将液滴分裂为两个相同的小液滴的大形变的稳定性条件要弱 (小液滴的电荷为 $e/2$, 半径为 $a/2^{1/3}$), 这种大形变下的稳定性条件是

$$e^2 < 16\pi a^3\alpha\frac{2^{1/3}-1}{2-2^{1/3}} = 0.35\times 16\pi a^3\alpha.$$

第二章

介电体的静电学

§6 介电体内的静电场

我们现在转到研究另一类物质——介电体内的恒定电场.

介电体的基本性质是它的内部不可能流过恒定电流. 因此和导体不同, 介电体内的恒定电场强度完全不应等于零, 因而我们必须导出描写这种场的方程. 其中的一个方程通过对方程 (1.3) 求平均得到, 和前面一样为

$$\operatorname{rot} \boldsymbol{E} = 0. \tag{6.1}$$

对方程 $\operatorname{div} \boldsymbol{e} = 4\pi\rho$ 取平均值得到第二个方程:

$$\operatorname{div} \boldsymbol{E} = 4\pi\overline{\rho}. \tag{6.2}$$

现在我们假定没有任何外电荷被移到介电体内部; 这是一种最常见也是最重要的情况. 于是, 即使将介电体移入电场以后, 介电体全部体积内的总电荷仍然等于零:

$$\int \overline{\rho} \mathrm{d}V = 0.$$

这个任何形状的介电体都必须满足的积分关系式表明, 平均电荷密度可以写成某一矢量的散度的形式, 这个矢量通常用 $-\boldsymbol{P}$ 表示:

$$\overline{\rho} = -\operatorname{div} \boldsymbol{P}, \tag{6.3}$$

而且在介电体外 $\boldsymbol{P} = 0$. 实际上, 对一个环绕介电体并处处在介电体之外的表面所包含的体积积分, 我们得到

$$\int \overline{\rho} \mathrm{d}V = -\int \operatorname{div} \boldsymbol{P} \mathrm{d}V = -\oint \boldsymbol{P} \cdot \mathrm{d}\boldsymbol{f} = 0.$$

量 $\boldsymbol{P}$ 称为物体的**介电体极化矢量** (或简单地称为**极化矢量**); $\boldsymbol{P}$ 不等于零的介电体称为**极化介电体**. 矢量 $\boldsymbol{P}$ 不但决定体电荷密度 (6.3), 而且也决定分布于极化介电体表面的面电荷密度 σ. 如果在两个无限靠近的单位面积 (介电体表面夹在两个面积之间) 所围成的体积元内对 (6.3) 式积分, 并考虑到介质外面积上 $\boldsymbol{P}=0$, 我们得到 (和 (1.9) 式的推导比较):

$$\sigma = P_n, \tag{6.4}$$

其中 P_n 是矢量 $\boldsymbol{P}$ 在表面外法线方向上的分量.

为了阐明 $\boldsymbol{P}$ 的物理意义, 我们来研究介电体内全部电荷的总偶极矩. 与总电荷不同, 总偶极矩不应等于零. 根据偶极矩的定义, 它应是积分

$$\int \boldsymbol{r}\overline{\rho}\mathrm{d}V.$$

把 (6.3) 式的 $\overline{\rho}$ 代入上式, 再对包含整个物体的体积进行积分, 我们得到

$$\int \boldsymbol{r}\overline{\rho}\mathrm{d}V = -\int \boldsymbol{r}\,\mathrm{div}\,\boldsymbol{P}\mathrm{d}V = -\oint \boldsymbol{r}(\mathrm{d}\boldsymbol{f}\cdot\boldsymbol{P}) + \int (\boldsymbol{P}\cdot\nabla)\boldsymbol{r}\mathrm{d}V.$$

上式右端对表面的积分为零, 而在第二个积分内, 我们有 $(\boldsymbol{P}\cdot\nabla)\boldsymbol{r}=\boldsymbol{P}$, 于是

$$\int \boldsymbol{r}\overline{\rho}\mathrm{d}V = \int \boldsymbol{P}\mathrm{d}V. \tag{6.5}$$

由此可见, 极化矢量正是介电体单位体积的**电偶极矩** (或如通常所说**电矩**) ①.

把 (6.3) 式代入 (6.2) 式, 我们得到静电场的第二个方程为

$$\mathrm{div}\,\boldsymbol{D} = 0, \tag{6.6}$$

这里引入了一个新的量 $\boldsymbol{D}$, 定义为

$$\boldsymbol{D} = \boldsymbol{E} + 4\pi\boldsymbol{P} \tag{6.7}$$

称为**电感应强度**. 方程 (6.6) 是通过对构成介电体的电荷密度求平均值得到的. 如果从外面引入不属于介电体构成成分的电荷 (我们将称它为外电荷) 到介电体内, 那么, 在 (6.6) 式的右侧还应该添上外电荷密度:

$$\mathrm{div}\,\boldsymbol{D} = 4\pi\rho_{\mathrm{ex}}. \tag{6.8}$$

① 应该注意到, 介电体内的关系式 (6.3) 和介电体外的条件 $\boldsymbol{P}=0$ 本身, 还不足以单值地确定 $\boldsymbol{P}$; 在介电体的内部区域可在 $\boldsymbol{P}$ 上加上形如 $\mathrm{rot}\,\boldsymbol{f}$ 的任一矢量. 只有建立起和偶极矩的关系, 才能最终确定 $\boldsymbol{P}$.

在两种不同的介电体的分界面上,必须满足确定的边界条件. 其中一个条件是从方程 $\operatorname{rot}\boldsymbol{E}=0$ 得出的结果. 如果分界面的物理性质① 是均匀的, 那么, 这个条件要求电场强度的切向分量必须是连续的:

$$\boldsymbol{E}_{t1}=\boldsymbol{E}_{t2} \tag{6.9}$$

(和条件 (1.7) 的推导比较). 再从方程 $\operatorname{div}\boldsymbol{D}=0$, 可以得到第二个条件, 它要求分界面上的法向电感应强度分量必须连续:

$$D_{n1}=D_{n2} \tag{6.10}$$

实际上, 法向分量 $D_n=D_z$ 的突变表明导数 $\partial D_z/\partial z$ 从而 $\operatorname{div}\boldsymbol{D}$ 变成无穷大.

在介电体和导体的分界面上, $\boldsymbol{E}_t=0$, 而从 (6.8) 式得到法向分量的条件:

$$\boldsymbol{E}_t=0,\quad D_n=4\pi\sigma_{\mathrm{ex}}, \tag{6.11}$$

其中 σ_{ex} 是导体表面上的电荷密度 (参见 (1.8)、(1.9) 式).

§7 介电常量

要使方程 (6.1) 和 (6.6) 成为确定静电场的完备方程组, 还必须加上一个联系电感应强度 $\boldsymbol{D}$ 和电场强度 $\boldsymbol{E}$ 的关系式. 在绝大多数情况下, 可以假定这种关系是线性的. 这种线性关系相应于 $\boldsymbol{D}$ 展开为 $\boldsymbol{E}$ 的幂级数的首项, 并且与外电场远小于内部分子场有关.

$\boldsymbol{D}$ 对 $\boldsymbol{E}$ 的线性依赖关系, 在介电体为各向同性这一最重要的情况下, 具有特别简单的形式. 显然, 在各向同性的介电体内, 矢量 $\boldsymbol{D}$ 和 $\boldsymbol{E}$ 的方向应该相同. 因此, 它们之间的线性关系归结为简单的比例关系 ②:

$$\boldsymbol{D}=\varepsilon\boldsymbol{E}, \tag{7.1}$$

系数 ε 称为物质的**介电常量**, 它是物质的热力学状态的函数.

和电感应强度一样, 极化强度也和电场成正比:

$$\boldsymbol{P}=\varkappa\boldsymbol{E}\equiv\frac{\varepsilon-1}{4\pi}\boldsymbol{E}. \tag{7.2}$$

① 也就是指相互接触物体的组分、温度等. 如果介电体是晶体, 则表面应是晶面.

② 假定 $\boldsymbol{D}$ 与 $\boldsymbol{E}$ 同时变为零的这种依赖关系, 严格说来, 只有在物理性质 (组分、温度等) 为均匀的介电体内才是正确的. 在非均匀物体内即使 $\boldsymbol{E}=0$, $\boldsymbol{D}$ 的值也可以不为零, 其值由随物体位置变化的热力学量的梯度来决定. 不过这些项总是很小, 因此我们今后甚至在不均匀物体内也将用 (7.1) 式.

量 $\varkappa$ 称为物质的极化系数 (或物质的**介电极化率**). 下面 (§14) 将证明, 介电常量总是大于 1; 因而极化率也永远是正的. 可以认为, 稀疏介电体 (气体) 的极化率与其密度成正比.

在两种各向同性的介电体的分界面上, 边界条件 (6.9) 和 (6.10) 取如下形式:

$$\boldsymbol{E}_{t1} = \boldsymbol{E}_{t2}, \quad \varepsilon_1 E_{n1} = \varepsilon_2 E_{n2}. \tag{7.3}$$

由此可见, 电场强度的法向分量发生突变, 它与相应介电体的介电常量成反比地变化.

在均匀介电体内, $\varepsilon = \text{const}$, 于是从方程 $\operatorname{div}\boldsymbol{D} = 0$ 得出 $\operatorname{div}\boldsymbol{P} = 0$. 根据 (6.3) 式的定义, 这表明这种物体内不存在体电荷密度 (面电荷密度(6.4), 一般说来并不为零). 相反地, 如果介电体不是均匀的, 我们就得到不为零的体电荷密度:

$$\overline{\rho} = -\operatorname{div}\boldsymbol{P} = -\operatorname{div}\frac{\varepsilon-1}{4\pi\varepsilon}\boldsymbol{D} = -\frac{\boldsymbol{D}}{4\pi}\cdot\operatorname{grad}\frac{\varepsilon-1}{\varepsilon} = -\frac{\boldsymbol{E}}{4\pi\varepsilon}\cdot\operatorname{grad}\varepsilon.$$

如果按照 $E = -\operatorname{grad}\varphi$ 引入电势, 则方程 (6.1) 自动满足, 而方程 $\operatorname{div}\boldsymbol{D} = \operatorname{div}\varepsilon\boldsymbol{E} = 0$ 给出

$$\operatorname{div}(\varepsilon\operatorname{grad}\varphi) = 0. \tag{7.4}$$

这个方程只在均匀介电体内才变成通常的拉普拉斯方程. 边界条件 (7.3) 可以改写成如下的电势条件:

$$\left.\begin{aligned} \varphi_1 &= \varphi_2, \\ \varepsilon_1\frac{\partial\varphi_1}{\partial n} &= \varepsilon_2\tfrac{\partial\varphi_2}{\partial n}, \end{aligned}\right\} \tag{7.5}$$

(电势的切向导数连续性条件与 φ 本身的连续性条件完全等价).

在分块均匀的介电体内, 对每一均匀部分, 方程 (7.4) 都约化成拉普拉斯方程 $\Delta\varphi = 0$, 于是介电常量只是通过条件 (7.5) 出现在问题的解内. 但是这些条件只包含互相接触的两种介质的介电常量之比. 特别是, 求解被介电常量为 ε_1 的介电体所包围的介电常量为 ε_2 的介电体的静电学问题, 就归结为求解真空内介电常量为 $\varepsilon_2/\varepsilon_1$ 的介电体的静电学问题.

现在我们来研究一个问题: 如果导体不是在真空内, 而是处于各向同性均匀介电体包围之中, 前一节所得到的关于导体静电场的结果应如何改变? 在两种情况下, 电势的分布都可用方程 $\Delta\varphi = 0$ 来描写, 其边界条件仍为在导体表面 φ 保持不变, 所不同的只是原来的电场法向分量与面电荷密度的关系式 $E_n = -\partial\varphi/\partial n = 4\pi\sigma$, 现在换成了

$$D_n = -\varepsilon\frac{\partial\varphi}{\partial n} = 4\pi\sigma. \tag{7.6}$$

由此可见, 真空内带电导体的电场问题的解, 可通过对电势和电荷作形式代换: $\varphi \to \varepsilon\varphi$, $e \to e$, 或者 $\varphi \to \varphi$, $e \to e/\varepsilon$, 转换成介电体内相同问题的解. 当导体的电荷给定时, 电势和电场强度与它们在真空内的数值比较, 减小为原来的 $1/\varepsilon$: 场的这种减小可以直观地解释为导体上的电荷被邻接的极化介电体上的面电荷所部分 "屏蔽" 的结果. 如果导体的电势保持不变, 则电场也保持不变, 但导体的电荷增加为原来的 ε 倍①.

最后应该指出, 在静电学中, 可以形式地把导体 (未带电的) 看作为介电常量为无限大的物体, 这也就是说导体对外电场的影响和 $\varepsilon \to \infty$ 的介电体 (相同形状的) 所产生的影响相同. 实际上, 由于电感应强度 $\boldsymbol{D}$ 的边界条件是有限的, 因此在物体内部, 即使在 $\varepsilon \to \infty$ 时, 电感应强度也必须保持为有限, 表明在这种场内 $\boldsymbol{E} = 0$, 这和导体的性质是一致的.

习　　题

1. 点电荷 e 与两种不同介电体的分界平面的距离为 h, 试确定点电荷 e 所产生的电场.

解: 设在介质 1 内电荷 e 所在的点为 O 点, 而它在分界面另一侧的镜像 (在介质 2 内) 为 O' 点 (图 11). 我们将把介质 1 内的电场当作两个点电荷——电荷 e 和 O' 点上的虚电荷 e'——所产生的电场 (对照 §3 的镜像法) 来处理:

$$\varphi_1 = \frac{e}{\varepsilon_1 r} + \frac{e'}{\varepsilon_1 r'},$$

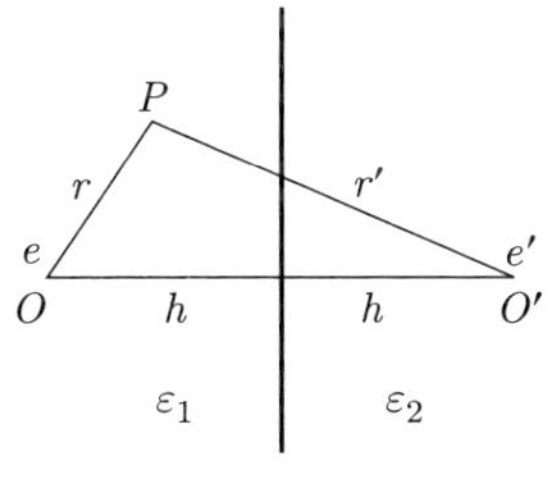

图 11

式中 r, r' 分别是观测点至 O 点和 O' 点的距离. 而把介质 2 内的场则当作是 O 点的虚电荷 e'' 所产生的场:

$$\varphi_2 = \frac{e''}{\varepsilon_2 r}.$$

① 特别是由此得出, 在电容器中充满介电体的情况下, 电容器的电容增加为原来的 ε 倍.

在分界平面上 ($r=r'$), 必须满足条件 (7.5), 从这些条件我们得到方程:

$$e-e'=e'',\quad \frac{e+e'}{\varepsilon_1}=\frac{e''}{\varepsilon_2};$$

由此得到

$$e'=e\frac{\varepsilon_1-\varepsilon_2}{\varepsilon_1+\varepsilon_2},\quad e''=e\frac{2\varepsilon_2}{\varepsilon_1+\varepsilon_2}. \tag{1}$$

当 $\varepsilon_2\to\infty$ 时, 我们有 $e'=-e,\varphi_2=0$; 也就是我们又回到 §3 中得到的导电平面附近的点电荷所产生的场的结果.

作用在电荷 e 上的力 (**镜像力**) 等于

$$F=\frac{ee'}{(2h)^2\varepsilon_1}=\left(\frac{e}{2h}\right)^2\frac{\varepsilon_1-\varepsilon_2}{\varepsilon_1(\varepsilon_1+\varepsilon_2)};$$

$F>0$ 对应于斥力.

2. 所求与上题同, 设带电的无限长直导线与分界平面平行, 且距分界面的距离为 h.

解: 和前一问题的解法完全相似, 所不同的只是在两种介质内的电势为

$$\varphi_1=-\frac{2e}{\varepsilon_1}\ln r-\frac{2e'}{\varepsilon_1}\ln r',\quad \varphi_2=-\frac{2e''}{\varepsilon_2}\ln r,$$

式中 e, e', e'' 分别是单位长度导线及其"镜像"上的电荷, 而 r, r' 是在与导线垂直的平面内的相应的距离. 对于 e, e' 和 e'', 我们得到和 (1) 式相同的表达式, 而作用在单位长度导线上的力为

$$F=\frac{2ee'}{2h\varepsilon_1}=\frac{e^2(\varepsilon_1-\varepsilon_2)}{h\varepsilon_1(\varepsilon_1+\varepsilon_2)}.$$

3. 设在介电常量为 ε_1 的介质内带电的无限长直导线与半径为 a 的圆柱体 ($\varepsilon=\varepsilon_2$) 平行且与其轴距离为 b ($b>a$), 试求这导线所产生的场 ①.

解: 我们把介质 1 内的场当作这样的三条导线在均匀介电体 ε_1 内所产生的场, 其中一条为实的带电导线 (通过图 12 中的 O 点), 单位长度带电荷 e, 其他两条为分别通过 A 点和 O' 点的虚带电导线, 单位长度上分别带电荷 e' 和 $-e'$. A 点至圆心的距离为 $AO'=a^2/b$; 此时圆周上的所有点分别至 O 点和 A 点的距离 r 和 r' 保持恒定的比值 $\dfrac{r'}{r}=\dfrac{a}{b}$, 因而在这圆周上边界条件能够满足. 同样, 把介质 2 内的场当作通过 O 点的导线上的虚电荷 e'' 在均匀介质 ε_2 内所产生的场来求.

① 介电球附近的点电荷的类似问题不能在有限形式下解出.

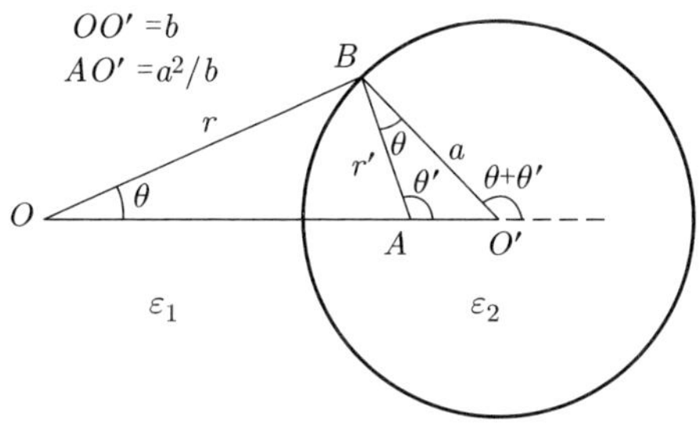

图 12

分界面上的边界条件, 可以方便地用电势 $\varphi(\boldsymbol{E}=-\operatorname{grad}\varphi)$ 和由 $\boldsymbol{D}=\operatorname{rot}\boldsymbol{A}$ (与方程 $\operatorname{div}\boldsymbol{D}=0$ 一致) 所定义的矢势 $\boldsymbol{A}$ (参见 §3) 表示出来; 在平面问题中, 矢量 $\boldsymbol{A}$ 的方向指向 z 轴 (即垂直于图平面). 于是 $\boldsymbol{E}$ 的切向分量和 $\boldsymbol{D}$ 的法向分量为连续的条件与以下条件等价:

$$\varphi_1=\varphi_2,\quad A_1=A_2.$$

带电导线所产生的场用极坐标 r,θ 表示为

$$\varphi=-\frac{2e}{\varepsilon}\ln r+\text{const}\,,\quad A=2e\theta+\text{const}$$

(与 (3.18) 式比较). 因此, 边界条件为

$$\frac{2}{\varepsilon_1}(-e\ln r-e'\ln r'+e'\ln a)=-\frac{2e''}{\varepsilon_2}\ln r+\text{const}\,,$$

$$2[e\theta+e'\theta'-e'(\theta+\theta')]=2e''\theta$$

(各个角的符号如图 12 所示; 利用了三角形 $OO'B$ 和 $BO'A$ 之间的相似). 由此得出: $\varepsilon_2(e+e')=\varepsilon_1e''$, $e-e'=e''$, 而且对 e' 和 e'' 重新得到习题 1 的 (1) 式.

作用于带电导线单位长度上的力与 OO' 平行, 并等于

$$F=eE=\frac{2ee'}{\varepsilon_1}\left(\frac{1}{OA}-\frac{1}{OO'}\right)=\frac{2e^2(\varepsilon_1-\varepsilon_2)a^2}{\varepsilon_1(\varepsilon_1+\varepsilon_2)b(b^2-a^2)}$$

($F>0$ 对应于斥力). 在 $a,b\to\infty, b-a\to h$ 的极限情况下, 上式转变为习题 1 的结果.

4. 所求与上题一样, 但导线通过介电常量为 ε_2 的圆柱体内部 ($b<a$).

解: 我们把介质 2 内的所要求的场当作实导线 e (图 13 中的 O 点) 和通过圆柱外 A 点的虚导线 e' 所产生的场. 而所要求的介质 1 内的场则为通过 O

和 O' 且所带电荷分别为 e'' 和 $e-e''$ 的导线所产生的场. 利用和前一习题相同的方法, 我们得到

$$e' = -e\frac{\varepsilon_1-\varepsilon_2}{\varepsilon_1+\varepsilon_2}, \quad e'' = e\frac{2\varepsilon_1}{\varepsilon_1+\varepsilon_2}.$$

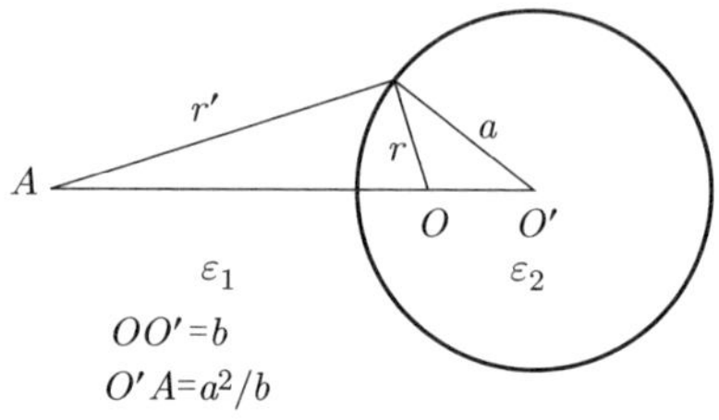

图 13

导线所受到的圆柱体的斥力 ($\varepsilon_2>\varepsilon_1$ 时) 为

$$F = \frac{2ee'}{\varepsilon_2}\frac{1}{OA} = \frac{2e^2(\varepsilon_2-\varepsilon_1)b}{\varepsilon_2(\varepsilon_1+\varepsilon_2)(a^2-b^2)}.$$

5. 试证明: 由 $\boldsymbol{r}_A$ 点处的点电荷 e 在任意非均匀介电体内的 $\boldsymbol{r}_B$ 点处所产生的电势 $\varphi_A(\boldsymbol{r}_B)$, 等于由 $\boldsymbol{r}_B$ 点处的相同电荷在 $\boldsymbol{r}_A$ 点处所产生的电势 $\varphi_B(\boldsymbol{r}_A)$.

解: 电势 $\varphi_A(\boldsymbol{r})$ 和 $\varphi_B(\boldsymbol{r})$ 分别满足下列方程:

$$\operatorname{div}(\varepsilon\nabla\varphi_A) = -4\pi e\delta(\boldsymbol{r}-\boldsymbol{r}_A), \quad \operatorname{div}(\varepsilon\nabla\varphi_B) = -4\pi e\delta(\boldsymbol{r}-\boldsymbol{r}_B).$$

用 φ_B 乘上面的第一个等式, φ_A 乘第二个等式, 然后两式逐项相减, 我们得到

$$\operatorname{div}(\varphi_B\varepsilon\nabla\varphi_A) - \operatorname{div}(\varphi_A\varepsilon\nabla\varphi_B) = -4\pi e\delta(\boldsymbol{r}-\boldsymbol{r}_A)\varphi_B(\boldsymbol{r}) + 4\pi e\delta(\boldsymbol{r}-\boldsymbol{r}_B)\varphi_A(\boldsymbol{r}).$$

把这个等式对全空间积分, 就得到所求的关系式

$$\varphi_A(\boldsymbol{r}_B) = \varphi_B(\boldsymbol{r}_A).$$

§8 介电椭球

处于均匀外电场内的介电椭球的极化具有一些别具一格的特性, 唤起了人们的特别兴趣.

我们首先来研究一个简单的特殊情况——外电场 $\mathfrak{E}$ 内的介电球. 我们用 $\varepsilon^{(i)}$ 表示介电球的介电常量, 而用 $\varepsilon^{(e)}$ 表示球外介质的介电常量. 选择球面坐

标系的原点在球心上 (极角 θ 从 $\mathfrak{E}$ 方向算起), 我们将求出形式为

$$\varphi^{(e)} = -\mathfrak{E}\cdot\boldsymbol{r} + A\mathfrak{E}\cdot\frac{\boldsymbol{r}}{r^3}$$

的球外电势; 其中第一项是外加电场的电势, 而第二项则给出所要求的在无穷远处变为零的球所引起的电势变化 (与 §3 习题 1 的解比较). 我们所求的球内的电势形为

$$\varphi^{(i)} = -B\mathfrak{E}\cdot\boldsymbol{r};$$

这是唯一一个满足拉普拉斯方程、在球心上保持有限, 并且仅依赖于问题中包含的唯一参数恒定矢量 $\mathfrak{E}$ 的函数.

常数 A 和 B 由球面上的边界条件确定. 但我们立刻注意到球内的电场 $\boldsymbol{E}^{(i)} = B\mathfrak{E}$ 是均匀的, 它和外加场的差别只是绝对值不同.

电势的连续性边界条件给出

$$\boldsymbol{E}^{(i)} = \mathfrak{E}\left(1 - \frac{A}{R^3}\right)$$

(R 是球的半径), 而电感应强度法向分量的连续性条件为

$$\boldsymbol{D}^{(i)} = \varepsilon^{(e)}\mathfrak{E}\left(1 + \frac{2A}{R^3}\right).$$

从这两个等式内消去 A, 我们得到

$$\frac{1}{3}(\boldsymbol{D}^{(i)} + 2\varepsilon^{(e)}\boldsymbol{E}^{(i)}) = \varepsilon^{(e)}\mathfrak{E} \tag{8.1}$$

或者, 将 $\boldsymbol{D}^{(i)} = \varepsilon^{(i)}\boldsymbol{E}^{(i)}$ 代入上式, 于是

$$\boldsymbol{E}^{(i)} = \frac{3\varepsilon^{(e)}}{2\varepsilon^{(e)} + \varepsilon^{(i)}}\mathfrak{E}. \tag{8.2}$$

无限长介电圆柱体处于与其轴垂直的外电场中的问题, 可以用完全类似的方法解出 (与 §3 的习题 2 比较). 柱体内的场, 就如同上一个例子中的球内的场一样, 也是均匀的. 它满足关系式

$$\frac{1}{2}(\boldsymbol{D}^{(i)} + \varepsilon^{(e)}\boldsymbol{E}^{(i)}) = \varepsilon^{(e)}\mathfrak{E}, \tag{8.3}$$

或

$$\boldsymbol{E}^{(i)} = \frac{2\varepsilon^{(e)}}{\varepsilon^{(i)} + \varepsilon^{(e)}}\mathfrak{E}. \tag{8.4}$$

关系式 (8.1) 和 (8.3) 不显含球体或柱体的介电常量 $\varepsilon^{(i)}$ 具有特别重要的意义, 因为这两个关系式的正确性和物体内 $\boldsymbol{E}$ 与 $\boldsymbol{D}$ 间的线性关系无关; 在任

何形式的依赖关系下 (包括各向异性物体) 它们都成立. 类似的关系式, 如对于处于纵向场内的圆柱体的

$$\boldsymbol{E}^{(i)} = \mathfrak{E} \tag{8.5}$$

和对于处在与板垂直的电场中的平行平面板的

$$\boldsymbol{D}^{(i)} = \varepsilon^{(e)}\mathfrak{E}, \tag{8.6}$$

也都具有同样的特征; 这些关系式可从边界条件直接看出.

一般说来, 只要是放在均匀的外电场内, 所有的椭球不论其半轴 a、b、c 的比值如何都具有在其内部产生均匀电场的性质. 利用椭球坐标求解介电椭球的极化问题, 和在 §4 中解导电椭球的对应问题相似.

我们再一次来求形式为 (4.22) 式 $\varphi_e' = \varphi_0 F(\xi)$ 的椭球外的电势, 其中的函数 $F(\xi)$ 从 (4.23) 得出. 椭球内的电势 φ_i 不可能包含这样的函数, 因为它不满足在整个椭球体积内场有限这一条件. 实际上, 我们来研究表面 $\xi = -c^2$, 它是椭球体积内 xy 平面中被半轴为 $(a^2-c^2)^{1/2}$ 和 $(b^2-c^2)^{1/2}$ 的椭圆包围的那部分. 当 $\xi \to -c^2$ 时, 积分 (4.23) 表现得和 $\sqrt{\xi + c^2}$ 一样. 因此, 电场场强, 也即是电势梯度, 将如同 $(\xi + c^2)^{-1/2}$ 一样变化, 而当 $\xi = -c^2$ 时趋向于无穷大. 因此, 对于椭球内的场只有 $F(\xi) =$ 常数的解才适合, 亦即应当寻求的 φ_i 的形式是

$$\varphi_i = B\varphi_0.$$

我们看到, 电势 φ_i 和均匀电势 φ_0 的差别只是多一个常数因子. 换句话说, 在椭球内的场是均匀的.

我们将不在此写出椭球外的电场公式. 其实, 无须实际写出边界条件, 只利用一些我们已熟知的结果, 就可以求得椭球内的均匀电场.

首先我们假定椭球位于真空内 ($\varepsilon^{(e)} = 1$). 于是在矢量 $\boldsymbol{E}^{(i)}$, $\boldsymbol{D}^{(i)}$ 和 $\mathfrak{E}$ (它们的方向都相同, 即沿着 x 轴方向) 之间应当存在以下线性关系:

$$aE_x^{(i)} + bD_x^{(i)} = \mathfrak{E}_x,$$

其中系数 a, b 和椭球的介电常量 $\varepsilon^{(i)}$ 无关, 只依赖于椭球的形状. 这种线性关系的存在可以从边界条件的形式得出, 上面我们已经通过球体和圆柱体的例子, 证明了这一点.

为要确定 a 和 b, 我们注意到, 在平庸的 $\varepsilon^{(i)} = 1$ 的特殊情况下, 简单地有 $\boldsymbol{E} = \boldsymbol{D} = \mathfrak{E}$; 由此得到 $a + b = 1$. 另一个我们所熟知的特殊情况是导电椭球. 在导体内 $\boldsymbol{E}^{(i)} = 0$, 而电感应强度 $\boldsymbol{D}^{(i)}$ 没有直接的物理意义, 但是可以把它看成是一个和椭球的总偶极矩之间关系为

$$\boldsymbol{D}^{(i)} = 4\pi\boldsymbol{P} = \frac{4\pi}{V}\mathscr{P}$$

的纯形式的量. 根据 (4.26) 式, 这时应有

$$D_x^{(i)} = \frac{\mathfrak{C}_x}{n^{(x)}},$$

也即是系数 $b = n^{(x)}$, 因而 $a = 1 - n^{(x)}$.

这样一来, 我们就得到关系式 ①:

$$(1 - n^{(x)})E_x^{(i)} + n^{(x)}D_x^{(i)} = \mathfrak{C}_x, \tag{8.7}$$

或

$$E_x^{(i)} = \mathfrak{C}_x - 4\pi n^{(x)}P_x. \tag{8.8}$$

量 $4\pi n^{(x)}P_x$ 称为**退极化场**.

对于 y 轴和 z 轴方向的场, 这样的关系式也是正确的, 只是其中的系数要改为 $n^{(y)}, n^{(z)}$. 这些关系式就像两个特别的公式 (8.1) 与 (8.3) 那样, 不论椭球内 $\boldsymbol{E}$ 和 $\boldsymbol{D}$ 的关系如何, 它们都适用.

令 $D_x^{(i)} = \varepsilon^{(i)}E_x^{(i)}$, 从 (8.7) 式我们得到椭球内的电场强度为

$$E_x^{(i)} = \frac{\mathfrak{C}_x}{1 + (\varepsilon^{(i)} - 1)n^{(x)}}, \tag{8.9}$$

而椭球的总偶极矩为

$$\mathscr{P}_x = VP_x = \frac{1}{4\pi}(\varepsilon^{(i)} - 1)VE_x^{(i)} = \frac{abc}{3}\frac{\varepsilon^{(i)} - 1}{1 + (\varepsilon^{(i)} - 1)n^{(x)}}\mathfrak{C}_x. \tag{8.10}$$

如果场 $\mathfrak{C}$ 在三个轴上都有分量, 那么椭球内的场仍然是均匀的, 但是, 一般说来不与 $\mathfrak{C}$ 平行. 对任意选择的坐标系, 可以把关系式 (8.7) 写成普遍形式:

$$E_i^{(i)} + n_{ik}(D_k^{(i)} - E_k^{(i)}) = \mathfrak{C}_i. \tag{8.11}$$

通过用 $\varepsilon^{(i)}/\varepsilon^{(e)}$ 代替 $\varepsilon^{(i)}$ 的办法, 即可很简单地转换到介电体的介电常量不为 1 的情况. 这时 (8.7) 式取以下形式:

$$(1 - n^{(x)})\varepsilon^{(e)}E_x^{(i)} + n^{(x)}D_x^{(i)} = \varepsilon^{(e)}\mathfrak{C}_x. \tag{8.12}$$

特别是, 这个公式可以应用于无限介电体内椭球形小孔内的电场上, 为此, 必须令 $\varepsilon^{(i)} = 1$.

---

① 类似的公式对于均匀外磁场中的磁化椭球也是正确的 (参见 §29). 与此相关, 量 $n^{(x)}, n^{(y)}, n^{(z)}$ 称为**退磁系数**.

习 题①

1. 试求作用于均匀电场内旋转椭球上的力矩.

解: 根据普遍公式 (16.13), 作用在椭球上的力矩等于 $\boldsymbol{K} = \mathscr{P} \times \mathfrak{E}$, 式中 $\mathscr{P}$ 是椭球的偶极矩. 在旋转椭球内, 矢量 $\mathscr{P}$ 位于通过对称轴和 $\mathfrak{E}$ 方向的平面内. 力矩方向与这个平面垂直, 利用 (8.10) 式进行计算, 可得到它的大小为

$$K = \frac{(\varepsilon-1)^2|1-3n|V\sin 2\alpha}{8\pi(n\varepsilon+1-n)[(1-n)\varepsilon+1+n]}\mathfrak{E}^2,$$

其中 α 是 $\mathfrak{E}$ 的方向和椭球的对称轴之间的夹角, 而 n 是沿这个轴的退极化系数 (于是在与这个轴垂直的方向上, 退极化系数为 $(1/2)(1-n)$). 力矩的方向是, 它力图把长椭球 ($n<1/3$) 和扁椭球 ($n>1/3$) 的对称轴分别转到与场平行和垂直的位置上.

对导电椭球 ($\varepsilon\to\infty$), 我们得到

$$K = \frac{|1-3n|}{8\pi n(1-n)}V\mathfrak{E}^2\sin 2\alpha.$$

2. 设空心介电体球 (介电常量为 ε, 内外半径分别为 b 和 a) 位于均匀外电场 $\mathfrak{E}$ 内, 试确定球腔内的场.

解: 和正文中解实心球的场类似, 我们所要寻求的球外真空内 (区域 1) 和球腔内 (区域 3) 的电势的形式分别为

$$\varphi_1 = -\mathfrak{E}\cos\theta\left(r-\frac{A}{r^2}\right),\quad \varphi_3 = -B\mathfrak{E}r\cos\theta,$$

而介电层内的电势 (区域 2) 形式为

$$\varphi_2 = -C\mathfrak{E}\cos\theta\left(r-\frac{D}{r^2}\right),$$

式中 A, B, C, D 为常数, 由 φ 和 $\varepsilon\dfrac{\partial\varphi}{\partial r}$ 在 $1-2$ 边界和 $2-3$ 边界上的连续性条件定出. 因此, 在球腔内的电场 $\boldsymbol{E}_3 = B\mathfrak{E}$ 是均匀的 (球壳形介电体层内的场 $\boldsymbol{E}_2$ 是非均匀的). 计算常数, 得到下面的结果:

$$\boldsymbol{E}_3 = \mathfrak{E}\frac{9\varepsilon}{(\varepsilon+2)(2\varepsilon+1)-2(\varepsilon-1)^2(b/a)^3}.$$

3. 试求处于均匀横向电场内的空心介电圆柱体内部的电场②.

① 这一节的三个习题中均假定椭球在真空内.

② 在纵向场内答案显然为 $\boldsymbol{E}_3 = \mathfrak{E}$.

解: 与上题类似地求解, 结果为:

$$\boldsymbol{E}_3 = \mathfrak{C}\frac{4\varepsilon}{(\varepsilon+1)^2-(\varepsilon-1)^2(b/a)^2}.$$

§9 混合物的介电常量

如果物质是小颗粒分散混合物 (乳胶体、粉状混合物等), 那么我们可以研究对大于不均匀性线度的体积求得的平均电场. 对这种平均场来说, 混合物是均匀和各向同性的介质, 因而可以采用介电常量的有效值描写这种介质的特征, 我们把它表示为 ε_{mix}. 如果 $\overline{\boldsymbol{E}}$ 和 $\overline{\boldsymbol{D}}$ 是按上述方式求得的平均电场强度和平均电感应强度, 则按照 ε_{mix} 的定义, 有

$$\overline{\boldsymbol{D}} = \varepsilon_{\text{mix}}\overline{\boldsymbol{E}}. \tag{9.1}$$

如果混合物的所有粒子都是各向同性的, 而它们的介电常量之差小于 ε 本身, 那么就可以在普遍形式下算出 ε_{mix} 值, 其精确度达到上述差值的二阶项.

现在把电场强度的局域值写成 $\boldsymbol{E} = \overline{\boldsymbol{E}} + \delta\boldsymbol{E}$, 而介电常量的局域值写成 $\overline{\varepsilon} + \delta\varepsilon$, 其中

$$\overline{\varepsilon} = \frac{1}{V}\int \varepsilon \mathrm{d}V \tag{9.2}$$

是对整个体积所求得的平均值. 于是电感应强度的平均值为

$$\overline{\boldsymbol{D}} = \overline{(\overline{\varepsilon}+\delta\varepsilon)(\overline{\boldsymbol{E}}+\delta\boldsymbol{E})} = \overline{\varepsilon}\overline{\boldsymbol{E}} + \overline{\delta\varepsilon\delta\boldsymbol{E}} \tag{9.3}$$

(因为按照 $\delta\varepsilon$ 和 $\delta\boldsymbol{E}$ 的定义, 它们的平均值等于零). 在零级近似下, $\varepsilon_{\text{mix}} = \overline{\varepsilon}$; 于是不为零的第一个修正项当然是 $\delta\varepsilon$ 的二阶项, 如 (9.3) 式所示.

从未平均方程 $\operatorname{div}\boldsymbol{D} = 0$, 精确到一阶小量项, 我们得到

$$\operatorname{div}(\overline{\varepsilon}+\delta\varepsilon)(\overline{\boldsymbol{E}}+\delta\boldsymbol{E}) = \overline{\varepsilon}\operatorname{div}\delta\boldsymbol{E} + \overline{\boldsymbol{E}}\cdot\nabla\delta\varepsilon = 0. \tag{9.4}$$

(9.3) 式中对乘积 $\delta\varepsilon\delta\boldsymbol{E}$ 求平均值, 可分成两步进行. 首先按同一物质的粒子体积作平均, 也即是在给定的 $\delta\varepsilon$ 值下求平均值. 从 (9.4) 式很容易地得到这样做的 $\delta\boldsymbol{E}$ 的平均值. 也就是说, 由于混合物整个说来是各向同性的, 我们有

$$\frac{\partial}{\partial x}\overline{\delta E_x} = \frac{\partial}{\partial y}\overline{\delta E_y} = \frac{\partial}{\partial z}\overline{\delta E_z} = \frac{1}{3}\operatorname{div}\overline{\delta\boldsymbol{E}}.$$

如果, 比如说, 矢量 $\overline{\boldsymbol{E}}$ 的方向沿 x 轴, 则由 (9.4) 式我们有

$$3\bar{\varepsilon}\frac{\partial}{\partial x}\overline{\delta E_x} = -\overline{E_x}\frac{\partial \delta\varepsilon}{\partial x},$$

由此得到

$$\overline{\delta E_x} = -\frac{\overline{E_x}}{3\bar{\varepsilon}}\delta\varepsilon.$$

由于 x 轴方向的选择是任意的, 这个等式可以写为矢量形式:

$$\overline{\delta\boldsymbol{E}} = -\frac{\overline{\boldsymbol{E}}}{3\bar{\varepsilon}}\delta\varepsilon.$$

将上式两侧乘以 $\delta\varepsilon$, 然后对混合物的各组分求平均值, 我们得到

$$\overline{\delta\varepsilon\delta\boldsymbol{E}} = -\frac{\overline{\boldsymbol{E}}}{3\bar{\varepsilon}}\overline{(\delta\varepsilon)^2}.$$

最后, 把以上表达式代入 (9.3) 式并和 (9.1) 式比较, 就得到所求的结果:

$$\varepsilon_{\text{mix}} = \bar{\varepsilon} - \frac{1}{3\bar{\varepsilon}}\overline{(\delta\varepsilon)^2}. \tag{9.5}$$

这个式子也可以表示为另一种形式, 只要我们注意到, 精确到二阶项,

$$\overline{\varepsilon^{1/3}} = \overline{(\bar{\varepsilon}+\delta\varepsilon)^{1/3}} = \bar{\varepsilon}^{1/3}\left(1 - \frac{\overline{(\delta\varepsilon)^2}}{9\bar{\varepsilon}^2}\right).$$

因此,

$$\varepsilon_{\text{mix}}^{1/3} = \overline{\varepsilon^{1/3}}. \tag{9.6}$$

因此可以说, 在所考虑的近似下 ε 的立方根是具有可加性的.

另一个允许精确研究的极限情况是这样的一类乳胶体, 其介质的介电常量 (ε_1) 和分散相的介电常量 (ε_2) 之间的差别是任意的, 但分散相的浓度很小; 假设分散相粒子是球形粒子.

在积分

$$\frac{1}{V}\int(\boldsymbol{D} - \varepsilon_1\boldsymbol{E})\mathrm{d}V \equiv \overline{\boldsymbol{D}} - \varepsilon_1\overline{\boldsymbol{E}}$$

中, 被积函数表达式只在乳胶体的粒子内部不为零. 因此, 它与乳胶体的体积浓度 c 成正比. 在计算这个积分时, 可以假定乳胶体粒子处于与平均电场强度 $\overline{\boldsymbol{E}}$ 相等的外电场内. 使用球形粒子的公式 (8.2), 我们得到 $\overline{\boldsymbol{D}}$ 和 $\overline{\boldsymbol{E}}$ 之间的比例系数为

$$\varepsilon_{\text{mix}} = \varepsilon_1 + c\frac{3(\varepsilon_2 - \varepsilon_1)\varepsilon_1}{\varepsilon_2 + 2\varepsilon_1}. \tag{9.7}$$

这个式子精确到 c 的一次项是正确的. 在 ε_1 和 ε_2 接近的情况下, 它与 c 很小时由 (9.5) 式所给出的结果相同 (精确到 c 的一次项和 $\varepsilon_2 - \varepsilon_1$ 的二次项).

§10 电场内介电体的热力学关系式

对于导体来说并不发生由于电场的存在而使热力学性质改变的问题. 因为导体内部没有电场, 因而它的热力学量的全部变化, 简单地归结为在总能量上加上一项由导体在周围空间内所产生的场能①. 这个量一般并不依赖于物体的热力学状态 (特别是温度), 因而, 比如说并不会影响到导体的熵.

相反地, 电场透入到介电体内部时, 对它的热力学性质发生深刻的影响. 要研究这些性质, 首先必须求出介电体内的电场发生无穷小变化时对被热隔绝的介电体所做的功.

必须设想介电体所在的电场是由某些带电的外部导体所产生的, 于是电场的改变可以看成是导体上电荷改变的结果②. 为简单起见, 我们假设只有一个导体, 它带的电荷为 e, 电势为 φ. 于是使导体的电荷增加一个无穷小量 δe 必须做的功等于

$$\delta R = \varphi \delta e; \tag{10.1}$$

这是把电荷 δe 从无穷远处 (该处电势等于零) 移到导体表面并因而通过电势差 φ 时, 电场对电荷 δe 所做的机械功. 我们现在把 δR 变换成用导体周围充满介电体的空间内的场值来表示的形式.

如果 D_n 是电感应强度矢量在导体表面法线方向上的投影 (对介电体来说为外法线, 对导体说为内法线), 那么, 导体上的面电荷密度等于 $-D_n/(4\pi)$, 于是

$$e = -\frac{1}{4\pi}\oint D_n \mathrm{d}f = -\frac{1}{4\pi}\oint \boldsymbol{D}\cdot \mathrm{d}\boldsymbol{f}.$$

注意到在导体的全部表面上电势 φ 为恒定值, 于是我们可以写出

$$\delta R = \varphi\delta e = -\frac{1}{4\pi}\int \varphi\delta\boldsymbol{D}\cdot \mathrm{d}\boldsymbol{f} = -\frac{1}{4\pi}\int \mathrm{div}(\varphi\delta\boldsymbol{D})\mathrm{d}V.$$

上式右面的最后一个积分对导体外的全部体积进行. 因为变分后的场和初始场一样满足场方程, 故 $\mathrm{div}\,\delta\boldsymbol{D} = 0$, 于是

$$\mathrm{div}(\varphi\delta\boldsymbol{D}) = \varphi\,\mathrm{div}\,\delta\boldsymbol{D} + \delta\boldsymbol{D}\cdot\mathrm{grad}\,\varphi = -\boldsymbol{E}\cdot\delta\boldsymbol{D}.$$

因此最后得到以下重要公式:

$$\delta R = \int \frac{\boldsymbol{E}\cdot\delta\boldsymbol{D}}{4\pi}\mathrm{d}V. \tag{10.2}$$

① 我们这里略去了电荷和导体物质的结合能, 这个能量我们将会在 §23 中讨论.

② 我们将要得到的最后表达式只包括介电体内的电场值, 因此与电场的起源无关. 由于这一原因, 当电场不是由带电导体产生, 而是例如由带到介电体内的外电荷或介电体的热释电极化 (参看 §13) 所产生时, 我们无须预先对这些情况做出说明.

应强调指出, 这个公式内的积分对全部场进行, 其中也包括真空区域, 假如介电体没有充满导体外的全部空间的话.

对被热隔绝的物体所做的功, 不外乎是熵保持恒定时物体能量的变化. 因此, 在确定物体总能量 (其中也包括电场能) 的无穷小变化的热力学关系式内, 必须添上我们所求得的 (10.2) 式. 用 $\mathscr{U}$ 表示这个能量, 于是我们有

$$\delta\mathscr{U} = T\delta\mathscr{S} + \frac{1}{4\pi}\int \boldsymbol{E}\cdot\delta\boldsymbol{D}\mathrm{d}V \tag{10.3}$$

(T 为温度, $\mathscr{S}$ 为物体的熵) ①. 相应地, 对于总自由能 $\mathscr{F} = \mathscr{U} - T\mathscr{S}$ ②, 我们得到

$$\delta\mathscr{F} = -\mathscr{S}\delta T + \frac{1}{4\pi}\int \boldsymbol{E}\cdot\delta\boldsymbol{D}\mathrm{d}V. \tag{10.4}$$

对物体单位体积内的物理量, 也可以写出类似的热力学关系式. 设 U, S 和 ρ 分别为物体单位体积的内能、熵和质量. 大家知道, 在给定体积内, 内能的通常热力学关系式 (不存在电场时) 为

$$\mathrm{d}U = T\mathrm{d}S + \zeta\mathrm{d}\rho,$$

其中 ζ 是物质的化学势③. 如果介电体内存在电场, 则上式必须再添上取自 (10.3) 式的被积函数表达式的一项, 即变成

$$\mathrm{d}U = T\mathrm{d}S + \zeta\mathrm{d}\rho + \frac{1}{4\pi}\boldsymbol{E}\cdot\mathrm{d}\boldsymbol{D}. \tag{10.5}$$

对于介电体单位体积内的自由能: $F = U - TS$, 相应地得到

$$\mathrm{d}F = -S\mathrm{d}T + \zeta\mathrm{d}\rho + \frac{1}{4\pi}\boldsymbol{E}\cdot\mathrm{d}\boldsymbol{D}. \tag{10.6}$$

这里求得的关系式构成了介电体热力学的基础.

我们看到, 量 U 和 F 是分别相对变数 $S, \rho, \boldsymbol{D}$ 和 $T, \rho, \boldsymbol{D}$ 的热力学势. 特别是, 这些热力学势对矢量 $\boldsymbol{D}$ 的分量求微商, 可以得到电场强度

$$\boldsymbol{E} = 4\pi\left(\frac{\partial U}{\partial \boldsymbol{D}}\right)_{S,\rho} = 4\pi\left(\frac{\partial F}{\partial \boldsymbol{D}}\right)_{T,\rho}. \tag{10.7}$$

---

① 在 (10.3) 和 (10.4) 式中假定了物体的体积为常量. 然而应该注意到, 在电场内, 一般说来, 物体变成不均匀的, 因此体积不再能表征物体的状态.

② 只有当物体内的温度为常量时, 研究这个量才有意义.

③ 参阅本教程第五卷 §24. 在那里我们采用了单位体积内的粒子数 N 代替质量密度: $\rho = Nm$, 其中 m 是分子的质量; 因此, 单位质量的化学势 ζ 与单个粒子的化学势 μ 相差一个因子: $\zeta = \mu/m$.

这里采用同一个字母 ρ 表示物质质量密度和电荷密度不会引起误会, 因为这两个量永远不会在一起出现.

在这方面采用自由能更为方便，因为求它的微商时应当保持温度不变，然而求内能的微商时要用不大方便的量——熵来表示.

除了 U 和 F 外，引进这样的一些热力学势也是很有用的，其中的独立变数是矢量 $\boldsymbol{E}$ 的分量，而不是矢量 $\boldsymbol{D}$ 的分量. 这些热力学势是

$$\widetilde{U}=U-\frac{\boldsymbol{E}\cdot\boldsymbol{D}}{4\pi},\quad \widetilde{F}=F-\frac{\boldsymbol{E}\cdot\boldsymbol{D}}{4\pi}, \tag{10.8}$$

它们的微分分别为

$$\left.\begin{aligned}\mathrm{d}\widetilde{U}&=T\mathrm{d}S+\zeta\mathrm{d}\rho-\frac{1}{4\pi}\boldsymbol{D}\cdot\mathrm{d}\boldsymbol{E},\\ \mathrm{d}\widetilde{F}&=-S\mathrm{d}T+\zeta\mathrm{d}\rho-\frac{1}{4\pi}\boldsymbol{D}\cdot\mathrm{d}\boldsymbol{E}.\end{aligned}\right\} \tag{10.9}$$

由此，我们特别得到

$$\boldsymbol{D}=-4\pi\left(\frac{\partial\widetilde{U}}{\partial\boldsymbol{E}}\right)_{S,\rho}=-4\pi\left(\frac{\partial\widetilde{F}}{\partial\boldsymbol{E}}\right)_{T,\rho}. \tag{10.10}$$

我们注意到，带有“~”符号的字母所表示的热力学量和没有“~”符号的热力学量之间的关系，正好对应于 §5 内对真空内导体的静电场能量所引进的关系式. 实际上，和我们在 §2 开头所做的完全相似，利用介电体体积内的方程 $\operatorname{div}\boldsymbol{D}=0$ 和导体表面的边界条件 $D_n=4\pi\sigma$，可以对积分 $\int\boldsymbol{E}\cdot\boldsymbol{D}\mathrm{d}V$ 作以下变换：

$$\frac{1}{4\pi}\int\boldsymbol{E}\cdot\boldsymbol{D}\mathrm{d}V=-\frac{1}{4\pi}\int\operatorname{grad}\varphi\cdot\boldsymbol{D}\mathrm{d}V=\frac{1}{4\pi}\sum_a\int\varphi_aD_n\mathrm{d}f=\sum_a\varphi_ae_a. \tag{10.11}$$

因此，比如说，得到内能为

$$\widetilde{\mathscr{U}}=\mathscr{U}-\int\frac{\boldsymbol{E}\cdot\boldsymbol{D}}{4\pi}\mathrm{d}V=\mathscr{U}-\sum_a\varphi_ae_a, \tag{10.12}$$

这和 (5.5) 式的定义完全一致.

把用导体的电荷和电势 (场源) 所表示的这些量的无穷小变化公式加以比较，也是很有益的. 例如，自由能的变分 (在给定温度下)，我们有

$$(\delta\mathscr{F})_T=\delta R=\sum_a\varphi_a\delta e_a. \tag{10.13}$$

而 $\widetilde{\mathscr{F}}$ 的变分则为

$$(\delta\widetilde{\mathscr{F}})_T=(\delta\mathscr{F})_T-\delta\sum_a\varphi_ae_a=-\sum_ae_a\delta\varphi_a. \tag{10.14}$$

可以说, 没有 "~" 符号的量是对于导体电荷而言的热力学势, 而带有 "~" 符号的量是对于导体电势而言的热力学势.

由热力学可知, 各种不同的热力学势都具有一种性质, 即在热平衡状态下, 它们对物体状态的各种变化均为极小值. 在表述电场内的这些平衡条件时, 必须指明, 是研究导体的电荷不变还是电势不变 (场源) 时的状态变化. 例如, 在平衡状态下, 相对于导体的温度以及电荷或电势不变时所发生的状态变化, $\mathscr{F}$ 或 $\widetilde{\mathscr{F}}$ 分别具有极小值 (物体的熵不变时, 对 $\mathscr{U}$ 和 $\widetilde{\mathscr{U}}$ 的同样结论也正确).

如果物体内可能发生与电场没有直接关系的某种过程 (例如, 化学反应), 那么, 对于这些过程而言的平衡条件是: 当物体的密度、温度和电感应强度 $\boldsymbol{D}$ 不变时 F 为极小值; 或当密度、温度和电场强度 $\boldsymbol{E}$ 不变时 $\widetilde{F}$ 为极小值.

到此为止, 关于 $\boldsymbol{D}$ 对 $\boldsymbol{E}$ 的依赖关系, 我们并没有作任何假设, 因此, 不论这种依赖关系的特征如何, 所得到的热力学关系式都是适用的. 现在把它们应用到具有线性关系 $\boldsymbol{D}=\varepsilon\boldsymbol{E}$ 的各向同性的介电体上. 在这种情况下, 对关系式 (10.5) 和 (10.6) 进行积分, 得到

$$U=U_0(S,\rho)+\frac{D^2}{8\pi\varepsilon},\quad F=F_0(T,\rho)+\frac{D^2}{8\pi\varepsilon}, \tag{10.15}$$

式中 U_0 和 F_0 是没有电场时的介电体的相应量. 由此可见, 在现在的情况下, 量

$$\frac{D^2}{8\pi\varepsilon}=\frac{\varepsilon E^2}{8\pi}=\frac{ED}{8\pi} \tag{10.16}$$

是由于电场存在而引起的介电体单位体积内的内能变化 (保持熵和密度固定) 或自由能的变化 (保持温度和密度固定).

对热力学势 $\widetilde{U}$ 和 $\widetilde{F}$ 也得到类似的关系式:

$$\widetilde{U}=U_0(S,\rho)-\frac{\varepsilon E^2}{8\pi},\quad \widetilde{F}=F_0(T,\rho)-\frac{\varepsilon E^2}{8\pi}. \tag{10.17}$$

我们看到, 在这种情况下, 差值 $U-U_0$ 和 $\widetilde{U}-U_0$ 之间只有正负号之差, 如同真空中的电场出现的情况一样 (§5). 但是, 在介电介质内, 只在 $\boldsymbol{D}$ 和 $\boldsymbol{E}$ 间存在线性关系时, 这种简单的关系式才是正确的.

为以后参考起见, 我们写出物质的熵密度 S 和化学势 ζ 的公式, 从 (10.15) 式得到的这些公式为:

$$\begin{aligned}S&=-\left(\frac{\partial F}{\partial T}\right)_{\rho,\boldsymbol{D}}=S_0(T,\rho)+\frac{D^2}{8\pi\varepsilon^2}\left(\frac{\partial\varepsilon}{\partial T}\right)_\rho\\&=S_0(T,\rho)+\frac{E^2}{8\pi}\left(\frac{\partial\varepsilon}{\partial T}\right)_\rho,\end{aligned} \tag{10.18}$$

$$\zeta=\left(\frac{\partial F}{\partial\rho}\right)_{T,\boldsymbol{D}}=\zeta_0(T,\rho)-\frac{E^2}{8\pi}\left(\frac{\partial\varepsilon}{\partial\rho}\right)_T. \tag{10.19}$$

不言而喻, 只在介电体内部这两个量才不为零.

将 (10.15) 式对全空间积分, 就得到总自由能. 由于 (10.11) 式我们有

$$\mathscr{F} - \mathscr{F}_0 = \int \frac{\boldsymbol{E} \cdot \boldsymbol{D}}{8\pi} \mathrm{d}V = \frac{1}{2} \sum_a e_a \varphi_a. \tag{10.20}$$

此式最右端的表达式在形式上和真空内的导体静电场能量公式相同. 从导体的电荷发生无穷小变化时的自由能变分 $\delta\mathscr{F}$ (10.13) 出发, 也可以直接得到这一结果. 在现在的情况下, $\boldsymbol{D}$ 和 $\boldsymbol{E}$ 为线性关系, 于是全部场方程以及其边界条件也都是线性的. 因此, 导体的电势应为导体电荷的线性函数 (如同真空内的场一样), 对等式 (10.13) 进行积分, 就得到 (10.20) 式.

这里我们强调, 在这些讨论中完全没有假设介电体充满导体外的全部空间. 如果是后一种情况, 那么利用 §7 末所得到的结果, 还可以更进一步证明以下论断: 当导体的电荷不变时, 由于介电体的出现, 导体的电势和场能, 与真空内场的这些量比较, 都减小为原来的 $1/\varepsilon$. 如果导体的电势保持不变, 则电场能量和导体的电荷都增大为原来的 ε 倍.

习　题

试确定竖直平板电容器内液面升高的高度 h.

解: 当电容器两板的电势保持一定时, $\widetilde{F}$ 必须为极小值, 其中还必须计及液柱在重力场中的能量 $\rho g h^2/2$ 从这一条件易得

$$h = \frac{\varepsilon - 1}{8\pi\rho g} E^2.$$

§11 介电体的总自由能

如在前一节中所定义的, 总自由能 $\mathscr{F}$ (或总内能 $\mathscr{U}$) 也包括使介电体极化的外电场能量在内; 这个外电场可以是由总电荷给定的全部导体所产生的. 除了这个量 $\mathscr{F}$ 外, 研究不包括电场能在内的总自由能也是有意义的, 这个电场是指没有物体时存在于整个空间内的场. 我们用 $\mathfrak{E}$ 表示这种电场的强度. 于是, 上述意义下的 " 总" 自由能等于积分

$$\int \left(F - \frac{\mathfrak{E}^2}{8\pi} \right) \mathrm{d}V, \tag{11.1}$$

式中 F 是自由能密度. 这里采用 §10 中标记积分 $\int F \mathrm{d}V$ 的同个一字母 $\mathscr{F}$ 来标记这个量. 应该着重指出, $\mathscr{F}$ 的这两种定义的差别只是归结为一个不依赖

于介电体的热力学状态及其性质的量, 因此, 一般并不会影响到总自由能的基本热力学微分关系式①.

现在来计算温度保持不变且介质的热力学平衡状态没有被破坏时发生的电场无穷小变化引起的 $\mathscr{F}$ 的改变.

因为 $\delta F = \dfrac{1}{4\pi}\boldsymbol{E}\cdot\delta\boldsymbol{D}$, 因此我们有

$$\delta\mathscr{F} = \frac{1}{4\pi}\int(\boldsymbol{E}\cdot\delta\boldsymbol{D} - \boldsymbol{\mathfrak{E}}\cdot\delta\boldsymbol{\mathfrak{E}})\mathrm{d}V.$$

这个表达式可以恒等地改写成以下形式:

$$\begin{aligned}\delta\mathscr{F} = &\frac{1}{4\pi}\int(\boldsymbol{D}-\boldsymbol{\mathfrak{E}})\cdot\delta\boldsymbol{\mathfrak{E}}\mathrm{d}V + \\ &\frac{1}{4\pi}\int\boldsymbol{E}\cdot(\delta\boldsymbol{D}-\delta\boldsymbol{\mathfrak{E}})\mathrm{d}V - \frac{1}{4\pi}\int(\boldsymbol{D}-\boldsymbol{E})\cdot\delta\boldsymbol{\mathfrak{E}}\mathrm{d}V.\end{aligned} \tag{11.2}$$

在上式右端的第一个积分内, 我们写出 $\delta\boldsymbol{\mathfrak{E}} = -\operatorname{grad}\delta\varphi_0$ (φ_0 是电场 $\boldsymbol{\mathfrak{E}}$ 的电势), 并对它作分部积分;

$$\int\operatorname{grad}\delta\varphi_0\cdot(\boldsymbol{D}-\boldsymbol{\mathfrak{E}})\mathrm{d}V = \oint\delta\varphi_0(\boldsymbol{D}-\boldsymbol{\mathfrak{E}})\cdot\mathrm{d}\boldsymbol{f} - \int\delta\varphi_0\operatorname{div}(\boldsymbol{D}-\boldsymbol{\mathfrak{E}})\mathrm{d}V.$$

容易看出, 等式右端的两个积分变成零. 对于体积分, 可以从方程 $\operatorname{div}\boldsymbol{D}=0$ 和 $\operatorname{div}\boldsymbol{\mathfrak{E}}=0$ 直接得到, 介电体内的场和真空内的场分别满足这些方程. 第一个积分对产生场的导体表面和无穷远表面进行. 如通常一样, 后一积分变成零, 而在每一导体上, $\delta\varphi_0 =$ 常数, 于是

$$\oint\delta\varphi_0(\boldsymbol{D}-\boldsymbol{\mathfrak{E}})\cdot\mathrm{d}\boldsymbol{f} = \delta\varphi_0\oint(\boldsymbol{D}-\boldsymbol{\mathfrak{E}})\cdot\mathrm{d}\boldsymbol{f}.$$

但是, 按照定义, 场 $\boldsymbol{\mathfrak{E}}$ 和电感应强度为 $\boldsymbol{D}$ 的电场 $\boldsymbol{E}$ 是由同一场源产生的 (也就是由总电荷为 e 的同一类导体所产生的). 因此, 两个积分 $\oint D_n\mathrm{d}f$ 和 $\oint \mathfrak{E}_n\mathrm{d}f$ 都等于同一数值 $4\pi e$, 因而它们的差值等于零.

由类似的方式可以证明, (11.2) 式的右端的第二项也等于零 (为此, 在第二项内代入 $\boldsymbol{E} = -\operatorname{grad}\varphi$, 并进行相同的变换). 最后得到

$$\delta\mathscr{F} = -\frac{1}{4\pi}\int(\boldsymbol{D}-\boldsymbol{E})\delta\boldsymbol{\mathfrak{E}}\mathrm{d}V = -\int\boldsymbol{P}\cdot\delta\boldsymbol{\mathfrak{E}}\mathrm{d}V. \tag{11.3}$$

值得注意的是, 在这个表达式里, 积分只对介电体所占据的体积进行, 因为在介电体外, $\boldsymbol{P}=0$.

① 我们注意到, 从 F 内减去 $E^2/8\pi$ 是没有意义的, 因为电场 $\boldsymbol{E}$ 由于介电体的出现发生了变化, 因此, 根本不能把差值 $F-(E^2/8\pi)$ 看作是这种介电体的自由能密度.

但是, 应该着重指出, 被积函数表达式 $\boldsymbol{P}\cdot\delta\boldsymbol{\mathfrak{E}}$ 不能解释为物体自由能密度的变分, 如同对 (10.3) 式和 (10.4) 式所作的解释一样. 首先, 这个 "密度" 在物体外也应存在, 因为它的存在也使周围空间内的场发生畸变. 其次, 十分清楚, 在物体任何一点处的能量密度, 只能依赖于该点处实际存在的场, 而与物体不存在时的场无关.

如果外电场 $\boldsymbol{\mathfrak{E}}$ 是均匀的, 则

$$\delta\mathscr{F} = -\delta\boldsymbol{\mathfrak{E}}\cdot\int\boldsymbol{P}\mathrm{d}V = -\boldsymbol{\mathscr{P}}\cdot\delta\boldsymbol{\mathfrak{E}}, \tag{11.4}$$

式中 $\boldsymbol{\mathscr{P}}$ 是物体的总电偶极矩. 因此, 在现在的情况下自由能的热力学恒等式可以写为

$$\mathrm{d}\mathscr{F} = -\mathscr{S}\mathrm{d}T - \boldsymbol{\mathscr{P}}\cdot\mathrm{d}\boldsymbol{\mathfrak{E}}. \tag{11.5}$$

所以, 对总自由能取微商可以得到物体的总电偶极矩:

$$\boldsymbol{\mathscr{P}} = -\left(\frac{\partial\mathscr{F}}{\partial\boldsymbol{\mathfrak{E}}}\right)_T. \tag{11.6}$$

我们注意到, 上面的式子也可以从普遍的统计力学公式

$$\overline{\frac{\partial\hat{\mathscr{H}}}{\partial\lambda}} = \left(\frac{\partial\mathscr{F}}{\partial\lambda}\right)_T$$

直接得到, 其中 $\hat{\mathscr{H}}$ 是组成物体的粒子系统的哈密顿量, 而 λ 是表征物体外部条件的某一参量 (参见本教程第五卷中的 (11.4), (15.11) 式). 对于处在均匀外电场 $\boldsymbol{\mathfrak{E}}$ 中的物体, 哈密顿量包含 $-\boldsymbol{\mathfrak{E}}\cdot\hat{\boldsymbol{\mathscr{P}}}$ 项, 其中 $\hat{\boldsymbol{\mathscr{P}}}$ 是偶极矩算符, 选择 $\boldsymbol{\mathfrak{E}}$ 作为参量 λ, 我们就得到所求的公式.

如果 $\boldsymbol{D}$ 和 $\boldsymbol{E}$ 的关系是线性的, 即 $\boldsymbol{D}=\varepsilon\boldsymbol{E}$, 则以相似的方式, 不但可以显式地算出变分 $\delta\mathscr{F}$, 而且也可以算出 $\mathscr{F}$ 本身. 我们有

$$\mathscr{F} - \mathscr{F}_0 = \int\frac{\boldsymbol{E}\cdot\boldsymbol{D} - \boldsymbol{\mathfrak{E}}^2}{8\pi}\mathrm{d}V.$$

这个表达式可以恒等地改写成以下形式:

$$\mathscr{F} - \mathscr{F}_0 = \frac{1}{8\pi}\int(\boldsymbol{E}+\boldsymbol{\mathfrak{E}})\cdot(\boldsymbol{D}-\boldsymbol{\mathfrak{E}})\mathrm{d}V - \frac{1}{8\pi}\int\boldsymbol{\mathfrak{E}}\cdot(\boldsymbol{D}-\boldsymbol{E})\mathrm{d}V.$$

令等式右端第一项内的 $\boldsymbol{E}+\boldsymbol{\mathfrak{E}} = -\operatorname{grad}(\varphi+\varphi_0)$ 并进行和上面完全相似的变换, 可以证明这一项等于零. 因此, 我们得到

$$\mathscr{F} - \mathscr{F}_0(V,T) = -\frac{1}{2}\int\boldsymbol{\mathfrak{E}}\cdot\boldsymbol{P}\mathrm{d}V. \tag{11.7}$$

特别是, 在均匀外电场内

$$\mathscr{F}-\mathscr{F}_0(V,T)=-\frac{1}{2}\mathfrak{E}\cdot\mathscr{P}. \tag{11.8}$$

如果注意到由于全部的场方程均是线性的 (当 $\boldsymbol{D}=\varepsilon\boldsymbol{E}$ 时), 因而电偶极矩 $\mathscr{P}$ 也应当是 $\mathfrak{E}$ 的线性函数, 则直接积分关系式 (11.3) 也可以得到上面的等式.

$\mathscr{P}$ 和 $\mathfrak{E}$ 的分量间的线性关系, 可以写成下面的形式:

$$\mathscr{P}_i=V\alpha_{ik}\mathfrak{E}_k, \tag{11.9}$$

同我们对导体所做过的相似 (§2). 不过与导体不同的是, 介电体的 "极化率" 不仅与它的形状有关, 而且也与它的介电常量有关. 从关系式 (11.6) 可以直接得出张量 α_{ik} 的对称性 (§2 中已提到过); 只需注意到二阶导数

$$\frac{\partial^2\mathscr{F}}{\partial\mathfrak{E}_k\partial\mathfrak{E}_i}=-\frac{\partial\mathscr{P}_i}{\partial\mathfrak{E}_k}=-V\alpha_{ik}$$

和取微商的顺序无关.

(11.7) 式还可以在 ε 近于 1, 也就是介电常量 $\varkappa=(\varepsilon-1)/(4\pi)$ 很小的重要情况下进一步简化. 在这种情况下, 计算能量时可以略去由于介电体的出现所引起的场畸变, 即可令

$$\boldsymbol{P}=\varkappa\boldsymbol{E}\approx\varkappa\mathfrak{E}.$$

于是

$$\mathscr{F}-\mathscr{F}_0=-\frac{\varkappa}{2}\int\mathfrak{E}^2\mathrm{d}V, \tag{11.10}$$

其中积分对介电体的体积进行. 在均匀电场内, 偶极矩 $\mathscr{P}=V\varkappa\mathfrak{E}$, 而自由能为

$$\mathscr{F}-\mathscr{F}_0=-\frac{\varkappa V}{2}\mathfrak{E}^2. \tag{11.11}$$

在 $\boldsymbol{D}$ 对 $\boldsymbol{E}$ 为任意关系的普遍情况下, 得不到 (11.7) 和 (11.8) 那样的简单表达式. 于是, 为了算出 $\mathscr{F}$, 可利用下面的公式:

$$\mathscr{F}=\int\left(F-\frac{\mathfrak{E}^2}{8\pi}\right)\mathrm{d}V=\int\left[F-\frac{\boldsymbol{E}\cdot\boldsymbol{D}}{8\pi}-\frac{1}{2}\boldsymbol{P}\cdot\mathfrak{E}\right]\mathrm{d}V, \tag{11.12}$$

这个公式的推导, 在进行了前面的计算以后已很明显. 实际上, 上式中前后两个积分的被积函数表达式相差一个量

$$-\frac{\boldsymbol{E}\cdot\boldsymbol{D}}{8\pi}-\frac{\mathfrak{E}\cdot\boldsymbol{P}}{2}+\frac{\mathfrak{E}^2}{8\pi}=-\frac{1}{8\pi}(\boldsymbol{D}-\mathfrak{E})\cdot(\boldsymbol{E}+\mathfrak{E});$$

在作了代换 $\boldsymbol{E}=-\nabla\varphi,\mathfrak{E}=-\nabla\varphi_0$ 并对全空间积分后, 结果为零. 我们注意到, 在 (11.12) 式中, 如同在 (11.7) 式中一样, 第二个积分中被积函数的表达式在介电体之外为零 (该处 $\boldsymbol{P}=0,F=\dfrac{E^2}{8\pi}$), 因此积分只对物体的体积进行.

习 题

如果物体不是在真空内, 而是在介电常量为 $\varepsilon^{(e)}$ 的介质内, 试求代替 (11.7) 的公式.

解: 对这一情况, 重复正文内的变换, 我们得到

$$\mathscr{F}-\mathscr{F}_0=-\frac{1}{8\pi}\int \mathfrak{E}\cdot(\boldsymbol{D}-\varepsilon^{(e)}\boldsymbol{E})\mathrm{d}V.$$

§12 各向同性介电体的电致伸缩

对于电场内的固体介电体, 不能像对电场不存在时的各向同性物体那样引入压强的概念, 这是因为这时作用在物体上的力 (将在 §15、§16 中求出这些力) 沿物体变化, 而且是各向异性的, 即使物体本身各向同性. 要精确地确定这种物体的形变 (称为**电致伸缩**), 必须解弹性理论的复杂问题.

但是, 如果我们只对物体的总体积变化感兴趣, 则情况可以大为简化. 如在 §5 中指出的, 在这种情况下, 可以假定物体的形状不变, 也就是把物体的形变看成是均匀各向压缩或伸展.

我们将忽略物体周围外部介质 (例如大气) 的介电性质, 也就是假定介质的介电常量 $\varepsilon=1$. 介质的作用只是在物体表面产生均匀的压强. 下面我们用 P 标记这种外压强. 如果 $\mathscr{F}$ 是物体的总自由能, 那么按照熟知的热力学关系式

$$P=-\left(\frac{\partial \mathscr{F}}{\partial V}\right)_T,$$

相应地, 在 $\mathrm{d}\mathscr{F}$ 的微分式中必须加入一项 $-P\mathrm{d}V$. 例如, 在均匀的外电场内, 代替 (11.5) 式, 我们有

$$\mathrm{d}\mathscr{F}=-\mathscr{S}\mathrm{d}T-P\mathrm{d}V-\mathscr{P}\cdot\mathrm{d}\mathfrak{E}.$$

根据通常的热力学定义, 我们引入物体的总热力学势:

$$\phi=\mathscr{F}+PV. \tag{12.1}$$

对于这个量的微分 (在均匀外电场内), 我们有关系式:

$$\mathrm{d}\phi=-\mathscr{S}\mathrm{d}T+V\mathrm{d}P-\mathscr{P}\cdot\mathrm{d}\mathfrak{E}. \tag{12.2}$$

热力学量在外电场内的改变通常是非常小的量. 根据小增量定理 (参见本教程第五卷 (15.12) 式), 自由能的微小变化 (对给定的 T 和 V) 和热力学势

的微小变化 (对给定的 T 和 P) 彼此相等. 因此, 除了 (11.8) 式外, 对于均匀外电场内的物体的热力学势, 我们还可以写出类似的关系式:

$$\Phi = \Phi_0 - \frac{1}{2}\mathfrak{E}\cdot\mathscr{P} \tag{12.3}$$

式中 Φ_0 是给定 P, T 值而不存在电场时物体的总热力学势 (同时 (11.8) 式的 $\mathscr{F}_0$ 是给定 V 和 T 值而不存在电场时物体的总自由能) .

按照 (11.9) 式, 将偶极矩与 V 和 $\mathfrak{E}$ 的依赖关系表示为显含形式, 把 (12.3) 改写成

$$\Phi = \Phi_0(P,T) - \frac{1}{2}V\alpha_{ik}\mathfrak{E}_i\mathfrak{E}_k, \tag{12.4}$$

根据场不存在时的物体的状态方程, 修正项应当表示为温度和压强的函数. 特别是在物质的介电常量很小的情况下, 这个公式可以简化为

$$\Phi = \Phi_0(P,T) - \frac{\varkappa V}{2}\mathfrak{E}^2 \tag{12.5}$$

(与 (11.11) 式比较).

我们所要求的外电场内的体积变化 $V - V_0$, 现在可以通过直接求 Φ 对压强的偏微商 (T 和 $\mathfrak{E}$ 保持不变) 得到. 例如, 从 (12.5) 式, 我们得到

$$V - V_0 = -\frac{1}{2}\left(\frac{\partial(\varkappa V)}{\partial P}\right)_T\mathfrak{E}^2. \tag{12.6}$$

这个量可以是正的, 也可以是负的 (与导体的电致伸缩不同, 导体体积在电场内总是增加的).

用类似方式, 还可以算出等温地加上外电场时介电体所吸收的热量 Q (外压强不变) ①.

将 $\Phi - \Phi_0$ 对温度求微商, 给出物体的熵变, 将之乘上 T 后, 就得到所要求的热量. 例如, 从 (12.5) 式得到

$$Q = \frac{T}{2}\left(\frac{\partial(\varkappa V)}{\partial T}\right)_P\mathfrak{E}^2. \tag{12.7}$$

Q 取正值对应于吸热.

习 题

1. 试确定均匀电场内介电椭球的体积变化和电热效应, 设电场方向与椭球的一个轴平行.

① 如果物体是被热隔绝的, 则加上电场后会引起 $\Delta T = -Q/\mathscr{C}_P$ 的温度改变, 式中 $\mathscr{C}_P$ 是物体的定压热容量.

解: 按照公式 (12.3) 和 (8.10), 我们有

$$\phi = \phi_0 - \frac{V}{8\pi}\frac{\varepsilon - 1}{n\varepsilon + 1 - n}\mathfrak{E}^2.$$

于是我们求得体积变化为 ①

$$\frac{V - V_0}{V} = \frac{\mathfrak{E}^2}{8\pi}\left[\frac{\varepsilon - 1}{(n\varepsilon + 1 - n)K} - \frac{1}{(n\varepsilon + 1 - n)^2}\left(\frac{\partial\varepsilon}{\partial P}\right)_T\right],$$

而电热效应为

$$Q = \frac{TV\mathfrak{E}^2}{8\pi}\left[\frac{\alpha(\varepsilon - 1)}{n\varepsilon + 1 - n} + \frac{1}{(n\varepsilon + 1 - n)^2}\left(\frac{\partial\varepsilon}{\partial T}\right)_P\right],$$

式中 $\dfrac{1}{K} = -\dfrac{1}{V}\left(\dfrac{\partial V}{\partial P}\right)_T$ 为物体的压缩系数, 而 $\alpha = \dfrac{1}{V}\left(\dfrac{\partial V}{\partial T}\right)_P$ 为热膨胀系数.

特别是, 对于垂直于电场的平行平面板, $n = 1$, 于是

$$\frac{V - V_0}{V} = \frac{\mathfrak{E}^2}{8\pi}\left[\frac{\varepsilon - 1}{\varepsilon K} - \frac{1}{\varepsilon^2}\left(\frac{\partial\varepsilon}{\partial P}\right)_T\right],$$

$$Q = \frac{TV\mathfrak{E}^2}{8\pi}\left[\frac{\alpha(\varepsilon - 1)}{\varepsilon} + \frac{1}{\varepsilon^2}\left(\frac{\partial\varepsilon}{\partial T}\right)_P\right].$$

对处于纵向场内的同样的平行平面板 (或任何柱形物体), $n = 0$, 于是

$$\frac{V - V_0}{V} = \frac{\mathfrak{E}^2}{8\pi}\left[\frac{\varepsilon - 1}{K} - \left(\frac{\partial\varepsilon}{\partial P}\right)_T\right], \quad Q = \frac{TV\mathfrak{E}^2}{8\pi}\left[\alpha(\varepsilon - 1) + \left(\frac{\partial\varepsilon}{\partial T}\right)_P\right].$$

2. 设平行平面板垂直于电场, 试确定两板间的电势差保持不变时的热容量 $\mathscr{C}_\varphi$ 与电感应强度保持不变时的热容量 $\mathscr{C}_D$ 之差, 在两种情况下, 外压强都保持不变②.

解: 根据习题 1 的结果, 平行平面板的熵为

$$\mathscr{S} = -\left(\frac{\partial\phi}{\partial T}\right)_{P,\mathfrak{E}} = \mathscr{S}_0(P,T) + \frac{V\mathfrak{E}^2}{8\pi}\left[\frac{\varepsilon - 1}{\varepsilon}\alpha + \frac{1}{\varepsilon^2}\left(\frac{\partial\varepsilon}{\partial T}\right)_P\right].$$

板内的电感应强度和外电场相等: $D = \mathfrak{E}$. 因此, 要计算热容量 $\mathscr{C}_D$, 必须在保持 $\mathfrak{E}$ 不变时求 $\mathscr{S}$ 的微商. 平行平面板两侧间的电势差为 $\varphi = El = \mathfrak{E}l/\varepsilon$, 其中 l 是板的厚度. 当物体受到均匀压缩或均匀膨胀时, l 与 $V^{1/3}$ 成比例地改变. 因

① 令 $\varepsilon \to \infty$, 我们得到导电椭球的体积变化 $(V - V_0)/V = \mathfrak{E}^2/(8\pi Kn)$. 对于球, $n = 1/3$, 我们回到 §5 习题 4 的结果.

② $\mathscr{C}_\varphi$ 是置于接在恒定电动势的电路内的平板电容器两板间薄板的热容量. 在两板具有恒定电荷的开路电容器内, 薄板的热容量为 $\mathscr{C}_D$.

此, 要计算热容量 $\mathscr{C}_\varphi$, 必须保持乘积 $\mathfrak{C}V^{1/3}/\varepsilon$ 不变而求 $\mathscr{S}$ 的微商. 结果我们求得热容量之差为

$$\mathscr{C}_\varphi - \mathscr{C}_D = \frac{TV\mathfrak{C}^2}{4\pi\varepsilon}\left[(\varepsilon-1)\alpha + \frac{1}{\varepsilon}\left(\frac{\partial\varepsilon}{\partial T}\right)_P\right]\left[\frac{1}{\varepsilon}\left(\frac{\partial\varepsilon}{\partial T}\right)_P - \frac{\alpha}{3}\right].$$

3. 试确定均匀介电体内的电热效应, 介电体的总体积保持为常量.

解: 严格说来, 在加上外电场后, 物体的密度发生变化 (沿物体变成不均匀的), 即使物体的总体积保持不变. 但是在计算总熵的变化时可以忽略这种情况, 而把物体每一点处的密度 ρ 都看成是常量①.

根据 (10.18) 式, 物体的总熵为

$$\mathscr{S} = \mathscr{S}_0(\rho, T) + \frac{1}{8\pi}\left(\frac{\partial\varepsilon}{\partial T}\right)_\rho \int E^2 \mathrm{d}V,$$

式中的积分对物体的全部体积进行. 吸收的热量为

$$Q = \frac{T}{8\pi}\left(\frac{\partial\varepsilon}{\partial T}\right)_\rho \int E^2 \mathrm{d}V.$$

4. 试求平行平面板的总体积不变时的 $\mathscr{C}_\varphi - \mathscr{C}_D$ 之差 (参见习题 2).

解: 若板的总体积 (因而厚度) 不变, 则电势差不变情况下求微商等价于电场强度 E 不变时求微商. 借助于习题 3 所得的熵的公式, 我们求得

$$\mathscr{C}_E - \mathscr{C}_D = \frac{TVE^2}{4\pi\varepsilon}\left(\frac{\partial\varepsilon}{\partial T}\right)_\rho^2 = \frac{TV\mathfrak{C}^2}{4\pi\varepsilon^3}\left(\frac{\partial\varepsilon}{\partial T}\right)_\rho^2$$

5. 设电容器由相距为 h 的两个导电表面构成, h 小于电容器板的线度; 电容器两板间的空间内充满介电常量为 ε_1 的物质. 设在电容器内放入半径为 $a \ll h$、介电常量为 ε_2 的小球. 试确定电容器电容的改变.

解: 令小球在电容器两板间的电势差 φ 仍保持不变的条件下放入电容器. 当导体的电势恒定时, $\widetilde{\mathscr{F}}$ 起自由能的作用. 在没有小球时, $\widetilde{\mathscr{F}} = -C_0\varphi^2/2$, 其中 C_0 是电容器原来的电容. 由于小球的体积很小, 可以认为小球是放在强度为 $\mathfrak{C} = \varphi/h$ 的均匀电场内, 而 $\widetilde{\mathscr{F}}$ 的改变很小. 当电势不变时 $\widetilde{\mathscr{F}}$ 的微小变化等于场源的电荷恒定时 $\mathscr{F}$ 的微小变化. 利用 §11 习题中所得到的公式和 (8.2) 式, 我们得到

$$\widetilde{\mathscr{F}} = -\frac{1}{2}C_0\varphi^2 - \frac{a^3\varphi^2}{2h^2}\frac{\varepsilon_1(\varepsilon_2-\varepsilon_1)}{2\varepsilon_1+\varepsilon_2},$$

由此所求的电容为

$$C = C_0 + \frac{a^3}{h^2}\frac{\varepsilon_1(\varepsilon_2-\varepsilon_1)}{2\varepsilon_1+\varepsilon_2}.$$

---

① 密度变化 $\delta\rho$ 是电场的二次量 ($\propto E^2$), 而场引起的总熵变化是四次量. 实际上, 与 $\delta\rho$ 成线性的总熵的变化是 $\dfrac{\partial S_0}{\partial\rho}\displaystyle\int\delta\rho\mathrm{d}V$, 但由于物体的总质量不变, 积分 $\displaystyle\int\delta\rho\mathrm{d}V = 0$.

§13 晶体的介电性质

在各向异性的介电性介质 (单晶体) 内, 电感应强度和电场强度之间的线性关系具有更复杂的形式, 这时不能化为简单的比例关系.

这种依赖关系的最普遍形式, 由以下表达式给出:

$$D_i = D_{0i} + \varepsilon_{ik} E_k, \tag{13.1}$$

其中 $\boldsymbol{D}_0$ 是恒定矢量, 而全部的 ε_{ik} 量构成一个二秩张量——**介电常量张量** (或者更简单地说, **介电张量**). 但关系式 (13.1) 内的自由项 $\boldsymbol{D}_0$ 并不是在任何晶体内都存在. 大多数类型的晶体学对称性不容许存在恒定矢量 (参见下面), 于是只有以下关系式

$$D_i = \varepsilon_{ik} E_k. \tag{13.2}$$

张量 ε_{ik} 是对称的:

$$\varepsilon_{ik} = \varepsilon_{ki}. \tag{13.3}$$

要证明这一点, 只要利用热力学关系式 (10.10) 并注意到二阶导数

$$-4\pi \frac{\partial^2 \widetilde{F}}{\partial E_k \partial E_i} = \frac{\partial D}{\partial E_k} = \varepsilon_{ik}$$

和求微商的次序无关就足够了.

对于量 $\widetilde{F}$ 本身, 我们有表达式 (在满足 (13.2) 式时)

$$\widetilde{F} = F_0 - \frac{\varepsilon_{ik} E_i E_k}{8\pi}. \tag{13.4}$$

自由能 F 等于

$$F = \widetilde{F} + \frac{E_i D_i}{4\pi} = F_0 + \frac{\varepsilon_{ik}^{-1} D_i D_k}{8\pi}. \tag{13.5}$$

和任何二秩的对称张量一样, 通过适当选择坐标轴可以把张量 ε_{ik} 化成对角形式. 因此, 在一般情况下, 张量 ε_{ik} 由三个独立量即三个主值 $\varepsilon^{(1)}$、$\varepsilon^{(2)}$、$\varepsilon^{(3)}$ 决定. 就像在各向同性物体中 $\varepsilon > 1$ 一样 (参见 §14), 这些量永远大于 1.

根据晶体对称性的不同, 张量 ε_{ik} 的不同主值数目也可以小于三个.

在三斜晶系、单斜晶系和正交晶系的晶体中, 这三个主值各不相同. 这种晶体称为**双轴晶体**①. 这时, 在三斜晶系晶体内, 张量 ε_{ik} 的主轴方向和任何晶体学方向的关系均不是单值的. 在单斜晶系晶体内, 有一个主轴方向是预先确定的, 即它必须和二次对称轴重合或者垂直于晶体的对称平面. 在正交晶系晶体内, 张量 ε_{ik} 的三个主轴都是在晶体学上确定的.

① 这个名称和晶体的光学性质有关, 参阅 §98, §99.

其次, 在四方晶系、三方晶系和六方晶系的晶体内, 三个主值中有两个相等, 于是总共只有两个独立量, 这样的晶体称为**单轴晶体**. 这时主轴中有一个和四次、三次或六次晶体学对称轴重合, 而其他两个主轴方向可以任意选择.

最后, 在立方晶系晶体内, 张量 ε_{ik} 的三个主值全部相同, 而主轴方向任意. 这意味着张量 ε_{ik} 的形式为 $\varepsilon\delta_{ik}$, 也就是由一个标量 ε 来决定. 换句话说, 就介电性质来说, 立方对称晶体和各向同性物体没有差别.

如果使用张量代数中熟知的半轴长度正比于二秩对称张量主值的**张量椭球**概念, 则张量 ε_{ik} 的这些相当显然的对称性质会显得特别直观. 此时张量的对称性应当与晶体对称性相对应. 例如, 在单轴晶体中张量椭球退化为相对于纵轴完全对称的旋转椭球; 我们强调指出, 对于由二秩对称张量确定的晶体的物理性质, 三次对称轴的存在等价于在与轴垂直平面上的完全各向同性. 在立方对称晶体中张量椭球退化为球.

现在我们讨论 (13.1) 式中具有常数项 $\boldsymbol{D}_0$ 的晶体的介电性质的特殊性. 这一项的存在表明, 介电体即使在没有外加电场时也会自发地极化; 这种晶体称为**热释电晶体**. 但是, 这种自发极化的量值实际上总是非常小的 (与分子场比较), 这一情况是由于大的 $\boldsymbol{D}_0$ 值会导致晶体内存在强电场, 而这在能量上极为不利, 因而不可能与热力学平衡相对应. $\boldsymbol{D}_0$ 很小同时也保证了将 $\boldsymbol{D}$ 展开为 $\boldsymbol{E}$ 的幂级数的合理性, 展开式的头两项就是 (13.1) 式.

对关系式

$$-4\pi\frac{\partial\widetilde{F}}{\partial E_i}=D_i=D_{0i}+\varepsilon_{ik}E_k$$

进行积分, 我们可以求得热释电晶体的热力学量, 由此

$$\widetilde{F}=F_0-\frac{\varepsilon_{ik}E_iE_k}{8\pi}-\frac{1}{4\pi}E_iD_{0i}. \tag{13.6}$$

自由能为

$$F=\widetilde{F}+\frac{E_iD_i}{4\pi}=F_0+\frac{\varepsilon_{ik}E_iE_k}{8\pi}=F_0+\frac{1}{8\pi}\varepsilon^{-1}_{ik}(D_i-D_{0i})(D_k-D_{0k}). \tag{13.7}$$

应注意的是, $\widetilde{F}$ 内出现过的 E_i 的线性项已从 F 内消去①.

将 (13.7) 和 (13.1) 式代入 (11.12) 式, 可以求得热释电体的总自由能. 在没有外加电场 $\mathfrak{C}=0$ 时, 得到简单的结果

$$\mathscr{F}=\int\left(F_0-\frac{\boldsymbol{E}\cdot\boldsymbol{D}_0}{8\pi}\right)\mathrm{d}V. \tag{13.8}$$

① 应该指出, 在这些公式中我们实际上略去了**压电效应** (也就是内应力对物体电性质的影响, 参见 §17). 因此, 严格说来, 这些公式只能应用于物体全部体积内电场均匀的情况, 此时物体内可以不存在应力.

我们注意到, 没有外加电场时, 热释电晶体的自由能 (和电场 $\boldsymbol{E}$ 一起), 不但依赖于它的体积, 也依赖于它的形状.

如上面所指出的, 并非晶体的任何对称性都可能出现热释电现象. 因为在任何对称变换中, 晶体的全部性质必须保持不变, 因此十分清楚, 只有存在一个方向对所有的对称变换都保持不变 (其中也包括不变为反方向) 的晶体, 才是热释电晶体; 恒定矢量 $\boldsymbol{D}_0$ 就在这个方向上.

只有由一个轴和通过该轴的对称平面组成的对称群才满足这一条件. 特别是, 具有对称中心的晶体显然不可能是热释电晶体. 我们现在从 32 种晶类中, 列举出那些存在热释电性质的晶类:

三斜晶系: C_1,

单斜晶系: C_s, C_2,

正交晶系: C_{2v},

四方晶系: C_4, C_{4v},

三方晶系: C_3, C_{3v},

六方晶系: C_6, C_{6v},

在立方晶系中, 不言而喻, 一般不存在热释电晶体. 在 C_1 类晶体中, 热释电矢量 $\boldsymbol{D}_0$ 的方向和任何晶体学确定的方向无关, 而在 C_s 类晶体中, 热释电矢量 $\boldsymbol{D}_0$ 的方向必须处在对称平面内. 在上面所列举的其余晶类中, $\boldsymbol{D}_0$ 的方向和对称轴的方向重合①.

应该指出, 在通常条件下, 热释电晶体没有总电偶极矩, 虽然晶体中的极化并不等于零. 问题在于, 在自发极化的介电体内有不为零的电场强度 $\boldsymbol{E}$. 实际上, 晶体样品通常都具有某种很小但不为零的电导率, 由于这一原因, 电场的存在将引起电流, 这种电流一直维持到物体面上生成的自由电荷使晶体样品内的电场消失为止. 从空气中淀积在样品表面的离子也起类似的作用. 实验上, 当加热晶体使晶体的自发极化量值发生变化且这些变化显露出来时, 就可观察到热释电性质.

习　　题

1. 试确定球形热释电体在真空内所产生的电场.

---

① 在谈论对称性条件时, 我们把晶态介质看作是无限介质. 对于有限的晶体, 其总的偶极矩可能依赖于 (在离子晶体中) 这块晶体的表面通过哪些晶面, 这些晶面是包含有同号离子或者是电中性的. 但是, 在宏观电动力学的框架内隐含的对物理上无穷小体积的平均, 自然可以理解为也对晶体表面相对于晶格的位置进行了平均. 这种平均的结果是在任何非热释电有限晶体内 $\boldsymbol{D}_0$ 等于零, 而在热释电晶体内与晶体表面的位形无关.

解: 在球内存在均匀电场, 电场强度和电感应强度的关系为 $2\boldsymbol{E}=-\boldsymbol{D}$ (当 $\mathfrak{C}=0$, 即没有外加电场时从 (8.1) 式得到). 把这个关系代入 (13.1) 式, 我们得到方程 $2E_i+\varepsilon_{ik}E_k=-D_{0i}$. 选择坐标轴为张量 ε_{ik} 的主轴. 于是我们从这个方程得到

$$E_i=\frac{D_{0i}}{2+\varepsilon^{(i)}},\quad P_i=\frac{D_i-E_i}{4\pi}=\frac{3D_{0i}}{4\pi(2+\varepsilon^{(i)})}.$$

球外的场是电矩为 $\mathscr{P}=\boldsymbol{P}V$ 的电偶极子所产生的场.

2. 试确定各向异性均匀介质内点电荷所产生的场 ①.

解: 描写点电荷电场的方程为 $\operatorname{div}\boldsymbol{D}=4\pi e\delta(\boldsymbol{r})$ (点电荷位于坐标原点处). 在各向异性介质内, $D_i=\varepsilon_{ik}E_k=-\varepsilon_{ik}\partial\varphi/\partial x_k$; 选择 x, y, z 轴为张量 ε_{ik} 的主轴, 我们得到电势方程为

$$\varepsilon^{(x)}\frac{\partial^2\varphi}{\partial x^2}+\varepsilon^{(y)}\frac{\partial^2\varphi}{\partial y^2}+\varepsilon^{(z)}\frac{\partial^2\varphi}{\partial z^2}=-4\pi e\delta(\boldsymbol{r}).$$

按照下式引进新的自变量

$$x=x'\sqrt{\varepsilon^{(x)}},\quad y=y'\sqrt{\varepsilon^{(y)}},\quad z=z'\sqrt{\varepsilon^{(z)}} \tag{1}$$

电势方程变为

$$\Delta'\varphi=-\frac{4\pi e}{\sqrt{\varepsilon^{(x)}\varepsilon^{(y)}\varepsilon^{(z)}}}\delta(\boldsymbol{r}'),$$

它在形式上与真空内场方程的区别只是用 $e'=e[\varepsilon^{(x)}\varepsilon^{(y)}\varepsilon^{(z)}]^{-1/2}$ 代替了 e. 因此

$$\varphi=\frac{e'}{r'}=\frac{e}{\sqrt{\varepsilon^{(x)}\varepsilon^{(y)}\varepsilon^{(z)}}}\left[\frac{x^2}{\varepsilon^{(x)}}+\frac{y^2}{\varepsilon^{(y)}}+\frac{z^2}{\varepsilon^{(z)}}\right]^{-1/2}.$$

采用不依赖于坐标系选择的张量符号, 我们有

$$\varphi=\frac{e}{\sqrt{|\varepsilon|\varepsilon_{ik}^{-1}x_ix_k}},$$

其中 $|\varepsilon|$ 是张量 ε_{ik} 的行列式.

3. 试求浸入各向异性介电介质内的导电球 (半径为 a) 的电容.

解: 通过习题 2 内变换式 (1), 确定电荷为 e 的导体球在各向异性介质内的电场的问题归结为确定分布于椭球面

$$\varepsilon_{ik}x'_ix'_k=\varepsilon^{(x)}x'^2+\varepsilon^{(y)}y'^2+\varepsilon^{(z)}z'^2=a^2$$

---

① 在习题 2—6 中, 假定各向异性的介电介质不是热释电性质的.

上的电荷 e' 在真空内产生的电场. 利用椭球的场势公式 (4.14), 得到所求的电容为

$$\frac{1}{C}=\frac{1}{2\sqrt{\varepsilon^{(x)}\varepsilon^{(y)}\varepsilon^{(z)}}}\int_0^\infty\left[\left(\xi+\frac{a^2}{\varepsilon^{(x)}}\right)\left(\xi+\frac{a^2}{\varepsilon^{(y)}}\right)\left(\xi+\frac{a^2}{\varepsilon^{(z)}}\right)\right]^{-1/2}\mathrm{d}\xi.$$

4. 试确定处于均匀外电场 $\mathfrak{E}$ 中的各向异性平行平面板内的电场.

解: 从电场强度切向分量的连续性条件得出

$$\boldsymbol{E}=\mathfrak{E}+A\boldsymbol{n},$$

式中 $\boldsymbol{E}$ 是板内的均匀电场强度, $\boldsymbol{n}$ 是与板面垂直的单位法矢量, 而 A 是常数. A 由电感应强度法向分量的连续性条件:

$$\boldsymbol{n}\cdot\boldsymbol{D}=\boldsymbol{n}\cdot\mathfrak{E},$$

或者

$$n_i\varepsilon_{ik}E_k=n_i\varepsilon_{ik}\mathfrak{E}_k+A\varepsilon_{ik}n_in_k=\mathfrak{E}_in_i$$

求出. 由此得到

$$A=-\frac{(\varepsilon_{ik}-\delta_{ik})n_i\mathfrak{E}_k}{\varepsilon_{lm}n_ln_m}.$$

特别是, 如果外电场指向平板的法线方向 (z 轴方向), 则

$$A=\frac{\mathfrak{E}(1-\varepsilon_{zz})}{\varepsilon_{zz}}.$$

如果外场平行于平板并指向 x 轴方向:

$$A=-\frac{\mathfrak{E}\varepsilon_{zx}}{\varepsilon_{zz}}.$$

5. 试确定作用在处于均匀外电场 $\mathfrak{E}$ 内 (真空中) 的各向异性介电体球的力矩.

解: 根据 (8.2) 式, 我们得到球内的电场强度为

$$E_x=\frac{3}{2+\varepsilon^{(x)}}\mathfrak{E}_x$$

(E_y、E_z 有类似公式), 同时选择 x, y, z 轴沿张量 ε_{ik} 的主轴. 由此得到球 (半径 a) 的偶极矩的分量为

$$\mathscr{P}_x=\frac{4\pi}{3}a^3P_x=\frac{\varepsilon^{(x)}-1}{\varepsilon^{(x)}+2}a^3\mathfrak{E}_x.$$

作用于球上的力矩的分量为

$$K_z = (\mathscr{P} \times \mathfrak{E}_z) = 3a^3 \mathfrak{E}_x \mathfrak{E}_y \frac{\varepsilon^{(x)} - \varepsilon^{(y)}}{(\varepsilon^{(x)} + 2)(\varepsilon^{(y)} + 2)},$$

对于 K_x 和 K_y 有类似公式.

6. 设在无限的各向异性介质内有一球形空腔. 试用介质内离球腔很远处的均匀电场 $E^{(e)}$ 表示出球腔内的电场.

解: 利用习题 2 中的变换式 (1) 可将介质内的电势方程化为真空内电势的拉普拉斯方程. 相反地, 球腔内的电势方程转化为介电常量为 $1/\varepsilon^{(x)}, 1/\varepsilon^{(y)}, 1/\varepsilon^{(z)}$ 的介质内的电势方程. 此外, 球 (半径 a) 变成半轴为 $a/\sqrt{\varepsilon^{(x)}}, a/\sqrt{\varepsilon^{(y)}}, a/\sqrt{\varepsilon^{(z)}}$ 的椭球. 设 $n^{(x)}$, $n^{(y)}$, $n^{(z)}$ 为椭球的退极化系数 (从公式 (4.25) 得出). 将 (8.7) 式应用到这个椭球的场上, 我们得到关系式

$$(1 - n^{(x)}) \frac{\partial \varphi^{(i)}}{\partial x'} + \frac{n^{(x)}}{\varepsilon^{(x)}} \frac{\partial \varphi^{(i)}}{\partial x'} = \frac{\partial \varphi^{(e)}}{\partial x'}$$

(沿 y' 和 z' 轴有类似关系式). 现在返回到原来的坐标, 我们有

$$\frac{\partial \varphi}{\partial x'} = \frac{\partial \varphi}{\partial x} \sqrt{\varepsilon^{(x)}} = -E_x \sqrt{\varepsilon^{(x)}},$$

于是对于球腔内的场, 我们最后得到

$$E_x^{(i)} = \frac{\varepsilon^{(x)}}{\varepsilon^{(x)} - n^{(x)}(\varepsilon^{(x)} - 1)} E_x^{(e)}.$$

§14 介电常量的符号

为了阐明电场内的介电体的热力学量依赖于其介电常量的特性, 我们现在来研究一个形式性的问题, 就是当 ε 发生无穷小变化时, 物体总自由能内的电能部分如何变化.

对于各向同性介电体 (但不一定是均匀的), 按照 (10.20) 式, 我们有

$$\mathscr{F} - \mathscr{F}_0 = \int \frac{D^2}{8\pi\varepsilon} \mathrm{d}V.$$

当 ε 变化时, 电感应强度也发生变化. 因此, 所研究的自由能的变分等于

$$\delta \mathscr{F} = \int \frac{\boldsymbol{D} \cdot \delta \boldsymbol{D}}{8\pi\varepsilon} \mathrm{d}V - \int \frac{D^2}{8\pi\varepsilon^2} \delta\varepsilon \mathrm{d}V.$$

等式右端第一项和场源 (导体的电荷) 发生无穷小变化时所做功的表达式 (10.2) 相同. 但是, 在现在情况下, 我们所研究的是场源不变时的场变化; 因

此, 这一项变为零, 于是我们得到

$$\delta\mathscr{F} = -\int \frac{\delta\varepsilon}{\varepsilon^2}\frac{D^2}{8\pi}\mathrm{d}V = -\int \delta\varepsilon\frac{E^2}{8\pi}\mathrm{d}V. \tag{14.1}$$

从这个公式可以得出, 介质的介电常量的任何增加, 即使只在介质某一部分内 (场源保持不变), 也会导致介质的总自由能减小. 特别是可以断言, 将未带电导体移到介电介质内时自由能总是减少, 因为可以把导体看作 (在静电学中) ε 为无限大的物体. 这种论断推广了 §2 中表述的定理: 将不带电导体移到真空内时, 真空内的静电场能减小.

当把某一电荷从无穷远处移到介电体附近时, 总自由能必将减少 (这可以看成在电荷周围电场的某一区域内 ε 增加). 为了由此作出任何电荷都被吸向介电体的结论, 严格说来, 我们还必须证明: 在电荷与介电体间的任何有限距离内, $\mathscr{F}$ 都不能达到极小值. 我们在这里不去详细证明这一论断, 何况在电荷和介电体之间出现的吸引力, 可以看成是该电荷与由电荷所引起的极化介电体的偶极矩相互作用的相当明显的结果.

从 (14.1) 式可以直接得出有关介电体在准均匀电场内 (亦即在物体尺度范围内可视为常量的电场内) 运动方向的结论. 在这种情况下, E^2 可以从积分号下移出来, 而差 $\mathscr{F}-\mathscr{F}_0$ 与 E^2 成正比且为负值. 因而, 当介电体趋向于占据自由能为极小值的位置时, 它将向 E 增加的方向移动.

不依赖于 (14.1) 式也可以证明, 当把介电体移到电场内时, 介电体自由能的总变化为负值①. 只要把介电体自由能的变化看成是它的量子能级受到外电场扰动的结果, 借助于热力学微扰理论就能做到这点. 按照这一理论, 我们得到

$$\mathscr{F}-\mathscr{F}_0 = \overline{V}_{nn} - \frac{1}{2}\sum_n\sum_m{}' \frac{\overline{|V_{nm}|^2(w_m-w_n)}}{E_n^{(0)}-E_m^{(0)}} - \frac{1}{2T}\overline{(V_{nn}-\overline{V}_{nn})^2} \tag{14.2}$$

(参见本教程第五卷 (32.6) 式), 式中 $E_n^{(0)}$ 是未受扰动的能级, V_{mn} 是扰动能的矩阵元, 而短杠则表示用吉布斯分布

$$w_n = \exp\frac{\mathscr{F}_0-E_n^{(0)}}{T}$$

所得到的统计平均值.

(14.2) 式内的 $\overline{V}_{nn}$ 项是场的线性项, 只在热释电介电体中才不为零. 我们感兴趣的自由能变化中场平方的部分由这个公式的其余项给出; 显然它们是负的.

① 所指的是与场的平方成正比的变化. 但是要记住, 在热释电体内自由能的变化也包含场的线性项, 这里我们对这一项不感兴趣.

从另一方面看, 由公式 (14.2) 的推导十分清楚, 公式中的总自由能 $\mathscr{F}$ 应当在 §11 所指出的意义上来理解, 即从中排除了没有物体时所存在的电场能. 因此差值 $\mathscr{F}-\mathscr{F}_0$ 由热力学公式 (11.7) 给出. 我们来研究沿均匀外电场 $\mathfrak{E}$ 放置的长圆柱形物体. 此时圆柱内的电场与 $\mathfrak{E}$ 相同, 而其电极化强度 $\boldsymbol{P}=(\varepsilon-1)\mathfrak{E}/(4\pi)$, 因此

$$\mathscr{F}-\mathscr{F}_0=-\frac{\varepsilon-1}{8\pi}V\mathfrak{E}^2.$$

由此得出, 只要 $\varepsilon>1$, 差 $\mathscr{F}-\mathscr{F}_0$ 必为负. 这导致 §7 中提到过的并且已经使用过的结论: 一切物体的介电常量都大于 1, 亦即介电极化率 $\varkappa=(\varepsilon-1)/(4\pi)$ 为正.

用同样的方式可以证明, 对各向异性介电介质中的张量 ε_{ik} 的主值有不等式 $\varepsilon^{(i)}>1$. 显然, 为此只要研究指向三个主轴中每一个主轴上的场的能量也就够了.

§15 液态介电体内的电力

计算处于任意不均匀电场内的介电体上所受的力 (称为**有质动力**) 的问题相当复杂, 并且要求对液体 (或气体) 和固体分别进行研究. 我们首先来研究比较简单的液态介电体的情况.

我们用 $\boldsymbol{f}\mathrm{d}V$ 标记介质体积元 $\mathrm{d}V$ 上所受的力; 矢量 $\boldsymbol{f}$ 可以称为力的**体密度**.

大家知道, 作用在物体某有限体积上的力, 可以化为作用于该体积表面上的力 (参阅本教程第七卷 §2). 这一情况是动量守恒定律的结果. 体积 $\mathrm{d}V$ 内物质所受到的力是单位时间内它的动量的变化, 这个动量变化必须等于相同时间内经过表面进入该体积内的动量. 如果用 $-\sigma_{ik}$ 表示动量流张量, 则①

$$\int f_i\mathrm{d}V=\oint\sigma_{ik}\mathrm{d}f_k, \tag{15.1}$$

等式右端的积分对体积 V 的表面进行. 张量 σ_{ik} 称为**应力张量**. 显然

$$\sigma_{ik}\mathrm{d}f_k=\sigma_{ik}n_k\mathrm{d}f$$

是作用于面积元 $\mathrm{d}f$ 上的力的第 i 个分量 ($\boldsymbol{n}$ 是表面法线方向的单位矢量, 指向体积外).

类似地, 作用于一给定体积上的总力矩也可以化成面积分, 由此就保证了动量矩守恒定律得到满足. 大家知道, 这样做之所以可能, 是因为应力张量的对称性 ($\sigma_{ik}=\sigma_{ki}$); 因此, 后者正是动量矩守恒定律的表达式.

① 注意不要将力的分量 f_i 与表面积分量 $\mathrm{d}f_k$ 相混淆.

把 (15.1) 式的面积分变换为体积分, 我们得到

$$\int f_i \mathrm{d}V = \int \frac{\partial \sigma_{ik}}{\partial x_k} \mathrm{d}V,$$

由于积分体积是任意的, 由此得到

$$f_i = \frac{\partial \sigma_{ik}}{\partial x_k}. \tag{15.2}$$

这是用应力张量表示体积力的熟知公式.

现在我们来计算应力张量. 表面上任一小区域均可以视为平面, 而这一小区域附近的物体性质及电场也可以看成是均匀的. 为了使推导简化, 不失普遍性, 我们可以研究处于均匀电场中的均匀 (指成分、密度和温度) 物质平行平面层 (层厚 h) ① . 这个电场可以设想为由加在物质层表面上的导电平面 (电容器极板) 所产生的.

仿照计算力的普遍方法, 我们使其中一个电容器极板 ("上极板") 经受一无穷小的虚的平行位移 ξ, ξ 的方向任意, 不一定和法线 $\boldsymbol{n}$ 的方向重合 假定导体的电势 (在导体每一点处) 在位移过程中保持不变, 而由位移所引起的介电体层的均匀形变是等温的.

表面的单位面积上受到的平行平面层的作用力为 $-\sigma_{ik}n_k$. 在虚位移过程中这个力所做的功为 $-\sigma_{ik}n_k\xi_i$. 另一方面, 导体产生等温形变并保持电势不变所做的功等于 $\int \widetilde{F}\mathrm{d}V$ 的减小, 或者等于物质层单位表面积上量 $h\widetilde{F}$ 的减小. 于是

$$\sigma_{ik}\xi_i n_k = \delta(h\widetilde{F}) = h\delta\widetilde{F} + \widetilde{F}\delta h. \tag{15.3}$$

液体的热力学量只与它的密度有关 (在给定温度和电场强度下); 不改变密度的形变 (纯剪切) 不影响热力学状态. 因此, 我们将液体内的等温变分 $\delta\widetilde{F}$ 写为

$$\delta\widetilde{F} = \left(\frac{\partial \widetilde{F}}{\partial \boldsymbol{E}}\right)_{T,\rho} \cdot \delta\boldsymbol{E} + \left(\frac{\partial \widetilde{F}}{\partial \rho}\right)_{\boldsymbol{E},T} \delta\rho = -\frac{\boldsymbol{D}\cdot\delta\boldsymbol{E}}{4\pi} + \left(\frac{\partial \widetilde{F}}{\partial \rho}\right)_{\boldsymbol{E},T} \delta\rho. \tag{15.4}$$

物质层的密度变化与其厚度变化的关系式为 $\delta\rho = -\rho\dfrac{\delta h}{h}$. 场的变分可计算如下.

设在位移时, 有物质从 $(\boldsymbol{r}-\boldsymbol{u})$ 点落到空间给定点处 (其径矢为 $\boldsymbol{r}$), 这里 $\boldsymbol{u}$ 为物质层体积内质点的位移矢量. 因为在我们所研究的条件下 (均匀形变和

① 出于同样的理由, 我们在应力张量内略去了那些可能与温度、电场等的梯度有关的项. 不过这些项与未包含导数的项相比几乎为零, 就如同在 $\boldsymbol{D}$ 与 $\boldsymbol{E}$ 的关系中可能出现的含有导数的那些小项一样.

电容极板上的电势为常量), 每一物质质点都带有自己的场势值一起位移, 因此, 在空间一给定点处的场势改变为

$$\delta\varphi = \varphi(\boldsymbol{r}-\boldsymbol{u}) - \varphi(\boldsymbol{r}) = -\boldsymbol{u}\cdot\nabla\varphi = \boldsymbol{u}\cdot\boldsymbol{E},$$

式中 $\boldsymbol{E}$ 为未形变层内的均匀电场. 但是由于形变是均匀的, 我们有

$$\boldsymbol{u} = \frac{z}{h}\boldsymbol{\xi}, \tag{15.5}$$

式中 z 是距下表面的距离. 因此, 电场强度的变分为

$$\delta\boldsymbol{E} = -\frac{1}{h}\boldsymbol{n}(\boldsymbol{E}\cdot\boldsymbol{\xi}). \tag{15.6}$$

把上面所得的全部表达式代入 (15.4) 式, 并考虑到 $\delta h = \xi_z = \boldsymbol{\xi}\cdot\boldsymbol{n}$, 我们得到

$$\begin{aligned}\sigma_{ik}\xi_i n_k &= \frac{1}{4\pi}(\boldsymbol{n}\cdot\boldsymbol{D})(\boldsymbol{\xi}\cdot\boldsymbol{E}) - (\boldsymbol{\xi}\cdot\boldsymbol{n})\rho\frac{\partial\widetilde{F}}{\partial\rho} + (\boldsymbol{\xi}\cdot\boldsymbol{n})\widetilde{F}\\ &= \left\{\frac{E_iD_k}{4\pi} - \rho\frac{\partial\widetilde{F}}{\partial\rho}\delta_{ik} + \widetilde{F}\delta_{ik}\right\}\xi_i n_k.\end{aligned}$$

由此终于得到应力张量的表达式:

$$\sigma_{ik} = \left[\widetilde{F} - \rho\left(\frac{\partial\widetilde{F}}{\partial\rho}\right)_{\boldsymbol{E},T}\right]\delta_{ik} + \frac{E_iD_k}{4\pi}. \tag{15.7}$$

在各向同性介质内, 即本节研究的情况, $\boldsymbol{E}$ 和 $\boldsymbol{D}$ 的方向重合. 因此, $E_iD_k = E_kD_i$, 张量 (15.7) 理所当然地是对称张量 ①.

在 $\boldsymbol{D} = \varepsilon\boldsymbol{E}$ 的线性关系下, 我们有

$$\widetilde{F} = F_0(\rho, T) - \frac{\varepsilon E^2}{8\pi} \tag{15.8}$$

(见 (10.17) 式). F_0 是电场不存在时物质单位体积内的自由能. 按照熟知的热力学关系式, 单位质量物质的自由能对比体积的导数等于压强:

$$\left(\frac{\partial}{\partial(1/\rho)}\frac{F_0}{\rho}\right)_T = F_0 - \rho\left(\frac{\partial F_0}{\partial\rho}\right)_T = -P_0;$$

$P_0 = P_0(\rho, T)$ 是电场不存在时 ρ 和 T 值保持给定值的介质内的压强. 因此, 把 (15.8) 式代入 (15.7) 式后, 我们得到

$$\sigma_{ik} = -P_0(\rho, T)\delta_{ik} - \frac{E^2}{8\pi}\left[\varepsilon - \rho\left(\frac{\partial\varepsilon}{\partial\rho}\right)_T\right]\delta_{ik} + \frac{\varepsilon E_iE_k}{4\pi}. \tag{15.9}$$

在真空内, 这个式子转换成众所周知的电场的麦克斯韦应力张量 ②:

① 在上述推导中, $\boldsymbol{E}$ 的方向与 $\boldsymbol{n}$ 的方向相同这一事实并不重要, 因为 σ_{ik} 显然只依赖于 $\boldsymbol{E}$ 的方向, 而不依赖于 $\boldsymbol{n}$ 的方向.

② 见 §5 的第一个脚注.

作用于两种互相接触的不同介质分界面上的力, 必须大小相等、方向相反, 即 $\sigma_{ik}n_k = -\sigma'_{ik}n'_k$, 式中带撇的量和不带撇的量, 分别属于两种介质. 法向矢量 $\boldsymbol{n}$ 和 $\boldsymbol{n}'$ 的方向相反, 于是可以写成

$$\sigma_{ik}n_k = \sigma'_{ik}n_k. \tag{15.10}$$

在两种各向同性介质的交界面上, 力的切向分量相等的条件恒满足. 实际上, 把 (15.7) 式代入 (15.10) 式, 并取出切向分量, 我们得到

$$\boldsymbol{E}_t D_n = \boldsymbol{E}'_t D'_n.$$

但是, 由于 $\boldsymbol{E}_t$ 和 D_n 的连续性的边界条件, 这个等式已被满足. 由力的法向分量相等的条件, 可以得到施加在两种介质内的压强差上的非平庸条件.

例如, 我们来研究液体和大气间的交界面 (可以假定后者的 $\varepsilon = 1$). 我们用撇来标记大气中的量, 并利用 σ_{ik} 的表示式 (15.9), 我们得到

$$-P_0(\rho, T) + \frac{E^2}{8\pi}\rho\left(\frac{\partial\varepsilon}{\partial\rho}\right)_T + \frac{\varepsilon}{8\pi}(E_n^2 - E_t^2) = -P_{\text{atm}} + \frac{1}{8\pi}(E_n'^2 - E_t'^2).$$

考虑到边界条件; $E_t = E'_t, D_n = \varepsilon E_n = D'_n = E'_n$, 可以将以上等式改写成

$$P_0(\rho, T) - P_{\text{atm}} = \frac{\rho E^2}{8\pi}\left(\frac{\partial\varepsilon}{\partial\rho}\right)_T - \frac{\varepsilon - 1}{8\pi}(\varepsilon E_n^2 + E_t^2). \tag{15.11}$$

应当把这个关系式理解为由液体内的电场强度确定液面附近液体密度 ρ 的方程式.

现在我们来求出作用于介电介质内的体积力, 按照 (15.2) 式对 (15.9) 式求微商, 我们得到

$$f_i = \frac{\partial}{\partial x_i}\left[-P_0 + \frac{E^2}{8\pi}\rho\left(\frac{\partial\varepsilon}{\partial\rho}\right)_T\right] - \frac{E^2}{8\pi}\frac{\partial\varepsilon}{\partial x_i} + \frac{1}{4\pi}\left[-\frac{\varepsilon}{2}\frac{\partial}{\partial x_i}E^2 + \frac{\partial}{\partial x_k}(E_i D_k)\right].$$

考虑到方程 $\operatorname{div}\boldsymbol{D} \equiv \partial D_k/\partial x_k = 0$, 上式右端后一个方括号内的表达式变为以下两项之和:

$$-\varepsilon E_k\frac{\partial E_k}{\partial x_i} + D_k\frac{\partial E_i}{\partial x_k} = -D_k\left(\frac{\partial E_k}{\partial x_i} - \frac{\partial E_i}{\partial x_k}\right),$$

但由于 $\operatorname{rot}\boldsymbol{E} = 0$, 这个表达式变为零. 于是我们得到

$$\boldsymbol{f} = -\operatorname{grad}P_0(\rho, T) + \frac{1}{8\pi}\operatorname{grad}\left[E^2\rho\left(\frac{\partial\varepsilon}{\partial\rho}\right)_T\right] - \frac{E^2}{8\pi}\operatorname{grad}\varepsilon \tag{15.12}$$

(H. 亥姆霍兹, 1881)

如果介电体内有体密度为 $\rho_{\rm ex}$ 的外电荷, 那么, 在 $\boldsymbol{f}$ 力上还必须加上一项 $\boldsymbol{E}\,{\rm div}\,\boldsymbol{D}/4\pi$, 因为 ${\rm div}\,\boldsymbol{D}=4\pi\rho_{\rm ex}$, 因而这一项等于

$$\rho_{\rm ex}\boldsymbol{E};\tag{15.13}$$

但是不能认为这一结果是不证自明的 (参见 §16 习题 3).

如在 §7 中曾提到的, 在气体中可认为 $\varepsilon-1$ 之差与密度成正比. 此时 $\rho\partial\varepsilon/\partial\rho=\varepsilon-1$, 且 (15.12) 式取更为简单的形式:

$$\boldsymbol{f}=-\nabla P_0+\frac{\varepsilon-1}{8\pi}\,{\rm grad}\,E^2.\tag{15.14}$$

(15.12) 式无论对于组分均匀的或非均匀的介质都适用. 在非均匀介质内, ε 不仅是 ρ 和 T 的函数, 而且也是沿介质而变化的混合物浓度的函数. 但在组分均匀的介质内, ε 只是 ρ 和 T 的函数, 而 ${\rm grad}\,\varepsilon$ 可以展开为

$$\nabla\varepsilon=\left(\frac{\partial\varepsilon}{\partial T}\right)_\rho\nabla T+\left(\frac{\partial\varepsilon}{\partial\rho}\right)_T\nabla\rho.$$

于是 (15.12) 式取以下形式:

$$\boldsymbol{f}=-\nabla P_0(\rho,T)+\frac{\rho}{8\pi}\nabla\left[E^2\left(\frac{\partial\varepsilon}{\partial\rho}\right)_T\right]-\frac{E^2}{8\pi}\left(\frac{\partial\varepsilon}{\partial T}\right)_\rho\nabla T.\tag{15.15}$$

如果物体内的温度为常量, 那么第三项变为零, 而在第一项内, 可以用 $\rho\nabla\zeta_0$ 代替 ∇P_0 (根据无电场时的熟知的化学势的热力学关系: $\rho{\rm d}\zeta_0={\rm d}P_0-S_0{\rm d}T$), 从而

$$\boldsymbol{f}=-\rho\nabla\left[\zeta_0-\frac{E^2}{8\pi}\left(\frac{\partial\varepsilon}{\partial\rho}\right)_T\right]=-\rho\nabla\zeta,\tag{15.16}$$

式中 ζ 为电场内物质的化学势 (见 (10.19) 式).

特别是, 当温度为常量时, 力学平衡条件 $\boldsymbol{f}=0$ 为

$$\zeta=\zeta_0-\frac{E^2}{8\pi}\left(\frac{\partial\varepsilon}{\partial\rho}\right)_T={\rm const}\tag{15.17}$$

这与普遍的热力学平衡条件一致. 这个条件通常可写为更简单的形式. 在电场作用下, 介质密度的变化与 E^2 成正比. 因此, 如果没有电场时的介质密度是均匀的, 那么即使在存在电场的情况下, 在 (15.15) 式后面的两项内也应该令 $\rho=$ 常数; 在假定线性关系 $\boldsymbol{D}=\varepsilon\boldsymbol{E}$ 成立的公式内计及 ρ 的变化超出了这些公式的精确度. 此时由 (15.15) 式的 $\boldsymbol{f}$ 等于零, 我们得到当温度为常量时的平衡条件的形式为

$$P_0(\rho,T)-\frac{\rho E^2}{8\pi}\left(\frac{\partial\varepsilon}{\partial\rho}\right)_T={\rm const}\,,\tag{15.18}$$

这个表达式和 (15.17) 式的差别是用 P_0/ρ 代替了 ζ_0.

在本节的最后, 我们将说明在不做应力张量计算的情况下, 如何从公式 (14.1) 直接导出力的表达式 (15.12).

我们研究无限非均匀介电性介质, 介质经受了在无穷远处趋于零的等温小形变. 变分 $\delta\varepsilon$ 由两部分组成: (1) 来自由于形变将物质粒子从 $\boldsymbol{r}-\boldsymbol{u}$ 点移到 $\boldsymbol{r}$ 点所引起的改变

$$\varepsilon(\boldsymbol{r}-\boldsymbol{u})-\varepsilon(\boldsymbol{r})=-\boldsymbol{u}\cdot\nabla\varepsilon,$$

和 (2) 来自与 $\boldsymbol{r}$ 点物质密度改变有关的变化

$$-\left(\frac{\partial\varepsilon}{\partial\rho}\right)_T\rho\,\mathrm{div}\,\boldsymbol{u},$$

我们知道 (参见本教程第七卷 §1) $\mathrm{div}\,\boldsymbol{u}$ 是体积元的相对变化, 因此密度变化是 $\delta\rho=-\rho\,\mathrm{div}\,\boldsymbol{u}$. 这样一来, 自由能的变分为

$$\begin{aligned}\delta\mathscr{F}&=\delta\mathscr{F}_0-\int\delta\varepsilon\frac{E^2}{8\pi}\mathrm{d}V\\&=-\int P_0\,\mathrm{div}\,\boldsymbol{u}\mathrm{d}V+\int\frac{E^2}{8\pi}\left[\boldsymbol{u}\cdot\nabla\varepsilon+\left(\frac{\partial\varepsilon}{\partial\rho}\right)_T\rho\,\mathrm{div}\,\boldsymbol{u}\right]\mathrm{d}V\end{aligned}\qquad(15.19)$$

(上式右端第一项是无电场时的自由能变分). 对 (15.19) 式中带 $\mathrm{div}\,\boldsymbol{u}$ 的项进行分部积分, 并与通过力 $\boldsymbol{f}$ 所做功表示的自由能变分表达式 $\delta\mathscr{F}=-\int\boldsymbol{u}\cdot\boldsymbol{f}\mathrm{d}V$ 比较, 就可得到公式 (15.12).

§16 固体内的电力

固体的介电性质不但随其密度改变而改变 (和液体一样), 而且也随着不改变密度的形变 (剪切) 而改变. 首先我们来研究没有电场时为各向同性的物体. 一般说来, 物体的形变会破坏它的各向同性; 结果它的介电性质也变成是各向异性的, 于是标量介电常量 ε 必须用介电张量 ε_{ik} 来代替.

大家知道, 弱形变物体的状态用应变张量

$$u_{ik}=\frac{1}{2}\left(\frac{\partial u_i}{\partial x_k}+\frac{\partial u_k}{\partial x_i}\right)$$

描述, 式中 $\boldsymbol{u}(x,y,z)$ 为物体上各个点的位移矢量. 由于这些量很小, 因此在分量 ε_{ik} 的变化中只要取 u_{ik} 的一次项就够了. 与此相应, 我们把形变物体的介电张量表示为以下形式:

$$\varepsilon_{ik}=\varepsilon_0\delta_{ik}+a_1u_{ik}+a_2u_{ll}\delta_{ik}.\qquad(16.1)$$

其中 ε_0 为未形变物体的介电常量, 而后面二项 (含有两个标量常数 a_1 和 a_2) 代表最普遍形式的二秩张量, 这种张量可以由张量 u_{ik} 的分量以线性方式构成.

现在来看一下前一节所给出的推导必须作哪些修正. 由于在固体内 $\widetilde{F}$ 与应变张量的全部分量有关, 因而必须用

$$\delta\widetilde{F} = -\frac{1}{4\pi}\boldsymbol{D}\cdot\delta\boldsymbol{E} + \frac{\partial\widetilde{F}}{\partial u_{ik}}\delta u_{ik}$$

代替 (15.4) 式. 在所研究的虚位移情况下, 矢量 $\boldsymbol{u}$ 由 (15.5) 式给出, 于是应变张量为

$$u_{ik} = \frac{1}{2h}(\xi_i n_k + \xi_k n_i).$$

把上式代入 $\delta\widetilde{F}$ 内, 并考虑到张量的对称性 (因而也是导数 $\partial\widetilde{F}/\partial u_{ik}$ 的对称性), 我们得到

$$\delta\widetilde{F} = -\frac{1}{4\pi}\boldsymbol{D}\cdot\delta\boldsymbol{E} + \frac{1}{h}\frac{\partial\widetilde{F}}{\partial u_{ik}}\xi_i n_k. \tag{16.2}$$

现在十分清楚, 我们得到的取代 (15.7) 式的应力张量的表达式为 ①:

$$\sigma_{ik} = \widetilde{F}\delta_{ik} + \left(\frac{\partial\widetilde{F}}{\partial u_{ik}}\right)_{T,\boldsymbol{E}} + \frac{E_i D_k}{4\pi}. \tag{16.3}$$

不论 $\boldsymbol{D}$ 对 $\boldsymbol{E}$ 的关系如何, (16.3) 式都适用. 对于非热释电物体和非压电物体, 其中 $D_i = \varepsilon_{ik}E_k$, $\widetilde{F}$ 均由 (13.4) 式给出, 于是得到我们所求的导数

$$\frac{\partial\widetilde{F}}{\partial u_{ik}} = \frac{\partial F_0}{\partial u_{ik}} - \frac{1}{8\pi}(a_1 E_i E_k + a_2 E^2\delta_{ik}).$$

然后在 (16.3) 式中各处均令 $\varepsilon_{ik} = \varepsilon_0\delta_{ik}$, 因此求得以下应力张量公式:

$$\sigma_{ik} = \sigma_{ik}^{(0)} + \frac{2\varepsilon_0 - a_1}{8\pi}E_i E_k - \frac{\varepsilon_0 + a_2}{8\pi}E^2\delta_{ik}; \tag{16.4}$$

$\sigma_{ik}^{(0)}$ 是没有电场时的应力张量, 按照弹性理论的通常公式, 它由应变张量以及切变模量和压缩模量决定.

---

① 这个公式中的量 $\widetilde{F}$, 和上面各处一样, 是物体单位体积的自由能. 但是, 在弹性理论中通常采用稍微不同的定义: 热力学量是相对于未形变物体单位体积所含物质的, 而在形变以后, 这部分物质可以占据另一体积. 很容易从一个定义转换到另一个定义, 只要用张量 u_{ik} 表示形变时的相对体积变化 (由于 (16.3) 式内含有 u_{ik} 的导数, 这样做必须精确到二次项). 结果 (16.3) 式的头两项约化成形为 $\partial\widetilde{F}/\partial u_{ik}$ 的一项, 与弹性理论的一般公式符合.

现在我们来对各向异性固体进行类似计算①. 这时应对上面的推导作如下的改变: 当物质层发生虚形变时, 它的晶轴也发生转动, 因而晶轴相对于外电场的取向也发生改变. 由于晶体的介电性质是各向异性的, 因而导致在 (16.2) 式中没有考虑在内的 $\widetilde{F}$ 的附加变化. 在计算这一变化时, 假定晶轴相对于电场 $\boldsymbol{E}$ 旋转了某一角度 $\delta\varphi$ 或是假定电场相对于晶轴旋转了角度 $-\delta\varphi$ 都是一样的; 但第二种方法更为方便.

由此可见, 在我们前面研究过的电场的变分 (15.6) 内, 还必须加上转动 $-\delta\varphi$ 角时的电场 $\boldsymbol{E}$ 的变化:

$$\delta\boldsymbol{E} = -\frac{1}{h}\boldsymbol{n}(\boldsymbol{E}\cdot\boldsymbol{\xi}) - \delta\boldsymbol{\varphi}\times\boldsymbol{E}.$$

角 $\delta\boldsymbol{\varphi}$ 和形变时的位移矢量 $\boldsymbol{u}$ 的关系为 $\delta\boldsymbol{\varphi} = \frac{1}{2}\operatorname{rot}\boldsymbol{u}$ (注意到在物体转动 $\delta\boldsymbol{\varphi}$ 角时, 物体上各点的位移为 $\boldsymbol{u} = \delta\boldsymbol{\varphi}\times\boldsymbol{r}$, 因而很容易地得到上面的等式). 把 (15.5) 式中的 $\boldsymbol{u}$ 代入, 我们得到

$$\delta\boldsymbol{\varphi} = \frac{1}{2h}\nabla z\times\boldsymbol{\xi} = \frac{1}{2h}\boldsymbol{n}\times\boldsymbol{\xi},$$

然后有

$$\delta\boldsymbol{E} = -\frac{1}{h}\boldsymbol{n}(\boldsymbol{E}\cdot\boldsymbol{\xi}) + \frac{1}{2h}\boldsymbol{E}\times(\boldsymbol{n}\times\boldsymbol{\xi}) = -\frac{1}{2h}[\boldsymbol{n}(\boldsymbol{E}\cdot\boldsymbol{\xi}) + \boldsymbol{\xi}(\boldsymbol{n}\cdot\boldsymbol{E})].$$

(16.2) 式的第一项的形式为

$$-\frac{1}{4\pi}\boldsymbol{D}\cdot\delta\boldsymbol{E} = \frac{1}{8\pi h}\{(\boldsymbol{n}\cdot\boldsymbol{D})(\boldsymbol{\xi}\cdot\boldsymbol{E}) + (\boldsymbol{\xi}\cdot\boldsymbol{D})(\boldsymbol{n}\cdot\boldsymbol{E})\} = \frac{\xi_i n_k}{4\pi h}\frac{E_iD_k + E_kD_i}{2}.$$

由此可见, (16.3) 式中的乘积 E_iD_k 必须用上式括号内的和的一半来代替:

$$\sigma_{ik} = \widetilde{F}\delta_{ik} + \frac{\partial\widetilde{F}}{\partial u_{ik}} + \frac{1}{8\pi}(E_iD_k + E_kD_i). \tag{16.5}$$

我们注意到, 所求得的式子自动地对下角标 i 和 k 对称, 这是理所当然的.

至于形变晶体的介电张量, 取代含有两个标量常数的表达式 (16.1) 的, 是以下普遍情况下的表达式:

$$\varepsilon_{ik} = \varepsilon_{ik}^{(0)} + a_{iklm}u_{lm}, \tag{16.6}$$

其中 a_{iklm} 为四秩常数张量, 它对两对下角标 i, k 和 l, m 是对称的 (但对两对下角标 i, k 和 l, m 的换位不对称). 这个张量的不为零的独立分量数目取决于晶体的对称性, 也即是取决于晶体的晶类.

① 在 §17 中将会看到, 确定对称类型的晶体的电致伸缩现象和各向同性物体的电致伸缩差别很大. 这种晶体称为**压电晶体**. 我们这里所讨论的将是非压电晶体内的电致伸缩.

我们在这里不准备写出利用 (16.6) 式即可得到的应力张量公式 (它与 (16.4) 式类似).

上面得到的公式确定了固体介电体内的应力. 但是, 如果我们只是希望确定外电场作用于物体上的总力 $\boldsymbol{F}$ 或总力矩 $\boldsymbol{K}$, 并不需要这些公式. 现在我们来研究浸入液体 (或气体) 介质内并保持静止的物体. 作用于物体上的总力等于对物体表面所取的积分 $\oint \sigma_{ik} n_k \mathrm{d}f$. 由于力 $\sigma_{ik} n_k$ 是连续的, 因此, 无论是用 (16.4) 式的 σ_{ik} 值来计算这个积分, 或者用适用于物体周围介质的 (15.9) 式的 σ_{ik} 来计算这积分, 结果都是一样. 我们假定介质处于力学和热平衡状态. 于是如果考虑到平衡条件 (15.18) 式, 则计算还可进一步简化. 由于这个条件, 应力张量 (15.9) 中有一部分是在介质各处均恒定的均匀压缩 (或拉伸) 压强, 它们对作用于物体上的总力 $\boldsymbol{F}$ 和总力矩 $\boldsymbol{K}$ 没有贡献. 因此计算这些量时可以把 σ_{ik} 简单地写成

$$\sigma_{ik} = \frac{\varepsilon}{4\pi}\left(E_i E_k - \frac{E^2}{2}\delta_{ik}\right), \tag{16.7}$$

其中 $\boldsymbol{E}$ 为液体内的电场, 而 ε 是液体的介电常量. 这个表达式和真空内电场的麦克斯韦应力张量的差别只是多了一个因子 ε 而已. 于是

$$\boldsymbol{F} = \frac{\varepsilon}{4\pi}\oint\left[\boldsymbol{E}(\boldsymbol{n}\cdot\boldsymbol{E}) - \frac{1}{2}E^2\boldsymbol{n}\right]\mathrm{d}f, \tag{16.8}$$

$$\boldsymbol{K} = \frac{\varepsilon}{4\pi}\oint\left[\boldsymbol{r}\times\boldsymbol{E}(\boldsymbol{n}\cdot\boldsymbol{E}) - \frac{1}{2}E^2\boldsymbol{r}\times\boldsymbol{n}\right]\mathrm{d}f. \tag{16.9}$$

我们还注意到, 因为液体处于平衡状态, 所以在这些公式内可以对包围所研究物体的任何封闭曲面进行积分 (但是, 当然不可包括作为场源的带电体).

对于计算作用于处在电场内 (在真空中) 的介电体上的总力问题, 我们也可以从另一角度来着手, 也就是不通过实际存在的电场, 而是通过介电体不存在时给定场源所产生的电场 $\mathfrak{E}$, 也就是物体被移入的 “外电场” 来表示总力. 此处假定当物体移入电场时产生电场的电荷分布并不起变化. 这一条件实际上不可能得到满足, 例如, 如果电荷是分布于扩展性导体的表面且介电体被移至离导体有限距离的话.

在物体整体虚平移无穷小距离 $\boldsymbol{u}$ 时, 按照 (11.3) 式, 物体的总自由能变化为

$$\delta\mathscr{F} = -\int \boldsymbol{P}\cdot\delta\mathfrak{E}\mathrm{d}V,$$

其中

$$\delta\mathfrak{E} = \mathfrak{E}(\boldsymbol{r}+\boldsymbol{u}) - \mathfrak{E}(\boldsymbol{r}) = (\boldsymbol{u}\cdot\nabla)\mathfrak{E}$$

是物体某一给定点处场 $\mathfrak{E}$ 的变化. 由于 $\boldsymbol{u}=$ 常数和 $\operatorname{rot}\mathfrak{E}=0$, 我们有

$$\boldsymbol{P}\cdot(\boldsymbol{u}\cdot\nabla)\mathfrak{E}=\boldsymbol{P}\cdot\nabla(\boldsymbol{u}\cdot\mathfrak{E})=\boldsymbol{u}\cdot(\boldsymbol{P}\cdot\nabla)\mathfrak{E},$$

因此

$$\delta\mathscr{F}=-\boldsymbol{u}\cdot\int(\boldsymbol{P}\cdot\nabla)\mathfrak{E}\mathrm{d}V.$$

另一方面, $\delta\mathscr{F}=-\boldsymbol{u}\cdot\boldsymbol{F}$, 于是我们得到所求力的公式 ①

$$\boldsymbol{F}=\int(\boldsymbol{P}\cdot\nabla)\mathfrak{E}\mathrm{d}V. \tag{16.10}$$

采用类似的方法, 可以求出作用于物体上的总力矩. 但这里我们不准备进行相应的计算, 只是给出它的结果:

$$\boldsymbol{K}=\int\boldsymbol{P}\times\mathfrak{E}\mathrm{d}V+\int\boldsymbol{r}\times(\boldsymbol{P}\cdot\nabla)\mathfrak{E}\mathrm{d}V. \tag{16.11}$$

在整个物体尺度范围内可以认为是常量的准均匀场中, (16.10) 式在一级近似下给出

$$\boldsymbol{F}=\left(\int\boldsymbol{P}\mathrm{d}V\cdot\nabla\right)\mathfrak{E}=(\mathscr{P}\cdot\nabla)\mathfrak{E}, \tag{16.12}$$

式中 $\mathscr{P}$ 为极化介电体的总偶极矩, 当然, 直接取 (11.8) 式中 $\mathscr{F}$ 的微商, 也可以得到这一结果. 在 (16.11) 式内, 在一级近似下, 与第一项比较一般可以略去第二项, 因而得到下面的自然结果.

$$\boldsymbol{K}=\mathscr{P}\times\mathfrak{E}. \tag{16.13}$$

习 题

1. 设处于均匀外电场 $\mathfrak{E}$ 内的介电球 (半径为 a) 被垂直于场方向的平面切为两半. 试求两个半球之间的吸引力.

解: 设想两个半球被一无穷小狭缝分隔开, 并将 (16.8) 式 (其中 $\varepsilon=1$) 对半球表面积分, 就可以求出此力, 这时 $\boldsymbol{E}$ 是球面附近真空内的电场强度. 根据 (8.2) 式, 球内的场是均匀的并且等于 $\boldsymbol{E}^{(i)}=3\mathfrak{E}/(2+\varepsilon)$ (ε 是球的介电常量). 狭缝内的场垂直于表面, 并等于

$$\boldsymbol{E}=\boldsymbol{D}^{(i)}=\frac{3\varepsilon}{2+\varepsilon}\mathfrak{E}.$$

① 但是应着重指出, 积分 (16.10) 式内的被积式不能解释为力的体密度. 问题在于, 介电体中的定域力不但和场 $\mathfrak{E}$ 有关, 也和介质内部的场有关, 由于动量守恒定律, 后者对总力没有贡献, 但它会影响力在物体体积内的分布.

在球的外表面上,

$$E_r = D_r^{(i)} = \frac{3\varepsilon}{2+\varepsilon}\mathfrak{E}\cos\theta, \quad E_\theta = E_\theta^{(i)} = -\frac{3}{2+\varepsilon}\mathfrak{E}\sin\theta,$$

式中 θ 是径矢和 $\mathfrak{E}$ 方向之间的夹角.

计算积分后得到吸引力为 ①

$$F = \frac{9(\varepsilon-1)^2}{16(\varepsilon+2)^2}a^2\mathfrak{E}^2.$$

2. 试确定均匀外电场内介电球形状的改变.

解: 和 §5 中习题 4 的解完全类似. 在确定球的形状改变时, 我们假定球的体积不变②. 自由能中的弹性能部分, 我们得到和 §5 中习题 4 完全相同的表达式. 电能部分由下式给出:

$$-\frac{1}{2}\mathscr{P}\cdot\mathfrak{E} = -\frac{V}{8\pi}\frac{\varepsilon^{(x)}-1}{1+n(\varepsilon^{(x)}-1)}\mathfrak{E}^2$$

(见 (8.9) 式). 而且, 按照 (16.1) 式, 沿 x 轴的介电常量为

$$\varepsilon^{(x)} = \varepsilon_0 + a_1u_{xx} = \varepsilon_0 + \frac{2a_1}{3}(u_{xx}-u_{yy}) = \varepsilon_0 + \frac{2a_1}{3}\frac{a-b}{R}.$$

从总自由能为极小值的条件, 我们得到 (考虑到所求量很小)

$$\frac{a-b}{R} = \frac{9\mathfrak{E}^2}{40\pi\mu}\frac{(\varepsilon_0-1)^2+5a_1/2}{(\varepsilon_0+2)^2}.$$

当 $\varepsilon_0\to\infty$ 时, 这个表达式转换为导体球的结果.

3. 试确定各向同性固体介电体内存在外电荷时介电体内的体积力, 假定介电体是均匀的.

解: 假定 ε_0, a_1, a_2 为常数, 并利用方程

$$\operatorname{rot}\boldsymbol{E} = 0, \quad \operatorname{div}\boldsymbol{D} \approx \varepsilon_0\operatorname{div}\boldsymbol{E} = 4\pi\rho_{\mathrm{ex}},$$

从 (16.4) 式我们得到

$$f_i = \frac{\partial\sigma_{ik}}{\partial x_k} = \frac{\partial\sigma_{ik}^{(0)}}{\partial x_k} - \frac{1}{8\pi}\left(\frac{a_1}{2}+a_2\right)\frac{\partial E^2}{\partial x_i} + \left(1-\frac{a_1}{2\varepsilon_0}\right)\rho_{\mathrm{ex}}E_i$$

---

① 这个表达式在 $\varepsilon\to\infty$ 时的极限值和 §5 中习题 3 导电球结果的巧合, 只是偶然的 (实际上这些力甚至连符号都是不同的). 这两种情况在物理上并不等价, 这可以从下面一点清楚地看出, 即在两导电半球 (电势相同) 的狭缝内没有电场, 而在本题中则有电场存在.

② 体积的改变在 §12 习题 1 中求出.

§17 压电体

处于电场中的各向同性介电体内所出现的内应力是电场的二次方效应. 这种效应也存在于一系列晶类的晶体内. 但是, 在确定的对称类型下, 晶体的电致伸缩性质具有完全不同的特征. 这些物体内 (称为**压电体**) 在电场中产生的内应力与场的一次幂成正比. 相应地也存在相反的效应——压电体的形变伴随着压电体内电场的出现, 这一电场与形变的大小成正比.

压电体中我们感兴趣的只是基本的线性效应, 因而在普遍公式 (16.5) 内, 我们可以略去场的平方项. 于是

$$\sigma_{ik} = \widetilde{F}\delta_{ik} + \left(\frac{\partial \widetilde{F}}{\partial u_{ik}}\right)_{T,\boldsymbol{E}}.$$

在本节的以下部分, 我们将采用未形变物体单位体积内物质的热力学量 (见 §16 的第一个脚注). 在这样的意义上理解 $\widetilde{F}$, 我们就得到

$$\sigma_{ik} = \left(\frac{\partial \widetilde{F}}{\partial u_{ik}}\right)_{T,\boldsymbol{E}}. \tag{17.1}$$

相应地, 微分 $\mathrm{d}\widetilde{F}$ 的热力学关系式为

$$\mathrm{d}\widetilde{F} = -S\mathrm{d}T + \sigma_{ik}\mathrm{d}u_{ik} - \frac{1}{4\pi}\boldsymbol{D}\cdot\mathrm{d}\boldsymbol{E}. \tag{17.2}$$

对于上式中最后一项, 我们必须作以下说明: 严格说来, 在这种形式下, 这一项 (从 (10.9) 式中移来) 是相对于形变物体的单位体积的. 不考虑到这一点我们就会有误差. 但是, 在现在情况下 (对压电体而言), 这种误差是比 (17.2) 式中其余各项更高阶的小量.

在 (17.2) 式中, 张量 u_{ik} 的分量起着自变量的作用. 有时利用 σ_{ik} 的分量作为自变量也是很方便的. 为此, 必须引进热力学势, 并定义为

$$\widetilde{\Phi} = \widetilde{F} - u_{ik}\sigma_{ik}. \tag{17.3}$$

这个量的微分为

$$\mathrm{d}\widetilde{\Phi} = -S\mathrm{d}T - u_{ik}\mathrm{d}\sigma_{ik} - \frac{1}{4\pi}\boldsymbol{D}\cdot\mathrm{d}\boldsymbol{E}. \tag{17.4}$$

应该强调指出, 按照 (17.3) 和 (17.4) 式在电动力学中引入热力学势 $\widetilde{\Phi}$ 与关系式 (17.1) 的正确性有关, 因此只对压电体才是可能的.

在这样定义了所需的热力学量后, 现在我们来描述晶体的压电性质. 选择 σ_{ik} 和 E_k 为自变量, 我们应当把电感应强度 $\boldsymbol{D}$ 看作为它们的函数, 而在这

个函数的展开式内必须只保存它们的一次项. 在最普遍情况下, 矢量的分量展开为二秩张量分量的幂级数中的线性项可以写为 $4\pi\gamma_{i,kl}\sigma_{kl}$, 其中常数 $\gamma_{i,kl}$ 的总体构成一个三秩张量 (引入因子 4π 是为了方便). 既然张量 σ_{kl} 对它的下角标是对称的, 因而很清楚, 可以认为张量 $\gamma_{i,kl}$ 对相应的两个下角标也是对称的:

$$\gamma_{i,kl} = \gamma_{i,lk}; \tag{17.5}$$

为了直观我们用逗号将对称的下角标 k, l 与第三个下角标分开. 我们把张量 $\gamma_{i,kl}$ 称为**压电张量**, 晶体的压电性质完全由它决定.

把压电项添加到晶体中电感应强度的表达式 (13.1) 内, 我们有

$$D_i = D_{i0} + \varepsilon_{ik}E_k + 4\pi\gamma_{i,kl}\sigma_{kl}. \tag{17.6}$$

相应的附加项也会出现在热力学量中. 电场不存在时, 非压电晶体内的热力学势为

$$\widetilde{\Phi} = \Phi = \Phi_0 - \frac{1}{2}\mu_{iklm}\sigma_{ik}\sigma_{lm},$$

式中 Φ_0 为未形变物体的热力学势, 而第二项代表普通的弹性能量, 由弹性常数张量 μ_{iklm} 决定①. 对于压电体我们有

$$\widetilde{\Phi} = \Phi_0 - \frac{1}{2}\mu_{iklm}\sigma_{ik}\sigma_{lm} - \frac{1}{8\pi}\varepsilon_{ik}E_iE_k - \frac{1}{4\pi}E_iD_{i0} - \gamma_{i,kl}E_i\sigma_{kl}. \tag{17.7}$$

上式右端最后三项的形式是这样决定的, 即根据关系式

$$D_i = -4\pi\frac{\partial\widetilde{\Phi}}{\partial E_i}$$

所求得的 $\widetilde{\Phi}$ 对 E_i (保持内应力和温度不变) 的导数必须给出 (17.6) 式.

① 张量 μ_{iklm} 按照

$$u_{ik} = -\frac{\partial\Phi}{\partial\sigma_{ik}} = \mu_{iklm}\sigma_{lm}$$

确定应力和形变之间的关系. 在本教程第七卷 §10 中, 我们曾写出过逆关系式

$$\sigma_{ik} = \lambda_{iklm}u_{lm}.$$

很清楚, 张量 μ_{iklm} 的所有对称性质和张量 λ_{iklm} 的对称性质完全相同.

在自由能 F 内弹性能为正号;

$$F_{\rm el} = \frac{1}{2}\lambda_{iklm}u_{ik}u_{lm}.$$

从 F 内减去 $\sigma_{ik}\mu_{ik}$, 即得到热力学势, 因此

$$\Phi_{\rm el} = F_{\rm el} - \sigma_{ik}u_{ik} = -\frac{1}{2}\lambda_{iklm}u_{ik}u_{lm} = -\frac{1}{2}\mu_{iklm}\sigma_{ik}\sigma_{lm}.$$

知道了 $\widetilde{\Phi}$, 就可以按照 (17.4) 式得到用应力 σ_{ik} 和电场 $\boldsymbol{E}$ 所表示的应变张量公式

$$u_{ik} = -\left(\frac{\partial \widetilde{\Phi}}{\partial \sigma_{ik}}\right)_{T,\boldsymbol{E}} = \mu_{iklm}\sigma_{lm} + \gamma_{l,ik}E_l. \tag{17.8}$$

应该指出, 在压电晶体内把量 μ_{iklm} 和 ε_{ik} 作为弹性常量和介电常量, 在一定意义上是有条件的. 在我们所选择的定义下, 它们分别给出电场强度不变时形变对弹性应力的依赖关系和应力不变时电感应强度对电场强度的依赖关系. 如果形变是在给定电感应强度时发生的, 或者我们所研究的是在给定形变情况下电感应强度对电场强度的依赖关系, 那么, 起弹性系数和介电常量的作用的将是其他量, 这些量可由张量 μ, ε 和 γ 的分量表示出来 (虽然形式相当复杂).

求压电物体内的场必须和求它的形变同时进行, 因而这是静电学和弹性理论的联立问题. 也即是必须求出静电学方程

$$\operatorname{div}\boldsymbol{D} = 0, \quad \operatorname{rot}\boldsymbol{E} = 0 \tag{17.9}$$

($\boldsymbol{D}$ 由 (17.6) 式给出) 和弹性平衡方程

$$\frac{\partial \sigma_{ik}}{\partial x_k} = 0 \tag{17.10}$$

的相容解, 弹性平衡方程带有物体表面上相应的边界条件并计及了由 (17.8) 式所给出的 σ_{ik} 和形变之间的关系. 在一般情况下, 这个问题是很复杂的.

对于具有自由表面 (即没有加上任何机械外力) 的压电椭球体, 问题可以大大简化. 在这种情况下 (§8), 压电体内的电场是均匀的, 从而它的形变也是均匀的, 而全部弹性应力 $\sigma_{ik} = 0$.

最后, 我们来着手研究这样一个问题, 即哪一些晶体对称类型容许压电性质存在. 换句话说, 必须考虑对称性条件对于张量 $\gamma_{i,kl}$ 的分量所加的限制. 在一般情况下, 这个张量 (对下角标 k 和 l 是对称的) 有 18 个不为零的独立分量, 但实际上独立分量的数目通常要比这少得多.

在给定晶体的所有对称变换中, 张量 $\gamma_{i,kl}$ 的全部分量必须保持数值不变. 由此立即得到, 具有对称中心的物体 (当然其中也包括一切各向同性物体) 在所有情况下都不可能是压电体. 实际上, 在中心反射时 (三个坐标都改变正负号) 三秩张量的全部分量都会变号.

在 32 种晶类中, 容许有压电性质的晶类总共有 20 种. 首先是 §13 中所列举的具有热释电性质的 10 种 (热释电体同时也是压电体). 此外, 下列 10 类晶体也是压电晶体:

正交晶系: $\boldsymbol{D}_2$,

四方晶系: $\boldsymbol{D}_4, \boldsymbol{D}_{2d}, \boldsymbol{S}_4$,

三方晶系: $\boldsymbol{D}_3$,

六方晶系: $\boldsymbol{D}_6, \boldsymbol{C}_{3h}, \boldsymbol{D}_{3h}$,

立方晶系: $\boldsymbol{T}, \boldsymbol{T}_d$.

全部晶类的压电张量的不为零的分量将在本节的习题中列出.

我们这里还要提及在液晶 "形变" 时发生的一个与压电效应相近似的现象. 我们这里指的是向列相液晶*. 我们记得 (参见本教程第五卷 §140), 这些液态介质是以存在某种分子从优取向的单独方向来表征的. 在介质的每一点上这个方向由单位矢量 $\boldsymbol{d}$ (液晶指向矢) 给出. 在未发生形变的液晶中 $\boldsymbol{d}$ 的方向在其全部体积内均为常量, 而在形变了的液晶中 $\boldsymbol{d}$ 成为坐标的函数. 在液晶内, 形为

$$D_i = \varepsilon_{ik} E_k + 4\pi e_1 d_i \operatorname{div} \boldsymbol{d} + 4\pi e_2 (\operatorname{rot} \boldsymbol{d} \times \boldsymbol{d})_i \tag{17.11}$$

的电感应强度表达式对应于展开式 (17.6), 其中 e_1, e_2 为标量系数 (R. B. 迈耶, 1969) ①. 描写我们所研究效应的上式右端最后两项代表了由矢量 $\boldsymbol{d}$ 及其对坐标的一阶导数组成的最一般的极矢量. 我们注意到, 表达式 (17.11) 自动地对于 $\boldsymbol{d}$ 改变符号不变.

至于向列相液晶的介电常量张量, 其对称性和单轴晶体的介电张量的对称性相同, 而且局域 (介质每一点上的) 指向矢方向起对称轴的作用. 张量 ε_{ik} 可表示为下列带有两个独立常数 ε_0 和 ε_a 的形式:

$$\varepsilon_{ik} = \varepsilon_0 \delta_{ik} + \varepsilon_a d_i d_k \tag{17.12}$$

习 题

1. 试对允许有压电性的非热释电晶类确定张量 $\gamma_{i,kl}$ 的不为零的各分量.

解: 晶类 $\boldsymbol{D}_2$ 包含三个互相垂直的二次对称轴, 我们选择它们为 x, y, z 轴. 绕这些轴旋转 180°, 三个坐标有两个变号. 因为 $\gamma_{i,kl}$ 的分量和乘积 $x_i x_k x_l$ 一样变换, 因而不为零分量的只有三个下角标都不相同的分量:

$$\gamma_{x,yz}, \gamma_{z,xy}, \gamma_{y,zx};$$

由于性质 $\gamma_{i,kl} = \gamma_{i,lk}$, 其余不为零的分量都等于这些分量. 相应地, 热力学势

---

* 在本教程第五卷 §140 中, 向列相液晶被称为丝状相液晶.——译者注

① 在向列相液晶中热释电性实际上尚属未知, 故我们假定 $\boldsymbol{D}_0 = 0$.

的压电部分为①

$$\widetilde{\Phi}_{\mathrm{pie}} = -2(\gamma_{x,yz}E_x\sigma_{yz} + \gamma_{y,xz}E_y\sigma_{xz} + \gamma_{z,xy}E_z\sigma_{xy}). \tag{1}$$

晶类 $\boldsymbol{D}_{2d}$ 通过在晶类 $\boldsymbol{D}_2$ 的坐标轴上再加上二个对称平面而得到, 这两个对称平面通过其中一轴 (设为 z 轴), 并把 x 轴和 y 轴之间的夹角分为两半. 在其中一个对称平面上的反射表示以下变换: $x \to y, y \to x, z \to z$. 因此, 由交换下角标 x 和 y 而得到的 $\gamma_{i,kl}$ 的不同分量应该相等, 于是 (1) 式的三个系数中只有两个是独立的:

$$\gamma_{z,xy}, \gamma_{x,yz} = \gamma_{y,xz}.$$

晶类 $\boldsymbol{T}$ 通过在晶类 $\boldsymbol{D}_2$ 上加上四个三次对角对称轴得到. 绕这些对称轴旋转时 x, y, z 轴循环换位, 例如 $x \to z, y \to x, z \to y$, 因此, (1) 式中的三个系数变得相等:

$$\gamma_{x,yz} = \gamma_{y,zx} = \gamma_{z,xy}.$$

对于立方晶类 $\boldsymbol{T}_d$, 得到相同结果.

晶类 $\boldsymbol{D}_4$ 包含一个四次对称轴 (z 轴) 和处于 xy 平面内的四个二次对称轴. 除了晶类 $\boldsymbol{D}_2$ 的对称元素外, 我们在这里只需再研究绕 z 轴旋转 90° 的情况, 也即是只需再研究下列变换: $x \to y, y \to -x, z \to z$. 由于这种变换, (1) 式的系数有一个变成零 ($\gamma_{z,xy} = -\gamma_{z,yx} = -\gamma_{z,xy}$, 由此得 $\gamma_{z,xy} = 0$), 而其他两个系数只相差一个正负号:

$$\gamma_{x,yz} = -\gamma_{y,xz}.$$

对于晶类 $\boldsymbol{D}_6$ 得到同样的结果.

晶类 $\boldsymbol{S}_4$ 包含下列变换: $x \to y, y \to -x, z \to -z$ 和 $x \to -x, y \to -y, z \to z$. 不为零的各分量为

$$\gamma_{z,xy}, \gamma_{x,yz} = \gamma_{y,xz}, \quad \gamma_{z,xx} = -\gamma_{z,yy}, \quad \gamma_{x,zx} = -\gamma_{y,zy}.$$

适当地选择 x, y 轴的方向, 这些量中有一个可能变为零.

晶类 $\boldsymbol{D}_3$ 包含一个三次对称轴 (z 轴) 和处在 xy 平面内的三个二次对称轴, 设其中一个对称轴为 x 轴. 为了求出由于三次对称轴存在所加上的限制, 我们先引进复数"坐标"

$$\xi = x + \mathrm{i}y, \quad \eta = x - \mathrm{i}y;$$

① 为了避免误解我们要记住, 如果通过将 $\widetilde{\Phi}$ 的具体表达式对 σ_{ik} 直接求微商来计算应变张量 μ_{ik} 的分量, 则对 $i \neq k$ 的分量 $\widetilde{\Phi}$ 对 σ_{ik} 的导数给出相应分量 μ_{ik} 值的二倍. 之所以如此, 是因为表达式 $u_{ik} = -\partial\Phi/\partial\sigma_{ik}$ 实质上只是反映了 $\partial\widetilde{\Phi} = -u_{ik}\mathrm{d}\sigma_{ik}$ 的事实; 而带有对称张量 σ_{ik} 的非对角分量微分的项在和式 $u_{ik}\mathrm{d}\sigma_{ik}$ 中出现了两次.

而 z 坐标保持不变, 然后再进行形式变换是很方便的. 我们也把张量 $\gamma_{i,kl}$ 变换到这些新坐标上. 这时各分量的下角标轮流取 ξ,η,z 值. 绕 z 轴旋转 120° 后, 这些"坐标"变换为

$$\xi \to \xi \mathrm{e}^{2\pi \mathrm{i}/3}, \quad \eta \to \eta \mathrm{e}^{-2\pi \mathrm{i}/3}, \quad z \to z.$$

这时张量 $\gamma_{i,kl}$ 中保持不变因而可以不为零的各分量只有 $\gamma_{z,\eta\xi}, \gamma_{\eta,z\xi}, \gamma_{\xi,z\eta}, \gamma_{\xi,\xi\xi}, \gamma_{\eta,\eta\eta}, \gamma_{z,zz}$. 绕 x 轴转 180° 的变换为 $x \to x, y \to -y, z \to -z$, 或者在"坐标系" ξ,η,z 中, 为 $\xi \to \eta, \eta \to \xi, z \to -z$. 这时 $\gamma_{z,\eta\xi}$ 和 $\gamma_{z,zz}$ 改变正负号, 因而必须变为零, 而上面列出的其余各分量则可以成对地互相转换, 这样就得到下列等式: $\gamma_{\eta,z\xi} = -\gamma_{\xi,z\eta}, \gamma_{\xi,\xi\xi} = \gamma_{\eta,\eta\eta}$. 要写出 $\widetilde{\Phi}_{\text{pie}}$ 的表达式, 必须组成其下角标轮流取 ξ,η,z 值时的总和 $-\gamma_{i,kl}E_i\sigma_{kl}$:

$$\widetilde{\Phi}_{\text{pie}} = -2\gamma_{\eta,z\xi}(E_\eta\sigma_{z\xi} - E_\xi\sigma_{z\eta}) - \gamma_{\xi,\xi\xi}(E_\xi\sigma_{\xi\xi} + E_\eta\sigma_{\eta\eta}).$$

这里还必须将"坐标系" ξ,η,z 中的分量 E_i 和 σ_{ik}, 用原来坐标系 x, y, z 中的分量来表示. 利用张量分量和相应坐标乘积一样变换的事实, 这是很容易做到的. 因此, 例如从

$$\xi\xi = xx - yy + 2\mathrm{i}xy$$

得出

$$\sigma_{\xi\xi} = \sigma_{xx} - \sigma_{yy} + 2\mathrm{i}\sigma_{xy}.$$

结果我们得到

$$\widetilde{\Phi}_{\text{pie}} = 2a(E_y\sigma_{zx} - E_x\sigma_{xy}) + b[2E_y\sigma_{xy} - E_x(\sigma_{xx} - \sigma_{yy})], \tag{2}$$

式中 $a = 2\mathrm{i}\gamma_{\eta,z\xi}$, $b = 2\gamma_{\xi,\xi\xi}$ 为实常数. 从 (2) 式可看出①, 在坐标 x,y,z 中 $\gamma_{i,kl}$ 各分量间的关系式为:

$$\gamma_{y,zx} = -\gamma_{x,zy} \equiv -a, \quad \gamma_{y,xy} = -\gamma_{x,xx} = \gamma_{x,yy} \equiv -b.$$

晶类 $\boldsymbol{D}_{3h}$ 由在晶类 $\boldsymbol{D}_3$ 上加上一个与三次轴垂直的对称平面 (xy 平面) 得到. 在这个平面上的反射是 z 变号, 因而 $\gamma_{\eta,z\xi} = 0$, 于是在 (2) 式中只剩下系数为 b 的项.

---

① 众所周知, 在非正交坐标系中 (ξ,η,z 就是这种坐标系) 必须区别张量的协变分量和反变分量. 在转换到原来坐标系 x,y,z 时, 也必须考虑到这种情况: 若分量 E_i 和 σ_{kl} 如反变分量一样变换, 则张量 $\gamma_{i.kl}$ 的分量必须如协变分量一样变换. 然而, 通过直接根据 (2) 式的标量组合形式求出 x,y,z 坐标系中 $\gamma_{i,kl}$ 的各分量间的关系式的办法, 我们绕过了这个问题.

晶类 $\boldsymbol{C}_{3h}$ 除了包含一个三次对称轴外, 还包含一个垂直于这个轴的对称平面. 在这平面上的反射是 z 变号, 因而下角标内 z 出现奇数次的 $\gamma_{i,kl}$ 的各分量必须等于零. 再考虑到上面提到的由三次对称轴所加限制, 我们发现只有两个分量 $\gamma_{\eta,\eta\eta}$ 和 $\gamma_{\xi,\xi\xi}$ 不为零. 为了使 $\widetilde{\Phi}$ 为实数, 这些量必须为复共轭. 将它们分别标记为

$$2\gamma_{\xi,\xi\xi} = a + \mathrm{i}b, \quad 2\gamma_{\eta,\eta\eta} = a - \mathrm{i}b,$$

我们得到

$$\widetilde{\Phi}_{\text{pie}} = a[2E_y\sigma_{xy} - E_x(\sigma_{xx} - \sigma_{yy})] + b[2E_x\sigma_{xy} + E_y(\sigma_{xx} - \sigma_{yy})]. \tag{3}$$

适当选择 x, y 轴的方向, 可以使 a 或 b 变为零.

2. 所求与上题相同, 但晶类容许有热释电性质.

解: 设 z 轴与二次、三次、四次或六次对称轴相合, 而在晶类 $\boldsymbol{C}_s$ 内, z 轴垂直于对称平面. 在晶类 $\boldsymbol{C}_{nv}$ 中, xz 平面和一个对称平面重合. 以下列出对每种晶类 $\gamma_{i,kl}$ 中不为零的分量.

$\boldsymbol{C}_1$ 类: 全部的 $\gamma_{i,kl}$.

$\boldsymbol{C}_s$ 类: 包含下角标 z 出现两次或者不出现的全部分量.

$\boldsymbol{C}_{2v}$ 类: $\gamma_{z,xx}, \gamma_{z,yy}, \gamma_{z,zz}, \gamma_{x,xz}, \gamma_{y,yz}$.

$\boldsymbol{C}_2$ 类: 和 $\boldsymbol{C}_{2v}$ 类中相同, 以及 $\gamma_{x,yz}, \gamma_{y,xz}, \gamma_{z,xy}$.

$\boldsymbol{C}_{4v}$ 类: $\gamma_{z,xx} = \gamma_{z,yy}, \gamma_{z,zz}, \gamma_{x,xz} = \gamma_{y,yz}$.

$\boldsymbol{C}_4$ 类: 和 $\boldsymbol{C}_{4v}$ 类中相同, 以及 $\gamma_{x,yz} = -\gamma_{y,xz}$.

$\boldsymbol{C}_{3v}$ 类: $\gamma_{z,zz}, \gamma_{x,xz} = \gamma_{y,yz}, \gamma_{x,xx} = -\gamma_{x,yy} = -\gamma_{y,xy}, \gamma_{z,xx} = \gamma_{z,yy}$.

$\boldsymbol{C}_3$ 类: 和 $\boldsymbol{C}_{3v}$ 类中相同, 以及 $\gamma_{x,yz} = -\gamma_{y,zx}, \gamma_{y,xx} = -\gamma_{y,yy} = \gamma_{x,xy}$.

$\boldsymbol{C}_{6v}$ 类: $\gamma_{z,zz}, \gamma_{x,xz} = \gamma_{y,yz}, \gamma_{z,xx} = \gamma_{z,yz}$.

$\boldsymbol{C}_6$ 类: 和 $\boldsymbol{C}_{6v}$ 类中相同, 以及 $\gamma_{x,yz} = -\gamma_{y,zx}$.

3. 试确定下列情况下非热释电性压电体平行平面薄板的杨氏模量 (拉伸应力和相对拉伸长度之间的比例系数): (1) 薄板受到短路电容器两板的拉伸; (2) 薄板受到未带电电容器两板的拉伸; (3) 没有外电场时薄板受到与其平面平行的拉伸.

解: (1) 在这种情况下, 薄板内的电场强度 $\boldsymbol{E} = 0$. 张量 σ_{ik} 的唯一不为零的分量是拉伸应力 σ_{zz} (z 轴垂直于薄板平面①). 从 (17.8) 式, 我们有 $u_{zz} = \mu_{zzzz}\sigma_{zz}$, 由此得到杨氏模量 E 为

$$\frac{1}{E} = \mu_{zzzz}.$$

① 没有假定这个轴和任何选定的晶体学方向重合.

(2) 在这种情况下, 在薄板内 $E_x = E_y = 0$, $D_z = 0$, 从 (17.6) 和 (17.8), 我们有

$$D_z = \varepsilon_{zz} E_z + 4\pi\gamma_{z,zz}\sigma_{zz} = 0, \quad u_{zz} = \mu_{zzzz}\sigma_{zz} + \gamma_{z,zz}E_z.$$

从这两个等式中消去 E_z 后, 我们得到

$$\frac{1}{E} = \mu_{zzzz} - \frac{4\pi}{\varepsilon_{zz}}\gamma_{z,zz}^2.$$

(3) 在这种情况下, 也是 $E_x = E_y = 0$, $D_z = 0$, 设拉伸发生在 x 轴方向. 我们有

$$D_z = \varepsilon_{zz} E_z + 4\pi\gamma_{z,xx}\sigma_{xx} = 0, \quad u_{xx} = \mu_{xxxx}\sigma_{xx} + \gamma_{z,xx}E_z.$$

消去 E_z, 我们得到

$$\frac{1}{E} = \mu_{xxxx} - \frac{4\pi}{\varepsilon_{zz}}\gamma_{z,xx}^2$$

4. 试求压电介体内声速的表达式.

解: 在本问题中较为方便的是不用 σ_{ik} 而采用 u_{ik} 作为自变量. 把 $\widetilde{F}$ 写为

$$\widetilde{F} = F_0 + \frac{1}{2}\lambda_{iklm}u_{ik}u_{lm} - \frac{1}{8\pi}\varepsilon_{ik}E_iE_k - \frac{1}{4\pi}E_iD_{i0} + \beta_{i,kl}E_iu_{kl},$$

由此得到

$$\sigma_{ik} = \frac{\partial\widetilde{F}}{\partial u_{ik}} = \lambda_{iklm}u_{lm} + \beta_{l,ik}E_l.$$

弹性理论的运动方程为

$$\rho\ddot{u}_i = \frac{\partial\sigma_{ik}}{\partial x_k} = \lambda_{iklm}\frac{\partial u_{lm}}{\partial x_k} + \beta_{l,ik}\frac{\partial E_l}{\partial x_k}, \tag{4}$$

式中 ρ 是介质密度, $\boldsymbol{u}$ 是位移矢量, 它和 u_{ik} 的关系为

$$u_{ik} = \frac{1}{2}\left(\frac{\partial u_i}{\partial x_k} + \frac{\partial u_k}{\partial x_i}\right).$$

方程 $\operatorname{div}\boldsymbol{D} = 0$ 给出

$$\varepsilon_{ik}\frac{\partial E_k}{\partial x_i} - 4\pi\beta_{i,kl}\frac{\partial u_{kl}}{\partial x_i} = 0, \tag{5}$$

我们用电势来表示电场强度:

$$E_i = -\frac{\partial\varphi}{\partial x_i},$$

电场强度满足方程 $\operatorname{rot}\boldsymbol{E} = 0$.

在平面声波中 $\boldsymbol{u}$ 和 φ 都与 $\mathrm{e}^{\mathrm{i}(\boldsymbol{k}\cdot\boldsymbol{r}-\omega t)}$ 成正比, 于是从以上方程得到

$$\rho\omega^2 u_i = \lambda_{iklm}k_kk_lu_m - \beta_{l,ik}k_kk_l\varphi,$$

$$\varepsilon_{ik}k_ik_k\varphi + 4\pi\beta_{i,kl}k_ik_ku_l = 0.$$

由此消去 φ, 得 u_i 方程的相容条件为

$$\det\left|\rho\omega^2\delta_{ik}-\lambda_{ilkm}k_lk_m-4\pi\frac{(\beta_{l,mi}k_lk_m)(\beta_{p,qk}k_pk_q)}{\varepsilon_{rs}k_rk_s}\right|=0.$$

在波矢量 $\boldsymbol{k}$ 的任一给定方向上, 这个方程一般说来确定声音的三个不同相速度 ω/k. 压电介质的特征是其声速对波传播方向的复杂依赖关系.

5. 属于 $\boldsymbol{C}_{6v}$ 晶类的压电晶体被通过对称轴 (z 轴) 的表平面 (xz 平面) 限制. 试求垂直于对称轴 (沿 x 轴) 传播的表面波的速度; 波内经受位移 u_z 及电势 φ 的振动 (*J. L.* 古里亚耶夫, 1968; *Ю. В.* 布鲁斯坦, 1969).

解: 在所研究的条件下, 在方程组 (4) 和 (5) 中分出仅含 u_z 和 φ 的两个方程; 这些量依赖于坐标 x, y (以及时间 t), 而与 z 无关. 不为零的应力张量与电感应强度矢量的分量为:

$$\sigma_{zx}=\beta E_x+2\lambda u_{zx},\quad \sigma_{zy}=\beta E_y+2\lambda u_{zy},$$

$$D_x=-8\pi\beta u_{zx}+\varepsilon E_x,\quad D_y=-8\pi\beta u_{zy}+\varepsilon E_y,$$

其中

$$u_{zx}=\frac{1}{2}\frac{\partial u_z}{\partial x},\quad u_{zy}=\frac{1}{2}\frac{\partial u_z}{\partial y},\quad E_x=-\frac{\partial\varphi}{\partial x},\quad E_y=-\frac{\partial\varphi}{\partial y},$$

而且为了简洁引入以下标记:

$$\beta_{x,xz}=\beta_{y,yz}\equiv\beta,\quad \lambda_{xzxz}=\lambda_{yzyz}\equiv\lambda,\quad \varepsilon_{xx}=\varepsilon_{yy}\equiv\varepsilon;$$

恒定的热释电电感应强度 $D_z=D_0$ 不进入方程和边界条件.

在压电介质占据的区域 (半空间 $y>0$) 内方程 (5) 和方程 (4) 的 z 分量给出:

$$4\pi\beta\Delta u_z+\varepsilon\Delta\varphi^{(i)}=0,\quad \rho\ddot{u}_z=-\beta\Delta\varphi^{(i)}+\lambda\Delta u_z,$$

其中 $\Delta=\partial^2/\partial x^2+\partial^2/\partial y^2$; 将这两个方程改写为

$$\rho\ddot{u}_z=\overline{\lambda}\Delta u_z,\quad \Delta\psi=0, \tag{6}$$

其中

$$\overline{\lambda}=\lambda+\frac{4\pi\beta^2}{\varepsilon},\quad \psi=\frac{4\pi\beta}{\varepsilon}u_z+\varphi^{(i)}.$$

在真空 (半空间 $y<0$) 内, 电势 $\varphi^{(e)}$ 满足方程

$$\Delta\varphi^{(e)}=0. \tag{7}$$

这些方程应当在介质表面上的边界条件

$$\varphi^{(i)} = \varphi^{(e)}, \quad \sigma_{zy} = 0, \quad D_y^{(i)} = -\frac{\partial \varphi^{(e)}}{\partial y} \quad (y = 0 \text{ 时}), \tag{8}$$

以及远离表面的边界条件

$$u_z \to 0 \quad (y \to \infty \text{ 时}); \qquad \varphi \to 0 \quad (y \to \pm\infty \text{ 时})$$

下求解. 我们寻求形如

$$u_z = Ae^{-\varkappa y}\mathrm{e}^{\mathrm{i}(kx-\omega t)}, \quad \psi = Be^{-ky}\mathrm{e}^{\mathrm{i}(kx-\omega t)}, \quad \varphi^{(e)} = Ce^{ky}\mathrm{e}^{\mathrm{i}(kx-\omega t)}$$

的解, 其中

$$\rho\omega^2 = \overline{\lambda}(k^2 - \varkappa^2). \tag{9}$$

方程 (6) 和 (7) 以及无穷远处的边界条件已经满足, 而边界条件 (8) 给出了对于 A, B, C 的三个线性齐次方程, 这三个方程的可解条件导致关系式

$$\varkappa = k\frac{4\pi\beta^2}{\overline{\lambda}\varepsilon(1+\varepsilon)} \equiv \Lambda k.$$

最后, 将此关系式代入 (9) 式, 我们得到波的相速度

$$\frac{\omega}{k} = \left[\frac{\overline{\lambda}}{\rho}(1 - \Lambda^2)\right]^{1/2}.$$

这些波的表面传播是压电介质特有的. 在 $\beta \to 0$ 的情况下穿透深度 $1/\varkappa \to \infty$, 亦即波已成为体波.

§18 热力学不等式

按照 §10 中的公式, 总自由能可以表示成对全空间的积分的形式:

$$\mathscr{F} = \int F(T, \rho, \boldsymbol{D})\mathrm{d}V. \tag{18.1}$$

我们将假定被积函数式内的函数 $\boldsymbol{D}(\boldsymbol{r})$ 只满足介电体内的方程

$$\operatorname{div} \boldsymbol{D} = 0 \tag{18.2}$$

和在带有给定电荷的导体表面上的条件

$$\oint \boldsymbol{D} \cdot \mathrm{d}\boldsymbol{f} = 4\pi e; \tag{18.3}$$

这些等式建立了场和场源之间的关系. 此外, 假定函数 $\boldsymbol{D}(\boldsymbol{r})$ 是任意的, 特别是, 不预先要求它满足第二个场方程 $\operatorname{rot}\boldsymbol{E}=0$ (其中 $\boldsymbol{E}=4\pi\partial F/\partial\boldsymbol{D}$) 和在导体表面上满足 $\varphi=$ 常数的边界条件. 我们现在证明, 这两个方程可以从积分 (18.1) 相对于满足方程 (18.2) 和 (18.3) 的函数 $\boldsymbol{D}(\boldsymbol{r})$ 的改变为极小值的条件得到. 应该强调指出, 这种推导的可能性先验上并不显然, 因为求积分 (18.1) 的极小值时所考虑的场分布, 并不对应于物理上可能的状态 (因为它们并不满足全部场方程); 而在自由能为极小值的热力学条件中, 只有对各种物理上可能的状态才可以相互比较.

在 (18.2) 和 (18.3) 式作为附加条件下求积分 (18.1) 极小值的问题, 可利用拉格朗日乘子法来解决. 依照这种方法, 我们将条件 (18.2) 的变分乘以某个尚未确定的坐标函数 (用 $-\varphi/4\pi$ 表示), 而将条件 (18.3) 的变分乘以一未定的常数因子 (用 $\varphi_0/4\pi$ 表示), 然后令变分之和等于零:

$$\int \delta F\mathrm{d}V-\frac{1}{4\pi}\int\varphi\operatorname{div}\delta\boldsymbol{D}\mathrm{d}V+\frac{\varphi_0}{4\pi}\oint\delta\boldsymbol{D}\cdot\mathrm{d}\boldsymbol{f}=0.$$

在第一项中我们写出 ①

$$\delta F=\left(\frac{\partial F}{\partial\boldsymbol{D}}\right)_{T,\rho}\cdot\delta\boldsymbol{D}=\frac{1}{4\pi}\boldsymbol{E}\cdot\delta\boldsymbol{D},$$

对第二项作分部变换:

$$\int\varphi\operatorname{div}\delta\boldsymbol{D}\mathrm{d}V=\oint\varphi\delta\boldsymbol{D}\cdot\mathrm{d}\boldsymbol{f}-\int\delta\boldsymbol{D}\cdot\operatorname{grad}\varphi\mathrm{d}V.$$

结果我们得到

$$\int(\boldsymbol{E}+\operatorname{grad}\varphi)\cdot\delta\boldsymbol{D}\mathrm{d}V+\oint(\varphi_0-\varphi)\delta\boldsymbol{D}\cdot\mathrm{d}\boldsymbol{f}=0.$$

由此得出结论: 在全部体积内, 必须有 $\boldsymbol{E}=-\operatorname{grad}\varphi$ (因此 $\operatorname{rot}\boldsymbol{E}=0$), 而在导体表面上, $\varphi=\varphi_0=$ 常数. 这就是对于电场强度的正确方程, 而拉格朗日乘子 φ 则是它的场势.

由类似方式可以证明, 对于电感应强度的方程可以从积分

$$\widetilde{\mathscr{F}}=\int\widetilde{F}(T,\rho,\boldsymbol{E})\mathrm{d}V$$

① 在给定温度情况下自由能有极小值. 变分应该对两个独立量 $\boldsymbol{D}$ 和 ρ 进行. 但在这里, 我们只对 $\boldsymbol{D}$ 的变分结果感兴趣. 积分 (18.1) 对密度 ρ 的变分 (在物体总质量不变的附加条件下) 给出通常的热平衡条件之一, 化学势 ζ 为常量.

为极大值的条件得到, 其中函数 $\boldsymbol{E}(\boldsymbol{r})$ 在 $\boldsymbol{E}=-\operatorname{grad}\varphi$ 和在导体表面上 $\varphi=$ 常数两个附加条件下变分 ①. 实际上, 我们有

$$\begin{aligned}\delta\widetilde{\mathscr{F}}&=\int\frac{\partial\widetilde{F}}{\partial\boldsymbol{E}}\cdot\delta\boldsymbol{E}\mathrm{d}V=\frac{1}{4\pi}\int\boldsymbol{D}\cdot\nabla\delta\varphi\mathrm{d}V\\&=\frac{1}{4\pi}\oint\delta\varphi\boldsymbol{D}\cdot\mathrm{d}\boldsymbol{f}-\frac{1}{4\pi}\int\delta\varphi\operatorname{div}\boldsymbol{D}\mathrm{d}V=0.\end{aligned}$$

因为在导体表面上 $\delta\varphi=0$, 故第一个积分等于零; 由于在导体体积内 $\delta\varphi$ 是任意的, 从第二个积分可以得到所求方程: $\operatorname{div}\boldsymbol{D}=0$.

如果物体没有处在外电场内 (特别是, 不存在带电导体时), 那么可以把热力学平衡条件表述为总自由能 (18.1) 取绝对 (即无任何条件的) 极小值的条件. 这条件归结为自由能密度 F 作为独立自变量 $\boldsymbol{D}$ 的函数取极小值的条件:

$$\frac{\partial F}{\partial\boldsymbol{D}}=\frac{\boldsymbol{E}}{4\pi}=0,$$

也即是在全部空间内, 电场强度必须等于零. 如果这时能够求出电感应强度分布满足条件 $\operatorname{div}\boldsymbol{D}=0$, 则所得到的状态就相应于热力学平衡态 ②.

令自由能的一阶变分等于零, 我们只能得到自由能取极小值的必要条件, 而不是充分条件. 要搞清楚充分条件, 必须研究二阶变分. 这些条件具有某些确定的不等式形式 (称为**热力学不等式**), 众所周知, 它们也是保证物体状态稳定性的条件 (参阅本教程第五卷 §21).

当 $\boldsymbol{D}=\varepsilon\boldsymbol{E}$ 时, 全部关系式大为简化, 而我们感兴趣的热力学不等式 (与物体的介电性质有关) 变得非常显然. 此时总自由能为

$$\mathscr{F}_0+\int\frac{D^2}{8\pi\varepsilon}\mathrm{d}V.$$

---

① 热力学势 $\widetilde{\mathscr{F}}$ 相对于变量 $\boldsymbol{E}$ (或 $\boldsymbol{D}$) 有极大值而不是像 $\mathscr{F}$ 那样有极小值的情况, 具有普遍的特征且可以用以下的推理来解释. 令某一变量 x 的平衡值 (比如说 $x=0$) 由热力学平衡条件确定. 此时, 在给定 T 和 V 的情况下, 当 $x=0$ 时自由能有极小值. 换句话说, 在 $x=0$ 点有 $X\equiv(\partial\mathscr{F}/\partial x)_{V,T}=0$, 而在这点附近

$$X=\alpha x,\quad \mathscr{F}=\mathscr{F}_0+\frac{\alpha}{2}x^2,\quad \alpha>0.$$

如果此时引入热力学势 $\widetilde{\mathscr{F}}=\mathscr{F}-xX$, 则

$$\widetilde{\mathscr{F}}=\mathscr{F}_0-\frac{\alpha}{2}x^2=\mathscr{F}_0-\frac{1}{2\alpha}X^2,$$

亦即 $\widetilde{\mathscr{F}}$ 在平衡时相对于 x 或 X 有极大值. 但相对于与 x 无关的任何其他变量 y, $\widetilde{\mathscr{F}}$ 和 $\mathscr{F}$ 一样也有极小值.

② 这里所指的物体是当 $\boldsymbol{E}=0$ 时可能有 $\boldsymbol{D}\neq0$ (见下一节). 在相反的情况下, 在全部空间内我们直接得到平庸的结果: $\boldsymbol{E}=0$, $\boldsymbol{D}=0$.

非常清楚, 只有当 $\varepsilon > 0$ 时它才有极小值; 否则, 使电感应强度 $\boldsymbol{D}$ 取任意大的值可以使积分无限减小. 因此在这种情况下, 我们实质上没有得到任何新东西, 因为我们已经知道, 介电常量实际上不但必须是正值, 而且还应该大于 1 (参见 §14).

在 $\boldsymbol{D}$ 和 $\boldsymbol{E}$ 的关系为任意的普遍情况下, 必须考虑积分 (18.1) 的二阶变分, 而且必须同时对 $\boldsymbol{D}$ 和 ρ 变分 (只保持温度不变). 在各向同性物体内, $F(T,\rho,\boldsymbol{D})$ 只与矢量 $\boldsymbol{D}$ 的绝对值有关, 它的三个分量可以独立变分. 选择未变分的矢量 $\boldsymbol{D}$ 的方向为 z 轴. 于是矢量 $\boldsymbol{D}$ 的绝对值的变化可用它的分量的变化表示为 (精确到二次项)

$$\delta D = \delta D_z + \frac{1}{2D}[(\delta D_x)^2 + (\delta D_y)^2].$$

积分 (18.1) 的一阶变分和二阶变分都包含在表达式

$$\int \left\{ \frac{\partial F}{\partial D}\delta D + \frac{\partial F}{\partial \rho}\delta\rho + \frac{1}{2}\frac{\partial^2 F}{\partial D^2}(\delta D)^2 + \frac{\partial^2 F}{\partial D \partial \rho}\delta D\delta\rho + \frac{1}{2}\frac{\partial^2 F}{\partial \rho^2}(\delta\rho)^2 \right\} \mathrm{d}V$$

之内. 把 δD 代入上式, 归并二阶项后, 得到二阶变分为

$$\int \frac{1}{2D}\frac{\partial F}{\partial D}[(\delta D_x)^2 + (\delta D_y)^2]\mathrm{d}V + \int \left\{ \frac{1}{2}\frac{\partial^2 F}{\partial D^2}(\delta D_z)^2 + \frac{\partial^2 F}{\partial D \partial \rho}\delta D_z\delta\rho + \frac{1}{2}\frac{\partial^2 F}{\partial \rho^2}(\delta\rho)^2 \right\} \mathrm{d}V. \tag{18.4}$$

这里写出的两项是各自独立的. 如果 $\dfrac{1}{D}\dfrac{\partial F}{\partial D} > 0$, 则第一项为正. 但 $\dfrac{\partial F}{\partial \boldsymbol{D}} = \dfrac{\boldsymbol{E}}{4\pi}$, 因此视矢量 $\boldsymbol{D}$ 与矢量 $\boldsymbol{E}$ 为同向或反向, 导数 $\dfrac{\partial F}{\partial D}$ 取正值或负值. 由此可知, 矢量 $\boldsymbol{D}$ 和 $\boldsymbol{E}$ 必须是同向的.

(18.4) 式第二项为正值的条件是

$$\frac{\partial^2 F}{\partial \rho^2} > 0, \tag{18.5}$$

$$\frac{\partial^2 F}{\partial \rho^2}\frac{\partial^2 F}{\partial D^2} - \left(\frac{\partial^2 F}{\partial \rho \partial D}\right)^2 > 0. \tag{18.6}$$

由于 $\dfrac{\partial F}{\partial \rho} = \zeta, \dfrac{\partial F}{\partial D} = \dfrac{E}{4\pi}$, 因而其中第一个条件给出

$$\left(\frac{\partial \zeta}{\partial \rho}\right)_{D,T} > 0, \tag{18.7}$$

而第二个条件可改写成雅可比行列式的形式:

$$\frac{\partial\left(\dfrac{\partial F}{\partial D}, \dfrac{\partial F}{\partial \rho}\right)}{\partial(D,\rho)} = \frac{1}{4\pi}\frac{\partial(E,\zeta)}{\partial(D,\rho)} > 0.$$

从自变量 D, ρ 变换到自变量 D, ζ, 我们有

$$\frac{\partial(E,\zeta)}{\partial(D,\rho)} = \frac{\partial(E,\zeta)}{\partial(D,\zeta)}\frac{\partial(D,\zeta)}{\partial(D,\rho)} = \left(\frac{\partial E}{\partial D}\right)_\zeta \left(\frac{\partial \zeta}{\partial \rho}\right)_D > 0;$$

鉴于 (18.7) 式, 这个不等式等价于条件:

$$\left(\frac{\partial E}{\partial D}\right)_{\zeta,T} > 0. \tag{18.8}$$

这样一来, 我们就找到了所寻求的热力学不等式. 电场不存在时, 不等式 (18.7) 转变为等温压缩率取正值的普通条件 $\left(\frac{\partial P}{\partial \rho}\right)_T > 0$[①]. 由不等式 (18.8) 得出 $\varepsilon > 0$, 因为 $E \to 0$ 时电感应强度 $D \to \varepsilon E$.

不等式 (18.5) 和 (18.6) 中第二个不等式是更强的条件: 因为它可以早于第一个不等式被违反, 相反的情况不可能出现. 等式

$$\frac{\partial^2 F}{\partial \rho^2}\frac{\partial^2 F}{\partial D^2} - \left(\frac{\partial^2 F}{\partial \rho \partial D}\right)^2 = \frac{1}{4\pi}\frac{\partial(E,\zeta)}{\partial(D,\rho)} = 0$$

对应于所谓的**临界态** (参见本教程第五卷 §83). 乘以不为零的因子 $\frac{\partial(D,\rho)}{\partial(E,\rho)}$ 后, 这一条件可以更方便地写成另一种形式:

$$\frac{\partial(E,\zeta)}{\partial(E,\rho)} = \left(\frac{\partial \zeta}{\partial \rho}\right)_{E,T} = 0. \tag{18.9}$$

临界态处在 ET 平面的某一条线上, 这条线是物体热力学函数的奇异线, 如同场不存在时临界点是奇点一样.

§19 铁电体

同一物质的不同晶体形态有热释电性的, 也有非热释电性的. 如果这两种不同晶体形态的转变是通过二级相变实现的, 则在转变点附近, 物质表现出一系列不同于通常的热释电体的奇异特性. 这样的物体称为**铁电体**.

---

① 应当记住, 电场不存在时 ζ 是单位质量物质的热力学势, 而按照通常的热力学关系它的微分

$$\mathrm{d}\zeta = \frac{1}{\rho}\mathrm{d}P - \frac{S}{\rho}\mathrm{d}T,$$

因此 $(\partial\zeta/\partial\rho)_T = (\partial P/\partial\rho)_T/\rho$. 在上述推导中忽略了通常热力学不等式中的第二个公式——比热容为正的条件.

在通常的热释电晶体内, 自发极化方向的改变与晶格的重大重组有关. 然而, 即使这种重组的最后结果在能量上是有利的, 它也不可能实现, 因为这样做要求克服很高的 "能量势垒".

在铁电体内情况大为不同, 这是因为在二级相变点附近, 热释电相晶体晶格内的原子排列和非热释电相晶体晶格内的原子排列差别很小 (因为这一点自发极化也很小). 由于这一原因, 自发极化方向的改变只要求晶格作很小的重组, 因而比较容易发生.

物体铁电性质的具体特征, 主要依赖于它的晶体学对称性. 热释电相的自发极化方向 (我们称它为铁电轴) 已经由相变点另一侧的非热释电相结构预先决定. 在某些情况下这种预先决定性是唯一的, 即铁电轴只出现在一个完全确定的晶体学方向上; 在这种情况下, 自发极化方向的确定可以精确到仅差一个正负号, 因为在非热释电相内, 平行于铁电轴的两个相反方向这时必须是完全等价的 (否则这种晶体具有热释电性质). 在另一些情况下, 非热释电相的对称性表现为允许在几个等价的晶体学方向上发生自发极化 ①. 极化的发生总是和晶体对称性的降低相联系的. 所以可以 (用本教程第五卷 §142 引进的术语) 把非热释电相说成是对称相, 而将热释电相说成是非对称相.

现在我们证明, 如何根据朗道的二级相变普遍理论建立铁电体的理论 (这一理论首先是由 В. Л. 金兹堡建立的, 1945) ②.

我们采用物质的介电极化矢量 $\boldsymbol{P}$ 作为序参量, 它的数值决定非对称相与对称相的晶格结构的差异程度. 这表明, $\boldsymbol{P}$ 将被看作是独立的热力学变量, 它的实际数值 (作为温度、电场等的函数) 由热平衡条件——热力学势为最小值决定.

我们首先考虑铁电轴取为 z 轴的位置唯一确定的情况. 此时晶体的介电性质在 x 和 y 方向没有显示出任何异常, 但为了研究沿 z 轴的性质, 在热力学势中只考虑含有 P_z 的项就够了. 在相变点附近序参量 P_z 很小, 热力学势 Φ 可以展开为它的幂级数. 由于 z 轴的两个方向的等价性, 展开式与 P_z 的正负

① 第一种类型的例子是酒石酸钾钠, 它的非热释电相具有正交对称性, 其中铁电轴出现在完全一定的晶体学方向 (一个二次轴上), 而且晶格为单斜格子.

第二种类型的例子是钛酸钡. 它的非热释电晶体形态具有立方晶格, 三个立方轴的任何一个都可以作为铁电轴. 但在相变点发生自发极化后, 不言而喻, 这三个方向就不再等效了: 铁电轴成为仅有的四次轴, 而晶格变成四方格子.

② 在接近相变点充分近时, 朗道理论显然不适用. 问题在于, 出现这种情况时, 在铁电体情况下需要对实验数据进行具体分析, 而这超出了本书范围. 我们注意到, 事实上许多铁电相变不是二级相变, 而是接近二级相变的一级相变. 看来这与本教程第五卷 §146 末尾中提到的涨落效应有关.

号无关, 亦即只包含它的偶数次幂项. 精确到四次幂项, 有

$$\Phi = \Phi_0 + AP_z^2 + BP_z^4, \tag{19.1}$$

在对称相内 $A > 0$, 热力学势极小值对应于 $P_z = 0$. 为了能出现自发极化, 系数 A 必须是负的; 因此在相变点, 它趋于零. 在朗道理论中, 采用了函数 $A(T)$ 按照 $T - T_c$ 的整数幂展开, 其中 T_c 为相变点的温度; 在该点周围, 我们假设 $A = a(T - T_c)$, 其中 a 为常量 (不依赖于温度); 为确定起见, 我们假设 $a > 0$, 因此非对称相对应于温度 $T < T_c$. 在 $T = T_c$ 点处, 状态的稳定性条件要求系数 B 在该点上为正值, 因此在其周围各处亦如此. 以下 B 将被理解为它在相变点的值 $B(T_c)$.

如果物体中的电场不为零, 热力学势内将出现附加项. 为了寻求这些项, 我们从关系式

$$4\pi\frac{\partial\widetilde{\Phi}}{\partial \boldsymbol{E}} = -\boldsymbol{D} = -\boldsymbol{E} - 4\pi\boldsymbol{P} \tag{19.2}$$

出发. 在独立变量 $\boldsymbol{P}$ 值给定的情况下 (并考虑到 $\boldsymbol{E} = 0$ 时热力学势 Φ 与 $\widetilde{\Phi}$ 相同) 积分上式, 我们得到

$$\widetilde{\Phi}(\boldsymbol{P}, \boldsymbol{E}) = \Phi(\boldsymbol{P}, 0) - \boldsymbol{E}\cdot\boldsymbol{P} - \frac{\boldsymbol{E}^2}{8\pi}.$$

考虑沿 z 轴方向的电场, 并由 (19.1) 式中取 $\Phi(\boldsymbol{P}, 0)$, 我们有

$$\widetilde{\Phi} = \Phi_0 + a(T - T_c)P_z^2 + BP_z^4 - E_zP_z - \frac{E_z^2}{8\pi}. \tag{19.3}$$

$-E_zP_z$ 一项的存在导致这样的结果, 即在 E_z 场内 (不论它有多么微弱) 序参量 P_z 在全部温度范围内均不为零; 场使得非热释电相极化, 从而降低了它的对称性. 从而两相之间的差别消失; 相应地, 离散的相变点也消失——相变变得 “模糊不清”①.

平衡时热力学势应当在电场强度值给定情况下取极小值. 在电场强度 E_z 为常量时对 (19.3) 式求微商, 我们求得

$$2P_za(T - T_c) + 4BP_z^3 = E_z. \tag{19.4}$$

这是决定电场强度与铁电体极化强度之间关系的基本关系式 ②.

---

① 参见本教程第五卷 §144. 以下的叙述在很大程度上是对该节内容的重复.

② 从 (19.4) 式得出 $\boldsymbol{P}(\boldsymbol{E})$ 表达式并代入 (19.3) 式, 我们得到仅为 $\boldsymbol{E}$ 的函数的热力学势 $\widetilde{\Phi}(\boldsymbol{E})$. 我们注意到, 由于条件 $\partial\widetilde{\Phi}(\boldsymbol{P}, \boldsymbol{E})/\partial\boldsymbol{P} = 0$, 无论对于函数 $\widetilde{\Phi}(\boldsymbol{E})$ 还是对于函数 $\widetilde{\Phi}(\boldsymbol{P}, \boldsymbol{E})$ (在 $\boldsymbol{P}$ 不变时求微商), 都有等式 $\boldsymbol{D} = -4\pi\partial\widetilde{\Phi}/\partial\boldsymbol{E}$.

当 $T > T_{\rm c}$ 时 (在非热释电相中) P_z 与 E_z 一起趋于零. 极化强度随着 E_z 的增长一开始按照线性规律 $P_z = \varkappa E_z$ 增加, 其极化率

$$\varkappa = \frac{1}{2a(T - T_{\rm c})}, \quad T > T_{\rm c}, \tag{19.5}$$

在 $T \to T_{\rm c}$ 时无限制地增大. 与 P_z 一起线性增长的还有电感应强度 $D_z = (1 + 4\pi\varkappa)E_z$. 在相变点附近 $\varkappa$ 很大, 故在同样的精确度下, 我们有

$$\varepsilon \approx 4\pi\varkappa = \frac{2\pi}{a(T - T_{\rm c})}. \tag{19.6}$$

在足够强的电场下极化强度按 $P_z = \left(\dfrac{E_z}{4B}\right)^{1/3}$ 的规律增长.

$T < T_{\rm c}$ 时 (热释电相), $P_z = 0$ 的取值一般不可能与稳定态对应. 在 $E_z = 0$ 时我们从 (19.4) 式找到热释电相的自发极化强度:

$$P_{z0} = \pm\sqrt{\frac{a(T_{\rm c} - T)}{2B}}. \tag{19.7}$$

这个相的介电极化率可以定义为 $E_z \to 0$ 时导数 $\mathrm{d}P_z/\mathrm{d}E_z$ 的取值. 由 (19.4) 我们有

$$[-2(T_{\rm c} - T)a + 12BP_z^2]\frac{\mathrm{d}P_z}{\mathrm{d}E_z} = 1 \tag{19.8}$$

将 (19.7) 代入上式, 我们得到

$$\varkappa = \left.\frac{\mathrm{d}P_z}{\mathrm{d}E_z}\right|_{E_z=0} = \frac{1}{4a(T_{\rm c} - T)}, \quad T < T_{\rm c}. \tag{19.9}$$

注意这个量仅为 $|T_{\rm c} - T|$ 取同样值时非热释电相极化率的一半. 在足够弱的电场内极化强度 $P_z = P_{z0} + \varkappa E_z$, 电感应强度 $D_z = D_{z0} + \varepsilon E_z$, 其中 $D_{z0} = 4\pi P_{z0}$, 而介电常量为

$$\varepsilon \approx 4\pi\varkappa = \frac{\pi}{a(T_{\rm c} - T)}. \tag{19.10}$$

图 14 中绘出了由方程 (19.4) ($T < T_{\rm c}$ 时) 确定的函数 $P_z(E_z)$ 的图. 首先我们注意到, 用虚线标出的 cc' 段曲线一般不对应于稳定状态; 事实上, 由写为

$$\frac{\mathrm{d}P_z}{\mathrm{d}E_z}\left(\frac{\partial^2\widetilde{\Phi}}{\partial P_z^2}\right)_{E_z} = 1$$

形式的等式 (19.8) 看出, 在 $\mathrm{d}P_z/\mathrm{d}E_z < 0$ 时也将有 $\partial^2\widetilde{\Phi}/\partial P_z^2 < 0$, 也就是热力学势有极大值而不是极小值. c 点和 c' 点的纵坐标由等式 $\dfrac{\partial E_z}{\partial P_z} = 0$ 给出, 于是

我们得到结论, 条件

$$P_z^2 > \frac{(T_c - T)a}{6B} \tag{19.11}$$

给出了热释电相内 $|P_z|$ 的可能值的下限.

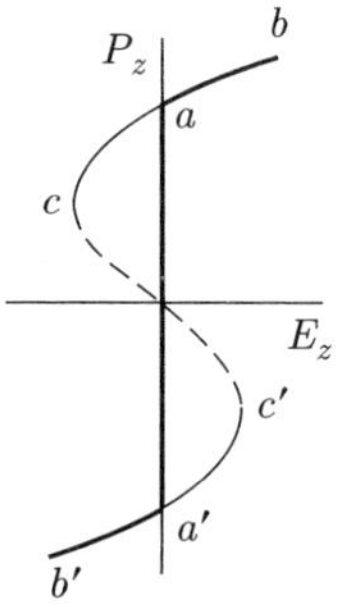

图 14

如果研究 E_z 为给定值时的铁电体状态, 则在 c 点和 c' 点的横坐标之间的区域内, P_z 的可能取值仍为两个, 于是就产生了这两个可能值有什么物理意义的问题. 我们将假设铁电体为置于电容器两板之间的均匀平行平面板 (铁电轴垂直于板平面), 电容器两板由给定的电势维持, 亦即产生具有给定场强 $E = E_z$ 的均匀电场.

在导体电势给定时, 稳定性条件要求热力学势 $\widetilde{\Phi}$ 为极小值. 特别是在 $\boldsymbol{E} = 0$ 时, 存在只相差 P_z 的正负号的两种状态 (图 14 曲线上的 a 点和 a' 点), 但都对应于同一个 $\widetilde{\Phi}(= \Phi)$ 值. 因此, 这两个状态的稳定性程度相同, 也就是说, 它们代表彼此相互接触可以同时存在的两个 "相".

由此非常清楚, 与曲线上的 ac 段和 $a'c'$ 段相对应的状态不是绝对的稳定态, 而只是亚稳态. 不难直接证明, 在相同的 E_z 值下, ac 和 $a'c'$ 段上的 $\widetilde{\Phi}$ 值, 实际上大于 $a'b'$ 和 ab 分支上相应的 $\widetilde{\Phi}$ 值. a 点和 a' 点的纵坐标由 (19.7) 式得出. 于是, 亚稳区域处在以下区间内:

$$\frac{(T_c - T)a}{6B} < P_z^2 < \frac{(T_c - T)a}{2B}. \tag{19.12}$$

$\boldsymbol{E} = 0$ 时存在两个 "相" 极为重要, 因为这将导致铁电体分解为一系列极化方向不同的单个区域 (或 "**畴**") 的可能性. 在这些区域的分界面上, $\boldsymbol{D}$ 的法向分量和 $\boldsymbol{E}$ 的切向分量应满足连续性条件. 其中第二个条件恒满足 (因为一般地讲 $\boldsymbol{E} = 0$). 从第一个条件得出, 畴的边界必须平行于 z 轴. 畴的具体形状和大小由物体的总热力学势为极小值的条件决定 ①.

如果我们不讨论这种结构的细节, 而只研究物体内大于畴的线度的区块, 则可以引入对这些区块体积求平均而得的平均极化强度 $\overline{\boldsymbol{P}}$. 显然, 其分量 $\overline{P}_z$ 可以取图 14 中 a 点纵坐标到 a' 点纵坐标的区间内的一切值, 也即是以下区间内的一切值:

$$-\sqrt{\frac{(T_c-T)a}{2B}} < \overline{P}_z < \sqrt{\frac{(T_c-T)a}{2B}}. \tag{19.13}$$

换句话说, 如果在图 14 上把 P_z 理解为按上述意义平均得到的极化强度值, 则畴结构的区域对应于竖直线段 aa', 而粗线表示的曲线 $baa'b'$ 则对应于物体经历的所有稳定态.

现在研究属于立方晶系的铁电体 (在非热释电相内)②. 立方对称允许由矢量 $\boldsymbol{P}$ 的分量组成的两个独立的四次不变量, 我们选择其为

$$(P_x^2+P_y^2+P_z^2)^2 \quad \text{和} \quad (P_x^2P_y^2+P_x^2P_z^2+P_y^2P_z^2).$$

此时在相变点附近, 热力学势展开式 ($\boldsymbol{E}=0$ 时) 的形式为

$$\begin{aligned}\varPhi = \varPhi_0 + a(T-T_c)(P_x^2+P_y^2+P_z^2) + \\ B(P_x^2+P_y^2+P_z^2)^2 + C(P_x^2P_y^2+P_x^2P_z^2+P_y^2P_z^2),\end{aligned} \tag{19.14}$$

其中 a, B, C 为常数, 而 x、y、z 轴方向沿三个四次对称轴. (19.14) 式中四次项之和必须绝对为正. 为此, 必须有

$$B>0, \quad 3B+C>0. \tag{19.15}$$

没有外加电场时 ($\boldsymbol{E}=0$), 铁电体的自发极化强度取决于作为 $\boldsymbol{P}$ 的函数的 $\varPhi$ 取绝对极小值的条件. 特别是, 因为 (19.14) 式的二次项和第一个四次项都与 $\boldsymbol{P}$ 的方向无关, 因而自发极化方向取决于 $\boldsymbol{P}$ 的绝对值不变时 (19.14) 式中最后一项取极小值的条件. 这时可能有两种情况. 如果 $C>0$, 则与这一项

① 应强调指出, 这里指的是完全的热力学平衡, 它可以在铁电体内实现, 但事实上任何时候也不可能在通常的热释电体内实现, 因为前面曾提到过的改变极化取向的困难性 (因此才形成畴). 畴的形状和大小问题将在 §44 针对 (与铁电体在许多方面类似的) 铁磁体情况进行讨论. 我们将不会对铁电体的畴结构特征进行研究. 这些特征主要是由于铁电体极化强度方向与特定晶体学轴、与大介电极化率 (与铁磁体的磁化率比较) 以及与电致伸缩现象的较大作用的刚性耦合所引起的.

② 此处指的是晶类 $\boldsymbol{T}_h$ 和 $\boldsymbol{O}_h$. 立方晶系的晶类 $\boldsymbol{T}$ 和 $\boldsymbol{T}_d$ 也允许三次不变量 $P_xP_yP_z$; 在这些条件下, $\boldsymbol{P}=0$ 的状态明显地不能满足稳定性条件 ($\varPhi$ 取极小), 因此不可能发生二级相变. 晶类 $\boldsymbol{O}$ (以及晶类 $\boldsymbol{T}$) 的对称性允许对导数为线性的不变量 $\boldsymbol{P}\cdot\mathrm{rot}\,\boldsymbol{P}$; 这导致非公度结构的出现 (参见 §52).

的极小值对应的 $\boldsymbol{P}$ 的方向在 x, y, z 轴的任一个轴上, 也即是在立方体三条棱的任何一个上. 如果 $C<0$, 则当 $\boldsymbol{P}$ 的方向沿立方体四条空间对角线的任何一条时, 也即是当 $P_x^2=P_y^2=P_z^2=P^2/3$ 时, 这一项达到极小值. 在第一种情况下, 铁电体的热释电相为四方对称, 而在第二种情况下为三方对称.

作为一个例子, 我们来更详细地研究第一种情况 $(C>0)$, 并且取相变点以下的自发极化方向为 z 轴. 自发极化强度 P_0 值由表达式

$$-a(T_\mathrm{c}-T)P^2+BP^4$$

的极小值 (当 $\boldsymbol{E}=0$ 时) 确定, 由此得

$$P_0^2=\frac{a(T_\mathrm{c}-T)}{2B}. \tag{19.16}$$

为求出极化强度与电场 $\boldsymbol{E}$ 之间的依赖关系, 必须在 (19.14) 式中添加一项 $-\boldsymbol{P}\cdot\boldsymbol{E}$ (从而将 $\varPhi$ 转换为热力学势 $\widetilde{\varPhi}$), 并令导数 $\partial\widetilde{\varPhi}/\partial\boldsymbol{P}$ 等于零.

对于弱场 $\boldsymbol{E}$, P_x, P_y, P_z-P_0 也很小. 在方程中略去二阶和更高阶小量项, 并把 (19.16) 式中的 $P_{0z}=P_0$ 代入, 得到纵向极化:

$$P_z-P_0=\frac{1}{4a(T_\mathrm{c}-T)}E_z, \tag{19.17}$$

以及横向极化:

$$P_x=\frac{B}{aC(T_\mathrm{c}-T)}E_x \tag{19.18}$$

(以及 P_y 的类似表达式). 在相变点以上, 在非热释电相内立方铁电体的介电极化率在所有方向上均相同:

$$\boldsymbol{P}=\frac{1}{2a(T-T_\mathrm{c})}\boldsymbol{E}. \tag{19.19}$$

现在扼要地讨论一下铁电体的弹性性质.

依据自身所属的晶类的不同, 非热释电相可以具有、也可以不具有压电性①. 我们首先考虑第一种情况, 并且假定对称性允许形变与沿铁电轴 (z 轴) 的极化之间有 (线性的) 压电关系. 属于这种情况的有晶类 $\boldsymbol{D}_2, \boldsymbol{D}_{2d}, \boldsymbol{S}_4$; 在所有的三种情形下, 极化 P_z 均以形如

$$-\gamma_{z,xy}P_z\sigma_{xy}$$

① 具有压电性的铁电体的非热释电相属于 §17 节所列举的 10 种晶类中的以下 8 种:

$$\boldsymbol{D}_2, \boldsymbol{D}_4, \boldsymbol{D}_{2d}, \boldsymbol{S}_4, \boldsymbol{D}_3, \boldsymbol{D}_6, \boldsymbol{C}_{3h}, \boldsymbol{D}_{3h}.$$

的项的方式进入热力学势的压电部分中.

而应力张量的分量 σ_{xy} 则以形如

$$-\mu_{xyxy}\sigma_{xy}^2$$

的项的方式进入具有上述对称性的晶体弹性能内. 因此, 对于相变点附近的热力学势, 我们有 (为了简洁采用标记 $\gamma_{z,xy}=\gamma, \mu_{xyxy}=\mu$) ①

$$\widetilde{\Phi}=\Phi_0+a(T-T_{\rm c})P_z^2+BP_z^4-\gamma P_z\sigma_{xy}-\mu\sigma_{xy}^2-E_zP_z-\frac{E_z^2}{8\pi}. \tag{19.20}$$

我们对含有 $\boldsymbol{P}$ 和 σ_{ik} 的其余分量的项不感兴趣, 因为它们不会对相变点附近的压电性质带来反常.

令 $E_z=$ 常数时的导数 $\partial\widetilde{\Phi}/\partial P_z$ 等于零, 我们得到方程

$$E_z=2a(T-T_{\rm c})P_z+4BP_z^3-\gamma\sigma_{xy}. \tag{19.21}$$

将热力学势 (19.20) 对分量 σ_{ik} 求微商 (见 (17.4)②), 我们得应变张量的相应分量

$$u_{xy}=\frac{1}{2}\gamma P_z+\mu\sigma_{xy}. \tag{19.22}$$

当场 $\boldsymbol{E}$ 很弱时, 在非热释电相中可以略去 (19.21) 式内含 P_z^3 的项, 于是

$$E_z=2a(T-T_{\rm c})P_z-\gamma\sigma_{xy}.$$

将由上式得出的 P_z 代入 (19.22) 式, 我们得到

$$u_{xy}=\frac{\gamma}{4a(T-T_{\rm c})}E_z+\left[\mu+\frac{\gamma^2}{4a(T-T_{\rm c})}\right]\sigma_{xy}.$$

这个公式中 σ_{xy} 的系数起着场强 E_z 保持不变时形变弹性模量的作用, 如同 (19.22) 式中 μ 是极化强度 P_z 不变时的形变弹性模量一样. 因此可写为

$$\mu^{(E)}=\mu^{(P)}+\frac{\gamma^2}{4a(T-T_{\rm c})}, \tag{19.23}$$

式中 μ 的上角标指出形变的特征. 我们看到, 这两个系数的表现非常不同, $\mu^{(P)}$ 是有限常量, 而模量 $\mu^{(E)}$ 在接近相变点时将无限地增长 ③.

---

① 因为展开的其他特征, 这里的 $\gamma_{i,kl}$ 和 μ_{iklm} 的定义与 §17 引入的用同样字母标记的张量不相同, 但它们的对称性当然是一样的.

② 关于对张量的分量求微商, 参见 §17 习题 1 的第一个脚注.

③ 决定电感应强度 D_z 不变时的形变的模量 $\mu^{(D)}=\mu+\dfrac{\gamma^2}{8\pi}$ 也是常量.

在热释电相内, (19.22) 式表明自发极化导致物体产生确定的形变. 当内应力不存在且 $\boldsymbol{E}=0$ 时, 形变 u_{xy} 与 P_{z0} 成正比, 也即是按 $\sqrt{T_\mathrm{c}-T}$ 随温度变化.

如果铁电体非热释电相的对称性 (例如立方对称) 不允许线性压电效应, 则热力学势按 σ_{ik} 和 $\boldsymbol{P}$ 展开为幂级数的不为零的头几项是 $\boldsymbol{P}$ 的分量的平方项, 亦即其形式为

$$-\gamma_{iklm}P_iP_k\sigma_{lm}, \tag{19.24}$$

式中 γ_{iklm} 是对两对下角标 i,k 和 l,m 对称的四秩张量, 在这种情况下, 热释电相内由于自发极化而引起的形变为 P_0 的平方效应, 与此相应, 按 $T_\mathrm{c}-T$ 随温度变化.

对于在热力学势中使用 (19.24) 式的合理性, 有人可能会产生怀疑, 因为在 §17 中曾经指出, 只有在略去平方效应的条件下才能使用它. 然而, 在这种意义上, 铁电体恰好是个例外. 这是因为, 在相变点附近, 作为介电极化率无限增加的后果, 电场强度 $\boldsymbol{E}$ 比极化强度 $\boldsymbol{P}$ (或者电感应强度 $\boldsymbol{D}$) 小得多. 引进热力学势与略去数量级为 EDu_{ik} (或者同样的 $ED\sigma_{ik}$) 的量有关, 而表达式 (19.24) 的量级是 $D^2\sigma_{ik}$.

§20 非本征铁电体

前一节叙述的铁电体理论的基础是把晶体极化矢量与决定相变时晶体对称性变化的序参量作为同一个量. 但并不总是可以作这样的假设; 可以证明, 自发极化发生本身并不完全决定晶体结构改变的特征.

我们要记住 (参见本教程第五卷 §145), 二级相变中的序参量是按照初始相 (对称相) 对称性的某一不可约表示 (非单位表示) 变换的一个量或一组量. 正是序参量的变换性质决定相变时对称性变化 (减小) 的特征. 它的具体物理意义并不重要; 可以选择不同的物理量作为序参量, 只要它们相互为线性关系, 因而变换性质是同样的.

选择矢量 $\boldsymbol{P}$ 作为序参量, 相当于预先假定序参量按照 (极) 矢量分量对应的表示变换. 如果相变的发生不改变晶格元胞 (更确切地说, 只使其变形), 则所涉及的不可约表示是对称点群即晶类的不可约表示. 在双轴晶类中 (§13), 矢量的每一分量按一维表示中的一个表示变换, 对于沿单轴晶体对称主轴 (3 次、4 次或 6 次轴) 的矢量分量也是这样. 对于所有这些表示, 矢量 $\boldsymbol{P}$ 的相应分量可以作为序参量, 而且以热力学势为基础的理论 (19.1) 式对它们适用. 处在垂直于单轴晶体对称主轴的平面内的 $\boldsymbol{P}$ 分量按二维不可约表示变换, 因此

可以用作这种表示的序参量. 最后, 在立方对称晶体内矢量的三个分量按照一个三维表示变换; 以热力学势为基础的铁电体理论 (19.14) 式适用于这种情况.

但也存在这样的铁电体相变, 其中序参量按 "对称" 相的不可约表示变换, 但这种不可约表示并不对应于矢量的分量. 在这种情况下序参量不是极化矢量, 而是具有其他物理特性的量; 自发极化在已知意义上讲是二次效应 (当然假设了非对称相的对称性允许热释电性存在). 这类铁电体称为**非本征铁电体**; 它们的介电反常特征与通常的铁电体有重大差别①. 这里包括所有改变晶格元胞亦即改变晶格平移对称性 (相应的不可约表示明显地不可能由相对平移不变的矢量实现) 的铁电相变②. 不过它们也可能是不改变平移对称性的相变 (序参量按不对应于矢量分量的点群的不可约表示变换).

在通常的铁电相变中, 当对称性完全由极化矢量决定时, 相变是朝向初始 (非热释电) 相空间群的 (从允许热释电相数目的角度看) 最高子群进行的. 在非本征铁电体相变中, 热释电相属于具有更低对称性的子群.

与按空间群的不同不可约表示变换的量的变换性质相对应, 非本征铁电体的具体热力学性质可以是多种多样的. 此处我们来研究一个形式性的例子 (仍然在朗道相变理论的框架内), 目的在于阐明某些重要的基本观点.

考虑 $\boldsymbol{C}_{3h}$ 晶类的非热释电晶体转变为允许自发极化的 $\boldsymbol{C}_1$ 晶类晶体的 (不改变晶格元胞的) 相变, 而且序参量具有两分量 (η_1, η_2) 并按照 $\boldsymbol{C}_{3h}$ 群的不可约表示 E_u 变换; 极化矢量的分量 P_x, P_y (处在垂直于 C_3 轴的平面内) 按表示 E_g 变换.

在相变点附近, 热力学势 $\widetilde{\Phi}$ 应当展开为序参量 η_1, η_2 和极化矢量分量 P_x, P_y 的幂级数. 此时为了产生铁电性, 要求存在由这些量构成且对矢量 $\boldsymbol{P}$ 是线性的混合不变量. 在现在情况下有两个这样的不变量: 乘积 $(\eta_1+\mathrm{i}\eta_2)^2(P_x+\mathrm{i}P_y)$ 的实部和虚部. 结果我们得到形为

$$\widetilde{\Phi} = \Phi_0 + a(T-T_\mathrm{c})\eta^2 + B\eta^4 + \varkappa\boldsymbol{P}^2 + C_1\eta^2[P_x(\gamma_1^2-\gamma_2^2) - 2P_y\gamma_1\gamma_2] + C_2\eta^2[P_y(\gamma_1^2-\gamma_2^2) + 2P_x\gamma_1\gamma_2] - \boldsymbol{E}\cdot\boldsymbol{P} - \frac{\boldsymbol{E}^2}{8\pi} \tag{20.1}$$

的展开式 ($\eta^2 = \eta_1^2+\eta_2^2, \gamma_i = \eta_i/\eta$; 矢量 $\boldsymbol{E}$, $\boldsymbol{P}$ 都在 xy 平面内).

序参量和极化强度均由 $\widetilde{\Phi}$ 取极小 ($\boldsymbol{E}$ = 常数) 的条件确定. 我们这里只指出那些不必实际进行相应计算即已显然的具有特征性的结果. 和所有二级相变 (在朗道理论中) 一样, 非对称相内的序参量与 $(T_\mathrm{c}-T)^{1/2}$ 成正比. 极化强度是 η 的二次方效应, 因而与 $(T_\mathrm{c}-T)$ 成正比. 介电极化率不像通常的铁电

① 这种铁电体存在的可能性是由 В. Л. 因登鲍姆指出的 (1960 年).

② 所有已知的非本征铁电体事实上都是如此.

体那样当 $T \to T_\mathrm{c}$ 时趋于无穷大, 因此它现在不由趋于零的 η^2 的系数决定. 但是它在相变点上经受一个有限突变. 这是因为, 在对称相内序参量 $\eta \equiv 0$, 故不受电场 $\boldsymbol{E}$ 的作用发生变化, 而在非对称相内则发生变化, 从而对介电极化率做出了附加贡献.

注意到非本征铁电体相变只在序参量为多分量时才会发生. 实际上, η 为单一分量时对 $\boldsymbol{P}$ 是线性的可能混合不变量只有 ηP_z, 此处 P_z 是矢量 $\boldsymbol{P}$ 的分量之一 (因为对一维表示平方 η^2 本身是不变量). 但这表明 η 和 P_z 的变换性质相同, 因此 P_z 本身亦可选作为序参量.

第三章

恒定电流

§21 电流密度和电导率

前面已讨论了静电荷所产生的电场, 现在我们来研究导体内电荷的稳定运动 (恒定电流).

我们用 $\boldsymbol{j}$ 表示平均电荷通量密度, 称它为**电流密度**[①]. 在恒定电流内, $\boldsymbol{j}$ 的空间分布与时间无关, 而且遵从以下方程:

$$\operatorname{div} \boldsymbol{j} = 0, \tag{21.1}$$

这个表达式表明, 包含在导体任何一部分体积内的总平均电荷不变.

恒定电流流过的导体内的电场也是恒定的, 因此满足方程

$$\operatorname{rot} \boldsymbol{E} = 0, \tag{21.2}$$

也即是它具有电势.

除了 (21.1) 和 (21.2) 式以外, 还应该加上一个联系物理量 $\boldsymbol{j}$ 和 $\boldsymbol{E}$ 的方程. 这种关系与导体的性质有关. 在大多数情况下, 可以假定它是线性关系 (**欧姆定律**).

如果导体是均匀和各向同性的, 则这种线性依赖关系归结为简单的比例关系

$$\boldsymbol{j} = \sigma \boldsymbol{E}. \tag{21.3}$$

① 在这一章内, 我们不讨论电流所产生的磁场, 因而也不考虑磁场对电流的反作用. 要考虑这种影响, 必须使电流密度的定义精确化, 这将在 §30 内进行.

系数 σ 依赖于导体的性质和状态, 称为**电导系数**, 或简称为导体的**电导率**.

在均匀导体内 $\sigma =$ 常数; 把 (21.3) 式代入 (21.1) 式, 得到 $\operatorname{div}\boldsymbol{E}=0$. 因此, 在这种情况下电场势满足拉普拉斯方程 $\Delta\varphi=0$.

在两种导电介质的分界面上, 电流密度的法向分量显然必须连续. 此外, 按照电场强度的切向分量为连续的普遍条件 (由 $\operatorname{rot}\boldsymbol{E}=0$ 得出, 试比较 (1.7) 和 (6.9) 式), 比值 j/σ 也应为连续的. 于是, 电流密度的边界条件为

$$j_{n1}=j_{n2},\quad \boldsymbol{j}_{t1}/\sigma_1=\boldsymbol{j}_{t2}/\sigma_2 \tag{21.4}$$

或者电场强度的边界条件为

$$\sigma_1 E_{n1}=\sigma_2 E_{n2},\quad \boldsymbol{E}_{t1}=\boldsymbol{E}_{t2}. \tag{21.5}$$

在导体和非导电介质的分界面上, 简单地有 $j_n=0$ 或 $E_n=0$①.

维持电流的电场对在导体内迁移的带电粒子 (载流子) 做机械功, 1 s 时间内在单位体积中所做的功, 显然等于 $\boldsymbol{j}\cdot\boldsymbol{E}$ 的乘积. 这个功在导体的物质内转变成热而耗散掉. 因此, 在均匀导体的单位体积中, 在 1 s 时间内所放出的热量等于

$$\boldsymbol{j}\cdot\boldsymbol{E}=\sigma E^2=j^2/\sigma. \tag{21.6}$$

(即**焦耳–楞次定律**).

热的释放导致导体的熵增加. 若体积元 $\mathrm{d}V$ 放出热量 $\mathrm{d}Q=\boldsymbol{j}\cdot\boldsymbol{E}\mathrm{d}V$, 该体积元的熵增加 $\dfrac{\mathrm{d}Q}{T}$. 因此, 物体总熵的变化率等于

$$\frac{\mathrm{d}\mathscr{S}}{\mathrm{d}t}=\int\frac{\boldsymbol{j}\cdot\boldsymbol{E}}{T}\mathrm{d}V. \tag{21.7}$$

根据熵增加定律, 这个导数必须为正值. 把 $\boldsymbol{j}=\sigma\boldsymbol{E}$ 代入上式, 我们看到, 从这个要求可以得出电导率 σ 为正值的结论.

在各向异性物体 (单晶体) 内, 矢量 $\boldsymbol{j}$ 和 $\boldsymbol{E}$ 的方向一般说来并不相同, 它们之间的线性关系可用下式表示为

$$j_i=\sigma_{ik}E_k, \tag{21.8}$$

式中量 σ_{ik} 构成二秩对称张量 (**电导率张量**, 详细解释见后).

① 我们注意到, 方程 $\operatorname{rot}\boldsymbol{E}=0, \operatorname{div}(\sigma\boldsymbol{E})=0$ 以及它们的边界条件 (21.5) 显示出和电介质内的静电场方程在形式上的相似, 所不同的只是用 σ 代替了 ε. 这一情况允许通过直接解类似的静电学问题求出无限导电介质内电流分布问题的解. 但当有导体与非导电介质的分界面存在时, 这种相似无法达到以上目的, 因为在静电学中没有 $\varepsilon=0$ 的介质.

这里必须作以下说明. 晶体的对称性本来允许在 $\boldsymbol{j}$ 和 $\boldsymbol{E}$ 的线性关系中存在一个自由项, 也即是有以下形式的表达式

$$j_i = \sigma_{ik} E_k + j_i^{(0)},$$

其中矢量 $\boldsymbol{j}^{(0)}$ 为常矢量. 这一项的存在表明导体具有热释电性质, 即没有电流 ($\boldsymbol{j} = 0$) 通过时导体内存在不为零的电场. 但实际上由于熵增加定律, 这是不可能的: 因为在 (21.7) 式右端的被积函数内, $\boldsymbol{j}^{(0)} \cdot \boldsymbol{E}$ 项显然可以取正负两种符号, 结果 $\mathrm{d}\mathscr{S}/\mathrm{d}t$ 不可能确实为正值.

如同在各向同性介质中从 $\mathrm{d}\mathscr{S}/\mathrm{d}t > 0$ 的条件可得到 σ 为正值一样, 相似地, 在各向异性物体内从这个条件也可以得到张量 σ_{ik} 的主值为正值.

张量独立分量的数目对晶体对称性的依赖关系, 对所有二秩对称张量是完全一样的 (参阅 §13): 在双轴晶体中, 三个主值各不相同, 在单轴晶体内, 两个主值相同, 而在立方晶体内, 三个主值全同, 也即是立方晶体的导电性质和各向同性物体一样.

导电率张量的对称性

$$\sigma_{ik} = \sigma_{ki} \tag{21.9}$$

是从**动理学系数对称性原理**得出的结果. 这个普遍原理是由 L. 昂萨格提出的, 为了便于本节和下面各节 (§26—§28) 应用, 特表述如下 (试与本教程第五卷 §120 比较).

设 $x_1, x_2, \cdots$ 是表征物体每一点状态的量. 除此之外, 我们引入量

$$X_a = -\frac{\partial S}{\partial x_a}, \tag{21.10}$$

式中 S 为物体单位体积的熵, 取导数时假设该体积内的能量恒定. 在接近平衡的状态下, 量 x_a 接近其平衡状态的值, 而 X_a 则很小. 这时物体内发生趋向于使物体回到平衡状态的过程. 量 x_a 在这些过程中的变化率, 通常可以这样来推断: 即在物体内每一点处, 它们只是这些点处的量 x_a (或 X_a) 的函数. 把这些函数展开成 X_a 的幂级数, 并限于取展开式内的线性项, 我们得到以下形式的关系式:

$$\frac{\partial x_a}{\partial t} = -\sum_b \gamma_{ab} X_b. \tag{21.11}$$

此时可以断言, 系数 γ_{ab} (称为**动理学系数**) 对下角标 a 和 b 是对称的①:

$$\gamma_{ab} = \gamma_{ba}. \tag{21.12}$$

① 不言而喻, 量 x_a 和 x_b 对时间变号的行为是一样的.

为了实际应用这一原理, 必须用某种方法选定量 x_a (或直接选定它们的导数 $\dot{x}_a$), 然后求出相应的 X_a. 利用物体总熵的随时间变化率公式

$$\frac{\mathrm{d}\mathscr{S}}{\mathrm{d}t}=-\int\sum_a X_a\frac{\partial x_a}{\partial t}\mathrm{d}V \tag{21.13}$$

(式中积分对物体全部体积进行), 通常可以很简单地解决这一问题.

在导体内有电流流过的情况下, 我们得到的这个变化率公式为 (21.7) 式. 把这个表达式和 (21.13) 式比较, 我们看到, 如果取电流密度矢量 $\boldsymbol{j}$ 的分量作为 $\dot{x}_a$ 量, 则相应量 X_a 为矢量 $-\boldsymbol{E}/T$ 的分量. 比较 (21.8) 和 (21.11) 式后表明, 这时动理学系数就是电导率张量的分量乘以 T, 于是, 这一张量的对称性可从普遍关系式 (21.12) 直接得出.

习 题

1. 电势保持为 φ_a 的电极系统浸入导电介质内, 每一电极通过电流 J_a, 试求 1 s 时间内介质中所放出的总焦耳热.

解: 所求的焦耳热 Q 由以下积分得出

$$Q=\int\boldsymbol{j}\cdot\boldsymbol{E}\mathrm{d}V=-\int\boldsymbol{j}\cdot\nabla\varphi\mathrm{d}V=-\int\mathrm{div}(\varphi\boldsymbol{j})\mathrm{d}V,$$

式中积分对介质整个体积进行. 把这个积分变换成面积分, 并考虑到在介质外边界上, $j_n=0$, 而在电极的表面, $\varphi=$ 常数 $\equiv\varphi_a$. 结果我们得到

$$Q=\sum_a\varphi_a J_a.$$

2. 设有电流 J 从导电球的一极流入, 从相对的另一极流出, 试确定导电球内的电势分布.

解: 在极点 O 和 O' 附近 (图 15), 电势分别应为

$$\varphi=\frac{J}{2\pi\sigma R_1}\quad 和\quad \varphi=-\frac{J}{2\pi\sigma R_2},$$

式中 R_1,R_2 是由观察点 P 至两极点的距离. 这些函数满足拉普拉斯方程, 对包围 O 和 O' 点的无限小半球作积分, 积分 $-\sigma\int\nabla\varphi\cdot\mathrm{d}\boldsymbol{f}$ 等于 $\pm J$. 我们要寻求的球内任意点 P 处电势的形式为

$$\varphi=\frac{J}{2\pi\sigma}\left\{\frac{1}{R_1}-\frac{1}{R_2}+\psi\right\},$$

其中 ψ 是在球内和球面上均没有极点的拉普拉斯方程的解. 从对称性看出, ψ (和 φ 一样) 只是球面坐标 r 和 θ 的函数.

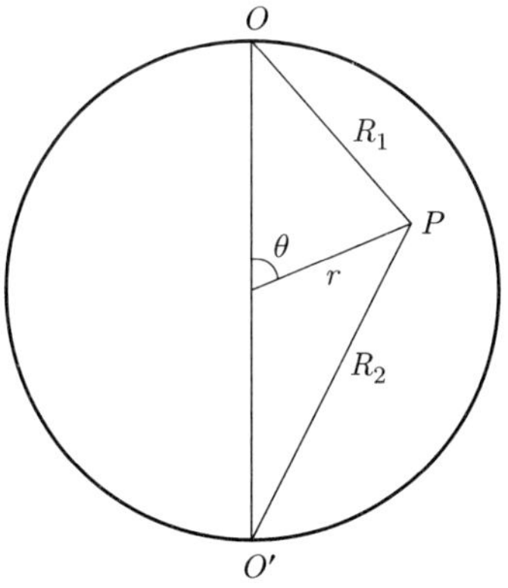

图 15

在球面上 $(r=a)$, 必须有 $\partial\varphi/\partial r=0$. 取微商后, 由此求得 ψ 的边界条件为:

$$\text{当 } r=a \text{ 时: } \frac{\partial\psi}{\partial r}=\frac{1}{2a}\left(\frac{1}{R_1}-\frac{1}{R_2}\right).$$

如果 $f(r,\theta)$ 是拉普拉斯方程的某一个解, 则函数 $\displaystyle\int_0^r r^{-1}f(r,\theta)\mathrm{d}r$ 也是它的一个解①. 与上述边界条件比较, 容易得出, 满足它的解为

$$\psi=\frac{1}{2}\int_0^r\left(\frac{1}{R_1}-\frac{1}{R_2}\right)\frac{\mathrm{d}r}{r}.$$

代入 $R_{1,2}=(a^2+r^2\mp 2ar\cos\theta)^{1/2}$, 并进行积分后, 最终我们得到

$$\varphi=\frac{J}{2\pi\sigma}\left\{\frac{1}{R_1}-\frac{1}{R_2}+\frac{1}{2a}\left(\operatorname{arsinh}\frac{a+r\cos\theta}{r\sin\theta}-\operatorname{arsinh}\frac{a-r\cos\theta}{r\sin\theta}\right)\right\}$$

(φ 是按 $r=0$ 时 $\varphi=0$ 计算的).

3. 试证明导电介质内的电流分布对应于能量的极小耗散.

解: 这里所指的是在表示电荷守恒的附加条件 $\operatorname{div}\boldsymbol{j}=0$ 下积分 $\displaystyle\int\boldsymbol{j}\cdot\boldsymbol{E}\mathrm{d}V=\int\frac{\boldsymbol{j}^2}{\sigma}\mathrm{d}V$ 的极小值. 将积分

$$\int\left(\frac{\boldsymbol{j}^2}{\sigma}-2\varphi\operatorname{div}\boldsymbol{j}\right)\mathrm{d}V$$

① 无论利用直接验算, 或者根据下列情况, 即拉普拉斯方程的任何只与变数 r 和 θ 有关的解 $f(r,\theta)$ 都可表示为以下形式:

$$f=\sum_n c_n r^n P_n(\cos\theta),$$

其中 c_n 为常数, 而 P_n 为勒让德多项式, 都可以很容易地证明这一点.

(2φ 是拉格朗日不定乘子) 对 $\boldsymbol{j}$ 取变分并令变分等于零, 我们得到方程 $\boldsymbol{j}=-\sigma\nabla\varphi$, 或者

$$\operatorname{rot}\frac{\boldsymbol{j}}{\sigma}=0,$$

这两个表达式分别与 (21.2) 和 (21.3) 式相同.

§22 霍尔效应

如果导体在外磁场 $\boldsymbol{H}$ 内, 则电流密度和电场强度之间的关系, 和前面一样, 由以下关系式给出:

$$j_i=\sigma_{ik}E_k,$$

但是电导率张量 σ_{ik} 的分量是 $\boldsymbol{H}$ 的函数, 而且尤其重要的是, 它对下角标 i 和 k 已不再对称. 在 §21 中, 我们曾从动理学系数的对称性原理出发, 证明了这个张量的对称性质. 但是大家知道, 在磁场内这个原理的表述形式稍有改变: 当动理学系数的下角标交换位置时, 磁场方向也必须改变为反方向 (参见本教程第五卷 §120). 因此, 对于张量 $\sigma_{ik}(\boldsymbol{H})$ 的分量, 我们现在得到关系式是

$$\sigma_{ik}(\boldsymbol{H})=\sigma_{ki}(-\boldsymbol{H}). \tag{22.1}$$

量 $\sigma_{ik}(\boldsymbol{H})$ 和 $\sigma_{ki}(\boldsymbol{H})$ 绝不相等.

和一般的二秩张量一样, 张量 σ_{ik} 也可以分成对称和反对称的两部分, 我们分别将它们标记为 s_{ik} 和 a_{ik}:

$$\sigma_{ik}=s_{ik}+a_{ik}. \tag{22.2}$$

按照定义,

$$s_{ik}(\boldsymbol{H})=s_{ki}(\boldsymbol{H}),\quad a_{ik}(\boldsymbol{H})=-a_{ki}(\boldsymbol{H}), \tag{22.3}$$

但从 (22.1) 得出

$$\begin{aligned}s_{ik}(\boldsymbol{H})&=s_{ki}(-\boldsymbol{H})=s_{ik}(-\boldsymbol{H}),\\ a_{ik}(\boldsymbol{H})&=a_{ki}(-\boldsymbol{H})=-a_{ik}(-\boldsymbol{H}).\end{aligned} \tag{22.4}$$

由此可见, 张量 s_{ik} 的分量是磁场的偶函数, 而张量 a_{ik} 的分量则是磁场的奇函数.

大家知道, 任何二秩的反对称张量 a_{ik} 等价于 (对偶于) 某一轴矢量, 它的分量与这个轴矢量的关系式为

$$a_{xy}=a_z,\quad a_{xz}=-a_y,\quad a_{yz}=a_x. \tag{22.5}$$

利用这个矢量, 可以把乘积 $a_{ik}E_k$ 的分量写成矢量积 $\boldsymbol{E}\times\boldsymbol{a}$ 的分量:

$$j_i=\sigma_{ik}E_k=s_{ik}E_k+(\boldsymbol{E}\times\boldsymbol{a})_i. \tag{22.6}$$

电流流过时所放出的焦耳热由标量积 $\boldsymbol{j}\cdot\boldsymbol{E}$ 得出. 由于矢量 $\boldsymbol{E}\times\boldsymbol{a}$ 和 $\boldsymbol{E}$ 相互正交, 因而它们的乘积恒为零, 于是

$$\boldsymbol{j}\cdot\boldsymbol{E}=s_{ik}E_iE_k, \tag{22.7}$$

也即是焦耳热只由导电率张量的对称部分决定 (场强 $\boldsymbol{E}$ 给定时).

如果磁场足够弱, 可以把电导率张量的分量展开为 $\boldsymbol{H}$ 的幂级数. 由于函数 $\boldsymbol{a}(\boldsymbol{H})$ 是奇函数, 因此在这个矢量的展开式内只包含奇次幂的项. 展开式的首项是磁场的线性项, 具有以下形式:

$$a_i=\alpha_{ik}H_k. \tag{22.8}$$

矢量 $\boldsymbol{a}$ 和 $\boldsymbol{H}$ 都是轴矢量; 因此常数 α_{ik} 构成一个通常的 (极) 张量. 但在偶函数 $s_{ik}(\boldsymbol{H})$ 的展开式内, 只包含偶次幂的项. 展开式的首项是磁场不存在时的电导率 $\sigma_{ik}^{(0)}$, 而第一修正项是场的二次项:

$$s_{ik}=\sigma_{ik}^{(0)}+\beta_{iklm}H_lH_m. \tag{22.9}$$

张量 β_{iklm} 无论对下角标 i,k 还是下角标 l,m 都是对称的.

因此, 磁场的基本效应归结为与磁场成线性的项 $\boldsymbol{E}\times\boldsymbol{a}$ (称为**霍尔效应**). 如我们看到的, 这一效应是在与电场垂直的方向上产生电流, 而电流的数值与磁场强度成正比. 但是应该注意的是, 在任意的各向异性介质的普遍情况下, 霍尔电流并不是唯一与 $\boldsymbol{E}$ 垂直的电流, 非霍尔电流 $s_{ik}E_k$ 也可能有沿此方向的分量.

霍尔电流还有另一个侧面, 这是从用电流密度表示电场 $\boldsymbol{E}$ 的逆公式

$$E_i=\sigma_{ik}^{-1}j_k$$

显示出来的. 逆张量 σ_{ik}^{-1} 和张量 σ_{ik} 一样, 可以分为对称部分 (我们用 ρ_{ik} 表示) 和反对称部分, 后者与某一轴矢量 $\boldsymbol{b}$ 对偶:

$$E_i=\rho_{ik}j_k+(\boldsymbol{j}\times\boldsymbol{b})_i. \tag{22.10}$$

张量 ρ_{ik} 和矢量 $\boldsymbol{b}$ 的性质分别与 s_{ik} 和 $\boldsymbol{a}$ 的相同. 特别是在弱场的情况下, 矢量 $\boldsymbol{b}$ 对磁场而言是线性的. 在 (22.10) 式内, 霍尔效应由 $\boldsymbol{j}\times\boldsymbol{b}$ 项表示, 也即是产生和电流垂直的电场, 其数值与磁场 (和电流 $\boldsymbol{j}$) 成正比.

如果导体是各向同性的, 则上面得到的全部关系式可以大大地简化. 在这种情况下, 根据对称性可明显看出, 矢量 $\boldsymbol{b}$ (或 $\boldsymbol{a}$) 的方向必须平行于磁场方向. 张量 ρ_{ik} 的不为零的分量只有 $\rho_{xx}=\rho_{yy}$ 和 ρ_{zz}, 此处选择 z 轴方向为磁场方向. 我们用 $\rho_\perp$ 和 $\rho_\|$ 来表示这两个分量, 并选择 xz 平面通过电流方向, 于是得到

$$E_x=\rho_\perp j_x,\quad E_y=-bj_x,\quad E_z=\rho_\| j_z. \tag{22.11}$$

由此看出, 在各向同性导体内, 霍尔电场是唯一的同时垂直于电流和磁场的电场.

在弱磁场内, 矢量 $\boldsymbol{b}$ 和 $\boldsymbol{H}$ 的关系 (在各向同性导体内) 直接由下式给出:

$$\boldsymbol{b}=-R\boldsymbol{H}. \tag{22.12}$$

常数 R 称为**霍尔常数**, 既可以为正值, 也可以为负值. 对于 $\boldsymbol{E}$ 和 $\boldsymbol{j}$ 的关系式内 $\boldsymbol{H}$ 的二次项 (通过张量 ρ_{ik} 进入关系式) 的形式, 可以从 $\boldsymbol{j}$ 和 $\boldsymbol{H}$ 组成的 (对 $\boldsymbol{j}$ 为线性的和对 $\boldsymbol{H}$ 为二次的) 仅有的矢量是 $\boldsymbol{H}(\boldsymbol{j}\cdot\boldsymbol{H})$ 和 $\boldsymbol{j}H^2$ 明显地看出. 因此在各向同性导体内, 计及 $\boldsymbol{H}$ 的二次项的 $\boldsymbol{E}$ 和 $\boldsymbol{j}$ 的普遍关系式为

$$\boldsymbol{E}=\rho^{(0)}\boldsymbol{j}+R\boldsymbol{H}\times\boldsymbol{j}+\beta_1\boldsymbol{j}H^2+\beta_2\boldsymbol{H}(\boldsymbol{H}\cdot\boldsymbol{j}). \tag{22.13}$$

习　　题

试用 s_{ik} 和 $\boldsymbol{a}$ 的分量表示逆张量 σ_{ik}^{-1} 的分量.

解: 最简单的是选择坐标系 x, y, z 进行计算, 其中坐标轴为张量 s_{ik} 的主轴, 然后根据所得到的表达式, 很容易得到它们在任意坐标系内的普遍形式. 张量的行列式为

$$|\sigma|=\begin{vmatrix} s_{xx} & a_z & -a_y \\ -a_z & s_{yy} & a_x \\ a_y & -a_x & s_{zz}\end{vmatrix}=s_{xx}s_{yy}s_{zz}+s_{xx}a_x^2+s_{yy}a_y^2+s_{zz}a_z^2.$$

显然在普遍情况下,

$$|\sigma|=|s|+s_{ik}a_ia_k.$$

构造这个行列式的子行列式, 我们求得逆张量的分量为

$$\sigma_{xx}^{-1}=\rho_{xx}=\frac{s_{yy}s_{zz}+a_x^2}{|\sigma|},\quad \sigma_{xy}^{-1}=\rho_{xy}+b_z=\frac{a_xa_y-a_zs_{zz}}{|\sigma|},\quad \cdots$$

转换到我们所选择的特殊坐标系会给出上述这些结果的普遍表达式为

$$\rho_{ik}=\frac{1}{|\sigma|}\{s_{ik}^{-1}|s|+a_ia_k\},\quad b_i=-\frac{1}{|\sigma|}s_{ik}a_k,$$

由此所提出的问题得解.

§23 接触电势差

为了把导体中的带电粒子通过导体表面移出导体, 必须对它做一定的功. 如果带电粒子是以热力学可逆方式被移出的, 则对粒子所做的功称为**逸出功**. 这个量总是正值, 从点电荷被吸引向一切中性物体, 其中也包括导体, 可以直接得出这一点 (参见 §14). 我们把这个功表示为 eW (e 为粒子的电荷). 这样定出的**逸出势** W 的正负号和被移出的粒子的电荷的正负号相同.

逸出功既依赖于导体的种类 (及其热力学状态——温度、密度), 也依赖于带电粒子的种类. 例如, 在同一种金属内, 传导电子或离子从金属表面逸出时逸出功各不相同. 还必须强调指出, 逸出功是表征导体表面特性的一个量. 因此, 逸出功例如也与表面加工方式和污染程度等因素有关. 如果导体是单晶体, 则在不同面上逸出功也不相同.

为了阐明逸出功依赖于导体表面特性的物理性质, 我们来建立逸出功与物质表面层的电结构的关系. 把 $\rho(x)$ 理解为未对 x 轴方向的物理无限小长度元取平均值的电荷密度 (x 轴垂直于层面), 我们写出表面层中的泊松方程为

$$\frac{\mathrm{d}^2\varphi}{\mathrm{d}x^2} = -4\pi\rho.$$

设导体的区域相应于 $x<0$. 积分一次后, 我们得到

$$\frac{\mathrm{d}\varphi}{\mathrm{d}x} = -4\pi\int_{-\infty}^{x}\rho\mathrm{d}x,$$

然后再进行分部积分:

$$\varphi-\varphi(-\infty) = -4\pi x\int_{-\infty}^{x}\rho\mathrm{d}x + 4\pi\int_{-\infty}^{x}x\rho\mathrm{d}x.$$

当 $x\to\infty$ 时, 积分 $\displaystyle\int_{-\infty}^{x}\rho\mathrm{d}x$ 迅速趋向于零 (由于未带电导体表面是电中性的). 因此,

$$\varphi(+\infty)-\varphi(-\infty) = 4\pi\int_{-\infty}^{+\infty}x\rho\mathrm{d}x.$$

等式右边的积分代表分布于导体表面附近的电荷的偶极矩. 这种分布具有 "**双层**" 的特征, 其中正负号相反的电荷分开, 使电荷系的偶极矩不为零. 当然, 双层结构与表面的性质 (它的晶体学方向、污染程度等) 有关. 给定导体不同表面上的逸出势之差, 决定于它们的偶极矩之差.

如果使两种不同的导体互相接触, 则它们之间可以发生带电粒子的交换. 这时电荷将从逸出功小的导体转移到逸出功大的导体上, 一直到两导体之间建立了电势差阻止电荷的转移为止, 这种电势差称为**接触电势差**.

图 16 所示是两种互相接触的导体 (a 和 b) 在其自由表面 AO 和 OB 附近的横剖面图. 两表面上的电势分别用 φ_a 和 φ_b 表示; 接触电势差为 $\varphi_{ab}=\varphi_b-\varphi_a$. 接触电势差和逸出功之间的定量关系由热力学平衡条件确定. 假设把一个电荷为 e 的粒子从导体 a 内通过表面 AO 取出, 然后又把它移到表面 OB 上, 最后放到导体 b 内, 我们来研究这时对该粒子所做的功; 在热力学平衡状态下, 这个功应等于零①. 在上面所指出的三个步骤中, 对粒子所做的功分别等于 $eW_a, e(\varphi_b-\varphi_a)$ 和 $-eW_b$. 令它们的总和等于零, 我们得到所求的关系式为

$$\varphi_{ab}=W_b-W_a. \tag{23.1}$$

由此可见, 两互相接触导体的相邻两自由面间的接触电势差, 等于它们的逸出电势差.

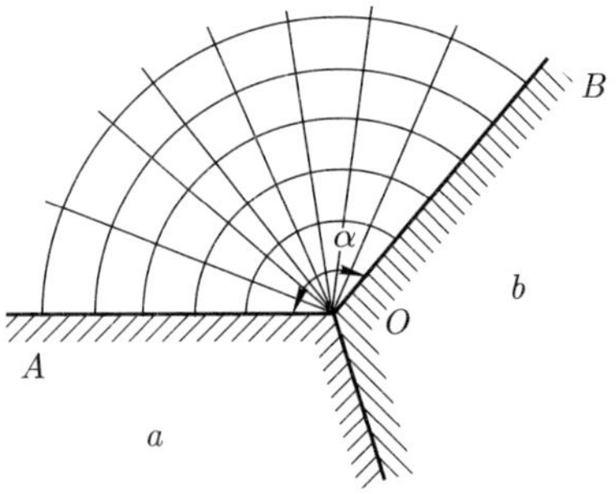

图 16

接触电势差的存在导致导体之外的空间内出现电场. 求出接触处附近的电场值并不困难. 在接触线附近的小区域内 (图 16 内的 O 点), 可以把两个导体的相交面看作平面. 于是导体外的场势满足方程:

$$\Delta\varphi=\frac{1}{r}\frac{\partial}{\partial r}\left(r\frac{\partial\varphi}{\partial r}\right)+\frac{1}{r^2}\frac{\partial^2\varphi}{\partial\theta^2}=0$$

(r, θ 为极坐标, 其原点在 O 点), 而在 AO 和 OB 面上, 场势必须取给定的恒定值. 这时我们感兴趣的解是包括 r 的最低幂次的解, 它代表场势展开成小距离 r 的幂级数内的主要项. 这种解为 $\varphi=\text{const}\times\theta$. θ 角从 AO 边算起, 并令其场势等于零, 于是得到

$$\varphi=\frac{\varphi_{ab}}{\alpha}\theta, \tag{23.2}$$

① 不言而喻, 实际上粒子只能通过导体的接触面, 而不是通过导体周围的空间从一个导体转移到另一导体内. 但是, 我们在这里利用了这个转移功和路程无关这一性质.

式中 α 为 $\angle AOB$. 由此可见, 等势线 (在图平面内) 是从 O 点发出的直线, 相应地, 电力线是以 O 点为中心的一族圆弧. 电场强度等于

$$E = -\frac{1}{r}\frac{\partial\varphi}{\partial\theta} = -\frac{\varphi_{ab}}{\alpha}\frac{1}{r}, \tag{23.3}$$

也即是电场强度随至 O 点的距离成反比地减小.

如上面所指出的, 在金属单晶体的各不同面之间也存在 "接触" 电势差. 因此, 在晶棱附近也必须存在上面所指出性质的电场 ①.

如果把许多金属导体 (在相同温度下) 依次连接起来, 则处在最边缘的两个导体之间的电势差就等于它们的逸出电势差 (根据 (23.1) 式很容易得出这个结论), 和两种直接接触的导体的情况完全一样. 特别是, 如果电路两端是相同的金属, 则它们之间的电势差等于零. 这种情况其实是很明显的, 因为如果在相同导体之间存在电势差, 那么当电路接通时就会有电流产生, 这是和热力学第二定律相矛盾的.

§24 伽伐尼电池

如果电路内的导体是载流子的性质不相同的导体 (金属和电解溶液), 则上节末所作出的说明失去意义. 由于同一种导体对于不同带电粒子的 (电子和离子) 逸出功是不同的, 因此, 即使电路两端是相同的导体, 这时电路内的总接触电势差也不为零. 这种总电势差称为电路内的**电动势**, 它也就是是闭合电路两端两相同导体间的电势差. 当这种电路接通时就会有电流流过. **伽伐尼电池**的运作就是基于这一原理. 这时维持电路内电流的能源是电池内发生的化学变化.

环绕通过闭合电路的任何闭合回路一周, 电势当然应当回到它的起始值, 也即是它的总变化等于零. 例如, 我们来研究沿导体表面的一个回路. 当从一种导体过渡到另一种导体时, 电势发生突变 φ_{ab}. 若导体内有电流 J (通过截面的总电流) 流过, 则每一导体上的电势降等于 RJ, R 是导体的电阻. 因此, 电路内电势的总变化等于

$$\sum \varphi_{ab} - \sum JR,$$

令这个表达式等于零, 并注意到在全电路内的电流 J 不变, 而总和 $\Sigma\varphi_{ab}$ 为电动势 $\mathscr{E}$, 我们得到

$$J\sum R = \mathscr{E}, \tag{24.1}$$

① 在实际条件下, 从大气中 "聚集" 在晶体表面的离子所产生的电场通常抵消了这些场.

因此, 接有伽伐尼电池的电路内的电流, 等于电动势除以电路内全部导体的总电阻 (当然也包括电池本身的内电阻).

虽然伽伐尼电池的电动势也可以表示为接触电势差之和, 但要着重指出的是, 实际上, 这是一个完全由导体的体积状态所确定的热力学量, 并且和导体分界面的性质完全无关. 这是很明显的, 因为 $\mathscr{E}$ 恰好是将带电粒子反方向沿全部闭合电路移动所做的功 (相对于单位电荷).

为了举例说明这种情况, 我们来研究由两个金属电极 (金属 A 和 B) 浸在电解液 AX 和 BX (X^- 为某种负离子) 内所构成的伽伐尼电池. 设 ζ_A 和 ζ_B 分别是金属 A 和 B 的化学势, 而 ζ_{AX} 和 ζ_{BX} 是溶液内电解质的化学势 ①. 使一元电荷 e 绕闭合电路行进, 这意味着离子 A^+ 从电极 A 进入溶液内, 而离子 B^+ 从溶液进入电极 B 内, 而且电极上的电荷变化由沿外电路部分从电极 A 进入电极 B 的电子来补偿. 这些过程的结果是: 电极 A 失去一个中性原子, 电极 B 得到一个中性原子, 而在电解溶液内, BX 的一个分子为 AX 的一个分子所取代. 因为可逆过程中所做的功 (温度、压强为常量) 等于系统的热力学势的变化, 因此我们得到关系式

$$e\mathscr{E}_{AB} = (\zeta_B - \zeta_{BX}) - (\zeta_A - \zeta_{AX}), \tag{24.2}$$

伽伐尼电池的电动势由电极和电解液材料的性质来表示.

由 (24.2) 的形式也可做出下面的推论. 如果溶液内有三种电解质 (AX、BX、CX), 其中浸有三种金属电极 A、B、C, 则其中每两种电极之间的电动势, 由以下关系式联系起来:

$$\mathscr{E}_{AB} + \mathscr{E}_{BC} = \mathscr{E}_{AC}. \tag{24.3}$$

利用普遍的热力学关系式, 可以把伽伐尼电池的电动势和电路内电流流过时所发生的热效应联系起来, 不言而喻, 在实际条件下电流流过是不可逆的. 设 Q 为单位电荷通过时所放出的热量 (包括在电池内和在外电路内); 这热量不外乎是当电流流过时在伽伐尼电池内所发生的热化学反应热. 按照熟知的热力学公式 (参见本教程第五卷 §91), 它和功 $\mathscr{E}$ 的关系为

$$Q = -T^2 \frac{\partial}{\partial T}\left(\frac{\mathscr{E}}{T}\right). \tag{24.4}$$

上式内对温度的偏导数的确定, 取决于在何种条件下发生这种过程, 例如, 如果是在压强不变情况下流过电流 (通常是这种情况), 则在压强为常量情况下求微商.

① 这一节内采用了通常的对一个粒子的化学势定义.

§25 电毛细现象

在两种导电介质交界面上存在的电荷, 会影响交界面上的表面张力; 这种现象称为**电毛细现象**. 事实上, 这里所指的是两种液态介质——通常是指液态金属 (水银) 与电解质溶液的界面而言.

我们用 φ_1 和 φ_2 表示两种导体的电势, 用 e_1 和 e_2 表示分布于它们分界面上的电荷. 这些电荷数值相等而符号相反. 这样一来, 就在交界面上形成所谓 "**双层**".

假设保持压强和温度不变, 计及导体分界面在内的两种导体系统的热力学势 $\widetilde{\phi}$ 的微分为

$$d\widetilde{\phi} = \alpha dS - e_1 d\varphi_1 - e_2 d\varphi_2. \tag{25.1}$$

其中 αdS 一项代表分界面面积 S 的可逆变化 dS 所做的功 (α 为表面张力系数, 参阅本教程第五卷 §154).

在 (25.1) 式中, 我们可以只写下热力学势的 "表面部分" $\widetilde{\phi}_s$ 来代替热力学势 $\widetilde{\phi}$, 因为当压强和温度为常量时其体积部分也为常量, 因而我们不感兴趣. 令 $e_1 = -e_2 \equiv e$, 并引进电势差 $\varphi = \varphi_1 - \varphi_2$, 我们把 (25.1) 式改写为

$$d\widetilde{\phi}_s = \alpha dS - e d\varphi. \tag{25.2}$$

由此得到

$$\left(\frac{\partial \widetilde{\phi}_s}{\partial S}\right)_{\varphi} = \alpha, \tag{25.3}$$

而且 α 表示为 φ 的函数. 对 (25.2) 式积分, 我们得到 $\widetilde{\phi}_s = \alpha S$. 把此式再代入 (25.2) 式, 得到 $d(\alpha S) = \alpha dS - e d\varphi$ 或 $S d\alpha = -e d\varphi$, 由此得

$$\sigma = -\left(\frac{\partial \alpha}{\partial \varphi}\right)_{P,T}, \tag{25.4}$$

其中 $\sigma = e/S$ 为单位面积的电荷. 关系式 (25.4) 是电毛细现象理论的基本公式 (G. 李普曼, J. W. 吉布斯).

平衡态下当导体的电势保持给定值时, 热力学势 ϕ 应当为极小值. 把热力学势看作表面电荷 e 的函数, 我们写出 ϕ 取极小值的必要条件:

$$\frac{\partial \widetilde{\phi}_s}{\partial e} = 0, \quad \frac{\partial^2 \widetilde{\phi}_s}{\partial e^2} > 0, \tag{25.5}$$

式中求导数时保持面积 S 不变. 为了计算导数值, 我们根据

$$\widetilde{\phi}_s = \phi_s(e) - e_1\varphi_1 - e_2\varphi_2 = \phi_s(e) - e\varphi \tag{25.6}$$

用热力学势 $\phi_s = \phi_s(e)$ 表示 ϕ. 由一阶导数等于零的条件给出

$$\frac{\partial\widetilde{\phi}_s}{\partial e} = \frac{\partial\phi_s}{\partial e} - \varphi = 0,$$

然后二次导数为正值的条件的形式是

$$\frac{\partial^2\widetilde{\phi}_s}{\partial e^2} = \frac{\partial^2\phi_s}{\partial e^2} = \frac{\partial\varphi}{\partial e} = \frac{1}{S}\frac{\partial\varphi}{\partial\sigma} > 0,$$

或者

$$\frac{\partial\sigma}{\partial\varphi} > 0. \tag{25.7}$$

如果把表面上的"双层"看成是电容为 $\dfrac{\partial e}{\partial\varphi}$ 的"电容器", 这个条件正是所预期的.

将等式 (25.4) 对 φ 取微商, 并利用 (25.7) 式, 我们得到

$$\frac{\partial^2\alpha}{\partial\varphi^2} < 0. \tag{25.8}$$

这表明在 $\dfrac{\partial\alpha}{\partial\varphi} = -\sigma = 0$ 所在点处, α 和 φ 的关系曲线有极大值.

§26 温差电现象

金属内不存在电流的条件是传导电子处于热力学平衡. 大家知道, 这一条件除了要求 (在整个导体上) 温度恒定而外, 还要求 $e\varphi + \zeta_0$ 之和也恒定不变, 其中 ζ_0 是金属内传导电子的化学势 (当 $\varphi = 0$ 时) ①. 如果导体是组分不均匀的金属, 那么, 即使温度是恒定的, ζ_0 也会沿导体发生变化. 因此, 在这种情况下, 电势 φ 恒定并不会导致金属内的电流为零, 虽然场强 $\boldsymbol{E} = -\operatorname{grad}\varphi$ 也等于零. 如果我们希望把非均匀导体也列入研究范围, 这种情况使得 φ 的通常定义 (作为真实电势平均的结果) 使用起来很不方便.

自然地, 我们取 $\varphi + \dfrac{\zeta_0}{e}$ 之和作为电势的新定义, 并将在今后直接地把它标记为 φ②. 在均匀金属内, 这种定义的改变导致在电势上添加一个无关紧要的常量. 与此相应, "场强" $\boldsymbol{E} = -\operatorname{grad}\varphi$ (我们下面也将要使用它) 只在均匀金

---

① 参见本教程第五卷 §25, 我们在这里把 ζ 理解为通常意义的单粒子 (电子) 化学势.

② 这一定义也可表述成另一种形式, 即 $e\varphi$ 的新值是把一个电子等温地引入金属所引起的自由能变化; 换句话说, $\varphi = \partial F/\partial\rho$, 式中 F 为金属的自由能, 而 ρ 为单位体积内传导电子的电荷.

属内才和真正的平均场强相等, 而在一般情况下, 它们之间相差某一个状态函数的梯度①.

根据这一定义, 在热力学平衡状态下 (对传导电子而言), 场强和电流都变为零, 而 $\boldsymbol{j}$ 和 $\boldsymbol{E}$ 的关系将为 $\boldsymbol{j} = \sigma\boldsymbol{E}$ (或者 $j_i = \sigma_{ik}E_k$), 即使金属的组分是不均匀的.

现在, 我们来研究非均匀加热的金属, 这在任何情况下都不会有 (电子的) 热力学平衡. 此时即使没有电流, 电场强度 $\boldsymbol{E}$ 也不为零. 在电流密度 $\boldsymbol{j}$ 和温度梯度 ∇T 不为零的普遍情况下, 这些量和场强的关系可以写为

$$\boldsymbol{E} = \frac{1}{\sigma}\boldsymbol{j} + \alpha\nabla T. \tag{26.1}$$

式中 σ 为通常的电导率, 而 α 是表征金属电性质的又一个量. 为简单起见, 我们假定物质是各向同性的 (或具有立方对称), 为此, 我们把比例系数写成标量形式. $\boldsymbol{E}$ 对 ∇T 的线性关系显然只是展开式的第一项, 但由于温度梯度很小 (实际上总是如此), 保留这一项已足够.

(26.1) 式也可写成以下形式:

$$\boldsymbol{j} = \sigma(\boldsymbol{E} - \alpha\nabla T), \tag{26.2}$$

这表明在非均匀受热的金属内, 即使场强 $\boldsymbol{E}$ 为零也可以有电流流过.

除了电流密度 $\boldsymbol{j}$ 外, 我们也可以研究能流密度, 我们用 $\boldsymbol{q}$ 表示它. 首先应从能流内分出量 $\varphi\boldsymbol{j}$, 这个量与每一个带电粒子 (电子) 本身携带能量 $e\varphi$ 有关. 但是, $\boldsymbol{q} - \varphi\boldsymbol{j}$ 之差却与电势本身无关, 因此在普遍情况下, 可以把它表示成梯度 $\nabla\varphi = -\boldsymbol{E}$ 和 ∇T 的线性函数, 和电流密度的公式 (26.2) 相似. 我们暂且把这个式子写成

$$\boldsymbol{q} - \varphi\boldsymbol{j} = \beta\boldsymbol{E} - \gamma\nabla T.$$

由动理学系数对称性原理, 可以得到系数 β 和 (26.2) 式中系数 α 的关系式.

为此, 我们计算导体总熵的变化率. 在单位时间内导体单位体积内放出的热量为 $-\operatorname{div}\boldsymbol{q}$, 因此可以写成

$$\frac{\mathrm{d}\mathscr{S}}{\mathrm{d}t} = -\int \frac{\operatorname{div}\boldsymbol{q}}{T}\mathrm{d}V.$$

其次, 利用方程 $\operatorname{div}\boldsymbol{j} = 0$, 我们写出

$$\frac{1}{T}\operatorname{div}\boldsymbol{q} = \frac{1}{T}\{\operatorname{div}(\boldsymbol{q} - \varphi\boldsymbol{j}) + \operatorname{div}\varphi\boldsymbol{j}\} = \frac{1}{T}\operatorname{div}(\boldsymbol{q} - \varphi\boldsymbol{j}) - \frac{\boldsymbol{E}\cdot\boldsymbol{j}}{T}.$$

① 我们要强调指出, 此时乘积 $e\boldsymbol{E}$ 已不再是作用在电荷 e 上的力. 在微观理论中计算动理学系数时, 这一情况使得在唯象理论中相当合理的 $\boldsymbol{E}$ 的这种定义使用起来很不方便 (参见本教程第十卷 §44)

上式右端第一项经过分部积分变换后, 我们得到

$$\frac{\mathrm{d}\mathscr{S}}{\mathrm{d}t}=\int\frac{\boldsymbol{E}\cdot\boldsymbol{j}}{T}\mathrm{d}V-\int\frac{(\boldsymbol{q}-\varphi\boldsymbol{j})\cdot\nabla T}{T^2}\mathrm{d}V. \tag{26.3}$$

这个式子表明, 如果选择矢量 $\boldsymbol{j}$ 和 $\boldsymbol{q}-\varphi\boldsymbol{j}$ 的分量作为量 $\dfrac{\partial x_a}{\partial t}$ (参阅 §21), 则相应的量 X_a 即为矢量 $-\dfrac{\boldsymbol{E}}{T}$ 和 $\dfrac{\nabla T}{T^2}$ 的分量. 与此相应, 在关系式

$$\boldsymbol{j}=\sigma T\frac{\boldsymbol{E}}{T}-\sigma\alpha T^2\frac{\nabla T}{T^2},$$

$$\boldsymbol{q}-\varphi\boldsymbol{j}=\beta T\frac{\boldsymbol{E}}{T}-\gamma T^2\frac{\nabla T}{T^2}$$

中, 系数 $\sigma\alpha T^2$ 和 βT 必须相等. 因此 $\beta=\sigma\alpha T$, 我们得到

$$\boldsymbol{q}-\varphi\boldsymbol{j}=\sigma\alpha T\boldsymbol{E}-\gamma\nabla T.$$

最后, 按照 (26.1) 式, 用 $\boldsymbol{j}$ 和 ∇T 表示这里的 $\boldsymbol{E}$, 我们终于得到以下表达式:

$$\boldsymbol{q}=(\varphi+\alpha T)\boldsymbol{j}-\varkappa\nabla T, \tag{26.4}$$

这里引进了符号 $\varkappa=\gamma-T\alpha^2\sigma$. 量 $\varkappa$ 不是别的, 正是确定电流不存在时的热流量的通常的热导系数.

应该指出, 导数 $\mathrm{d}\mathscr{S}/\mathrm{d}t$ 为正值的条件并未对温差电系数加上任何新的限制. 把 (26.1) 和 (26.4) 式代入 (26.3) 式后有

$$\frac{\mathrm{d}\mathscr{S}}{\mathrm{d}t}=\int\left(\frac{j^2}{\sigma T}+\frac{\varkappa(\nabla T)^2}{T^2}\right)\mathrm{d}V>0, \tag{26.5}$$

由此只得到热导系数和电导系数为正的条件.

在上面写出的式子中, 隐含地假定了当温度不变时压强 (或密度) 的不均匀性不会引起导体内产生电场 (或电流). 基于这点, 在 (26.2) 和 (26.4) 式内没有包含与 ∇p 成比例的项. 实际上, 这些项的存在与熵增加定律相矛盾: 因为此时在 (26.5) 式被积函数中会包含正负号可变的乘积 $\boldsymbol{j}\cdot\nabla p$ 和 $\nabla T\cdot\nabla p$ 的项, 结果积分不一定为正值.

(26.1) 和 (26.4) 的关系式本身包含了各种温差电效应. 我们来研究每秒从导体单位体积内放出的热量 $-\operatorname{div}\boldsymbol{q}$. 对表达式 (26.4) 取散度, 我们得到

$$Q=-\operatorname{div}\boldsymbol{q}=\operatorname{div}(\varkappa\nabla T)+\boldsymbol{E}\cdot\boldsymbol{j}-\boldsymbol{j}\cdot\nabla(\alpha T),$$

或者把 (26.1) 式代入上式得到

$$Q=\operatorname{div}(\varkappa\nabla T)+\frac{j^2}{\sigma}-T\boldsymbol{j}\cdot\nabla\alpha. \tag{26.6}$$

这个公式右侧第一项与纯粹的热导性有关,而第二项与电流平方成正比,可以称为焦耳热. 这里我们感兴趣的是第三项, 它包含特殊的温差电效应.

现在假定导体的组分是均匀的,导体上的压强如通常一样保持不变. 于是量 α 的改变只与温度梯度有关并可以写为 $\nabla\alpha = (\mathrm{d}\alpha/\mathrm{d}T)\nabla T$. 因此, 我们感兴趣的放出的热量 (称为**汤姆孙效应**) 等于

$$\rho \boldsymbol{j} \cdot \nabla T, \quad 其中\ \rho = -T\frac{\mathrm{d}\alpha}{\mathrm{d}T}. \tag{26.7}$$

量 ρ 称为**汤姆孙系数**. 我们注意到, 这种效应与电流的一次幂成正比, 而不像焦耳热那样和电流的二次幂成正比. 因此当电流反向时, 它也变号. 系数 ρ 既可以是正的, 也可以是负的. 如果 $\rho > 0$, 则在温度上升方向有电流流过时, 汤姆孙热取正值 (放出热量), 而在反方向流过电流时, 则吸收热量; 当 $\rho < 0$ 时, 这些关系倒过来.

如果电流通过两种不同金属的接触点 (接头), 则发生另一种热效应, 称为**佩尔捷效应**. 在接触面上, 温度、电势以及电流密度和能流密度矢量的法向分量都是连续的. 我们用下角标 1 和 2 分别表示属于两种金属的量, 并令接触面两侧的 (26.4) 式中的 $\boldsymbol{q}$ 的法向分量数值相等, 由于 φ, T 和 j_x 的连续性, 我们得到

$$\left(-\varkappa\frac{\partial T}{\partial x}\right)\bigg|_1^2 = -j_x T(\alpha_2 - \alpha_1);$$

这里取 x 轴沿接触面的法线方向. 如果 x 轴的正方向取为从金属 1 到金属 2 的方向, 则等式左端的表达式就是 1 s 内以热传导方式从单位接触面上传导出的热量. 传导出来的这个热量补偿了由等式右端的表达式表示的接头上所放出的热量. 由此可见, 接头单位面积所放出的热量 (1 s 内) 等于

$$\Pi_{12} j, \ 其中\ \Pi_{12} = -T(\alpha_2 - \alpha_1). \tag{26.8}$$

量 Π_{12} 称为**佩尔捷系数**. 和汤姆孙效应一样, 这个效应也和电流的一次幂成正比, 并且当电流反向时变号. 应指出的是, 佩尔捷系数具有等式 $\Pi_{13} = \Pi_{12} + \Pi_{23}$ 所表示的相加性, 式中的下角标 1, 2, 3 分别指三种不同的金属.

比较 (26.7) 和 (26.8) 式表明, 汤姆孙系数和佩尔捷系数间的关系式为

$$\rho_2 - \rho_1 = T\frac{\mathrm{d}}{\mathrm{d}T}\frac{\Pi_{12}}{T}. \tag{26.9}$$

其次, 我们来研究有两个接头且两端的导体为同一金属 (金属 1, 图 17) 的开电路. 假设接头 (b 点和 c 点) 的温度分别为不同的 T_1 和 T_2, 但电路两端 (a 点和 d 点) 的温度一样. 于是, 在两端点之间有电势差, 称为**温差电动势**, 我们

用 $\mathscr{E}_T$ 表示. 为了计算温差电动势, 假设 (26.1) 式中的 $\boldsymbol{j}=0$, 并沿电路全长 (x 轴) 求电场强度 $\boldsymbol{E}=\alpha\nabla T$ 的积分:

$$\mathscr{E}_T=\int_a^d \alpha\frac{\mathrm{d}T}{\mathrm{d}x}\mathrm{d}x=\int_a^d \alpha\mathrm{d}T.$$

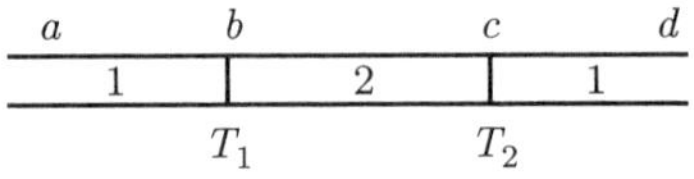

图 17

从 c 到 d 和从 a 到 b 的积分表明在第一种金属内从温度 T_2 积分到 T_1, 而从 b 到 c 的积分是在第二种金属内 $\mathrm{d}T$ 从积分限 T_1 积到 T_2. 因此, 我们求得

$$\mathscr{E}_T=\int_{T_1}^{T_2}(\alpha_2-\alpha_1)\mathrm{d}T. \tag{26.10}$$

与 (26.8) 式比较, 我们看到, 温差电动势和佩尔捷系数有如下的关系:

$$\mathscr{E}_T=-\int_{T_1}^{T_2}\frac{\Pi_{12}}{T}\mathrm{d}T. \tag{26.11}$$

公式 (26.9) 和 (26.11) 称为**汤姆孙关系式** (W. 汤姆孙, 1854).

最后, 我们写出各向异性异体内的电流和热流量公式. 和推导 (26.1) 和 (26.4) 式完全类似, 利用动理学系数的对称性原理, 可推导出这些公式为

$$\begin{aligned} E_i&=\sigma_{ik}^{-1}j_k+\alpha_{ik}\frac{\partial T}{\partial x_k},\\ q_i-\varphi j_i&=T\alpha_{ki}j_k-\varkappa_{ik}\frac{\partial T}{\partial x_k}. \end{aligned} \tag{26.12}$$

其中 σ_{ik}^{-1} 是电导率张量 σ_{ik} 的逆张量; 张量 σ_{ik} 和 $\varkappa_{ik}$ 是对称张量. 但是在一般情况下, 温差电张量 α_{ik} 是非对称的.

§27 温差电磁现象

在电场、磁场和温度梯度同时存在的情况下, 电流流过时所发生的现象更为丰富多样.

对这些现象的研究与前一节对温差电现象所进行的研究十分类似. 我们用研究各向异性导体时的张量形式来研究它们. 将电流密度 $\boldsymbol{j}$ 和热流密度 $\boldsymbol{q}$

写成下列形式:

$$
\begin{aligned}
j_i &= a_{ik}\frac{E_k}{T} + b_{ik}\frac{\partial}{\partial x_k}\frac{1}{T},\\
q_i - \varphi j_i &= c_{ik}\frac{E_k}{T} + d_{ik}\frac{\partial}{\partial x_k}\frac{1}{T},
\end{aligned}
\tag{27.1}
$$

其中全部系数都是磁场的函数. 根据动理学系数的对称性原理我们有

$$
a_{ik}(\boldsymbol{H}) = a_{ki}(-\boldsymbol{H}),\quad d_{ik}(\boldsymbol{H}) = d_{ki}(-\boldsymbol{H}),\quad b_{ik}(\boldsymbol{H}) = c_{ki}(-\boldsymbol{H}). \tag{27.2}
$$

将 (27.1) 式的 $\boldsymbol{E}$ 和 $\boldsymbol{q}-\varphi\boldsymbol{j}$ 以 $\boldsymbol{j}$ 和 ∇T 表示, 我们得到

$$
\begin{aligned}
E_i &= \sigma^{-1}_{ik} j_k + \alpha_{ik}\frac{\partial T}{\partial x_k},\\
q_i - \varphi j_i &= \beta_{ik} j_k - \varkappa_{ik}\frac{\partial T}{\partial x_k},
\end{aligned}
\tag{27.3}
$$

其中张量 $\sigma^{-1},\alpha,\beta,\varkappa$ 可以表示为张量 a,b,c,d 的函数, 并具有因关系式 (27.2) 所产生的以下对称性质:

$$
\sigma^{-1}_{ik}(\boldsymbol{H}) = \sigma^{-1}_{ki}(-\boldsymbol{H}),\quad \varkappa_{ik}(\boldsymbol{H}) = \varkappa_{ki}(-\boldsymbol{H}),\quad \beta_{ik}(\boldsymbol{H}) = T\alpha_{ki}(-\boldsymbol{H}). \tag{27.4}
$$

这就是所要寻求的最普遍形式的关系式. 它们推广了 §26 中不存在磁场时以及 §22 中不存在温度梯度时所得到的关系. 必须着重指出, 在各向异性导体中, 一般说来, 张量 α_{ik} 和 β_{ik} 在没有磁场时也是不对称的.

类似于在 §22 中所做的那样, 张量 σ^{-1}, $\varkappa$, $\alpha+\beta T$ 可以分为对称部分和反对称部分. 在弱磁场中对称部分可以看作不依赖于 $\boldsymbol{H}$ 的常量, 而反对称部分则与 $\boldsymbol{H}$ 成线性关系. 以这样的精确度, 我们得到各向同性导体的以下表达式:

$$
\boldsymbol{E} = \frac{\boldsymbol{j}}{\sigma} + \alpha\nabla T + R\boldsymbol{H}\times\boldsymbol{j} + N\boldsymbol{H}\times\nabla T, \tag{27.5}
$$

$$
\boldsymbol{q} - \varphi\boldsymbol{j} = \alpha T\boldsymbol{j} - \varkappa\nabla T + NT\boldsymbol{H}\times\boldsymbol{j} + L\boldsymbol{H}\times\nabla T. \tag{27.6}
$$

式中 σ, $\varkappa$ 分别为通常的电导率系数和热导率系数, α 为 (26.1) 式中出现的温差电系数, R 为霍尔系数, 而 N, L 是新的系数. $N\boldsymbol{H}\times\nabla T$ 一项可看作是磁场对温差电动势的影响 (**能斯特效应**), 而 $L\boldsymbol{H}\times\nabla T$ 一项则可看作是磁场对热导率的影响 (**勒迪克–里吉效应**).

在两种介质边界上, 矢量 $\boldsymbol{j}$ 和 $\boldsymbol{q}$ 的法向分量连续, 因而矢量

$$
-\varkappa\nabla T + \alpha T\boldsymbol{j} + NT\boldsymbol{H}\times\boldsymbol{j} + L\boldsymbol{H}\times\nabla T
$$

的法向分量也连续. $NT\boldsymbol{H}\times\boldsymbol{j}$ 一项描写磁场对佩尔捷效应的影响 (**埃廷斯豪森效应**).

单位时间内导体单位体积释放的热量为 $Q = -\operatorname{div}\boldsymbol{q}$. 此处必须代入 (27.6) 式中的 $\boldsymbol{q}$, 然后用表示式 (27.5) 代替 $-\nabla\varphi = \boldsymbol{E}$. 如果导体的组分是均匀的, 则 $\alpha, N, L, \cdots$ 等量只是温度的函数, 因此它们的梯度正比于 ∇T. 计算时我们略去了所有的 $\boldsymbol{H}$ 的二次项; 在这种近似下, 可以认为 $\operatorname{rot}(\boldsymbol{j}/\sigma) \approx \operatorname{rot}\boldsymbol{E} = 0$. 此外我们注意到, 对于外场 $\boldsymbol{H}$ (其源处于所研究的导体之外), 我们有 $\operatorname{rot}\boldsymbol{H} = 0$.① 最后, 同一切恒定电流一样, $\operatorname{div}\boldsymbol{j} = 0$. 计及所有这些因素后, 经过计算我们得到

$$Q = \frac{j^2}{\sigma} + \operatorname{div}(\varkappa\nabla T) - T\boldsymbol{j}\cdot\nabla\alpha + \frac{1}{\sigma T}\frac{\mathrm{d}}{\mathrm{d}T}(\sigma N T^2)(\boldsymbol{j}\times\boldsymbol{H})\cdot\nabla T.$$

这个表达式的第三项描述汤姆孙效应, 而最后一项则给出因磁场存在引起的这种效应的改变.

§28 扩散电现象

扩散现象的存在导致电解质溶液内发生一种在固态导体内观察不到的特殊现象.

为了简单起见, 我们将假设整个溶液的温度相同. 同时, 我们在这里只限于研究未受到温差电效应复杂化的纯粹的扩散引起的电现象.

在溶液中更为方便的是利用压强 P 和化学势 ζ 代替压强 P 和浓度 c 作为独立自变量. 这里我们把 ζ 定义为单位质量溶液的热力学势对其浓度 c 的导数 (P 和 T 为常量时); 这时我们把浓度理解为在给定体积元内电解质的质量与液体的总质量之比②. 应该记住, 化学势为常量 (除了压强和温度为常量外) 是热力学平衡的条件之一.

§26 所给出的电场势定义, 在现在情况下形式应稍作变更, 因为载流子现在不是传导电子, 而是电解质内的离子. 这就是说, 合理的定义 (见 §26 的第二个脚注) 应为 $\varphi = (\partial\Phi/\partial\rho)_c$, 式中 Φ 是热力学势, 而 ρ 是单位体积溶液中的离子总电荷 (当然, 在取微商以后, 由于溶液是电中性的, 必须令 $\rho = 0$). 求微商

---

① 同时我们还略去了一个极为微弱的效应——电流自身的磁场对热量释放的影响.

② 通常的化学势定义为 $\zeta_1 = \partial\Phi/\partial n_1$, $\zeta_2 = \partial\Phi/\partial n_2$, 其中 Φ 是某一任意数量溶液的热力学势, 而 n_1, n_2 是溶质和溶剂的粒子数. 如果 Φ 现在指 1 克溶液, 则粒子数 n_1 和 n_2 的关系为 $n_1m_1 + n_2m_2 = 1$ (m_1, m_2 分别是两种粒子的质量), 而浓度 $c = n_1m_1$. 因此, 对于此处引入的化学势我们有

$$\zeta = \frac{\partial\Phi}{\partial c} = \frac{\partial\Phi}{\partial n_1}\frac{\partial n_1}{\partial c} + \frac{\partial\Phi}{\partial n_2}\frac{\partial n_2}{\partial c} = \frac{\zeta_1}{m_1} - \frac{\zeta_2}{m_2}.$$

时保持质量浓度为常量, 也即是在单位体积内两种离子的总质量给定①条件下求导.

当存在化学势梯度时, 电流密度表达式内必须加入与这个梯度成正比的附加项:

$$\boldsymbol{j} = \sigma(\boldsymbol{E} - \beta\nabla\zeta), \tag{28.1}$$

这和 (26.2) 式中的附加项类似. 下面我们将证明, 当化学势梯度 (以及温度梯度) 给定时, $\boldsymbol{j}$ 不可能依赖于压强梯度, 因而在 (28.1) 式中没有含 ∇P 的项②.

除了电流外, 我们还必须研究同时发生的电解质质量的转移. 这时必须注意当电流通过溶液时伴随有宏观流体运动发生. 由这种宏观流体运动所转移的电解质的质量流密度等于 $\rho c\boldsymbol{v}$ ($\boldsymbol{v}$ 是速度, ρ 是溶液密度). 此外, 电解质的转移还通过分子扩散形式进行. 我们用 $\boldsymbol{i}$ 表示这种扩散流的密度, 于是, 总的流量密度为 $\rho c\boldsymbol{v} + \boldsymbol{i}$. 不可逆的扩散过程也导致熵的增加, 总熵的变化速度由下式得出③:

$$\frac{\mathrm{d}\mathscr{S}}{\mathrm{d}t} = \int \frac{\boldsymbol{E}\cdot\boldsymbol{j}}{T}\mathrm{d}V - \int \frac{\boldsymbol{i}\cdot\nabla\zeta}{T}\mathrm{d}V. \tag{28.2}$$

和电流密度一样, 扩散流也可以写成 $\boldsymbol{E}$ 和 $\nabla\zeta$ 的线性组合形式, 或者是写成 $\boldsymbol{j}$ 和 $\nabla\zeta$ 的线性组合形式. 和前一节对 $\boldsymbol{j}$ 和 $\boldsymbol{q} - \varphi\boldsymbol{j}$ 所做的完全相似, 利用动理学系数的对称性可以将以上表达式中的一个系数和 (28.1) 式的系数 β 联系起来. 结果得到

$$\boldsymbol{i} = -\frac{\rho D}{\left(\dfrac{\partial\zeta}{\partial c}\right)_{P,T}}\nabla\zeta + \beta\boldsymbol{j}. \tag{28.3}$$

$\nabla\zeta$ 前面的系数已用通常的扩散系数表示 (此处 ρ 为物质密度). 当 $\boldsymbol{j} = 0$ 和压强 (以及温度) 给定时, 我们有通常的扩散流 $\boldsymbol{i} = -\rho D\nabla c$.

和前一节一样, (28.1) 和 (28.3) 式内不可能存在与压强梯度成正比的项的结论可重新从熵增加定律得出, 因为这样的项会使总熵的导数 (28.2) 不一定为正值.

(28.1) 和 (28.3) 式包含了全部扩散电现象, 我们不准备在这里详细讨论它们.

---

① 在强电解质中溶质完全分解, 因此质量浓度可以表示为 $c = m_+n_+ + m_-n_-$, 其中 m_+, m_- 分别为正离子和负离子的质量, 而 n_+, n_- 则分别为它们的数密度. 在前述热力学势的定义下等式 $\varphi = 0$ 对应于正离子与负离子化学势间的关系 $\zeta_+/m_+ = \zeta_-/m_-$; 化学势 ζ_+ 和 ζ_- 与化学势 ζ_1 的关系为等式 $\zeta_+ + \zeta_- = \zeta_1$.

② 但是应当强调, 在浓度梯度给定的情况下, $\boldsymbol{j}$ 依赖于压强梯度:

$$\nabla\zeta = \left(\frac{\partial\zeta}{\partial c}\right)_{P,T}\nabla c + \left(\frac{\partial\zeta}{\partial P}\right)_{c,T}\nabla P.$$

③ 这个公式内第二项的推导参见本教程第六卷 §58.

习 题

假设两平行平面板 (由同一种金属 A 制成) 浸在电解质溶液 AX 内. 试确定电流密度和两平行平面板间所加的电势差之间的关系式.

解: 当电流流过时, 金属从一个电极上溶解, 在另一个电极上淀积. 这时溶剂 (水) 是静止的, 而流过溶液的金属质量流密度为 $\rho v = jm/e$ (j 为电流密度, m 和 e 分别为 A^+ 离子的质量和电荷)①. 另一方面, 这个质量流由表达式 $i + \rho v c$ 给出, 其中 i 从 (28.3) 式得到. 假设流体内的压强相同 ②, 我们得到方程:

$$\rho D \frac{\mathrm{d}c}{\mathrm{d}x} = \left[\beta - \frac{m}{e}(1-c)\right] j \tag{1}$$

(x 是沿两个电极连线方向的坐标). 因为在溶液内 $j =$ 常数, 由此我们得到

$$jl = \int_{c_1}^{c_2} \frac{\rho D \mathrm{d}c}{\beta - \dfrac{m}{e}(1-c)}, \tag{2}$$

式中 c_1, c_2 是两平行平面板面上的浓度, 而 l 是两板间的距离.

两板间的电势差 $\mathscr{E}$ 可从总能量耗散 Q (1 s 内) 简单地求出, 这一耗散必须等于 $j\mathscr{E}$ (相对于单位面积极板表面). 根据 (28.1) 和 (28.2) 式, 我们有

$$Q = T\frac{\mathrm{d}\mathscr{S}}{\mathrm{d}t} = \int \left\{ \frac{j^2}{\sigma} + \rho D \frac{\partial \zeta}{\partial c} \left(\frac{\mathrm{d}c}{\mathrm{d}x}\right)^2 \right\} \mathrm{d}x = j\mathscr{E}$$

利用 (1) 式, 从 (28.1) 式我们得到

$$\mathscr{E} = \int_{c_1}^{c_2} \frac{\rho D \mathrm{d}c}{\sigma\left[\beta - \dfrac{m}{e}(1-c)\right]} + \int_{c_1}^{c_2} \frac{\partial \zeta}{\partial c}\left[\beta - \frac{m}{e}(1-c)\right] \mathrm{d}c. \tag{3}$$

由公式 (2) 和 (3), 即可 (以非显式形式) 解出所提出的问题.

如果电流 j 很小, 浓度差 $c_2 - c_1$ 也很小. 用被积函数表达式与 $c_2 - c_1$ 的乘积代替积分, 得到溶液的有效电阻率为

$$\frac{\mathscr{E}}{lj} = \frac{1}{\sigma} + \frac{1}{\rho D}\frac{\partial \zeta}{\partial c}\left[\beta - \frac{m}{e}(1-c)\right]^2.$$

(3) 式右端第一项给出由于电流流过时所引起的电势降 $\left(\int j \dfrac{\mathrm{d}x}{\sigma}\right)$. 第二项是由溶液内的浓度差所引起的电动势 (在某种意义上, 与温差电动势相似). 这后一个表达式甚至和具体一维问题的条件无关, 它是 "浓差电池" 电动势的普遍表达式.

① 应当记住, 溶液内的流体力学速度 $\boldsymbol{v}$ 的定义是 $\rho\boldsymbol{v}$ 为单位体积液体内的动量 (参阅本教程第六卷 §58). 因此, 在现在情况下只有被溶解的金属 (相对于电极) 运动这一事实不影响 $\rho\boldsymbol{v}$ 的计算.

② 计及液体运动引起的压强改变所得结果是高阶小量.

第四章

静磁场

§29 静磁场

物质内的静磁场由两个麦克斯韦方程描写, 它们是对两个微观方程

$$\operatorname{div}\boldsymbol{h}=0,\quad \operatorname{rot}\boldsymbol{h}=\frac{1}{c}\frac{\partial\mathbf{e}}{\partial t}+\frac{4\pi}{c}\rho\boldsymbol{v}\tag{29.1}$$

求平均得到的. 平均磁场强度一般称为**磁感应强度**, 并标记为

$$\overline{\boldsymbol{h}}=\boldsymbol{B}.\tag{29.2}$$

因此, 对 (29.1) 式中的第一个方程求平均的结果为

$$\operatorname{div}\boldsymbol{B}=0.\tag{29.3}$$

在第二个方程中, 因为假设平均场为常量, 求平均时对时间的导数变为零, 于是我们有

$$\operatorname{rot}\boldsymbol{B}=\frac{4\pi}{c}\overline{\rho\boldsymbol{v}}.\tag{29.4}$$

微观电流密度的平均值, 一般说来, 无论在导体内或介电体内, 都不为零. 这两类物体的差别仅在于, 在介电体内总是有

$$\int\overline{\rho\boldsymbol{v}}\cdot\mathrm{d}\boldsymbol{f}=0,\tag{29.5}$$

其中积分对物体任意横截面的总面积进行; 而在导体内, 这个积分可以不为零. 首先我们假设物体内 (如果它是导体) 没有总电流, 也即是假设关系式 (29.5) 成立.

(29.5) 式对物体任何截面的积分都等于零, 表明矢量 $\overline{\rho \boldsymbol{v}}$ 可以写成另一个矢量 (一般表示为 $c\boldsymbol{M}$) 的旋度的形式:

$$\overline{\rho \boldsymbol{v}} = c \operatorname{rot} \boldsymbol{M}, \tag{29.6}$$

而且量 $\boldsymbol{M}$ 只在物体内不为零 (试与 §6 中类似的讨论比较). 实际上, 设有一回路包围物体并处处在物体外通过, 则对这回路所围成的表面进行积分, 我们得到

$$\int \overline{\rho \boldsymbol{v}} \cdot \mathrm{d}\boldsymbol{f} = c \int \operatorname{rot} \boldsymbol{M} \cdot \mathrm{d}\boldsymbol{f} = c \oint \boldsymbol{M} \cdot \mathrm{d}\boldsymbol{l} = 0.$$

矢量 $\boldsymbol{M}$ 称为物体的**磁化强度**. 将其代入 (29.4) 式, 得到

$$\operatorname{rot} \boldsymbol{H} = 0, \tag{29.7}$$

式中矢量 $\boldsymbol{H}$ 和磁感应强度 $\boldsymbol{B}$ 的关系式为

$$\boldsymbol{B} = \boldsymbol{H} + 4\pi \boldsymbol{M}, \tag{29.8}$$

类似于电感应强度 $\boldsymbol{D}$ 和电场强度 $\boldsymbol{E}$ 的关系式. 虽然根据与 $\boldsymbol{E}$ 的类比, 通常称矢量 $\boldsymbol{H}$ 为 "**磁场强度**", 但是应该记住, 实际上, 真正的磁场强度平均值为 $\boldsymbol{B}$, 而不是 $\boldsymbol{H}$.

为了阐明量 $\boldsymbol{M}$ 的物理意义, 我们来研究在物体内运动的全部带电粒子所产生的**总磁矩**. 按照磁矩的定义 (参见本教程第二卷 §44), 它是积分 ①:

$$\frac{1}{2c} \int \boldsymbol{r} \times \overline{\rho \boldsymbol{v}} \mathrm{d}V = \frac{1}{2} \int \boldsymbol{r} \times \operatorname{rot} \boldsymbol{M} \mathrm{d}V.$$

因为在物体外 $\rho \boldsymbol{v} \equiv 0$, 因此可以对包围物体的任何体积进行积分. 我们用以下方式变换积分:

$$\int \boldsymbol{r} \times \operatorname{rot} \boldsymbol{M} \mathrm{d}V = -\oint \boldsymbol{r} \times (\boldsymbol{M} \times \mathrm{d}\boldsymbol{f}) - \int (\boldsymbol{M} \times \nabla) \times \boldsymbol{r} \mathrm{d}V.$$

在物体外进行的面积分变为零. 而在第二项内, 我们有

$$(\boldsymbol{M} \times \nabla) \times \boldsymbol{r} = -\boldsymbol{M} \operatorname{div} \boldsymbol{r} + \boldsymbol{M} = -2\boldsymbol{M}.$$

因此, 我们最终得到

$$\frac{1}{2c} \int \boldsymbol{r} \times \overline{\rho \boldsymbol{v}} \mathrm{d}V = \int \boldsymbol{M} \mathrm{d}V. \tag{29.9}$$

① 为明确起见, 我们强调指出, 在这个公式内 $\boldsymbol{r}$ 是积分的变动坐标 (积分变量), 而不是单个微观粒子的位置矢量; 因此它不在平均值符号内.

我们看到, 磁化强度矢量代表物体单位体积的磁矩 ①.

对于 (29.3) 和 (29.7) 式, 还应该加入一个联系 $\boldsymbol{H}$ 和 $\boldsymbol{B}$ 的关系式; 因为只有这样做了以后, 方程组才成为完备的. 在磁场不太强的情况下, 非铁磁体中 $\boldsymbol{B}$ 和 $\boldsymbol{H}$ 的相互关系是线性的. 在各向同性物体内, 这种线性关系归结为简单的比例关系:

$$\boldsymbol{B} = \mu \boldsymbol{H}. \tag{29.10}$$

系数 μ 称为**磁导率**. 而在关系式 $\boldsymbol{M} = \chi \boldsymbol{H}$ 中的比例系数

$$\chi = \frac{\mu - 1}{4\pi} \tag{29.11}$$

则称为**磁化率**.

与介电常量 ε 在所有物体中都大于 1 相反, 磁导率可以大于 1, 也可以小于 1. 因此我们只能肯定总是有 $\mu > 0$ (关于 μ 与 ε 这一差别的原因, 参见 §32; 对不等式 $\mu > 0$ 的证明将在 §31 给出). 与此相应, 磁化率 χ 可为正值, 也可以为负值.

另一个定量差别是, 绝大多数物体的磁化率要比它们的介电常量小得多. 这种差别是由于物质 (非铁磁体) 的磁化是 $(v/c)^2$ 的相对论效应 (v 是原子内的电子速度 ②).

在各向异性物体 (晶体) 内, (29.10) 式的简单比例关系必须代之以线性关系

$$B_i = \mu_{ik} H_k. \tag{29.12}$$

磁导率张量 μ_{ik} 是对称的. 就和 §13 中证明张量 ε_{ik} 对称一样, 这可以从将在 §31 中引进的热力学关系式得出.

从方程 $\operatorname{div} \boldsymbol{B} = 0$ 和 $\operatorname{rot} \boldsymbol{H} = 0$ 得出 (对照 §6), 在两种不同介质的边界上应满足条件

$$B_{1n} = B_{2n}, \quad \boldsymbol{H}_{1t} = \boldsymbol{H}_{2t}. \tag{29.13}$$

这个方程组及其边界条件形式上和自由电荷不存在时确定介电体内静电场的方程组相同, 所不同的只是分别用 $\boldsymbol{H}$ 和 $\boldsymbol{B}$ 代替了 $\boldsymbol{E}$ 和 $\boldsymbol{D}$ 而已. 由于方程 $\operatorname{rot} \boldsymbol{H} = 0$, 可以求得 $\boldsymbol{H}$ 的形式为 $\boldsymbol{H} = -\operatorname{grad} \psi$, 对于势 ψ, 得到和静电势完全相同的方程.

① 只有在建立了这一对应关系后, 量 $\boldsymbol{M}$ 才成为完全确定的. 物体内的关系式 (29.6) 和物体外的 $\boldsymbol{M} = 0$ 本身都还不能单值地确定这个量, 因为在物体内部可以在 $\boldsymbol{M}$ 上加上任意一个 $\operatorname{grad} f$ 形式的矢量而不破坏等式 (29.6) (比较 §6 对电极化所作的类似脚注).

② 比值 v/c 第一次和 $\boldsymbol{H}$ 一起出现在描写物体与磁场相互作用的哈密顿量内, 第二次出现在原子或分子的元磁矩内.

因此, 第二章中所研究的一系列静电场问题的解就可以直接移用到静磁场上. 特别是 §8 中所得到的均匀电场内的介电椭球公式, 对均匀磁场内的磁椭球也是完全正确的 (只要对所用标记作相应改变). 例如, 在磁椭球内磁场强度 $\boldsymbol{H}^{(i)}$ 和磁感应强度 $\boldsymbol{B}^{(i)}$ 与外磁场强度 $\mathfrak{H}$ 的关系式为

$$H_i^{(i)} + n_{ik}(B_k^{(i)} - H_k^{(i)}) = \mathfrak{H}_i, \tag{29.14}$$

式中 n_{ik} 为退磁因子张量. 记住以上关系式对于 $\boldsymbol{B}$ 与 $\boldsymbol{H}$ 之间的任何关系都适用.

与法向分量相反, 磁感应强度的切向分量在两种介质的边界上发生跃变. 可以把这种跃变量和流过表面的电流密度联系起来. 为此, 我们将方程 (29.4) 的两边对沿法线方向穿过交界面的小线段 Δl 积分, 然后令长度 Δl 趋近于零. 而这时积分 $\int \overline{\rho \boldsymbol{v}} \mathrm{d}l$ 可以趋近于一有限量. 这样得到的有限量为

$$\boldsymbol{g} = \int \overline{\rho \boldsymbol{v}} \mathrm{d}l \tag{29.15}$$

可以称为**面电流密度**; 它确定了单位时间内通过表面上单位长度线段的电荷. 我们选择表面给定点上的 $\boldsymbol{g}$ 方向作为 y 轴, 并选择从介质 1 指向介质 2 的法线方向作为 x 轴. 此时方程 (29.4) 的积分给出

$$\int \left(\frac{\partial B_x}{\partial z} - \frac{\partial B_z}{\partial x}\right) \mathrm{d}x = \frac{4\pi}{c} g_y = \frac{4\pi}{c} g.$$

由于 B_x 的连续性, 导数 $\partial B_x/\partial z$ 是有限的, 因此当线段 Δl 趋近于零时, 积分也趋近于零. 由 $\partial B_z/\partial x$ 的积分得出表面两侧的 B_z 值之差. 因此,

$$B_{2z} - B_{1z} = -\frac{4\pi}{c} g.$$

这个等式可以写成矢量形式

$$\frac{4\pi}{c}\boldsymbol{g} = \boldsymbol{n} \times (\boldsymbol{B}_2 - \boldsymbol{B}_1) = 4\pi \boldsymbol{n} \times (\boldsymbol{M}_2 - \boldsymbol{M}_1), \tag{29.16}$$

式中 $\boldsymbol{n}$ 是法线方向的单位矢量, 其方向指向介质 2 内部; 在最后的变换中, 考虑了 $\boldsymbol{H}$ 切向分量的连续性.

§30 恒定电流的磁场

如果导体内有不为零的总电流流过, 则导体内的平均电流密度可以表示为求和的形式

$$\overline{\rho \boldsymbol{v}} = c \operatorname{rot} \boldsymbol{M} + \boldsymbol{j}.$$

与介质磁化强度有关的第一项对总电流没有贡献, 因此通过导体横截面转移的总电荷只取决于第二项的积分 $\int \boldsymbol{j}\cdot\mathrm{d}\boldsymbol{f}$. 量 $\boldsymbol{j}$ 称为**传导电流密度**[①]. §21 内的所有讨论都是指这种电流而言; 特别是单位时间在单位体积内所耗散的能量等于 $\boldsymbol{E}\cdot\boldsymbol{j}$.

电流 $\boldsymbol{j}$ 在导体体积内的分布由 §21 内的方程得出, 这些方程内没有包含电流 $\boldsymbol{j}$ 所产生的磁场 (在忽略场对金属导电性的影响的条件下). 因此, 确定电流的磁场的问题必须通过给定电流分布来解决. 这种场方程和 §29 内所得到的场方程不同的地方, 是存在一项 $\dfrac{4\pi}{c}\boldsymbol{j}$ 代替了原来 (29.7) 式右端的零:

$$\operatorname{div}\boldsymbol{B}=0, \tag{30.1}$$

$$\operatorname{rot}\boldsymbol{H}=\frac{4\pi}{c}\boldsymbol{j}. \tag{30.2}$$

传导电流密度 $\boldsymbol{j}$ 与电场强度成正比, 是一个不会趋于无穷大的有限量, 特别是在两种介质分界面上. 因此, (30.2) 式右端的项并不影响 $\boldsymbol{H}$ 的切向分量为连续的边界条件.

为了方便求解方程 (30.1) 和 (30.2), 引入矢势 $\boldsymbol{A}$, 即令

$$\boldsymbol{B}=\operatorname{rot}\boldsymbol{A}, \tag{30.3}$$

结果方程 (30.1) 恒被满足. 等式 (30.3) 还不足以唯一单值地决定矢势, 因为可以在其上再任意添加一个 $\operatorname{grad}f$ 形式的矢量而不会破坏 (30.3) 式. 由于这种非单值性, 可以对 $\boldsymbol{A}$ 加一个附加条件, 为此我们选择

$$\operatorname{div}\boldsymbol{A}=0. \tag{30.4}$$

把 (30.3) 式代入 (30.2) 式内, 就得到 $\boldsymbol{A}$ 的方程. 在 $\boldsymbol{B}=\mu\boldsymbol{H}$ 的线性关系下, 我们有

$$\operatorname{rot}\left(\frac{1}{\mu}\operatorname{rot}\boldsymbol{A}\right)=\frac{4\pi}{c}\boldsymbol{j}. \tag{30.5}$$

具有这一形式的方程对任何介质都适用, 无论是均匀介质还是非均匀介质.

在均匀介质内, $\mu=$ 常数, 又因为 $\operatorname{rot}\operatorname{rot}\boldsymbol{A}=\operatorname{grad}\operatorname{div}\boldsymbol{A}-\Delta\boldsymbol{A}=-\Delta\boldsymbol{A}$, 因此方程 (30.5) 的形式变为

$$\Delta\boldsymbol{A}=-\frac{4\pi}{c}\mu\boldsymbol{j}. \tag{30.6}$$

① 量 $c\operatorname{rot}\boldsymbol{M}$ 有时称为分子电流密度. 但是, 这一名称并不完全符合于导体内电荷运动的实际物理图像. 例如在金属内, 对磁化强度有贡献的不但有在原子内运动的电子, 也有传导电子.

如果需要处理两种或更多的互相接触的不同介质, 每一介质有自己的磁导率 μ, 则在每一种均匀介质内, 普遍方程 (30.5) 变成 (30.6) 的形式, 而在它们的分界面上, 必须满足矢量 $(1/\mu)\,\mathrm{rot}\,\boldsymbol{A}$ 的切向分量为连续的条件. 此外, 矢量 $\boldsymbol{A}$ 本身的切向分量也必须为连续的, 因为它们的跃变表明磁感应强度 $\boldsymbol{B}$ 在边界上变成无穷大.

若介质在一个方向上 (我们取它为 z 轴方向) 均匀且无限, 而且产生磁场的电流也处处指向 z 轴方向, 而电流密度 $j_z = j$ 只是 x, y 的函数, 则对于确定这种介质内的磁场的平面问题, 场方程可大为简化. 我们自然可以假设 (将由结果证实) 这种场的矢势也指向 z 轴: $A_z = A(x, y)$ (条件 (30.4) 这时自动满足), 而磁场相应地处处与 xy 平面平行. 用 $\boldsymbol{k}$ 表示 z 轴上的单位矢量, 于是有

$$\mathrm{rot}\,\boldsymbol{A} = \mathrm{rot}\,A\boldsymbol{k} = \mathrm{grad}\,A \times \boldsymbol{k},$$

$$\mathrm{rot}\left(\frac{1}{\mu}\,\mathrm{rot}\,\boldsymbol{A}\right) = \mathrm{rot}\left(\frac{\nabla A}{\mu} \times \boldsymbol{k}\right) = -\boldsymbol{k}\,\mathrm{div}\,\frac{\nabla A}{\mu}.$$

因此, 方程 (30.5) 变成

$$\mathrm{div}\,\frac{\mathrm{grad}\,A}{\mu} = -\frac{4\pi}{c}j(x, y), \tag{30.7}$$

即我们实际上得到一个关于标量 $A(x, y)$ 的方程. 如果介质是块状均匀的, 则 (30.7) 式归结为

$$\Delta A = -\frac{4\pi}{c}\mu j(x, y) \tag{30.8}$$

且边界条件是 A 和 $\dfrac{1}{\mu}\dfrac{\partial A}{\partial n}$ 在分界面上连续 ①.

如果电流分布对 z 轴是对称的: $j_z = j(r)$ (r 是至 z 轴的距离), 则磁场可以非常简单地求出. 显然, 在这种情况下, 磁力线为 $r =$ 常数的一族圆. 磁场的绝对值直接由下式得出:

$$\oint \boldsymbol{H} \cdot \mathrm{d}\boldsymbol{l} = \frac{4\pi}{c}\int \boldsymbol{j} \cdot \mathrm{d}\boldsymbol{f}, \tag{30.9}$$

这个方程是 (30.2) 式的积分形式. 因此

$$H(r) = \frac{2J(r)}{cr}, \tag{30.10}$$

① 我们注意到, 求平面静磁场问题相当于求电介质内密度为 ρ_{ex} 的外电荷所产生电场的平面静电学问题. 后一问题要求解方程

$$\mathrm{div}(\varepsilon\,\mathrm{grad}\,\varphi) = -4\pi\rho_{\mathrm{ex}}$$

(φ 为电势), 它与 (30.7) 式不同只是分别用 $\varphi, \rho_{\mathrm{ex}}, 1/\varepsilon$ 代替了 $A, j/c, \mu$. A 和 φ 的边界条件也相同. 但是按照 φ 或 A 分别求 $\boldsymbol{E}$ 或 $\boldsymbol{B}$ 时就会发生差别. 矢量 $\boldsymbol{E} = -\,\mathrm{grad}\,\varphi$ 和 $\boldsymbol{B} = \mathrm{rot}\,\boldsymbol{A}$ 的绝对值在每一点相同, 但方向互相垂直.

式中 $J(r)$ 是流过 $r=$ 常数的圆内的总电流.

当圆电流分布为轴对称, 也即是在柱面坐标 r, φ, z 内电流分布形式为

$$j_r = j_z = 0, \quad j_\varphi = j(r, z)$$

时, 矢量方程 (30.5) 也可以化成标量方程. 我们现在来寻求形式为 $A_r = A_z = 0, A_\varphi = A(r, z)$ 的矢势. 这时磁感应强度 $\boldsymbol{B} = \operatorname{rot} \boldsymbol{A}$ 的分量为

$$B_r = -\frac{\partial A}{\partial z}, \quad B_z = \frac{1}{r}\frac{\partial}{\partial r}(rA), \quad B_\varphi = 0,$$

而方程 (30.2) 的 φ 分量给出

$$\frac{\partial}{\partial z}\left(\frac{1}{\mu}\frac{\partial A}{\partial z}\right) + \frac{\partial}{\partial r}\left\{\frac{1}{\mu r}\frac{\partial}{\partial r}(rA)\right\} = -\frac{4\pi}{c}j(r, z). \tag{30.11}$$

在介质的磁性质可以忽略 (也即是可以处处令 $\mu = 1$) 的重要情况下, 电流的磁场方程可以在普遍形式下解出. 这时全空间内的矢势方程为

$$\Delta \boldsymbol{A} = -\frac{4\pi}{c}\boldsymbol{j}$$

且在不同介质分界面上 (包括有电流流过的导体分界面) 没有加上任何附加条件. 这个方程的在无穷远处趋于零的解为

$$\boldsymbol{A} = \frac{1}{c}\int \frac{\boldsymbol{j}}{R}\mathrm{d}V, \tag{30.12}$$

式中 R 是从我们寻求 $\boldsymbol{A}$ 的点 (观测点) 至体积元 $\mathrm{d}V$ 的距离 (参见本教程第二卷 §43). 把算符 rot 作用到这个式子上时, 应该记住, 被积式中的 $\dfrac{\boldsymbol{j}}{R}$ 必须对观测点坐标求微商 ($\boldsymbol{j}$ 与观测点坐标无关), 于是

$$\operatorname{rot}\frac{\boldsymbol{j}}{R} = \operatorname{grad}\frac{1}{R} \times \boldsymbol{j} = -\frac{1}{R^3}(\boldsymbol{R} \times \boldsymbol{j}),$$

式中径矢 $\boldsymbol{R}$ 的方向从 $\mathrm{d}V$ 指向观察点. 因此

$$\boldsymbol{B} = \boldsymbol{H} = \frac{1}{c}\int \frac{\boldsymbol{j} \times \boldsymbol{R}}{R^3}\mathrm{d}V. \tag{30.13}$$

如果电流流过的导体足够细 (细导线), 且我们感兴趣的只是导体周围的磁场, 则导体厚度可以忽略不计. 以后我们将不止一次地研究这种所谓的**线电流**. 在此情况下, 对导体体积的积分就可以代之以对线电流回路的积分. 这就是说, 可从体电流公式得到线电流公式, 只要在体电流公式内作如下代换:

$$\boldsymbol{j}\mathrm{d}V \to J\mathrm{d}\boldsymbol{l},$$

式中 J 是流过导体的总电流. 例如, 从公式 (30.12) 和 (30.13) 我们得到

$$\boldsymbol{A}=\frac{J}{c}\oint\frac{\mathrm{d}\boldsymbol{l}}{R},\quad \boldsymbol{H}=\frac{J}{c}\oint\frac{\mathrm{d}\boldsymbol{l}\times\boldsymbol{R}}{R^3}. \tag{30.14}$$

第二个公式表达的就是**毕奥–萨伐尔定律**.

线电流磁场的这种简单公式甚至与 $\mu=1$ 的要求无关. 因为我们已忽略了导体的厚度, 因此对它的表面不必加上任何边界条件, 而导体材料的磁性质一般并不重要 (它们甚至可以是铁磁性的). 因此, 对于导体周围介质内的场, 方程 (30.6) 式的解为

$$\boldsymbol{A}=\frac{\mu J}{c}\int\frac{\mathrm{d}\boldsymbol{l}}{R},\quad \boldsymbol{B}=\frac{\mu J}{c}\int\frac{\mathrm{d}\boldsymbol{l}\times\boldsymbol{R}}{R^3} \tag{30.15}$$

这个解当介质的磁化率为任何值时都适用. 于是, 介质的存在只是使磁感应强度改变为原来的 μ 倍, 而磁场强度 $\boldsymbol{H}=\dfrac{\boldsymbol{B}}{\mu}$ 则一般不发生变化.

求线电流磁场的问题也可以作为势论问题来解决. 由于我们忽略了导体的体积, 因此实际上所求的是没有电流的整个空间内的场 (除开一条奇导线 ——线电流之外). 而当电流不存在时, 静磁场具有满足均匀介质内拉普拉斯方程的标势. 但是, 磁场势和电场势之间存在重大差别. 电场势永远是单值函数, 这是因为在整个空间内 (包括电荷所在处), $\operatorname{rot}\boldsymbol{E}=0$. 因而绕任何封闭回路一周的电势变化 (即 $\boldsymbol{E}$ 沿这回路的环量) 等于零. 但磁场绕包围线电流的回路一周的环量并不为零, 而等于 $\dfrac{4\pi J}{c}$. 所以绕线电流一周后, 磁场势即改变这样一个量, 也即是说, 磁场势是多值函数.

如果电流系统集中在空间的一有限区域内 (在介质和导体内, $\mu=1$), 则在离它很远处, 磁场的矢势的形式为

$$\boldsymbol{A}=\frac{\boldsymbol{\mathscr{M}}\times\boldsymbol{R}}{R^3}, \tag{30.16}$$

其中

$$\boldsymbol{\mathscr{M}}=\frac{1}{2c}\int\boldsymbol{r}\times\boldsymbol{j}\mathrm{d}V \tag{30.17}$$

为该系统的总磁矩 ①.

对于线电流, 这个表达式的形式变为

$$\boldsymbol{\mathscr{M}}=\frac{J}{2c}\oint\boldsymbol{r}\times\mathrm{d}\boldsymbol{l}$$

① 参阅本教程第二卷 §44. 那里的推导以明显的方式使用了电流是单个带电粒子运动的结果这一概念. 当然这种推导是非常普遍的, 但利用纯粹的宏观方法也可以得到 (30.16) 式 (见本节习题 4).

而且可以把它变换为对电流回路所包围表面的面积分. 乘积 $\mathrm{d}\boldsymbol{f} = \dfrac{1}{2}\boldsymbol{r} \times \mathrm{d}\boldsymbol{l}$ 的绝对值等于由矢量 $\boldsymbol{r}$ 和 $\mathrm{d}\boldsymbol{l}$ 所构成的三角形面积元的面积. 但矢量积分 $\displaystyle\int \mathrm{d}\boldsymbol{f}$ 与究竟沿哪一个 (回路所包围的) 表面进行积分无关. 于是, 闭合线电流的磁矩等于

$$\mathscr{M} = \frac{J}{c}\int \mathrm{d}\boldsymbol{f}. \tag{30.18}$$

特别是, 对于平面闭合线电流, 磁矩就等于 $\dfrac{JS}{c}$, 其中 S 是电流所包围的那部分平面的面积.

在本节即将结束时我们研究一下导体内的能流问题. 导体内 (以焦耳热形式) 所耗散的能量是由电磁场的能量吸取的. 在稳定状态下, 表示能量守恒定律的 "连续性方程" 为

$$-\operatorname{div}\boldsymbol{S} = \boldsymbol{j}\cdot\boldsymbol{E}, \tag{30.19}$$

其中 $\boldsymbol{S}$ 为能流密度. 在导体内, 能流密度的表达式为

$$\boldsymbol{S} = \frac{c}{4\pi}\boldsymbol{E}\times\boldsymbol{H}, \tag{30.20}$$

这个表达式在形式上和真空中场的坡印亭矢量表达式相同. 通过直接验算容易确认这点: 利用方程 $\operatorname{rot}\boldsymbol{E} = 0$ 和 (30.2) 式计算 $\operatorname{div}\boldsymbol{S}$, 就可得到 (30.19) 式.

如果考虑到 $\boldsymbol{E}_t$ 和 $\boldsymbol{H}_t$ 的连续性和 (30.20) 式在导体外的真空内也是正确的, 则独立于上面的推导, 从导体表面上 $\boldsymbol{S}$ 的法向分量连续这个显然的条件, 也可单值地得到 (30.20) 式.

习 题①

1. 试求闭合线电流的磁场的标势.

解: 把回路积分变换为对回路所围成面积的积分, 我们得到

$$\boldsymbol{A} = \frac{J}{c}\oint\frac{\mathrm{d}\boldsymbol{l}}{R} = \frac{J}{c}\int \mathrm{d}\boldsymbol{f}\times\nabla\frac{1}{R}, \quad \boldsymbol{B} = \operatorname{rot}\boldsymbol{A} = -\frac{J}{c}\int(\mathrm{d}\boldsymbol{f}\cdot\nabla)\nabla\frac{1}{R}$$

(变换时必须考虑到 $\Delta(1/R) = 0$), 与 $\boldsymbol{B} = -\operatorname{grad}\psi$ 比较, 我们求得标势为

$$\psi = \frac{J}{c}\int \mathrm{d}\boldsymbol{f}\cdot\nabla\frac{1}{R} = -\frac{J}{c}\int\frac{\mathrm{d}\boldsymbol{f}\cdot\boldsymbol{R}}{R^3}.$$

从几何上说, 上式中积分代表从场的观察点处看到的闭合回路所张的立体角 Ω. 上面正文中提到标势的多值性表现为, 当观察点沿着环绕导线的闭合线路移动时, 立体角 Ω 达到 2π 后改变符号, 变成 -2π.

---

① 在习题 1—4 内假定处处 $\mu = 1$.

2. 试求半径为 a 的圆形线电流的磁场.

解: 选择柱面坐标系 r, φ, z 的原点在圆心上, 而且 φ 角从穿过 z 轴和场的观察点的平面算起. 于是矢势只有分量 $A_\varphi = A(r, z)$, 根据 (30.14) 式我们写出

$$A_\varphi = \frac{J}{c}\oint \frac{\cos\varphi \mathrm{d}l}{R} = \frac{2J}{c}\int_0^\pi \frac{a\cos\varphi \mathrm{d}\varphi}{(a^2+r^2+z^2-2ar\cos\varphi)^{1/2}}.$$

由 $\varphi = \pi + 2\theta$ 引进新变数 θ, 于是可以把以上表达式改写为以下形式

$$A_\varphi = \frac{4J}{ck}\sqrt{\frac{a}{r}}\left[\left(1-\frac{k^2}{2}\right)K - E\right],$$

其中

$$k^2 = \frac{4ar}{(a+r)^2+z^2},$$

而 K 和 E 是第一类和第二类完全椭圆积分:

$$K = \int_0^{\pi/2}\frac{\mathrm{d}\theta}{\sqrt{1-k^2\sin^2\theta}}, \quad E = \int_0^{\pi/2}\sqrt{1-k^2\sin^2\theta}\mathrm{d}\theta.$$

于是我们求得磁感应强度的分量为

$$B_\varphi = 0, \quad B_r = -\frac{\partial A_\varphi}{\partial z} = \frac{J}{c}\frac{2z}{r\sqrt{(a+r)^2+z^2}}\left[-K + \frac{a^2+r^2+z^2}{(a-r)^2+z^2}E\right],$$

$$B_z = \frac{1}{r}\frac{\partial}{\partial r}(rA_\varphi) = \frac{J}{c}\frac{2}{\sqrt{(a+r)^2+z^2}}\left[K + \frac{a^2-r^2-z^2}{(a-r)^2+z^2}E\right].$$

其中我们使用了很容易验证的公式:

$$\frac{\partial K}{\partial k} = \frac{E}{k(1-k^2)} - \frac{K}{k}, \quad \frac{\partial E}{\partial k} = \frac{E-K}{k}.$$

在坐标轴上 $(r=0)$

$$B_r = 0, \quad B_z = \frac{2\pi a^2 J}{c(a^2+z^2)^{3/2}},$$

这两个公式用直接的初等计算也可以得到.

3. 试确定无限长柱形导体中柱形小孔内的磁场, 沿导体流过的电流均匀地分布于导体截面上 (图 18).

解: 如果柱体没有小孔, 则柱体内的磁场等于

$$H'_x = -\frac{2\pi jy}{c}, \quad H'_y = \frac{2\pi jx}{c}$$

(柱及孔的尺度以及坐标轴的标记符号如图 18 所示).

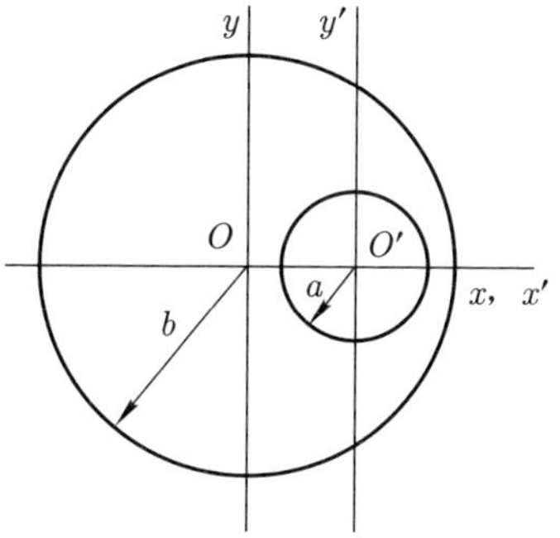

图 18

如果内柱体上流过的电流密度为 $-\boldsymbol{j}$, 则它在同一观察点处所产生的磁场为

$$H_x''=\frac{2\pi jy'}{c},\quad H_y''=-\frac{2\pi jx'}{c}.$$

把这两个场叠加起来, 就得到小孔内的场. 注意到 $x-x'=OO'=h, y=y'$, 我们求得

$$H_x=0,\quad H_y=\frac{2\pi jh}{c}=\frac{2hJ}{(b^2-a^2)c},$$

也即是所求磁场是沿 y 轴方向的均匀磁场.

4. 试从 (30.12) 式推导距离电流很远处场的矢势公式 (30.16).

解: 设 $\boldsymbol{R}=\boldsymbol{R}_0-\boldsymbol{r}$, 其中 $\boldsymbol{R}_0$ 和 $\boldsymbol{r}$ 是从电流区域内某处的坐标原点分别至观察点和体积元 $\mathrm{d}V$ 的径矢. 把被积函数表达式展开成 $\boldsymbol{r}$ 的幂级数, 并注意到 $\int \boldsymbol{j}\mathrm{d}V\equiv 0$, 我们得到

$$A_i\approx\frac{R_k}{cR^3}\int x_kj_i\mathrm{d}V$$

(略去了 R 的下角标 0). 分部积分恒等式

$$\int x_ix_k\,\mathrm{div}\,\boldsymbol{j}\mathrm{d}V=0,$$

我们得到

$$\int(j_ix_k+j_kx_i)\mathrm{d}V=0.$$

因此, 可以把 A_i 改写成

$$A_i=\frac{R_k}{2cR^3}\int(x_kj_i-x_ij_k)\mathrm{d}V,$$

这和 (30.16) 式相同.

5. 试求线电流在磁各向异性介质内所产生的磁场 (A. C. 维格林, 1954).

解: 在导体周围的各向异性介质内, 我们有

$$\operatorname{div}\boldsymbol{B}=\mu_{ik}\frac{\partial H_k}{\partial x_i}=0, \tag{1}$$

其中 μ_{ik} 为介质的磁导率张量. 我们不通过 $\boldsymbol{B}=\operatorname{rot}\boldsymbol{A}$ 引进矢势, 而是引入另一个矢量 $\boldsymbol{C}$, 它由等式

$$H_i=e_{ikl}\mu_{km}\frac{\partial C_l}{\partial x_m} \tag{2}$$

(e_{ikl} 是反对称单位张量) 定义. 表达式 (2) 也恒满足方程 (1). 对这样求得的矢量 $\boldsymbol{C}$, 我们还可以加上附加条件

$$\operatorname{div}\boldsymbol{C}\equiv\frac{\partial C_l}{\partial x_l}=0. \tag{3}$$

把 (2) 式代入方程 $\operatorname{rot}\boldsymbol{H}=\dfrac{4\pi}{c}\boldsymbol{j}$, 我们得到

$$e_{ikl}\frac{\partial H_l}{\partial x_k}=-\mu_{kp}\frac{\partial^2 C_i}{\partial x_k\partial x_p}=\frac{4\pi\boldsymbol{j}_i}{c}$$

(变换时利用了等式

$$e_{ikl}e_{lmn}=\delta_{im}\delta_{kn}-\delta_{in}\delta_{km}$$

和条件 (3)). 这样求得的 $\boldsymbol{C}$ 的方程, 在形式上和各向异性介质内电荷所产生的电场势的方程相同 (§13, 习题 2). 其解的形式为

$$\boldsymbol{C}=\frac{1}{c}\int\frac{\boldsymbol{j}\mathrm{d}V}{\sqrt{|\mu|\mu_{ik}^{-1}R_iR_k}}$$

($|\mu|$ 为张量 μ_{ik} 的行列式, $\boldsymbol{R}$ 为观察点和 $\mathrm{d}V$ 之间的径矢). 转换到线电流情况, 我们最后得到

$$\boldsymbol{C}=\frac{J}{c\sqrt{|\mu|}}\oint\frac{\mathrm{d}\boldsymbol{l}}{\sqrt{\mu_{ik}^{-1}R_iR_k}}.$$

§31 磁场内的热力学关系式

我们将会看到, 磁场内磁体的热力学关系式的最后形式和电场内介电体的相应热力学关系式非常相似. 然而它们的推导却和在 §10 中进行的推导有重大差别. 这种差别归根结底是由于磁场和电场不同, 磁场对在其内部运动的

电荷不做功 (因为作用在电荷上的力与其速度垂直). 因此, 要计算加上磁场后介质的能量变化, 必须研究由磁场变化所感生的电场和求出电场对电流 (磁场源) 所做的功.

因此, 必须引入确定电场和交变磁场关系的方程. 这个方程

$$\operatorname{rot}\boldsymbol{E}=-\frac{1}{c}\frac{\partial\boldsymbol{B}}{\partial t} \tag{31.1}$$

是对微观方程 (1.3) 求平均的直接结果.

在时间 δt 内, 电场 $\boldsymbol{E}$ 对电流 $\boldsymbol{j}$ 所做的功等于

$$\delta t\int\boldsymbol{j}\cdot\boldsymbol{E}\mathrm{d}V.$$

将这个量反号就是维持电流流动的外源电动势对场所做的功 δR. 将 $\boldsymbol{j}=\dfrac{c}{4\pi}\operatorname{rot}\boldsymbol{H}$ 代入上式, 我们得到

$$\begin{aligned}\delta R&=-\delta t\frac{c}{4\pi}\int\boldsymbol{E}\cdot\operatorname{rot}\boldsymbol{H}\mathrm{d}V\\&=\delta t\frac{c}{4\pi}\int\operatorname{div}(\boldsymbol{E}\times\boldsymbol{H})\mathrm{d}V-\delta t\frac{c}{4\pi}\int\boldsymbol{H}\cdot\operatorname{rot}\boldsymbol{E}\mathrm{d}V.\end{aligned}$$

上式右端的第一个积分变换成对无穷远表面的积分后变为零. 在第二个积分内, 代入 (31.1) 式的 $\operatorname{rot}\boldsymbol{E}$ 并引进磁感应变化 $\delta\boldsymbol{B}=\delta t\dfrac{\partial\boldsymbol{B}}{\partial t}$ 后, 最后得到

$$\delta R=\frac{1}{4\pi}\int\boldsymbol{H}\cdot\delta\boldsymbol{B}\mathrm{d}V. \tag{31.2}$$

这个公式的形式和电场发生无穷小变化时所做功的表达式 (10.2) 十分类似. 但是应该注意, 这两个公式在物理上实际并不完全类似, 因为和 $\boldsymbol{E}$ 不同, $\boldsymbol{H}$ 并不是真实微观磁场强度的平均值.

得到了 (31.2) 式以后, 就可以类似 §10 中写出电场内电介质的热力学关系式那样, 写出磁场内磁体的全部热力学关系式; 只要在前面得到的公式中分别用 $\boldsymbol{H}$ 和 $\boldsymbol{B}$ 代替 $\boldsymbol{E}$ 和 $\boldsymbol{D}$ 就已足够. 为了以后引用方便, 我们在这里写下其中一些公式. 对于总自由能和内能的微分, 我们有

$$\left.\begin{aligned}\delta\mathscr{F}&=-\mathscr{S}\delta T+\frac{1}{4\pi}\int\boldsymbol{H}\cdot\delta\boldsymbol{B}\mathrm{d}V,\\\delta\mathscr{U}&=T\delta\mathscr{S}+\frac{1}{4\pi}\int\boldsymbol{H}\cdot\delta\boldsymbol{B}\mathrm{d}V,\end{aligned}\right. \tag{31.3}$$

相对于单位体积的这些量为:

$$\left.\begin{aligned}\mathrm{d}F&=-S\mathrm{d}T+\zeta\mathrm{d}\rho+\frac{1}{4\pi}\boldsymbol{H}\cdot\mathrm{d}\boldsymbol{B},\\\mathrm{d}U&=T\mathrm{d}S+\zeta\mathrm{d}\rho+\frac{1}{4\pi}\boldsymbol{H}\cdot\mathrm{d}\boldsymbol{B}.\end{aligned}\right. \tag{31.4}$$

除了 F, U 之外, 我们也需要热力学势

$$\widetilde{U}=U-\frac{\boldsymbol{H}\cdot\boldsymbol{B}}{4\pi},\quad \widetilde{F}=F-\frac{\boldsymbol{H}\cdot\boldsymbol{B}}{4\pi}, \tag{31.5}$$

它们的微分分别为

$$\begin{aligned}\mathrm{d}\widetilde{F}&=-S\mathrm{d}T+\zeta\mathrm{d}\rho-\frac{1}{4\pi}\boldsymbol{B}\cdot\mathrm{d}\boldsymbol{H},\\ \mathrm{d}\widetilde{U}&=T\mathrm{d}S+\zeta\mathrm{d}\rho-\frac{1}{4\pi}\boldsymbol{B}\cdot\mathrm{d}\boldsymbol{H}.\end{aligned} \tag{31.6}$$

在 $\boldsymbol{B}=\mu\boldsymbol{H}$ 的线性关系下, 可以将所有这些量的最后形式写为

$$\begin{aligned}U&=U_0(S,\rho)+\frac{B^2}{8\pi\mu},\quad F=F_0(T,\rho)+\frac{B^2}{8\pi\mu},\\ \widetilde{U}&=U_0(S,\rho)-\frac{\mu H^2}{8\pi},\quad \widetilde{F}=F_0(T,\rho)-\frac{\mu H^2}{8\pi}.\end{aligned} \tag{31.7}$$

我们可以把功 δR (或者温度为常量时的 $\delta\mathscr{F}$) 通过电流密度和磁场矢势表示成另一种形式. 为此, 假定 $\delta\boldsymbol{B}=\operatorname{rot}\delta\boldsymbol{A}$, 并写出

$$\begin{aligned}(\delta\mathscr{F})_T&=\frac{1}{4\pi}\int\boldsymbol{H}\cdot\operatorname{rot}\delta\boldsymbol{A}\mathrm{d}V\\ &=-\frac{1}{4\pi}\int\operatorname{div}(\boldsymbol{H}\times\delta\boldsymbol{A})\mathrm{d}V+\frac{1}{4\pi}\int\delta\boldsymbol{A}\cdot\operatorname{rot}\boldsymbol{H}\mathrm{d}V.\end{aligned}$$

等式右端第一个积分再次为零, 而第二个积分得出

$$(\delta\mathscr{F})_T=\frac{1}{c}\int\boldsymbol{j}\cdot\delta\boldsymbol{A}\mathrm{d}V. \tag{31.8}$$

通过类似变换可以得到

$$(\delta\widetilde{\mathscr{F}})_T=-\frac{1}{c}\int\boldsymbol{A}\cdot\delta\boldsymbol{j}\mathrm{d}V. \tag{31.9}$$

注意到以下这点颇有益处, 即在宏观电动力学的数学表述形式中, 磁场之源电流所起的作用类似于电场之源电势 (而不是电荷) 所起的作用. 把 (31.8) 式和 (31.9) 式与电场内的类似公式:

$$(\delta\mathscr{F})_T=\int\varphi\delta\rho\mathrm{d}V,\quad (\delta\widetilde{\mathscr{F}})_T=-\int\rho\delta\varphi\mathrm{d}V \tag{31.10}$$

比较对照, 就可明显地看出这一规则 (见 (10.13), (10.14)). 我们看到, 在这些公式内, 电荷和电势的排列次序与公式 (31.8) 、(31.9) 内电流和电势的排列次序正好相反 ①.

① 有关这一差别的意义, 参见 §33 的第二个脚注.

由于电场和磁场的热力学关系式 (用场强和感应强度表示) 在形式上完全相同, 因此, §18 所求得的热力学不等式也可以照搬到磁场上. 特别是我们已看到, 由它们可得到不等式 $\varepsilon > 0$. 在电场情况下, 这个不等式没有什么意义, 因为它比根据其他理由所得到的 $\varepsilon > 1$ 这一条件要弱得多. 但是, 在磁场情况下, 类似的不等式

$$\mu > 0$$

却是很重要的, 因为它是对磁导率可能值所加上的唯一限制.

§32 磁体的总自由能

在 §11 中我们得到了电场内介电体的总自由能 $\mathscr{F}$ 的表达式. 这个量的热力学性质之一, 是当产生电场的场源 (电荷) 不变时, 该量的变化决定了电场对物体所做的功. 在磁场内自由能 $\widetilde{\mathscr{F}}$ 起着类似的作用, 因为在磁场的源 (电流) 给定时, 自由能的变化给出对物体所做的功.

下面的推导过程和 §11 中的推导完全类似. 我们定义 "总" 自由能 $\widetilde{\mathscr{F}}$ 为

$$\widetilde{\mathscr{F}} = \int \left(\widetilde{F} + \frac{\mathfrak{H}^2}{8\pi}\right) \mathrm{d}V, \tag{32.1}$$

式中 $\mathfrak{H}$ 为磁化介质不存在时场源所产生的磁场. 括号中的 "+" 号 (代替 (11.1) 式的 "−" 号) 与对于真空内的磁场 $\widetilde{\mathscr{F}}$ 的值为

$$-\int \frac{\mathfrak{H}^2}{8\pi}\mathrm{d}V$$

(见 (31.7)) 有关. (32.1) 式的积分对整个空间进行, 包括带有产生磁场的电流的导体的体积在内 ①.

我们来计算磁场发生无穷小变化时 $\widetilde{\mathscr{F}}$ 的变化 (在给定温度下且不破坏介质的热力学平衡). 因为 $\delta\widetilde{F} = -\dfrac{1}{4\pi}\boldsymbol{B}\cdot\delta\boldsymbol{H}$, 故我们有

$$\begin{aligned}\delta\widetilde{\mathscr{F}} &= -\int(\boldsymbol{B}\cdot\delta\boldsymbol{H} - \mathfrak{H}\cdot\delta\mathfrak{H})\mathrm{d}V/4\pi \\ &= -\int(\boldsymbol{H} - \mathfrak{H})\cdot\delta\mathfrak{H}\mathrm{d}V/4\pi - \int\boldsymbol{B}\cdot(\delta\boldsymbol{H} - \delta\mathfrak{H})\mathrm{d}V/4\pi - \int(\boldsymbol{B} - \boldsymbol{H})\cdot\delta\mathfrak{H}\mathrm{d}V/4\pi.\end{aligned} \tag{32.2}$$

① 在 §11 内, 我们曾假定 (11.1) 的积分是对整个空间进行的, 其中不包括产生场的带电导体的体积. 在那里可以这样做是因为在带电导体内不存在电场, 但在有电流流过的导体内存在磁场, 因此计算总自由能时不能把它除去不考虑.

引进场 $\mathfrak{H}$ 的矢势 $\mathfrak{A}$, 在上式右端第一项内, 我们写出

$$\begin{aligned}(\boldsymbol{H}-\mathfrak{H})\cdot\delta\mathfrak{H}&=(\boldsymbol{H}-\mathfrak{H})\cdot\mathrm{rot}\,\delta\mathfrak{A}\\&=\mathrm{div}[\delta\mathfrak{A}\times(\boldsymbol{H}-\mathfrak{H})]+\delta\mathfrak{A}\cdot\mathrm{rot}(\boldsymbol{H}-\mathfrak{H}).\end{aligned}$$

但是按照定义, 场 $\boldsymbol{H}$ 和 $\mathfrak{H}$ 是由同一些电流 $\boldsymbol{j}$ 所产生的, 这些电流在导体体积内的分布与其所产生的场无关 (参见 §30), 亦即与周围空间内是否存在磁体无关. 因此, $\boldsymbol{H}$ 和 $\mathfrak{H}$ 满足同样的方程

$$\mathrm{rot}\,\boldsymbol{H}=\frac{4\pi}{c}\boldsymbol{j},\quad \mathrm{rot}\,\mathfrak{H}=\frac{4\pi}{c}\boldsymbol{j},$$

于是 $\mathrm{rot}(\boldsymbol{H}-\mathfrak{H})=0$. 把 $\mathrm{div}[\delta\mathfrak{A}\times(\boldsymbol{H}-\mathfrak{H})]$ 的积分变换为对无穷远表面的积分后结果为零.

由类似方式可以证明, (32.2) 式右端第二项也等于零, 因此

$$\delta\widetilde{\mathscr{F}}=-\frac{1}{4\pi}\int(\boldsymbol{B}-\boldsymbol{H})\cdot\delta\mathfrak{H}\mathrm{d}V=-\int\boldsymbol{M}\cdot\delta\mathfrak{H}\mathrm{d}V.\tag{32.3}$$

因此, 我们得到了与电场情况下 $\delta\mathscr{F}$ 表达式 (11.3) 类似的 $\delta\widetilde{\mathscr{F}}$ 的表达式. 特别是在均匀外磁场 $\mathfrak{H}$ 内, 我们得到与 (11.5) 式类似的 $\mathrm{d}\widetilde{\mathscr{F}}$ 的表达式:

$$\mathrm{d}\widetilde{\mathscr{F}}=-\mathscr{S}\mathrm{d}T-\boldsymbol{\mathscr{M}}\cdot\mathrm{d}\mathfrak{H},\tag{32.4}$$

式中 $\boldsymbol{\mathscr{M}}$ 为物体的总磁矩.

在这里我们不再重复后续计算, 而是根据与 §11 中公式的类比写出以下公式. 在 $\boldsymbol{B}=\mu\boldsymbol{H}$ 的线性关系下, 我们有

$$\widetilde{\mathscr{F}}-\mathscr{F}_0(V,T)=-\int\frac{1}{2}\mathfrak{H}\cdot\boldsymbol{M}\mathrm{d}V.\tag{32.5}$$

特别是在均匀外场内,

$$\widetilde{\mathscr{F}}-\mathscr{F}_0(V,T)=-\frac{1}{2}\mathfrak{H}\cdot\boldsymbol{\mathscr{M}}.\tag{32.6}$$

在 $\boldsymbol{B}$ 和 $\boldsymbol{H}$ 为任意关系的普遍情况下, 我们可以利用下面公式计算 $\widetilde{\mathscr{F}}$:

$$\begin{aligned}\widetilde{\mathscr{F}}&=\int\left(\widetilde{F}+\frac{\boldsymbol{H}\cdot\boldsymbol{B}}{8\pi}-\frac{1}{2}\boldsymbol{M}\cdot\mathfrak{H}\right)\mathrm{d}V\\&=\int\left(F-\frac{\boldsymbol{H}\cdot\boldsymbol{B}}{8\pi}-\frac{1}{2}\boldsymbol{M}\cdot\mathfrak{H}\right)\mathrm{d}V,\end{aligned}\tag{32.7}$$

与对于介电体的公式 (11.12) 类似.

§11 内曾给出了介电体极化率很小情况的简化公式. 由于上面提到大多数物体的磁化率都很小, 因此类似情况对磁场来说显得特别重要. 这时我们有

$$\widetilde{\mathscr{F}}-\mathscr{F}_0=-\frac{\chi}{2}\int\mathfrak{H}^2\mathrm{d}V. \tag{32.8}$$

对磁场而言, 也可得到与 §14 类似的结果. 这指的是磁导率 μ 发生无穷小变化时所引起的磁体热力学量的变化: 这时假定场源不变. 由上面所述已经清楚, 代替 $\mathscr{F}$ (在 §14 内) 的变化, 我们现在必须研究 $\widetilde{\mathscr{F}}$ 的变化. 我们这里不去重复类似于 (14.1) 式的推导过程, 它所导致的结果为

$$\delta\widetilde{\mathscr{F}}=-\int\delta\mu\frac{H^2}{8\pi}\mathrm{d}V. \tag{32.9}$$

在 §14 内曾根据类似于 (32.5) 式的 (11.7) 式作出结论: 物质的电极化率为正. 但是在磁场情况下却不能作出这样的推论, 且磁化率可以为正, 也可以为负. 这一重大差别的原因在于磁场内运动电荷系统的哈密顿量不但(如在电场情况一样) 包含场的线性项, 也包含场的平方项. 因此, 按照 (14.2) 式利用微扰论求磁场内物体的自由能变化时, 不但二次近似项有贡献, 一次近似项也有贡献. 这时对变化的正负号不能给出任何一般性的结论; 在顺磁体内它取正值, 而在抗磁体内则取负值.

在 §14 内曾对物体在电场内的运动方向作出结论. 从 (32.9) 式也可以得出类似结论. 但是由于 μ 可以大于 1, 也可以小于 1, 因此物体在磁场内的运动方向不是普适的. 例如在准均匀场内, 顺磁体 ($\mu>1$) 向磁场强度增加方向移动, 而抗磁体 ($\mu<1$) 则向 H 减小方向移动.

§33 电流系统的能量

我们来研究有电流通过的导体系统. 假定无论导体或导体所在的介质都不是铁磁性的, 于是处处有 $\boldsymbol{B}=\mu\boldsymbol{H}$. 根据 §31, 导体系统的总自由能可通过电流所产生的磁场用以下关系式表示:

$$\mathscr{F}=\frac{1}{8\pi}\int\boldsymbol{H}\cdot\boldsymbol{B}\mathrm{d}V. \tag{33.1}$$

我们这里略去了与电流无关的常量 $\mathscr{F}_0$ (当物体温度给定时). (33.1) 式中的积分对整个空间进行, 既包含导体内, 也包含导体外的空间.

这个自由能也可以通过积分

$$\mathscr{F}=\frac{1}{2c}\int\boldsymbol{A}\cdot\boldsymbol{j}\mathrm{d}V \tag{33.2}$$

用电流来表示 (试比较从 (31.2) 式到 (31.8) 式的转换). 上式的积分只对导体体积进行, 因为在导体外, $\boldsymbol{j}=0$.

由于场方程是线性的, 因此可以把磁场写成由每一电流各自产生的磁场之和的形式 (求每一电流各自产生磁场时, 均假定其余导体内没有电流) : $\boldsymbol{H}=\Sigma\boldsymbol{H}_a$. 于是, 总自由能 (33.1) 式变为

$$\mathscr{F}=\sum_a\mathscr{F}_{aa}+\sum_{a>b}\mathscr{F}_{ab}, \tag{33.3}$$

其中

$$\mathscr{F}_{aa}=\frac{1}{8\pi}\int\boldsymbol{H}_a\cdot\boldsymbol{B}_a\mathrm{d}V,\quad \mathscr{F}_{ab}=\frac{1}{4\pi}\int\boldsymbol{H}_a\cdot\boldsymbol{B}_b\mathrm{d}V \tag{33.4}$$

(在 $\mathscr{F}_{ab}=\mathscr{F}_{ba}$ 中已考虑到 $\boldsymbol{H}_a\cdot\boldsymbol{B}_b=\mu\boldsymbol{H}_a\cdot\boldsymbol{H}_b=\boldsymbol{H}_b\cdot\boldsymbol{B}_a$, 式中 μ 是空间各给定点的磁导率). 量 $\mathscr{F}_{aa}$ 可以称为第 a 个导体的电流的**本征自由能**, 而 $\mathscr{F}_{ab}$ 称为导体 a 和 b 的**相互作用能**. 但是必须注意, 只有略去了导体本身和介质的磁性质后, 这些名称才是名副其实的. 在相反的情况下, 每一个电流的磁场 (因而其能量) 也与其余导体的位置和磁导率有关.

与 (33.2) 式相应, (33.4) 式中的量也可用每个导体内的电流 $\boldsymbol{j}_a$ 来表示:

$$\mathscr{F}_{aa}=\frac{1}{2c}\int\boldsymbol{j}_a\cdot\boldsymbol{A}_a\mathrm{d}V_a,\quad \mathscr{F}_{ab}=\frac{1}{c}\int\boldsymbol{j}_a\cdot\boldsymbol{A}_b\mathrm{d}V_a=\frac{1}{c}\int\boldsymbol{j}_b\cdot\boldsymbol{A}_a\mathrm{d}V_b. \tag{33.5}$$

$\mathscr{F}_{aa}$ 内的积分只对第 a 个导体的体积进行, 而 $\mathscr{F}_{ab}$ 可表示为两个式子中任何一个的形式, 其中积分分别对导体 a 或导体 b 的体积进行.

当电流密度在导体体积内的分布规律给定时, $\mathscr{F}_{ab}$ 值只与流过导体截面上的总电流强度 J_a 有关. 这时与量 J_a 成正比的不只有电流密度 $\boldsymbol{j}$, 还有该电流所产生的场. 因此, 整个积分 $\mathscr{F}_{aa}$ 与 J_a^2 成正比. 把它写成

$$\mathscr{F}_{aa}=\frac{1}{2c^2}L_{aa}J_a^2, \tag{33.6}$$

式中 L_{aa} 称为导体的**自感系数**. 由类似方式, 两电流的相互作用能与乘积 J_aJ_b 成正比:

$$\mathscr{F}_{ab}=\frac{1}{c^2}L_{ab}J_aJ_b. \tag{33.7}$$

量 L_{ab} 称为导体的**互感系数**. 因此, 电流系统的总自由能为

$$\mathscr{F}=\frac{1}{2c^2}\sum_a L_{aa}J_a^2+\frac{1}{c^2}\sum_{a>b}L_{ab}J_aJ_b=\frac{1}{2c^2}\sum_a\sum_b L_{ab}J_aJ_b. \tag{33.8}$$

这个二次式的正定性条件对其中的系数值加上了一系列限制. 特别是, 所有的 $L_{aa}>0$, 而

$$L_{aa}L_{bb}>L_{ab}^2.$$

在导体为任意大小的普遍情况下, 电流的能量的计算要求解出场方程的完全解, 这是一个很复杂的任务. 但是, 如果导体本身以及介质的磁导率都可以假定等于 1, 那么问题可得到简化. 我们注意到, 这时电流的能量一般不再依赖于物体的热力学状态 (特别是不依赖于它的温度), 因此在上面得到的全部公式中, 自由能也可以直接称为能量.

当 $\mu=1$ 时, 电流 $\boldsymbol{j}$ 所产生的磁场矢势由公式 (30.12) 给出. 因此, 我们得到导体的本征能为

$$F_{aa}=\frac{1}{2c^2}\iint\frac{\boldsymbol{j}\cdot\boldsymbol{j}'}{R}\mathrm{d}V\mathrm{d}V', \tag{33.9}$$

式中两个积分都是对给定导体的体积进行, 而 R 是 $\mathrm{d}V$ 和 $\mathrm{d}V'$ 之间的距离. 用类似方式, 得到两导体的相互作用能为

$$\mathscr{F}_{ab}=\frac{1}{c^2}\iint\frac{\boldsymbol{j}_a\cdot\boldsymbol{j}_b}{R}\mathrm{d}V_a\mathrm{d}V_b, \tag{33.10}$$

式中 $\mathrm{d}V_a$ 和 $\mathrm{d}V_b$ 分别是各个导体的体积元.

两个线电流的相互作用能可以特别简单地计算出来. 分别用 $J_a\mathrm{d}\boldsymbol{l}_a$ 和 $J_b\mathrm{d}\boldsymbol{l}_b$ 代换 $\boldsymbol{j}_a\mathrm{d}V_a$ 和 $\boldsymbol{j}_b\mathrm{d}V_b$, 即可将 (33.10) 式中的体电流化为线电流, 我们发现互感系数为

$$L_{ab}=\oint\oint\frac{\mathrm{d}\boldsymbol{l}_a\cdot\mathrm{d}\boldsymbol{l}_b}{R}.$$

因此在这种近似下, L_{ab} 只依赖于两个回路的形状、尺度和相互位置, 而与电流沿导线截面的分布无关. 应强调指出, 在线导体情况下, 要得到这样简单的式子, 甚至并不需要假定处处 $\mu=1$. 在我们略去导线厚度的近似下, 导线材料的磁性质一般并不影响它们所产生的场, 因此也不影响它们的相互作用能. 但是, 如果导线周围介质的磁导率 μ 不为 1, 则按照 (30.15) 式, 它直接使磁场的矢势 (同时使磁感应) 增加为原来的 μ 倍. 因此, 互感应系数也增加为同样的倍数, 于是

$$L_{ab}=\mu\oint\oint\frac{\mathrm{d}\boldsymbol{l}_a\mathrm{d}\boldsymbol{l}_b}{R}. \tag{33.11}$$

计算线导体的自感系数则要困难得多. 这个问题将留待下一节研究.

线电流系统的总能量还可写成另一种形式. 为此, 我们再回到 (33.2) 式的积分, 在线电流情况下, 其形式为

$$\mathscr{F}=\frac{1}{2c}\sum_a J_a\oint\boldsymbol{A}\cdot\mathrm{d}\boldsymbol{l}_a, \tag{33.12}$$

式中 $\boldsymbol{A}$ 为在第 a 个导体 $\mathrm{d}\boldsymbol{l}_a$ 点处的总磁场矢势. 从 (33.2) 式变换到 (33.12) 式所引起的主要误差, 在于略去了沿导线横截面的磁场 (包括电流的本征场在

内) 的变化. (33.12) 式中的每一回路积分均可以变换为面积分

$$\oint \boldsymbol{A} \cdot \mathrm{d}\boldsymbol{l}_a = \int \operatorname{rot} \boldsymbol{A} \cdot \mathrm{d}\boldsymbol{f}_a = \int \boldsymbol{B} \cdot \mathrm{d}\boldsymbol{f}_a,$$

亦即表示为通过第 a 个电流回路的磁感应通量 (或者一般称为**磁通量**). 我们用 $\varPhi_a$ 表示这一通量. 于是

$$\mathscr{F} = \frac{1}{2c} \sum_a J_a \varPhi_a. \tag{33.13}$$

由类似方式, 可用磁通量表示外磁场内线电流 J 的自由能 $\mathscr{F}$, 也即是不包括场源本征能的能量, 显然

$$\mathscr{F} = \frac{1}{c} J \varPhi, \tag{33.14}$$

其中 $\varPhi$ 是通过电流 J 回路的外磁场通量. 如果外场是均匀的 (而在介质内, $\mu = 1$), 则 $\varPhi = \mathfrak{H} \cdot \int \mathrm{d}\boldsymbol{f}$. 根据 (30.18) 式引入电流的磁矩, 我们得到 $\mathscr{F} = \mathscr{M} \cdot \mathfrak{H}$.

知道了电流系统的能量与导线尺度、形状和相互位置的函数关系后, 直接求能量对相应坐标的微商, 就可求出作用在导体上的力. 但是这时发生的问题是, 取微商时应当假定电流的何种特征量为常量. 最方便的是在电流为常量时进行计算. 但是在这种情况下, 扮演自由能角色的量是 $\widetilde{\mathscr{F}}$. 因此, 作用于广义坐标 q"上" 的广义力 F_q 为

$$F_q = -\left(\frac{\partial \widetilde{\mathscr{F}}}{\partial q}\right)_{J,T}.$$

导数的下角标表示, 取微商时保持电流强度和导体温度不变. 因为在自由能内我们略去了与电流无关的常量部分, 因此, $\mathscr{F}$ 和 $\widetilde{\mathscr{F}}$ 只相差一个正负号, 于是

$$F_q = -\left(\frac{\partial \widetilde{F}}{\partial q}\right)_J = \left(\frac{\partial \mathscr{F}}{\partial q}\right)_J = \frac{1}{2c^2} \sum_{ab} J_a J_b \frac{\partial L_{ab}}{\partial q} \tag{33.15}$$

(此处和以下, 为了简单起见, 我们略去导数的下角标 T).

特别是, 导体的本征磁场作用在导体上的力由下式给出:

$$F_q = \frac{1}{2c^2} J^2 \frac{\partial L}{\partial q}, \tag{33.16}$$

其中 L 是导体的自感. 从下面的考虑可预先看出这些力的作用特征. 当电流强度 (和温度) 保持给定值时, 量 $\widetilde{\mathscr{F}}$ 趋于极小值. 在现在情况下, $\widetilde{\mathscr{F}} = -LJ^2/2c^2$,

这表明作用在导体上的力趋向于使导体的自感系数增大. 但是后者是长度量纲的量, 故与导体尺度成正比. 由此可见, 在磁场作用下, 导体体积增加.

对于处在外磁场内的电流, 我们得到 ①

$$\widetilde{\mathscr{F}} = -\mathscr{F} = -\mathscr{M} \cdot \mathfrak{H}. \tag{33.17}$$

在上面得到的全部能量公式中, 都假定了磁感应强度和磁场强度之间存在线性关系. 在二者的关系为任意形式的普遍情况下, 也可以建立类似的微分关系式. 按照 (31.8) 式, 磁场发生无穷小变化时所引起的自由能变化 (保持温度为常量) 为

$$\delta\mathscr{F} = \frac{1}{c}\int \boldsymbol{j} \cdot \delta\boldsymbol{A}\mathrm{d}V$$

或者, 对线电流系统为

$$\delta\mathscr{F} = \frac{1}{c}\sum_a J_a \oint \delta\boldsymbol{A} \cdot \mathrm{d}\boldsymbol{l}_a.$$

进一步进行如同从 (33.12) 式变换到 (33.13) 式的推导, 我们得到 ②

$$\delta\mathscr{F} = \frac{1}{c}\sum_a J_a \delta\varPhi_a. \tag{33.18}$$

类似地, 从 (31.9) 式求得

$$\delta\widetilde{\mathscr{F}} = -\frac{1}{c}\sum_a \varPhi_a \delta J_a. \tag{33.19}$$

可以说, 对于线电流系统而言, $\mathscr{F}$ 是对于磁通量的热力学势, 而 $\widetilde{\mathscr{F}}$ 是对于电流强度的热力学势, 而且这两种势的相互关系为

$$\widetilde{\mathscr{F}} = \mathscr{F} - \frac{1}{c}\sum_a J_a \varPhi_a. \tag{33.20}$$

因此不论物质的磁性质如何, 下面的热力学关系式都正确:

$$\frac{1}{c}J_a = \frac{\partial\mathscr{F}}{\partial\varPhi_a}, \quad \frac{1}{c}\varPhi_a = -\frac{\partial\widetilde{\mathscr{F}}}{\partial J_a}. \tag{33.21}$$

① 这里 (与 (32.6) 式比较) 没有因子 1/2, 因为 (33.17) 式中的电流磁矩是一个不变量, 与场无关. 而且 (32.6) 式中出现的磁体本身的磁矩只能在场作用下发生.

② 我们注意到磁场情况下的 (33.18) 式和电场情况下的 (10.13) 式之间有一个明显的类似. 此时电荷的角色在磁场情况下由磁感应强度扮演. 这一类似有直观的物理解释. 就像电场可以不耗费来自外部的能量而由绝缘导体的电荷保持一样, 磁场也可以不输入外部能量而由通过线圈的磁通量为常量的超导线圈维持. 因此很自然, 在电场和磁场情况下自由能 $\mathscr{F}$ 的变化分别由电荷和磁感应通量的改变确定.

如果把这些公式应用于磁场和磁感应为线性关系的情况, 则当 $\mathscr{F}$ 由 (33.8) 式给出时, 我们得到

$$\Phi_a = \frac{1}{c}\sum_b L_{ab}J_b. \tag{33.22}$$

因此, 感应系数是磁通量和产生磁场的电流强度之间的比例系数. 乘积 $L_{ab}J_b/c$ 是通过电流 J_a 的回路的由电流 $J_b(b \neq a)$ 所产生的磁通量, 而 $L_{aa}J_a/c$ 则是通过同一回路的由电流 J_a 所产生的磁通量.

§34 线导体的自感

在计算线导体的自感时, 不能像我们在计算两个导体的互感时那样完全略去导线的厚度. 倘若这样做了以后, 我们从 (33.9) 式得到的自感为

$$L = \oint\oint \frac{\mathrm{d}\boldsymbol{l}\cdot\mathrm{d}\boldsymbol{l}'}{R},$$

其中的两个积分对相同回路进行; 但是这个积分当 $R \to 0$ 时是对数发散的.

导体自感的精确值取决于导体内的电流分布; 电流的激发方式不同, 电流的分布也不同, 也即是它随电动势加到导体上的方式而变化. 但在线导体情况下, 在相当大精确程度上, 自感并不依赖于导体截面上的电流分布规律 ①.

我们把自感表示成相加形式: $L = L_e + L_i$, 此处的 L_e 和 L_i 是分别由导体内和导体外的磁场能引起的. 对于线导体, 自感的主要部分是导体外部分 L_e. 这是因为闭合线路磁场能的主要部分是在离导体自身很远 (与它的厚度比较) 的场内. 实际上, 无限长直导线每单位长度上的能量由积分

$$\frac{\mu_e}{8\pi}\int H^2\cdot 2\pi r\mathrm{d}r = \frac{\mu_e}{8\pi}\int\left(\frac{2J}{cr}\right)^2\cdot 2\pi r\mathrm{d}r = \frac{\mu_e J^2}{c^2}\int\frac{\mathrm{d}r}{r}$$

(r 为至导线轴的距离, μ_e 是外部介质的磁导率) 给出. 当 r 很大时, 这个积分是对数发散的. 当然, 对于闭合回路这种发散性消失, 因为积分在与回路尺度同数量级的距离上被 “截断”. 将上面的积分乘上导线的总长度 l, 并取 l 值为积分上限 (积分下限等于导线半径 a), 我们得到能量近似值为

$$\frac{\mu_e J^2}{c^2} l \ln\frac{l}{a}.$$

由此得到自感为

$$L = 2\mu_e l \ln\frac{l}{a}. \tag{34.1}$$

---

① 更精确地说, 它不依赖于电流密度只在与导线厚度 a 相比的距离上才有重大变化的电流分布. 但是, 如果电流分布使得电流密度在小于 a 的距离上就有重大变化 (如由于特殊原因在**趋肤效应**或者超导体内发生的情况), 则导线的自感也发生变化.

这个式子具有通常所说的**对数精确度**, 它的相对误差为 $1/\ln(l/a)$ 的数量级, 而假定比值 l/a 大到使其对数也很大 ①.

线圈 (螺旋管) 是线导体的一种特例, 它是用导线绕成螺旋形, 而相邻两匝极其接近. 如果我们略去导线的粗度和相邻两匝间的距离, 我们就直接得到一个柱形导电面, 其中有 "表面" 传导电流流过. 在这种情况下导体内的方程 $\operatorname{rot}\boldsymbol{H}=\dfrac{4\pi}{c}\boldsymbol{j}$, 可干脆代之以边界条件

$$\boldsymbol{n}\times(\boldsymbol{H}_2-\boldsymbol{H}_1)=\frac{4\pi}{c}\boldsymbol{g}, \tag{34.2}$$

式中 $\boldsymbol{g}$ 是面电流密度, $\boldsymbol{H}_1$ 和 $\boldsymbol{H}_2$ 是螺旋管表面两侧的磁场强度, 而法线 $\boldsymbol{n}$ 指向介质 2 内部 (参照 (29.16) 式的推导).

如果螺旋管是无限长的柱体, 则确定这种螺旋管所产生的磁场非常简单. 表面电流是环形电流, 而电流密度为 $g=nJ$, 此处 J 为流过导线的电流, 而 n 为螺旋管单位长度上的匝数. 柱体外的磁场为零, 而柱体内的磁场是均匀的, 沿着柱轴方向, 并等于

$$H=\frac{4\pi}{c}nJ.$$

实际上, 在导体面外的全部空间内, 这个磁场明显地满足方程 $\operatorname{div}\boldsymbol{H}=0$ 和 $\operatorname{rot}\boldsymbol{H}=0$ 以及表面的边界条件 (34.2) 式.

与此相应, 单位长度柱体上的磁场能为

$$\frac{\mu_e H^2}{8\pi}\pi b^2=\frac{2\pi^2n^2b^2\mu_e}{c^2}J^2$$

(b 为柱体半径; μ_e 适用于充满螺旋管的介质). 略去螺旋管两端的场的畸变, 也可以把这个公式应用到长度 h 有限, 但比 b 大得多的螺旋管上. 于是我们得到自感为

$$L=4\pi^2n^2b^2h\mu_e=2\pi\mu_e nbl, \tag{34.3}$$

其中 $l=2\pi bnh$ 是线圈内导线的总长度. 与未缠绕的同样长导线的自感比较, 螺旋管自感的增大 (比较 (34.3) 式与 (34.1) 式) 是距离很近的线匝之间存在互感的自然结果.

习　题 ②

1. 试求具有圆截面的闭合细导线的自感.

---

① 前面正文中所指出的自感不依赖于电流分布的论断, 实际上不但适用于近似式 (34.1), 也适用于不包含大对数项的后续近似 (这相当于在对数的宗量中计及了 l/a 前面的系数); 参见本节的习题.

② 习题 1—6 中均假定介质磁化率为 $\mu_e=1$.

解: 可以认为导线内的磁场和无限长直柱体内的磁场一样, 即

$$H = \frac{2Jr}{ca^2}$$

(r 是至导线轴的距离, a 是导线的半径). 由此求得自感的"体内"部分为

$$L_i = \frac{2c^2}{J^2}\frac{\mu_i}{8\pi}\int H^2 \mathrm{d}V = \frac{l\mu_i}{2}, \tag{1}$$

式中 l 为闭合导线的长度.

为了计算自感的"体外"部分 L_e, 我们注意到细导线外的场与导线截面上的电流分布无关. 特别是, 如果假定电流只在导线表面流过, 则外磁场的能量 $\mathscr{F}_e$ 不变. 但这时在导线内部 $\boldsymbol{H} = 0$, 因此, 可以从公式 (33.2) 算出能量 $\mathscr{F}_e$ 作为总能量.

鉴于我们所假设的沿表面分布电流, 公式 (33.2) 内的积分实际上变成沿导线的轴线进行的线积分, 于是自感的"体外"部分为

$$L_e = \frac{2c^2}{J^2}\frac{J}{2c}\oint \boldsymbol{A}\Big|_{r=a} \cdot \mathrm{d}\boldsymbol{l},$$

其中被积函数内的 $\boldsymbol{A}$ 取在导线表面上的值. 在变换到这个公式时也考虑到, 在我们所使用的近似下, 沿导线的圆截面周长磁场为常量.

在问题已归结为求出 $\boldsymbol{A}|_{r=a}$ 之后, 我们再对电流分布作另一个假设: 假设全部电流都在导线轴线上流过. 在所考虑的近似下, 导线表面上的场值并不因这一假定而改变 (在圆截面直导线情况下, 它也完全不改变). 于是根据 (30.14) 式, 我们有

$$\boldsymbol{A}\Big|_{r=a} = \frac{J}{c}\oint \frac{\mathrm{d}\boldsymbol{l}}{R}\Big|_{r=a},$$

其中 R 是从导线轴线的线元 $\mathrm{d}\boldsymbol{l}$ 至其表面给定点的距离. 把积分分为两部分, 分别相应于 $R > \Delta$ 和 $R < \Delta$, 其中 Δ 为小于电流回路尺度而大于导线半径 a 的某一长度①. 在 $R > \Delta$ 区域的积分中, 可以略去 a, 并把 R 简单地理解为电流回路上两点间的距离. 而在 $R < \Delta$ 区域的积分可以认为是沿回路某一点处的切线方向. 用 $\boldsymbol{t}$ 表示这一方向上的单位矢量, 我们写出

$$\int_{R<\Delta} \frac{\mathrm{d}\boldsymbol{l}}{R}\Big|_{r=a} \approx \boldsymbol{t}\int_{-\Delta}^{\Delta} \frac{\mathrm{d}l}{\sqrt{a^2 + l^2}} = 2\boldsymbol{t}\,\mathrm{arsinh}\frac{\Delta}{a} \approx 2\boldsymbol{t}\ln\frac{2\Delta}{a}.$$

这个表达式可以重新改写成形式为

$$2\boldsymbol{t}\ln\frac{2\Delta}{a} \approx \int_{\Delta > R > a/2} \frac{\mathrm{d}\boldsymbol{l}}{R}$$

① 类似方法曾在 §2 习题 4 中计算细圆环的电容时用过.

的积分, 其中 R 仍理解为电流回路上两点间的距离. 因此, 与 $R>\Delta$ 区域内的积分相加, 就得到表达式

$$\boldsymbol{A}\Big|_{r=a}=\frac{J}{c}\int_{R>a/2}\frac{\mathrm{d}\boldsymbol{l}}{R},$$

其中已理所当然地消去了任意参数 Δ.

因此, 最后我们有

$$L_e=\iint\limits_{R>a/2}\frac{\mathrm{d}\boldsymbol{l}\cdot\mathrm{d}\boldsymbol{l}'}{R}. \tag{2}$$

这里的积分遍及回路上相互间距离超过 $a/2$ 的所有点对.

2. 试确定圆截面 (半径为 a) 导线的细圆环 (半径为 b) 的自感.

解: 习题 1 公式 (2) 中的被积函数只与圆环上的弦 R 所张的中心角 φ 有关, 而且 $R=2b\sin(\varphi/2)$, 但 $\mathrm{d}\boldsymbol{l}\cdot\mathrm{d}\boldsymbol{l}'=\mathrm{d}l\cdot\mathrm{d}l'\cos\varphi$. 因此我们有

$$L_e=2\int_{\varphi_0}^{\pi}\frac{\cos\varphi\cdot 2\pi b\cdot b\mathrm{d}\varphi}{2b\sin\dfrac{\varphi}{2}}=4\pi b\left(-\ln\tan\frac{\varphi_0}{4}-2\cos\frac{\varphi_0}{2}\right).$$

积分下限由 $2b\sin(\varphi_0/2)=a/2$ 定出, 由此得 $\varphi_0\approx a/2b$. 将此值代入上式并与 $L_i=\pi b\mu_i$ 相加, 就得到满足所需精确度的 $L=4\pi b\left(\ln\dfrac{8b}{a}-2+\dfrac{\mu_i}{4}\right)$. 特别是当 $\mu_i=1$ 时, $L=4\pi b\left(\ln\dfrac{8b}{a}-\dfrac{7}{4}\right)$.

3. 导线圆环 ($\mu_i=1$) 中有电流流过, 试确定在此电流产生的磁场作用下圆环的伸长.

解: 根据 (33.16) 式, 沿导线的轴线以及垂直于导线的轴线作用的内应力, 分别由以下公式给出:

$$\pi a^2\sigma_{\parallel}=\frac{J^2}{2c^2}\frac{\partial L}{\partial(2\pi b)},\quad 2\pi ab\sigma_{\perp}=\frac{J^2}{2c^2}\frac{\partial L}{\partial a}.$$

代入前一题内的 L 值, 我们得到

$$\sigma_{\parallel}=\frac{J^2}{\pi a^2c^2}\left(\ln\frac{8b}{a}-\frac{3}{4}\right),\quad \sigma_{\perp}=-\frac{J^2}{a^2c^2}.$$

由此求得圆环的相对伸长为

$$\frac{\Delta b}{b}=\frac{1}{E}(\sigma_{\parallel}-2\sigma\sigma_{\perp})=\frac{J^2}{\pi a^2c^2E}\left(\ln\frac{8b}{a}-\frac{3}{4}+2\pi\sigma\right)$$

(E 为杨氏模量, σ 为导线材料的泊松系数, 参阅本教程第七卷 §5).

4. 试确定由具有圆截面 (半径分别为 a 和 b) 的两平行直导线 ($\mu_i = 1$) 组成的双导线单位长度上的自感, 两导线的轴线相距 h, 而且导线内有大小相等、方向相反的电流 J 流过 (图 19).

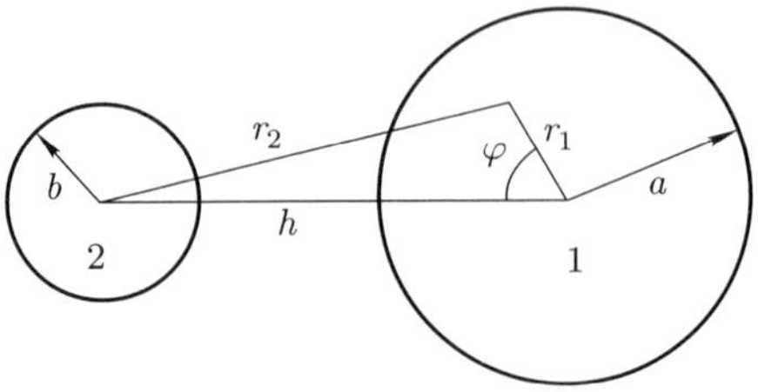

图 19

解: 每一根导线上电流产生的磁场的矢势方向与导线轴平行, 因此两个磁场的矢势可以简单地代数相加. 具有均匀分布电流 $+J$ 的导线 1 的磁场矢势 (用柱面坐标表示) 为

$$A_z = \frac{J}{c}\left(C - \frac{r^2}{a^2}\right), \quad 当\ r < a,$$

$$A_z = \frac{J}{c}\left(C - 1 - 2\ln\frac{r}{a}\right), \quad 当\ r > a$$

式中 C 是任意常数; 在导线边界上, A_z 是连续的. 用 b 代替 a, 并改变 J 的符号, 就得到导线 2 所产生磁场的相似公式. 在 (33.2) 式中, 对导线 1 截面面积进行积分, 得到

$$\frac{J^2}{2c^2\pi a^2}\int\left\{\left(C - \frac{r_1^2}{a^2}\right) - \left(C - 1 - 2\ln\frac{r_2}{b}\right)\right\}\mathrm{d}f_1 =$$

$$= \frac{J^2}{2c^2\pi a^2}\int_0^a\int_0^{2\pi}\left\{1 - \frac{r_1^2}{a^2} + \ln\frac{h^2 + r_1^2 - 2hr_1\cos\varphi}{b^2}\right\}r_1\mathrm{d}\varphi\mathrm{d}r_1 =$$

$$= \frac{J^2}{2c^2}\left(\frac{1}{2} + 2\ln\frac{h}{b}\right).$$

对导线 2 的截面进行积分, 得到相同的表达式, 只是其中用 a 代换了 b. 因此, 所求双导线单位长度的自感为

$$L = 1 + 2\ln\frac{h^2}{ab}.$$

5. 试确定环形螺旋管的自感.

解: 我们把螺旋管看作环形的导电表面, 表面上流过的面电流密度为

$$g = \frac{NJ}{2\pi r}$$

(N 为导线的总匝数, J 是其中的电流, 所取坐标和螺旋管尺度如图 20 所示). 螺旋管外的磁场为 $\boldsymbol{H}_e = 0$,

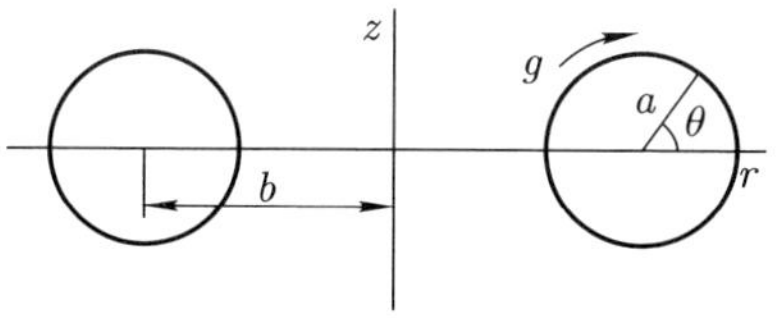

图 20

而螺旋管内的磁场为

$$H_{ir} = H_{iz} = 0, \quad H_{i\varphi} = \frac{2NJ}{cr}$$

(r, z, φ 为柱面坐标). 实际上, 这个解满足方程 $\operatorname{div}\boldsymbol{H} = 0, \operatorname{rot}\boldsymbol{H} = 0$ 以及边界条件 (34.2) ①. 螺旋管内的磁场能为

$$\int \frac{H_i^2}{8\pi}\mathrm{d}V = \frac{N^2J^2}{c^2}\oint \frac{z\mathrm{d}r}{r};$$

积分对圆环截面的周界进行, 按照 $z = a\sin\theta, r = b + a\cos\theta$ 引入 θ 角后, 积分很容易积出, 结果得到自感为

$$L = 2\pi N^2(b - \sqrt{b^2 - a^2}).$$

6. 试求柱形螺旋管两端附近场的畸变所引起的对柱形螺旋管自感 (34.3) 式的 l/h 一阶修正值 ($\mu_e = 1$).

解: 螺旋管的自感是通过对其表面的双重积分

$$L = \frac{1}{J^2}\iint \frac{\boldsymbol{g}_1 \cdot \boldsymbol{g}_2}{R}\mathrm{d}f_1\mathrm{d}f_2$$

计算的, 式中 g 是面电流密度 ($g = nJ$). 在柱面坐标中表示为

$$L = 2\pi b^2n^2\int_0^h\int_0^h\int_0^{2\pi}\frac{\cos\varphi\mathrm{d}\varphi\mathrm{d}z_1\mathrm{d}z_2}{\sqrt{(z_2 - z_1)^2 + 4b^2\sin^2\dfrac{\varphi}{2}}}$$
$$= 8\pi b^2n^2\int_0^h\int_0^{\pi}\frac{(h-\zeta)\cos\varphi\mathrm{d}\varphi\mathrm{d}\zeta}{\sqrt{\zeta^2 + 4b^2\sin^2\dfrac{\varphi}{2}}}$$

(φ 为通过 $\mathrm{d}f_1$ 和 $\mathrm{d}f_2$ 的直径平面之间的夹角, 而且 $\zeta = z_2 - z_1$).

① 这个表达式对任意的非圆形截面的环形螺旋管也是适用的.

对 $d\zeta$ 进行积分, 当 $h \gg b$ 时, 我们得到

$$L \approx 8\pi b^2 n^2 \int_0^\pi \left[h \ln \frac{h}{b\sin(\varphi/2)} - h + 2b\sin\frac{\varphi}{2}\right] \cos\varphi d\varphi$$

且最后有

$$L = 4\pi^2 b^2 n^2 \left(h - \frac{8}{3\pi} b\right).$$

7. 如果将平面回路放在磁导率为 μ_e 的半无限介质表面上, 试求平面电路自感改变的倍数. 我们略去导线自感的体内部分.

解: 从对称性考虑容易看出, 介质不存在时, 电流的磁场对回路平面是对称的, 而磁力线与此平面垂直相交. 令该磁场为 $\boldsymbol{H}_0$. 如果在真空的半空间内我们令 $\boldsymbol{H} = \frac{2\mu_e}{\mu_e+1}\boldsymbol{H}_0$, 而在介质内令 $\boldsymbol{B} = \mu_e \boldsymbol{H} = \frac{2\mu_e}{\mu_e+1}\boldsymbol{H}_0$, 我们就可使半无限介质表面上的磁场方程和边界条件得到满足. 实际上, 因此保证了 B_n 和 $\boldsymbol{H}_t$ 在边界面上的连续性, 而 $\boldsymbol{H}$ 沿任何力线的环量, 将等于 $\boldsymbol{H}_0$ 沿相同路线的环量. 由此容易得出结论, 在引入介质后, 场的总能量, 因而线路的自感都乘上倍数

$$\frac{2\mu_e}{\mu_e+1}.$$

§35　磁场内的力

为求出磁场内物质所受的力, 我们几乎不需要进行新的计算, 这是因为它和电场情况完全相似. 这种相似性首先是因为磁场内热力学量表达式和电场内的表达式不同的地方, 只是分别用字母 $\boldsymbol{H}$, $\boldsymbol{B}$ 代替了字母 $\boldsymbol{E}$, $\boldsymbol{D}$ 而已. 在 §15 内计算应力张量时, 我们利用了电场势 (是从方程 $\mathrm{rot}\,\boldsymbol{E} = 0$ 得到的结果). 但磁场满足方程

$$\mathrm{rot}\,\boldsymbol{H} = \frac{4\pi}{c}\boldsymbol{j}, \tag{35.1}$$

只当传导电流不存在时才变成 $\mathrm{rot}\,\boldsymbol{H} = 0$. 但是计算应力张量时, 一般总是假定 $\boldsymbol{j} = 0$. 因为 $\boldsymbol{j}$ 含有磁场的导数, 因此, 计算应力张量时计及电流表明在应力张量 σ_{ik} 内加入了一个由磁场不均匀性所引起的极小的修正项 (参见 §15 的第二个脚注).

这样一来, §15 和 §16 内所得到的全部应力张量公式, 就可以直接移用到磁场上. 例如, 在具有 $\boldsymbol{B} = \mu\boldsymbol{H}$ 线性关系的液体介质内, 我们得到

$$\sigma_{ik} = -P_0(\rho, T)\delta_{ik} - \frac{H^2}{8\pi}\left[\mu - \rho\left(\frac{\partial\mu}{\partial\rho}\right)_T\right]\delta_{ik} + \frac{\mu H_i H_k}{4\pi}. \tag{35.2}$$

由此可以根据 $f_i = \partial\sigma_{ik}/\partial x_k$ 算出体积力. 如果介质是导电的且在其中有电流流过, 则计算和 §15 的不同之处, 在于用方程 (35.1) 代替了方程 $\operatorname{rot}\boldsymbol{H}=0$.

对 (35.2) 式求微商, 并考虑到恒等式 $\operatorname{div}\boldsymbol{B} = \operatorname{div}(\mu\boldsymbol{H}) = 0$, 我们得到

$$\boldsymbol{f} = -\nabla P_0 + \frac{1}{8\pi}\nabla\left[H^2\rho\left(\frac{\partial\mu}{\partial\rho}\right)_T\right] - \frac{H^2}{8\pi}\nabla\mu - \frac{\mu}{8\pi}\nabla H^2 + \frac{\mu}{4\pi}(\boldsymbol{H}\cdot\nabla)\boldsymbol{H}.$$

然而, 由熟知的矢量分析公式:

$$(\boldsymbol{H}\cdot\nabla)\boldsymbol{H} = \frac{1}{2}\operatorname{grad}H^2 - \boldsymbol{H}\times\operatorname{rot}\boldsymbol{H} = \frac{1}{2}\operatorname{grad}H^2 + \frac{4\pi}{c}\boldsymbol{j}\times\boldsymbol{H},$$

故最后有

$$\boldsymbol{f} = -\nabla P_0 + \frac{1}{8\pi}\operatorname{grad}\left[H^2\rho\left(\frac{\partial\mu}{\partial\rho}\right)_T\right] - \frac{H^2}{8\pi}\nabla\mu + \frac{\mu}{c}\boldsymbol{j}\times\boldsymbol{H}. \tag{35.3}$$

与类似的公式 (15.12) 比较, 这里增加了一项 (最后一项). 但是, 如果认为这一项的出现表明了在物理上可以从 $\boldsymbol{f}$ 内将传导电流产生的力与其他效应区分开来, 却是不正确的. 问题在于, 由于方程 (35.1), 电流 $\boldsymbol{j}$ 不可能与场的不均匀性分开, 而磁场对坐标的导数也包含在 (35.3) 式其他项中. 因此, 当物质的磁导率显著地不同于 1 时, (35.3) 式的各项一般说来为同一数量级.

但是如果与通常一样, μ 接近 1, 则传导电流存在时, (35.3) 式的最后一项对力作出主要贡献, 而其余各项与它比较都不过是很小的修正. 此时计算磁场内的力可以假定 $\mu=1$, 我们立刻有

$$\boldsymbol{f} = \frac{1}{c}\boldsymbol{j}\times\boldsymbol{H} \tag{35.4}$$

(此处和以后, 我们对 $-\nabla P_0$ 这一项都不感兴趣, 故将其略去). 当 $\mu=1$ 时, 物质的性质一般都不反映在磁现象中, 因此磁场内力的表达式 (35.4) 无论对液态导体或固态导体都同样适用. 磁场中作用在通有电流的导体上的总力由以下积分得出:

$$\boldsymbol{F} = \frac{1}{c}\int\boldsymbol{j}\times\boldsymbol{H}\,\mathrm{d}V. \tag{35.5}$$

当然, 直接根据熟知的洛伦兹力的表达式, 也可以非常简单地得到 (35.4) 式. 磁场内静止物体所受的宏观力, 不外乎是由微观磁场 $\boldsymbol{h}$ 作用在构成物体的带电粒子上的洛伦兹力的平均值:

$$\boldsymbol{f} = \frac{1}{c}\overline{\rho\boldsymbol{v}\times\boldsymbol{h}}.$$

但当 $\mu=1$ 时, 磁场 $\boldsymbol{h}$ 和平均磁场 $\boldsymbol{H}$ 相等, 而 $\rho\boldsymbol{v}$ 的平均值正好和传导电流密度相等.

当导体运动时, (35.4) 式的力对导体做一定的机械功. 初看起来, 这好像和洛伦兹力不对运动电荷做功的事实有矛盾. 实际上当然不存在任何矛盾, 因为在运动导体内, 洛伦兹力所做的功不但包含机械功, 也包含导体运动时导体内所感应的电动势所做的功, 这两种功大小相等, 而正负号相反 (参见 §63 第二个脚注).

在 (35.4) 式内, $\boldsymbol{H}$ 是外电源和受到 (35.4) 式力作用的电流本身共同产生的磁场的真实值. 但是从 (35.5) 式计算总力时, 我们可以把 $\boldsymbol{H}$ 仅理解为带有电流的导体所在的外磁场 $\boldsymbol{\mathfrak{H}}$. 该导体所产生的本征场, 由于动量守恒定律, 对导体所受到的总力没有贡献.

对线导体而言, 力的计算尤其简单. 其物质磁性一般并不重要; 如果在介质内 $\mu = 1$, 则作用在线导体上的总力由线积分

$$\boldsymbol{F} = \frac{J}{c} \oint \mathrm{d}\boldsymbol{l} \times \boldsymbol{\mathfrak{H}} \tag{35.6}$$

给出. 这个表达式也可以表示为对电流回路所围成面积的面积分形式. 按照斯托克斯定理, 用算符 $\mathrm{d}\boldsymbol{f} \times \nabla$ 代替 $\mathrm{d}\boldsymbol{l}$, 我们得到

$$\oint \mathrm{d}\boldsymbol{l} \times \boldsymbol{\mathfrak{H}} = \int (\mathrm{d}\boldsymbol{f} \times \nabla) \times \boldsymbol{\mathfrak{H}}$$

其次, 我们写出

$$\begin{aligned}(\mathrm{d}\boldsymbol{f} \times \nabla) \times \boldsymbol{\mathfrak{H}} &= -\mathrm{d}\boldsymbol{f}\, \mathrm{div}\, \boldsymbol{\mathfrak{H}} + \nabla(\mathrm{d}\boldsymbol{f} \cdot \boldsymbol{\mathfrak{H}}) \\ &= -\mathrm{d}\boldsymbol{f}\, \mathrm{div}\, \boldsymbol{\mathfrak{H}} + \mathrm{d}\boldsymbol{f} \times \mathrm{rot}\, \boldsymbol{\mathfrak{H}} + (\mathrm{d}\boldsymbol{f} \cdot \nabla)\boldsymbol{\mathfrak{H}}.\end{aligned}$$

但是 $\mathrm{div}\, \boldsymbol{\mathfrak{H}} = 0$, 而在电流之外的空间内, $\mathrm{rot}\, \boldsymbol{\mathfrak{H}} = 0$, 因此

$$\boldsymbol{F} = \frac{J}{c} \int (\mathrm{d}\boldsymbol{f} \cdot \nabla)\boldsymbol{\mathfrak{H}}. \tag{35.7}$$

特别是, 在准均匀外磁场内, 可以将 $\boldsymbol{\mathfrak{H}}$ 和算符 ∇ 一起从积分符号内提出. 按照 (30.18) 式也引进电流的磁矩, 于是我们得到必然的结果:

$$\boldsymbol{F} = (\mathscr{M} \cdot \nabla)\boldsymbol{\mathfrak{H}}. \tag{35.8}$$

因为在这个公式内 $\mathscr{M}$ 是常量, 因此也可以把 $\boldsymbol{F}$ 写成

$$\boldsymbol{F} = \nabla(\mathscr{M} \cdot \boldsymbol{\mathfrak{H}}) \tag{35.9}$$

(和电流的能量表达式 (33.17) 一致). 在准均匀场内, 电流所受到的力矩, 容易确认等于通常的表达式

$$\boldsymbol{K} = \mathscr{M} \times \boldsymbol{\mathfrak{H}}. \tag{35.10}$$

习 题

设电流为 J 的直导线平行于半径为 a 的无限长圆柱导体 (磁导率为 μ) 并且至柱体轴的距离为 l, 试确定直导线上所受的力.

解: 由于 §30 第二个脚注所指出的平面静电学与平面静磁学问题间的对应关系, 改变 §7 中习题 3 的解内的标记符号, 就可求出电流的磁场. 柱体周围空间内的场和真空内的电流 J 与分别通过 A 点和 O' 点 (见 §7, 图 12) 的电流 $+J'$ 和 $-J'$ 这三个电流所产生的场相等, 而且

$$J' = J\frac{\mu-1}{\mu+1}.$$

柱体内的场则与通过 O 点的电流

$$J'' - J\frac{2}{\mu+1}$$

所产生的场相等. 于是导体单位长度上所受的力为

$$F = \frac{1}{c}JB = \frac{2JJ'}{c^2}\left(\frac{1}{OA} - \frac{1}{OO'}\right) = \frac{2J^2a^2(\mu-1)}{b(b^2-a^2)(\mu+1)c^2}.$$

由类似方式, 可以求得 (见 §7 中习题 4) 通过磁性介质内柱形小孔的线导线被拉向最接近它的孔表面的力为

$$F = \frac{2J^2b(\mu-1)}{(a^2-b^2)(\mu+1)c^2}.$$

§36 旋磁现象

没有磁结构的物体的均匀转动导致物体出现与角速度 $\boldsymbol{\Omega}$ 成线性关系的磁化 (**巴尼特效应**). 从唯象观点看来, 物体的磁矩 $\mathscr{M}$ 和矢量 $\boldsymbol{\Omega}$ 可能存在线性关系, 因为两者当时间反演时改变符号. 由于两者都是轴矢量, 故这种关系在各向同性物体内也是可能的 (此处简化为 $\mathscr{M}$ 与 $\boldsymbol{\Omega}$ 之间的简单比例关系).

除了这一效应外, 也应存在逆效应: 自由悬挂的物体在磁化时开始转动 (爱因斯坦–德哈斯效应). 这两种效应之间存在简单的热力学关系. 这个关系可由以下方式得到.

我们已经知道 (参见本教程第五卷 §26), 相对于角速度的热力学势 (在物体温度与体积给定时) 是物体在与其一起转动的坐标系内的自由能 $\widetilde{\mathscr{F}'}$. 这时物体的角动量 $\boldsymbol{L}$ 等于

$$\boldsymbol{L} = -\frac{\partial\widetilde{\mathscr{F}'}}{\partial\boldsymbol{\Omega}}. \tag{36.1}$$

旋磁现象是通过在自由能内引进附加表达式来描述的，这个附加表达式就是自由能展开为物体每一点上 $\boldsymbol{\Omega}$ 和磁化强度 $\mathscr{M}$ 的幂级数的第一项，它同时包含了 $\boldsymbol{\Omega}$ 和 $\mathscr{M}$. 这一项对 $\boldsymbol{\Omega}$ 和 $\mathscr{M}$ 是线性的，其形式为

$$\widetilde{\mathscr{F}}'_{\text{gyro}} = -\int \lambda_{ik}\Omega_i M_k \mathrm{d}V = -\lambda_{ik}\Omega_i\mathscr{M}_k, \tag{36.2}$$

其中 λ_{ik} 为常张量，一般情况下不对称.

按照 (36.1) 式和 (36.2) 式，物体由于磁化而得到的角动量与其总磁矩的关系为

$$(L_{\text{gyro}})_i = \lambda_{ik}\mathscr{M}_k.$$

通常不用 λ_{ik}，而是用它的逆张量

$$g_{ik} = \frac{2mc}{e}\lambda_{ik}^{-1},$$

其中，e 和 m 为电子的电荷和质量. 无量纲量 g_{ik} 称为旋磁系数. 于是

$$\mathscr{M}_i = \frac{e}{2mc}g_{ik}(L_{\text{gyro}})_k \tag{36.3}$$

另一方面，表达式 (36.2) 表明，就对磁性质的影响而言，物体的转动等价于磁场强度为 $\mathfrak{H}_i = \lambda_{ki}\Omega_k$ 或者

$$\mathfrak{H}_i = \frac{2mc}{e}g_{ki}^{-1}\Omega_k \tag{36.4}$$

的磁场. 因此，原则上我们有可能计算转动产生的磁化. 例如，如果物体的磁化率 χ_{ik} 很小，则物体获得的磁矩与其形状无关，等于

$$\mathscr{M}_i = \chi_{ik}\mathfrak{H}_k = \frac{2mc}{e}\chi_{ik}g_{ik}^{-1}\Omega_i.$$

公式 (36.3) 和 (36.4) 分别表示爱因斯坦–德哈斯效应和巴尼特效应. 我们看到两种效应取决于同一张量 g_{ik}.

第五章

铁磁性与反铁磁性

§37 晶体的磁对称性

晶体的电学性质和磁学性质之间存在着深刻的差别, 这种差别与电荷和电流在时间反演时的行为有关.

众所周知, 鉴于运动方程相对于时间反演的不变性, 如果对于物体的某一热力学平衡态在形式上将 t 换为 $-t$, 则所导致的状态应当仍然是可能的平衡态之一. 与此相关就产生了两种可能性: 在 t 换为 $-t$ 后出现的状态, 或者与原始状态相同, 或者与原始状态不同.

本节中我们将晶体中每一点的真正的 (微观) 电荷密度和电流强度分别用 $\rho(x, y, z)$ 和 $\boldsymbol{j}(x, y, z)$ 表示, 它们仅对时间做了平均, 而没有像在宏观理论中那样对 "物理无限小" 的体积做平均. 这是确定晶体电学结构和磁学结构的两个函数.

将 t 换为 $-t$ 改变 $\boldsymbol{j}$ 的符号. 如果经这一变换后物体状态不变, 这意味着 $\boldsymbol{j} = -\boldsymbol{j}$, 亦即 $\boldsymbol{j} = 0$. 因此, 具有严格等于零的 $\boldsymbol{j}(x, y, z)$ 函数的物体可以存在是有理由的. 除了电流密度严格等于零之外, 这些物体每一点上的磁场和磁矩的 (时间) 平均值也严格为零 (当然, 我们这里处处都是针对没有外磁场存在的物体状态而言). 对于这样的物体, 可以说, 它们不具有任何磁性结构. 事实上, 绝大多数物体是归属于这一类的.

然而, 在 $t \to -t$ 的变换下, 电荷密度 ρ 一般并不发生变化. 因此, 没有任何理由令这个函数可以恒等于零. 换句话说, 不存在不具有 "电学结构" 的晶体. 这正是我们在本节开头提到的关于晶体电学性质和磁学性质本质性的区别.

现在我们转到对另外一类晶体的研究, 对于这类晶体, 当 t 变为 $-t$ 时, 其状态改变, 因而 $\boldsymbol{j} \neq 0$. 我们将把这类物体称作具有磁性结构的物体. 首先我们要指出, 尽管 $\boldsymbol{j}$ 不等于零, 但在物体的平衡态中不能有任何总电流, 也就是说, 对晶格单胞体积所取的积分 $\int \boldsymbol{j} \mathrm{d}V$ 必须始终为零①. 否则这个电流将产生宏观磁场且晶体 (在单位体积内) 将具有随物体尺度增大迅速增加的磁能. 由于这种状态在能量上不利, 显然它不可能对应于热力学平衡态.

与此同时, 电流 $\boldsymbol{j}$ 可以产生异于零的宏观磁矩, 亦即对晶格原胞体积所取的积分 $\int \boldsymbol{r} \times \boldsymbol{j} \mathrm{d}V$ 可以不为零. 与此相对应, $\boldsymbol{j} \neq 0$ 的物体可分为两类: 宏观磁矩不等于零的物体以及宏观磁矩等于零的物体. 第一类物体称为**铁磁体**, 第二类则称为**反铁磁体**.

这样就产生了电流 $\boldsymbol{j}(x, y, z)$ 的分布对称性的可能存在类型 (群) 问题. 首先, 这个对称性由通常的对称元素——转动、反射与平移所构成, 与此相应, 在 $\boldsymbol{j}$ 的所有可能的对称群中包括 230 个通常的晶体空间群. 然而这还远未穷尽所寻求的群的清单. 我们已经讲过, 将 t 换为 $-t$ 时矢量 $\boldsymbol{j}$ 变号. 与此相联系出现了新的对称元素, 亦即相对于将所有电流方向反转的变换的对称性; 我们暂且将这种变换用 R 表示. 如果电流分布具有对称元素 R 本身, 则意味着 $\boldsymbol{j} = -\boldsymbol{j}$, 亦即 $\boldsymbol{j} = 0$, 即物体一般不具有磁性结构. 然而, 异于零的函数 $\boldsymbol{j}(x, y, z)$ 可能具有相对于 R 变换和各种其他对称元素 (转动、反射和平移) 的不同组合的对称性. 因此, 确定电流分布可能对称类型 (**磁空间群**) 的问题就归结为: 构建既由通常的空间群变换组成, 也由通常类型的变换和 R 变换的组合组成的所有可能的群.

假如电流分布的对称性已经给定, 则在该晶体中的粒子分布的晶体学对称性, 亦即函数 $\rho(x, y, z)$ 的对称性, 因此也就确定了. 如果形式地认为 R 变换为恒等变换 (正如将它运用于 ρ 那样), 则粒子分布的晶体学对称性由从 $\boldsymbol{j}$ 的对称群得到的空间群确定.

但是, 如果我们仅对物体的宏观性质感兴趣, 则没有必要知道 $\boldsymbol{j}(x, y, z)$ 函数的全部对称群. 这些性质只依赖于晶体中的方向, 而与晶格的平移对称性无关. 从纯粹的晶体结构观点看来, 晶体的 "方向对称性" 仅由众所周知的 32 个晶类给出. 这是仅由纯粹的转动或反射组成的对称群; 它们在假定所有平移均为全同变换, 而将螺旋轴与滑移面看作简单对称轴与对称面的条件下由空间群得到. 从磁学性质的观点看, 宏观对称性应当按照由转动、反射以及它们与 R 元素组合所构成的群来分类. 这些群可称作**磁晶类**. 它们与磁空间群的关

① 必须强调, 这里指的是考虑了晶体磁性结构的真正的单胞, 这一 "磁性单胞" 可以不同于只考虑晶格中电荷分布对称性的纯晶体单胞 (参见下文的 §38).

系, 就如同普通的晶类与普通空间群的关系一样. 磁晶类中首先包含 32 个加入了 R 变换的通常的晶类, 以及不包含 R 元素的 32 个普通晶类. 特别是, 前 32 个晶类乃是所有不具有磁结构的物体的宏观对称群. 但是具有磁结构的物体也可以拥有这些对称类. 如果物体的磁空间对称群不是单独地包含 R 元素而是包含 R 与平移的组合, 就出现这种情况.

除此之外, 还有 58 个磁晶类, 其中 R 元素是以与转动或反射的组合被包含在内的. 这些晶类中的每一个, 如果将其中的 R 元素换作恒等变换, 就会变成普通晶类之一.

应当指出, 磁结构 (铁磁体或反铁磁体) 的出现总是与相对微弱的相互作用有关 ①. 因此, 磁性物体的晶体结构与非磁性相的结构比较, 仅有很小的畸变, 磁性相通常是温度降低时由非磁性相转变而成. 在这方面, 特别是铁磁体与通常的热释电体有区别, 而与铁电体相似.

物体所有宏观磁学性质的特征均由其所属的磁晶体类所确定. 这些性质中最重要的是宏观磁矩的存在与否, 亦即是否存在 (无外场存在时的) 自发磁化强度. 磁矩 $\boldsymbol{M}$ 是矢量, 它在转动和反射变换下表现得如同轴矢量 (两个极矢量的矢量积), 而在 R 变换的作用下变号. 如果在晶体中有一个方向, 使得处于这一方向的具有以上性质的 $\boldsymbol{M}$ 在给定磁晶类的所有变换下保持不变, 则这一晶体即具有自发磁化强度.

我们再次强调磁学性质与电学性质的区别, 不过这次讲的是宏观性质. 电学性质的特征完全由通常的晶类所确定. 特别是, 为使一个物体具有热释电性, 仅需其晶类允许极矢量 $\boldsymbol{P}$ (电矩) 的存在即已足够. 但是, 如果仅根据 $\boldsymbol{M}$ 在对应于 $\rho(x, y, z)$ 函数对称性的纯结构晶体类的变换下的轴矢量行为, 就断定宏观磁矩的存在与否, 那就大错特错了 (我们将会在下一节构建磁晶类后, 再回到这一讨论).

代替 $\boldsymbol{j}(x, y, z)$ 函数的对称性, 我们可以使用微观磁矩密度分布 $\boldsymbol{M}(x, y, z) = \boldsymbol{r} \times \boldsymbol{j}(x, y, z)$ 的对称性. 同样地, 这个对称性也可看作是晶格中原子 (离子) 磁矩 $\boldsymbol{\mu}$ 的 (时间) 平均值的位置与方向的对称性. 在没有磁对称的物体中这个平均值等于零. 在铁磁体中每一单胞内原子磁矩之和不为零, 而在反铁磁体中为零.

晶格中具有同样磁矩 $\boldsymbol{\mu}$ 的原子的总体, 常称作**磁性亚晶格**. 显然, 在反铁磁体中至少包含有两种 $\boldsymbol{\mu}$ 相互反平行且其值相等的亚晶格. 所有亚晶格磁矩的方向都平行或反平行的反铁磁体称作**共线反铁磁体**; 相反情况下的反铁磁

① 原子磁矩之间的交换作用通常导致价键的饱和以及非磁性结构的形成. 只有位于门捷列夫周期表过渡族元素原子深部的 d 电子或 f 电子的相对微弱的交换相互作用, 才会导致磁结构的出现.

体称作**非共线反铁磁体**.

铁磁体也可以含有若干个亚晶格. 在狭义上, 我们将所有平均原子磁矩都平行的物体理解为铁磁体. 如果晶体中含有两种或更多的磁矩方向不同的亚晶格, 则称其为**亚铁磁体**. 与反铁磁体不同, 这些物体中亚晶格磁矩的矢量和 $\boldsymbol{M}$ 不等于零. 铁磁体可以是共线的 (假如其中亚晶格的磁矩平行或反平行), 也可以是非共线的.

到此为止, 我们仅讨论了固态晶体的磁对称性, 至于涉及液态物体, 当然有可能存在均匀的铁磁液体. 我们也注意到没有平均磁矩、但具有其组成粒子自旋的各向异性关联函数的液体存在的可能性. 这种液体是在本教程第五卷 §140 讨论的丝状相液晶的自旋相似物 (A. Φ. 安德烈耶夫, 1984).

§38 磁晶类与磁空间群

现在我们来阐明磁对称群实际上是如何构建的, 先从磁晶类开始.

前一节已经讲过, 磁晶类可以分为三种类型. 类型 I 包括 32 种完全不含 R 元素的通常的晶类. 类型 Ⅱ 包括同样的 32 个通常晶类, 但包含了 R 元素. 这种类型的晶类中的每一个包含了通常晶类 (点群 $\boldsymbol{G}$) 的所有元素, 以及所有这些元素与 R 的乘积. 用符号 $\boldsymbol{M}$ 表示磁晶类, 则可将其写为

$$\boldsymbol{M} = \boldsymbol{G} + R\boldsymbol{G} \tag{38.1}$$

(变换 R 当然与所有的空间旋转和反射对易, 因此 $RG = GR$, 其中 G 为群 $\boldsymbol{G}$ 中的任一元素).

这两个类型的磁晶类, 在已知意义上讲, 是相当平庸的. 非平庸的类型 Ⅲ 包括了 58 个磁晶类, 在这些磁晶类中 R 仅以其与转动或反射的组合进入. 如果将 R 换作恒等变换, 其中的每一个磁晶类都会转变为普通晶类 $\boldsymbol{G}$ 中的一个. 这一类型的所有磁晶类的构造均以下述方式进行.

用符号 $\boldsymbol{H}$ 表示群 $\boldsymbol{G}$ 中 (在构造磁晶类时) 没有与 R 相乘的那些元素的总体. 根据定义, 它应当包含单位元素 E (否则 $\boldsymbol{M}$ 就会包含 R 自身, 亦即属于类型 Ⅱ), 而且其中任何一对元素的乘积均给出属于这个集合的元素. 换句话说, $\boldsymbol{H}$ 是群 $\boldsymbol{G}$ 的子群. 群 $\boldsymbol{G}$ 中所有剩下来的元素均与 R 相乘进入 $\boldsymbol{M}$, 由于 $R^2 = E$, 故所有群 $\boldsymbol{M}$ 元素对的乘积均为群 $\boldsymbol{H}$ 的元素. 由此可知, 群 $\boldsymbol{H}$ 是群 $\boldsymbol{G}$ 的 (同样也是群 $\boldsymbol{M}$ 的) 指数为 2 的子群 ①. 换言之, 类型 Ⅲ 磁晶类 $\boldsymbol{M}$ 的结

① 这意味着, 群 $\boldsymbol{H}$ 包含的元素比群 $\boldsymbol{G}$ 少一半. 对此一结论的证实可从一个相当显然的普遍定理的推论中得到: 当且仅当群 $\boldsymbol{G}$ 中任两个不属于子群 $\boldsymbol{H}$ 的元素之积为 $\boldsymbol{H}$ 的元素时, $\boldsymbol{G}$ 群的子群 $\boldsymbol{H}$ 的指数为 2.

构可表示为

$$\boldsymbol{M} = \boldsymbol{H} + RG_1\boldsymbol{H}, \tag{38.2}$$

其中 G_1 为不进入 $\boldsymbol{H}$ 的群 $\boldsymbol{G}$ 的任一元素. 显然, 群 $\boldsymbol{M}$ 和群 $\boldsymbol{G} = \boldsymbol{H} + G_1\boldsymbol{H}$ 是同构的.

如此一来, 构造所有磁晶类的问题就归结为寻找所有晶类的指数 2 子群的问题. 同样地, 后一个问题很容易借助点群的不可约表示特征标表来解决. 群的每一个非单位一维表示包含相同数目的特征标 +1 和 −1, 特征标为 +1 的元素构成指数 2 的子群. 在转换为磁晶类时, 这些元素不变, 而其余的所有元素均乘以 R.

我们以点群 $\boldsymbol{C}_{4v}$ 为例来演示这一过程. 它的不可约表示的特征标表 (见本教程第三卷 §95) 为:

	E	C_2	$2C_4$	$2\sigma_v$	$2\sigma'_v$
A_1	1	1	1	1	1
A_2	1	1	1	−1	−1
B_1	1	1	−1	1	−1
B_2	1	1	−1	−1	1
E	2	−2	0	0	0

其非单位一维表示为: A_2, B_1, B_2. 在表示 A_2 中具有特征标 +1 的元素构成子群 $\boldsymbol{C}_4$. 相应的磁晶类由元素

$$E,\ \ C_2,\ \ 2C_4,\ \ 2R\sigma_v,\ \ 2R\sigma'_v$$

构成, 我们用符号 $\boldsymbol{C}_{4v}(\boldsymbol{C}_4)$ 表示它. 在表示 B_1 和 B_2 中, 特征标为 +1 的元素构成仅在平面 σ_v 相对于固定坐标系的位置上有区别的子群 C_{2v}. 这些子群在晶体学上没有区别, 它们对应于同一磁晶类 $\boldsymbol{C}_{4v}(\boldsymbol{C}_{2v})$, 其构成元素为:

$$E,\ \ C_2,\ \ 2RC_4,\ \ 2\sigma_v,\ \ 2R\sigma'_v.$$

对 32 个晶类逐一做过同样的处理后, 我们即可得到列于表 1 的类型 Ⅲ 的 58 个磁晶类. 每一个磁晶类 $\boldsymbol{G}(\boldsymbol{H})$ 均由初始点群 $\boldsymbol{G}$ 及其子群 $\boldsymbol{H}$ (列于具体群 $\boldsymbol{G}$ 符号后括号中的一个) 确定. 晶类 $\boldsymbol{C}_1, \boldsymbol{C}_3, \boldsymbol{T}$ 没有指数 2 的子群, 因此没有以它们为基础构成的磁晶类. 我们也注意到, C_3 转动任何时候都不以与 R 相乘的方式进入 (非平庸) 磁晶类, 这是因为三次重复 RC_3 操作后将得到 R 变换, 而这一类型的磁晶类中并不存在这个元素 ①.

① 在抽象对称性理论中将磁对称称作反对称. 反对称的概念是由 H. 黑施 (1929) 和 A. B. 舒布尼科夫 (1945) 独立引进的. 反对称类是 A. B. 舒布尼科夫 (1951) 通过求表面染成两种颜色的几何体 (多面体) 的对称群首先得到的, 在这样做时 R 元素对应于改变表面颜色的操作. 作为磁对称群, 这些磁晶类是 Б. A. 塔弗格尔和 B. M. 扎依采夫求得的 (1956). 我们这里叙述的推导方法是 B. Л. 因登鲍姆提出的 (1959).

表 1　磁　晶　类

$\boldsymbol{C}_i(\boldsymbol{C}_1)$	$\boldsymbol{C}_{3v}(\boldsymbol{C}_3)$
$\boldsymbol{C}_s(\boldsymbol{C}_1)$	$\boldsymbol{D}_3(\boldsymbol{C}_3)$
$\boldsymbol{C}_2(\boldsymbol{C}_1)$	$\boldsymbol{D}_{3d}(\boldsymbol{D}_3, \boldsymbol{S}_6, \boldsymbol{C}_{3v})$
$\boldsymbol{C}_{2h}(\boldsymbol{C}_i, \boldsymbol{C}_2, \boldsymbol{C}_s)$	$\boldsymbol{C}_{3h}(\boldsymbol{C}_3)$
$\boldsymbol{C}_{2v}(\boldsymbol{C}_s, \boldsymbol{C}_2)$	$\boldsymbol{C}_6(\boldsymbol{C}_3)$
$\boldsymbol{D}_2(\boldsymbol{C}_2)$	$\boldsymbol{D}_{3h}(\boldsymbol{C}_{3h}, \boldsymbol{C}_{3v}, \boldsymbol{D}_3)$
$\boldsymbol{D}_{2h}(\boldsymbol{D}_2, \boldsymbol{C}_{2h}, \boldsymbol{C}_{2v})$	$\boldsymbol{C}_{6h}(\boldsymbol{C}_6, \boldsymbol{S}_6, \boldsymbol{C}_{3h})$
$\boldsymbol{C}_4(\boldsymbol{C}_2)$	$\boldsymbol{C}_{6v}(\boldsymbol{C}_6, \boldsymbol{C}_{3v})$
$\boldsymbol{S}_4(\boldsymbol{C}_2)$	$\boldsymbol{D}_6(\boldsymbol{C}_6, \boldsymbol{D}_3)$
$\boldsymbol{D}_{2d}(\boldsymbol{S}_4, \boldsymbol{D}_2, \boldsymbol{C}_{2v})$	$\boldsymbol{D}_{6h}(\boldsymbol{D}_6, \boldsymbol{C}_{6h}, \boldsymbol{C}_{6v}, \boldsymbol{D}_{3d}, \boldsymbol{D}_{3h})$
$\boldsymbol{D}_4(\boldsymbol{C}_4, \boldsymbol{D}_2)$	$\boldsymbol{T}_h(T)$
$\boldsymbol{C}_{4v}(\boldsymbol{C}_4, \boldsymbol{C}_{2v})$	$\boldsymbol{O}(T)$
$\boldsymbol{C}_{4h}(\boldsymbol{C}_4, \boldsymbol{C}_{2h}, \boldsymbol{S}_4)$	$\boldsymbol{T}_d(T)$
$\boldsymbol{D}_{4h}(\boldsymbol{D}_4, \boldsymbol{C}_{4h}, \boldsymbol{D}_{2h}, \boldsymbol{C}_{4v}, \boldsymbol{D}_{2d})$	$\boldsymbol{O}_h(\boldsymbol{O}, \boldsymbol{T}_h, \boldsymbol{T}_d)$
$\boldsymbol{S}_6(\boldsymbol{C}_3)$	

在前一节中曾提到, 不能从晶类判断铁磁性的存在与否. 为了具体阐明这点, 我们考察磁矩指向四角轴的同样原子的四角晶格 ①. 这种晶格的磁晶类为 $\boldsymbol{D}_{4h}(\boldsymbol{D}_4)$, 包含的变换 ②有

$$E,\quad C_2,\quad 2C_4,\quad 2U_2R,\quad 2U_2'R,$$
$$I,\quad \sigma_h,\quad 2S_4,\quad 2\sigma_vR,\quad 2\sigma_v'R.$$

所有这些变换都保持方向沿四阶轴的轴矢量 $\boldsymbol{M}$ 不变. 而此时晶类 $\boldsymbol{D}_{4h}$ 本身却不允许轴矢量的存在, 例如, $\boldsymbol{M}$ 的所有分量 M_x, M_y, M_z 在绕任一二阶轴转动时均会变号.

现在我们转而讨论磁空间群. 这类群与普通空间群的关系, 就如同磁晶类与晶类的关系一样: 如果将 R 换作恒等变换, 则前者即化为后者. 磁空间群总共有 1651 个, 如同磁晶类一样, 它们也分为三类.

属于类型 I 的磁空间群有 230 个, 他们与普通晶体空间群相同, 完全不包含 R 变换. 属于类型 Ⅱ 的为包含 R 元素的那 230 个群.

① 例如, 铁的铁磁相的晶格就是这样的. 在晶体学方面它表现为 (沿一根 4 阶轴) 略有畸变的立方晶格. 畸变是由于磁结构存在而发生磁致伸缩的结果.

② 对称元素的标记符号处处均按本教程第三卷 §93, §94 给出的书写. 特别是, U_2, U_2' 为绕垂直于 4 阶轴的水平轴转动 180°; σ_h 为对水平平面的反射; σ_v, σ_v' 为对通过 C_4 轴及 U_2, U_2' 的竖直平面的反射; $U_2R, \sigma R$ 等记号表示以与 R 相乘方式进入该磁晶类的对称平面和对称轴.

属于非平庸的类型 Ⅲ 的磁空间群共有 1191 个, 它们均包含与转动、反射或平移组合的 R 变换. 它们具有 (38.2) 式所表示的结构, 其中 $\boldsymbol{H}$ 为晶体空间群 $\boldsymbol{G}$ 的任一指数为 2 的子群, 而 G_1 为不属于 $\boldsymbol{H}$ 的 $\boldsymbol{G}$ 的元素. 显然, 子群 $\boldsymbol{H}$ 与初始空间群 $\boldsymbol{G}$ 或是在平移对称性上相同, 或是在晶类上相同. 在前一种情况下, 它只有群 $\boldsymbol{G}$ 的 "转动元素" (转动与反射) 的一半, 而在后一种情况下, 其平移元素为群 $\boldsymbol{G}$ 的一半. 与此相应, 类型 Ⅲ 还可分为两个子类型.

子类型 Ⅲa 涉及这样的磁空间群, 其 (38.2) 式中的 G_1 为不属于 $\boldsymbol{H}$ 的晶体群 $\boldsymbol{G}=\boldsymbol{H}+G_1\boldsymbol{H}$ 的某种 "转动" 变换. 这种类型的空间群的平移对称性 (布拉维格子) 与群 $\boldsymbol{G}$ 的平移对称性相同. 换句话说, 磁结构的单胞与纯晶体单胞相同. 这些磁空间群 (总数 674 个) 与第三类型的磁晶类有关.

属于子类型 Ⅲb 的磁空间群是那些其 (38.2) 式中的 G_1 可选为移动群 $\boldsymbol{G}$ 的一个基本周期的纯粹平移. 磁结构的单胞体积为晶体单胞体积的二倍. 纯粹平移以及乘以 R 的平移的集合构成**磁布拉维**格子, 总共有 22 个不同的这种格子. 属于子类型 Ⅲb 的磁空间群 (总数为 517) 与第二类型的磁晶类有关 ①.

习　　题

试列举允许铁磁性存在的所有磁晶类.

解: 类型 Ⅱ 的磁晶类不允许铁磁性. 我们要强调指出, 包含有平移与 R 相乘元素的类型 Ⅱ 和类型 Ⅲb 的所有磁空间群也不允许铁磁性 (因为这些对称元素导致 $\boldsymbol{M}$ 变号); 这也就是说, 为使铁磁性存在, 在所有情况下都必须使磁性原胞等同于晶体原胞 ②.

类型 Ⅰ 磁晶类 (与普通晶类相同) 中允许轴矢量存在的磁晶类有:

$\boldsymbol{C}_1, \boldsymbol{C}_i - \boldsymbol{M}$ 在任意方向;

$\boldsymbol{C}_s - \boldsymbol{M}$ 在对称平面内;

$\boldsymbol{C}_2, \boldsymbol{C}_{2h}, \boldsymbol{C}_4, \boldsymbol{S}_4, \boldsymbol{C}_{4h}, \boldsymbol{C}_3, \boldsymbol{C}_6, \boldsymbol{S}_6, \boldsymbol{C}_{3h}, \boldsymbol{C}_{6h} - \boldsymbol{M}$ 沿对称轴.

允许铁磁性存在的类型 Ⅲ 磁晶类, 在任何情况下, 都必须不包含 IR 元素, 这一元素使处于任一方向的 $\boldsymbol{M}$ 变号. 这些磁晶类中允许铁磁性存在的有:

$\boldsymbol{C}_2(\boldsymbol{C}_1), \boldsymbol{C}_{2h}(\boldsymbol{C}_i) - \boldsymbol{M}$ 垂直于 C_2R 轴;

$\boldsymbol{C}_s(\boldsymbol{C}_1) - \boldsymbol{M}$ 在 σR 平面内;

---

① 作为反对称群的磁空间群是由 A. M. 扎莫尔扎耶夫 (1953) 以及 Н. В. 别洛夫、Н. Н. 涅罗诺娃和 Т. С. 斯米尔诺娃 (1955) 构造的. 后一组作者们编制的表见 Труды Института Кристаллографии, 1955, Т. 2, с. 33, 其英译文见 A. V. Shubnikov and N. V. Belov, *Colored Group*, Pergamon Press, 1964. 最完整的磁空间群及其性质的表是由 В.А. 柯普奇克给出的, 见 В. А. Копчик, Шубниковские Группы, Изд. МГУ. 1966.

② 我们再次提醒读者 (见 §38 第二个脚注), 这里所说的是由于磁结构存在已经畸变了的晶格对称性.

$\boldsymbol{C}_{2v}(\boldsymbol{C}_s) - \boldsymbol{M}$ 在垂直于 C_2R 轴的 $\sigma_v R$ 平面内;

$\boldsymbol{D}_2(\boldsymbol{C}_2), \boldsymbol{C}_{2v}(\boldsymbol{C}_2), \boldsymbol{D}_{2h}(\boldsymbol{C}_{2h}) - \boldsymbol{M}$ 沿 C_2 轴;

$\boldsymbol{D}_4(\boldsymbol{C}_4), \boldsymbol{C}_{4v}(\boldsymbol{C}_4), \boldsymbol{D}_{2d}(\boldsymbol{S}_4), \boldsymbol{D}_{4h}(\boldsymbol{C}_{4h}), \boldsymbol{D}_3(\boldsymbol{C}_3), \boldsymbol{C}_{3v}(\boldsymbol{C}_3), \boldsymbol{D}_{3d}(\boldsymbol{S}_6),$ $\boldsymbol{D}_{3h}(\boldsymbol{C}_{3h}), \boldsymbol{D}_6(\boldsymbol{C}_6), \boldsymbol{C}_{6v}(\boldsymbol{C}_6), \boldsymbol{D}_{6h}(\boldsymbol{C}_{6h}) - \boldsymbol{M}$ 沿 C_4, C_3 或 C_6 轴.

§39 居里点附近的铁磁体

铁磁体的磁学性质与铁电体的电学性质之间有着深刻的相似性. 二者在宏观体积内都具有自发极化——自发磁极化与自发电极化. 温度变化时自发极化的消失, 在两种情况下都是通过二级相变发生的 (铁磁相与顺磁相之间的相变点称作**居里点**).

与此同时, 铁磁现象与铁电现象之间又有本质性的区别, 这与导致它们的自发极化出现的微观相互作用的差别有关. 在铁电体情况下, 晶格中的相互作用本质上是各向异性的, 结果其自发极化矢量相当牢固地与晶体中的确定方向相结合.

磁结构包括铁磁结构的出现基本上是与交换相互作用相联系的, 而这种相互作用一般与总磁矩相对于晶格的方向无关 ①. 当然, 除交换相互作用之外, 还存在原子磁矩间的直接相互作用. 但是, 因为原子磁矩本身含有 $1/c$ 的因子, 这个相互作用是 $\sim v^2/c^2$ 量级的效应 (v 为原子速度). 属于这一类别的相互作用还有原子磁矩与晶格电场的相互作用. 所有这些相互作用 (由于其含有 $1/c^2$ 因子, 可称之为相对论性相互作用) 与交换相互作用相比都很弱, 因而只能导致相当微弱的对磁化方向的依赖性. 在本章以下的叙述中, 处处都以交换相互作用与相对论相互作用之间这种关系为前提 ②.

因此, 铁磁体的磁化强度在一级近似下 (亦即相对于基本 (交换) 相互作用) 是一个守恒量. 这一情况赋予热力学理论更为深刻的物理意义, 在热力学

---

① 众所周知, 交换相互作用是一种特殊的量子效应, 它的产生与粒子系统的波函数相对于粒子置换的对称性有关. 波函数的置换对称性, 以及与此相关的交换相互作用, 仅依赖于粒子系的总自旋, 而与总自旋的方向无关 (参见本教程第三卷 §60). 交换相互作用在铁磁体中的作用是首先由 Я. И 弗仑克尔、Я. Г. 道尔夫曼及 W. 海森伯提出的 (1928).

② 相对论相互作用与交换相互作用之比的数量级由关系式 $U_{\text{aniso}}/NT_{\text{c}}$ 表征, 其中 U_{aniso} 为**磁各向异性能** (参见下一节), N 为单位体积中的原子数, T_c 为居里点温度. 对于铁磁体, 其值通常为 10^{-2}—10^{-5}. 在一系列铁磁体 (稀土金属及其化合物) 中, 这个比值可表现得非常大, 甚至达到 1 的量级. 这既是因为磁各向异性能的 “反常” 的大, 也因为交换相互作用的相对微弱. 自然, 宏观理论对于这类磁体适用的可能性受到很大限制. 对具体磁体中不同相互作用的微观机制的详细讨论, 超出了本书的范围.

理论中 $\boldsymbol{M}$ 被当作独立变量, 其实际数值 (作为温度、场等的函数) 因此由相应的热平衡条件确定 ①.

用 $\Phi(\boldsymbol{M},\boldsymbol{H})$ 表示单位体积物质的热力学势, 将之看为独立变量 $\boldsymbol{M}$ (及其他热力学变量) 的函数. 我们将暂时忽略相对论性相互作用, 也就是说, 只考虑基本的交换相互作用. 此时 $\Phi(\boldsymbol{M},0)$ 可以仅为矢量 $\boldsymbol{M}$ 的大小的函数, 而与矢量的方向无关.

为求得磁场 $\boldsymbol{H}$ 不为零时的热力学量, 我们可以仿照推导公式 (19.3) 的步骤来做: 由关系式 $\partial\widetilde{\Phi}/\partial\boldsymbol{H}=-\boldsymbol{B}/4\pi$ 出发并求得

$$\widetilde{\Phi}(\boldsymbol{M},\boldsymbol{H})=\Phi(M,0)-\boldsymbol{M}\cdot\boldsymbol{H}-\frac{H^2}{8\pi}. \tag{39.1}$$

由此对于 Φ 我们有:

$$\Phi(\boldsymbol{M},\boldsymbol{B})=\widetilde{\Phi}+\frac{\boldsymbol{H}\cdot\boldsymbol{B}}{4\pi}=\Phi(M,0)+\frac{H^2}{8\pi}=\Phi(M,0)+\frac{1}{8\pi}(\boldsymbol{B}-4\pi\boldsymbol{M})^2. \tag{39.2}$$

在忽略铁磁体的磁各向异性的情况下, $\boldsymbol{M}$ 和 $\boldsymbol{H}$ 的方向自然相同. 所以在方程 (39.1) 和 (39.2) 中可以用这两个量的大小替代矢量.

在居里点附近, $\boldsymbol{M}$ 很小. 我们将在朗道二级相变的一般理论框架内来考察铁磁体在这一温度区间的性质 ②. 依照这个理论, 将 $\Phi(M,0)$ 按矢量 $\boldsymbol{M}$ 的幂级数展开, 这里 $\boldsymbol{M}$ 起序参数的作用. 各向同性函数按矢量幂级数的展开, 只可能含偶数幂次的项:

$$\widetilde{\Phi}=\Phi_0+AM^2+BM^4-MH-\frac{H^2}{8\pi}, \tag{39.3}$$

其中 Φ_0, A, B 仅为温度和压强的函数 ③.

居里点 $T=T_c(P)$ 由系数 A 在该点等于零确定, 而且, 当 $T>T_c$ 时 $A>0$, $T<T_c$ 时 $A<0$ (尽管并非热力学所必须, 但在所有已知的铁磁体中, 都存在这种相之间的温度关系). 在居里点附近, 我们有

$$A=a(T-T_c), \tag{39.4}$$

其中 $a>0$, 为一不依赖于温度的常量. 公式 (39.3) 、(39.4) 与公式 (19.3) 仅在所含物理量的意义上有差异: M 代替了 P_z, H 代替了 E_z. 因此我们将不再重复 §19 中所述的那些论证, 直接给出以下由 (39.3) 、(39.4) 导出的结论.

---

① 按其宏观磁对称性和在不太强的磁场中的行为而言, 共线亚铁磁体与铁磁体在狭义上没有区别 (参见 §37 末). 以下所述的理论对这两类铁磁体都是适用的.

② 铁磁体在靠近居里点的涨落区内的性质将在 §47 中讨论.

③ 展开中仅含 $\boldsymbol{M}$ 的各分量偶数阶幂的事实还有与交换近似无关的更为深刻的原因: 量 $\boldsymbol{M}$ 对于时间反演是奇的, 而热力学势对于这个变换应当是不变的.

铁磁相中的自发磁化强度随温度变化的规律是

$$M = \sqrt{\frac{a}{2B}(T_c - T)}. \tag{39.5}$$

高于居里点处不存在自发磁化强度, 而磁化率等于

$$\chi = \frac{1}{2a(T - T_c)}, \tag{39.6}$$

亦即出现磁化率反比于 $T - T_c$ 的顺磁性 (**居里–外斯定律**). 低于居里点处我们有

$$\chi = \left(\frac{\partial M}{\partial H}\right)_{H\to 0} = \frac{1}{4a(T_c - T)}. \tag{39.7}$$

不过我们要提醒读者, 这个量并不是一般意义下的磁化率 (亦即 M 和 H 之间的比例系数), 因为甚至当 H=0 时, $M \neq 0$.

事实上, 磁化率 (39.7) 的数值仅在贴近居里点的区域可以达到 1 的数量级. 离开这个区域, 我们可以认为在磁场影响下磁化强度 M 的变化非常小, 在给定温度下可将其看作常量, 在后面的各节中都保持这一假设.

在这方面铁磁体与铁电体存在进一步的差别: 对于铁电体, 一般而言, $\partial P/\partial E$ 甚至在远离居里点处也不是很小. 其原因仍然在于原子磁矩比分子的电偶极矩小得多.

在 §19 中曾指出, 加入电场会抹平铁电体中的离散二级相变点. 同样的情况当然也出现在处于磁场中的铁磁体中. 由于在交换近似下, $\boldsymbol{M}$ 与 $\boldsymbol{H}$ 方向一致, 故在此近似下, 在 $\boldsymbol{H}$ 的任何晶体学方向上都会出现相变的模糊化.

§40 磁各向异性能

如上所述, 铁磁体磁性质的各向异性与其原子间相对微弱的相对论性相互作用有关. 在宏观理论中, 这种各向异性是通过在热力学势中引入依赖于磁化方向的相应项——**磁各向异性能**来描述的.

由微观理论出发计算各向异性能, 需要采用量子力学的微扰论, 晶体哈密顿量中描写相对论相互作用的项扮演微扰的角色. 然而, 也可以不通过这些计算, 而用对称性考虑得到待求的表达式的一般形式.

相对论相互作用的哈密顿量包括电子自旋算符的一阶项和二阶项 (自旋–轨道相互作用和自旋–自旋相互作用). 它们的大小由 v^2/c^2 确定, 其中, v 为原子中电子速度的数量级, c 为真空光速. 各向异性能微扰级数按这一小量展开, 然而, 由于上述微扰算符与自旋算符的依赖关系, 各向异性能可自动地

以磁化强度矢量的方向余弦 (亦即单位矢量 $\boldsymbol{m}$ 在极化矢量 $\boldsymbol{M}$ 方向上的分量) 的幂级数形式得到. 从另一方面考虑, 各向异性能 U_{aniso}, 同热力学势 Φ (见 §39 最后一个脚注) 一样, 对于时间反演是不变量, 而 $\boldsymbol{M}$ 在这一变换下变号. 由此可知, 各向异性能应当是 $\boldsymbol{m}$ 的分量的偶函数.

对于单轴或双轴晶体, 各向异性能的展开以 $\boldsymbol{m}$ 分量的二次项起始. 我们将这些项以

$$U_{\text{aniso}} = K_{ik} m_i m_k, \tag{40.1}$$

表示, 其中 K_{ik} 为对称二阶张量, 它的各分量 (与 U 本身一样) 具有能量密度的量纲. 在单轴和双轴晶体中这种张量分别有两个和三个独立分量. 然而在当前情况下, 必须注意到, 二次方组合 $m_x^2 + m_y^2 + m_z^2 = 1$ 与矢量 $\boldsymbol{m}$ 的方向无关, 故可以从各向异性能中排除. 因此对于单轴和双轴晶体, (40.1) 式相应地总共含有一个或两个独立系数.

于是, 可将单轴晶体的各向异性能写作

$$U_{\text{aniso}} = K(m_x^2 + m_y^2) = K \sin^2\theta \tag{40.2}$$

或者其等价形式 ①

$$U_{\text{aniso}} = -K m_z^2 = -K \cos^2\theta,$$

其中 θ 是 $\boldsymbol{m}$ 与 z 轴间的夹角, 我们将晶体对称主轴选为 z 轴. 如果系数 (温度的函数)$K > 0$, 则在沿 z 轴磁化时各向异性能取极小值, 通常称这个轴为**易磁化方向**, 而称这样的铁磁体属于**易磁化轴**型的铁磁体. 而当 $K < 0$ 时, 易磁化方向在 xy 平面 (晶体的底平面) 内, 这样的铁磁体属于所谓**易磁化平面**型铁磁体 ②. (40.2) 式在 xy 平面是各向同性的. 但是, 这种各向同性在 U_{aniso} 展开的高阶项中被破坏, xy 平面内的易磁化方向 ($K < 0$ 时) 由这些项确定. 这些项的具体形式取决于晶体所属的晶系.

在四角晶体中, 四阶项含有两个独立不变量 $(m_x^2 + m_y^2)^2$ 和 $m_x^2 m_y^2$(选 x 轴与 y 轴分别沿底平面上两个二重轴方向). 这两个不变量中的第二个导致底平面内的各向异性.

在六角晶体中, 各向异性能只包含一个正比于 $(m_x^2 + m_y^2)^2$ 的四阶项. 在

---

① 这两个表达式之间相差了一个与方向无关的量 K. 将其中的一个转变为另一个意味着将这个量包含到 Φ 的各向同性部分中去了; 特别是, 在 (39.3) 式中的 A 发生了改变.

② 六角钴是单轴铁磁体的一个例子, 其 K 值在温度 ~ 530 K 时变号, 且 K 分别在低于或高于此一温度时大于或小于零. 在 0 K 时 K 的外推值为 $K \approx 0.8 \times 10^7 \text{erg/cm}^3$. 而 NT_c 之值 $\sim 2 \times 10^{10} \text{erg/cm}^3$.

这一近似下各向异性能写作

$$U_{\text{aniso}} = K_1 \sin^2\theta + K_2 \sin^4\theta \tag{40.3}$$

(40.2) 式中的系数 K 在此被标记为 K_1. 但是, 在底平面内各向异性仅在 6 阶项中才出现, 这一阶的各向异性不变量为

$$\frac{1}{2}[(m_x + \mathrm{i}m_y)^6 + (m_x - \mathrm{i}m_y)^6] = \sin^4\theta\cos 6\varphi \tag{40.4}$$

其中, 选 x 轴沿底平面的一条二重轴, 方位角 φ 从它开始起算.

最后, 棱面体对称性允许具有两个 4 阶项不变量

$$(m_x^2 + m_y^2)^2 = \sin^4\theta, \tag{40.5}$$

$$\frac{1}{2}m_z[(m_x + \mathrm{i}m_y)^3 + (m_x - \mathrm{i}m_y)^3] = \cos\theta\sin^3\theta\cos 3\varphi, \tag{40.6}$$

式中 y 轴沿一条二重轴, 角 φ 由 x 轴起算. 第二个不变量中 m_z 因子的存在导致易磁化方向离开底平面一个小角度, 因为 m_z 是小量, 确定易磁化方向既需要 4 阶项, 也需要 6 阶项 (其中包括带不变量 (40.4) 式的项).

下面我们转向立方系铁磁晶体的讨论. 这些晶体的性质与单轴晶体的性质有很大的不同. 原因在于, 由 $\boldsymbol{m}$ 的分量构成的在立方对称变换下不变的唯一的二阶量组合是 $\boldsymbol{m}$ 的平方 $\boldsymbol{m}^2 = 1$. 所以立方晶体各向异性能展开中第一个不消失的项是 4 阶项, 而不是二阶项. 与此相关, 立方晶体的磁各向异性效应, 一般而言, 比单轴和双轴晶体弱.

立方对称性总共只允许一个依赖于 $\boldsymbol{m}$ 方向的 4 阶不变量. 立方铁磁体的各向异性能可以表示为

$$U_{\text{aniso}} = K(m_x^2 m_y^2 + m_x^2 m_z^2 + m_y^2 m_z^2) \tag{40.7}$$

或者

$$U_{\text{aniso}} = -\frac{1}{2}K(m_x^4 + m_y^4 + m_z^4)$$

的形式. 两个表达式的等价性很显然, 因为它们之差为与 $\boldsymbol{m}$ 的方向无关的量 $K/2$.

当 $K > 0$ 时 (例如, 对于铁), 在矢量 $\boldsymbol{m}$ 平行于立方体三个棱的三个位置上各向异性能达到同样量值的极小值 (三个棱分别为 x, y, z 轴, 晶体学方向分别为 [100], [010], [001]). 因此, 在这种情况下, 晶体有三个等价的易磁化轴.

如果 $K < 0$ (例如, 对于镍), 则各向异性能在 $m_x^2 = m_y^2 = m_z^2 = 1/3$ 时取极小值, 也就是说, 在 $\boldsymbol{m}$ 的方向沿着立方体的四条空间对角线之任一条时 (晶

体学方向 [111], [$\bar{1}$11] 等), 各向异性能取极小值. 它们即是在此一情况下的易磁化方向 ①.

立方晶体各向异性能 (40.7) 式之后的下一阶近似对应于 6 阶项. 从这些项中略去与方向无关的不变量 $(\boldsymbol{m}^2)^3$ 以及与 (40.7) 式仅相差因子 $\boldsymbol{m}^2$ 的表示式, 我们就只剩下一个不变量, 可以取其为 $m_x^2 m_y^2 m_z^2$. 于是

$$U_{\text{aniso}} = K_1(m_x^2 m_y^2 + m_x^2 m_z^2 + m_y^2 m_z^2) + K_2 m_x^2 m_y^2 m_z^2. \tag{40.8}$$

应当指出, 沿任一易磁化轴自发磁化的铁磁立方晶体, 严格地说, 失去了立方对称性 (与此相关发生了相应的原子移动, 即晶格畸变). 沿立方体棱磁化的晶体成为弱四角对称的, 而沿立方体空间对角线磁化的晶体则成为棱面体对称晶体. 在这方面, 立方晶体与易磁化方向沿对称主轴的单轴晶体不同, 显然, 单轴晶体在这一方向的磁化不改变晶体对称性.

我们再一次强调, 在本节中所研究的各向异性能按单位矢量 $\boldsymbol{m}$ 幂次的展开并非按磁化强度 $\boldsymbol{M}$ 本身的展开 (在远离居里点处, 磁化强度完全不是小量), 级数的收敛性只与相对论相互作用的微弱有关. 但在居里点附近因 $\boldsymbol{M}$ 很小, 它成为按 $\boldsymbol{M}$ 幂次的展开. 在朗道理论的框架内, 这意味着单轴晶体中的比率 K^2/M (K 为 (40.2) 式中的常量) 在 $T \to T_c$ 时需趋向一个异于零的有限值. 为解释这一结论, 我们来考察, 例如, 顺磁相向易磁化轴型铁磁相的相变. 根据 (39.3) 式和 (40.2) 式, 热力学势按 $\boldsymbol{M}$ 分量的幂次展开的平方项的形式为

$$AM_z^2 + \left(A + \frac{K}{M^2}\right)(M_x^2 + M_y^2).$$

相变点由 M_z^2 的系数趋于零确定, 而 $M_x^2 + M_y^2$ 的系数趋向有限值.

与此相似, 在立方铁磁体中应当是比率 K/M^4 趋于有限值 (K 为 (40.7) 式的系数).

但是在涨落区内, 上述各向异性系数的行为一般而言不再成立.

§41 铁磁体的磁化曲线

我们现在来研究单轴铁磁体的磁化强度与其中磁场的关系, 为了确定起见, 我们假设铁磁体是易磁化轴型的. 这里, 引入无量纲系数 $\beta > 0$ (根据

① 作为例子, 我们指出, 对于铁和镍, $K/3$ (最难磁化与最易磁化方向 U_{aniso} 之差) 外推到 0 K 的值在 $2 \times 10^5 \text{erg/cm}^3$ 左右.

$K=\beta M^2/2$) ①, 将各向异性能方便地写为

$$U_{\text{aniso}}=\frac{\beta M^2}{2}\sin^2\theta, \tag{41.1}$$

大家应当记得, 我们曾假定磁化强度的大小不依赖于 $\boldsymbol{H}$, 于是我们仅关心这个矢量的转动 ②. 从对称性考虑, 矢量 $\boldsymbol{M}$ 显然在过 z 轴与 $\boldsymbol{H}$ 方向的平面内 (只要在各向异性能中不计及那些在 xy 平面各向异性的高阶项), 取此一平面为 xz 平面. 计及了各向异性的热力学势等于 ③

$$\begin{aligned}\widetilde{\Phi}&=\Phi_0(M)+\frac{\beta}{2}M_x^2-\boldsymbol{H}\cdot\boldsymbol{M}-\frac{H^2}{8\pi}\\&=\Phi_0(M)+\frac{\beta M^2}{2}\sin^2\theta-M(H_x\sin\theta+H_z\cos\theta)-\frac{H^2}{8\pi}.\end{aligned} \tag{41.2}$$

$\boldsymbol{M}$ 对 $\boldsymbol{H}$ 的依赖关系由平衡条件 $\partial\widetilde{\Phi}/\partial\theta=0$ 确定, 由此

$$\beta M\sin\theta\cos\theta=H_x\cos\theta-H_z\sin\theta. \tag{41.3}$$

相对于未知函数 $\xi=\sin\theta$, 这是一个四次代数方程

$$(\beta M\xi-H_x)^2(1-\xi^2)=H_z^2\xi^2$$

其中 ξ 的奇次幂项系数不为零. 这个方程或者有两个, 或者有四个实数根 (且所有根均 <1). 因为所有这些根都对应于函数 $\widetilde{\Phi}(\theta)$ 的极值, 十分清楚, 前一情况下这个函数有一个极大值和一个极小值, 而在第二种情况下, 有两个极大值和两个极小值. 换言之, 在第一种情况下磁化强度的一个方向与给定的 $\boldsymbol{H}$ 值相对应. 而在第二种情况下, 对于给定的 $\boldsymbol{H}$ 可以有两个不同的 $\boldsymbol{M}$ 方向, 其中一个 (相应于 $\widetilde{\Phi}(\theta)$ 的较小的极小值) 对应于热力学完全稳定方向, 而另一个 (相应于 $\widetilde{\Phi}(\theta)$ 的较大的极小值) 对应于热力学亚稳方向.

两种情况中究竟出现哪种情况, 依赖于 H_x 和 H_z 的取值. 在逐渐改变这两个参数的过程中, 当一个极大值与一个极小值汇合时, 一种情况会转换为另

① 下述分析基于各向异性能的表达式 (41.1). 但是应当指出, 首项为这一表示式的展开在实际情况下的收敛性通常很差. 所以, 为了得到令人满意的对现象的定量描写, 展开中还应当包含下一阶 (四阶) 项.

② 除此处所考虑的矢量 $\boldsymbol{M}$ 的转动过程之外, 在处于非常强磁场中的铁氧体内还有另外一个过程: 迎头相遇的反平行磁矩转变方向, 变成平行的. 不过, 这只发生在 $H\sim T_c/\mu$ 的 "交换" 场中. 例如, 对于铁氧体 $FeO.Fe_2O_3$ ($T_c\approx$580K, $\mu\sim\mu_B$), 这些场的 $H\sim10^7$Oe.

③ 将 U_{aniso} 包含到热力学势 $\widetilde{\Phi}$ 中, 我们暗指各向异性常量是在给定的弹性应力下确定的.

一种情况. 此时 $\widetilde{\Phi}(\theta)$ 曲线中替代极值点出现了拐点, 亦即二阶导数 $\partial^2\widetilde{\Phi}/\partial\theta^2$ 与一阶导数 $\partial\widetilde{\Phi}/\partial\theta$ 一起趋于零. 将方程 (41.3) 改写为

$$\frac{H_x}{\sin\theta}-\frac{H_z}{\cos\theta}=\beta M$$

的形式, 并再一次对 θ 求微商后, 我们得到

$$\frac{H_x}{\sin^3\theta}=-\frac{H_z}{\cos^3\theta}.$$

从这两个方程中消去 θ, 我们得到

$$H_x^{2/3}+H_z^{2/3}=(\beta M)^{2/3}. \tag{41.4}$$

在 H_x-H_z 图中, 方程 (41.4) 确定了图 21 所示的封闭曲线 (星形线). 此曲线将 H_xH_z 平面分割成两部分, 其中一部分可以有亚稳态存在, 另一部分则无亚稳态存在. 已经不需补充分析就可看出, 没有亚稳状态存在的区域是在曲线之外的区域. 很清楚, 当 $H\to\infty$ 时只有沿着磁场 $\boldsymbol{H}$ 的一个 $\boldsymbol{M}$ 方向是稳定的.

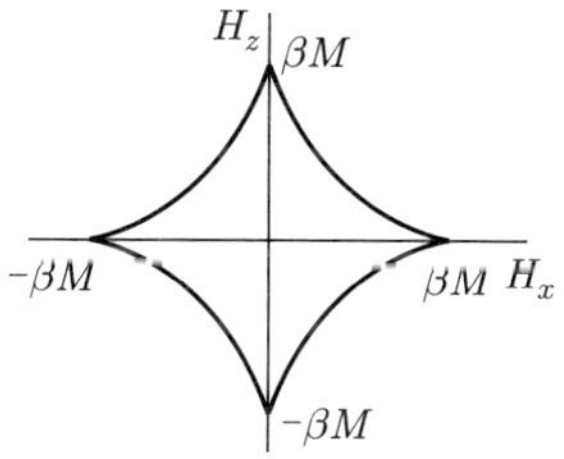

图 21

亚稳态的存在导致**磁滞回线**, 亦即外磁场变化时磁化强度通过这些状态的不可逆改变存在的可能性. 因此图 21 绘出的曲线代表了磁滞回线的绝对边界, 对于处于这条曲线之外的场强值绝对不可能有磁滞回线 ①.

场强 $\boldsymbol{H}$ 垂直于易磁化轴 ($H_x=H$, $H_z=0$) 的状态需要进行特别的研究. 其热力学势为

$$\widetilde{\Phi}=\Phi_0-\frac{H^2}{8\pi}+\frac{\beta M^2}{2}\sin^2\theta-HM\sin\theta. \tag{41.5}$$

如果 $H>\beta M$, 则 $\widetilde{\Phi}$ 仅有一个极小值, 其 $\theta=\pi/2$, 即磁化强度沿磁场方向. 而如果 $H<\beta M$, $\widetilde{\Phi}$ 在

$$M_x=M\sin\theta=\frac{H}{\beta} \tag{41.6}$$

① 在本章的全部叙述中我们仅限于铁磁体的平衡状态以及与之相应的其中的可逆过程. 特别是, 我们完全不涉及磁滞现象的机理, 磁滞现象可能与晶体缺陷、样品的内应力、多晶性等原因有关.

时有极小值, 这与矢量 $\boldsymbol{M}$ 相对于 x 轴对称的两个位置相对应, 即 θ 和 $\pi-\theta$ 两个位置. 于是, 在这种情况下有两个平衡态, 它们具有同样的 $\widetilde{\Phi}$ 值, 因此也具有同等程度的稳定性.

这一情况十分重要, 因为它将导致存在两个相邻相的可能, 在这两个相中, $\boldsymbol{H}$ 相同而磁化强度 $\boldsymbol{M}$ (从而磁感应强度 $\boldsymbol{B}$) 不同. 结果出现了降低物体总热力学势的新的可能性: 将物体分割为一系列单独的小区域, 在每一个单独小区域中, 磁化强度取两个允许方向之一. 这些区域称作**自发磁化区**或**磁畴**. 铁磁体的热力学平衡结构的实际确定要求对物体作总体考察, 计及其具体形状及尺度. 我们将在 §44 回到这一问题.

我们来考察物体的一部分, 它比物体的总体积小, 但与磁畴尺度相比大得多. 可以认为磁场强度 H_x 在这个区域内是常量, 而利用 $\overline{\boldsymbol{M}}$ 和 $\overline{\boldsymbol{B}}$ 标记在这一区域的体积内的 $\boldsymbol{M}$ 和 $\boldsymbol{B}$ 的平均值. 除 H_x 之外, 磁化强度的横向分量 $M_x=H_x/\beta$ 在这一区域也是常量. 磁化强度的纵向分量 M_z 在不同的磁畴中正负号不同, 结果其平均值在所有情况下都不会超过 $|M_z|$. 再考虑到处处 $H_z=0$, 故磁感应强度的平均值为

$$\overline{B}_x=H_x\left(1+\frac{4\pi}{\beta}\right),\quad \overline{B}_z<4\pi\sqrt{M^2-\frac{H_x^2}{\beta^2}}. \tag{41.7}$$

这些方程确定了与单轴铁磁体磁畴结构对应的磁感应强度平均值的取值范围.

对于立方晶体中 $\boldsymbol{M}$ 与 $\boldsymbol{H}$ 的依赖关系, 原则上也可如上述对单轴晶体的分析一样进行类似的分析. 但由于方程过于复杂, 无法在此得到显式的解析结果, 今后我们不再讨论这一问题.

习 题

1. 一具有旋转椭球 (且其易磁化轴与旋转轴重合) 形状的单轴铁磁晶体被置于外磁场 $\mathfrak{H}$ 中, 试确定使物体具有磁畴结构的 $\mathfrak{H}$ 的取值范围.

解: 根据处于均匀外场中的椭球体的一般性质 (§8), 按畴结构平均的磁感应强度 $\overline{\boldsymbol{B}}$ 和磁场强度 $\overline{\boldsymbol{H}}=\boldsymbol{H}$ 与 $\mathfrak{H}$ 的关系为

$$n\overline{B}_z+(1-n)H_z=\mathfrak{H}_z,\quad \frac{1-n}{2}\overline{B}_x+\frac{1+n}{2}H_x=\mathfrak{H}_x,$$

其中 n 为沿椭球主轴 (z 轴) 的去磁化系数. 令 $H_z=0$ 并利用公式 (41.7), 我们得到

$$H_x=\frac{\mathfrak{H}_x}{1+2\pi(1-n)/\beta},\quad \overline{B_z}=\frac{\mathfrak{H}_z}{n}<4\pi\sqrt{M^2-\frac{H_x^2}{\beta^2}}.$$

从以上二式中消去 H_x 后, 得到物体具有畴结构的磁场取值范围为

$$\frac{\mathfrak{H}_z^2}{(4\pi n)^2}+\frac{\mathfrak{H}_x^2}{[\beta+2\pi(1-n)]^2}<M^2,$$

2. 试确定置于强磁场 ($H\gg 4\pi M$) 中的多晶体按照微晶平均的磁化强度, 微晶具有单轴对称性.

解: 令在单一微晶的极限下, θ 与 ψ 分别为其易磁化方向与相应的 $\boldsymbol{M}$ 及 $\boldsymbol{H}$ 矢量的夹角. 不用作计算, 我们就已预先知道, 在强磁场中 $\boldsymbol{M}$ 的方向与 $\boldsymbol{H}$ 的方向非常接近, 也就是说, 角 $\vartheta=\theta-\psi$ 很小. 在 (41.2) 式中写出 $\boldsymbol{M}\cdot\boldsymbol{H}=MH\cos(\theta-\psi)$, 并令导数 $\partial\widetilde{\Phi}/\partial\theta$ 等于零, 我们得到

$$\vartheta\approx\sin\vartheta=-\frac{\beta M}{H}\sin\theta\cos\theta.$$

显然, 平均磁化强度的方向沿着 $\boldsymbol{H}$ 方向并等于

$$\overline{M}=M\overline{\cos\vartheta}=M\left(1-\frac{1}{2}\overline{\vartheta^2}\right)=M\left[1-\frac{\beta^2M^2}{2H^2}\overline{\sin^2\theta\cos^2\theta}\right],$$

其中横杠表示对微晶平均. 假设所有微晶的易磁化方向是等概率的, 我们有

$$\overline{M}=M\left(1-\frac{\beta^2M^2}{15H^2}\right).$$

因此, 平均磁化以 $\overline{M}-M\propto H^{-2}$ 的规律趋于饱和.

3. 对于立方对称微晶, 试解与习题 2 同样的问题.

解: 表达式

$$-\frac{\beta}{4}(M_x^4+M_y^4+M_z^4)-(H_xM_x+H_yM_y+H_zM_z)$$

(在 (40.7) 式中令 $K=\beta M^4/2$) 在附加条件 $M_x^2+M_y^2+M_z^2=\text{const}$ 下取极小值的条件为:

$$\beta M_x^3+H_x=\lambda M_x,\quad \beta M_y^3+H_y=\lambda M_y,\quad \beta M_z^3+H_z=\lambda M_z,$$

其中 λ 为拉格朗日不定乘子. 由此, 我们得到在大 H 值情况下

$$M_x\approx\frac{1}{\lambda}H_x+\frac{\beta}{\lambda^4}H_x^3+\cdots,$$

而将这些等式的平方相加, 我们得到 $M^2\approx H^2/\lambda^2$, 亦即 $\lambda\approx H/M$. 求得的 $\boldsymbol{M}$ 和 $\boldsymbol{H}$ 之间的夹角为

$$\vartheta^2\approx\sin^2\vartheta=\frac{(\boldsymbol{M}\times\boldsymbol{H})^2}{M^2H^2}=\frac{\beta^2M^6}{H^{10}}\sum H_x^2H_y^2(H_x^2-H_y^2)^2,$$

其中求和按下标 x, y, z 循环置换进行. 这一表示式按微晶方向的平均等价于对矢量 $\boldsymbol{H}$ 方向的平均. 后者以对确定 $\boldsymbol{H}$ 方向的球面角的积分的方式进行, 最后的结果为

$$\overline{M} = M\left(1 - \frac{1}{2}\overline{\vartheta^2}\right) = M\left(1 - \frac{2\beta^2 M^6}{105H^2}\right).$$

§42 铁磁体的磁致伸缩

铁磁体磁化强度在磁场中的改变导致其发生形变 (**磁致伸缩**). 这一现象既与物体中的交换相互作用有关, 也与物体中的相对论相互作用有关. 由于交换能只依赖于磁化强度的大小 M, 因此交换能的改变只可能与量 M 在磁场中的变化相联系. 一般而言, 尽管 M 的变化相对非常小, 但从另一方面看, 交换能本身比起各向异性能来要大得多. 因此, 与两种形式的相互作用有关的磁致伸缩效应, 在数量级上是可以互相比较的.

这种情况发生在单轴晶体中. $\boldsymbol{M}$ 方向的改变引起的显著形变发生在 $H \sim \beta M$ 的场中. 而在场 $H \sim 4\pi M$ 时, 量 M 的改变成为主要的. 如果这两个区域实际上是相互重合的, 则一般而言, 研究单轴铁磁体的磁致伸缩时必须同时考虑这两种效应. 这里我们不准备得到这些相当复杂的公式.

在立方晶体中, 由于和相对较小的各向异性能 (4 阶量) 有关, 情况截然不同. 与 $\boldsymbol{M}$ 的方向改变相联系的重要的磁致伸缩在场强相对弱的时候就可以发生, 而此时 M 的大小改变完全可以忽略. 下面我们就来研究这一效应.

形变物体中相对论相互作用能的改变是通过在热力学势 $\widetilde{\Phi}$ 中引入附加磁弹性项来描写的, 这些项依赖于弹性应力张量的分量 σ_{ik} 和矢量 $\boldsymbol{M}$ 的方向 (*H. C.* 阿库洛夫, 1928). 这些项中不为零的头几项与 σ_{ik} 成线性关系并正比于矢量 $\boldsymbol{M}$ 的方向余弦平方 (后者与时间反演的对称性有关). 于是在一般情况下, 磁弹性能表达式的形式为

$$U_{\text{m-el}} = -a_{iklm}\sigma_{ik}m_l m_m, \tag{42.1}$$

其中 a_{iklm} 为相对于两对指标 i, k 和 l, m 对称 (但对于 ik 对和 lm 对的交换不对称) 的无量纲 4 秩张量. 在居里点附近, 按矢量 $\boldsymbol{M}$ 的方向余弦阶数的展开与按其分量阶数的展开等价, 量 a_{iklm}/M^2 趋于一常数极限.

在计算张量 a_{iklm} 的独立分量数目时, 应当注意到 (42.1) 式中以组合 $m_x^2 + m_y^2 + m_z^2$ 形式包含 $\boldsymbol{m}$ 的分量的那些项与 $\boldsymbol{m}$ 的方向无关, 故而可以从磁弹性能中消去 ①. 考虑这点以后, 我们发现立方晶体的磁弹性能具有两个独立系

① 与此相联系而产生的选择 a_{iklm} 的某种任意性, 只不过反映了选择 $\boldsymbol{m}$ 的方向是有条件的, 在做这种选择时 (无外界机械力施加在物体上), 我们认为晶体没有形变.

数, 我们可将其写为:

$$U_{\mathrm{m-el}} = -a_1(\sigma_{xx}m_x^2 + \sigma_{yy}m_y^2 + \sigma_{zz}m_z^2) \\ -2a_2(\sigma_{xy}m_xm_y + \sigma_{xz}m_xm_z + \sigma_{yz}m_ym_z). \qquad (42.2)$$

将 $\widetilde{\Phi}$ 对相应的分量 σ_{ik} 求微商, 即得到形变张量:

$$u_{ik} = -\frac{\partial \widetilde{\Phi}}{\partial \sigma_{ik}},$$

同时 $\widetilde{\Phi}$ 中也应当包含通常的弹性能 (带相反的符号——见 §17 的第一个脚注). 对于立方晶体, 通常的弹性能具有 3 个独立弹性系数, 可以表示为

$$U_{\mathrm{el}} = \frac{\mu_1}{2}(\sigma_{xx}^2 + \sigma_{yy}^2 + \sigma_{zz}^2) \\ +\frac{\mu_2}{2}(\sigma_{xx} + \sigma_{yy} + \sigma_{zz})^2 + \mu_3(\sigma_{xy}^2 + \sigma_{xz}^2 + \sigma_{yz}^2), \qquad (42.3)$$

其中 μ_1, μ_2, μ_3 为正. 对于形变张量, 我们得到 ①

$$u_{xx} = (\mu_1 + \mu_2)\sigma_{xx} + \mu_2(\sigma_{yy} + \sigma_{zz}) + a_1m_x^2, \\ u_{xy} = \mu_3\sigma_{xy} + a_2m_xm_y \qquad (42.4)$$

其他的分量与此类似.

这些公式中包含了所考察的磁场值范围内的所有磁致伸缩效应. 特别是在没有内应力时, 由公式

$$u_{xx} = a_1m_x^2, \quad u_{xy} = a_2m_xm_y, \cdots \qquad (42.5)$$

确定磁化强度方向改变所引起的形变变化. 我们记得, 由于 $\boldsymbol{m}$ 方向是在假定不存在形变的条件下选取的, 所以在这个意义上形变的大小也是有条件的.

由具体问题 (如压缩晶体) 的解所确定的应力张量的数量级为 $\sigma \sim a/\mu$, 其中 a 和 μ 分别具有相应的 a_{iklm} 的系数和弹性系数的量级. 在这一意义上, 磁弹性能 (指单位体积的磁弹性能) 是一个量级为 a^2/μ 的量. 系数 a 是相对论自旋 - 自旋相互作用的一阶量, 因此磁弹性能就是其二阶量. 在单轴晶体中各向异性能是相对论相互作用的一阶量, 故按理它远大于磁弹性能. 而在立方晶体中, 各向异性能是相对论相互作用的二阶量, 因此在这个意义上, 一般而言它可与磁弹性能相比拟 ②. 与此相关, 有可能需要同时考虑两种形式的能量 (例如在研究磁化曲线时), 这将使问题大为复杂化.

① 对 $\widetilde{\Phi}$ 求微商时, 应当留心 §17 习题中的第 1 个脚注.

② 不过在立方晶体中, 磁弹性能有可能远小于各向异性能. 例如, 对于铁 (室温下) 二者之比 $\sim 10^{-2}$

我们现在来研究磁体在非常强的磁场 ($H \gg 4\pi M$) 中的磁致伸缩, 在这样强的磁场中各向异性能变得不再重要而且不再有磁畴结构, 于是可以认为 $\boldsymbol{M}$ 的方向与 $\boldsymbol{H}$ 的方向相同.

由于忽略了各向异性能, 晶体的具体对称性变得不再重要, 故而以下的这些公式适用于任何的铁磁体.

将物体置于均匀外磁场 $\mathfrak{H}$ 中. 其总热力学势 $\widetilde{\phi}$[①]由式

$$\widetilde{\phi} = -\mathscr{M} \cdot \mathfrak{H} = -MV\mathfrak{H} \tag{42.6}$$

给出, 其中 $\mathscr{M} = MV$ 为沿外磁场方向均匀磁化的物体的总磁矩, 这里我们略去了与磁场无关的项 $\widetilde{\phi}_0$. 对物体体积平均的形变张量由下式给出:

$$\overline{u}_{ik} = -\frac{1}{V}\frac{\partial \widetilde{\phi}}{\partial \sigma_{ik}},$$

从而

$$\overline{u}_{ik} = \frac{\mathfrak{H}}{V}\frac{\partial(VM)}{\partial \sigma_{ik}}. \tag{42.7}$$

因此, 形变由磁化强度对内应力的依赖性所确定.

在晶体立方对称的情况下, 所有表征其性质的二秩对称张量均归结为一个标量乘以 δ_{ik}. 这也适用于张量 $\partial(VM)/\partial\sigma_{ik}$, 在这种情况下, 磁致伸缩形变归结为均匀压缩或均匀膨胀.

如果我们仅对物体的总体积变化 δV 感兴趣, 则其可直接由 $\widetilde{\phi}$ 对压强求微商得到:

$$\delta V = \frac{\partial \widetilde{\phi}}{\partial P} = -\mathfrak{H}\frac{\partial(MV)}{\partial P}, \tag{42.8}$$

其中 P 应当理解为均匀作用于物体表面的压强.

习　　题

1. 试求出铁磁立方晶体依赖于磁化方向 $\boldsymbol{m}$ 和测量方向 $\boldsymbol{n}$ 的相对伸长.

解: 在单位矢量 $\boldsymbol{n}$ 方向的相对伸长可通过形变张量用下式表示:

$$\frac{\delta l}{l} = u_{ik}n_i n_k.$$

将 (42.5) 式中的 u_{ik} (无内应力) 代入上式后, 我们得到

$$\frac{\delta l}{l} = a_1(m_x^2 n_x^2 + m_y^2 n_y^2 + m_z^2 n_z^2) + a_2(m_x m_y n_x n_y + m_x m_z n_x n_z + m_y m_z n_y n_z).$$

---

① 这里所指的是 §12 节定义的 $\widetilde{\phi}$. 当物体的形变显著地非均匀时, 这一定义不适用.

我们记得, 这个量本身并没有绝对意义, 只有该量在 $\boldsymbol{m}$ 和 $\boldsymbol{n}$ 的不同方向的取值之差才有绝对意义. 例如, 如果 $\boldsymbol{m}$ 指向 x 轴方向, 则 $\delta l/l$ 沿 x 轴和 y 轴取值之差等于 a_1. 如果 $\boldsymbol{m}$ 的指向是沿着一条空间对角线, 则 $\delta l/l$ 在这个方向的取值与沿着其他三条空间对角线取值之差为 $4a_2/9$.

2. 一铁磁性椭球处于外磁场 $\mathfrak{H} \sim 4\pi M$ 中, 外磁场方向与该椭球的一个轴平行. 假定铁磁体是立方晶体, 试确定铁磁椭球在磁致伸缩下的体积改变 ①.

解: 在忽略各向异性能情况下, 磁畴结构的存在区域由不等式 $\overline{B} < 4\pi M$ (当 $H = 0$ 时) 确定 (其中横杠表示对体积求平均; 参见 §41). 在椭球中 $n\overline{B} + (1-n)\overline{H} = \mathfrak{H}$, 并令 $H = 0$, 我们发现在

$$\mathfrak{H} < 4\pi n M$$

的情况下存在磁畴结构. 此时 $n\overline{B} = 4\pi n\overline{M} = \mathfrak{H}$, 也就是说平均磁化强度

$$\overline{M} = \frac{\mathfrak{H}}{4\pi n}.$$

由此得出热力学势

$$\widetilde{\varPhi} = -V\int_0^{\mathfrak{H}} \overline{M}\mathrm{d}\mathfrak{H} = -\frac{\mathfrak{H}^2}{8\pi n}V. \tag{1}$$

倘若 $\mathfrak{H} > 4\pi n M$, 则椭球完全沿磁场磁化: $\overline{M} = M$. 此时

$$\widetilde{\varPhi} = -M\mathfrak{H}V + 2\pi M^2 V n \tag{2}$$

($\mathfrak{H} = 4\pi M n$ 时, (1) 式与 (2) 式相同).

所寻求的体积改变可通过取 $\widetilde{\varPhi}$ 对压强的微商得到:

$$\delta V = -\frac{\mathfrak{H}^2}{8\pi n}\frac{\partial V}{\partial P} \qquad \text{当 } \mathfrak{H} < 4\pi n M \text{ 时}$$

$$\delta V = -\mathfrak{H}\frac{\partial (MV)}{\partial P} + 2\pi n\frac{\partial (M^2 V)}{\partial P} \qquad \text{当 } \mathfrak{H} > 4\pi n M \text{ 时}.$$

当 $\mathfrak{H} \gg 4\pi n M$ 时, 我们回到正文中所导出的 (42.8) 式.

§43 磁畴壁的表面张力

如 §41 中所述, 铁磁体必须具有磁畴结构 (亦即必须分化为许多具有不同磁化强度取向区域) 的状态的范围非常广泛. 这特别适用于那些没有处于外磁场中的铁磁体.

---

① 在单轴铁磁体中, 当 $\mathfrak{H} \sim 4\pi M$ 时应当考虑各向异性能, 但在立方晶体中不必这样做.

从热力学观点来看, 相邻的磁畴是具有各自自发磁化方向的不同的铁磁体相. 我们首先来考察不同相之间边界 (或所谓的**畴壁**) 的性质何以会如此并确定其表面张力 (朗道, 栗弗席兹, 1935).

相之间的边界实际上是一个很狭窄的过渡层, 其中一个磁畴的磁化强度方向连续地改变到另一个磁畴的磁化强度方向. 这一层的 "宽度" 以及 $\boldsymbol{M}$ 在其中的变化进程决定于热力学平衡. 此时还必须计及与磁化的非均匀性相关的附加能量. 对这一**非均匀能**做出最大贡献的是交换相互作用. 从宏观的观点来看, 它应当通过 $\boldsymbol{M}$ 对坐标的微商来表示. 假设 $\boldsymbol{M}$ 的方向的梯度很小, 这可以用普遍的形式做到; 这个条件意味着磁矩方向的重大改变是在大于原子间距离的尺度上发生的. 现有情况下这个要求显然满足, 因为相邻原子磁矩方向的重大改变将会导致交换能的大大增加, 在热力学上不利.

我们用符号 $U_{\text{non-u}}$ 来表示非均匀性能量密度. 根据时间反演对称性 (这一操作改变矢量 $\boldsymbol{M}$ 的正负号, 而要求能量保持不变) 的要求, 在其级数展开中不可能包含形如 $a_{ik}(M)\partial M_i/\partial x_k$ 的线性项. 晶体的对称性可以允许那些含有矢量 $\boldsymbol{M}$ 的分量与导数 $\partial M_i/\partial x_k$ 乘积的项存在. 我们现在感兴趣的是非均匀性的交换能; $U_{\text{non-u}}$ 中的相应的项应当是相对于 $\boldsymbol{M}$ 在整个空间 (在不变坐标系中) 同时作同样转动 ①的不变量. 此时上面所说的带乘积的项只能具有

$$a_i(M)M_l\frac{\partial M_l}{\partial x_i}=\frac{1}{2}\boldsymbol{a}(M)\cdot\nabla M^2$$

的形式. 但是, 即使允许矢量 $\boldsymbol{M}$ 在晶体中不仅有方向改变而且有大小的变化, 这些项也不可能有任何非均匀性能量的意义. 原因在于, 具有真正的热力学意义的不是 $U_{\text{non-u}}$ 之值本身, 而是其对物体体积的积分; 而在作此积分时, 上述项的结果只依赖于物体表面上的磁化强度, 而与磁化强度在物体体积中的变化程度无关 ②.

基于同样的理由, 可以不将与 $\boldsymbol{M}$ 对坐标的二次微商成线性的项写入 $U_{\text{non-u}}$ 下一阶小量的项中, 因为对体积积分后它们将成为一阶导数的平方表示式. 而一阶导数的平方表示式是非均匀性交换能展开的主要非零项.

这些项的最一般形式是

$$U_{\text{non-u}}=\frac{1}{2}\alpha_{ik}\frac{\partial M_l}{\partial x_i}\frac{\partial M_l}{\partial x_k},\tag{43.1}$$

其中 α_{ik} 是对称张量, 为了使铁磁序稳定, 这一表达式必须是正定的, 也就是说张量 α_{ik} 的主值必须都是正的. 在立方晶体情况下张量 α_{ik} 约化为标量

---

① 这表明标量 $U_{\text{non-u}}$ 应当以这样的方式构成, 即使得 "磁性的" 和 "坐标的" 矢量下标各自交换, 而相互不交换.

② 但是, 晶体对称性可以允许非交换性质的 $a_{ikl}M_i\partial M_k/\partial x_l$ 形式的项存在, 这导致晶体中铁磁有序特征的改变, 参见 §52.

$(\alpha_{ik}=\alpha\delta_{ik},\alpha>0)$, 于是 ①

$$U_{\text{non-u}}=\frac{\alpha}{2}\frac{\partial \boldsymbol{M}}{\partial x_i}\cdot\frac{\partial \boldsymbol{M}}{\partial x_i}. \tag{43.2}$$

在单轴晶体情况, α_{ik} 有两个独立分量, 其非均匀性交换能的形式为

$$U_{\text{non-u}}=\frac{\alpha_1}{2}\left[\left(\frac{\partial \boldsymbol{M}}{\partial x}\right)^2+\left(\frac{\partial \boldsymbol{M}}{\partial y}\right)^2\right]+\frac{\alpha_2}{2}\left(\frac{\partial \boldsymbol{M}}{\partial z}\right)^2. \tag{43.3}$$

这里我们要强调, 远离居里点时, 应将表达式 (43.1)—(43.3) 看作是单位矢量 $\boldsymbol{m}=\boldsymbol{M}/M$ 而不是磁化强度 $\boldsymbol{M}$ 自身的导数的幂级数展开. 只有在居里点附近时, 它们才成为磁化强度 $\boldsymbol{M}$ 的导数的幂级数展开. 与此相应, 在朗道理论的框架内, 这些表达式的系数 α_{ik} 在 $T\to T_{\text{c}}$ 时应当趋向不为零的有限值 (关于涨落在这方面的作用, 参见 §47).

作为一个例子, 我们来研究易磁化轴型单轴晶体的不同相之间的分界面, 此时假定 $\boldsymbol{M}$ 平行 (或反平行) 于易磁化轴 (z 轴).

过渡层的结构由其总自由能取极小值确定 ②. 此时, 交换能的作用是使过渡层厚度增加 (即使得 $\boldsymbol{M}$ 方向在其中的变化更平缓), 而各向异性能的作用与之相反, 因为 $\boldsymbol{M}$ 与易磁化方向的总偏离使各向异性能增加.

取 x 轴垂直于过渡层平面; $\boldsymbol{M}$ 的分布仅依赖于这一坐标. $\boldsymbol{M}$ 沿过渡层厚度的转动应当发生在 yz 平面上, 亦即处处有 $M_x=0$. 这点可由以下的简单思考看出来. 单轴晶体中的非均匀性能和各向异性能一般与磁化强度在哪一个平面发生反转无关. 非零 M_x 分量的存在不可避免地会导致磁场产生, 而与此相关的附加磁能的出现显然在热力学上不利. 事实上, 由方程 $\operatorname{div}\boldsymbol{B}=\mathrm{d}B_x/\mathrm{d}x=0$ 得出沿过渡层有 $B_x=\text{const}$, 而由于在磁畴深处 $M_x=0, H_x=0$, 故处处 $B_x=0$. 因此与分量 $M_x\neq 0$ 一起还应当出现场 $H_x=-4\pi M_x$. 故在自由能 $\widetilde{F}$ 中相应地出现一项 ③

$$-M_xH_x-\frac{H_x^2}{8\pi}=\frac{H_x^2}{8\pi}>0.$$

令 θ 为 $\boldsymbol{M}$ 与 z 轴之间的夹角, 则 $\boldsymbol{M}$ 的各分量为:

$$M_x=0,\quad M_y=M\sin\theta,\quad M_z=M\cos\theta.$$

---

① 数量级为 (例如, 对于铁) $\alpha\sim 10^{-12}\text{cm}$.

② 在忽略磁致伸缩的情况下, 没有必要区分自由能 $\widetilde{\mathscr{F}}$ 和热力学势 $\widetilde{\phi}$. 如果指的是考虑非均匀形变的弹性能和磁弹性能 (在某些情况下这是必要的, 见习题 2), 则应当讲总自由能. 这方面应当记住, 介质平衡方程正是通过将总自由能对形变矢量 $\boldsymbol{u}$ 的分量变分而得到的 (试比较 §15 末尾所述对液体的结论: 平衡方程 $\boldsymbol{f}=0$ 是通过令变分 $\delta\mathscr{F}$ 等于零得到的).

③ 准确地说, 在当前情况下应当考虑热力学势 F'——与 §44 末对照. 在给定值 $B_n=B_x$ 时, 这个势应当相对于 M_x 或 H_x 有极小值. 但在 $B_x=0$ 时, $\widetilde{F}$ 和 F' 相同.

非均匀性能 (43.3) 与各向异性能 (41.1) 之和由积分

$$\int_{\infty}^{\infty}\left[\frac{\alpha_1}{2}(M_y'^2+M_z'^2)+\frac{\beta}{2}M_y^2\right]\mathrm{d}x=\frac{M^2}{2}\int_{-\infty}^{\infty}(\alpha_1\theta'^2+\beta\sin^2\theta)\mathrm{d}x \tag{43.4}$$

给出 (其中斜撇表示对 x 求导). 自由能中的其他项与过渡层结构无关, 故可略去不计.

为了确定使这个积分取极小的函数 $\theta(x)$, 我们写出相应的欧拉方程

$$\alpha_1\theta''-\beta\sin\theta\cos\theta=0.$$

假定过渡层的厚度比磁畴宽度小得多, 我们可将这个方程的边界条件写为以下形式:

$$\theta(+\infty)=0,\quad \theta(-\infty)=\pi,\quad \theta'(\pm\infty)=0. \tag{43.5}$$

这些条件表示了这样一个事实, 即相邻磁畴被磁化到彼此相反的方向上. 满足这些条件的欧拉方程的第一积分为 ①

$$\theta'^2-\frac{\beta}{\alpha_1}\sin^2\theta=0. \tag{43.6}$$

对其再次积分, 我们得到

$$\cos\theta=\tanh\left(\sqrt{\frac{\beta}{\alpha_1}}x\right), \tag{43.7}$$

该式即可确定磁化强度在过渡层中的变化进程. 过渡层的宽度 $\delta\sim\sqrt{\alpha_1/\beta}$.

计及等式 (43.6) 后, 积分 (43.4) 变成

$$M^2\alpha_1\int_{-\infty}^{\infty}\theta'^2\mathrm{d}x=M^2\sqrt{\alpha_1\beta}\int_0^{\pi}\sin\theta\mathrm{d}\theta=2M^2\sqrt{\alpha_1\beta}.$$

如果将磁畴之间的分界面看作几何面的话, 上面这个量就相当于形成边界所必须的表面张力. 将磁畴壁的表面张力表示为 $M^2\Delta$, 其中 Δ 具有长度量纲. 此时

$$\Delta=2\sqrt{\alpha_1\beta}. \tag{43.8}$$

---

① 如果注意到 (43.4) 式中的积分具有粒子在势能场 $-\beta\sin^2\theta$ 中作一维运动的作用量积分的形式 (其中 θ 起坐标的作用, x 起时间的作用), 这个表达式当然可以马上 (不必借助欧拉方程) 写出来. 此时 (43.6) 式表示 "能量守恒".

习　　题

1. 立方铁磁体的易磁化轴沿着立方体的三条棱 (分别为 x, y, z 轴), 磁畴平行或反平行于 z 轴磁化, 而磁畴壁 (a) 平行于 (100) 面分布; (b) 平行于 (110) 面分布. 试确定两种情况下磁畴壁的表面张力 (E. M. 栗弗席兹, 1944; L. 奈尔, 1944).

解: (a) 磁畴壁平行于 yz 平面, 其中所有物理量只依赖于 x 坐标, 矢量 $\boldsymbol{M}$ 在 yz 平面转动 (本节正文中有关单轴晶体的论证, 尚需加上 $\boldsymbol{M}$ 从 yz 平面的偏离在此情况下将会导致各向异性能的增加). 略去磁致伸缩能, 对非均匀性能使用 (43.2) 式, 对各向异性能使用 (40.7) 式 (其中 $K = \beta M^2/2$), 我们得到磁畴壁的自由能的形式为

$$\frac{M^2}{2}\int_{-\infty}^{\infty}(\alpha\theta'^2 + \beta\sin^2\theta\cos^2\theta)\mathrm{d}x$$

(θ 为 $\boldsymbol{M}$ 与 z 轴之间的夹角). 满足边界条件 (43.5) 的此一泛函极小化问题的欧拉方程的第一积分为:

$$\alpha\theta'^2 - \beta\sin^2\theta\cos^2\theta = 0,$$

或者

$$\theta' = \sqrt{\frac{\beta}{\alpha}}\sin\theta|\cos\theta|$$

(将 $\cos\theta$ 写为 $|\cos\theta|$ 后, 我们就保证了角度 θ 在过渡层中的单调变化). 这个方程没有可以描写有限厚度磁畴壁的解 (要做到这点必须计及磁致伸缩能, 见习题 2), 但它已足以用来计算在所作近似下为有限的表面张力:

$$\Delta_{(100)} = \sqrt{\alpha\beta}\cdot 2\int_0^{\pi/2}\sin\theta\cos\theta\mathrm{d}\theta = \sqrt{\alpha\beta}.$$

(b) 畴壁通过 z 轴, 与 x 轴和 y 轴各成 45°. 为避免出现可观的磁场必须尽可能将 $\boldsymbol{M}$ 保持在壁平面内. 然而在此情况下, 磁各向异性能会使 $\boldsymbol{M}$ 略微离开壁平面. 但是由于我们假定了立方晶体中各向异性能很小, 这一偏离也将很小并可在相当精确的程度上略去. 此时

$$M_x = M_y = \frac{M}{\sqrt{2}}\sin\theta, \quad M_z = M\cos\theta$$

(此处 θ 仍为 $\boldsymbol{M}$ 与 z 轴的夹角), 各向异性能为

$$U_{\text{non-u}} = \frac{\beta M^2}{8}\sin^2\theta(3\cos^2\theta + 1).$$

我们可以立即写出变分问题欧拉方程的第一积分为:

$$\theta'^2 = A\sin^2\theta(\cos^2\theta + B), \tag{1}$$

其中 $A = 3\beta/(4\alpha), B = 1/3$, 撇号表示对垂直于磁畴壁平面的坐标 (我们用字母 ξ 表示) 的导数. 由此出发, 重新考虑条件 (43.5), 我们得到畴壁结构的方程

$$\sinh\xi\sqrt{A(1+B)} = \sqrt{\frac{1+B}{B}}\cot\theta, \tag{2}$$

亦即

$$\sinh\sqrt{\frac{\beta}{\alpha}}\xi = 2\cot\theta.$$

至于表面张力, 我们得到

$$\Delta = \alpha\sqrt{A}\left\{\sqrt{1+B} + B\operatorname{arsinh}\frac{1}{\sqrt{B}}\right\}, \tag{3}$$

也就是说, 在 A 和 B 取上述值时:

$$\Delta_{(110)} = 1.38\sqrt{\alpha\beta}.$$

2. 试求 (100) 平面的畴壁的结构, 其表面张力已在习题 1 (a) 中算出 (E. M. 栗弗席兹, 1944).

解: 前已指出, 这一畴壁的有限宽度值只有在计及磁致伸缩能时才可得到. 壁的结构由其自由能 $\widetilde{\mathscr{F}}$ 取极小值确定, 自由能密度 $\widetilde{F}$ 应当用 u_{ik} 表示 (参见 §43 第 4 个脚注). 相应的磁弹性能和弹性能具有与 (42.2) 和 (42.3) 类似的形式, 不过系数不同:

$$U_{\text{m-el}} = b_1(u_{yy}m_y^2 + u_{zz}m_z^2) + 2b_2u_{yz}m_ym_z,$$
$$U_{\text{el}} = \frac{\lambda_1}{2}(u_{xx}^2 + u_{yy}^2 + u_{zz}^2) + \frac{\lambda_2}{2}(u_{xx} + u_{yy} + u_{zz})^2 + \lambda_3(u_{xy}^2 + u_{xz}^2 + u_{yz}^2)$$

(此处已经令 $m_x = 0$).

与磁化强度分布一样, 过渡层中的形变也只依赖于 x. 由此可知, 位移矢量 $\boldsymbol{u}$ 的 y, z 分量应当具有 $u_y = \text{const}\times y, u_z = \text{const}\times z$ 的形式. 假如用 x 的函数代替这里的 const, 那么 u_{xy}, u_{xz} 将会是 y 或者 z 的函数. 因此, u_{yy}, u_{zz}, u_{yz} 均为常数. 进而, 从弹性平衡的普遍方程 $\partial\sigma_{ik}/\partial x_k = 0$ 得出, $\sigma'_{ik} = 0$; 由于在 $x = \pm\infty$ 时没有形变, 故应当有 $\sigma_{ik} = 0$, 所以处处 $\sigma_{xx} = \sigma_{xy} = \sigma_{xz} = 0$. 把这些应力张量的分量按公式 $\sigma_{ik} = \partial\widetilde{F}/\partial u_{ik}$ 作为导数算出, 我们得到: $u_{xy} = u_{xz} = 0, u_{xx} = \text{const}$. 这样一来, 所有的 u_{ik} 都是常数. 因此足以计算它们在

无穷远处的值, 在无穷远处, 所有的 $\sigma_{ik}=0$, 而 $m_y=0, m_z=\pm 1$. 由等式 $\sigma_{yz}=0, \sigma_{zz}-\sigma_{yy}=0$ 我们求得

$$u_{yz}=0, \quad u_{yy}-u_{zz}=\frac{b_1}{\lambda_1}.$$

从 $U_{\text{m-el}}$ 和 U_{el} 中消去常数项, 我们发现在 $U_{\text{non-u}}+U_{\text{aniso}}$ 之和中还应当加上一项

$$U_{\text{m-el}}=\frac{b_1^2}{\lambda_1}\sin^2\theta.$$

最终确定 $\theta(x)$ 依赖关系的问题归结为求解方程 (1), 其中现在

$$A=\frac{\beta}{\alpha}, \quad B=\frac{2b_1^2}{\lambda_1\beta M^2}.$$

表征磁弹性能与各向异性能之比的常数 B 很小 ①. 在 (3) 式中令 $B=0$, 我们得到在习题 1 (a) 中已知的 $\Delta_{(100)}$ 之值. 从 (2) 式我们求得磁化强度在畴壁中的分布:

$$\sinh\sqrt{\frac{\beta}{\alpha}}x=\sqrt{\frac{\lambda_1\beta M^2}{2b_1^2}}\cot\theta.$$

这一分布的宽度为

$$\delta\sim\sqrt{\frac{\alpha}{\beta}}\ln\frac{\lambda_1\beta M^2}{b_1^2}$$

主要依赖于磁致伸缩的常量 ②.

3. 在与习题 2 同样的晶体中, 试在 (a) 、(b) 两种情况下求将磁化方向在 [001] 和 [010] (z 轴和 y 轴) 的磁畴分开的磁畴壁的表面张力. (a) 磁畴壁平行于 (100) 平面; (b) 磁畴壁平行于 (011) 平面. (C. B. 翁索夫斯基, 1944; L. 奈尔, 1944) ③

解: 两种情况下的磁弹性能都可以忽略不计.

(a) 在这一情况下, 矢量 $\boldsymbol{M}$ 在 yz 平面内转动. 与习题 1 (a) 的区别仅在边界条件上:

$$\theta(-\infty)=0, \quad \theta(+\infty)=\frac{\pi}{2}, \quad \theta'(\pm\infty)=0$$

畴壁结构由解

$$\tan\theta=\exp\left(\sqrt{\frac{\beta}{\alpha}}x\right)$$

① 例如, 对于室温下的铁 $B\approx 2\times 10^{-3}$.

② 当 $b_1\to 0$ 时我们所研究的 180 度 (指 $\boldsymbol{M}$ 在其中转动的角度) 畴壁被 $\theta=\pi/2$ 趋于无穷的区域分裂成两个 90° 畴壁.

③ 在立方晶体中 (不同于单轴晶体, 见 §44 第 2 个脚注) 90° 的畴壁是真正的相之间的分界面, 因为两个磁畴都是稳定相, 其中的每一个都在易磁化方向磁化.

描写, 而表面张力为

$$\Delta_{(100)}^{90^\circ} = \frac{1}{2}\sqrt{\alpha\beta}$$

仅有 180 度壁的一半.

(b) 除晶体学轴 x, y, z 之外, 如图 22 所示我们引入轴 x, η, ζ (x 轴垂直于图面, 箭头代表被 $\eta = 0$ 平面分开的磁畴中的 $\boldsymbol{M}$ 的方向). $\boldsymbol{M}$ 在过渡层中旋转, 画出绕 η 轴的半个圆锥; 此时 $M_\eta = \text{const} = 1/\sqrt{2}$, 因此 $\operatorname{div}\boldsymbol{M} = M'_\eta = 0$, (撇号表示对 η 求导). 以 φ 表示 $\boldsymbol{M}$ 在 $x\zeta$ 平面的投影与 ζ 轴之间的夹角 (φ 角的取值范围为 0 至 π). 此时

$$m_\eta = \frac{1}{\sqrt{2}}, \quad m_\zeta = \frac{\cos\varphi}{\sqrt{2}}, \quad m_x = \frac{\sin\varphi}{\sqrt{2}},$$
$$m_y = \frac{1-\cos\varphi}{2}, \quad m_z = \frac{1+\cos\varphi}{2}.$$

非均匀性能和各向异性能为

$$u_{\text{non-u}} = \frac{\alpha M^2}{4}\varphi'^2, \quad U_{\text{aniso}} = \frac{\beta M^2}{4}\left(\sin^2\varphi - \frac{3}{8}\sin^4\varphi\right).$$

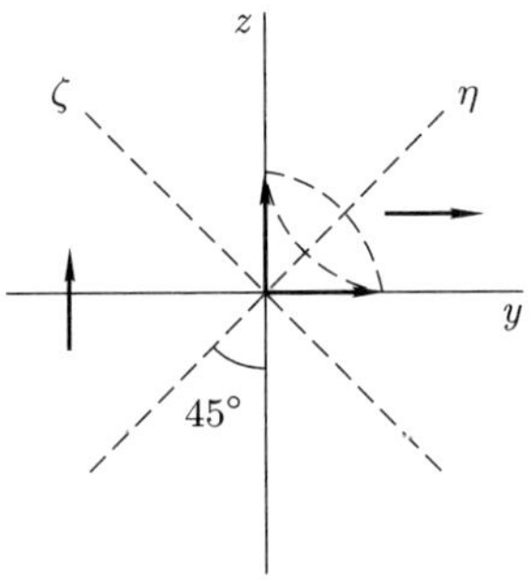

图 22

我们求得表面张力为

$$\Delta_{(110)}^{90^\circ} = \frac{\sqrt{\alpha\beta}}{4}\cdot 2\int_0^\pi \sin\theta\left[1 - \frac{3}{8}\sin^2\theta\right]^{1/2}\mathrm{d}\theta$$
$$= \frac{\sqrt{\alpha\beta}}{2}\left[1 + \frac{5}{2\sqrt{6}}\operatorname{arsinh}\sqrt{\frac{3}{5}}\right] = 1.73\frac{\sqrt{\alpha\beta}}{2}.$$

4. 如果磁畴之间的过渡不是通过 $\boldsymbol{M}$ 的旋转而是通过改变 $\boldsymbol{M}$ 的大小实现的 (即当 M 通过零后 $\boldsymbol{M}$ 的符号就改变而实现的), 试求单轴晶体中磁畴壁的表面张力. 自由能对 M 的依赖关系 (在 $\boldsymbol{H} = 0$ 时) 取与接近居里点情况对应的 (39.3) 式的展开形式 (B. A. 日尔诺夫, 1958).

解: 在整个过渡层中 $M_z = M$ 且沿垂直于壁平面的 x 轴变化. 计及非均匀性能的自由能密度为:

$$F = F_0 - |A|M^2 + BM^4 + \frac{\alpha_1}{2}M'^2. \tag{1}$$

用 M_0 表示磁畴内部的磁化强度平衡值: $M_0^2 = |A|/2B$ (见 (39.5) 式). 引入矢量 $\boldsymbol{m} = \boldsymbol{M}/M_0 (m \neq 1)$, 我们可将畴壁的自由能写为以下形式:

$$\frac{1}{2}|A|M_0^2 \int_{-\infty}^{\infty} \left[(1-m^2)^2 + \frac{\alpha_1}{|A|}m'^2\right] \mathrm{d}x$$

(F 中的相加常数选得使在磁畴内部 F 趋于零). 这个积分的极小化应当在边界条件

$$m(+\infty) = 1, \quad m(-\infty) = -1, \quad m'(\pm\infty) = 0$$

下进行. 这一变分问题的欧拉方程的第一积分为

$$\frac{\alpha_1}{|A|}m'^2 = (1-m^2)^2.$$

由此我们得到

$$m(x) = \tanh\sqrt{\frac{|A|}{\alpha_1}}x,$$

计算积分给出表面张力 $M_0^2\Delta$, 其中

$$\Delta = \frac{4}{3}\sqrt{\alpha_1|A|} \tag{2}$$

这里所研究的畴壁结构原则上可出现在离居里点足够近处 (假如在 $T \to T_c$ 时 $\beta/|A|$ 趋于无穷), 在该处矢量 $\boldsymbol{M}$ 的大小变化比矢量偏离易磁化方向在能量上更为有利.

§44 铁磁体的磁畴结构

现在我们回过头来解释磁畴的具体形状和尺度 ①.

有关磁畴之间分界面形状的某些结论可直接由磁场的边界条件给出. 由于相邻磁畴的磁场强度 $\boldsymbol{H}$ 是一样的, 于是磁感应强度法向分量 B_n 连续的条件归结为 M_n 连续. 在单轴晶体中, 不同磁畴的磁化强度的差别在于 M_x, M_y

① 磁畴的概念最早是由 P. 外斯引入的 (1907). 磁畴的热力学理论由 Л. Д. 朗道和 E. M. 栗弗席兹给出 (1935).

相同而 M_z 反号. 在这些条件下, M_n 连续意味着, 分界面应当平行于 z 轴, 亦即易磁化轴.

热力学平衡的磁畴的形状和尺度由总自由能取极小值确定. 它们主要依赖于物体的具体形状和尺度. 在铁磁体形状为平行平面体的最简单的情况下的磁畴, 原则上可以取从物体的一个表面穿过物体到达其另一个表面的平行层形状. 下面我们将专门讨论这种结构.

磁畴间所有新边界的产生均导致总表面张力能量的增加. 这个因素的作用当然是使磁畴数目减少, 亦即增加磁畴厚度. 在磁畴向其伸展的物体外表面附近, 剩余能起相反的作用. 在物体内部磁场 $\boldsymbol{H}=0$, 因为矢量 $\boldsymbol{M}$ 处在易磁化方向, 各向异性能也等于零. 但在表面附近情况发生变化.

在磁各向异性能大和小这两种极限情况下, 磁畴出现在物体表面的特征不同. 此时各向异性能的自然量度不是 (41.1) 式中的 β 本身而是 $\beta/4\pi$. 这点可由单轴铁磁体横向磁导率的表达式 $\mu_{xx}=1+4\pi/\beta$ 中看出 (参见 (41.7) 式).

在磁各向异性能大的情况下, 磁畴层应当以 $\boldsymbol{M}$ 方向不变的方式伸展到物体表面 (见图 23 (a), 为简单起见我们假设平行平面体的表面垂直于易磁化方向). 然而此时在表面附近产生了磁场, 这种磁场透入周围空间和透入物体内部的距离约为层厚度 a 的量级.

在各向异性能很弱的相反情况下, 更为有利的是这样一种磁化强度分布, 即以 $\boldsymbol{M}$ 偏离易磁化方向为代价, 排除磁场的产生. 在 $\boldsymbol{H}=0$ 时, 应当处处有 $\operatorname{div}\boldsymbol{B}=4\pi\operatorname{div}\boldsymbol{M}=0$, 而且在磁畴的所有边界上和物体的自由边界上, M_n 应当连续. 这可以通过产生三角形截面的**闭合畴**来达到 (见图 23 (b)), 在这些磁畴中磁化强度平行于物体表面. 这些区域的总体积以及其中的各向异性能都正比于层的厚度 a①.

因此, 在所有情况下, 磁畴出现在物体表面都与多余能量的产生有关, 磁畴厚度越厚, 多余能量越大, 因此这个能量的作用是使磁畴 "变薄".

最后形成的磁畴的厚度由畴壁表面能和磁畴出现在表面的 "**突现能**"* 这两个相互对立的倾向的博弈所决定. 平板中磁畴 (平行平面层) 的数目正比于

① 应当强调指出, 把 $\boldsymbol{M}$ 方向相差 $90°$ 的区域分开的基本磁畴和闭合磁畴之间的边界, 在当前情况下 (亦即在单轴晶体中) 并不是真正意义上的相际分界面. 这一点可以清楚地从垂直于易磁化轴 ($\boldsymbol{H}=0$ 时) 的磁化强度状态本身不稳定而且并非物质的可能相看出来. 严格地讲, 图 23 (b) 中绘出的磁化强度分布图只适用于 $\beta\to 0$ 的极限. 在小量 $\beta/4\pi$ 的一级近似下已显现出与这一图像的偏离, 且基本磁畴与闭合磁畴之间的过渡发生在仅为磁畴宽度 a 的 $\beta/4\pi$ 倍的距离上; 此时出现磁场 $\sim\beta M$ (但这并没有反映在样品表面磁畴突现能的估计中).

* 此一能量俄文文献称为 "*энергия выхода*", 英文文献称为 "energy of emergence", 二者的原意均为磁畴出现在物体表面时产生的附加能量, 过去的中译本将其译为 "脱出能" 似不妥. ——译者注

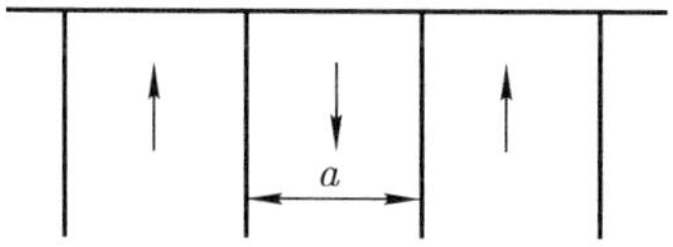

(a)

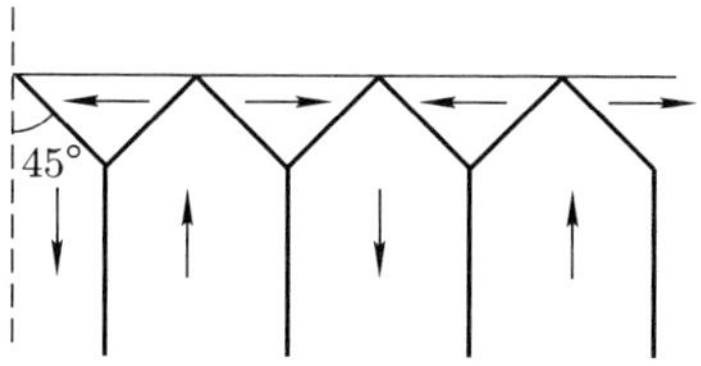

(b)

图 23

$1/a$, 而表面张力能正比于分开磁畴的分界面的总面积, 亦即正比于 l/a (其中 l 为板的厚度). 突现能正比于 a. 这两个能量之和作为 a 的函数在 a 的某个正比于 $\sqrt{l}$ 的取值处达到极小.

例如, 对于弱各向异性情况 (图 23 (a)), 突现能 (相对于平板上下两面的单位面积) $\sim a\beta M^2$; 表面能等于 $M^2\Delta l/a$ (这里当然假设板的厚度比磁畴宽度大). 由此我们得到

$$a \sim \sqrt{\frac{l\Delta}{\beta}} \sim \sqrt{l\delta}. \tag{44.1}$$

因此, 磁畴的厚度随物体尺度的增加而增长. 但是这种增长的定量规律 $a \propto l^{1/2}$ 基于磁畴厚度为常数的假设, 显然不可能对于任何 l 值都正确. 原因在于, 当磁畴向物体表面伸展时其厚度不可能超过某一极限值 a_k, 这个极限值只依赖于铁磁体本身的性质而与物体整体的形状和尺度无关. 这个值是在 a 增加时在物体表面深度 $\sim a$ 附近磁畴分裂变得热力学有利的那一刻确定的. 因为一个磁畴的突现能随 a^2 增加, 而在磁畴分裂时产生的表面张力多余能则随 a 增加, 所以, 这一时刻必定到来.

这样我们的结论是, 随着物体的尺度以及由此而来的磁畴厚度的增加, 在磁畴接近表面时必定会出现磁畴的逐步分叉 (E. M. 栗弗席兹, 1944) ①. 从原则上讲, 在尺度 l 充分增大的情况下, 分叉会一直继续, 直到在表面上形成的分支的厚度可与磁畴壁厚度 δ 相比.

现在我们来确定这一极限情况下函数 $a(l)$ 的依赖关系. 在进行估计时我们假定各向异性很弱.

① 磁畴开始分叉的长度 l 的临界值强烈地依赖于磁各向异性的特征与样品表面相对于其晶体轴所处的位置. 对磁畴分叉初始阶段的研究, 见 *Лифшиц Е. М.*, ЖЭТФ. 1945. Т. 15. С. 97; J. Phys. USSR. 1944. v.8, p.337.

图 24 绘出了磁畴分叉的示意图. 磁畴的突现能现在与尖劈状磁畴的附加表面能以及与因分叉的结果而偏离 z 轴的 $\boldsymbol{M}$ 有关的各向异性能相加; 现在没有了三角形截面的闭合畴. 假定循序分叉能量之和收敛很快, 只看头一个尖劈就已足够, 我们将其长度标为 h. 从能量有利的考虑易见, 尖劈的长度 h 远大于其厚度 (或者与 a 相当量级的量), 亦即其边界与 z 轴的偏角 $\vartheta \sim a/h \ll 1$. 实际上, 尖劈表面能 $\sim hM^2\Delta$, 而与其有关的各向异性能 $\sim ha\beta M^2\vartheta^2 \sim a^3\beta M^2/h$; 这两项能量之和 (突现能) 在 $h^2 \sim a^3\beta/\Delta$, 亦即

$$\frac{a}{h} \sim \sqrt{\frac{\Delta}{a\beta}} \sim \sqrt{\frac{\delta}{a}} \ll 1 \tag{44.2}$$

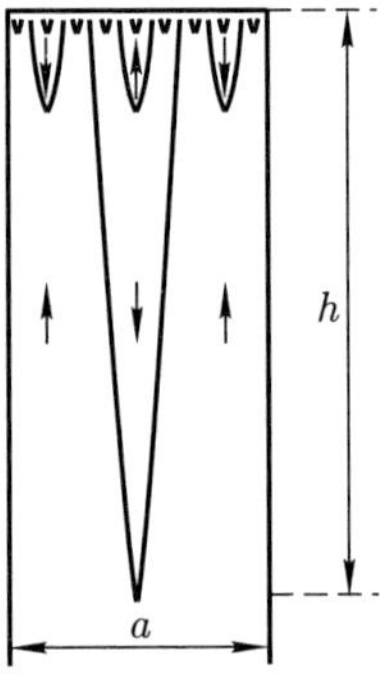

图 24

时取极小值 (当然这里假设 $a \gg \delta$). 此时突现能 (相对于平板单位表面积) $\sim a^{3/2}M^2\sqrt{\beta\Delta}/a$. 基本磁畴边界的表面能 $\sim M^2\Delta l/a$. 将这两个表达式之和极小化, 我们得到所求的依赖关系:

$$a \sim l^{2/3}\left(\frac{\Delta}{\beta}\right)^{1/3} \sim (l^2\delta)^{1/3} \tag{44.3}$$

(И. А. 普利沃罗茨基, 1970) ①

在结束本节时, 我们用比以上所述更为普遍的观点来考察铁磁体的相平衡条件: 现在将不再假设在两种相内矢量 $\boldsymbol{H}$ 的所有分量相等 (研究弯曲磁畴边界时可能要使用这种提法).

首先, 需要满足普遍的静磁条件 (29.13) :

$$B_{n1} = B_{n2}, \quad \boldsymbol{H}_{t1} = \boldsymbol{H}_{t2}, \tag{44.4}$$

① 关于磁畴分叉的思想以及极限规律 $a \propto l^{2/3}$ 的结论是朗道在应用于超导体中间态 (§57) 时首先提出的.

这些条件是麦克斯韦方程 $\operatorname{div}\boldsymbol{B}=0, \operatorname{rot}\boldsymbol{H}=0$ 的结果. 但除了这些等式之外, 还必须满足表示相对于分界面移动 (沿法线方向) 亦即相对于物质从一种相向另一种相过渡的热力学条件. 这个条件通过两种相中相对于变量 B_n 和 H_t 的热力学势的等式来表示①. 为了找到这些量, 只需在微分 $\mathrm{d}\widetilde{F}$ (31.6) 的表达式中 (这里再次略去了磁致伸缩) 将乘积 $-\boldsymbol{B}\cdot\mathrm{d}\boldsymbol{H}$ 改写为

$$-\boldsymbol{B}\cdot\mathrm{d}\boldsymbol{H}=-\boldsymbol{B}_t\cdot\mathrm{d}\boldsymbol{H}_t-B_n\mathrm{d}H_n=-d(B_nH_n)-\boldsymbol{B}_t\cdot\mathrm{d}\boldsymbol{H}_t+H_n\mathrm{d}B_n.$$

由此十分清楚, 所需要的热力学势 (用 F' 表示) 是

$$F'=\widetilde{F}+\frac{1}{4\pi}B_nH_n, \tag{44.5}$$

而所要寻求的边界条件为

$$F_1'=F_2' \tag{44.6}$$

(И. А. 普利沃罗茨基, М. Я. 阿兹贝利, 1969).

习 题

平行平面磁畴在不改变磁化强度方向的情况下向铁磁体表面垂直伸展 (图 23 (a)), 试确定铁磁体表面附近的磁场能.

解: 求这一表面附近磁场的问题等价于如下静电学问题: 一平面以带状方式交错地带有面密度为 $\sigma=\pm M$ 的负电荷和正电荷, 试求该带电平面所产生的电场.

令物体表面与平面 $z=0$ 重合, 并选 x 轴垂直于磁畴平面. "面电荷密度"$\sigma(x)$ 是周期为 $2a$ 的周期函数 (a 为磁畴宽度), 它在一个周期内的取值等于:

$$\sigma=-M\ (\text{当}\ -a<x<0\ \text{时}),\quad \sigma=+M\ (\text{当}\ 0<x<a\ \text{时}).$$

函数的傅里叶级数展开为

$$\sigma(x)=\sum_{n=0}^{\infty}c_n\sin\frac{(2n+1)\pi x}{a},\quad c_n=\frac{4M}{\pi(2n+1)}.$$

场的势满足拉普拉斯方程

$$\frac{\partial^2\varphi}{\partial x^2}+\frac{\partial^2\varphi}{\partial z^2}=0.$$

我们来寻求以下形式的级数解

$$\varphi(x,z)=\sum_{n=0}^{\infty}b_n\sin\frac{(2n+1)\pi x}{a}\exp\left\{\mp(2n+1)\frac{\pi z}{a}\right\}$$

① 这一论断的建立类似于通常的相平衡条件——两种相的化学势相等的推导, 其中温度和压强是独立变量, 它们在两种相里是相同的 (参见本教程第五卷 §81).

(式中指数的正负号分别对应于 $z>0$ 与 $z<0$ 的半空间). 系数 b_n 由边界条件

$$-\left.\frac{\partial\varphi}{\partial z}\right|_{z=+0}+\left.\frac{\partial\varphi}{\partial z}\right|_{z=-0}=4\pi\sigma$$

确定, 由此得到

$$b_n=\frac{2a}{2n+1}c_n.$$

所要求的场能可以用在“带电平面”的积分 $\frac{1}{2}\int\sigma\varphi\mathrm{d}f$ 得出, 单位表面面积的能量为

$$\frac{1}{2}\cdot\frac{1}{2a}\int_{-a}^{a}(\sigma\varphi)\Big|_{z=0}\mathrm{d}x=\frac{1}{4}\sum_{n=0}^{\infty}c_nb_n=\frac{8aM^2}{\pi^2}\sum_{n=0}^{\infty}(2n+1)^{-3}=\frac{7aM^2}{\pi^3}\zeta(3).$$

由 ζ 函数之值 $\zeta(3)=1.202$, 我们得到单位表面积的能量为 $0.852M^2a$. 板内磁畴的宽度由能量和

$$1.7M^2a+M^2\frac{\Delta l}{a}$$

取极小值确定, 其中第一项为板上下两面的突现能, 第二项为表面能. 由此得到 $a=0.8\sqrt{\Delta l}$ (C. 基特尔, 1946).

§45 单畴粒子

随着物体尺度的减小, 磁畴的形成最终变得在热力学上不利, 结果足够小的铁磁粒子成为“单畴”的均匀磁化结构. 通过比较均匀磁化粒子的磁能与如果粒子体积中磁化强度分布存在显著不均匀性时的非均匀性能的大小, 可以得到这些单畴结构尺度的判据. 第一种能量的量级为 M^2V, 第二种能量的量级 $\sim\alpha M^2V/l^2$. 因此单畴粒子的尺度为 ①

$$l\lesssim\sqrt{\alpha}. \tag{45.1}$$

为了解释均匀磁化粒子在磁场中的行为, 需要研究其总自由能, 将表达式 (39.1) 与各向异性能之和代入表示 $\widetilde{F}$ 的 (32.7) 式 ②:

$$\widetilde{\mathscr{F}}=VU_{\text{aniso}}-\frac{\boldsymbol{M}}{2}\cdot\int(\boldsymbol{H}+\mathfrak{H})\mathrm{d}V, \tag{45.2}$$

① 这类粒子系综的性质有时称作**微观磁性**.

② 忽略磁致伸缩后, 当在物体的给定体积内考虑自由能时, 我们不再区分热力学势和自由能.

且只对物体体积积分,略去了无关常量 VF_0. 令粒子具有椭球形状. 此时其内部的磁场 $\boldsymbol{H}$ 由等式 (29.14) 或

$$H_i = \mathfrak{H}_i - 4\pi n_{ik} M_k \tag{45.3}$$

确定, 式中右端第二项为物体产生的 "退磁" 场. 因此我们得到:

$$\widetilde{\mathscr{F}} = 2\pi n_{ik} M_i M_k V - V\boldsymbol{M}\cdot\boldsymbol{\mathfrak{H}} + VU_{\text{aniso}} \tag{45.4}$$

式中右端第一项称为磁化粒子的**本征静磁能**, 第二项是其在外场中的能量.

粒子的磁化强度在外场 $\boldsymbol{\mathfrak{H}}$ 中的方向取决于作为 $\boldsymbol{M}$ 方向的函数的 $\widetilde{\mathscr{F}}$ 取极小值. 对于立方晶体可在 (45.4) 式中略去各向异性能. 对于单轴晶体, 将各向异性能改写为 $\beta_{ik}M_iM_k/2$ 的形式后, 我们有

$$\widetilde{\mathscr{F}} = \frac{V}{2}(4\pi n_{ik} + \beta_{ik})M_iM_k - V\boldsymbol{\mathfrak{H}}\cdot\boldsymbol{M}. \tag{45.5}$$

以这种方式确定的问题, 在数学上等同于 §41 节中研究过的寻求局域 $\boldsymbol{M}$ 对局域 $\boldsymbol{H}$ 依赖关系的问题, 二者的区别只在于用 $\boldsymbol{\mathfrak{H}}$ 替换了 $\boldsymbol{H}$ 并将 β_{ik} 换作 $4\pi n_{ik}$ 或 $4\pi n_{ik} + \beta_{ik}$.

最后, 我们将要在单畴样品中磁化强度分布尚不能认为是均匀分布的条件下, 导出这个分布必须满足的方程. 为此必须要求物体的总自由能取极小值, 我们将该自由能写作对全空间的积分

$$\widetilde{\mathscr{F}} = \int \widetilde{F}\mathrm{d}V = \int\left\{F_0(M) + U_{\text{non-u}} + U_{\text{aniso}} - \boldsymbol{M}\cdot\boldsymbol{H} - \frac{H^2}{8\pi}\right\}\mathrm{d}V, \tag{45.6}$$

在每一点的 $\boldsymbol{H}$ 值均给定情况下求上式对 $\boldsymbol{M}$ (现在它是坐标的函数) 的变分, 假定 $\boldsymbol{M}$ 的大小给定, 变分时只变化 $\boldsymbol{M}$ 的方向. 略去被积函数中仅依赖于 $\boldsymbol{M}$ 和仅依赖于 $\boldsymbol{H}$ 的项后, 我们求积分

$$\int\left\{\frac{1}{2}\alpha_{ik}M^2\frac{\partial\boldsymbol{m}}{\partial x_i}\cdot\frac{\partial\boldsymbol{m}}{\partial x_k} + U_{\text{aniso}} - M\boldsymbol{m}\cdot\boldsymbol{H}\right\}\mathrm{d}V$$

的变分, 现在这个积分仅对物体的体积 (其中 $\boldsymbol{M} \neq 0$) 进行. 变分后对第一项作分部积分, 我们得到

$$\delta\widetilde{\mathscr{F}} = -\int\left\{\alpha_{ik}M^2\frac{\partial^2\boldsymbol{m}}{\partial x_i\partial x_k} - \frac{\partial U_{\text{aniso}}}{\partial\boldsymbol{m}} + M\boldsymbol{H}\right\}\cdot\delta\boldsymbol{m}\mathrm{d}V + \oint\alpha_{ik}M^2\frac{\partial\boldsymbol{m}}{\partial x_k}\cdot\delta\boldsymbol{m}\mathrm{d}f_i; \tag{45.7}$$

上式右端的第二个积分在物体表面进行. 由于 $\boldsymbol{m}^2 = 1$, 故 $\boldsymbol{m}\cdot\delta\boldsymbol{m} = 0$, 亦即变分具有 $\delta\boldsymbol{m} = \delta\boldsymbol{\omega}\times\boldsymbol{m}$ 的形式, 其中 $\delta\boldsymbol{\omega}$ 为坐标的一个小的任意函数. 从条件

$\delta\widetilde{\mathscr{F}}=0$, 令体积分中被积函数内 $\delta\omega$ 的系数等于零, 得到所要求方程 ①

$$\boldsymbol{m}\times\left(\alpha_{ik}M^2\frac{\partial^2\boldsymbol{m}}{\partial x_i\partial x_k}-\frac{\partial U_{\text{aniso}}}{\partial\boldsymbol{m}}+M\boldsymbol{H}\right)=0. \tag{45.8}$$

从面积分等于零得到这一方程的边界条件; 例如在 $\alpha_{ik}=\alpha\delta_{ik}$ 时, 这个条件的形式是

$$\boldsymbol{m}\times\frac{\partial\boldsymbol{m}}{\partial n}=0, \tag{45.9}$$

其中 $\boldsymbol{n}$ 为物体表面的法线方向.

不言而喻, 除方程 (45.8) 之外, 麦克斯韦方程

$$\operatorname{div}(\boldsymbol{H}+4\pi M\boldsymbol{m})=0,\quad \operatorname{rot}\boldsymbol{H}=0 \tag{45.10}$$

也必须在全空间得到满足, 它们在物体表面具有通常的边界条件, 而在无穷远处满足 $\boldsymbol{H}\to\mathfrak{H}$ 的条件 ②.

对于均匀磁化的物体 (椭球) (45.8) 式圆括号中的第一项消失, 剩余的方程 (具有 (45.3) 式给出的 $\boldsymbol{H}$) 与自由能 (45.5) 式取极小值的条件相同.

§46 取向相变

铁磁体的各向异性常量是温度的函数, 它可以在某一点改变正负号. 此时自发磁化的方向改变, 从而磁结构对称性也发生变化. 像这样产生的磁体的不同相之间的转变称作**取向相变**. 我们来探究在单轴六角铁磁体晶体中这种相变是如何实现的 (H. 霍恩纳, C. M. 瓦尔马, 1968).

因为我们想要在各向异性常量 K_1 趋于零的某一点的邻域开展研究, 这就必须也考虑各向异性能展开的下一项; 对于六角磁铁体, 这样的 U_{aniso} 的表达式已在 (40.3) 式给出.

首先我们假定 $K_2>0$, 此时根据对 K_1 和 K_2 取值的依赖关系, U_{aniso} 的极小值分别对应于以下各相:

$$\begin{aligned}&(\text{I})\ K_1>0\ \text{时},\ \theta=0,\pi;\\&(\text{II})\ \text{当}\ -2K_2<K_1<0\ \text{时},\ \sin\theta=\pm\sqrt{-K_1/(2K_2)};\\&(\text{III})\ \text{当}\ K_1<-2K_2\ \text{时},\ \theta=\pi/2.\end{aligned} \tag{46.1}$$

① 如果在方程中置变化率 $\partial\boldsymbol{M}/\partial t$ 等于零, 很自然这个方程与铁磁体中磁矩的进动运动方程相同 (参见本教程第九卷 §69).

② 尽管 $\boldsymbol{m}$ 和 $\boldsymbol{H}$ 之间由 (45.10) 式的第一个方程相联系, 人们还是会产生在恒定 $\boldsymbol{H}$ 情况下相对于 $\boldsymbol{m}$ 对积分 (45.6) 取变分是否合理的问题. 实际上, 如果令 $\boldsymbol{H}=-\nabla\varphi$ (由于第二个方程) 并计算积分对 φ 的变分, 则其由于第一个方程而等于零, 因此对 $\boldsymbol{H}$ 的变分对 $\delta\mathscr{F}$ 无贡献.

这里相 I 和相 Ⅲ 分别对应于易磁化轴型相和易磁化面型相. 在相 Ⅱ 中磁化强度矢量没有固定的取向 (不像相 I 和相 Ⅲ 那样), 而是随温度变化其方向在角度 $\theta = 0$ (或 $\theta = \pi$) 与 $\theta = \pi/2$ 之间连续改变; 这个相 (有时称作**角度相**) 的对称性低于相 I 和相 Ⅲ 的对称性. 相 I 和相 Ⅱ 之间以及相 Ⅱ 和相 Ⅲ 之间的相变是在温度 T_1 和 T_2 下的二级相变, 决定相变的条件是:

$$K_1(T_1) = 0, \quad K_1(T_2) + 2K_2(T_2) = 0. \tag{46.2}$$

下面为了确定起见, 我们假定当 $T > T_1$ 时, $K_1 > 0$. 此时 $T_2 < T_1$ (若 $K_2 > 0$).

在存在磁场的情况下, 热力学势为

$$\widetilde{\Phi} = K_1 \sin^2\theta + K_2 \sin^4\theta - \boldsymbol{H}\cdot\boldsymbol{M}; \tag{46.3}$$

其中只写出了依赖于 $\boldsymbol{M}$ 方向的项. 在接近相 I 和相 Ⅱ 间相变点处, 小量 $\sin\theta \approx \theta = \eta$ 起着序参量的作用. 在这个区域内处于弱横向磁场 $H = H_x$ 中的热力学势为

$$\widetilde{\Phi} = K_1\eta^2 + K_2\eta^4 - MH_x\eta,$$

其中 $K_1 = \text{const} \times (T - T_1)$. 使用通常的方式 (参见 §39), 我们由此求得横向磁化率

$$\chi_\perp = \left(\frac{\partial M_x}{\partial H_x}\right)_{H_x\to 0} \approx M\left(\frac{\partial\theta}{\partial H_x}\right)_{H_x\to 0}$$

在相变点趋于无穷 (按照类似于 (39.6) 、(39.7) 式的规律). 与此相似, 在相 Ⅱ 与相 Ⅲ 间相变点附近, 起序参数作用的是小角 $\eta = \pi/2 - \theta$. 在纵向磁场 $H = H_z$ 中, 热力学势含有一项 $-MH_z\eta$, 纵向磁化率 $\chi_\parallel$ 在相变点趋于无穷.

上述这些推论都在朗道相变理论的框架内. 我们注意到, 对于取向相变这个理论可以几乎不受限制地使用. 朗道理论允许接近相变点的程度由一个判据确定 (参见后面的 (47.1) 式), 该判据的分母中含有热力学势 (43.1) 式中的一项的系数 α 的立方, 这一项与序参量分布不均匀性有关. 当前情况下, 这一项与铁磁体中交换相互作用有关, 而按序参量 η 展开的项与相对论相互作用有关. 正是这种情况导致在相变点周围朗道理论不适用的温度区间异常地狭窄.

现在令 $K_2 < 0$. 此时角度相 Ⅱ 一般说来是不稳定的 (U_{aniso} 具有极大值, 而不是极小值), 于是易磁化轴型相 I 直接转变到易磁化面型相 Ⅲ. 事先就很清楚, 这不可能是二级相变: 因为相 I 或者相 Ⅲ 的对称群中没有一个是另一个相的对称群的子群. 相变在 $T = T_0$ 点以一级相变的形式发生, 相变点 T_0 由两个相的热力学势相等的条件 (最后归结为 U_{aniso} 值相等) 决定:

$$K_1(T_0) + K_2(T_0) = 0. \tag{46.4}$$

T_0 点处于由方程 (46.2) 确定的 T_1 点和 T_2 点之间 (现在 $T_2 > T_1$). 在此情况下, 温度 T_1 和 T_2 决定对应于相 I 和相 II 的亚稳定性界线 (在这些界线之外, U_{aniso} 在 $\theta = 0$ 或 $\theta = \pi/2$ 时有极大值而不是极小值).

取向相变不只可以在温度变化时发生 (在此情况下称作自发相变), 而且可以在施加于物体的磁场产生变化时发生 (场诱导相变). 这些相变点在以 H 和 T 为坐标 (在矢量 $\boldsymbol{H}$ 的晶体学取向给定情况下) 的相图中填满了一些线. 作为特例, 我们来研究这样的单轴铁磁体在平行于六角轴的磁场 H_z 中的相图. 纵场不改变易磁化轴型相 (图 25 中的 EAP) 的对称性, 易磁化面型相成为角度相 (AP), 因为磁场把磁化强度 $\boldsymbol{M}$ 挤出了底平面.

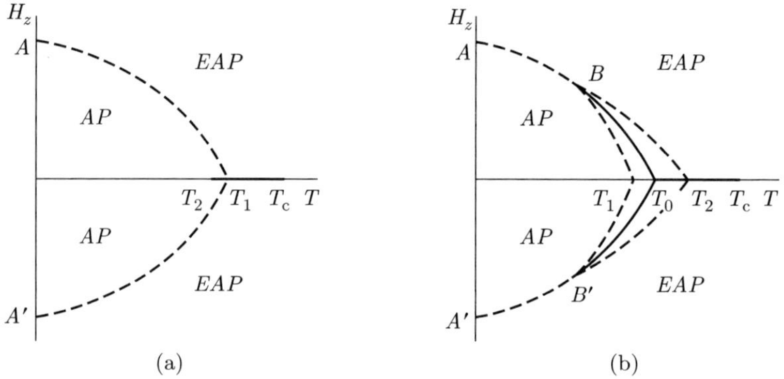

图 25

我们先来看 $K_2 > 0$ 情况. 两个相的区域被由横坐标上 T_1 出发的二级相变线 (图 25a 中的虚线) 所隔开. 相图的上、下两半对应于两个相反的纵场方向以及相应的纵场分量 M_z 的正负号. 靠近 AT_1 线处, 角 θ 很小 (靠近 $A'T_1$ 线处, 角 $\pi - \theta$ 很小). 准确到 θ 的 4 次方项, 由 (46.3) 式我们有

$$\widetilde{\Phi} = \left(K_1 + \frac{1}{2}MH_z\right)\theta^2 + \left(K_2 - \frac{1}{3}K_1 - \frac{1}{24}MH_z\right)\theta^4. \tag{46.5}$$

AT_1 线的方程由 θ^2 项的系数等于零来确定:

$$K_1(T) + \frac{1}{2}MH_z = 0 \tag{46.6}$$

(记住在 $T < T_1$ 时 $K_1 < 0$); $A'T_1$ 线显然由第二项异号的同样方程确定, 且与 AT_1 线对称.

横轴上的线段 T_2T_c 是一级相变线; 具有不同正负号 M_z 的两个相在其上处于相互平衡. 没有磁场时在 T_2 点发生的二级相变在存在磁场时消失, 在 $H-T$ 相图上 T_2 是临界点——一级相变线的终止点. 这条线的另一个终止点是居里点 T_c ($H_z = 0$ 时, 磁化强度在这一点消失).

在 $K_2<0$ 的情况下 (图 25b), 在 $H-T$ 相图中分隔开两个相区域的分界线 ABT_0 (分界线 $A'B'T_0$ 也类似) 的起始部分是一级相变线 (实线 BT_0) ; 两个相的亚稳区域位于这条线两侧, 以虚线 BT_1 和 BT_2 为界 ①. 一级相变线在 B 点 (三相临界点) 转变为二级相变线 (虚线 BA, 其方程为 (46.6) 式). 这一点的坐标由热力学势 (46.5) 中 θ^2 项和 θ^4 项的系数同时趋于零确定, 亦即由等式

$$MH_z=2|K_1(T)|,\quad K_1(T)=4K_2(T) \tag{46.7}$$

确定 ②. 最后, 线段 T_0T_c 是具有相反方向磁化强度 $M_z=\pm M$ 的相之间的一级相变线.

§47 铁磁体中的涨落

作为 §39 节讨论基础的朗道二级相变理论没有考虑序参量的涨落, 从而不适用于充分接近居里点的地方. 这一理论的适用区域由判据

$$\frac{|t|}{T_c}\gg\frac{T_cB^2}{a\alpha^3} \tag{47.1}$$

确定, 其中 $t=T-T_c$, a 与 B 为展开式 (39.3) 、(39.4) 中的系数, 而 α 具有 (43.1) 中 α_{ik} 张量分量的量级. 同时当然必须有 $|t|\ll T_c$ 作为接近居里点的条件 ③.

(47.1) 式的不等式反号时, 在**涨落区**内序参数的涨落起着决定性的作用. 在这一区域内对于铁磁体居里点的严格的统计理论, 应当是建立在有效哈密顿量

$$\mathscr{H}_{\text{eff}}=\int\left\{at\boldsymbol{M}^2+B(\boldsymbol{M}^2)^2+\frac{\overline{\alpha}}{2}\frac{\partial\boldsymbol{M}}{\partial x_i}\cdot\frac{\partial\boldsymbol{M}}{\partial x_i}-\boldsymbol{H}\cdot\boldsymbol{M}\right\}\mathrm{d}V \tag{47.2}$$

基础上的. 此时, 在傅里叶展开中仅含小于特征原子距离倒数的波矢的意义上, 假定函数 $\boldsymbol{M}(\boldsymbol{r})$ 是缓变的. $a,B,\overline{\alpha}$ 等系数与朗道理论展开中的系数相同, 亦即为不依赖于温度的常量, 为简单起见, 导数项按晶体具有立方对称的假设写出, 其系数标记作 $\overline{\alpha}$ 以区别于真正的系数 α (见后). 有效哈密顿量 (47.2) 对

① 这里所指的是, 共存相之间的分界表面平行于磁场, 以使得 H_z 在这一分界上连续.

② 在本教程第五卷 §150 中 (在朗道理论框架内) 在 PT 平面的三相临界点上得到的所有结论都与 (H,T) 相图中的三相临界点有关.

③ 本节中此处以及后面将会用到本教程第五卷 §146—§149 叙述的结果. 假定读者已经熟悉这些结果, 故仅在为使叙述更为连贯时才会稍加提及. 今后我们将不再每次都给出相应文献.

应于交换近似——在其中略去了各向异性能, 在这一近似中应当略去因磁化强度涨落而产生的磁场涨落 (亦即涨落的静磁能, 参见本教程第九卷 §70). 交换近似以问题的 “简并性” 为特征: 序参量 $\boldsymbol{M}$ 有三个分量, 但有效哈密顿量是相对于这一矢量在空间作同一角度转动时的不变量.

为了描述热力学量在二级相变点附近的行为引进了一系列**临界指数**, 在将这些指数用于铁磁体的居里点时, 我们重复一下它们的定义. 指数 α 描写无外磁场时比热容 C_p 在居里点任一侧与温度的关系 ①:

$$C_p \propto |t|^{-\alpha} \quad (\text{当 } \boldsymbol{H}=0). \tag{47.3}$$

指数 β 确定低于居里点时自发磁化强度与温度的依赖关系:

$$M \propto (-t)^{\beta} \quad (\text{当 } t<0, \boldsymbol{H}=0). \tag{47.4}$$

指数 γ 确定顺磁相磁化率对 t 的依赖关系:

$$\chi \propto t^{-\gamma} \quad (\text{当 } t>0, \boldsymbol{H}=0) \tag{47.5}$$

($t<0$ 时磁化率的行为见后). 在居里点上磁化强度对磁场的依赖关系可写为以下形式:

$$M \propto H^{1/\delta}, \quad t=0. \tag{47.6}$$

磁化强度涨落的关联半径对温度的依赖关系由指数 ν 确定:

$$r_c \propto |t|^{-\nu} (\boldsymbol{H}=0). \tag{47.7}$$

在居里点本身, 关联函数随距离依幂律减小 ②:

$$G_{ik}(r) = \langle \delta M_i(0) \delta M_k(\boldsymbol{r}) \rangle \propto r^{-(1+\zeta)} \quad \text{当 } t=0 \text{ 时}, \quad \boldsymbol{H}=0. \tag{47.8}$$

临界指数相互之间以确定的关系式联系, 其中某些指数是**标度不变性假设**的结果. 这些相互关系具有普适性, 特别是并不依赖于序参量分量的数目; 它们允许将前已列举的所有临界指数通过其中的任意两个表示出来. 具有不同序参量分量数 n 的相变的临界指数值已在本教程第五卷 §149 末给出, 在交换近似下, $n=3$ 对应于三维铁磁体.

---

① 这里指的是比热容的 “奇异” 部分, 这表明在 $\alpha<0$ 时, 比热容的行为是 $C_p = C_{p0} + \text{const} \times |t|^{|\alpha|}$. 请注意不要把临界指数 α 和 (47.1) 式, (47.2) 式以及后面式子中的系数 α 混淆!!!

② 本节各处我们只研究通常的三维物体.

在顺磁相中, 关联函数在距离 $r \gg r_c$ 处以指数律衰减. 在铁磁相中必须区分 $\boldsymbol{M}$ 矢量大小有变化和无变化两种情况下的涨落. 交换近似下居里点问题的简并性就是在这里表现出来的.

当 $\boldsymbol{M}$ 矢量的变化包括其方向的变化是在小距离上 $(r \ll r_c)$ 发生时, 不存在这种差别, 所有涨落的关联函数都遵从同一个规律 (47.8) 式. 在 $r \gg r_c$ 的距离上 (波数 $kr_c \ll 1$), 由于这样偏离平衡所耗费的能量减小 (在整个晶体中磁化强度均匀反转情况下, $k \to 0$ 总体上没有能量耗费), $\boldsymbol{M}$ 的方向的涨落 "反常地" 增加. 在这些距离上 $\boldsymbol{M}$ 方向涨落的关联函数可通过热力学途径获得.

由于 $\boldsymbol{M}$ 的变化非常缓慢, 我们可以将与这些改变有关的项从热力学势中分离出来:

$$\phi = \phi_0(T, M) + \frac{\alpha}{2}\int \frac{\partial \boldsymbol{M}}{\partial x_i} \cdot \frac{\partial \boldsymbol{M}}{\partial x_i} \mathrm{d}V, \tag{47.9}$$

其中 ϕ_0 与均匀磁化物体有关 ①. 我们要强调指出, 这里讨论的是真正的热力学势, 其中的系数 α (温度的函数) 与有效哈密顿量中的系数 $\overline{\alpha}$ 不相同.

在矢量 $\boldsymbol{M}$ 作小转动时 (其数值没有改变), $\phi_0(T, M)$ 项不变化. 如果将 $\boldsymbol{M}$ 的某一给定方向取作 z 轴, 则对这一方向的小偏离可以写作 xy 平面上的小的二维矢量 $\delta \boldsymbol{M}_\perp \equiv \boldsymbol{M}_\perp$. 相应的热力学势改变 ② 为:

$$\delta\phi = \frac{\alpha}{2}\int \frac{\partial \delta \boldsymbol{M}_\perp}{\partial x_i} \cdot \frac{\partial \delta \boldsymbol{M}_\perp}{\partial x_i} \mathrm{d}V. \tag{47.10}$$

将 $\delta \boldsymbol{M}_\perp$ 表示为傅里叶级数的形式

$$\delta \boldsymbol{M}_\perp = \sum_{\boldsymbol{k}} \delta \boldsymbol{M}_{\perp \boldsymbol{k}} \mathrm{e}^{\mathrm{i}\boldsymbol{k}\cdot\boldsymbol{r}}, \quad \delta \boldsymbol{M}_{\perp \boldsymbol{k}} = \delta \boldsymbol{M}^*_{\perp, -\boldsymbol{k}},$$

我们得到

$$\delta\phi = \frac{1}{2} V\alpha \sum_{\boldsymbol{k}} k^2 |\delta \boldsymbol{M}_{\perp \boldsymbol{k}}|^2,$$

并接着得到涨落平方的平均值

$$\langle \delta M_{\alpha \boldsymbol{k}} \delta M_{\beta \boldsymbol{k}} \rangle = \frac{T}{V\alpha k^2} \delta_{\alpha\beta}, \tag{47.11}$$

---

① 严格地说, 这里讨论的不应该是 ϕ, 而应该是热力学势 Ω (见本教程第五卷 §146). 然而由于借助小增量定理, 我们感兴趣的带有导数的项在两个热力学势中具有同样的形式, 故我们将之写为 ϕ.

② 下面的计算与本教程第五卷 §146 中所作的计算完全类似.

其中 α,β 为 xy 平面矢量的下标. 相应的坐标关联函数 ① 为

$$G_{\alpha\beta}(r)=\frac{T}{4\pi\alpha r}\delta_{\alpha\beta}. \tag{47.12}$$

因此, 铁磁相中 $\boldsymbol{M}$ 方向的涨落关联函数在 $r\gg r_{\mathrm{c}}$ 的距离上以 $1/r$ 的幂函数缓慢减小, 而 $\boldsymbol{M}$ 大小的涨落关联函数的衰减则更为快速.

使用标度不变性假设, 现在可以确定热力学量 α 对温度的依赖关系, 用已经引入的临界指数将这一依赖关系表示出来. 前面已经提到过, 在 $r\ll r_{\mathrm{c}}$ 时磁化强度的所有涨落 (包括其方向涨落在内) 的关联函数遵循同一规律 (47.8) 式. 标度不变性的特性之一是将两个极限规律分开的特征距离正好与 r_{c} 相同. 换句话说, 当 $r\sim r_{\mathrm{c}}$ 时, 两个规律应当给出相同数量级的 G 函数值. 在 $r\sim r_{\mathrm{c}}$ 时, 根据 (47.7) 和 (47.8) 式决定的 G 函数对温度的依赖关系是

$$G\propto r_{\mathrm{c}}^{-(1+\zeta)}\propto(-t)^{\nu(1+\zeta)}.$$

而根据 (47.12) 我们有

$$G\propto(\alpha r_{\mathrm{c}})^{-1}\propto\alpha^{-1}(-t)^{\nu}.$$

比较两个表达式, 我们求得

$$\alpha\propto(-t)^{-\nu\zeta} \tag{47.13}$$

(P. C. 霍亨伯格与 P. C. 马丁, 1965). 因此, 当 $T\to T_{\mathrm{c}}$ 时, 量 α 缓慢地 (因临界指数 ζ 很小) 趋向无穷. 我们记得, 在朗道理论中 α 是趋向一个异于零的有限值的 ②.

当 $\boldsymbol{H}\neq 0$ 时在热力学势 (47.9) 式中需要加上一项 $-\int HM_z\mathrm{d}V$ (存在磁场时, $\boldsymbol{M}$ 的平均方向也就是 z 轴当然与 $\boldsymbol{H}$ 的方向相同). 在 $\boldsymbol{M}$ 的方向涨落时, 由条件 $\boldsymbol{M}^2=\mathrm{const}$, 我们有

$$2M\delta M_z+\delta\boldsymbol{M}_{\perp}^2=0.$$

因此在涨落时要给 ϕ 的改变的表达式 (47.10) 添加一项

$$-\int H\delta M_z\mathrm{d}V=\frac{H}{2M}\int(\delta\boldsymbol{M}_{\perp})^2\mathrm{d}V.$$

---

① 公式 (47.12) 也可在微观自旋波理论的框架内得到. 它的正确性与是否接近居里点无关, 远离居里点时只要求 r 远大于原子尺度 (见本教程第九卷 §71, 习题 4). 然而, 忽略磁各向异性能给 (47.12) 式的适用范围加了上限. 例如, 对于具有各向异性能 (41.1) 的单轴晶体, 必须有 $r\ll\sqrt{\beta/\alpha}$.

② 我们强调, 确定 $\alpha(t)$ 依赖关系的可能性与问题的简并性有关. 按照这样的理由可以确定液氦的超流密度 ρ_s 在接近其 λ 点时对温度的依赖关系; 在此情况下问题的简并度为 $n=2$ (见本教程第九卷 §28). 在这些情况下 αM^2 与 ρ_s 起类似的作用.

显然, 这导致在 (47.11) 式中将 αk^2 换为 $\alpha k^2 + H/M$, 结果

$$\langle \delta M_\alpha \delta M_\beta \rangle = \frac{T}{V(\alpha k^2 + H/M)} \delta_{\alpha\beta}. \tag{47.14}$$

由这些公式我们可以求得铁磁相的磁化率, 亦即导数

$$\chi = \frac{\partial}{\partial H} \langle \delta M_z \rangle = -\frac{1}{2M} \frac{\partial}{\partial H} \langle (\delta \boldsymbol{M}_\perp)^2 \rangle. \tag{47.15}$$

从 (47.14) 式将 $\langle (\delta \boldsymbol{M}_\perp)^2 \rangle$ 代入上式并将对 $\boldsymbol{k}$ 的求和改为积分, 我们求得

$$\chi = \frac{T}{VM^2} \int \frac{1}{(\alpha k^2 + H/M)^2} \frac{V\mathrm{d}^3 k}{(2\pi)^3},$$

计算积分后, 最后得到 ①

$$\chi = \frac{T}{8\pi (\alpha M)^{3/2} H^{1/2}}. \tag{47.16}$$

我们看到, 在交换近似下 $\boldsymbol{M}$ 方向的涨落使得铁磁相磁化率失去了它本来的含义——当 $H \to 0$ 时它无限制地增长. 公式 (47.16) 不只是适用于居里点附近 ②.

由于 (47.16) 式中 M 在分母上, 故必须理解其在 $H = 0$ 时的取值. 在涨落区内 (居里点附近), 取 (47.4) 式和 (47.13) 式中 M 和 α 的温度依赖关系, 我们得到在铁磁相:

$$\chi \propto (-t)^{-3(\beta - \nu\zeta)/2} H^{-1/2}, \quad t < 0. \tag{47.17}$$

在朗道理论的适用 (温度) 范围内有这样一个 H 取值区间, 在此区间内磁化率 (39.7) 式中的通常项占优势. 事实上, 将 $M \sim (-at/B)^{1/2}$ 代入 (47.16) 式后, 我们得到通常项占优势的条件为

$$\sqrt{H} \gg T_\mathrm{c} B^{3/4} (a|t|)^{1/4} \alpha^{-3/2}.$$

从另一方面看, 如果 $MH \ll AM^2$, 亦即

$$H \ll (a|t|)^{3/2} B^{-1/2},$$

则可以认为在朗道理论中磁场 H 是弱场. 以上两个不等式的相容条件与朗道理论的适用条件 (47.1) 相同.

① 积分由 $k^2 \sim H/M\alpha$ 的取值范围决定, 这个条件在足够小的 H 时与 (47.14) 式的适用条件 $kr_\mathrm{c} \ll 1$ 相容.

② 这个结果也可由自旋波理论得到 (见本教程第九卷 §71, 习题 2). 但是, 忽略涨落的磁各向异性能和静磁能, 以条件 $H \gg \beta M$ 或 $H \gg 4\pi M$ (对于单轴晶体) 限制了其适用范围.

当由于交换能的减小而使各向异性能变得非常重要时，交换近似在距居里点足够近处不再适用. 此时序参量的分量数目发生变化; 例如, 在易磁化轴型单轴铁磁体中序参量成为单分量的 (M_z 替代了 $\boldsymbol{M}$, 见 §40 末). 在朗道理论的框架内, 这种情况并没有反映在自发磁化和磁化率的温度依赖性上. 在涨落区这一情况极为重要: 只有 M_z 的涨落无限增长, 而 M_x 和 M_y 的涨落依然是有限的. 这导致临界指数取值的改变, 也引起各向异性系数的温度依赖性的产生. 问题还因可能有必要考虑磁场涨落的静磁能而进一步复杂化. 我们这里就不研究这种复杂情况了.

§48 居里点附近的反铁磁体

同铁磁体一样, 反铁磁体的结构也基本上是由电子的各向同性交换相互作用确立的, 而更为微弱的相对论相互作用则规定了亚晶格磁化强度的晶体学取向 ①. 现在已知的反铁磁体在结构上极为多样, 从而在具体磁学性质上也非常不同.

为了举例说明, 我们仅限于研究具有两个反平行磁亚晶格的单轴反铁磁体的最简单 (也是最重要的) 的典型情况. 这些亚晶格的原子占据晶格的等价格点 (亦即在磁空间群的对称性元素中存在有将不同亚晶格中原子相互交换的转动或反射) ; 在相反情况下对称性并不要求亚晶格磁矩大小的严格相等, 从而晶体是铁磁性的.

用 $\boldsymbol{M}_1$ 和 $\boldsymbol{M}_2$ 分别表示单位体积内的两个亚晶格的磁矩, 我们选择这两个磁矩之差

$$\boldsymbol{L} = \boldsymbol{M}_1 - \boldsymbol{M}_2 \tag{48.1}$$

亦即所谓**反铁磁矢量**作为序参量, 它在顺磁相中等于零而在反铁磁相中异于零. 磁化强度是二者之和 $\boldsymbol{M} = \boldsymbol{M}_1 + \boldsymbol{M}_2$, 不存在磁场时磁化强度等于零.

相对于矢量 $\boldsymbol{L}$, 所有的对称变换分为两类: 一类只交换同一亚晶格内的原子, 另一类则交换不同亚晶格的原子. 在第一种情况下 $\boldsymbol{L}$ 如同一个轴矢量那样变换, 在第二种情况下还要附加改变正负号.

在居里点附近 $\boldsymbol{L}$ 很小. 在朗道理论的框架内, 这一区域的热力学势 $\widetilde{\Phi}$ 按 $\boldsymbol{L}$ 和 $\boldsymbol{M}$ 的幂级数展开 (这种展开是朗道 1933 年首先考虑的). 但是, 由于磁化是在磁场存在时出现的, 更正确些的做法是立即按 $\boldsymbol{L}$ 和 $\boldsymbol{H}$ 展开. 对于单轴晶

① 有关交换相互作用可以导致具有反平行磁矩的亚晶格状态的思想, 是首先由奈尔 (L. 奈尔, 1932) 提出来的. 独立于奈尔, 朗道也提出了这一思想 (Л. Д. 朗道, 1933), 并且将反铁磁状态的概念表述为不同于顺磁相的热力学相, 提出了它们之间的相变点存在的必要性. 我们将称这一相变点为**反铁磁居里点**.

体展开的形式是

$$\widetilde{\Phi} = \Phi_0 + AL^2 + BL^4 + D(\boldsymbol{H}\cdot\boldsymbol{L})^2 + D'H^2L^2 \\ -\frac{1}{2}\chi_p H^2 + \frac{1}{2}\beta(L_x^2 + L_y^2) - \frac{1}{2}\gamma(H_x^2 + H_y^2) - \frac{H^2}{8\pi}. \tag{48.2}$$

上式 Φ_0 之后的前 5 项不依赖于 $\boldsymbol{H}$ 和 $\boldsymbol{L}$ 矢量的晶体学取向; 这些项具有交换相互作用的起源. 接下来的两项与相对论相互作用有关; 与通常一样, 选 z 轴沿晶体的对称主轴. 形如 $\boldsymbol{H}\cdot\boldsymbol{L}$ 的 $\boldsymbol{H}$ 的线性项因不满足相对于改变 $\boldsymbol{L}$ 正负号变换不变性的要求而被排除.

如果 $\beta > 0$, 则反铁磁矢量 $\boldsymbol{L}$ 的方向指向 z 轴 (易磁化轴型反铁磁体). 而若 $\beta < 0$, 则 $\boldsymbol{L}$ 位于底平面 (易磁化平面型反铁磁体). 在第一种情况下, 反铁磁性的出现由 L_z^2 的系数函数 $A(T)$ 等于零决定, 而在第二种情况下, 由 $L_x^2 + L_y^2$ 的系数之和 $A + \beta/2$ 等于零决定.

下面我们研究易磁化轴型反铁磁体 ($\beta > 0$). 在居里点附近我们照常假定 $A = a(T - T_c)$, 而认为系数 B 等于其在 $T = T_c$ 时的值. 此时 $B > 0$, 作为 $T = T_c$ 时 $L = 0$ 态的稳定性条件. 在顺磁相, $A > 0$ 及 $L = 0$. 在反铁磁相, $A < 0$, 而且由 $H = 0$ 时热力学势 $\widetilde{\Phi}$ 取极小值给出朗道理论常有的 L 对温度的依赖关系:

$$L = \sqrt{\frac{a}{2B}(T_c - T)}. \tag{48.3}$$

对热力学势 (48.2) 式求微商并计及公式

$$\frac{\partial\widetilde{\Phi}}{\partial\boldsymbol{H}} = -\frac{\boldsymbol{B}}{4\pi} = -\frac{\boldsymbol{H}}{4\pi} - \boldsymbol{M},$$

我们求得在 $L = 0$ 时, 亦即在顺磁相中 ①:

$$M_x = (\chi_p + \gamma)H_x, \quad M_y = (\chi_p + \gamma)H_y, \quad M_z = \chi_p H_z. \tag{48.4}$$

存在恒定的 γ 导致在这个相中磁化率的各向异性. 由于起源于相对论相互作用, $|\gamma| \ll \chi_p$. 下面我们忽略这个常量, 使得 χ_p 在 $T > T_c$ 时成为各向同性的磁化率 ②.

在 $H \to 0$ 时 (亦即忽略 $\boldsymbol{L}$ 的平衡值对场强的依赖性时) 的反铁磁相, 我们有

$$\boldsymbol{M} = \chi_p\boldsymbol{H} - 2D\boldsymbol{L}(\boldsymbol{L}\cdot\boldsymbol{H}) - 2D'L^2\boldsymbol{H}. \tag{48.5}$$

① (48.2) 式中将 $-H^2/8\pi$ 一项单独分出来的目的, 就是为了使剩余项对 $\boldsymbol{H}$ 求导数时直接给出 $\boldsymbol{M}$.

② 事实上在所有已知情况下, 在反铁磁居里点上物质均成为顺磁性的, 亦即 $\chi_p > 0$. 然而, χ_p 的正负号不可能仅由一个热力学论证导出.

如果磁场方向垂直于 $\boldsymbol{L}$, 则

$$\boldsymbol{M} = \chi_\perp \boldsymbol{H}, \quad \chi_\perp = \chi_p - 2D'L^2 = \chi_p - \frac{D'a}{B}(T_c - T). \tag{48.6}$$

在纵场情况下:

$$\boldsymbol{M} = \chi_\parallel \boldsymbol{H}, \quad \chi_\parallel = \chi_\perp - 2DL^2 = \chi_p - \frac{(D+D')a}{B}(T_c - T). \tag{48.7}$$

我们注意到, 即使在忽略了相对论相互作用之后, 磁化率依然是各向异性的, 亦即其来源于交换相互作用.

我们还要强调指出, 磁化率在居里点上是有限且连续的, 但其一阶导数有跃变. 在这一点上反铁磁体与铁磁体有本质区别, 后者的磁化率在相变点趋于无穷. 铁磁体与反铁磁体居里点之间的这一区别与它们受磁场影响而变化的特征的不同有密切关系. 在铁磁体中, 无论是多么微弱的磁场也要模糊相变, 通过磁化顺磁相去除两个相之间对称性的差别. 而反铁磁序不可能由磁场建立; 在磁场存在的情况下两个相的对称性的差别也仍然保留, 而且相变依然是清晰的.

以 (48.2) 式的展开许可的精确度, 应当认为 (48.6) 式和 (48.7) 式中的 D 和 D' 等于它们在 $T = T_c$ 点的值. 所以磁化率一阶导数的跃变为 ①:

$$\frac{\partial \chi_p}{\partial T} - \frac{\partial \chi_\perp}{\partial T} = -\frac{aD'}{B}, \quad \frac{\partial \chi_p}{\partial T} - \frac{\partial \chi_\parallel}{\partial T} = -\frac{a(D+D')}{B}. \tag{48.8}$$

现在我们再回到 $\widetilde{\Phi}$ 的表达式 (48.2). 带有系数 D 和 β 的项依赖于矢量 $\boldsymbol{L}$ 的方向. 下面我们假定 $D > 0$ (亦即 $\chi_\perp > \chi_\parallel$), 并与以前一样假设 $\beta > 0$, 即介质为易磁化轴型反铁磁体. 如果磁场垂直于 z 轴, 从这些项的形式十分清楚, $L_x = L_y = 0$ 的值对应于 $\widetilde{\Phi}$ 的极小值, 亦即矢量 $\boldsymbol{L}$ 的方向始终沿着 z 轴. 如果磁场也指向 z 轴, 则显然当场中的磁能 (前述项中的第一项) 可与各向异性能相比较时, $\boldsymbol{L}$ 的方向应当发生改变, 即它应当转回到底平面. 这一转动 (亚晶格的自旋转向②) 在磁场取特定值 $H = H_f$ 时以跃变的方式发生 (L. 奈尔, 1936).

实际上, 前面指出的 (48.2) 式中的这些项可以写为

$$H_z^2 DL^2 + L^2\left(-DH_z^2 + \frac{\beta}{2}\right)\sin^2\theta$$

的形式, 其中 θ 为 $\boldsymbol{L}$ 与 z 轴之间的夹角. 显然, 如果 $H_z < H_f$, 其中

$$H_f^2 = \frac{\beta}{2D} = \frac{\beta L^2}{\chi_\perp - \chi_\parallel}, \tag{48.9}$$

① 纯粹的热力学论证并不能对 D 和 D' 的符号作出结论. 事实上导数 $\partial\chi_\parallel/\partial T$ 的跃变永远为负; 这表明 $D + D' > 0$. $\partial\chi_\perp/\partial T$ 的跃变也通常为负, 而且在居里点附近 $\chi_\perp > \chi_\parallel$; 这表明 $D > 0, D' > 0$.

② 即英文术语 spin flop.

则 $\widetilde{\Phi}$ 的极小值对应于 $\theta = 0$. 如果磁场 $H_z > H_f$, 则值 $\theta = \pi/2$ 对应于平衡, 矢量 $\boldsymbol{L}$ 垂直于 z 轴. 这种情况在远离居里点时依然保持. 转向场 H_f 依赖于温度, 而且前述推论表明, 在 TH 平面上的 $H = H_f(T)$ 曲线是一条一级相变线 ①.

在足够强的磁场内反铁磁结构显然不可能是热力学稳定的, 因为两个亚晶格的磁矩沿磁场方向的平行取向变得在能量上有利. 反铁磁结构的破坏与对称性改变有关, 并且是通过二级相变发生的. 因此反铁磁相在 TH 平面的存在区域局限于某一条曲线 $H = H(T)$ 范围之内. 反铁磁性的破坏开始于场中的磁能可与交换能相比较之时. 远离居里点处的临界场数量级的估计值为 $\mu H_{\rm c} \sim T_{\rm c}$ (μ 为原子磁矩). 随着向居里点的接近, $H_{\rm c}$ 不断减小, 到达居里点时趋于零. 借助于热力学势的表达式 (48.2), 很容易找出 $H_{\rm c}(T)$ 在这一区间内的函数关系.

前面曾经指出过, 假如磁场 $\boldsymbol{H}$ 垂直于 z 轴, 则矢量 $\boldsymbol{L}$ 始终平行于该轴. 热力学势中依赖于 $\boldsymbol{L}$ 的诸项为:

$$AL^2 + BL^4 + D'H^2L^2. \tag{48.10}$$

由此可以看出, 由于磁场的存在导致系数 A 被和 $A + D'H^2$ 所代替, 这个新系数等于零确定了新的相变点. 由这个条件我们得到临界场:

$$H_{\rm c}^2 = -\frac{A}{D'} = \frac{a}{D'}(T_{\rm c} - T). \tag{48.11}$$

如果 $\boldsymbol{H}$ 平行于 z 轴, 则在 $H < H_f$ 时矢量 $\boldsymbol{L}$ 和以前一样沿着 z 轴, 但 (48.2) 式中的依赖于 L 的项与 (48.10) 式的差别在于 D 被 $D + D'$ 所代换. 因此, 在此情况下

$$H_{\rm c}^2 = \frac{a}{D + D'}(T_{\rm c} - T). \tag{48.12}$$

最后, 如果 $H > H_f$, 矢量 $\boldsymbol{L}$ 垂直于 z 轴, 类似地我们求得这种情况下的临界场表达式 ②:

$$H_{\rm c}^2 = \frac{a}{D'}\left(T_{\rm c} - T - \frac{\beta}{2a}\right). \tag{48.13}$$

图 26 在 $T - H^2$ 坐标中分别对于所研究的两个磁场方向绘出了反铁磁体在居里点附近的相图. 虚线代表二级相变, 实线代表一级相变; P 表示顺磁相,

① 我们曾不止一次地强调指出过, 不论 L 是否很小, (48.2) 型的表达式中的各向异性项在远离相变点处均保持有相对论相互作用按单位矢量 $\boldsymbol{l} = \boldsymbol{L}/L$ 展开的各项的意义, 所以, 如果将其中的 βL^2 理解为热力学势中含 $(l_x^2 + l_y^2)/2$ 的一项的系数, 公式 (48.9) 在远离相变点处也是有意义的.

② 公式 (48.11)—(48.13) 在朗道理论框架内的推导是由 A. C. 波罗维克–罗曼诺夫 (1959) 给出的.

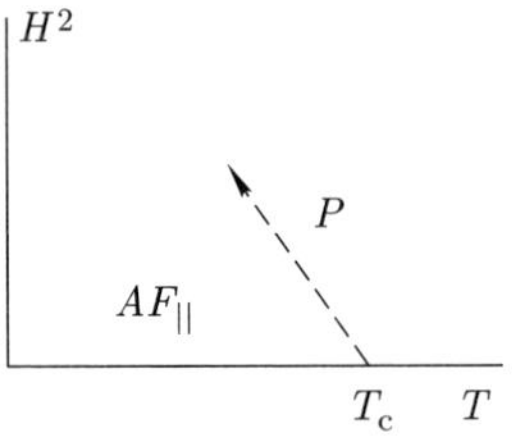

(a) $H\perp z$

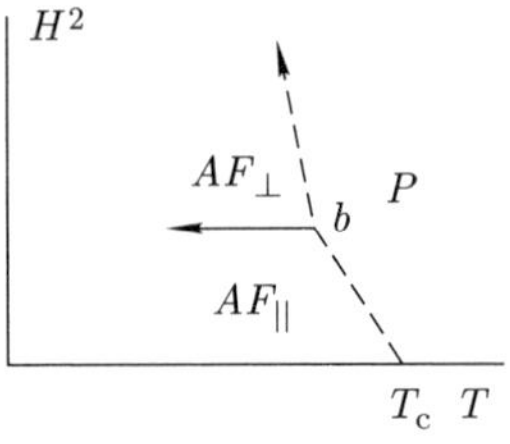

(b) $H\|z$

图 26

$AF_{\|}$ 与 $AF_{\perp}$ 分别表示 $\boldsymbol{L}$ 矢量平行和垂直于 z 轴的反铁磁相. 在朗道理论框架内 (所有的研究均在该框架内进行) 相图中的所有线都是直线. 在纵场情况下在相图中有双临界点 (图 26b 中的 b 点), 在该点上一级相变线截止于二级相变线上. 这个点与 PT 平面的双临界点类似 (见本教程第五卷 §150 中的图 67). 这个点的坐标为:

$$T_b = T_c - \frac{\beta}{2a}\frac{D+D'}{D}, \quad H_b^2 = \frac{\beta}{2D} \tag{48.14}$$

(β, D, D' 为 $T = T_b$ 时的系数值).

§49 反铁磁体的双临界点

在涨落区内, 前一节中所使用的朗道理论通常在足够接近二级相变曲线时变得不再适用. 我们现在在处于纵向磁场中的单轴反铁磁体 (易磁化轴型) 的相图上接近双临界点处来研究这个区域.

这一问题的有效哈密顿量的形式为:

$$\mathscr{H}_{\text{eff}} = \int \left\{ aL^2 \left[T - T_b - \frac{D+D'}{a}(H_f^2 - H_z^2) \right] \right.$$
$$\left. + BL^4 + DL^2(H_f^2 - H_z^2)\sin^2\theta + \frac{\overline{\alpha}}{2}\frac{\partial \boldsymbol{L}}{\partial x_i}\cdot\frac{\partial \boldsymbol{L}}{\partial x_i} \right\} \mathrm{d}V. \tag{49.1}$$

被积函数表达式由展开式 (48.2) 中的依赖于 $\boldsymbol{L}$ 的项组成, 其中令 $A = (T - T_c)a$, 从 (48.9) 和 (48.14) 引入符号 T_b 和 H_f, 并添加了梯度项. 这个有效哈密顿量在形式上与单轴铁磁体 (未处于磁场中!!!) 的有效哈密顿量相同, 只在所用标记符号上有差别: 用 $\boldsymbol{L}$ 代替了 $\boldsymbol{M}$, 用方括号内的表达式代替了 $T - T_c$, 以及用物理量

$$u = 2D(H_f^2 - H_z^2) \tag{49.2}$$

代替了铁磁体的各向异性常量 β. 当 $H_z = H_f$ 时这个常量趋于零, (49.1) 式约化为积分

$$\mathscr{H}_{\text{eff}} = \int \left\{ aL^2(T - T_b) + BL^4 + \frac{\overline{\alpha}}{2} \frac{\partial \boldsymbol{L}}{\partial x_i} \cdot \frac{\partial \boldsymbol{L}}{\partial x_i} \right\} \mathrm{d}V, \tag{49.3}$$

形式上与在交换近似下的铁磁体有效哈密顿量 (47.2) 相同. 这种相似性使得反铁磁体在双临界点附近的一系列性质可用铁磁体的已知结果来解释 (M. E. 费舍, D. R. 纳尔逊, 1974).

等式 $H_z = H_f$ 对应于一级相变线 (亚晶格自旋转向). 上述相似性使得我们可以得出这样的结论, 即反铁磁体在双临界点附近的这条线上的热力学性质 (在物理量含义作相应改变的条件下) 与纯交换铁磁体在其居里点附近的性质相同. 特别是, 当沿着这条线接近双临界点时反铁磁矢量的量值按规律

$$L \propto (T_b - T)^{\beta} \tag{49.4}$$

趋于零. 其中 β 与 (47.4) 式中的临界指数 β 相同 ①.

在双临界点附近, 但不在一级相变线上, 参量 u 很小但不是零. 不论这个量是如何地小, 在接近一级相变线时它的作用却大为增长 (对照 §47 末的评论) : 序参量变成单分量 (在 $AF_{\parallel}$ 相为 L_z) 或双分量 (在 $AF_{\perp}$ 相为 L_z, L_y) 的. u 值越小, 它起主要作用的区间尺度越小. 从具有 $n = 3$ 的行为向具有 $n = 1$ 或 $n = 2$ 的行为的转变是通过某一中间区域实现的. 在这个区域里标度不变性假设看来是合理的: 随着向双临界点接近只有 u 的测量标度变化. 与此相关出现了新的临界**跨接**② **指数** φ: 在变量 $t = T - T_b$ 的标度变化时变量 u 的标度以 $|t|^{\varphi}$ 的方式变化. 指数 φ 必须为正, 因为不论 u 值多么小它都能改变相变的特征.

采用这个假设后, 必须认为双临界点附近的相变线是由常数比值 $x = u/|t|^{\varphi}$ 确定的. 一级相变线对应于 $x = 0$, P 相与 $AF_{\parallel}$ 相之间的相变线对应于 x 的某一取值 $x_1 > 0$, 而 P 相与 $AF_{\perp}$ 相之间的相变则对应于另一取值 $x_2 < 0$. 对于 (49.2) 式中定义的 H_f, 现在当然应当理解为由有效哈密顿量 (49.1) 的统计物理问题精确解给出的真正的函数 $H_f(T)$. 将其按 t 的幂次展开并舍弃 u 中的常数 $2H_b$, 我们确定出双临界点附近的变量 u 为:

$$u = H_b - H_z + c(T - T_b), \tag{49.5}$$

其中 c 为常数. 一级相变线的方程为:

$$H_z - H_b = c(T - T_b),$$

① 在现在的情况下, 临界指数 γ 没有直接的物理意义. 因为它与对于反铁磁体实际上并不存在的磁场 $\boldsymbol{h}$ 有关, 这个场以 $-\boldsymbol{h} \cdot \boldsymbol{L}$ 项的形式进入了有效哈密顿量中.

② 英文术语为 “cross-over”.

而两条二级相变线的方程为:

$$H_z - H_b = c(T - T_b) \pm c_{1,2}(T - T_b)^{\varphi}, \tag{49.6}$$

其中 c_1 和 c_2 为正常数. 当 $\varphi > 1$ 时 (数值估计给出的值为 $\varphi \approx 1.25$) 这些线在涨落区看起来如图 27 所示; 在 b 点它们有公切线.

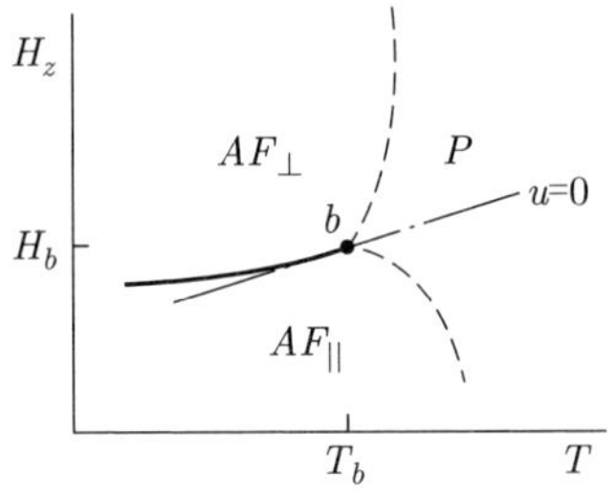

图 27

双临界点附近的标度不变性假设也允许我们在 TH_z 平面从不同方向接近这个点时就反铁磁矢量 $\boldsymbol{L}$ 大小的变化规律做出一系列结论, 但我们不打算继续讨论此问题了 ①.

§50 弱铁磁性

存在这样一些晶体, 交换相互作用在其中建立起了反铁磁结构, 而相对较弱的相对论相互作用导致这种结构的畸变, 畸变的结果出现了磁化强度 $\boldsymbol{M}$, 其量值反常地小, 与相对论相互作用与交换相互作用之比成比例. 这种现象称为弱铁磁性②.

交换相互作用本身是允许反铁磁矢量 $\boldsymbol{L}$ 在晶体中任意取向的. 这个矢量的特定的晶体学取向是由热力学势展开中按 $\boldsymbol{L}$ 各向异性的项所描写的相对论相互作用建立的. 也许以这种方式产生的对称性结构本身就允许铁磁磁矩 $\boldsymbol{M}$ 存在 ③. 正是在这些情况下出现了弱铁磁性: 在热力学势展开的相对论项中存在导致反铁磁结构畸变的项 ④. 下面我们就以特征性的实例展示这点.

我们来研究属于空间群 $\boldsymbol{D}_{3d}^6$ 的菱形晶体. 我们记得 (参见本教程第三卷 §93), $\boldsymbol{D}_{3d}$ 晶类包含以下对称元素: 3 阶对称轴 C_3 (三角轴); 3 个垂直于它的 2

① 参见*Fisher M. E., Nelson D. R.* // Phys. Rev. Lett. 1974. V. 32. P. 1350.

② 如果使用 §37 末给出的术语, 更正确的叫法应当是弱亚铁磁性.

③ 我们提醒大家, 为此对于所有情况磁性单胞都必须与晶体学单胞相同. 参见 §38 末.

④ 弱铁磁性理论是 И. Е. 加洛辛斯基提出来的 (1957).

阶对称轴 (表示为 U_2 轴); 反演中心 I, 作为后果出现 3 个对称面 σ_d, 其中每一个通过 C_3 轴且与 U_2 轴中的一个垂直 (从而平分了另两个 U_2 轴之间的夹角). 在空间群 $\boldsymbol{D}_{3d}^6$ 中 σ_d 成为沿三角轴移动 1/2 周期的滑移面. 这导致如图 28 所示的轴和反演中心在每一个原胞中的配置. 图中绘出的竖直线段是沿三角轴 (菱形原胞的空间对角线) 的一个周期. 将其长度暂取为 1. 而 2 阶轴通过点 1/4 和 3/4. 反演中心位于 0 与 1/2 (图中打十字叉处). 图中没有示出竖直面 σ_d.

在反铁磁体碳酸铁 ($FeCO_3$) 和碳酸锰 ($MnCO_3$) 中, 每一个原胞含两个处于三角轴上等价位置 0 与 1/2 的磁离子 (Fe^{++} 或 Mn^{++}). 交换相互作用建立起磁结构, 其中的这两个磁离子的磁矩反平行. 此时在 $FeCO_3$ 中 Fe^{++} 的磁矩沿三角轴排列 (图 29). 容易看出, 这种结构相对于所有的 $\boldsymbol{D}_{3d}$ 类变换是不变的, 从而不允许铁磁性 (具备 U_2 轴排除了矢量 $\boldsymbol{M}$ 沿三角轴的存在, 具备 C_3 轴则排除了矢量 $\boldsymbol{M}$ 出现在底平面).

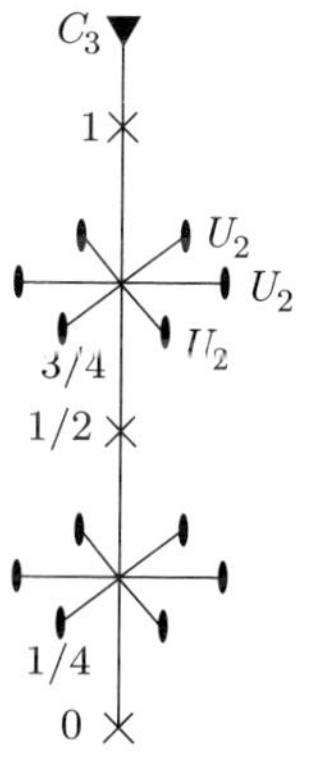

图 28

图 29

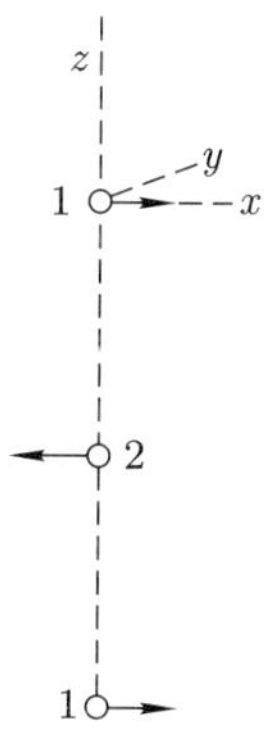

图 30

在反铁磁体 $MnCO_3$ 中, 如图 30 所示, 离子的磁矩位于垂直于三角轴 (z 轴) 的底平面 (xy 面) 上. 如果此时磁矩位于 σ_d 面中的一个上面 (此时将其选作 xz 面), 则除单位元素外, 磁结构的对称元素还有

$$U_2^{(y)}, \quad I, \quad \sigma_d^{(xz)},$$

亦即属于与通常晶类 $\boldsymbol{C}_{2h}$ 相同的磁晶类; 这一晶类允许矢量 $\boldsymbol{M}$ 沿 y 轴存在. 如果磁矩位于一个 U_2 轴上 (此时选该轴为 x 轴), 则磁结构有对称元素

$$U_2^{(x)}R, \quad I, \sigma_d^{(yz)}R,$$

亦即其属于磁晶类 $\boldsymbol{C}_{2h}(\boldsymbol{C}_i)$, 它也允许矢量 $\boldsymbol{M}$ 沿 y 轴存在. 在两种情况下, 如

图 31 所示, $\boldsymbol{M}$ 都是通过每一单胞中的两个离子的磁矩在 xy 面上的反向转动产生的.

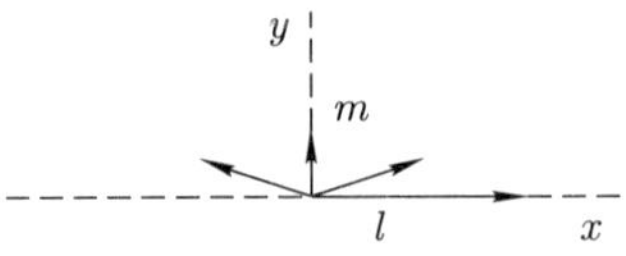

图 31

为转变到定量的理论, 我们重新引入矢量 $\boldsymbol{M}=\boldsymbol{M}_1+\boldsymbol{M}_2$ 和 $\boldsymbol{L}=\boldsymbol{M}_1-\boldsymbol{M}_2$, 其中两个下角标 1 和 2 分别表示两个磁亚晶格. $\boldsymbol{L}$ 方向的单位矢量用 $\boldsymbol{l}$ 表示.

现在我们来研究 $\boldsymbol{H}=0$ 时热力学势按 $\boldsymbol{M}$ 和 $\boldsymbol{l}$ 的幂级数展开. 因 $\boldsymbol{M}$ 在弱铁磁体中很小, 故按 $\boldsymbol{M}$ 的幂级数展开当然是允许的. 各向异性能可按 $\boldsymbol{l}$ 的幂级数展开, 则照常是因为相对论相互作用很小的缘故. 因此, 这里的展开完全没有假定是在二级相变点附近 ($\boldsymbol{L}$ 很小), 故而下述理论不受朗道理论特有的限制.

展开中的诸项应当是 $\boldsymbol{D}_{3d}^6$ 群的所有变换下的不变量. 这一展开的前几项为:

$$\Phi=\Phi_0(L)+BM^2+D(\boldsymbol{l}\cdot\boldsymbol{M})^2-\frac{\beta}{2}M_z^2-\frac{\gamma L^2}{2}l_z^2+\zeta L(M_xl_y-M_yl_x), \quad (50.1)$$

其中 $\Phi_0(L)$ 是 $\boldsymbol{L}$ 的各向同性函数. Φ_0 之后的前两项起源于交换相互作用; 此时 $B>0$ (在相反的情况下, 存在与反铁磁性无关的自发磁化, 亦即物体将会成为通常的交换铁磁体). 展开中紧接着的三项是相对论相互作用的一阶项 ($\sim v^2/c^2$) ①. 这三项中的最后一项可以表示为 $L\boldsymbol{\zeta}\cdot(\boldsymbol{M}\times\boldsymbol{l})$ 的形式, 其中 $\boldsymbol{\zeta}$ 为平行于 z 轴的矢量 ②.

除最后一项外, (50.1) 式的不变性是显然的. 为了检验最后一项的不变性, 只需检验其相对于 C_3 轴, 一根 U_2 轴和反演中心的对称操作的不变性也就足够了. 相对于绕三角轴 (z 轴) 转动的不变性由矢量 $\boldsymbol{M}\times\boldsymbol{l}$ 的 z 分量形式看是显然的 (此时最重要的是转动不交换不同的亚晶格中的原子, 故而 $\boldsymbol{M}$ 和 $\boldsymbol{l}$ 做同样的变换). 相对于反演中心的不变性是两个矢量 $\boldsymbol{M}$ 和 $\boldsymbol{l}$ 各自具有反演不变性的结果: $\boldsymbol{M}$ 反演不变是因为它是轴矢量, 对于 $\boldsymbol{l}$, 还必须考虑到在所

① 最后两项定义中引进乘数因子 L^2 和 L 是为了使 (50.1) 式各项的系数成为无量纲量, 并不表示按量 L 的幂级数展开.

② 这种形式的项的微观起源与反对称自旋相互作用有关, 这种相互作用是以交换相互作用与相对论自旋轨道相互作用双线性交叉项的微扰论二阶效应出现的. 参见 Moria T (守谷亨). in *Magnetism*: Vol.1. Ed. Rado G T, Suhl H. New York: Academic Press,1963.

研究的结构中反演只在每一个亚晶格的内部交换原子. $U_2^{(x)}$ 变换交换具有相反磁矩方向的原子, 所以在这样的转动下 $M_x, M_y \to M_x, -M_y$; $l_x, l_y \to -l_x, l_y$, 由此可知, 差式 $M_x l_y - M_y l_x$ 显然具有不变性.

我们将假定常数 $\gamma < 0$; 此时矢量 $\boldsymbol{l}$ 在底平面上 ($l_z = 0$). 选择 $\boldsymbol{l}$ 所在平面为 xz 面, 并在 $\boldsymbol{L}$ 给定的情况下使 Φ 对 $\boldsymbol{M}$ 取极小, 我们求得铁磁磁矩:

$$M_x = 0, \quad M_y = \frac{\zeta}{2B} L_x, \quad M_z = 0. \tag{50.2}$$

因为 $|\zeta| \ll B$, 故 M 确实很小. 我们看到, 铁磁性的出现与 (50.1) 式最后一项——$\boldsymbol{M}$ 和 $\boldsymbol{l}$ 的双线性项有关. $\boldsymbol{M}$ 的方向与反铁磁结构的密切相关是弱铁磁性的特有性质; 在当前情况下 $\boldsymbol{M}$ 与 $\boldsymbol{L}$ 矢量处于同一个底平面并与其垂直 ①.

当存在外场时, 磁化强度对 $\boldsymbol{H}$ 的依赖关系可由热力学势 $\widetilde{\Phi} = \Phi - \boldsymbol{M} \cdot \boldsymbol{H} - \dfrac{H^2}{8\pi}$ 的极小化条件得到. 极小化应当对底平面上结构的取向和按 $\boldsymbol{M}$ 矢量的分量进行. 显然, 在忽略底平面上的磁各向异性后磁化强度将会转动得使其在这个平面的分量 $\boldsymbol{M}_\perp$ 沿磁场 $\boldsymbol{H}_\perp$ 方向, 而矢量 $\boldsymbol{L}$ 则相应地转到垂直于 $\boldsymbol{H}_\perp$ 的方向 ②. 于是对 $\boldsymbol{M}_\perp$ 和 $\boldsymbol{M}_z$ 极小化 $\widetilde{\Phi}$ 导致以下结果:

$$M_z = \chi_\parallel H_z, \quad M_\perp = \chi_\perp (H_D + H_\perp), \tag{50.3}$$

其中磁化率

$$\chi_\parallel = \frac{1}{2B - \beta}, \quad \chi_\perp = \frac{1}{2B} \tag{50.4}$$

并引进记号

$$H_D = |\zeta| L \tag{50.5}$$

用于表示确定弱铁磁体自发磁化强度的 “有效场” (这个场称作**加洛辛斯基场**). 由于 $|\beta| \ll B$, 故有 $\chi_\parallel \approx \chi_\perp$.

我们还要提一下这里所研究的物质在施加外磁场时产生的一个性质, 这个性质出现在向顺磁相转变的相变点附近. 在朗道理论框架内, 在这个区域将函数 $\Phi_0(L)$ 展开为 L 的幂级数:

$$\Phi_0(L) = \Phi_0(0) + AL^2 + CL^4.$$

---

① 在与热力学势 (50.1) 对应的近似下, 在底平面上没有磁各向异性且 $\boldsymbol{L}$ 在其上的方向是任意的. 仅当计及更高阶 (直到 6 阶) 的项时才在底平面出现各向异性 (以及与之相关的 $\boldsymbol{L}$ 的特定取向). 此时也出现矢量的 z 分量与 x 分量或 y 分量的交叉项, 结果磁矩与底平面偏离开一个小角度.

② 这里假设 $D > 0$; 在 $D < 0$ 时, 带有大系数 $|D|$ 的 $-|D|(\boldsymbol{l} \cdot \boldsymbol{M})^2$ 一项的存在可以破坏 $\boldsymbol{l}$ 与 $\boldsymbol{H}_\perp$ 的相互垂直. 在底平面上忽略各向异性意味着对所研究的场的量值加上了确定的下限.

令矢量 $\boldsymbol{L}$ 的方向指向 x 轴的正向. 为确定起见, 我们取 $\zeta > 0$①; 此时矢量 $\boldsymbol{M}$ 指向 y 轴的正向; 我们假定 $\boldsymbol{H}$ 也指向该方向. 热力学势为:

$$\widetilde{\Phi} = \Phi_0(0) + AL^2 + CL^4 + BM^2 - \zeta LM - HM - \frac{H^2}{8\pi}; \tag{50.6}$$

接近居里点处各向异性能按单位矢量 $\boldsymbol{l}$ 的展开变为按矢量 $\boldsymbol{L}$ 本身的展开. 没有外场时, $M = \zeta L/2B$ 且展开式 (50.6) 取以下形式:

$$\Phi = \Phi_0 + \left(A - \frac{\zeta^2}{4B}\right) L^2 + CL^4$$

居里点由 $\boldsymbol{L}^2$ 的系数等于零确定, 于是在居里点附近

$$A - \frac{\zeta^2}{4B} = a(T - T_c)$$

$(a > 0)$. 我们假定其余的系数等于它们在 $T = T_c$ 时的值 (此时 $C > 0$).

有外场存在时, 从方程 $\partial\widetilde{\Phi}/\partial L = 0, \partial\widetilde{\Phi}/\partial M = 0$ 中消去 M 后, 给出确定 L 的方程式:

$$2CL^3 + a(T - T_c)L - \frac{\zeta H}{4B} = 0. \tag{50.7}$$

由此已可看出, 在弱铁磁体中 (如同在通常的铁磁体中一样) 磁场模糊了相变②. 此时在点 $T = T_c$ 的两侧反铁磁矢量都异于零; 磁场在顺磁相中引起了铁磁序, 从而消除了两相对称性质的差别 (A. C. 波罗维克–罗曼诺夫, B. И. 奥若金, 1960). 当 $T > T_c$ 时, 在离这一点的某一距离上 L 按照以下规律衰减:

$$L = \frac{\zeta H}{4aB(T - T_c)}.$$

§51 压磁性与磁电效应

反铁磁体中的压磁性和磁电效应与磁对称性密切相关.

压磁性是指当对晶体施加弹性应力时晶体产生磁化强度, 这与压电性相似. 这种效应由晶体热力学势中出现的一个新项描写, 这一项与磁场和弹性应力张量均成线性:

$$\widetilde{\Phi}_{\text{pm}} = -\lambda_{i,kl} H_i \sigma_{kl}, \tag{51.1}$$

---

① 我们注意到, 系数 ζ 正负号的约定依赖于矢量 $\boldsymbol{L} = \boldsymbol{M}_1 - \boldsymbol{M}_2$ 的定义: 究竟是晶体中的哪些磁原子被取作亚晶格 1 和亚晶格 2. 但在给定晶体中做出这样的选择后, ζ 的正负号就具有了确定的意义: $\boldsymbol{M}$ 相对于 $\boldsymbol{L}$ 的方向和晶体轴的方向均依赖于它.

② 方程 (50.7) 与描述电场中的铁电体的方程 (19.4) 或描述磁场中的通常铁磁体的类似方程具有相同形式.

其中 $\lambda_{i,kl}$ 是对指标 kl 对称的张量 (对照 (17.7) 式). 这一项导致在磁感应强度 $B_i = -4\pi\partial\widetilde{\Phi}/\partial H_i$ 中出现附加项 $4\pi\lambda_{i,kl}\sigma_{kl}$. 换言之, 在 $\boldsymbol{H} = 0$ 时产生了与形变成线性的磁化强度:

$$M_i = \lambda_{i,kl}\sigma_{kl}. \tag{51.2}$$

这一性质的另外一个表现是所谓**线性磁致伸缩**, 即出现与施加于晶体的磁场强度呈线性的形变:

$$u_{kl} = -\frac{\partial\widetilde{\Phi}_{\rm pm}}{\partial\sigma_{kl}} = \lambda_{i,kl}H_i. \tag{51.3}$$

时间反演操作改变磁场 $\boldsymbol{H}$ (以及磁化强度 $\boldsymbol{M}$) 的正负号, 而保持弹性应力张量 σ_{kl} 不变; 当然, 热力学势也应当不变. 因此压磁张量 $\lambda_{i,kl}$ 在时间反演时变号. 由此同样也可得出结论, 即只有在具有磁结构的物体中才可能有压磁性; 在没有磁结构情况下物体性质相对于 R 变换不变, 因此 $\lambda_{i,kl} = -\lambda_{i,kl} = 0$. 压磁性也可以出现在这样一些反铁磁体中, 它们属于只含与转动和反射组合的 R 变换或完全不含 R 变换的确定的磁对称类 (Б. А. 塔弗格尔, В. М. 扎依采夫, 1956).

磁电效应指的是物质中磁场和电场之间的线性相关性. 例如, 这一效应导致物质在电场中出现与电场强度成正比的磁化强度 (Л. Д. 朗道与 Е. М. 栗弗席兹, 1956). 这一效应由晶体热力学势中既与电场强度也与磁场强度成线性的一项

$$\widetilde{\Phi}_{\rm m-e} = -\alpha_{ik}E_iH_k \tag{51.4}$$

描写, 其中 α_{ik} 是非对称张量. 在 $\boldsymbol{H} = 0$ 时电场在物质中产生的磁化强度为

$$M_k = \alpha_{ik}E_i, \tag{51.5}$$

而当 $\boldsymbol{E} = 0$ 时, 磁场产生电极化

$$P_i = \alpha_{ik}H_k. \tag{51.6}$$

和压磁性一样, 只有确定的磁对称类才允许有磁电效应; 磁电张量相对于时间反演奇对称, 故而在没有磁结构的物体中等于零. 由于 $\boldsymbol{E}$ 是极矢量, 而 $\boldsymbol{H}$ 是轴矢量, 如果晶体对称性中含有反演 $\boldsymbol{I}$, 则张量 α_{ik} 在所有情况下均等于零. 仅在组合 IR 中反演才允许磁电效应的存在.

习　　题①

1. 试找出反铁磁体碳酸铁 (其结构绘于图 29) 中压磁张量的非零分量.

① 以下的几个例题是加洛辛斯基提出的 (1957, 1959).

解: 如 §50 所述, 该结构的磁晶类与晶体类 $\boldsymbol{D}_{3d}$ 相同, 其中完全不含对称元素 R. 这一类的变换保持表达式

$$\widetilde{\Phi}_{\text{pm}}=-\lambda_1[(\sigma_{xx}-\sigma_{yy})H_x-2\sigma_{xy}H_y]-\lambda_2(\sigma_{xz}H_y-\sigma_{yz}H_x)$$

不变, 其中 z 轴沿着 3 阶对称轴, x 轴沿水平二阶对称轴之一 (这样的表达式曾在 §17 习题 1 中在压电性情况下对晶类 $\boldsymbol{D}_3$ 给出过; 在压磁性情况下, 对于晶类 $\boldsymbol{D}_{3d}=\boldsymbol{D}_3\times\boldsymbol{C}_i$, 这个表达式依然是正确的, 因为空间反演 I 保持二秩张量 σ_{ik} 和轴矢量 $\boldsymbol{H}$ 不变). 由此, 我们得到磁化强度

$$M_x=\lambda_1(\sigma_{xx}-\sigma_{yy})-\lambda_2\sigma_{yz},\quad M_y=-2\lambda_1\sigma_{xy}+\lambda_2\sigma_{xz}$$

2. 对于属于磁晶类 $\boldsymbol{D}_{4h}(\boldsymbol{D}_{2h})$ 的晶体 ①, 求压磁张量的非零分量.

解: 所属磁晶类除单位元素外还包含以下对称元素:

$$C_2,\ 2C_4R,\ 2U_2,\ 2U_2'R,\ I,\ \sigma_h,\ 2\sigma_v,\ 2\sigma_v'R$$

(对称元素的符号处处按照本教程第三卷 §95 给出的书写). 这些变换保持表达式

$$\widetilde{\Phi}_{\text{pm}}=-\lambda_1(\sigma_{xz}H_y+\sigma_{yz}H_x)-\lambda_2\sigma_{xy}H_z$$

不变 (z 轴沿 4 阶对称轴方向, x 轴, y 轴沿两个水平 2 阶对称轴方向). 由此求得磁化强度:

$$M_x=\lambda_1\sigma_{yz},\quad M_y=\lambda_1\sigma_{xz},\quad M_z=\lambda_2\sigma_{xy}.$$

3. 对于反铁磁体氧化铬 (Cr_2O_3), 试求出其磁电张量中不为零的分量. 这个晶体属于晶体学空间群 $\boldsymbol{D}_{3d}^6$ (见 §50) 并在每个单胞内含 4 个铬原子, 它们分别占据三角轴等价点 $u, 1/2-u, 1/2+u, 1-u$ $(u<1/4)$ 的位置; 它们的磁矩如图 32 所示沿该轴排列.

解: 该反铁磁体属于磁晶类 $\boldsymbol{D}_{3d}(\boldsymbol{D}_3)$, 含有对称元素:

$$2C_3, 3U_2, IR, 2S_6R, 3\sigma_dR.$$

这些变换保持表达式

$$\widetilde{\Phi}_{\text{m-e}}=-\alpha_{\|}E_zH_z-\alpha_{\perp}(E_xH_x+E_yH_y)$$

不变 (其中 z 轴沿三角轴), 亦即不为零的分量是 $\alpha_{xx}=\alpha_{yy}=a_{\perp}, \alpha_{zz}=\alpha_{\|}$.

① 这样的反铁磁体有二氟化锰 (MnF_2) 和二氟化钴 (CoF_2).

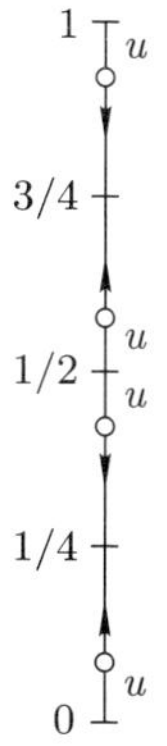

图 32

§52 螺旋面磁结构

磁晶格周期与基本晶体学晶格周期不公度的磁结构组成了特殊的一类磁结构. 产生这种结构的可能机制有多种, 我们这里来研究其中的一种, 它允许用简单的宏观术语表述, 是 И. Е. 加洛辛斯基于 1964 年提出的. 我们将通过对一个具体实例的考察做到这点: 所研究的晶体属于立方晶类 $\boldsymbol{T}$, 而且交换相互作用本身已在其中建立起了磁矩的纯铁磁序 (В. Г. 巴里亚赫塔尔, Е. П. 斯特凡诺夫斯基, 1969; P. 巴克, M. H. 延森, 1980)①.

为使结构可以在实际上实现, 它必须对于破坏晶体空间均匀性的小扰动是稳定的. 在迄今为止的讨论中, 我们其实默认了这一条件的满足. 在扰动中产生的附加 "不均匀性能" 是由表达式 (43.1) 给出的, 这项能量正定表明所需的稳定性存在.

§43 中的表达式 (43.2) 是立方晶体中不均匀性能作为磁化强度 $\boldsymbol{M}$ 导数的幂级数展开中首个非零项而导出的, 但是我们当时只对起源于交换的能量感兴趣. 那时我们也曾指出过, 晶体的对称性允许非交换 (相对论) 本性的项的存在, 这些项含有导数 $\partial M_i/\partial x_k$ 与分量 M_l 的乘积; 为此, 对称性在所有情况下都不应包含反演中心. $\boldsymbol{T}$ 正好是这样的晶类; 它允许形如 $\boldsymbol{M}\cdot\operatorname{rot}\boldsymbol{M}$ 的项相对于其对称操作保持不变. 因此, 非均匀性能取以下形式:

$$U_{\text{non-u}} = \gamma\boldsymbol{M}\cdot\operatorname{rot}\boldsymbol{M} + \frac{\alpha}{2}[(\nabla M_x)^2 + (\nabla M_y)^2 + (\nabla M_z)^2]. \tag{52.1}$$

条件 $\alpha > 0$ 现在不保证均匀态的稳定性.

① 这样的晶体为具有磁离子锰和铁的硅化锰 (MnSi) 和锗化铁 (FeGe), 它们属于具有简单立方布拉维格的空间群 $\boldsymbol{T}^4$.

但是, 我们考虑到, 与相对论相互作用起源有关 ①, (52.1) 式中导数的一阶项含有一个与二阶项相比是小量 ($\sim v^2/c^2$) 的因子. 这意味着系数 $\gamma \ll \alpha/a$ (其中 a 为晶格常量). 这种状况允许在 (52.1) 式展开适用的范围内, 寻找新的稳定状态——普通的铁磁结构以非均匀的方式被畸变, 但畸变仅出现在比 a 大得多的距离上, 以使得导数仍然很小.

M 的量值基本上是由交换相互作用 (与非均匀性无关) 确定的. "大范围"结构则由非均匀性能 (52.1) 的极小化确定. 在给定 M 量值的情况下, 这个结构通过矢量 $\boldsymbol{M}$ 的方向的缓慢变化构成 ②.

我们将要寻求具有周期函数形式的 $\boldsymbol{M}(\boldsymbol{r})$:

$$\boldsymbol{M}(\boldsymbol{r}) = \frac{M}{\sqrt{2}}(\boldsymbol{m}\mathrm{e}^{\mathrm{i}\boldsymbol{k}\cdot\boldsymbol{r}} + \boldsymbol{m}^*\mathrm{e}^{-\mathrm{i}\boldsymbol{k}\cdot\boldsymbol{r}}), \tag{52.2}$$

而且为了使平方 $\boldsymbol{M}^2 = M^2$ 为常量, 单位复矢量 $\boldsymbol{m}$ ($\boldsymbol{m}\cdot\boldsymbol{m}^* = 1$) 的平方必须等于零: $\boldsymbol{m}^2 = 0$. 这样的矢量可以表示为 $\boldsymbol{m} = (\boldsymbol{m}_1 + \mathrm{i}\boldsymbol{m}_2)/\sqrt{2}$ 的形式, 其中 $\boldsymbol{m}_1, \boldsymbol{m}_2$ 为互相垂直的两个实单位矢量. 此时

$$\boldsymbol{M}(\boldsymbol{r}) = M(\boldsymbol{m}_1\cos(\boldsymbol{k}\cdot\boldsymbol{r}) - \boldsymbol{m}_2\sin(\boldsymbol{k}\cdot\boldsymbol{r})). \tag{52.3}$$

将 (52.2) 代入 (52.1) 后, 我们得到

$$U_{\text{non-u}} = \mathrm{i}M^2\gamma\boldsymbol{k}\cdot(\boldsymbol{m}\times\boldsymbol{m}^*) + \frac{1}{2}\alpha M^2k^2 = M^2\gamma\boldsymbol{k}\cdot(\boldsymbol{m}_1\times\boldsymbol{m}_2) + \frac{1}{2}\alpha M^2k^2.$$

如果矢量 $\boldsymbol{k}$ 与 $\boldsymbol{m}_1\times\boldsymbol{m}_2$ 共线 (当 $\gamma<0$ 时平行, 当 $\gamma>0$ 时反平行), 且其量值

$$k = \frac{\gamma}{\alpha} \ll \frac{1}{a}, \tag{52.4}$$

则作为 $\boldsymbol{k}$ 的函数的非均匀性能的上述表达式取极小.

因此, 在 $U_{\text{non-u}}$ 中存在小的导数线性项导致叠加在基本铁磁结构上的**螺旋面**磁性超结构的产生: 原子的磁矩位于垂直于 $\boldsymbol{k}$ 方向的诸多平面上, 而且

---

① (52.1) 式中的第一项不是矢量 $\boldsymbol{M}$ 在空间所有点上同时转动相同角度变换的不变量, 它不满足 §43 第一个脚注中表述的要求.

相对论项也可以作为平方项出现, 例如, 立方对称性允许形如

$$\frac{\alpha'}{2}\left[\left(\frac{\partial M_x}{\partial x}\right)^2 + \left(\frac{\partial M_y}{\partial y}\right)^2 + \left(\frac{\partial M_z}{\partial z}\right)^2\right]$$

的项.

② 为要避免没有基本意义的复杂化, 我们假定 $U_{\text{non-u}}$ 比能量 U_{exch} 小得多 (故而 $\boldsymbol{M}$ 仅由后者确定), 但同时又远大于各向异性相对论能 U_{aniso} (因此在确定 $\boldsymbol{M}$ 方向变化的过程中 U_{aniso} 可以忽略). 在居里点附近——不是很靠近 (为满足第一个不等式), 又不能太远离 (为了遵守第二个不等式)——这些条件可以满足. 我们将不写出定义这个"附近" 的显式判据.

在一连串的原子层中的磁矩方向彼此间缓慢转动; 沿平行于 $\boldsymbol{k}$ 方向的一条直线排列的矢量 (磁矩) 的端部描绘出螺旋线. 这条螺旋线的螺距为 $2\pi/k$, 为超结构的周期; 它比晶体学周期大而且不与其公度 ①. 具有这种超结构的相一般称为**非公度相**②. 在本教程第五卷中已提到它们.

在我们所研究的近似框架内, 波矢 $\boldsymbol{k}$ 相对于晶体学轴的方向是不确定的. 这个方向要由各向异性能 (40.7) 和非均匀性能的相对论部分之和取极小值来确定. 对此我们就不进行讨论了.

① 这里所研究的情况与出现在螺状相液晶中的情况完全类似 (参见本教程第五卷 §140). 在液晶情况下, 能量中形如 $\boldsymbol{n}\cdot\operatorname{rot}\boldsymbol{n}$ ($\boldsymbol{n}$ 为液晶中的单位矢量指向矢) 的项也导致螺旋面结构的产生.

② 英语术语为 incommensurate.

第六章 超导电性

§53 超导体的磁性质

许多金属在温度接近绝对零度时转变为一种特殊状态, 这种状态最明显的特性是 H. 卡末林–昂纳斯在 1911 年首先发现的**超导电性**, 即对恒定电流完全不存在电阻. 对每一种金属, 其超导电性出现在特定的温度, 称为**超导转变点**, 是一种二级相变点.

但是, 从唯象理论观点看来, 在转变为超导状态时, 起更基本作用的是磁性质而非电性质的改变. 我们下面将会看到, 超导体的电性质不过是它的磁性质的必然结果.

超导性金属的磁性质可以描写如下. 磁场不会透入超导体内部; 因为按照定义, 介质内的平均磁场强度是磁感应强度 $\boldsymbol{B}$, 因而可以换一种说法, 在超导体内部总是有

$$\boldsymbol{B}=0 \tag{53.1}$$

(W. 迈斯纳, R. 奥克森菲尔德, 1933). 这一性质实际上与在何种条件下转变为超导状态无关. 例如, 如果金属样品是在磁场内冷却的, 则在转变点上, 磁力线将被 “挤” 出物体去.

但是应该着重指出, $\boldsymbol{B}=0$ 并不适用于超导体的薄表面层. 实际上, 磁场能够透入到超导体的一定深度, 这个深度比原子间距大很多 (通常为 10^{-5}cm 数量级), 并且和金属种类及温度有关. 由于这一原因, 在厚度或尺度与透入深度同数量级的金属薄膜或小粒子内, 等式 $\boldsymbol{B}=0$ 一般不成立.

下面我们只研究具有足够大尺度的厚实的超导体, 并且完全忽略磁场透

入薄表面层的事实 ①.

我们知道, 在任何两种介质的分界面上, 磁感应强度的法向分量必须是连续的 (这一条件是永远正确的方程 $\operatorname{div}\boldsymbol{B}=0$ 的必然结果). 因为在超导体内 $\boldsymbol{B}=0$, 因此在超导体表面, 外磁场的法向分量也等于零, 也即是超导体外的磁场处处与超导体表面相切; 超导体的表面是磁力线的包络面.

考虑到这种情况, 很容易求出超导体在磁场内所受的力. 和 §5 内对普通导体在电场内的所受力的计算类似, 我们算得这个力为 $\sigma_{ik}n_k$ (相对于单位表面积), 其中

$$\sigma_{ik}=\frac{1}{4\pi}\left(H_iH_k-\frac{H^2}{2}\delta_{ik}\right)$$

是真空中磁场的麦克斯韦应力张量. 因为在现在情况下, $\boldsymbol{n}\cdot\boldsymbol{H}_e=0$ ($\boldsymbol{H}_e$ 是物体表面外的磁场), 于是我们得到

$$\boldsymbol{F}_s=-\boldsymbol{n}\frac{H_e^2}{8\pi},\tag{53.2}$$

亦即作用在物体表面的力是压缩力, 其数值等于场能密度.

根据方程 (29.4)

$$\operatorname{rot}\boldsymbol{B}=\frac{4\pi}{c}\overline{\rho\boldsymbol{v}};\tag{53.3}$$

于是从等式 $\boldsymbol{B}=0$ 得出, 超导体内的平均电流密度也处处等于零. 换句话说, 在超导体内不可能有任何宏观的体电流. 与此相关我们着重指出, 像在普通导体内所做的那样从 $\overline{\rho\boldsymbol{v}}$ 内分出传导电流在超导体内是没有意义的. 由于这一原因, 在我们所研究的理论中引入磁化强度 $\boldsymbol{M}$ 以及矢量 $\boldsymbol{H}$ 也是没有物理意义的.

因此, 超导体内流过的任何电流都是面电流. 面电流密度 $\boldsymbol{g}$ 按照 (29.16) 式由超导体边界上磁感应强度切向分量的跃变值得出. 因为在超导体内, $\boldsymbol{B}=0$, 而在超导体外, $\boldsymbol{B}$ 与 $\boldsymbol{H}$ 相等, 因而

$$\boldsymbol{g}=\frac{c}{4\pi}\boldsymbol{n}\times\boldsymbol{H}_e.\tag{53.4}$$

① 这里我们将不讲述磁场透入超导体内的 "透入深度" 的唯象理论 (伦敦兄弟 (F. London 及 H. London) 的理论和金兹堡–朗道理论), 尽管这些理论具有宏观特性, 但其中出现的物理量的意义只有在微观理论的基础上才可理解. 这些理论将在本教程第九卷中叙述.

还应该强调指出, 本章所讨论的是所谓第一类超导体, 属于这类超导体的是纯金属元素和具有确定化学组分的化合物. 在第二类超导体中 (超导合金属于这一类), 迈斯纳效应仅在足够弱的磁场中才会完全表现. 足够强的磁场可以穿透第二类超导体, 并不完全消除其超导性 (参见本教程第九卷第五章).

面电流的存在本身并不只是超导体独有的特征. 在任何通常磁化的物体中也存在这种电流, 它们的密度为

$$\boldsymbol{g} = \frac{c}{4\pi}\boldsymbol{n} \times (\boldsymbol{H}_e - \boldsymbol{B}).$$

因为在正常导体 (非超导体) 表面, 矢量 $\boldsymbol{H} = \dfrac{\boldsymbol{B}}{\mu}$ 的切向分量是连续的, 因此得到 $\boldsymbol{n} \times \boldsymbol{H}_e = \boldsymbol{n} \times \boldsymbol{B}/\mu$, 于是 $\boldsymbol{g}$ 的表达式可以写成

$$\boldsymbol{g} = \frac{c}{4\pi}\boldsymbol{n} \times \boldsymbol{B}\frac{1-\mu}{\mu}. \tag{53.5}$$

然而当研究物体横截面上流过的总电流时, 超导体和普通导体显示出原则性差别. 在非超导体内, 表面电流总是互相抵消的, 因而不存在任何总电流; 这种抵消是由条件 (53.5) 保证的, 它把电流密度 $\boldsymbol{g}$ 与导体内的磁感应强度联系起来, 并通过磁感应强度把表面各点处的电流 $\boldsymbol{g}$ 联系起来. 但是, 在超导体内条件 (53.5) 失去意义. 实际上, 将磁导率为 μ 的普通导体转变为超导体, 在形式上意味着必须同时令 $\boldsymbol{B} \to 0$ 和 $\mu \to 0$. 但是这时 (53.5) 式右端变成不定式, 因而实质上不存在任何限制电流可能取值的条件.

这样一来, 我们得到这样的结果: 流过超导体表面的电流可以使超导体内有不为零的总电流流过. 当然, 只有在多连通物体 (例如环) 或构成闭合电路一部分的单连通超导体内, 才有这种可能, 这种闭合电路内必须接有维持电路内非超导体部分电流的电动势源.

非常重要的是, 即使没有外加电场超导体内也可能有稳定的总电流流过. 这表明, 电流流过时不发生能量耗散, 因为为了补充能量耗散必须有外场做功. 超导体的这种性质也可以描写为超导体内不存在电阻, 这是超导体磁性质的必然后果.

§54 超导电流

下面我们更详细地研究与超导体形状有关的某些性质.

如果超导体是单连通物体, 则没有外磁场时在超导体内一般不可能有任何稳定的面电流流过. 下面的讨论可以证明这一点. 表面电流在超导体周围空间内产生静磁场, 这一磁场在无穷远处趋于零. 和真空内的所有静磁场一样, 它是一种势场, 而且由于超导体上的边界条件, 在超导体表面势的法向导数 $\dfrac{\partial\varphi}{\partial n}$ 必须为零. 但是, 由势论可知, 如果在单连通体表面和无穷远处, $\dfrac{\partial\varphi}{\partial n} = 0$, 则在物体外的整个空间内 $\varphi = 0$. 因此, 不可能存在这种静磁场以及表面电流.

外磁场在单连通超导体表面感生出电流, 这些电流可以从整个超导体产生的确定的磁矩观察出来. 对于具有椭球形状的超导体, 这一"磁化强度"很容易算出 ①.

设 $\mathfrak{H}$ 为与椭球的一个主轴平行的外磁场. 对于非超导椭球内的磁场, 存在下列关系式:

$$(1-n)\boldsymbol{H}+n\boldsymbol{B}=\mathfrak{H},$$

式中 n 是沿该轴的退磁系数 (参见 (29.14) 式). 在超导体内, 如前所述, "场强" $\boldsymbol{H}$ 没有物理意义, 从而磁化强度 $\boldsymbol{M}=(\boldsymbol{B}-\boldsymbol{H})/(4\pi)$ 也失去了通常的意义. 尽管如此, 在现在情况下, 出于方便, 我们纯粹形式地引进 $\boldsymbol{H}$ 和 $\boldsymbol{M}$ 作为辅助量来计算具有实际物理意义的总磁矩 $\mathscr{M}=\boldsymbol{M}V$ (V 是椭球的体积). 对于超导椭球, 令 $\boldsymbol{B}=0$, 我们得到

$$\boldsymbol{H}=\frac{\mathfrak{H}}{1-n} \tag{54.1}$$

以及

$$\mathscr{M}=-\frac{V\boldsymbol{H}}{4\pi}=-\frac{V\mathfrak{H}}{4\pi(1-n)}. \tag{54.2}$$

特别是对于纵向场内的长柱体, $n=0$, 因而 $\boldsymbol{H}=\mathfrak{H}$ 且 $\mathscr{M}=-V\mathfrak{H}/(4\pi)$ ②. $\mathscr{M}$ 的这一取值显得超导体似乎具有体积抗磁磁化率 $-\dfrac{1}{4\pi}$.

椭球表面外的磁场 $\boldsymbol{H}_e$ 处处与表面相切, 因而它的数值可直接从 $\boldsymbol{H}$ 的切向分量为连续的条件得出. 在椭球内 $\boldsymbol{H}=\mathfrak{H}/(1-n)$; 把这一矢量投影到切线方向, 我们得到

$$H_e=\frac{\mathfrak{H}}{1-n}\sin\theta, \tag{54.3}$$

其中 θ 为外磁场 $\mathfrak{H}$ 的方向与椭球面给定点处法线之间的夹角. 在椭球赤道上 H_e 具有最大值, 等于 $\mathfrak{H}/(1-n)$.

必须再次强调, 引起超导体"磁化"的电流和在超导体内产生总电流的电流这二者之间, 并没有任何原则性差别: 它们的物理性质完全相同. 特别是, 从这种情况可以直接求出任何超导体的旋磁系数. 实际上, 产生"磁化"电流的粒子 (电子) 的动量密度, 与这些电流密度的差别只是多一个因子 $\dfrac{m}{e}$ (e 和 m 分别为电子的电荷和质量). 根据旋磁系数的定义 (见 (36.3) 式), 由此立即得出在超导体内总是有

$$g_{ik}=\delta_{ik}.$$

① 不言而喻, 在这一节内所有的磁场都不超过使超导电状态被破坏的数值 (参阅 §55).

② 柱形超导体的这些关系式是 $\boldsymbol{H}$ 的连续性条件的直接结果, 因此, 对于截面为任何形状的柱体 (不一定是圆截面的), 这些关系式都正确.

我们转而研究多连通超导体. 它们的性质与单连通超导体有本质上的差别, 这首先是因为, 对于多连通超导体, 外磁场不存在时不可能有稳定表面电流流过这一结论不再适用. 其次是表面电流不应再相互抵消, 因而即使没有外加电动势, 也会引起超导体内有稳定的总 "超导" 电流流过.

我们来考察没有外加磁场的双连通超导体 (环) 并证明它的状态完全由其中流过的总电流 J 决定. 确定这种环所产生磁场的问题也可作为势论问题来解决, 只是势 φ 现在是多值函数, 当绕穿过环孔的任何闭合线路一周时, 这函数改变 $\dfrac{4\pi J}{c}$ (与 §30 对照). 为了使问题的表述在数学上更为准确, 我们必须用一个以环为边界的任意曲面分割空间. 于是问题就变成解拉普拉斯方程, 而其边界条件为: 在环面上, $\dfrac{\partial\varphi}{\partial n}=0$, 在无穷远处, $\varphi=0$, 以及在所选择的分割面上, $\varphi_2-\varphi_1=\dfrac{4\pi J}{c}$, 其中 φ_2 和 φ_1 是这面两侧的位势值. 由势论可知, 这一问题具有单值解 (与所选择分割面形状无关). 根据环表面附近的场分布, 也可以单值地求出环的表面电流的分布.

除了电流的分布外, 超导环的自感系数也是一个完全确定的量. 在这一方面情况与普通导体有重大差别, 在普通导体内, 电流分布以及自感的精确数值与电流的激发方式有关 (见 §34) ①.

§33 中引进了通过线导体回路内的磁通量 $\varPhi$ 的概念, 并且证明了 $\varPhi=\dfrac{LJ}{c}$, 其中 L 为导体的自感. 对于超导环, 磁通量概念当环为任何厚度时 (并不一定限于很小) 都不失去意义. 实际上, 由于磁场指向切线方向, 因而通过环表面任何部分的磁通量等于零. 因此, 通过跨越超导体环孔的表面的磁通量与表面的选择无关.

除此之外, 公式

$$\varPhi=\frac{1}{c}LJ \tag{54.4}$$

仍然有效, 自感 L 和前面一样, 仍由电流产生的磁场的总能量得出. 超导体磁场的总能量, 由对超导体外整个空间进行的积分 $\displaystyle\int\frac{H^2}{8\pi}\mathrm{d}V$ 给出. 如前所述, 沿

① 由半径为 a 的圆截面导线做成的超导体细环 (半径为 b) 的自感和非超导体环自感的外部部分相同, 并由下式得出:

$$L=4\pi b\left(\ln\frac{8b}{a}-2\right)$$

(参见 §34, 问题 2). 有关超导圆环中电流问题的精确解是首先由 B. A. 福克得出的 (V. A. Fock, Phys Zs. d. Sowjetunion 1, 215, 1932).

某一表面 C 作一空间的"切割面"后, 我们引进场势, 并写为

$$\int \frac{H^2}{8\pi}\mathrm{d}V = -\int \frac{\boldsymbol{H}\cdot\nabla\varphi}{8\pi}\mathrm{d}V = \int \frac{\varphi\,\mathrm{div}\,\boldsymbol{H}}{8\pi}\mathrm{d}V - \int \frac{H_n\varphi}{8\pi}\mathrm{d}f.$$

上式右端第一个积分等于零, 因为 $\mathrm{div}\,\boldsymbol{H}=0$. 第二个积分沿无穷远表面、环面以及切割面两侧进行. 在头两个面积分内, 被积式变为零, 因而剩下

$$\int \frac{H^2}{8\pi}\mathrm{d}V = \frac{1}{8\pi}\int_C H_n(\varphi_2-\varphi_1)\mathrm{d}f = \frac{J}{2c}\int_C H_n\mathrm{d}f = \frac{J\Phi}{2c},$$

式中 Φ 是通过表面 C 的磁通量. 把这个式子与 $\dfrac{LJ^2}{2c^2}$ 比较 (按照自感定义), 我们就得到所求的等式 (54.4).

如果环在外磁场内, 则总磁通量 Φ 包括本身磁通量 $\dfrac{LJ}{c}$ 和外场的磁通量 Φ_e. 超导环最重要的性质是, 当外场和电流发生任何变化时, 通过环的总磁通量仍然不变:

$$\frac{1}{c}LJ + \Phi_e = \mathrm{const} = \Phi_0. \tag{54.5}$$

这可从导体外空间内的麦克斯韦方程的积分形式直接得出:

$$\frac{1}{c}\frac{\partial}{\partial t}\int_C \boldsymbol{H}\cdot\mathrm{d}\boldsymbol{f} = -\oint \boldsymbol{E}\cdot\mathrm{d}\boldsymbol{l}$$

如果对跨越环孔的表面 C 进行积分, 则等式右边的积分回路为环面上的一条线. 但是在超导体面上, $\boldsymbol{E}$ 的切向分量等于零 (因为在超导体内 $\boldsymbol{E}=0$, 而 $\boldsymbol{E}_t$ 在表面上是连续的). 因此, 等式右端变为零, 于是我们求得 $\dfrac{\mathrm{d}\Phi}{\mathrm{d}t}=0$.

由关系式 (54.5) 可以求出外磁场改变时环内电流的变化. 例如, 如果环在通量为 Φ_0 的外磁场内转变为超导状态, 然后除去外磁场, 则在环内将感生出稳定电流, 等于 $J=c\Phi_0/L$.

通过超导环的磁通量不变, 不但外磁场改变时如此, 就是环的形状改变或环在空间内移动时也是如此 ①. 可以形象地说, 磁力线永远不会通过超导体表面, 因而也不可能从超导环孔内"钻"出去.

上面的结果可以直接推广到任何多连通超导体情况, 其中包括任何数目的环. 没有外加磁场时的 n 重连通系统的状态, 完全由总电流 J_a 的 $n-1$ 个值决定. 于是 (54.5) 式可以推广为方程组:

$$\sum_b L_{ab}J_b + \Phi_a^{(e)} = \Phi_{a0}. \tag{54.6}$$

这些方程不但当外加磁场改变时正确, 而且当物体形状或相互位置改变时也是正确的.

① 从感应电动势与导体移动时所引起回路内磁通量变化之间的关系式, 可以直接证明这一论断 (§63).

习 题

试求盘面与外磁场垂直的超导盘的磁矩 ①.

解: 静磁场内的超导体问题形式上与介电常量为 $\varepsilon = 0$ 的电介质的静电学问题相同. 我们把圆盘看作 $c \to 0$ 时的旋转椭球的极限情况 (参照 §4 问题 4), 利用 (8.10) 式, 并对标记符号作相应改变 (场 $\mathfrak{H}$ 指向 z 轴), 于是得到

$$\mathscr{M} = -\frac{2a^3}{3\pi}\mathfrak{H}.$$

§55 临界场

纵向磁场内的柱形超导体具有等于

$$-\frac{1}{2}\mathscr{M}\cdot\mathfrak{H} = \frac{\mathfrak{H}^2 V}{8\pi}$$

的附加磁能.

在正常状态 (非超导态) 下加上外磁场时, 柱体的总能量实际不变 (这里和下面, 我们均略去非超导金属的弱抗磁性和顺磁性, 也即是假定 $\mu = 1$). 由此看出, 在相当强的磁场内, 金属的超导态比起正常态在热力学上更为不利, 因此, 超导性必然遭到破坏.

在柱形超导体内, 超导性遭到破坏的纵向磁场强度值, 决定于金属的种类及其温度 (以及压强). 这种磁场值称为**临界场** (H_{cr}) ; 它是超导体的最重要特性之一 ②.

当磁场达到临界值后, 整个柱体体积内的超导性遭到破坏, 这与柱体全部表面上的磁场是均匀的有关系. 在其他形状的超导体内, 超导性遭到破坏是一个更为复杂的过程, 其中正常态物质所占的体积在 $\mathfrak{H}$ 取值增加的整个区间内逐渐扩展 (关于这一点将在下一节内作更详细的讨论).

由此可知, 在低于相变点的任何温度下, 金属可为超导态 (s), 也可为正常态 (n). 我们用 $\mathscr{F}_{s0}(V,T)$ 和 $\mathscr{F}_n(V,T)$ 分别表示没有外加磁场时超导态物体和正常态物体的总自由能. 这些表征物质特性的量当然只和物体体积有关而与物体形状无关. 处于 n 态的物体的自由能在加上外磁场后一般不改变 (因此

① 我们之所以在此研究这一问题, 主要是为了后面其他方面的应用 (§95, 习题 2). 实际上只能在磁场相当微弱时才谈得上超导盘的存在, 因为在这些条件下, 超导性很容易遭到破坏 (参阅 §55).

② 只在我们所研究的第一类超导体内, 从超导态转变为正常态的相变才是急剧的 (见 §53 的脚注). 在第二类超导体内, 超导性受到破坏和磁场透入样品都是在较大的场强范围内逐渐发生的, 因而对于这类超导体不存在正文所指意义的临界场.

我们在 $\mathscr{F}_n$ 的下角标上不添加 0) ①. 但磁场使处在 s 态的物体的自由能发生重大改变. 当 T 与 V 给定时, 在纵向外磁场 $\mathfrak{H}$ 内柱形超导体的自由能为

$$\mathscr{F}_s = \mathscr{F}_{s0}(V,T) + \frac{\mathfrak{H}^2}{8\pi}V. \tag{55.1}$$

由此可以求得其余的热力学量. 将 (55.1) 式对体积求微商, 得到超导体上的压强为

$$P = P_0(V,T) - \frac{\mathfrak{H}^2}{8\pi}, \tag{55.2}$$

式中 $P_0(V,T)$ 为没有外加磁场时的压强 (在给定 V, T 下). 等式 (55.2) 确定了 P, V 和 T 之间的依赖关系, 亦即 (55.2) 式是外磁场内超导柱体的状态方程. 我们看到, 有外加磁场时的体积 $V(P,T)$, 和没有外加磁场而压强为 $P + \mathfrak{H}^2/(8\pi)$ 时的体积是一样的. 这个结果自然和磁场内超导体表面所受到的力的公式 (53.2) 是一致的.

超导柱体的热力学势 ②等于

$$\phi_s = \mathscr{F}_s + PV = \mathscr{F}_{s0}(V,T) + P_0V,$$

其中体积 V 必须按照 (55.2) 式用 P 和 T 表示. 因此, 可以把 $\phi_s(P,T)$ 写成下面的形式:

$$\phi_s(P,T) = \phi_{s0}\left(P + \frac{\mathfrak{H}^2}{8\pi}, T\right), \tag{55.3}$$

其中 $\phi_{s0}(P,T)$ 是没有外加磁场时的热力学势. 将这一等式对 T 和 P 求微商, 得到熵和体积的类似关系式:

$$\mathscr{S}_s(P,T) = \mathscr{S}_{s0}\left(P + \frac{\mathfrak{H}^2}{8\pi}, T\right), \tag{55.4}$$

$$V_s(P,T) = V_{s0}\left(P + \frac{\mathfrak{H}^2}{8\pi}, T\right). \tag{55.5}$$

现在可以写出确定临界场的条件. 当 ϕ_n 小于 ϕ_s 时 (P 和 T 给定), 柱体从 s 态转变为 n 态. 在转变的时刻必须有 $\phi_s = \phi_n$, 亦即

$$\phi_{s0}\left(P + \frac{H_{\text{cr}}^2}{8\pi}, T\right) = \phi_n(P,T). \tag{55.6}$$

① 提请大家注意, 按照 $\mathscr{F}, \phi$ 等 “总” 量的定义, 其中不包括若物体不存在时应存在的那部分磁能.

② 这里 ϕ 的定义和 §12 中相同.

这是精确的热力学关系式①. 在磁场内热力学势的改变通常表示为 $\phi_{s0}(P,T)$ 的一个小修正. 于是方程 (55.6) 的左端可以展开为级数, 展开的头几项为

$$\phi_{s0}(P,T)+\frac{H_{\mathrm{cr}}^2}{8\pi}V_{s0}(P,T)=\phi_n(P,T), \tag{55.7}$$

式中 $V_{s0}(P,T)=\partial\phi_{s0}(P,T)/\partial P$, 是没有外加磁场时超导柱体的体积. 由此可见, 在这种近似内, 可以说, 物质正常态的热力学势 (相对于单位体积) 比超导态时大了 $H_{\mathrm{cr}}^2/8\pi$.

我们用 $T_{\mathrm{cr}}=T_{\mathrm{cr}}(P)$ 表示没有外加磁场时的相变温度. 在这点上的相变是二级相变. 因此, 特别是, 当 $T=T_{\mathrm{cr}}$ 时, $H_{\mathrm{cr}}(T)$ 必须连续地趋近于零. 从二级相变的普遍理论可知②, 在相变点附近, 热力学势的改变与温度差 $(T-T_{\mathrm{cr}})$ 的平方成正比. 因而从 (55.7) 式可以得出结论, 在 T_{cr} 附近临界场按下列线性规律随温度而变化:

$$H_{\mathrm{cr}}=\mathrm{const}\cdot(T_{\mathrm{cr}}-T). \tag{55.8}$$

沿着 H_{cr} 对 T 的关系曲线, 将等式 (55.6) 两端对温度求微商 (保持压强不变). 考虑到 (55.4) 和 (55.5) 式, 我们得到

$$\mathscr{S}_n-\mathscr{S}_s=-V_s\frac{\partial}{\partial T}\left(\frac{H_{\mathrm{cr}}^2}{8\pi}\right), \tag{55.9}$$

式中所有的 $\mathscr{S}_n,\mathscr{S}_s,V_s$ 量都是对物体两态间发生相变的时刻而言 (也即是对 $H=H_{\mathrm{cr}}$ 时而言). 将上式乘上 T, 我们求得相变热为

$$Q=T(\mathscr{S}_n-\mathscr{S}_s)=-\frac{V_sH_{\mathrm{cr}}T}{4\pi}\left(\frac{\partial H_{\mathrm{cr}}}{\partial T}\right)_P \tag{55.10}$$

(W. H. 基松, 1924). 在 $T=T_{\mathrm{cr}}$ 点处发生相变时 (亦即没有外加磁场时), 与发生的是二级相变相对应, Q 与 H_{cr} 一道变为零. $T<T_{\mathrm{cr}}$ 时 (在磁场内) 发生的相变伴随有热量的吸收或放出, 亦即为一级相变. 实际上, 随着温度在从 T_{cr} 到 0 的整个范围的降低, H_{cr} 单调增加. 因此导数 $\partial H_{\mathrm{cr}}/\partial T$ 始终为负, 而且从 (55.10) 式看出, $Q>0$, 也即是从超导态 (等温地) 转变为正常态时吸收热量.

按照能斯特定律, 当 $T\to 0$ 时任何物体的熵都必须趋于零. 因此从 (55.9) 看出, 当 $T=0$ 时必须有 $\partial H_{\mathrm{cr}}/\partial T=0$, 也即是曲线 $H_{\mathrm{cr}}=H_{\mathrm{cr}}(T)$ 与 H 轴正交.

① 为了更明显地显示出不同热力学量间的相互关系, 我们这里所作计算的精确度比通常所要求的高.

② 对于超导相变, 可以认为朗道理论实际上可以没有限制地一直适用至转变点 (参阅第九卷 §45).

我们将 (55.9) 式的差 $\mathscr{S}_n - \mathscr{S}_s$ 再对温度微分一次, 并再次利用等式 (55.4) 和 (55.5). 这时考虑到 $\left(\frac{\partial S}{\partial P}\right)_T = -\left(\frac{\partial V}{\partial T}\right)_P$, 结果得到

$$\frac{\partial \mathscr{S}_n}{\partial T} - \frac{\partial \mathscr{S}_s}{\partial T} = -V_s \frac{\partial^2}{\partial T^2}\left(\frac{H_{\text{cr}}^2}{8\pi}\right) - 2\frac{\partial V_s}{\partial T}\frac{\partial}{\partial T}\left(\frac{H_{\text{cr}}^2}{8\pi}\right) - \frac{\partial V_s}{\partial P}\left(\frac{\partial}{\partial T}\left(\frac{H_{\text{cr}}^2}{8\pi}\right)\right)^2. \tag{55.11}$$

在此等式两端乘以 T 后, 我们得到两相的定压比热容之差. 包含有物质热膨胀系数和压缩系数的各项通常比其余各项小得多, 略去这些项以后, 我们得到

$$\mathscr{C}_s - \mathscr{C}_n = \frac{V_s T}{4\pi} H_{\text{cr}} \frac{\partial^2 H_{\text{cr}}}{\partial T^2} + \frac{V_s T}{4\pi}\left(\frac{\partial H_{\text{cr}}}{\partial T}\right)^2. \tag{55.12}$$

直接对近似关系式 (55.7) 求微商, 也可以得到这一公式. 在这种近似下, V_s 和 V_{s0} 的差别不重要; 也可以假定 $\mathscr{C}_s$ 和 $\mathscr{C}_{s0}$ 相等.

当 $T = T_{\text{cr}}$ 时, (55.12) 式右端第一项变为零, 于是我们就得到下面的公式, 它把没有外加磁场的二级相变时产生的热容跃变与 H_{cr} 的温度依赖关系联系起来:

$$\mathscr{C}_s - \mathscr{C}_n = \frac{V_s T_{\text{cr}}}{4\pi}\left(\frac{\partial H_{\text{cr}}}{\partial T}\right)^2 \tag{55.13}$$

(A. J. 拉特格斯, 1933). 由此看出, 在这种情况下 $\mathscr{C}_s > \mathscr{C}_n$. 当温度降低时 (也即是当超导性被磁场破坏时), 差值 $\mathscr{C}_s - \mathscr{C}_n$ 改变正负号, 这是因为差值 $\mathscr{S}_n - \mathscr{S}_s$ 在 $T = 0$ 及 $T = T_{\text{cr}}$ 时都变为零, 因而在这一范围内必须有一个极大值.

采用类似的方式可以研究相变时由体积变化所引起的效应. 为此, 沿 H_{cr} 对 P 的关系曲线将 (55.6) 式对压强求微商 (在给定温度下), 给出

$$V_n = V_s \frac{\partial}{\partial P}\left(P + \frac{H_{\text{cr}}^2}{8\pi}\right)$$

或

$$V_n - V_s = \frac{V_s H_{\text{cr}}}{4\pi}\frac{\partial H_{\text{cr}}}{\partial P}, \tag{55.14}$$

由此可以确定出相变时刻的体积变化 ①. 在 $T = T_{\text{cr}}$ 点, 这个差值和熵的差值一样变为零. 在 $T < T_{\text{cr}}$ 温度下的转变伴随有体积变化, 根据导数 $(\partial H_{\text{cr}}/\partial P)_T$ 的符号, 体积变化可以有两种符号. 当 $T = T_{\text{cr}}$ 时, 体积不发生变化, 但压缩系数有跃变, 对等式 (55.14) 求微商, 很容易求出这个跃变值.

① 不言而喻, 应该把这个差值与场从零变到 H_{cr} 时的超导体体积改变 (磁致伸缩) 区别开来. 后者可由 (55.5) 式求得, 为

$$V_s(P,T) - V_{s0}(P,T) \approx \frac{H_{\text{cr}}^2}{8\pi}\left(\frac{\partial V_s}{\partial P}\right)_T.$$

我们注意到, 如果将对 $H_{\rm cr}(P,T)=\rm const$ 求微商后得到的

$$\left(\frac{\partial H_{\rm cr}}{\partial P}\right)_T=-\left(\frac{\partial H_{\rm cr}}{\partial T}\right)_P\left(\frac{\partial T}{\partial P}\right)_{H_{\rm cr}}$$

代入 (55.14) 式, 我们就得到克拉珀龙–克劳修斯方程:

$$\left(\frac{\partial P}{\partial T}\right)_{H_{\rm cr}}=\frac{Q}{T(V_n-V_s)}, \tag{55.15}$$

其中导数 $(\partial P/\partial T)_{H_{\rm cr}}$ 给出温度改变时使外加磁场正好为临界场所需的压强变化.

临界场 $H_{\rm cr}$ 具有的物理意义, 远比根据超导柱体行为给出的定义中所反映的要广泛得多. 等式 $H=H_{\rm cr}$ 是同一物体内超导相 (s) 和正常相 (n) 分界面上各点所必须满足的平衡条件. 这可从下面简单考虑中明显看出. 如果柱体处在场强正好等于 $H_{\rm cr}$ 的纵向磁场内, 则对于样品中处于超导态的内柱体部分以及处于正常态的其余部分的所有状态, 磁场边界条件以及热力学稳定条件都必须同样地得到满足. 这时在分界面上 $H=H_{\rm cr}$. 由此可知, $H=H_{\rm cr}$ 的分界面相对于其位置而言处于 "中性平衡". 这就是相平衡的特性.

在交变磁场内, 超导相和正常相的分界面是移动的. 这种移动过程的动理学相当复杂, 对它进行研究需要同时解电动力学方程和导热方程以计及相变时所放出的热量. 我们对此不作深入研究 ①, 只是指出 n 相和 s 相之间的运动分界面所应满足的边界条件.

为了导出这一边界条件, 我们来研究以速度 $\boldsymbol{v}$ (两相间分界面的移动速度) 运动的坐标系 K'. 按照熟知的场变换公式, 坐标系 K' 内的电场 $\boldsymbol{E}'$ 可根据

$$\boldsymbol{E}'=\boldsymbol{E}+\frac{1}{c}\boldsymbol{v}\times\boldsymbol{B}$$

用静止坐标系内的场 $\boldsymbol{E}$ 和 $\boldsymbol{B}$ 表示 (见 (63.1) 式). 因为在坐标系 K' 内分界面是静止的, 因此在分界面上 $\boldsymbol{E}'$ 的切向分量连续这一通常的边条件适用, 即

$$\boldsymbol{n}\times\boldsymbol{E}'=\boldsymbol{n}\times\boldsymbol{E}-\frac{v}{c}\boldsymbol{B}$$

($\boldsymbol{n}$ 是表面法线方向的单位矢量, 方向沿速度 $\boldsymbol{v}$). 在超导相内 $\boldsymbol{E}=0, \boldsymbol{B}=0$, 而在正常相内 (在边界上), $B=H_{\rm cr}$. 因此我们求得在运动分界面上出现的切向电场与磁场垂直, 并且在数值上等于

$$E=\frac{v}{c}H_{\rm cr}. \tag{55.16}$$

① 参见 И. М. 栗弗席兹的论文: И. М. Лифшиц, ЖЭТФ, **20**, 834, 1950; ДАН, СССР, **90**, 363, 1953.

§56 居间态

如果任意形状的超导体处于外磁场中, 磁场场强 $\mathfrak{H}$ 逐渐增加, 那么最后总会来到这样一个时刻, 此时超导体表面某一点处磁场值达到临界值 $H_{\rm cr}$, 而 $\mathfrak{H}$ 本身仍小于 $H_{\rm cr}$. 例如, 在椭球面上 (位于与椭球一轴平行的磁场 $\mathfrak{H}$ 内), 磁场在赤道上具有最大值 (见 (54.3) 式) ; 当 $\mathfrak{H} = H_{\rm cr}(1-n)$ 时它已经达到 $H_{\rm cr}$ 值.

当 $\mathfrak{H}$ 进一步增加时, 物体已不可能全部处在超导态. 它也不可能完全转变为正常态, 因为若是如此磁场会处处等于 $\mathfrak{H}$. 因此超导电性必定是遭到部分破坏.

初看起来, 似乎可以这样来设想这种破坏过程. 随着 $\mathfrak{H}$ 的增加, 超导性遭到破坏的那部分体积逐渐增加, 而在相应减小的那部分体积内仍然是超导态; 当 $\mathfrak{H} = H_{\rm cr}$ 时, 整个物体都转变为正常态. 但是, 容易看出, 物体的这种状态在热力学上是不稳定的. 为此我们记得, 在超导相和正常相的分界面上, 磁场与该表面相切 (其值等于 $H_{\rm cr}$), 换句话说, 磁力线在该表面内. 如果分界面向正常相一边凸出, 则场的等势面垂直于磁力线, 将向正常相区域内发散 (如图 33a 内虚线所示). 但是在等势面发散的方向上, 磁场值减少, 于是在斜线所绘阴影区域内有 $H_{\rm cr} < H$, 这和在这区域内存在正常态的假设矛盾. 如果超导相的边界是凹的, 则这边界上的磁力线过渡到超导区域的自由面 (磁场与它相切) 上时, 有一个弯曲点 (图 33b 上的 O 点). 但是在力线的弯曲点处, 磁场变为无穷大, 这又和超导体面上的边界条件矛盾.

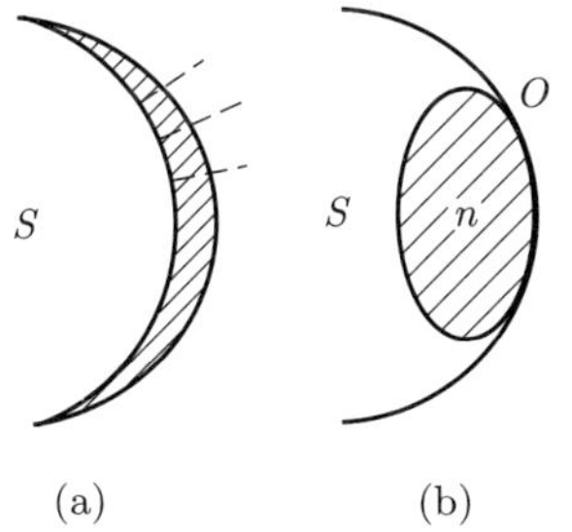

图 33

上面的讨论实质上描述了导致铁电体和铁磁体内形成磁畴结构情况的另一方面. 而且根据热力学稳定性条件, 若在物体表面某一点处磁场达到了临界值 $H_{\rm cr}$, 则物体即分解为许多平行又相互交替的薄的正常层和超导层 (Л. 朗道, 1937). 超导体的这种奇异态称为**居间态.** 随着 $\mathfrak{H}$ 的增加, 正常层的总体积增大, 一直到 $\mathfrak{H} = H_{\rm cr}$ 时物体全部转变为正常态为止.

在物体为任意形状的普遍情况下, 并不要求其全部体积都处于居间态. 其中可能保留有纯粹的超导态区域和纯粹的正常态区域, 它们都与居间态区域相连, 但彼此并不直接接触. 在这方面, 上面提到的椭球体是较简单的情况. 在与椭球轴平行的磁场内, 居间态发生在以下范围内:

$$H_{\rm cr}(1-n) < \mathfrak{H} < H_{\rm cr}, \tag{56.1}$$

而且全部椭球体积都处于这一状态. 例如, 在球体内 $n = \dfrac{1}{3}$, 居间态区域扩展到 $\dfrac{2}{3}H_{\rm cr} < \mathfrak{H} < H_{\rm cr}$ 的范围. 处于横向磁场内的柱体, $n = \dfrac{1}{2}$, 居间态的范围为 $\dfrac{1}{2}H_{\rm cr} < \mathfrak{H} < H_{\rm cr}$. 在纵向磁场内的柱体, $n = 0$, 居间态一般不存在, 而当 $\mathfrak{H} = H_{\rm cr}$ 时, 超导电性完全被破坏. 最后, 处于横向磁场内的平行平面板, $n = 1$, 在 $\mathfrak{H} < H_{\rm cr}$ 的任何场强下, 它都处于居间态.

如果只对物体内大于层厚度的区域感兴趣, 则也可采用取平均值的方式描写居间态 (R. E. 派尔斯与 F. 伦敦, 1936). 在这种描写方式中, 假定物体内部有磁感应强度 $\overline{\boldsymbol{B}}$, 其值从零 (在纯粹超导态内) 到 $H_{\rm cr}$ (在纯粹正常态内). 当我们认为物质居间态是因为不为零的磁感应强度而形成时, 我们也必须将它归因为一定的磁场 "强度"$\overline{\boldsymbol{H}}$. 为了求出这两个量的关系, 必须研究居间态的真实结构.

在正常层与超导层的交界面上, 正常层内的磁场等于 $H_{\rm cr}$, 由于假定了层很薄, 因此可以认为在整个正常层内, 磁场都取这个值. 在超导层内, $\boldsymbol{B} = 0$. 因此, 对比层厚度大的体积求磁场的平均值时, 我们得到平均磁感应强度为 $\overline{B} = x_n H_{\rm cr}$, 式中 x_n 是进入正常态的体积分数. 其次, 我们来求出物体单位体积的热力学势, 并且从相应于纯超导态的值算起. 在没有外加磁场时, 正常态单位体积具有剩余热力学势 $H_{\rm cr}^2/(8\pi)$①. 当存在外磁场时, 还必须加上磁场能量, 于是总共得到 $H_{\rm cr}^2/(4\pi)$. 因而在居间态内, 单位体积的平均热力学势等于

$$\varPhi = \frac{H_{\rm cr}^2}{4\pi}x_n = \frac{H_{\rm cr}\overline{B}}{4\pi}. \tag{56.2}$$

按照普遍规则, $\overline{\boldsymbol{B}}$ 和 $\overline{\boldsymbol{H}}$ 的依赖关系由热力学关系式

$$\boldsymbol{H} = 4\pi\frac{\partial\varPhi}{\partial\boldsymbol{B}}$$

得到.

① 这里略去了全部磁致伸缩效应. 在这些条件下, 可以不提热力学势的改变而提与它相等的自由能的改变.

在现在情况下, 我们得到矢量 $\overline{\boldsymbol{H}}$ 和 $\overline{\boldsymbol{B}}$ 平行, 而其大小

$$\overline{H} = H_{\mathrm{cr}}, \tag{56.3}$$

即它有不依赖于磁感应强度的恒定值.

如果将 $\overline{B}$ 和 $\overline{H}$ 的依赖关系用图表示 (图 34), 则超导态对应于横坐标轴的 OA 段; 正常态对应于 BC 直线 ($\overline{B} = \overline{H}$). 竖直线 AB 段 ($\overline{H} = H_{\mathrm{cr}}$) 对应于居间态.

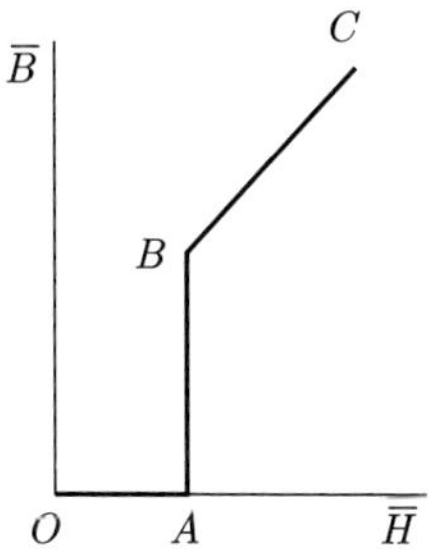

图 34

设 $\boldsymbol{n}$ 为平均磁场力线方向上的单位矢量. 我们写出 $\overline{\boldsymbol{H}} = H_{\mathrm{cr}}\boldsymbol{n}$, 并代入方程 $\operatorname{rot}\overline{\boldsymbol{H}} = 0$ (没有体电流时正确) 后, 得到 $\operatorname{rot}\boldsymbol{n} = 0$. 另一方面, 因为 $\boldsymbol{n}^2 = 1$, 所以有

$$\operatorname{grad}\boldsymbol{n}^2 = 2(\boldsymbol{n}\cdot\nabla)\boldsymbol{n} + 2\boldsymbol{n}\times\operatorname{rot}\boldsymbol{n} = 0,$$

由此得到结论, $(\boldsymbol{n}\cdot\nabla)\boldsymbol{n} = 0$. 这表明矢量 $\boldsymbol{n}$ 的方向不变. 由此可见, 平均磁场的力线为直线.

把所得到的结果应用到处于居间态的椭球. 对椭球内的均匀磁场, 存在以下关系式:

$$(1-n)\overline{H} + n\overline{B} = \mathfrak{H},$$

不论 B 和 H 间存在任何关系, 这个公式都正确. 这里令 $\overline{H} = H_{\mathrm{cr}}$, 我们得到

$$\overline{B} = \frac{\mathfrak{H}}{n} - \frac{1-n}{n}H_{\mathrm{cr}}. \tag{56.4}$$

因此椭球内的平均磁感应强度按照线性规律随外加磁场强度而改变, 从 $\mathfrak{H} = (1-n)H_{\mathrm{cr}}$ 时的零值变到 $\mathfrak{H} = H_{\mathrm{cr}}$ 时的 H_{cr} 值.

我们也可以写出处于居间态的椭球的总热力学势 ϕ 的表达式. 为此, 我们从普遍公式

$$\widetilde{\phi} = \int\left[\Phi - \frac{\boldsymbol{H}\cdot\boldsymbol{B}}{8\pi} - \frac{(\boldsymbol{B}-\boldsymbol{H})\mathfrak{H}}{8\pi}\right]\mathrm{d}V$$

出发 (试与 (32.7) 式比较), 这个公式在 $\boldsymbol{B}$ 和 $\boldsymbol{H}$ 间为任何关系时也都适用. 把 (56.2)—(56.4) 式中的 Φ, H, B 值代入上式, 我们得到

$$\widetilde{\phi}_t = \frac{V}{8\pi}\left[H_{\rm cr}^2 - \frac{1}{n}(H_{\rm cr} - \mathfrak{H})^2\right] \tag{56.5}$$

(V 为椭球体积) ; 这个值从没有外加磁场时的纯超导椭球的热力学势算起. 对于处于外磁场 $\mathfrak{H}$ 内的超导椭球, 我们有

$$\widetilde{\phi}_s = -\frac{\mathscr{M}\cdot\mathfrak{H}}{2} = \frac{V\mathfrak{H}^2}{8\pi(1-n)} \tag{56.6}$$

(根据 (32.6) 和 (54.2) 式得出). 当 $\mathfrak{H} = H_{\rm cr}(1-n)$ 时, 热力学势及其对温度的一阶导数是连续的; 在这个意义上, 从超导态向居间态的转变, 类似于二级相变①.

应该强调指出, 上面对居间态取平均值的描写方式, 由于层厚度比较大, 实际上精确度并不高. 出于同一原因, 上述描写中漏掉了一些与层状结构特性有关的现象. 与此有关的一个事实是, 当外加磁场增加时, 从超导态转变为居间态实际上并不是恰好在 $\mathfrak{H} = H_{\rm cr}(1-n)$ 时发生, 而是要稍迟一些. 这种 "延迟" 的原因如下. 向居间态的转变发生在状态变得热力学稳定时, 亦即发生在 $\widetilde{\phi}_t = \widetilde{\phi}_s$ 的时刻. 但是, 层状结构除了取平均值描写所添上的纯 "体积" 能 (56.5) 外, 还有由于各层间存在分界面和在物体表面附近层的形状发生变化所引起的附加能. 正是这种情况使转变点向磁场较强的一侧有所移动.

虽然在本节的第一个脚注曾指出本章只讨论第一类超导体, 但是, 此处我们要对柱形第二类超导体的 "磁化强度曲线" 的热力学作一个简短的评述. 这种超导体的特征是磁场逐渐透入其内部. 例如, 在处于纵向磁场 $\mathfrak{H}$ 中的长柱形超导体内, 磁场达到 $H_{\rm cr,1}(T)$ 时开始透入, 并只有在 $H_{\rm cr,2} > H_{\rm cr,1}$ 的场中超导体才连续地转变为正常态 ②.

我们从关系式 $\partial\widetilde{\phi}/\partial H = -\mathscr{M}$ 出发 (试比较 (32.4) 式). 等式两端对 $\boldsymbol{H}$ 积分, 积分限从 0 到 $H_{\rm cr,2}$, 我们得到

$$-\int_0^{H_{\rm cr,2}} \mathscr{M}\,{\rm d}\mathfrak{H} = \phi_n - \phi_{s0},$$

① 因此, 对于在 $\mathfrak{H} = H_{\rm cr}(1-n)$ 点的两边都有 $\phi_t(\mathfrak{H}) < \phi_s(\mathfrak{H})$ 完全不必感到惊异. 记住在二级相变中, 一般不会在相变点的另一边存在其他相, 因此, 对两相热力学势进行比较没有意义.

② 参阅本教程第九卷 §47 和 §48. 处于 $H_{\rm cr,1}$ 和 $H_{\rm cr,2}$ 之间的磁场范围内的超导体状态称为混合态. 必须着重指出, 混合态与第一类超导体的居间态完全不同, 在混合态内, 磁场以所谓 "涡线" 的方式透入超导体样品内.

式中 $\tilde{\phi}_{s0}$ 指的是磁场不存在的超导体的热力学势, 而 $\tilde{\phi}_n$ 一般与外磁场无关(故而两个字母上的符号 ~ 可以略去). 但在 $0 \leqslant H \leqslant H_{\mathrm{cr},1}$ 的磁场范围内, 场不会透入柱体, 因而它的磁矩 $\mathscr{M} = -V\mathfrak{H}/(4\pi)$. 从积分内消去这一部分后, 得到

$$\int_{H_{\mathrm{cr},1}}^{H_{\mathrm{cr},2}} \mathscr{M}\mathrm{d}\mathfrak{H} = -(\phi_n - \phi_{s0}) + \frac{VH_{\mathrm{cr},1}^2}{8\pi}.$$

如果对第二类超导体从纯粹形式上按照以前的定义引进 H_{cr}①

$$\phi_n - \phi_{s0} = V\frac{H_{\mathrm{cr}}^2}{8\pi},$$

则得出的关系式可以最后写成

$$\int_{H_{\mathrm{cr},1}}^{H_{\mathrm{cr},2}} \mathscr{M}\mathrm{d}\mathfrak{H} = -\frac{V}{8\pi}(H_{\mathrm{cr},2}^2 - H_{\mathrm{cr},1}^2). \tag{56.7}$$

习 题

试求处于居间态的超导椭球的热容量.

解: 将 (56.5) 式的热力学势对温度取微商, 我们即可得到熵和热容量. 略去含有物体热膨胀系数的项, 得到

$$\mathscr{C}_t - \mathscr{C}_s = \frac{VT}{4\pi n}[(1-n)(H_{\mathrm{cr}}'^2 + H_{\mathrm{cr}}H_{\mathrm{cr}}'') - \mathfrak{H}H_{\mathrm{cr}}'']$$

(撇表示对 T 求导); $\mathscr{C}_s$ 是物体处于超导态的热容量 (我们这里略去了它对 $\mathfrak{H}$ 的微弱依赖关系). 由此看出, $\mathfrak{H}$ 变化时 (温度为常量), 在 $\mathfrak{H} = (1-n)H_{\mathrm{cr}}$ 点处物体热容量从 $\mathscr{C}_s$ 跃变到

$$\mathscr{C}_s + \frac{VT(1-n)}{4\pi n}H_{\mathrm{cr}}'^2,$$

然后随 $\mathfrak{H}$ 按线性规律改变到 $\mathfrak{H} = H_{\mathrm{cr}}$ 时的值

$$\mathscr{C}_s - \frac{VT}{4\pi}(H_{\mathrm{cr}}'^2 + H_{\mathrm{cr}}''H_{\mathrm{cr}}) + \frac{VT}{4\pi n}H_{\mathrm{cr}}'^2 = \mathscr{C}_n + \frac{VT}{4\pi n}H_{\mathrm{cr}}'^2,$$

由此再突降回 $\mathscr{C}_n$.

§57 居间态的结构

居间态内正常层和超导层的形状和大小决定于物体的整体热力学平衡条件, 类似于铁磁体中磁畴形状的确定 (§44). 和那里的情况一样, 形成的层的厚

① H_{cr} 的取值处于 $H_{\mathrm{cr},1}$ 和 $H_{\mathrm{cr},2}$ 之间. 在第二类超导体中它本身没有什么值得注意的性质.

度是两种对立趋向竞争的结果. 正常相和超导相边界上的表面张力趋向于减少层的数目, 即增加层的厚度. 而层在物体自由表面出现的突现能则呈现相反的趋势. 当物体尺度增加时层的厚度增加, 结果最后当这些层接近物体表面时出现分叉 (原因和铁磁磁畴情况相同) ①

确定平面平行板居间态内不分叉层的形状和大小的问题可以精确求解; 为此假设外场 $\mathfrak{H}$ 垂直于平面板 (Л. Д. 朗道, 1937).

层平行于磁场排列, 它们的平行平面性质只在板表面附近遭到破坏.

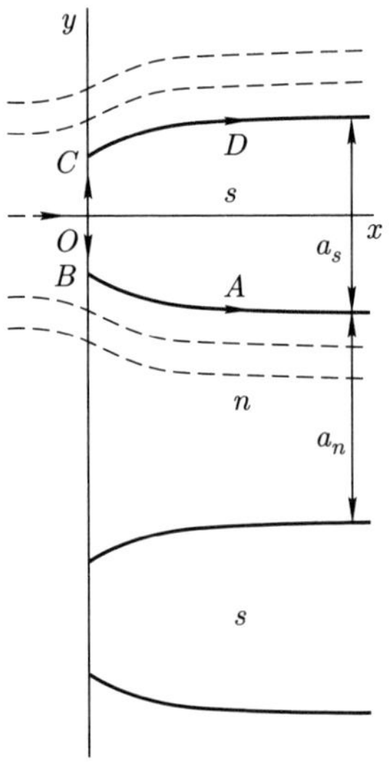

图 35

磁场的磁力线 (图 35 上虚线) 只穿过正常层, 而且超导层的边界也是磁力线 (由于在边界上 $B_n = 0$). 再考虑到正常层和超导层边界上必须有 $H = H_{\mathrm{cr}}$, 我们在超导层边界上写出下列条件:

$$\text{在 } BC \text{ 线段上: } H_x = 0,$$
$$\text{在 } BA \text{ 和 } CD \text{ 线段上: } H_x^2 + H_y^2 = H_{\mathrm{cr}}^2 \tag{57.1}$$

(坐标轴以图 35 所示方式选定). 远离平板处磁场 $\boldsymbol{H}$ 必须和外场相同, 即

$$\text{当 } x \to -\infty \text{ 时}, H_x = \mathfrak{H}, \quad H_y = 0. \tag{57.2}$$

根据公式

$$H_x = -\frac{\partial\varphi}{\partial x} = \frac{\partial A}{\partial y}, \quad H_y = -\frac{\partial\varphi}{\partial y} = -\frac{\partial A}{\partial x}$$

① 在一定条件下 (外场接近零或 H_{cr} 时), 热力学上更有利的不是层状而是丝状结构, 参见 Andrew E. R., Proc. Roy. Soc, 1948, V. 194A, p. 98.

引进场的标量势 φ、矢量势 A 和复势 $w=\varphi-\mathrm{i}A$ (与 §3 比较).

在每条磁力线上 $A=$ 常数. 在穿过 O 点, 之后分叉为 OCD 和 OBA 从而组成一个超导层的边界的磁力线上, 令 $A=0$. 在相继两个超导层的边界上, A 值之差等于穿过线段 $a=a_s+a_n$ 的磁通量, 即等于 $\mathfrak{H}a$. 因此在所有超导层边界上的 A 值将是 $\mathfrak{H}a$ 的整数倍. 也引入 "复数磁场强度":

$$\eta=H_x-\mathrm{i}H_y=-\frac{\mathrm{d}w}{\mathrm{d}z},\quad z=x+\mathrm{i}y,$$

把条件 (57.1) 写为

$$\begin{aligned}&\text{在 } BC \text{ 线段上: } \operatorname{Re}\eta=0,\\&\text{在 } AB \text{ 和 } CD \text{ 线段上: } |\eta|=H_{\mathrm{cr}}.\end{aligned}\tag{57.3}$$

引进新量

$$\zeta=\exp\left(-\frac{2\pi w}{\mathfrak{H}a}\right)-1\tag{57.4}$$

并将 η 看作是 ζ 的函数. 在所有的边界磁力线 (与它们在板外延长线一起) 上, ζ 的值为实数:

$$\zeta=\exp\left(-\frac{2\pi\varphi}{\mathfrak{H}a}\right)-1.$$

因为 φ 的确定只精确到一个常数, 所以可以任意选择一点上的 φ 值. 令在 O 点上 $\varphi=0$. 于是在这一点上也有 $\zeta=0$. 在离板很远处的所考虑的边界磁力线上, $\zeta=-1$ (因为 $x\to-\infty$ 时, 我们有 $\varphi\to-\mathfrak{H}x\to+\infty$). 在磁力线进入板内的 B 点 (或 C 点) 把 ζ 值表示为 ζ_0. 在 CD 和 BA 分叉上, ζ 从 ζ_0 变化到 ∞. 于是条件 (57.1) 和 (57.3) 可写成

$$\text{当 } \zeta=-1\quad \eta=\mathfrak{H},\tag{57.5}$$

$$\text{当 } 0<\zeta<\zeta_0\quad \operatorname{Re}\eta=0,\tag{57.6}$$

$$\text{当 } \zeta_0<\zeta\quad |\eta|=H_{\mathrm{cr}}.$$

此外, 函数 $\eta(\zeta)$ 应当处处有限.

满足条件 (57.6) 的函数是

$$\eta=H_{\mathrm{cr}}\left[\sqrt{1-\frac{\zeta_0}{\zeta}}-\sqrt{-\frac{\zeta_0}{\zeta}}\right].\tag{57.7}$$

当 ζ 值为负实值时, 两个根均为实数并取此处写出的符号. 当 $0<\zeta<\zeta_0$ 时, 两个根为虚数, 而且两个根为

$$\eta=\mp\mathrm{i}H_{\mathrm{cr}}\left[\sqrt{\frac{\zeta_0}{\zeta}}-\sqrt{\frac{\zeta_0}{\zeta}-1}\right].$$

式中 “–” 号或 “+” 号分别对应于 OC 和 OB 线段. 当 $\zeta > \zeta_0$ 时, 必须写为

$$\eta = H_{\mathrm{cr}}\left[\sqrt{1-\frac{\zeta_0}{\zeta}} \mp \mathrm{i}\sqrt{\frac{\zeta_0}{\zeta}}\right],$$

其中符号 “–” 或 “+” 分别对应于 CD 和 BA 线段. ζ_0 由条件 (57.5) 求出, 等于

$$\zeta_0 = \frac{1}{4}\left(\frac{1}{h} - h\right)^2, \tag{57.8}$$

此处引入了符号 $h = \mathfrak{H}/H_{\mathrm{cr}}$.

层的形状即边界磁力线方程由关系式 $\mathrm{d}z = -\mathrm{d}w/\eta$ 对实数 ζ 积分得出为

$$z = -\int \frac{\mathrm{d}w}{\eta} = \frac{ah}{2\pi}\int \frac{\mathrm{d}\zeta}{\eta(\zeta+1)}.$$

把 $\eta(\zeta)$ 代入上式, 把实部和虚部分开, 并用适当方式选择积分常数, 我们得到 CD 线的下列参量方程:

$$\begin{aligned} x &= \frac{ha}{2\pi}\int_{\zeta_0}^{\zeta}\sqrt{1-\frac{\zeta_0}{\zeta}}\frac{\mathrm{d}\zeta}{\zeta+1} = \frac{ha}{\pi}\left[\operatorname{arcosh}\sqrt{\frac{\zeta}{\zeta_0}} - \sqrt{\zeta_0+1}\operatorname{arcosh}\sqrt{\frac{\zeta(\zeta_0+1)}{\zeta_0(\zeta+1)}}\right], \\ y &= Y - \frac{ha}{2\pi}\int_{\zeta}^{\infty}\sqrt{\frac{\zeta_0}{\zeta}}\frac{\mathrm{d}\zeta}{\zeta+1} = Y - \frac{ha}{\pi}\sqrt{\zeta_0}\left(\frac{\pi}{2} - \arctan\sqrt{\zeta}\right) \end{aligned} \tag{57.9}$$

($Y = a_s/2$, 为 $x \to \infty$ 时 y 的坐标值, 参看图 35).

层状结构的周期 a 与超导层和正常层的厚度 a_s 和 a_n 的关系为等式 $a = a_s + a_n$ 和 $a\mathfrak{H} = a_n H_{\mathrm{cr}}$. 其中第二式是穿过正常层的磁通量必须连续的结果. 由此得出

$$a_s = a(1-h), \quad a_n = ha.$$

周期 a 由平板的总热力学势取极小的条件决定. 在正常相和超导相边界上存在的表面张力导致平板表面单位面积热力学势中的一项

$$\phi_1 = \frac{2l}{a}\frac{H_{\mathrm{cr}}^2}{8\pi}\Delta, \tag{57.10}$$

其中 l 为板的厚度, 而表面张力系数被表示为 $H_{\mathrm{cr}}^2\Delta/(8\pi)$ (Δ 具有长度量纲). 在计算这部分能量时, 当然可以略去板表面附近的层的曲率.

向平板表面伸展出的层的突现能可以表示为两部分之和. 第一部分为正常层的体积本身较之它们在保持平面平行的全部时间内的体积的增大, 由此导致附加能

$$\phi_2 = \frac{4}{a}\int_0^{\infty}\frac{H_{\mathrm{cr}}^2}{8\pi}(Y-y)\mathrm{d}x \tag{57.11}$$

(因子 4 计及了 $1/a$ 个超导层每一层两边存在 4 个角, 为图 35 所示的 B 和 C).

第二部分是层向平板表面伸出时所引起的系统在外磁场内能量的改变, 也即是能量 $-\mathscr{M}\cdot\mathfrak{H}/2$. 平板的磁矩是由超导层表面的电流产生的. 当磁感应强度的切向分量从 H 跃变到 0 时, 表面电流密度为 $g=\pm cH/(4\pi)$. 因此, 在 z 轴的每单位长度上, 超导层的每一个边界面的磁矩为

$$-\int_{OCD}\frac{H}{4\pi}y\mathrm{d}s\qquad(\mathrm{d}s=\sqrt{\mathrm{d}x^2+\mathrm{d}y^2}).$$

如果层不出现到表面, 则 OC 线段不存在, 而在 CD 上处处 $y=Y$. 四个角每一角的多余磁矩为

$$-\int_{OCD}\frac{H}{4\pi}y\mathrm{d}s+\int_0^\infty\frac{H_{\mathrm{cr}}}{4\pi}Y\mathrm{d}x.$$

与此相应, 多余能为

$$\begin{aligned}\varPhi_3&=-\frac{\mathfrak{H}}{2}\frac{4}{a}\left[\int_0^\infty\frac{H_{\mathrm{cr}}}{4\pi}Y\mathrm{d}x-\int_{OCD}\frac{H}{4\pi}y\mathrm{d}s\right]\\&=\frac{\mathfrak{H}}{2a\pi}\left[H_{\mathrm{cr}}\int_{CD}(-Y\mathrm{d}x+y\mathrm{d}s)+\int_{OC}Hy\mathrm{d}y\right].\end{aligned}\tag{57.12}$$

用 ζ 表示的坐标 x 和 y 与 a 成正比. 因此在 $\varPhi_2+\varPhi_3$ 中的全部积分都与 a^2 成正比, 于是这部分的热力学势与 a 成正比. 因而 $\varPhi_1+\varPhi_2+\varPhi_3$ 之和为

$$\varPhi=\frac{H_{\mathrm{cr}}^2}{4\pi}\left[\frac{l\Delta}{a}+af(h)\right].\tag{57.13}$$

上式取极小的条件给出

$$a=\sqrt{\frac{l\Delta}{f(h)}}.\tag{57.14}$$

(57.11) 和 (57.12) 中的积分可以计算到底 ①, 并得到 $f(h)$ 的以下表达式:

$$\begin{aligned}f(h)=\frac{1}{4\pi}\{&(1+h)^4\ln(1+h)+(1-h)^4\ln(1-h)-\\&(1+h^2)^2\ln(1+h^2)-4h^2\ln 8h\}.\end{aligned}\tag{57.15}$$

这个函数的极限形式为:

$$\begin{aligned}f(h)&=\frac{h^2}{\pi}\ln\frac{0.56}{h},\quad 当\ h\ll 1;\\f(h)&=\frac{\ln 2}{\pi}(1-h)^2,\quad 当\ 1-h\ll 1.\end{aligned}\tag{57.16}$$

① 参见 *Fortini A., Paumier E.* —Phys. Rev. B, 1972, v. 5, p. 1850.

图 36 绘出了函数 $f(h)$ 的曲线图.

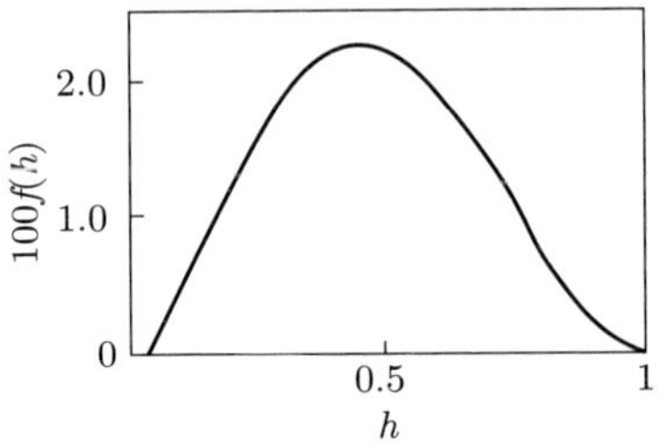

图 36

应当指出, 在平板表面附近的正常层内, 磁场可以比 $H_{\rm cr}$ 小得多, 也即是出现图 33a 所示的情况 ①. 在这种情况下, 它在热力学上的不利由阻止层厚度进一步减小的表面张力能所抵消.

前面已经指出过, 在平板厚度增加时必定会开始出现层的分叉. 这反过来导致了层状结构周期 a 对 l 依赖关系的改变; 在多重分叉的极限情况下 $a \propto l^{2/3}$. 不过, 实际的数值关系表明, 分叉应当开始得相当迟 ②.

① 例如, $h = 1/2$ 时在正常层中间点处表面上的磁场为 $0.73H_{\rm cr}$, 而当 $h \to 0$ 时, 该值趋于 $0.65H_{\rm cr}$.

② 层的多重分叉模型计算, 参见 *Ландау Л. Д.* ЖЭТФ. 1943. Т. 13. С. 377 (英译本见: L. D. Landau, Collected Papers, Pergamon Press, Oxford, 1965. p. 365)

第七章 准静态电磁场

§58 准静态场方程

到目前为止, 我们只是研究了静电场和静磁场, 而应用麦克斯韦方程

$$\operatorname{rot} \boldsymbol{E} = -\frac{1}{c}\frac{\partial \boldsymbol{B}}{\partial t} \tag{58.1}$$

只是出于附带目的, 即推导出磁场能量的表达式来 (§31).

物质内交变电磁场的特征主要决定于介质的种类和场频率的数量级. 在本节内, 我们研究处于外加交变磁场中的大块导体内发生的现象. 这时我们假定, 场变化率不很大, 而且满足下面所提出的一系列条件. 满足这些条件的电磁场和电流称为**准静态的**.

首先我们假定与 (真空内或导体周围电介质内) 场频率 ω 对应的波长 $\lambda \sim \dfrac{c}{\omega}$ 大于导体线度 l:

$$\omega \ll \frac{c}{l}.$$

于是在任何时刻导体外的磁场分布可用静磁场方程描述:

$$\operatorname{div} \boldsymbol{B} = 0, \quad \operatorname{rot} \boldsymbol{H} = 0, \tag{58.2}$$

其中略去了由于电磁扰动传播速度有限所引起的各种效应. 不言而喻, 只在离导体不太远的距离 (小于 λ) 内才容许这种忽略 (对于达到求解导体内的场的目的, 这样做在任何情况下都足够好).

导体内的完备场方程组包括 (58.1) 式和下列方程:

$$\operatorname{div} \boldsymbol{B} = 0, \tag{58.3}$$

$$\operatorname{rot} \boldsymbol{H} = \frac{4\pi}{c}\boldsymbol{j}, \quad \boldsymbol{j} = \sigma \boldsymbol{E} \tag{58.4}$$

在电各向异性 (非立方) 晶体内, (58.4) 式中的后一个方程应当写为 $j_i = \sigma_{ik}E_k$. 严格说来, 方程 (58.4) 是对恒定电流和静磁场得出的. 因此, 还必须指出能够相当精确地应用此方程于交变场的条件. 在 (58.4) 式内电流与电场强度的关系由关系式 $\boldsymbol{j} = \sigma\boldsymbol{E}$ 得出, 其中 σ 为常数, 属于静态情况. 如果场的变化周期远大于微观传导机制的特征时间, 即存在这种关系. 换句话说, 场的频率必须小于导体内电子的平均自由时间的倒数. 对典型的金属而言 (在室温下), 这个条件所容许的临界频率处于光谱的红外区域内 ①.

但是, 在现在情况下, 还有另一个条件限制了场方程的适用性. (58.4) 式假定了电流与场的关系是局域的, 也即是导体内一点的电流密度只与该点的场有关. 这反过来又假定了电子自由程长度小于场发生显著变化的距离. 在 §59 中我们将再讨论这一条件.

在 (58.1) 和 (58.4) 式内, $\boldsymbol{E}$ 是由交变磁场所产生的感生电场强度. 如果已知 $\boldsymbol{H}$, 则由 (58.4) 式可直接求出场 $\boldsymbol{E}$. 从 (58.1) 和 (58.4) 式内消去 $\boldsymbol{E}$, 得到 $\boldsymbol{H}$ 的方程为

$$\frac{4\pi}{c^2}\frac{\partial \boldsymbol{B}}{\partial t} = -\operatorname{rot}\frac{\operatorname{rot}\boldsymbol{H}}{\sigma}. \tag{58.5}$$

在电导率 σ 和磁导率 μ 为常数的均匀介质内, 可以将因子 $1/\sigma$ 从符号 rot 内取出, 而按照 (58.3) 式, 我们有 $\operatorname{div}\boldsymbol{B} = \mu\operatorname{div}\boldsymbol{H} = 0$. 因此, $\operatorname{rot}\operatorname{rot}\boldsymbol{H} = -\Delta\boldsymbol{H}$, 于是我们得到方程:

$$\Delta\boldsymbol{H} = \frac{4\pi\mu\sigma}{c^2}\frac{\partial \boldsymbol{H}}{\partial t}. \tag{58.6}$$

这个方程和方程 $\operatorname{div}\boldsymbol{H} = 0$ 一起构成了足以确定磁场的完备方程组. 应注意到, (58.6) 式具有导热方程形式, $c^2/(4\pi\sigma\mu)$ 起着 "温导率系数"χ 的作用.

导体表面上的磁场边界条件可从方程本身的形式明显看出, 和前面一样, 这些边界条件为

$$B_{n1} = B_{n2}, \quad \boldsymbol{H}_{t1} = \boldsymbol{H}_{t2}. \tag{58.7}$$

---

① 对于不良导体 (例如半导体), (58.4) 式的应用还要求遵守另一个更强的条件. 在这类导体内, 同时引进电导率和介电常量是有意义的. 此时在 (58.4) 式的右端应添上一项 $-\dfrac{\varepsilon}{c}\dfrac{\partial \boldsymbol{E}}{\partial t}$, 它比 $4\pi\sigma\boldsymbol{E}/c$ 小的条件为 $\sigma/\omega \gg \varepsilon$. 在良导体 (金属) 内, 在电导率仍可假定为常数的全部频率区域实际上 $\sigma/\omega \gg 1$ (又见 §59 的第二个脚注).

(58.4) 右端的表达式由于它本身的局域性, 并不影响上式的第二个条件. 当 $\mu=1$ 时, 可以直接写为 ①

$$\boldsymbol{H}_1=\boldsymbol{H}_2. \tag{58.8}$$

由于 (58.4) 式我们有 $\operatorname{div}\boldsymbol{j}=0$; 该式第二个方程的边界条件是: 在导体表面 $j_n=0$. 由此得出 (由于 $\boldsymbol{j}=\sigma\boldsymbol{E}$), 在电各向同性导体内边界上 $E_n^{(i)}=0$, 此处上标 (i) 表示导体内的场 (在各向异性导体的普遍情况下, 导体边界上场的法向分量一般说来不为零).

如果导体是由电导率不同的部分组成的, 则边界条件 (58.8) 式并不足以对问题作出完全的表述. 在各部分导体的分界面上, 除了 $\boldsymbol{H}$ 为连续外, 还必须考虑到 $\boldsymbol{E}_t$ 的连续性条件; 对磁场而言, 这个条件表明

$$\frac{(\operatorname{rot}\boldsymbol{H})_{t1}}{\sigma_1}=\frac{(\operatorname{rot}\boldsymbol{H})_{t2}}{\sigma_2}. \tag{58.9}$$

我们假定, 导体处于某一时刻突然关闭了场源的磁场内. 这时导体内以及导体周围的场并不立刻消失, 场随时间的衰减过程由 (58.6) 式决定. 遵循数学物理中的普遍方法, 求解这类问题必须按以下方式进行. 我们要寻求具有

$$\boldsymbol{H}=\boldsymbol{H}_m(x,y,z)\mathrm{e}^{-\gamma_m t}$$

形式的方程 (58.6) 的解, 其中 γ_m 为常数. 对于函数 $\boldsymbol{H}_m(x,y,z)$, 我们得到方程

$$\frac{c^2}{4\pi\sigma}\Delta\boldsymbol{H}_m=-\gamma_m\boldsymbol{H}_m. \tag{58.10}$$

在导体形状给定的情况下, 只对构成其 “本征值” 集合的确定的 γ_m 值, 这些方程才有不为零的解 (满足必要的边界条件). 所有的这些 γ_m 值均为实数且取正值 ②. 而与之相应的函数 $\boldsymbol{H}_m(x,y,z)$ 则组成相互正交的矢量函数的完备

① 对于通常的抗磁体与顺磁体, μ 非常接近 1, 且在以下的公式内计及 μ 对精确度的提高毫无意义. 显著地大于 1 的 μ 值出现在铁磁金属内, 可以利用大的恒定磁导率描写这种金属的磁性质 (在足够弱的磁场内). 但是在这些物质内 μ 的色散 (μ 对频率 ω 的依赖关系) 很早就出现, 从而使 μ 实际上减小到 1. 考虑到这些情况, 我们在本章的以下各节内都假定 $\mu=1$.

② 这点容易用以下方法证明. 为了避免计及导体表面边界条件, 我们从 (58.5) 式出发, 其中可以想象在导体外 σ 是以连续的方式趋近于零的, 在方程

$$-\frac{4\pi}{c^2}\gamma_m\boldsymbol{H}_m=-\operatorname{rot}\frac{\operatorname{rot}\boldsymbol{H}_m}{\sigma}$$

两端乘以 $\boldsymbol{H}_m^*$ 并对全空间积分, 我们得到

$$\frac{4\pi}{c^2}\gamma_m\int|\boldsymbol{H}_m|^2\mathrm{d}V=\int\boldsymbol{H}_m^*\operatorname{rot}\frac{\operatorname{rot}\boldsymbol{H}_m}{\sigma}\mathrm{d}V=\int\frac{1}{\sigma}|\operatorname{rot}\boldsymbol{H}_m|^2\mathrm{d}V,$$

由此可见, γ_m 为实数且取正值.

系. 设起始时刻的场分布由函数 $\boldsymbol{H}_0(x,y,z)$ 给出. 把它按 $\boldsymbol{H}_m$ 函数系展开为

$$\boldsymbol{H}_0(x,y,z)=\sum_m c_m\boldsymbol{H}_m(x,y,z),$$

于是我们得到所设场的衰减问题的解为

$$\boldsymbol{H}(x,y,z,t)=\sum_m c_m\mathrm{e}^{-\gamma_m t}\boldsymbol{H}_m(x,y,z). \tag{58.11}$$

场的衰减率主要由以上和式中 γ_m 取最小值的项决定; 设这个最小值为 γ_1. 于是场的“衰减时间”可定义为 $\tau=\dfrac{1}{\gamma_1}$. 从 (58.10) 式可以看出这一时间的数量级. 因为 $\Delta\boldsymbol{H}\sim\boldsymbol{H}/l^2$ (其中 l 为导体的尺度), 因此,

$$\tau\sim 4\pi\sigma l^2/c^2. \tag{58.12}$$

§59 磁场透入导体的深度

现在研究置于频率为 ω 的外加交变磁场中的导体. 透入导体内的磁场在导体内感生出交变电场, 而后者反过来又引起电流 (称为**傅科电流***) 的出现. 从上节所指出的方程 (58.6) 与导热方程的相似性出发, 已经可以得到透入导体内部的磁场的特征的一般概念. 从导热理论知道, 满足这个方程的量在时间 t 内在空间中“传播”的距离约为 $\sqrt{\chi t}$. 因此, 我们可以立即得出结论, 磁场透入导体深度 δ 的数量级为

$$\delta\sim\sqrt{\frac{c^2}{\sigma\omega}}.$$

当然, 对由它所感生的电场和电流而言, 情况也是一样.

在频率为 ω 的交变场内, 所有物理量对时间的依赖关系由因子 $\mathrm{e}^{-\mathrm{i}\omega t}$ 给出. 这时 (58.6) 式成为

$$\Delta\boldsymbol{H}=-\frac{4\pi\mathrm{i}\sigma\omega}{c^2}\boldsymbol{H}. \tag{59.1}$$

下面我们研究两种极限情况. 如果**透入深度** δ 大于导体的尺度 (频率很小), 则在一级近似下可以令 (59.1) 式右端为零. 于是在任何时刻的磁场分布, 将和离导体很远处外磁场为给定值情况下的定常磁场分布完全相同. 我们把这个解表示为 $\boldsymbol{H}_{\mathrm{st}}$; 这个解与频率无关 (更准确一点说, 频率只包含在时间因子 $\mathrm{e}^{-\mathrm{i}\omega t}$ 内). 于是只在 ω 的下一级近似下才出现感生电场, 因为在定常情况下, 一般不存在这种感生电场. 这与以下事实相对应: 按照 (58.4) 式从 $\boldsymbol{H}_{\mathrm{st}}$ 计

* 亦称涡电流, 由于这个电流是 1855 年由法国物理学家傅科 (J. -B. -L. Foucault) 首先发现的, 故以他的名字命名. ——译者注

算 $\boldsymbol{E}$ 时, 我们得到零, 因为 $\operatorname{rot}\boldsymbol{H}_{\mathrm{st}}=0$. 因此, 要算出 $\boldsymbol{E}$ 必须回到方程 (58.1), 根据这个方程我们有

$$\operatorname{rot}\boldsymbol{E}=\mathrm{i}\frac{\omega}{c}\boldsymbol{H}_{\mathrm{st}} \tag{59.2}$$

这个方程和方程 $\operatorname{div}\boldsymbol{E}=0$ (当 σ 在导体内不变时从 (58.4) 式得出) 一起完全确定了电场的分布. 我们注意到, 它与频率 ω 成正比.

我们现在转到相反的极限情况: $\delta\ll l$(频率很大). §58 中所提到的场方程的局域性条件要求 δ 必须仍大于传导电子的平均自由程长度 ①.

当 $\delta\ll l$ 时, 磁场只能透入导体的很薄的表面层. 在计算导体外的场时可以略去该层厚度, 亦即可以认为磁场一般不会透入导体内部. 在这一意义上, 高频磁场内的导体表现得和静磁场内的超导体相同, 而要计算出导体外的场, 必须解相同形状的超导体的相应的定常问题.

如果把导体表面各个小区域看作平面, 就可以在普遍形式下进行导体表面层内真实场分布的研究. 此时问题转化为对平面所包围的导电介质求解方程 (59.1), 而在平面之外场具有给定值, 我们将其表示为 $\boldsymbol{H}_0\mathrm{e}^{-\mathrm{i}\omega t}$. 这一矢量是以上述方式作为外部问题解的结果得到的, 它与导体表面平行. 由于边界条件 (58.8), 导体表面的磁场也等于 $\boldsymbol{H}_0\mathrm{e}^{-\mathrm{i}\omega t}$.

选择导体表面为 xy 平面, 而且导电介质充满半空间 $z>0$. 由于问题与 x 和 y 方向无关, 因而所求磁场 $\boldsymbol{H}$ 只依赖于 z 坐标 (和时间). 所以我们得到 $\operatorname{div}\boldsymbol{H}=\partial H_z/\partial z=0$, 且由于在边界上 $H_z=0$, 因而处处 $H_z=0$. 按照 (59.1) 式, 我们得到 $\boldsymbol{H}$ 的方程为

$$\frac{\partial^2\boldsymbol{H}}{\partial z^2}+k^2\boldsymbol{H}=0,$$

其中

$$k=\sqrt{\frac{4\pi\sigma\omega}{c^2}\mathrm{i}}=\frac{\sqrt{2\pi\sigma\omega}}{c}(1+\mathrm{i}).$$

在离导体表面很远处 $(z\to\infty)$ 趋于零的这个方程的解正比于 $\mathrm{e}^{\mathrm{i}kz}$.

考虑到 $z=0$ 时的边界条件, 我们得到

$$\boldsymbol{H}=\boldsymbol{H}_0\exp\left(-\frac{z}{\delta}\right)\exp\left[\mathrm{i}\left(\frac{z}{\delta}-\omega t\right)\right], \tag{59.3}$$

其中 "透入深度" δ 定义为

$$\delta=\frac{c}{\sqrt{2\pi\sigma\omega}},\quad k=\frac{1+\mathrm{i}}{\delta}. \tag{59.4}$$

① 在金属内实际上正是这个条件 (当频率增大时) 最先遭到破坏. 条件 $\omega\ll1/\tau$ 对于电导率不大的半导体是一个更强的条件, 其中 τ 是平均自由时间.

现在可利用 (58.4) 式求出电场. 引进 z 方向的单位矢量 $\boldsymbol{n}$, 我们得到

$$\boldsymbol{E}=\sqrt{\frac{\omega}{8\pi\sigma}}(1-\mathrm{i})\boldsymbol{H}\times\boldsymbol{n}. \tag{59.5}$$

我们注意到, $E\sim\left(\dfrac{\delta}{\lambda}\right)H$.

如果磁场 $\boldsymbol{H}_0\mathrm{e}^{-\mathrm{i}\omega t}$ 是线极化的, 则通过适当选择时间原点, 可以使 $\boldsymbol{H}_0$ 为实值. 此时我们选择这个矢量的方向为 y 轴方向. 取 (59.4) 和 (59.5) 式的实数部分, 我们得到

$$\begin{aligned}H_y=H&=H_0\mathrm{e}^{-z/\delta}\cos\left(\frac{z}{\delta}-\omega t\right),\\E_x=E&=H_0\sqrt{\frac{\omega}{4\pi\sigma}}\mathrm{e}^{-z/\delta}\cos\left(\frac{z}{\delta}-\omega t-\frac{\pi}{4}\right).\end{aligned} \tag{59.6}$$

傅科电流密度 $\boldsymbol{j}=\sigma\boldsymbol{E}$ 的分布规律和电场分布规律相同.

在所考察的情况下, (59.5) 式对 $z>0$ 的整个半空间的场都是正确的. 在更普遍的情况下, 关系式

$$\boldsymbol{E}_t=\zeta\boldsymbol{H}_t\times\boldsymbol{n} \tag{59.7}$$

一般说来在导体表面只对与其相切的场的分量正确 (因为这些分量在导体表面是连续的, 故 (59.7) 适用于表面两侧的场). 系数 ζ 称为导体**表面阻抗** (有关这个概念的更普遍的方面我们将 §87 中讨论) ①, 在现在情况下

$$\zeta=\sqrt{\frac{\omega}{8\pi\sigma}}(1-\mathrm{i}). \tag{59.8}$$

傅科电流的产生伴随有场能量的耗散, 它以焦耳热形式释放出来. 在 1 s 时间内导体内所耗散的平均 (对时间而言) 能量 Q 等于

$$Q=\int\overline{\boldsymbol{j}\cdot\boldsymbol{E}}\mathrm{d}V=\int\sigma\overline{\boldsymbol{E}^2}\mathrm{d}V.$$

Q 也可以作为 1 s 内从外部流入导体内部的平均场能计算出来, 也即是对导

① 在电各向异性介质中表面阻抗是二维张量:

$$\boldsymbol{E}_{t\alpha}=\zeta_{\alpha\beta}(\boldsymbol{H}_t\times\boldsymbol{n})_\beta \tag{59.7a}$$

(α, β 为垂直于 $\boldsymbol{n}$ 的平面内的张量的下角标). 我们注意到, 由温差电效应产生的热流可以对这个张量发生影响 (见习题 5).

体表面所取的积分 ①

$$Q = \oint \overline{\boldsymbol{S}} \cdot \mathrm{d}\boldsymbol{f} = \frac{c}{4\pi} \oint \overline{\boldsymbol{E} \times \boldsymbol{H}} \cdot \mathrm{d}\boldsymbol{f}. \tag{59.9}$$

上面我们看到, 在 $\delta \gg l$ 的极限情况下, 导体内的磁场的振幅与频率无关, 而电场振幅则与 ω 成正比. 因此, 在小频率时, 耗散能量 Q 与 ω^2 成正比.

在 $\delta \ll l$ 的情况下, 导体表面的磁场和电场由 (59.3) 式和 (59.5) 式给出, 式中 $z = 0$. 坡印亭矢量垂直于导体表面, 而其平均值为

$$S = \frac{c}{16\pi} \sqrt{\frac{\omega}{2\pi\sigma}} |\boldsymbol{H}_0|^2,$$

而且如前面曾指出的, $\boldsymbol{H}_0$ 沿导体表面的变化可以由求解相同形状的超导体外的磁场问题得出. 能量耗散为

$$Q = \frac{c}{16\pi} \sqrt{\frac{\omega}{2\pi\sigma}} \oint |\boldsymbol{H}_0|^2 \mathrm{d}f. \tag{59.10}$$

我们注意到, 高频时 Q 与 $\sqrt{\omega}$ 成正比.

能量耗散也可以用导体在磁场内所得到的总磁矩 $\mathscr{M}$ 表示. 在周期场内磁矩也是具有相同频率的时间周期函数. 按照 (32.4) 式, 导体自由能随时间的变化由导数

$$\mathscr{M} \frac{\mathrm{d}\mathfrak{H}}{\mathrm{d}t}$$

给出, 式中的 $\mathfrak{H}$ 是导体所处的均匀外磁场.

这个表达式还不能直接给出所要求的能量耗散, 因为导体能量的改变不仅由于耗散, 也由于能量在导体与周围场之间的周期性转移. 如果我们对时间求平均值, 则后一部分为零, 由此可见, 单位时间内的平均能量耗散为

$$Q = -\overline{\mathscr{M} \cdot \frac{\mathrm{d}\mathfrak{H}}{\mathrm{d}t}}. \tag{59.11}$$

---

① 如果把任何两个量 $a(t)$ 和 $b(t)$ 写成与 $\mathrm{e}^{-\mathrm{i}\omega t}$ 成正比的复数形式, 则在计算它们的乘积时, 当然首先应当取实部. 但是, 如果我们感兴趣的只是这乘积的时间平均值, 则可以用

$$\frac{1}{2}\mathrm{Re}\{ab^*\}$$

的方式算出. 实际上, 含有因子 $\mathrm{e}^{\pm 2\mathrm{i}\omega t}$ 的项在平均后变为零, 因此得到等式

$$\frac{1}{4}\overline{(a+a^*)(b+b^*)} = \frac{1}{4}(ab^* + a^*b).$$

特别是, 可按照

$$\overline{\boldsymbol{S}} = \mathrm{Re}\left\{\frac{c}{4\pi}\frac{1}{2}\boldsymbol{E} \times \boldsymbol{H}^*\right\} \tag{59.9a}$$

把 $\overline{\boldsymbol{S}}$ 作为 “坡印亭复矢量” 的实数部分计算出来.

如果将 $\mathscr{M}$ 和 $\mathfrak{H}$ 表示为复数形式, 则 $\mathrm{d}\mathfrak{H}/\mathrm{d}t = -\mathrm{i}\omega\mathfrak{H}$, 而 Q 可以算出为

$$Q = -\frac{1}{2}\mathrm{Re}(\mathrm{i}\omega\mathscr{M}\cdot\mathfrak{H}^*) = \frac{\omega}{2}\mathrm{Im}(\mathscr{M}\cdot\mathfrak{H}^*). \tag{59.12}$$

磁矩 $\mathscr{M}$ 的分量是外磁场的线性函数:

$$\mathscr{M}_i = V\alpha_{ik}\mathfrak{H}_k, \tag{59.13}$$

其中无量纲系数 $\alpha_{ik}(\omega)$ 取决于导体形状和它在外场中的取向 (但与其体积 V 无关) ; 这个公式内的 $\mathscr{M}$ 和 $\mathfrak{H}$ 都假定写为复数形式, 于是量 a_{ik} 一般说来也是复数. 张量 $V\alpha_{ik}$ 可以称为导体的整体磁极化率张量. 这个张量属于众所周知的被称为广义响应率的一类量的范畴, 并具有这类量的一切性质. 特别是这个张量是对称的 (参见本教程第五卷 §125) :

$$\alpha_{ik} = \alpha_{ki}. \tag{59.14}$$

利用这一性质, 可以写出

$$\mathscr{M}\cdot\mathfrak{H}^* = V\alpha_{ik}\mathfrak{H}_i^*\mathfrak{H}_k = \frac{V}{2}\alpha_{ik}(\mathfrak{H}_i^*\mathfrak{H}_k + \mathfrak{H}_i\mathfrak{H}_k^*) = V\alpha_{ik}\mathrm{Re}\{\mathfrak{H}_i\mathfrak{H}_k^*\}.$$

此外, 如果把复数量 α_{ik} 写为

$$\alpha_{ik} = \alpha'_{ik} + \mathrm{i}\alpha''_{ik},$$

则对于能量耗散 (59.12) 我们得到

$$Q = \frac{V}{2}\omega\alpha''_{ik}\mathrm{Re}\{\mathfrak{H}_i\mathfrak{H}_k^*\}. \tag{59.15}$$

由此可见, 能量耗散是由物体的磁极化率的虚部决定的. 我们从上面已看到, 当频率低时, Q 与 ω^2 成正比, 而频率高时, Q 与 $\sqrt{\omega}$ 成正比. 由此可以作出结论, 在这两种极限情况下, 量 α''_{ik} 分别与 ω 和 $\omega^{-1/2}$ 成正比. 当 $\omega\to 0$ 或 $\omega\to\infty$ 时, 因 α''_{ik} 都减少, 因而在中间区域内 α''_{ik} 必有一极大值.

导体在交变磁场内的磁矩主要是由于导体内的传导电流产生的; 甚至当 $\mu = 1$, 静磁矩变为零时, 它也不为零. 静磁矩应当在 $\omega\to 0$ 的极限下从 $\mathscr{M}(\omega)$ 得到. 由此得出, 磁极化率的实部 α'_{ik} 当 $\omega\to 0$ 时趋近于恒定值 ($\mu = 1$ 时趋于零), 这个恒定值与静磁场内的磁化强度相对应. 在 $\omega\to\infty$ 的极限下, 磁场不透入导体内部, 于是量 α'_{ik} 趋近于与相同形状超导体的静磁化强度相对应的另一个常数极限.

习 题

1. 半径为 a 的各向同性导电球处于均匀周期外磁场内，试确定其磁极化率.

解: 球内磁场 $\boldsymbol{H}^{(i)}$ 满足方程:

$$\Delta\boldsymbol{H}^{(i)}+k^2\boldsymbol{H}^{(i)}=0,\quad \operatorname{div}\boldsymbol{H}^{(i)}=0,\quad k=\frac{1+\mathrm{i}}{\delta}.$$

我们要求它的形如 $\boldsymbol{H}^{(i)}=\operatorname{rot}\boldsymbol{A}$ 的解，其中 $\boldsymbol{A}$ 满足方程 $\Delta\boldsymbol{A}+k^2\boldsymbol{A}=0$; 因 $\boldsymbol{H}$ 是轴矢量，故 $\boldsymbol{A}$ 是极矢量. 由于球对称性，所求解可以依赖的唯一恒定矢量是外磁场强度 $\boldsymbol{\mathfrak{H}}$. 我们用 f 表示标量方程 $\Delta f+k^2f=0$ 在 $r=0$ 处有限的球对称解:

$$f=\frac{\sin kr}{r}.$$

于是满足矢量方程 $\Delta\boldsymbol{A}+k^2\boldsymbol{A}=0$, 又线性地依赖于恒定轴矢量 $\boldsymbol{\mathfrak{H}}$ 的极矢量 $\boldsymbol{A}$ 可以写为

$$\boldsymbol{A}=\beta\operatorname{rot}(f\boldsymbol{\mathfrak{H}})$$

(β 为常数) 的形式. 因此我们要求的 $\boldsymbol{H}^{(i)}$ 的形式为

$$\boldsymbol{H}^{(i)}=\beta\operatorname{rot}\operatorname{rot}(f\boldsymbol{\mathfrak{H}})=\beta\left(\frac{f'}{r}+k^2f\right)\boldsymbol{\mathfrak{H}}-\beta\left(\frac{3f'}{r}+k^2f\right)\boldsymbol{n}(\boldsymbol{\mathfrak{H}}\cdot\boldsymbol{n}),$$

其中 $\boldsymbol{n}$ 是 $\boldsymbol{r}$ 方向的单位矢量 (借助方程 $\Delta f+k^2f=0$ 消去了二阶导数 f'').

球外磁场 $\boldsymbol{H}^{(e)}$ 满足方程 $\operatorname{rot}\boldsymbol{H}^{(e)}=0$ 和 $\operatorname{div}\boldsymbol{H}^{(e)}=0$. 我们寻求形为 $\boldsymbol{H}^{(e)}=-\operatorname{grad}\varphi+\boldsymbol{\mathfrak{H}}$ 的解，其中 φ 满足方程 $\Delta\varphi=0$ 并在无穷远处为零. 与恒定矢量 $\boldsymbol{\mathfrak{H}}$ 线性相关的这种函数 φ 的形式为

$$\varphi=-\alpha V\boldsymbol{\mathfrak{H}}\cdot\nabla\frac{1}{r}$$

($V=4\pi a^3/3$). 如此一来，我们寻求的 $\boldsymbol{H}^{(e)}$ 的形式为

$$\boldsymbol{H}^{(e)}=V\alpha\nabla\left(\boldsymbol{\mathfrak{H}}\cdot\nabla\frac{1}{r}\right)+\boldsymbol{\mathfrak{H}}=\frac{V\alpha}{r^3}[3\boldsymbol{n}(\boldsymbol{n}\cdot\boldsymbol{\mathfrak{H}})-\boldsymbol{\mathfrak{H}}]+\boldsymbol{\mathfrak{H}}.$$

显然，$\alpha V\boldsymbol{\mathfrak{H}}$ 是球的磁矩，于是 $V\alpha$ 是球的磁极化率 (由于球对称性，张量 α_{ik} 约化为标量 $\alpha_{ik}=\alpha\delta_{ik}$).

在球面上 $(r=a)$, $\boldsymbol{H}$ 的全部分量连续. 在 $r=a$ 处分别让 $\boldsymbol{H}^{(i)}$ 和 $\boldsymbol{H}^{(e)}$ 的与 $\boldsymbol{n}$ 平行和垂直的各分量相等，我们得到确定 α 和 β 的两个方程. 我们感兴

趣的磁极化率 (相对于单位体积) 为

$$\alpha=\alpha'+\mathrm{i}\alpha''=-\frac{3}{8\pi}\left[1-\frac{3}{a^2k^2}+\frac{3}{ak}\cot ak\right],$$

$$\alpha'=-\frac{3}{8\pi}\left[1-\frac{3\delta}{2a}\frac{\sinh(2a/\delta)-\sin(2a/\delta)}{\cosh(2a/\delta)-\cos(2a/\delta)}\right],$$

$$\alpha''=-\frac{9\delta^2}{16\pi a^2}\left[1-\frac{a}{\delta}\frac{\sinh(2a/\delta)+\sin(2a/\delta)}{\cosh(2a/\delta)-\cos(2a/\delta)}\right].$$

在低频极限情况下 ($\delta\gg a$),

$$\alpha'=-\frac{1}{105\pi}\left(\frac{a}{\delta}\right)^4=-\frac{4\pi a^4\sigma^2\omega^2}{105c^4},$$

$$\alpha''=\frac{1}{20\pi}\left(\frac{a}{\delta}\right)^2=\frac{a^2\sigma\omega}{10c^2}.$$

对于频率很高的情况 ($\delta\ll a$),

$$\alpha'=-\frac{3}{8\pi}\left[1-\frac{3\delta}{2a}\right]=-\frac{3}{8\pi}\left[1-\frac{3c}{2a\sqrt{2\pi\sigma\omega}}\right],$$

$$\alpha''=\frac{9\delta}{16\pi a}=\frac{9c}{16\pi a\sqrt{2\pi\sigma\omega}}.$$

极限值 $V\alpha'=-\dfrac{a^3}{2}$ 对应于超导球的磁矩, 而 α'' 值可借助于 (59.10) 式, 利用超导球表面磁场的公式 (54.3) 求得.

我们要记住, 此处假定了把外磁场写成含任意恒定复矢量 $\boldsymbol{\mathfrak{H}}_0$ 的复数形式 $\boldsymbol{\mathfrak{H}}=\boldsymbol{\mathfrak{H}}_0\mathrm{e}^{-\mathrm{i}\omega t}$. 从而在分析中既包括了具有恒定方向的"线极化"交变场, 也包括了在某一平面内转动的椭圆或者圆极化的场.

2. 与上题相同, 试求导电柱体 (半径为 a) 在与其轴垂直的均匀周期外磁场内的磁极化率.

解: 这个问题是习题 1 的"二维类似"; 下面全部矢量运算是在垂直于柱体轴的平面内的二维运算, 而 $\boldsymbol{r}$ 是这平面内的径矢, 我们寻求以下形式的柱体内磁场:

$$\boldsymbol{H}^{(i)}=\beta\,\mathrm{rot\,rot}(f\boldsymbol{\mathfrak{H}})=\beta\left(\frac{f'}{r}+k^2f\right)\boldsymbol{\mathfrak{H}}-\beta\left(\frac{2f'}{r}+k^2f\right)\boldsymbol{n}(\boldsymbol{n}\cdot\boldsymbol{\mathfrak{H}}),$$

式中 $f=J_0(kr)$ 是二维方程 $\Delta f+k^2f=0$ 的对称解, 它在 $r=0$ 时取有限值. 所要寻求的柱体外磁场的形式为

$$\boldsymbol{H}^{(e)}=-2\alpha V\nabla(\boldsymbol{\mathfrak{H}}\cdot\nabla\ln r)+\boldsymbol{\mathfrak{H}}=\frac{2\alpha V}{r^2}[2\boldsymbol{n}(\boldsymbol{n}\cdot\boldsymbol{\mathfrak{H}})-\boldsymbol{\mathfrak{H}}]+\boldsymbol{\mathfrak{H}}$$

($V=\pi a^2$). 柱体单位长度的磁矩为 $V\alpha\mathfrak{H}$ (见 §3 习题 2). 和习题 1 一样, 当 $r=a$ 时, 从条件 $\boldsymbol{H}^{(i)}=\boldsymbol{H}^{(e)}$, 我们得到

$$\alpha=-\frac{1}{2\pi}\left[1-\frac{2}{ak}\frac{\mathrm{J}_1(ka)}{\mathrm{J}_0(ka)}\right]$$

(此处利用了关系式 $\mathrm{J}_0'(kr)=-k\mathrm{J}_1(kr)$).

当 $\delta\gg a$ 时, 将贝塞尔函数按 ka 的幂次展开, 我们得到

$$\alpha'=-\frac{1}{24\pi}\left(\frac{a}{\delta}\right)^4=-\frac{\pi a^4\sigma^2\omega^2}{6c^4},$$

$$\alpha''=\frac{1}{8\pi}\left(\frac{a}{\delta}\right)^2=\frac{a^2\sigma\omega}{4c^2}.$$

当 $\delta\ll a$ 时, 利用贝塞尔函数的渐近表达式, 我们得到

$$\alpha'=-\frac{1}{2\pi}\left(1-\frac{\delta}{a}\right)=-\frac{1}{2\pi}\left(1-\frac{c}{a\sqrt{2\pi\sigma\omega}}\right),$$

$$\alpha''=\frac{\delta}{2\pi a}=\frac{c}{2\pi a\sqrt{2\pi\sigma\omega}}.$$

3. 所求与上题相同, 但磁场与柱体轴平行.

解: 在整个空间内磁场与柱体轴平行. 在柱体外, $\boldsymbol{H}^{(e)}=\mathfrak{H}$, 而在柱体内, $\boldsymbol{H}^{(i)}=f\mathfrak{H}$, 式中 f 是二维方程 $\Delta f+k^2f=0$ 的对称解, 当 $r=a$ 时它变为 1, $r=0$ 处有限:

$$\boldsymbol{H}^{(i)}=\mathfrak{H}\frac{\mathrm{J}_0(kr)}{\mathrm{J}_0(ka)}.$$

柱体内的傅科电流是环形流 (亦即在柱坐标系中 $\boldsymbol{j}$ 只有分量 j_φ), 并可根据

$$\frac{4\pi j}{c}=-\frac{\partial H}{\partial r}$$

从 $H_z=H$ 求得其值. 由传导电流产生的柱体单位长度的磁矩 $\mathscr{M}=\pi a^2\alpha\mathfrak{H}$, 方向与柱体轴平行, 并等于

$$\mathscr{M}=\frac{1}{2c}\int jr\mathrm{d}V=-\frac{1}{4}\int\frac{\partial H}{\partial r}r^2\mathrm{d}r.$$

算出积分后, 我们得到

$$\alpha=-\frac{1}{4\pi}\left[1-\frac{2}{ka}\frac{\mathrm{J}_1(ka)}{\mathrm{J}_0(ka)}\right].$$

由此可见, 柱体的纵向极化率只有习题 2 所求出的横向极化率的二分之一.

4. 试求导体球内诸磁场衰减系数中最小的一个之值.

解: 方程 (58.10) 对于球的解中包含具有不同对称性的函数. 其中最对称的解是由已知任意恒定标量所定义的解. 但是由于以下原因, 它不可能存在. 这种解会是球对称的: $H = H_r(r)$, 而且由于方程

$$\operatorname{div} \boldsymbol{H} = \frac{1}{r}\frac{\partial}{\partial r}(rH) = 0$$

(此解无论在球内或球外都正确), 这个解会是 $H = \text{const}/r$. 但是, 这个函数不满足在球中心上有限的条件.

γ 的最小值对应于由任意的恒定矢量所定义的解之一. 显然, 这些解的形式与习题 1 中所得到解的形式相同, 所不同的只是在 $\boldsymbol{H}^{(e)}$ 场内必须略去常数项, 因为在无穷远处必须有 $\boldsymbol{H} = 0$. 这时 k 是实数量 ($k^2 = 4\pi\sigma\gamma/c^2$), 而矢量 $\boldsymbol{H}$ 为任意恒定矢量. 当 $r = a$ 时, 从边界条件 $\boldsymbol{H}^{(i)} = \boldsymbol{H}^{(e)}$, 我们得到两个方程, 从其中消去 α 和 β 后得到 $\sin ka = 0$. 这个方程不为零的最小根是 $ka = \pi$, 于是 γ 的最小值为

$$\gamma_1 = \frac{\pi c^2}{4\sigma a^2}.$$

5. 切割单轴金属晶体的表面使其法线与晶体对称主轴形成 θ 角. 考虑温差电效应, 试求表面的阻抗 (M. И. 卡冈诺夫, B. M. 楚克尔尼克, 1958).

解: 选晶体表面为 xy 平面, 并取 z 轴为表面的内法线, 并令处于 xz 平面的晶体的对称主轴与 z 轴成 θ 角. 令晶体表面的磁场方向沿 y 轴: $H_y = H_0 \mathrm{e}^{-\mathrm{i}\omega t}$; 此时金属内部各处的磁场都在此方向. 考虑到所有的量均只依赖于坐标 z (以及以 $\mathrm{e}^{-\mathrm{i}\omega t}$ 方式依赖于时间), 我们求得麦克斯韦方程 (58.1), (58.4) 采取以下形式:

$$-H_y' = \frac{4\pi}{c} j_x, \quad j_y = j_z = 0, \quad E_x' = \frac{\mathrm{i}\omega}{c} H_y, \tag{1}$$

同样还有 $E_y' = 0$, 从而 $E_y = 0$ (撇号表示对 z 求微商), 为了考虑温差电效应此处必须加上导热方程 $C\partial T/\partial t + \operatorname{div} \boldsymbol{q} = 0$ 或者

$$-\mathrm{i}\omega C\tau + q_z' = 0, \tag{2}$$

其中 τ 为平均温度的变动增量 ($T = \overline{T} + \tau$), C 为单位体积金属的热容量, $\boldsymbol{q}$ 为热流密度; $\boldsymbol{j}$ 及 $\boldsymbol{q}$ 与电场强度 $\boldsymbol{E}$ 及温度梯度之间以关系式 (26.12) 相联系.

张量 $\rho_{ik} = \sigma_{ik}^{-1}$ 及 $\varkappa_{ik}$ 是对称张量, 我们将假设晶体具有这样的对称性, 它使得张量 α_{ik} 也是对称的. 在我们所选定的 x, y, z 轴情况下, 有

$$\rho_{xx} = \rho_{\|} \sin^2\theta + \rho_{\perp} \cos^2\theta, \quad \rho_{yy} = \rho_{\perp}, \quad \rho_{zz} = \rho_{\|} \cos^2\theta + \rho_{\perp} \sin^2\theta,$$

$$\rho_{xy} = \rho_{yz} = 0, \quad \rho_{xz} = (\rho_{\|} - \rho_{\perp}) \sin\theta \cos\theta,$$

其中 $\rho_{\parallel}, \rho_{\perp}$ 分别为张量 ρ_{ik} 沿晶体轴及在垂直于晶体轴的平面内的主值; 对于张量 $\varkappa_{ik}$ 和 α_{ik} 也有类似公式. 使用这些张量我们从 (26.12) 式中得到

$$E_x = \rho_{xx} j_x + \alpha_{xz}\tau', \quad q_z = T\alpha_{zx} j_x - \varkappa_{zz}\tau', \tag{3}$$

$$E_z = \rho_{zx} j_x + \alpha_{zz}\tau'. \tag{4}$$

由方程 (1)—(3) 中消去 H_y, 我们有

$$E_x'' + k^2(E_x + E_T) = 0,$$
$$(1+a)E_T'' + k^2[(b-a)E_T - aE_x] = 0,$$

其中引入了记号 $E_T = -\alpha_{xz}\tau'$ 及参量

$$k^2 = \frac{4\pi\mathrm{i}\omega}{c^2\rho_{xx}}, \quad a = \frac{T\alpha_{xz}^2}{\rho_{xx}\varkappa_{zz}}, \quad b = \frac{c^2 C\rho_{xx}}{4\pi\varkappa_{zz}}.$$

对于充满金属的半空间 $(z > 0)$, 这个两方程的方程组的解为:

$$E_x = A\mathrm{e}^{\mathrm{i}k_1 z} + B\mathrm{e}^{\mathrm{i}k_2 z},$$
$$E_T = -\left(1 - \frac{k_1^2}{k^2}\right)A\mathrm{e}^{\mathrm{i}k_1 z} - \left(1 - \frac{k_2^2}{k^2}\right)B\mathrm{e}^{\mathrm{i}k_2 z},$$

其中

$$k_{1,2} = k\left[\frac{1 + b \pm \sqrt{(1-b)^2 - 4ab}}{2(1+a)}\right]^{1/2},$$

并且 k_1 和 k_2 的虚部应当为正.

系数 A 和 B 间的关系由温度的边条件确定, 而公式 (4) 决定金属中的电场强度 E_z (记住, 这里不要求电场 $\boldsymbol{E}$ 的法向分量在导体表面连续). 根据定义 (59.7a), 我们得到表面阻抗为

$$\zeta_{xx} = \left.\frac{E_x}{H_y}\right|_{z=0} = \frac{\omega}{c}\frac{A+B}{k_1 A + k_2 B}, \quad \zeta_{yx} = 0.$$

在 $a \ll 1$ 的假设下 (通常的金属实际上如此), 我们得到两种情况下表面阻抗的最终表达式: 边界条件 $\tau = 0$ (等温边界) 时

$$\zeta_{xx}^{(\mathrm{is})} = \zeta_0\left[1 + \frac{a}{2(1+\sqrt{b})^2}\right];$$

边界条件 $q_z = 0$ (绝热边界) 时

$$\zeta_{xx}^{(\mathrm{ad})} = \zeta_0\left[1 + \frac{a + (1+2\sqrt{b})}{2(1+\sqrt{b})^2}\right],$$

其中 $\zeta_0 = (\omega\rho_{yy}/8\pi)^{1/2}(1-\mathrm{i})$ 为不考虑温差电效应时的表面阻抗. 当 $\theta = \pi/2$ 与 $\theta = 0$, 亦即当晶体主轴处于或垂直于其表平面时, 参量 a 以及与之相连的对阻抗的修正均为零.

如果磁场 $\boldsymbol{H}$ 沿 x 轴方向, 则 $E_x = 0, j_x = j_z = 0$ 且没有温度梯度产生. 所以 $\zeta_{yy} = \zeta_0$.

§60 趋肤效应

我们现在来研究导体中有不为零的总交变电流流过时电流密度在导体截面上的分布. 根据前一节内得到的结果, 我们可以预先料到, 当频率增加时, 电流将主要集中在导体表面附近. 这种现象称为**趋肤效应**①.

一般说来, 精确地求解趋肤效应问题不仅依赖于导体的形状, 也依赖于导体内电流的激发方式, 亦即依赖于产生感应电流的外加交变磁场的特性. 不过, 在一种重要情况下, 可以认为电流分布与电流激发方式无关, 这就是导线的厚度远小于其长度的细导线内的电流.

计算细导线截面上的电流分布时, 可以假定细导线为直线. 这时电场与导线轴平行, 而磁场矢量 $\boldsymbol{H}$ 在与轴垂直的平面内.

我们研究圆截面导线. 这种情况特别简单, 因为导线外的场的形式可以预先知道. 实际上, 由于对称性, 在导体表面上 $\boldsymbol{E} = \mathrm{const}$ (在每一给定时刻). 但是在这种边界条件下, 在导线外的空间内, 方程 $\operatorname{div}\boldsymbol{E} = 0, \operatorname{rot}\boldsymbol{E} = 0$ 在整个空间内只有一个解: $\boldsymbol{E} =$ 常数. 根据类似的理由, 导线周围的磁场将和导线内流过等于交变电流瞬时值的恒定电流时的磁场相同.

在导线内, 电场满足方程:

$$\Delta\boldsymbol{E} = \frac{4\pi\sigma}{c^2}\frac{\partial\boldsymbol{E}}{\partial t},$$

这个方程和磁场 $\boldsymbol{H}$ 的方程 (58.6) 相同 (如同通过消去 $\boldsymbol{E}$ 得到方程 (58.6) 一样, 我们从 (58.1) 和 (58.4) 式内消去 $\boldsymbol{H}$ 即可得到这个方程). 在以 z 轴为导线轴的柱面坐标系内, 场 $\boldsymbol{E}$ 只有 z 分量, 而且只依赖于坐标 r. 对于频率为 ω 的周期场, 我们得到方程:

$$\frac{1}{r}\frac{\partial}{\partial r}\left(r\frac{\partial E}{\partial r}\right) + k^2 E = 0, \quad k = \frac{\sqrt{2\mathrm{i}}}{\delta} = \frac{1+\mathrm{i}}{\delta}, \tag{60.1}$$

① 在更普遍意义上谈论的趋肤效应, 指的是交变电磁场 (以及它引起的电流) 透入导体相对不深的所有情况.

式中 δ 是前一节内引入的“透入深度” (59.4). 在 $r=0$ 处有限的这个方程的解为

$$E=E_z=\mathrm{const}\cdot \mathrm{J}_0(kr)\mathrm{e}^{-\mathrm{i}\omega t} \tag{60.2}$$

(J_0 是贝塞尔函数). 电流密度 $j=\sigma E$ 按相同规律分布.

按照 (58.1) 式, 从电场求得磁场 $H_\varphi=H$ 为:

$$\frac{\mathrm{i}\omega}{c}H_\varphi=(\mathrm{rot}\,\boldsymbol{E})_\varphi=-\frac{\partial E_z}{\partial r}. \tag{60.3}$$

注意到 $\mathrm{J}_0'(u)=-\mathrm{J}_1(u)$, 我们得到

$$H=H_\varphi=-\mathrm{i}\cdot\mathrm{const}\cdot\sqrt{\frac{4\pi\sigma\mathrm{i}}{\omega}}\mathrm{J}_1(kr)\mathrm{e}^{-\mathrm{i}\omega t}, \tag{60.4}$$

其中的常数和 (60.2) 式的常数相同. 这个常数很容易从导体表面上应当有 $H=2I/ca$ 的条件确定, 式中 a 是导线半径, 而 I 为流过导线的总电流.

在低频极限 ($a/\delta\ll 1$), 在导线整个截面上可以限于只取贝塞尔函数展开式的头几项:

$$\begin{aligned}E_z&=\mathrm{const}\cdot\left[1-\frac{\mathrm{i}}{2}\left(\frac{r}{\delta}\right)^2-\frac{1}{16}\left(\frac{r}{\delta}\right)^4\right]\mathrm{e}^{-\mathrm{i}\omega t},\\ H_\varphi&=\mathrm{const}\cdot\frac{2\pi\sigma}{c}r\left[1-\frac{\mathrm{i}}{4}\left(\frac{r}{\delta}\right)^2-\frac{1}{48}\left(\frac{r}{\delta}\right)^4\right]\mathrm{e}^{-\mathrm{i}\omega t}.\end{aligned} \tag{60.5}$$

E 的振幅和电流密度的振幅随着对导线轴的远离与 $[1+(r/2\delta)^4]$ 成正比地增加.

在相反的高频极限 ($a/\delta\gg 1$) 下, 对导线截面的大部分区域, 可以利用贝塞尔函数的宗量为大值时适用的熟知的渐近式

$$\mathrm{J}_0(u\sqrt{2\mathrm{i}})\sim\frac{1}{\sqrt{u}}\mathrm{e}^{(1-\mathrm{i})u}. \tag{60.6}$$

只保留变化最快的指数因子, 我们得到

$$\begin{aligned}E_z&=\mathrm{const}\cdot\exp\left[-\frac{a-r}{\delta}+\mathrm{i}\left(\frac{a-r}{\delta}-\omega t\right)\right],\\ H_\varphi&=\mathrm{const}\cdot(1+\mathrm{i})\sqrt{\frac{2\pi\sigma}{\omega}}\exp\left[-\frac{a-r}{\delta}+\mathrm{i}\left(\frac{a-r}{\delta}-\omega t\right)\right].\end{aligned} \tag{60.7}$$

这些公式自然与 (59.3)—(59.5) 式相同, 当趋肤效应强时, 在任何形状的导体表面附近都适用.

在导线截面不为圆截面的普遍情况下, 精确计算趋肤效应是一个非常复杂的问题, 因为这时需要同时确定导线内和导线外的场. 只有在强趋肤效应的极限情况下, 问题才又得到简化, 因为这时导线外的场可以作为相同形状超导体外的静磁场预先确定.

§61 复电阻

只要交变电流的频率很小, 线性回路内的电流强度瞬时值 $J(t)$ 就可由同一时刻的电动势 $\mathscr{E}(t)$ 求出:

$$\mathscr{E}(t) = RJ(t), \tag{61.1}$$

其中 R 是导线对恒定电流的电阻.

但是在任意频率下, 没有任何理由期望同一时刻的 $\mathscr{E}$ 值和 J 值之间存在直接关系. 我们只能断言, $J(t)$ 值必须为所有过往时刻内 $\mathscr{E}(t)$ 值的线性函数. 这种线性关系可用符号表示为 $J = \hat{Z}^{-1}\mathscr{E}$, 或者写成逆关系式:

$$\mathscr{E} = \hat{Z}J, \tag{61.2}$$

其中 $\hat{Z}$ 为某种线性算符 ①. 如果将函数 $\mathscr{E}(t)$ 和 $J(t)$ 展开为傅里叶级数, 则对于其中的每一 "单色" 分量 (与时间的关系由因子 $\mathrm{e}^{-\mathrm{i}\omega t}$ 表示), 由于算符 $\hat{Z}$ 是线性的, 算符 $\hat{Z}$ 作用的结果归结为乘上某一个与频率值有关的量 Z:

$$\mathscr{E} = Z(\omega)J. \tag{61.3}$$

函数 $Z(\omega)$ 一般说来是复数, 称为导体的**复电阻**或**复阻抗.**

通过比较 (61.3) 与 (61.1) 式可清楚地看出, 通常的电阻 R 是函数 $Z(\omega)$ 按 ω 的幂级数展开的零次项. 要确定其下一项除了考虑 R 外, 还必须考虑导体的自感 L②.

我们来研究有交变电动势 $\mathscr{E}(t)$ 作用的线性回路. 按照电动势的定义, 1 秒时间内电场对导体内运动电荷所做的功为 $\mathscr{E}J$. 这个功一部分转变为焦耳热, 一部分消耗于电流的磁场能的改变. 按照 R 和 L 的定义, 1 秒时间内导线内放出的焦耳热为 RJ^2, 而电流产生的磁能为 $\dfrac{LJ^2}{2c^2}$. 因此, 能量守恒定律表示为

$$\mathscr{E}J = RJ^2 + \frac{\mathrm{d}}{\mathrm{d}t}\frac{LJ^2}{2c^2} = RJ^2 + \frac{1}{c^2}LJ\frac{\mathrm{d}J}{\mathrm{d}t}$$

或者

$$\mathscr{E} = RJ + \frac{1}{c^2}L\frac{\mathrm{d}J}{\mathrm{d}t}. \tag{61.4}$$

为了运用二次表达式 $(\mathscr{E}J, J^2)$, 必须把 $\mathscr{E}$ 和 J 写成实函数形式. 但是, 在导出线性方程 (61.4) 以后, 我们可以转用复数形式的单色分量: $\mathscr{E} = \mathscr{E}_0\mathrm{e}^{-\mathrm{i}\omega t}$,

---

① 我们不在此详细地讨论这个算符的普遍性质, 因为它和将在 §77 和 §82 内详细说明的 $\hat{\varepsilon}$ 算符的性质完全相似.

② 这里和今后我们把 R 和 L 理解为相对于恒定电流的量.

$J = J_0 \mathrm{e}^{-\mathrm{i}\omega t}$. 于是 (61.4) 式归结为代数关系式:

$$\mathscr{E} = ZJ, \quad Z = R - \frac{\mathrm{i}}{c^2}\omega L. \tag{61.5}$$

在关系式 $J = \mathscr{E}/Z$ 中分出实数部分, 我们得到

$$J(t) = \frac{\mathscr{E}_0}{\sqrt{R^2 + \omega^2 L^2/c^4}}\cos(\omega t - \varphi), \quad \tan\varphi = \frac{\omega L}{c^2 R}, \tag{61.6}$$

电流的振幅和电流与电动势之间的相位差由以上两式确定.

(61.5) 式的实部和决定电路内能量耗散的电阻 R 相同. 容易看出, 在 $Z(\omega)$ 为任意依赖关系的普遍情况下, 在 $\mathrm{Re}Z$ 和能量耗散之间也存在类似关系 (在给定电流强度情况下).

将电路内维持周期电流所消耗的功率 $\mathscr{E}J$ 对时间求平均值, 我们得到周期性地补偿耗散损失的那部分功率. 于是, 回路在 1 s 内的能量耗散 Q 为

$$Q = \frac{1}{2}\mathrm{Re}\{\mathscr{E}J^*\},$$

其中 $\mathscr{E}$ 和 J 表示为复数形式 (试与 §59 最后一个脚注对照). 将 $\mathscr{E} = ZJ$ 代入, 分别将 Z 的实部和虚部表示为 Z' 和 Z''①:

$$Z = Z' + \mathrm{i}Z'', \tag{61.7}$$

我们得到

$$Q = \frac{1}{2}Z'|J|^2$$

或者利用实函数 $J(t)$,

$$Q = Z'(\omega)\overline{J^2}, \tag{61.8}$$

这就给出了所求关系式.

我们注意到, 因 Q 必须取正实值, 故 Z' 也始终为正:

$$Z' > 0. \tag{61.9}$$

下面我们来计算圆截面导线在任意频率 (当然仍满足准静态条件) 情况下的 $Z(\omega)$, 亦即此时不忽略趋肤效应. 为此我们再次利用能量守恒定律, 但把它写成另一种形式.

把功率 $\mathscr{E}J$ ($\mathscr{E}$ 和 J 是实数式) 分为两项, 其中一项表示导线外的磁场能变化, 而另一项表示导线内所消耗的总能量 (包括场能变化以及热量放出). 第

① 有时称它们为**有效电阻**和**电抗**.

二部分可以作为 1 s 时间内通过导体表面流入导体内的总能量流来计算. 于是我们得到

$$J\mathscr{E}=\frac{\mathrm{d}}{\mathrm{d}t}\frac{L_{\mathrm{e}}J^2}{2c^2}+\frac{cEH}{4\pi}2\pi al=\frac{L_{\mathrm{e}}}{c^2}J\frac{\mathrm{d}J}{\mathrm{d}t}+\frac{1}{2}cEHal,$$

其中 L_{e} 是导线自感的外部部分, E 和 H 分别是导线表面的电场强度和磁场强度, a 为导线半径, l 为导线长度. 磁场 H 与电流 J 的关系为 $H=\dfrac{2J}{ca}$. 因此, 用 J 除上面的等式, 我们得到

$$\mathscr{E}=\frac{1}{c^2}L_{\mathrm{e}}\frac{\mathrm{d}J}{\mathrm{d}t}+El.$$

这个方程是线性的, 因此可以化为复数形式表示. 于是

$$\mathscr{E}=ZJ=-\frac{\mathrm{i}\omega}{c^2}L_{\mathrm{e}}J+El,$$

由此得

$$Z=-\frac{\mathrm{i}\omega}{c^2}L_{\mathrm{e}}+\frac{lE}{J}=-\frac{\mathrm{i}\omega}{c^2}L_{\mathrm{e}}+\frac{2El}{caH}. \tag{61.10}$$

在任意频率时, 必须将 (60.2) 和 (60.4) 式内的 E 和 H 代入上式, 于是得到

$$Z=-\frac{\mathrm{i}\omega}{c^2}L_{\mathrm{e}}+R\frac{ak}{2}\frac{\mathrm{J}_0(ak)}{\mathrm{J}_1(ak)} \tag{61.11}$$

其中 $R=l/(\pi a^2\sigma)$. 在弱趋肤效应情况下, 我们利用展开式 (60.5), 计算精确到 $(a/\delta)^4$ 阶项并取实部, 我们得到

$$Z'=R\left[1+\frac{1}{48}\left(\frac{a}{\delta}\right)^4\right]=R\left[1+\frac{1}{12}\left(\frac{\pi\sigma\omega a^2}{c^2}\right)^2\right]. \tag{61.11a}$$

在强趋肤效应的相反情况下, 利用 (60.7) 式, 我们得到

$$\begin{aligned}Z'&=R\frac{a}{2\delta}=\frac{l}{ac}\sqrt{\frac{\omega}{2\pi\sigma}},\\ Z''&=-\frac{\omega}{c^2}\left[L_{\mathrm{e}}+L_{\mathrm{i}}\frac{2\delta}{a}\right]=-\frac{\omega}{c^2}\left[L_{\mathrm{e}}+\frac{lc}{a\sqrt{2\pi\sigma\omega}}\right].\end{aligned} \tag{61.12}$$

从 (61.11a) 式看出, 当 $(\pi\sigma\omega a^2/c^2)^2\ll 12$ 时, 可以认为 $Z'=R$, 同时

$$\frac{Z''}{Z'}=\frac{\omega L}{c^2R}=\left(\frac{\pi\sigma\omega a^2}{c^2}\right)^2 2\ln\frac{l}{a}$$

此处的 L 由 (34.1) 式给出. 与上面给出的不等式比较, 我们看到, 应当使用

(61.5) 式 (不略去其中自感) 的频率范围取决于比值 $\frac{l}{a}$ 且比较狭窄.

但是实际上, 最重要的情况是电路内自感的主要负载者为接入电路内的线圈, 它的自感比拉伸开的导线的自感大得多 (参见 §34). 在这种电路内应当使用 (61.5) 式 (亦即 R 和 L 为常量的 (61.4) 式) 的频率区域是相当宽的.

我们来研究处于外加交变磁场 $\boldsymbol{H}_\mathrm{e}$ 中的回路, 交变磁场可用任何方式产生. 我们采用 $\boldsymbol{E}_\mathrm{e}$ 标记导体不存在时由交变磁场 $\boldsymbol{H}_\mathrm{e}$ 所感生的电场. 无论是 $\boldsymbol{H}_\mathrm{e}$ 还是 $\boldsymbol{E}_\mathrm{e}$, 二者在细导线厚度范围内的变化都非常小 (不像导线内流过的电流产生的自身磁场那样). 因此可以研究 $\boldsymbol{E}_\mathrm{e}$ 沿电流回路的环量, 而不必精确表示出回路通过导线的位置. 这个环量也即是外加交变磁场在回路内所感生的电动势 $\mathscr{E}$. 按照麦克斯韦方程的积分形式, 我们有

$$\mathscr{E} = \oint \boldsymbol{E}_\mathrm{e} \cdot \mathrm{d}\boldsymbol{l} = -\frac{1}{c}\frac{\partial}{\partial t}\int \boldsymbol{H}_\mathrm{e} \cdot \mathrm{d}\boldsymbol{f} = -\frac{1}{c}\frac{\mathrm{d}\Phi_\mathrm{e}}{\mathrm{d}t}, \tag{61.13}$$

式中 Φ_e 是外磁场通过所研究回路的磁通量. 把这个表达式代入方程 (61.4), 我们得到

$$RJ + \frac{1}{c^2}L\frac{\mathrm{d}J}{\mathrm{d}t} = -\frac{1}{c}\frac{\mathrm{d}\Phi_\mathrm{e}}{\mathrm{d}t}.$$

如果把含有自感的项移到等式右端, 方程可以写为

$$RJ = -\frac{1}{c}\frac{\mathrm{d}\Phi_\mathrm{e}}{\mathrm{d}t} - \frac{L}{c^2}\frac{\mathrm{d}J}{\mathrm{d}t} = -\frac{1}{c}\frac{\mathrm{d}\Phi}{\mathrm{d}t}, \tag{61.14}$$

式中 $\Phi = \Phi_\mathrm{e} + \frac{1}{c}LJ$, 是外磁场和电流自身磁场的总磁通量. 这种形式的方程表示整个电路的欧姆定律, 亦即在电路内 RJ 等于总电动势.

表示欧姆定律的 (61.14) 式的表述方式, 也可以推广到导电线路形状随时间变化的情况. 这时自感 L 为时间的函数, 而 (61.14) 式应当写成

$$RJ = -\frac{1}{c^2}\frac{\mathrm{d}}{\mathrm{d}t}(LJ) - \frac{1}{c}\frac{\mathrm{d}\Phi_\mathrm{e}}{\mathrm{d}t}. \tag{61.15}$$

从能量守恒定律推导这个公式时, 还必须考虑到导体发生形变所消耗的功.

如果有若干个互相靠近的电流为 J_a 的回路, 则对每一回路而言, (61.14) 式中的 Φ_e 为其余各回路 (以及外磁场, 如果存在的话) 所产生的磁通量之和. 由电流 J_b 所产生的通过电流为 J_a 的回路的磁通量为 $L_{ab}\frac{J_b}{c}$, 式中 L_{ab} 是两回路的互感系数. 因此, 我们得到回路内交变电流的方程组为

$$R_aJ_a + \frac{1}{c}\sum_b L_{ab}\frac{\mathrm{d}J_b}{\mathrm{d}t} = \mathscr{E}_a. \tag{61.16}$$

对 b 求和也包含了自感项 ($b = a$), 而 $\mathscr{E}_a$ 为在所研究的电流系统外的场源在第 a 个回路内所产生的电动势.

对周期性电流 (单色电流) 而言, 微分方程组 (61.16) 变为代数方程组:

$$\sum_b Z_{ab} J_b = \mathscr{E}_a, \tag{61.17}$$

式中量

$$Z_{ab} = \delta_{ab} R_a - \frac{\mathrm{i}\omega}{c^2} L_{ab} \tag{61.18}$$

构成 "**阻抗矩阵**". 和 (61.5) 式类似, (61.18) 式是函数 $Z_{ab}(\omega)$ 展开为频率的幂级数的头两项.

我们注意到, 在这种近似下没有回路对阻抗实部的相互影响. 这种影响是通过一个导体内的交变电流磁场在另一个导体内激发傅科电流从而产生附加的能量耗散而实现的. 对线导体, 这种效应可忽略不计. 但是在线导体附近存在大块导体时, 这种效应可能很显著.

最后, 我们来研究这样一个问题, 即本节所得到的线性电路内交变电流方程和任意导体内交变磁场的普遍方程如何联系的问题. 我们从一个最简单的电流的例子来探索这种联系, 即跟踪 $t=0$ 时从电路内移去恒定电动势 $\mathscr{E}_0$ 所产生的电流的演化. 从 (61.4) 式, 我们有 ①

$$\begin{aligned} J &= \frac{\mathscr{E}_0}{R} & &\text{当 } t<0, \\ J &= \frac{\mathscr{E}_0}{R}\exp\left(-\frac{c^2 R}{L}t\right) & &\text{当 } t>0. \end{aligned} \tag{61.19}$$

我们看出, 在电动势移去以后, 电流按指数规律随时间衰减, 其衰减系数为

$$\gamma = \frac{c^2 R}{L} \tag{61.20}$$

从精确表述问题的观点看来, 这个 γ 值是由解给定导体的精确方程 (58.10) 所得到的 γ_m 值中的最小值. 在线性导体的 γ_m 值中有一个最小值, 量级为其他值的 $1/\ln(l/a)$; 这也就是 (61.20) 的值.

§62 准恒定电流回路内的电容

和恒定电流不同, 交变电流不但可以在闭合回路内流过, 也可以在断开的回路内流过. 我们来研究回路两端和电容器两板连接 (两板间距离很小) 的线

① 严格说来, 这些公式当 t 值非常小时不适用, 这时在函数的谱分解式中高频项也很重要, 因而不能使用方程 (61.4). 但是在这个很短的时间间隔内, 电流 J 来不及有显著改变, 因而 (61.19) 式可以相当精确地确定以后时刻的电流值.

性回路. 回路内有交变电流流过时, 电容器两板将周期性地充电和放电, 因而在断开的回路内起着电流的“源”和“汇”的作用.

由于电容器两板间距离很小, 和前面一样, 可以令电流的磁能等于 $LJ^2/(2c^2)$, 其中 L 是用一根短导线连接电容器两板所得到的闭合回路内的自感①. 于是 (61.4) 式的唯一改变是在电阻的电压降 RJ 上加上电容器两板上的电势差 e/C, 其中 C 为电容器的电容, 而 $\pm e(t)$ 则是电容器两板上的电荷. 因此

$$\mathscr{E} = RJ + \frac{e}{C} + \frac{L}{c^2}\frac{\mathrm{d}J}{\mathrm{d}t}.$$

然而电流强度 J 等于一板上电荷的减少率或另一板上电荷的增加率:

$$J = \frac{\mathrm{d}e}{\mathrm{d}t}.$$

在前一方程中将 J 用 e 表示, 我们得到

$$\frac{L}{c^2}\frac{\mathrm{d}^2 e}{\mathrm{d}t^2} + R\frac{\mathrm{d}e}{\mathrm{d}t} + \frac{e}{C} = \mathscr{E}. \tag{62.1}$$

这就是所要求的具有电容的电路内交变电流的方程.

如果 $\mathscr{E}$ 是频率为 ω 的时间周期函数, 则方程 (62.1) 变成 $\mathscr{E}$ 与电荷 e 间的代数关系式, 或者是 $\mathscr{E}$ 与电流 $J = -\mathrm{i}\omega e$ 间的代数关系式. 这就是说, 我们有 $JZ = \mathscr{E}$, 其中阻抗 Z 由下式决定:

$$Z = R - \mathrm{i}\left(\frac{\omega L}{c^2} - \frac{1}{\omega C}\right). \tag{62.2}$$

从关系式 $J = \mathscr{E}/Z$ 内取出实部, 我们得到

$$J(t) = \frac{\mathscr{E}_0 \cos(\omega t - \varphi)}{\sqrt{R^2 + \left(\dfrac{\omega L}{c^2} - \dfrac{1}{\omega C}\right)^2}}, \quad \tan\varphi = \left(\frac{\omega L}{c^2} - \frac{1}{\omega C}\right)\frac{1}{R}, \tag{62.3}$$

这个公式给出了有外加电动势 $\mathscr{E} = \mathscr{E}_0 \cos\omega t$ 的电路内的电流强度.

如果 $\mathscr{E} = 0$, 则电路内的电流由自由电振荡组成. 这些振荡的频率 (复数形式) 由条件 $Z = 0$ 得出, 由此得

$$\omega = -\mathrm{i}\frac{Rc^2}{2L} \pm \sqrt{\frac{c^2}{LC} - \left(\frac{Rc^2}{2L}\right)^2}. \tag{62.4}$$

根据根号前正负号的不同, 我们或者得到阻尼振荡 (阻尼系数为 $Rc^2/2L$), 或者得到纯粹的非周期性阻尼放电. 在 $R \to 0$ 的极限情况下, 我们得到非阻尼

① 在这一节内我们略去了趋肤效应.

振荡, 振荡频率由有名的**汤姆孙公式**表示:

$$\omega = \frac{c}{\sqrt{LC}} \tag{62.5}$$

(W. 汤姆孙, 1853).

方程 (62.1) 可直接推广到接有电容器的若干个电感耦合电路系统上. 第 a 个电路内的电流 J_a 与相应的电容器两板上的电荷 $\pm e_a$ 的关系为

$$J_a = \frac{\mathrm{d}e_a}{\mathrm{d}t},$$

代替 (62.1) 式, 我们得到方程组:

$$\sum_b \frac{1}{c^2} L_{ab} \frac{\mathrm{d}^2 e_b}{\mathrm{d}t^2} + R_a \frac{\mathrm{d}e_a}{\mathrm{d}t} + \frac{e_a}{C_a} = \mathscr{E}_a. \tag{62.6}$$

对于周期性 (单色) 电流, 这些方程约化为代数方程组:

$$\sum_b Z_{ab} J_b = \mathscr{E}_a, \tag{62.7}$$

其中矩阵元 Z_{ab} 由下式给出:

$$Z_{ab} = \delta_{ab}\left(R_a + \frac{\mathrm{i}}{\omega C_a}\right) - \frac{\mathrm{i}\omega}{c^2} L_{ab}. \tag{62.8}$$

电流系统的本征频率由 $\mathscr{E}_a = 0$ 时方程 (62.7) 的相容性条件给出, 也即是由下列行列式等于零的条件给出:

$$\det |Z_{ab}| = 0. \tag{62.9}$$

如果电阻 R 不为零, 则全部 “频率” 有非零虚部, 也即电振荡是阻尼的.

我们注意到, 方程 (62.6) 在形式上与有几个自由度并作着小阻尼振荡的系统的力学运动方程相同. 这时起广义坐标作用的是电荷 e_a, 起广义速度作用的是电流 $J_a = \dot{e}_a$. 系统的拉格朗日函数为

$$\mathscr{L} = \sum_{a,b} \frac{1}{2c^2} L_{ab} \dot{e}_a \dot{e}_b - \sum_a \frac{e_a^2}{2C_a} + \sum_a e_a \mathscr{E}_a. \tag{62.10}$$

电流系统的磁能和电能分别为力学系统的动能和势能, 而 $\mathscr{E}_a$ 相应于引起系统受迫振荡的外力. 量 R_a 包含在耗散函数

$$\mathscr{R} = \frac{1}{2} \sum_a R_a \dot{e}_a^2 \tag{62.11}$$

内. 方程 (62.6) 与拉格朗日方程

$$\frac{\mathrm{d}}{\mathrm{d}t} \frac{\partial \mathscr{L}}{\partial \dot{e}_a} - \frac{\partial \mathscr{L}}{\partial e_a} = -\frac{\partial \mathscr{R}}{\partial \dot{e}_a} \tag{62.12}$$

相同.

习 题

1. 两个电感耦合电路分别含有自感 L_1 和 L_2 以及电容 C_1 和 C_2, 试确定这两个耦合电路内电振荡的本征频率 (我们略去电阻 R_1 和 R_2 不计).

解: 所求的频率从下列条件给出:

$$\det|Z_{ab}| = Z_{11}Z_{22} - Z_{12}^2 = 0,$$

其中

$$Z_{11} = -\mathrm{i}\left(\frac{\omega}{c^2}L_1 - \frac{1}{\omega C_1}\right), \quad Z_{22} = -\mathrm{i}\left(\frac{\omega}{c^2}L_2 - \frac{1}{\omega C_2}\right), \quad Z_{12} = -\frac{\mathrm{i}\omega}{c^2}L_{12}.$$

计算给出:

$$\omega_{1,2}^2 = c^2\frac{L_1C_1 + L_2C_2 \mp [(L_1C_1 - L_2C_2)^2 + 4C_1C_2L_{12}^2]^{1/2}}{2C_1C_2(L_1L_2 - L_{12}^2)}.$$

两个频率都是实数, 这是略去电阻 R_1 和 R_2 的结果. 当 $L_{12} \to 0$ 时, 频率 ω_1 和 ω_2 趋近于 $c/\sqrt{L_1C_1}$ 和 $c/\sqrt{L_2C_2}$, 相应于两个电路分别独立振荡的频率.

2. 与上题相同, 但电路由电阻 R、电容 C 和自感 L 并联构成.

解: 电路的三个分路的阻抗等于

$$Z_1 = R, \quad Z_2 = \frac{\mathrm{i}}{\omega C}, \quad Z_3 = -\frac{\mathrm{i}\omega}{c^2}L,$$

分路内电流的关系式为

$$J_1 + J_2 + J_3 = 0, \quad Z_1J_1 = Z_2J_2 = Z_3J_3$$

由此得到方程

$$\frac{1}{Z_1} + \frac{1}{Z_2} + \frac{1}{Z_3} = 0,$$

这个方程的解给出

$$\omega = -\frac{\mathrm{i}}{2RC} \pm \sqrt{\frac{c^2}{LC} - \frac{1}{4R^2C^2}}.$$

3. 研究如图 37 所示的无限个相同网格依次连接而成的电路内电振荡的传播, 网格的阻抗为

$$Z_1 = -\mathrm{i}\left(\frac{\omega}{c^2}L_1 - \frac{1}{\omega C_1}\right), \quad Z_2 = -\mathrm{i}\left(\frac{\omega}{c^2}L_2 - \frac{1}{\omega C_2}\right).$$

试求出电路内电振荡无衰减地传播的频率范围 ①.

① 准恒定态理论应用于这种周期电路的条件是网格线度小于 "波长" c/ω.

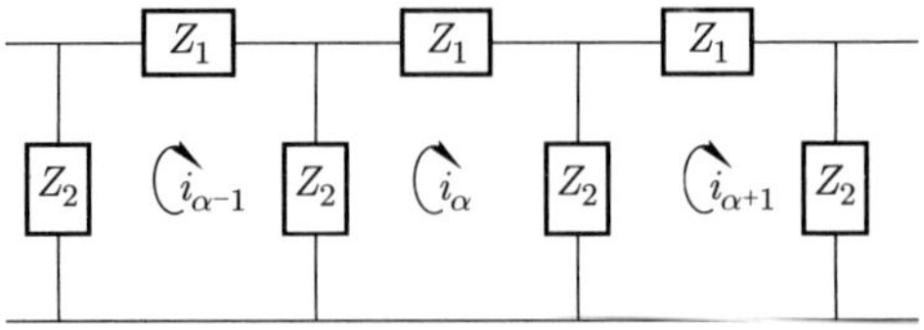

图 37

解: 我们定义电流 i_α 为网格 α 内的回路电流 (图 37). 第 α 个回路的基尔霍夫方程为

$$Z_1 i_\alpha + Z_2(2i_\alpha - i_{\alpha-1} - i_{\alpha+1}) = 0.$$

这是常系数的线性差分方程 (对整数变数 α 而言). 我们寻求其形式为

$$i_\alpha = \mathrm{const} \cdot q^\alpha$$

的解并得到参量 q 的特征方程

$$q^2 - \left(2 + \frac{Z_1}{Z_2}\right) q + 1 = 0. \tag{1}$$

设 $-4 \leqslant Z_1/Z_2 \leqslant 0$, 这相应于 ω^2 值处于

$$\frac{c^2}{L_1 C_1} \text{ 和 } \frac{c^2(4/C_2 + 1/C_1)}{4L_2 + L_1}$$

两值之间. 因此方程 (1) 有模为 $|q| = 1$ 的两个复数共轭根. 这表明从电路的一个网格转到下一个网格时, 电流不衰减, 亦即电振荡在电路内无衰减地传播. 在这种情况下, 如果我们令 $q = \mathrm{e}^{\mathrm{i}kl}$ (l 是电路内一个网格的长度), 则 k 为在电路内传播的电振荡的“波矢”. 故可按照普遍法则将电振荡的传播速度 u 作为导数 $u = \mathrm{d}\omega/\mathrm{d}k$ 算出.

如果 ω 处于上面所指出的范围之外, 则方程 (1) 有两个实根 q_1 和 q_2; 因为 $q_1 q_2 = 1$, 故其中一个根 (设为 q_1) 的绝对值小于 1, 而另一根 (设为 q_2) 的绝对值大于 1. 容易看出, 这表明电振荡不可能沿电路无衰减地传播. 为了查明其中原因, 我们来研究一个很大但有限长的电路. 在电路的起始端注入初始振荡脉冲, 而将电路末端用某种方式闭合起来. 数学上描写电路末端的闭合性是利用某种边界条件, 借助这种边界条件, 在通解

$$i_\alpha = c_1 q_1^{-(A-\alpha)} + c_2 q_2^{-(A-\alpha)}$$

(A 为电路末端的“坐标”) 内, 可以求出系数的比值 c_1/c_2, 当通解取上述形式时, 这个比值的数量级为 1. 但这时随着 $(A-\alpha)$ 的增加, 第二项 (其中 $|q_2| > 1$)

很快地变得比第一项小很多. 这样一来, 差不多在全电路内, 除了末端附近的一小段外, 解的形式为

$$i_\alpha = c_1 q_1^{-(A-\alpha)},$$

其中 $|i_\alpha|$ 沿电路起始端向末端的方向减小.

应该强调指出, 这种衰减不具有耗散吸收特征 (由于电路内无电阻, 不存在产生它的原因); 可以把它直观地描写为振荡脉冲被电路每一个后续网格反射的结果.

§63 导体在磁场内的运动

在前面的所有叙述中, 我们都默认了导体在电磁场内是静止的 (相对于定义了 $\boldsymbol{E}$, $\boldsymbol{H}$ 等量的坐标系 K). 特别是, 电流与电场之间的关系 $\boldsymbol{j} = \sigma\boldsymbol{E}$, 一般说来, 只适用于静止导体.

为了求出运动导体内电流和电场的关系式, 我们从坐标系 K 变换到另一坐标系 K', 其中导体 (或者它的某一部分) 在给定时刻是静止的. 在这个坐标系内, 我们有 $\boldsymbol{j} = \sigma\boldsymbol{E}'$, 其中 $\boldsymbol{E}'$ 是 K' 内的电场强度. 但是按照熟知的场变换公式, $\boldsymbol{E}'$ 可通过 K 内的场表示为 ①

$$\boldsymbol{E}' = \boldsymbol{E} + \frac{1}{c}\boldsymbol{v} \times \boldsymbol{B}, \tag{63.1}$$

式中的 $\boldsymbol{v}$ 为坐标系 K' 相对于坐标系 K 的速度, 亦即在现在情况下为导体的速度 (自然, 我们假定它小于光速). 这样一来, 我们得到

$$\boldsymbol{j} = \sigma\left(\boldsymbol{E} + \frac{1}{c}\boldsymbol{v} \times \boldsymbol{B}\right). \tag{63.2}$$

这也就是确定运动导体内的电流与电场关系的公式. 对于它的推导还必须作如下的说明. 从一坐标系变换到另一坐标系, 我们只是变换了场, 而电流 $\boldsymbol{j}$ 则保持不变. 当 $v \ll c$ 时, 电流密度的变换可能导致出现高阶小量的附加项. 但在 (63.2) 式内, 由场变换产生的第二项, 一般说来不小于第一项, 虽然它包含有因子 v/c. 例如, 如果电场是由交变磁场的电磁感应而产生的, 则它的数量级与磁场比较将多含一个 $1/c$ 因子.

当导体内有给定电流流过时, 导体内的能量耗散当然不可能依赖于导体的运动. 因此, 运动导体单位时间内所放出的焦耳热密度用电流密度的表示,

① 参见本教程第二卷 §24. 电场强度和磁场强度的微观值被它们的平均值 $\overline{\mathbf{e}} = \mathbf{E}, \overline{\mathbf{h}} = \mathbf{B}$ 所代替.

是由和静止导体相同的公式 j^2/σ 给出的. 但代替乘积 $\boldsymbol{j}\cdot\boldsymbol{E}$, 我们现在得到 ①

$$\frac{j^2}{\sigma}=\boldsymbol{j}\cdot\left(\boldsymbol{E}+\frac{1}{c}\boldsymbol{v}\times\boldsymbol{B}\right).$$

由此可见, 在运动导体内和式 $\boldsymbol{E}+\dfrac{1}{c}(\boldsymbol{v}\times\boldsymbol{B})$ 扮演产生传导电流的 "有效" 电场强度的角色. 因此, 作用于闭合线性电路 C 内的电动势由以下积分给出:

$$\mathscr{E}=\oint_C\left(\boldsymbol{E}+\frac{1}{c}\boldsymbol{v}\times\boldsymbol{B}\right)\cdot\mathrm{d}\boldsymbol{l}. \tag{63.3}$$

我们按以下方式来变换上式. 根据麦克斯韦方程 $\operatorname{rot}\boldsymbol{E}=-\dfrac{1}{c}\dfrac{\partial\boldsymbol{B}}{\partial t}$, 我们有

$$\oint_C\boldsymbol{E}\cdot\mathrm{d}\boldsymbol{l}=\int_S\operatorname{rot}\boldsymbol{E}\cdot\mathrm{d}\boldsymbol{f}=-\frac{1}{c}\frac{\partial}{\partial t}\int_S\boldsymbol{B}\cdot\mathrm{d}\boldsymbol{f},$$

或者, 我们用 $\varPhi$ 标记通过覆盖电流回路 C 的 S 表面的磁通量, 则

$$\oint_C\boldsymbol{E}\cdot\mathrm{d}\boldsymbol{l}=-\frac{1}{c}\left(\frac{\partial\varPhi}{\partial t}\right)_{\boldsymbol{v}=0}.$$

带下角标 $\boldsymbol{v}=0$ 的时间导数表示回路 C 的位置不变时由磁场变化所引起的磁通量变化.

在 (63.3) 式右端第二项内, 我们写出 $\boldsymbol{v}=\dfrac{\mathrm{d}\boldsymbol{u}}{\mathrm{d}t}$, 其中 $\mathrm{d}\boldsymbol{u}$ 为回路元的无穷小位移. 于是

$$\oint_C\boldsymbol{v}\times\boldsymbol{B}\mathrm{d}\boldsymbol{l}=\oint_C\frac{\mathrm{d}\boldsymbol{u}\times\boldsymbol{B}\cdot\mathrm{d}\boldsymbol{l}}{\mathrm{d}t}=-\frac{\oint\boldsymbol{B}\cdot\mathrm{d}\boldsymbol{f}}{\mathrm{d}t},$$

其中 $\mathrm{d}\boldsymbol{f}=\mathrm{d}\boldsymbol{u}\times\mathrm{d}\boldsymbol{l}$ 为电流回路在时刻 t 与时刻 $t+\mathrm{d}t$ 时所占据的两个无限靠近的位置 C 和 C' 之间的 "侧" 面上的面积元 (见图 38). 因为通过任何闭合面的总磁通量等于零, 因而十分显然, 通过 "侧" 面的磁通量等于覆盖 C 和 C' 的表面的磁通量之差. 由此可见,

$$\oint_C\boldsymbol{v}\times\boldsymbol{B}\cdot\mathrm{d}\boldsymbol{l}=-\left(\frac{\partial\varPhi}{\partial t}\right)_{\boldsymbol{B}=\mathrm{const}},$$

其中对时间的导数表示磁场不变时由导体移动所引起的磁通量的变化率.

① 从这公式看出, 当导体在磁场内运动时, 导体在 δt 时间内所放出的附加热为

$$\delta t\frac{1}{c}\int\boldsymbol{j}\cdot\boldsymbol{v}\times\boldsymbol{B}\mathrm{d}V=-\frac{1}{c}\int\delta\boldsymbol{u}\cdot\boldsymbol{j}\times\boldsymbol{B}\mathrm{d}V,$$

式中 $\delta\boldsymbol{u}=\boldsymbol{v}\delta t$ 为 δt 时间内的位移. 这个量与同一时间内由体积力 $\boldsymbol{f}=\boldsymbol{j}\times\boldsymbol{B}/c$ 对导体所做的功大小相等, 但符号相反, 由此可以解释 §35 节提到的关于洛伦兹力做功的表观矛盾.

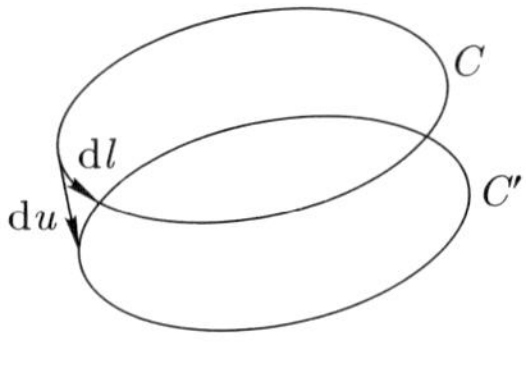

图 38

把这两项相加, 我们最后得到

$$\mathscr{E} = -\frac{1}{c}\frac{\mathrm{d}\Phi}{\mathrm{d}t}, \tag{63.4}$$

其中对时间的导数现在表示通过运动回路的磁通量的总变化率. 由此可见, 由 (63.4) 式所表示的**法拉第定律**, 对任何原因引起的磁通量变化都是适用的——无论是由磁场本身的变化引起的 (已在 §61 内讨论过, 公式 (61.13)), 或者由导体运动所引起的.

在静磁场内, 磁通量变化只可能与回路移动有关. 如果回路运动时回路上各点都与磁力线平行移动, 永远不与磁力线相交, 则通过回路的磁通量也不会改变. 这种情况显然是以下事实的必然结果: 通过任何闭合面的磁通量为零, 而通过由运动回路所描绘出来的 "侧" 面的磁通量在这种情况下也恒等于零 (因为其中 $B_n = 0$). 这样一来, 可以说, 要产生感应电动势, 无论如何导体都必须在运动中切割磁力线.

运动导体内的电磁场由下列方程组确定:

$$\begin{gathered}\operatorname{rot}\boldsymbol{E} = -\frac{1}{c}\frac{\partial \boldsymbol{B}}{\partial t},\\ \operatorname{rot}\boldsymbol{H} = \frac{4\pi}{c}\boldsymbol{j} = \frac{4\pi\sigma}{c}\left(\boldsymbol{E} + \frac{1}{c}\boldsymbol{v}\times\boldsymbol{B}\right),\\ \operatorname{div}\boldsymbol{B} = 0.\end{gathered} \tag{63.5}$$

通过第二个方程将 $\boldsymbol{E}$ 用 $\boldsymbol{H}$ 表示, 并代入第一个方程, 我们得到

$$\frac{\partial \boldsymbol{B}}{\partial t} - \operatorname{rot}(\boldsymbol{v}\times\boldsymbol{B}) = -\frac{c^2}{4\pi}\operatorname{rot}\left(\frac{\operatorname{rot}\boldsymbol{H}}{\sigma}\right). \tag{63.6}$$

在电导率 σ 和磁化率 μ 为常数的均匀导体内, 我们有

$$\frac{\partial \boldsymbol{H}}{\partial t} - \operatorname{rot}(\boldsymbol{v}\times\boldsymbol{H}) = \frac{c^2}{4\pi\sigma\mu}\Delta\boldsymbol{H}, \quad \operatorname{div}\boldsymbol{H} = 0. \tag{63.7}$$

这些方程推广了 §58 中得到的方程.

不过应该指出, 如果只有一个导体整体地 (即没有形变地) 在外磁场中运动, 则采用与导体刚性连结的坐标系可使问题的解答大为简化. 在这种坐标系内, 导体是静止的, 而外磁场随时间按给定规律变化, 于是我们又回到了 §59 内研究过的傅科电流类型的问题. 但是这种转换的可能性与伽利略 (或爱因斯坦) 的相对性原理无关, 因为一般说来, 新坐标系不是惯性系. 这两个问题的等价性是由于上面所指出过的电磁感应与引起磁通量变化的原因无关的结果. 用纯粹数学方法可以证明这一点. 为此, 我们展开 $\operatorname{rot}(\boldsymbol{v}\times\boldsymbol{B})$, 并考虑到 $\operatorname{div}\boldsymbol{B}=0$, 而导体整体地运动时也有 $\operatorname{div}\boldsymbol{v}=0$ (这个等式表示导体的 "不可压缩性"). 于是 (63.6) 式左端的形式为

$$\frac{\partial \boldsymbol{B}}{\partial t}+(\boldsymbol{v}\cdot\nabla)\boldsymbol{B}-(\boldsymbol{B}\cdot\nabla)\boldsymbol{v}. \tag{63.8}$$

但是这三项之和不是别的, 乃是 $\boldsymbol{B}$ 对时间的导数, 它确定 $\boldsymbol{B}$ 相对于转动物体的变化. 实际上, 头两项之和为对时间的物质导数 $\dfrac{\mathrm{d}\boldsymbol{B}}{\mathrm{d}t}$, 这个导数给出 $\boldsymbol{B}$ 在以速度 $\boldsymbol{v}$ 运动的点处的变化. 第三项为 $\boldsymbol{B}$ 的取向相对于导体的变化: 在导体作纯粹平动时 ($\boldsymbol{v}=$ 常数), 它等于零, 当导体转动时 ($\boldsymbol{v}=\boldsymbol{\Omega}\times\boldsymbol{r}$, 其中 $\boldsymbol{\Omega}$ 为角速度), 它等于 $-\boldsymbol{\Omega}\times\boldsymbol{B}$.

最后, 我们来研究磁化导体转动时所发生的独特现象, 称为**单极感应**现象. 其实质是, 如果利用两个滑动接头 (图 39 上的 A 和 B) 将一根静止导线接到转动磁体上, 导线内就会有电流流过. 计算产生这种电流的电动势并不困难. 为此, 我们首先变换到与磁体一道转动的坐标系. 如果 $\boldsymbol{\Omega}$ 是磁体转动的角速度, 则在新坐标系内导线转动的角速度为 $-\boldsymbol{\Omega}$ (而磁体静止). 这样一来, 我们遇到的是在由静止磁体所产生的已知静磁场 $\boldsymbol{B}$ 内运动的导体; 导线本身所引起的场畸变, 我们略去不计. 按照 (63.3) 式, 作用在导线两端间的电动势由以下对导线长度进行的积分

$$\mathscr{E}=\frac{1}{c}\int_{ACB}\boldsymbol{v}\times\boldsymbol{B}\cdot\mathrm{d}\boldsymbol{l}=\frac{1}{c}\int_{ACB}\boldsymbol{B}\times(\boldsymbol{r}\times\boldsymbol{\Omega})\cdot\mathrm{d}\boldsymbol{l} \tag{63.9}$$

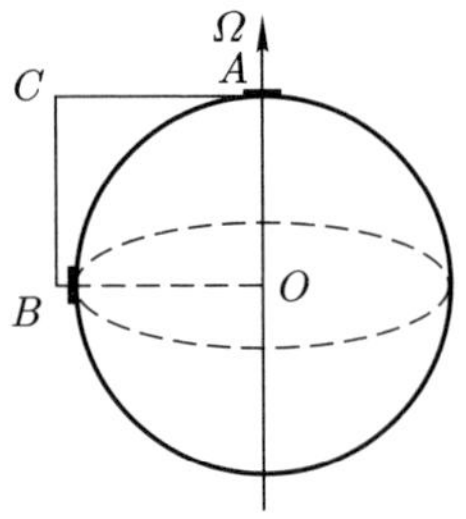

图 39

给出. 由这个公式就可以求出所提问题的解.

习 题

1. 试确定在均匀恒定磁场内均匀转动的导体球的磁矩 ($\mu = 1$); 并求出作用在球上的力矩.

解: 设在静止坐标系内 (z 轴沿角速度矢量 $\boldsymbol{\Omega}$ 方向), 外磁场的分量为 $\mathfrak{H}_x, 0, \mathfrak{H}_z$. 在与球一起转动的坐标系 ξ, η, z 内, 磁场分量为

$$\mathfrak{H}_\xi = \mathfrak{H}_x \cos \Omega t, \quad \mathfrak{H}_\eta = -\mathfrak{H}_x \sin \Omega t, \quad \mathfrak{H}_z.$$

或者写成复数形式

$$\mathfrak{H}_\xi = \mathfrak{H}_x \mathrm{e}^{-\mathrm{i}\Omega t}, \quad \mathfrak{H}_\eta = -\mathrm{i}\mathfrak{H}_x \mathrm{e}^{-\mathrm{i}\Omega t}, \quad \mathfrak{H}_z.$$

由此可见, 沿 ξ 轴和 η 轴有频率为 Ω 的交变场作用并感生出磁矩:

$$\mathscr{M}_\xi = V\,\mathrm{Re}\{\alpha \mathfrak{H}_\xi\} = V\mathfrak{H}_x(\alpha' \cos \Omega t + \alpha'' \sin \Omega t),$$
$$\mathscr{M}_\eta = V\,\mathrm{Re}\{\alpha \mathfrak{H}_\eta\} = V\mathfrak{H}_x(-\alpha' \sin \Omega t + \alpha'' \cos \Omega t),$$

式中 $V\alpha$ 是 §59 习题 1 所求得的球的复数磁极化率. 在 z 轴方向, 磁场为常量, 因而不产生磁矩 (当 $\mu = 1$ 时). 相对于静止坐标系磁矩的分量为

$$\mathscr{M}_x = V\alpha' \mathfrak{H}_x, \quad \mathscr{M}_y = V\alpha'' \mathfrak{H}_x, \quad \mathscr{M}_z = 0$$

因此, 在本题内, α' 和 α'' 分别确定导体球磁矩在矢量 $\boldsymbol{\Omega}$ 和 $\boldsymbol{\mathfrak{H}}$ 平面的分量和垂直于该平面的分量.

作用在球上的力矩为 $\boldsymbol{K} = \boldsymbol{\mathscr{M}} \times \boldsymbol{\mathfrak{H}}$. 相对于静止坐标轴的力矩分量为

$$K_x = V\alpha'' \mathfrak{H}_x \mathfrak{H}_z, \quad K_y = -V\alpha' \mathfrak{H}_x \mathfrak{H}_z, \quad K_z = -V\alpha'' \mathfrak{H}_x^2.$$

按照 §59 习题 1 解的末尾所作说明的观点, 我们这里把在磁场内转动的球简化为在交变场内的静止球问题是完全自然的. 我们注意到这种类似的一个有趣方面: 当交变场的频率增大时磁场被从球内“挤出”, 在 $\omega \to \infty$ 的极限下, 所有的磁力线都绕球通过而不穿入球内部; 垂直于转动轴的磁场也会以类似的方式被“挤出”迅速转动的球外.

2. 均匀磁化球绕与磁化方向相同的轴均匀转动, 试确定均匀磁化球一极和赤道间的单极感应电动势 (见图 39).

解: 球绕其磁化方向转动时产生静磁场; 考虑到球内没有电流, 我们从 (63.6) 式得到 $\mathrm{rot}(\boldsymbol{v} \times \boldsymbol{B}) = 0$. 所以 $(\boldsymbol{v} \times \boldsymbol{B})$ 对闭合回路 $OACBO$(图 39) 的积

分为零, 因而 (63.9) 中沿 ACB 路径的积分可以用穿过球内 AOB 路径的积分取代. 沿转动轴 AO 段的积分, 由于 $\boldsymbol{\Omega}$ 和 $\boldsymbol{r}$ 的方向相同而为零, 而沿半径 OB 的积分 (考虑到在球内 $\boldsymbol{B}$ 与 $\boldsymbol{\Omega}$ 的方向相同) 给出

$$\mathscr{E} = \frac{1}{c}\int_0^a B_0 \Omega r \mathrm{d}r = \frac{B_0 \Omega a^2}{2c}$$

(a 为球的半径, B_0 为球内的磁感应强度). 在均匀磁化球内 (没有外加磁场时), 磁感应强度和磁化强度的关系由方程 $B_0 + 2H = 0$ [与 (8.1) 式比较] 与 $B_0 - H = 4\pi M$ 确定, 由此得到 $B_0 = 8\pi M/3$. 引进球的总磁矩 $\mathscr{M}$, 我们最后得到

$$\mathscr{E} = \frac{\Omega \mathscr{M}}{ac}.$$

3. 试求 (由任何原因引起的) 通过闭合线性电路内的磁通量从某一定值 (Φ_1) 变化到另一定值 (Φ_2) 时流过这电路内的总电荷.

解: 所求总电荷为积分 $\int_{-\infty}^{+\infty} J\mathrm{d}t$, 其中的 $J(t)$ 为电路内的感应电流. 从数学观点看来, 这个积分正好是函数 $J(t)$ 的频率为 $\omega = 0$ 的 "傅里叶分量". 因此, 它与电动势的同样的分量以关系式

$$\int_{-\infty}^{\infty} \mathscr{E}\mathrm{d}t = Z(0)\int_{-\infty}^{\infty} J\mathrm{d}t$$

相联系 [见 (61.3) 式]. 代入 $Z(0) = R$ (R 为电路对恒定电流的电阻) 和 $\mathscr{E} = -(1/c)\mathrm{d}\Phi/\mathrm{d}t$, 我们得到

$$\int_{-\infty}^{\infty} J\mathrm{d}t = \frac{1}{cR}(\Phi_1 - \Phi_2).$$

§64 加速度对电流的激发

在前一节中研究导体运动时, 我们忽略了加速度可能产生的影响 (如果这种影响存在的话). 其实, 金属的加速运动等价于出现一个作用在传导电子上的附加惯性力. 如果 $\dot{\boldsymbol{v}}$ 是导体的加速度, 而 m 是电子质量, 则这力等于 $-m\dot{\boldsymbol{v}}$. 它对电子的作用与强度为 $\dfrac{m}{e}\dot{\boldsymbol{v}}$ 的电场产生的作用相同, 其中 $-e$ 是电子电荷. 因此, 作用在作加速运动的金属内的传导电子上的 "有效" 电场为

$$\boldsymbol{E}' = \boldsymbol{E} + \frac{m}{e}\dot{\boldsymbol{v}}. \tag{64.1}$$

相应地, 电流密度为

$$\boldsymbol{j} = \sigma\boldsymbol{E}' = \sigma\left(\boldsymbol{E} + \frac{m}{e}\dot{\boldsymbol{v}}\right). \tag{64.2}$$

由 (64.1) 式用 $\boldsymbol{E}'$ 表示 $\boldsymbol{E}$, 并代入方程

$$\operatorname{rot}\boldsymbol{E} = -\frac{1}{c}\frac{\partial \boldsymbol{H}}{\partial t}$$

(假定处处 $\mu = 1$), 于是有

$$\operatorname{rot}\boldsymbol{E}' = -\frac{1}{c}\frac{\partial \boldsymbol{H}}{\partial t} + \frac{m}{e}\operatorname{rot}\dot{\boldsymbol{v}}. \tag{64.3}$$

把 $\boldsymbol{v}$ 写成相加的形式:

$$\boldsymbol{v} = \boldsymbol{u} + \boldsymbol{\Omega}\times\boldsymbol{r},$$

其中 $\boldsymbol{u}$ 为平动速度, 而 $\boldsymbol{\Omega}$ 为导体转动的角速度. 对时间取微商, 我们求得加速度为

$$\dot{\boldsymbol{v}} = \dot{\boldsymbol{u}} + \boldsymbol{\Omega}\times\boldsymbol{v} + \dot{\boldsymbol{\Omega}}\times\boldsymbol{r} = \dot{\boldsymbol{u}} + \boldsymbol{\Omega}\times\boldsymbol{u} + \boldsymbol{\Omega}\times(\boldsymbol{\Omega}\times\boldsymbol{r}) + \dot{\boldsymbol{\Omega}}\times\boldsymbol{r}.$$

上式右端头两项与 $\boldsymbol{r}$ 无关, 因而在对坐标取微商时等于零. 第三项可以改写为

$$\boldsymbol{\Omega}\times(\boldsymbol{\Omega}\times\boldsymbol{r}) = -\frac{1}{2}\operatorname{grad}(\boldsymbol{\Omega}\times\boldsymbol{r})^2,$$

因此, 它的旋度也变为零. 最后, $\operatorname{rot}(\dot{\boldsymbol{\Omega}}\times\boldsymbol{r}) = 2\dot{\boldsymbol{\Omega}}$. 如此一来, 把 $\dot{\boldsymbol{v}}$ 代入 (64.3) 式后, 我们得到

$$\operatorname{rot}\boldsymbol{E}' = -\frac{1}{c}\frac{\partial \boldsymbol{H}}{\partial t} + \frac{2m}{e}\dot{\boldsymbol{\Omega}}$$

或者

$$\operatorname{rot}\boldsymbol{E}' = -\frac{1}{c}\frac{\partial \boldsymbol{H}'}{\partial t}, \tag{64.4}$$

其中引入了符号

$$\boldsymbol{H}' = \boldsymbol{H} - \frac{2mc}{e}\boldsymbol{\Omega}. \tag{64.5}$$

因为 $\boldsymbol{\Omega}$ 与坐标无关, 故而方程

$$\operatorname{rot}\boldsymbol{H} = \frac{4\pi}{c}\boldsymbol{j}$$

仍保持其形式不变, 若把其中的 $\boldsymbol{H}$ 用 $\boldsymbol{H}'$ 来表示:

$$\operatorname{rot}\boldsymbol{H}' = \frac{4\pi}{c}\sigma\boldsymbol{E}'. \tag{64.6}$$

从 (64.4) 和 (64.6) 式中消去 $\boldsymbol{E}'$, 我们得到 $\boldsymbol{H}'$ 的方程

$$\Delta\boldsymbol{H}' = \frac{4\pi\sigma}{c^2}\frac{\partial \boldsymbol{H}'}{\partial t}, \tag{64.7}$$

它和静止导体内 $\boldsymbol{H}$ 满足的方程相同.

在导体外, 磁场满足方程 $\Delta \boldsymbol{H}=0$ (假定波长大于导体的尺度) ; 而 $\boldsymbol{H}'$ 也满足这一方程.

最后, 在导体表面上和 $\boldsymbol{H}$ 一样, $\boldsymbol{H}'$ 也是连续的. 不同的只是在无穷远处的条件; 这时 $\boldsymbol{H}$ 趋近于零, 而 $\boldsymbol{H}'$ 趋近于有限的极限值 $-2mc\dfrac{\boldsymbol{\Omega}}{e}$.

因此, 求非均匀转动的导体周围的交变磁场 $\boldsymbol{H}$ 的问题, 与求场强为

$$\boldsymbol{\mathfrak{H}}=-\frac{2mc}{e}\boldsymbol{\Omega} \tag{64.8}$$

的均匀外磁场内静止导体周围的磁场 $\boldsymbol{H}'$ 的问题完全等效. 由后一问题的解 $\boldsymbol{H}'$ 减去 $\boldsymbol{\mathfrak{H}}$, 就可得到所求的导体外的磁场 $\boldsymbol{H}^{(e)}$.

和任何交变磁场一样, 这样产生的磁场会在导体内感生出电流. 在单连通导体内, 这种电流表现为导体获得磁矩. 在非均匀转动圆环内, 这种效应表现为产生电动势 (称为**斯图尔特–托尔曼效应**) *.

(64.8) 式内包含角速度 $\boldsymbol{\Omega}$ 而不是它对时间的导数, 可能会产生误解. 因此必须提醒大家, 上面所有讨论以及对 (64.8) 式所含物理量意义的解释, 只是对非均匀转动而言. 实际上, 当 $\boldsymbol{\Omega}$ 不变时, $\boldsymbol{H}'=\boldsymbol{\mathfrak{H}}$ 恒满足 (64.7) 式及其所要求的无穷远处边界条件; 此时由于 (64.5) 式的定义, 我们有 $\boldsymbol{H}=0$. 至于均匀转动时由于旋磁效应 (§36) 而产生的磁场仅是一个小量, 此处不予考虑.

还必须指出, 在推导中我们也略去了由于非均匀转动而产生的物体形变. 显然, 考虑这种形变并不对效应产生影响, 只要角速度改变的特征时间远大于传导电子在形变时的弛豫时间 (已假定如此). 实际上导体中的电流是由 $\varphi+\zeta_0/e$ 之和的梯度产生的, 其中 φ 为电场势, 而 ζ_0 为传导电子的化学势 (参见 §26). 非均匀形变产生 ζ_0 的梯度, 但这个梯度被热力学平衡条件 $e\varphi+\zeta_0=\text{const}$ 产生的电场所抵消.

习 题

1. 试确定非均匀转动球的磁矩 (球半径为 a). 假定转动速度很小, 以致透入深度 $\delta \gg a$.

解: 球在磁场 $\boldsymbol{\mathfrak{H}}(t)$ (64.8) 内获得的磁矩为

$$\mathscr{M}=V\hat{\alpha}\boldsymbol{\mathfrak{H}},$$

式中 $\hat{\alpha}$ 为一算符, 它对函数 $\boldsymbol{\mathfrak{H}}(t)$ 的傅里叶分量的作用由 §59 习题 1 所得到的公式给出. 对具有使得 $\delta \gg a$ 的频率 ω 的分量, 我们有

$$\mathscr{M}=V\alpha(\omega)\mathfrak{H} \cong -\mathrm{i}\omega\frac{4\pi m a^5\sigma}{15ce}\Omega.$$

* 有关实验见: R. C. Tolman; T. D. Stewart (1916). Phys. Rev. **8** (2): 97–116. 朗道、栗弗席兹首先将这个效应命名为斯图尔特–托尔曼效应. ——译者注

这个公式改写成

$$\mathscr{M}=\frac{4\pi ma^5\sigma}{15ce}\frac{\mathrm{d}\Omega}{\mathrm{d}t}$$

的形式后不显含 ω, 因而对未作傅里叶级数展开的函数 $\Omega(t)$ 和 $\mathscr{M}(t)$ 也是适用的 (假定它们的展开式内主要只包含满足上述条件的频率).

2. 假设细圆环绕与环面垂直的轴均匀转动, 试确定均匀转动停止时细圆环内流过的总电荷.

解: 在 §63 习题 3 所得到的公式中应当把 Φ 理解为磁场 $\mathfrak{H}$ (64.8) 的通量. 于是角速度从 $\boldsymbol{\Omega}$ 变化到零时流过细圆环的总电荷为

$$\int_{-\infty}^{\infty}J\mathrm{d}t=\frac{2mc}{eRc}\Omega\pi b^2=\frac{m\sigma V}{2\pi e}\Omega,$$

其中 b 为圆环半径, V 为导线体积.

3. 试确定超导圆环的均匀转动停止时环内所产生的电流.

解: 从通过圆环的总磁通量不变条件 [参见 (54.5) 式], 我们得到

$$J=\frac{2mc^2}{eL}\Omega\pi b^2=\frac{mc^2b\Omega}{2e[\ln(8b/a)-2]}$$

(L 的取值公式见 §54 的第三个脚注).

第八章 磁流体动力学

§65 流体在磁场中的运动方程

如果导电的液体 (或气态) 介质处于磁场中, 则在介质作流体动力学运动时在介质中会感应出电场并产生电流. 然而, 处于磁场中的电流会受到力的作用, 从而可以极大地影响流体的运动. 从另一方面看, 这些电流又改变着磁场本身. 于是就产生了一幅磁现象与流体动力学现象相互作用的复杂图像, 必须在电磁场方程和流体运动方程的联立方程组的基础上进行研究.

磁流体动力学的应用领域涉及从液态金属到宇宙等离子体的极为多样的对象. 我们将不讨论存在于不同具体对象之中的专门的条件, 只是指出, 真正的磁流体动力学应用所必需的, 不言而喻, 是所研究的运动的特征距离和特征时间间隔远大于相应的电流载流子 (电子、离子) 的平均自由程和平均自由时间. 然而在某些情况下, 要用与理想磁流体动力学方程完全相同的方程来描写具有很大平均自由程的介质的运动. 例如, 这样的情况出现在电子温度远大于离子温度的非平衡等离子体中 (参见本教程第十卷 §38).

在磁流体动力学中实际上提到的介质的磁导率与 1 差别很小, 这种差别对我们此处研究的现象没有意义. 因此本章中我们将处处假设 $\mu = 1$①.

我们首先在可以略去所有耗散过程的条件下, 亦即对于理想流体, 构建流体动力学方程组. 这意味着既不考虑如黏性和热传导那样的过程, 也不考虑介质电导率 σ 的有限性, 而把它看作是任意大.

① 在磁流体动力学文献中, 这些条件下的磁场经常表示为 $\boldsymbol{B}$, 以此强调这里指的是平均微观磁场强度 $\overline{\boldsymbol{h}} = \boldsymbol{B}$. 但是, 为了与本书研究非磁性介质的其他章的用法统一, 我们这里仍使用符号 $\boldsymbol{H}$ 来表示磁场.

在方程 (63.7) 中令 $\sigma\to\infty$, 我们可以写出

$$\operatorname{div}\boldsymbol{H}=0, \tag{65.1}$$

$$\frac{\partial\boldsymbol{H}}{\partial t}=\operatorname{rot}(\boldsymbol{v}\times\boldsymbol{H}). \tag{65.2}$$

流体动力学方程包括连续方程

$$\frac{\partial\rho}{\partial t}+\operatorname{div}(\rho\boldsymbol{v})=0 \tag{65.3}$$

(其中 ρ 为流体密度) 以及欧拉方程

$$\frac{\partial\boldsymbol{v}}{\partial t}+(\boldsymbol{v}\cdot\nabla)\boldsymbol{v}=-\frac{1}{\rho}\nabla P+\frac{\boldsymbol{f}}{\rho},$$

其中 $\boldsymbol{f}$ 为外力的体积密度, 在现在的情况下就是电磁力密度. 根据 (35.4) 式, 我们有

$$\boldsymbol{f}=\frac{1}{c}\boldsymbol{j}\times\boldsymbol{H}=\frac{1}{4\pi}(\operatorname{rot}\boldsymbol{H})\times\boldsymbol{H}.$$

如此一来, 流体运动方程的形式为

$$\frac{\partial\boldsymbol{v}}{\partial t}+(\boldsymbol{v}\cdot\nabla)\boldsymbol{v}=-\frac{1}{\rho}\nabla P-\frac{1}{4\pi\rho}\boldsymbol{H}\times\operatorname{rot}\boldsymbol{H}. \tag{65.4}$$

还应当将联系流体压强、密度和温度相互关系的状态方程

$$P=P(\rho,T), \tag{65.5}$$

以及反映无耗散时运动绝热性的熵守恒方程

$$\frac{\mathrm{d}s}{\mathrm{d}t}\equiv\frac{\partial s}{\partial t}+\boldsymbol{v}\cdot\nabla s=0 \tag{65.6}$$

与前面的那些方程结合起来, 上式中 s 是单位质量流体的熵, 而

$$\frac{\mathrm{d}}{\mathrm{d}t}\equiv\frac{\partial}{\partial t}+\boldsymbol{v}\cdot\nabla$$

则用来表示与流体运动粒子一起迁移的物理量的变化的 “物质” 导数. 方程 (65.1) — (65.5) 就构成了理想流体磁流体动力学的完备方程组.

众所周知, 欧拉方程可以写为表示动量守恒的形式 (利用了连续方程)

$$\frac{\partial\rho v_i}{\partial t}=-\frac{\partial\Pi_{ik}}{\partial x_k}, \tag{65.7}$$

其中 Π_{ik} 为动量流密度张量 (参见本教程第六卷 §7). 没有外力时

$$\Pi_{ik}=\rho v_i v_k+P\delta_{ik}.$$

借助等式

$$\boldsymbol{H}\times\operatorname{rot}\boldsymbol{H}=\frac{1}{2}\nabla\boldsymbol{H}^2-(\boldsymbol{H}\cdot\nabla)\boldsymbol{H}$$

变换 (65.4) 式中的最后一项, 并考虑到 $\operatorname{div}\boldsymbol{H}\equiv\partial H_k/\partial x_k=0$, 我们求得, 在磁流体动力学中

$$\Pi_{ik}=\rho v_i v_k+P\delta_{ik}-\frac{1}{4\pi}\left(H_iH_k-\frac{1}{2}H^2\delta_{ik}\right). \tag{65.8}$$

这样就理所当然地在张量 Π_{ik} 中加进了麦克斯韦应力张量.

在普通流体力学中, 能量守恒定律由方程

$$\frac{\partial}{\partial t}\left(\frac{\rho v^2}{2}+\rho\varepsilon\right)=-\operatorname{div}\boldsymbol{q},\quad \boldsymbol{q}=\rho\boldsymbol{v}\left(\frac{v^2}{2}+w\right)$$

表述, 其中 ε 与 $w=\varepsilon+P/\rho$ 分别为单位质量流体的内能和焓, 它们由本教程第六卷 §6 中的运动方程自动给出. 在导电介质中存在磁场时应在能量密度中加上磁能 $H^2/(8\pi)$, 而在能流密度中加上坡印亭矢量 $\boldsymbol{S}=c\boldsymbol{E}\times\boldsymbol{H}/(4\pi)$. 现在情况下在这个矢量中应当按照公式

$$\boldsymbol{E}=-\frac{1}{c}\boldsymbol{v}\times\boldsymbol{H} \tag{65.9}$$

将 $\boldsymbol{E}$ 通过 $\boldsymbol{H}$ 表示, (65.9) 是当 $\sigma\to\infty$ (且 $\boldsymbol{j}$ 有限) 时从 (63.2) 推得的 ①. 由此, 磁流体动力学中表示能量守恒的方程是

$$\frac{\partial}{\partial t}\left(\frac{\rho v^2}{2}+\rho\varepsilon+\frac{H^2}{8\pi}\right)=-\operatorname{div}\boldsymbol{q}, \tag{65.10}$$

其中能流密度为

$$\boldsymbol{q}=\rho\boldsymbol{v}\left(\frac{v^2}{2}+w\right)+\frac{1}{4\pi}\boldsymbol{H}\times(\boldsymbol{v}\times\boldsymbol{H}). \tag{65.11}$$

通过直接计算不难验证这一方程.

我们写出的磁流体动力学方程组是基于在麦克斯韦方程中忽略了位移电流, 这意味着我们事先假设了

$$\frac{1}{c}\left|\frac{\partial\boldsymbol{E}}{\partial t}\right|\ll|\operatorname{rot}\boldsymbol{H}|. \tag{65.12}$$

根据 (65.9) 式用 $\boldsymbol{H}$ 表示 $\boldsymbol{E}$, 我们由此得到条件

$$\frac{vl}{c^2\tau}\ll 1, \tag{65.13}$$

① 这一表示与 (63.1) 式相对应, 该式的含义是: 在和给定流体体元一起运动的坐标系中, 电场 $\boldsymbol{E}'$ 等于零, 亦即在理想导电介质中电场被完全屏蔽.

其中 l 和 τ 分别为给定运动的特征长度参数和特征时间参数. 从 (65.2) 我们估计出 $l/\tau \sim v$, 从而由 (65.13) 得出条件 $v \ll c$, 即运动必须是非相对论的 (这正是我们一开始就假定的). 由 (65.4) 式我们有估计值 $\rho v/\tau \sim H^2/l$, 它与 (65.13) 综合起来给出了磁场取值的条件:

$$H^2 \ll \rho c^2. \tag{65.14}$$

我们注意到, 在方程 (65.10) 的左端没有电场能 $E^2/(8\pi)$, 而在方程 (65.7) 的左端又缺少电磁场动量 $\boldsymbol{S}/c^2$. 这些是忽略位移电流的必然结果. 电场能比磁场能小对应于不等式 $E \sim vH/c \ll H$; 而 $S/c^2 \sim EH/c \sim vH^2/c^2$ 比 ρv 小则对应于不等式 (65.14).

回到方程 (65.2) 来; 可以给这个方程一个非常重要的直观解释 (H. 阿尔文, 1942). 将方程右端的旋度项展开, 并考虑此时 $\operatorname{div}\boldsymbol{H} = 0$:

$$\frac{\partial \boldsymbol{H}}{\partial t} = (\boldsymbol{H}\cdot\nabla)\boldsymbol{v} - (\boldsymbol{v}\cdot\nabla)\boldsymbol{H} - \boldsymbol{H}\operatorname{div}\boldsymbol{v}.$$

按照连续方程 (65.3), 将

$$\operatorname{div}\boldsymbol{v} = -\frac{1}{\rho}\frac{\partial\rho}{\partial t} - \frac{\boldsymbol{v}}{\rho}\cdot\nabla\rho$$

代入上式, 简单重组各项后, 我们得到

$$\left(\frac{\partial}{\partial t} + \boldsymbol{v}\cdot\nabla\right)\frac{\boldsymbol{H}}{\rho} \equiv \frac{\mathrm{d}}{\mathrm{d}t}\frac{\boldsymbol{H}}{\rho} = \left(\frac{\boldsymbol{H}}{\rho}\cdot\nabla\right)\boldsymbol{v}. \tag{65.15}$$

另一方面, 我们来研究 "流体线", 即与组成它的流体点一起移动的线. 令 $\delta\boldsymbol{l}$ 为此一线的长度元, 现在我们来确定其随时间的变化. 假定 $\boldsymbol{v}$ 为在长度元 $\delta\boldsymbol{l}$ 一端上点的速度, 则在另一端上的速度必为 $\boldsymbol{v} + (\delta\boldsymbol{l}\cdot\nabla)\boldsymbol{v}$. 因此, 长度元 $\delta\boldsymbol{l}$ 经过时间 $\mathrm{d}t$ 后改变了 $\mathrm{d}t(\delta\boldsymbol{l}\cdot\nabla)\boldsymbol{v}$, 也就是说

$$\frac{\mathrm{d}}{\mathrm{d}t}\delta\boldsymbol{l} = (\delta\boldsymbol{l}\cdot\nabla)\boldsymbol{v}.$$

我们看到, 矢量 $\delta\boldsymbol{l}$ 和 $\boldsymbol{H}/\rho$ 随时间的变化由同样的方程确定. 由此得出, 如果初始时刻这两个矢量方向相同, 则它们后来就一直平行, 它们的长度也相互成比例地改变. 换句话说, 如果两个无限接近的流体点在同一条磁力线上, 则它们今后也将在同一条磁力线上, 物理量 $\boldsymbol{H}/\rho$ 将正比于它们之间的距离变化.

将无限接近的两点转换为相互处于任何有限距离的两点, 我们得出的结论是, 每条磁力线都与处于它们上面的流体点一起移动. 可以说, 在 $\sigma \to \infty$ 时

磁力线是"冻结"在与它们一起移动的流体物质上了. 物理量 $\boldsymbol{H}/\rho$ 在每一点上都正比于该点对应的"流体线"的伸长而变化. 如果可把运动流体当作不可压缩流体, 则 $\rho = \text{const}$, 此时磁场强度本身正比于磁力线的伸长而变化.

这些结果还有另一个直观的方面. 从这些结果可知, 如果某一流体封闭回路随时间移动, 这个回路绝不会切割磁力线. 这表明 (参见 §63) 穿过覆盖这一回路的任何曲面的磁通量不随时间改变.

§66 磁流体动力学中的耗散过程

在通常的流体动力学中, 耗散过程取决于三个物理量: 两个黏性系数和一个热传导系数. 在磁流体动力学中, 这个数目显著增加. 这既是因为出现了新的具有电本质的物理量, 也是因为在每一点上存在特殊的方向, 亦即 $\boldsymbol{H}$ 的方向, 这个方向的存在破坏了流体的各向同性. 不过, 我们仅限于研究最简单的情况, 亦即介质中的所有动理学系数均可认为是常量, 特别是, 它们不依赖于磁场的大小和方向. 这样在通常的黏性系数 η, ζ 和热传导系数 $\varkappa$ 之外, 只增加了一个量——电导率 σ①.

动理学系数与磁场无关的假设意味着满足一些特定的条件, 与理想流体的磁流体动力学相比, 这些条件大大缩小了方程的适用范围. 确切地说, 载流子的平均自由程必须比其在磁场中运动轨迹的曲率半径小得多; 换句话说, 碰撞频率必须远大于载流子的拉莫频率. 这一条件在特别稀薄的介质或特别强的磁场内会被破坏②.

计及黏度和电导率后, 方程 (65.2) 被完整方程 (63.7) 所替换:

$$\frac{\partial \boldsymbol{H}}{\partial t} = \operatorname{rot}(\boldsymbol{v} \times \boldsymbol{H}) + \frac{c^2}{4\pi\sigma}\Delta\boldsymbol{H}, \tag{66.1}$$

磁流体动力学欧拉方程则被替换为纳维–斯托克斯方程

$$\frac{\partial \boldsymbol{v}}{\partial t} + (\boldsymbol{v}\cdot\nabla)\boldsymbol{v} = -\frac{1}{\rho}\nabla P + \frac{\eta}{\rho}\Delta\boldsymbol{v} + \frac{1}{\rho}\left(\zeta + \frac{\eta}{3}\right)\nabla\operatorname{div}\boldsymbol{v} - \frac{1}{4\pi\rho}\boldsymbol{H}\times\operatorname{rot}\boldsymbol{H}. \tag{66.2}$$

我们注意到, 方程 (66.1) 不含黏度; 因此当 $\sigma \to \infty$ 时磁力线冻结的性质在黏性理想导电介质中依然保留.

绝热方程 (65.6) 现在换成了传热方程. 在普通流体中, 其形式为

$$\rho T\left(\frac{\partial s}{\partial t} + \boldsymbol{v}\cdot\nabla s\right) = \sigma'_{ik}\frac{\partial v_i}{\partial x_k} + \operatorname{div}(\varkappa\nabla T)$$

① 在热力学非均匀但处处各向同性的介质中, 电流与电场的联系还包括温差电系数 α (§26). 但如果这个系数为常数, 它将不在运动方程中出现.

② 关于这些条件被破坏情况下的等离子体磁流体动力学方程问题, 在本教程的另外一卷中讨论 (参阅本教程第十卷 §58、§59).

(见本教程第六卷 §49). 方程左端的表达式代表流动流体元在单位时间内生成的热量 (相对于单位体积), 而右端的表达式则是在相同时间内同一体积中被耗散的能量. 其中第一项与黏度有关, σ'_{ik} 为黏性应力张量

$$\sigma'_{ik} = \eta\left(\frac{\partial v_i}{\partial x_k} + \frac{\partial v_k}{\partial x_i} - \frac{2}{3}\delta_{ik}\operatorname{div}\boldsymbol{v}\right) + \zeta\delta_{ik}\operatorname{div}\boldsymbol{v},$$

第二项给出与热传导有关的耗散. 在导电流体中, 这里必须加上焦耳热. 相对于单位体积的焦耳热等于

$$\frac{\boldsymbol{j}^2}{\sigma} = \frac{c^2}{16\pi^2\sigma}(\operatorname{rot}\boldsymbol{H})^2.$$

因此, 磁流体动力学中的传热方程为

$$\rho T\left(\frac{\partial s}{\partial t} + \boldsymbol{v}\cdot\nabla s\right) = \sigma'_{ik}\frac{\partial v_i}{\partial x_k} + \varkappa\Delta T + \frac{c^2}{16\pi^2\sigma}(\operatorname{rot}\boldsymbol{H})^2. \tag{66.3}$$

在动量流密度张量中加上黏性应力张量:

$$\Pi_{ik} = \rho v_i v_k + P\delta_{ik} - \sigma'_{ik} - \frac{1}{4\pi}\left(H_i H_k - \frac{1}{2}H^2\delta_{ik}\right). \tag{66.4}$$

热流密度现在由表达式

$$\boldsymbol{q} = \rho\boldsymbol{v}\left(\frac{v^2}{2} + w\right) - (\boldsymbol{v}\sigma') - \varkappa\nabla T + \frac{1}{4\pi}\boldsymbol{H}\times(\boldsymbol{v}\times\boldsymbol{H}) - \frac{c^2}{16\pi^2\sigma}\boldsymbol{H}\times\operatorname{rot}\boldsymbol{H} \tag{66.5}$$

给出 (其中 $(\boldsymbol{v}\sigma')$ 是分量为 $\sigma'_{ik}v_k$ 的矢量). 这里增加了既与黏性和热传导有关, 又与导电性有关的项. 后一项是将 (63.2) 式中的电场强度 $\boldsymbol{E}$ 代入坡印亭矢量后得到的:

$$\boldsymbol{E} = \frac{\boldsymbol{j}}{\sigma} - \frac{1}{c}\boldsymbol{v}\times\boldsymbol{H} = \frac{c}{4\pi\sigma}\operatorname{rot}\boldsymbol{H} - \frac{1}{c}\boldsymbol{v}\times\boldsymbol{H}. \tag{66.6}$$

如果将运动流体当作不可压缩流体, 上述方程能得到某些简化. 连续性方程归结为 $\operatorname{div}\boldsymbol{v} = 0$, 而方程 (66.2) 中倒数第二项消失. 我们再一次将相应的方程组写出 (此时借助于已知的矢量分析公式方便地变换了方程 (66.1) 和 (66.2) 中的 $\operatorname{rot}(\boldsymbol{v}\times\boldsymbol{H})$ 项和 $\boldsymbol{H}\times\operatorname{rot}\boldsymbol{H}$ 项) :

$$\operatorname{div}\boldsymbol{H} = 0, \quad \operatorname{div}\boldsymbol{v} = 0, \tag{66.7}$$

$$\frac{\partial\boldsymbol{H}}{\partial t} + (\boldsymbol{v}\cdot\nabla)\boldsymbol{H} = (\boldsymbol{H}\cdot\nabla)\boldsymbol{v} + \frac{c^2}{4\pi\sigma}\Delta\boldsymbol{H}, \tag{66.8}$$

$$\frac{\partial\boldsymbol{v}}{\partial t} + (\boldsymbol{v}\cdot\nabla)\boldsymbol{v} = -\frac{1}{\rho}\nabla\left(P + \frac{H^2}{8\pi}\right) + \frac{1}{4\pi\rho}(\boldsymbol{H}\cdot\nabla)\boldsymbol{H} + \nu\Delta\boldsymbol{v} \tag{66.9}$$

(其中 $\nu = \eta/\rho$ 为运动学黏度). 至于方程 (66.3), 如果我们不是专门对流体内温度分布有兴趣的话, 则解不可压缩流体的问题时完全用不着它.

众所周知, 在普通流体动力学中引入了表征与对流项相比黏性项在运动方程中作用的雷诺数: $R = ul/\nu$, 其中 l 和 $u \sim l/\tau$ 为流体在给定运动中的特征长度和特征速度. 与这个数类似, 在磁流体动力学可引进**磁雷诺数**

$$R_{\mathrm{m}} = \frac{ul}{\nu_{\mathrm{m}}}, \quad \nu_{\mathrm{m}} = \frac{c^2}{4\pi\sigma}, \tag{66.10}$$

以表征方程 (66.1) 中电导项的作用; 这一项与纳维–斯托克斯方程中的 $\nu\Delta\boldsymbol{v}$ 项类似, 物理量 ν_{m} 扮演磁场的 "扩散系数" 的角色. 当 $R_{\mathrm{m}} \gg 1$ 时, 这一项看起来可以忽略不计. 但是, 对于究竟在哪些情况下才可以忽略流体中的耗散过程这个问题, 并没有一般的答案, 因为相应的条件极大地依赖于运动的具体特征; 例如, 对于定常和非定常运动条件就完全不一样.

在导电性很差的流体这个相反极限下, $R_{\mathrm{m}} \ll 1$, 磁流体动力学方程组可极大地简化 (C. И. 布拉金斯基, 1959).

原因在于, 这种情况下磁场受流体运动的扰动很小. 如果未扰动场 $\boldsymbol{\mathfrak{H}}$ 与时间无关 (下面将作此假设), 则其在运动流体中的变化 $\boldsymbol{H}'$ 可以通过令方程 (66.1) 右端的两项相等来估计:

$$\mathrm{rot}(\boldsymbol{v} \times \boldsymbol{\mathfrak{H}}) \sim \nu_{\mathrm{m}} \Delta \boldsymbol{H}',$$

由此可得 $H' \sim R_{\mathrm{m}}\mathfrak{H}$, 并且在 $R_{\mathrm{m}} \ll 1$ 时确有 $H' \ll \mathfrak{H}$. 忽略这一改变, 可以认为磁场 $\boldsymbol{H}$ 与外源在真空中建立的磁场 $\boldsymbol{\mathfrak{H}}$ 相同. 此时, 鉴于 $\boldsymbol{\mathfrak{H}}$ 为常量, 我们有 $\mathrm{rot}\,\boldsymbol{E} = -c^{-1}\partial\boldsymbol{\mathfrak{H}}/\partial t \equiv 0$, 即电场为势场: $\boldsymbol{E} = -\nabla\varphi$. 电势的方程可由在略去位移电流情况下一致满足的等式 $\mathrm{div}\,\boldsymbol{j} = 0$ (也就是借助于方程 $\mathrm{rot}\,\boldsymbol{H} = 4\pi\boldsymbol{j}/c$) 得到. 代入电流密度

$$\boldsymbol{j} = \sigma\left(-\nabla\varphi + \frac{1}{c}\boldsymbol{v} \times \boldsymbol{\mathfrak{H}}\right),$$

并注意到对于未扰动磁场 $\mathrm{rot}\,\boldsymbol{\mathfrak{H}} = 0$, 在 $\sigma = \mathrm{const}$ 的情况下我们得到方程

$$\Delta\varphi = \frac{1}{c}\boldsymbol{\mathfrak{H}} \cdot \mathrm{rot}\,\boldsymbol{v}. \tag{66.11}$$

第二个方程是纳维–斯托克斯方程

$$\frac{\partial \boldsymbol{v}}{\partial t} + (\boldsymbol{v} \cdot \nabla)\boldsymbol{v} = -\frac{1}{\rho}\nabla P + \nu\Delta\boldsymbol{v} + \boldsymbol{f} \tag{66.12}$$

(我们将它写成针对不可压缩流体的形式), 其中外力的体密度为

$$\boldsymbol{f} = \frac{1}{c}\boldsymbol{j} \times \boldsymbol{\mathfrak{H}} = \frac{\sigma}{c}\left[\boldsymbol{\mathfrak{H}} \times \nabla\varphi + \frac{1}{c}\boldsymbol{\mathfrak{H}} \times (\boldsymbol{\mathfrak{H}} \times \boldsymbol{v})\right]. \tag{66.13}$$

方程 (66.11)—(66.13) 便是所要寻求的方程组.

§67 平行平面之间的磁流体动力学流

黏性导电介质磁流体动力学运动最有教益的例子是两个平行固体平面之间的定常流动, 其中在垂直于平面的方向上施加有均匀磁场 $\mathfrak{H}$ (J. 哈特曼, 1937). 这个运动是普通流体动力学中泊肃叶流的最简单的类比.

人们自然会假定流体速度的方向处处相同 (我们取它沿 x 方向) ; 这一速度只依赖于垂直于固体平面方向的坐标 z. 因流体运动而产生的纵向磁场 H_x 也有同样的性质. 而压强 P 还依赖于 x, 因为在运动方向存在支持定常流的压强梯度. 方程 $\operatorname{div}\boldsymbol{v}=0$ 恒满足, 而由方程 $\operatorname{div}\boldsymbol{H}=0$ 得出 $H_z=\text{const}=\mathfrak{H}$. 方程 (66.9) 的 z 分量表明以下两项之和

$$P+\frac{H_x^2}{8\pi}$$

仅为 x 的函数. 但由于 H_x 并不依赖于 x, 故压强梯度 $\mathrm{d}P/\mathrm{d}x$ 只可能是 x 的函数, 实际上 (由于沿 x 轴的均匀性) 它等于一个常量 $-\Delta P/l$ (ΔP 为在长度 l 上的压强降).

进而, 方程 (66.8)—(66.9) 的 x 分量给出:

$$\mathfrak{H}\frac{\mathrm{d}v}{\mathrm{d}z}+\frac{c^2}{4\pi\sigma}\frac{\mathrm{d}^2H_x}{\mathrm{d}z^2}=0, \tag{67.1}$$

$$\eta\frac{\mathrm{d}^2v}{\mathrm{d}z^2}+\frac{\mathfrak{H}}{4\pi}\frac{\mathrm{d}H_x}{\mathrm{d}z}=\text{const}\equiv-\frac{\Delta P}{l}. \tag{67.2}$$

固体表面的边界条件要求黏性流体的速度等于零, 也要求磁场强度切向分量连续:

$$v=0,\quad H_x=0\quad (\text{当 } z=\pm a \text{ 时})$$

其中 $2a$ 为两固体平面间的距离, 平面 $z=0$ 处于两固体平面正中间. 方程 (67.1)—(67.2) 的满足这些条件的解为

$$\begin{gathered}v=v_0\frac{\cosh(a/\delta)-\cosh(z/\delta)}{\cosh(a/\delta)-1},\quad \delta=\frac{c}{\mathfrak{H}}\sqrt{\frac{\eta}{\sigma}},\\ H_x=-v_0\frac{4\pi}{c}\sqrt{\sigma\eta}\frac{(z/a)\sinh(a/\delta)-\sinh(z/\delta)}{\cosh(a/\delta)-1}.\end{gathered} \tag{67.3}$$

恒定不变的 v_0 是流体在中间平面 $z=0$ 上的速度. 将 (67.3) 式代入 (67.2) 式后, 可得到它与压强梯度的关系. 按横截面平均的流体速度为

$$\overline{v}=\frac{1}{2a}\int_{-a}^{a}v\mathrm{d}z=\frac{\Delta P}{l}\frac{a\delta}{\eta}\left(\coth\frac{a}{\delta}-\frac{\delta}{a}\right). \tag{67.4}$$

物理量

$$G = \frac{a}{\delta} = \frac{a\mathfrak{H}}{c}\sqrt{\frac{\sigma}{\eta}} \tag{67.5}$$

可以作为比较磁场与黏性对流动影响程度的判据 (这个量被称为哈特曼数 (Hartmann number). $G \ll 1$ 时, 有

$$v = v_0\left(1 - \frac{z^2}{a^2}\right), \quad \overline{v} = \frac{\Delta P}{l}\frac{a^2}{3\eta}, \tag{67.6}$$

也就是通常的泊肃叶流. 但如果 $G \gg 1$, 则有

$$v = v_0\left[1 - \exp\left(-\frac{a-|z|}{\delta}\right)\right], \quad \overline{v} = \frac{\Delta P}{l}\frac{ac}{\mathfrak{H}\sqrt{\sigma\eta}}. \tag{67.7}$$

磁场的增大使得在截面上大部分区域的速度剖面更为平缓, 从而减小了平均运动速度 (在给定压强梯度下); 主要的速度下降发生在靠近固体平面厚度 $\sim\delta$ 的层内.

流体运动导致 y 轴方向出现电场. 由于运动的定常性, $\operatorname{rot}\boldsymbol{E} = 0$, 从而 $E_y = \text{const}$. 流体中的电流密度为

$$j_y = \sigma\left(E_y - \frac{v}{c}\mathfrak{H}\right).$$

但通过流体横截面的总电流必须为零; 实际上, 由于有 $j_y = (c/4\pi)(\operatorname{rot}\boldsymbol{H})_y$, 故而

$$\int_{-a}^{a} j_y \mathrm{d}z = \frac{c}{4\pi}\int_{-a}^{a}\frac{\partial H_x}{\partial z}\mathrm{d}z = \frac{c}{4\pi}[H_x(a) - H_x(-a)] = 0.$$

所以, 我们有

$$\int_{-a}^{a} j_y \mathrm{d}z = 2a\sigma E_y - \frac{\sigma}{c}\mathfrak{H}\int_{-a}^{a} v\mathrm{d}z = 0,$$

由此得到

$$E_y = \frac{\overline{v}}{c}\mathfrak{H}. \tag{67.8}$$

§68　平衡位形

在恒定磁场中静止的理想导电流体 (为明确起见, 我们这里指等离子体) 的平衡由方程

$$\nabla P = \frac{1}{c}\boldsymbol{j} \times \boldsymbol{H}, \tag{68.1}$$

$$\boldsymbol{j} = \frac{c}{4\pi}\operatorname{rot}\boldsymbol{H}, \tag{68.2}$$

$$\operatorname{div}\boldsymbol{H} = 0 \tag{68.3}$$

描写. 这些方程中的第一个实际上是 $\boldsymbol{v}=0$ 的方程 (65.4), 并为了直观引进了电流密度, 它通过麦克斯韦方程 (68.2) 与磁场相联系. 本节中我们将研究作为这些方程最后结果的平衡位形的若干一般性质, 完全不介入关于这些位形的稳定性的复杂而又多样的问题 ①.

将方程 (68.1) 标乘 $\boldsymbol{H}$ 或 $\boldsymbol{j}$, 我们求得

$$(\boldsymbol{H}\cdot\nabla)P=0,\quad (\boldsymbol{j}\cdot\nabla)P=0, \tag{68.4}$$

亦即压强沿磁力线的导数和沿电流线的导数等于零. 换言之, 电流和磁场处于

$$P(x,y,z)=\mathrm{const} \tag{68.5}$$

的表面上, 这些面称为**磁面**. 原则上, 每一个磁面都可以是平衡位形的边界 ②.

如果从写为动量守恒形式的方程 (65.7), (65.8) 出发, 平衡方程 (68.1), (68.2) 也可以表示为

$$\frac{\partial \Pi_{ik}}{\partial x_k}=0,\quad \Pi_{ik}=P\delta_{ik}-\frac{1}{4\pi}\left(H_iH_k-\frac{1}{2}H^2\delta_{ik}\right) \tag{68.6}$$

的形式. 将这些方程乘以 x_k, 并在被一封闭曲面包围的某一体积内对其积分. 分部积分并注意到 $\partial x_k/\partial x_i=\delta_{ik}$, 我们得到 ③

$$\int \Pi_{ii}\mathrm{d}V=\oint \Pi_{lk}x_k\mathrm{d}f_i. \tag{68.7}$$

将 (68.6) 式中的 Π_{ik} 代入后, 上式具有以下形式:

$$\int\left(3P+\frac{H^2}{8\pi}\right)\mathrm{d}V=\oint\left\{\left(P+\frac{H^2}{8\pi}\right)\boldsymbol{r}-\frac{(\boldsymbol{H}\cdot\boldsymbol{r})\boldsymbol{H}}{4\pi}\right\}\cdot\mathrm{d}\boldsymbol{f} \tag{68.8}$$

(S. 钱德拉塞卡, E. 费米, 1953).

令等离子体占据某一有限空间, 其外部的压强 $P=0$, 并令其外部没有任何给定的场源 (带电流的刚性导线). 此时在远离等离子体处磁场以 $1/r^3$ 的方式衰减, 如果将积分扩展到全空间, 则面积分等于零. 然而显然为正的物理量 $3P+H^2/(8\pi)$ 的积分不可能为零. 由此得出的结论是: 不可能存在没有外源

① 有关这个问题的基本结果 (在磁流体动力学框架内) 可以在 Б. Б. 卡多姆采夫的论文 “等离子体的磁流体稳定性” 中找到, 该文刊于文集 Вопросы теории плазмы. В. 2. —М.: 1963. (英译文见: Reviews of Plasma Physics (Ed.by M.A. Leontovich), V.2, p153, Consultant Bureau N.Y. (1966))

② 由方程 (68.1), (68.2) 确定的压强 P 只准确到相差一个可加常量. 因此任何一个磁面都可以是 $P=0$ 的表面.

③ 这个结论与有名的位力定理的结论相似, 参见本教程第二卷 §34.

产生的磁场支持的有限空间的平衡位形; 当这些外源存在时, 等式 (68.8) 的右端归结为对这些外源表面的积分, 原则上条件可以得到满足 (B. Д. 沙弗兰诺夫, 1957).

让我们来研究最简单的非局域位形——无限长柱形**等离子体绳** (或**等离子体箍缩**①), 它沿长度方向均匀; 在 z 轴沿绳轴的柱面坐标 r, φ, z 下, 所有物理量只依赖于径向坐标 r. 磁场的径向分量 H_r 必须等于零, 否则由于方程

$$\operatorname{div} \boldsymbol{H} = \frac{1}{r}\frac{\mathrm{d}}{\mathrm{d}r}(rH_r) = 0, \quad H_r = \frac{\mathrm{const}}{r},$$

H_r 在 $r \to 0$ 时趋于无穷大. 因为可直接从方程 (68.2) 推得方程 $\operatorname{div} \boldsymbol{j} = 0$, 故 j_r 也和 H_r 一样等于零.

将 (68.2) 式写为分量形式, 得到

$$j_\varphi = -\frac{c}{4\pi}\frac{\mathrm{d}H_z}{\mathrm{d}r}, \quad j_z = \frac{c}{4\pi r}\frac{\mathrm{d}}{\mathrm{d}r}(rH_\varphi).$$

从第二个等式, 我们有

$$H_\varphi = \frac{2J(r)}{cr}, \quad J(r) = \int_0^r j_z \cdot 2\pi r \mathrm{d}r. \tag{68.9}$$

于是, 方程 (68.1) 取以下形式:

$$-\frac{\mathrm{d}P}{\mathrm{d}r} = \frac{1}{2\pi c^2 r^2}\frac{\mathrm{d}J^2(r)}{\mathrm{d}r} + \frac{1}{8\pi}\frac{\mathrm{d}H_z^2}{\mathrm{d}r}. \tag{68.10}$$

这里可能存在两种极为不同的特殊情况. 其中之一 (被称为 **z 箍缩**) $H_z = 0, j_\varphi = 0$. 将方程 (68.10) 乘以 r^2 并将其从 0 到绳半径 a 对 r 积分 (边界条件为 $P(a) = 0$), 我们得到平衡条件的形式为

$$\int_0^a P(r) \cdot 2\pi r \mathrm{d}r = \frac{J^2(a)}{2c^2}, \tag{68.11}$$

式中 $J(a)$ 为通过绳的总电流 (W. 别涅特, 1934). 在这种情况下, 平衡位形的维持依靠纵向电流实现.

另一种情况 (称作 **θ 箍缩**②) 是: $H_\varphi = 0, j_z = 0$. 这种情况下由 (68.10) 式有

$$P + \frac{H_z^2}{8\pi} = \frac{\mathfrak{H}^2}{8\pi}, \tag{68.12}$$

其中 $\mathfrak{H}$ 为绳外纵向磁场. 等离子体约束靠外部纵向磁场实现.

① 这个术语来源于英文词 to pinch.

② 这个名称来源于通常用 θ 表示的柱坐标中的角度.

在任意的局部空间的轴对称位形中, 径向分量 H_r 和 j_r 可以不为零 (在环位形中). 除此之外, 物理量现在可以不仅依赖于 r, 也依赖于 z.

将方程 (68.1)—(68.3) 用分量写出, 它们的形式为:

$$j_\varphi H_z - j_z H_\varphi = c\frac{\partial P}{\partial r}, \quad j_r H_\varphi - j_\varphi H_r = c\frac{\partial P}{\partial z}, \quad j_z H_r = j_r H_z, \tag{68.13}$$

$$j_r = -\frac{c}{4\pi}\frac{\partial H_\varphi}{\partial z}, \quad j_z = \frac{c}{4\pi r}\frac{\partial}{\partial r}(rH_\varphi), \quad j_\varphi = \frac{c}{4\pi}\left(\frac{\partial H_r}{\partial z} - \frac{\partial H_z}{\partial r}\right), \tag{68.14}$$

$$\frac{1}{r}\frac{\partial}{\partial r}(rH_r) + \frac{\partial H_z}{\partial z} = 0. \tag{68.15}$$

显然可以看出 (其实从方程 (68.1) 的矢量形式已可看出) 这些方程的结果: 如果电流密度沿**角向**分布 ($j_r = j_z = 0, j_\varphi \neq 0$), 则磁场沿**经向**分布 ($H_\varphi = 0$). 如果磁场沿角向, 还可作出更强的结论: 不仅电流密度沿经向分布, 而且整个平衡位形只能是 z 箍缩 ($j_r = 0$, H_φ 和 j_z 不依赖于 z) ; 从 (68.13) 式的头两个方程中消去 P 后, 使用剩下的方程很容易证实这个结论.

方程组 (68.13)—(68.15) 可以归结为一个方程 (B. Д. 沙弗兰诺夫, 1957; H. 格雷德, 1958). 为此我们引进物理量

$$\psi(r,z) = \int_0^r H_z \cdot 2\pi r\mathrm{d}r, \quad J(r,z) = \int_0^r j_z \cdot 2\pi r\mathrm{d}r \tag{68.16}$$

分别为通过垂直于 z 轴半径为 r 的圆的磁通量和总电流. 从这些定义以及方程 $\operatorname{div}\boldsymbol{H} = 0$ 与 $\operatorname{div}\boldsymbol{j} = 0$, 我们求得磁场和电流密度的经向分量为.

$$\begin{gathered} H_r = -\frac{1}{2\pi r}\frac{\partial\psi}{\partial z}, \quad H_z = \frac{1}{2\pi r}\frac{\partial\psi}{\partial r}, \\ j_r = -\frac{1}{2\pi r}\frac{\partial J}{\partial z}, \quad j_z = \frac{1}{2\pi r}\frac{\partial J}{\partial r}. \end{gathered} \tag{68.17}$$

这些表达式表明, ψ 和 J 的梯度分别与磁力线和电流流线正交. 回想在本节开头时所讲过的磁面 (68.5) 式, 由此可以得出结论: ψ 和 J 这两个量在磁面上是常量, 从而 ψ, J, P 这三个量中的每两个都可以只表示为第三个量的函数. 特别是,

$$P = P(\psi), \quad J = J(\psi). \tag{68.18}$$

借助于方程 (68.14), 通过 ψ 和 J 表示的磁场和电流的角向分量分别为:

$$H_\varphi = \frac{2J}{cr}, \quad j_\varphi = -\frac{c}{8\pi^2 r}\left(\frac{\partial^2\psi}{\partial r^2} - \frac{1}{r}\frac{\partial\psi}{\partial r} + \frac{\partial^2\psi}{\partial z^2}\right). \tag{68.19}$$

最后将所得表达式代入方程 (68.13) 中的第一个方程, 我们就得到了所要求的方程

$$\frac{\partial^2\psi}{\partial r^2} - \frac{1}{r}\frac{\partial\psi}{\partial r} + \frac{\partial^2\psi}{\partial z^2} = -16\pi^3 r^2\frac{\mathrm{d}P}{\mathrm{d}\psi} - \frac{8\pi^2}{c^2}\frac{\mathrm{d}J^2}{\mathrm{d}\psi}. \tag{68.20}$$

给出具体的 (任意选取的) 依赖关系 $P(\psi)$ 和 $J(\psi)$ 并解这个方程之后, 我们就得到某个在原则上可能的平衡位形; 其中的磁场和电流分布分别由公式 (68.17) 和 (68.19) 确定, 而磁面则由 $\psi(r,z)=\text{const}$ 给出.

作为具体实例, 我们引入表达式

$$\frac{\psi}{\psi_0}=\frac{1}{2}(bR^2+r^2)z^2+\frac{a-1}{8}(r^2-R^2)^2, \tag{68.21}$$

这一表达式是方程 (68.20) 在 $\mathrm{d}P/\mathrm{d}\psi=\text{const}$ 和 $\mathrm{d}J^2/\mathrm{d}\psi=\text{const}$ 时的解, 其中 ψ_0,a,b,R 是常量, 同时

$$16\pi^3\frac{\mathrm{d}P}{\mathrm{d}\psi}=-a\psi_0,\quad \frac{8\pi^2}{c^2}\frac{\mathrm{d}J^2}{\mathrm{d}\psi}=-bR^2\psi_0.$$

这个解描写的是环位形, 由相互嵌套的环形磁面 $\psi=\text{const}$ 组成; 其中任一个磁面可以取为等离子体边界 $P=0$. 最靠内的磁面退化为一条线——一个 $r=R,\ z=0$ 的圆周 (这个圆周称为**磁轴**). 靠近磁轴处

$$\frac{\psi}{\psi_0}\approx\frac{1}{2}R^2(b+1)z^2+\frac{1}{2}R^2(a-1)(r-R)^2.$$

例如, 如果 $b+1>0, a>1$, 则靠近磁轴的磁面的横截面是椭圆. 在远离磁轴时 ψ 增大, 而压强下降. 在 $P=0$ 的磁面 (等离子体边界) 之外, 支持平衡所必需的磁场由右端为零的方程 (68.20) 确定, 边界条件为函数 ψ 及其法向导数连续.

§69 磁流体动力学波

我们来研究小扰动在均匀导电介质中的传播, 介质处于均匀恒定磁场 $\boldsymbol{H}_0$ 中. 此时我们将流体看作理想流体, 即忽略其中的所有耗散过程 ①.

我们从磁流体动力学方程组 (65.1)—(65.4) 出发. 绝热方程 (65.6) 仅表明, 如果未扰动介质是均匀的, 则在扰动后的介质中将有 $s=\text{const}$, 亦即运动是等熵的.

我们令

$$\boldsymbol{H}=\boldsymbol{H}_0+\boldsymbol{h},\quad \rho=\rho_0+\rho',\quad P=P_0+P',$$

其中带下标 “0” 的量表示该量的恒定平衡值, 而 $\boldsymbol{h},\rho',P'$ 为这些量在波中的小变化. 平衡时为零的速度 $\boldsymbol{v}$ 也属于同量级的小量. 由于运动是等熵的, 密度变化和压强变化相互之间由等式

$$P'=u_0^2\rho'$$

① 允许略去这些过程的条件是波的阻尼系数很小, 本节的习题将计算这个系数.

相联系, 其中 $u_0^2=(\partial P/\partial\rho)_s$ 为该介质中通常声速的平方. 略去方程 (65.1)—(65.4) 中高于一阶的小量, 我们得到以下线性方程组:

$$\operatorname{div}\boldsymbol{h}=0,\quad \frac{\partial\boldsymbol{h}}{\partial t}=\operatorname{rot}(\boldsymbol{v}\times\boldsymbol{H}),\quad \frac{\partial\rho'}{\partial t}+\rho\operatorname{div}\boldsymbol{v}=0,$$
$$\frac{\partial\boldsymbol{v}}{\partial t}=-\frac{u_0^2}{\rho}\nabla\rho'-\frac{1}{4\pi\rho}(\boldsymbol{H}\times\operatorname{rot}\boldsymbol{h}). \tag{69.1}$$

此处和后面, 为了标记简单, 我们将去掉标记物理量平衡值的下标 “0”.

我们来寻求这些方程的形如平面波 $\sim e^{i(\boldsymbol{k}\cdot\boldsymbol{r}-\omega t)}$ 的解. 此时方程组 (69.1) 化为代数方程组

$$-\omega\boldsymbol{h}=\boldsymbol{k}\times(\boldsymbol{v}\times\boldsymbol{H}),\quad \omega\rho'=\rho\boldsymbol{k}\cdot\boldsymbol{v},$$
$$-\omega\boldsymbol{v}+\frac{u_0^2}{\rho}\rho'\boldsymbol{k}=-\frac{1}{4\pi\rho}\boldsymbol{H}\times(\boldsymbol{k}\times\boldsymbol{h}) \tag{69.2}$$

(由方程 $\operatorname{div}\boldsymbol{h}=0$ 导出的等式 $\boldsymbol{k}\cdot\boldsymbol{h}=0$ 自动满足, 可不必单独研究).

(69.2) 中的第一个方程表明, 矢量 $\boldsymbol{h}$ 与方向沿 x 轴的波矢 $\boldsymbol{k}$ 垂直. 我们将通过 $\boldsymbol{k}$ 和 $\boldsymbol{H}$ 的平面选作 xy 面. 此外, 引进波的相速度 $u=\omega/k$. 借助第二个方程消去第三个方程中的 ρ', 并将方程改写为分量形式, 我们得到以下方程组:

$$uh_z=-v_zH_x,\quad uv_z=-\frac{H_x}{4\pi\rho}h_z, \tag{69.3}$$

$$uh_y=v_xH_y-v_yH_x,\quad uv_y=-\frac{H_x}{4\pi\rho}h_y,$$
$$\left(u-\frac{u_0^2}{u}\right)v_x=\frac{H_y}{4\pi\rho}h_y. \tag{69.4}$$

我们这里把方程分成了两组, 其中第一组只含变量 h_z, v_z, 而第二组只含 h_y, v_x, v_y. 由此得出, 这两组变量的扰动相互独立地传播. 密度扰动 ρ' 以及与之相联系的压强扰动与扰动 h_y, v_x, v_y 一起传播, ρ' 与 v_x 相联系的关系式为

$$\rho'=\frac{\rho}{u}v_x. \tag{69.5}$$

(69.3) 式中两个方程的相容条件给出

$$u=\frac{|H_x|}{\sqrt{4\pi\rho}}\equiv u_{\mathrm{A}} \tag{69.6}$$

(下面我们将认为 $H_x>0$, 去掉式中的取绝对值号). 在这些波中, 垂直于波传播方向和恒定磁场 $\boldsymbol{H}$ 方向的磁场分量 h_z 发生振动. 速度 v_z 与 h_z 一起振动, 它与 h_z 通过关系式

$$v_z=-\frac{h_z}{\sqrt{4\pi\rho}} \tag{69.7}$$

相联系.

公式 (69.6) 给出的 ω 与 $\boldsymbol{k}$ 之间的关系 (**色散关系**)

$$\omega=\frac{1}{\sqrt{4\pi\rho}}\boldsymbol{H}\cdot\boldsymbol{k} \tag{69.8}$$

极大地依赖于波矢的方向. 波传播的物理速度是群速度——导数 $\partial\omega/\partial\boldsymbol{k}$. 在当前情况下它等于

$$\frac{\partial\omega}{\partial\boldsymbol{k}}=\frac{\boldsymbol{H}}{\sqrt{4\pi\rho}} \tag{69.9}$$

且不依赖于 $\boldsymbol{k}$ 的方向. 被理解为群速度方向的波的传播方向与磁场 $\boldsymbol{H}$ 的方向相同. 这个波称为**阿尔文波** (H. 阿尔文, 1942), 而速度 (69.6) 称为**阿尔文速度**.

我们回到方程 (69.4) 所描述的波; 它们被称作**磁声波**. 构建方程 (69.4) 的行列式并令其等于零后, 我们得到 u^2 的二次方程, 方程的根为:

$$u_{\mathrm{f,s}}^2=\frac{1}{2}\left\{\frac{H^2}{4\pi\rho}+u_0^2\pm\left[\left(\frac{H^2}{4\pi\rho}+u_0^2\right)^2-\frac{H_x^2}{\pi\rho}u_0^2\right]^{1/2}\right\}. \tag{69.10}$$

这样一来, 我们又得到两种类型的波: 与公式 (69.10) 中 “+” 号和 “–” 号对应的波分别称作**快磁声波**和**慢磁声波**.

在极限情况下, 当 $H^2\ll 4\pi\rho u_0^2$ 时, 我们有 $u_{\mathrm{f}}\approx u_0$, 而从方程 (69.4) 得出 $v_y\ll v_x$. 换句话说, 快磁声波在此极限下转变成以速度 u_0 传播的普通声波. 波中的微弱的横向磁场通过关系式

$$h_y\approx\frac{v_xH_y}{u_0}$$

与 v_x 相联系. 在同样的极限下, 慢磁声波速度与阿尔文速度 u_{A} 相同. 此时

$$v_x\approx 0,\quad v_y\approx-\frac{h_y}{\sqrt{4\pi\rho}},$$

如同第一种类型的波一样, 不过具有另一种偏振: $\boldsymbol{v}$ 和 $\boldsymbol{h}$ 在通过 $\boldsymbol{k}$ 和 $\boldsymbol{H}$ 的平面上, 而不是处在垂直于它的平面.

在不可压缩流体 (形式上对应于 $u_0\to\infty$ 的极限) 中, 总共只剩下一种类型的波——具有两个独立偏振的阿尔文波. 这些波的色散关系由公式 (69.8) 给出, 矢量 $\boldsymbol{v}$ 和 $\boldsymbol{h}$ 垂直于波矢并以关系式

$$\boldsymbol{v}=-\frac{\boldsymbol{h}}{\sqrt{4\pi\rho}} \tag{69.11}$$

相联系.

纵向磁场存在时流体的横向位移在其中以波的形式传播, 可以直观地解释这一事实. 由于磁力线冻结, 流体点的横向位移导致磁力线的弯曲, 从而导致其伸长或在某些地方的压缩. 然而, 作用于磁场中的力 (用麦克斯韦应力张量表示的) 的特征是磁力线似乎趋向于缩短但又同时相互推挤 ①. 因此在它们弯曲时出现了使它们重新变直的准弹性力, 这就产生了振动.

我们再重新回到公式 (69.4) 和 (69.10), 来研究相反的极限情况 $H^2 \gg 4\pi\rho u_0^2$. 此时, 在一级近似下 u_f 为

$$u_\mathrm{f} = \frac{H}{\sqrt{4\pi\rho}}.$$

由于这个表达式不依赖于 $\boldsymbol{k}$, 故群速度与 u_f 数值相同并指向 $\boldsymbol{k}$ 方向. 在这个波中, 矢量 $\boldsymbol{v}$ 垂直于 $\boldsymbol{H}$ (见图 40), 且其绝对值与 $h = |h_y|$ 以关系式

$$v = \frac{h}{\sqrt{4\pi\rho}}$$

相联系. 在这种情况下, 对于 u_s, 我们有

$$u_\mathrm{s} = u_0 \frac{H_x}{H}.$$

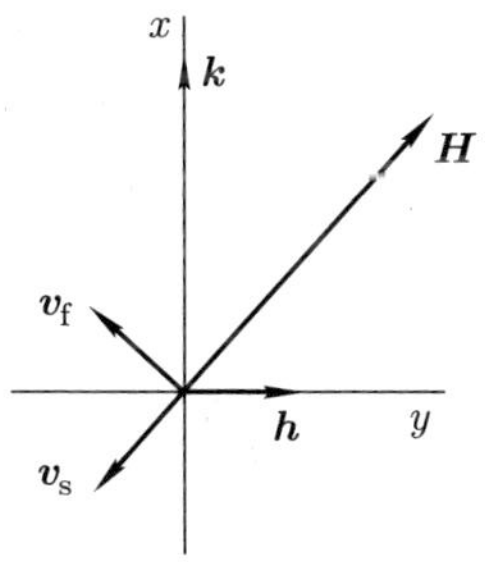

图 40

此时群速度为

$$\frac{\partial \omega}{\partial \boldsymbol{k}} = u_0 \frac{\boldsymbol{H}}{H}.$$

在这个波中 $\boldsymbol{v}$ 与 $\boldsymbol{H}$ 反平行, 而其绝对值以

$$v = h \frac{H^2}{4\pi\rho u_0 H_y}$$

与 h 相联系.

① 事实上, 令磁力线与 z 轴重合. 此时纵向应力 Π_{zz}(65.8) 含负项 $-H^2/(8\pi)$, 而横向应力 Π_{xx}, Π_{yy} 含有正项 $H^2/(8\pi)$.

当 H^2 与 ρu_0^2 之间的关系为任意时, 无论是 $u_{\rm f}$ 还是 $u_{\rm s}$ 都依赖于波矢的方向. 在 $\boldsymbol{k}$ 与 $\boldsymbol{H}$ 间夹角增大时, $u_{\rm f}$ 单调上升, 而 $u_{\rm s}$ 单调下降. 容易看出, 以下不等式始终成立:

$$u_{\rm s} \leqslant u_{\rm A} \leqslant u_{\rm f}, \quad u_{\rm f} \geqslant u_0, \quad u_{\rm s} \leqslant u_0. \tag{69.12}$$

如果 $\boldsymbol{k} \parallel \boldsymbol{H}$, 则 $u_{\rm f}$ 和 $u_{\rm s}$ 相应地等于量 u_0 和 $u_{\rm A} = H/\sqrt{4\pi\rho}$ 中的较大者和较小者. 如果 $\boldsymbol{k} \perp \boldsymbol{H}$, 我们有

$$u_{\rm f} = \sqrt{u_0^2 + \frac{H^2}{4\pi\rho}}, \tag{69.13}$$

而 $u_{\rm A}$ 和 $u_{\rm s}$ 趋于零, 亦即仅余下快磁声波.

最后, 让我们研究磁流体动力学方程的两个精确解, 它们具有任意振幅 (不必是小振幅) 的平面波形式.

其中之一是以速度 $u_{\rm A}$ 在不可压缩流体中传播的平面阿尔文波, 也就是仅以组合 $x - u_{\rm A}t$ 的形式出现的 x 和 t 的函数. 实际上, 让我们来看精确方程组 (65.1)—(65.4). 不可压流体中的连续方程 (65.3) 归结为 $\operatorname{div}\boldsymbol{v} = 0$, 由此 $v_x = \text{const}$; 不失一般性, 可以令 $v_x = 0$, 这归结为选择适当的参考系. 由方程 $\operatorname{div}\boldsymbol{H} = 0$ 得出 $H_x = \text{const}$. 用 $\boldsymbol{h}$ 表示 $\boldsymbol{H}$ 的横向分量, 由方程 (65.2) 和 (65.4), 我们得到

$$\frac{\partial \boldsymbol{h}}{\partial t} = H_x \frac{\partial \boldsymbol{v}}{\partial x}, \quad \frac{\partial \boldsymbol{v}}{\partial t} = \frac{H_x}{\sqrt{4\pi\rho}} \frac{\partial \boldsymbol{h}}{\partial x},$$

这表明, 精确方程自动约化为描写具有相速度 (69.6) 而且 $\boldsymbol{v}$ 和 $\boldsymbol{h}$ 以关系式 (69.11) 相联系的平面波的线性方程; 波的轮廓, 亦即函数依赖关系 $\boldsymbol{h}(x - u_{\rm A}t)$ 任意. 对于 (65.4) 的 x 分量, 我们有

$$\frac{1}{\rho}\frac{\partial P}{\partial x} + \frac{1}{4\pi\rho}\boldsymbol{h} \cdot \frac{\partial \boldsymbol{h}}{\partial x} = 0,$$

从而

$$P + \frac{h^2}{8\pi} = \text{const}, \tag{69.14}$$

这个公式确定了波中压强的变化.

另一种情况是垂直于磁场传播的简单波 (С. А. 卡普兰, К. П. 斯坦纽科维奇, 1954). 令磁场方向沿 y 轴; x 轴如同前面一样在波的传播方向上. 此时 $H_x = 0, H_y = H$ 且方程 $\operatorname{div}\boldsymbol{H} = 0$ 自动满足. 方程 (65.2)—(65.4) 给出

$$\frac{\partial H}{\partial t} + \frac{\partial (v_x H)}{\partial x} = 0, \tag{69.15}$$

$$\frac{\partial \rho}{\partial t} + \frac{\partial (v_x \rho)}{\partial x} = 0, \tag{69.16}$$

$$\frac{\partial v_x}{\partial t} + v_x \frac{\partial v_x}{\partial x} + \frac{1}{8\pi\rho}\frac{\partial H^2}{\partial x} = -\frac{1}{\rho}\frac{\partial P}{\partial x}. \tag{69.17}$$

容易确认, 从头两个方程可得关系式 $H/\rho = b$ 满足方程

$$\frac{\partial b}{\partial t} + v_x \frac{\partial b}{\partial x} = 0$$

或 $\mathrm{d}b/\mathrm{d}t = 0$, 此处的全导数表示给定流体元移动时物理量的变化率. 由此可推得, 如果在开始时刻流体是均匀的, 即 b 在其中是常量, 则在随后的所有时刻也将有 $b = \text{const}$. 将 $H = \rho b$ 代入第三个方程, 我们得到

$$\frac{\partial v_x}{\partial t} + v_x \frac{\partial v_x}{\partial x} = -\frac{1}{\rho}\frac{\partial}{\partial x}\left(P + \frac{b^2}{8\pi}\rho^2\right). \tag{69.18}$$

这样一来, 从方程中消去了磁场, 问题归结为求解方程 (69.16) 和 (69.18). 然而这些方程与普通流体一维运动方程的差别只在于气体状态方程的改变: 真正的压强 $P = P(\rho)$ (在熵给定的情况下) 应当用以下压强代替

$$P^*(\rho) = P(\rho) + \frac{b^2}{8\pi}\rho^2.$$

这使得我们可将普通流体动力学的所有结果都照搬到我们正在研究的磁流体动力学中来. 特别是, 将一维行波精确解的公式 (黎曼解——简单波, 参见本教程第六卷 §101) 搬过来, 不过其中声速的角色将由

$$u^* = \left(\frac{\partial P^*}{\partial \rho}\right)_s^{1/2} = \sqrt{u_0^2 + \frac{b^2}{4\pi}\rho} = \sqrt{u_0^2 + \frac{H^2}{4\pi\rho}}.$$

扮演, 这与公式 (69.13) 一致.

习 题

试确定不可压缩流体中阿尔文波的吸收系数 (假定这个系数很小).

解: 波的吸收系数定义为

$$\gamma = \frac{\overline{Q}}{2\overline{q}},$$

其中 $\overline{Q}$ 为单位时间内在单位体积中所耗散能量的 (时间) 平均值, 而 $\overline{q}$ 为波的平均能流密度; 波的振幅随波的传播与 $\mathrm{e}^{-\gamma x}$ 成比例地减小. 耗散 Q 由方程 (66.3) 的右端给出; 在不可压缩流体中, 对于沿 x 轴传播的波 (与此相应 $v_x = 0$), 我们有

$$Q = \eta\left(\frac{\partial \boldsymbol{v}}{\partial x}\right)^2 + \frac{c^2}{16\pi^2\sigma}\left(\frac{\partial \boldsymbol{h}}{\partial x}\right)^2.$$

在能流密度 (66.5) 中, 我们略去很小的耗散项, 得到

$$q_x = -\frac{1}{4\pi}H_x \boldsymbol{h}\cdot\boldsymbol{v}.$$

利用公式 (69.6) 和 (69.11), 我们得到最后结果

$$\gamma = \frac{\omega^2}{2u_A^3}\left(\frac{\eta}{\rho} + \frac{c^2}{4\pi\sigma}\right).$$

§70 间断面上的条件

如同在普通流体中一样, 理想磁流体动力学介质的运动方程也允许间断流. 为了对在间断面上必须满足的条件作出解释, 我们来研究间断面上的任一面元并采用与该面元一起运动的坐标系 ①.

首先, 在间断面上物质流必须是连续的: 从间断面的一侧流入的流体量必须等于从另一侧流出的流体量. 这意味着

$$\rho_1 v_{1n} = \rho_2 v_{2n},$$

其中下标 "1" 和 "2" 分别表示间断面的两侧, 而下标 "n" 则表示矢量垂直于间断面的分量. 下面我们将用花括号来表示间断面两侧某一物理量取值之差. 因此

$$\{\rho v_n\} = 0.$$

其次能流必须连续. 使用表达式 (65.11), 我们得到

$$\{q_n\} = \left\{\rho v_n\left(\frac{v^2}{2} + w\right) + \frac{1}{4\pi}[v_n H^2 - H_n(\boldsymbol{v}\cdot\boldsymbol{H})]\right\} = 0.$$

动量流也必须连续. 这个条件意味着 $\{\Pi_{ik}n_k\} = 0$, 其中 Π_{ik} 为动量流密度张量, $\boldsymbol{n}$ 为垂直于间断面的单位矢量. 借助于 (65.8) 式, 我们得到方程

$$\left\{P + \rho v_n^2 + \frac{1}{8\pi}(\boldsymbol{H}_t^2 - H_n^2)\right\} = 0,$$

$$\left\{\rho v_n \boldsymbol{v}_t - \frac{1}{4\pi}H_n\boldsymbol{H}_t\right\} = 0,$$

其中下标 "t" 表示矢量在间断面切向的分量.

最后, 磁场的法向分量和电场的切向分量必须连续. 当介质的电导率为无穷大时, 感应电场 $\boldsymbol{E} = -\boldsymbol{v}\times\boldsymbol{H}/c$. 因此条件 $\{\boldsymbol{E}_t\} = 0$ 给出

$$\{H_n\boldsymbol{v}_t - \boldsymbol{H}_t v_n\} = 0.$$

① 这些条件仅固定了坐标系的垂直于间断面方向的速度, 其切向速度还可以再增加一个任意常矢量.

以下使用流体比容 $V = 1/\rho$ 代替流体密度常常更为方便. 我们用 j 表示通过间断面的质量流密度:

$$j = \rho v_n = \frac{v_n}{V}. \tag{70.1}$$

考虑到 j 和 H_n 的连续性后, 余下的边界条件可以写为以下形式:

$$j\left\{w + \frac{j^2V^2}{2} + \frac{\boldsymbol{v}_t^2}{2} + \frac{V\boldsymbol{H}_t^2}{4\pi}\right\} = \frac{H_n}{4\pi}\{\boldsymbol{H}_t \cdot \boldsymbol{v}_t\}, \tag{70.2}$$

$$\{P\} + j^2\{V\} + \frac{1}{8\pi}\{\boldsymbol{H}_t^2\} = 0, \tag{70.3}$$

$$j\{\boldsymbol{v}_t\} = \frac{H_n}{4\pi}\{\boldsymbol{H}_t\}, \tag{70.4}$$

$$H_n\{\boldsymbol{v}_t\} = j\{V\boldsymbol{H}_t\}. \tag{70.5}$$

这就是描写磁流体动力学中的间断的基本方程组.

§71　切向间断和旋转间断

大家知道, 在普通流体动力学中可以有两类不同的间断——激波与切向间断. 这两类间断的产生在数学上与某些边界条件可以表示为两个因子的乘积等于零有关; 令每一个因子分别等于零, 我们就得到两个独立解.

在磁流体动力学中, 方程 (70.2)—(70.5) 没有这样的形式, 根据这点似乎可以认为, 这里只有包括所有特殊情况的唯一的一类间断. 但实际情况是, 这里存在着不同类型的间断, 其中的一类间断并不是另一类间断的特例 (F. 霍夫曼, E. 特勒, 1950).

我们首先来研究 $j = 0$ 的那些间断. 这意味着 $v_{1n} = v_{2n} = 0$, 亦即流体平行于间断面运动. 如果此时 $H_n \neq 0$, 则从方程 (70.2)—(70.5) 可以看出, 速度、压强和磁场必须是连续的. 密度 (同样还有熵、温度等) 可以经受任意的跃变. 这类间断被称作**接触间断**, 它是具有不同密度和温度的两种静止介质之间的分界面.

如果在 $j = 0$ 时也有 $H_n = 0$, 则 (70.2)—(70.5) 四个方程中立即有三个恒成立; 由此已经清楚这是一个特殊情况. 因此, 我们找到一类间断, 像在普通流体动力学中一样可以叫作**切向间断**. 在这类间断上速度和磁场与间断面相切并在大小和方向上经受任意跃变:

$$j = 0, \quad H_n = 0, \quad \{\boldsymbol{v}_t\} \neq 0, \quad \{\boldsymbol{H}_t\} \neq 0. \tag{71.1}$$

密度的跃变也是任意的, 不过压强的跃变与 $\boldsymbol{H}_t$ 的跃变通过方程 (70.3)

$$\{V\} \neq 0, \quad \left\{P + \frac{\boldsymbol{H}_t^2}{8\pi}\right\} = 0 \tag{71.2}$$

相联系. 其他热力学量 (熵、温度等) 的跃变借助流体状态方程由 V 和 P 的跃变决定.

另外一类间断是密度不经受跃变的间断. 鉴于物质流 $j = v_n/V$ 的连续性, 由不存在密度跃变可立即推出速度的法向分量也是连续的:

$$j \neq 0, \quad \{V\} = 0, \quad \{v_n\} = 0. \tag{71.3}$$

其次, 在方程 (70.5) 右端将 V 从花括号中提出, 并令方程 (70.5) 和 (70.4) 相互逐项相除, 我们得到

$$j = \frac{H_n}{\sqrt{4\pi V}}. \tag{71.4}$$

此后方程 (70.4) 或 (70.5) 给出

$$\{\boldsymbol{v}_t\} = \sqrt{\frac{V}{4\pi}}\{\boldsymbol{H}_t\}. \tag{71.5}$$

在方程 (70.2) 中, 我们把 w 写为 $w = \varepsilon + PV$; 考虑到 V 的连续性, 按照 (71.4) 式代换 H_n 并重新组合式中各项, 我们将这个方程改写为

$$j\{\varepsilon\} + jV\left\{P + \frac{1}{8\pi}\boldsymbol{H}_t^2\right\} + \frac{j}{2}\left\{\left(\boldsymbol{v}_t - \sqrt{\frac{V}{4\pi}}\boldsymbol{H}_t\right)^2\right\} = 0.$$

由于等式 (70.3), 上式中的第二项等于零, 而第三项由于 (71.5) 式也为零, 结果剩下 $\{\varepsilon\} = 0$, 亦即除密度连续外, 内能也是连续的. 但是, 一旦 ε 和 V 这两个量给定后, 所有的其他热力学量也就单值确定了. 所以, 所有的其他热力学量都是连续的, 包括压强在内. 此时由方程 (70.3) 得出平方项 $\boldsymbol{H}_t^2$ 也是连续的, 即矢量 $\boldsymbol{H}_t$ 的绝对值是连续的:

$$\{P\} = 0, \quad \{H_t\} = 0. \tag{71.6}$$

H_t 和 H_n 同时连续表明, 矢量 $\boldsymbol{H}$ 的总绝对值以及它与间断面法线所形成的角度也是不变的.

公式 (71.3)—(71.6) 确定了所研究间断的一切性质. 在这些间断上, 流体的热力学量连续, 而磁场绕间断面法线方向旋转, 保持其大小不变. 根据 (71.5) 式, 速度的切向分量与矢量 $\boldsymbol{H}_t$ 一起经受跃变, 而法向分量 $v_n = jV$ 连续并且有

$$v_n = H_n\sqrt{\frac{V}{4\pi}} = \frac{H_n}{\sqrt{4\pi\rho}}. \tag{71.7}$$

这一类型的间断称作**旋转间断**或**阿尔文间断**.

我们注意到, 通过相应的坐标系选择, 总可以做到在旋转间断面两侧流体的速度平行于磁场. 为此转换到相对于初始坐标系以等于

$$\boldsymbol{v}_{1t} - \boldsymbol{H}_{1t}\sqrt{\frac{V}{4\pi}} = \boldsymbol{v}_{2t} - \boldsymbol{H}_{2t}\sqrt{\frac{V}{4\pi}}$$

的速度运动的新坐标系即可 (见 §70 第一个脚注). 在这个新坐标系里, 间断两侧的 $\boldsymbol{v}$ 的三个分量与 $\boldsymbol{H}$ 的相应分量的比例是一样的:

$$\boldsymbol{v}_1 = \boldsymbol{H}_1\sqrt{\frac{V}{4\pi}}, \quad \boldsymbol{v}_2 = \boldsymbol{H}_2\sqrt{\frac{V}{4\pi}}. \tag{71.8}$$

换句话说, 速度与磁场一起旋转, 保持其大小及与间断面法线形成的角不变.

取相反符号的速度 v_n 同时是间断相对于流体的传播速度. 它与阿尔文波的相速度 (u_{A}) 一致. 对任何旋转间断都出现这种速度相同的事实, 在现有认识的程度上述是偶然的, 但在间断面上的量仅有小跃变时却是必然的. 实际上, 这样的间断本身就是弱扰动, 其中速度 $\boldsymbol{v}$ 和磁场 $\boldsymbol{H}$ 得到了垂直于过 $\boldsymbol{H}$ 和间断面法线 $\boldsymbol{n}$ 的平面的小增量. 这一扰动正好属于具有相速度 u_{A} 的那种类型. 小扰动峰面传播的物理速度是群速度在其法线上的投影, 亦即在波矢 $\boldsymbol{k}$ 方向的投影. 但由于 ω 与 $\boldsymbol{k}$ 之间的线性关系, 我们有

$$\frac{\partial\omega}{\partial\boldsymbol{k}}\cdot\boldsymbol{k} = \omega,$$

所以上述投影与相速度 $\omega/k = u_{\mathrm{A}}$ 一致.

尽管切向间断和旋转间断是不同类型的间断, 但存在这样的间断, 它们同时具有两种类型间断的性质. 在这些间断面上 $\boldsymbol{v}$ 和 $\boldsymbol{H}$ 都是切向的, 二者只转动而不改变大小.

我们知道, 普通流体动力学中切向间断对于无穷小扰动是不稳定的, 这些小扰动导致它们很快被汇入湍流区. 磁场会对导电流体的运动表现出致稳的影响, 因此在导电流体中切向间断可以是稳定的. 这种情况是以下事实的自然后果: 扰动时流体的横向位移 (相对于磁场方向) 与 "冻结" 磁力线的拉伸有关, 从而引起了趋于恢复未扰动运动的力的产生.

下面来解释不可压缩流体中切向间断的稳定性条件 (С. И. 瑟罗瓦茨基, 1953). 我们写出

$$\boldsymbol{v} = \boldsymbol{v}_{1,2} + \boldsymbol{v}', \quad P = P_{1,2} + P', \quad \boldsymbol{H} = \boldsymbol{H}_{1,2} + \boldsymbol{H}',$$

其中 $\boldsymbol{v}_{1,2}, P_{1,2}, \boldsymbol{H}_{1,2}$ 分别为间断面每一侧的恒定未扰动量的值, 而 $\boldsymbol{v}', P', \boldsymbol{H}'$ 为

这些量的小扰动值. 代入方程 (66.7)—(66.9) 后, 对于理想流体我们得到:

$$\operatorname{div} \boldsymbol{u}' = 0, \quad \operatorname{div} \boldsymbol{v}' = 0, \tag{71.9}$$

$$\frac{\partial \boldsymbol{u}'}{\partial t} = (\boldsymbol{u} \cdot \nabla)\boldsymbol{v}' - (\boldsymbol{v} \cdot \nabla)\boldsymbol{u}', \tag{71.10}$$

$$\begin{aligned}\frac{\partial \boldsymbol{v}'}{\partial t} + (\boldsymbol{v} \cdot \nabla)\boldsymbol{v}' &= -\frac{1}{\rho}\nabla P' - \boldsymbol{u} \times \operatorname{rot} \boldsymbol{u}' \\ &= -\frac{1}{\rho}\nabla(P' + \rho \boldsymbol{u} \cdot \boldsymbol{u}') + (\boldsymbol{u} \cdot \nabla)\boldsymbol{u}';\end{aligned} \tag{71.11}$$

为简洁起见, 这里和以下我们略去下标 1, 2 并引进符号 $\boldsymbol{u} = \boldsymbol{H}/\sqrt{4\pi\rho}$. 对方程 (71.11) 作散度运算并考虑到 (71.9), 我们得到

$$\Delta(P' + \rho \boldsymbol{u} \cdot \boldsymbol{u}') = 0. \tag{71.12}$$

令 $x = 0$ 为间断平面, 矢量 $\boldsymbol{v}$ 与 $\boldsymbol{u}$ 与该平面平行. 在 $x > 0$ 和 $x < 0$ 的每一个半空间内, 我们来寻求 $\boldsymbol{v}', \boldsymbol{u}'$ 和 ρ 等量的正比于 $\exp\{\mathrm{i}(\boldsymbol{k} \cdot \boldsymbol{r} - \omega t) + \varkappa x\}$ 的解, 其中 $\boldsymbol{k}$ 为 yz 平面上的二维矢量. 由方程 (71.12) 求得 $k^2 = \varkappa^2$, 因此在 $x < 0$ 一侧应当使 $\varkappa = k$, 而在 $x > 0$ 一侧应使 $\varkappa = -k$. 其次, 从方程 (71.10)—(71.11) 的 x 分量中消去 v'_x 并求得

$$P' + \rho \boldsymbol{u} \cdot \boldsymbol{u}' = -u'_x \frac{\mathrm{i}\rho}{\varkappa(\boldsymbol{k} \cdot \boldsymbol{u})}[(\omega - \boldsymbol{k} \cdot \boldsymbol{v})^2 - (\boldsymbol{k} \cdot \boldsymbol{u})^2] \tag{71.13}$$

(我们对方括号中的表达式等于零的情况不感兴趣, 因为此时 ω 为实数, 而不稳定性仅与 ω 为复数的情况有关).

令 $\zeta(x, y, z)$ 为扰动时间断面沿 x 轴的位移, 在位移后的间断面上必须满足条件 (71.1)—(71.2):

$$\left\{P + P' + \frac{1}{2}\rho(\boldsymbol{u} + \boldsymbol{u}')^2\right\} \approx \{P' + \rho \boldsymbol{u} \cdot \boldsymbol{u}'\} = 0,$$

$$u_{1n} + u'_{1n} \approx u'_{1x} - (\boldsymbol{u}_1 \cdot \nabla)\zeta = 0,$$

$$u_{2n} + u'_{2n} \approx u'_{2x} - (\boldsymbol{u}_2 \cdot \nabla)\zeta = 0$$

(在此情况下无流体质量流通过间断面的条件自动满足). 令

$$\zeta = \text{const} \cdot \mathrm{e}^{\mathrm{i}(\boldsymbol{k} \cdot \boldsymbol{r} - \omega t)}$$

并从上面写出的三个方程中消去 ζ, u'_{1x}, u'_{2x}, 我们得到确定可能的 ω 值的方程:

$$(\omega - \boldsymbol{k} \cdot \boldsymbol{v}_1)^2 + (\omega - \boldsymbol{k} \cdot \boldsymbol{v}_2)^2 = (\boldsymbol{k} \cdot \boldsymbol{u}_1)^2 + (\boldsymbol{k} \cdot \boldsymbol{u}_2)^2.$$

如果

$$2(\boldsymbol{k}\cdot\boldsymbol{u}_1)^2+2(\boldsymbol{k}\cdot\boldsymbol{u}_2)^2-(\boldsymbol{k}\cdot\boldsymbol{v})^2>0$$

或

$$[2u_{1i}u_{1k}+2u_{2i}u_{2k}-v_iv_k]k_ik_k>0,$$

(其中 $\boldsymbol{v}=\boldsymbol{v}_2-\boldsymbol{v}_1$ 为速度在间断面的跃变), 则确定 ω 的二次方程没有复数解.

如果方括号内的二秩张量的迹和行列式为正, 则上面的二次型是正定的. 由此可得到所求的稳定性条件 ①

$$H_1^2+H_2^2>2\pi\rho v^2,\quad (\boldsymbol{H}_1\times\boldsymbol{H}_2)^2\geqslant 2\pi\rho[(\boldsymbol{H}_1\times\boldsymbol{v})^2+(\boldsymbol{H}_2\times\boldsymbol{v})^2]. \tag{71.14}$$

但是, 由于在流体中实际上存在很小但仍是有限的黏性和电阻, 即使条件 (71.14) 得以满足, 切向间断也不可能在无限长时间内始终保持下去. 尽管此时没有发生湍流, 但一个逐渐扩张的过渡区将代替陡峭的间断, 在这个过渡区内速度和磁场平缓地由一个取值改变到另一个取值.

这一点很容易在基本方程 (66.8) 和 (66.9) 中保存耗散项的基础上加以证实. 选取间断面的法向为 x 轴. 假设所有的物理量只依赖于坐标 x (也可能还依赖于时间), 写出这些方程的横向分量:

$$\frac{\partial \boldsymbol{H}_t}{\partial t}=\frac{c^2}{4\pi\sigma}\frac{\partial^2\boldsymbol{H}_t}{\partial x^2},\quad \frac{\partial \boldsymbol{v}_t}{\partial t}=\nu\frac{\partial^2\boldsymbol{v}_t}{\partial x^2} \tag{71.15}$$

(我们假定流体是不可压缩的). 如果设运动为定常运动, 则这些方程的左端换为零. 不过那时在 $x\to\pm\infty$ 时有限的唯一解是 $\boldsymbol{H}_t=\text{const}, \boldsymbol{v}_t=\text{const}$, 与这些量取值存在跃变的假设相矛盾. 因此, 切向间断不可能 (像弱激波那样) 具有恒定的宽度. 方程 (71.15) 具有热传导方程的形式. 由热传导理论可知, 这一方程所描写的物理量的间断随着时间的流逝将扩展到过渡区, 过渡区的宽度以正比于时间平方根的方式增加. 鉴于 (71.15) 中两个方程的系数的差别, 速度和磁场变化区域的宽度 δ_v 和 δ_H 将会不同:

$$\delta_v\sim(\nu t)^{1/2},\quad \delta_H\sim\left(\frac{c^2t}{\sigma}\right)^{1/2}. \tag{71.16}$$

至于旋转间断, 它们在任何磁场取值下相对于无限小扰动都是稳定的 (瑟罗瓦茨基, 1953). 但是, 如同切向间断一样, 他们也不可能具有恒定的宽度, 并且在介质黏性和电阻的影响下随时间扩展 (见习题).

① 如果间断面两侧的不可压缩流体的密度不同, 则在这些条件里的 ρ 应换作 $2\rho_1\rho_2/(\rho_1+\rho_2)$.

习 题

试求旋转间断随时间扩展的规律.

解: 假定所有的物理量都只依赖于 x 坐标 (和时间), 从方程 $\operatorname{div}\boldsymbol{v}=0$ 和 $\operatorname{div}\boldsymbol{H}=0$ 求得 $v_x=\text{const}, H_x=\text{const}$. 令坐标系选择得使间断面两侧 (亦即远离过渡区) 的 $\boldsymbol{v}$ 和 $\boldsymbol{H}$ 取值以关系式 (71.8) 相互联系; 此时 $v_x=u_x$ (采用方程 (71.9) — (71.11) 中同样的符号 $\boldsymbol{u}$). 从 (66.8) — (66.9) 式, 对于横向分量 $\boldsymbol{u}_t$ 和 $\boldsymbol{v}_t$ 我们有方程

$$\begin{gathered}\frac{\partial \boldsymbol{u}_t}{\partial t}+u_x\frac{\partial \boldsymbol{u}_t}{\partial x}=u_x\frac{\partial \boldsymbol{v}_t}{\partial x}+\frac{c^2}{4\pi\sigma}\frac{\partial^2\boldsymbol{u}_t}{\partial x^2}.\\ \frac{\partial \boldsymbol{v}_t}{\partial t}+u_x\frac{\partial \boldsymbol{v}_t}{\partial x}=u_x\frac{\partial \boldsymbol{u}_t}{\partial x}+\nu\frac{\partial^2\boldsymbol{v}_t}{\partial x^2}.\end{gathered}\tag{1}$$

因为在 $x=\pm\infty$ 时, 由于关系式 (71.8), 差值 $\boldsymbol{v}_t-\boldsymbol{u}_t$ 趋于零, 故而它在过渡层内与和值 $\boldsymbol{v}_t+\boldsymbol{u}_t$ 相比是小量. 把方程 (1) 中的两个式子相加, 我们因此可以略去带 $\boldsymbol{v}_t-\boldsymbol{u}_t$ 的项并得到

$$\frac{\partial}{\partial t}(\boldsymbol{v}_t+\boldsymbol{u}_t)=\frac{1}{2}\left(\frac{c^2}{4\pi\sigma}+\nu\right)\frac{\partial^2}{\partial x^2}(\boldsymbol{v}_t+\boldsymbol{u}_t).$$

由此可见间断的宽度按以下规律变化:

$$\delta\sim\left[\left(\frac{c^2}{4\pi\sigma}+\nu\right)t\right]^{1/2}.$$

§72 激波

我们现在转到以下类型的间断, 其中

$$j\neq 0,\quad \{V\}\neq 0.\tag{72.1}$$

同在普通流体动力学中一样, 这类间断称为激波. 激波的特征是存在密度跃变和流体通过间断面 (v_{n1} 和 v_{n2} 不等于零). 磁场的法向分量一般不等于零, 但在特殊情况下也可能有 $H_n=0$.

比较方程 (70.4) 和 (70.5), 我们看到, 在 $H_n\neq 0$ 时, 矢量 $\boldsymbol{H}_{t2}-\boldsymbol{H}_{t1}$ 和 $V_2\boldsymbol{H}_{t2}-V_1\boldsymbol{H}_{t1}$ 平行于同一个矢量 $\boldsymbol{v}_{t2}-\boldsymbol{v}_{t1}$, 因此它们互相平行. 由此同样地得出 $\boldsymbol{H}_{t1}$ 和 $\boldsymbol{H}_{t2}$ 共线, 亦即 $\boldsymbol{H}_{t1},\boldsymbol{H}_{t2}$ 和间断面的法线处于同一平面上, 这与切向间断及阿尔文间断不同, 在后两种间断中一般说来 $\boldsymbol{H}_1,\boldsymbol{n}$ 平面和 $\boldsymbol{H}_2,\boldsymbol{n}$ 平面并不相同. 这一结果在 $H_n=0$ 的情况下也正确, 此时由 (70.5) 式中得出 $V_1\boldsymbol{H}_{t1}=V_2\boldsymbol{H}_{t2}$ (我们将在本节的最后对此进行更为详细的研究).

跃变 $\boldsymbol{v}_{t2}-\boldsymbol{v}_{t1}$ 与 $\boldsymbol{H}_1,\boldsymbol{H}_2$ 处于同一平面. 不失普遍性, 可以认为 $\boldsymbol{v}_1$ 和 $\boldsymbol{v}_2$ 也在同一平面上, 因此激波中的运动本质上就是平面运动. 况且容易看出, 通过相应的坐标变换 (在 $H_n\neq 0$ 时) 可以确保在间断面两侧矢量 $\boldsymbol{v}$ 和 $\boldsymbol{H}$ 都共线. 为此必须转换到相对于初始坐标系以速度

$$\boldsymbol{v}_t-\frac{v_n}{H_n}\boldsymbol{H}_t=\boldsymbol{v}_t-\frac{jV}{H_n}\boldsymbol{H}_t$$

运动的新坐标系中去 (鉴于边界条件 (70.5), 上式两端的物理量的取值在间断面两侧是一样的). 不过在以下的公式中, 我们并不假设这一特殊的坐标系选取.

我们引进在磁流体动力学激波中起通常流体动力学的于戈尼奥绝热线作用的关系式. 从 (70.4), (70.5) 两个方程式中消去 $\{\boldsymbol{v}_t\}$, 我们得到关系式

$$j^2\{VH_t\}=\frac{H_n^2}{4\pi}\{H_t\};\tag{72.2}$$

我们这里用 H_t 替代 $\boldsymbol{H}_t$, 已经考虑到 $\boldsymbol{H}_{t1}$ 和 $\boldsymbol{H}_{t2}$ 的共线性 ①. 为要从方程 (70.2) 消去 $\boldsymbol{v}_t$, 我们将这个方程恒等地改写为以下形式:

$$\{w\}+\frac{j^2}{2}\{V^2\}+\frac{1}{2}\left\{\left(\boldsymbol{v}_t-\frac{H_n}{4\pi j}\boldsymbol{H}_t\right)^2\right\}+$$
$$\frac{1}{4\pi}\{VH_t^2\}-\frac{1}{32\pi^2j^2}H_n^2\{H_t^2\}=0.$$

其中第三项由于方程 (70.4) 变为零, 从而方程中不再有 $\boldsymbol{v}_t$. 利用方程 (72.2), 将 j^2 代入最后一项, 利用 (70.3), 将 j^2 代入第二项, 也即是

$$j^2=\frac{P_2-P_1+(H_{t2}^2-H_{t1}^2)/8\pi}{V_1-V_2}.\tag{72.3}$$

经简单计算, 最后得到

$$(\varepsilon_2-\varepsilon_1)+\frac{1}{2}(P_2+P_1)(V_2-V_1)+\frac{1}{16\pi}(V_2-V_1)(H_{t2}-H_{t1})^2=0.\tag{72.4}$$

这便是所要求的磁流体动力学中激波绝热线方程. 它与通常流体动力学的差别表现在第三项上.

我们这里还要再次写出方程 (70.4) :

$$\boldsymbol{v}_{t2}-\boldsymbol{v}_{t1}=\frac{H_n}{4\pi j}(\boldsymbol{H}_{t2}-\boldsymbol{H}_{t1}),\tag{72.5}$$

① 但是, 此时 $\boldsymbol{H}_{t1}$ 和 $\boldsymbol{H}_{t2}$ 既可以指向同一方向也可以指向相反方向. 正是在这个意义上, H_{t1} 和 H_{t2} 可以有相同的正负号或者不同的正负号. 只是在今后 (§73) 从另外的考虑出发, 我们才得知这些正负号必须相同.

它确定以 $\boldsymbol{H}_t$ 的跃变表示的 $\boldsymbol{v}_t$ 的跃变. 方程 (72.2)—(72.5) 构成描写激波的完备方程组. 以下我们约定用下标 1 表示激波传播所指向的介质; 换句话说, 流体本身从激波之前的 1 侧通过激波到它之后的 2 侧. 此外我们也要记住, 我们约定使用这样的坐标系, 在其中给定间断面面元静止不动, 而流体穿过面元.

在普通的流体力学中, 曾普伦定理成立 (参见本教程第六卷 §87). 根据该定理, 激波中的密度和压强增加:

$$P_2 > P_1, \quad \rho_2 > \rho_1; \tag{72.6}$$

换句话说, 激波是压缩波. 此时假设

$$\left(\frac{\partial^2 V}{\partial P^2}\right)_s > 0; \tag{72.7}$$

尽管这个不等式不是热力学不等式,但实际上它总是得到满足. 曾普伦定理是熵增加定律的结果.

容易看出在磁流体动力学中对于弱激波, 仅在一个 (72.7) 条件下, 曾普伦定理依然正确. 在弱激波中, 所有物理量的跃变都是小量. 将方程 (72.4) 按压强和熵的跃变的幂级数展开, 我们得到

$$\begin{aligned} T(s_2 - s_1) = \frac{1}{12}\left(\frac{\partial^2 V}{\partial P^2}\right)_s (P_2 - P_1)^3 - \\ \frac{1}{16\pi}\left(\frac{\partial V}{\partial P}\right)_s (P_2 - P_1)(H_{t2} - H_{t1})^2; \end{aligned} \tag{72.8}$$

其中第一项与普通流体力学对应 (参见本教程第六卷 §86). 因为根据热力学不等式之一有 $-(\partial V/\partial P)_s > 0$, 故根据 $s_2 - s_1 > 0$ 的要求, 由 (72.8) 式得出不等式 $P_2 > P_1$ 以及相应的 $V_2 < V_1$.

如果除了 (72.7) 之外, 热膨胀系数也是正的, $(\partial V/\partial T)_P > 0$, 则磁流体动力学中的曾普伦定理可像在普通流体动力学中那样加以证明, 不需要所有物理量的跃变是小量的假设 (Р. В. 波洛温, Г. Я. 柳巴尔斯基, 1958; С. В. 约当斯基, 1958).

令 P_1, V_1 为气体的给定初态, 并令 $s_2^{(0)}$ 为无磁场情况下给定 V_2 值时的末态熵. 把磁场存在时取同样 P_1, V_1, V_2 值的末态熵记为 $s_2^{(H)}$. 在普通流体动力学中, 由 $V_2 > V_1$ 得出 $s_2^{(0)} < s_1$, 这表明不可能有稀疏波. 我们将要证明, 在上述条件下 $s_2^{(H)} < s_2^{(0)}$, 当然更有 $s_2^{(H)} < s_1$; 从而证明在磁流体动力学中也不可能有稀疏波.

在 V_2 取常数条件下将方程 (72.4) 对 P_2 取微商. 利用等式 $(\partial\varepsilon/\partial P)_V =$

$T(\partial s/\partial P)_V$, 我们得到

$$T_2\left(\frac{\partial s_2^{(H)}}{\partial P_2}\right)_{V_2}+\frac{1}{2}(V_2-V_1)+\left(\frac{\partial Q}{\partial P_2}\right)_{V_2}=0, \tag{72.9}$$

其中使用了记号

$$Q=\frac{1}{16\pi}(V_2-V_1)(H_{t2}-H_{t1})^2.$$

由于热力学关系式

$$\left(\frac{\partial P}{\partial s}\right)_V=\frac{T}{c_v}\left(\frac{\partial P}{\partial T}\right)_V,\quad \left(\frac{\partial P}{\partial T}\right)_V=-\left(\frac{\partial P}{\partial V}\right)_T\left(\frac{\partial V}{\partial T}\right)_P,$$

(72.9) 式的第一项与 $(\partial V/\partial T)_P$ 的正负号相同, 且按假定为正. 因此, 如果 $V_2>V_1$, 则 $(\partial Q/\partial P_2)_{V_2}<0$. 磁场的存在导致 Q 增加 (无磁场时, $Q=0$, 有磁场时 $Q>0$), 并因此引起在给定 V_2 情况下 P_2 减小. 因为按照假设 $(\partial s/\partial P)_V>0$, 故由此也得出所要证明的 $s_2^{(H)}<s_2^{(0)}$.

最后, 我们来研究在本节开头已经提到的间断面两侧的磁场均位于与其相切的 $H_n=0$ 的平面上 (**垂直激波**) 的情况. 在这种情况下, 由 (72.5) 式我们有 $\boldsymbol{v}_{t2}=\boldsymbol{v}_{t1}$, 亦即速度的切向分量依然是连续的. 所以, 通过相应的坐标系选择永远可以做到使间断面两侧 $\boldsymbol{v}_t=0$, 也就是气体垂直于间断面运动; 我们将假定这已经做到. 由方程 (72.2), 我们有

$$V_2H_2=V_1H_1.$$

注意到这个关系式, 容易确认方程 (72.3), (72.4) 可以写为以下形式:

$$j^2=\frac{P_2^*-P_1^*}{V_1-V_2},$$

$$\varepsilon_2^*-\varepsilon_1^*+\frac{1}{2}(P_2^*+P_1^*)(V_2-V_1)=0,$$

这种形式的方程与无磁场时通常的激波方程的区别仅在于状态方程的改变; 应当用方程 $P^*=P^*(V,s)$ 取代真正的状态方程 $P=P(V,s)$, 其中

$$P^*=P+\frac{b^2}{8\pi V^2},$$

而字母 b 代表恒定乘积 HV. 与此相应, ε^* 必须这样来确定, 以使得热力学关系式 $(\partial\varepsilon^*/\partial V)_s=-P^*$ 得以满足, 由此

$$\varepsilon^*=\varepsilon+\frac{b^2}{8\pi V}.$$

§73 激波的可演化性条件

流体动力学间断可以真实地存在的条件是: 它相对于分解为两个或多个间断必须是稳定的. 也可以把这个条件另外表述为: 对初始状态的任何无限小扰动仅导致间断的无限小改变, 满足这个要求的间断叫作**可演化间断**. 我们在此强调, 可演化性与稳定性这个词的通常意义完全不相同. 通常的不稳定性指的是初始小扰动的逐渐增长, 导致原有运动方式的最终破坏; 但是, 即使扰动在指数增长 (即 $e^{\gamma t}, \gamma > 0$), 在足够短的时间间隔内 ($t \lesssim 1/\gamma$), 它仍是很小的. 在非演化性间断中, 扰动立即变大 (尽管当 t 很小时它仅占据很小的空间区域). 图 41 描述了这一情况, 其中密度 $\rho(x)$ 的一个跃变分裂成相继的两个跃变; 扰动 $\delta\rho$ 并不小, 虽然在 t 很小时 (两个间断尚未显著分开时) 它只占了很小的区间 δx.

可以通过统计两个数目的办法来获得可演化性准则, 一个是决定间断的任意初始 ($t = 0$) 小扰动所需独立参量的数目, 另一个是这些参量必须满足的方程 (间断上的线性化边界条件) 的数目. 如果两个数目是一样的, 则间断是可演化的; 此时边界条件单值地确定扰动后来的发展, 对于小的 $t > 0$, 扰动依然是小的 ①. 如果方程数目大于或小于独立参量数目, 则关于间断的小扰动问题完全无解或者有无穷多个解. 这二者都是不可能的, 这种情况表明初始假设 (t 小时的扰动也小) 的不合理性; 间断是非演化性的.

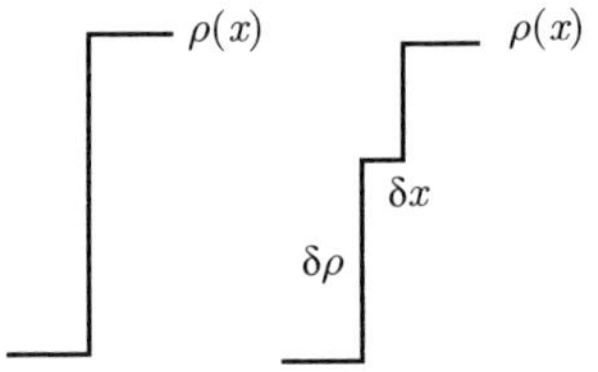

图 41

在普通的流体动力学中, 与熵增加条件相比, 激波的可演化性要求不导致任何附加限制: 曾普伦定理允许的激波自动是可演化的 (参见本教程第六卷 §88). 在磁流体动力学中情况并非如此, 可演化性要求对激波中物理量变化的特征有新的重要限制 (А. И. 阿希泽尔, Г. Я. 柳巴尔斯基, Р. В. 波洛温, 1958). ②

① 此时波既可以是不稳定的 (如果在方程本征频率中有带正虚部的复数), 也可以是稳定的 (如果不存在那样的频率).

② 至于其他磁流体动力学间断 (接触间断、切向间断、阿尔文间断), 它们永远是可演化的.

实际解释磁流体动力学激波的演化性条件之前, 我们首先来计算间断面上的任意小扰动必须满足的方程的数目. 我们将把激波想象为平面的并选择其平面为 yz 平面. 将 x 轴的正向选为气体穿过间断面运动的方向. 令间断两侧未扰动场 H_1, H_2 和未扰动气体速度 v_1, v_2 都在 xy 面上.

间断面两侧有七个量受到扰动: 流体的三个速度分量 (v_x, v_y, v_z), 磁场的两个分量 (H_y, H_z), 密度 $\rho = 1/V$ 和熵 s. 余下的热力学量 (P, w) 的扰动取决于 ρ 和 s 的扰动. 由于方程 $\operatorname{div} \boldsymbol{H} = \partial H_x/\partial x = 0$, 磁场纵向分量 H_x 沿 x 轴为常量并不受扰动. 除此之外, 激波本身的传播速度也受到扰动, 亦即相对于所选坐标系 (间断面在其中静止) 传播速度中出现了一个小速度 (我们将它记为 δU). 但是, 这个速度可以立即由穿过间断面的质量流密度连续条件通过扰动 ρ 和 v_x 表示出来. 实际上, 气体相对于间断面的速度为

$$v_{x_0} + \delta v_x - \delta U,$$

其中 v_{x0} 为未扰动速度, δv_x 为速度扰动; 同样写出 $\rho = \rho_0 + \delta\rho$, 将边界条件 $\{j\} = 0$ 线性化并在此之后去掉未扰动量的下标 0, 我们得到

$$\{\delta j\} = \{\rho \delta v_x\} + \{v_x \delta\rho\} - \delta U \{\rho\} = 0,$$

由此确定 δU.

动量流分量 Π_{zx} 和电场分量 E_y (亦即方程 (70.4)—(70.5) 的 z 分量) 的连续性边条件的线性化给出两个方程

$$\left\{\rho v_x \delta v_z - \frac{1}{4\pi} H_x \delta H_z\right\} = 0, \quad \{H_x \delta v_z - v_x \delta H_z\} = 0$$

(记住未扰动量 $v_z = 0, H_z = 0$). 这些方程中只含有两个量的扰动:

$$\delta v_z, \quad \delta H_z. \tag{73.1}$$

能流 q_x、动量流 Π_{xx}, Π_{yx} 分量以及电场的 E_z (亦即方程 (70.2)—(70.3) 以及方程 (70.4) 和 (70.5) 的 y 分量) 等量的连续性边界条件给出四个线性方程, 其中包括的扰动量为

$$\delta v_x, \quad \delta v_y, \quad \delta H_y, \quad \delta\rho, \quad \delta s; \tag{73.2}$$

我们就不在此写出这些方程了.

现在我们来计算确定激波扰动的参量数目. 以 $e^{-i\omega t}$ 方式依赖于时间的扰动以三种形式的磁流体力学波 (阿尔文波、快磁声波与慢磁声波) 以及熵波的形式在间断面两侧传播; 其中最后一种波代表了熵的小扰动由于气流的绝热性与气体一起以气体速度的转移. 此时所有这些波当然必须是出射波——从

间断面向左或向右传播. 在每一个波中所有量的改变都以确定的关系 (如在 §69 中所证明的) 相互联系; 所以每一个波只取决于一个参量——任一个量的振幅.

磁声波和熵波转移 (73.2) 式所列出的扰动, 而阿尔文波则转移 (73.1) 式所列出的扰动. 由于这两组扰动的方程是相互分开的, 故每一组扰动演化性条件必须分别得到满足 (瑟洛瓦茨基, 1958); 这种情况进一步加强了所要产生的限制.

我们先来研究相对于阿尔文扰动的演化性条件. 这个条件要求出射波的数目等于方程数 2. 阿尔文波相对于间断面的相速度可以等于

$$u_{x1} \pm u_{\mathrm{A1}}, \quad v_{x2} \pm u_{\mathrm{A2}},$$

其中 u_{A} 为波相对于气体的相速度 (69.6). 按照 x 轴方向选择的约定, 气体的速度 $v_{x1}, v_{x2} > 0$. 在间断面前的 1 区, 如果波相对于间断面的相速度为负, 波离开间断面出射; 而在间断面后的 2 区, 只有波的相速度为正, 波才离开间断面出射. 具有速度 $v_{x1} + u_{\mathrm{A1}}$ 的波任何时候也不会满足这个条件 (它永远是入射波), 而速度为 $v_{x1} - u_{\mathrm{A1}}$ 的波当 $v_{x1} < u_{\mathrm{A1}}$ 时是出射波. 类似地, 具有速度 $v_{x2} + u_{\mathrm{A2}}$ 的波永远是出射波, 而速度为 $v_{x2} - u_{\mathrm{A2}}$ 的波当 $v_{x2} > u_{\mathrm{A2}}$ 时才是出射波. 因此, 相对于阿尔文波存在两个演化区:

$$1)\ v_{x1} > u_{\mathrm{A1}}, \quad v_{x2} > u_{\mathrm{A2}},$$

$$2)\ v_{x1} < u_{\mathrm{A1}}, \quad v_{x2} < u_{\mathrm{A2}}.$$

这些区域在图 42 中用竖直画线标出; 该图的绘制计及了不等式

$$u_{\mathrm{s}} < u_{\mathrm{A}} < u_{\mathrm{f}} \tag{73.3}$$

相对于磁声扰动和熵扰动的可演化性条件要求出射波数目等于 4 个. 与气体一起移动的出射熵波永远存在, 但仅从 2 侧出射. 因此出射磁声波的数目必须等于 3. 与上述对阿尔文波所作的判断类似的推论得出, 对于我们现在研究的这组扰动, 存在图 42 中用水平划线标出的两个演化区 ①.

两套划线相交决定了相对于所有扰动的两个演化性区域: (1) 快激波, 对于这种波

$$v_{n1} > u_{\mathrm{f1}}, \quad u_{\mathrm{f2}} > v_{n2} > u_{\mathrm{A2}}, \tag{73.4}$$

(2) 慢激波, 对于这种波

$$u_{\mathrm{A1}} > v_{n1} > u_{\mathrm{s1}}, \quad u_{\mathrm{s2}} > v_{n2} \tag{73.5}$$

① 我们注意到, 对于两组扰动中的每一个, 在非演化性区内存在参量数或者大于, 或者小于方程数的情况.

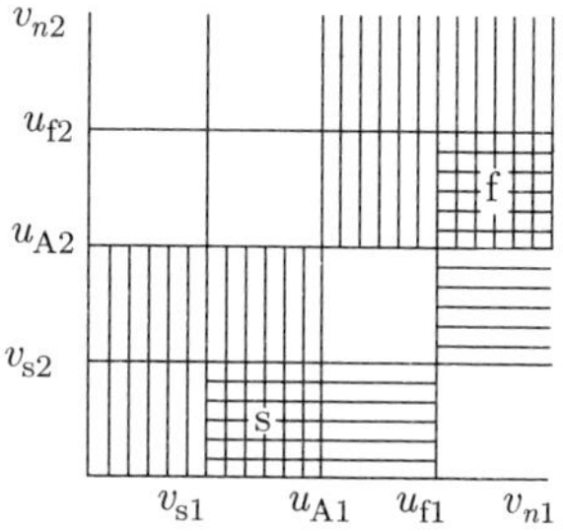

图 42

(代替 v_x, 我们重新将气体速度的法向分量表示为 v_n). 在弱波强极限 (所有量的跃变很小) 情况, 快激波和慢激波相应地以速度 $u_{f2} \approx u_{f1}$ 和 $u_{s2} \approx u_{s1}$ 传播.

我们用刚得到的可演化性条件来解释磁场在激波中的变化. 从等式 (72.2)

$$\frac{H_n^2}{4\pi j^2}\{\boldsymbol{H}_t\} = \left\{\frac{\boldsymbol{H}_t}{\rho}\right\} = \frac{1}{j}\{v_n\boldsymbol{H}_t\}$$

或

$$\left(\frac{H_n^2}{4\pi j} - v_{n1}\right)\boldsymbol{H}_{t1} = \left(\frac{H_n^2}{4\pi j} - v_{n2}\right)\boldsymbol{H}_{t2} \tag{73.6}$$

出发. 注意到 $H_n^2/(4\pi\rho) = u_A^2$, 可将其另写为以下形式

$$\frac{u_{A1}^2 - v_{n1}^2}{v_{n1}}\boldsymbol{H}_{t1} = \frac{u_{A2}^2 - v_{n2}^2}{v_{n2}}\boldsymbol{H}_{t2}. \tag{73.7}$$

考虑到不等式 (73.4), (73.5), 由 (73.7) 可见, 激波两侧的切向磁场不仅共线, 而且指向同一方向.

在间断面两侧的慢激波中

$$v_n < \frac{H_n^2}{4\pi j} = \frac{v_A^2}{v_n}.$$

我们同样发现, 从质量流连续有 $\rho_1 v_{n1} = \rho_2 v_{n2}$, 并由不等式 $\rho_1 < \rho_2$ 得出

$$v_{n1} > v_{n2}, \tag{73.8}$$

我们由 (73.6) 式断定 $H_{t2} < H_{t1}$, 亦即在慢激波中切向磁场减弱. 而在快激波中 $v_n > H_n^2/(4\pi j)$, 并从 (73.6) 式得出 $H_{t2} > H_{t1}$, 亦即在快激波中切向磁场增强.

我们注意到激波的一种特殊情况, 在这种激波中间断面两侧的磁场平行于间断面的法线. 如在 §72 开头时所述, 永远可以通过选择坐标系使得间断面两侧的矢量 $\boldsymbol{v}$ 和 $\boldsymbol{H}$ 相互平行. 此时我们所研究的情况中将有

$$\boldsymbol{H}_{t1} = \boldsymbol{H}_{t2} = 0, \quad \boldsymbol{v}_{t1} = \boldsymbol{v}_{t2} = 0$$

(**平行激波**). 对于这种激波, 边界条件一般不包含磁场, 也就是说, 与普通流体力学激波的边界条件相同. 然而, 磁场的存在导致在参量的确定取值范围内波的可演化性条件被破坏, 从而这样的波不再可能存在 (见习题 1).

至于在前一节末尾研究过的垂直激波, 则所有这样的压缩波都是可演化的, 而且它们是快波. 从 $H_n = 0$ 时有 $u_{\mathrm{A}} = u_{\mathrm{s}} = 0$ 即可看出它们是快波.

研究过磁流体动力学中不同类型的间断之后, 我们还要详细谈一下这些类型之间过渡情况存在可能性的问题, 亦即有无可能存在这样的间断, 它们同时具有两种类型间断的性质. 这样的可能性强烈地受到可演化性条件所提出的要求的限制.

首先, 阿尔文间断不可能连续地过渡到激波. 事实上, 在激波内间断面的法线与间断面两侧的磁场在一个平面上. 仅当其中的磁场矢量 $\boldsymbol{H}$ 转 180° 时, 这样的激波可以与阿尔文间断重合. 但这样做磁场的切向分量要改变正负号, 然而在可演化激波中它不变号.

快激波和慢激波之间仅当 $\boldsymbol{H}_{t1} = \boldsymbol{H}_{t2} = 0$ 才有可能连续过渡, 因为在快激波中磁场 $\boldsymbol{H}_t$ (如其不为零) 要增强, 而在慢激波中 $\boldsymbol{H}_t$ 要减弱; 换句话说, 仅在平行的快激波和慢激波之间才能有连续过渡. 然而, 这些波的可演化区仅在 $u_{\mathrm{A}1} = u_{01}$ 时才会接触, 此时慢激波消失 (见习题 1). 因此可知, 不可能有快激波和慢激波之间的连续过渡.

由于不等式 (73.4), 快激波不可能连续地转为切向间断.

如此一来, 有可能连续过渡的只有以切向间断为一方和以接触间断、阿尔文间断或慢激波为另一方之间的过渡.

习 题

1. 试求出在热容比为 $c_p/c_v = 5/3$ 的单原子理想 (在热力学意义上) 气体中破坏平行激波可演化性的 v_1 的取值范围.

解: 题中所涉气体的焓 $w = 5P/(2\rho)$, 且边界条件方程组 (70.1)—(70.3) 采取以下形式:

$$\rho_1 v_1 = \rho_2 v_2, \quad P_1 + \rho_1 v_1^2 = P_2 + \rho_2 v_2^2,$$

$$v_1^2 + 5\frac{P_1}{\rho_1} = v_2^2 + 5\frac{P_2}{\rho_2}.$$

由此我们求得

$$v_2 = \frac{v_1^2 + 3u_{01}^2}{4v_1}$$

(其中 $u_0=(5P/3\rho)^{1/2}$ 为通常的声速) 以及:

$$u_{A2}=\sqrt{\frac{\rho_1}{\rho_2}}u_{A1}=\frac{\sqrt{v_1^2+3u_{01}^2}}{2v_1}u_{A1},$$

$$u_{02}=\frac{\sqrt{(5v_1^2-u_{01}^2)(v_1^2+3u_{01}^2)}}{4v_1},$$

$$u_{f1}=\max(u_{01},v_{A1}),\quad u_{s1}=\min(u_{01},u_{A1}),$$

$$u_{f2}=\max(u_{02},u_{A2}),\quad u_{s2}=\min(u_{02},u_{A2}).$$

当 $u_{A1}<u_{01}$ 时可演化性条件永远满足, 而且激波是快激波. 图 43 中绘出了这种情况下 $v_2(v_1)$ (粗实线) 和 $u_{A2}(v_1), u_{f2}(v_1)=u_{02}(v_1)$ 的函数关系示意图; 倾斜的破折线为直角角平分线.

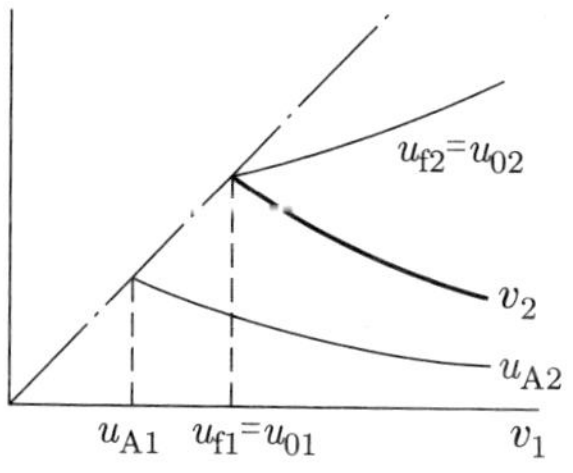

图 43

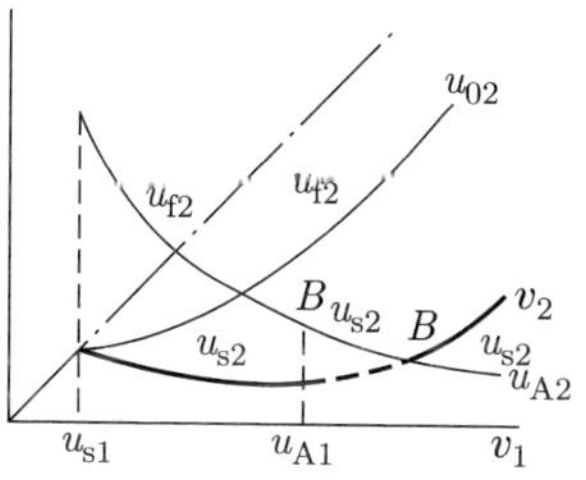

图 44

图 44 绘出了对于 $u_{A1}>u_{01}$ 情况的类似的示意图. 图中的细实线为 $u_{A2}(v_1)$ 和 $u_{02}(v_1)$ 的函数关系; 在这些线的不同段上示出了是哪个速度 (u_{f2} 或 u_{s2}) 与它们相同. 粗实线为在可演化区内的 $v_2(v_1)$ 函数关系, 而且其左段对应于慢激波, 右段对应于快激波. 图中的粗虚线表示不可演化段, 它所占据的区间为

$$u_{A1}<v_1<\sqrt{4u_{A1}^2-3u_{01}^2};$$

这一区间的右端点为 $v_2=u_{A2}$ ①.

2. 激波前的切向磁场 $\boldsymbol{H}_{t1}=0$, 而在激波后 $\boldsymbol{H}_{t2}\neq 0$ (这种激波称作**开闸激波**). 试求出这样的激波在具有上题所述热力学性质的气体中可以拥有的 v_{n1} 取值区间.

解: 由 (72.2) 式得出, 在 $\boldsymbol{H}_{t1}=0$ 时激波相对于其后气体的速度为

$$v_{n2}=\frac{H_n}{\sqrt{4\pi\rho_2}}=u_{A2},$$

而相对于其前面的气体的速度为

$$v_{n1}=\frac{\rho_2}{\rho_1}v_{n2}=u_{A1}\sqrt{\frac{\rho_2}{\rho_1}}>u_{A1}.$$

① 关于线段 BB 的含义, 参见习题 2.

这个激波是快激波; v_{n1} 与 v_{n2} 的相互关系为 ① $v_{n1}v_{n2}=u_{\mathrm{A}1}^2$.

对于处于具有上述热力学性质的气体中的开闸激波, 由边界条件可以得到

$$\frac{H_{t2}^2}{8\pi}=\frac{\rho_1}{3u_{\mathrm{A}1}^2}(v_{n1}^2-u_{\mathrm{A}1}^2)(4u_{\mathrm{A}1}^2-3u_{01}^2-v_{n1}^2).$$

由于等式的右端必须为正并因为 $v_{n1}>u_{\mathrm{A}1}$, 故而我们可以看出, 在开闸激波中 v_{n1} 的可能取值限制在区间

$$u_{\mathrm{A}1}\leqslant v_{n1}\leqslant\sqrt{4u_{\mathrm{A}1}^2-3u_{01}^2}$$

内. 从这些不等式可以看出, 仅当 $u_{\mathrm{A}1}>u_{01}$ 时开闸激波才是可能的. 在图 44 中, 标有 BB 的一段细实线与这些波对应.

§74 湍动发电机

导电流体的湍流运动具有一个奇特的性质: 它可以导致相当强的磁场的自发产生. 这种现象称作**湍动发电机**. 在导电流体中始终存在由流体本身运动之外的因素引起的小扰动, 它们伴随着非常弱的电场和磁场 (例如, 扰动可能与流体转动区域的磁机械效应乃至与温度涨落有关). 问题在于这些扰动之后的行为——它们在平均上随时间是被湍流运动加强还是减弱?

偶尔产生的磁场扰动随时间的变化取决于不同物理因素的博弈. 磁力线伸长的独特磁流体动力学效应倾向于使磁场增强. 在 §65 中曾指出过, 在具有足够大电导率的流体运动时, 磁力线就像 "冻结" 在流体中一样也随之移动, 而且磁场强度正比于磁力线在每一点的伸长变化. 然而在湍流运动时, 流体中任意两个相近的粒子随着时间流逝在平均上都会分离开来. 结果磁力线拉长, 磁场增强.

以感应电流产生的焦耳热形式出现的磁能耗散倾向于使磁场衰减. 由于能量耗散正比于 $(\mathrm{rot}\,\boldsymbol{H})^2$, 亦即磁场空间导数的平方, 那么很清楚, 对于场发生变化的空间尺度足够大的运动, 耗散很小. 这完全不意味着场在这样的尺度上增强. 实际情况是, 刚才提到过的磁力线伸长伴随着它们的 "纠缠", 结果导致空间尺度的缩小. 所以可能出现的情景是, 场在其给定尺度上不会增强, 而

① $\boldsymbol{H}_{t1}\neq 0, \boldsymbol{H}_{t2}=0$ 的激波叫作**关闸激波**, 它属于慢激波; 其速度为

$$v_{n1}=u_{\mathrm{A}1},\quad v_{n2}=\sqrt{\rho_1/\rho_2}\,u_{\mathrm{A}2}<u_{\mathrm{A}2}, v_{n1}v_{n2}=u_{\mathrm{A}2}^2.$$

对开闸激波和关闸激波的可演化性可能产生疑问; 例如, 在开闸激波中 $v_{n1}>u_{\mathrm{A}1}$, 因此似乎只可能有一个扰动的阿尔文波以向后速度 $v_{n2}+u_{\mathrm{A}2}=2u_{\mathrm{A}2}$ 离开它. 但是不要忘记, 在施加扰动时切向磁场变得不再为零.

会产生从大尺度湍流脉动向较小尺度湍流脉动的能量流动. 一直到脉动尺度足够小时, 能量被耗散掉.

发生在流体运动速度 $\boldsymbol{v}$ 处处平行于同一平面 xy 的二维湍流中的正是这种情景 (Я. Б. 泽尔多维奇, 1956); 我们在此强调, 并没有假定此时产生的磁场 $\boldsymbol{H}$ 是二维的. 下面我们来证明这点.

首先我们来研究与流体运动垂直的磁场分量 H_z 的演化. 考虑到等式 $\operatorname{div}\boldsymbol{H}=0$ 和 $\operatorname{div}\boldsymbol{v}=0$ (本节中假定流体是不可压缩的!), 方程 (66.1) 的 z 分量的形式为

$$\frac{\partial H_z}{\partial t}=-(\boldsymbol{v}\cdot\nabla)H_z+\nu_m\Delta H_z; \tag{74.1}$$

方程中只含 H_z. 方程右端的第一项描写给定 H_z 值与其所在的流体元一起的迁移. 第二项描写在流体不同点上 H_z 值的 “扩散” 致匀. 显然, 无论何种效应都不会引起 H_z 的增加. 如果初始扰动 H_z 占据某一有限空间区域, 那么随着时间的流逝它将因 “扩散” 而衰减.

在证明磁场分量 H_x, H_y 的衰减时, 可以令 $H_z=0$, 因为我们必须排除 H_z 衰减后这些分量继续留下来的可能性①. 我们在所有物理量 ($\boldsymbol{H}$ 和 $\boldsymbol{v}$) 都不依赖于坐标 z 的附加限制情况下来做到这点②. 此时矢量 $\operatorname{rot}\boldsymbol{H}$ 在 z 轴方向; 矢量 $\boldsymbol{v}\times\boldsymbol{H}$ 也同样, 因此 (从表达式 (66.6) 可以看出) 电场 $\boldsymbol{E}$ 也在 z 轴方向. 在这种情况下, 可以借助指向 z 轴且与坐标 z 无关的矢量势 $\boldsymbol{A}$ 来描写电磁场:

$$H_x=\frac{\partial A_z}{\partial y},\quad H_y=-\frac{\partial A_z}{\partial x},\quad E_z=-\frac{1}{c}\frac{\partial A_z}{\partial t},\quad \operatorname{div}\boldsymbol{A}=\frac{\partial A_z}{\partial z}=0.$$

将这些表达式代入 (66.6) 式后, 经简单变换, 我们得到 A_z 的方程:

$$\frac{\partial A_z}{\partial t}=-(\boldsymbol{v}\cdot\nabla)A_z+\nu_m\Delta A_z, \tag{74.2}$$

其形式与方程 (74.1) 完全一样. 由此再一次得出随着时间的流逝扰动 A_z 以及与之相关的 H_x, H_y 统统衰减的结论.

因此, 湍动发电机本质上是三维现象. 为了演示这点, 我们给出以下的一个运动实例, 它不改变磁场的空间尺度但增强磁场. 我们来研究冻结在流体环内部的闭合磁力线集合 (图 45,a). 令在流体运动时环的长度被拉长了两倍 (图 45,b) ; 环的横截面减小为原来的二分之一, 磁场大小也增大同样倍数. 其次, 令在运动中环发生扭转 (图 45,c), 然后拧成相互重叠的螺圈 (图 45,d). 结果得到大约与初始同样尺度的位形, 但环内的磁场值增加了两倍. 显然, 这样的运动原则上是三维的.

① 以下的论证不排除磁场在过程初始阶段增长的可能性.

② 这里作这个假定只是为了简化证明, 并没有任何原则上的意义. 即便没有这个限制条件也可以用稍微复杂一点的论证得出同样结果.

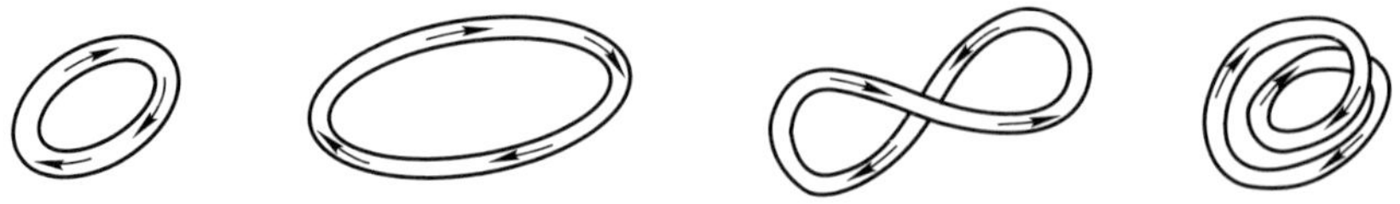

(a) (b) (c) (d)

图 45

当然这个实例并非湍动发电机实际存在的证明; 还存在比场的尺度更小规模的运动. 为了解释这个问题, 有必要对导电流体湍流相对于磁场小扰动的稳定性作直接的考察. 这方面的发展强烈地提示, 在足够大的磁雷诺数下确实会有磁场产生 ① 这里我们将不叙述这些相当复杂的研究, 只是对湍动发电机存在设想中已建立的磁流体动力学湍流图像进行一般性的描述.

众所周知, 湍流运动可以看作是从基本的 "外" 尺度 l 到最小的 "内" 尺度 λ_0 的各种尺度湍流脉动的集合. 第一个尺度与决定湍流运动发生区域尺度的特征长度相同, 而第二个尺度决定能量耗散变得重要的距离的数量级 (参见本教程第六卷 §33). 所谓定常湍流, 我们是指平均特征量取常量的湍流, 平均是对相应的脉动周期量级的时间间隔进行的, 这个时间间隔当然比所有的观察时间都小: 我们将用下标 λ 来区分尺度为 λ 的脉动的平均特征量; 例如 v_λ, H_λ 是速度和磁场在距离 $\sim\lambda$ 上的平均变化.

关于湍动发电机存在的断言表明, 在基本尺度上存在磁场 H_l, 其能量密度 $H_l^2/(8\pi)$ 可与流体的动能密度 $\rho v_l^2/2$ 相比. 换言之, 磁场 H_l 中的阿尔文速度

$$u_\mathrm{A} \sim \frac{H_l}{\sqrt{4\pi\rho}} \tag{74.3}$$

可与流体动力学速度 $v_l \equiv u$ (在距离 $\sim l$ 上的平均速度变化) 的基本尺度相比. 对于 $\lambda \ll l$ 的尺度, 磁场 $H_\lambda \ll H_l$②.

我们马上要强调指出磁流体动力学湍流与通常湍流的区别. 在通常湍流中基本尺度的运动并不对小尺度脉动的性质产生重要的影响, 它仅以对流方式传送小尺度脉动. 相反, 在磁流体动力学情况, 基本尺度的磁场影响所有小

① 参见 *Вайнштейн С. И.* // ЖЭТФ. 1980. Т. 79. С. 2175; 1982. Т. 83. С. 161.

② 我们这里感兴趣的是空间变化特征尺度 $\lesssim l$ 的湍动磁场的产生. 原来只有当湍流运动的平均特征量是相对于空间反演的不变量 (我们这里不研究此情况) 时, 特征尺度 $\gg l$ 的 "大尺度" 场的产生才有可能. 对相关理论的叙述可在 С. И. 瓦因斯坦、Я. Б. 泽尔多维奇和 А. А. 鲁兹麦金的专著以及 Н. К. 莫法特的著作中找到: *Вайнштейн С. И., Зельдович Я. Б., Рузмайкин А. А.* Турбулентное динамо в астрофизике. —М.: Наука, 1980; H K Moffatt, Magnetic field generation in electrically conducting fluids, Cambridge University Press, 1978.

尺度的运动.

因为对于 $\lambda \ll l$ 的尺度, 可以认为磁场 H_l 是局域均匀的, 而 $H_\lambda \ll H_l$, 那么这种情况下的小尺度运动不是别的, 正是具有波矢 $k \sim 1/\lambda$ 和速度 $\sim u_{\mathrm{A}}$ 的小振幅磁流体动力学波的集合. 根据 (69.11) 式, 在这些波中流体的动能和磁能是一样的. 换句话说, 在小尺度脉动中磁能和动能之间的对等分布以很高的准确度得以保持:

$$\rho v_\lambda^2 \sim \frac{H_\lambda^2}{4\pi}. \tag{74.4}$$

这个关系式可以按数量级外推到基本尺度, 给出 $u \sim u_{\mathrm{A}}$, 这与假设一致.

我们来研究尺度 λ 的取值范围

$$l \gg \lambda \gg \lambda_0. \tag{74.5}$$

应当注意到, 一般而言, 黏性耗散与焦耳耗散是在不同的 λ 取值时成为主要耗散的, 在这个意义上, 在磁流体动力学湍流中可以存在两个内部尺度: 在 (74.5) 式中的 λ_0 指的是其中较大的那一个, 因此在 (74.5) 式所示出的范围 (称为**惯性区**) 内没有任何耗散.

如同在通常的湍流理论中那样, 我们引入单位时间内单位质量流体耗散的平均能量 (用 ε 表示). 这个能量取自大尺度运动, 由此逐步传递到所有更小的尺度, 直到最后耗散到尺度为 $\lambda \lesssim \lambda_0$ 的脉动中. 显然, 在没有耗散的惯性区, 量 ε 同时也是向尺度减小方向流动的恒定 (不依赖于 λ) 的能流. 在通常的纯流体动力学湍流中可以确认, 湍流的局域 (亦即在长度 $\lambda \ll l$ 上的) 性质必须仅取决于 ρ, ε 以及距离 λ 本身, 而不取决于湍流总体尺寸 l 和速度的尺度 u; 这对于从量纲分析找出 v_λ 对 λ 的依赖关系已经足够. 而在磁流体动力学湍流中局域性质还可能依赖于磁场 H_l (或者等价地, 依赖于速度 u_{A}). 如此一来, 量纲分析就不够用了, 必须将能流建立的实际机制牵扯进来.

由运动方程中的非线性项所描写的小振幅磁流体动力学波之间的相互作用便是这个机制. 所以能流 ε 必须展开为小振幅 v_λ 的幂级数, 而且这个展开式必须以高于二阶的高阶项开始 (平方项对应于这里并不存在的通常的耗散). 三阶项依赖于相互作用波的相位并在对这些无规相位作平均时消失. 因此 $\varepsilon \propto v_\lambda^4$. 现在已经可以由量纲分析 ($\varepsilon$ 的单位是 erg/ (g·s) =cm^2/s^3) 确定这个比例系数为:

$$\varepsilon \sim v_\lambda^4/(u_{\mathrm{A}}\lambda), \tag{74.6}$$

或

$$v_\lambda \sim (u_{\mathrm{A}}\varepsilon\lambda)^{1/4} \tag{74.7}$$

(R. H. 克雷奇南, 1965). 这个关系式替代了通常流体动力学湍流的科尔莫戈罗夫–奥布霍夫定律 ($v_\lambda \sim (\varepsilon\lambda)^{1/3}$). 将 (74.6) 式外推至基本尺度, 我们得到 ε 的估计值为

$$\varepsilon \sim u^4/(u_A l) \sim u^3/l,$$

与通常流体动力学中是一样的.

从把小尺度脉动当作大尺度磁场 H_l 背景上的磁流体动力学波的概念出发, 可以估计湍流的内部尺度 λ_0. 介质的黏性和导电性导致这些波的吸收; 相应的吸收系数 γ 已在 §69 的习题中求得. 当吸收长度 $1/\gamma$ 可与波长亦即尺度 λ 相比拟时, 耗散成为主要的. 由于磁流体动力学波以速度 u_A (与波长无关) 传播, 则其频率 $\omega \sim u_A/\lambda$. 我们对吸收系数的估值为

$$\gamma \sim \frac{\nu + \nu_m}{\lambda^2 u_A}.$$

当 $\lambda \sim \lambda_0$ 时从条件 $\gamma \sim 1/\lambda$ 我们求得内部尺度为

$$\lambda_0 \sim \frac{\nu + \nu_m}{u_A} \sim \frac{\nu + \nu_m}{u}. \tag{74.8}$$

如果 $\nu \gg \nu_m$, 则 $\lambda_0 \sim \nu/u \sim l/R$, 其中 $R \sim ul/\nu$ 为基本运动的雷诺数. 类似地, 当 $\nu_m \gg \nu$ 时我们有 $\lambda_0 \sim l/R_m$.

最后我们还要指出强导电介质湍流运动的一个有趣性质: 磁场从湍流区被排出. 事实上, 我们来研究被湍流占据的一个有限区域, 在该区域外有磁场. 这个场的磁力线一旦进入湍流区, 由于冻结, 它们就在其中发生纠缠; 磁场的方向变得随机. 这表明磁场 $\boldsymbol{H}$ 的时间平均值趋于零, 并且介质导电率越高, 趋于零的精确度越高 (有限导电率导致磁力线滑移, 所以场并不变得完全随机). 换句话说, 当施加不太强的磁场于 (在有限区域) 湍动的流体时, 流体表现得如同具有小磁导率 ($\mu \ll 1$) 的抗磁性介质, 磁导率越小, 磁雷诺数越大.

足够强的磁场不可能不深入流体. 然而, 这并不意味着强磁场必定完全压制湍流. 二维湍流可能存在于任意强的均匀外磁场 (指向 z 轴) 中, 其中流体速度处处平行于 xy 平面, 并不依赖于 z 坐标. 实际上, 在这种情况下

$$\mathrm{rot}(\boldsymbol{v} \times \boldsymbol{H}) = (\boldsymbol{H} \cdot \nabla)\boldsymbol{v} = 0$$

而且由 (65.2) 式得出流体运动不扰动外磁场, 场依然是均匀的. 所以, 此时并不产生电流, 从而洛伦兹力等于零. 可以说, 二维运动一般感觉不到均匀磁场. 强磁场中的湍流正是退化到这样的二维湍流.

第九章
电磁波方程

§75 无色散介电体中的场方程

我们在 §58 中曾写出过金属中的交变电磁场方程:

$$\operatorname{rot} \boldsymbol{H} = \frac{4\pi}{c}\sigma \boldsymbol{E}, \quad \operatorname{rot} \boldsymbol{E} = -\frac{1}{c}\frac{\partial \boldsymbol{B}}{\partial t}, \tag{75.1}$$

这些方程仅当场的变化足够缓慢时才是正确的: 场的频率必须使得静态情况下的 $\boldsymbol{j}$ 与 $\boldsymbol{E}$ 以及 $\boldsymbol{B}$ 与 $\boldsymbol{H}$ (如果 $\boldsymbol{B}$ 与 $\boldsymbol{H}$ 的区别重要的话) 的依赖关系仍然保持正确 ①.

现在我们转而研究介电体中交变电磁场的类似问题, 并且表述出电磁场在某些频率下的方程, 在这些频率下 $\boldsymbol{D}$ 与 $\boldsymbol{E}$ 之间以及 $\boldsymbol{B}$ 与 $\boldsymbol{H}$ 之间的关系仍然如同在静电场和静磁场中那样. 如果这种关系像通常一样归结为简单的比例关系, 那么上述条件意味着可以假定

$$\boldsymbol{D} = \varepsilon \boldsymbol{E}, \quad \boldsymbol{B} = \mu \boldsymbol{H}, \tag{75.2}$$

其中 ε 和 μ 取静态值.

在可以与物质的电极化或磁极化出现相关的分子或电子振动的本征频率相比拟的频率下, 以上关系式遭到破坏 (或者, 如人们常说的那样, ε 和 μ 出现色散). 这些频率的数量级随物质种类而不同, 并在非常宽的界限内变化. 对于

① 条件 $l \ll \lambda$ 与方程 (75.1) 的适用性无关. 这个条件对于第 7 章中所研究问题的作用在于, 它允许忽略导体外部场中的延迟效应.

电现象或磁现象, 这些频率的数量级也可能是完全不同的 ①.

通过将精确的微观麦克斯韦方程中的 $\boldsymbol{e}$ 和 $\boldsymbol{h}$ 直接用它们的平均值 $\boldsymbol{E}$ 和 $\boldsymbol{B}$ 代换, 得到方程

$$\operatorname{div}\boldsymbol{B}=0, \tag{75.3}$$

$$\operatorname{rot}\boldsymbol{E}=-\frac{1}{c}\frac{\partial\boldsymbol{B}}{\partial t} \tag{75.4}$$

因此这些方程在任何条件下都适用, 不必修改. 至于方程

$$\operatorname{div}\boldsymbol{D}=0, \tag{75.5}$$

则可通过对精确的微观方程 $\operatorname{div}\boldsymbol{e}=4\pi\rho$ 求平均, 并仅使用物体中总电荷等于零的条件得到 (参见 §6). 显然, 这一推导与 §6 中所假设的场的静态性毫无关联, 所以方程 (75.5) 在交变场内依然适用.

还有一个方程应当通过对精确微观方程

$$\operatorname{rot}\boldsymbol{h}=\frac{1}{c}\frac{\partial\boldsymbol{e}}{\partial t}+\frac{4\pi}{c}\rho\boldsymbol{v} \tag{75.6}$$

求平均而得到. 直接平均方程 (75.6) 得到

$$\operatorname{rot}\boldsymbol{B}=\frac{1}{c}\frac{\partial\boldsymbol{E}}{\partial t}+\frac{4\pi}{c}\overline{\rho\boldsymbol{v}}. \tag{75.7}$$

但是, 在与时间有关的宏观场情况下, 建立平均值 $\overline{\rho\boldsymbol{v}}$ 与先前引进的量之间的关系相当困难. 简单一些的办法, 是不直接进行所要求的平均而采用以下更为形式化的途径.

我们暂时假定, 在介电体中引入体密度为 ρ_{ex} 的外电荷. 这些电荷在运动时产生外电流 $\boldsymbol{j}_{\mathrm{ex}}$, 而这些电荷的守恒表示为连续性方程

$$\frac{\partial\rho_{\mathrm{ex}}}{\partial t}+\operatorname{div}\boldsymbol{j}_{\mathrm{ex}}=0.$$

代替方程 (75.5), 我们有

$$\operatorname{div}\boldsymbol{D}=4\pi\rho_{\mathrm{ex}}$$

(参见 (6.8) 式). 将此式对时间求导并利用连续性方程, 我们有

$$\frac{\partial}{\partial t}\operatorname{div}\boldsymbol{D}=4\pi\frac{\partial\rho_{\mathrm{ex}}}{\partial t}=-4\pi\operatorname{div}\boldsymbol{j}_{\mathrm{ex}}$$

① 例如, 在金刚石中电极化起源于电子的振动, ε 的色散仅在光谱的紫外波段才开始出现. 而在像水那样的极性液体中, 极化与具有固定偶极矩分子取向有关, 故而 ε 的色散在频率 $\omega\sim10^{11}$ 时 (亦即在厘米波波段) 出现. 铁磁性物质中 μ 的色散则开始的更早.

或

$$\operatorname{div}\left(\frac{\partial \boldsymbol{D}}{\partial t}+4\pi \boldsymbol{j}_{\mathrm{ex}}\right)=0.$$

由此得出, 在散度符号 "div" 后的矢量, 可以表示为某一其他矢量 (我们将之标记为 $c\boldsymbol{H}$) 的旋度 "rot" 的形式; 于是

$$\operatorname{rot} \boldsymbol{H}=\frac{4\pi}{c} \boldsymbol{j}_{\mathrm{ex}}+\frac{1}{c} \frac{\partial \boldsymbol{D}}{\partial t}. \tag{75.8}$$

在物体之外, 这个方程应当与真空中场的麦克斯韦精确方程相同, 与此相应矢量 $\boldsymbol{H}$ 与磁场强度相同. 在物体内部, 静态情况下电流 $\boldsymbol{j}_{\mathrm{ex}}$ 以方程

$$\operatorname{rot} \boldsymbol{H}=\frac{4\pi}{c} \boldsymbol{j}_{\mathrm{ex}}$$

与磁场相关, 其中 $\boldsymbol{H}$ 为在 §29 中引进的与平均磁感应强度 $\boldsymbol{B}$ 有确定关系的物理量. 由此得出, 在频率趋于零的极限下方程 (75.8) 中的矢量 $\boldsymbol{H}$ 与静态值 $\boldsymbol{H}(\boldsymbol{B})$ 相同, 而我们这里所假定的场变化的 "缓慢" 意味着对于这些交变场 $\boldsymbol{H}(\boldsymbol{B})$ 的函数关系依然保持. 如此一来, $\boldsymbol{H}$ 成为完全确定的物理量, 取消辅助物理量 $\boldsymbol{j}_{\mathrm{ex}}$ 后, 我们最后得到方程

$$\operatorname{rot} \boldsymbol{H}=\frac{1}{c} \frac{\partial \boldsymbol{D}}{\partial t}. \tag{75.9}$$

量 $\dot{\boldsymbol{D}}/(4\pi)$ 称为**位移电流**.

对于介电体, 这个方程取代了描写金属中场的方程 (75.1) 的第一个方程. 也许会产生这样的想法, 即在金属中对于交变场应当考虑带有导数 $\partial \boldsymbol{E}/\partial t$ 的项, 也就是将 (75.1) 中的第一个方程写为含常系数 ε 的

$$\operatorname{rot} \boldsymbol{H}=\frac{4\pi}{c} \sigma \boldsymbol{E}+\frac{\varepsilon}{c} \frac{\partial \boldsymbol{E}}{\partial t}. \tag{75.10}$$

然而对于良导体 (真正的金属) 而言, 引入这类项毫无意义. 方程 (75.10) 右端的两项实质上代表了场按频率幂级数展开的前两项. 由于假设了后一项足够小, 所以考虑这一项充其量也不过是引入了一个小修正. 其实, 它甚至连这点意义也没有, 因为事实上金属中早在频率修正出现之前, 场的空间非均匀性影响引起的修正就已很显著 (见 §59 第二个脚注).

不过有一类特殊的物体 (不良导体), 对于它们方程 (75.10) 可能有意义. 出于特殊的原因 (半导体中传导电子太少, 电解质溶液内离子迁移率太低), 这些物体的传导率反常地低, 因此在仍可将 ε 和 μ 当作常量的频率下, 方程 (75.10) 右端第二项可与第一项相比或者已经超过了第一项. 在单色场中第二项与第一项的比值为 $\varepsilon\omega/(4\pi\sigma)$. 如果这个比值很小, 物体表现得如同电导率为 σ 的通常导体. 而当频率 $\omega \gg 4\pi\sigma/\varepsilon$ 时, 它则表现得像介电常量为 ε 的介电体一样.

在 ε 和 μ 为常量的均匀介质中, 方程 (75.3)—(75.5) 和 (75.9) 的形式为

$$\operatorname{div} \boldsymbol{E} = 0, \quad \operatorname{div} \boldsymbol{H} = 0, \tag{75.11}$$

$$\operatorname{rot} \boldsymbol{E} = -\frac{\mu}{c}\frac{\partial \boldsymbol{H}}{\partial t}, \quad \operatorname{rot} \boldsymbol{H} = \frac{\varepsilon}{c}\frac{\partial \boldsymbol{E}}{\partial t}. \tag{75.12}$$

以通常的方式从这些方程内消去 $\boldsymbol{E}$ (或 $\boldsymbol{H}$), 我们得到

$$\operatorname{rot}\operatorname{rot} \boldsymbol{H} = \frac{\varepsilon}{c}\frac{\partial}{\partial t}\operatorname{rot} \boldsymbol{E} = -\frac{\mu\varepsilon}{c^2}\frac{\partial^2 \boldsymbol{H}}{\partial t^2},$$

由于 $\operatorname{rot}\operatorname{rot} \boldsymbol{H} = \operatorname{grad}\operatorname{div} \boldsymbol{H} - \Delta \boldsymbol{H} = -\Delta \boldsymbol{H}$, 结果我们求得波动方程

$$\Delta \boldsymbol{H} - \frac{\varepsilon\mu}{c^2}\frac{\partial^2 \boldsymbol{H}}{\partial t^2} = 0.$$

由此可见, 电磁波在均匀介电体中的传播速度为

$$\frac{c}{\sqrt{\varepsilon\mu}}. \tag{75.13}$$

能流密度由电磁场能流和运动物体直接携带的能流相加而成. 在 (我们所研究的) 静止介质中后一部分不存在, 故而介电体中的能流密度由公式 (30.20) 给出:

$$\boldsymbol{S} = \frac{c}{4\pi}\boldsymbol{E} \times \boldsymbol{H}, \tag{75.14}$$

与在金属中一样. 通过计算 $\operatorname{div} \boldsymbol{S}$, 很容易证实这点. 利用方程 (75.4) 和 (75.9), 我们得到

$$\operatorname{div} \boldsymbol{S} = \frac{c}{4\pi}(\boldsymbol{H}\cdot\operatorname{rot} \boldsymbol{E} - \boldsymbol{E}\cdot\operatorname{rot} \boldsymbol{H}) = -\frac{1}{4\pi}\left(\boldsymbol{E}\cdot\frac{\partial \boldsymbol{D}}{\partial t} + \boldsymbol{H}\cdot\frac{\partial \boldsymbol{B}}{\partial t}\right) = -\frac{\partial U}{\partial t}, \tag{75.15}$$

与在给定密度与熵时介电体的内能微分表达式

$$\mathrm{d}U = \frac{1}{4\pi}(\boldsymbol{E}\cdot \mathrm{d}\boldsymbol{D} + \boldsymbol{H}\cdot \mathrm{d}\boldsymbol{B})$$

一致.

大家知道, 所有封闭系统 (当前情况下是电磁场中的介电体) 的四维能量–动量张量的对称性要求导致系统的能流密度和空间动量密度 (精确到 c^2 因子) 相等 (参见本教程第二卷 §32 和 §94). 因此后者等于

$$\frac{1}{4\pi c}\boldsymbol{E} \times \boldsymbol{H}. \tag{75.16}$$

在交变场中确定作用于介电物质上的力时, 特别应当考虑这种情况. 作用力 $\boldsymbol{f}$ (相对于单位体积) 可以以

$$f_i = \frac{\partial \sigma_{ik}}{\partial x_k}$$

的方式从应力张量算出. 但是此时必须考虑到 σ_{ik} 是动量流密度, 它既包含了物质的动量变化也包含了电磁场的动量变化. 如果把 $\boldsymbol{f}$ 理解为只是作用于介质上的力, 则应从上面写出的表达式中减去单位体积内场的动量的变化:

$$f_i = \frac{\partial \sigma_{ik}}{\partial x_k} - \frac{\partial}{\partial t}\frac{1}{4\pi c}(\boldsymbol{E}\times\boldsymbol{H})_i. \tag{75.17}$$

在恒定场内上式右端第二项等于零, 所以以前没有发生过这个问题.

由于场的变化缓慢, 故可使用以前得到的对于恒定场的应力张量表达式. 例如, 对于液态介电体, 其应力张量 σ_{ik} 即由电场部分 (15.9) 式和磁场部分 (35.2) 式之和给出.

但是, 在将这些表达式对坐标求导时应当考虑到, 我们现在用方程 (75.12) 代替了恒定场 (无电流存在时) 中的方程 $\operatorname{rot}\boldsymbol{E}=0, \operatorname{rot}\boldsymbol{H}=0$. 这导致出现新的项

$$-\frac{\varepsilon}{4\pi}\boldsymbol{E}\times\operatorname{rot}\boldsymbol{E} - \frac{\mu}{4\pi}\boldsymbol{H}\times\operatorname{rot}\boldsymbol{H},$$

这些项现在不等于零, 而是等于

$$\frac{\varepsilon\mu}{4\pi c}\boldsymbol{E}\times\dot{\boldsymbol{H}} - \frac{\varepsilon\mu}{4\pi c}\boldsymbol{H}\times\dot{\boldsymbol{E}} = \frac{\varepsilon\mu}{4\pi c}\frac{\partial}{\partial t}(\boldsymbol{E}\times\boldsymbol{H}).$$

因此, 所求的力:

$$\begin{aligned}\boldsymbol{f} = &-\nabla P_0(\rho,T) - \frac{E^2}{8\pi}\nabla\varepsilon - \frac{H^2}{8\pi}\nabla\mu + \\ &\nabla\left[\rho\left(\frac{\partial\varepsilon}{\partial\rho}\right)_T\frac{E^2}{8\pi} + \rho\left(\frac{\partial\mu}{\partial\rho}\right)_T\frac{H^2}{8\pi}\right] + \frac{\varepsilon\mu-1}{4\pi c}\frac{\partial}{\partial t}(\boldsymbol{E}\times\boldsymbol{H}).\end{aligned} \tag{75.18}$$

上式右端最后一项称作**亚伯拉罕力** (M. 亚伯拉罕, 1909).

§76 运动介电体的电动力学

介质的运动导致电场和磁场相互作用现象的产生. 对于导体中的这些现象, 我们已在 §63 中进行了研究, 现在我们转过来研究介电体中的这一问题. 事实上我们关注的是存在外电场或外磁场时发生在运动介质中的现象. 我们特别强调, 这些现象与由于介质本身运动所引起的场产生现象 (这些现象已在 §36, §64 中研究过) 毫无共同之处.

§63 的出发点是从一个参考系到另一个参考系转换时的场变换公式. 那时我们只要知道真空中电场强度和磁场强度的通常变换公式即已足够, 这些公式的平均直接给出 $\boldsymbol{E}$ 和 $\boldsymbol{B}$ 的变换公式. 介电体中这一问题要复杂得多, 因为描写电磁场要用相当大数目的物理量.

在宏观物体的运动中通常涉及的速度比光速小得多. 然而, 根据对于任何速度都正确的精确的相对论公式来得到相应的近似变换公式要简单得多.

众所周知, 在真空内场的电动力学中, 电场和磁场强度矢量 $\boldsymbol{e}$ 和 $\boldsymbol{h}$ 的分量实际上是反对称二秩四维张量的分量 (参见本教程第二卷 §23). 由于 $\boldsymbol{E}$ 和 $\boldsymbol{B}$ 是 $\boldsymbol{e}$ 和 $\boldsymbol{h}$ 的平均值, 它们也应有同样的关系. 因此, 存在具有以下分量的四维张量 $F_{\mu\nu}$①:

$$F_{\mu\nu} = \begin{pmatrix} 0 & E_x & E_y & E_z \\ -E_x & 0 & -B_z & B_y \\ -E_y & B_z & 0 & -B_x \\ -E_z & -B_y & B_x & 0 \end{pmatrix}, \quad F^{\mu\nu} = \begin{pmatrix} 0 & -E_x & -E_y & -E_z \\ E_x & 0 & -B_z & B_y \\ E_y & B_z & 0 & -B_x \\ E_z & -B_y & B_x & 0 \end{pmatrix}. \tag{76.1}$$

借助于这一张量, 第一对麦克斯韦方程

$$\operatorname{div} \boldsymbol{B} = 0, \quad \operatorname{rot} \boldsymbol{E} = -\frac{1}{c}\frac{\partial \boldsymbol{B}}{\partial t} \tag{76.2}$$

可写为如下的四维形式:

$$\frac{\partial F_{\lambda\mu}}{\partial x^{\nu}} + \frac{\partial F_{\mu\nu}}{\partial x^{\lambda}} + \frac{\partial F_{\nu\lambda}}{\partial x^{\mu}} = 0. \tag{76.3}$$

由此显示了这些方程的相对论不变性. 我们强调指出, 方程 (76.2) 本身对运动物体的适用性显而易见, 因为这些方程是将精确的微观麦克斯韦方程中的 $\boldsymbol{e}$ 和 $\boldsymbol{h}$ 用它们的平均值 $\boldsymbol{E}$ 和 $\boldsymbol{B}$ 直接代换而得到的.

第二对麦克斯韦方程

$$\operatorname{div} \boldsymbol{D} = 0, \quad \operatorname{rot} \boldsymbol{H} = \frac{1}{c}\frac{\partial \boldsymbol{D}}{\partial t}, \tag{76.4}$$

在运动介质中也保持自己原有的形式. 从前一节进行的讨论中可明显地看出这点, 因为在这些讨论中只使用了诸如总电荷等于零这样的物体性质, 而运动物体和静止物体一样也具有这些性质. 但是, 这时 $\boldsymbol{D}$ 与 $\boldsymbol{E}$ 之间以及 $\boldsymbol{B}$ 与 $\boldsymbol{H}$ 之间的关系, 与在静止物体中的关系不再相同.

对于静止物体和运动物体都适用的方程 (76.4) 应当在洛伦兹变换下保持自己的形式不变. 对于在真空中的场, 矢量 $\boldsymbol{D}$ 和 $\boldsymbol{H}$ 分别与 $\boldsymbol{E}$ 和 $\boldsymbol{B}$ 相同, 第二对麦克斯韦方程的相对论不变性显示在它们可以借助同一张量 $F_{\lambda\mu}$ 写成四维形式: $\partial F^{\lambda\mu}/\partial x^{\mu} = 0$ (参见本教程第二卷 §30). 因此十分清楚, 为保证方程 (76.4) 的相对论不变性, 必须使矢量 $\boldsymbol{D}$ 和 $\boldsymbol{H}$ 的分量实际上如同构造得像 $F_{\mu\nu}$

① 本节中四维张量的取值为 0, 1, 2, 3 的下角标一律用希腊字母 λ, μ, ν 表示.

似的四维张量的分量那样变换, 我们将这个张量记为 $H_{\mu\nu}$:

$$H_{\mu\nu} = \begin{pmatrix} 0 & D_x & D_y & D_z \\ -D_x & 0 & -H_z & H_y \\ -D_y & H_z & 0 & -H_x \\ -D_z & -H_y & H_x & 0 \end{pmatrix}, \quad H^{\mu\nu} = \begin{pmatrix} 0 & -D_x & -D_y & -D_z \\ D_x & 0 & -H_z & H_y \\ D_y & H_z & 0 & -H_x \\ D_z & -H_y & H_x & 0 \end{pmatrix}. \tag{76.5}$$

借助于它, 方程 (76.4) 改写为以下形式:

$$\frac{\partial H^{\lambda\mu}}{\partial x^\mu} = 0. \tag{76.6}$$

阐明物理量 $\boldsymbol{E}$、$\boldsymbol{D}$、$\boldsymbol{H}$、$\boldsymbol{B}$ 的四维矢量特征后, 我们从而也弄清了这些量从一个参考系转换到另一个参考系的变换规则. 但是, 我们所感兴趣的与其说是这个变换的规律, 不如说是在运动介质中这些量之间的关系, 这些关系推广了适用于静止物体的关系式 $\boldsymbol{D} = \varepsilon\boldsymbol{E}$ 和 $\boldsymbol{B} = \mu\boldsymbol{H}$.

我们用 u^μ 来标记介质速度的四维矢量; 它的分量与三维速度 $\boldsymbol{v}$ 借助

$$u^\mu = \left(\frac{1}{\sqrt{1-v^2/c^2}}, \frac{\boldsymbol{v}}{c\sqrt{1-v^2/c^2}}\right)$$

相联系. 我们由这个四维矢量以及四维张量 $F^{\mu\nu}$ 和 $H^{\mu\nu}$ 构成这样的组合, 使它们在静止介质中转换为 $\boldsymbol{E}$ 和 $\boldsymbol{D}$. 这样的组合是四维矢量 $F^{\lambda\mu}u_\mu, H^{\lambda\mu}u_\mu$. 当 $\boldsymbol{v} = 0$ 时, 它们的时间分量为零, 而空间分量分别为 $\boldsymbol{E}$ 和 $\boldsymbol{D}$. 因此很清楚, 等式 $\boldsymbol{D} = \varepsilon\boldsymbol{E}$ 的四维推广是 ①

$$H^{\lambda\mu}u_\mu = \varepsilon F^{\lambda\mu}u_\mu. \tag{76.7}$$

使用类似的方式我们确信, 关系式 $\boldsymbol{B} = \mu\boldsymbol{H}$ 的四维推广是四维等式

$$F_{\lambda\mu}u_\nu + F_{\mu\nu}u_\lambda + F_{\nu\lambda}u_\mu = \mu(H_{\lambda\mu}u_\nu + H_{\mu\nu}u_\lambda + H_{\nu\lambda}u_\mu). \tag{76.8}$$

从四维表示重新回到三维表示, 我们从上两个方程得到矢量关系式 ②:

$$\begin{aligned} \boldsymbol{D} + \frac{1}{c}\boldsymbol{v}\times\boldsymbol{H} &= \varepsilon\left(\boldsymbol{E} + \frac{1}{c}\boldsymbol{v}\times\boldsymbol{B}\right), \\ \boldsymbol{B} + \frac{1}{c}\boldsymbol{E}\times\boldsymbol{v} &= \mu\left(\boldsymbol{H} + \frac{1}{c}\boldsymbol{D}\times\boldsymbol{v}\right). \end{aligned} \tag{76.9}$$

---

① 应当注意, 在写出只包含速度局域值的关系式时, 我们已经略去了与存在速度梯度可能性有关的弱效应 (例如旋磁效应: 参见 §36).

② 如果在静止介质中关系式 $\boldsymbol{D} = \varepsilon\boldsymbol{E}$ 和 $\boldsymbol{B} = \mu\boldsymbol{H}$ 中的任何一个不成立, 则相应的关系式 (76.9) 将被等式两端的矢量和之间的一个不同的函数关系所替代.

闵可夫斯基得到的这两个公式 (H. 闵可夫斯基, 1908) 在尚未对速度的大小作出任何假设的意义上是精确的. 假设比值 v/c 很小, 精确到该比值的一阶项, 解关于 $\boldsymbol{D}$ 和 $\boldsymbol{B}$ 的这两个方程, 我们得到

$$\boldsymbol{D}=\varepsilon\boldsymbol{E}+\frac{\varepsilon\mu-1}{c}\boldsymbol{v}\times\boldsymbol{H}, \tag{76.10}$$

$$\boldsymbol{B}=\mu\boldsymbol{H}+\frac{\varepsilon\mu-1}{c}\boldsymbol{E}\times\boldsymbol{v}. \tag{76.11}$$

这些公式与麦克斯韦方程 (76.2) 和 (76.4) 一起构成了运动介电体电动力学的基础.

麦克斯韦方程的边界条件也要经受某些变化. 由方程 $\operatorname{div}\boldsymbol{D}=0, \operatorname{div}\boldsymbol{B}=0$, 和以前一样, 得出感应强度法向分量的连续性条件:

$$D_{n1}=D_{n2}, \quad B_{n1}=B_{n2}. \tag{76.12}$$

得到场强切向分量条件的最简单的办法, 可通过从静止参考系 K 转换到随给定物体表面面元一起运动的参考系 K' 来实现; 我们将后者的速度 (沿法线方向) 标记为 v_n. 在 K' 参考系中通常的 $\boldsymbol{E}'_t$ 和 $\boldsymbol{H}'_t$ 连续性条件成立. 根据相对论变换公式, 这些要求等价于矢量

$$\boldsymbol{E}+\frac{1}{c}\boldsymbol{v}\times\boldsymbol{B}, \quad \boldsymbol{H}-\frac{1}{c}\boldsymbol{v}\times\boldsymbol{D}$$

的切向分量的连续性条件. 将这两个矢量投影到垂直于 $\boldsymbol{n}$ 的平面上, 并考虑到等式 (76.12), 我们得到所求的边界条件:

$$\begin{aligned}\boldsymbol{n}\times(\boldsymbol{E}_2-\boldsymbol{E}_1)&=\frac{v_n}{c}(\boldsymbol{B}_2-\boldsymbol{B}_1),\\ \boldsymbol{n}\times(\boldsymbol{H}_2-\boldsymbol{H}_1)&=-\frac{v_n}{c}(\boldsymbol{D}_2-\boldsymbol{D}_1).\end{aligned} \tag{76.13}$$

如果把 (76.10) — (76.11) 代入上式并略去 v/c 的高阶项, 我们得到

$$\begin{aligned}\boldsymbol{n}\times(\boldsymbol{E}_2-\boldsymbol{E}_1)&=\frac{v_n}{c}(\mu_2-\mu_1)\boldsymbol{H}_t,\\ \boldsymbol{n}\times(\boldsymbol{H}_2-\boldsymbol{H}_1)&=-\frac{v_n}{c}(\varepsilon_2-\varepsilon_1)\boldsymbol{E}_t.\end{aligned} \tag{76.14}$$

在此一近似中, 等式右端可以不区分界面两侧的 $\boldsymbol{H}$ 和 $\boldsymbol{E}$ 的取值.

如果物体运动时其表面在垂直于自身的方向没有移动 (例如, 物体绕轴转动), 则 $v_n=0$. 只有在这种情况下边界条件 (76.13) 或 (76.14) 才归结为通常的 $\boldsymbol{E}_t$ 和 $\boldsymbol{H}_t$ 的连续性条件.

习 题

1. 真空中的介电球在恒定磁场 $\mathfrak{H}$ 中转动, 试确定球周围产生的电场.

解: 计算所产生的电场时, 应取与球静止时同样的磁场值, 因为计及磁场改变的反作用带来高次小修正. 球内磁场均匀且等于

$$\boldsymbol{H}^{(i)} = \frac{3}{2+\mu}\mathfrak{H}$$

(与 (8.2) 式比较).

由于转动是稳恒的, 故所产生的电场为恒定场, 如所有的恒定电场一样具有电势: $\boldsymbol{E} = -\nabla\varphi$. 在球外电势满足方程 $\Delta\varphi^{(e)} = 0$, 而在球内电势满足方程

$$\Delta\varphi^{(i)} = 2\frac{\varepsilon\mu - 1}{c\varepsilon}\boldsymbol{\Omega}\cdot\boldsymbol{H}^{(i)}, \tag{1}$$

其中 $\boldsymbol{\Omega}$ 为转动角速度 (由含 $\boldsymbol{v} = \boldsymbol{\Omega}\times\boldsymbol{r}$ 的表达式 (76.10) 求得 $\boldsymbol{D}$, 代入 $\operatorname{div}\boldsymbol{D} = 0$ 后即得到这个方程). $\boldsymbol{D}$ 的法向分量在球表面的连续性条件为

$$-\varepsilon\frac{\partial\varphi^{(i)}}{\partial r}\bigg|_{r=a} + \frac{\varepsilon\mu-1}{c}a\{\boldsymbol{\Omega}\cdot\boldsymbol{H}^{(i)} - (\boldsymbol{\Omega}\cdot\boldsymbol{n})(\boldsymbol{H}^{(i)}\cdot\boldsymbol{n})\} = -\frac{\partial\varphi^{(e)}}{\partial r}\bigg|_{r=a} \tag{2}$$

(a 为球的半径, $\boldsymbol{n}$ 为 $\boldsymbol{r}$ 方向的单位矢量).

由于球的对称性, 所求电场全由两个常矢量 $\mathfrak{H}$ 和 $\boldsymbol{\Omega}$ 确定. 由它们的分量可以组成与 $\mathfrak{H}$ 和 $\boldsymbol{\Omega}$ 成线性的标量 $\mathfrak{H}\cdot\boldsymbol{\Omega}$ 及对角项之和 (迹) 为零的张量

$$\mathfrak{H}_i\Omega_k + \mathfrak{H}_k\Omega_i - \frac{2}{3}\delta_{ik}\mathfrak{H}\cdot\boldsymbol{\Omega}$$

与此相应, 我们在球内寻求形为

$$\varphi^{(e)} = \frac{1}{6}D_{ik}\frac{\partial^2}{\partial x_i\partial x_k}\left(\frac{1}{r}\right) = \frac{1}{2}D_{ik}\frac{n_in_k}{r^3} \tag{3}$$

的场势, 其中 D_{ik} 为常张量 (同时 $D_{ii} = 0$) ; D_{ik} 是球的电四极矩张量 (参见本教程第二卷 §41). 在 $\varphi^{(e)}$ 中不可能有 const/r 形式的项, 因为这样的项给出的包围球面的电通量不等于零 (而球并未带电). 我们所要寻求的球内电势的形式为

$$\varphi^{(i)} = \frac{r^2}{2a^5}D_{ik}n_in_k + \frac{\varepsilon\mu-1}{3c\varepsilon}\boldsymbol{\Omega}\cdot\boldsymbol{H}^{(i)}(r^2-a^2). \tag{4}$$

上式右端第一项为齐次方程 $\Delta\varphi = 0$ 的解, 其中系数的选择保证在球表面上电势 (同样还有 $\boldsymbol{E}_t$) 的连续性. 将 (3) 式和 (4) 式代入 (2) 式, 我们求得

$$D_{ik} = -\frac{a^5}{c}\frac{3(\varepsilon\mu-1)}{(3+2\varepsilon)(2+\mu)}\left(\mathfrak{H}_i\Omega_k + \mathfrak{H}_k\Omega_i - \frac{2}{3}\delta_{ik}\mathfrak{H}\cdot\boldsymbol{\Omega}\right). \tag{5}$$

因此, 旋转球周围产生具有四极矩特征的电场, 同时球的四极矩由公式 (5) 给出. 特别是, 如果球绕外磁场方向 (z 轴) 旋转, 则 D_{ik} 只有对角项

$$D_{zz} = -\frac{a^5}{c}\frac{4(\varepsilon\mu - 1)}{(3+2\varepsilon)(2+\mu)}\mathfrak{H}\cdot\boldsymbol{\Omega}, \quad D_{xx} = D_{yy} = -\frac{1}{2}D_{zz}.$$

类似地, 在均匀电场中旋转的球周围产生四极矩磁场. 此时球的磁四极矩可由公式 (5) 变号并将其中的 $\varepsilon, \mu, \mathfrak{H}$ 分别改换为 $\mu, \varepsilon, \mathfrak{C}$ 后得到.

2. 一磁化球在真空中均匀地绕其自身平行于磁化方向的轴转动, 试确定球周围产生的电场 ①.

解: 球内部的磁场均匀并按照方程 $\boldsymbol{B}^{(i)} + 2\boldsymbol{H}^{(i)} = 0$ (与 (8.1) 式比较) 和 $\boldsymbol{B}^{(i)} - \boldsymbol{H}^{(i)} = 4\pi\boldsymbol{M}$ 通过恒定的磁化强度 $\boldsymbol{M}$ 表达, 由此

$$\boldsymbol{B}^{(i)} = \frac{8\pi\boldsymbol{M}}{3}, \quad \boldsymbol{H}^{(i)} = -\frac{4\pi\boldsymbol{M}}{3}.$$

在当前情况下公式 (76.9) 中的第二式不适用 (因为对于静止铁磁体, 公式 $\boldsymbol{B} = \mu\boldsymbol{H}$ 不成立), 而由第一式, 在球内我们有

$$\boldsymbol{D} = \varepsilon\boldsymbol{E} + \frac{\varepsilon}{c}\boldsymbol{v}\times\boldsymbol{B} - \frac{1}{c}\boldsymbol{v}\times\boldsymbol{H} = \varepsilon\boldsymbol{E} + \frac{4\pi(2\varepsilon+1)}{3c}\boldsymbol{v}\times\boldsymbol{M}.$$

在球外所产生的电场的势满足方程 $\Delta\varphi^{(e)} = 0$, 而在球内, 电势满足方程

$$\Delta\varphi^{(i)} = \frac{8\pi(2\varepsilon+1)}{3c\varepsilon}M\Omega.$$

在球表面上, D_n 的连续性边界条件为:

$$-\varepsilon\frac{\partial\varphi^{(i)}}{\partial r}\bigg|_{r=a} + \frac{4\pi(2\varepsilon+1)}{3c}a\Omega M\sin^2\theta = -\frac{\partial\varphi^{(e)}}{\partial r}\bigg|_{r=a},$$

其中 θ 为法线 $\boldsymbol{n}$ 与 $\boldsymbol{\Omega}$ 与 $\boldsymbol{M}$ 的方向 (z 轴) 之间的夹角. 我们寻求以下形式的 $\varphi^{(e)}$ 和 $\varphi^{(i)}$:

$$\varphi^{(e)} = \frac{D_{ik}n_in_k}{2r^3} = \frac{D_{zz}}{4r^3}(3\cos^2\theta - 1),$$

$$\varphi^{(i)} = \frac{r^2}{4a^5}D_{zz}(3\cos^2\theta - 1) + \frac{4\pi(2\varepsilon+1)}{9c\varepsilon}M\Omega(r^2 - a^2)$$

并从边界条件得到在旋转球中产生的电四极矩的以下表达式:

$$D_{zz} = -\frac{4(2\varepsilon+1)}{3c(2\varepsilon+3)}a^2\Omega\mathscr{M}, \quad D_{xx} = D_{yy} = -\frac{1}{2}D_{zz}$$

($\mathscr{M}$ 为球的总磁矩). 对于金属球必须令 $\varepsilon\to\infty$, 于是

$$D_{zz} = -\frac{4}{3c}\Omega\mathscr{M}a^2.$$

① 如果磁化强度方向和旋转轴不重合, 则问题的提法会发生重大变化, 因为会发生由球向其周围空间的电磁波辐射.

§77 介电常量的色散

我们现在转而研究快速交变电磁场这一最重要的问题, 此时电磁场的频率不再受要比物质产生电极化或磁极化的特征频率小得多的条件的限制.

随时间变化不定的电磁场必定在空间也是变化不定的. 在频率为 ω 的情况下空间的周期性由数量级为 $\lambda\sim c/\omega$ 的波长决定. 随着频率的进一步增大, λ 最终变得可与原子尺度 a 相比. 在这样的条件下, 场的宏观描述变得不再可能.

与此相关可能产生这样的问题, 即一般来说, 是否存在这样的频率取值范围, 在此范围内, 一方面色散现象已很重要, 而另一方面仍允许进行宏观研究. 容易看出, 这样的频率范围必须存在. 确立物质中电极化或磁极化的最快速的机制是电子机制. 其弛豫时间为原子时间 a/v 的量级, 其中 a 为原子的尺度, v 为电子在原子中的速度. 然而, 由于 $v\ll c$, 故与此时间对应的波长 $\lambda\sim ac/v$ 仍远大于 a. 以下我们假定条件 $\lambda\gg a$ 得到满足 ①. 但是应当注意到, 这个条件可能不是充分条件: 低温下的金属中存在一个频率区, 尽管在此区域内 $c/\omega\gg a$, 但宏观理论不适用 (参见 §87).

下面讲述的形式理论无论对金属还是介电体都同样适用. 在与原子内电子运动相对应的频率 (光学频率) 或更高频率下, 实际上金属与介电体的性质在定量上的差别已经完全消失.

由 §75 所进行的讨论已经清楚, 麦克斯韦方程

$$\operatorname{div}\boldsymbol{D}=0,\quad \operatorname{div}\boldsymbol{B}=0, \tag{77.1}$$

$$\operatorname{rot}\boldsymbol{E}=-\frac{1}{c}\frac{\partial\boldsymbol{B}}{\partial t},\quad \operatorname{rot}\boldsymbol{H}=\frac{1}{c}\frac{\partial\boldsymbol{D}}{\partial t} \tag{77.2}$$

的外表形式对于任意的交变电磁场都是一样的. 但是这些方程在很大的程度上只有在其中所含的物理量 $\boldsymbol{D},\boldsymbol{B}$ 与 $\boldsymbol{E},\boldsymbol{H}$ 之间建立起关系时才有实际意义. 在我们现在所研究的高频情况下, 这种关系与静态场适用的关系以及我们在没有色散的交变场中使用的关系毫无共同之处.

首先, 这种关系原来已有的基本性质——$\boldsymbol{D}$ 和 $\boldsymbol{B}$ 对同一时刻的 $\boldsymbol{E}$ 和 $\boldsymbol{H}$ 的单值依赖性——遭到破坏. 在任意交变场的一般情况下, $\boldsymbol{D}$ 和 $\boldsymbol{B}$ 在某一时刻的值根本不由 $\boldsymbol{E}$ 和 $\boldsymbol{H}$ 在同一时刻的值决定. 相反可以断言, $\boldsymbol{D}$ 和 $\boldsymbol{B}$ 在某一时刻的值, 一般说来依赖于函数 $\boldsymbol{E}(t)$ 和 $\boldsymbol{H}(t)$ 在此前所有时刻的值. 这种情况表明, 物质电极化或磁极化的建立来不及跟上电磁场的变化 (此时在物质电性质与磁性质中出现色散现象的频率, 可以完全不同).

---

① 与小比值 a/λ 的更高阶项相关的效应, 将在 §104—§106 中研究.

本节中, 我们仅研究 $\boldsymbol{D}$ 对 $\boldsymbol{E}$ 的依赖性; 物质磁性质色散的专门特点将在 §79 中讨论.

在 §6 中曾按照定义 $\overline{\rho} = -\operatorname{div}\boldsymbol{P}$ 引入了极化矢量 $\boldsymbol{P}$, 其中 ρ 为物质中电荷的真实 (微观) 密度. 这个等式表达了物体整体上的电中性, 而且它 (与条件在物体外 $\boldsymbol{P}=0$ 一起) 足以表明, 物体的总电矩等于积分 $\displaystyle\int \boldsymbol{P}\mathrm{d}V$. 显然, 这一推导无论对于交变场和静态场都同样适用. 因此, 在任何交变场中, 包括色散存在的情况, 矢量 $\boldsymbol{P} = (\boldsymbol{D}-\boldsymbol{E})/(4\pi)$ 都保持自己是单位体积内物质的电矩的物理意义.

在快速交变场中, 通常碰到的是场强相对小的问题, 此时可以假设 $\boldsymbol{D}$ 和 $\boldsymbol{E}$ 的关系是线性的 ①. $\boldsymbol{D}(t)$ 与此前所有时刻函数 $\boldsymbol{E}(t)$ 值之间的线性依赖性的最普遍的形式, 可以写为以下形式的积分关系式:

$$\boldsymbol{D}(t) = \boldsymbol{E}(t) + \int_0^{\infty} f(\tau)\boldsymbol{E}(t-\tau)\mathrm{d}\tau \tag{77.3}$$

(将 $\boldsymbol{E}(t)$ 项单独分出来的理由, 以后再予解释). 这里 $f(\tau)$ 为一依赖于介质性质的时间函数. 与静电公式 $\boldsymbol{D}=\varepsilon\boldsymbol{E}$ 类似, 我们将关系式 (77.3) 写作符号形式

$$\boldsymbol{D} = \hat{\varepsilon}\boldsymbol{E},$$

其中 $\hat{\varepsilon}$ 为线性积分算符, 其作用由 (77.3) 式确定.

所有的交变场均可约化为 (利用傅里叶展开) 单色分量的集合, 其中所有分量对时间的依赖关系由因子 $\mathrm{e}^{-\mathrm{i}\omega t}$ 给出. 对于这样的场 D 和 E 之间的关系 (77.3) 式具有以下形式:

$$\boldsymbol{D} = \varepsilon(\omega)\boldsymbol{E}, \tag{77.4}$$

其中函数 $\varepsilon(\omega)$ 由下式确定:

$$\varepsilon(\omega) = 1 + \int_0^{\infty} f(\tau)\mathrm{e}^{\mathrm{i}\omega\tau}\mathrm{d}\tau. \tag{77.5}$$

因此, 对于周期场可以引进介电常量作为 $\boldsymbol{D}$ 和 $\boldsymbol{E}$ 之间的比例系数, 不过, 此时这个系数不仅依赖于物体的性质, 而且依赖于场的频率. ε 对频率的依赖关系称作介电常量的**色散关系**.

函数 $\varepsilon(\omega)$ 一般说来是复数. 我们将其实部和虚部分别标记为 ε' 和 ε'':

$$\varepsilon(\omega) = \varepsilon'(\omega) + \mathrm{i}\varepsilon''(\omega). \tag{77.6}$$

---

① 这里我们指的是 $\boldsymbol{D}$ 只线性地依赖于 $\boldsymbol{E}$ 而不依赖于 $\boldsymbol{H}$. 在静态场中 $\boldsymbol{D}$ 对 $\boldsymbol{H}$ 的线性依赖性被相对于时间符号改变的不变性要求所排除. 在交变场中已经不存在这一条件, $\boldsymbol{D}$ 对 $\boldsymbol{H}$ 的线性依赖关系在物质的特定对称性下是可能的. 但是, 这种依赖关系属于已在本节前一个脚注中提到的那些量级 $\sim a/\lambda$ 的小效应.

由定义 (77.5) 式可直接看出

$$\varepsilon(-\varepsilon)=\varepsilon^*(\omega). \tag{77.7}$$

在这个关系式中分开实部与虚部, 我们得到

$$\varepsilon'(-\omega)=\varepsilon'(\omega),\quad \varepsilon''(-\omega)=-\varepsilon''(\omega). \tag{77.8}$$

因此, $\varepsilon'(\omega)$ 是频率的偶函数, 而 $\varepsilon''(\omega)$ 则是频率的奇函数.

在频率小时 (与色散起始的边界频率相比) 函数 $\varepsilon(\omega)$ 可展开为 ω 的幂级数. 偶函数 $\varepsilon'(\omega)$ 的展开中仅含偶数次项, 而奇函数 $\varepsilon''(\omega)$ 的展开中只含奇数次项. 在 $\omega\to 0$ 的极限下介电体中的函数 $\varepsilon(\omega)$ 当然趋于静电介电常量 (此处我们将其标记为 ε_0). 所以在介电体中 $\varepsilon'(\omega)$ 的展开以常数项 ε_0 开始, 而 $\varepsilon''(\omega)$ 的展开, 一般而言, 从与 ω 成正比的项开始.

也可以研究小频率情况下金属中的函数 $\varepsilon(\omega)$, 如果以这样的方式来定义这个函数, 即在 $\omega\to 0$ 的极限下, 方程

$$\operatorname{rot}\boldsymbol{H}=\frac{1}{c}\frac{\partial\boldsymbol{D}}{\partial t}$$

转换为导体中的静态场方程

$$\operatorname{rot}\boldsymbol{H}=\frac{4\pi}{c}\sigma\boldsymbol{E}.$$

比较这两个方程我们看到, 在 $\omega\to 0$ 时导数 $\partial\boldsymbol{D}/\partial t$ 应当转换为 $4\pi\sigma\boldsymbol{E}$. 而在周期场中 $\partial\boldsymbol{D}/\partial t=-\mathrm{i}\omega\varepsilon\boldsymbol{E}$, 于是得到在小频率时 $\varepsilon(\omega)$ 的极限表达式:

$$\varepsilon(\omega)=\mathrm{i}\frac{4\pi\sigma}{\omega}. \tag{77.9}$$

因此, 在导体中函数 $\varepsilon(\omega)$ 的展开以正比于 $1/\omega$ 的虚数项开始, 该项用相对于恒定电流的电导率 σ 来表达 ①. $\varepsilon(\omega)$ 展开的下一项是实常数. 不过这个常数在金属中却没有它在介电体中具有的静电介电常量的意义 ②. 除此之外, 必须重新指出, 如果电磁波场的空间非均匀性效应比其时间周期性效应出现的早, 则展开的这一项可能没有任何普遍意义.

§78　非常高频率时的介电常量

在 $\omega\to\infty$ 的极限下, 函数 $\varepsilon(\omega)$ 趋于 1. 从简单的物理思考即可看出: 在场足够快地变化时, 导致电场强度 $\boldsymbol{E}$ 与电感应强度 $\boldsymbol{D}$ 差别的极化过程根本来不及发生.

---

① 有时把所有频率下的 $\varepsilon(\omega)$ 的虚部表示为 (77.9) 式的形式, 这转化为引进新的函数 $\sigma(\omega)$ 来取代 $\varepsilon''(\omega)$; 这个函数没有什么新的物理意义, 只不过是重新标记而已.

② 为避免误解, 我们注意与 §75 相比在标记上的若干改变. 在方程 (75.10) 中对于不良导体量 $\varepsilon(\omega)$ 为和 $(4\pi\mathrm{i}\sigma/\omega)+\varepsilon$.

建立对于任何物体 (金属或介电体没有差别) 都成立的 $\varepsilon(\omega)$ 函数的在高频下的极限形式看来是可能的. 这就是说, 场的频率必须比该物质的原子中所有 (或者至少是大多数) 电子的运动频率大得多. 在遵守这个条件的情况下, 可以在计算物质极化时将电子看作自由电子, 忽略它们之间以及它们与原子核的相互作用.

电子在原子中的运动速度比光速小得多. 所以它们在一个波周期内走过的距离 v/ω 比波长 c/ω 小得多. 由于这个原因, 在确定电子在电磁波场中所获得的速度时, 可以认为电磁波场是均匀的.

电子运动方程为:

$$m\frac{\mathrm{d}\boldsymbol{v}'}{\mathrm{d}t}=e\boldsymbol{E}=e\boldsymbol{E}_0\mathrm{e}^{-\mathrm{i}\omega t}$$

(e 和 m 为电子的电荷和质量, $\boldsymbol{v}'$ 为电子在波场中获得的附加速度) ; 由此得到 $\boldsymbol{v}'=\mathrm{i}e\boldsymbol{E}/(m\omega)$. 在场的影响下电子的位移 $\boldsymbol{r}$ 与 $\boldsymbol{v}'$ 之间通过 $\dot{\boldsymbol{r}}=\boldsymbol{v}'$ 相关; 所以 $\boldsymbol{r}=-e\boldsymbol{E}/(m\omega^2)$. 物质的极化强度 $\boldsymbol{P}$ 是其单位体积的偶极矩. 对所有电子求和, 我们求得

$$\boldsymbol{P}=\sum e\boldsymbol{r}=-\frac{e^2}{m\omega^2}N\boldsymbol{E},$$

其中 N 为单位体积物质中的所有原子的电子数. 从另一方面看, 根据电感应强度的定义, $\boldsymbol{D}=\varepsilon\boldsymbol{E}=\boldsymbol{E}+4\pi\boldsymbol{P}$. 所以我们最后求得以下公式:

$$\varepsilon(\omega)=1-\frac{4\pi Ne^2}{m\omega^2}. \tag{78.1}$$

这个公式的实际适用区域从最轻的元素的远紫外区频率或较重元素的 X 射线频率开始.

为了保持物理量 $\varepsilon(\omega)$ 在麦克斯韦方程中的本来的意义, 频率应当还要满足条件 $\omega\ll c/a$. 但是, 后面 (§124) 我们将会看到, 即使在高频下也可以赋予表达式 (78.1) 确定的物理意义.

§79 磁导率的色散

与 $\varepsilon(\omega)$ 不同, 磁导率 $\mu(\omega)$ 在频率增大时较早地失去其物理意义. 在这样的频率下计及 $\mu(\omega)$ 与 1 的差别将会是追求不合理的精确度. 为了证明这一点, 我们来分析一下, 在交变场中物理量 $\boldsymbol{M}=(\boldsymbol{B}-\boldsymbol{H})/4\pi$ 能在多大程度上保持其作为单位体积物质的磁矩的物理意义. 按照定义, 物体的磁矩是积分

$$\frac{1}{2c}\int\boldsymbol{r}\times\overline{\rho\boldsymbol{v}}\mathrm{d}V. \tag{79.1}$$

微观电流密度的平均值与平均场的关系由方程 (75.7)

$$\operatorname{rot}\boldsymbol{B}=\frac{4\pi}{c}\overline{\rho\boldsymbol{v}}+\frac{1}{c}\frac{\partial\boldsymbol{E}}{\partial t} \tag{79.2}$$

给出. 从该方程中逐项减去方程

$$\operatorname{rot}\boldsymbol{H}=\frac{1}{c}\frac{\partial\boldsymbol{D}}{\partial t},$$

我们得到

$$\overline{\rho\boldsymbol{v}}=c\operatorname{rot}\boldsymbol{M}+\frac{\partial\boldsymbol{P}}{\partial t}. \tag{79.3}$$

而且正如 §29 所证明的那样, 只有在 $\overline{\rho\boldsymbol{v}}=c\operatorname{rot}\boldsymbol{M}$ (以及物体外 $\boldsymbol{M}=0$) 的条件下, 方程 (79.1) 才可约化为 $\displaystyle\int\boldsymbol{M}\mathrm{d}V$ 的形式.

因此, 量 $\boldsymbol{M}$ (以及磁化率) 的物理意义与在公式 (79.3) 中略去 $\partial\boldsymbol{P}/\partial t$ 一项的可能性有关. 下面我们就来解释, 允许这种忽略的条件在多大程度上可以满足.

在给定频率下, 测量磁化率的最佳条件要求物体尺度尽可能小 (为了加大 $\operatorname{rot}\boldsymbol{M}$ 中的空间导数) 和电场尽可能弱 (为了减小 $\boldsymbol{P}$). 电磁波场不满足后一个条件, 因为在其中 $E\sim H$. 所以我们来研究螺旋管中的交变磁场, 同时将被考察的物体置于管轴上. 电场仅作为交变磁场感应的结果而产生. 物体内部电场强度的数量级可通过对方程

$$\operatorname{rot}\boldsymbol{E}=-\frac{1}{c}\frac{\partial\boldsymbol{B}}{\partial t}$$

两端进行估值而得到, 由此有 $\dfrac{E}{l}\sim\dfrac{\omega H}{c}$ 或 $E\sim\dfrac{\omega l}{c}H$, 其中 l 为物体尺度. 假设 $\varepsilon-1\sim1$, 我们将有

$$\frac{\partial P}{\partial t}\sim\omega E\sim\frac{\omega^2 l}{c}H.$$

对于磁矩 $\boldsymbol{M}=\chi\boldsymbol{H}$ 的空间导数, 我们有

$$c\operatorname{rot}\boldsymbol{M}\sim\frac{c}{l}\chi\boldsymbol{H}.$$

比较以上两式, 我们发现, 如果

$$l^2\ll\frac{\chi c^2}{\omega^2}, \tag{79.4}$$

则第一式比第二式小.

很清楚, 只有在这个不等式许可 (虽然只有不很大的限度) 的物体的宏观尺度, 亦即这个不等式与不等式 $l\gg a$ (a 为原子尺度) 相容, 磁化率概念才有

意义. 这个条件在光学频率区已明显地遭到破坏. 事实上, 在这些频率下磁化率为 $\sim v^2/c^2$ 的量 ① (v 为原子内电子速度) ; 光学频率本身 $\omega \sim v/a$, 因此不等式 (79.4) 右端 $\sim a^2$.

因此, 从光学区频率开始使用磁化率已没有意义, 研究相应现象时须令 $\mu = 1$. 在这一频率区内计及 $\boldsymbol{B}$ 与 $\boldsymbol{H}$ 之间的差别明显超出精确度. 事实上在远低于光频时, 对于大多数现象, 计及 μ 与 1 的差别已经是超出精确度的了 ②.

磁导率色散的实际存在导致在铁磁体中存在磁化强度准定常振动的可能性; 为了排除物质电导率的影响, 下面我们将专指非金属铁磁体 —— 铁氧体.

所谓准定常, 其含义是如通常那样 (§58) 假定频率满足条件 $\omega \ll c/l$, 其中 l 为物体的特征尺度 (或振动的 "波长"). 除此之外, 我们将忽略与振动时产生的磁化强度分布不均匀性有关的交换能 (换句话说, 假定磁导率的空间色散 (见 §103) 不重要). 为此, 尺度 l 必须远大于能量不均匀性的特征长度:

$$l \gg \sqrt{\alpha},$$

其中 α 为表达式 (43.1) 中系数的数量级.

将 $\boldsymbol{H}$ 和 $\boldsymbol{B}$ 表示为 $\boldsymbol{H} = \boldsymbol{H}_0 + \boldsymbol{H}', \boldsymbol{B} = \boldsymbol{B}_0 + \boldsymbol{B}'$, 其中 $\boldsymbol{H}_0$ 和 $\boldsymbol{B}_0$ 分别为静态磁化后物体中的磁场强度和磁感应强度, $\boldsymbol{H}'$ 和 $\boldsymbol{B}'$ 分别为磁场强度和磁感应强度振动时的交变部分. 忽略位移电流后, 它们满足方程

$$\operatorname{rot} \boldsymbol{H}' = 0, \quad \operatorname{div} \boldsymbol{B}' = 0, \tag{79.5}$$

这两个方程与静磁方程的区别仅在于, 现在的磁导率 (对于单色场 $\propto \mathrm{e}^{-\mathrm{i}\omega t}$) 是频率的函数, 而不再是常量 ③. 铁磁介质是磁各向异性的, 因此其磁导率为张量 $\mu_{ik}(\omega)$; 这个张量确定磁感应强度与磁场强度之间的线性关系.

(79.5) 式中的第一个方程表明磁场是有势场: $\boldsymbol{H}' = -\nabla\psi$. 然后将

$$B_i' = \mu_{ik} H_k' = -\mu_{ik} \frac{\partial \psi}{\partial x_k}$$

代入第二个方程, 我们得到物体内的势的方程

$$\mu_{ik}(\omega) \frac{\partial^2 \psi}{\partial x_i \partial x_k} = 0. \tag{79.6}$$

---

① 这个估计值对应的是抗磁磁化率; 任何顺磁或铁磁过程的弛豫时间明显地远比光学周期为大. 但是, 这里我们强调估值是对各向同性物体所进行的, 将它们应用于铁磁体时要谨慎. 特别是张量 μ_{ik} 中随频率增大而缓慢 (以 $1/\omega$ 方式) 衰减的旋光项 (见习题 1) 在足够高频时可能成为主要项.

② 这种情况将会在 §103 中从另外的观点加以讨论——见 §103 第二个脚注.

③ 因此我们所要研究的振动称为**静磁振动**. 均匀静磁振动理论 (见后) 由基特尔给出 (C. Kittel, 1947), 非均匀静磁振动理论由沃克给出 (L. 沃克, 1957).

在物体之外, 势满足拉普拉斯方程 $\Delta\psi = 0$, 而在物体边界上, 通常 $\boldsymbol{H}_t'$ 和 B_n' 必须连续. 第一个条件归结为势 ψ 本身的连续, 而第二个条件意味着表达式

$$\mu_{ik} n_i \frac{\partial\psi}{\partial x_k}$$

的连续性, 式中 $\boldsymbol{n}$ 为物体表面法线方向的单位矢量. 在远离物体处, 应当有 $\psi \to 0$.

只有在看作参数的量 μ_{ik} 之间具有确定的关系式时, 如此表述的问题才有非平庸解. 利用这个关系式作为 ω 的方程, 我们求得物体极化强度本征振动的频率; 它们称为**非均匀铁磁共振**频率.

均匀磁化椭球静磁振动的最简单形式是不破坏均匀性的振动, 椭球的极化强度作为整体振动. 寻求这些振动的频率并不要求场方程的新解, 可直接借助关系式 (29.14)

$$H_i + n_{ik}(B_k - H_k) = \mathfrak{H}_i \tag{79.7}$$

实现, 式中 n_{ik} 为椭球的去磁化系数张量, $\boldsymbol{H}$ 和 $\boldsymbol{B}$ 指的是椭球内的场, 而 $\boldsymbol{\mathfrak{H}}$ 为外磁场. 假设外磁场是均匀的, 而在 $\boldsymbol{H}$ 和 $\boldsymbol{B}$ 中我们重新分出振动部分 $\boldsymbol{H}'$ 和 $\boldsymbol{B}'$, 现在它们在物体体积内是均匀的. 我们得到它们的关系式

$$H_i' + n_{ik}(B_k' - H_k') = 0$$

或

$$(\delta_{ik} + 4\pi n_{il}\chi_{lk})H_k' = 0,$$

其中按照定义 $\mu_{ik} = \delta_{ik} + 4\pi\chi_{ik}$ 引入了磁化率张量 $\chi_{ik}(\omega)$. 令这个齐次线性联立方程的行列式等于零, 我们得到方程

$$\det|\delta_{ik} + 4\pi n_{il}\chi_{lk}(\omega)| = 0, \tag{79.8}$$

方程的根确定本征振动频率. 这些频率称为均匀铁磁共振频率.

习 题

1. 在宏观磁矩运动方程 (朗道–栗弗席兹方程, 参见本教程第九卷 (69.9)) 框架内, 在无耗散情况下, 试求出均匀磁化单轴易磁化轴型铁磁体的磁导率张量 (Л. Д. 朗道, Е. М. 栗弗席兹, 1935).

解: 铁磁体中磁化强度的运动方程为

$$\dot{\boldsymbol{M}} = \gamma(\boldsymbol{H} + \beta M_z\boldsymbol{\nu}) \times \boldsymbol{M},$$

其中 $\gamma = g|e|/(2mc)$ (g 为旋磁比), $\beta > 0$ 为各向异性系数, $\boldsymbol{\nu}$ 为沿易磁化轴 (z 轴) 方向的单位矢量. 将磁场 H 表示为 $\boldsymbol{H} = \boldsymbol{H}_0 + \boldsymbol{H}'$, 其中 $\boldsymbol{H}'$ 为交变的任意方向小磁场, 而 $\boldsymbol{H}_0$ 为恒定磁场, 今后我们假定其指向 z 轴方向①. 与场 $\boldsymbol{H}'$ 一起的小量还有它产生的横向磁化强度 M_x, M_y, 但 $M_z \approx M = \text{const}$. 忽略二阶小量, 我们求得方程

$$
\begin{aligned}
-\mathrm{i}\omega M_x &= -\gamma(H_0 + \beta M)M_y + \gamma M H'_y, \\
-\mathrm{i}\omega M_y &= \gamma(H_0 + \beta M)M_x - \gamma M H'_x.
\end{aligned}
$$

由此确定 M_x, M_y, 我们求出磁化率 (关系式 $M'_i = \chi_{ik} H'_k$ 中的系数), 再根据磁化率求得磁导率:

$$
\begin{aligned}
\mu_{xx} = \mu_{yy} &= 1 - \frac{4\pi}{\beta}\frac{\omega_M(\omega_M + \omega_H)}{\omega^2 - (\omega_M + \omega_H)^2} \equiv \mu, \quad \mu_{zz} = 1, \\
\mu_{xy} = -\mu_{yx} &= \mathrm{i}\frac{4\pi}{\beta}\frac{\omega\omega_M}{\omega^2 - (\omega_M + \omega_H)^2}, \quad \mu_{xz} = \mu_{yz} = 0,
\end{aligned} \tag{1}
$$

其中 $\omega_M = \gamma\beta M, \omega_H = \gamma H_0$. 我们注意到铁磁介质的旋性 (这个概念的定义参见 §101).

2. 铁磁椭球的一个主轴与易磁化轴重合且有外磁场作用在这个方向. 试求出椭球的均匀铁磁共振频率. (C. 基特尔, 1947) ②

解: 在椭球内沿 z 轴 (易磁化轴) 有场

$$
H_0 = \mathfrak{H} - 4\pi n^{(z)} M
$$

($n^{(x)}, n^{(y)}, n^{(z)}$ 分别为沿椭球三个主轴的去磁化系数). 通过对行列式 (79.8) 作简单计算得到方程

$$
\frac{\omega^{(x)}\omega^{(y)} - \omega^2}{(\omega_M + \omega_H)^2 - \omega^2} = 0,
$$

其中

$$
\begin{aligned}
\omega^{(x)} &= \gamma[M\beta + \mathfrak{H} + 4\pi M(n^{(x)} - n^{(z)})], \\
\omega^{(y)} &= \gamma[M\beta + \mathfrak{H} + 4\pi M(n^{(y)} - n^{(z)})].
\end{aligned}
$$

由此得到均匀共振的频率:

$$
\omega = (\omega^{(x)}\omega^{(y)})^{1/2}.
$$

---

① 我们在此引入这个场的目的, 是为了在以后的习题中使用其结果.

② 在习题 2—4 中都假定物质的磁导率由公式 (1) 给出.

例如, 对于球我们有 $n^{(x)} = n^{(y)} = n^{(z)} = 1/3$ 以及共振频率

$$\omega = \gamma(M\beta + \mathfrak{H}).$$

对于表面垂直于易磁化轴的平面平行板, 我们有 $n^{(x)} = n^{(y)} = 0, n^{(z)} = 1$, 故共振频率为

$$\omega = \gamma(M\beta + \mathfrak{H} - 4\pi M)$$

(如果 $M\beta + \mathfrak{H} > 4\pi M$, 则平板被磁化).

3. 试求出无界介质中静磁振动的色散关系.

解: 具有 (1) 式给出的 μ_{ik} 张量的方程 (79.6) 的形式为

$$\mu\left(\frac{\partial^2\psi}{\partial x^2} + \frac{\partial^2\psi}{\partial y^2}\right) + \frac{\partial^2\psi}{\partial z^2} = 0. \tag{2}$$

令 $\psi \propto \mathrm{e}^{\mathrm{i}\boldsymbol{k}\cdot\boldsymbol{r}}$, 我们求得

$$\mu(\omega) = -\cot^2\theta,$$

其中 θ 为 $\boldsymbol{k}$ 与易磁化轴 (z 轴) 之间的夹角. 使用 (1) 式给出的 $\mu(\omega)$ ($\mathfrak{H} = 0$) 我们得到振动频率

$$\omega = \gamma M(\beta + 4\pi\sin^2\theta)^{1/2}.$$

这个频率只与波矢的方向有关, 不依赖于波矢的大小. 这一结果理所当然地与铁磁体中自旋波的极限 ($k \to 0$ 时) 色散关系相同 (参见本教程第九卷 §70).

4. 无限平行平板的表面垂直于易磁化轴, 沿此轴方向作用有外磁场 $\mathfrak{H}$, 试求此平板中的非均匀共振频率.

解: 需要求得板内势场 $\psi^{(i)}$ 的方程 (2) 以及板外势场的方程 $\Delta\psi^{(e)} = 0$ 之解, 边界条件为

$$\varphi^{(i)} = \varphi^{(e)}, \quad \frac{\partial\varphi^{(i)}}{\partial z} = \frac{\partial\varphi^{(e)}}{\partial z} \ (\text{当}\ z = \pm L\ \text{时}),$$
$$\varphi^{(e)} \to 0\ (\text{当}\ |z| \to \infty\ \text{时})$$

(z 轴垂直于板表面, 平面 $z = 0$ 通过板的平分面, $2L$ 为板的厚度). 这样的解可能是 z 的偶函数或奇函数. 在第一种情况下

$$\varphi^{(i)} = A\cos k_z z \cdot \mathrm{e}^{\mathrm{i}k_x x}, \quad \varphi^{(e)} = B\mathrm{e}^{-k_x|z|}\mathrm{e}^{\mathrm{i}k_x x},$$

同时 $\mu k_x^2 = -k_z^2$ (波矢位于 xz 平面) ; 边界条件导致关系式

$$\tan(k_z L) = \frac{k_x}{k_z}. \tag{3}$$

在第二种情况下

$$\varphi^{(i)} = A\sin(k_z z)\cdot \mathrm{e}^{\mathrm{i}k_x x},\quad \varphi^{(e)} = \pm B\mathrm{e}^{-k_x|z|}\mathrm{e}^{\mathrm{i}k_x x},$$

由边界条件我们得到

$$\tan(k_z L) = -\frac{k_z}{k_x}. \tag{4}$$

平板的去极化系数 $n^{(z)} = 1$, 因此有去极化场: $-4\pi M$. 使用 (1) 式中的 $\mu(\omega)$ 表达式, 我们寻得振动频率:

$$\omega^2 = \gamma^2(M\beta + \mathfrak{H} - 4\pi M)(M\beta + \mathfrak{H} - 4\pi M\cos^2\theta), \tag{5}$$

其中 θ 为 $\boldsymbol{k}$ 与 z 轴之间的夹角. 对于每一个任意的 k_x 值有由条件 (3) 和 (4) 确定的无穷多个离散的 k_z 值的集合与之对应. 相应的频率由表达式 (5) 给出并只依赖于 k_x/k_z. 频率的所有可能值处于以下区间内:

$$\gamma(M\beta + \mathfrak{H} - 4\pi M) \leqslant \omega \leqslant \gamma[(M\beta + \mathfrak{H} - 4\pi M)(M\beta + \mathfrak{H})]^{1/2}.$$

在 $k_z \to 0$ 时, 只可能有对称振动, 且由 (3) 式可见 $k_x L \sim (k_z L)^2$, 亦即是二阶小量. 与此相应在 (5) 式中令 $\theta = 0$, 我们求得与均匀共振频率相同的频率, 这是理所当然的.

§80 色散介质中的场能

能流密度公式

$$\boldsymbol{S} = \frac{c}{4\pi}\boldsymbol{E}\times\boldsymbol{H} \tag{80.1}$$

对于任何交变电磁场, 甚至在存在色散的情况下, 仍然是适用的. 在 §30 末给出的论证已说的十分清楚: 鉴于 $\boldsymbol{E}$ 和 $\boldsymbol{H}$ 切向分量的连续性, 从 $\boldsymbol{S}$ 的法向分量在物体边界上连续的条件可单值地得出 (80.1) 式, 而且这个公式也适用于物体外的真空.

集中在物体单位体积内的能量在单位时间内的改变可由 $\operatorname{div}\boldsymbol{S}$ 算出. 借助麦克斯韦方程, 这个表达式可表为以下形式:

$$-\operatorname{div}\boldsymbol{S} = \frac{1}{4\pi}\left(\boldsymbol{E}\cdot\frac{\partial \boldsymbol{D}}{\partial t} + \boldsymbol{H}\cdot\frac{\partial \boldsymbol{B}}{\partial t}\right) \tag{80.2}$$

(参见 (75.15)). 在没有色散的介电体内, 当 ε 和 μ 为实常量时, 这个量可以看成是电磁能

$$U = \frac{1}{8\pi}(\varepsilon\boldsymbol{E}^2 + \mu\boldsymbol{H}^2) \tag{80.3}$$

的改变, 具有精确的热力学意义: 这是在同样的物质密度和熵情况下, 有场存在和无场存在时单位体积物质的内能之差.

存在色散时已不再可能有这样简单的解释. 不仅如此, 在任意色散的一般情况下, 也不可能对电磁能作为热力学量给出任何合理的定义. 造成这种情况的原因是, 色散的存在一般与同时存在能量耗散有关: 色散介质同时也是吸收介质.

为了确定此一耗散, 我们来研究单色电磁场. 对 (80.2) 中的量作时间平均, 我们从而求得外源为了维持场而在单位时间内系统输入物质单位体积的能量. 由于假定单色场的振幅为常量, 所有这些能量都用来补偿耗散. 因此, 在所研究的条件下对 (80.2) 式中量的时间平均, 给出了单位时间内在单位体积介质中释放出的热量 Q.

由于表达式 (80.2) 是场强的二次式, 故在计算时其所有量必须写为实数形式. 如果出于在单色场中方便将 $\boldsymbol{E}$ 和 $\boldsymbol{H}$ 用复数表示, 则必须将在 (80.2) 式中的 $\boldsymbol{E}$ 和 $\partial\boldsymbol{D}/\partial t$ 分别用表达式

$$\frac{1}{2}(\boldsymbol{E}+\boldsymbol{E}^*)\ 和\ \frac{1}{2}(-\mathrm{i}\omega\varepsilon\boldsymbol{E}+\mathrm{i}\omega\varepsilon^*\boldsymbol{E}^*)$$

代换, 并对 $\boldsymbol{H}$ 和 $\partial\boldsymbol{B}/\partial t$ 也作类似代换. 在作时间平均时, 含有因子 $\mathrm{e}^{\mp 2\mathrm{i}\omega t}$ 的乘积 $\boldsymbol{E}\cdot\boldsymbol{E}$ 和 $\boldsymbol{E}^*\cdot\boldsymbol{E}^*$ 等于零; 只剩下

$$Q=\frac{\mathrm{i}\omega}{16\pi}\{(\varepsilon^*-\varepsilon)\boldsymbol{E}\cdot\boldsymbol{E}^*+(\mu^*-\mu)\boldsymbol{H}\cdot\boldsymbol{H}^*\}=\frac{\omega}{8\pi}(\varepsilon''|\boldsymbol{E}|^2+\mu''|\boldsymbol{H}|^2). \tag{80.4}$$

这个表达式也可写为以下形式:

$$Q=\frac{\omega}{4\pi}(\varepsilon''\overline{\boldsymbol{E}^2}+\mu''\overline{\boldsymbol{H}^2}), \tag{80.5}$$

其中 $\boldsymbol{E}$ 和 $\boldsymbol{H}$ 为实数场强, 横杠表示时间平均 (与 §59 最后一个脚注比较).

确定在 $t\to\pm\infty$ 时足够快地趋于零的非单色场中的能量耗散的公式也很容易得到. 在此情况下, 有意义的不是研究单位时间内而是场存在的全部时间内的耗散.

将场 $\boldsymbol{E}(t)$ 展开为傅里叶积分, 我们写出

$$\boldsymbol{E}(t)=\int_{-\infty}^{\infty}\boldsymbol{E}_\omega\mathrm{e}^{-\mathrm{i}\omega t}\frac{\mathrm{d}\omega}{2\pi},\quad \frac{\partial\boldsymbol{D}(t)}{\partial t}=-\mathrm{i}\int_{-\infty}^{\infty}\omega\varepsilon(\omega)\boldsymbol{E}_\omega\mathrm{e}^{-\mathrm{i}\omega t}\frac{\mathrm{d}\omega}{2\pi},$$

其中 $\boldsymbol{E}_{-\omega}=\boldsymbol{E}_\omega^*$. 将这些量的乘积写为二重积分的形式, 然后对时间积分, 我们有

$$\frac{1}{4\pi}\int_{-\infty}^{\infty}\boldsymbol{E}\cdot\frac{\partial\boldsymbol{D}}{\partial t}\mathrm{d}t=-\frac{\mathrm{i}}{4\pi}\int_{-\infty}^{\infty}\omega\varepsilon(\omega)\boldsymbol{E}_\omega\cdot\boldsymbol{E}_{\omega'}\mathrm{e}^{-\mathrm{i}(\omega+\omega')t}\frac{\mathrm{d}\omega\mathrm{d}\omega'}{(2\pi)^2}\mathrm{d}t.$$

对 t 的积分用公式

$$\int_{-\infty}^{\infty} \mathrm{e}^{-\mathrm{i}(\omega+\omega')t}\mathrm{d}t = 2\pi\delta(\omega+\omega')$$

来实现, 此后用对 ω' 的积分来消除 δ 函数. 结果我们得到

$$-\frac{\mathrm{i}}{4\pi}\int_{-\infty}^{\infty} \omega\varepsilon(\omega)|\boldsymbol{E}_\omega|^2\frac{\mathrm{d}\omega}{2\pi}.$$

代入 $\varepsilon=\varepsilon'+\mathrm{i}\varepsilon''$ 后, 含 $\varepsilon'(\omega)$ 的项由于被积函数表达式为 ω 的奇函数而积分等于零. 与类似的磁场表达式一起, 我们最后求得

$$\int_{-\infty}^{\infty} Q\mathrm{d}t = \frac{1}{4\pi}\int_{-\infty}^{\infty} \omega[\varepsilon''(\omega)|\boldsymbol{E}_\omega|^2+\mu''(\omega)|\boldsymbol{H}_\omega|^2]\frac{\mathrm{d}\omega}{2\pi} \tag{80.6}$$

(从 $-\infty$ 到 ∞ 的积分可代换为二倍从 0 到 ∞ 的积分).

求得的公式表明, 能量的吸收 (耗散) 是由 ε 和 μ 的虚部决定的; (80.5) 式中的两项分别被称作电损失与磁损失. 因为熵增加定律, 这些损失有确定的符号: 能量耗散伴随着热量的释放, 亦即永远有 $Q>0$. 由此得出, ε 和 μ 的虚部始终为正. 对于所有物质以及在一切 (正的) 频率下 ①, 都有

$$\varepsilon''>0,\quad \mu''>0. \tag{80.7}$$

ε 和 μ 的实部 ($\omega\neq 0$ 时) 不受任何物理条件的限制, 所以 ε' 和 μ' 既可为正, 也可为负.

真实物质中的任何非定常过程在一定程度上都是热力学不可逆的. 因此交变电磁场中在某种 (即使很小) 程度上总是有电损失和磁损失. 换句话说, 函数 $\varepsilon''(\omega)$ 和 $\mu''(\omega)$ 在任何异于零的频率值下都不会严格等于零. 在下一节中, 我们将会看到这一论断具有极重要的原则性意义, 尽管我们一点也不排除损失变得相对非常小的频率区存在的可能性.

ε'' 和 μ'' 非常小 (与 ε' 和 μ' 相比) 的频率区称为物质的**透明区**. 忽略吸收后, 在这些频率区有可能引入电磁场中物体内能的概念, 其意义与在静态场中相同.

只研究单色场不足以确定这个量, 因为由于单色场的严格周期性, 其中不发生电磁能的任何系统积累. 所以, 我们来研究围绕平均频率 ω_0 的狭窄频率区间内的单色分量的集合所代表的场. 这种场的强度可以写为

$$\boldsymbol{E}=\boldsymbol{E}_0(t)\mathrm{e}^{-\mathrm{i}\omega_0 t},\quad \boldsymbol{H}=\boldsymbol{H}_0(t)\mathrm{e}^{-\mathrm{i}\omega_0 t}, \tag{80.8}$$

① 这一论断适用于在没有交变场时处于热力学平衡态的物体, 我们假定这个条件能得以保持. 如果物体本身已不处于热平衡态, 则 Q 在原则上可以为负. 热力学第二定律只是要求因交变电磁场的影响以及由与场的存在无关的热力学非平衡性引起的总熵的增加. 这样的物体的例子是所有原子被人为地激发 (即不是在自发热激发影响下而是由外场 “泵浦”) 到激发态的物质.

其中 $\boldsymbol{E}_0(t), \boldsymbol{H}_0(t)$ 为时间的慢变 (与因子 $\exp(-\mathrm{i}\omega_0 t)$ 相比) 函数. 应当将这些表达式的实部代入 (80.2) 式右端, 之后我们以周期 $2\pi/\omega_0$ 进行时间平均, 周期 $2\pi/\omega_0$ 较因子 $\boldsymbol{E}_0$ 和 $\boldsymbol{H}_0$ 的变化时间小.

(80.2) 式的第一项在转换为 $\boldsymbol{E}$ 的复数表示后, 形式为

$$\frac{1}{4\pi}\frac{\boldsymbol{E}+\boldsymbol{E}^*}{2}\cdot\frac{\dot{\boldsymbol{D}}+\dot{\boldsymbol{D}}^*}{2}$$

(第二项也有类似的形式). 乘积 $\boldsymbol{E}\cdot\dot{\boldsymbol{D}}$ 和 $\boldsymbol{E}^*\cdot\dot{\boldsymbol{D}}^*$ 在进行时间平均时消失, 因此一般不必研究它们. 这样一来就只留下

$$\frac{1}{16\pi}\left(\boldsymbol{E}\cdot\frac{\partial\boldsymbol{D}^*}{\partial t}+\boldsymbol{E}^*\cdot\frac{\partial\boldsymbol{D}}{\partial t}\right). \tag{80.9}$$

将导数 $\partial\boldsymbol{D}/\partial t$ 改写为 $\hat{f}\boldsymbol{E}$ 的形式, 其中 $\hat{f}$ 表示算符

$$\hat{f}=\frac{\partial}{\partial t}\hat{\varepsilon},$$

我们下面说明, 这个算符作用到形如 (80.8) 的函数后会有什么结果. 如果 $\boldsymbol{E}_0$ 是常量, 则我们径直有

$$\hat{f}\boldsymbol{E}=f(\omega)\boldsymbol{E},\quad f(\omega)=-\mathrm{i}\omega\varepsilon(\omega).$$

在当前情况下, 我们要将 $\boldsymbol{E}_0(t)$ 作傅里叶级数展开, 将其表示为形如 $\boldsymbol{E}_{0\alpha}\mathrm{e}^{-\mathrm{i}\alpha t}$ 的分量相加的形式, 其中 $\boldsymbol{E}_{0\alpha}$ 为常量. $\boldsymbol{E}_0(t)$ 的缓变性意味着, 这个展开中只含 $\alpha\ll\omega_0$ 的分量. 注意到这一点, 我们写出

$$\begin{aligned}\hat{f}\boldsymbol{E}_{0\alpha}\mathrm{e}^{-\mathrm{i}(\omega_0+\alpha)t}&=f(\alpha+\omega_0)\boldsymbol{E}_{0\alpha}\mathrm{e}^{-\mathrm{i}(\omega_0+\alpha)t}\\&\approx\left[f(\omega_0)+\alpha\frac{\mathrm{d}f(\omega_0)}{\mathrm{d}\omega_0}\right]\boldsymbol{E}_{0\alpha}\mathrm{e}^{-\mathrm{i}(\omega_0+\alpha)t}.\end{aligned}$$

对傅里叶分量求和, 我们得到

$$\hat{f}\boldsymbol{E}_0(t)\mathrm{e}^{-\mathrm{i}\omega_0 t}=f(\omega_0)\boldsymbol{E}_0\mathrm{e}^{-\mathrm{i}\omega_0 t}+\mathrm{i}\frac{\mathrm{d}f(\omega_0)}{\mathrm{d}\omega_0}\frac{\partial\boldsymbol{E}_0}{\partial t}\mathrm{e}^{-\mathrm{i}\omega_0 t}.$$

去掉 ω_0 的下标 0, 于是我们有

$$\frac{\partial\boldsymbol{D}}{\partial t}=-\mathrm{i}\omega\varepsilon(\omega)\boldsymbol{E}+\frac{\mathrm{d}(\omega\varepsilon)}{\mathrm{d}\omega}\frac{\partial\boldsymbol{E}_0}{\partial t}\mathrm{e}^{-\mathrm{i}\omega t}. \tag{80.10}$$

将这个表达式代入 (80.9) 式并记住要略去 $\varepsilon(\omega)$ 的虚部, 我们得到

$$\frac{1}{16\pi}\frac{\mathrm{d}(\omega\varepsilon)}{\mathrm{d}\omega}\left(\boldsymbol{E}_0^*\cdot\frac{\partial\boldsymbol{E}_0}{\partial t}+\boldsymbol{E}_0\cdot\frac{\partial\boldsymbol{E}_0^*}{\partial t}\right)=\frac{1}{16\pi}\frac{\mathrm{d}(\omega\varepsilon)}{\mathrm{d}\omega}\frac{\partial}{\partial t}(\boldsymbol{E}\cdot\boldsymbol{E}^*)$$

(乘积 $\boldsymbol{E}_0\cdot\boldsymbol{E}_0^*$ 与 $\boldsymbol{E}\cdot\boldsymbol{E}^*$ 相同). 加上类似的有关磁场的表达式后, 我们得到的结论是: 单位体积介质的系统能量改变率由导数 $\mathrm{d}\overline{U}/\mathrm{d}t$ 给出, 其中

$$\overline{U}=\frac{1}{16\pi}\left[\frac{\mathrm{d}(\omega\varepsilon)}{\mathrm{d}\omega}\boldsymbol{E}\cdot\boldsymbol{E}^*+\frac{\mathrm{d}(\omega\mu)}{\mathrm{d}\omega}\boldsymbol{H}\cdot\boldsymbol{H}^*\right]. \tag{80.11}$$

借助于实数场强 $\boldsymbol{E}$ 和 $\boldsymbol{H}$, 这一表达式可以写为

$$\overline{U}=\frac{1}{8\pi}\left[\frac{\mathrm{d}(\omega\varepsilon)}{\mathrm{d}\omega}\overline{\boldsymbol{E}^2}+\frac{\mathrm{d}(\omega\mu)}{\mathrm{d}\omega}\overline{\boldsymbol{H}^2}\right] \tag{80.12}$$

的形式 (L. 布里渊, 1921).

这就是所要寻求的结果: $\overline{U}$ 为单位体积透明介质内能的电磁部分的平均值. 在没有色散时, ε 和 μ 为常量, (80.12) 式当然就转化为表达式 (80.3) 的平均值.

如果禁止从外部向物体供给电磁能, 则实际上始终存在的非常小的吸收最终会把所有的能量 $\overline{U}$ 转化为热量. 因为根据熵增加定律, 这一热量只能释放而不能吸收, 于是必须有 $\overline{U}>0$. 按照公式 (80.11), 为此必须满足不等式

$$\frac{\mathrm{d}(\omega\varepsilon)}{\mathrm{d}\omega}>0,\quad \frac{\mathrm{d}(\omega\mu)}{\mathrm{d}\omega}>0. \tag{80.13}$$

实际上, 作为函数 $\varepsilon(\omega)$ 和 $\mu(\omega)$ 在透明区内必须始终满足的更为严苛的条件 (参见 §84 的第一个脚注) 的结果, 这些条件是自动满足的.

我们再次强调, 表达式 (80.12) 是在振幅 $\boldsymbol{E}_0(t)$ 的变化频率 α 的一阶近似下得到的. 所以它仅对振幅随时间变化足够慢的场才适用 (这一评论也与下一节中所要进行的应力张量计算有关).

§81 色散介质中的应力张量

确定作用于处在交变电场中的物质上的力的平均 (按时间) 应力张量的问题, 也是一个极有兴趣的问题. 我们将要证明, 在存在色散的情况下 (但和以前一样没有吸收), 不同于能量表达式 (80.12), 这个张量的表达式中不含对频率的导数. 特别是, 对于处在单色电场中的透明色散各向同性液体, 平均值 $\overline{\sigma_{ik}}$ 可通过在 (15.9) 式中用 $\varepsilon(\omega)$ 代替 ε、用平均值 $\overline{E_iE_k},\overline{\boldsymbol{E}^2}$ 代替乘积 $E_iE_k,\boldsymbol{E}^2$ 直接得到 (Л. П. 皮塔耶夫斯基, 1960).

为了证明这个论断, 我们返回到 §15 所叙述的结论, 对这个结论的表述稍作修改. 在那里我们研究了充满介电体的平板电容器, 并从极板移动时有质动力所做功与相应的热力学势改变相等的条件确定了应力张量. 我们在此写出

对于总量 (而不是对于单位面积) 的这个条件, 将它表示为以下形式:

$$A\sigma_{ik}\xi_i n_k = (\delta\mathscr{U})_{\mathscr{S},e} \tag{81.1}$$

(A 为电容器极板的面积). 我们这里不用热力学势 $\widetilde{\mathscr{F}}$ 而使用通常的能量 $\mathscr{U}$, 在介电体的熵 $\mathscr{S}$ 的取值和电容器极板总电荷 $\pm e$ (代替电势 φ) 给定的情况下研究其变化; 按照小增量定理, 还使用了

$$(\delta\widetilde{\mathscr{F}})_{T,\varphi} = (\delta\mathscr{U})_{\mathscr{S},e}.$$

在 (81.1) 式的形式下, 这个条件有特别简单的意义: 在极板上具有给定电荷的热隔绝电容器是一个电封闭系统; 如果外源对它做机械功 (移动极板), 则所有这些功都用于增加电容器的能量. 电容器的能量为

$$\mathscr{U} = \mathscr{U}_0 + \frac{e^2}{2C}, \tag{81.2}$$

其中 $\mathscr{U}_0$ 为没有电场时介电体的能量 (具有同样熵值 $\mathscr{S}$ 时), 而 C 为电容器的电容; 对于平板电容器 $C = \varepsilon A/(4\pi h)$, 其中 h 为两极板之间的距离. 由此, 我们有

$$(\delta\mathscr{U})_{\mathscr{S},e} = (\delta\mathscr{U}_0)_{\mathscr{S}} - \frac{e^2}{2C^2}(\delta C)_{\mathscr{S}}. \tag{81.3}$$

将 δC 通过极板的位移 ξ (计及 ε 与位移时变化的介电体密度的依赖关系) 表示, 容易得到公式 (15.9) ①. 由于这个结果是显然的, 就不在此详细研究了.

当色散存在时, 能量 $\mathscr{U}$ 的表达式发生变化. 我们将证明, 虽然 $\mathscr{U}$ 的表达式发生变化, 但是 (81.3) 式对于时间平均变分 $\overline{\delta\mathscr{U}}$ 依然有效, 从而也使前面作出的有关平均应力张量的论断得到证明.

令电容器极板上的电荷单色地以频率 ω 变化. 此时由于必须输出、输入电荷, 电容器本身已不再是电封闭系统. 但是, 由电容器和以适当方式选择的自感组成的具有本征频率 ω 的振荡回路是电封闭系统 ②; 因此关系式 (81.1) 适用于这一回路的能量.

在没有电阻时, 电容器两极板之间的电势差 φ 等于外电动势和自感电动势之和:

$$\varphi = \mathscr{E} - \frac{1}{c^2}L\frac{\mathrm{d}J}{\mathrm{d}t}, \tag{81.4}$$

而电流 J 与电容器极板上电荷 e 以等式 $J = \mathrm{d}e/\mathrm{d}t$ 相关. 对于随时间依照单色规律变化的量, 根据电容 $C(\omega)$ 的定义, 我们有 $\varphi = e/C(\omega)$. 在 (81.4) 式中令

① 此时它是通过其他的变量表示的, 代替等温的导数 $\partial\varepsilon/\partial\rho$ 和函数 P_0, 其中将出现绝热的 $\partial\varepsilon/\partial\rho$ 和函数 P_0. 两个表达式当然是等价的.

② 为了满足准稳态条件, 回路的尺度必须小于波长 c/ω. 然而这个限制并不具有原则性的特征, 也不影响所述结论的普遍性.

$\mathscr{E}=0, J=-\mathrm{i}\omega e$, 我们首先求得, 即使在电容内存在色散时回路的本征频率和从前一样满足汤姆孙关系 (62.5):

$$\omega=\frac{c}{\sqrt{LC(\omega)}}. \tag{81.5}$$

其次, 将等式 (81.4) 乘以 $J=\mathrm{d}e/\mathrm{d}t$ 并如同在推导 (80.12) 式时那样研究 "准单色" 量, 不难得到:

$$\overline{\mathscr{E}J}=\frac{\mathrm{d}}{\mathrm{d}t}\left\{\frac{L\overline{J^2}}{2}+\frac{\mathrm{d}(\omega C)}{\mathrm{d}\omega}\frac{\overline{\varphi^2}}{2}\right\}.$$

由这个等式的形式可知, 花括号内的表达式是振荡回路的能量 $\mathscr{U}$. 代入 $J=-\mathrm{i}\omega e$ 并利用 (81.5) 式, 我们将这个表达式的第一项变换为

$$\frac{1}{2c^2}L\overline{J^2}=\frac{1}{2c^2}L\omega^2\overline{e^2}=\frac{1}{2c^2}LC^2\omega^2\overline{\varphi^2}=\frac{C\overline{\varphi^2}}{2}.$$

最终我们将回路的能量写为以下形式 ①:

$$\overline{\mathscr{U}}=\frac{1}{\omega}\frac{\mathrm{d}(\omega^2 C)}{\mathrm{d}\omega}\frac{\overline{\varphi^2}}{2}. \tag{81.6}$$

我们必须在电容器极板有小位移的情况下, 亦即在其电容有小变化时, 计算这一能量的变分. 在交变场中, 这一位移必须看作发生得无限缓慢. 但在作这样的变化时, 等于振动能与频率之比值 ② (所有线性振动系统都如此) 的浸渐不变量保持为常量. 因此, $\delta(\overline{\mathscr{U}}/\omega)=0$, 亦即

$$\delta\overline{\mathscr{U}}=\overline{\mathscr{U}}\frac{\delta\omega}{\omega}. \tag{81.7}$$

由等式 (81.5) 我们得到, 在电容器的电容变化很小时:

$$\frac{\delta\omega}{\omega}=-\frac{\delta C}{2C}. \tag{81.8}$$

但电容的变化由两部分相加而成:

$$\delta C=(\delta C)_{\mathrm{st}}+\frac{\mathrm{d}C}{\mathrm{d}\omega}\delta\omega. \tag{81.9}$$

第一项是 "静态" 部分, 它与形变的关系和在静态场时一样 (此处最为重要的是, 存在色散时电容 $C(\omega)$ 和在静态场时一样是用 $\varepsilon(\omega)$ 表示的). 第二项直接与频率改变有关. 从 (81.8)—(81.9) 式我们求得, 对于静态部分

$$(\delta C)_{\mathrm{st}}=-\frac{1}{\omega^2}\frac{\mathrm{d}(\omega^2 C)}{\mathrm{d}\omega}\delta\omega. \tag{81.10}$$

① 为了公式书写的简洁, 此处及以下我们略去了能量中的 "非电磁" 部分 $\mathscr{U}_0$.

② 试与本教程第一卷 §49 比较. 所指物理量的不变性在量子理论的语言中特别直观: 比值 $\overline{\mathscr{U}}/\hbar\omega$ 是态的量子数, 在浸渐变化条件下是不改变的.

在将 (81.6) 式代入 (81.7) 式并计及 (81.10) 时, 导数 $\mathrm{d}C/\mathrm{d}\omega$ 消失, 所得到的能量变分的形式为

$$\delta\overline{\mathscr{U}} = -\frac{\overline{\varphi^2}}{2}(\delta C)_{\rm st} = -\frac{\overline{e^2}}{2C^2}(\delta C)_{\rm st}, \tag{81.11}$$

这实际上与 (81.3) 式中第二项的平均相同.

我们注意到, $\delta\overline{\mathscr{U}}$ 中对 ω 的导数的项的消失具有普遍性, 与改变物体 (这里是电容器) 状态的具体方法无关. 特别是, 在 ε 发生小改变时, 自由能变化的公式 (14.1)

$$\delta\mathscr{F} = -\int \delta\varepsilon(\omega)\frac{\overline{\boldsymbol{E}^2}}{8\pi}\mathrm{d}V \tag{81.12}$$

对于具有色散的介质依然适用 (用 $\overline{\boldsymbol{E}^2}$ 代换了 $\boldsymbol{E}^2$).

知道了应力张量, 便可按照公式 (75.17) 求得作用于介电体单位体积上的力. 此时含有空间导数的项与 (75.18) 式 (其中令 $\mu = 1$) 中对应项的时间平均值相同. 含时间导数的一项 (亚伯拉罕力) 则不同. 实际上, 这一项是作为两项之差

$$\frac{1}{4\pi c}\left\{\frac{\partial}{\partial t}(\boldsymbol{D}\times\boldsymbol{H}) - \frac{\partial}{\partial t}(\boldsymbol{E}\times\boldsymbol{H})\right\}$$

的形式出现的, 现在应当进行时间平均. 为此我们将 $\boldsymbol{D}, \boldsymbol{E}, \boldsymbol{H}$ 均表示为复数形式 (亦即将它们代换为 $(\boldsymbol{D}+\boldsymbol{D}^*)/2$ 等), 之后对导数 $\partial\boldsymbol{D}/\partial t$ 我们使用公式 (80.10). 结果得到形式为

$$\frac{1}{8\pi c}(\varepsilon - 1)\,\mathrm{Re}\,\frac{\partial}{\partial t}(\boldsymbol{E}\times\boldsymbol{H}^*) + \frac{1}{8\pi c}\omega\frac{\mathrm{d}\varepsilon}{\mathrm{d}\omega}\,\mathrm{Re}\left(\frac{\partial\boldsymbol{E}}{\partial t}\times\boldsymbol{H}^*\right) \tag{81.13}$$

的亚伯拉罕力 (X. 瓦申纳, B. И. 卡尔普曼, 1976).

有关交变场中应力张量的问题不仅对透明介质有意义, 而且对于吸收介质也有意义, 这与有关内能的问题不同, 内能问题只能在忽略耗散时表述. 然而, 有根据认为在吸收介质中应力张量不可能仅由介电常量一个量表达, 因此一般说来不可能通过宏观途径得到其普遍形式.

§82 函数 $\varepsilon(\omega)$ 的解析性质

(77.3) 式中的函数 $f(\tau)$ 对于其所有宗量值包括 $\tau = 0$① 都是有限的. 在介电体中这个函数在 $\tau \to \infty$ 时趋于零. 这种情况直接表述了一个事实, 即非常早时刻的 $\boldsymbol{E}(t)$ 值不可能显著地影响当下时刻的 $\boldsymbol{D}(t)$ 值. 作为形为 (73.3) 式

① 正是为了这一目的, 在 (77.3) 的积分函数关系中分出了 $\boldsymbol{E}(t)$ 项; 在相反的情况下, 函数 $f(\tau)$ 在 $\tau = 0$ 时将会有 δ 函数型的奇点.

的积分函数关系基础的物理机制是电极化建立的过程. 因此函数 $f(\tau)$ 的值显著地不同于零的取值区间具有弛豫时间的数量级, 弛豫时间表征这些过程的速度.

以上所述也适用于金属, 但有一点差别, 即对金属在 $\tau \to \infty$ 时趋于零的不是 $f(\tau)$, 而是差式 $f(\tau) - 4\pi\sigma$. 这种差别与已经有稳恒的传导电流通过有关, 尽管它没有引起金属的任何真正的物理状态的改变, 但在我们的方程中以

$$\frac{1}{c}\frac{\partial \boldsymbol{D}}{\partial t} = \frac{4\pi}{c}\sigma \boldsymbol{E}$$

或

$$\boldsymbol{D}(t) = \int_{-\infty}^{t} 4\pi\sigma \boldsymbol{E}(\tau)\mathrm{d}\tau = 4\pi\sigma \int_0^{\infty} \boldsymbol{E}(t-\tau)\mathrm{d}\tau$$

形式地表明了电感应强度 $\boldsymbol{D}$ 的出现.

按照 (77.5) 式, 函数 $\varepsilon(\omega)$ 的定义为:

$$\varepsilon(\omega) = 1 + \int_0^{\infty} \mathrm{e}^{\mathrm{i}\omega\tau} f(\tau)\mathrm{d}\tau. \tag{82.1}$$

将 ω 看作复变数 $(\omega = \omega' + \mathrm{i}\omega'')$, 有可能阐明这个函数的某些非常普遍的性质. 注意到介电极化率 $[\varepsilon(\omega) - 1]/(4\pi)$ 属于已在本教程第五卷 §123 研究过的一类量 (广义响应率), 这些性质本可以在此立即表述出来. 然而, 抱着方便阅读以及强调介电体与金属之间的某些差别的目的, 我们在此还是要部分地重复相应的论断和结果.

从定义 (82.1) 和上述 $f(\tau)$ 的性质可得出, $\varepsilon(\omega)$ 在整个上半平面是单值函数, 不会在任一点趋于无穷, 亦即没有任何奇点. 实际上当 $\omega'' > 0$ 时, 公式 (82.1) 的被积函数表达式中有指数衰减因子 $\mathrm{e}^{-\omega''\tau}$, 而因为函数 $f(\tau)$ 在整个积分区间有限, 故积分收敛. 除了坐标原点有可能是仅有的例外 (对于金属 $\varepsilon(\omega)$ 在这点有一个单极点), 函数 $\varepsilon(\omega)$ 在实轴 $(\omega'' = 0)$ 本身也没有奇点.

(82.1) 的定义在下半平面不适用, 因为积分发散. 所以在下半平面函数 $\varepsilon(\omega)$ 只能由上半平面公式 (82.1) 的解析延拓定义. 函数 $\varepsilon(\omega)$ 在这个区域一般来说有奇点. 函数 $\varepsilon(\omega)$ 在上半平面不仅有数学意义, 而且有物理意义: 它确定振幅以 $\mathrm{e}^{\omega'' t}$ 的方式增大的 $\boldsymbol{E}$ 和 $\boldsymbol{D}$ 之间的关系. 在下半平面, 这样的物理解释已不再可能, 因为即便衰减场 (以 $\exp(-|\omega''|t)$ 的方式) 的存在也表示当 $t \to -\infty$ 时场成为无穷大量.

我们注意到, 函数 $\varepsilon(\omega)$ 在上半平面无奇点的结论, 从物理的观点看来, 是因果律的必然后果. 因果律体现在 (77.3) 式的积分只对先于给定时刻 t 的时间进行, 结果在公式 (82.1) 中积分区间从 0 延伸至 ∞ (而不是从 $-\infty$ 到 $+\infty$).

其次, 由 (82.1) 的定义, 显然有

$$\varepsilon(-\omega^*) = \varepsilon^*(\omega). \tag{82.2}$$

这是 ω 为实数时的关系式 (77.7) 的推广. 特别是, 对于 ω 为纯虚数值我们有

$$\varepsilon(\mathrm{i}\omega'') = \varepsilon^*(\mathrm{i}\omega''). \tag{82.3}$$

这表明在上半虚轴函数 $\varepsilon(\omega)$ 是实的 ①.

我们在此强调, (82.2) 式的性质所表达的是这样一个事实, 即算符关系 $\boldsymbol{D} = \hat{\varepsilon}\boldsymbol{E}$ 必须在 E 为实数时保证 D 为实数. 如果用实数表达式

$$\boldsymbol{E} = \boldsymbol{E}_0\mathrm{e}^{-\mathrm{i}\omega t} + \boldsymbol{E}_0^*\mathrm{e}^{\mathrm{i}\omega^* t} \tag{82.4}$$

给出函数 $\boldsymbol{E}(t)$, 则在将算符 $\hat{\varepsilon}$ 作用于两项中的每一项后, 得到

$$\boldsymbol{D} = \varepsilon(\omega)\boldsymbol{E}_0\mathrm{e}^{-\mathrm{i}\omega t} + \varepsilon(-\omega^*)\boldsymbol{E}_0^*\mathrm{e}^{\mathrm{i}\omega^* t},$$

这个量为实数的条件与 (82.2) 相同.

根据 §80 的结果, 在 $\omega = \omega'$ 为正实数值 (亦即在实轴的右半部分) 时, $\varepsilon(\omega)$ 的虚部为正. 由于按照 (82.2) 式, $\operatorname{Im}\varepsilon(-\omega') = -\operatorname{Im}\varepsilon(\omega')$, 则在实轴的左半部分 $\varepsilon(\omega)$ 的虚部为负. 因此

$$\begin{aligned} &\operatorname{Im}\varepsilon > 0 \quad \text{当} \quad \omega = \omega' > 0 \text{ 时}, \\ &\operatorname{Im}\varepsilon < 0 \quad \text{当} \quad \omega = \omega' < 0 \text{ 时}. \end{aligned} \tag{82.5}$$

在 $\omega = 0$ 点, 函数 $\operatorname{Im}\varepsilon$ 通过零 (在介电体中) 或无穷大 (在金属中) 后变号. 这是在实轴上 $\operatorname{Im}\varepsilon(\omega)$ 可以为零的唯一的一点.

当 ω 在上半平面沿任何路径趋于无穷大时, 函数 $\varepsilon(\omega)$ 趋于 1. 这种情况已在 §78 中对于 ω 沿实轴趋于无穷时指出过. 在普遍情况下这也可由公式 (82.1) 看出: 如果 $\omega \to \infty$ 的方式是 $\omega'' \to \infty$, 则由于被积函数表达式中存在 $\exp(-\tau\omega'')$ 因子, (82.1) 式中的积分等于零; 如果 ω'' 保持有限, 而是 $|\omega'| \to \infty$, 则由于存在振荡因子 $\mathrm{e}^{\mathrm{i}\omega'\tau}$ 而使得积分等于零.

以上列举的函数 $\varepsilon(\omega)$ 的性质已足够证明以下定理: 除了虚轴上的点之外, 函数 $\varepsilon(\omega)$ 在上半平面的任何有限点上都不取实数值; 在虚轴上, $\varepsilon(\omega)$ 从 $\omega = \mathrm{i}0$ 时的 $\varepsilon_0 > 1$ (对于介电体) 或 $+\infty$ (对于金属) 单调衰减至 $\omega = \mathrm{i}\infty$ 时的 1. 特别

① 对于下半虚轴, 一般而言, 这个结论是不正确的. 在下半虚轴上, 函数 $\varepsilon(\omega)$ 可能有分支点, 而为了在下半平面定义 $\varepsilon(\omega)$ 为解析函数, 有可能必须沿负虚轴作割线. 此时等式 (82.2) 仅表示 $\varepsilon(\omega)$ 在割线两侧的复共轭值.

是由此得出, 函数 $\varepsilon(\omega)$ 在上半平面没有零点. 我们不在此重复在本教程第五卷 §123 进行过的这些论断的证明. 需要记住的是, 起广义响应率作用的不是函数 $\varepsilon(\omega)$ 本身, 而是差值 $\varepsilon(\omega)-1$.

我们也不再重复推导联系函数 $\varepsilon(\omega)$ 的虚部和实部之间的关系式, 只是对标记符号作适当修改后写出最后的公式.

如同在 §77 中一样, 我们将实变量 ω 的函数 $\varepsilon(\omega)$ 写为 $\varepsilon(\omega)=\varepsilon'(\omega)+\mathrm{i}\varepsilon''(\omega)$ 的形式. 如果函数 $\varepsilon(\omega)$ 是对于介电体的, 则所涉及的关系式为

$$\varepsilon'(\omega)-1=\frac{1}{\pi}\fint_{-\infty}^{+\infty}\frac{\varepsilon''(x)}{x-\omega}\mathrm{d}x, \tag{82.6}$$

$$\varepsilon''(\omega)=-\frac{1}{\pi}\fint_{-\infty}^{+\infty}\frac{\varepsilon'(x)-1}{x-\omega}\mathrm{d}x, \tag{82.7}$$

其中积分符号中间的斜杠表示将有极点的表达式的积分理解为其主值 (H. A. 克拉默斯, R. L. 克勒尼希, 1927). 我们记得, 在推导这些公式时所利用的函数 $\varepsilon(\omega)$ 的唯一重要性质是其在上半平面没有奇点. 所以可以说克拉默斯–克勒尼希公式 (以及上述函数 $\varepsilon(\omega)$ 的性质) 是因果律的直接后果.

利用函数 $\varepsilon''(\omega)$ 为奇函数的性质, 可将公式 (82.6) 化为以下形式:

$$\varepsilon'(\omega)-1=\frac{2}{\pi}\fint_{0}^{\infty}\frac{x\varepsilon''(x)}{x^2-\omega^2}\mathrm{d}x. \tag{82.8}$$

如果研究的对象是导体, 则函数 $\varepsilon(\omega)$ 在 $\omega=0$ 点有极点, 在该点附近 $\varepsilon=4\pi\sigma\mathrm{i}/\omega$ (见 (77.9) 式). 这导致公式 (82.7) 中出现附加项 (参见本教程第五卷 (123.18) 式):

$$\varepsilon''(\omega)=-\frac{1}{\pi}\fint_{-\infty}^{+\infty}\frac{\varepsilon'(x)}{x-\omega}\mathrm{d}x+\frac{4\pi\sigma}{\omega}; \tag{82.9}$$

而公式 (82.6) 或 (82.8) 保持不变. 除此而外, 在金属的情况下还应当作以下评论. 在 §77 末曾经指出, 金属中可以存在这样一个频率区, 在这个频率区内, 由于场的空间非均匀效应函数 $\varepsilon(\omega)$ 失去其物理意义. 然而, 在我们所研究的公式中积分必须在全部频率区间进行. 在此情况下, 必须把 $\varepsilon(\omega)$ 理解为是在相应的频率区内求解物体在虚拟的空间均匀周期电场中 (而非一定要在非均匀的电磁波场中) 的行为这一形式性问题所得到的一个函数.

公式 (82.8) 特别重要. 因为它给出了这样一种可能性, 即如果只是以近似的 (例如, 经验的) 方式知道了给定物体的函数 $\varepsilon''(\omega)$, 也能算出该物体的函数

$\varepsilon'(\omega)$ 来. 这时重要的是, 对于任何满足物理上必须要求的当 $\omega > 0$ 时 $\varepsilon'' > 0$ 的 $\varepsilon''(\omega)$, 公式 (82.8) 给出与物理要求没有矛盾, 亦即原则上可能的函数 $\varepsilon'(\omega)$ (ε' 的符号和大小不受任何一般物理条件的限制). 这种情况给出了甚至对近似函数 $\varepsilon''(\omega)$ 利用公式 (82.8) 的可能性. 相反, 公式 (82.7) 给不出 (在任意函数 $\varepsilon'(\omega)$ 情况下) 物理上允许的函数 $\varepsilon''(\omega)$ 来, 因为它不能自动保证 $\varepsilon''(\omega)$ 为正.

在色散理论中习惯于把 $\varepsilon'(\omega)$ 的表达式写为以下形式:

$$\varepsilon'(\omega) - 1 = -\frac{4\pi e^2}{m} \fint_0^\infty \frac{f(x)}{\omega^2 - x^2} \mathrm{d}x, \tag{82.10}$$

其中 e 和 m 为电子电荷和质量, 而 $f(\omega)/\mathrm{d}\omega$ 称为在频率区间 $\mathrm{d}\omega$ 的**振子强度**. 按照 (82.8) 式, 这个量与 $\varepsilon''(\omega)$ 之间的关系为

$$f(\omega) = \frac{m}{2\pi^2 e^2}\omega\varepsilon''(\omega). \tag{82.11}$$

在金属中, 当 $\omega \to 0$ 时 $f(\omega)$ 趋向有限极限.

当 ω 之值足够大时, (82.8) 式的被积函数表达式中与 ω^2 相比可以略去 x^2. 于是

$$\varepsilon'(\omega) - 1 = -\frac{2}{\pi\omega^2}\int_0^\infty x\varepsilon''(x)\mathrm{d}x.$$

另一方面, 对于高频下的介电常量, 我们有公式 (78.1). 将两个表达式进行比较, 导致**求和规则**

$$\frac{m}{2\pi^2 e^2}\int_0^\infty \omega\varepsilon''(\omega)\mathrm{d}\omega = \int_0^\infty f(\omega)\mathrm{d}\omega = N, \tag{82.12}$$

其中 N 为物质单位体积中的电子总数.

如果 $\varepsilon''(\omega)$ 在 $\omega = 0$ 时无奇点, 则在公式 (82.8) 中可取 $\omega \to 0$ 时的极限, 我们得到

$$\varepsilon'(0) - 1 = \frac{2}{\pi}\int_0^\infty \frac{\varepsilon''(x)}{x}\mathrm{d}x. \tag{82.13}$$

如果 $\omega = 0$ 是函数 $\varepsilon''(\omega)$ 的奇点 (金属), 则在 $\omega \to 0$ 时, 积分 (82.8) 的极限与在积分中简单地删除 ω 项后所得的值不同. 为了计算上述极限, 必须事先在被积函数表达式中将 $\varepsilon''(\omega)$ 换作

$$\varepsilon''(x) - \frac{4\pi\sigma}{x};$$

因为有恒等式

$$\fint_0^\infty \frac{\mathrm{d}x}{x^2 - \omega^2} = 0,$$

故这一代换不改变积分值.

对于介电体, 可将公式 (82.13) 改写为以下形式:

$$\varepsilon_0 - 1 = \frac{4\pi e^2 N}{m}\overline{\omega^{-2}}, \tag{82.14}$$

其中横杠标记对振子强度的平均

$$\overline{\omega^{-2}} = \frac{1}{N}\int_0^\infty \frac{f(x)}{\omega^2}\mathrm{d}\omega.$$

这个表达式对 ε_0 的各种估值可能有用.

最后, 可以得到通过在实轴上的 $\varepsilon''(\omega)$ 值表示上半虚轴上 $\varepsilon(\omega)$ 值的公式 (相应的计算也已在本教程第五卷 §123 中进行过). 这个公式的形式为

$$\varepsilon(\mathrm{i}\omega) - 1 = \frac{2}{\pi}\int_0^\infty \frac{x\varepsilon''(x)}{x^2+\omega^2}\mathrm{d}x. \tag{82.15}$$

如果将这个关系式的两边对 ω 积分, 则得到

$$\int_0^\infty [\varepsilon(\mathrm{i}\omega) - 1]\mathrm{d}\omega = \int_0^\infty \varepsilon''(\omega)\mathrm{d}\omega. \tag{82.16}$$

以上所述的全部结果 (仅稍作改变) 也都适用于磁导率 $\mu(\omega)$. 区别首先与当频率增大时函数 $\mu(\omega)$ 较早失去物理意义有关. 因此, 比如说, 必须按以下方式使用克拉默斯–克勒尼希公式. ω 的取值区间不再是无穷大而是有限区间 (从 0 到 ω_1), 这个区间一直延伸到 μ 还有意义、但已不再变化且其虚部可假设为零的那些频率; 相应的 μ 的实数值①标记为 μ_1. 此时公式 (82.8) 必须写为以下形式:

$$\mu'(\omega) - \mu_1 = \frac{2}{\pi}\,\mathrm{P}\!\!\int_0^{\omega_1} \frac{x\mu''(x)}{x^2-\omega^2}\mathrm{d}x. \tag{82.17}$$

与 ε_0 相反, $\mu_0 = \mu(0)$ 之值可以小于 1, 也可以大于 1. $\mu(\omega)$ 沿虚轴的变化与从前一样是单调衰减——不过这次是从 μ_0 衰减到 $\mu_1 < \mu_0$.

我们最后指出, 本节所确定的函数 $\varepsilon(\omega)$ 的解析性质, 函数 $\eta(\omega) \equiv 1/\varepsilon(\omega)$ 也同样程度地具有. 例如, 函数 $\eta(\omega)$ 在上半平面的解析性是由函数 $\varepsilon(\omega)$ 在这一半平面的解析性和没有零点推得的. 对于 $\eta(\omega)$, 克拉默斯–克勒尼希关系式 (82.6)—(82.7) 也如同对于 $\varepsilon(\omega)$ 一样适用.

① 事实上 ω_1 必须满足条件 $\omega_1\tau \gg 1$, 其中 τ 为磁体中铁磁或顺磁过程的最小弛豫时间.

§83 平面单色波

对于单色场, 麦克斯韦方程 (77.2) 的形式为

$$\mathrm{i}\omega\mu(\omega)\boldsymbol{H} = c\,\mathrm{rot}\,\boldsymbol{E}, \quad \mathrm{i}\omega\varepsilon(\omega)\boldsymbol{E} = -c\,\mathrm{rot}\,\boldsymbol{H}. \tag{83.1}$$

这两个方程本身已构成完备方程组, 因为方程 (77.1) 可从 (83.1) 自动得到, 从而不必再单独研究. 假设介质是均匀的并从方程 (83.1) 中消去 $\boldsymbol{H}$ (或 $\boldsymbol{E}$), 我们得到二阶方程

$$\Delta\boldsymbol{E} + \varepsilon\mu\frac{\omega^2}{c^2}\boldsymbol{E} = 0 \tag{83.2}$$

(以及对于 $\boldsymbol{H}$ 的同样方程).

我们来研究在均匀无限介质中传播的平面电磁波. 在真空内的平面波中场与坐标的依赖关系由具有实波矢 $\boldsymbol{k}$ 的因子 $\mathrm{e}^{\mathrm{i}\boldsymbol{k}\cdot\boldsymbol{r}}$ 给出. 当研究波在实物介质中的传播时, 在一般情况下, 必须引入复矢量 $\boldsymbol{k}$:

$$\boldsymbol{k} = \boldsymbol{k}' + \mathrm{i}\boldsymbol{k}'',$$

其中 $\boldsymbol{k}', \boldsymbol{k}''$ 为实矢量.

令 $\boldsymbol{E}$ 和 $\boldsymbol{H}$ 正比于 $\mathrm{e}^{\mathrm{i}\boldsymbol{k}\cdot\boldsymbol{r}}$ 并在方程 (83.1) 中对坐标求微商, 我们得到

$$\omega\mu\boldsymbol{H} = c\boldsymbol{k}\times\boldsymbol{E}, \quad \omega\varepsilon\boldsymbol{E} = -c\boldsymbol{k}\times\boldsymbol{H}. \tag{83.3}$$

从这两个关系式中消去 $\boldsymbol{E}$ 或 $\boldsymbol{H}$, 我们得到波矢平方的以下表达式:

$$\boldsymbol{k}^2 \equiv k'^2 - k''^2 + 2\mathrm{i}\boldsymbol{k}'\cdot\boldsymbol{k}'' = \varepsilon\mu\frac{\omega^2}{c^2}. \tag{83.4}$$

我们看到, 只有当 ε 和 μ 为实数且为正时, $\boldsymbol{k}$ 才可能是实的. 但即使在这种情况下, 如果 $\boldsymbol{k}'\cdot\boldsymbol{k}'' = 0$, $\boldsymbol{k}$ 也可能是复的 (我们将在研究全反射时遇到这种情况, 见 §86).

应当注意到在复 $\boldsymbol{k}$ 的普遍情况下, 只是在一定的意义下, 才将波称作 “平面” 波. 写出

$$\mathrm{e}^{\mathrm{i}\boldsymbol{k}\cdot\boldsymbol{r}} = \mathrm{e}^{\mathrm{i}\boldsymbol{k}'\cdot\boldsymbol{r}}\mathrm{e}^{-\boldsymbol{k}''\cdot\boldsymbol{r}},$$

我们看到, 垂直于矢量 $\boldsymbol{k}'$ 的平面是等相位平面. 而恒定振幅平面是垂直于矢量 $\boldsymbol{k}''$ 的平面, 在 $\boldsymbol{k}''$ 方向上波发生衰减. 至于场本身具有恒定值的表面, 它们在普遍情况下一般不再是平面. 这样的波称为**非均匀平面波**, 以区别于通常的均匀平面波.

普遍情况下电场和磁场分量之间的关系由 (83.3) 式给出. 特别是, 用 $\boldsymbol{k}$ 标乘这些公式, 我们得到

$$\boldsymbol{k}\cdot\boldsymbol{E}=0, \quad \boldsymbol{k}\cdot\boldsymbol{H}=0, \tag{83.5}$$

平方 (83.3) 式中的任何一个等式并利用 (83.4) 式, 我们求得

$$\boldsymbol{E}^2=\frac{\mu}{\varepsilon}\boldsymbol{H}^2. \tag{83.6}$$

但是应当记住, 由于 $\boldsymbol{k},\boldsymbol{E},\boldsymbol{H}$ 这三个矢量都是复的, 在普遍情况下这些关系式没有通常它们为实数时那样的直观意义.

我们不去详细讨论在普遍情况下得到的繁杂的关系式, 仅研究一些更为重要的特殊情况.

从在无吸收 (透明) 均匀介质中无衰减传播的波得到的结果特别简单. 在这一情况下, 波矢为实矢量且其数值等于

$$k=\sqrt{\varepsilon\mu}\frac{\omega}{c}=n\frac{\omega}{c}, \tag{83.7}$$

其中 $n=\sqrt{\varepsilon\mu}$ 称作介质的**折射率**. 无论电场强度还是磁场强度都在垂直于 $\boldsymbol{k}$ 的平面上 (纯横波), 同时它们互相垂直并以关系式

$$\boldsymbol{H}=\sqrt{\frac{\varepsilon}{\mu}}\boldsymbol{l}\times\boldsymbol{E} \tag{83.8}$$

相联系 ($\boldsymbol{l}$ 为 $\boldsymbol{k}$ 方向的单位矢量). 由此得出

$$\varepsilon\boldsymbol{E}\cdot\boldsymbol{E}^*=\mu\boldsymbol{H}\cdot\boldsymbol{H}^*;$$

然而, 这并不意味着在波中 (如同在无色散时那样) 电能和磁能的相等, 因为它们是由另外的公式给出的 (公式 (80.11) 中的两项). 在这种情况下可将电磁能的总密度化为以下形式:

$$\overline{U}=\frac{1}{16\pi\mu\omega}\frac{\mathrm{d}}{\mathrm{d}\omega}(\omega^2\varepsilon\mu)\boldsymbol{E}\cdot\boldsymbol{E}^*=\frac{c}{8\pi}\sqrt{\frac{\varepsilon}{\mu}}\frac{\mathrm{d}k}{\mathrm{d}\omega}\boldsymbol{E}\cdot\boldsymbol{E}^*. \tag{83.9}$$

波在介质中的传播速度 u 由大家熟知的群速度公式确定 ①:

$$u=\frac{\mathrm{d}\omega}{\mathrm{d}k}=\frac{c}{\mathrm{d}(n\omega)/\mathrm{d}\omega}. \tag{83.10}$$

此时 $u=\overline{S}/\overline{U}$, 与群速度为波包中能量的传播速度的物理意义相对应; 此处 $\overline{U}$ 为公式 (83.9) 给出的能密度, 而

$$\overline{S}=\frac{c}{8\pi}\sqrt{\frac{\varepsilon}{\mu}}\boldsymbol{E}\cdot\boldsymbol{E}^* \tag{83.11}$$

① 在存在大量吸收时引入群速度概念一般是不可能的, 因为在吸收介质中波包不传播, 而是很快地被抹平了.

为坡印亭矢量的平均值. 在没有色散时, 折射率与频率无关, 表达式 (83.10) 右端简单地变为 c/n (与 (75.13) 式比较).

其次, 我们来研究电磁波在吸收介质中传播的较普遍情况, 此时波矢具有确定的方向, 亦即 $\boldsymbol{k}'$ 和 $\boldsymbol{k}''$ 相互平行. 这种波是真正意义上的平面波, 因为场为恒定值的表面在其中为垂直于传播方向的平面 (均匀平面波).

在这种情况下, 可以根据 $\boldsymbol{k}=k\boldsymbol{l}$ (其中 $\boldsymbol{l}$ 为 $\boldsymbol{k}'$ 和 $\boldsymbol{k}''$ 方向的单位矢量) 引入波矢的复 "长度" k, 并由 (83.4) 我们有 $k=\sqrt{\varepsilon\mu}\omega/c$. 通常用实的 n 和 $\varkappa$ 将复数量 $\sqrt{\varepsilon\mu}$ 写为 $n+\mathrm{i}\varkappa$, 因此

$$k=\sqrt{\varepsilon\mu}\frac{\omega}{c}=(n+\mathrm{i}\varkappa)\frac{\omega}{c}. \tag{83.12}$$

量 n 称为物质的折射率, 而 $\varkappa$ 称为物质的**吸收系数**. 后者由波在传播过程中的衰减程度确定. 不过, 我们这里要强调指出的是, 波的衰减并不一定与存在真正的吸收有关, 能量的耗散只出现在 ε 或 μ 为复数时; 而吸收系数 $\varkappa$ 在实的 (负的) ε 和 μ 时也可以不为零.

我们可以用介电常量的实部和虚部来表示 n 和 $\varkappa$, 此时我们假定 $\mu=1$. 从等式 $n^2-\varkappa^2+2\mathrm{i}n\varkappa=\varepsilon=\varepsilon'+\mathrm{i}\varepsilon''$, 我们有

$$n^2-\varkappa^2=\varepsilon',\quad 2n\varkappa=\varepsilon''.$$

对 n 和 $\varkappa$ 解这两个方程式, 我们得到 ①

$$n=\sqrt{\frac{\varepsilon'+\sqrt{\varepsilon'^2+\varepsilon''^2}}{2}},\quad \varkappa=\sqrt{\frac{-\varepsilon'+\sqrt{\varepsilon'^2+\varepsilon''^2}}{2}}. \tag{83.13}$$

特别是, 对于处于 (77.9) 式仍然适用的频率范围内的金属, ε 的虚部与实部相比大得多, 而且与电导率以 $\varepsilon''=4\pi\sigma/\omega$ 相关; 与 ε'' 相比略去 ε', 我们求得 n 和 $\varkappa$ 相同并等于 (与 (59.4) 式一致)

$$n=\varkappa=\sqrt{\frac{2\pi\sigma}{\omega}}. \tag{83.14}$$

对于现在研究的均匀平面波中的场 $\boldsymbol{E}$ 和 $\boldsymbol{H}$ 之间的关系, 我们重新得到公式 (83.8), 但其中的 ε 和 μ 现在为复数. 公式再次表明, 电场和磁场垂直于波传播方向且相互垂直. 如果 $\mu=1$, 将 $\sqrt{\varepsilon}$ 写为

$$\sqrt{\varepsilon}=\sqrt{n^2+\varkappa^2}\exp\left[\mathrm{i}\arctan\left(\frac{\varkappa}{n}\right)\right]$$

的形式后, 我们看到磁场强度为电场强度的 $\sqrt{n^2+\varkappa^2}$ 倍, 而相位落后了角度 $\arctan(\varkappa/n)$; 在 (83.14) 式的情况下, 相位差为 $\pi/4$.

① 由于 $\varepsilon''>0$, 则 n 和 $\varkappa$ 的正负号必须相同以与波在自己的传播方向上衰减相对应. 在 (83.13) 式中选择正号对应于沿正 x 轴方向传播的波.

习 题

空间某一区域在给定时刻 ($t=0$) 出现电磁扰动. 因没有外源维持, 该扰动将随时间衰减. 试求出决定这一衰减的衰减率.

解: 将初始扰动展开为坐标的傅里叶积分并研究其任一具有波矢 $\boldsymbol{k}$ (实矢量!) 的分量. 这个分量对今后时间的依赖关系 (对于足够大的时间 t) 由因子 $e^{-i\omega t}$ 给出, 其中 ω 即为我们所要确定的复频率; 衰减率为 $-\operatorname{Im}\omega$.

从方程

$$-c^{-1}\dot{\boldsymbol{H}}=\operatorname{rot}\boldsymbol{E}=i\boldsymbol{k}\times\boldsymbol{E},\quad c^{-1}\dot{\boldsymbol{D}}=\operatorname{rot}\boldsymbol{H}=i\boldsymbol{k}\times\boldsymbol{H}$$

中消去 $\boldsymbol{H}$, 我们得到

$$c^{-2}\ddot{\boldsymbol{D}}=\boldsymbol{k}\times(\boldsymbol{k}\times\boldsymbol{E}).\tag{1}$$

我们选择 $\boldsymbol{k}$ 的方向为 x 轴. 由此对于扰动的纵向部分我们有 $\ddot{D}_x=0$, 因此 $D_x=0$.

另一方面, D_x 与 E_x 的依赖关系由积分算符给出:

$$E_x(t)=\hat{\varepsilon}^{-1}D_x=\int_{-\infty}^{t}F(t-\tau)D_x(\tau)d\tau.\tag{2}$$

由于当前情况下在 $t>0$ 时 $D_x(t)=0$ (这表明在 $t>0$ 时没有场源), 于是

$$E_x(t)=\int_{-\infty}^{0}F(t-\tau)D_x(\tau)d\tau.\tag{3}$$

由此可见, 在 t 很大时, E_x 对时间的依赖关系基本上取决于函数 $F(t)$ 对时间的依赖关系.

对于单色场我们从 (3) 式有:

$$\frac{1}{\varepsilon(\omega)}=\int_0^{\infty}F(\tau)e^{i\omega\tau}d\tau$$

以及, 反过来,

$$F(t)=\int_{-\infty}^{+\infty}\frac{1}{\varepsilon(\omega)}e^{-i\omega t}\frac{d\omega}{2\pi}.$$

为了在 t 很大时对这个积分进行估值, 我们将积分路径移至 ω 的下半平面, 在该处被积函数表达式快速衰减. 为此必须绕过函数 $1/\varepsilon(\omega)$ 的所有奇点, 亦即函数 $\varepsilon(\omega)$ 的零点以及它的分支点. 结果积分基本上正比于 $e^{-i\omega_0 t}$, 其中 ω_0 为前述奇点中离实轴最近的一个. 这就给出了对扰动的纵向部分问题的解.

对于横向分量我们从 (1) 式有

$$\frac{1}{c^2}\ddot{D}_{y,z}+k^2E_{y,z}=0.$$

类似的研究给出的结论是，现在情况下所寻求的频率 ω_0 是函数 $\omega^2\varepsilon(\omega)-c^2k^2$ 离实轴最近的零点或分支点.

§84 透明介质

我们将要把在 §82 所得的普遍公式应用于 (在给定频率区间) 弱吸收介质, 亦即我们将假定, 介电常量的虚部对于这些频率可以忽略.

在这样的情况下, 公式 (82.8) 中取主值成为多余, 因为 $x=\omega$ 已不在积分区域内. 此后这个积分将与通常的在被积函数表达式没有奇点的积分一样, 可以对参数 ω 取微商. 进行这样的运算后, 我们得到

$$\frac{\mathrm{d}\varepsilon}{\mathrm{d}\omega}=\frac{4\omega}{\pi}\int_0^\infty\frac{x\varepsilon''(x)\mathrm{d}x}{(\omega^2-x^2)^2}.$$

由于被积函数在整个积分区间均取正值, 我们得出的结论是

$$\frac{\mathrm{d}\varepsilon(\omega)}{\mathrm{d}\omega}>0,\tag{84.1}$$

亦即在无吸收区介电常量是频率的单调递增函数.

采用类似的方式, 在同一频率区还得到另一个不等式:

$$\frac{\mathrm{d}}{\mathrm{d}\omega}[\omega^2(\varepsilon-1)]=\frac{4\omega}{\pi}\int_0^\infty\frac{x^3\varepsilon''(x)}{(x^2-\omega^2)^2}\mathrm{d}x>0,$$

或

$$\frac{\mathrm{d}\varepsilon}{\mathrm{d}\omega}>\frac{2(1-\varepsilon)}{\omega}.\tag{84.2}$$

如果 $\varepsilon<1$ 或甚至为负, 则这个不等式比不等式 (84.1) 更强 ①.

我们注意到, 不等式 (84.1) 和 (84.2) (以及对于 $\mu(\omega)$ 的类似不等式) 自动保证了波传播速度满足不等式 $u<c$. 例如, $\mu=1$ 时我们有 $n=\sqrt{\varepsilon}$, 用 n^2 代替 (84.1) 和 (84.2) 式中的 ε, 我们得到

$$\frac{\mathrm{d}(n\omega)}{\mathrm{d}\omega}>n,\quad \frac{\mathrm{d}(n\omega)}{\mathrm{d}\omega}>\frac{1}{n}.\tag{84.3}$$

因此, 对于 (83.10) 式的速度 u 得到两个不等式 $u<c/n$ 和 $u<cn$, 由此可见, 无论 $n>1$ 时还是 $n<1$ 时都有 $u<c$. 这些不等式还表明 $u>0$, 亦即群速度指向波矢方向. 群速度的这个性质非常自然, 虽然从纯粹逻辑学的观点来看并非必然.

① 取不等式 (84.1) 和 (84.2) 之和的一半, 我们求得 $\mathrm{d}(\omega\varepsilon)/\mathrm{d}\omega>1$, 这个不等式比 (80.13) 更强.

假设弱吸收区延伸到从 ω_1 到 ω_2 (而且 $\omega_2 \gg \omega_1$) 的很宽的频率区间, 我们来研究这样的频率 ω, 它们的取值为 $\omega_1 \ll \omega \ll \omega_2$. 此时 (82.8) 式的积分区间被分成了两部分: $x < \omega_1$ 与 $x > \omega_2$. 在第一个区间, 与 ω 相比被积函数表达式分母中的 x 可忽略, 而在第二个区间, 与 x 相比被积函数表达式分母中的 ω 可以忽略:

$$\varepsilon(\omega) = 1 + \frac{2}{\pi}\int_{\omega_2}^{\infty} \varepsilon''(x)\frac{\mathrm{d}x}{x} - \frac{2}{\pi\omega^2}\int_0^{\omega_1} x\varepsilon''(x)\mathrm{d}x, \tag{84.4}$$

这也就是说, 在我们所研究的频率区内函数 $\varepsilon(\omega)$ 的形式为 $a - b/\omega^2$, 其中 a 和 b 为正的常量. 第二个常量可通过引起在 0 到 ω_1 频率区间吸收的振子强度 N_1 (参见 (82.12) 式) 来表达, 于是

$$\varepsilon(\omega) = a - \frac{4\pi N_1 e^2}{m\omega^2}. \tag{84.5}$$

从这个表达式得出, 在足够宽的弱吸收区内, 介电常量一般说来会通过零点. 与此相关我们记得, 真正的透明介质是其中 $\varepsilon(\omega)$ 不仅是实数而且是正实数的介质; 当 ε 为负值时波在介质内部衰减, 虽然在波中并没有出现真正的能量耗散.

对于使得 $\varepsilon = 0$ 的频率, 电感应强度 $\boldsymbol{D}$ 恒等于零, 而且麦克斯韦方程在磁场等于零时允许仅满足 $\operatorname{rot}\boldsymbol{E} = 0$ 一个方程的交变电场存在. 换句话说, 在这种情况下可能存在纵向电波. 为了确定这个波的传播速度, 不仅必须考虑介电常量对频率的色散, 而且也必须考虑介电常量对波矢的色散; 在 §105 中我们将再回到这个问题.

最后, 假设在宽阔的透明区内有一个围绕某一频率 ω_0 的狭窄的吸收区 ("线"). 我们来研究这个频率的邻域, 它满足条件

$$\gamma \ll |\omega - \omega_0| \ll \omega_0, \tag{84.6}$$

其中 γ 为线宽. 在这个频区内, (82.6) 式的被积函数中除了快变函数 $\varepsilon''(x)$ 之外, 可将 x 处处换成 ω_0. 于是我们得到

$$\varepsilon(\omega) \approx \varepsilon'(\omega) \approx \frac{1}{\pi(\omega_0 - \omega)}\int \varepsilon''(x)\mathrm{d}x, \tag{84.7}$$

其中积分对吸收线进行.

习 题

具有清晰波阵面的平面电磁波从法线方向入射到充满透明介质 ($\mu = 1$) 的半空间 ($x > 0$) 的边界面上. 试确定进入介质内部的波的波阵面结构 (A. 索莫菲, L. 布里渊, 1914).

解: 假设波在 $t=0$ 时刻入射到介质边界面, 因此在 $x=0$ 处入射波的场 (E 或 H) 为:

$$\text{当 } t<0 \text{ 时}: \quad E=0; \quad \text{当 } t>0 \text{ 时}: E \propto \mathrm{e}^{-\mathrm{i}\omega_0 t}.$$

通过将这个场展开为时间的傅里叶积分, 我们把问题归结为不同频率的无限扩展波入射到同一边界面上. 频率为 ω 的傅里叶分量的振幅正比于

$$\int_0^{\infty} \mathrm{e}^{\mathrm{i}(\omega-\omega_0)\tau} \mathrm{d}\tau.$$

在频率为 ω 的波入射时透射穿入介质的波的形式为

$$a(\omega) \exp\left(-\mathrm{i}\omega t + \mathrm{i}\frac{\omega}{c} n x\right),$$

其中振幅 $a(\omega)$ 为频率的缓变函数. 所以在当前情况下介质中波的场

$$E \propto \int_{-\infty}^{+\infty} \mathrm{d}\omega a(\omega) \exp\left(-\mathrm{i}\omega t + \mathrm{i}\frac{\omega}{c} n x\right) \int_0^{\infty} \mathrm{e}^{\mathrm{i}(\omega-\omega_0)\tau} \mathrm{d}\tau.$$

在波阵面附近区域内, 接近 ω_0 的 ω 值对积分起重要作用. 引入新的变量 $\xi=\omega-\omega_0$, 把 $a(\omega)$ 换作 $a(\omega_0)$, 而将指数展开为 ξ 的幂级数. 略去所有不重要的常数和相位因子后, 我们得到

$$E \propto \int_0^{\infty} \int_{-\infty}^{+\infty} \exp\left\{\mathrm{i}\xi\left(\tau - t + \frac{x}{u}\right) - \frac{\mathrm{i}\xi^2}{2} x \frac{u'}{u^2}\right\} \mathrm{d}\xi \mathrm{d}\tau,$$

其中 $u=u(\omega_0)$ 为波的传播速度 (83.10), 而 $u'=\left.\dfrac{\mathrm{d}u}{\mathrm{d}\omega}\right|_{\omega=\omega_0}$. 对 ξ 进行积分, 很容易导致 E 的以下形式:

$$E \propto \int_w^{\infty} \mathrm{e}^{\pm \mathrm{i}\eta^2} \mathrm{d}\eta, \quad w=\frac{x-ut}{\sqrt{2x|u'|}}$$

(指数中的符号依赖于 u' 的符号). 在靠近其波阵面处波的强度分布规律为

$$I \propto \left|\int_w^{\infty} \mathrm{e}^{\mathrm{i}\eta^2} \mathrm{d}\eta\right|^2.$$

这个公式的形式与在菲涅耳衍射时决定靠近影子边缘强度分布的公式 (参见本教程第二卷 §60) 相同. 当 $w>0$ 时, 强度随 w 的增加单调减小, 而当 $w<0$ 时以不断减小的振幅围绕常数值作振荡, 当 $w \to -\infty$ 时趋于此一常数.

在所研究的波阵面之前很大的距离处, 有以速度 c 传播的所谓“前兆波”. 它们对应于具有很高频率的傅里叶分量, 对于这些分量 $\varepsilon \to 1$.

第十章 电磁波的传播

§85 几何光学

大家知道, 几何光学的适用条件是与所讨论问题的尺度 l 相比, 波长 λ 很小 (参见本教程第二卷 §53). 几何光学与波动光学的关系是这样建立的, 即 $\lambda \ll l$ 时, 所有的描述波场的量 ($\boldsymbol{E}$ 或 $\boldsymbol{H}$ 的任一分量) φ 由形如

$$\varphi = a\mathrm{e}^{\mathrm{i}\psi}$$

的公式表示, 其中振幅 a 为坐标及时间的缓变函数, 而相位 ψ 为坐标和时间的很大的 "殆线性" 函数. 后者在几何光学中称为**程函**, 并在几何光学中起基本作用. 程函的时间导数决定波的频率:

$$\frac{\partial \psi}{\partial t} = -\omega, \tag{85.1}$$

而它对坐标的导数确定波矢:

$$\nabla \psi = \boldsymbol{k}, \tag{85.2}$$

从而确定了光线在空间每一点的方向.

在稳恒条件下单色波的频率为常量, 而程函对时间的依赖关系由 $-\omega t$ 给出. 此时代替 ψ, 我们按照

$$\psi = -\omega t + \frac{\omega}{c}\psi_1(x, y, z) \tag{85.3}$$

引入另一个函数 ψ_1 (今后也称其为程函); ψ_1 仅是坐标的函数, 而其梯度为

$$\nabla \psi_1 = \boldsymbol{n}, \tag{85.4}$$

其中 $\boldsymbol{n}$ 为矢量, 它与 $\boldsymbol{k}$ 的关系为

$$\boldsymbol{k}=\frac{\omega}{c}\boldsymbol{n}. \tag{85.5}$$

矢量 $\boldsymbol{n}$ 的大小等于介质[①]的折射率 n. 所以光线在折射率为 $n(x,y,z)$ (给定的坐标函数) 的介质中传播的程函方程为

$$(\nabla\psi_1)^2\equiv\left(\frac{\partial\psi_1}{\partial x}\right)^2+\left(\frac{\partial\psi_1}{\partial y}\right)^2+\left(\frac{\partial\psi_1}{\partial z}\right)^2=n^2. \tag{85.6}$$

光线在稳恒条件下的传播方程也可从费马原理得到, 按照这个原理, 对于在空间给定两点 A 和 B 之间的光程积分

$$\psi_1=\int_A^B\boldsymbol{n}\mathrm{d}\boldsymbol{l}=\int_A^B n\mathrm{d}l$$

取极小值. 令这个积分的变分等于零, 我们有

$$\delta\psi_1=\int_A^B(\delta n\mathrm{d}l+n\delta\mathrm{d}l)=0.$$

假定 $\delta\boldsymbol{r}$ 为光程在变分时的位移, 此时有

$$\delta n=\delta\boldsymbol{r}\cdot\nabla n,\quad \delta\mathrm{d}l=\boldsymbol{l}\cdot\mathrm{d}\delta\boldsymbol{r},$$

其中 $\boldsymbol{l}$ 为与光线相切的单位矢量. 将以上各量代入 $\delta\psi_1$ 并对第二项进行分部积分 (考虑到在 A 点和 B 点 $\delta\boldsymbol{r}$ 为零), 我们得到

$$\delta\psi_1=\int_A^B\delta\boldsymbol{r}\cdot\nabla n\mathrm{d}l+\int_A^B n\boldsymbol{l}\cdot\mathrm{d}\delta\boldsymbol{r}=\int_A^B\left(\nabla n-\frac{\mathrm{d}(n\boldsymbol{l})}{\mathrm{d}l}\right)\cdot\delta\boldsymbol{r}\mathrm{d}l=0.$$

由此得到

$$\frac{\mathrm{d}(n\boldsymbol{l})}{\mathrm{d}l}=\nabla n. \tag{85.7}$$

展开导数项并代入 $\dfrac{\mathrm{d}n}{\mathrm{d}l}=\boldsymbol{l}\cdot\nabla n$, 将这个方程改写为

$$\frac{\mathrm{d}\boldsymbol{l}}{\mathrm{d}l}=\frac{1}{n}[\nabla n-\boldsymbol{l}(\boldsymbol{l}\cdot\nabla n)]. \tag{85.8}$$

这就是确定光线形状的方程.

从微分几何知道, 沿光线的导数 $\mathrm{d}\boldsymbol{l}/\mathrm{d}l$ 等于 $\boldsymbol{N}/R$, 其中 $\boldsymbol{N}$ 为主法线方向的单位矢量, 而 R 为光线的曲率半径. 将方程 (85.8) 两端乘以 $\boldsymbol{N}$ 并考虑到 $\boldsymbol{N}$ 与 $\boldsymbol{l}$ 相互垂直, 我们得到:

$$\frac{1}{R}=\boldsymbol{N}\cdot\frac{\nabla n}{n}. \tag{85.9}$$

① 几何光学中只研究透明介质.

光线向折射率增大的一方弯曲.

几何光学中光线传播的速度方向沿 $\boldsymbol{l}$ 方向并由导数

$$\boldsymbol{u} = \frac{\partial \omega}{\partial \boldsymbol{k}} \tag{85.10}$$

给出. 这个速度也称作**群速度**, 而 ω/k 称作**相速度**. 相速度不对应于任何物理量的真实物理传播速度.

确定光强沿光线变化的方程也容易写出. 光强 I 是坡印亭矢量时间平均值的大小. 坡印亭矢量和群速度一起都沿着 $\boldsymbol{l}$ 方向:

$$\overline{\boldsymbol{S}} = I\boldsymbol{l}.$$

在稳恒条件下空间每一点的场能平均密度不随时间变化. 因此能量守恒方程为: $\operatorname{div}\overline{\boldsymbol{S}} = 0$ 或者

$$\operatorname{div}(I\boldsymbol{l}) = 0. \tag{85.11}$$

这即是所要求的方程.

最后我们来研究一下线偏振光的偏振随光线如何变化的问题 (C. M. 雷托夫, 1938).

从微分几何可知, 空间曲线 (现在情况下即为光线) 在每一点上由三个垂直的单位矢量, 即切向单位矢量 $\boldsymbol{l}$、主法向单位矢量 $\boldsymbol{N}$ 和副法向单位矢量 $\boldsymbol{b}$ (它们构成所谓的自然三面形) 表征. 因为电磁波的横波性, 矢量 $\boldsymbol{E}$ (或者 $\boldsymbol{H}$) 永远处于法平面, 即 $\boldsymbol{N}$、$\boldsymbol{b}$ 平面上.

假设在光线的某一点上 $\boldsymbol{E}$ 与 $\boldsymbol{N}$ 的方向相同, 亦即处于切平面 ($\boldsymbol{N}$、$\boldsymbol{l}$ 平面) 上. 我们知道, 长度为 $\mathrm{d}l$ 的曲线与切平面的偏离相对于 $\mathrm{d}l$ 是高阶 (三阶) 无穷小量. 因此可以断定, 当沿着光线移动 $\mathrm{d}l$ 距离时矢量 $\boldsymbol{E}$ 仍然停留在原来的切平面上. 新的切平面相对于老的切平面旋转了角度 $\mathrm{d}\varphi = \mathrm{d}l/T$, 其中 T 为曲线的挠率半径. 因此, 这个角度正好等于在法平面上矢量 $\boldsymbol{E}$ 相对于矢量 $\boldsymbol{N}$ 的转角. 如此一来, 当沿着光线移动时偏振方向在法平面上是这样转动的, 即它与主法线方向的角度按照方程

$$\frac{\mathrm{d}\varphi}{\mathrm{d}l} = \frac{1}{T} \tag{85.12}$$

变化. 特别是, 当不存在挠率亦即光线为平面曲线时, 在法平面上 $\boldsymbol{E}$ 的方向维持不变, 如在任何情况下从对称性考虑所料.

习 题

1. 试求出参考系变换时光在介质中传播速度 (群速度) 的变换规律.

解: 按照群速度 $\boldsymbol{u}$ 的定义,

$$\mathrm{d}\omega = \boldsymbol{u}\cdot\mathrm{d}\boldsymbol{k}, \quad \mathrm{d}\omega' = \boldsymbol{u}'\cdot\mathrm{d}\boldsymbol{k}';$$

带撇的量为以速度 $\boldsymbol{V}$ 相对于参考系 K (其上的量不带撇) 运动的参考系 K' 中的量. 根据对于波的四维矢量的洛伦兹变换公式, 我们有

$$k'_x = \gamma\left(k_x - v\frac{\omega}{c^2}\right), \quad k'_y = k_y, \quad k'_z = k_z,$$
$$\omega = \gamma(\omega' + vk'_x).$$

其中 $\gamma = 1/\sqrt{1-v^2/c^2}$ (x 轴和 x' 轴均在 $\boldsymbol{v}$ 方向), 由上面第二行的公式我们有

$$\mathrm{d}\omega = \gamma(\mathrm{d}\omega' + v\mathrm{d}k'_x) = \gamma(\boldsymbol{u}'\cdot\mathrm{d}\boldsymbol{k}' + v\mathrm{d}k'_x).$$

将第一行公式得到的通过 $\mathrm{d}\boldsymbol{k}$ 和 $\mathrm{d}\omega$ 表示的 $\mathrm{d}\boldsymbol{k}'$ 代入上式并将含 $\mathrm{d}\omega$ 的项合并, 我们得到

$$\gamma\left(1 + \frac{1}{c^2}vv'_x\right)\mathrm{d}\omega = \gamma(u'_x + v)\mathrm{d}k_x + u'_y\mathrm{d}k_y + u'_z\mathrm{d}k_z.$$

与 $\mathrm{d}\omega = \boldsymbol{u}\cdot\mathrm{d}\boldsymbol{k}$ 对比, 我们发现, 如所期待, $\boldsymbol{u}'$ 和 $\boldsymbol{v}$ 按照通常的相对论速度合成公式合成 $\boldsymbol{u}$.

2. 试确定在相对于观察者运动的介质中光的传播速度.

解: 设 ω 和 $\boldsymbol{k}$ 分别为光波在静止参考系 K 中的频率和波矢, 而 $\omega', \boldsymbol{k}'$ 为相对于 K 与介质一起以速度 $\boldsymbol{v}$ 运动的参考系 K' 中的同样物理量. 在坐标系 K' 中介质静止, 因此 $\omega', \boldsymbol{k}'$ 之间以关系式

$$ck' = \omega' n(\omega') \tag{1}$$

相联系.

按照对于波四维矢量的洛伦兹变换公式, 精确到 v/c 的一次项, 我们有

$$\omega' = \omega - \boldsymbol{k}\cdot\boldsymbol{v}, \quad \boldsymbol{k}' = \boldsymbol{k} - \frac{\omega}{c^2}\boldsymbol{v}, \quad k' = k - \frac{\omega}{c^2}\boldsymbol{v}\cdot\boldsymbol{l},$$

其中 $\boldsymbol{l} = \boldsymbol{k}/k$. 将这些表达式代入 (1) 并按照 $\boldsymbol{v}$ 的幂次展开函数 $n(\omega')$, 在相同的精度下我们得到 ①

$$k = \frac{\omega}{c}n + \frac{\omega}{c^2}\left[1 - n\frac{\mathrm{d}(n\omega)}{\mathrm{d}\omega}\right]\boldsymbol{v}\cdot\boldsymbol{l}. \tag{2}$$

在静止介质中的传播速度 (群速度) 由对关系式 $ck = \omega n(\omega)$ 求微商得到, 等于

$$\boldsymbol{u}_0 = \frac{c}{\mathrm{d}(n\omega)/\mathrm{d}\omega}\boldsymbol{l}. \tag{3}$$

① 我们注意到, 在 $n^2 = \varepsilon = 1 - \mathrm{const}\cdot\omega^{-2}$ 时, (2) 式中的第二项以及所有一次效应项都恒等于零.

在运动介质中, 传播速度通过对 (2) 式求微商得到, 我们先把 (2) 式改写成以下形式:

$$k = \frac{\omega}{c}n + \boldsymbol{k}\cdot\boldsymbol{v}\left(\frac{1}{cn} - \frac{1}{u_0}\right).$$

仍然精确到一次项, 我们求得

$$\boldsymbol{u} = \boldsymbol{u}_0 + \boldsymbol{l}(\boldsymbol{l}\cdot\boldsymbol{v})\left(\frac{u_0}{cn} - \frac{u_0^2}{c^2} - \frac{n\omega}{c}\frac{\mathrm{d}u_0}{\mathrm{d}\omega}\right) + v\left(1 - \frac{u_0}{cn}\right). \tag{4}$$

当光在介质运动方向传播时 ($\boldsymbol{v} \parallel \boldsymbol{l}$), 我们由此有 ①

$$u = u_0 + v\left(1 - \frac{u_0^2}{c^2}\right) - \frac{vn\omega}{c^2}\frac{\mathrm{d}u_0}{\mathrm{d}\omega}. \tag{5}$$

式中前两项可简单地通过使用相对论速度合成公式得到. 如果 $\boldsymbol{v}$ 和 $\boldsymbol{l}$ 相互垂直, 则有

$$\boldsymbol{u} = \boldsymbol{u}_0 + \boldsymbol{v}\left(1 - \frac{u_0}{cn}\right). \tag{6}$$

从 (2) 式得到的波的相速度具有以下形式

$$\frac{\omega}{k} = \frac{c}{n} + \boldsymbol{v}\cdot\boldsymbol{l}\left(1 - \frac{1}{n^2} + \frac{\omega}{n}\frac{\mathrm{d}n}{\mathrm{d}\omega}\right).$$

当 $\boldsymbol{v} \perp \boldsymbol{l}$ 时, 其中没有一次效应.

§86 波的反射和折射

我们现在来研究单色平面电磁波在两种均匀介质分界平面上的反射和折射. 波由透明介质 (介质 1) 中入射; 我们暂时先不假设第二种介质是透明介质. 我们分别用下标 0 和 1 标注属于入射波和反射波的物理量, 而对于折射波的物理量则用下标 2 标注 (图 46). 分界面的法线方向选作 z 轴 (正方向指向介质 2 的内部).

由于在 xy 面上的完全均匀性, 在整个空间内场方程的解对 x 坐标和 y 坐标的函数关系应当是一样的. 这表明所有三个波的波矢的分量 k_x, k_y 是一样的. 由此首先得出, 所有三个波的传播方向处于一个平面; 将此平面取作 xz 平面.

从等式

$$k_{0x} = k_{1x} = k_{2x} \tag{86.1}$$

① 这个公式描写首先由菲涅耳预言的 (A. 菲涅耳, 1818) 所谓费索效应. 洛伦兹研究了色散对这一效应的影响 (H. A. 洛伦兹, 1895).

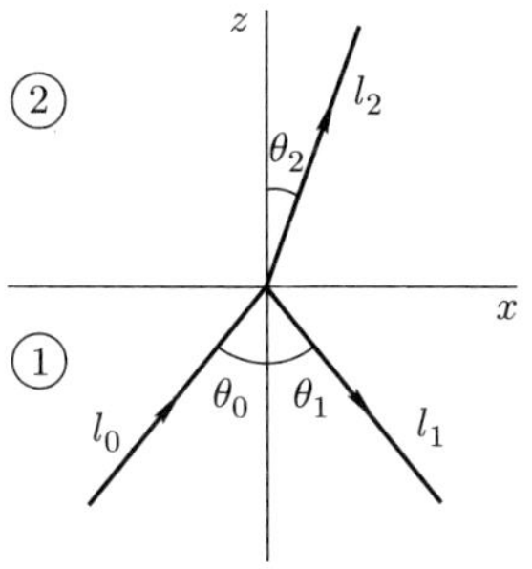

图 46

得出, 对于这些矢量的 z 分量:

$$
\begin{aligned}
k_{1z} &= -k_{0z} = -\frac{\omega}{c}\sqrt{\varepsilon_1}\cos\theta_0,\\
k_{2z} &= \sqrt{\frac{\omega^2}{c^2}\varepsilon_2 - k_{0x}^2} = \frac{\omega}{c}\sqrt{\varepsilon_2 - \varepsilon_1\sin^2\theta_0};
\end{aligned}
\tag{86.2}
$$

两种介质中我们都假定 $\mu = 1$. 根据定义, 矢量 $\boldsymbol{k}_0$ 是实矢量, 同时 $\boldsymbol{k}_1$ 也是实矢量. 而吸收介质中的量 k_{2z} 为复数, 而且根应当取得使 $\operatorname{Im} k_{2z} > 0$, 以与折射波在介质内部衰减相对应.

如果两种介质都是透明的, 则从等式 (86.1) 得出众所周知的反射定律和折射定律:

$$
\theta_1 = \theta_0, \quad \frac{\sin\theta_2}{\sin\theta_0} = \sqrt{\frac{\varepsilon_1}{\varepsilon_2}} = \frac{n_1}{n_2}. \tag{86.3}
$$

为了确定反射波和折射波的振幅, 必须利用分界面 $(z = 0)$ 上的边界条件. 此时我们可以分别研究两种情况: 电场 $\boldsymbol{E}_0$ 处于入射面或者垂直于入射面; 从而我们可以研究 $\boldsymbol{E}_0$ 可分解为这样两个分量的普遍情况.

首先我们假定 $\boldsymbol{E}_0$ 垂直于入射面; 从对称性考虑十分清楚, 反射波和折射波中的场 $\boldsymbol{E}_1$ 和 $\boldsymbol{E}_2$ 也是如此. 而矢量 $\boldsymbol{H}$ 处在 xz 平面. 边界条件要求 $E_y = E$ 和 H_x 的连续性 ①; 按照 (83.3) 式, $H_x = -ck_zE_y/\omega$.

介质 1 中的场是入射波场和反射波场之和, 因此我们得到两个方程式:

$$
E_0 + E_1 = E_2, \quad k_{0z}(E_0 - E_1) = k_{2z}E_2.
$$

由于 k_x (同样也有 ω) 对于三个波都是一样的, 故在等式两端略去了 E 中的指数函数因子; 以下处处将 $\boldsymbol{E}$ 当作波的复振幅. 上两个方程之解给出以下**菲涅**

① 由于方程 $\operatorname{div}\boldsymbol{B} = 0$ 和 $\operatorname{div}\boldsymbol{D} = 0$ 是方程 (83.1) 的结果, $\boldsymbol{B}$ 和 $\boldsymbol{D}$ 的法向分量的边界条件现在给不出任何新的结果.

耳公式:

$$
\begin{aligned}
E_1 &= \frac{k_{0z}-k_{2z}}{k_{0z}+k_{2z}}E_0 = \frac{\sqrt{\varepsilon_1}\cos\theta_0-\sqrt{\varepsilon_2-\varepsilon_1\sin^2\theta_0}}{\sqrt{\varepsilon_1}\cos\theta_0+\sqrt{\varepsilon_2-\varepsilon_1\sin^2\theta_0}}E_0,\\
E_2 &= \frac{2k_{0z}}{k_{0z}+k_{2z}}E_0 = \frac{2\sqrt{\varepsilon_1}\cos\theta_0}{\sqrt{\varepsilon_1}\cos\theta_0+\sqrt{\varepsilon_2-\varepsilon_1\sin^2\theta_0}}E_0.
\end{aligned} \tag{86.4}
$$

如果两种介质都是透明的, 则借助关系式 (86.3), 可将这些公式表示为

$$
E_1 = \frac{\sin(\theta_2-\theta_0)}{\sin(\theta_2+\theta_0)}E_0, \quad E_2 = \frac{2\cos\theta_0\sin\theta_2}{\sin(\theta_2+\theta_0)}E_0. \tag{86.5}
$$

使用类似的方式可以研究当 $\boldsymbol{E}$ 处于入射面时的情况; 在这种情况下, 对垂直于入射面的磁场进行计算较为方便. 结果也得到两个菲涅耳公式:

$$
\begin{aligned}
H_1 &= \frac{\varepsilon_2k_{0z}-\varepsilon_1k_{2z}}{\varepsilon_2k_{0z}+\varepsilon_1k_{2z}}H_0 = \frac{\varepsilon_2\cos\theta_0-\sqrt{\varepsilon_1(\varepsilon_2-\varepsilon_1\sin^2\theta_0)}}{\varepsilon_2\cos\theta_0+\sqrt{\varepsilon_1(\varepsilon_2-\varepsilon_1\sin^2\theta_0)}}H_0.\\
H_2 &= \frac{2\varepsilon_2k_{0z}}{\varepsilon_2k_{0z}+\varepsilon_1k_{0z}}H_0 = \frac{2\varepsilon_2\cos\theta_0}{\varepsilon_2\cos\theta_0+\sqrt{\varepsilon_1(\varepsilon_2-\varepsilon_1\sin^2\theta_0)}}H_0.
\end{aligned} \tag{86.6}
$$

若两介质均透明, 则这些公式可表示为

$$
H_1 = \frac{\tan(\theta_0-\theta_2)}{\tan(\theta_0+\theta_2)}H_0, \quad H_2 = \frac{\sin 2\theta_0}{\sin(\theta_0+\theta_2)\cos(\theta_0-\theta_2)}H_0. \tag{86.7}
$$

定义**反射系数** R 为从分界面反射的能流的时间平均值与入射能流时间平均值之比. 两个能流中的每一个均由相应波的坡印亭矢量 (83.11) 的 z 分量的时间平均值给出:

$$
R = \frac{\sqrt{\varepsilon_1}\cos\theta_1|\boldsymbol{E}_1|^2}{\sqrt{\varepsilon_1}\cos\theta_0|\boldsymbol{E}_0|^2} = \frac{|\boldsymbol{E}_1|^2}{|\boldsymbol{E}_0|^2}.
$$

正入射时 $(\theta_0=0)$ 两种偏振情况等价, 反射系数由公式

$$
R = \left|\frac{\sqrt{\varepsilon_1}-\sqrt{\varepsilon_2}}{\sqrt{\varepsilon_1}+\sqrt{\varepsilon_2}}\right|^2 \tag{86.8}
$$

给出. 这个公式既适用于透明反射介质, 也适用于吸收反射介质. 如果按照 $\sqrt{\varepsilon_2}=n_2+\mathrm{i}\varkappa_2$ 引入 n_2 和 $\varkappa_2$, 则例如从真空 $(\varepsilon_1=1)$ 入射时, 我们得到

$$
R = \frac{(n_2-1)^2+\varkappa_2^2}{(n_2+1)^2+\varkappa_2^2}. \tag{86.9}
$$

对于所得公式的进一步讨论将在两种介质均为透明介质的假定下进行. 为此我们预先作以下一般说明. 两种不同介质之间的分界面实际上并不是几

何表面, 而是薄的过渡层. 公式 (86.1) 的正确性与关于过渡层性质的任何假设无关. 菲涅耳公式的推导基于分界面上边界条件的使用, 并假设过渡层厚度 δ 较波长 λ 小得多. 厚度 δ 通常可与原子间距离相比较, 在所有情况下都比 λ 小 (否则一般不可能进行场的宏观研究) ; 因此通常都满足 $\lambda \gg \delta$ 的条件. 在相反的极限情况下折射现象有完全不同的特性. 在 $\delta \gg \lambda$ 时, 几何光学的适用条件得到满足 (λ 小于介质不均匀性的尺度). 所以在这种情况下, 可以把波的传播看作是光线的传播, 光线在过渡层遭受折射但毫无反射地通过过渡层. 换言之, 反射系数等于零.

我们再回到菲涅耳公式来. 在从透明介质反射时, 这些公式中的 $\boldsymbol{E}_1, \boldsymbol{E}_2$ 和 $\boldsymbol{E}_0$ 之间的比例系数是实数 ①. 这表明波的相位或者保持不变, 或者经受了一个 π 的跃变, 一切视这些系数的正负而定. 特别是, 折射波的相位永远与入射波的相位相同. 反射波则可能伴随有相位改变 ②. 例如, 如果 $\varepsilon_1 > \varepsilon_2$, 正入射时波的相位不变. 而如果 $\varepsilon_2 > \varepsilon_1$, 则矢量 $\boldsymbol{E}_1$ 和 $\boldsymbol{E}_0$ 的正负号相反, 也就是说波的相位发生了 π 的变化.

斜入射时的反射系数依照 (86.5) 和 (86.7) 由公式

$$R_\perp = \frac{\sin^2(\theta_2 - \theta_0)}{\sin^2(\theta_2 + \theta_0)}, \quad R_\parallel = \frac{\tan^2(\theta_2 - \theta_0)}{\tan^2(\theta_2 + \theta_0)}. \tag{86.10}$$

给出. 此处和以下我们用下标 $\perp$ 和 $\parallel$ 分别标记 $\boldsymbol{E}$ 垂直或平行于入射面的情况. 我们注意到以下的对称性: 在 θ_2 和 θ_0 相互交换时表达式 (86.10) 不变 (根据公式 (86.5) 和 (86.7), 反射波的相位此时改变了 π). 换句话说, 以 θ_0 角从介质 1 入射的波的反射系数等于以 θ_2 角从介质 2 入射的波的反射系数. $\theta_0+\theta_2 = \pi/2$ 时 (此时反射光与折射光相互垂直) 以 θ_0 角入射的光的反射光具有一种奇特的性质. 把这个角度值记作 θ_p; 写出 $\sin\theta_p = \sin(\pi/2 - \theta_2) = \cos\theta_2$ 并利用折射定律 (86.3), 我们得到

$$\tan\theta_p = \sqrt{\frac{\varepsilon_2}{\varepsilon_1}}. \tag{86.11}$$

在 $\theta_0 = \theta_p$ 时, 我们有 $\tan(\theta_0 + \theta_2) = \infty$ 以及 $R_\parallel$ 等于零. 所以在以这个角度入射的光的偏振为任意方向时, 反射光的偏振取得使其中的电场垂直于入射面. 当入射光为自然光时反射光的偏振也是如此; 此时具有其他偏振的所有分量一般不反射. 角 θ_p 称作**完全偏振角**或**布儒斯特角**. 我们注意到, 反射可导致自然光的完全偏振, 而不论在什么样的入射角下, 折射光中也不会达到全偏振.

---

① 我们暂时先把所谓全反射情况 (见下文) 放在一边.

② 一般说来, 从吸收介质的反射导致椭圆偏振的出现. 此时三个波之间的振幅和相位关系式的显式极为繁杂. 读者可在 J. A. 斯特莱顿的书中找到这些公式 (Stratton J A. Electromagnetic Theory, ch. IX. — N. Y.: McGraw-Hill, 1941; 中译本: 斯特莱顿 J A. 电磁理论. 方能航, 译. 北京: 科学出版社, 1992).

偏振光的反射和折射永远会重新导致平面偏振光, 不过偏振方向一般而言不会与入射光的偏振方向相同. 设 γ_0 为 $\boldsymbol{E}_0$ 方向与入射面之间的夹角, 而 γ_1 与 γ_2 为反射波与折射波的类似夹角. 借助公式 (86.5) 和 (86.7) 容易得到关系式

$$\tan\gamma_1 = -\frac{\cos(\theta_0-\theta_2)}{\cos(\theta_0+\theta_2)}\tan\gamma_0, \quad \tan\gamma_2 = \cos(\theta_0-\theta_2)\tan\gamma_0. \tag{86.12}$$

只有当 $\gamma_0 = 0$ 和 $\gamma_0 = \pi/2$ 等显然的情况下, 在所有入射角时角 $\gamma_0, \gamma_1, \gamma_2$ 才相同; 它们也在正入射 ($\theta_0 = \theta_2 = 0$) 和掠射 ($\theta_0 = \pi/2$) 时相等, 后一种情况下一般没有折射波. 在其余的所有情况下, 从 (86.12) 式得出 (考虑到 $0 < \theta_0, \theta_2 < \pi/2$, 并假设 $0 < \gamma_0 < \pi/2; 0 < \gamma_1, \gamma_2 < \pi$) 不等式

$$\gamma_1 > \gamma_0 > \gamma_2.$$

因此, $\boldsymbol{E}$ 的方向在反射时从入射面转开, 而在折射时转向入射面.

对比 (86.10) 式的两个公式表明, 在所有的入射角情况下 (只有 $\theta_0 = 0$ 和 $\theta_0 = \pi/2$ 例外) 都有

$$R_\parallel < R_\perp.$$

所以, 例如自然光入射时, 反射光是部分偏振的, 且其电场的从优方向垂直于入射面. 折射光则是 $\boldsymbol{E}$ 的从优方向在入射面上的部分偏振光.

$R_\parallel$ 和 $R_\perp$ 对入射角依赖关系的特征有本质上的差异. 系数 $R_\perp$ 从 $\theta_0 = 0$ 时的值 (86.8) 式开始, 随 θ_0 的增大单调增长. 系数 $R_\parallel$ 在 $\theta_0 = 0$ 时也等于 (86.8) 式之值, 但随着 θ_0 的增大一开始减小, 在 $\theta_0 = \theta_p$ 等于零, 然后才开始增长.

此时必须区分两种情况. 如果反射是由所谓光密介质产生的, 亦即 $\varepsilon_2 > \varepsilon_1$, 则 $R_\parallel$ 和 $R_\perp$ 的增长一直继续到 $\theta_0 = \pi/2$ (**掠射**), 二者都达到 1. 如果反射介质是**光疏介质**, $\varepsilon_2 < \varepsilon_1$, 则两个系数已经在入射角 $\theta_0 = \theta_r$ 时等于 1, 这里 θ_r 由等式

$$\sin\theta_r = \sqrt{\frac{\varepsilon_2}{\varepsilon_1}} = \frac{n_2}{n_1} \tag{86.13}$$

确定并称作**全反射临界角**. 当 $\theta_0 = \theta_r$ 时折射角 $\theta_2 = \pi/2$, 亦即折射波平行于分界面传播.

在入射角 $\theta_0 > \theta_r$ 时由光疏介质的反射需要特别研究. 在这种情况下 k_{2z} (参见 (86.2) 式) 是纯虚数, 亦即在折射介质中的场不断衰减. 波在介质内部没有真正的吸收 (能量耗散) 的情况下衰减意味着从第一种介质到第二种介质没有平均能流 (通过简单的计算很容易直接证实, 在第二种介质中平均能流矢

量 $\overline{\boldsymbol{S}}$ 实际上只有 x 分量). 换句话说, 入射到分界面的能量全部被反射回第一种介质, 亦即反射系数

$$R_{\perp} = R_{\|} = 1.$$

这种现象称为**全反射**①. 不言而喻, 借助菲涅耳公式 (86.4) 和 (86.6) 可直接证实 $R_{\|}$ 和 $R_{\perp}$ 的这个等式.

在 $\theta_0 > \theta_r$ 时 $\boldsymbol{E}_1$ 和 $\boldsymbol{E}_0$ 之间的比例系数变成形为 $(a-\mathrm{i}b)/(a+\mathrm{i}b)$ 的复数, 量 $R_{\|}$ 和 $R_{\perp}$ 由这些系数的模的平方给出, 等于 1. 不过, 这些公式不仅可以确定反射波和入射波中场的绝对值之比, 而且可以确定它们的相位差. 为此必须将它们表示为以下形式:

$$E_{1\perp} = \mathrm{e}^{-\mathrm{i}\delta_{\perp}} E_{0\perp}, \quad E_{1\|} = \mathrm{e}^{-\mathrm{i}\delta_{\|}} E_{0\|}.$$

于是我们有②

$$\tan\frac{\delta_{\perp}}{2} = \frac{\sqrt{\varepsilon_1 \sin^2\theta_0 - \varepsilon_2}}{\sqrt{\varepsilon_1}\cos\theta_0}, \quad \tan\frac{\delta_{\|}}{2} = \frac{\sqrt{\varepsilon_1(\varepsilon_1 \sin^2\theta_0 - \varepsilon_2)}}{\varepsilon_2\cos\theta_0}. \tag{86.14}$$

因此, 全反射伴随有波的相位改变, 一般而言, 对于平行和垂直于入射面的分量, 相位的变化不同. 所以当偏振面倾斜于入射面的波反射时, 反射波是椭圆偏振的. 对于相位差 $\delta = \delta_{\perp} - \delta_{\|}$, 易得以下表达式

$$\tan\frac{\delta}{2} = \frac{\cos\theta_0\sqrt{\varepsilon_1\sin^2\theta_0 - \varepsilon_2}}{\sqrt{\varepsilon_1}\sin^2\theta_0}. \tag{86.15}$$

只有当 $\theta_0 = \theta_r$ 和 $\theta_0 = \pi/2$ 时, 这一相位差才为零.

习　题

1. 试求在全反射角附近反射系数趋于 1 的规律.

解: 设 $\theta_0 = \theta_r - \delta$, 其中 δ 为小量, 并在公式 (86.10) 中将 $\sin\theta_0$ 和 $\cos\theta_0$ 按 δ 的幂级数展开. 结果我们得到:

$$R_{\perp} = 1 - 4\sqrt{2\delta}(n^2-1)^{-1/4}, \quad R_{\|} = 1 - 4\sqrt{2\delta}n^2(n^2-1)^{-1/4},$$

其中 $n^2 = \varepsilon_1/\varepsilon_2 > 1$. 导数 $\mathrm{d}R/\mathrm{d}\delta$ 当 $\delta \to 0$ 时以 $\delta^{-1/2}$ 的方式趋于无穷.

2. 试求当光从真空向 ε 接近 1 的物体表面几乎掠射时的反射系数.

① 从具有负实数 ε 的介质中反射时, 反射系数永远等于 1. 在这样的介质中没有真正的吸收, 但波不可能透入其内部.

② 如果 $\dfrac{a-\mathrm{i}b}{a+\mathrm{i}b} = \mathrm{e}^{-\mathrm{i}\delta}$, 则 $\tan\dfrac{\delta}{2} = \dfrac{b}{a}$.

解: 公式 (86.10) 给出相同的反射系数:

$$R_\perp \approx R_\parallel \approx \frac{(\varphi_0 - \sqrt{\varphi_0^2 + \varepsilon - 1})^4}{(\varepsilon - 1)^2},$$

其中 $\varphi_0 = \pi/2 - \theta_0$.

3. 试求当波从真空向 ε 和 μ 都异于 1 的介质表面入射时的反射系数.

解: 通过进行完全类似于正文中的计算, 得到以下结果:

$$R_\perp = \left|\frac{\mu\cos\theta_0 - \sqrt{\varepsilon\mu - \sin^2\theta_0}}{\mu\cos\theta_0 + \sqrt{\varepsilon\mu - \sin^2\theta_0}}\right|^2, \quad R_\parallel = \left|\frac{\varepsilon\cos\theta_0 - \sqrt{\varepsilon\mu - \sin^2\theta_0}}{\varepsilon\cos\theta_0 + \sqrt{\varepsilon\mu - \sin^2\theta_0}}\right|^2,$$

4. 物质 2 的平面平行层处于真空 (介质 1) 与任意介质 3 之间. 从真空向物质层入射偏振在入射面 (或垂直于入射面) 的光, 试将物质层的反射系数 R 通过光入射到半无限介质 2 或介质 3 的反射系数表达出来.

解: 用 A_0 和 A_1 分别标记入射波和反射波中场 ($\boldsymbol{E}$ 或 $\boldsymbol{H}$, 视哪一个矢量平行于层平面而定) 的振幅. 层中的场由折射波 (振幅为 A_2) 和介质 2–3 边界反射回来的波 (振幅为 A_2') 相加而成. 介质 1–2 表面上的边界条件由形如

$$A_2' = a(A_1 - r_{12}A_0) \tag{1}$$

的等式给出, 其中 a 和 r_{12} 为常量. 由半无限介质 2 反射时, 没有 A_2' 波, 因此 (1) 式给出 $r_{12} = A_1/A_0$, 亦即 r_{12} 是这一情况下的反射振幅. 通过交换 A_1 和 A_0, 并用 A_2 代替 A_2', 还可以从 (1) 式得到一个与改变波矢 z 分量符号相对应的方程:

$$A_2 = a(A_0 - r_{12}A_1). \tag{2}$$

在介质 3 中只有一种 (透射) 波, 对于其振幅 A_3 我们有条件

$$A_2 e^{i\psi} = aA_3, \quad A_2' e^{-i\psi} = -ar_{32}A_3 \tag{3}$$

(类似于 $A_1 = 0$ 的条件 (1) 和条件 (2)); 指数因子计及经过层的厚度 h 后波的相位改变, 并且

$$\psi = \frac{\omega}{c}h\sqrt{\varepsilon_2 - \sin^2\theta_0}. \tag{4}$$

从方程 (3) 消去 A_3, 我们有

$$A_2' e^{-i\psi} = r_{23}A_2 e^{i\psi} \tag{5}$$

($r_{23} = -r_{32}$).

从方程 (1) 、(2) 、(5) 我们求得物质层的反射振幅

$$r=\frac{A_1}{A_0}=\frac{r_{12}\mathrm{e}^{-2\mathrm{i}\psi}+r_{23}}{\mathrm{e}^{-2\mathrm{i}\psi}+r_{12}r_{23}} \tag{6}$$

(反射系数 $R=|r|^2$). 常量 r_{23} 的意义可由以下事实说明, 当 $h=0$ 时 r 应当与半无限介质 3 的反射振幅 r_{13} 相同; 由此我们求得

$$r_{23}=\frac{r_{12}-r_{13}}{r_{12}r_{13}-1}. \tag{7}$$

公式 (6) 、(7) 给出了所提问题的答案. 我们这里要强调, 这两个公式的推导与对介质 2 和介质 3 性质的假设无关, 它们可以是透明介质, 也可以是吸收介质.

如果介质 2 和 3 是透明的, 则量 ψ, r_{12}, r_{13} 都是实数, 而 r_{23} 是半无限介质 2 和 3 之间的反射振幅. 此时从 (6) 式我们有

$$R=\frac{(r_{12}+r_{23})^2-4r_{12}r_{23}\sin^2\psi}{(r_{12}r_{23}+1)^2-4r_{12}r_{23}\sin^2\psi}. \tag{8}$$

当 ψ 改变时这个量在

$$\left(\frac{r_{12}+r_{23}}{r_{12}r_{23}+1}\right)^2 \quad 和 \quad \left(\frac{r_{12}-r_{23}}{r_{12}r_{23}-1}\right)^2$$

两个极限之间变化. 当光正入射时, $r_{12}=\dfrac{n_1-n_2}{n_1+n_2}$, 而且 r_{13} 和 r_{23} 也有类似关系式. 如果 $n_2^2=n_1n_3$, 则 $r_{12}=r_{23}$, 且在相应的物质层厚度选择下 R 可以等于零.

如果介质 3 是真空, 则 $r_{13}=0, r_{23}=-r_{12}$, 且从 (6) 式我们有

$$r=\frac{r_{12}(\mathrm{e}^{-2\mathrm{i}\psi}-1)}{\mathrm{e}^{-2\mathrm{i}\psi}-r_{12}^2}=-\frac{\sinh\mathrm{i}\psi}{\sinh[\mathrm{i}\psi+\ln(-r_{12})]}. \tag{9}$$

如果此时介质 2 为透明介质, 则

$$R=\frac{4R_{12}\sin^2\psi}{(1-R_{12})^2+4R_{12}\sin^2\psi}.$$

只有当介质 2 是透明介质时, 层的 (从真空到真空) 的透射系数 D 才与 $1-R$ 相同. 在相反的情况下为了计算 D 必须从方程 (1)—(3) 出发, 并在其中设 $r_{32}=r_{12}$. "透射" 振幅 d 等于:

$$d=\frac{A_3}{A_0}=\frac{1-r_{12}^2}{\mathrm{e}^{-\mathrm{i}\psi}-r_{12}^2\mathrm{e}^{\mathrm{i}\psi}}, \tag{10}$$

而透射系数 $D=|d|^2$.

5. 当光正入射到一块具有很大复介电常量的薄片上时, 试确定其反射和透射系数.

解: 在这一情况下

$$r_{12}=\frac{1-\sqrt{\varepsilon}}{1+\sqrt{\varepsilon}}\approx-\left(1-\frac{2}{\sqrt{\varepsilon}}\right),$$

且按照上题公式 (9)

$$r=-\frac{1}{1-(2/\sqrt{\varepsilon})\coth \mathrm{i}\psi},\quad \psi=\frac{\omega}{c}h\sqrt{\varepsilon}.$$

如果薄片如此之薄, 以至于 $h\omega/c\ll 1/\sqrt{|\varepsilon|}$, 则可以写出

$$r=-\frac{1}{1+(2\mathrm{i}c/\varepsilon\omega h)}.$$

此时还可以区分两种情况:

$$\text{当 }\frac{1}{|\varepsilon|}\ll\frac{\omega}{c}h\ll\frac{1}{\sqrt{|\varepsilon|}}\text{ 时},\quad R=1-\frac{4c}{\omega h}\frac{\varepsilon''}{|\varepsilon|^2},$$

$$\text{当 }\frac{\omega}{c}h\ll\frac{1}{|\varepsilon|}\text{ 时},\quad R=\frac{\omega^2h^2}{4c^2}|\varepsilon|^2.$$

按照上题公式 (10), 透射振幅为

$$\text{当 }\frac{\omega}{c}h\sim\frac{1}{\sqrt{|\varepsilon|}}\text{ 时},\quad d=-\frac{2}{\sqrt{\varepsilon}\sinh \mathrm{i}\psi},$$

$$\text{当 }\frac{\omega}{c}h\ll\frac{1}{\sqrt{|\varepsilon|}}\text{ 时},\quad d=-\frac{2}{1-\mathrm{i}\varepsilon\omega h/2c}.$$

在后一种情况下, 还可以再区分为:

$$\text{当 }\frac{1}{|\varepsilon|}\ll\frac{\omega}{c}h\ll\frac{1}{\sqrt{|\varepsilon|}}\text{ 时},\quad D=\frac{4c^2}{\omega^2h^2|\varepsilon|^2},$$

$$\text{当 }\frac{\omega}{c}h\ll\frac{1}{|\varepsilon|}\text{ 时},\quad D=1-\frac{\varepsilon''\omega h}{c}.$$

§87 金属的表面阻抗

在频率不是太高时, 金属的介电常量的绝对值远大于 1 (当 $\omega\to 0$ 时以 $1/\omega$ 的方式趋于无穷大). 在这些条件下, 金属中的波长 $\delta\sim c/\omega\sqrt{|\varepsilon|}$ 比真空中

的波长 $\lambda \sim c/\omega$ 短[①]. 如果此时 δ (而不必是 λ) 也比金属表面的曲率半径小, 则这种情况下任意电磁波从金属的反射问题可以大为简化.

δ 小意味着金属内部场分量沿表面法线方向的导数比沿切线方向的导数大. 因此在金属内部靠近表面的场可看作平面波场, 与此相对应, 场 $\boldsymbol{E}_t$ 和 $\boldsymbol{H}_t$ 之间以关系式

$$\boldsymbol{E}_t = \sqrt{\frac{\mu}{\varepsilon}}\boldsymbol{H}_t \times \boldsymbol{n} \tag{87.1}$$

相联系, 其中 $\boldsymbol{n}$ 为指向金属内部的表面法线. 另一方面, 因为 $\boldsymbol{E}_t$ 和 $\boldsymbol{H}_t$ 连续, 所以金属外的场在表面附近也必定以这个关系式相联系. 如列昂托维奇所指出的 (*М. А. Леонтович*, 1948) 那样, 等式 (87.1) 可以用作确定导体外场的边界条件. 这样一来, 可以完全不必研究金属内的场而解金属外的电磁场问题.

量 $\sqrt{\mu/\varepsilon}$ 称作金属的**表面阻抗**; 我们用 $\zeta = \zeta' + i\zeta''$ 来标记它[②],

$$\zeta = \sqrt{\frac{\mu}{\varepsilon}}. \tag{87.2}$$

在用通常的金属电导率表示 ε 的频率区内, 我们有

$$\zeta = (1 - \mathrm{i})\sqrt{\frac{\omega\mu}{8\pi\sigma}} \tag{87.3}$$

($\mu = 1$ 时的这个公式已在 §59 中给出).

通过金属表面的能流的时间平均值为

$$\overline{\boldsymbol{S}} = \frac{c}{8\pi}\,\mathrm{Re}(\boldsymbol{E}_t \times \boldsymbol{H}_t^*) = \frac{c\zeta'}{8\pi}|\boldsymbol{H}_t|^2\boldsymbol{n}. \tag{87.4}$$

这个能流是由外部流入金属内部并在其中耗散的能量. 由此可见, 必须有

$$\zeta' > 0. \tag{87.5}$$

这个不等式决定 (87.2) 式的根的符号.

频率增高时, 透入深度 δ 变得与传导电子的自由程长度同数量级[③]. 在此情况下, 场的空间不均匀性使得不再能利用介电常量 ε 对场作宏观描述. 但形式为

$$\boldsymbol{E}_t = \zeta\boldsymbol{H}_t \times \boldsymbol{n} \tag{87.6}$$

---

① 实际上大的 $\sqrt{\varepsilon(\omega)}$ 值永远是复数. 此时电磁场在物体内部衰减, 所以其波长同时也就是场的穿透深度. 如果 $\varepsilon(\omega)$ 是通过电导率 σ 表示的 (按照 (77.9) 式), 则这个量与在 §59 中引进的穿透深度相同.

② 在文献中也采用与 (87.2) 差一个 $4\pi/c$ 因子的量定义它.

③ 自由程长度本质上依赖于金属温度. 实际通常指的是液氦范围的极低温, 而我们研究的现象发生在无线电波的超短波频率区间.

的边界条件在这些频率下依然适用. 此时金属内靠近其表面的场仍可像过去一样看作平面波, 尽管它现在不由通常的麦克斯韦宏观方程描写. 在这样的波内, $\boldsymbol{E}$ 和 $\boldsymbol{H}$ 相互间必须以线性关系相联系, 而轴矢量 $\boldsymbol{H}$ 和极矢量 $\boldsymbol{E}$ 之间的线性关系式的唯一形式是 (87.6) 式. 这个关系式中唯一表征金属性质的量是系数 ζ, 为了解外电磁问题必须知道这个量. 然而, 计算这个系数要求应用动理学理论 (有关论述在本教程的另外一卷中, 参见第十卷 §86).

在频率进一步提高时 (通常在红外频域), 场的宏观描写重新成为可能且 ε 的概念重新具有意义. 这一现象的原因是, 传导电子因吸收大量子 $\hbar\omega$ 而取得大能量, 结果其自由程变小, 因此重新满足不等式 $l \ll \delta$. 阻抗 ζ 重新成为反比于 $\sqrt{\varepsilon}$ 的量 ①. 在这个频率区, $\varepsilon(\omega)$ 具有很大的负实部和很小的虚部. 不等式 $l \ll \delta$ 是 ε' 和 ε'' 两个量有宏观意义的条件. 但是, 为了仅使大的 ε' 一个量有宏观意义, 满足更弱的条件 $v/\omega \ll \delta$ 就够了, 其中 v 为金属中传导电子的速度 (若满足这个条件, 研究电子运动时可忽略场的空间不均匀性) ②.

任何情况下, 不等式 $\zeta' > 0$ 对于阻抗的实部都适用. 如果公式 (87.2) 成立, 则可以对 ζ 的虚部的正负号作出若干判断. 例如, 如果 ε 的色散比 μ 的色散更重要 (亦即可假设 μ 为实数), 则由 $\varepsilon'' > 0$ 得出 $\zeta'\zeta'' < 0$, 而因为永远有 $\zeta' > 0$, 故

$$\zeta'' < 0.$$

这是最通常的情况. 如果 ζ 的色散由 μ 的色散决定, 则通过类似的途径, 我们求得 $\zeta'' > 0$.

阻抗概念也可应用于超导体. 超导体的特征性质是, 即使在静态情况下 $(\omega = 0)$, 其穿透深度 δ 也很小. 在频率不是太高时, 可以将磁场分布取得与静态时的分布相同. 为了确定电场, 我们写出方程

$$\operatorname{rot} \boldsymbol{E} = \mathrm{i}\frac{\omega}{c}\boldsymbol{H}.$$

选取 z 轴指向超导体表面的外法线方向. 与大的对 z 的导数相比, 略去切线方向的导数, 我们有

$$\frac{\partial E_x}{\partial z} = \mathrm{i}\frac{\omega}{c}H_y$$

(对 E_y 也有类似方程). 将此等式在物体内对深度 z 积分:

$$E_x(0) = \frac{\mathrm{i}\omega}{c}\int_{-\infty}^{0} H_y \mathrm{d}z;$$

① 但是应当记住, 只有在 $|\varepsilon|$ 很大 (亦即 ζ 很小) 时才能使用等式 (87.6) 作为边界条件; 在所有情况下, 这个条件在光学频率下已不满足. 我们假设 $\mu \sim 1$; 于是大 $|\varepsilon|$ 对应于小 ζ. 我们指出, 如果 $\mu \gg 1$, 则应用边界条件 (87.6) 所必要的不等式 $\delta \ll \lambda$ 意味着必须有 $\sqrt{\mu\varepsilon} \gg 1$; 此时 $\zeta = \sqrt{\mu/\varepsilon}$ 可以不是小量.

② 本教程第十卷 §87 中对这一情况有更详细的研究.

$E_x(0)$ 为 E_x 在 $z=0$ 亦即物体表面处的值. 用以下方式定量地定义穿透深度:

$$\int_{-\infty}^{0} H_y \mathrm{d}z = H_y(0)\delta. \tag{87.7}$$

于是

$$E_x(0) = \frac{\mathrm{i}\omega}{c} H_y(0)\delta.$$

与形为 (87.6) 式的边界条件相比, 我们发现超导体的阻抗 (在我们所研究的不是太高的频率区内 ①) 由公式

$$\zeta = -\mathrm{i}\frac{\omega}{c}\delta \tag{87.8}$$

给出. 这个表达式是 $\zeta(\omega)$ 按频率幂级数展开的第一项, 因此, 对于超导体这个展开是以正比于 ω 的项开始的. 展开的下一项正比于 ω^2 并为实数; 这是 ζ' 展开的第一项 ②.

作为复变数 ω 的函数研究的阻抗 $\zeta(\omega)$, 具有许多类似于函数 $\varepsilon(\omega)$ 的性质 (金兹堡, 1954). 对于单色波具有公式 (87.6) 形式的边界条件, 在普遍情况下应当理解为算符关系式

$$\boldsymbol{E}_t = \hat{\zeta}\boldsymbol{H}_t \times \boldsymbol{n}, \tag{87.9}$$

这个算符关系式将 $\boldsymbol{E}_t$ 在某一时刻的值用此前所有时刻的 $\boldsymbol{H}_t$ 值来表达 (试与 §77 比较). 如同在 §82 中一样, 由此得到, 函数 $\zeta(\omega)$ 在包括实轴在内 (除去 $\omega=0$ 一点) 的 ω 的上半平面没有奇点. 其次, 在实的 $\boldsymbol{H}_t$ 时 $\boldsymbol{E}_t$ 为实数的条件导致关系式

$$\zeta(-\omega^*) = \zeta^*(\omega).$$

最后, 由于能量耗散决定于函数 $\zeta(\omega)$ 的实部 (不像 $\varepsilon(\omega)$ 时决定于虚部), 故 $\zeta'(\omega)$ 为正, 且在任何实的 ω 时不为零, 只有 $\omega=0$ 值时例外. 类似于在 §82 所作的讨论, 可以得出以下结论: 即在整个上半平面也有

$$\mathrm{Re}\,\zeta(\omega) > 0.$$

由此得出, $\zeta(\omega)$ 在上半平面无零点.

$\zeta(\omega)$ 在上半平面无奇点重新导致克拉默斯–克勒尼希公式. 此时公式

$$\zeta''(\omega) = -\frac{1}{\pi} \fint_{-\infty}^{+\infty} \frac{\zeta'(x)-1}{x-\omega}\mathrm{d}x$$

① 实际上这里指的是大约到无线电波的厘米波段的频率.

② 微观理论表明, 阻抗中正比于 ω^2 的项还含有 ω 的对数因子——参见本教程第十卷 §96, §97.

特别重要. 利用函数 $\zeta'(x)$ 的偶函数性质, 可将上式改写为

$$\zeta''(\omega) = -\frac{1}{\pi}\fint_0^\infty \frac{\zeta'(x)-1}{x-\omega}\mathrm{d}x + \frac{1}{\pi}\fint_0^\infty \frac{\zeta'(x)-1}{x+\omega}\mathrm{d}x$$

或者

$$\zeta''(\omega) = -\frac{2\omega}{\pi}\fint_0^\infty \frac{\zeta'(x)}{x^2-\omega^2}\mathrm{d}x \tag{87.10}$$

的形式 (由于 $1/(x^2-\omega)^2$ 的积分主值为零, 故被积函数分子中的 -1 项可略去).

上述有关函数 $\zeta(\omega)$ 的性质也都同样程度地适用于其逆函数 $1/\zeta(\omega)$; 算符 $\hat{\zeta}^{-1}$ 通过 $\boldsymbol{E}_t$ 表示 $\boldsymbol{H}_t \times \boldsymbol{n}$. 特别是, 替代 (87.10) 式, 我们将有

$$[\zeta^{-1}(\omega)]'' = -\frac{2\omega}{\pi}\fint_0^\infty \frac{[\zeta^{-1}(x)]'}{x^2-\omega^2}\mathrm{d}x. \tag{87.11}$$

对于小的 ζ, 这个公式比 (87.10) 式用起来更方便. 但是, 现在这个形式不能用于超导体, 因为按照 (87.8) 式, 在超导体内, 在 $\omega=0$ 时 $\hat{\zeta}^{-1}$ 有一个极点. 此时, 对推导的形式作简单变化 (比较 (82.7) 式到 (82.9) 式的转换), 即可得到公式

$$[\zeta^{-1}(\omega)]'' = -\frac{2\omega}{\pi}\fint_0^\infty \frac{[\zeta^{-1}(x)]'}{x^2-\omega^2}\mathrm{d}x + \frac{c}{\omega\delta}. \tag{87.12}$$

在本节即将结束前, 作为使用阻抗概念的一个例子, 我们来研究从真空入射到具有表面阻抗 ζ 的金属平坦表面上的平面电磁波的反射. 如果矢量 $\boldsymbol{E}$ 垂直于入射面偏振, 则边界条件 (87.6) 给出

$$E_0 + E_1 = \zeta(H_0 - H_1)\cos\theta_0 = \zeta(E_0 - E_1)\cos\theta_0$$

(式中标记与 §86 中相同). 考虑到 ζ 很小, 由此我们有

$$\frac{E_1}{E_0} = -(1 - 2\zeta\cos\theta_0)$$

以及反射系数

$$R_\perp = 1 - 4\zeta'\cos\theta_0. \tag{87.13}$$

如果 $\boldsymbol{E}_0$ 在入射面内, 则我们将边界条件写为 $\zeta\boldsymbol{H}_t = \boldsymbol{n}\times\boldsymbol{E}_t$ 的形式, 亦即

$$\zeta(H_0 + H_1) = (E_0 - E_1)\cos\theta_0 = (H_0 - H_1)\cos\theta_0,$$

由此可得反射系数

$$R_{\parallel} = \left|\frac{\cos\theta_0 - \zeta}{\cos\theta_0 + \zeta}\right|^2. \tag{87.14}$$

在入射角不太靠近 π/2 时,

$$R_{\parallel} = 1 - \frac{4\zeta'}{\cos\theta_0}. \tag{87.15}$$

如果角 $\varphi_0 = \pi/2 - \theta_0 \ll 1$, 则

$$R_{\parallel} = \left|\frac{\varphi_0 - \zeta}{\varphi_0 + \zeta}\right|^2. \tag{87.16}$$

这个表达式在 $\varphi_0 = |\zeta|$ 时取极小值, 等于

$$R_{\parallel} = \frac{|\zeta| - \zeta'}{|\zeta| + \zeta'}.$$

除 (87.16) 式的特殊情况外, 从具有小 ζ 的表面反射的反射系数接近 1. $\zeta \to 0$ 的表面 (或者, 所谓理想导电平面) 同时也是理想反射表面. 在这样的表面上边界条件干脆就是 $\boldsymbol{E}_t = 0$, 类似于静电场在导体表面的边界条件. 但与静态场不同, 在交变场中这个条件也自动导致磁场的一个特定条件的满足. 这也就是, 由于方程 $(\mathrm{i}\omega/c)\boldsymbol{H} = \operatorname{rot}\boldsymbol{E}$, 从在表面上的等式 $\boldsymbol{E}_t = 0$ 自动得出等式 $H_n = 0$. 因此, 在交变电磁场中的理想导电表面上, 磁场的法向分量等于零. 在这个意义上, 这种表面与恒定磁场中的超导体表面类似.

习　　题

试确定由具有小阻抗的平坦表面发出的热辐射 (给定频率下的) 强度.

解: 根据基尔霍夫定律, 任意表面的热辐射强度 $\mathrm{d}I$ (在立体角元 $\mathrm{d}o$ 内的) 与绝对黑体表面的辐射强度 $\mathrm{d}I_0$ 以关系式 $\mathrm{d}I = (1-R)\mathrm{d}I_0$ 相联系, 其中 R 为自然光从给定表面的反射系数. 借助于公式 (87.13) 和 (87.14) 算出 $R = (1/2)(R_\perp + R_\parallel)$ 并考虑到从绝对黑体表面发出的辐射是各向同性的 ($\mathrm{d}I_0 = I_0\mathrm{d}o/2\pi$), 我们得到

$$I = 2I_0\zeta' \int_0^{\pi/2} \left\{1 + \frac{1}{\cos^2\theta + 2\zeta'\cos\theta + \zeta'^2 + \zeta''^2}\right\} \cos\theta\sin\theta\mathrm{d}\theta.$$

进行积分并略去 ζ 的高阶项, 我们求得

$$\frac{I}{I_0} = \zeta'\left(\ln\frac{1}{\zeta'^2 + \zeta''^2} + 1 - \frac{2\zeta'}{\zeta''}\arctan\frac{\zeta''}{\zeta'}\right).$$

特别是, 对于具有由公式 (87.3) 所确定的阻抗的金属, 我们有 ($\mu = 1$),

$$\frac{I}{I_0} = \sqrt{\frac{\omega}{8\pi\sigma}}\left(\ln\frac{4\pi\sigma}{\omega} + 1 - \frac{\pi}{2}\right).$$

§88 波在非均匀介质中的传播

我们来研究电磁波在电不均匀 (但各向同性) 介质中的传播. 在麦克斯韦方程

$$\mathrm{rot}\,\boldsymbol{E} = \frac{\mathrm{i}\omega}{c}\boldsymbol{H}, \quad \mathrm{rot}\,\boldsymbol{H} = -\mathrm{i}\varepsilon\frac{\omega}{c}\boldsymbol{E}$$

中 (我们假设 $\mu = 1$), ε 是点的坐标的函数. 将第一个方程中的 $\boldsymbol{H}$ 代入第二个方程, 得到 $\boldsymbol{E}$ 的方程

$$\Delta\boldsymbol{E} + \frac{\varepsilon\omega^2}{c^2}\boldsymbol{E} - \mathrm{grad}\,\mathrm{div}\,\boldsymbol{E} = 0. \tag{88.1}$$

用类似方法消去 $\boldsymbol{E}$, 则得到 $\boldsymbol{H}$ 的方程

$$\Delta\boldsymbol{H} + \frac{\varepsilon\omega^2}{c^2}\boldsymbol{H} + \frac{1}{\varepsilon}\nabla\varepsilon \times \mathrm{rot}\,\boldsymbol{H} = 0. \tag{88.2}$$

在一维情况下这些方程大为简化, 此时 ε 仅在空间的一个方向上变化. 我们选择这个方向为 z 轴并研究传播方向位于 xz 平面的波. 在这样的波内所有物理量均完全与坐标 y 无关, 由于空间沿 x 轴的均匀性, 可将对 x 的依赖性看作由因子 $\mathrm{e}^{\mathrm{i}\varkappa x}$ 给出, 其中 $\varkappa$ 为常数. 当 $\varkappa = 0$ 时场仅依赖于 z, 亦即波 “**垂直**” 地透过 $\varepsilon = \varepsilon(z)$ 的物质层. 如果 $\varkappa \neq 0$, 即是所谓波的**斜透射**.

当 $\varkappa \neq 0$ 时, 必须区分两个独立的偏振情况. 其中之一是矢量 $\boldsymbol{E}$ 垂直于波的传播平面 (亦即沿 y 轴方向), 而磁场 $\boldsymbol{H}$ 则相应地处于这个平面上. 方程 (88.1) 取以下形式:

$$\frac{\partial^2 E}{\partial z^2} + \left(\varepsilon\frac{\omega^2}{c^2} - \varkappa^2\right)E = 0. \tag{88.3}$$

在另一种情况下, 场 $\boldsymbol{H}$ 沿 y 轴方向, 而 $\boldsymbol{E}$ 在传播平面上. 在此情况下, 从方程 (88.2) 出发更为方便, 这给出

$$\frac{\partial}{\partial z}\left(\frac{1}{\varepsilon}\frac{\partial H}{\partial z}\right) + \left(\frac{\omega^2}{c^2} - \frac{\varkappa^2}{\varepsilon}\right)H = 0. \tag{88.4}$$

我们将按约定分别称这两类波为 **$\boldsymbol{E}$ 波**和 **$\boldsymbol{H}$ 波**.

当传播的条件接近几何光学条件时, 在这一重要情况下方程可以普遍形式解出; 以下假设函数 $\varepsilon(z)$ 为实函数 ①. 在方程 (88.3) 中量 $2\pi/\sqrt{f}$ 起 z 轴方向波长的作用, 其中

$$f(z) = \varepsilon\frac{\omega^2}{c^2} - \varkappa^2.$$

① 方程 (88.3) 形式上与量子力学中粒子一维运动的薛定谔方程相似, 而几何光学近似对应于准经典情况. 以下我们将直接给出最后结果, 而请读者在本教程的另一卷中去寻找其推导——参见第三卷, 第 7 章.

几何光学近似所对应的不等式为

$$\frac{\mathrm{d}}{\mathrm{d}z}\frac{1}{\sqrt{f}} \ll 1, \tag{88.5}$$

而方程 (88.3) 的两个独立解的形式为

$$\frac{\text{const}}{f^{1/4}}\exp\left(\pm \mathrm{i}\int\sqrt{f}\mathrm{d}z\right). \tag{88.6}$$

在反射点 (如果存在这样的点的话) 附近条件 (88.5) 明显地遭到破坏, 在该点 $f=0$. 设这一点为 $z=0$, 而且 $z<0$ 时 $f>0$ 及 $z>0$ 时 $f<0$. 在 $z=0$ 两侧离该点足够大的距离上, 方程 (88.3) 的解具有 (88.6) 式的形式, 然而为了在 $z>0$ 和 $z<0$ 的区域内建立这个解中系数间的对应, 必须考察方程 (88.3) 在 $z=0$ 附近的精确解. 在这点的周围函数 $f(z)$ 可展开为 z 的幂级数并表示为 $f=-\alpha z$ 的形式. 方程

$$\frac{\mathrm{d}^2E}{\mathrm{d}z^2}-\alpha zE=0$$

对所有 z 都有限的解为

$$E=\frac{A}{\alpha^{1/6}}\Phi(\alpha^{1/3}z), \tag{88.7}$$

其中

$$\Phi(\xi)=\frac{1}{\sqrt{\pi}}\int_0^\infty\cos\left(\frac{u^3}{3}+\mu\xi\right)\mathrm{d}u$$

为**艾里函数** (E 中的因子 $\exp(-\mathrm{i}\omega t+\mathrm{i}\varkappa x)$ 均被略去) ①. 在大 $|z|$ 时, 方程 (88.3) 的解的渐近形式为

$$\begin{aligned}E&=\frac{A}{f^{1/4}}\cos\left(\int_0^z\sqrt{f}\mathrm{d}z+\frac{\pi}{4}\right)\quad 当\ z<0,\\E&=\frac{A}{2|f|^{1/4}}\exp\left(-\int_0^z\sqrt{|f|}\mathrm{d}z\right)\quad 当\ z>0,\end{aligned} \tag{88.8}$$

其中系数 A 与 (88.7) 式中相同. 这些表达式中的第一个是由入射波 (沿 z 轴正方向) 和从 $z=0$ 面反射回来的波叠加而成的驻波. 这些波的振幅一样 (并等于 $A/2f^{1/4}$), 亦即反射系数等于 1. 只有指数衰减的波透射到 $z>0$ 的区域.

在接近反射点时波的振幅增大, 这可从 $f^{1/4}$ 在 (88.8) 式的分母上看出来. 但要求得紧临这点处的场值必须利用 (88.7) 式. 这个函数向 $z>0$ 区域深处

① 我们这里使用与本教程其他卷中同样的艾里函数的定义. 现在更常用的定义是

$$\mathrm{Ai}\xi=\frac{\Phi(\xi)}{\sqrt{\pi}}.$$

单调衰减而在 $z<0$ 区有振荡特征, 同时 $|E|$ 的极大值的大小逐步衰减. 第一个也是最大的极大值在 $\alpha^{1/3}z=-1.02$ 时达到并等于

$$E=0.949A\alpha^{-1/6}.$$

我们至此所说的都是 E 波. 容易看到, 在几何光学近似下, 可以类似地写出 H 波的公式. 如果在方程 (88.4) 中作代换 $H=u\sqrt{\varepsilon}$, 则式中出现的 ε 的导数只与 u 相乘而不与 u' 相乘; 然后略去含这些导数的项 (由于条件 (88.5), 它们很小), 我们得到函数 $u(z)$ 的方程

$$\frac{\mathrm{d}^2u}{\mathrm{d}z^2}+\left(\frac{\varepsilon\omega^2}{c^2}-\varkappa^2\right)u=0,$$

与方程 (88.3) 相同. 所以 H 的所有公式与公式 (88.6)—(88.8) 的差别仅为一个 $\sqrt{\varepsilon}$ 因子.

两种类型波的行为的独特的区别出现在斜入射波 ($\varkappa\neq0$) 从 $\varepsilon(z)$ 通过零的物质层的反射中. 此时反射发生在 $f(z)=\varepsilon\omega^2/c^2-\varkappa^2=0$ 的平面, 亦即 "未到达" $\varepsilon=0$ 点的平面上. E 波只能以指数衰减场的形式穿过这个平面. 当 H 波在这种衰减场的总背景上反射时, 在 $\varepsilon=0$ 点附近发生场的急剧增强 (K. 弗尔斯特林, 1949) ①. 我们来研究这个现象.

设在 $z=0$ 点处 $\varepsilon=0$. 在这点附近我们写出

$$\varepsilon=-az,\quad a>0,\tag{88.9}$$

方程 (88.4) 取以下形式:

$$\frac{\mathrm{d}^2H}{\mathrm{d}z^2}-\frac{1}{z}\frac{\mathrm{d}H}{\mathrm{d}z}-\left(\frac{a\omega^2}{c^2}z+\varkappa^2\right)H=0.\tag{88.10}$$

根据线性微分方程的普遍理论, 这个方程的一个解 (我们称其为 H_1) 在 $z=0$ 处无奇点, 而其在小 z 时的展开以 z^2 开始:

$$H_1(z)=z^2+\cdots$$

第二个独立解具有对数奇异性, 且其展开的形式是

$$H_2(z)=H_1(z)\ln\varkappa z+\frac{2}{\varkappa^2}+\cdots$$

① 我们注意到, 这点是方程 (88.4) 的奇点, 因此在其附近几何光学近似失效, 虽然在该点 $f(z)$ 不等于零而且条件 (88.5) 未被破坏.

(参数 a 仅在展开的更高阶项出现). 为了求出点 $z=0$ 附近的场, 没有必要去分析为满足无穷远处条件而从 H_1 和 H_2 中选择线性组合的问题. 注意到这种组合在 $z\to 0$ 时趋于常量 (标记为 H_0) 并具有对数奇异性就足够了:

$$H\approx H_0\left(1+\frac{\varkappa^2}{2}z^2\ln\varkappa z\right);$$

这里除了写出常量之外也写出了带奇异性的主项. 电场按照场 $H_y=H$ 由麦克斯韦方程

$$E_x=-\frac{\mathrm{i}c}{\varepsilon\omega}\frac{\partial H}{\partial z},\quad E_z=\frac{\mathrm{i}c}{\varepsilon\omega}\frac{\partial H}{\partial x}$$

确定. 记得 H 对 x 的依赖关系由因子 $\mathrm{e}^{\mathrm{i}\varkappa x}$ 给出, 我们求得 E_x 和 E_z 中的首项:

$$E_x\approx H_0\frac{\mathrm{i}\varkappa^2c}{a\omega}\ln\varkappa z,\quad E_z\approx H_0\frac{\varkappa c}{a\omega}\frac{1}{z}. \tag{88.11}$$

它们在 $z\to 0$ 时趋于无穷大.

当然, 实际上由于介质中必定会存在的哪怕是很小的吸收, 场只会达到较大的 (与周围的弱本底相比) 但仍是有限的值. 然而, 有趣的是, ε 中存在的无论多小的虚部也会导致有限的能量耗散. 设 $\varepsilon=-az+\mathrm{i}\delta,\delta\to+0$. 此时 (88.11) 式中对数从 z 轴的右半轴到左半轴的解析延拓应当在复 z 平面的下半平面进行, 且当 $z<0$ 时将是

$$E_x=H_0\frac{\mathrm{i}\varkappa^2c}{a\omega}(\ln|\varkappa z|-\mathrm{i}\pi).$$

沿 z 轴方向的时间平均能流

$$\overline{S}_z=\frac{c}{8\pi}\mathrm{Re}(E_xH_y^*)$$

(参见 (59.9a)) 在 $z>0$ 时等于零, 而当 $z<0$ 时 E_x 内出现的实部导致指向 $z=0$ 平面的不为零的能流, 这个能量在该处被耗散 ①:

$$\overline{S}_z=\frac{\varkappa^2c^2}{8\omega a}H_0^2 \tag{88.12}$$

(В. Б. 基里登堡, 1963).

---

① 从单位体积中耗散的能量表达式 (80.4) 出发, 也可以得到这个结果:

$$Q=\frac{\omega\varepsilon''|\boldsymbol{E}|^2}{8\pi}\approx\frac{\varkappa^2c^2H_0^2}{8\pi\omega}\lim_{\delta\to0}\frac{\delta}{a^2z^2+\delta^2}=\frac{\varkappa^2c^2H_0^2}{8a\omega}\delta(z);$$

对 z 积分即可得到 (88.12) 式.

习 题

沿着分别具有正的和负的介电常量 (ε_1 和 $-|\varepsilon_2|$) 的介质之间的分界面可传播在两种介质内部衰减的表面 H 波, 试确定波的频率和波矢之间的关系.

解: 选择分界面为 xy 平面, 同时波沿 x 轴方向传播, 而磁场 H 平行于 y 轴. 令半空间 $z>0$ 充满介电常量为正 (ε_1) 的介质, 而半空间 $z<0$ 则充满介电常量为负 ($-|\varepsilon_2|$) 的介质. 我们要寻求在 $z\to+\infty$ 时具有以下形式的波:

$$H_1 = H_0\mathrm{e}^{\mathrm{i}kx-\varkappa_1 z}, \quad \varkappa_1=\sqrt{k^2-\frac{\omega^2}{c^2}\varepsilon_1} \ \text{当}\ z>0,$$

$$H_2 = H_0\mathrm{e}^{\mathrm{i}kx+\varkappa_2 z}, \quad \varkappa_2=\sqrt{k^2+\frac{\omega^2}{c^2}|\varepsilon_2|} \ \text{当}\ z<0,$$

同时 $k,\varkappa_1,\varkappa_2$ 为实数. $H_y=H$ 连续的边界条件已经满足, 而 E_x 连续的边界条件给出

$$\frac{1}{\varepsilon_1}\frac{\partial H_1}{\partial z}=\frac{1}{\varepsilon_2}\frac{\partial H_2}{\partial z} \ \text{当}\ z=0,$$

或者 $\varkappa_1/\varepsilon_1=\varkappa_2/|\varepsilon_2|$. 这一等式仅在

$$\varepsilon_1<|\varepsilon_2|$$

的条件下 (以及不言而喻 $\varepsilon_1\varepsilon_2<0$) 才能成立. 此时 k 与 ω 间的关系由方程

$$k^2=\frac{\omega^2\varepsilon_1|\varepsilon_2|}{c^2(|\varepsilon_2|-\varepsilon_1)}$$

给出.

容易证明, 表面 E 波一般不可能传播.

§89 倒易性原理

描写处于任意介质中的细导线为源发出的单色电磁波辐射的方程是

$$\operatorname{rot}\boldsymbol{E}=\mathrm{i}\frac{\omega}{c}\boldsymbol{B}, \quad \operatorname{rot}\boldsymbol{H}=-\mathrm{i}\frac{\omega}{c}\boldsymbol{D}+\frac{4\pi}{c}\boldsymbol{j}_{\mathrm{ex}}, \tag{89.1}$$

其中 $\boldsymbol{j}_{\mathrm{ex}}$ 为流过导线的周期 “外” (相对于介质而言) 电流密度.

假设在介质中放置有两个不同的源 (具有相同频率) ; 我们将用下标 1 和 2 分别标记这两个源各自产生的场. 介质可以是任意地不均匀和各向异性的. 我们对介质性质的唯一假定, 是线性关系 $D_i=\varepsilon_{ik}E_k, B_i=\mu_{ik}H_k$ 成立, 其中 ε_{ik} 和 μ_{ik} 为对称张量. 在这些条件下, 有可能得到联系两个源产生的场及其中外电流之间的关系式.

将两个方程

$$\operatorname{rot}\boldsymbol{E}_1=\mathrm{i}k\boldsymbol{B}_1,\quad \operatorname{rot}\boldsymbol{H}_1=-\mathrm{i}k\boldsymbol{D}_1+\frac{4\pi}{c}\boldsymbol{j}_{\mathrm{ex},1}$$

分别乘以 $\boldsymbol{H}_2$ 和 $\boldsymbol{E}_2$, 而将场 $\boldsymbol{E}_2$ 和 $\boldsymbol{H}_2$ 的方程分别乘以 $-\boldsymbol{H}_1$ 和 $-\boldsymbol{E}_1$. 把这些方程逐项相加, 我们得到

$$(\boldsymbol{H}_2\cdot\operatorname{rot}\boldsymbol{E}_1-\boldsymbol{E}_1\cdot\operatorname{rot}\boldsymbol{H}_2)+(\boldsymbol{E}_2\cdot\operatorname{rot}\boldsymbol{H}_1-\boldsymbol{H}_1\cdot\operatorname{rot}\boldsymbol{E}_2)=\\ \mathrm{i}\frac{\omega}{c}(\boldsymbol{B}_1\cdot\boldsymbol{H}_2-\boldsymbol{H}_1\cdot\boldsymbol{B}_2)+\mathrm{i}\frac{\omega}{c}(\boldsymbol{E}_1\cdot\boldsymbol{D}_2-\boldsymbol{D}_1\cdot\boldsymbol{E}_2)+\frac{4\pi}{c}(\boldsymbol{j}_{\mathrm{ex},1}\cdot\boldsymbol{E}_2-\boldsymbol{j}_{\mathrm{ex},2}\cdot\boldsymbol{E}_1).$$

然而 $\boldsymbol{B}_1\cdot\boldsymbol{H}_2=\mu_{ik}H_{1k}H_{2i}=\boldsymbol{H}_1\cdot\boldsymbol{B}_2, \boldsymbol{E}_1\cdot\boldsymbol{D}_2=\boldsymbol{D}_1\cdot\boldsymbol{E}_2$, 因此上式右端的头两项变成零. 等式左端按矢量分析的已知公式作变换, 于是我们求得

$$\operatorname{div}[\boldsymbol{E}_1\times\boldsymbol{H}_2-\boldsymbol{E}_2\times\boldsymbol{H}_1]=\frac{4\pi}{c}(\boldsymbol{j}_{\mathrm{ex},1}\cdot\boldsymbol{E}_2-\boldsymbol{j}_{\mathrm{ex},2}\cdot\boldsymbol{E}_1).$$

我们将此等式对全空间积分; 等式左端的积分可变换为对无穷远表面的积分而等于零. 所以我们得到

$$\int\boldsymbol{j}^{(1)}_{\mathrm{ex},1}\cdot\boldsymbol{E}_2\mathrm{d}V_1=\int\boldsymbol{j}_{\mathrm{ex},2}\cdot\boldsymbol{E}_1\mathrm{d}V_2. \tag{89.2}$$

上式左端和右端分别对第一个和第二个源的体积积分, 因为只有在这些体积内外电流 $\boldsymbol{j}_{\mathrm{ex},1}$ 和 $\boldsymbol{j}_{\mathrm{ex},2}$ 才不为零. 由于导线很细, 它们中的每一个对另一个导线产生场的影响可以忽略, 因此公式 (89.2) 中的 $\boldsymbol{E}_1$ 和 $\boldsymbol{E}_2$ 是第一和第二个源中的每一个源在另一个源所在地产生的辐射场. 公式 (89.2) 即是我们所要寻求的以**倒易定理**著称的关系式.

如果源的尺度比波长小, 同时也比它们之间的相互距离小, 则对易定理的表达可以化简. 每一源的场在另一源的尺度范围内变化很小, 因而在 (89.2) 式中可将 $\boldsymbol{E}_1$ 和 $\boldsymbol{E}_2$ 从积分号内提出, 把它们简单地写作 $\boldsymbol{E}_1(2)$ 和 $\boldsymbol{E}_2(1)$, 其中 1 和 2 分别表示两个源所在点:

$$\boldsymbol{E}_2(1)\cdot\int\boldsymbol{j}_{\mathrm{ex},1}\mathrm{d}V_1=\boldsymbol{E}_1(2)\cdot\int\boldsymbol{j}_{\mathrm{ex},2}\mathrm{d}V_2.$$

积分 $\int\boldsymbol{j}_{\mathrm{ex}}\mathrm{d}V$ 正好是源的总偶极矩 $\mathscr{P}$ 的时间导数. 因为 $\dot{\mathscr{P}}=-\mathrm{i}\omega\mathscr{P}$, 故最后我们有

$$\boldsymbol{E}_2(1)\cdot\mathscr{P}_1=\boldsymbol{E}_1(2)\cdot\mathscr{P}_2. \tag{89.3}$$

倒易定理的这种形式当然只适用于偶极辐射. 如果源的偶极矩等于零 (或者反常地小), 则使得普遍公式 (89.2) 化为 (89.3) 式的近似是不合适的 (见本节习题 1).

习 题

1. 试推导电四极子辐射源与磁偶极子辐射源的倒易定理.

解: 如果 $\int \boldsymbol{j}_{\rm ex}{\rm d}V = 0$, 则在积分 (89.2) 中应当取展开的下一阶项:

$$\int \boldsymbol{j}_1 \cdot \boldsymbol{E}_2 {\rm d}V_1 \approx \frac{\partial E_{2i}}{\partial x_k}\int x_k j_{1i}{\rm d}V_1 = \frac{1}{4}\left(\frac{\partial E_{2i}}{\partial x_k}+\frac{\partial E_{2k}}{\partial x_i}\right)\int (x_k j_{1i}+x_i j_{1k}){\rm d}V_1$$
$$+\frac{1}{4}\left(\frac{\partial E_{2i}}{\partial x_k}-\frac{\partial E_{2k}}{\partial x_i}\right)\int (x_k j_{1i}-x_i j_{1k}){\rm d}V_1$$

(为了简洁, 略去了 $\boldsymbol{j}_{\rm ex}$ 的下标 "ex"). 按照

$$\dot{D}_{ik} = -{\rm i}\omega D_{ik} = \int [3(x_i j_k + x_k j_i) - 2\delta_{ik}\boldsymbol{r}\cdot\boldsymbol{j}]{\rm d}V,$$
$$\mathscr{M} = \frac{1}{2c}\int \boldsymbol{r}\times\boldsymbol{j}{\rm d}V$$

引入四极矩张量与磁矩矢量. 利用方程 ${\rm rot}\,\boldsymbol{E} = {\rm i}\omega\boldsymbol{B}/c$ 并假设靠近源处 $\varepsilon =$ const (因此 ${\rm div}\,\boldsymbol{E}=0$). 我们得到

$$\int \boldsymbol{j}_1\cdot\boldsymbol{E}_2{\rm d}V = -\frac{{\rm i}\omega}{12}\left(\frac{\partial E_{2i}}{\partial x_k}+\frac{\partial E_{2k}}{\partial x_i}\right)D_{ik}^{(1)} + {\rm i}\omega\boldsymbol{B}_2(1)\cdot\mathscr{M}_1.$$

由此可见, 四极子辐射源的倒易定理为:

$$\left(\frac{\partial E_{2i}(1)}{\partial x_k}+\frac{\partial E_{2k}(1)}{\partial x_i}\right)D_{ik}^{(1)} = \left(\frac{\partial E_{1i}(2)}{\partial x_k}+\frac{\partial E_{1k}(2)}{\partial x_i}\right)D_{ik}^{(2)},$$

而磁偶极子辐射源的倒易定理则为

$$\boldsymbol{B}_2(1)\cdot\mathscr{M}_1 = \boldsymbol{B}_1(2)\cdot\mathscr{M}_2.$$

2. 试确定浸入均匀各向同性介质中的偶极辐射源的辐射强度与介质介电常量 ε 和磁导率 μ 的依赖关系.

解: 作代换

$$\boldsymbol{E} = \sqrt{\frac{\mu}{\varepsilon}}\boldsymbol{E}', \quad \boldsymbol{H} = \boldsymbol{H}', \quad \omega = \frac{\omega'}{\sqrt{\varepsilon\mu}}$$

后, 方程 (89.1) 取以下形式:

$${\rm rot}\,\boldsymbol{E}' = \frac{{\rm i}\omega'}{c}\boldsymbol{H}', \quad {\rm rot}\,\boldsymbol{H}' = -\frac{{\rm i}\omega'}{c}\boldsymbol{E}' + \frac{4\pi}{c}\boldsymbol{j}_{\rm ex},$$

其中不再含 ε 和 μ. 这些方程的偶极辐射解给出波区内场的矢量势 (参见本教程第二卷 §67)

$$\boldsymbol{A}' = \frac{1}{cR_0}\int \boldsymbol{j}_{\rm ex}{\rm d}V;$$

其中 R_0 为离开源的距离; 此处及以下我们略去对强度计算不重要的相位因子. 由此可见, 在给定 $\boldsymbol{j}_{\text{ex}}$ 情况下可以写为 $\boldsymbol{A}'=\boldsymbol{A}_0$, 其中 0 表示真空中的辐射源场. 对于 $\boldsymbol{H}',\boldsymbol{E}'$ 两个量我们有

$$\boldsymbol{H}'=\mathrm{i}\boldsymbol{k}'\times\boldsymbol{A}'=\mathrm{i}\sqrt{\varepsilon\mu}\boldsymbol{k}\times\boldsymbol{A}_0=\sqrt{\varepsilon\mu}\boldsymbol{H}_0,\quad \boldsymbol{E}'=\boldsymbol{H}'.$$

由此

$$\boldsymbol{H}=\sqrt{\varepsilon\mu}\boldsymbol{H}_0,\quad \boldsymbol{E}=\mu\boldsymbol{E}_0,$$

而辐射强度为

$$I=I_0\mu^{3/2}\varepsilon^{1/2},$$

于是所提问题得解.

§90 空腔共振器中的电磁振荡

我们现在研究被理想导体壁限制的真空空间内的电场. 真空中的单色场方程为:

$$\operatorname{rot}\boldsymbol{E}=\mathrm{i}\frac{\omega}{c}\boldsymbol{H},\quad \operatorname{rot}\boldsymbol{H}=-\mathrm{i}\frac{\omega}{c}\boldsymbol{E}. \tag{90.1}$$

在理想导体 (阻抗 $\zeta=0$ 的物体) 表面上的边界条件为

$$\boldsymbol{E}_t=0,\quad H_n=0. \tag{90.2}$$

为了求解问题, 只需研究量 $\boldsymbol{E}$ 和 $\boldsymbol{H}$ 中的一个即可. 比如说, 从方程 (90.1) 中消去 $\boldsymbol{H}$, 我们得到 $\boldsymbol{E}$ 满足的波动方程

$$\Delta\boldsymbol{E}+\frac{\omega^2}{c^2}\boldsymbol{E}=0, \tag{90.3}$$

还应当将不能从方程 (90.3) 自动得出的方程

$$\operatorname{div}\boldsymbol{E}=0 \tag{90.4}$$

与它结合. 在边界条件 $\boldsymbol{E}_t=0$ 情况下解这些方程, 我们先求出场 $\boldsymbol{E}$, 然后从方程 (90.1) 中的第一个直接算出 $\boldsymbol{H}$, 而且边界条件 $H_n=0$ 自动满足.

在空腔的尺度和形状给定时, 方程 (90.3) 和 (90.4) 仅在完全确定的频率值集合内有解. 这些频率称为给定共振器电磁振荡的**本征频率**. $\zeta=0$ 时电磁场不透入金属内部并在其中没有损失. 因此所有本征振荡都不衰减, 亦即所有的本征频率都是实数. 共振器的不同本征频率的数目有无穷多. 其中最低频率的数量级为 $\omega_1\sim c/l$, 其中 l 是空腔的线性尺度. 这可从量纲考虑直接看出,

因为 l 是表征问题条件 (在共振器形状给定情况下) 的唯一尺度参量. 大的本征频率 ($\omega \gg c/l$) 彼此之间离得很近, 而且它们在单位频率区间的数目等于 $V\omega^2/(2\pi^2c^3)$; 这个数目仅依赖于共振器的体积 V 而与其形状无关 (参见本教程第二卷 §52).

共振器内场的电能和磁能的时间平均值分别由积分

$$\frac{1}{2}\int\frac{|\boldsymbol{E}|^2}{8\pi}\mathrm{d}V \quad 和 \quad \frac{1}{2}\int\frac{|\boldsymbol{H}|^2}{8\pi}\mathrm{d}V$$

给出. 我们将证明, 这两个量彼此相等. 借助 (90.1) 式的第一个方程我们写出

$$\int\boldsymbol{H}\cdot\boldsymbol{H}^*\mathrm{d}V=\frac{c^2}{\omega^2}\int\mathrm{rot}\,\boldsymbol{E}\cdot\mathrm{rot}\,\boldsymbol{E}^*\mathrm{d}V.$$

我们对等式右端的积分作分部变换:

$$\int\mathrm{rot}\,\boldsymbol{E}\cdot\mathrm{rot}\,\boldsymbol{E}^*\mathrm{d}V=\oint\mathrm{rot}\,\boldsymbol{E}^*\cdot\mathrm{d}\boldsymbol{f}\times\boldsymbol{E}+\int\boldsymbol{E}\cdot\mathrm{rot}\,\mathrm{rot}\,\boldsymbol{E}^*\mathrm{d}V.$$

由于在体积的边界上 $\boldsymbol{E}_t=0$, 故上式右端的面积分为零, 只剩下:

$$\int|\boldsymbol{H}|^2\mathrm{d}V=\frac{c^2}{\omega^2}\int\boldsymbol{E}\cdot\mathrm{rot}\,\mathrm{rot}\,\boldsymbol{E}^*\mathrm{d}V=-\frac{c^2}{\omega^2}\int\boldsymbol{E}\cdot\Delta\boldsymbol{E}^*\mathrm{d}V,$$

或者由于 (90.3) 式,

$$\int|\boldsymbol{H}|^2\mathrm{d}V=\int|\boldsymbol{E}|^2\mathrm{d}V, \tag{90.5}$$

这即是所要证明的 ①.

共振器内的不衰减振荡是在器壁的阻抗为零的假设下得到的. 我们现在来阐明, 器壁中存在的很小但仍为有限的阻抗对本征频率有何影响.

共振器器壁 1 秒钟内耗散的 (时间) 平均能量, 可以作为从空腔内电磁场流入的能流来计算. 考虑到具有阻抗 ζ 的物体表面上的边界条件 (87.6), 我们写出能流密度的法向分量:

$$\overline{S}_n=\frac{c}{8\pi}\mathrm{Re}(\boldsymbol{E}_t\times\boldsymbol{H}_t^*)=\frac{c\zeta'}{8\pi}|\boldsymbol{H}_t|^2$$

(ζ' 为 ζ 的实部). 在这个已经包含了小因子 ζ' 的表达式内, 在一级近似下, 可将 $\boldsymbol{H}$ 理解为是从解 $\zeta=0$ 的问题中得到的. 被耗散的总能量由积分

$$\frac{c}{8\pi}\oint\zeta'|\boldsymbol{H}|^2\mathrm{d}f \tag{90.6}$$

① 我们处处将 $\boldsymbol{E}$ 和 $\boldsymbol{H}$ 理解为对应于某一确定本征频率的场强. 不难证明, 对应于两个不同本征频率 ω_a 和 ω_b 的场满足正交关系:

$$\int\boldsymbol{E}_a\cdot\boldsymbol{E}_b^*\mathrm{d}V=\int\boldsymbol{H}_a\cdot\boldsymbol{H}_b^*\mathrm{d}V=0.$$

给出, 积分是在共振器的内表面上进行的.

场振的幅随时间衰减的衰减率由这个量除以总能量

$$\frac{1}{2}\cdot\frac{1}{8\pi}\int(|\boldsymbol{E}|^2+|\boldsymbol{H}|^2)\mathrm{d}V=\frac{1}{8\pi}\int|\boldsymbol{H}|^2\mathrm{d}V$$

的二倍得到. 衰减率与复频率 $\omega=\omega'+\mathrm{i}\omega''$ 的虚部 $|\omega''|$ 相同①. 将公式写为复数形式

$$\omega-\omega_0=-\frac{\mathrm{i}c}{2}\frac{\oint\zeta|\boldsymbol{H}|^2\mathrm{d}f}{\int|\boldsymbol{H}|^2\mathrm{d}V} \tag{90.7}$$

(ω 和 ω_0 分别为计及和未计及 ζ 时的本征频率), 借助这个公式我们不仅可以求出衰减率, 还可以求出本征频率本身的移动. 如我们所看到的, 本征频率的移动取决于 ζ 的虚部. 在 §87 中曾指出, 通常 $\zeta''<0$, 于是本征频率的移动出现在频率减小的一侧.

对于实际计算而言, 将 (90.7) 式右端分母上的体积分变换为面积分可能更方便.

由于矢量 $\boldsymbol{H}$ 与表面相切, 我们恒等地写出

$$\oint(\boldsymbol{H}\cdot\boldsymbol{H}^*)(\boldsymbol{r}\cdot\mathrm{d}\boldsymbol{f})=\oint(\boldsymbol{H}\cdot\boldsymbol{H}^*)(\boldsymbol{r}\cdot\mathrm{d}\boldsymbol{f})-\oint(\boldsymbol{H}\cdot\boldsymbol{r})(\boldsymbol{H}^*\cdot\mathrm{d}\boldsymbol{f})-\oint(\boldsymbol{H}^*\cdot\boldsymbol{r})(\boldsymbol{H}\cdot\mathrm{d}\boldsymbol{f}).$$

利用代换 $\mathrm{d}\boldsymbol{f}\to\mathrm{d}V\cdot\nabla$ 将上式右端的积分变换为体积分; 此时利用方程 (90.1), 我们得到

$$\oint(\boldsymbol{H}\cdot\boldsymbol{H}^*)(\boldsymbol{r}\cdot\mathrm{d}\boldsymbol{f})=\mathrm{i}k\int\boldsymbol{r}\cdot(\boldsymbol{H}\times\boldsymbol{E}^*-\boldsymbol{H}^*\times\boldsymbol{E})\mathrm{d}V+\int\boldsymbol{H}\cdot\boldsymbol{H}^*\mathrm{d}V.$$

类似地, 考虑到恒等式 $\boldsymbol{r}\times(\boldsymbol{E}\times\mathrm{d}\boldsymbol{f})=\boldsymbol{E}(\boldsymbol{r}\cdot\mathrm{d}\boldsymbol{f})-(\boldsymbol{r}\cdot\boldsymbol{E})\mathrm{d}\boldsymbol{f}=0$ (作为边界条件 $\boldsymbol{E}_t=0$ 的结果), 我们得到

$$\begin{aligned}\oint(\boldsymbol{E}\cdot\boldsymbol{E}^*)(\boldsymbol{r}\cdot\mathrm{d}\boldsymbol{f})&=-\oint(\boldsymbol{E}\cdot\boldsymbol{E}^*)(\boldsymbol{r}\cdot\mathrm{d}\boldsymbol{f})+\oint(\boldsymbol{E}\cdot\boldsymbol{r})(\boldsymbol{E}^*\cdot\mathrm{d}\boldsymbol{f})\\&\quad+\oint(\boldsymbol{E}^*\cdot\boldsymbol{r})(\boldsymbol{E}\cdot\mathrm{d}\boldsymbol{f})=\mathrm{i}k\int\boldsymbol{r}\cdot(\boldsymbol{H}\times\boldsymbol{E}^*-\boldsymbol{H}^*\times\boldsymbol{E})\mathrm{d}V-\int\boldsymbol{E}\cdot\boldsymbol{E}^*\mathrm{d}V\end{aligned}$$

把刚得到的这两个等式逐项相减, 并计及 (90.5) 式, 我们得到公式

$$\int|\boldsymbol{H}|^2\mathrm{d}V=\frac{1}{2}\oint(|\boldsymbol{H}|^2-|\boldsymbol{E}|^2)(\boldsymbol{r}\cdot\mathrm{d}\boldsymbol{f}). \tag{90.8}$$

① 在无线电工程中, 通常引进定义为 $\omega'/2|\omega''|$ 的共振腔品质因数 (Q 因子) 来替代衰减率 $|\omega''|$.

空腔内充满 ε 值和 μ 值不等于 1 的非吸收介电体的共振器的所有公式, 可以通过作以下替代:

$$\omega,\quad \boldsymbol{E},\quad \boldsymbol{H} \to \omega\sqrt{\omega\mu},\quad \sqrt{\varepsilon}\boldsymbol{E},\quad \sqrt{\mu}\boldsymbol{H}, \tag{90.9}$$

从真空空腔共振器的公式得到. 从在这种变换下方程 (90.1) 转变为适用于介质的麦克斯韦方程

$$\operatorname{rot}\boldsymbol{E} = \mathrm{i}\frac{\omega}{c}\mu\boldsymbol{H},\quad \operatorname{rot}\boldsymbol{H} = -\mathrm{i}\frac{\omega}{c}\varepsilon\boldsymbol{E}$$

这一事实, 即可清楚地看出这点. 特别是, 介质的存在使所有的本征频率减小为原来的 $1/\sqrt{\varepsilon\mu}$.

习　　题

1. 试确定具有直角平行六面体形状的理想导体壁的共振器的本征振动频率.

解: 选择平行六面体的长度为 a_1, a_2, a_3 的三个棱分别为 x 轴, y 轴和 z 轴. 方程 (90.3) 和 (90.4) 的满足边界条件 $\boldsymbol{E}_t = 0$ 的解为:

$$E_x = A_1 \cos k_x x \sin k_y y \sin k_z z \cdot \mathrm{e}^{-\mathrm{i}\omega t} \tag{1}$$

以及类似的 E_y, E_z, 其中

$$k_x = \frac{n_1\pi}{a_1},\quad k_y = \frac{n_2\pi}{a_2},\quad k_z = \frac{n_3\pi}{a_3} \tag{2}$$

(n_1, n_2, n_3 为正整数) ; 常量 A_1, A_2, A_3 间以关系式

$$A_1 k_x + A_2 k_y + A_3 k_z = 0 \tag{3}$$

相联系, 而本征频率为

$$\omega^2 = c^2(k_x^2 + k_y^2 + k_z^2).$$

从 (1) 式算出磁场:

$$H_x = -\mathrm{i}\frac{c}{\omega}(A_3 k_y - A_2 k_z) \sin k_x x \cos k_y y \cos k_z z \cdot \mathrm{e}^{-\mathrm{i}\omega t}$$

以及类似的 H_y, H_z.

如果 n_1, n_2, n_3 中的三个或两个等于零, 则 $\boldsymbol{E} \equiv 0$. 因此第一个 (最小的) 频率对应于三个数中一个为 0 另两个为 1 的振动.

由于存在关系式 (3), 解 (1) (其中 n_1, n_2, n_3 均不为 0) 中含有两个独立的任意常量, 亦即每一个本征频率是二重简并的. 而若 n_1, n_2, n_3 中一个为 0, 则频率不简并.

2. 试确定半径为 a 的球形共振器中电偶极振动和磁偶极振动的频率.

解: 在球形电偶极型驻波内, 场 $\boldsymbol{E}$ 和 $\boldsymbol{H}$ 的形式为

$$\boldsymbol{E} = \mathrm{e}^{-\mathrm{i}\omega t}\,\mathrm{rot}\,\mathrm{rot}\left(\frac{\sin kr}{r}\boldsymbol{b}\right), \quad \boldsymbol{H} = -\mathrm{i}k\mathrm{e}^{-\mathrm{i}\omega t}\,\mathrm{rot}\left(\frac{\sin kr}{r}\boldsymbol{b}\right),$$

其中 $\boldsymbol{b}$ 为常矢量, 而 $k = \omega/c$ (见本教程第二卷 §72). $r = a$ 处的边界条件 $\boldsymbol{n} \times \boldsymbol{E} = 0$ 给出方程

$$\cot ka = \frac{1}{ka} - ka.$$

此方程的最小根为 $ka = 2.74$, 频率 $\omega = 2.74c/a$ 是球形共振器的所有本征频率中最小的频率.

在球形磁偶极型驻波内

$$\boldsymbol{E} = \mathrm{i}k\mathrm{e}^{-\mathrm{i}\omega t}\,\mathrm{rot}\left(\frac{\sin kr}{r}\boldsymbol{b}\right), \quad \boldsymbol{H} = \mathrm{e}^{-\mathrm{i}\omega t}\,\mathrm{rot}\,\mathrm{rot}\left(\frac{\sin kr}{r}\boldsymbol{b}\right).$$

$\boldsymbol{E}$ 的边界条件给出方程

$$\tan ka = ka.$$

其第一个根为 $ka = 4.49$.

3. 在共振器内放入一具有电极化率和磁极化率分别为 α_e 和 α_m 的小球, 试求因此而引起的共振器本征频率的移动.

解: 设 $\boldsymbol{E}, \boldsymbol{H}$ 为共振器内无小球时的场强, 而 $\boldsymbol{E}_1, \boldsymbol{H}_1$ 为有小球时的场强. 场 $\boldsymbol{E}$ 和 $\boldsymbol{H}$ 满足方程 (90.1), 而 $\boldsymbol{E}_1$ 和 $\boldsymbol{H}_1$ 则满足方程

$$\mathrm{rot}\,\boldsymbol{E}_1 = \frac{\mathrm{i}\omega_1}{c}\boldsymbol{H}_1, \quad \mathrm{rot}\,\boldsymbol{H}_1 = \frac{4\pi}{c}\boldsymbol{j}_1 - \frac{\mathrm{i}\omega_1}{c}\boldsymbol{E}_1, \tag{1}$$

其中 $\boldsymbol{j}_1$ 为小球内的电流密度. 将 (1) 式中的第一个方程乘以 $\boldsymbol{H}^*$, 第二个方程乘以 $-\boldsymbol{E}^*$, 对方程 (90.1) 进行复共轭操作并将其中第一个方程乘以 $\boldsymbol{H}_1$, 第二个方程乘以 $-\boldsymbol{E}_1$. 然后将四个方程相加, 我们得到

$$\mathrm{div}[\boldsymbol{E}_1 \times \boldsymbol{H}^* + \boldsymbol{E}^* \times \boldsymbol{H}_1] = \mathrm{i}\frac{\delta\omega}{c}(\boldsymbol{H}_1 \cdot \boldsymbol{H}^* + \boldsymbol{E}_1 \cdot \boldsymbol{E}^*) - \frac{4\pi}{c}\boldsymbol{j}_1 \cdot \boldsymbol{E}^*,$$

其中 $\delta\omega = \omega_1 - \omega$ 为待求的频率移动. 我们在共振器体积内对这个等式积分. 因为在器壁上 $\boldsymbol{E}_t = 0$, $\boldsymbol{E}_{1t} = 0$, 所以等式左端的积分按高斯定理变换后成为零. 由于小球尺度很小, 故右端第一项积分中的主要贡献出现在离它很大的距离

上; 另一方面, 在这些距离上小球产生的扰动场小到可以令 $\boldsymbol{E}_1 \approx \boldsymbol{E}$, $\boldsymbol{H}_1 \approx \boldsymbol{H}$. 对于第二项的积分可作类似于在 §89 (和该节习题 1) 所作的变换, 结果给出

$$\int \boldsymbol{j}_1 \cdot \boldsymbol{E}^* \mathrm{d}V = -\mathrm{i}\omega(\mathscr{P} \cdot \boldsymbol{E}_0^* + \mathscr{M} \cdot \boldsymbol{H}_0^*) = -\mathrm{i}\omega V_0(\alpha_e|\boldsymbol{E}_0|^2 + \alpha_m|\boldsymbol{H}_0|^2),$$

其中 $\boldsymbol{E}_0 \equiv \boldsymbol{E}(\boldsymbol{r}_0)$, $\boldsymbol{H}_0 \equiv \boldsymbol{H}(\boldsymbol{r}_0)$; $\boldsymbol{r}_0$ 为小球的坐标, V_0 为小球的体积; 当然, 小球的尺度小到使 $\boldsymbol{E}, \boldsymbol{H}$ 在这个距离上的变化可以忽略.

因此, 考虑到 (90.5) 式, 我们寻得待求的频率移动为:

$$\frac{\delta\omega}{\omega} = -\frac{\alpha_e|\boldsymbol{E}_0|^2 + \alpha_m|\boldsymbol{H}_0|^2}{\dfrac{1}{2\pi}\displaystyle\int |\boldsymbol{H}|^2 \mathrm{d}V} V_0.$$

如果极化率为复数, 则这个公式既给出振动本征频率的移动, 也给出了这些振动的衰减系数.

4. 共振器中充满了介电常量为 ε 的无色散透明介电体, 试确定当介电常量有小变化 $\delta\varepsilon(\boldsymbol{r})$ 时本征频率的改变.

解: 共振器中的未扰动场 $\boldsymbol{E}_0, \boldsymbol{H}_0$ 满足方程

$$\operatorname{rot} \boldsymbol{E}_0 = \frac{\mathrm{i}\omega_0}{c}\boldsymbol{H}_0, \quad \operatorname{rot} \boldsymbol{H}_0 = -\frac{\mathrm{i}\omega_0\varepsilon_0}{c}\boldsymbol{E}_0,$$

而扰动场 $\boldsymbol{E}, \boldsymbol{H}$ 满足方程

$$\operatorname{rot} \boldsymbol{E} = \frac{\mathrm{i}(\omega_0 + \delta\omega)}{c}\boldsymbol{H}, \quad \operatorname{rot} \boldsymbol{H} = -\frac{\mathrm{i}}{c}(\omega_0\varepsilon_0 + \omega_0\delta\varepsilon + \varepsilon_0\delta\omega)\boldsymbol{E}$$

(我们略去了含 $\delta\omega\delta\varepsilon$ 的项). 对这四个方程作类似于上一题中所进行的处理, 我们得到

$$\begin{aligned}\operatorname{div}[(\boldsymbol{E} \times \boldsymbol{H}_0^*) + (\boldsymbol{E}_0^* \times \boldsymbol{H})] &= \frac{\mathrm{i}}{c}(\omega_0\delta\varepsilon + \varepsilon_0\delta\omega)\boldsymbol{E} \cdot \boldsymbol{E}_0^* + \frac{\mathrm{i}}{c}\delta\omega\boldsymbol{H} \cdot \boldsymbol{H}_0^* \\ &\approx \frac{\mathrm{i}}{c}(\omega_0\delta\varepsilon + \varepsilon_0\delta\omega)\boldsymbol{E}_0 \cdot \boldsymbol{E}_0^* + \frac{\mathrm{i}}{c}\delta\omega\boldsymbol{H}_0 \cdot \boldsymbol{H}_0^*,\end{aligned}$$

由此可得

$$\frac{\delta\omega}{\omega_0} = -\frac{\displaystyle\int |\boldsymbol{E}_0|^2 \delta\varepsilon \mathrm{d}V}{2\varepsilon_0 \displaystyle\int |E_0|^2 \mathrm{d}V}.$$

在导出上面这个表达式时, 我们考虑到了这一事实, 即对于充满介电体的共振器, 关系式 (90.5) 所取的形式为

$$\int |\mathbf{H}_0|^2 \mathrm{d}V = \varepsilon_0 \int |\boldsymbol{E}_0|^2 \mathrm{d}V,$$

从 (90.9) 式可清楚地看出这点.

§91 电磁波在波导中的传播

与前一节研究的具有有限体积的共振器不同, 波导是长度不受限制的空腔, 亦即具有无限长度的空管①. 与共振器中的本征振动都是驻波不同, 波导中的波仅在横向是驻波, 而沿着管长方向则可能以行波传播.

我们来研究具有任意 (单连通) 形状横截面的直波导, 横截面形状不随长度变化. 我们先假设波导壁是理想导电的. 选波导的长度方向为 z 轴. 在沿 z 轴行进的波内, 所有物理量与 z 的依赖关系都由形为 $\exp(\mathrm{i}k_z z)$ 的因子给出, 其中 k_z 为常量.

在这种波导内, 所有可能的电磁波分为两种类型: 其中之一 $H_z=0$; 而在另一种内 $E_z=0$ (瑞利, 1897). 第一类具有纯横向磁场的波称为**电型波**或 ***E* 波**. 而具有纯横向电场的波则称为**磁型波**或 ***H* 波**②.

我们先来研究 E 波; 方程 (90.1) 的 x 分量与 y 分量给出

$$\frac{\partial E_z}{\partial y}-\mathrm{i}k_zE_y=\frac{\mathrm{i}\omega}{c}H_x,\quad -\frac{\partial E_z}{\partial x}+\mathrm{i}k_zE_x=\frac{\mathrm{i}\omega}{c}H_y,$$

$$\mathrm{i}k_zH_y=\frac{\mathrm{i}\omega}{c}E_x,\quad \mathrm{i}k_zH_x=-\frac{\mathrm{i}\omega}{c}E_y.$$

由此

$$\begin{aligned}E_x&=\frac{\mathrm{i}k_z}{\varkappa^2}\frac{\partial E_z}{\partial x},\quad E_y=\frac{\mathrm{i}k_z}{\varkappa^2}\frac{\partial E_z}{\partial y},\\ H_x&=-\frac{\mathrm{i}\omega}{c\varkappa^2}\frac{\partial E_z}{\partial y},\quad H_y=\frac{\mathrm{i}\omega}{c\varkappa^2}\frac{\partial E_z}{\partial x},\end{aligned}\tag{91.1}$$

其中引入了记号

$$\varkappa^2=\frac{\omega^2}{c^2}-k_z^2.$$

因此, 在 E 波中 $\boldsymbol{E}$ 和 $\boldsymbol{H}$ 的所有横向分量都可通过电场的纵向分量表示出来. 而后者则必须通过求解已被归结为二维方程

$$\Delta_2E_z+\varkappa^2E_z=0\tag{91.2}$$

(Δ_2 为二维拉普拉斯算符) 的波动方程来确定. 这个方程的边界条件是 $\boldsymbol{E}$ 在波导壁上的切向分量为零. 为此只需要求在截面的廓线上

$$E_z=0\tag{91.3}$$

① 以下我们所写的全部公式都是对于真空波导的. 把这些公式转换为充满非吸收电介质的波导的公式, 要利用 (90.9) 式的变换来实现.

② E 波和 H 波还分别被称为 TM 波 (横磁波) 和 TE 波 (横电波).

根据公式 (91.1), 具有 E_x, E_y 分量的二维矢量正比于量 E_z 的二维梯度. 所以在满足边界条件 (91.3) 时 $\boldsymbol{E}$ 在 xy 平面的切向分量也自动成为零.

类似地, 在 H 波内 $\boldsymbol{E}$ 和 $\boldsymbol{H}$ 的横向分量可按照公式

$$\begin{aligned} H_x &= \frac{\mathrm{i}k_z}{\varkappa^2}\frac{\partial H_z}{\partial x}, \quad H_y = \frac{\mathrm{i}k_z}{\varkappa^2}\frac{\partial H_z}{\partial y}, \\ E_x &= \frac{\mathrm{i}\omega}{c\varkappa^2}\frac{\partial H_z}{\partial y}, \quad E_y = -\frac{\mathrm{i}\omega}{c\varkappa^2}\frac{\partial H_z}{\partial x} \end{aligned} \tag{91.4}$$

通过磁场的纵向分量表示. H_z 的纵向分量由方程

$$\Delta_2 H_z + \varkappa^2 H_z = 0 \tag{91.5}$$

的解给出, 方程的边界条件是在截面的廓线上:

$$\frac{\partial H_z}{\partial n} = 0. \tag{91.6}$$

按照公式 (91.4), 这个条件保证了 $\boldsymbol{H}$ 的法向分量为零.

因此, 确定波导内电磁场的问题归结为寻求二维波动方程 $\Delta_2 f + \varkappa^2 f = 0$ 的解, 这个解必须满足在横截面廓线上 $f = 0$ 或 $\partial f/\partial n = 0$ 的边界条件. 对于给定的廓线, 仅在参量 $\varkappa^2$ 取完全确定的本征值时才有这样的解.

对于每一个本征值 $\varkappa^2$, 我们有相应的频率与波矢 k_z 之间的关系

$$\omega^2 = c^2(k_z^2 + \varkappa^2). \tag{91.7}$$

波沿波导长度方向传播的速度由导数

$$u_z = \frac{\partial \omega}{\partial k_z} = \frac{ck_z}{\sqrt{k_z^2 + \varkappa^2}} = \frac{c^2 k_z}{\omega} \tag{91.8}$$

给出. 在给定的 $\varkappa$ 值下, 当 k_z 从 0 变到 ∞ 时, 其取值从 0 变到 c.

沿波导长度的时间平均能流密度由坡印亭矢量的 z 分量给出. 对于 E 波, 借助公式 (91.1), 通过简单计算给出

$$\overline{S}_z = \frac{c}{8\pi}\mathrm{Re}(\boldsymbol{E}\times\boldsymbol{H}^*)_z = \frac{\omega k_z}{8\pi\varkappa^4}|\nabla_2 E_z|^2.$$

将 $\overline{S}_z$ 对波导的横截面积求积分得到总能流 q, 我们有

$$\int |\nabla_2 E_z|^2 \mathrm{d}f = \oint E_z^* \frac{\partial E_z}{\partial n}\mathrm{d}l - \int E_z^* \Delta_2 E_z \mathrm{d}f.$$

上式右端第一个积分对截面的廓线进行, 由于边界条件 $E_z = 0$ 而为零. 在第二个积分中将 $\Delta_2 E_z$ 替换为 $-\varkappa^2 E_z$, 最后得到

$$q = \frac{\omega k_z}{8\pi\varkappa^2}\int |E_z|^2 \mathrm{d}f. \tag{91.9}$$

对于 H 波, 得到用 H_z 代替 E_z 的同样的公式.

用同样的方式, 可以计算波导单位长度的电磁能密度 W. 不过, 由于应当有 $q = Wu_z$, 直接从 q 得到 W 更简单些. 例如, 从 (91.8) 和 (91.9) 式我们得到

$$W = \frac{\omega^2}{8\pi\varkappa^2c^2}\int |E_z|^2\mathrm{d}f. \tag{91.10}$$

从 (91.7) 得出, 对于每一类型 (对应于确定的 $\varkappa^2$) 的波, 存在一个等于 $c\varkappa$ 的最小可能频率值. 在频率更小时, 该类型的波变得不可能传播. 但在所有的本征频率 $\varkappa$ 值中, 有一个最小的 $\varkappa_{\min}$, 也不等于零 (见下文). 所以我们的结论是: 存在一个频率下限 $\omega_{\min} = c\varkappa_{\min}$, 低于这个频率, 无论是什么样的波一般都不可能沿波导传播. 按数量级 $\omega_{\min} \sim c/a$, 其中 a 为波导管的横向尺度.

然而, 这一论断仅对具有单连通形状的截面的波导适用, 我们到现在为止考虑的都是这种波导. 在多连通形状截面时, 情况完全改变 ①. 在这样的波导中, 除了前面描述的 E 波和 H 波外, 还有一种类型的波可以传播, 其频率不受任何条件的限制.

称为**主波**的这一类型的波由 $k_z = \pm k$ (亦即 $\varkappa = 0$) 所表征; 其传播速度与光速 c 相同. 下面我们就来解释这种波的基本性质, 同时我们也会明白, 为什么在单连通形状截面的波导中不可能有这种波.

主波内的所有分量都满足二维拉普拉斯方程 $\Delta_2 f = 0$. 当边界条件为 $f = 0$ 时, 这个方程在所有区域 (单连通区和多连通区) 都正则的唯一解是 $f \equiv 0$. 因此在主波内 $E_z = 0$.

当边界条件为 $\partial f/\partial n = 0$ 时, 方程的正则解为 $f = \mathrm{const}$. 但是容易看出, 对于 $f = H_z$, 这个常数 (const) 只能为零 (我们要记住, const 表示不依赖于 x, y 的量). 实际上, 将方程

$$\operatorname{div}\boldsymbol{H} = \frac{\partial H_x}{\partial x} + \frac{\partial H_y}{\partial y} + \frac{\mathrm{i}\omega}{c}H_z = 0$$

对横截面面积积分, 我们得到

$$\oint H_n\mathrm{d}l + \frac{\mathrm{i}\omega}{c}\int H_z\mathrm{d}f = 0;$$

由于在截面廓线上 $H_n = 0$ 以及 H_z 在截面的面积上为常量, 从而得出 $H_z = 0$.

因此, 主波是纯横波. 在 $E_z = H_z = 0$ 时, 方程 (90.1) 的 x, y 分量给出

$$H_x = -E_y, \quad H_y = E_x, \tag{91.11}$$

① 这里所指的既可能是互相嵌套的两个管子之间的空间, 也可能是指两条平行导线之外的空间.

这也就是说 $\boldsymbol{E}$ 和 $\boldsymbol{H}$ 相互垂直且大小相等. 为了确定这些场, 我们有方程

$$\operatorname{div}\boldsymbol{E}=\frac{\partial E_x}{\partial x}+\frac{\partial E_y}{\partial y}=0,\quad (\operatorname{rot}\boldsymbol{E})_z=\frac{\partial E_y}{\partial x}-\frac{\partial E_x}{\partial y}=0,$$

且边界条件为 $\boldsymbol{E}_t=0$.

我们看到, $\boldsymbol{E}$ (以及 $\boldsymbol{H}$) 对 x, y 的依赖关系由二维静电学问题的解给出: $\boldsymbol{E}=-\nabla_2\varphi$, 其中 φ 满足具有边界条件 $\varphi=\text{const}$ 的方程 $\Delta_2\varphi=0$. 在单连通区域这个边界条件给出 $\varphi=\text{const}$ (从而 $\boldsymbol{E}=0$) 为在全区正则的唯一解. 因此表明这一类型的波不可能沿单连通截面的波导传播. 而在多连通区域内, 边界条件中的 const 之值在不同的边界廓线上并不一定是一样的, 且此时拉普拉斯方程有非平庸解. 在这种情况下, 波导横截面上的电场分布对应于具有给定电势差的电容器极板间的平面静电场.

到此为止我们一直假设波导壁是理想导电的 ①. 壁内存在很小但有限的阻抗将导致损耗的出现, 并因此引起沿着波导传播时波的衰减. 可类似于上一节中计算共振器内电磁振动随时间衰减那样, 算出衰减系数.

单位长度波导壁中单位时间耗散的能量由沿截面廓线所取的积分

$$\frac{c}{8\pi}\zeta'\oint|\boldsymbol{H}|^2\mathrm{d}l$$

给出; $\boldsymbol{H}$ 为在假设 $\zeta=0$ 时算出的磁场强度. 将这个量除以能流 q 的 2 倍, 即得到所要求的衰减系数 α. 采用这样的定义, α 给出了沿波导长度以 $\mathrm{e}^{-\alpha z}$ 方式衰减的波振幅的衰减速度.

按照方程 (91.1) 或 (91.4) 将所有物理量用 E_z 或 H_z 表示, 我们得到 E 波吸收系数的以下公式:

$$\alpha=\frac{\omega\zeta'}{2\varkappa^2k_zc}\frac{\oint|\nabla_2E_z|^2\mathrm{d}l}{\int|E_z|^2\mathrm{d}f},\tag{91.12}$$

而 H 波的吸收系数公式则为:

$$\alpha=\frac{c\varkappa^2\zeta'}{2k_z\omega}\frac{\oint\{|H_z|^2+(k_z^2/\varkappa^4)|\nabla_2H_z|^2\}\mathrm{d}l}{\int|H_z|^2\mathrm{d}f}.\tag{91.13}$$

对实际计算而言, 将分母中的面积分变换为沿廓线的积分更方便些. 这里我们直接给出这样做所得到的公式, 其推导类似于公式 (90.8) 的推导:

$$\begin{aligned}\int|E_z|^2\mathrm{d}f&=\frac{1}{2\varkappa^2}\oint(\boldsymbol{n}\cdot\boldsymbol{r})|\nabla_2E_z|^2\mathrm{d}l,\\ \int|H_z|^2\mathrm{d}f&=\frac{1}{2\varkappa^2}\oint(\boldsymbol{n}\cdot\boldsymbol{r})\{\varkappa^2|H_z|^2-|\nabla_2H_z|^2\}\mathrm{d}l.\end{aligned}\tag{91.14}$$

① 特别是, 只有在这个条件下, 才有可能严格地把 $E_z=0$ 的波和 $H_z=0$ 的波分开.

当 $k_z \to 0$ 时 (亦即频率 $\omega \to c\varkappa$ 时), 表达式 (91.12) — (91.13) 趋于无穷大. 不过此时这些公式不再适用, 因为它们的推导假设 $\varkappa$ 要比 k_z 小.

公式 (91.12) — (91.13) 不适用于 (具有多连通截面的波导中的) 主波, 在主波内 E_z, H_z 以及 $\varkappa$ 都等于零. 在这种情况下, 可以将所有的场的分量通过标量势 φ 表示. 考虑到在主波内 $\boldsymbol{H}$ 和 $\boldsymbol{E} = -\nabla_2\varphi$ 相互垂直且大小相等, 我们得到其吸收系数的以下表达式:

$$\alpha = \frac{\zeta' \oint |\nabla_2\varphi|^2 \mathrm{d}l}{2\int |\nabla_2\varphi|^2 \mathrm{d}f}. \tag{91.15}$$

在吸收系数不是小量 (因而公式 (91.15) 不再适用) 的情况下, 如果此时波长 c/ω 比波导的横向尺度大得多, 主波沿波导的传播也可相对简单地研究.

如前所述, 主波内的横电场 (在每一时刻) 对应于由带有大小相等符号相反电荷的波导壁组成的电容器中的静电场. 我们将波导单位长度所具有的这些电荷用 $\pm e(z)$ 表示. 它们与在波导壁内流过的电流 $\pm J(z)$ 以连续性方程

$$\frac{\partial e}{\partial t} = -\frac{\partial J}{\partial z}$$

或者对于单色场

$$\mathrm{i}\omega e = \frac{\partial J}{\partial z}$$

相联系. 其次, 设 C 为单位长度波导的电容. 波导壁之间的 "电势差" 为 $\varphi_2 - \varphi_1 = e/C$; 将此式对 z 求微商, 我们得到维持壁内流过电流的电动势 (存在吸收时, 场不再是纯横场). 令其与 ZJ (Z 为单位长度波导的阻抗) 相等, 我们得到

$$-\frac{\partial}{\partial z}\frac{e}{C} = ZJ,$$

或

$$\frac{\partial}{\partial z}\left(\frac{1}{C}\frac{\partial J}{\partial z}\right) + \mathrm{i}\omega ZJ = 0. \tag{91.16}$$

将 $Z = R - \mathrm{i}\omega L/c^2$ (其中 R 和 L 分别为单位长度波导的电阻和自感) 代入上式, 我们可以由电流为单色分量回到电流为时间的任意函数的情况. 再假设电容 C 沿波导的长度为常量, 我们得到所谓**电报方程**:

$$\frac{1}{C}\frac{\partial^2 J}{\partial z^2} - R\frac{\partial J}{\partial t} - \frac{L}{c^2}\frac{\partial^2 J}{\partial t^2} = 0. \tag{91.17}$$

在没有吸收时 ($R = 0$), 这个方程理所当然地归结为传播速度等于 $c/\sqrt{LC} = c$ 的波动方程. 等式 $LC = 1$ 由在给定廓线形状下定义 $1/C$ 和 L 的数学等价性

问题得出. 理想导体表面之间的电场和磁场相互垂直且量值相等 (见 (91.11) 式), 同时, 在壁面上的这个量值在电场情况下确定电荷密度, 而在磁场情况下确定电流密度. 所以场能与电荷平方和电流平方之间的比例系数 ($1/C$ 和 L) 分别相等.

习　题

1. 试求出沿矩形 (边长分别为 a, b) 截面波导传播的波的 $\varkappa$ 值, 并求出这些波的衰减系数.

解: 在 E 波内 ①

$$E_z = \text{const} \cdot \sin k_x x \sin k_y y,$$

其中

$$k_x = \frac{n_1 \pi}{a}, \quad k_y = \frac{n_2 \pi}{b},$$

而 n_1, n_2 为从 1 开始的正整数. 在 H 波内

$$H_z = \text{const} \cdot \cos k_x x \cos k_y y,$$

而且数 n_1, n_2 中有一个可以为零. 在两种类型的波内

$$\varkappa^2 = k_x^2 + k_y^2 = \pi^2 \left(\frac{n_1^2}{a^2} + \frac{n_2^2}{b^2} \right).$$

最小的 $\varkappa$ 值对应于 H_{10} 波 (下角标表示 n_1, n_2 之值) 且等于 $\varkappa_{\min} = \pi/a$ (我们假设 $a > b$).

衰减系数按照公式 (91.12)—(91.13) 计算并等于:

对于 E 波

$$\alpha = \frac{2\omega\zeta'}{c\varkappa^2 k_z ab}(k_x^2 b + k_y^2 a),$$

对于 $H_{n_1 0}$ 波

$$\alpha = \frac{\omega\zeta'}{ck_z ab}\left(a + \frac{2\varkappa^2}{k^2} b \right)$$

而对于 $H_{n_1 n_2}(n_1, n_2 \neq 0)$ 波

$$\alpha = \frac{2c\varkappa^2\zeta'}{\omega k_z ab}\left[a + b + \frac{k_z^2}{\varkappa^4}(ak_x^2 + bk_y^2) \right].$$

2. 对于圆 (半径为 a) 截面波导求解与上题相同的问题.

解: 采用极坐标 r, φ 解波动方程, 我们得到:

① 我们略去了所有的 $\exp\{\mathrm{i}(k_z z - \omega t)\}$ 因子.

在 E 波内

$$E_z = \text{const} \cdot J_n(\varkappa r)^{\sin}_{\cos} n\varphi,$$

并由条件 $J_n(\varkappa a) = 0$ 确定 $\varkappa$ 值. 在 H 波内, 同样的公式给出 H_z, 而 $\varkappa$ 值则由条件 $J'_n(\varkappa a) = 0$ 确定. H_1 波中的第一个波具有最小的 $\varkappa$ 值; 它等于 $\varkappa_{\min} = 1.84/a$.

衰减系数按照公式 (91.12)—(91.14) 计算, 对于 E 波

$$\alpha = \frac{\omega\zeta'}{cak_z},$$

而对于 H 波

$$\alpha = \frac{c\varkappa^2\zeta'}{\omega k_z a}\left[1 + \frac{n^2\omega^2}{c^2\varkappa^2(a^2\varkappa^2 - n^2)}\right].$$

§92 小粒子对电磁波的散射

我们来研究宏观粒子对电磁波的散射, 粒子的尺度比被散射波的波长 $\lambda \sim c/\omega$ 小得多 (瑞利, 1871). 当这一条件满足时, 可以假定靠近粒子的电磁场是均匀的. 处于均匀周期场中的粒子具有确定的电矩 $\mathscr{P}$ 和磁矩 $\mathscr{M}$, 它们对时间的依赖关系由因子 $\mathrm{e}^{-\mathrm{i}\omega t}$ 给出. 散射波可以描述为这些交变矩的辐射的结果. 在波场内距粒子很大 (与 λ 相比) 的距离上散射波的场由公式 (参见本教程第二卷 §71)

$$\boldsymbol{H}' = \frac{\omega^2}{c^2 R}\{\boldsymbol{n} \times \mathscr{P} + \boldsymbol{n} \times (\mathscr{M} \times \boldsymbol{n})\}, \quad \boldsymbol{E}' = \boldsymbol{H}' \times \boldsymbol{n} \tag{92.1}$$

给出, 其中单位矢量 $\boldsymbol{n}$ 指出散射方向, 而 $\mathscr{P}$ 和 $\mathscr{M}$ 应当取它们在 $t - R/c$ 时刻的值; 我们将用带撇的字母标记散射波的场, 而用不带撇的字母标记入射波的场. 散射到立体角中的时间平均辐射强度等于

$$\mathrm{d}I = \frac{1}{2} \cdot \frac{c}{4\pi}|\boldsymbol{H}'|^2 R^2 \mathrm{d}o,$$

除以入射波中的能流密度

$$\frac{c}{8\pi}|\boldsymbol{H}|^2 = \frac{c}{8\pi}|\boldsymbol{E}|^2$$

后, 就得到**散射截面**.

如果粒子的尺度不仅比波长 λ 小, 而且也小于粒子所属物质内的频率 ω 对应的 “波长”δ, 则 $\mathscr{P}$ 和 $\mathscr{M}$ 的计算特别简单. 在此情况下, 可以根据均匀外静场的公式计算粒子的极化率, 当然还是有一点区别, 即 ε 和 μ 不是取静态值,

而是取与给定频率 ω 相对应的值. 假如 μ 和通常一样接近 1, 则在公式 (92.1) 中可去掉磁偶极项.

例如, 对于半径为 a 的球形粒子我们有 (见 (8.10) 式))

$$\mathscr{P} = V\alpha\boldsymbol{E}, \quad \alpha = \frac{3}{4\pi}\frac{\varepsilon-1}{\varepsilon+2} \tag{92.2}$$

以及散射截面

$$\mathrm{d}\sigma = \frac{\omega^4}{c^4}|\alpha|^2 V^2 \sin^2\theta \mathrm{d}o, \tag{92.3}$$

其中 θ 为散射方向 $\boldsymbol{n}$ 与线偏振入射波的电场 $\boldsymbol{E}$ 的方向之间的夹角. 总截面为

$$\sigma = \frac{8\pi|\alpha|^2\omega^4 V^2}{3c^4}. \tag{92.4}$$

截面与频率的关系既依赖于因子 ω^4, 也依赖于极化率与频率的关系. 如果频率小到使 α 没有色散, 则散射正比于 ω^4. 我们也注意到, 散射截面正比于粒子体积的平方.

如果入射波是非偏振的 (自然光), 则为了得到微分散射截面, 必须在垂直于入射波传播方向 (亦即波矢 $\boldsymbol{k}$ 方向) 的平面内按矢量 $\boldsymbol{E}$ 的所有方向对 (92.3) 式作平均. 用 ϑ 和 φ 标记 $\boldsymbol{n}$ 方向相对于 $\boldsymbol{k}$ 的极角和方位角 (同时 φ 角由 $\boldsymbol{k}$ 和 $\boldsymbol{E}$ 所在平面起算), 我们有 $\cos\theta = \sin\vartheta\cos\varphi$ (图 47), 因此

$$\mathrm{d}\sigma = \frac{\omega^4}{c^4}|\alpha|^2 V^2(1-\sin^2\vartheta\cos^2\varphi)\mathrm{d}o. \tag{92.5}$$

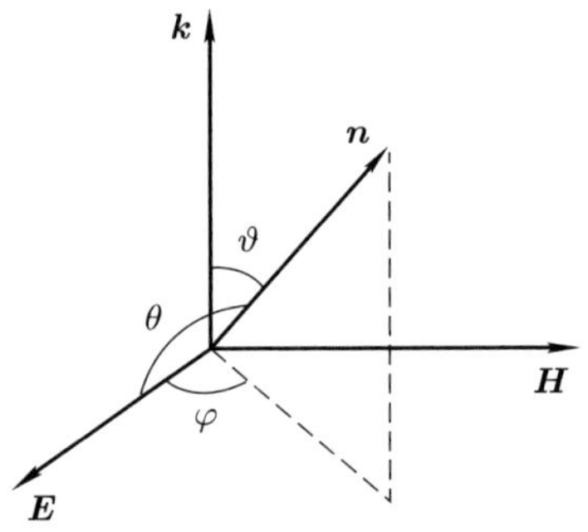

图 47

对 φ 角平均后, 我们得到以下非偏振波散射截面公式:

$$\mathrm{d}\sigma = \frac{\omega^4}{2c^4}V^2|\alpha|^2(1+\cos^2\vartheta)\mathrm{d}o, \tag{92.6}$$

其中 ϑ 为入射方向和散射方向之间的夹角. 我们注意到角分布 (92.6) 相对于 $\vartheta = \pi/2$ 平面的对称性: 向前散射和向后散射是一样的.

从公式 (92.5) 也容易求得散射光的退偏振度. 为此我们看到, 当 $\boldsymbol{E}$ 的方向给定时 $\boldsymbol{E}'$ 的方向在 $\boldsymbol{E}, \boldsymbol{n}$ 平面内. 所以散射波内电场 $\boldsymbol{E}'$ 的方向在 $\boldsymbol{k}$ 和 $\boldsymbol{n}$ 平面 (**散射面**) 或垂直于该平面, 分别对应于矢量 $\boldsymbol{E}$ 相对于 $\boldsymbol{k}$ 和 $\boldsymbol{n}$ 平面的方位角为 $\varphi=0$ 或 $\pi/2$ 的情况. 设 $I_\parallel$ 和 $I_\perp$ 为具有这两个偏振的散射强度, 退偏振度定义为这两个量中较小的量与较大的量之比. 根据 (92.5) 式我们得到

$$I_\parallel/I_\perp=\cos^2\vartheta. \tag{92.7}$$

如果散射粒子具有很大的介电常量, 则 $\delta\sim c/\omega\sqrt{|\varepsilon|}\ll\lambda$. 在这种情况下, 粒子的尺度可能比 λ 小同时又比 δ 大. 在 $1/\varepsilon$ 的一级近似下, 粒子的电矩可直接当作处于均匀静电场中的导体 $(\varepsilon\to\infty)$ 的矩来算. 在这些条件下计算磁矩时, 在粒子中出现的感应电流很重要, 问题不能归结为静态问题; 代替的办法是我们必须寻求方程 (83.2)

$$\Delta\boldsymbol{H}+\frac{\varepsilon\omega^2}{c^2}\boldsymbol{H}=0 \tag{92.8}$$

(我们设 $\mu=1$) 的解, 这个解在远离粒子处趋于入射波的场. 在此情况下电矩和磁矩属于同一数量级, 在公式 (92.1) 中两项都必须保留. 与前面研究过的情况相比, 此时角分布和散射量发生重大变化 (见习题 2).

习　　题

1. 线偏振光被混乱取向的小粒子所散射, 粒子的电极化率张量具有三个不同的主值. 试确定散射光的退偏振系数.

解: 如在正文中一样略去磁矩, 从 (92.1) 式我们有

$$\boldsymbol{E}'=\frac{\omega^2}{c^2R}(\boldsymbol{n}\times\mathscr{P})\times\boldsymbol{n}.$$

待求的退偏振系数由二维张量

$$I_{\alpha\beta}=\langle E'_\alpha E'^*_\beta\rangle$$

主值之比给出, 其中角括号表示在给定散射方向 $\boldsymbol{n}$ 时按散射粒子取向的平均, 而下标 α 和 β 取垂直于 $\boldsymbol{n}$ 的平面上的两个值 (参见本教程第二卷 §50). 然而, 更方便的是对三维张量 $\mathscr{P}_i\mathscr{P}^*_k$ 求平均, 然后将其投影到垂直于 $\boldsymbol{n}$ 的平面; 张量 $\langle\mathscr{P}_i\mathscr{P}^*_k\rangle$ 的这些分量与相应的分量 $I_{\alpha\beta}$ 成正比.

将 $\mathscr{P}_i=\alpha_{ik}E_k$ 代入后, 我们有

$$\langle\mathscr{P}_i\mathscr{P}^*_k\rangle=\langle\alpha_{il}\alpha^*_{km}\rangle E_lE^*_m.$$

为了进行平均, 我们利用公式

$$\langle\alpha_{il}\alpha_{km}^*\rangle = A\delta_{il}\delta_{km} + B(\delta_{ik}\delta_{lm} + \delta_{im}\delta_{kl}).$$

这是对于下标对 il 和 km 对称并仅含标量常数的四秩张量的最普遍形式. 标量常数由通过一次按 $i=l$, $k=m$ 取对, 另一次按 $i=k, l=m$ 取对使张量降秩所得到的两个等式确定, 它们为

$$A = \frac{1}{15}(2\alpha_{ii}\alpha_{kk}^* - \alpha_{ik}\alpha_{ik}^*), \quad B = \frac{1}{30}(3\alpha_{ik}\alpha_{ik}^* - \alpha_{ii}\alpha_{kk}^*).$$

在线偏振波内, 场 $\boldsymbol{E}$ 的振幅 (我们略去时间因子 $\mathrm{e}^{-\mathrm{i}\omega t}$) 永远可以定义为实量. 此时我们得到

$$\langle\mathscr{P}_i\mathscr{P}_k^*\rangle = (A+B)E_iE_k + BE^2\delta_{ik}. \tag{1}$$

设 z 轴指向 $\boldsymbol{n}$ 方向, 而 xz 平面通过矢量 $\boldsymbol{n}$ 和 $\boldsymbol{E}$; 这些轴为张量 $I_{\alpha\beta}$ 的主轴. 取张量 (1) 的相应分量, 我们得到退偏振系数

$$\frac{I_y}{I_x} = \frac{B}{(A+B)\sin^2\theta + B}$$

(θ 为 $\boldsymbol{E}$ 和 $\boldsymbol{n}$ 之间的夹角).

2. 半径为 a 的小球具有很大的 ε, 假设 $\lambda \gg a \sim \delta$, 试求小球的散射截面.

解: 计算处于交变磁场 $\boldsymbol{H}$ 中的具有给定 ε 值 (且 $\mu=1$) 的小球的磁矩的问题与 §59 (习题 1) 中解过的问题相同, 只有一点差别, 那就是应当在那里得到的公式中假设 $k=\omega\sqrt{\varepsilon}/c$. 因此有

$$\boldsymbol{\mathscr{M}} = -a^3\gamma\boldsymbol{H}, \quad \gamma = \frac{1}{2}\left(1 + \frac{3}{ka}\cot ka - \frac{3}{(ka)^2}\right).$$

我们注意到, 在 $|ka| \ll 1$ 时: $\gamma \approx -(ka)^2/30$; 而当 $|ka| \gg 1$ 时, 我们有 $\cot ka \to -\mathrm{i}$, $\gamma \approx \dfrac{1}{2}\left(1 - \dfrac{3\mathrm{i}}{ka}\right)$.

在 $1/\varepsilon$ 的一次近似下, 电矩可简单地如同处于均匀静电场中的导电 ($\varepsilon \to \infty$) 球那样计算:

$$\boldsymbol{\mathscr{P}} = a^3\boldsymbol{E}.$$

考虑到 $\boldsymbol{E}$ 和 $\boldsymbol{H}$ 相互垂直, 在借助 (92.1) 作简单计算后我们得到以下的散射截面公式:

$$\mathrm{d}\sigma = \frac{a^6\omega^4}{c^4}[|\gamma|^2\cos^2\varphi + \sin^2\varphi - (\gamma+\gamma^*)\cos\vartheta + \cos^2\vartheta(\cos^2\varphi + |\gamma|^2\sin^2\varphi)]\mathrm{d}o,$$

其中 φ 与 ϑ 如图 47 所示. 在非偏振光散射时

$$d\sigma = \frac{a^6\omega^4}{c^4}\left[\frac{1}{2}(1+|\gamma|^2)(1+\cos^2\vartheta) - (\gamma+\gamma^*)\cos\vartheta\right]do,$$

而散射光的退偏振度为

$$\frac{I_\parallel}{I_\perp} = \left|\frac{\gamma - \cos\vartheta}{1-\gamma\cos\vartheta}\right|^2.$$

总散射截面

$$\sigma = \frac{8\pi a^6\omega^4}{3c^4}(1+|\gamma|^2).$$

在 $ka\to\infty$ 的极限下 (亦即 $\lambda \gg a \gg \delta$ 时) 我们有 $\gamma = 1/2$; 这个极限对应于对理想反射球的散射, 无论是电场还是磁场一般均不能透入球的内部. 对于微分散射截面, 我们有

$$d\sigma = \frac{5a^6\omega^4}{8c^4}\left(1+\cos^2\vartheta - \frac{8}{5}\cos\vartheta\right)do.$$

注意角分布相对于 $\vartheta = \pi/2$ 平面的鲜明的非对称性: 散射主要发生在向后散射 (向前散射的光强与向后散射的光强之比为 1 : 9).

§93 小粒子对电磁波的吸收

小粒子对电磁波的散射同时也伴随着对电磁波的吸收. 这个过程的截面由 1 秒钟内粒子耗散的平均能量 Q 与入射能流密度之比给出. 此时为了计算 Q 可以使用公式

$$Q = -\overline{\mathscr{P}\cdot\dot{\mathfrak{E}}} - \overline{\mathscr{M}\cdot\dot{\mathfrak{H}}}, \tag{93.1}$$

其中 $\mathscr{P}$ 与 $\mathscr{M}$ 为粒子的总电矩和总磁矩, 而外场 $\mathfrak{E}$ 和 $\mathfrak{H}$ 则是散射波的电场 $\boldsymbol{E}$ 和磁场 $\boldsymbol{H}$ (与 (59.11) 式对比).

使用物理量的复数表示, 我们写出 (参见 §59 最后一个脚注) :

$$Q = -\frac{1}{2}\mathrm{Re}\{\mathscr{P}\cdot\dot{\boldsymbol{E}}^* + \mathscr{M}\cdot\dot{\boldsymbol{H}}^*\} = \frac{\omega}{2}V(\alpha_e'' + \alpha_m'')|\boldsymbol{E}|^2,$$

其中 α_e, α_m 为粒子的电极化率和磁极化率. 除以入射能流密度, 我们得到

$$\sigma = \frac{4\pi\omega}{c}(\alpha_e''+\alpha_m'')V. \tag{93.2}$$

将这个公式用于半径为 a ($a \ll \lambda$) 的小球的吸收上, 假定构成小球的物质不是磁性物质 ($\mu = 1$). 吸收的特征与介电常量的数值有重要的依赖关系.

如果 ε 不是太大, 则除了 $a \ll \lambda$ 我们还有 $a \ll \delta$. 在这种情况下, 与电极化率相比磁极化率可以忽略不计. 取 (92.2) 式中的电极化率, 我们得到

$$\sigma = \frac{12\pi\omega a^3\varepsilon''}{c[(\varepsilon'+2)^2+\varepsilon''^2]}. \tag{93.3}$$

而如果 $|\varepsilon| \gg 1$, 则吸收中的电部分变小而磁吸收可以成为主要的, 即使仍然有 $\delta \gg a$. 在 $\delta \gg a$ (亦即 $|ka| \ll 1$) 时, 磁极化率为 (见 §92 习题 2))

$$\alpha_m = \frac{(ka)^2}{40\pi} = \frac{a^2\omega^2\varepsilon}{40\pi c^2},$$

而且总吸收截面为

$$\sigma = \frac{12\pi\omega a^3\varepsilon''}{c}\left(\frac{1}{|\varepsilon|^2}+\frac{\omega^2a^2}{90c^2}\right). \tag{93.4}$$

在 ε 进一步增大时, 电吸收部分变得比磁吸收部分小, 在 $\delta \ll a$ (即 $|ka| \gg 1$) 的极限情况下, 我们有

$$\alpha_m = -\frac{3}{8\pi}\left(1-\frac{3\mathrm{i}}{ka}\right) = -\frac{3}{8\pi}\left(1-\frac{3\mathrm{i}c}{\omega a}\zeta\right),$$

其中 $\zeta = 1/\sqrt{\varepsilon}$ 为小球的表面阻抗. 由此得到

$$\sigma = 6\pi a^2\zeta'. \tag{93.5}$$

我们发现, 这个公式可以不使用小球磁极化率 $\alpha_m(\omega)$ 的普遍表达式而通过更直接的途径得到. 在小 ζ 时, 能量耗散 Q 可通过对平均坡印亭矢量在小球表面作面积分算出, 同时小球表面的磁场分布可由均匀磁场中超导 ($\zeta = 0$) 球问题的解 (54.3) 给出.

知道小球的吸收截面后, 可以直接求出它发出的热辐射强度. 按照基尔霍夫定律 (见本教程第五卷 §63), 辐射强度 $\mathrm{d}I$ ($\mathrm{d}\omega$ 频率区间内) 通过 $\sigma(\omega)$ 由公式

$$\mathrm{d}I = 4\pi c\sigma(\omega)e_0(\omega)\mathrm{d}\omega \tag{93.6}$$

表示, 其中

$$e_0(\omega) = \frac{\hbar\omega^3}{4\pi^3c^3(e^{\hbar\omega/T}-1)}$$

为单位体积和单位立体角区间内的黑体辐射谱密度.

§94 劈上的衍射

通常的近似衍射理论 (参见本教程第二卷, §59 ~ §61) 是基于对几何光学的偏离很小这个假设. 因此, 首先假设所有的尺度都比波长大; 这既是指物体 (光屏) 或其上的孔的尺度, 也指由物体到光的发出点和观察点的距离. 其次, 只研究小角衍射, 亦即光沿接近几何暗影边缘方向的分布. 在这些条件下, 构成物体的物质的具体光学性质一般并不重要, 重要的只是光屏不透明这一事实.

如果上述条件不满足, 则衍射问题的解决要求精确求解波动方程, 并考虑物体表面上依赖于其具体性质的相应边界条件. 寻求这样的解在数学上极端困难, 因而只可对较少的一些问题进行. 此时通常要对发生衍射的物体的性质作一定的简化假设: 将它们假设为理想导电体 (因此, 从光学的观点看, 理想反射体).

与此相关我们注意到以下情况. 假设物体表面是 "黑体", 也就是对入射到其上的光是完全吸收的, 对于解衍射问题这可能是很自然的. 然而, 实际上就衍射问题的准确提法而言, 有关物体性质的这种假设存在内部矛盾. 问题在于, 如果构成物体的物质是强吸收的, 则其表面的反射系数不是小量, 相反应是接近 1 (见 §87). 因此, 为了实现反射系数接近为 0 要求物质是弱吸收的, 但这又要求物体具有足够大的厚度 (与波长相比). 在精确的衍射理论中, 物体表面靠近 (在波长量级的距离上) 其边缘的部分不可避免地起主要作用, 而靠近边缘部分的物体厚度在所有情况下都是小的, 因此有关表面是 "黑体" 的假设在此明显是不正确的.

光从由两个相交半平面围成的理想导电劈边缘衍射问题的精确解有重要的理论兴趣 (A. 索末菲, 1894). 完整地叙述这一需要运用特殊技巧的复杂的数学理论超出了本书的范围, 我们这里为了参考的目的仅讲述其最终结果 ①.

我们选取劈的边缘为柱坐标系 r, φ, z 的 z 轴. 劈的前表面 (图 48 中的 OA) 对应于 $\varphi = 0$, 而后表面 (OB) 对应于 $\varphi = \gamma$, 其中 $2\pi - \gamma$ 为劈的张角; 劈外的区域对应于角度 $0 \leqslant \varphi \leqslant \gamma$. 设振幅等于 1 的平面单色波在 $r\varphi$ 平面内以角度 φ_0 入射到劈的前表面上 (由于劈的对称性只研究 $\varphi_0 < \gamma/2$ 的值已足够).

---

① 计算的详细步骤可在 A. 索末菲以及 P. 夫兰克和 R. von 米塞斯的以下书籍中找到: A Sommerfeld, *Optics*, Academic Press, New York, 1954; Frank P, Von Mises R. Die Differential-und Integralgleichungen der mechanik und Physik Part 2, Chapt. XX, Vieweg, Braunschweig, 1937; 另外一种解的方法是由 M. И. 康托洛维奇和 H. H. 列别杰夫给出的, 刊载于 Г. A. 格林伯格的专著中: *Гринберг Г. А.* Избранные вопросы математической теории электрических и магнитных явлений. Изд-во. АН СССР, 1948, гл. XXII.

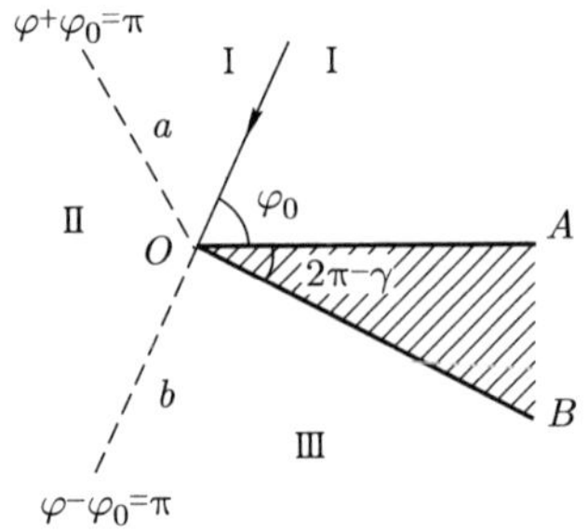

图 48

我们将区分入射波 (从而也有衍射波) 的两种独立偏振情况: 矢量 $\boldsymbol{E}$ 或者矢量 $\boldsymbol{H}$ 平行于劈的边缘 (z 轴). 用字母 u 标记在这些情况下相应的 E_z 或 H_z.

此时全空间的电磁场由公式 (略去各处的时间因子 $e^{-i\omega t}$)

$$u(r,\varphi)=v(r,\varphi-\varphi_0)\mp v(r,\varphi+\varphi_0) \tag{94.1}$$

给出, 式中上面和下面的正负号分别对应于 $\boldsymbol{E}$ 和 $\boldsymbol{H}$ 沿 z 轴的偏振, 而函数 $v(r,\psi)$ 由复积分

$$v(r,\psi)=\frac{1}{2\gamma}\int_C e^{-ikr\cos\zeta}\frac{d\zeta}{1-e^{-i\pi(\zeta+\psi)/\gamma}} \tag{94.2}$$

($k=\omega/c$) 定义. 在 ζ 平面内的积分路径 $C=C_1+C_2$ 由图 49 示出的两个回路组成. 这些回路的终点在 ζ 平面的特定部分 (图 49 中画线部分) 去往无穷远处, 在这些部分 $\mathrm{Im}(\cos\zeta)<0$, 所以因子 $\exp(-ikr\cos\zeta)$ 在无穷远处趋于零.

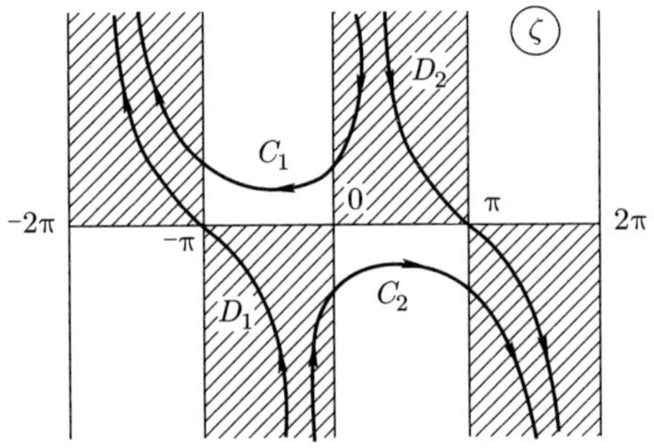

图 49

(94.2) 式中被积函数有极点, 这些极点处于 ζ 平面实轴的 $\zeta=-\psi+2n\gamma$ 点 (n 为整数) 上. 取代路径 C, 可以沿路径 $D=D_1+D_2$ (图 49) 进行积分, 并在积

分中加上被积函数在 $-\pi \leqslant \zeta \leqslant \pi$ 区间的极点 (如果存在的话) 的留数. 将 v 表示为

$$v(r,\psi) = v_0(r,\psi) + v_d(r,\psi) \tag{94.3}$$

的形式, 其中 v_d 为沿路径 D 的积分, 而 v_0 为上述极点产生的留数给出的贡献. 每一个极点在 v_0 中产生等于

$$\exp[-\mathrm{i}kr\cos(\psi - 2n\gamma)]$$

的一项, 该项或描写入射波, 或描写依照几何光学定律由劈的表面反射的波中的一个. 而函数 v_d 则代表波的衍射畸变. 最有意义的是距劈的边缘很大距离 (与波长相比) 处的场. 当 $kr \gg 1$ 时, 渐近公式①

$$v_d(r,\psi) = \frac{\pi}{\gamma\sqrt{2\pi kr}}\mathrm{e}^{\mathrm{i}(kr+\pi/4)}\frac{\sin(\pi^2/\gamma)}{\cos(\pi^2/\gamma) - \cos(\pi\psi/\gamma)} \tag{94.4}$$

适用, 只要角 ψ 满足条件

$$\left(\cos\frac{\pi^2}{\gamma} - \cos\frac{\pi\psi}{\gamma}\right)^2 \gg \frac{1}{kr}. \tag{94.5}$$

函数 v_d 以及与其相关的场

$$u_d(r,\varphi) = v_d(r,\varphi - \varphi_0) \mp v_d(r,\varphi + \varphi_0)$$

对 r 的依赖关系由因子 $\mathrm{e}^{\mathrm{i}kr}/\sqrt{r}$ 给出, 亦即这个场具有犹如从劈边缘辐射出来的柱面波的特征.

写为以上形式的公式 (94.1)—(94.5) 在 γ 和 φ_0 取任何值时都正确. 为确定起见, 我们在角 γ 和 φ_0 角之间存在一关系式 ($\gamma > \pi + \varphi_0$) 的假设下对这些公式进行更详细的讨论. 从几何光学的观点看, 这个关系式将导致两个边界的产生: 全影 (图 48 中的 III 区) 的边界 Ob 和从表面 OA 反射的波的阴影边界 Oa. 在图 48 中 $\varphi_0 < \pi/2$; 假若 $\varphi_0 > \pi/2$, 则 Oa 将位于入射波方向的右边. 当 $\gamma < \pi + \varphi_0$ 时, 全影区一般不存在, 而反射 (一次反射或甚至多次反射) 从劈的两面产生.

在 I, II, III 区函数

$$u_0(r,\varphi) = v_0(r,\varphi - \varphi_0) \mp v_0(r,\varphi + \varphi_0)$$

① 这个渐近展开的后续项是由 W. 泡利给出的, 见 *Pauli W.* Phys. Rev. 1938. V. 54. P. 924.

有以下形式:

$$
\begin{aligned}
&\text{I 区},\ u_0 = \exp[-\mathrm{i}kr\cos(\varphi-\varphi_0)] \mp \exp[-\mathrm{i}kr\cos(\varphi+\varphi_0)],\\
&\text{II 区},\ u_0 = \exp[-\mathrm{i}kr\cos(\varphi-\varphi_0)],\\
&\text{III 区},\ u_0 = 0.
\end{aligned}
\tag{94.6}
$$

这些在 $kr\to\infty$ 时不为零的表达式描写了未被衍射畸变的入射波 (在 II 区) 或入射波和反射波 (在 I 区) 的集合. 场的衍射畸变由公式 (94.4) 给出, 但在 ψ 值过于接近 π 时, 条件 (94.5) 遭到破坏 (当差值 $|\psi-\pi|$ 不再比 $1/\sqrt{kr}$ 大时).

$\psi=\pi$ 对应于阴影的几何边界. 当 $\psi=\varphi-\varphi_0$ 时对应的是全阴影边界, 而当 $\psi=\varphi+\varphi_0$ 时对应反射波阴影的边界. 在这些值的紧邻需要采用另一个渐近表达式, 其适用性只要求满足不等式 $|\psi-\pi|\ll 1$. 这个条件和 $kr\gg 1$ 的条件一起正好保证了通常的菲涅耳衍射近似理论的适用性. 与此相应, 在全影区边界 Ob 附近得到以下渐近表达式:

$$
\begin{aligned}
u(r,\varphi) &= \exp[-\mathrm{i}kr\cos(\varphi-\varphi_0)]\frac{1-\mathrm{i}}{\sqrt{2\pi}}\int_{-\infty}^{w}\mathrm{e}^{\mathrm{i}\eta^2}\mathrm{d}\eta,\\
w &= -(\varphi-\varphi_0-\pi)\sqrt{kr/2}.
\end{aligned}
\tag{94.7}
$$

类似地, 在反射波阴影边界 Oa 附近, 有

$$
\begin{aligned}
u(r,\varphi) = {} & \exp[-\mathrm{i}kr\cos(\varphi-\varphi_0)] + {}\\
& \exp[-\mathrm{i}kr\cos(\varphi+\varphi_0)]\frac{1-\mathrm{i}}{\sqrt{2\pi}}\int_{-\infty}^{w}\mathrm{e}^{\mathrm{i}\eta^2}\mathrm{d}\eta,\\
w = {} & -(\varphi+\varphi_0-\pi)\sqrt{kr/2}.
\end{aligned}
\tag{94.8}
$$

在这一近似下, 衍射花样与波的偏振方向及劈的张角无关.

公式 (94.4) 和公式 (94.7)—(94.8) 的适用区部分重叠. 例如, 在全影边界附近公共适用区由不等式

$$
1\gg|\varphi-\varphi_0-\pi|\gg\frac{1}{\sqrt{kr}}
$$

给出, 而且在其中

$$
u(r,\varphi) = u_0(r,\varphi) + \frac{\mathrm{e}^{\mathrm{i}(kr+\pi/4)}}{\sqrt{2\pi kr}}\frac{1}{\varphi-\varphi_0-\pi}
\tag{94.9}
$$

(u_0 由 (94.6) 式给出). 这个表达式是借助菲涅耳积分在大 $|w|$ 时的已知渐近

公式

$$\int_{-\infty}^{w} e^{i\eta^2} d\eta = (1+i)\sqrt{\frac{\pi}{2}} + \frac{1}{2iw} e^{iw^2} \ (当\ w > 0\ 时),$$
$$\int_{-\infty}^{w} e^{i\eta^2} d\eta = \frac{1}{2iw} e^{iw^2} \ (当\ w < 0\ 时)$$

从 (94.7) 式得到的.

§95　平面屏上的衍射

在半平面衍射的特殊情况下 (对应于 $\gamma = 2\pi$), 劈上衍射的精确公式 (94.2) 可以化为较简单的形式. 确切地说, (94.2) 式中的复变积分可以约化为菲涅耳积分:

$$v(r,\psi) = \frac{1}{\sqrt{\pi}} e^{-i(kr\cos\psi + \pi/4)} \int_{-\infty}^{w} e^{i\eta^2} d\eta,$$
$$w = \sqrt{2kr}\cos\frac{\psi}{2}. \tag{95.1}$$

这个公式对于任何 r 和 ψ 值都适用. 当 $kr \gg 1$ 以及角 $|\psi - \pi| \gg 1/\sqrt{kr}$ 时, 合适的渐近表达式是

$$v_d(r,\psi) = -e^{i(kr+\pi/4)} \frac{1}{2\sqrt{2\pi kr}\cos(\psi/2)} \tag{95.2}$$

($\gamma = 2\pi$ 时的公式 (94.4)).

借助公式 (95.2) 可以得到任意形状的平面理想导电屏上衍射问题的封闭形式的解. 这时只需假设屏的尺度及到达屏的距离远大于波长, 以及衍射角不是太小 (而且这个角度范围与通常的菲涅耳衍射公式适用的小角度区重叠). 结果以沿屏边缘的廓线积分的形式表示, 类似于在通常的近似理论中以遮盖屏上小孔的表面积分表示衍射场. 我们不在此详细讨论这些计算.

在平面理想导电屏的精确衍射理论中, 可以得出一个定理 (首先由 Л. И. 曼德尔施塔姆和 M. A. 列昂托维奇提出), 在已知意义上, 这个定理与近似衍射理论中的巴比涅定理相似.

我们来研究带有任意形状孔的平面屏; 选屏平面为 $z = 0$ 的平面, 并设电磁波从 $z < 0$ 一侧入射. 设 $\boldsymbol{E}_0, \boldsymbol{H}_0$ 为入射波和从屏反射的波 (就像屏上无孔那样) 的总的电场和磁场. 我们假定场延续到屏的另一侧 ($z > 0$). 因为在 $z = 0$ 时 $H_z = 0, \boldsymbol{E}_t = 0$ (由于理想导电表面上边界条件), 则 $\boldsymbol{E}_0, \boldsymbol{H}_0$ 在 $z > 0$

和 $z<0$ 时的值由关系式

$$
\begin{aligned}
&E_{0z}(x,y,z)=E_{0z}(x,y,-z), \quad \boldsymbol{E}_{0t}(x,y,z)=-\boldsymbol{E}_{0t}(x,y,-z),\\
&H_{0z}(x,y,z)=-H_{0z}(x,y,-z), \quad \boldsymbol{H}_{0t}(x,y,z)=\boldsymbol{H}_{0t}(x,y,-z)
\end{aligned} \tag{95.3}
$$

相联系.

其次, 假设 $\boldsymbol{E}',\boldsymbol{H}'$ 为在 $\boldsymbol{E}_0,\boldsymbol{H}_0$ 场内放置了一个形状、大小和位置都与屏上小孔相同并具有磁导率 $\mu=\infty$ 的平板后得到的场. 此时屏上小孔衍射问题的解由下列表达式给出

$$
\begin{aligned}
&\boldsymbol{E}=\frac{1}{2}(\boldsymbol{E}_0+\boldsymbol{E}'), \quad \boldsymbol{H}=\frac{1}{2}(\boldsymbol{H}_0+\boldsymbol{H}')(z<0\ \text{时}),\\
&\boldsymbol{E}=\frac{1}{2}(\boldsymbol{E}_0-\boldsymbol{E}'), \quad \boldsymbol{H}=\frac{1}{2}(\boldsymbol{H}_0-\boldsymbol{H}')\ (z>0\ \text{时})
\end{aligned} \tag{95.4}
$$

为了证明此一论断, 我们注意到场 $\boldsymbol{E}',\boldsymbol{H}'$ 具有与场 $\boldsymbol{E}_0,\boldsymbol{H}_0$ 同样的对称性 ((95.3) 式表示出来的). 所以在 $z=0$ 平面上, 这些场满足条件

$$
\begin{aligned}
&\boldsymbol{E}'_t=0, \quad H'_z=0\ (\text{在小孔外})\\
&\boldsymbol{E}'_{t1}=-\boldsymbol{E}'_{t2}, \quad H'_{z1}=-H'_{z2}\ (\text{在小孔上})
\end{aligned}
$$

(下标 1, 2 分别对应于 $z\to\pm0$). 除此之外, 它们也满足条件

$$
E'_z=0, \quad \boldsymbol{H}'_t=0\ (\text{在小孔上}),
$$

因为在 $\mu=\infty$ 的物体表面的边界条件与理想导电 ($\varepsilon=\infty$) 表面的边界条件倒易 (在 $\boldsymbol{E},\boldsymbol{H}$ 互换的意义上). 由此可知, 场 (95.4) 满足孔外屏平面 ($z\to-0$) 的必要条件 $\boldsymbol{E}_t=0, H_z=0$ 和在孔上连续. 最后, 由于场 $\boldsymbol{E}',\boldsymbol{H}'$ 在无穷远处趋于 $\boldsymbol{E}_0,\boldsymbol{H}_0$, 故 (95.4) 式在 $z\to-\infty$ 时趋于 $\boldsymbol{E}_0,\boldsymbol{H}_0$, 而当 $z\to+\infty$ 时趋于零. 因此它们满足衍射问题提出的所有条件, 从而定理得证.

如此一来, 具有 $\varepsilon=\infty$ 的屏内小孔上衍射的问题等价于 $\mu=\infty$ 的互补屏上的衍射问题.

习 题

1. 平面单色波正入射到在理想导电屏上切开的宽度为 $2a$ 的缝上, 缝宽远大于波长. 试确定狭缝后远距离处大角度衍射的光分布强度.

解: 当 $a\gg\lambda$ 时, 狭缝后的衍射场可以看作是狭缝的两个边缘的独立衍射产生的场的叠加, 并可利用渐近公式 (95.2) 确定 ①. 当从狭缝边缘到观察点

① 然而, 当衍射角充分接近 $\pi/2$ (即 $\pi/2-\chi\lesssim1/\sqrt{ka}$ 时), 这个假设变得不再适用.

的距离 $AP=r_1$ 和 $BP=r_2$ (图 50) 比 a 大得多时, 在因子 e^{ikr_1} 和 e^{ikr_2} 中我们写出:

$$r_1 = r - a\sin\chi, \quad r_2 = r_1 + a\sin\chi;$$

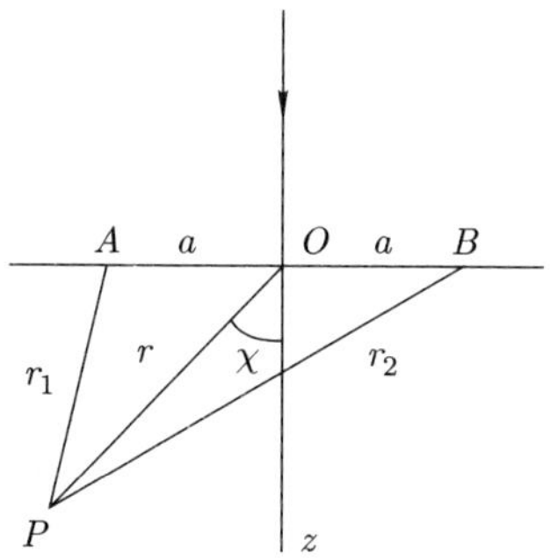

图 50

在其他所有地方, 我们都假设 $r_1 \approx r_2 \approx r$, 而 AP, OP, BP 和 z 轴之间的夹角, 则假设都等于同一个衍射角 χ.

结果我们得到

$$u = \frac{e^{i(kr+\pi/4)}}{\sqrt{2\pi kr}}\left[\frac{\sin(ka\sin\chi)}{\sin(\chi/2)} \pm i\frac{\cos(ka\sin\chi)}{\cos(\chi/2)}\right].$$

由此衍射到 $d\chi$ 角度间隔的光强 (相对于入射到狭缝的光的总强度) 为:

$$\begin{aligned} dI &= \frac{1}{4\pi ak}\left\{\left[\frac{\sin(ak\sin\chi)}{\sin(\chi/2)}\right]^2 + \left[\frac{\cos(ak\sin\chi)}{\cos(\chi/2)}\right]^2\right\}d\chi \\ &= \frac{ak}{\pi}\left\{\left[\frac{\sin(ak\sin\chi)}{ak\sin\chi}\right]^2\cos\chi + \left[2ak\cos\frac{\chi}{2}\right]^{-2}\right\}d\chi. \end{aligned}$$

在 χ 角小时这个表达式转化为狭缝上的夫琅禾费衍射公式

$$dI = \frac{1}{\pi ak}\frac{\sin^2(ak\chi)}{\chi^2}d\chi.$$

2. 平面波入射到带有圆孔的理想导电平面上, 孔的半径 a 小于波长. 试确定通过圆孔的衍射光强度 (瑞利, 1897).

解: 按照正文所述, 这个问题可化为在 $\mu=\infty$ 的圆盘上的衍射问题, 而由于 $a \ll \lambda$, 我们要处理的是小粒子上的散射. 按照 §92, 要解决这样的散射问题, 必须求出圆盘的静电极化率和静磁极化率. 场 $\boldsymbol{E}_0$ 垂直于圆盘平面, 而边界条件 $E'_z=0$ 形式上与在 $\varepsilon=0$ 的物体表面上的静电学中出现的条件相同. 而

场 $\boldsymbol{H}_0$ 平行于圆盘, 边界条件 $\boldsymbol{H}_t'=0$ 对应于 $\mu=\infty$ 的静磁学问题. 所以, 圆盘的电矩和磁矩分别为 (参见 §4 的习题 4 和 §54 的习题):

$$\mathscr{P}=-\frac{2a^3}{3\pi}\boldsymbol{E}_0,\quad \mathscr{M}=\frac{4a^3}{3\pi}\boldsymbol{H}_0.$$

在转化为小孔衍射问题时, 为与公式 (95.5) 一致, 这些表达式必须乘以 1/2, 然后代入散射公式 (92.1).

因此, 在立体角 do 内的衍射光强度为 ①

$$\begin{aligned}\mathrm{d}I&=\frac{c}{4\pi}\frac{\omega^4a^6}{9\pi^2c^4}\{\boldsymbol{n}\times\boldsymbol{E}_0-2\boldsymbol{n}\times(\boldsymbol{H}_0\times\boldsymbol{n})\}^2\mathrm{d}o\\&=\frac{c}{4\pi}\frac{\omega^4a^6}{9\pi^2c^4}\{(\boldsymbol{n}\times\boldsymbol{E}_0)^2+4(\boldsymbol{n}\times\boldsymbol{H}_0)^2+4\boldsymbol{n}\cdot\boldsymbol{H}_0\times\boldsymbol{E}_0\}\mathrm{d}o\end{aligned}$$

总衍射强度由对半球积分得到并等于

$$I=\frac{\omega^4a^6}{27\pi^2c^3}(E_0^2+4H_0^2).$$

衍射截面可定义为衍射光强度与入射波能流密度 ($cE^2/(4\pi)$, 无下标的字母表示入射波场) 之比. 我们把入射波的偏振分为两种情况:

(a) 入射波矢 $\boldsymbol{E}$ 垂直于入射面 (xz 平面), 亦即平行于屏平面 (xy 平面). 入射波场和反射波场在屏表面之和为

$$E_0=0,\quad H_{0x}=2H\cos\alpha=2E\cos\alpha$$

(α 为入射角). 由此

$$\mathrm{d}\sigma=\frac{16a^6\omega^4}{9\pi^2c^4}\cos^2\alpha(1-\sin^2\vartheta\cos^2\varphi)\mathrm{d}o.$$

其中 ϑ 为衍射方向 $\boldsymbol{n}$ 与屏的法线 (z 轴) 之间的夹角, 而 φ 为矢量 $\boldsymbol{n}$ 相对于入射面的方位角. 总截面为

$$\sigma=\frac{64a^6\omega^4}{27\pi c^4}\cos^2\alpha.$$

(b) 矢量 $\boldsymbol{E}$ 位于入射面内. 此时

$$E_0=E_{0z}=-2E\sin\alpha,\quad H_0=H_{0y}=2H=2E.$$

微分截面为

$$\mathrm{d}\sigma=\frac{16a^6\omega^4}{9\pi^2c^4}\left\{\cos^2\vartheta+\sin^2\vartheta\left(\cos^2\varphi+\frac{1}{4}\sin^2\alpha\right)-\sin\vartheta\sin\alpha\cos\varphi\right\}\mathrm{d}o,$$

① 我们假定略去因子 $\mathrm{e}^{-\mathrm{i}\omega t}$, 故而 $\boldsymbol{E}$ 和 $\boldsymbol{H}$ 均为实数.

总截面为

$$\sigma = \frac{64a^6\omega^4}{27\pi c^4}\left(1 + \frac{1}{4}\sin^2\alpha\right).$$

对于自然光, 我们有

$$\sigma = \frac{64a^6\omega^4}{27\pi c^4}\left(1 - \frac{3}{8}\sin^2\alpha\right).$$

第十一章 各向异性介质内的电磁波

§96 晶体的介电常量

相对于电磁波, 各向异性介质的性质决定于张量 $\varepsilon_{ik}(\omega)$ 和 $\mu_{ik}(\omega)$, 这两个张量确立了感应强度和场强度之间的关系为 ①

$$D_i = \varepsilon_{ik}(\omega)E_k, \quad B_i = \mu_{ik}(\omega)H_k. \tag{96.1}$$

下面为明确起见, 我们只研究电场和张量 ε_{ik}; 但得到的全部结果也完全适用于张量 μ_{ik}.

当 $\omega \to 0$ 时, ε_{ik} 取其静态值, 在 §13 内已证明, 它们对下角标 i 和 k 是对称的. 这种证明纯粹是热力学性质的, 因而只适用于热力学平衡态. 在交变场内, 物质状态当然不是平衡态, 因而上述证明不适用. 为了阐明张量 ε_{ik} 的性质, 我们现在必须应用广义的动理学系数对称性原理 (参见本教程第五卷 §125).

我们提醒读者, 这个原理表述中出现的广义响应率 $\alpha_{ab}(\omega)$ 取决于系统对形如

$$\hat{V} = -\hat{x}_a f_a(t)$$

的扰动的响应 (其中 x_a 为表征系统的一系列量), 并表示为平均值 $\overline{x}_a(t)$ 的傅里叶分量与广义力 $f_a(t)$ 之间线性关系的系数:

$$\overline{x}_{a\omega} = \alpha_{ab}(\omega) f_{b\omega}.$$

① 记住这里讨论的所有量指的都是波内交变场的量; 在压电或铁磁晶体中可能存在的恒定感应强度与这里所讨论的问题无关.

在扰动影响下系统能量随时间的变化由公式

$$\dot{\mathscr{U}} = -\dot{f}_a \overline{x}_a$$

表示. 如果系统没有处于外磁场中且不具有磁结构, 根据对称性原理,

$$\alpha_{ab}(\omega) = \alpha_{ba}(\omega);$$

在相反的情况下应当取 "时间反演了的" 系统的 $\alpha_{ab}(\omega)$.

容易将张量 $\varepsilon_{ik}(\omega)$ 的分量与广义响应率联系起来. 为此, 我们注意到, 交变电场内介电体的能量变化率由下列积分给出:

$$\int \frac{1}{4\pi} \boldsymbol{E} \cdot \frac{\partial \boldsymbol{D}}{\partial t} \mathrm{d}V. \tag{96.2}$$

与前面写出的公式比较, 我们将看到, 如果选择物体每一点处的矢量 $\boldsymbol{E}$ 的分量为量 $\overline{x}_a$, 则相应的量 f_a 将是矢量 $\boldsymbol{D}$ 的分量 (下角标 a 取一系列的连续值, 标记矢量的分量和物体上的点). 这时系数 α_{ab} 的角色由张量 ε_{ik}^{-1} 的分量扮演, 但逆张量 (ε_{ik}^{-1}) 和正张量 (ε_{ik}) 的对称性质当然是相同的. 由于在积分 (96.2) 中只有同一点处的 $\boldsymbol{E}$ 值和 $\boldsymbol{D}$ 值相乘, 下角标 a 和 b 的置换实际上归结为只是张量下角标的置换. 因此, 我们得到张量 ε_{ik} 是对称张量的结论 ①:

$$\varepsilon_{ik}(\omega) = \varepsilon_{ki}(\omega). \tag{96.3}$$

我们注意到, 在广义响应率定义下还包括整个物体的极化率张量的分量, 也即是等式

$$\mathscr{P}_i = V\alpha_{ik}\mathfrak{C}_k$$

中的系数. 实际上, 置于外交变场 $\mathfrak{C}$ 内的物体的能量变化由公式

$$-\mathscr{P} \cdot \frac{\mathrm{d}\mathfrak{C}}{\mathrm{d}t} \tag{96.4}$$

给出. 由此可见, 若量 x_a 是张量 $\mathscr{P}$ 的三个分量, 则相应的量 f_a 为矢量 $\mathfrak{C}$ 的分量, 于是系数 α_{ab} 和 $V\alpha_{ik}$ 相同.

以前对于各向同性介质所得到的一系列公式可直接推广到各向异性情况. 重复 §80 内的推导过程, 我们得到单色电磁场中能量耗散由下式给出:

$$Q = \frac{\mathrm{i}\omega}{16\pi}\{(\varepsilon_{ik}^* - \varepsilon_{ki})E_i E_k^* + (\mu_{ik}^* - \mu_{ki})H_i H_k^*\}, \tag{96.5}$$

这与公式 (80.5) 类似. 不存在吸收的条件是 $\varepsilon_{ik}^* = \varepsilon_{ki} = \varepsilon_{ik}$, 也即是所有的 ε_{ik} 必须为实数 (对于 μ_{ik} 也同样).

① 存在外磁场时的张量 ε_{ik} 的性质, 将在 §101 中研究.

当吸收不存在时, 如在 §80 中所指出的, 可以求出物体单位体积的电磁内能. 对各向异性介质, 电磁内能由类似于 (80.11) 式的公式

$$\overline{U}=\frac{1}{16\pi}\left\{\frac{\mathrm{d}}{\mathrm{d}\omega}(\omega\varepsilon_{ik})E_iE_k^*+\frac{\mathrm{d}}{\mathrm{d}\omega}(\omega\mu_{ik})H_iH_k^*\right\} \tag{96.6}$$

给出.

在 §87 中曾引进了 "表面阻抗" ζ 这一概念, 即使当介电常量的概念失去意义时, 利用它仍可以表述出金属面上的边界条件. 在各向异性物体表面上, 类似于 (87.6) 式的边界条件必须写成

$$E_\alpha=\zeta_{\alpha\beta}(\boldsymbol{H}\times\boldsymbol{n})_\beta \tag{96.7}$$

的形式, 式中 $\zeta_{ab}(\omega)$ 为物体表面上的二维张量. 应该注意到, 这个张量的数值, 一般而言, 也与晶面的晶体学取向有关.

流入物体内部的能流为

$$\frac{c}{4\pi}\boldsymbol{E}\times\boldsymbol{H}\cdot\boldsymbol{n}=\frac{c}{4\pi}\boldsymbol{E}\cdot\boldsymbol{H}\times\boldsymbol{n}\equiv\frac{c}{4\pi}E_\alpha(\boldsymbol{H}\times\boldsymbol{n})_\alpha$$

(式中 $\boldsymbol{E}$ 和 $\boldsymbol{H}$ 为实数). 由此可见, 若在应用动理学系数对称性原理时选择分量 E_α 为量 x_a, 则相应的量 $\dot{f}_a$ 将是 $-(\boldsymbol{H}\times\boldsymbol{n})_\alpha$, 也即是量 f_a 将是 $-(\mathrm{i}/\omega)(\boldsymbol{H}\times\boldsymbol{n})_\alpha$ (回到复数表示). 因此, 准确到一个乘数因子, 系数 α_{ab} 和分量 $\zeta_{\alpha\beta}$ 相同, 于是我们得到的结论为

$$\zeta_{\alpha\beta}=\zeta_{\beta\alpha} \tag{96.8}$$

(不存在外磁场时).

习　　题

假设物体是非磁性的 ($\mu_{ik}=\delta_{ik}$), 试用张量 $\eta_{\alpha\beta}\equiv\varepsilon_{\alpha\beta}^{-1}$ 的分量来表示张量 $\zeta_{\alpha\beta}$ 的分量 (假定前者存在).

解: 在各向异性介质内, 将等式 (87.2) $\zeta^2=1/\varepsilon$ 用下式代替:

$$\zeta_{\alpha\gamma}\zeta_{\gamma\beta}=\eta_{\alpha\beta}.$$

写成分量形式:

$$\zeta_{11}^2+\zeta_{12}\zeta_{21}=\eta_{11},\quad \zeta_{22}^2+\zeta_{12}\zeta_{21}=\eta_{22},$$
$$\zeta_{12}(\zeta_{11}+\zeta_{22})=\eta_{12},\quad \zeta_{21}(\zeta_{11}+\zeta_{22})=\eta_{21}.$$

这些方程的解为

$$\zeta_{12} = \eta_{12}/\xi, \quad \zeta_{21} = \eta_{21}/\xi,$$
$$\zeta_{11} = \frac{1}{\xi}[\eta_{11} \pm \sqrt{\eta_{11}\eta_{22} - \eta_{12}\eta_{21}}], \quad \zeta_{22} = \frac{1}{\xi}[\eta_{22} \pm \sqrt{\eta_{11}\eta_{22} - \eta_{12}\eta_{21}}]$$
$$(\xi^2 = \eta_{11} + \eta_{22} \pm 2\sqrt{\eta_{11}\eta_{22} - \eta_{12}\eta_{21}}).$$

正负号的选择取决于能量的吸收必须为正的条件. 我们没有假定 $\zeta_{12} = \zeta_{21}$, 故而结果也适用于有外磁场存在的情况.

§97 各向异性介质内的平面波

研究各向异性物体——晶体的光学时, 我们只限于研究一种最重要情况, 即在给定的频率范围内, 可以认为介质是非磁性的和透明的. 与此对应, 电场和磁场的强度与感应强度之间的关系由等式

$$D_i = \varepsilon_{ik} E_k, \quad \boldsymbol{B} = \boldsymbol{H} \tag{97.1}$$

给出, 同时介电张量 ε_{ik} 的全部分量都是实数, 而张量的主值为正.

单色波场的麦克斯韦方程为

$$\mathrm{i}\omega \boldsymbol{H} = c \operatorname{rot} \boldsymbol{E}, \quad \mathrm{i}\omega \boldsymbol{D} = -c \operatorname{rot} \boldsymbol{H}. \tag{97.2}$$

在透明介质内传播的平面波内, 全部量都与 $\mathrm{e}^{\mathrm{i}\boldsymbol{k}\boldsymbol{r}}$ 成正比, $\boldsymbol{k}$ 为实波矢. 对坐标求微商后, 我们得到

$$\omega \boldsymbol{H}/c = \boldsymbol{k} \times \boldsymbol{E}, \quad \omega \boldsymbol{D}/c = -\boldsymbol{k} \times \boldsymbol{H}. \tag{97.3}$$

由此我们首先看出, 三个矢量 $\boldsymbol{k}$, $\boldsymbol{D}$ 和 $\boldsymbol{H}$ 是相互垂直的. 此外, 矢量 $\boldsymbol{H}$ 与矢量 $\boldsymbol{E}$ 垂直. 因为矢量 $\boldsymbol{H}$ 同时与三个矢量 $\boldsymbol{D}$, $\boldsymbol{E}$, $\boldsymbol{k}$ 垂直, 后三个矢量都在一个平面内. 图 51 示出所有矢量的相互位置. 相对于波矢方向, $\boldsymbol{D}$ 和 $\boldsymbol{H}$ 是横向的, 但 $\boldsymbol{E}$ 不是. 图 51 也示出了波内的能量流 $\boldsymbol{S}$ 的方向. 它决定于矢积 $(\boldsymbol{E} \times \boldsymbol{H})$, 也即是它垂直于 $\boldsymbol{E}$ 和 $\boldsymbol{H}$. 与各向同性介质内的波不同, 这里能流的方向与波矢量方向不相同. 显然, 矢量 $\boldsymbol{S}$ 与矢量 $\boldsymbol{E}$, $\boldsymbol{D}$, $\boldsymbol{k}$ 共面, $\boldsymbol{S}$ 和 $\boldsymbol{k}$ 间的夹角等于 $\boldsymbol{E}$ 和 $\boldsymbol{D}$ 间的夹角.

我们从矢量 $\boldsymbol{k}$ 的绝对值中分出因子 $\dfrac{\omega}{c}$, 并写为

$$\boldsymbol{k} = \frac{\omega}{c}\boldsymbol{n}. \tag{97.4}$$

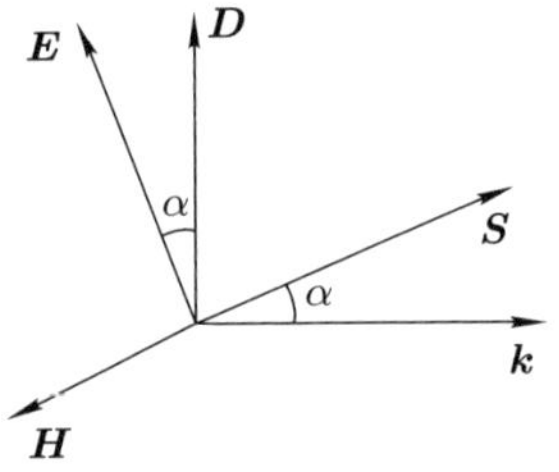

图 51

在各向异性介质内, 这样定义的矢量 $\boldsymbol{n}$ 的大小与它的方向有关, 这与各向同性介质中 $n=\sqrt{\varepsilon}$ 只依赖于频率不同[①]. 借助于 (97.4) 的标记符号, 基本公式 (97.3) 可以写为

$$\boldsymbol{H}=\boldsymbol{n}\times\boldsymbol{E},\quad \boldsymbol{D}=-\boldsymbol{n}\times\boldsymbol{H}. \tag{97.5}$$

我们也写出平面波内能流矢量的表达式:

$$S=\frac{c}{4\pi}\boldsymbol{E}\times\boldsymbol{H}=\frac{c}{4\pi}[\boldsymbol{n}E^2-\boldsymbol{E}(\boldsymbol{E}\cdot\boldsymbol{n})] \tag{97.6}$$

(式中 $\boldsymbol{E}$ 和 $\boldsymbol{H}$ 均为实矢量).

到此为止, 我们还未利用含有表征物质性质的常量 ε_{ik} 的关系式 (97.1), 将这个关系式与 (97.5) 式联合利用, 可以求出函数 $\omega(\boldsymbol{k})$.

将 (97.5) 式的第一式代入第二式, 我们得到

$$\boldsymbol{D}=\boldsymbol{n}\times(\boldsymbol{E}\times\boldsymbol{n})=n^2\boldsymbol{E}-\boldsymbol{n}(\boldsymbol{n}\cdot\boldsymbol{E}). \tag{97.7}$$

如果根据 (97.1) 式令这个矢量的分量等于表达式 $\varepsilon_{ik}E_k$, 则得到矢量 $\boldsymbol{E}$ 三个分量的三个线性齐次方程:

$$n^2E_i-n_in_kE_k=\varepsilon_{ik}E_k,$$

或者

$$(n^2\delta_{ik}-n_in_k-\varepsilon_{ik})E_k=0. \tag{97.8}$$

这些方程的相容性条件要求它们的系数行列式为零:

$$\det|n^2\delta_{ik}-n_in_k-\varepsilon_{ik}|=0. \tag{97.9}$$

利用张量 ε_{ik} 的主轴 (因此称为**主介电轴**) 作为笛卡儿坐标轴 x, y, z, 这个行列式就可以方便地实际计算出来. 张量的主值分别用 $\varepsilon^{(x)},\varepsilon^{(y)},\varepsilon^{(z)}$ 标记.

① 量 n 在这里仍称为 “折射率”, 虽然它现在不具有各向同性物体中那种与折射定律的简单关系.

由简单计算得到下列方程:

$$n^2(\varepsilon^{(x)}n_x^2+\varepsilon^{(y)}n_y^2+\varepsilon^{(z)}n_z^2)-[n_x^2\varepsilon^{(x)}(\varepsilon^{(y)}+\varepsilon^{(z)})+n_y^2\varepsilon^{(y)}(\varepsilon^{(x)}+\varepsilon^{(z)})+ n_z^2\varepsilon^{(z)}(\varepsilon^{(x)}+\varepsilon^{(y)})]+\varepsilon^{(x)}\varepsilon^{(y)}\varepsilon^{(z)}=0. \tag{97.10}$$

我们注意到高次项 (n_i 的六次项) 在行列式展开后相互消去; 这种情况当然不是偶然的, 这归根到底是因为波只有两个而不是三个独立偏振方向.

方程 (97.10) 称为**菲涅耳方程**, 是晶体光学的基本方程之一①. 它非显式地确定色散关系, 也即是频率与波矢之间的函数关系 ($\varepsilon^{(i)}$ 的主值是频率的函数, 而在某些情况下 (参见 §99), 张量 ε_{ik} 的主轴方向也是如此). 但是通常在研究单色波时, 频率以及全部 $\varepsilon^{(i)}$ 都是给定的常数值, 于是方程 (97.10) 给出波矢量的大小为其方向的函数. 当 $\boldsymbol{n}$ 方向给定时, (97.10) 式为 n^2 的二次方程, 其系数为实数. 因此在一般情况下, 对应于 $\boldsymbol{n}$ 的每一个方向, 波矢量有两个不同的大小.

系数 $\varepsilon^{(i)}$ 为常数时, (97.10) 式在 n_x, n_y, n_z 坐标系内确定一个表面——"**波矢面**"②. 在一般情况下这是一个四次曲面, 我们将在下一节内进行详细研究. 这里我们只是指出它的一些重要的一般性质.

我们首先再引入表征在各向异性介质内传播的光的一个量. 几何光学中光线方向由群速度矢量 $\partial\omega/\partial\boldsymbol{k}$ 决定. 在各向同性介质内, 这个矢量的方向永远和波矢方向重合; 但在各向异性介质内, 一般说来并不重合. 为了表征光线, 我们引入矢量 $\boldsymbol{s}$, 它的方向和群速度方向相同, 但其大小由下面的等式给出:

$$\boldsymbol{n}\cdot\boldsymbol{s}=1. \tag{97.11}$$

我们称 $\boldsymbol{s}$ 为**射线矢量**. 这个量的意义说明如下.

我们来研究从某一中心向各方向传播的光线束 (具有相同频率). 在光线每一点处, 程函 ψ (准确到因子 ω/c, 它与波的相位相同, 参见 §85) 的值由沿光线所取积分 $\int\boldsymbol{n}\cdot\mathrm{d}\boldsymbol{l}$ 给出. 引入确定光线方向的矢量 $\boldsymbol{s}$ 后, 我们将之写为

$$\psi=\int\boldsymbol{n}\cdot\mathrm{d}\boldsymbol{l}=\int\frac{\boldsymbol{n}\cdot\boldsymbol{s}}{s}\mathrm{d}l=\int\frac{\mathrm{d}l}{s}. \tag{97.12}$$

在均匀介质中 $\boldsymbol{s}$ 沿光线为常量, 因此 $\psi=L/s$, 其中 L 为给定光线段落的长度. 由此看出, 如果从光束中心沿每一半径取一线段等于 s (或与 s 成正比), 则我

① 远在电磁理论建立之前, 早在 19 世纪 20 年代, 菲涅耳就从力学类比出发奠定了晶体光学的基础.

② 文献中使用的另一种图示 "**法线面**" (或 "**指标面**") 是通过沿每一方向取线段 $1/n$ (而不是 n) 得到的, 它用起来不太方便.

们得到一个表面, 在这个表面的每一点上, 光线有相同的相位. 这个面称为**射线面**.

这样引入的波矢面和射线面构成一种确定的对偶关系. 我们把波矢面方程写为 $f(\omega,\boldsymbol{k})=0$. 于是群速度矢量为

$$\frac{\partial\omega}{\partial\boldsymbol{k}}=-\frac{\partial f}{\partial\boldsymbol{k}}\Big/\frac{\partial f}{\partial\omega},\tag{97.13}$$

也即是与矢量 $\partial f/\partial\boldsymbol{k}$ 成正比, 或者同样地与矢量 $\partial f/\partial\boldsymbol{n}$ 成正比 (因为取导数时设 ω 为常数). 因此射线矢量也与 $\dfrac{\partial f}{\partial\boldsymbol{n}}$ 成正比. 但矢量 $\dfrac{\partial f}{\partial\boldsymbol{n}}$ 垂直于表面 $f=0$. 由此可见, 我们得到结果为: $\boldsymbol{n}$ 为给定值的波的射线矢量方向为波矢面上相应点处的法线方向.

容易看出, 倒过来的说法也是正确的: 射线面的法线方向也给出相应波矢量的方向. 实际上, $\boldsymbol{s}$ 与波矢面垂直可用下列关系表示:

$$\boldsymbol{s}\cdot\delta\boldsymbol{n}=0,$$

式中 $\delta\boldsymbol{n}$ 为 $\boldsymbol{n}$ 的无穷小变化 (保持 ω 给定), 也即是波矢面的无穷小位移矢量. 然而, 对等式 $\boldsymbol{n}\cdot\boldsymbol{s}=1$ 求微分 (仍保持 ω 给定), 我们得到 $\boldsymbol{n}\cdot\delta\boldsymbol{s}+\boldsymbol{s}\cdot\delta\boldsymbol{n}=0$, 由此看出

$$\boldsymbol{n}\cdot\delta\boldsymbol{s}=0,$$

因此证明了上述说法.

上述的 $\boldsymbol{n}$ 表面与 $\boldsymbol{s}$ 表面间的关系, 还可以进一步精确化. 设 $\boldsymbol{n}_0$ 为波矢面任一点的径矢, 而 $\boldsymbol{s}_0$ 为与它对应的射线矢量. 我们写出 (用坐标 n_x,n_y,n_z 表示的) 这一点处的切平面的方程为

$$\boldsymbol{s}_0\cdot(\boldsymbol{n}-\boldsymbol{n}_0)=0,$$

这表明 $\boldsymbol{s}_0$ 与这一平面上任一矢量 $\boldsymbol{n}-\boldsymbol{n}_0$ 垂直. 因为 $\boldsymbol{s}_0$ 和 $\boldsymbol{n}_0$ 的关系为 $\boldsymbol{s}_0\cdot\boldsymbol{n}_0=1$, 因而这个方程可以写为

$$\boldsymbol{s}_0\cdot\boldsymbol{n}=1.\tag{97.14}$$

由此看出, $1/s_0$ 是从坐标原点至波矢面 $\boldsymbol{n}_0$ 点的切平面的垂直线的长度.

反过来, 如果在射线面某一点 $\boldsymbol{s}_0$ 处作一切平面, 则从坐标原点至这切平面的垂直线的长度等于 $1/n_0$.

我们来阐明射线矢量相对于波内场强矢量的位置. 为此我们注意到, 群速度方向总是和时间平均能流矢量方向相同. 实际上, 我们来观察处在空间某一小区域内的波包. 显然, 当波包移动时, 集中在波包内的能量必须与波包一起

移动, 这就表明能流方向与波包速度方向亦即群速度方向一致. 也可以直接从 (97.5) 证明, 群速度方向与坡印亭矢量方向相同. 在保持 ω 不变的条件下对公式 (97.5) 求微分, 我们得到

$$\delta\boldsymbol{D} = \delta\boldsymbol{H} \times \boldsymbol{n} + \boldsymbol{H} \times \delta\boldsymbol{n}, \quad \delta\boldsymbol{H} = \boldsymbol{n} \times \delta\boldsymbol{E} + \delta\boldsymbol{n} \times \boldsymbol{E}. \tag{97.15}$$

用 $\boldsymbol{E}$ 标乘第一式, $\boldsymbol{H}$ 标乘第二式, 我们有

$$\boldsymbol{E} \cdot \delta\boldsymbol{D} = \boldsymbol{H} \cdot \delta\boldsymbol{H} + \boldsymbol{E} \times \boldsymbol{H} \cdot \delta\boldsymbol{n}, \quad \boldsymbol{H} \cdot \delta\boldsymbol{H} = \boldsymbol{D} \cdot \delta\boldsymbol{E} + \boldsymbol{E} \times \boldsymbol{H} \cdot \delta\boldsymbol{n}$$

但 $\boldsymbol{D} \cdot \delta\boldsymbol{E} = \varepsilon_{ik} E_k \delta E_i = \boldsymbol{E} \cdot \delta\boldsymbol{D}$; 因此将两式相加后, 我们得到

$$\boldsymbol{E} \times \boldsymbol{H} \cdot \delta\boldsymbol{n} = 0, \tag{97.16}$$

也即是矢量 $\boldsymbol{E} \times \boldsymbol{H}$ 垂直于波矢曲面, 这就是所要证明的 ①.

因为坡印亭矢量与 $\boldsymbol{H}$ 和 $\boldsymbol{E}$ 垂直, 因而我们的结论是, 矢量 $\boldsymbol{s}$ 也分别垂直于 $\boldsymbol{H}$ 和 $\boldsymbol{E}$:

$$\boldsymbol{s} \cdot \boldsymbol{H} = 0, \quad \boldsymbol{s} \cdot \boldsymbol{E} = 0. \tag{97.17}$$

利用公式 (97.5), (97.11) 和 (97.17), 由直接计算得到关系式为

$$\boldsymbol{H} = \boldsymbol{s} \times \boldsymbol{D}, \quad \boldsymbol{E} = -\boldsymbol{s} \times \boldsymbol{H}. \tag{97.18}$$

例如,

$$\boldsymbol{s} \times \boldsymbol{H} = \boldsymbol{s} \times (\boldsymbol{n} \times \boldsymbol{E}) = \boldsymbol{n}(\boldsymbol{s} \cdot \boldsymbol{E}) - \boldsymbol{E}(\boldsymbol{n} \cdot \boldsymbol{s}) = -\boldsymbol{E}.$$

如果将 (97.18) 式与 (97.5) 式比较, 我们看到, 利用下面的代换:

$$\boldsymbol{E} \leftrightarrow \boldsymbol{D}, \quad \boldsymbol{n} \leftrightarrow \boldsymbol{s}, \quad \varepsilon_{ik} \leftrightarrow \varepsilon_{ik}^{-1} \tag{97.19}$$

可以从其中一式得到另一式 (当然关系式 $\boldsymbol{n} \cdot \boldsymbol{s} = 1$ 不遭到破坏). 之所以必须引入上面最后一个代换, 是为了使 $\boldsymbol{D}$ 与 $\boldsymbol{E}$ 的关系式 (97.1) 仍然有效. 这样一来, 可以提出下面一个对各种计算非常有用的规则: 如果某一方程对上述的一组量正确, 则由 (97.19) 的代换, 可以得到对另一组量正确的类似方程.

特别是, 把这一规则应用到 (97.10) 式, 立即得到矢量 $\boldsymbol{s}$ 的类似方程:

$$\begin{aligned} &s^2(\varepsilon^{(y)}\varepsilon^{(z)}s_x^2 + \varepsilon^{(x)}\varepsilon^{(z)}s_y^2 + \varepsilon^{(x)}\varepsilon^{(y)}s_z^2) - \\ &[s_x^2(\varepsilon^{(y)} + \varepsilon^{(z)}) + s_y^2(\varepsilon^{(x)} + \varepsilon^{(z)}) + s_z^2(\varepsilon^{(x)} + \varepsilon^{(y)})] + 1 = 0. \end{aligned} \tag{97.20}$$

① 这样得到的结果指的是能流的瞬时值, 而不仅是平均值. 但是在上述证明中, 主要是利用了张量 ε_{ik} 的对称性. 因此这种形式的结果对 ε_{ik} 为非对称的介质 (旋性介质, 参见 §101) 不再是正确的. 这一论断对坡印亭矢量的平均值也仍然正确 (见 §101 习题 1).

由这一方程确定射线面的形状. 和波矢面一样, 它也是一个四次曲面. 当 $\boldsymbol{s}$ 方向给定时, (97.20) 式得出 s^2 的二次方程, 在普遍情况下它有两个不同的实根. 因此, 在晶体内的每一方向可以有波矢不同的两条射线传播.

我们来研究在各向异性介质内传播的波的偏振特性. 推导出菲涅耳方程的 (97.8) 式不适合于这一目的, 因为其中包含有场强 $\boldsymbol{E}$, 而感应强度 $\boldsymbol{D}$ 在波内是横向的 (相对于给定的 $\boldsymbol{n}$). 为了一开始就计及矢量 $\boldsymbol{D}$ 的横向性, 我们暂时选择一个新坐标系, 令它的一个轴沿波矢方向, 其余两个横向轴用希腊字母 α, β 作下角标, 它们的取值为 1, 2. 由等式 (97.7) 的横向分量给出 $D_\alpha = n^2 E_\alpha$; 将 $E_\alpha = \varepsilon^{-1}_{\alpha\beta} D_\beta$ (其中 $\varepsilon^{-1}_{\alpha\beta}$ 为张量 $\varepsilon_{\alpha\beta}$ 的逆张量分量) 代入前式后, 我们得到

$$(n^{-2}\delta_{\alpha\beta} - \varepsilon^{-1}_{\alpha\beta}) D_\beta = 0. \tag{97.21}$$

含未知函数 D_1 和 D_2 的这两个方程 $(\alpha = 1, 2)$ 的相容性条件, 是它们的系数行列式等于零.

$$\det |n^{-2}\delta_{\alpha\beta} - \varepsilon^{-1}_{\alpha\beta}| = 0. \tag{97.22}$$

当然, 这个条件和用原来的坐标 x, y, z 表示的菲涅耳方程相同. 但是我们现在看到, 与 n 的两个值对应的矢量 $\boldsymbol{D}$ 的方向沿二秩二维对称张量 $\varepsilon^{-1}_{\alpha\beta}$ 的主轴方向. 根据普遍定理, 由此得出这两个矢量互相垂直. 因此, 在波矢方向相同的两个波内, 电感应矢量在两个互相垂直平面内是线偏振的.

(97.21) 式有一个简单的几何解释. 我们在 x, y, z 坐标系内 (重新返回到主介电轴) 绘出一个对应于张量 ε^{-1}_{ik} 的张量椭球, 也即是绘出一个表面

$$\varepsilon^{-1}_{ik} x_i x_k = \frac{x^2}{\varepsilon^{(x)}} + \frac{y^2}{\varepsilon^{(y)}} + \frac{z^2}{\varepsilon^{(z)}} = 1 \tag{97.23}$$

(图 52). 我们用通过椭球中心并垂直于给定 $\boldsymbol{n}$ 方向的平面与椭球相截. 在一般情况下, 这个截面为一椭圆; 它的主轴长度决定 n 的取值, 而其主轴的方向决定相应的振动方向 (矢量 $\boldsymbol{D}$).

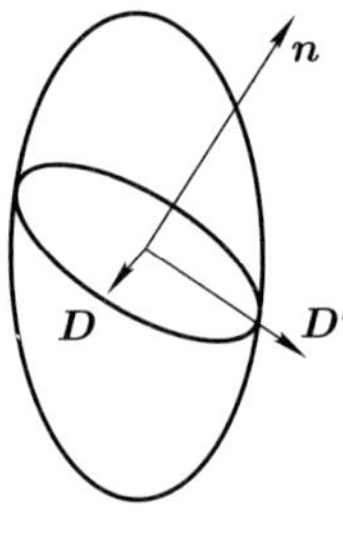

图 52

从张量椭球作图中 (在 $\varepsilon^{(x)}, \varepsilon^{(y)}, \varepsilon^{(z)}$ 不相同的普遍情况下) 可以直接看出, 如果波矢方向例如沿 x 轴, 则 $\boldsymbol{D}$ 的偏振方向是 y 轴与 z 轴方向. 如果矢量 $\boldsymbol{n}$ 处于一个坐标平面, 例如在 xy 平面内, 则有一个偏振方向也处于 xy 平面内, 而另一个偏振方向与它垂直.

射线矢量方向相同的两个波的偏振有完全类似的性质. 代替感应强度 $\boldsymbol{D}$ 的方向, 我们在这里必须考虑处于 $\boldsymbol{s}$ 横向的矢量 $\boldsymbol{E}$ 的方向, 而且代替 (97.21) 式, 我们得到类似方程为

$$(s^{-2}\delta_{\alpha\beta} - \varepsilon_{\alpha\beta})E_\beta = 0. \tag{97.24}$$

在这种情况下, 利用张量椭球

$$\varepsilon_{ik}x_i x_k = \varepsilon^{(x)}x^2 + \varepsilon^{(y)}y^2 + \varepsilon^{(z)}z^2 = 1 \tag{97.25}$$

进行几何作图, 这个张量椭球对应于正张量 ε_{ik} (称为**菲涅耳椭球**).

应该强调指出, 在各向异性介质内传播的平面波, 在确定的平面内是线偏振的. 在这方面, 各向异性介质的光学性质与各向同性介质非常不同. 在各向同性介质内传播的平面波, 在一般情况下是椭圆偏振的, 只在特殊情况下, 椭圆偏振才变成线偏振. 这种本质性的差别是由于介质的完全各向同性情况在某种意义上是简并的: 两个偏振方向此时对应于同一个波矢量, 而不是像在各向异性介质的一般情况下那样对应于两个不同的波矢量 (方向相同). 于是当以同一个 $\boldsymbol{n}$ 值传播时, 两个线偏振动波就并合成为一个椭圆偏振波.

习　题

试把射线矢量 $\boldsymbol{s}$ 的分量用主介电轴内的 $\boldsymbol{n}$ 的分量表示出来.

解: 将方程 $f(\boldsymbol{n}) = 0$ 即方程 (97.10) 的左端对 n_i 求微商, 并从条件 $\boldsymbol{n}\cdot\boldsymbol{s} = 1$ 求出 s_i 与 $\partial f/\partial \boldsymbol{n}$ 的比例系数, 我们得到矢量 $\boldsymbol{s}$ 与 $\boldsymbol{n}$ 的关系为:

$$\frac{s_x}{n_x} = \frac{\varepsilon^{(x)}(\varepsilon^{(y)} + \varepsilon^{(z)}) - 2\varepsilon^{(x)}n_x^2 - (\varepsilon^{(x)} + \varepsilon^{(y)})n_y^2 - (\varepsilon^{(x)} + \varepsilon^{(z)})n_z^2}{2\varepsilon^{(x)}\varepsilon^{(y)}\varepsilon^{(z)} - n_x^2\varepsilon^{(x)}(\varepsilon^{(y)} + \varepsilon^{(z)}) - n_y^2\varepsilon^{(y)}(\varepsilon^{(x)} + \varepsilon^{(z)}) - n_z^2\varepsilon^{(z)}(\varepsilon^{(x)} + \varepsilon^{(y)})}$$

对于 s_y 和 s_z 有类似公式.

§98 单轴晶体的光学性质

晶体的光学性质首先依赖于介电张量 ε_{ik} 的对称性. 在这方面, 全部晶体可以分为三类: 立方晶系晶体、单轴晶体和双轴晶体 (参见 §13).

在立方晶系晶体内 $\varepsilon_{ik}=\varepsilon\delta_{ik}$, 也即是张量的三个主值相等, 而主轴的方向完全是任意的. 因此就光学性质来说, 立方晶系晶体一般说来与各向同性物体没有差别.

单轴晶体包括三方晶系、四角晶系和六方晶系. 在这种晶体内, 张量 ε_{ik} 有一个主轴分别与三重、四重或六重对称轴重合. 这个轴在光学中称为晶体的光轴 (下面我们选择此轴为 z 轴, 而相应的张量 ε_{ik} 的主值用 $\varepsilon_{\|}$ 表示). 其他两个主轴的方向 (在垂直于光轴的平面内) 是任意的, 而相应介电张量的主值相等 (在下面把它们表示为 $\varepsilon_{\perp}$).

如果在菲涅耳方程 (97.10) 中令 $\varepsilon^{(x)}=\varepsilon^{(y)}=\varepsilon_{\perp}$, $\varepsilon^{(z)}=\varepsilon_{\|}$, 则其左端的表达式分解为两个二次因式:

$$(n^2-\varepsilon_{\perp})[\varepsilon_{\|}n_z^2+\varepsilon_{\perp}(n_x^2+n_y^2)-\varepsilon_{\perp}\varepsilon_{\|}]=0,$$

换句话说, 四次方程分解为两个二次方程:

$$n^2=\varepsilon_{\perp}, \tag{98.1}$$

$$\frac{n_z^2}{\varepsilon_{\perp}}+\frac{n_x^2+n_y^2}{\varepsilon_{\|}}=1. \tag{98.2}$$

这在几何上表明: 波矢面 (在一般情况下为四次曲面) 分解为两个单独的曲面——球面和椭球面. 图 53 所示为这些曲面的纵向剖面. 这里有两种可能情况: 若 $\varepsilon_{\perp}>\varepsilon_{\|}$, 则球在椭球外, 若 $\varepsilon_{\perp}<\varepsilon_{\|}$, 则球在椭球内 (见图 53). 在第一种情况下, 单轴晶体称为**负单轴晶体**, 而在第二种情况下, 称为**正单轴晶体**. 这两个曲面相切于两点——n_z 轴的两个相反的极点上. 换句话说, 光轴方向只对应于波矢的一个值.

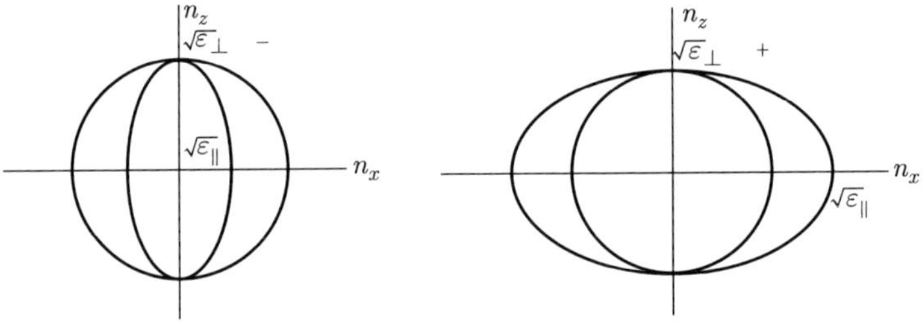

图 53

射线面有相似形状. 根据规则 (97.19), 从 (98.1) 和 (98.2) 可以得到射线面方程为

$$s^2=1/\varepsilon_{\perp}, \tag{98.3}$$

$$\varepsilon_{\perp}s_z^2+\varepsilon_{\|}(s_x^2+s_y^2)=1. \tag{98.4}$$

在正单轴晶体内, 椭球在球内, 而在负单轴晶体内, 椭球在球外.

于是, 我们看到, 在单轴晶体内可以传播两种类型的波. 对其中一种波 (称为**寻常波**), 晶体行为类似于折射率为 $n=\sqrt{\varepsilon_\perp}$ 的各向同性物体. 波矢的大小等于 $\dfrac{\omega n}{c}$, 与它的方向无关, 射线矢量方向则和 $\boldsymbol{n}$ 方向相同.

在第二种波内 (称为**非常波**), 波矢量的大小依赖于它和光轴所成的夹角 θ. 按照 (98.2) 式

$$\frac{1}{n^2}=\frac{\sin^2\theta}{\varepsilon_\parallel}+\frac{\cos^2\theta}{\varepsilon_\perp}. \tag{98.5}$$

非常波的射线矢量方向和波矢方向不相同, 但是处于通过光轴的同一平面内, 这个平面称为 $\boldsymbol{n}$ 的**主截面**. 令这一平面为 zx 平面; 将 (98.2) 式左端对 n_z 和 n_x 求微商, 并取这些导数之比, 我们得到射线矢量方向为

$$\frac{s_x}{s_z}=\frac{\varepsilon_\perp n_x}{\varepsilon_\parallel n_z}.$$

换句话说, 射线矢量和光轴间的夹角 θ' 与 θ 角有简单关系;

$$\tan\theta'=\frac{\varepsilon_\perp}{\varepsilon_\parallel}\tan\theta. \tag{98.6}$$

只有对沿光轴和垂直于光轴传播的波, $\boldsymbol{n}$ 和 $\boldsymbol{s}$ 的方向才是相同的.

寻常波和非常波的偏振方向问题, 可以很简单地解决. 为此只要注意到, 在每种波内四个矢量 $\boldsymbol{E}$, $\boldsymbol{D}$, $\boldsymbol{s}$, $\boldsymbol{n}$ 总是共面的, 就已足够. 在非常波内, $\boldsymbol{s}$ 和 $\boldsymbol{n}$ 的方向不重合, 但处于同一主截面内. 因此, 这种波的偏振要使得矢量 $\boldsymbol{E}$ 和 $\boldsymbol{D}$ 仍处于这一截面内. 另一方面, $\boldsymbol{n}$ 方向相同的寻常波和非常波内的矢量 $\boldsymbol{D}$ (或者 $\boldsymbol{s}$ 方向相同的寻常波和非常波内的矢量 $\boldsymbol{E}$) 互相垂直. 因此, 寻常波的偏振是使 $\boldsymbol{E}$ 和 $\boldsymbol{D}$ 位于垂直于主截面的平面内.

只有在光轴方向传播的波是一种例外. 在这个方向上, 寻常波和非常波之间的差别消失, 因而它们的偏振叠加起来, 在一般情况下给出椭圆偏振波.

入射到晶体表面上的平面波的折射现象, 和在两种各向同性介质分界面上的折射现象大不相同, 但折射定律和反射定律在这里仍可以从波矢与分界面相切的切向分量 $\boldsymbol{n}_t$ 的连续性条件得到. 因此, 折射波和反射波的波矢都在入射平面内. 但这时晶体内同时产生两种不同的折射波, 称为**双折射现象**, 它们对应于 $\boldsymbol{n}_t$ 给定时由菲涅耳方程所给出的法向分量 n_n 的两个可能值. 此外, 必须记住, 所观察到的射线传播方向, 不是由波矢而是由射线矢量 $\boldsymbol{s}$ 决定的. 它与 $\boldsymbol{n}$ 的方向不同, 一般情况下位于入射面之外.

在单轴晶体内折射时产生寻常的和非常的折射波. 第一种波完全类似于各向同性物体内的寻常折射波; 特别是, 它的射线矢量 (方向和波矢方向相同) 处于入射面内. 但非常波的射线矢量方向, 一般说来, 不在入射面内.

习　题

1. 试求出从真空入射到单轴晶体表面上的光折射时非常射线的方向, 设单轴晶体表面与它的光轴垂直.

解: 在现在情况下, 折射光线仍在入射面内 (选择它为 xz 平面, z 轴垂直于表面). 折射时波矢的 x 分量 $n_x=\sin\vartheta$ (ϑ 为入射角) 保持不变. 折射波的 n_z 分量按照 (98.2) 式求得为:

$$n_z=\left(\varepsilon_\perp-\frac{\varepsilon_\perp}{\varepsilon_\parallel}\sin^2\vartheta\right)^{1/2}.$$

于是从 (98.6) 式求出折射光射线的方向为 (ϑ' 为折射角)

$$\tan\vartheta'=\frac{\varepsilon_\perp n_x}{\varepsilon_\parallel n_z}=\frac{\sqrt{\varepsilon_\perp}\sin\vartheta}{\sqrt{\varepsilon_\parallel(\varepsilon_\parallel-\sin^2\vartheta)}}.$$

2. 试求出垂直入射到单轴晶体表面时非常光射线的方向, 设单轴晶体的光轴取任意方向.

解: 折射光线在 xz 平面内, 这平面通过表面法线 (z 轴) 和光轴; 设光轴与法线间的夹角为 α. 于是射线矢量 $\boldsymbol{s}$ (其分量与 (98.2) 式左端对 $\boldsymbol{n}$ 相应分量的导数成正比) 与下式成正比:

$$\boldsymbol{s}\propto\frac{\boldsymbol{n}}{\varepsilon_\parallel}+(\boldsymbol{n}\cdot\boldsymbol{l})\boldsymbol{l}\left(\frac{1}{\varepsilon_\perp}-\frac{1}{\varepsilon_\parallel}\right),$$

式中 $\boldsymbol{l}$ 为光轴方向的单位矢量. 在现在情况下, 波矢 $\boldsymbol{n}$ 在 z 轴方向, 因此

$$s_x\propto\cos\alpha\sin\alpha\left(\frac{1}{\varepsilon_\perp}-\frac{1}{\varkappa_\parallel}\right),\quad s_z\propto\frac{\sin^2\alpha}{\varepsilon_\parallel}+\frac{\cos^2\alpha}{\varepsilon_\perp}.$$

由此求得折射角 ϑ' 为

$$\tan\vartheta'=\frac{s_x}{s_z}=\frac{(\varepsilon_\parallel-\varepsilon_\perp)\sin2\alpha}{\varepsilon_\parallel+\varepsilon_\perp+(\varepsilon_\parallel-\varepsilon_\perp)\cos2\alpha}.$$

§99　双轴晶体的光学性质

在双轴晶体中, 张量 ε_{ik} 的三个主值各不相同. 属于这类晶体的有三斜晶系、单斜晶系和正交晶系的晶体. 在三斜系晶体内, 主介电轴的位置与任何特定的晶体学方向无关. 特别是, 它们随频率变化而变化, ε_{ik} 的全部分量都随频率变化. 在单斜晶系晶体内有一个主介电轴在晶体学上是固定的, 这个主轴

与二重对称轴重合或者垂直于对称平面; 而其他两个主轴的位置依赖于频率. 最后, 在正交晶系晶体内三个主轴位置全部固定, 即它们必须和三个互相垂直的二重对称轴重合.

双轴晶体光学性质的研究涉及普遍形式的菲涅耳方程的研究.

为明确起见, 我们今后假定

$$\varepsilon^{(x)} < \varepsilon^{(y)} < \varepsilon^{(z)}. \tag{99.1}$$

为了阐明 (97.10) 式所定义的四次曲面形状的特征, 我们首先求出它与坐标平面相交的截面形状. 在 (97.10) 式中令 $n_z = 0$, 我们发现, 其左端部分可分解为两个因式:

$$(n^2 - \varepsilon^{(z)})(\varepsilon^{(x)} n_x^2 + \varepsilon^{(y)} n_y^2 - \varepsilon^{(x)}\varepsilon^{(y)}) = 0.$$

由此可见, 在 xy 平面内的截面的轮廓线包括圆:

$$n^2 = \varepsilon^{(z)} \tag{99.2}$$

和椭圆:

$$\frac{n_x^2}{\varepsilon^{(y)}} + \frac{n_y^2}{\varepsilon^{(x)}} = 1, \tag{99.3}$$

而且根据 (99.1) 的条件, 椭圆位于圆内. 类似地我们还得到, 与 yz 平面和 xz 平面相交的截面也包括椭圆和圆, 但在 yz 平面内, 椭圆位于圆外, 而在 xz 平面内, 二者相交. 由此可见, 波矢面为图 54 所示的自相交型的曲面 (图中所示是一个卦限内的曲面).

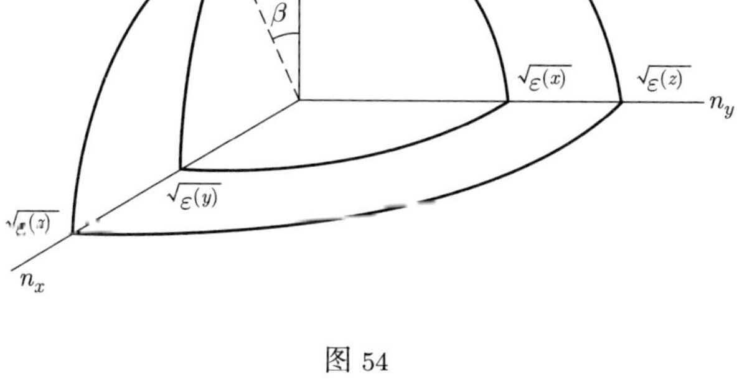

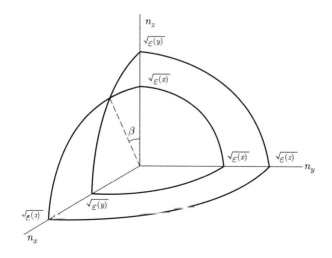

图 54

这个曲面有四个奇点——四个分别位于 xz 平面的每一个象限内的自相交点. 由形如 $f(n_x,n_y,n_z)=0$ 的方程给出的曲面的奇点, 众所周知, 由函数 f 的三个一阶导数全等于零求出. 对 (97.10) 左端的表达式求微商, 得到下列方程:

$$\begin{aligned} n_x[\varepsilon^{(x)}(\varepsilon^{(y)}+\varepsilon^{(z)})-\varepsilon^{(x)}n^2-(\varepsilon^{(x)}n_x^2+\varepsilon^{(y)}n_y^2+\varepsilon^{(z)}n_z^2)]=0,\\ n_y[\varepsilon^{(y)}(\varepsilon^{(x)}+\varepsilon^{(z)})-\varepsilon^{(y)}n^2-(\varepsilon^{(x)}n_x^2+\varepsilon^{(y)}n_y^2+\varepsilon^{(z)}n_z^2)]=0,\\ n_z[\varepsilon^{(z)}(\varepsilon^{(x)}+\varepsilon^{(y)})-\varepsilon^{(z)}n^2-(\varepsilon^{(x)}n_x^2+\varepsilon^{(y)}n_y^2+\varepsilon^{(z)}n_z^2)]=0, \end{aligned} \tag{99.4}$$

(当然 (97.10) 式本身也必须同时被满足). 我们已经知道, 所要求的 $\boldsymbol{n}$ 的方向位于 xz 平面内, 我们令 $n_y=0$, 从其余两个方程经过简单计算后得到 ①

$$n_x^2=\frac{\varepsilon^{(z)}(\varepsilon^{(y)}-\varepsilon^{(x)})}{\varepsilon^{(z)}-\varepsilon^{(y)}},\quad n_z^2=\frac{\varepsilon^{(x)}(\varepsilon^{(z)}-\varepsilon^{(y)})}{\varepsilon^{(z)}-\varepsilon^{(x)}}. \tag{99.5}$$

这些矢量 $\boldsymbol{n}$ 的方向与 z 轴的倾角为 β, 于是

$$\frac{n_x}{n_z}=\pm\tan\beta=\pm\sqrt{\frac{\varepsilon^{(z)}(\varepsilon^{(y)}-\varepsilon^{(x)})}{\varepsilon^{(x)}(\varepsilon^{(z)}-\varepsilon^{(y)})}}. \tag{99.6}$$

这个方程确定了 xz 平面内的两个轴 (两个方向), 其中的每一个轴通过相对的两个奇点, 而与 z 轴的倾角为 β. 两个轴称为晶体的**光轴** (或称为**副法线**) ; 图 54 上的虚线即表示其中一个光轴. 显然, 光轴方向是波矢只取一个值的唯一方向②.

射线面具有类似的性质. 要推导出相应公式, 只需用 $\boldsymbol{s}$ 代替 $\boldsymbol{n}$, $\dfrac{1}{\varepsilon}$ 代替 ε. 特别是也有两个 "**光线轴**" (或**副光轴**) 在 xz 平面内, 并且与 z 轴的倾角为 γ:

$$\tan\gamma=\sqrt{\frac{\varepsilon^{(y)}-\varepsilon^{(x)}}{\varepsilon^{(z)}-\varepsilon^{(y)}}}=\sqrt{\frac{\varepsilon^{(x)}}{\varepsilon^{(z)}}}\tan\beta. \tag{99.7}$$

因为 $\varepsilon^{(x)}<\varepsilon^{(z)}$, 因而 $\gamma<\beta$.

只对沿坐标轴方向 (即主介电轴方向) 传播的波, $\boldsymbol{n}$ 和 $\boldsymbol{s}$ 的方向才相同. 如果 $\boldsymbol{n}$ 位于某一个坐标平面内, 则 $\boldsymbol{s}$ 也位于同一平面内. 但是, 这个规则有一个引人注目的例外, 那就是对于指向光轴的波矢.

① 容易直接证实, 这样求得的解为 (99.4) 式的唯一的实数解. 如果三个分量 n_x,n_y,n_z 都不为零, 则 (99.4) 式的三个方程相互矛盾 (实质上, 这三个方程中只有两个未知数: n^2 和 $\varepsilon^{(x)}n_x^2+\varepsilon^{(y)}n_y^2+\varepsilon^{(z)}n_z^2$). 若 $n_x=0$, 或 $n_y=0$, 则方程的解为虚数.

② 在张量椭球 (97.23) 上, 副法线方向为垂直于椭球的圆截面的方向. 大家已经知道, 一个三轴椭球有两个这样的截面.

在用矢量 $\boldsymbol{n}$ 确定矢量 $\boldsymbol{s}$ 的普遍关系式 (见 §97 习题) 中代入 (97.5) 式的 $\boldsymbol{n}$ 值, 得到 0/0 型的不定式. 从下面的几何观点可以完全明了这种不确定性的来源和意义. 在奇点附近, 波矢面的外腔和内腔为具有公共顶点的锥面. 在这个顶点 (奇点) 上, 波矢面的法线方向成为不确定的; 而且由上述公式确定的 $\boldsymbol{s}$ 方向正好是法线方向. 实际上, 沿光线轴方向 (副法线方向) 的一个波矢对应着无限多个射线矢量, 它们的方向占据一个确定的锥面, 称为**内锥形折射锥** ①.

为了求出这个射线锥, 本来可以研究奇点附近的法线方向. 但是更直观的方法是利用射线面进行几何作图.

图 55 示出了一个象限内的射线面与 xz 平面相交的截面 (实曲线所示). 在同样的坐标轴下示出了波矢面的截面 (使用任意改变的比例). 直线 OS 为副光轴, 而 ON 为副法线. 对应于 N 点的波矢量用 $\boldsymbol{n}_N$ 表示. 容易看出, 波矢面上的奇点 N 对应于射线面上的奇异切平面——垂直于 ON 方向的平面, 并且它与射线面不是在一个点上相切, 而是沿着一条曲线 (一个圆) 相切. 在图 55 上, 这平面的截面用线段 ab 表示. 从 §97 所指出的波矢面与射线面的几何对应立即可以得出: 若对射线面某一点 $\boldsymbol{s}$ 作一切面, 则从坐标原点至这切面的垂直方向与 $\boldsymbol{n}$ 相同, 而其长度等于 $1/n$, 此外 $\boldsymbol{n}$ 为对应于 $\boldsymbol{s}$ 的波矢. 在现在情况下, 必须有无限多个矢量 $\boldsymbol{s}$ 对应于同一个 $\boldsymbol{n} = \boldsymbol{n}_N$; 因此, 射线面上代表这些矢量 $\boldsymbol{s}$ 的点必须在同一个切面上, 而这切面与 $\boldsymbol{n}_N$ 垂直. 由此可见, 图 55 上的三角形 Oab 为内圆锥形折射锥与 xz 平面相交的截面.

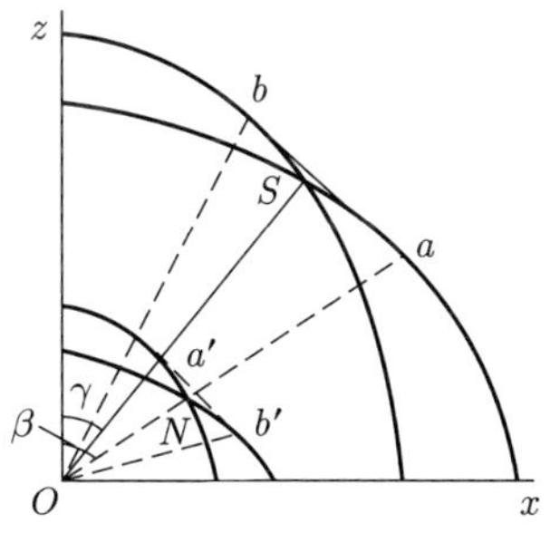

图 55

对上述几何图形进行定量计算并没有什么特别的困难, 但是我们不在这里叙述它, 而只限于引入最后的公式. 折射锥与射线面相交的圆方程由下列两

① 以下所描述的圆锥形折射现象是哈密顿预言的 (*W. R. Hamilton*, 1833)

式给出:

$$
\begin{aligned}
&(\varepsilon^{(z)}-\varepsilon^{(x)})s_y^2+\left(s_x\sqrt{\varepsilon^{(x)}(\varepsilon^{(z)}-\varepsilon^{(y)})}-s_z\sqrt{\varepsilon^{(z)}(\varepsilon^{(y)}-\varepsilon^{(x)})}\right)\times\\
&\left(s_x\sqrt{\frac{\varepsilon^{(z)}-\varepsilon^{(y)}}{\varepsilon^{(x)}}}-s_z\sqrt{\frac{\varepsilon^{(y)}-\varepsilon^{(x)}}{\varepsilon^{(z)}}}\right)=0, \qquad (99.8)\\
&s_x\sqrt{\varepsilon^{(z)}(\varepsilon^{(y)}-\varepsilon^{(x)})}+s_z\sqrt{\varepsilon^{(x)}(\varepsilon^{(z)}-\varepsilon^{(y)})}=\sqrt{\varepsilon^{(z)}-\varepsilon^{(x)}}.
\end{aligned}
$$

其中第一个方程, 若把 s_x, s_y, s_z 理解为三个独立变数, 即为折射锥方程. 第二个方程为与射线面相切的切面方程. 特别是当 $s_y=0$ 时, (99.8) 的第一个方程分解为两个方程:

$$
\frac{s_x}{s_z}=\sqrt{\frac{\varepsilon^{(z)}(\varepsilon^{(y)}-\varepsilon^{(x)})}{\varepsilon^{(x)}(\varepsilon^{(z)}-\varepsilon^{(y)})}},\quad \frac{s_x}{s_z}=\sqrt{\frac{\varepsilon^{(x)}(\varepsilon^{(y)}-\varepsilon^{(x)})}{\varepsilon^{(z)}(\varepsilon^{(z)}-\varepsilon^{(y)})}},
$$

这些方程确定与 xz 平面相交的截面内的边界射线 (分别为图 55 上的 Oa 和 Ob) 的方向. 前者与副法线方向重合 [对照 (99.6) 式], 它同时与切线 ab 垂直.

与给定射线矢量对应的波矢情况完全相似. 方向沿副光轴方向的矢量 $\boldsymbol{s}$ 对应无穷多的波矢, 它们的方向占据着一个所谓**外锥形折射锥** (图 55 中的三角形 $Oa'b'$ 为这折射锥与 xz 平面相交的截面). 和往常一样, 在 (99.8) 式中进行代换: $\boldsymbol{s}\to\boldsymbol{n}, \varepsilon\to\dfrac{1}{\varepsilon}$, 得到相应公式为

$$
\begin{aligned}
&\varepsilon^{(y)}(\varepsilon^{(z)}-\varepsilon^{(x)})n_y^2+\left(n_x\sqrt{\varepsilon^{(z)}-\varepsilon^{(y)}}-n_z\sqrt{\varepsilon^{(y)}-\varepsilon^{(x)}}\right)\times\\
&\left(n_x\varepsilon^{(x)}\sqrt{\varepsilon^{(z)}-\varepsilon^{(y)}}-n_z\varepsilon^{(z)}\sqrt{\varepsilon^{(y)}-\varepsilon^{(x)}}\right)=0, \qquad (99.9)\\
&n_x\sqrt{\varepsilon^{(y)}-\varepsilon^{(x)}}+n_z\sqrt{\varepsilon^{(z)}-\varepsilon^{(y)}}=\sqrt{\varepsilon^{(y)}(\varepsilon^{(z)}-\varepsilon^{(x)})}.
\end{aligned}
$$

为了实际观察内锥形折射 ①, 可以利用一片垂直于副法线方向从晶体上切下来的平行平面薄片 (图 56). 在薄片面上覆盖一狭窄的光阑, 它从垂直入射到薄片上的平面波 (波矢具有确定方向的) 内分出窄波束. 透射到薄片内的光的波矢方向与副法线方向相同, 因此它的射线分布于内折射锥面上. 从薄片另一面射出来的光, 其波矢和入射光的相同, 分布于圆柱面上.

为了观察外锥形折射, 平行平面薄片必须垂直于副光轴方向切下, 而它的两面都用有小孔的光阑覆盖, 两光阑上的小孔正好互相对准. 用会聚光束 (即射线含有一切可能 $\boldsymbol{n}$ 方向) 照射薄片时, 光阑在薄片内分离出 $\boldsymbol{s}$ 方向沿副光轴的光线, 因而其 $\boldsymbol{n}$ 方向占据一外锥形折射锥面. 从第二个小孔出射的光因此也分布在锥面上 (但由于在出口处发生折射, 这个锥并不完全和外折射锥相同).

① 下面的描述非常概括, 不涉及细节.

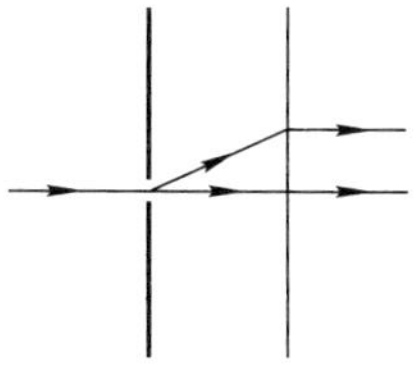

图 56

当入射方向任意时, 双轴晶体表面上的折射定律极其繁复, 我们这里不去讨论它 ①. 只是指出, 和单轴晶体不同, 双轴晶体的两个折射波都是“非常波”, 它们的射线都不在入射平面内.

在 §97 中曾经约定, 我们只研究透明晶体的光学. 但是, 这里我们要提到双轴晶体的一个性质, 这个性质可以在计及吸收时出现.

我们来研究在晶体中传播的均匀平面波; 其中 $\boldsymbol{n}$ 为复矢量, 但 $\boldsymbol{n}$ 的实部和虚部有同一个方向: $\boldsymbol{n}=n\boldsymbol{\nu}$, 其中 $\boldsymbol{\nu}$ 为实单位矢量, 而 $n=n(\omega)$ 为一复数量. 在 $\boldsymbol{\nu}$ 给定时写成展开形式的色散方程 (97.21) 为

$$n^{-4}-n^{-2}(\eta_{11}+\eta_{22})+\eta_{11}\eta_{22}-\eta_{12}^2=0,$$

其中 $\eta_{ik}\equiv\varepsilon_{ik}^{-1}$, 而下角标 1, 2 为在与 $\boldsymbol{\nu}$ 垂直的平面上的张量的下角标. 如果

$$\eta_{22}-\eta_{11}=\pm 2\mathrm{i}\eta_{12}; \tag{99.10}$$

则有 $n^{-2}=(\eta_{11}+\eta_{22})/2$, 于是这个 n^{-2} 的二次方程有重根. 存在吸收时, 张量 $\eta_{ik}=\eta'_{ik}+\mathrm{i}\eta''_{ik}$ 为复数.

在双轴晶体中张量椭球 η'_{ik} 和 η''_{ik} 是三轴椭球, 同时它们的半轴长度比 (在三斜系和单斜系晶体中, 还有它们的方向) 对于两个张量是不一样的. 在这些条件下, 一般而言, 二维张量 $\eta'_{\alpha\beta}$ 和 $\eta''_{\alpha\beta}$ 不能同时对角化. 两个张量主轴之间的夹角 ϑ 是两个独立变量 (给出 $\boldsymbol{\nu}$ 方向的两个角度) 的函数. 所以对于给定频率 ω 可以存在 $\boldsymbol{\nu}$ 方向的单参量集合, 对于它们, $\vartheta=\pi/4$. 在这样的 ϑ 值下复数方程 (99.10) 的虚部恒能满足, 而实部取以下形式:

$$\eta'_2-\eta'_1=\mp(\eta''_2-\eta''_1), \tag{99.11}$$

其中下角标 1, 2 表示相应张量的主值 ②. 在任意选择 x_1, x_2 轴的情况下方程

① 对详细计算的叙述, 可在刊于 Handbuch der. Physik, Bd. XX, (Berlin, 1928) 中的 G. 西维絮的长篇论文 Kristaloptik 中找到.

② 选 x_1, x_2 为张量 $\eta'_{\alpha\beta}$ 的主轴方向并将张量 $\eta''_{\alpha\beta}$ 的分量用其主值表示, 容易证实所述.

(97.21) 现在给出

$$\frac{D_2}{D_1}=\frac{\eta_{22}-\eta_{11}}{2\eta_{12}}=\pm\mathrm{i},$$

其中等式右端的两个正负号对应于 (99.10) 式的两个正负号. 因此, $\vartheta=\pi/4$ 和 (99.11) 这两个条件一起为每一个 ω 值区分出确定的 $\boldsymbol{\nu}$ 方向, 在这个方向上只可能传播一种符号的圆偏振波, 究竟是左圆偏振波还是右圆偏振波, 则根据哪一个符号满足条件 (99.10) 来决定 (*W.* 沃伊特, 1902). 在晶体中这样的方向称为**奇异光轴**或**圆光轴**.

与微分方程的普遍理论相对应, 在这种情况下场方程的第二个独立解在包含指数因子 $\exp(\mathrm{i}n\boldsymbol{\nu}\cdot\boldsymbol{r})$ (其中含有阻尼) 的同时, 还包含形如 $a+b\boldsymbol{\nu}\cdot\boldsymbol{r}$ 的与坐标成线性关系的因式 ①. 这个波的偏振沿射线变化, 但归根结底, 随着 $\boldsymbol{\nu}\cdot\boldsymbol{r}$ 的增大建立起第一种波中那样的圆偏振 (如果注意到在所述极限下将解代入场方程时应当被微分的只有指数因子, 此时两个解之间的差别消失. 这个结论就是显然的).

这里我们要强调奇异轴与因为晶体的对称性使色散方程自动出现二重根情况的差别. 对于沿单轴晶体光轴传播的光, 二维张量 $\eta_{\alpha\beta}$ 具有 $\eta_{\alpha\beta}=\eta\delta_{\alpha\beta}$ 的形式且条件 (99.10) 恒能满足. 在这种情况下方程 (97.21) 允许具有不同偏振的两个独立解.

§100 电场内的双折射

各向同性物体放在恒定电场内会变成光学各向异性物体. 这种各向异性的出现可以描述为介电常量在恒定电场作用下发生改变的结果. 虽然这种改变是相当微弱的, 但在现在的情况下却十分重要, 因为它导致物体的光学性质发生了质的变化.

在这一节内, 我们用 $\boldsymbol{E}$ 表示物体内的恒定电场强度 ②, 并把介电张量 ε_{ik} 展开为 $\boldsymbol{E}$ 的幂级数. 在各向同性物体内, 在零级近似下, $\varepsilon_{ik}=\varepsilon^{(0)}\delta_{ik}$. 在 ε_{ik} 内不存在电场的一次项, 因为在各向同性物体内不存在任何常矢量可以用来构成与 $\boldsymbol{E}$ 成线性关系的二秩张量. 因此 ε_{ik} 的展开式中接下来的项为场的二次项. 由矢量分量可以构成两个二秩对称张量: $E^2\delta_{ik}$ 和 E_iE_k. 前者不改变张量 $\varepsilon^{(0)}\delta_{ik}$ 的对称性, 在这个张量上加上形式为 $\mathrm{const.}E^2\delta_{ik}$ 的项仅归结为对标量常量 $\varepsilon^{(0)}$ 增加一个小修正; 显然, 这个小修正不会导致任何光学各向异性的

① 例如, 在沿奇异轴传播的光的反射和折射问题中, 必须考虑这个解.

② 不要把 $\boldsymbol{E}$ 与波的很弱的交变电场相混淆.

出现, 故没有什么意义. 因此, 我们得到下面形式的依赖于电场的介电张量:

$$\varepsilon_{ik} = \varepsilon^{(0)}\delta_{ik} + \alpha E_i E_k, \tag{100.1}$$

其中 α 为标量常量.

这个张量的一个主轴与电场方向重合, 相应的主值等于

$$\varepsilon_{\parallel} = \varepsilon^{(0)} + \alpha E^2. \tag{100.2}$$

其余两个主值彼此相等:

$$\varepsilon_{\perp} = \varepsilon^{(0)}, \tag{100.3}$$

而与之对应的主轴在垂直于场的平面中的位置是任意的. 由此可见, 在电场内各向同性物体的光学性质和单轴晶体完全一样 (称为**克尔效应**).

光学对称性在电场中的改变也可以在晶体内发生 (例如, 光学单轴晶体可以变成双轴晶体, 光学各向同性的立方晶体, 可以变成光学各向异性晶体). 但它们与各向同性物体内所出现的相应现象的区别在于此时效应可以是电场的一级效应. 对应于这种线性效应的介电张量为

$$\varepsilon_{ik} = \varepsilon_{ik}^{(0)} + \alpha_{ikl} E_l, \tag{100.4}$$

其中系数 α_{ikl} 的总体构成一个三秩张量, 它对下角标 i 和 k 是对称的 ($\alpha_{ikl} = \alpha_{kil}$). 这个张量的对称性和压电张量的对称性相同. 因此, 上述效应存在于容许压电现象的 20 类晶体内.

§101 磁光效应

当存在恒定磁场 $\boldsymbol{H}$ 时①, 张量 $\varepsilon_{ik}(\omega; \boldsymbol{H})$ 不再是对称的. 广义动理学系数对称性原理按照以下方式联系不同场中的 ε_{ik} 和 ε_{ki} 分量:

$$\varepsilon_{ik}(\boldsymbol{H}) = \varepsilon_{ki}(-\boldsymbol{H}). \tag{101.1}$$

无吸收条件只要求这个张量为厄米型的:

$$\varepsilon_{ik} = \varepsilon_{ki}^{*} \tag{101.2}$$

(这可以从 (96.5) 式看出), 但并不要求它为实数. 从 (101.2) 式只能得到 ε_{ik} 的实部和虚部必须分别是对称的和反对称的:

$$\varepsilon'_{ik} = \varepsilon'_{ki}, \quad \varepsilon''_{ik} = -\varepsilon''_{ki}. \tag{101.3}$$

① 不要将 $\boldsymbol{H}$ 与电磁波的周期性弱场相混淆.

考虑到 (101.1), 我们有

$$\begin{aligned}\varepsilon'_{ik}(\boldsymbol{H}) = \varepsilon'_{ki}(\boldsymbol{H}) = \varepsilon'_{ik}(-\boldsymbol{H}),\\ \varepsilon''_{ik}(\boldsymbol{H}) = -\varepsilon''_{ki}(\boldsymbol{H}) = -\varepsilon''_{ik}(-\boldsymbol{H}),\end{aligned} \tag{101.4}$$

亦即在非吸收介质内, ε'_{ik} 是 $\boldsymbol{H}$ 的偶函数, 而 ε''_{ik} 为 $\boldsymbol{H}$ 的奇函数.

显然, 逆张量 ε^{-1}_{ik} 也具有相同的对称性质. 在下面的计算中, 更为方便的是利用这一张量. 为了避免使用下角标太多, 我们对它引进一个专用标记符号①:

$$\varepsilon^{-1}_{ik} = \eta_{ik} = \eta'_{ik} + \mathrm{i}\eta''_{ik} \tag{101.5}$$

(以前我们已用过它).

大家知道, 任何二秩反对称张量等价于 (对偶于) 某一轴矢量; 我们用 $\boldsymbol{G}$ 表示这个与张量 η''_{ik} 对应的轴矢量. 利用反对称单位张量 e_{ikl}, 张量 η''_{ik} 的分量与矢量 $\boldsymbol{G}$ 的分量间的关系可以写为

$$\eta''_{ik} = e_{ikl}G_l, \tag{101.6}$$

写成分量形式为:

$$\eta''_{xy} = G_z, \quad \eta''_{zx} = G_y, \quad \eta''_{yz} = G_x.$$

此时电感应强度和电场强度之间的关系 $E_i = \eta_{ik}D_k$ 变成

$$E_i = (\eta'_{ik} + \mathrm{i}e_{ikl}G_l)D_k = \eta'_{ik}D_k + \mathrm{i}(\boldsymbol{D}\times\boldsymbol{G})_i. \tag{101.7}$$

类似地, $\boldsymbol{D}$ 和 $\boldsymbol{E}$ 的线性关系为

$$D_i = \varepsilon'_{ik}E_k + \mathrm{i}(\boldsymbol{E}\times\boldsymbol{g})_i. \tag{101.8}$$

(101.7) 和 (101.8) 式内的系数之间的关系由下式给出:

$$\eta'_{ik} = \frac{1}{|\varepsilon|}\{\varepsilon'^{-1}_{ik}|\varepsilon'| - g_i g_k\}, \quad G_i = -\frac{1}{|\varepsilon|}\varepsilon'_{ik}g_k, \tag{101.9}$$

其中 $|\varepsilon|$ 和 $|\varepsilon'|$ 为张量 ε_{ik} 和 ε'_{ik} 的行列式 (参见 §22 习题). $\boldsymbol{D}$ 和 $\boldsymbol{E}$ 的关系具有这种形式的介质称为**旋性介质**, 矢量 $\boldsymbol{g}$ 称为**回转矢量**, $\boldsymbol{G}$ 称为**旋光矢量**.

我们现在对在任意旋性介质内传播的波的性质进行一般性研究, 这时我们假定介质是各向异性的, 并且对磁场大小不作任何限制 ②.

---

① 当然 η'_{ik} 和 η''_{ik} 本身不是 ε'_{ik} 和 ε''_{ik} 的逆张量.

② 和前面一样, 我们假定介质对电磁波的交变场为非磁性的 (亦即假定 $\mu_{ik}(\omega) = \delta_{ik}$). 但是, 这并不排除介质被恒定磁场所磁化的可能性 (也即是静磁导率可以不为 1).

当在给定频率范围内磁导率的色散重要时, 上述 $\varepsilon_{ik}(\omega)$ 的性质同样适用于张量 $\mu_{ik}(\omega)$.

选择波矢方向为 z 轴方向, 于是 (97.21) 式变为

$$\left(\eta_{\alpha\beta}-\frac{1}{n^2}\delta_{\alpha\beta}\right)D_\beta=\left(\eta'_{\alpha\beta}+\mathrm{i}\eta''_{\alpha\beta}-\frac{1}{n^2}\delta_{\alpha\beta}\right)D_\beta=0, \tag{101.10}$$

式中下角标 α,β 取 x,y 值, 我们选择 x 和 y 轴方向沿二维张量 $\eta'_{\alpha\beta}$ 的主轴, 这个张量的相应主值以 n_{01}^{-2} 和 n_{02}^{-2} 表示; 于是方程变为

$$\begin{aligned}&\left(\frac{1}{n_{01}^2}-\frac{1}{n^2}\right)D_x+\mathrm{i}G_zD_y=0,\\&-\mathrm{i}G_zD_x+\left(\frac{1}{n_{02}^2}-\frac{1}{n^2}\right)D_y=0.\end{aligned} \tag{101.11}$$

这个方程组的系数行列式等于零的条件给出 n^2 的二次方程为

$$\left(\frac{1}{n^2}-\frac{1}{n_{01}^2}\right)\left(\frac{1}{n^2}-\frac{1}{n_{02}^2}\right)=G_z^2, \tag{101.12}$$

对给定方向的 $\boldsymbol{n}$, 方程的根给出 n 的两个值: ①

$$\frac{1}{n^2}=\frac{1}{2}\left(\frac{1}{n_{01}^2}+\frac{1}{n_{02}^2}\right)\pm\sqrt{\frac{1}{4}\left(\frac{1}{n_{01}^2}-\frac{1}{n_{02}^2}\right)^2+G_z^2}. \tag{101.13}$$

把这些值代回 (101.11) 式内, 得到相应的比值为

$$\frac{D_y}{D_x}=\frac{\mathrm{i}}{G_z}\left[\frac{1}{2}\left(\frac{1}{n_{01}^2}-\frac{1}{n_{02}^2}\right)\mp\sqrt{\frac{1}{4}\left(\frac{1}{n_{01}^2}-\frac{1}{n_{02}^2}\right)^2+G_z^2}\right]. \tag{101.14}$$

比值 D_y/D_x 为纯虚数意味着波是椭圆偏振的, 椭圆的两个主轴与 x,y 轴重合. 容易看出, 这个比值的两个值的乘积等于 1. 换句话说, 若当一种波内

$$D_y=\mathrm{i}\rho D_x$$

(式中实数 ρ 为偏振椭圆的轴长比), 则在第二种波内,

$$D_y=-\frac{\mathrm{i}D_x}{\rho}.$$

这表明两种波的偏振椭圆具有相同的轴长比, 但彼此相对转动了 90°; 在两个椭圆中场的旋转方向相反 (图 57).

① 当场不存在时, $\boldsymbol{G}=0$ 和 $n=n_{01}$ 或 $n=n_{02}$. 但是应注意到, 当场存在时, (101.12) 式内的 n_{01} 和 n_{02}, 一般说来不是 $\boldsymbol{H}=0$ 时的 n 值, 因为这时依赖于场的不只是矢量 $\boldsymbol{G}$, 而且还有张量 η'_{ik} 的各分量.

如果把两种波中的矢量 $\boldsymbol{D}$ 表示为 $\boldsymbol{D}_1$ 和 $\boldsymbol{D}_2$, 则所得到的关系式可以写为

$$\boldsymbol{D}_1 \cdot \boldsymbol{D}_2^* = D_{1x}D_{2x}^* + D_{1y}D_{2y}^* = 0.$$

这种关系式是在将厄米张量 (在现在的情况下为张量 $\eta_{\alpha\beta}$) 约化为对角形式时产生的本征矢量的普遍性质.

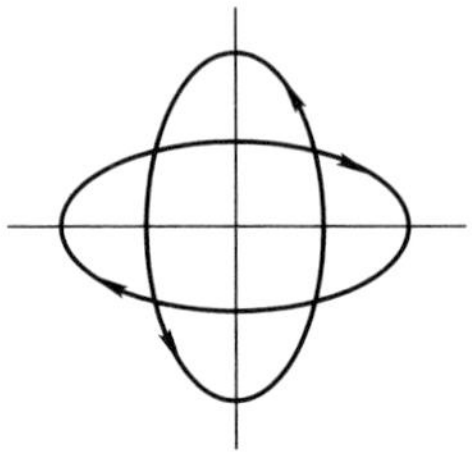

图 57

矢量 $\boldsymbol{G}$ 和张量 η'_{ik} 的分量为磁场强度的函数. 如果 (像通常发生的那样) 磁场是比较弱的, 则可以展开为场的幂级数. 当磁场不存在时, 矢量 $\boldsymbol{G}$ 等于零; 因此, 在弱场内可以令

$$G_i = f_{ik}H_k, \tag{101.15}$$

式中 f_{ik} 为二秩张量, 它在一般情况下是非对称的. 这种依赖关系的形式和普遍规则一致, 按照普遍规则, 在透明介质内反对称张量 η''_{ik} (以及张量 ε''_{ik}) 的分量必须是 $\boldsymbol{H}$ 的奇函数. 而对称张量 η'_{ik} 的分量则是磁场的偶函数. 因此, η'_{ik} 中打头的那些修正项, 与场不存在时的值比较, 为场的二次项. (在 (101.9) 中略去这些项后, 我们就只有 $\eta'_{ik} = \varepsilon'^{-1}_{ik}$).

在波矢量为任意方向的普遍情况下, 磁场对光在晶体内的传播影响很小; 只引起很小的振动椭圆率, 振动的偏振椭圆轴长比很小 (为场的一阶小量).

就磁光效应特征而言, 只有光轴方向 (和其邻近方向) 是一个例外, 在这些方向上, 当场不存在时, n 的两个值是相等的. 于是方程 (101.12) 的根和这些值只相差一个一阶小量 ①, 因而所发生的效应类似于各向同性物体内的效应, 我们现在就来研究它们.

各向同性物体以及立方晶系晶体内的磁光效应, 由于它们的独特性, 又有较大数值, 因而具有特别意义.

略去二阶小量以后, 我们得到 $\eta'_{ik} = \varepsilon^{-1}\delta_{ik}$, 其中 ε 为磁场不存在时各向

① 注意 (101.12) 式的两个根这时相互不等, 在几何上, 这表明波矢量表面的内腔和外腔是完全分开的.

同性介质的介电常量. $\boldsymbol{D}$ 和 $\boldsymbol{E}$ 之间的关系为

$$\boldsymbol{E}=\frac{1}{\varepsilon}\boldsymbol{D}+\mathrm{i}\boldsymbol{D}\times\boldsymbol{G},\quad \boldsymbol{D}=\varepsilon\boldsymbol{E}+\mathrm{i}\boldsymbol{E}\times\boldsymbol{g}, \tag{101.16}$$

而且在同一近似下, 矢量 $\boldsymbol{g}$ 与 $\boldsymbol{G}$ 的关系为

$$\boldsymbol{G}=-\frac{1}{\varepsilon^2}\boldsymbol{g}. \tag{101.17}$$

在各向同性物体中 $\boldsymbol{g}$ (或 $\boldsymbol{G}$) 对外磁场的依赖关系归结为简单的比例关系:

$$\boldsymbol{g}=f\boldsymbol{H}; \tag{101.18}$$

标量常数 f 可以为正, 也可以为负.

在 (101.12) 式内, 我们现在有 $n_{01}=n_{02}\equiv n_0=\sqrt{\varepsilon}$, 这是无外场时的折射率. 由此得

$$\frac{1}{n^2}=\frac{1}{n_0^2}\mp G_z,$$

或者在同样精确度下,

$$n_{\mp}^2=n_0^2\pm n_0^4G_z=n_0^2\mp g_z. \tag{101.19}$$

记得 z 轴选在矢量 $\boldsymbol{n}$ 方向, 可以在同样精确度下把这个公式写成矢量形式:

$$\left(\boldsymbol{n}\pm\frac{1}{2n_0}\boldsymbol{g}\right)^2=n_0^2. \tag{101.20}$$

由此看出, 波矢面在现在情况下为两个半径为 n_0 的球面, 球心分别从坐标原点沿 $\boldsymbol{G}$ 方向移动了 $\pm\dfrac{g}{2n_0}$.

n 的两个值中每一个对应于各自的波的偏振, 即

$$D_x=\mp\mathrm{i}D_y, \tag{101.21}$$

式中正负号与 (101.19) 内的正负号相对应. 当 D_x 与 D_y 之间的相位差为 $\mp\pi/2$ 时, 它们的大小相等表明波是圆偏振的, 如果沿波矢方向看去, 矢量 $\boldsymbol{D}$ 的旋转方向分别为逆时针或顺时针方向 (或者按习惯说法, 分别为**右旋偏振波**或**左旋偏振波**).

左旋偏振波和右旋偏振波折射率的不同, 导致在旋性物体表面上折射时产生两种圆偏振的折射波, 这种现象称为**双圆折射**.

设线偏振平面波垂直入射到物质的平行平面层上 (厚度为 l). 我们选择入射方向为 z 轴, 入射波内的矢量 $\boldsymbol{E}=\boldsymbol{D}$ 的方向为 x 轴. 于是线性振动可以表

示为旋转方向相反的两个圆振动之和, 它们之后在波矢不同 $\left(k_\pm = \left(\frac{\omega}{c}\right) n_\pm\right)$ 的物质层内传播. 假定波的振幅等于 1, 我们得到

$$D_x = \frac{1}{2}(\mathrm{e}^{\mathrm{i}k_+ z} + \mathrm{e}^{\mathrm{i}k_- z}), \quad D_y = \frac{\mathrm{i}}{2}(-\mathrm{e}^{\mathrm{i}k_+ z} + \mathrm{e}^{\mathrm{i}k_- z}),$$

或者引进

$$k = (k_+ + k_-)/2, \quad \varkappa = (k_+ - k_-)/2,$$

得到

$$D_x = \frac{1}{2}\mathrm{e}^{\mathrm{i}kz}(\mathrm{e}^{\mathrm{i}\varkappa z} + \mathrm{e}^{-\mathrm{i}\varkappa z}) = \mathrm{e}^{\mathrm{i}kz}\cos\varkappa z,$$

$$D_y = \frac{\mathrm{i}}{2}\mathrm{e}^{\mathrm{i}kz}(-\mathrm{e}^{\mathrm{i}\varkappa z} + \mathrm{e}^{-\mathrm{i}\varkappa z}) = \mathrm{e}^{\mathrm{i}kz}\sin\varkappa z,$$

当波从物质层内出射时, 我们得到

$$\frac{D_y}{D_x} = \tan\varkappa l = \tan\left(l\frac{\omega g}{2cn_0}\right). \tag{101.22}$$

这个比值为实数表明, 这个波仍然为线偏振波, 但偏振方向相对于原来的方向已有转动 (称为**法拉第效应**). 偏振平面转动的角度与波所经过的路程成正比; 在波矢方向单位长度上这个角度为

$$\frac{\omega g}{2cn_0}\cos\theta, \tag{101.23}$$

其中 θ 为 $\boldsymbol{n}$ 与 $\boldsymbol{g}$ 间的夹角.

应注意的是, 当磁场方向给定时, 偏振平面的旋转方向 (相对于 $\boldsymbol{n}$ 方向而言) 在 $\boldsymbol{n}$ 变号时改变为相反方向——即右旋变成左旋, 或者反过来. 因此, 若射线通过同一路程两次 (来回), 则偏振平面的总转动为通过一次时的二倍.

当 $\theta = \frac{\pi}{2}$ (波矢量垂直于磁场) 时, (101.19) 式描写的场的线性效应消失 (这与上述的普遍规则一致, 即矢量 $\boldsymbol{g}$ 的全部分量中, 对光传播有影响的只是它在 $\boldsymbol{n}$ 方向上的投影). 因此, 当 θ 接近 $\frac{\pi}{2}$ 时, 还必须考虑到与场的平方成比例的项. 特别是在张量 η'_{ik} 内必须计及二次项. 由于对场方向是轴对称的, 因而对称张量 η'_{ik} 的两个主值相等 (如同单轴晶体的情况). 下面我们选择 x 轴为磁场方向, 并且将平行于和垂直于磁场方向的 η'_{ik} 的主值分别用 $\eta_\parallel$ 和 $\eta_\perp$ 表示, 于是差值 $\eta_\parallel - \eta_\perp$ 与 H^2 成正比.

我们现在研究 $\boldsymbol{n}$ 和 $\boldsymbol{g}$ 互相垂直时所发生的二次效应 (称为**科顿–穆顿效应**). 在这种情况下, 在 (101.11) 和 (101.12) 式内, 我们有 $G_z = 0$, 而 n_{01}^{-2} 和 n_{02}^{-2} 分别等于 $\eta_\parallel$ 和 $\eta_\perp$. 因此, 在其中的一种波内,

$$n^{-2} = \eta_\parallel, \quad D_y = 0;$$

这个波是线偏振的, 矢量 $\boldsymbol{D}$ 的方向与 x 轴平行. 在另一种波内,

$$n^{-2}=\eta_{\perp},\quad D_x=0,$$

亦即其中 $\boldsymbol{D}$ 沿 y 轴方向. 假设线偏振光垂直入射到与磁场方向平行的物质的平行平面层上, 于是透入物质的光的两个分量 (矢量 $\boldsymbol{D}$ 分别在 xz 和 yz 平面内) 以不同 n 值传播. 结果从物质层另一面出来的光为椭圆偏振光.

最后, 我们研究发生在具有与 (恒定) 磁场成线性关系的旋光矢量 (101.15) 的介质中的一个独特的效应: 非磁性透明介质被交变电场所磁化 (皮塔耶夫斯基, 1960).

我们将从普遍公式 (31.6)

$$-\frac{\boldsymbol{B}}{4\pi}=\frac{\partial\widetilde{U}}{\partial\boldsymbol{H}}$$

出发, 而且考虑由公式 (80.11) 给出的交变电场对 $\widetilde{U}$ 的贡献. 根据对热力学量的小增量定理, 在介电常量发生小改变时这一贡献的变化 $\delta\widetilde{U}$ 与自由能的变化 $\delta\widetilde{F}$ 相同 (通过相应的变量表示). 在将公式 (14.1) 以显然的方式推广到各向异性介质后, 对于 $\delta\widetilde{F}$ 可以使用该式. 关于这个公式在有色散的透明介质中对于交变场 (而不是像在 §14 那样只对恒定场) 仍然正确一事, 已经在 §81 提到①. 因此, 我们有

$$\delta\widetilde{U}=-\delta\varepsilon_{ik}\frac{E_iE_k^*}{16\pi}=\delta\eta_{ik}\frac{D_iD_k^*}{16\pi}\tag{101.24}$$

(式中多出的一个 1/2 因子是因使用了 $\boldsymbol{E}$ 的复数表示); (101.24) 式的后一个等式的来源, 是因为从定义 $\varepsilon_{il}\eta_{lk}=\delta_{ik}$, 我们有 $\varepsilon_{il}\delta\eta_{lk}=-\eta_{lk}\delta\varepsilon_{il}$②.

将介电常量的变分理解为恒定磁场改变的结果, 我们写出

$$-\frac{\boldsymbol{B}}{4\pi}=\frac{\partial\widetilde{U}_0}{\partial\boldsymbol{H}}+\frac{\partial\eta_{ik}}{\partial\boldsymbol{H}}\frac{D_iD_k^*}{16\pi},$$

其中 $\widetilde{U}_0$ 与无电场时的介质有关. 如果介质本身是非磁化的 ($\mu=1$), 则有 $\partial\widetilde{U}_0/\partial\boldsymbol{H}=-\boldsymbol{H}/(4\pi)$. 此时磁化强度 $\boldsymbol{M}=(\boldsymbol{B}-\boldsymbol{H})/(4\pi)$ 等于

$$\boldsymbol{M}=-\frac{\partial\eta_{ik}}{\partial\boldsymbol{H}}\frac{D_iD_k^*}{16\pi}.$$

① 我们提醒读者, 这里 U 上面的 "~" 符号针对的是磁变量而不是电变量! 为了简化书写, 我们舍去了 $\widetilde{U}$ 上面的时间平均符号.

② 为要直接导出公式 (101.24), 应当以研究充满电介质的共振腔来代替在 §81 研究过的振荡回路. 计算出在介电常量有小变化时的频率改变 (参见 §90 中的习题 4) 并利用浸渐不变量定理, 我们可以求得共振腔的能量变化.

在没有外磁场时导数 $\partial\eta_{ik}/\partial\boldsymbol{H}$ 应当取 $\boldsymbol{H}=0$ 时的值. 使用 (101.6) 式和 (101.15) 式给出的 η_{ik}, 我们最终得到由交变电场产生的磁化强度的以下表达式:

$$M_l = -\frac{\mathrm{i}}{16\pi}e_{ikm}f_{ml}D_iD_k^*; \tag{101.25}$$

它与电场成平方关系. 如果没有磁场, 介质各向同性, 则有 $f_{ml}=f\delta_{ml}$, 且此时

$$\boldsymbol{M} = -\frac{\mathrm{i}f}{16\pi}\boldsymbol{D}\times\boldsymbol{D}^*. \tag{101.26}$$

对于线偏振场, $\boldsymbol{D}$ 矢量可以仅与实数相差一个位相因子; 此时 $\boldsymbol{D}$ 与 $\boldsymbol{D}^*$ 共线, 而且表达式 (101.25) 或 (101.26) 为零. 因此, 只有在旋转电场的作用下才产生磁化. 在某种意义上, 这个效应与在磁场中偏振平面转动效应相反并可用同一个张量 f_{ik} 表示; 所以称为**逆法拉第效应**.

习　　题

1. 试通过直接计算证明, 在透明旋性介质中传播的波的时间平均坡印亭矢量的方向与群速度方向相同.

解: 根据 (59.9a) 式

$$\overline{\boldsymbol{S}} = \frac{c}{8\pi}\,\mathrm{Re}(\boldsymbol{E}^*\times\boldsymbol{H}),$$

其中 $\boldsymbol{E}$ 和 $\boldsymbol{H}$ 均以复数形式表示. 采用类似于推导 (97.16) 式的步骤, 将 (97.15) 式分别乘以 $\boldsymbol{E}^*$ 和 $\boldsymbol{H}^*$:

$$\boldsymbol{E}^*\cdot\delta\boldsymbol{D} = \boldsymbol{H}^*\cdot\delta\boldsymbol{H} + (\boldsymbol{E}^*\times\boldsymbol{H})\cdot\delta\boldsymbol{n},$$
$$\boldsymbol{H}^*\cdot\delta\boldsymbol{H} = \boldsymbol{D}^*\cdot\delta\boldsymbol{E} + (\boldsymbol{E}\times\boldsymbol{H}^*)\cdot\delta\boldsymbol{n}.$$

将两式相加, 并注意到由于张量 ε_{ik} 的厄米性: $\boldsymbol{E}^*\cdot\delta\boldsymbol{D}=\boldsymbol{D}^*\cdot\delta\boldsymbol{E}$, 我们求得所需结果:

$$\delta\boldsymbol{n}\cdot\mathrm{Re}(\boldsymbol{E}^*\times\boldsymbol{H}) = 0.$$

2. 试求从真空入射到磁场内各向同性物体表面的光线折射时的方向.

解: 射线矢量 $\boldsymbol{s}$ 的方向由波矢面的法线定出; 将 (101.20) 式左端对矢量 $\boldsymbol{n}$ 的分量求微商, 我们发现, 矢量 $\boldsymbol{s}$ 与 $\boldsymbol{n}\pm\boldsymbol{g}/2n_0$ 成正比. 这个表达式的绝对值的平方等于 n_0^2; 因此, 射线方向上的单位矢量由下式给出:

$$\frac{\boldsymbol{s}}{s} = \frac{1}{n_0}\left(\boldsymbol{n}\pm\frac{1}{2n_0}\boldsymbol{g}\right). \tag{1}$$

我们用 θ 表示入射角. 一般说来, 折射光线不在入射面内, 它们的方向由与表面法线方向所成的 θ' 角和从入射面算起的方位角 φ' 所决定. 我们选择

入射面为 xz 平面, 其 z 轴垂直于发生折射的表面. 折射时波矢的分量 n_x, n_y 仍然保持不变. 而在入射光线内, 它们等于 $n_x=\sin\theta, n_y=0$. 把这些值代入 (1) 式内, 就得到单位矢量 $\dfrac{\boldsymbol{s}}{s}$ 的 x 分量和 y 分量, 它们直接给出折射光的方向:

$$\sin\theta'\cos\varphi'=\frac{1}{n_0}\sin\theta\pm\frac{1}{2n_0^2}g_x,$$
$$\sin\theta'\sin\varphi'=\pm\frac{1}{2n_0^2}g_y.$$

若入射角不太小, 则方位角 φ' 很小, 并且可以写为

$$\varphi'=\pm\frac{g_y}{2n_0\sin\theta},\quad \sin\theta'=\frac{\sin\theta}{n_0}\pm\frac{g_x}{2n_0^2}$$

当垂直入射时 $(\theta=0)$, 我们选择 xz 平面通过矢量 $\boldsymbol{g}$; 于是 $\varphi'=0$, 而 θ' 为

$$\theta'\approx\sin\theta'=\pm\frac{1}{2n_0^2}g_x.$$

虽然这个公式内并不包含 g_z, 但是如果 $g_z=0$, 这个公式不再适用, 因为 $\boldsymbol{n}$ 和 $\boldsymbol{g}$ 互相垂直时, 不能对场采用线性近似.

3. 试求线偏振光从真空内垂直入射到因磁场而变得各向异性的物体表面时反射光的偏振.

解: 在垂直入射时, 波矢方向在波进入第二种介质时仍然保持不变. 因此, 在三种波内 (入射波、反射波和折射波), 矢量 $\boldsymbol{H}$ 都平行于分界面 (xy 平面). 至于电场矢量 $\boldsymbol{E}$, 在入射波和反射波内, 它也平行于 xy 平面, 但在折射波内, 虽然 $E_z\neq0$, 但 $\boldsymbol{E}$ 和 $\boldsymbol{H}$ 的 x 分量和 y 分量间的关系和在各向同性物体内相同 $(H_x=-nE_y, H_y=nE_x)$. 若入射波的偏振和各向异性 (折射) 介质内沿 $\boldsymbol{n}$ 方向传播的两类波中的一类波的偏振相同, 则只产生具有这种偏振的折射波. 于是在这些条件下, 问题在形式上变得和从各向同性物体上反射的问题相同, 并且反射波和入射波内的场 $\boldsymbol{E}_1$ 和 $\boldsymbol{E}_0$ 由下式联系起来:

$$\boldsymbol{E}_1=\frac{1-n}{1+n}\boldsymbol{E}_0,\tag{2}$$

式中 n 为相应于上述偏振的折射率.

线偏振可以看成是旋转方向相反的两个圆偏振叠加的结果; 如果在入射波内, $\boldsymbol{E}_0$ 平行于 x 轴, 则可以写为 $\boldsymbol{E}_0=\boldsymbol{E}_0^++\boldsymbol{E}_0^-$, 其中

$$E_{0x}^+=\mathrm{i}E_{0y}^+=\frac{1}{2}E_0,\quad E_{0x}^-=-\mathrm{i}E_{0y}^-=\frac{1}{2}E_0$$

对于 $\boldsymbol{E}_0^+, \boldsymbol{E}_0^-$ 波中的每一个波, 利用 (1) 式 (其中 $n_\pm$ 由 (101.19) 式给出), 我们得到

$$E_{1x} = \frac{E_0}{2}\left[\frac{1-n_+}{1+n_+} + \frac{1-n_-}{1+n_-}\right] \approx E_0\frac{1-n_0}{1+n_0},$$
$$E_{1y} = \frac{\mathrm{i}E_0}{2}\left[\frac{1-n_-}{1+n_-} - \frac{1-n_+}{1+n_+}\right] \approx \mathrm{i}E_0\frac{g\cos\theta}{n_0(1+n_0)^2}$$

(θ 为入射方向与矢量 $\boldsymbol{g}$ 之间的夹角). 由此看出, 反射波是椭圆偏振的, 椭圆的长轴在 x 轴上, 而短轴与长轴之比等于

$$\frac{g\cos\theta}{n_0(n_0^2-1)}.$$

4. 试确定高频时回转矢量依赖于频率的极限形式.

解: 计算和 §78 中进行的计算相似, 所不同的只是在电子 (电荷 $e=-|e|$) 的运动方程内必须增加由恒定外磁场 $\boldsymbol{H}$ 所引起的洛伦兹力:

$$m\frac{\mathrm{d}\boldsymbol{v}'}{\mathrm{d}t} = e\boldsymbol{E}_0\mathrm{e}^{-\mathrm{i}\omega t} + \frac{e}{c}\boldsymbol{v}'\times\boldsymbol{H}.$$

在满足 $\omega \gg |e|H/(mc)$ 的条件时, 这方程可用逐次近似法解出. 精确到 $\boldsymbol{H}$ 的一次项, 我们得到

$$\boldsymbol{v}' = \frac{\mathrm{i}e}{m\omega}\boldsymbol{E} - \frac{e^2}{m^2\omega^2 c}\boldsymbol{E}\times\boldsymbol{H},$$

然后我们求得形为

$$\boldsymbol{D} = \varepsilon(\omega)\boldsymbol{E} + \mathrm{i}f(\omega)\boldsymbol{E}\times\boldsymbol{H}$$

的电感应强度, 式中的 $\varepsilon(\omega)$ 和 (78.1) 式相同, 而

$$f(\omega) = -\frac{4\pi Ne^3}{cm^2\omega^3} = \frac{|e|}{2mc}\frac{\mathrm{d}\varepsilon}{\mathrm{d}\omega}$$

(H. 贝克勒尔, 1897).

§102 力光现象

除了电光和磁光效应外, 还存在在外部作用下介质光学对称性改变的其他情况.

这首先包括弹性形变对固体光学性质的影响. 特别是, 由于形变的结果, 各向同性固体可以变得光学各向异性. 对这种现象的描写是通过在 $\varepsilon_{ik}(\omega)$ 内引入与形变张量分量成正比的附加项. 相应公式和描写静介电常量的 (16.1)

式和 (16.6) 式完全相同, 所不同的只是其中的系数现在是频率的函数. 例如, 各向同性物体形变时,

$$\varepsilon_{ik} = \varepsilon^{(0)}\delta_{ik} + a_1 u_{ik} + a_2 u_{ll}\delta_{ik}. \tag{102.1}$$

系数 $a_1(\omega)$ 和 $a_2(\omega)$ 称为**弹光常量**.

另一种情况是在非均匀运动流体内发生的光学各向异性. 相应的介电张量的普遍表达式是

$$\varepsilon_{ik} = \varepsilon^{(0)}_{ik} + \lambda_1\left(\frac{\partial v_k}{\partial x_i} + \frac{\partial v_i}{\partial x_k}\right) + \frac{\mathrm{i}}{2}\lambda_2\left(\frac{\partial v_k}{\partial x_i} - \frac{\partial v_i}{\partial x_k}\right), \tag{102.2}$$

它表示 ε_{ik} 展开为速度 $\boldsymbol{v}(\boldsymbol{r})$ 的导数的幂级数的头几项. 无吸收条件 (ε_{ik} 是厄米型的) 要求系数 $\lambda_1(\omega)$ 和 $\lambda_2(\omega)$ 为实数. $\varepsilon^{(0)}(\omega)$ 为静止流体的介电常量. 在不可压缩流体内, $\partial v_l/\partial x_l \equiv \operatorname{div}\boldsymbol{v} = 0$, (102.2) 式最后两项缩并时变成零.

在研究运动流体的电磁性质时, 必须联合应用运动介电体电动力学公式 (76.9)—(76.11) (速度 $\boldsymbol{v}$ 与坐标有关) 以及 (102.2) 式. 但是这时必须略去同时包括速度及其导数的各项, 因为它们已超出了公式的精确度范围.

(102.2) 式右端第二项和第三项对下角标 i 和 k 分别是对称的和反对称的. 当流体整体地匀速转动时, $\boldsymbol{v} = \boldsymbol{\Omega}\times\boldsymbol{r}$ ($\boldsymbol{\Omega}$ 为转动角速度), 对称项变为零. 反对称项形式为 $\mathrm{i}\lambda_2 e_{ikl}\Omega_l$, 即介质变成回转矢量为

$$\boldsymbol{g} = \lambda_2\boldsymbol{\Omega} \tag{102.3}$$

的旋性介质. 量 λ_2 包括来自两种效应的贡献: 介电常量的色散和科里奥利力对它的影响.

在与给定流体元一起运动的参考系内, (在实验室参考系中的) 单色波的振幅 $\boldsymbol{E}_0$ 以角速度 $-\boldsymbol{\Omega}$ 转动, 亦即成为满足方程

$$\frac{\partial\boldsymbol{E}_0}{\partial t} = -\boldsymbol{\Omega}\times\boldsymbol{E}_0$$

的时间函数. 在这个意义上波成为准单色波, 其中 $\boldsymbol{D}$ 和 $\boldsymbol{E}$ 的关系由公式

$$\boldsymbol{D} = \varepsilon(\omega)\boldsymbol{E} + \mathrm{i}\frac{\mathrm{d}\varepsilon(\omega)}{\mathrm{d}\omega}\frac{\partial\boldsymbol{E}_0}{\partial t}\mathrm{e}^{-\mathrm{i}\omega t} \tag{102.4}$$

给出 (这个公式的推导与公式 (80.10) 推导的差别仅在于现在 $f(\omega) = \varepsilon(\omega)$). 将导数 $\partial\boldsymbol{E}_0/\partial t$ 之值代入上式并将结果与 (101.16) 式中的回转矢量 $\boldsymbol{g}$ 的定义比较, 我们得到色散对 λ_2 的贡献等于 $\mathrm{d}\varepsilon^{(0)}/\mathrm{d}\omega$ (M. A. 普雷耶, 1976).

如果现在将 λ_2 表示为

$$\lambda_2 = \lambda_2^{(\mathrm{C})} + \frac{\mathrm{d}\varepsilon^{(0)}}{\mathrm{d}\omega} \tag{102.5}$$

的形式, 则 $\lambda_2^{(\mathrm{C})}$ 只与科里奥利力有关 (与 $\boldsymbol{\Omega}$ 成线性关系).

大家知道, 在转动参考系内差值

$$\hat{\mathscr{H}}' = \hat{\mathscr{H}} - \hat{\mathscr{M}}_{\mathrm{mech}} \cdot \boldsymbol{\Omega}$$

起系统哈密顿量的作用, 其中 $\hat{\mathscr{H}}$ 和 $\hat{\mathscr{M}}_{\mathrm{mech}}$ 为系统的通常的能量算符和角动量算符 (参见本教程第五卷 §34). 转动介质的介电常量原则上应按照这个哈密顿量计算. 不过这个表达式与磁场内精确到 $\boldsymbol{H}$ 线性项的系统哈密顿量

$$\hat{\mathscr{H}} = \hat{\mathscr{H}}_0 - \hat{\mathscr{M}} \cdot \boldsymbol{H}$$

相似, 其中 $\hat{\mathscr{M}}$ 为磁矩算符 (参见本教程第三卷 §113). 如果在给定频率范围内对介电常量的贡献只是由原子中的电子产生的, 则这种相似性是精确的. 此时 $\hat{\mathscr{M}} = e/(2mc)\hat{\mathscr{M}}_{\mathrm{mech}}$ ($e = |e|$ 为电子电荷) 且两个哈密顿量相互之间的差别只在于将 $\boldsymbol{\Omega}$ 换作 $e\boldsymbol{H}/(2mc)$. 所以很清楚, 在这种情况下将有

$$\lambda_2^{(\mathrm{C})}(\omega) = \frac{2mc}{e} f(\omega), \tag{102.6}$$

其中 $f(\omega)$ 由公式 (101.18) 确定 (Н. Б. 巴兰诺娃, Б. Я 泽尔多维奇, 1978) ①.

与系数 λ_1 相关的效应在诸如含有各向异性形状粒子的悬浮液及胶体溶液中有显著的大小. 此时效应与速度梯度对悬浮在液体中的粒子的取向作用有关. 均匀转动不具有这样的取向作用, 所以在当前情况下 $\lambda_2 \ll \lambda_1$, 而且 (102.2) 式右端最后一项可以舍弃. 含 λ_1 的那项所描述的效应称为**麦克斯韦效应**.

在结束本节时, 我们注意到含 λ_1 的项并不满足广义动理学系数对称性原理, 按照该原理本来应该有 $\varepsilon_{ik}(\omega; \boldsymbol{v}) = \varepsilon_{ki}(\omega; -\boldsymbol{v})$ (因为 $\boldsymbol{v}$ 是在时间反演时变号的参量). 但是, 这并不必要. 原因是, 当初推导这个原理时假设了我们研究的系数所描写的过程是系统内能量耗散的唯一来源. 而在现在的情况下, 除了在波的交变电磁场中的耗散外, 还有另外一个耗散源, 这个耗散源与电磁场毫无关系, 它是液体非均匀流中的内摩擦. 从广义响应理论的观点看, 含 λ_1 的项描写系统对非线性相互作用——电场 $\boldsymbol{E}$ 和速度梯度同时对电感应强度的贡

① 与此相关我们要强调指出, 其实在经典 (非量子) 理论中已经可以有不为零的 $\lambda_2^{(\mathrm{C})}$ 系数存在. 在经典理论框架内, 已知的有关物体热力学性质与均匀转动的科里奥利力无关的论证 (见本教程第五卷 §34) 仅与统计平衡性质有关. 而 $\omega \neq 0$ 时的介电常量表征的是物体的非平衡动理学性质.

献——的响应①. 液体整体的均匀旋转与附加耗散没有关系; 因此, 在存在这种转动的 (102.2) 式中, 含 λ_2 的项满足对称性原理: $\varepsilon_{ik}(\omega;\boldsymbol{\Omega})=\varepsilon_{ki}(\omega;-\boldsymbol{\Omega})$.

习 题

试确定平行于旋转介电体旋转轴传播的波的偏振面的旋转.

解: 问题归结为确定一个回转矢量, 它由两部分相加而成: 第一部分是由介电常量的改变及其色散对 (102.3) 式的贡献; 第二部分是与速度出现在关系式 (76.10) 和 (76.11) 内有关的“运动学”部分; 第二部分正是需要计算的.

在麦克斯韦方程

$$\operatorname{rot}\boldsymbol{E}=\frac{\mathrm{i}\omega}{c}\boldsymbol{B},\quad \operatorname{rot}\boldsymbol{H}=-\frac{\mathrm{i}\omega}{c}\boldsymbol{D},\quad \operatorname{div}\boldsymbol{B}=0,\quad \operatorname{div}\boldsymbol{D}=0 \tag{1}$$

中, 根据关系式 (76.10) 和 (76.11), 我们通过 $\boldsymbol{D}$ 和 $\boldsymbol{H}$ 表示 $\boldsymbol{E}$ 和 $\boldsymbol{B}$ ($\mu=1$), 此后对它们作变换, 我们取第一个方程的旋度并使用其余方程, 得到:

$$\Delta\boldsymbol{D}+\frac{\varepsilon\omega^2}{c^2}\boldsymbol{D}+\frac{\varepsilon-1}{c}\operatorname{rot}\operatorname{rot}(\boldsymbol{v}\times\boldsymbol{H})+\frac{\mathrm{i}\omega(\varepsilon-1)}{c^2}\operatorname{rot}(\boldsymbol{D}\times\boldsymbol{v})=0 \tag{2}$$

(这里我们相应于本节正文中的标记将 $\varepsilon^{(0)}$ 写作 ε). 由于所有的公式只在精确到 $\boldsymbol{v}$ 的一阶项情况下正确, 故略去所有高阶项.

方程 (2) 左端最后两项给出所要寻求的效应. 我们将这两项展开, 代入 $\boldsymbol{v}=\boldsymbol{\Omega}\times\boldsymbol{r}$; 此时有

$$\operatorname{rot}(\boldsymbol{v}\times\boldsymbol{H})=-\boldsymbol{H}\times\boldsymbol{\Omega},\quad \operatorname{rot}(\boldsymbol{D}\times\boldsymbol{v})=\boldsymbol{D}\times\boldsymbol{\Omega}.$$

完成这些微分操作后, 剩下来的所有量的坐标依赖性归结为乘数因子 $\mathrm{e}^{\mathrm{i}\boldsymbol{k}\cdot\boldsymbol{r}}$, 而且 $\boldsymbol{k}\|\boldsymbol{\Omega}$ (根据习题所给条件). 最后, 注意到在 $\boldsymbol{v}$ 的零级近似下, 我们有通常的关系式 $\boldsymbol{H}=c\boldsymbol{k}\times\boldsymbol{E}/\omega, k^2=\varepsilon\omega^2/c^2$, 计算后导致方程 (2) 取形式

$$\Delta\boldsymbol{D}+\frac{\varepsilon\omega^2}{c^2}\boldsymbol{D}+2\mathrm{i}\omega\frac{\varepsilon-1}{c^2}\boldsymbol{D}\times\boldsymbol{\Omega}=0$$

或

$$\left(\frac{1}{n_0^2}-\frac{1}{n^2}\right)\boldsymbol{D}-\frac{2\mathrm{i}(\varepsilon-1)}{\omega\varepsilon^2}\boldsymbol{D}\times\boldsymbol{\Omega}=0, \tag{3}$$

其中 $n_0^2=\varepsilon$, 而 n 为旋转物体的折射率. 将 (3) 式与 (101.11) 及 (101.17) 比较, 我们求得所要寻找的对回转矢量的“运动学”贡献等于

$$2(\varepsilon-1)\frac{\boldsymbol{\Omega}}{\omega}$$

---

① 原则上还存在相似种类的其他效应. 例如, 在没有反演中心的导电介质中, 在 ε_{ik} 中允许存在形为 $\delta_{ik}\boldsymbol{E}\cdot\boldsymbol{H}$ 或 $H_iE_k+H_kE_i$ 的赝张量项, 其中 $\boldsymbol{E}$ 和 $\boldsymbol{H}$ 为恒定外场 (Н. В. 巴兰诺娃, Ю. В. 波格丹诺夫, Б. Я. 泽尔多维奇, 1977). 重要的是, 这些形式上破坏了对称性原理的项仅可能在导电介质中存在, 其中恒定电场引起附加的耗散.

(E. 费米, 1923). 波的偏振面的转动由总矢量

$$\boldsymbol{g}=\left\{\frac{2(\varepsilon-1)}{\omega}+\frac{\mathrm{d}\varepsilon}{\mathrm{d}\omega}+\lambda_2^{(\mathrm{C})}\right\}\boldsymbol{\Omega}$$

确定. 我们注意到, 在高频极限下, 此时物质中原子的电子可当作自由电子, ε 由表达式 (78.1) 给出, 上式花括号中的前两项相消.

第十二章 空间色散

§103 空间色散

迄今为止, 在讨论物质的介电性质时, 我们都假定电感应强度 $\boldsymbol{D}(t,\boldsymbol{r})$ 取决于处于同一点、但 (在存在色散时) 不只是同一时刻 t 而是所有先前时刻 $t'\leqslant t$ 的电场强度 $\boldsymbol{E}(t',\boldsymbol{r})$. 这样的假设并不永远正确. 一般情况下, $\boldsymbol{D}(t,\boldsymbol{r})$ 之值依赖于 $\boldsymbol{r}$ 点周围某一空间区域的 $\boldsymbol{E}(t',\boldsymbol{r}')$ 之值. 此时, 用以描述 $\boldsymbol{D}$ 与 $\boldsymbol{E}$ 之间线性关系的是表达式 (77.3) 的推广形式:

$$D_i(t,\boldsymbol{r})=E_i(t,\boldsymbol{r})+\iint\limits_0^{\infty} f_{ik}(\tau;\boldsymbol{r},\boldsymbol{r}')E_k(t-\tau,\boldsymbol{r}')\mathrm{d}V'\mathrm{d}\tau; \tag{103.1}$$

这里已将这个关系式表示为相对于各向异性介质的形式. 这种**非局域**关系就是通常所谓的**空间色散** (与此相关的在 §77 研究过的通常的色散称作**时间色散或频率色散**) 的表现. 对于与时间 t 的依赖关系由因子 $\mathrm{e}^{-\mathrm{i}\omega t}$ 给出的场的单色分量, 这个关系所取形式为

$$D_i(\boldsymbol{r})=E_i(\boldsymbol{r})+\int f_{ik}(\omega;\boldsymbol{r},\boldsymbol{r}')E_k(\boldsymbol{r}')\mathrm{d}V'. \tag{103.2}$$

我们马上发现, 在大多数情况下空间色散所起的作用远比时间色散所起的作用小. 理由是对于通常的介电体, 积分算符的积分核 f_{ik} 在仅比原子尺度 a 大的距离 $|\boldsymbol{r}-\boldsymbol{r}'|$ 上就已经大为衰减. 而且对物理无穷小体积元平均的宏观场按照定义在 $\sim a$ 的距离上变化应当很小. 在一级近似下可以将 $\boldsymbol{E}(\boldsymbol{r}')\approx\boldsymbol{E}(\boldsymbol{r})$ 从 (103.1) 式中对 $\mathrm{d}V'$ 的积分号下提出, 结果我们又回到了 (77.3) 式. 在这种情况下, 空间色散可能只作为小修正出现. 但我们将要看到, 这些修正可以导致本质上全新的物理现象, 从而非常重要.

在导电介质 (金属, 电解质溶液, 等离子体) 中可以出现另外的情景: 自由载流子的运动所导致的非局域性可以伸展到远大于原子尺度的距离. 在这种情况下, 在宏观理论的框架内已可能出现重要的空间色散 ①.

气体中吸收谱线的**多普勒展宽**也是空间色散的表现. 如果静止原子在频率 ω_0 处有一条宽度可忽略的吸收谱线, 则对于运动的原子, 由于多普勒效应, 这个频率将移动量 $\boldsymbol{k}\cdot\boldsymbol{v}$, 其中 $\boldsymbol{v}$ 是原子的速度 ($v \ll c$). 这导致在气体吸收谱中整体上出现宽度为 $\Delta\omega \sim kv_T$ 的谱线, 其中 v_T 为原子的平均热速度. 同样地, 这样的展宽也意味着在 $k \gtrsim |\omega-\omega_0|/v_T$ 时气体的介电常量有重要的空间色散.

对于 (103.1) 式的形式必须作如下说明. 任何的对称性 (空间的或时间的) 考虑都不可能排除在非均匀交变磁场中的介电体的电极化. 与此相关可能产生是否应当在 (103.1) 式或 (103.2) 式右端添加含磁场的项的问题. 但实际上没有这个必要. 理由是不能认为场 $\boldsymbol{E}$ 和 $\boldsymbol{B}$ 是完全独立的. 它们之间 (在单色情况下) 以方程 $\operatorname{rot}\boldsymbol{E}=\dfrac{\mathrm{i}\omega}{c}\boldsymbol{B}$ 相联系. 借助这个等式 $\boldsymbol{D}$ 对 $\boldsymbol{B}$ 的依赖关系可以看作是对 $\boldsymbol{E}$ 的空间导数的依赖关系, 也即是非局域性的表现之一.

不失普遍性, 计及空间色散时, 完全可以合理地将麦克斯韦方程写为以下形式:

$$\operatorname{rot}\boldsymbol{E}=-\frac{1}{c}\frac{\partial\boldsymbol{B}}{\partial t},\quad \operatorname{div}\boldsymbol{B}=0, \tag{103.3}$$

$$\operatorname{rot}\boldsymbol{B}=\frac{1}{c}\frac{\partial\boldsymbol{D}}{\partial t},\quad \operatorname{div}\boldsymbol{D}=0, \tag{103.4}$$

除了平均磁场强度 $\overline{\boldsymbol{h}}=\boldsymbol{B}$ 之外并不引进另一个量 $\boldsymbol{H}$. 代替的办法, 是假定所有通过平均微观电流得到的项均纳入 $\boldsymbol{D}$ 的定义中. 前面使用过的按照 (79.3) 式将平均电流分为两部分, 一般说来, 不是唯一的. 在没有空间色散时, 分割由 $\boldsymbol{P}$ 是局域地与 $\boldsymbol{E}$ 相关的电极化这个条件确定. 在缺少这种关系时, 令 $\boldsymbol{M}=0, \boldsymbol{B}=\boldsymbol{H}$ 以及

$$\overline{\rho\boldsymbol{v}}=\frac{\partial\boldsymbol{P}}{\partial t} \tag{103.5}$$

更为方便, 将麦克斯韦方程表示为 (103.3)—(103.4) 式的形式正好与此相对

① 对于各向同性导电介质, 空间色散可忽略的条件对于横向和纵向介电常量是不一样的. 在第一种情况下, (103.2) 式中积分核不等于零的特征距离 r_0 是量 v/ω 或 l 中的较小者, 其中 v 为载流子平均速度, l 是载流子平均自由程. 对于纵向介电常量 r_0 与量 v/ω 或 $(lv/\omega)^{1/2}$ 中的小者相同 (后一个长度是载流子在 $\sim 1/\omega$ 时间内因扩散沿场方向走过的距离; 扩散系数 $D \sim lv$). 如果 $kr_0 \ll 1$, 空间色散不重要.

应①.

张量的分量 $f_{ik}(\omega;\boldsymbol{r},\boldsymbol{r}')$ 是 (103.2) 式中积分算符的积分核, 它们满足对称性关系式

$$f_{ik}(\omega;\boldsymbol{r},\boldsymbol{r}')=f_{ki}(\omega;\boldsymbol{r}',\boldsymbol{r}). \tag{103.6}$$

这一关系式是从 §96 对于张量 $\varepsilon_{ik}(\omega)$ 所进行的那些讨论得出的. 差别仅在于, 广义响应率 α_{ab} 中下标 a 和 b 的置换既表示张量下标 i 和 k 的置换, 也表示点 $\boldsymbol{r}$ 和 $\boldsymbol{r}'$ 的置换, 这种置换现在导致函数 $f_{ik}(\omega;\boldsymbol{r},\boldsymbol{r}')$ 中的相应宗量的置换②.

以下我们将研究无界宏观均匀介质. 在此情况下 (103.1) 或 (103.2) 式中的积分算符的核仅依赖于差 $\boldsymbol{\rho}=\boldsymbol{r}-\boldsymbol{r}'$. 此时函数 $\boldsymbol{D}$ 和 $\boldsymbol{E}$ 可适当地展开为时间以及坐标的傅里叶积分, 使其成为以因子 $\exp[\mathrm{i}(\boldsymbol{k}\cdot\boldsymbol{r}-\omega t)]$ 给出对 $\boldsymbol{r}$ 和 t 依赖性的平面波的集合. 对于这样的波, $\boldsymbol{D}$ 和 $\boldsymbol{E}$ 的关系为

$$D_i=\varepsilon_{ik}(\omega,\boldsymbol{k})E_k, \tag{103.7}$$

其中

$$\varepsilon_{ik}(\omega,\boldsymbol{k})=\delta_{ik}+\iint\limits_0^{\infty} f_{ik}(\tau,\boldsymbol{\rho})\mathrm{e}^{\mathrm{i}(\omega\tau-\boldsymbol{k}\cdot\boldsymbol{\rho})}\mathrm{d}^3\rho\mathrm{d}\tau. \tag{103.8}$$

在这样的描述下, 空间色散归结为介电常量张量对波矢的依赖.

“波长” $1/k$ 确定场发生显著变化的距离. 所以可以说, 同频率色散表示场对时间变化的依赖相似, 空间色散是物质宏观性质对电磁场的不均匀性依赖程度的表示. 当 $k\to 0$ 时, 场趋于均匀, 与此相应, $\varepsilon_{ik}(\omega,\boldsymbol{k})$ 趋于通常的介电常量 $\varepsilon_{ik}(\omega)$③.

从 (103.8) 式的定义可见,

$$\varepsilon_{ik}(-\omega,-\boldsymbol{k})=\varepsilon^*_{ki}(\omega,\boldsymbol{k}), \tag{103.9}$$

这是关系式 (77.7) 的推广. 用函数 $\varepsilon_{ik}(\omega,\boldsymbol{k})$ 表述的对称性 (103.6) 现在给出

$$\varepsilon_{ik}(\omega,\boldsymbol{k};\mathfrak{H})=\varepsilon_{ki}(\omega,-\boldsymbol{k};-\mathfrak{H}), \tag{103.10}$$

① 根据以上所述, 可以从某种不同的观点来看待 §79 所作的有关在光学频率区磁导率 μ 失去意义的论断. 在这个区域内, 与磁导率不为 1 有关的效应和介电常量的空间色散引起的效应区分不开. 同时应当注意到, 这里所采用的 $\boldsymbol{P}$ 的定义 (在此定义下 $\boldsymbol{M}=0$) 并不是唯一的. 在本章后面将要讨论的无限均匀介质情况下, 这个定义是方便的. 在其他情况下, 同时引进 $\boldsymbol{P}$ 和 $\boldsymbol{M}$ 可能更为适当.

② 在使用动理学系数广义对称性原理时始终应当做的是, 如果物体处于外磁场或具有磁结构, 关系式 (103.6) 的右端必须取场反号或时间反演时的结构.

③ 更准确地说, 对 $\boldsymbol{k}$ 的依赖性在 $kr_0\ll 1$ 时消失, 其中 r_0 为 $f_{ik}(\omega,\boldsymbol{\rho})$ 显著地不为零的区域的尺度.

其中以显式写入了外磁场 $\mathfrak{H}$ (如果存在的话). 如果介质具有反演中心, 分量 ε_{ik} 是矢量 $\boldsymbol{k}$ 的偶函数; 而轴矢量在反演时不变, 所以等式 (103.10) 约化为

$$\varepsilon_{ik}(\omega,\boldsymbol{k};\mathfrak{H})=\varepsilon_{ki}(\omega,\boldsymbol{k};-\mathfrak{H}). \tag{103.11}$$

空间色散并没有影响 (96.5) 式对能量耗散的推导. 所以无吸收条件与过去一样仍通过张量 $\varepsilon_{ik}(\omega,\boldsymbol{k})$ 的厄米性表达.

存在空间色散时, 即使在各向同性介质中, 介电常量也是张量 (而非标量): 波矢 $\boldsymbol{k}$ 成为特殊方向. 如果介质不仅是各向同性的, 而且具有反演中心, 则张量 ε_{ik} 可以仅由 $\boldsymbol{k}$ 的分量和单位张量 δ_{ik} 构成 (在没有对称中心时也可能由含反对称张量 e_{ikl} 的项构成; 参见 §104). 这种张量的一般形式可以写为

$$\varepsilon_{ik}(\omega,\boldsymbol{k})=\varepsilon_t(\omega,k)\left(\delta_{ik}-\frac{k_ik_k}{k^2}\right)+\varepsilon_l(\omega,k)\frac{k_ik_k}{k^2}, \tag{103.12}$$

其中 ε_i 和 ε_l 仅依赖于波矢的大小 (以及 ω). 如果电场强度 $\boldsymbol{E}$ 指向波矢, 则电感应强度 $\boldsymbol{D}=\varepsilon_l\boldsymbol{E}$; 如果 $\boldsymbol{E}\perp\boldsymbol{k}$, 则 $\boldsymbol{D}=\varepsilon_t\boldsymbol{E}$. ε_l 和 ε_t 分别称作**纵向介电常量**与**横向介电常量**. 当 $\boldsymbol{k}\to 0$ 时, 表达式 (103.12) 趋向于不依赖于 $\boldsymbol{k}$ 方向的取值 $\varepsilon(\omega)\delta_{ik}$; 因此显然有

$$\varepsilon_l(\omega,0)=\varepsilon_t(\omega,0)=\varepsilon(\omega). \tag{103.13}$$

借助介电常量 ε_t 和 ε_l 对各向同性介质电磁学性质的描写, 对应于以 (103.3), (103.4) 式表示的麦克斯韦方程. 从另一方面看, 当 $\boldsymbol{k}\to 0$ 且空间色散消失时, 我们可以回到借助于介电常量 ε 和 μ 的描述. 因此在各量之间存在确定的联系 (见习题 1).

公式 (103.8) 与 (77.5) 的相似, 使得我们可以把在 §77, §82 所进行的解析性质研究的结果移植到作为变量 ω 的复函数的每一个 $\varepsilon_{ik}(\omega,\boldsymbol{k})$ 分量上去. 它们是在 ω 的上半平面没有奇点的解析函数, 并且满足 (在每一个固定 $\boldsymbol{k}$ 值) 克拉默斯–克勒尼希色散关系. 这也同样适用于 (103.12) 式中的函数 $\varepsilon_l(\omega,k)$ 和 $\varepsilon_t(\omega,k)$. 此时应当注意到, 在 $k\neq 0$ 情况下, 即使在导电介质中, 函数 ε_l 在 $\omega\to 0$ 时也不趋于无穷大, 因此这里不要求将其减去 (在推导 (82.9) 式时必须减去) ; 当 $\omega\to 0$ 时导体中 $\varepsilon(\omega)$ 趋于无穷大, 这与静场的均匀性 ($\boldsymbol{k}=0$) 有关.

空间色散透明介质中电磁场的时间平均 (在 §80 所解释的意义上) 能量密度仍由以前的公式 (96.6) 表达; 由于现在 $\mu\equiv 1$, 故

$$\overline{U}=\frac{1}{16\pi}\left[\frac{\partial(\omega\varepsilon_{ik})}{\partial\omega}E_iE_k^*+|\boldsymbol{B}|^2\right] \tag{103.14}$$

(假定 $\boldsymbol{E}$ 和 $\boldsymbol{B}$ 均表示为复数形式). 在这种介质的能流密度中有一个附加项:

$$\overline{\boldsymbol{S}}=\frac{c}{8\pi}\operatorname{Re}(\boldsymbol{E}^*\times\boldsymbol{B})-\frac{\omega}{16\pi}\frac{\partial\varepsilon_{ik}}{\partial\boldsymbol{k}}E_i^*E_k. \tag{103.15}$$

这个公式是通过推广公式 (80.11) 的推导而得出的: 现在需要研究在不大的频率区间和波矢方向范围分布的波 (见习题 2).

习 题

1. 试求出函数 $\varepsilon(\omega), \mu(\omega)$ 之间以及 $k \to 0$ 时函数 $\varepsilon_l(\omega, k), \varepsilon_t(\omega, k)$ 的极限值之间的关系.

解: 我们来比较平均微观电流的两个表达式 (103.5) 和 (79.3). 对于单色场, 我们在第一种情况下有

$$\overline{\rho v_i} = -\frac{\mathrm{i}\omega}{4\pi}[\varepsilon_{ik}(\omega, \boldsymbol{k}) - \delta_{ik}]E_k,$$

而在第二种情况下有

$$\overline{\rho \boldsymbol{v}} = -\frac{\mathrm{i}\omega}{4\pi}[\varepsilon(\omega) - 1]\boldsymbol{E} + \frac{\mathrm{i}c}{4\pi}[\mu(\omega) - 1]\boldsymbol{k} \times \boldsymbol{H}.$$

将 (103.12) 式中的 $\varepsilon_{ik}(\omega, \boldsymbol{k})$ 代入第一个表达式, 而根据麦克斯韦方程将 $\boldsymbol{H} = (c/\omega\mu)\boldsymbol{k} \times \boldsymbol{E}$ 代入第二个表达式, 并令两个表达式相等, 比较 $\boldsymbol{k}(\boldsymbol{k} \cdot \boldsymbol{E})$ 的项, 我们得到等式

$$\varepsilon_t(\omega, \boldsymbol{k}) = \varepsilon(\omega) + k^2(c^2/\omega^2)(1 - 1/\mu(\omega)), \quad \varepsilon_l(\omega, \boldsymbol{k}) = \varepsilon(\omega).$$

由这个公式可见, 磁感应率的存在导致 ε_t 中正比于 k^2 的项的出现. 然而, 重要的是在 ε_t 和 ε_l 中, 一般而言, 有其他的量级为 k^2 的项. 如果含有 μ 的项是基本项, 则引进磁感应率是有意义的. 鉴于在分母中存在 ω^2, 这显然发生在 $\omega \to 0$ 时. 相反, 正如在 §79 已经解释过的那样, 在高频时引进 μ 没有意义.

2. 试导出空间色散介质的 (时间) 平均能流密度公式 (103.15).

解: 如同在 §80 中那样, 从等式 (80.2) 出发, 在其中令 $\boldsymbol{H} = \boldsymbol{B}$ (与方程 (103.3)—(103.4) 中场的写法对应), 将所有量表示为复数形式并对时间平均:

$$-\operatorname{div}\frac{c}{8\pi}\operatorname{Re}(\boldsymbol{E} \times \boldsymbol{H}^*) = \frac{1}{8\pi}\operatorname{Re}\left(\boldsymbol{E}^* \cdot \frac{\partial \boldsymbol{D}}{\partial t} + \boldsymbol{B}^* \cdot \frac{\partial \boldsymbol{B}}{\partial t}\right). \tag{1}$$

我们来研究殆单色平面波, 其中

$$\boldsymbol{E} = \boldsymbol{E}_0(t, \boldsymbol{r})\mathrm{e}^{\mathrm{i}(\boldsymbol{k}_0 \cdot \boldsymbol{r} - \omega_0 t)},$$

这里 $\boldsymbol{E}_0(t, \boldsymbol{r})$ 是空间和时间的缓变函数. 引进算符

$$\hat{f}_{ik} = \frac{\partial}{\partial t}\varepsilon_{ik}; \tag{2}$$

我们将导数 $\partial D_i/\partial t$ 写为 $\hat{f}_{ik}E_k$, 当这个算符作用于严格的时间和空间单色波时:

$$\hat{f}_{ik}E_k = f_{ik}E_k = -\mathrm{i}\omega\varepsilon_{ik}(\omega, \boldsymbol{k})E_k.$$

将 $\boldsymbol{E}_0(t, \boldsymbol{r})$ 展开为时间和坐标的傅里叶积分, 并表示为形如

$$\boldsymbol{E}_{0\alpha\boldsymbol{q}}\mathrm{e}^{\mathrm{i}(\boldsymbol{q}\cdot\boldsymbol{r}-\alpha t)}$$

的分量的叠加形式, 而且 $\alpha \ll \omega_0, \boldsymbol{q} \ll \boldsymbol{k}_0$. 其次, 按推导公式 (80.12) 那样着手. 将算符 (2) 作用于函数

$$\boldsymbol{E}_{\omega_0+\alpha,\boldsymbol{k}_0+\boldsymbol{q}} = \boldsymbol{E}_{0\alpha\boldsymbol{q}}\exp[\mathrm{i}(\boldsymbol{k}_0+\boldsymbol{q})\cdot\boldsymbol{r} - \mathrm{i}(\omega_0+\alpha)t],$$

我们写出

$$\begin{aligned}\hat{f}_{ik}\boldsymbol{E}_{\omega_0+\alpha,\boldsymbol{k}_0+\boldsymbol{q}} &= f_{ik}(\omega_0+\alpha, \boldsymbol{k}_0+\boldsymbol{q})\boldsymbol{E}_{\omega_0+\alpha,\boldsymbol{k}_0+\boldsymbol{q}} \\ &\approx \left[f_{ik}(\omega_0, \boldsymbol{k}_0) + \alpha\frac{\partial f_{ik}(\omega_0, \boldsymbol{k}_0)}{\partial\omega_0} + \boldsymbol{q}\cdot\frac{\partial f_{ik}(\omega_0, \boldsymbol{k}_0)}{\partial\boldsymbol{k}_0}\right]\boldsymbol{E}_{\omega_0+\alpha,\boldsymbol{k}_0+\boldsymbol{q}}.\end{aligned}$$

现在进行傅里叶分量的逆求和, 代入 $f_{ik}(\omega, \boldsymbol{k}) = -\mathrm{i}\omega\varepsilon_{ik}(\omega, \boldsymbol{k})$ 并去掉 ω_0 和 $\boldsymbol{k}_0$ 的下标, 我们得到:

$$\frac{\partial D_i}{\partial t} = -\mathrm{i}\omega\varepsilon_{ik}E_k + \left[\frac{\partial(\omega\varepsilon_{ik})}{\partial\omega}\frac{\partial E_{0k}}{\partial t} - \omega\frac{\partial\varepsilon_{ik}}{\partial\boldsymbol{k}}\cdot\nabla E_{0k}\right]\mathrm{e}^{\mathrm{i}(\boldsymbol{k}\cdot\boldsymbol{r}-\omega t)}. \tag{3}$$

方括号中的第二项使得这个表达式不同于 (80.10) 式. 将式 (3) 代入式 (1), 使该式具有能量守恒定律的形式

$$\frac{\partial\overline{U}}{\partial t} = -\operatorname{div}\overline{\boldsymbol{S}},$$

其中 $\overline{U}$ 和 $\overline{\boldsymbol{S}}$ 由 (103.14) 和 (103.15) 式给出.

§104 自然旋光性

如果空间色散很弱, 张量 $\varepsilon_{ik}(\omega, \boldsymbol{k})$ 可以按 $\boldsymbol{k}$ 的幂级数展开. 对于通常的凝聚态介电体, 这是按 a/λ 的幂级数展开, 其中 a 为原子尺度, λ 为场的波长.

准确到小量的一阶项, 这种展开的形式为

$$\varepsilon_{ik}(\omega, \boldsymbol{k}) = \varepsilon_{ik}^{(0)}(\omega) + \mathrm{i}\gamma_{ikl}k_l, \tag{104.1}$$

其中 $\varepsilon_{ik}^{(0)}=\varepsilon_{ik}(\omega,0)$, 而 γ_{ikl} 为某一依赖于频率的三秩张量 (当 $\omega\to 0$ 时, 这个与对 ω 的任何展开都无关的张量的分量趋于恒定值). 与介电常量 (104.1) 对应的单色场 ($\propto \mathrm{e}^{-\mathrm{i}\omega t}$) 中的 $\boldsymbol{D}$ 和 $\boldsymbol{E}$ 间的关系在坐标表象中的形式为

$$D_i=\varepsilon_{ik}^{(0)}E_k+\gamma_{ikl}\frac{\partial E_k}{\partial x_l}. \tag{104.2}$$

将对称性要求 (103.10) 应用于 (104.1), 我们求得 (在无外场时) :

$$\gamma_{ikl}(\omega)=-\gamma_{kil}(\omega). \tag{104.3}$$

无耗散时的厄米性条件给出 $\gamma_{ikl}^*=-\gamma_{kil}$; 利用 (104.3) 式, 我们由此得到 $\gamma_{ikl}^*=\gamma_{ikl}$. 因此, 无吸收条件要求张量 γ_{ikl} 为实张量.

如果依照 §97 中引进的写法, 将平面波的波矢表示为 $\boldsymbol{k}=\omega\boldsymbol{n}/c$, 则表达式 (104.1) 的形式可改写为

$$\varepsilon_{ik}=\varepsilon_{ik}^{(0)}+\mathrm{i}\frac{\omega}{c}\gamma_{ikl}n_l. \tag{104.4}$$

根据

$$\frac{\omega}{c}\gamma_{ikl}n_l=e_{ikl}g_l \tag{104.5}$$

将反对称二秩张量 $\gamma_{ikl}n_l$ 代之以与其对偶的轴矢量回转矢量 $\boldsymbol{g}$, 亦即将 ε_{ik} 写为

$$\varepsilon_{ik}=\varepsilon_{ik}^{(0)}+\mathrm{i}e_{ikl}g_l, \tag{104.6}$$

这形式上与 §101 所用的书写方式相同. 区别在于, 那里的矢量 $\boldsymbol{g}$ 仅依赖于介质的性质 (以及施加的外磁场), 而这里的回转矢量还依赖于场的波矢. 根据 (104.5) 式, 这个矢量的分量是 $\boldsymbol{n}$ 的分量的线性函数:

$$g_i=g_{ik}n_k. \tag{104.7}$$

将 (104.7) 式代入 (104.5) 式, 我们求得

$$\frac{\omega}{c}\gamma_{ikl}n_l=e_{ikm}g_{ml}n_l,$$

鉴于 $\boldsymbol{n}$ 为任意矢量, 所以

$$\frac{\omega}{c}\gamma_{ikl}=e_{ikm}g_{ml}, \tag{104.8}$$

这个公式确立了三秩真张量 γ_{ikl} 与二秩赝张量 g_{ik} 之间的关系①.

物体的具体晶体学对称性给张量 γ_{ikl} (或 g_{ik}) 的各分量加上了确定的限制, 特别是, 可能使得所有的分量恒等于零. 例如, 在具有中心对称的物体中张

① 写为分量有 $g_{xx}=\dfrac{\omega}{c}\gamma_{yzx}, g_{xy}=\dfrac{\omega}{c}\gamma_{yzy}, g_{yx}=\dfrac{\omega}{c}\gamma_{zxx}$ 等.

量 γ_{ikl} 不可能存在. 实际上, 在所有三个坐标变号 (反演) 时三秩张量 (以及相应的二秩赝张量) 的所有分量都变号, 然而物体的对称性却要求在这一变换下它们不变.

对于张量 g_{ik} 不为零的物体, 人们常称它们具有**自然旋光性**或**自然旋性**. 因此存在旋光性的所有情况都要求物体没有对称中心.

我们先来研究各向同性物体的自然旋光性. 如果液体 (或气体) 由没有立体异构体的物质组成, 则其不仅相对于转动对称, 而且相对于在任何一点的反射 (反演) 也对称, 于是自然旋光性被排除. 只有由具有两种立体异构体形式的物质组成, 而且两种异构体含量不同的液体, 才是旋光性的: 这样的液体不具有对称中心.

在各向同性物体中 (同样也在立方对称晶体中), 赝张量 g_{ik} 约化为赝标量:

$$g_{ik} = f\delta_{ik}, \quad \gamma_{ikl} = \frac{c}{\omega} f e_{ikl}. \tag{104.9}$$

赝标量是在坐标反演时变号的量. 在反演操作后, 两种立体异构体物质在形式上互相转换; 所以它们的 f 的取值具有相反的符号.

因此, 旋光性各向同性物体中回转矢量 $\boldsymbol{g} = f\boldsymbol{n}$, 且波的电感应强度与电场强度之间的关系由下式给出:

$$\boldsymbol{D} = \varepsilon^{(0)}\boldsymbol{E} + \mathrm{i}f\boldsymbol{E} \times \boldsymbol{n}. \tag{104.10}$$

因为 $\boldsymbol{D}\cdot\boldsymbol{n} = 0$, 故由此也得出 $\boldsymbol{E}\cdot\boldsymbol{n} = 0$. 换句话说, 在这种波里不仅感应强度 $\boldsymbol{D}$ 是横的 (相对于方向 $\boldsymbol{n}$ 而言), 而且在全部介质中电场强度 $\boldsymbol{E}$ 也是横的.

在计及物质的自然旋光性时, 折射率的变化是小量. 所以在确定这个变化时, 可以在 (104.10) 式的小项 $\boldsymbol{E}\times\boldsymbol{g}$ 中令 $n = n_0 = \sqrt{\varepsilon^{(0)}}$. 那时计算差值 $n - n_0$ 的问题形式上与 §101 研究过的在磁场影响下 n 的改变的问题相同, 与后者的差别仅在于矢量 $\boldsymbol{g}$ 的含义以及这个矢量始终平行于 $\boldsymbol{n}$ 方向 (§101 中的 z 轴). 所以, 类似于 (101.19), 我们马上可以写出

$$n_\pm^2 = n_0^2 \pm g = n_0^2 \pm f n_0. \tag{104.11}$$

这两个值分别对应于 (与 (101.21) 式对比) $\boldsymbol{E}$ (或 $\boldsymbol{D}$) 的两个分量的以下关系:

$$E_x = \pm\mathrm{i}E_y, \tag{104.12}$$

亦即左旋圆偏振波和右旋圆偏振波. 我们还要指出, 矢量 $\boldsymbol{n}$ 的大小不依赖于其方向; 所以 $\boldsymbol{n}$ 的方向与射线矢量 $\boldsymbol{s}$ 的方向相同.

因此我们看到, 自然旋光性各向同性物体的光学性质与非旋光物体在磁场中所具有的性质有相似之处: 它具有双圆折射, 且线偏振波在其中传播时发生偏振面旋转. 在射线路径单位长度上的旋转角为 $\omega f/2c$.

物质的两种立体异构体形态的 f 常量的正负号相反, 因此旋转方向也相反: 分别被称为**右旋立体异构体**或**左旋立体异构体**.

与在磁场中的偏振面旋转不同, 在自然旋光性物质中旋转的大小和方向都不依赖于射线传播的方向. 所以如果线偏振光线在自然旋光介质的同一路径来回通过两次, 则其偏振处于初始的偏振面上.

我们现在转向自然旋光晶体. 我们这里不去系统地列举所有可能的对称情况 (见本节的习题), 但要指出, 尽管对称中心存在时不可能有自然旋光性, 但在对称平面或转动–反射轴存在时仍可能有自然旋光性. 因而, 我们要强调晶体中自然旋光性的存在条件与允许晶体以两种镜像异构体 (**左右对映体**) 形式存在的条件并不相同, 后者更为严苛, 不仅要求不存在对称中心, 而且也不允许有对称平面. 因此晶体可以是旋光性的, 同时又与自己的镜像相同.

当具有任意方向波矢的光在自然旋光晶体 (单轴或双轴的) 中传播时, 我们实际上遇到的是线偏振波的通常的双折射现象; 计及旋光性基本上归结为将严格的线偏振波代换为具有非常小 (一阶小量) 的长短轴比的椭圆偏振波.

只有光轴方向是例外, 在不计及自然旋光性时, 沿光轴的菲涅耳方程的两个根相同. 在这些方向上, 晶体的自然旋光现象和各向同性物体的旋光性相似; 出现一阶双圆折射以及相应的线偏振波偏振面旋转. 当波矢方向偏离光轴方向时, 这些现象迅速消失.

就定量计算晶体中的自然旋光现象而言, 方便的办法不是用 $\boldsymbol{E}$ 表示 $\boldsymbol{D}$, 而是用 $\boldsymbol{D}$ 表示 $\boldsymbol{E}$ (如在 §101 中所作的那样). 准确到一阶小量这些公式为:

$$E_i = \varepsilon_{ik}^{(0)-1} D_k + \mathrm{i}(\boldsymbol{D} \times \boldsymbol{G})_i, \tag{104.13}$$

其中 $\boldsymbol{G}$ 与先前引进的矢量 $\boldsymbol{g}$ 通过

$$G_i = -\frac{1}{|\varepsilon^{(0)}|}\varepsilon_{ik}^{(0)} g_k$$

相联系 (参见 (101.9)). 由于这一表达式与表达式 (101.7) 形式上相同, 故而方程 (101.11)—(101.12) 也依然适用. 在这些方程中, G_z 为矢量 $\boldsymbol{G}$ 在 $\boldsymbol{n}$ 方向的投影. 如果将 $\boldsymbol{G}$ 表示为

$$G_i = G_{ik} n_k \tag{104.14}$$

的形式 (与 (104.7) 类似), 则这个投影正比于

$$\boldsymbol{n} \cdot \boldsymbol{G} = G_{ik} n_i n_k. \tag{104.15}$$

自然旋光晶体的光学性质取决于这个二次型. 张量 G_{ik} 本身并不一定是对称的, 但如果将它分解为对称与反对称部分, 则在构成 (104.15) 式时, 反对称部分消失. 因此在研究自然旋光晶体的光学性质时, 可以认为 G_{ik} 是对称的.

习 题

试求出晶体对称性对张量 G_{ik} 的分量所加的限制.

解: 对于所有的转动操作, 赝张量 G_{ik} 表现得如同真张量; 特别是, 二重以上对称轴的存在, 就像对于真的二秩对称张量一样, 导致在垂直于轴的平面上的完全的各向同性. 赝张量 G_{ik} 在反射下的行为取决于其与三秩真张量的对偶: 在改变二秩真张量一个给定分量符号的所有反射下, G_{ik} 的对应分量保持不变或者相反. 例如, 在 yz 平面上反射时, 分量 $G_{xx}, G_{yy}, G_{zz}, G_{yz}$ 变号, 而 G_{xy}, G_{xz} 则保持不变.

以下我们给出在所有的允许自然旋光性存在的晶类中不消失的 G_{ik} 的分量. 将 z 轴选为沿 3 重、4 重或 6 重对称轴, 或者沿唯一的 2 重轴 (在 $\boldsymbol{C}_2, \boldsymbol{C}_{2v}$ 晶类中), 而在 $\boldsymbol{C}_s$ 晶类中选为垂直于对称面的方向; 存在三个互相垂直的对称轴时选它们为坐标轴.

$\boldsymbol{C}_1$ 晶类: G_{ik} 的所有分量.

$\boldsymbol{C}_2$ 晶类: $G_{xx}, G_{yy}, G_{zz}, G_{xy}$; 适当地选择 x, y 轴可使 G_{xy} 为零.

$\boldsymbol{C}_s$ 晶类: G_{xz}, G_{yz}; 适当地选择 x, y 轴可使其中之一为零.

$\boldsymbol{C}_{2v}$ 晶类: G_{xy} (xz 面, yz 面与对称面重合).

$\boldsymbol{D}_2$ 晶类: G_{xx}, G_{yy}, G_{zz}.

$\boldsymbol{C}_3, \boldsymbol{C}_4, \boldsymbol{C}_6, \boldsymbol{D}_3, \boldsymbol{D}_4, \boldsymbol{D}_6$ 晶类: $G_{xx} = G_{yy}, G_{zz}$.

$\boldsymbol{S}_4$ 晶类: $G_{xx} = -G_{yy}, G_{xy}$; 适当地选择 x, y 轴可使其中的一个量为零.

$\boldsymbol{D}_{2d}$ 晶类: G_{xy} (x, y 轴处于竖直对称面上).

$\boldsymbol{T}, \boldsymbol{O}$ 晶类: $G_{xx} = G_{yy} = G_{zz}$.

我们注意到在单轴 $\boldsymbol{S}_4$ 和 $\boldsymbol{D}_{2d}$ 晶类中, 如果矢量 $\boldsymbol{n}$ 沿 z 轴方向, 因为 $G_{zz} = 0$, 标量 (104.15) 式为零. 这表明在这些晶体中沿光轴没有自然旋光效应.

在双轴 C_{2v} 晶类中光轴处于一个对称面上. 但对于处于 xz 面或者 yz 面上的矢量 $\boldsymbol{n}$, 标量 (104.15) 式也为零, 因此这里沿光轴也没有自然旋光效应. 唯一允许沿光轴方向出现偏振面旋转但同时又不允许左右对映性的晶类是单斜 $\boldsymbol{C}_s$ 晶类.

§105 非旋光性介质中的空间色散

在对称性不允许自然旋光性的晶体中,其介电常量 $\varepsilon_{ik}(\omega,\boldsymbol{k})$ 按 $\boldsymbol{k}$ 的幂级数展开的 (零阶项之后) 第一项是平方项.

如同通常在晶体光学中所作的那样,为了今后使用,更方便的是将这个展开写为对逆张量 $\eta_{ik}=\varepsilon_{ik}^{-1}$ 的展开. 我们将它写为:

$$\eta_{ik}=\eta_{ik}^{(0)}(\omega)+\beta_{iklm}(\omega)k_lk_m. \tag{105.1}$$

可以认为张量 β_{iklm} 相对于第二对下标是对称的, 因为它与对称乘积 k_lk_m 相乘. 由于方程 (103.10) (其中 $\mathfrak{H}=0$) 张量 β_{iklm} 也相对于第一对下标对称:

$$\beta_{iklm}=\beta_{kilm}=\beta_{ikml}. \tag{105.2}$$

但是, 它不应当相对于两组下标的置换对称. 无吸收时, 由张量 η_{ik} 的厄米性及其对称性得出 η_{ik} 是实张量, 今后我们将假定仍然如此.

在各向同性介质中张量 β_{iklm} 应当只通过单位张量来表示, 亦即具有

$$\beta_{iklm}=\beta_1\delta_{ik}\delta_{lm}+\frac{\beta_2}{2}(\delta_{il}\delta_{km}+\delta_{kl}\delta_{im})$$

的形式, 它仅包含两个独立分量. 在各向同性的物体中同样也有 $\eta_{ik}^{(0)}=\eta^{(0)}\delta_{ik}$, 因此张量 (105.1) 的形式变为

$$\eta_{ik}=(\eta^{(0)}+\beta_1k^2)\delta_{ik}+\beta_2k_ik_k, \tag{105.3}$$

与具有空间色散的各向同性介质中介电张量的普遍表达式 (103.12) 一致. 波在介质中的传播取决于方程 (97.21). 但在将 (105.3) 式代入这些方程后, 由于矢量 $\boldsymbol{D}$ 与 $\boldsymbol{k}$ 在平面波中正交, 含 β_2 的各向异性项消失, 亦即介质理所当然地仍为光学各向同性的.

但是, 在立方晶体中张量 β_{iklm} 就已经不能归结为单位张量; 依晶类不同, 对于这些晶体它有三个或四个独立分量. 不计及空间色散时立方晶体是光学各向同性的; 计及对 $\boldsymbol{k}$ 为平方的色散导致晶体中出现新的性质——光学各向异性 (H. A. 洛伦兹, 1878).

在立方晶体中 $\eta_{ik}^{(0)}=\delta_{ik}/\varepsilon^{(0)}$, 而且展开式 (105.1) 的形式变为

$$\eta_{ik}=\frac{1}{\varepsilon^{(0)}}\delta_{ik}+\beta_{iklm}k_lk_m. \tag{105.4}$$

将此表达式代入方程 (97.21) 后, 我们得到

$$\left[\left(\frac{1}{n^2}-\frac{1}{n_0^2}\right)\delta_{\alpha\beta}-\frac{\omega^2n^2}{c^2}\beta_{\alpha\beta33}\right]D_\beta=0, \tag{105.5}$$

其中 $n_0^2=\varepsilon^{(0)}$, 笛卡儿坐标系 x_1,x_2,x_3 的 x_3 轴的方向沿波矢方向. 根据展开式 (105.4) 的涵义, 这些方程方括号内第二项应当被视为小修正 (有关 $1/n_0^2$ 趋于零的特殊情况, 参见 §106). 此时在该项中可将 n^2 换作 n_0^2:

$$\left[\left(\frac{1}{n^2}-\frac{1}{n_0^2}\right)\delta_{\alpha\beta}-\frac{\omega^2n_0^2}{c^2}\beta_{\alpha\beta33}\right]D_\beta=0. \tag{105.6}$$

这些方程具有与不考虑空间色散的非立方晶体中的波的方程同样的形式. 它们的行列式是 n^{-2} 的二次方程, 用以确定具有同样的 $\boldsymbol{k}$ 方向但偏振不同的两个波的折射率. 因此, 立方晶体中的空间色散消除了 "偏振简并" —— 两个波的速度变得不同且依赖于波传播方向.

在 §84 末尾曾提到过在透明各向同性介质中存在纵向电磁波的可能性. 确定这些波的频率与波矢之间关系 (色散关系) 的条件的严格表述要求计及空间色散; 这个条件为

$$\varepsilon_l(\omega,k)=0. \tag{105.7}$$

在 k 很小时, 这个方程的解的形式为

$$\omega(k)=\omega_{l0}+\frac{1}{2}\alpha k^2, \tag{105.8}$$

其中 α 为常量, 而 ω_{l0} 为介电常量 $\varepsilon(\omega)=\varepsilon_l(\omega,0)$ 趋于零时的频率值. 此时波的传播速度

$$\boldsymbol{u}=\frac{\partial\omega}{\partial\boldsymbol{k}}=\alpha\boldsymbol{k} \tag{105.9}$$

正比于波矢.

习　　题

试求出立方晶系非旋光晶体中张量 β_{iklm} 分量之间的关系.

解: 在 $\boldsymbol{T}_d,\boldsymbol{T}_h,\boldsymbol{O}_h$ 晶类中, 没有自然旋光性.

在 $\boldsymbol{T}_d$ 和 $\boldsymbol{T}_h$ 晶类中, 选 3 个二重对称轴为 x,y,z 轴. 张量中不为零的分量为:

$$\beta_1\equiv\beta_{xxxx}=\beta_{yyyy}=\beta_{zzzz},\quad \beta_2\equiv\beta_{xxzz}=\beta_{yyxx}=\beta_{zzyy},$$
$$\beta_3\equiv\beta_{xyxy}=\beta_{yzyz}=\beta_{zxzx},\quad \beta_4\equiv\beta_{zzxx}=\beta_{xxyy}=\beta_{yyzz}.$$

在 $\boldsymbol{O}_h$ 晶类中, 3 根 C_2 轴成为 C_4 轴, 其结果是附加了一个关系 $\beta_2=\beta_4$.

§106 吸收线附近的空间色散

在前面的两节中都把空间色散效应当作小修正, 通常出现的情况也确实如此. 然而, 在晶体尖锐的吸收线近旁情况发生变化, 在那里根据 (84.7) 式 $\varepsilon^{(0)}(\omega)$ 急剧增大. 在这个区域内考虑空间色散, 甚至会使物理图像发生定性的改变.

问题在于, 在介电常量中增加 k 的幂次项, 提高了确定 $k(\omega)$ 函数依赖关系的色散代数方程的阶数. 因此, 在其形式解中出现附加根. 在远离吸收线处, 这些根处于大 k 的区域, 亦即处于理论适用范围之外, 应当舍弃. 而在吸收线附近, 当 k 很小时介电常量已经大为改变, 并可以出现具有真实物理意义的附加根, 也就是说出现新的横波.

为简单起见, 我们仅限于研究各向同性介质, 并从介质不是旋光介质——不具有自然旋光性的情况开始 (С. И. 佩卡尔, В. Л. 金兹堡, 1958).

如前节所述, 各向同性介质即使在计及空间色散时也是光学各向同性的. 这表明, 在这样的介质中, 横电磁波的色散关系由通常的方程 $n^2 = \varepsilon$ 给出, 而且应当把 ε 理解为横向介电常量 ε_t:

$$n^2 = \varepsilon_t(\omega, k). \tag{106.1}$$

在 §103 节指出过, $\varepsilon_t(\omega, k)$ 和 $\varepsilon_l(\omega, k)$ 作为频率的函数, 与没有空间色散的函数 $\varepsilon(\omega)$ 一样满足克拉默斯–克勒尼希关系. 所以可以断言, 在吸收线附近函数 $\varepsilon_t(\omega, k)$ 具有如同在 (84.7) 式中一样的形式, 不过含有依赖于 k 的常量; 我们将其写为以下形式:

$$\varepsilon_t(\omega, k) = \frac{A(k)}{\omega_t(k) - \omega}, \quad A(k) > 0.$$

如果量 A 相对很小①, 则除去计及含极点的项之外, 在 ε_t 中同样计及常数项 (与 ω 无关) 可能是有意义的; 将这一项记为 $a(k)$ 并假设 $a > 0$, 也就是说, 在远离吸收线处, 介质是光学透明的. 理论上允许在 ε_t 中同时包含极点项和常数项, 要求这两项在 $|\omega - \omega_t| \ll \omega_t$ 的频率范围内彼此不相上下, 也只有在这个范围内极点表示适用; 换句话说, 必须有 $A \ll a\omega_t$.

由于像从前一样假定 k 很小, 可以将函数按其幂级数展开. 此时将 $a(k)$ 和 $A(k)$ 换作恒定值 $a \equiv a(0) > 0, A \equiv A(0) > 0$, 只在小差值 $\omega_t - \omega$ 中函数 $\omega_t(k)$ 的展开 $\omega_t(k) \approx \omega_0 + \nu k^2$ 里留下修正项. 此时介电常量为:

$$\varepsilon_t(\omega, k) = a + \frac{A}{\omega_0 + \nu k^2 - \omega}. \tag{106.2}$$

① 例如, 由于某些近似的选择定则减小了确定 A 值的矩阵元.

我们注意到, 这个表达式作为频率的函数在 $\omega > \omega_t$ 的区域内有零点. 当 $k=0$ 时函数在 $\omega=\omega_{l0}=\omega_0+A/a$ 处为零. 由于 $k=0$ 时介电常量 ε_t 和 ε_l 相同, 则 ω_{l0} 是纵波的极限 (当 $k\to 0$ 时) 频率 (与 (105.8) 对比). $\varepsilon_t(\omega,k)$ 的根在 $k\neq 0$ 时没有直接的物理意义.

色散方程 (106.1) 现在的形式为

$$(n^2-a)(\beta n^2-\omega+\omega_0)=A, \tag{106.3}$$

其中引入了标记 $\beta=\nu\omega^2/c^2\approx\nu\omega_0^2/c^2$; 这个量可正可负. 这个方程的解可以看作是谱的两支波相交的结果, 一支是 $n^2=a$ 的寻常光波, 而另一支是与介电常量的极点相关的 $n^2=(\omega-\omega_0)/\beta$ 的波. 这两支波在图 58 中以点划线标出. 强度取决于量 A 的这些分支的 "相互作用" 导致这些线分开 ①

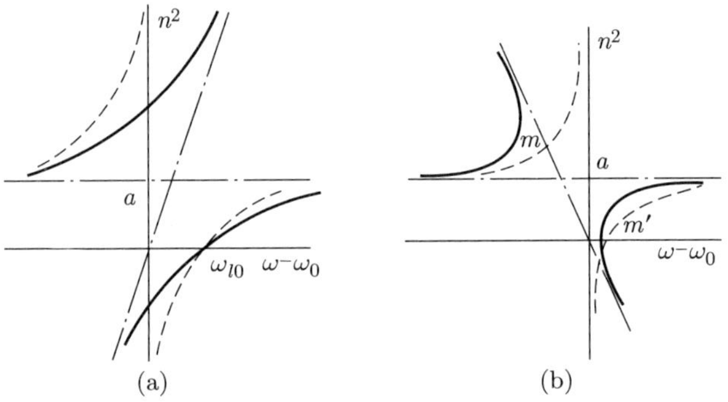

图 58

在图 58 中用实线示意地标出了决定方程 (106.3) 的根的 $n^2(\omega)$ 对 ω 的依赖关系; 虚线表示未计及空间色散的函数 $n^2(\omega)(\beta=0)$. 当然, 在介质中传播的波只对应于 n^2 的正根②. $\beta>0$ 时 (图 58a) 上面的实线出现在 $\omega>\omega_0$ 区, 从而给出了一个若不考虑空间色散时就不会存在的附加波; 当 $\omega>\omega_{l0}$ 时, 介质中可以传播两种不同的电磁波. 图 58b 中绘出了 $\beta<0$ 情况下 $n^2(\omega)$ 对 ω 的依赖关系. 在坐标为

$$n_m^2=a+\sqrt{\frac{A}{|\beta|}},\quad \omega_m-\omega_0=-|\beta|\left(a+2\sqrt{\frac{A}{|\beta|}}\right)$$

---

① 在微观理论中, 介电常量的极点反映了介电体中玻色元激发——激子的存在; 常量 β 的符号与激子有效质量的符号相同 (参见本教程第九卷 §66). 波谱的相应分支称作**激子支**. 两支虚交叉点附近的波谱区称作**电磁耦子区**.

② 为了直观, 图中也绘出了负根. 我们记得, n 的虚值对应于介质为不透明 (尽管在其中无吸收) 的波; 可以说, 波从介质全反射.

的点 m (该点 $\mathrm{d}n^2/\mathrm{d}\omega=\infty$, 两个根汇合) 的左侧区域, 有两个正根并且介质中可以传播两种不同的波. 同样的情况出现在坐标为

$$n_{m'}^2=a-\sqrt{\frac{A}{|\beta|}},\quad \omega_{m'}-\omega_0=-|\beta|\left(a-2\sqrt{\frac{A}{|\beta|}}\right)$$

点 m' 与点

$$\omega=\omega_{0l}$$

之间的区域内.

如果量 A 不足够小, 严格地说, 在 (106.2) 中保留常数项是不合理的. 丢掉这一项 (亦即在公式中置 $a=0$) 后, 我们得到与图 58 不同的图像, 不同之处在于, 所有曲线的水平渐近线都是横坐标线 (取代了 $n^2=a$ 线). 这里不研究 $\omega\geqslant\omega_{l0}$ 的区间.

现在我们来研究旋光介质吸收线附近的情况 (В. Л. 金兹堡, 1958).

不考虑空间色散的介电常量 $\varepsilon^{(0)}$ 可以表示为极点表达式的形式

$$\varepsilon^{(0)}(\omega)=\frac{A}{\omega_0-\omega}. \tag{106.4}$$

我们现在不假定系数 A 特别小, 与此相应也不写出常数项. $\boldsymbol{E}$ 和 $\boldsymbol{D}$ 之间的关系应当使用形如 (104.13) 式的通过逆张量 $\eta_{ik}=\varepsilon_{ik}^{-1}$ 表示的公式. 在各向同性介质中

$$\boldsymbol{E}=\frac{1}{\varepsilon^{(0)}}\boldsymbol{D}+\mathrm{i}F\boldsymbol{D}\times\boldsymbol{n}, \tag{106.5}$$

其中旋光性矢量写为 $\boldsymbol{G}=F\boldsymbol{n}$ 的形式. 在吸收线附近张量 η_{ik} 的分量只是通过零点, 没有理由破坏其按波矢展开的收敛性.

色散方程的形式为

$$\left(\frac{1}{n^2}-\frac{1}{n_0^2}\right)^2=F^2n^2, \tag{106.6}$$

其中 $n_0^2=\varepsilon^{(0)}$ (与 (101.12) 对比). 将 (106.4) 式的 $\varepsilon^{(0)}$ 代入上式, 我们得到方程

$$\left(\frac{1}{n^2}+\frac{\omega-\omega_0}{A}\right)^2=F^2n^2. \tag{106.7}$$

图 59 中用实线示意地绘出了这个方程的根 n^2 对 $\omega-\omega_0$ 的依赖关系. 其中之一既在 $\omega<\omega_0$ 时存在, 也在 $\omega>\omega_0$ 时存在, 后一频率区间在不考虑空间色散时 n 没有实数值 (图中的虚线为函数 $n_0^2(\omega)$). 其他的两个根在 $\omega<\omega_m$ 时才存在, 亦即只在坐标为

$$\omega_0-\omega_m=3A\left(\frac{F}{2}\right)^{2/3},\quad n_m^2=\left(\frac{2}{F}\right)^{2/3}$$

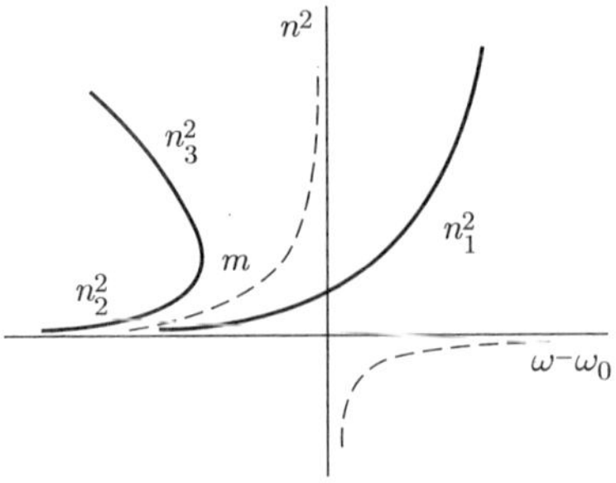

图 59

的点 m 的左侧存在. 函数 $n_2^2(\omega)$ 和 $n_3^2(\omega)$ 的曲线从 $n_0^2(\omega)$ 曲线的上方通过, 而函数 $n_1^2(\omega)$ 的曲线从其下面通过. 所以 (由决定波中电感应强度 $\boldsymbol{D}$ 的方程 (101.11) 清楚地看出) 波 2 和波 3 具有一种符号的圆偏振, 而波 1 则具有另一种符号的圆偏振.

最后我们强调, 介电常量的公式 (106.2) 与 (106.4) 本身, 以及基于这些公式所得的结果, 仅适用于足够远离谱线中心的那些频率: $|\omega-\omega_0| \gg \gamma$, 其中 γ 为线宽. 当 $|\omega-\omega_0| \lesssim \gamma$ 时, 必须考虑吸收, 亦即考虑介电常量的虚部. 这可使得物理图像产生重大变化.

第十三章

非线性光学

§107 非线性介质中的频率变换

前面各章中叙述的电磁波在介电体中传播的理论, 都建立在电感应强度 $\boldsymbol{D}$ 与电场强度 $\boldsymbol{E}$ 之间存在线性关系的假定上. 如果 (如实际上所出现的那样) 电场强度 $\boldsymbol{E}$ 比原子内的特征场强值小得多, 这一近似在足够高的精度上是正确的. 但是即使在这样的条件下, $\boldsymbol{D}(\boldsymbol{E})$ 依赖关系中所存在的非线性修正也会导致性质上全新的效应, 因此是非常重要的.

非线性介质最重要的特点是其中会产生具有新频率的振荡. 例如, 如果向这种介质入射频率为 ω_1 的单色波, 则随着波在介质中的传播会产生频率为 $m\omega_1$ (m 为整数) 的波; 如果一开始是频率为 ω_1 和 ω_2 的单色信号的集合, 则随时间的流逝也会产生组合频率为 $m\omega_1+n\omega_2$ 以及其他频率的信号.

如果介质无耗散, 则频率变换过程除了满足显然的在所有频率上总振动能守恒条件之外, 还遵从若干非常普遍的关系. 此时假定非线性是弱非线性, 至于这个弱究竟是何含义将会在后面进一步准确化.

我们所要寻求的关系的起源与涵义从量子论的观点来看更为清楚, 因此我们将从量子论的观点出发. 为了简化讨论, 我们将假设系统的所有频率都可以表示为两个不可公度的基本频率 ω_1 和 ω_2 的线性组合:

$$\omega_{mn}=m\omega_1+n\omega_2, \tag{107.1}$$

其中 m, n 为正的或负的整数.

介质中的总辐射能可以表示为所有量子的能量之和:

$$\mathscr{U} = \sum_{m,n} N_{mn}\hbar\omega_{mn},$$

其中 N_{mn} 是频率为 ω_{mn} 的量子的数目. 求和对所有 $\omega_{mn} > 0$ 的数 m,n 进行 (因为只有正频率才有物理意义).

频率变换过程导致在能量守恒条件下数 N_{mn} 随时间的改变. 所以

$$\frac{\mathrm{d}\mathscr{U}}{\mathrm{d}t} = \hbar\omega_1 \sum_{m,n} m\frac{\mathrm{d}N_{mn}}{\mathrm{d}t} + \hbar\omega_2 \sum_{m,n} n\frac{\mathrm{d}N_{mn}}{\mathrm{d}t} = 0.$$

但由于事先假定了 ω_1 和 ω_2 的不可公度性和量子数目及其变化的整数性, 这个等式要求两个单独求和中的每一个等于零 ①:

$$\sum_{m,n} m\frac{\mathrm{d}N_{mn}}{\mathrm{d}t} = 0, \quad \sum_{m,n} n\frac{\mathrm{d}N_{mn}}{\mathrm{d}t} = 0. \tag{107.2}$$

引入相应的强度量——相应频率上辐射的总能量 $\overline{\mathscr{U}}_{mn}$ 取代量子的数目 N_{mn}:

$$\overline{\mathscr{U}}_{mn} = \hbar\omega_{mn}N_{mn}. \tag{107.3}$$

此时关系式 (107.2) 的形式为

$$\sum_{m,n} \frac{m}{\omega_{mn}}\frac{\mathrm{d}\overline{\mathscr{U}}_{mn}}{\mathrm{d}t} = 0, \quad \sum_{m,n} \frac{n}{\omega_{mn}}\frac{\mathrm{d}\overline{\mathscr{U}}_{mn}}{\mathrm{d}t} = 0. \tag{107.4}$$

这里应当注意从振动的经典图像观点来看特别清楚的一种情况. 说到 $\overline{\mathscr{U}}_{mn}$ 随时间的改变时, 我们只是指这个变化的系统进程; 换句话说, 只研究按照比周期 $1/\omega_1, 1/\omega_2$ 大的时间间隔平均的能量 (为此在 (107.4) 式中在 $\overline{\mathscr{U}}_{mn}$ 上加了一个横杠). 也正是在这里要求非线性效应是弱的: 这些效应引起的受激振动的系统增长特征时间 τ 必须远大于上述周期. 只有在这样的条件下, 即

$$\frac{1}{\omega_1}, \frac{1}{\omega_2} \ll \Delta t \ll \tau$$

时, 研究对时间间隔 Δt 平均的量的时间进程才有意义.

等式 (107.4) 表示的正是我们寻求的关系式; 它们以曼利–罗定理而著称 (J. M. 曼利, H. E. 罗, 1956)②. 为摆脱求和时 $\omega_{mn} > 0$ 的限制, 仍需赋予它更

① 此处将整数量的改变率写作导数形式当然只是象征性的.

② 这个定理的量子解释是外斯给出的 (M. T. 外斯, 1957).

为确定的形式. 这很容易做到, 注意到对于 $\omega_{mn} > 0$ 的每一个数对 m, n, 相应地有数对 $-m, -n$, 对于这个数对, 频率为负但具有同样的绝对值 $|\omega_{mn}|$. 定义

$$\overline{\mathscr{U}}_{-m,-n} = \overline{\mathscr{U}}_{mn} \tag{107.5}$$

并将求和扩展至从 $-\infty$ 到 ∞ 的所有整数, 我们理所当然地使求和加倍, 但它们仍然等于零. 在这之后还可再作一个简化. 在 (107.4) 的第一个等式中将对 m 的求和分割为从 0 到 ∞ 和从 $-\infty$ 到 0 的两个求和, 而在第二个求和中将 m, n 换为 $-m, -n$. 在 (107.4) 的第二个等式中对 n 的求和做类似的变换. 结果是我们最终得到:

$$\sum_{m=0}^{\infty}\sum_{n=-\infty}^{\infty}\frac{m}{m\omega_1+n\omega_2}\frac{\mathrm{d}\overline{\mathscr{U}}_{mn}}{\mathrm{d}t}=0,\quad \sum_{n=0}^{\infty}\sum_{m=-\infty}^{\infty}\frac{n}{m\omega_1+n\omega_2}\frac{\mathrm{d}\overline{\mathscr{U}}_{mn}}{\mathrm{d}t}=0. \tag{107.6}$$

定理向大数目非公度初始频率情况的推广是显然的.

振动系统的具体性质可以禁止这种或那种频率变换过程. (107.6) 式中的求和实际上只对所允许的过程进行.

例如, 在只允许产生组合频率 $\omega_1+\omega_2$ 的系统的最简单情况, 数 m 和 n 取值 0, 1, 我们得到:

$$-\frac{1}{\omega_1}\frac{\mathrm{d}\overline{\mathscr{U}}_{10}}{\mathrm{d}t}=-\frac{1}{\omega_2}\frac{\mathrm{d}\overline{\mathscr{U}}_{01}}{\mathrm{d}t}=\frac{1}{\omega_1+\omega_2}\frac{\mathrm{d}\overline{\mathscr{U}}_{11}}{\mathrm{d}t}. \tag{107.7}$$

这些等式的意思很显然: 量子 $\hbar\omega_1$ 和 $\hbar\omega_2$ 数目的亏损等于所产生量子 $\hbar(\omega_1+\omega_2)$ 数目的盈余.

§108 非线性介电常量

在弱非线性情况下, 对于 $\boldsymbol{D}$ 与 $\boldsymbol{E}$ 的线性关系的第一修正是电场强度二次方形式的. 存在时间色散①时, 这个修正在任意各向异性介质中使用类似于 (77.3) 式的表达式

$$D_i^{(2)}(t)=\iint_0^{\infty} f_{i,kl}(\tau_1,\tau_2)E_k(t-\tau_1)E_l(t-\tau_2)\mathrm{d}\tau_1\mathrm{d}\tau_2, \tag{108.1}$$

来表示. 不用说, 这种项的存在对介质所允许的对称性施加了一定的限制; 特别是, 如果介质在反演变换下不变, 这一项不存在.

① 本章中我们处处忽略空间色散.

虽然今后我们将形如 (108.1) 式的 $\boldsymbol{E}$ 的二次项作为典型项看待, 但必须指出, 在平方近似下电感应强度 $\boldsymbol{D}$ 也可以包含 $\boldsymbol{E}$ 和 $\boldsymbol{H}$ 分量的双线性项以及 $\boldsymbol{H}$ 的平方项; 这些项通常所起的作用很小, 所以我们不去研究它们. 由于与 $\boldsymbol{D}(\boldsymbol{E})$ 依赖关系问题类似, 我们也不去讨论磁感应强度 $\boldsymbol{B}$ 对磁场强度 $\boldsymbol{H}$ 的非线性依赖关系.

引入量

$$\varepsilon_{i,kl}(\omega_1,\omega_2)=\iint\limits_0^\infty \mathrm{e}^{\mathrm{i}(\omega_1\tau_1+\omega_2\tau_2)}f_{i,kl}(\tau_1,\tau_2)\mathrm{d}\tau_1\mathrm{d}\tau_2, \tag{108.2}$$

人们自然地称之为二阶**非线性介电常量**(由于与形如 (77.5) 式的表达式所确定的线性介电常量 $\varepsilon_{ik}(\omega)$ 的类似). 它与被称为**非线性响应率**的量 $\chi_{ikl}=\varepsilon_{ikl}/(4\pi)$ 的区别仅为一个乘数因子. 由于定义式 (108.1) 中 E_k 和 E_l 的对称性, 张量 $f_{i,kl}$ 在同时置换其宗量时对 k,l 是对称的: $f_{i,kl}(\tau_1,\tau_2)=f_{i,lk}(\tau_2,\tau_1)$. 所以张量 $\varepsilon_{i,kl}$ 也具有这样的对称性:

$$\varepsilon_{i,kl}(\omega_1,\omega_2)=\varepsilon_{i,lk}(\omega_2,\omega_1). \tag{108.3}$$

特别是当 $\omega_1=\omega_2$ 时, 张量对后一对下标对称

$$\varepsilon_{i,kl}(\omega,\omega)=\varepsilon_{i,lk}(\omega,\omega). \tag{108.4}$$

除此而外, 因为函数 $f_{i,kl}$ 是实函数 (由具有实的 $\boldsymbol{E}$ 和 $\boldsymbol{D}$ 的定义式 (108.1) 得出), 我们有

$$\varepsilon_{i,kl}(-\omega_1,-\omega_2)=\varepsilon^*_{i,kl}(\omega_1,\omega_2) \tag{108.5}$$

在研究单色场及其叠加时自然会出现介电常量 (108.2). 在非线性表达式中, 这些场当然应表示为实数形式. 例如, 如果 $\boldsymbol{E}$ 是单一频率 ω 的单色场, 那么应当将之写为 $\boldsymbol{E}(t)=\mathrm{Re}\{\boldsymbol{E}_0\mathrm{e}^{-\mathrm{i}\omega t}\}$, 将它代入 (108.1) 式后得出表达式

$$D_i^{(2)}(t)=\frac{1}{2}\mathrm{Re}\{\varepsilon_{i,kl}(\omega,\omega)\mathrm{e}^{-2\mathrm{i}\omega t}E_{0i}E_{0k}+\varepsilon_{i,kl}(\omega,-\omega)E_{0i}E^*_{0k}\}. \tag{108.6}$$

这个表达式含有二倍频的振动 (除差频 $\omega-\omega=0$ 对应的常数项之外). 在一般情况下, $\varepsilon_{i,kl}(\omega_1,\omega_2)$ 描述与 $\exp(-\mathrm{i}\omega_3 t)$ 成正比的对电感应强度的贡献, 其中 $\omega_3=\omega_1+\omega_2$.

以下我们只研究无耗散介质并称它们是透明的, 虽然由于能量有可能转移到其他频率, 它们并非在真正的意义上 (对于给定频率的波) 如此. 我们还假设介质不具有磁结构.

首先要证明, 在这些条件下非线性介电常量是实的. 如果将非线性响应率张量的分量通过起小扰动作用的介质与场之间的电偶极相互作用的矩阵元

表达, 这点很容易直接看出来; 二阶响应率出现在微扰论的三级近似中①. 但不进行实际计算也可理解这种计算的结果是实数的来由. 实际上, 用来计算矩阵元的波函数的完备集可以选为实的 (对于无磁结构从而相对于时间反演不变的介质!). 场与介质的电偶极矩相互作用算符也是实的. 所以虚数项只可能出现在绕微扰论能量分母的极点的结果中. 然而, 介质中没有耗散表明场的频率中没有一个与系统能级之差相等 (或者由于这样或那样的选择规则, 极点上的留数等于零) ; 因此事实上不需绕过极点.

介质的透明性也导致张量 $\varepsilon_{i,kl}$ 的确定对称关系的出现. 而且这些关系也可以从微扰论所得的具体的表达式中看出. 但这里还可以通过更简单的方法得到所要的结果.

为此我们假设介质中的场是具有非公度频率 $\omega_1,\omega_2,\omega_3$ 的三个殆单色场之和:

$$\boldsymbol{E}=\boldsymbol{E}_1+\boldsymbol{E}_2+\boldsymbol{E}_3=\mathrm{Re}\{\boldsymbol{E}_{01}\mathrm{e}^{-\mathrm{i}\omega_1 t}+\boldsymbol{E}_{02}\mathrm{e}^{-\mathrm{i}\omega_2 t}+\boldsymbol{E}_{03}\mathrm{e}^{-\mathrm{i}\omega_3 t}\}, \tag{108.7}$$

其中 $\omega_3=\omega_1+\omega_2$. 我们假定频率为 $\omega_1,\omega_2,\omega_3$ 的场是由后来关闭的外源建立的; 在介质的弱非线性影响下它们的振幅 $\boldsymbol{E}_{01},\cdots$ 均成为时间的缓变函数.

这种缓变性使得可以对每一个基本频率的场单独写出其麦克斯韦方程. 同样地, 从这些方程也可以通常的方式得出形如

$$\frac{1}{4\pi}(\overline{\boldsymbol{E}_1\cdot\dot{\boldsymbol{D}}_1}+\overline{\boldsymbol{H}_1\cdot\dot{\boldsymbol{H}}_1})+\mathrm{div}\,\frac{c}{4\pi}(\overline{\boldsymbol{E}_1\times\boldsymbol{H}_1})=0$$

的能量守恒定律 (对于带下标 2 和 3 的量也有类似关系) ; 式中 $\boldsymbol{D}_1$ 表示电感应强度 $\boldsymbol{D}$ 中含因子 $\mathrm{e}^{\pm\mathrm{i}\omega_1 t}$ 的那一部分, 横杠表示对时间平均 (为将来需要). 对场所在的全部体积积分时, 含散度的项消失, 只剩下

$$\frac{1}{4\pi}\int(\overline{\boldsymbol{E}_1\cdot\dot{\boldsymbol{D}}_1}+\overline{\boldsymbol{H}_1\cdot\dot{\boldsymbol{H}}_1})\mathrm{d}V=0.$$

如果在 $\boldsymbol{D}_1$ 中明显地分离出与 $\boldsymbol{E}$ 成线性和非线性的项,

$$\boldsymbol{D}_1=\boldsymbol{D}_1^{(1)}+\boldsymbol{D}_1^{(2)},$$

则头一部分项与 $\boldsymbol{H}_1\cdot\dot{\boldsymbol{H}}_1$ 一起给出频率为 ω_1 的场的能量随时间的变化 $\mathrm{d}\mathscr{U}_1/\mathrm{d}t$. 因此, 这种变化取决于方程

$$\frac{\mathrm{d}\mathscr{U}_1}{\mathrm{d}t}=-\frac{1}{4\pi}\int\overline{\mathrm{Re}\{\boldsymbol{E}_{01}\mathrm{e}^{-\mathrm{i}\omega_1 t}\}\cdot\dot{\boldsymbol{D}}_1^{(2)}}\mathrm{d}V. \tag{108.8}$$

① 这些计算类似于 (尽管要庞杂得多) 在二级微扰论中对线性广义响应率的计算 (参见本教程第五卷 §126).

这里导数 $\partial \boldsymbol{D}_1^{(2)}/\partial t$ 应当借助于 (108.1), (108.2) 式通过电场强度表示. 除了指数因子相消了的那些项之外, 对时间的平均使所有其他项等于零. 重复对其余频率做计算, 我们最后得到:

$$\begin{aligned}\frac{\mathrm{d}\overline{\mathscr{U}_1}}{\mathrm{d}t}&=-\frac{\mathrm{i}\omega_1}{16\pi}\int\varepsilon_{k,il}(-\omega_3,\omega_2)E_{03i}^*E_{01k}E_{02l}\mathrm{d}V+\mathrm{c.c.},\\ \frac{\mathrm{d}\overline{\mathscr{U}_2}}{\mathrm{d}t}&=-\frac{\mathrm{i}\omega_2}{16\pi}\int\varepsilon_{l,ki}(\omega_1,-\omega_3)E_{03i}^*E_{01k}E_{02l}\mathrm{d}V+\mathrm{c.c.},\\ \frac{\mathrm{d}\overline{\mathscr{U}_3}}{\mathrm{d}t}&=\frac{i\omega_3}{16\pi}\int\varepsilon_{i,kl}(\omega_1,\omega_2)E_{03i}^*E_{01k}E_{02l}\mathrm{d}V+\mathrm{c.c.},\end{aligned}\tag{108.9}$$

其中 c.c. 表示复共轭. 计算时使用了性质 (108.3).

三个频率能量的总变化等于

$$\frac{\mathrm{d}\overline{\mathscr{U}}}{\mathrm{d}t}=\frac{\mathrm{d}\overline{\mathscr{U}}_1}{\mathrm{d}t}+\frac{\mathrm{d}\overline{\mathscr{U}}_2}{\mathrm{d}t}+\frac{\mathrm{d}\overline{\mathscr{U}}_3}{\mathrm{d}t}.\tag{108.10}$$

在非线性介质中, 这个和, 一般而言, 不应当精确为零, 这是因为还存在能量转移到诸如 $\omega_1-\omega_2,\omega_3+\omega_2$ 等等组合频率的可能. 但是, 由外源产生的频率为 $\omega_1,\omega_2,\omega_3$ 的场的值与非线性的程度无关; 与仅仅因为介质的非线性才出现的那些具有其他频率的场相反, 外源产生的场不应该是小量. 所以, 可以认为后一类场在能量平衡中的贡献不存在并要求和式 (108.10) 为零. 其次, 由于这样的介质代表总共有三个频率的非线性系统, 可以应用 (107.7) 式的最简单形式的曼利–罗定理. 在我们这里所使用的标记下, 这个关系为:

$$\frac{1}{\omega_1}\frac{\mathrm{d}\overline{\mathscr{U}}_1}{\mathrm{d}t}+\frac{1}{\omega_3}\frac{\mathrm{d}\overline{\mathscr{U}}_3}{\mathrm{d}t}=0,\quad \frac{1}{\omega_2}\frac{\mathrm{d}\overline{\mathscr{U}}_2}{\mathrm{d}t}+\frac{1}{\omega_3}\frac{\mathrm{d}\overline{\mathscr{U}}_3}{\mathrm{d}t}=0.$$

将 (108.9) 式代入上式, 我们求得非线性介电常量满足以下的重要对称关系①:

$$\varepsilon_{i,kl}(\omega_1,\omega_2)=\varepsilon_{k,il}(-\omega_3,\omega_2)=\varepsilon_{l,ki}(\omega_1,-\omega_3)\tag{108.11}$$

(J. A. 阿姆斯特朗, N. 布洛姆伯根, J. 杜昆, P. S. 珀尔珊, 1962). 如果给张量的分量补写上第三个宗量以使得三个宗量之和为零, 则这些等式所表达的对称性变得更为直观:

$$\begin{aligned}\varepsilon_{i,kl}(-\omega_3;\omega_1,\omega_2)&=\varepsilon_{k,il}(\omega_1;-\omega_3,\omega_2)\\&=\varepsilon_{l,ki}(\omega_2;\omega_1,-\omega_3)=\varepsilon_{i,lk}(-\omega_3;\omega_2,\omega_1)\end{aligned}$$

① 重要的是, 复振幅是任意的; 所以, (108.9), (108.10) 式中的复共轭项独立, 并可分别使它们相等.

(最后一个等式为 (108.3) 式). 如果约定将三个相继的宗量 (频率) 与张量的三个相继的下标相联系, 则可以在同时以同样方式排列宗量的条件下, 以任意的方式排列这些下标.

我们注意到, 要求没有耗散本身只会导致更弱的条件——和式 (108.10) 等于零, 亦即

$$\omega_3\varepsilon_{i,kl}(\omega_1,\omega_2)-\omega_1\varepsilon_{k,il}(-\omega_3,\omega_2)-\omega_2\varepsilon_{l,ki}(\omega_1,-\omega_3)=0. \tag{108.12}$$

在 $\omega_1=\omega_2\equiv\omega$ 时, 上述结论不能直接使用, 因为此时曼利–罗关系式正好约化为总能量守恒. 而等式

$$\varepsilon_{i,kl}(\omega,\omega)=\varepsilon_{k,il}(-2\omega,\omega)=\varepsilon_{l,ki}(\omega,-2\omega) \tag{108.13}$$

可以由 (108.11) 式取极限时从连续性考虑简单地推断出来.

如果两个频率 ω_1 和 ω_2 趋于零, 张量 $\varepsilon_{l,kl}$ 成为完全对称的. 这个对称性直接反映了一个事实, 即在静态情况下, 可以从自由能对 $\boldsymbol{E}$ 求微商得到电感应强度 $\boldsymbol{D}$:

$$D_i=-4\pi\frac{\partial\widetilde{F}}{\partial E_i},$$

从而

$$\frac{\partial D_i}{\partial E_k}=\frac{\partial D_k}{\partial E_i}.$$

由此得出张量 $\varepsilon_{i,kl}$ 对下标 i,k 的对称性, 从而也得出其对全部三个下标的对称性.

如果频率中只有一个等于零, 则关系式 (108.11) 导致等式

$$\varepsilon_{i,kl}(\omega,0)=\varepsilon_{l,ki}(\omega,-\omega), \tag{108.14}$$

同时也有

$$\varepsilon_{i,kl}(\omega,0)=\varepsilon_{k,il}(-\omega,0)=\varepsilon_{k,il}(\omega,0) \tag{108.15}$$

(由于 (108.5), 实函数 $\varepsilon_{k,il}(\omega,0)$ 是 ω 的偶函数). 张量 $\varepsilon_{i,kl}(\omega,0)$ 描写线性电光效应——恒定电场影响下晶体介电常量的改变, 因而它理应与 (100.4) 式确定的张量 α_{ikl} 相同:

$$\varepsilon_{i,kl}(\omega,0)=\alpha_{ikl}(\omega);$$

由于 (108.15) 式, 它相对于下标 i,k 对称. 张量 $\varepsilon_{l,ki}(\omega,-\omega)$ 则描写另一个效应——介质中出现正比于所施加的弱交变周期场平方的静态介电极化 (对照 (108.6) 式中的第二项). 因此, 等式 (108.14) 建立起了这两个效应之间的联系

通过类似的考虑,采用跨接电学量和磁学量的非线性响应率,有可能重新获得法拉第磁光效应与旋转电场引起的介质磁化之间的关系; 这就是由公式 (101.15) 和 (101.25) 建立的关系.

前面曾经说过,相对于空间反演不变的介质不存在二阶非线性. 在这种情况下,非线性效应从函数 $\boldsymbol{D}(\boldsymbol{E})$ 级数展开的立方项开始. 相应的三阶非线性介电常量是依赖于三个独立频率的四秩张量:

$$\varepsilon_{i,klm}(\omega_1,\omega_2,\omega_3).$$

它的对称性质与二阶介电张量的对称性质完全类似: 如果再引入第四个频率

$$\omega_4=\omega_1+\omega_2+\omega_3$$

并将张量写为

$$\varepsilon_{i,klm}(-\omega_4;\omega_1,\omega_2,\omega_3)$$

的形式,则可以在以同样的方式排列宗量的条件下,以任意方式排列下标.

由于三阶非线性所引起效应的独特性,在平方非线性存在时它可能就已经很重要了.

§109 自聚焦

本节将研究与以初始波频率振动的场的非线性变化有关的光学效应. 换句话说,研究单色场 $\boldsymbol{E}$ 所具有的频率 ω 对 $\boldsymbol{D}$ 的非线性贡献. 场的平方项中没有这样的贡献: 这些项只包含频率 2ω 和 0. 第一个不为零的效应是由立方非线性产生并包含在形为 EEE^* (频率 $\omega+\omega-\omega=\omega$) 的项中.

本节以下将假定介质是各向同性的 (液体或气体). 此时我们感兴趣的电感应强度中的三阶项在一般情况下具有

$$\boldsymbol{D}^{(3)}=\alpha(\omega)|\boldsymbol{E}|^2\boldsymbol{E}+\beta(\omega)\boldsymbol{E}^2\boldsymbol{E}^* \tag{109.1}$$

的形式,它含有两个独立系数; 在透明介质中这些系数是 ω 的实的偶函数. 独立系数的这个数目是与张量 $\varepsilon_{i,klm}(-\omega;-\omega,\omega,\omega)$ 的对称性质一致的. 在式中所示宗量值情况下这个张量相对于下标对 ik 和 lm 对称; 在各向同性介质中这种张量有两个独立分量. 在低频极限下,如前一节所述,张量应当相对于所有下标对称,亦即在各向同性介质中正比于组合

$$\delta_{ik}\delta_{lm}+\delta_{il}\delta_{km}+\delta_{im}\delta_{kl}.$$

这意味着

$$\alpha(0)=2\beta(0). \tag{109.2}$$

对于线偏振场 $\boldsymbol{E}$, 表达式 (109.1) 可以简化. 在这样的偏振下, 复矢量 $\boldsymbol{E}$ 化为乘以共同相位因子的实矢量; 此时 $|\boldsymbol{E}|^2\boldsymbol{E}$ 和 $\boldsymbol{E}^2\boldsymbol{E}^*$ 相同, 并且

$$\boldsymbol{D}^{(3)}=(\alpha+\beta)|\boldsymbol{E}|^2\boldsymbol{E}. \tag{109.3}$$

在场 $\boldsymbol{E}$ 为圆偏振时, 也出现这样的简化: 在此情况下 $\boldsymbol{E}^2=0$, (109.1) 式约化为

$$\boldsymbol{D}^{(3)}=\alpha|\boldsymbol{E}|^2\boldsymbol{E}. \tag{109.4}$$

在这两种情况下, 电感应强度的偏振与 $\boldsymbol{E}$ 一样. 而在一般的椭圆偏振情况下, $\boldsymbol{E}$ 和 $\boldsymbol{D}^{(3)}$ 的方向及长短主轴比都不一样.

应当把关系

$$\boldsymbol{D}=\boldsymbol{D}^{(1)}+\boldsymbol{D}^{(3)}=\varepsilon\boldsymbol{E}+\boldsymbol{D}^{(3)}$$

(其中 $\varepsilon(\omega)$ 为通常的线性介电常量) 代入麦克斯韦方程, 代入后麦克斯韦方程的形式应写为 (从中消去磁场 $\boldsymbol{H}$ 后):

$$\operatorname{rot}\operatorname{rot}\boldsymbol{E}+\frac{1}{c^2}\frac{\partial^2\boldsymbol{D}}{\partial t^2}=0, \tag{109.5}$$

$$\operatorname{div}\boldsymbol{D}=0. \tag{109.6}$$

重要的是, 这个非线性方程组允许有具有线偏振或圆偏振的单色平面波

$$\boldsymbol{E}=\boldsymbol{E}_0\mathrm{e}^{\mathrm{i}(\boldsymbol{k}\cdot\boldsymbol{r}-\omega t)} \tag{109.7}$$

形式的精确解. 事实上, 对于这样的波 $|\boldsymbol{E}|^2=|\boldsymbol{E}_0|^2$, 因此 (109.3) 或 (109.4) 式具有线性情况时的特性, 不过介电常量依赖于电场的振幅; 所以在解方程之后可以取实部. 在这些情况下, 我们将 $\boldsymbol{D}$ 与 $\boldsymbol{E}$ 的关系写为

$$\boldsymbol{D}=\left(\varepsilon+\frac{2c^2}{\omega^2}\eta|\boldsymbol{E}_0|^2\right)\boldsymbol{E} \tag{109.8}$$

的形式, 为了今后方便引入记号 η: 对于线偏振波 $\eta=\omega^2(\alpha+\beta)/(2c^2)$, 而对于圆偏振波 $\eta=\omega^2\alpha/(2c^2)$.

将 (109.8) 式代入 (109.6) 式给出 $\operatorname{div}\boldsymbol{E}=0$——如同在线性理论中一样, 电场依然是横场. 考虑到这点, 将 (109.7) 式代入 (109.5) 导致色散关系

$$k^2=\frac{\omega^2}{c^2}\varepsilon+2\eta|\boldsymbol{E}_0|^2. \tag{109.9}$$

相速度 ω/k 现在不仅依赖于频率而且依赖于波的振幅. 如果 $\eta>0$, 相速度随波的振幅的增加而减小, 这样的介质称为**聚焦介质** (这个名称的含义后面再解释). 而如果 $\eta<0$, 相速度随波的振幅的增加而增长, 介质称为**散焦介质**.

使用非线性关系 (109.1) 的前提当然是非线性很弱, 即更高阶的项必定比 $\boldsymbol{D}^{(3)}$ 项小得多. 此时由于在长时间间隔和长距离上的非线性效应的积累, 会产生性质上全新的现象. 在这种情况下, 问题的自然提法是研究形如

$$\boldsymbol{E}=\boldsymbol{E}_0(t,\boldsymbol{r})\mathrm{e}^{\mathrm{i}(k_0x-\omega t)} \tag{109.10}$$

的殆单色波, 其中 $\boldsymbol{E}_0(t,\boldsymbol{r})$ 是时间和坐标的缓变函数 (它在 $\sim 1/\omega$ 的时间间隔和 $\sim 1/k_0$ 的距离上的相对变化很小). 这个场的傅里叶展开中包含的波矢分布在矢量 $\boldsymbol{k}_0$ 周围的一个不大的取值区间内; $\boldsymbol{k}_0$ 的方向沿 x 轴, 我们假定其值以和线性理论对应的等式

$$k_0^2=\frac{\omega^2}{c^2}\varepsilon(\omega) \tag{109.11}$$

与 ω 相联系. 下面我们来推导 $\boldsymbol{E}_0(t,\boldsymbol{r})$ 的方程.

我们首先注意到方程 (109.5) 的一项

$$\operatorname{rot}\operatorname{rot}\boldsymbol{E}=\operatorname{grad}\operatorname{div}\boldsymbol{E}-\Delta\boldsymbol{E}$$

中量 $\operatorname{grad}\operatorname{div}\boldsymbol{E}$ 可以略去. 实际上, 由于方程 (109.6), 电场强度的散度

$$\operatorname{div}\boldsymbol{E}\approx-\eta\frac{2c^2}{\varepsilon\omega^2}\boldsymbol{E}_0\cdot\operatorname{grad}|\boldsymbol{E}_0|^2,$$

也就是说, 这个散度仅仅依靠对缓变函数 $\boldsymbol{E}_0$ 的导数才不为零, 而且由于非线性项是小量而变得更小; 这样的量我们自然要略去. 因此我们有

$$\operatorname{rot}\operatorname{rot}\boldsymbol{E}\approx-\Delta\boldsymbol{E}\approx\left[k_0^2\boldsymbol{E}_0-2\mathrm{i}k_0\frac{\partial\boldsymbol{E}_0}{\partial x}-\triangle_\perp\boldsymbol{E}_0\right]\mathrm{e}^{\mathrm{i}(\boldsymbol{k}_0\cdot\boldsymbol{r}-\omega t)},$$

其中 $\Delta_\perp=\partial^2/\partial y^2+\partial^2/\partial z^2$ (略去了不含大因子 k_0 的二阶导数 $\partial^2\boldsymbol{E}_0/\partial x^2$ 项; 横向导数可以比纵向导数大得多).

$\partial^2\boldsymbol{D}^{(1)}/\partial t^2$ 的计算可类似于推导公式 (80.10) 那样进行①, 并最后给出

$$\begin{aligned}\frac{1}{c^2}\frac{\partial^2\boldsymbol{D}^{(1)}}{\partial t^2}&\approx-\frac{1}{c^2}\left(\omega^2\varepsilon(\omega)\boldsymbol{E}_0+\mathrm{i}\frac{\partial(\omega^2\varepsilon)}{\partial\omega}\frac{\partial E_0}{\partial t}\right)\mathrm{e}^{\mathrm{i}(\boldsymbol{k}_0\cdot\boldsymbol{r}-\omega t)}\\&=-\left(k_0^2\boldsymbol{E}_0+2\mathrm{i}\frac{k_0}{u}\frac{\partial\boldsymbol{E}_0}{\partial t}\right)\mathrm{e}^{\mathrm{i}(\boldsymbol{k}_0\cdot\boldsymbol{r}-\omega t)},\end{aligned}$$

其中按定义

$$\frac{1}{u}=\frac{\mathrm{d}k_0}{\mathrm{d}\omega}=\frac{1}{c}\frac{\partial(\omega\sqrt{\varepsilon})}{\partial\omega} \tag{109.12}$$

① 与 (80.10) 式的推导的区别仅在于现在 $\hat{f}=\partial^2\hat{\varepsilon}/\partial t^2$, $f(\omega)=-\omega^2\varepsilon(\omega)$.

引入了群速度 u. 在对 $\boldsymbol{D}^{(3)}$ 的导数中仅留下

$$\frac{1}{c^2}\frac{\partial^2\boldsymbol{D}^{(3)}}{\partial t^2}=-2\eta(\omega)|\boldsymbol{E}_0|^2\boldsymbol{E}$$

一项也就足够, 这里略去了含小导数 $\partial\boldsymbol{E}_0/\partial t$ 的项.

将所得表达式代入 (109.5) 式后, 我们最终得到下列方程:

$$\mathrm{i}k_0\left(\frac{\partial}{\partial x}+\frac{1}{u}\frac{\partial}{\partial t}\right)\boldsymbol{E}_0=-\frac{1}{2}\triangle_\perp\boldsymbol{E}_0-\eta(\omega)|\boldsymbol{E}_0|^2\boldsymbol{E}_0. \tag{109.13}$$

等式左端的导数组合表示了这样一个事实, 即振幅的扰动以群速度向波传播方向迁移.

借助这个方程可以研究精确解 (109.7) 和 (109.8) 所描写的无界平面波的稳定性 (B. И. 别斯帕洛夫, B. И. 塔兰诺夫, 1966). 我们将会看到, 在聚焦介质中波是不稳定的 ①.

根据 (109.9) 式在精确解 (109.7) 中

$$k\approx k_0+\frac{\eta E_0^2}{k_0}$$

其中 k_0 由 (109.11) 确定; 在线偏振波中振幅 $\boldsymbol{E}_0$ 可以确定为实矢量. 所以如果将波 (109.7) 写为 (109.10) 的形式, 在后一种形式中必须令

$$\boldsymbol{E}_0(x)=\boldsymbol{E}_0\exp\left(\mathrm{i}x\frac{\eta E_0^2}{k_0}\right).$$

这个表达式起着未扰动波振幅的作用. 我们将研究关于扰动沿波传播方向空间发展的定常问题. 相应地, 我们将受到小扰动的波的振幅写为

$$\boldsymbol{E}_0(\boldsymbol{r})=\{\boldsymbol{E}_0+\delta\boldsymbol{E}(\boldsymbol{r})\}\exp\left(\mathrm{i}x\frac{\eta E_0^2}{k_0}\right). \tag{109.14}$$

我们将假定 $\delta\boldsymbol{E}$ 沿 $\boldsymbol{E}_0$ 方向.

将 (109.14) 式代入 (109.13) 式导致方程

$$\mathrm{i}k_0\frac{\partial\delta E}{\partial x}=-\frac{1}{2}\Delta_\perp\delta E-\eta E_0^2(\delta E+\delta E^*). \tag{109.15}$$

令

$$\delta E=A\mathrm{e}^{\mathrm{i}(\boldsymbol{q}\cdot\boldsymbol{r}+\gamma x)}+B^*\mathrm{e}^{-\mathrm{i}(\boldsymbol{q}\cdot\boldsymbol{r}+\gamma x)}, \tag{109.16}$$

① 这种情况在更早一些时候曾由霍赫洛夫指出 (P. B. 霍赫洛夫, 1965).

其中 $\boldsymbol{q}$ 为 yz 平面上的矢量. 将这个表达式代入 (109.15) 式并分别归并含 $\exp\{\pm\mathrm{i}(\boldsymbol{q}\cdot\boldsymbol{r}+\gamma x)\}$ 的项, 我们得到两个方程

$$\left(\frac{q^2}{2}-\eta E_0^2+k_0\gamma\right)A-\eta E_0^2 B=0,$$

$$-\eta E_0^2 A+\left(\frac{q^2}{2}-\eta E_0^2-k_0\gamma\right)B=0.$$

方程的系数行列式等于零的条件给出

$$\gamma=\pm\frac{q}{2k_0}\sqrt{q^2-4\eta E_0^2}.$$

当 $\eta>0$ 以及

$$q^2<4\eta E_0^2 \tag{109.17}$$

时, γ 为虚数, 因此, (109.16) 式的 δE 含有指数增长项, 亦即波不稳定. 我们注意到, 不稳定性的最大增长率为对波矢的非线性修正的数量级.

这种不稳定性的表现之一是在聚焦介质中传播的光束宽度受到限制的**自聚焦**. 这个现象的起源在于, 如果场的振幅由光束轴向光束边缘减小, 则依赖于这一振幅的介质介电常量 (当 $\eta>0$ 时) 也沿同一方向减少, 于是介质表现得如同聚焦透镜 (Г. А. 阿斯卡良, 1962). 光束的行为取决于两种相反倾向的博弈, 即这样的自聚焦与衍射引起的光束扩展之间的博弈.

首先我们证明, 在方程 (109.13) ($\eta>0$ 时) 允许非扩展定常解的意义上, 这两种倾向可以相互抵消. 这样的**自沟道化**是一种特殊的非线性效应. 在线性理论中所有截面受限的光束均因衍射而发散. 这里我们把讨论限制在一维情况, 场强 $\boldsymbol{E}$ 仅依赖于一个横向坐标 y, 偏振沿 z 轴; 波沿 x 轴方向传播①. 在此情况下可以得到问题的解析解 (В. И. 塔兰诺夫, 1965). 此时我们抛开显然不稳定的 (沿 z 轴方向) 无限宽光束情况不论, 因为其中可能含有小 q_z 值的扰动, 根据 (109.17) 式, 这样的光束是不稳定的.

我们令

$$E_{0z}=F(y)\mathrm{e}^{\mathrm{i}\varkappa x} \tag{109.18}$$

其中 $\varkappa$ 是对波矢 k_0 起修正作用的一个小量; 函数 $F(y)$ 是实函数. 将上式代入 (109.13) 后给出这个函数的方程

$$\frac{1}{2}\frac{\mathrm{d}^2F}{\mathrm{d}y^2}=k_0\varkappa F-\eta F^3. \tag{109.19}$$

---

① 我们注意到, 在这些条件下, 曾当作小量略去的 grad div $\boldsymbol{E}$ 此时恒等于零.

这个方程有第一积分

$$\frac{1}{2}\left(\frac{\mathrm{d}F}{\mathrm{d}y}\right)^2 - k_0\varkappa F^2 + \frac{\eta}{2}F^4 = \mathrm{const}.$$

我们对 $|y| \to \infty$ 时 F 和 $\mathrm{d}F/\mathrm{d}y$ 等于零的解有兴趣. 与此相应令 const $= 0$, 经过简单的积分给出

$$F = \left(\frac{2k_0\varkappa}{\eta}\right)^{1/2} \frac{1}{\cosh[(2k_0\varkappa)^{1/2}y]} \tag{109.20}$$

(y 坐标的原点选在光束中心). 光束沿 y 轴的宽度为:

$$\delta \sim (k_0\varkappa)^{-1/2} \sim \frac{1}{\sqrt{\eta}F(0)}.$$

由于沿光束流过的能流 $W \sim E^2(0)/\delta$, 故 δ 正比于 $1/W$, 光束携带的功率越大, 光束越窄.

这样的自沟道化光束所代表的是介质聚焦性质恰好抵消了衍射的情况. 其他的光束或发散或会聚. 首先, 我们将写出有限截面真实光束的自聚焦定性判据 (乔瑞宇, E. M. 伽弥勒, C. H. 汤斯, 1964). 从不稳定性条件 (109.17) 出发, 这可以立即做到. 在特征半径为 R 的光束中可能有与光束轴成横向的波长小于 R 的扰动, 亦即具有波矢值 $q \gtrsim 1/R$ 的扰动. 条件 (109.17) 决定引起不稳定性的 q 值的上限. 所以在

$$E_0^2R^2\eta \gtrsim 1 \tag{109.21}$$

时, 光束相对于自聚焦是不稳定的. 光束携带的功率取决于乘积 $E_0^2R^2$. 我们注意到, 自聚焦开始出现的临界功率值不依赖于光束横截面面积.

也可能确立光束自聚焦的精确的 (不仅是数量级上的) 充分条件 (C. H. 伏拉索夫, B. A. 彼特利谢夫, B. И. 塔兰诺夫, 1971).

对于与 x 的关系的特征未作预先假设的定常线偏振光束, 函数 $E_0(x, \boldsymbol{\rho})$ 的方程形式为

$$\mathrm{i}k_0\frac{\partial E_0}{\partial x} = -\frac{1}{2}\Delta_\perp E_0 - \eta|E_0|^2E_0 \tag{109.22}$$

($\boldsymbol{\rho}$ 为 y, z 平面上的二维径矢; 微分算符 $\Delta_\perp$ 和 $\nabla_\perp$ 在这个平面上作用). 容易验证, 由这个方程可得出等式

$$\frac{\partial|E_0|^2}{\partial x} + \mathrm{div}_\perp \boldsymbol{j} = 0, \tag{109.23}$$

其中

$$\boldsymbol{j} = \frac{i}{2k_0}(E_0\nabla_\perp E_0^* - E_0^*\nabla_\perp E_0).$$

由此同样也可以得出积分

$$N = \int_{-\infty}^{\infty} |E_0|^2 \mathrm{d}^2\rho. \tag{109.24}$$

"守恒" (亦即与 x 无关), 且积分

$$\mathscr{E} = \frac{1}{2k^2} \int_{-\infty}^{\infty} \{|\nabla_\perp E_0|^2 - \eta |E_0|^4\} \mathrm{d}^2\rho \tag{109.25}$$

也守恒, 利用方程 (109.22), 很容易用对 x 直接求微商的办法确认这点. 当然要假定 E_0 在 $\rho \to \infty$ 时减小得足够快, 以使得两个积分 (以及下面的积分 (109.26)) 收敛①.

现在我们来证明, 光束的行为取决于积分 $\mathscr{E}$ 的符号: 当 $\mathscr{E} > 0$ 时光束平均发散; 而当 $\mathscr{E} < 0$ 时光束聚焦. 证明基于一个简单的光束平均半径 R 的方程, 光束平均半径 R 的定义是

$$R^2(x) = \frac{1}{N} \int_{-\infty}^{\infty} \rho^2 |E_0|^2 \mathrm{d}^2\rho \tag{109.26}$$

为了推导这个方程, 利用 (109.23) 式, 我们写出:

$$\frac{\mathrm{d}}{\mathrm{d}x} \int |E_0|^2 \rho^2 \mathrm{d}^2\rho = -\int \mathrm{div}_\perp \boldsymbol{j} \rho^2 \mathrm{d}^2\rho = 2 \int \boldsymbol{j} \cdot \boldsymbol{\rho} \mathrm{d}^2\rho.$$

再一次对 x 求微商, 从 (109.22) 式中将 $\partial E_0/\partial x$ 代入并分部积分两次, 结果我们得到方程

$$N \frac{\mathrm{d}^2}{\mathrm{d}x^2} R^2 = 4\mathscr{E}.$$

由此

$$R^2(x) = \frac{2\mathscr{E}}{N}(x - x_0)^2 + R_0^2, \tag{109.27}$$

其中 x_0, R_0 为常量. 我们看到, 当 $\mathscr{E} < 0$ 时在沿光束传播方向的有限距离处达到了光束的完全聚焦, 即其半径 R 等于零②.

在近似方程 (109.13) 框架内得到的这个结果, 在焦点本身附近不可能有真正的物理意义, 因为在那里推导方程时所作的假设遭到了破坏. 只要指出这一点就足够, 即在准确聚焦时场能量密度无限增大的情况下, 已没有理由将非

① 根据方程 (109.22) 内所含导数的特征, 这个方程类似于二维薛定谔方程 (其中坐标 x 起时间的作用), 在这种类似下, 积分 N 和 $\mathscr{E}$ 分别扮演 "粒子数" 和 "能量" 的角色; 方程的非线性性质没有影响这些守恒律的推导.

② 我们注意到, 如果 $|E_0|^2$ 在光束截面的分布不沿光束长度改变, 则 $R^2 = \mathrm{const}$ 且 $\mathscr{E} = 0$. 但反之却不然. 可以存在这样的解, 其中 $\mathscr{E} = 0$, 从而 $R = \mathrm{const}$, 但 $|E_0|^2$ 的分布依赖于 x.

线性限制在最低程度——立方非线性. 重要的是, 光束自聚焦的可能性已经达到非线性不再是小量的程度. 我们要强调指出, 这里所确立的判据只有充分性而没有必要性. 具有 $\mathscr{E} < 0$ 的光束明显是整体地聚焦, 然而 $\mathscr{E} \geqslant 0$ 时光束的平均发散并不与其内部的某一部分聚焦相矛盾.

§110 二次谐波的产生

§107 中仅研究了有关非线性光学特征的频率变换过程的若干一般关系. 现在我们来阐述这种典型过程的定量理论——二次谐波的产生, 亦即用频率为 ω 的电磁场激发频率为 2ω 的场 (P. B. 霍赫洛夫, 1960; J. A. 阿姆斯特朗, N. 布洛姆伯根, J. 杜昆, P. S. 珀尔珊, 1962).

二次谐波的产生是一种二阶非线性效应. 它被包含在非线性响应张量

$$\varepsilon_{i,kl}(-2\omega;\omega,\omega) \tag{110.1}$$

中并因此不会出现在允许有空间反演的介质中. 张量 (110.1) 对下标 k 和 l 对称; 它在不同晶体中的对称性质和压电张量 (§17) 相同. 我们将假定介质是非吸收介质, 因此 $\varepsilon_{i,kl}$ 是实张量.

二次谐波的产生这个问题可以用下述方式表述. 令频率为 ω 的平面单色波入射到晶体表面. 除了同一频率的反射波及两个折射波 (在双折射晶体中) 之外, 也产生了频率为 2ω 的反射波和折射波. 晶体中的这个频率的波是方程 (109.5), (109.6) 的解, 在这些方程中电感应强度的非线性项 $\boldsymbol{D}^{(2)}$ 应当用基波场来表达. 所有这些波的振幅借助于边界条件均通过入射波的振幅表达, 对此我们不去深究. 不言而喻, 频率为 2ω 的波的振幅因非线性响应率很小而为小量①.

折射波如同在无限介质那样向晶体内部传播. 非线性效应随着它们的传播逐步积累, 谐波的强度可以达到很大的值, 从而发生能量由基频向谐波的转移. 这正是我们感兴趣的过程. 此时晶体表面条件只起给出某一不为零的二次谐波场的小振幅的 "初始" 条件的作用. 这些条件给出 (对于已知入射波方向) 晶体中一次谐波的波矢 $\boldsymbol{k}_1$ 和二次谐波的波矢 $\boldsymbol{k}_2$.

今后我们将会看到, 能量的有效转移仅当基波和谐波的同步条件 ②

$$\boldsymbol{k}_2 \approx 2\boldsymbol{k}_1 \tag{110.2}$$

① 在某些特殊情况下对非线性介质边界上反射与折射条件的计算, 参见 *Bloembergen N., Pershan P. S.* //Phys. Rev. 1962. V. 128. P.606.

② 从将二次谐波的产生看作两个光子 "并合" 为一个光子的量子观点出发, 对这一条件的本质看得特别清楚. 等式 $\hbar\boldsymbol{k}_2 = 2\hbar\boldsymbol{k}_1$ 反映了这个过程中的动量守恒.

得到满足时才会发生. 这里我们要强调指出, 色散的存在对于单个二次谐波产生问题的表述本身具有原则性的意义. 在没有色散的情况下, 折射时条件 (110.2) 与对于更高次谐波 ($\boldsymbol{k}_3 \approx 3\boldsymbol{k}_1$ 以及其他) 的类似条件一起自动满足. 存在色散时, 情况不再如此, 并可以认为二次谐波满足的同步条件, 不再为其他谐波满足. 这里我们强调指出, 只要基波与谐波属于不同的偏振类型并从而具有不同的色散关系, 条件 (110.2) 实际上已可满足.

我们将介质中的场写为两个波的叠加:

$$\boldsymbol{E} = \boldsymbol{E}_1 + \boldsymbol{E}_2 = \mathrm{Re}(\boldsymbol{e}_1 E_{10} \mathrm{e}^{\mathrm{i}(\boldsymbol{k}_1\cdot\boldsymbol{r}-\omega t)} + \boldsymbol{e}_2 E_{20} \mathrm{e}^{\mathrm{i}(\boldsymbol{k}_2\cdot\boldsymbol{r}-2\omega t)}], \tag{110.3}$$

而且由于条件 (110.2),

$$\boldsymbol{k}_2 = 2\boldsymbol{k}_1 + \boldsymbol{q}, \tag{110.4}$$

其中 $q \ll k_1$. 将波的振幅表示为乘积的形式: $\boldsymbol{E}_0 = \boldsymbol{e}E_0$, 其中 $\boldsymbol{e}$ 为单位偏振矢量 ($\boldsymbol{e}\cdot\boldsymbol{e}^* = 1$). 在线性近似下这些振幅均为常量, 而在考虑非线性时它们为坐标的缓变 (即在 $\sim 1/k_1$ 的距离上变化很小的) 函数.

将 (110.3) 式代入麦克斯韦方程 (109.5), (109.6), 并在其中分离具有同样时间依赖性的项, 就可得到两个波的振幅的方程. 我们不在这里详细进行这些简单但却十分庞杂的计算, 仅给出某些原则性的提示.

我们将寻求描写晶体中由行进基波引起的二次谐波定常产生的解, 这样的解不依赖于时间. 在准确同步 ($\boldsymbol{q} = 0$) 时, 振幅方程完全不显含坐标; 在非准确同步时, 坐标仅以组合 $\boldsymbol{q}\cdot\boldsymbol{r}$ 的方式 (在乘数因子 $\exp(-\mathrm{i}\boldsymbol{q}\cdot\boldsymbol{r})$ 中) 出现在方程中. 选择矢量 $\boldsymbol{q}$ 的方向作为 z 轴的方向, 所以可以寻求仅依赖于 z 的解. 如果从前述有关频率为 ω 的波入射到晶体表面问题的表述出发, 则问题在平行于这一表面的平面上是相同的. 所以 z 轴垂直于晶体表面 (由于边界条件矢量 $\boldsymbol{q}$ 垂直于晶体表面自动满足).

取线性近似时, 在各向异性 (非旋光) 介质中波是线偏振的 (参见 §97) ; 对于这些波可以确定 $\boldsymbol{e}$ 为实矢量, 以下我们自然用这样的 $\boldsymbol{e}_1$ 和 $\boldsymbol{e}_2$ 值表示两个波的偏振. 如果将每个波的振幅 $\boldsymbol{E}_0$ 按 $\boldsymbol{e}, \boldsymbol{k}, \boldsymbol{e}\times\boldsymbol{k}$ 三个方向分解, 则后两个方向上的分量是小量, 因为显示非线性效应的导数 $\mathrm{d}E_0/\mathrm{d}z$ 为小量. 沿 $\boldsymbol{e}$ 方向的分量近似地与 $\boldsymbol{E}_0$ 矢量的大小 E_0 相同. 它们的方程可以通过将方程 (109.5) 乘以矢量 $\boldsymbol{e}_1$ 和 $\boldsymbol{e}_2$ 获得. 由于假定 $E_0 = \mathrm{const}$ 的波是麦克斯韦方程在线性近似下的精确解, 方程中所有不含对 z 的导数的线性项都会相消. 沿 $\boldsymbol{k}$ 与 $\boldsymbol{e}\times\boldsymbol{k}$ 方向的 $\boldsymbol{E}_0$ 分量的项 (这些项可能与含导数 $\mathrm{d}E_0/\mathrm{d}z$ 的项同数量级), 如所预料, 在相乘之后全部消失; 这种情况与电感应强度矢量 $\boldsymbol{D}$ 与 $\boldsymbol{k}$ 及 $\boldsymbol{e}\times\boldsymbol{k}$ 方向的正交性有关 (见 (97.3) 式).

由于预先假定了振幅对坐标依赖的缓慢性, 方程中可以略去 $\boldsymbol{E}_0$ 对 z 的二阶导数. 所以, 比如 $\boldsymbol{E}_2$ 的方程 (乘以 $\boldsymbol{e}_2$ 后) 中包含的表达式

$$e_{2i}\left\{(\mathrm{rot\,rot})_{ik}-\frac{4\omega^2}{c^2}\varepsilon_{ik}(2\omega)\right\}e_{2k}E_{20}\mathrm{e}^{\mathrm{i}\boldsymbol{k}_2\cdot\boldsymbol{r}}$$

在计及上述所有考虑后, 近似地简化为

$$2\mathrm{i}\boldsymbol{e}_2\cdot[\boldsymbol{k}_2\times(\boldsymbol{l}\times\boldsymbol{e}_2)]\frac{\mathrm{d}E_{20}}{\mathrm{d}z}$$

(其中 $\boldsymbol{l}$ 为 z 方向单位矢量), 对于 $\boldsymbol{E}_1$ 也有类似结果.

作为前述所有运算的结果而获得的最终的方程是:

$$\begin{aligned}\alpha_2\frac{\mathrm{d}E_{20}}{\mathrm{d}z}&=-\mathrm{i}\eta\mathrm{e}^{-\mathrm{i}qz}E_{10}^2,\\ \alpha_1\frac{\mathrm{d}E_{10}^*}{\mathrm{d}z}&=\mathrm{i}\eta\mathrm{e}^{-\mathrm{i}qz}E_{10}E_{20}^*,\end{aligned}\tag{110.5}$$

其中引入了符号①:

$$\eta=\frac{\omega^2}{2c^2}\varepsilon_{i,kl}(\omega,\omega)\,e_{2i}e_{1k}e_{1l},\tag{110.6}$$

$$\begin{aligned}\alpha_1&=\boldsymbol{l}\cdot[\boldsymbol{e}_1\times(\boldsymbol{k}_1\times\boldsymbol{e}_1)],\\ \alpha_2&=\frac{1}{2}\boldsymbol{l}\cdot[\boldsymbol{e}_2\times(\boldsymbol{k}_2\times\boldsymbol{e}_2)]\approx\boldsymbol{l}\cdot[\boldsymbol{e}_2\times(\boldsymbol{k}_1\times\boldsymbol{e}_2)]\end{aligned}\tag{110.7}$$

将 (110.5) 的第一个方程乘以 E_{20}^*, 第二个方程乘以 E_{10}, 相加后求得这个方程组的第一积分:

$$\alpha_1|E_{10}|^2+\alpha_2|E_{20}|^2=\mathrm{const}\equiv P.\tag{110.8}$$

这个积分反映了两个波中沿 z 轴的能流之和为常量②.

从复数量转换为实数量亦即量 E_{10} 和 E_{20} 的绝对值和相位很方便. 为了最大程度地简化方程, 我们引入新的未知量 $\rho_1,\rho_2,\varphi_1,\varphi_2$ 作为无量纲量, 并按照

$$E_{10}=\sqrt{\frac{P}{\alpha_1}}\rho_1\mathrm{e}^{\mathrm{i}\varphi_1},\quad E_{20}=\sqrt{\frac{P}{\alpha_2}}\rho_2\mathrm{e}^{\mathrm{i}\varphi_2}\tag{110.9}$$

---

① (110.5) 式中的第一个方程由含 $\mathrm{e}^{-2\mathrm{i}\omega t}$ 的项得到, 而第二个方程由含 $\mathrm{e}^{\mathrm{i}\omega t}$ 的项得到. 在这些方程的右端使用了关系式 (108.13).

② 波 $\boldsymbol{E}_1$ 中按时间平均的能流密度为:

$$\bar{S}_{1z}=\frac{c}{8\pi}\,\mathrm{Re}\,\boldsymbol{l}\cdot(\boldsymbol{E}_{10}^*\times\boldsymbol{H}_{10})=\frac{c^2}{8\pi\omega}\boldsymbol{l}\cdot[\boldsymbol{E}_{10}^*\times(\boldsymbol{k}_1\times\boldsymbol{E}_{10})]=\frac{c^2\alpha_1}{8\pi\omega}|E_{10}|^2,$$

波 $\boldsymbol{E}_2$ 中的平均能流密度与此类似.

定义它们. 方程组 (110.5) 相对于变换

$$\varphi_1 \to \varphi_1 + c, \quad \varphi_2 \to \varphi_2 + 2c$$

不变. 所以其中分离出对于函数 ρ_1, ρ_2 和对于不变组合 $2\varphi_1 - \varphi_2$ 的方程, 共同构成一个封闭方程组. 它们是:

$$\frac{\mathrm{d}\rho_1}{\mathrm{d}\zeta} = -\rho_1\rho_2\sin\theta, \quad \frac{\mathrm{d}\rho_2}{\mathrm{d}\zeta} = \rho_1^2\sin\theta, \tag{110.10}$$

$$\frac{\mathrm{d}\theta}{\mathrm{d}\zeta} = -s - \left(2\rho_2 - \frac{\rho_1^2}{\rho_2}\right)\cos\theta, \tag{110.11}$$

其中

$$\theta = 2\varphi_1 - \varphi_2 - s\zeta \tag{110.12}$$

并引进无量纲变量

$$\zeta = z\eta\sqrt{\frac{P}{\alpha_1^2\alpha_2}} \tag{110.13}$$

和无量纲参量

$$s = \frac{q}{\eta}\sqrt{\frac{\alpha_1^2\alpha_2}{P}}. \tag{110.14}$$

用这些变量表示的第一积分 (110.8) 的形式为

$$\rho_1^2 + \rho_2^2 = 1. \tag{110.15}$$

我们来研究准确同步情况: $q = 0$, 亦即 $s = 0$. 此时方程 (110.10), (110.11) 还有一个第一积分

$$\rho_1^2\rho_2\cos\theta = \text{const} \equiv \delta \tag{110.16}$$

(其中常量 $\delta^2 \leqslant 4/27$; 容易确认, 这是根据条件 $|\cos\theta| \leqslant 1$ 从等式 (110.15) 和 (110.16) 得出的). 利用这两个第一积分, 方程 (110.10) 的解归结为计算积分, 即求椭圆积分

$$\zeta = \pm\frac{1}{2}\int_{\rho_2^2(0)}^{\rho_2^2(\zeta)} \frac{\mathrm{d}u}{[u(1-u)^2 - \delta^2]^{1/2}}; \tag{110.17}$$

积分前面正负号的选择取决于 $\sin\theta$ 的初始 ($\zeta = 0$ 时) 值. 三次方程

$$u(1-u)^2 - \delta^2 = 0 \tag{110.18}$$

在 $\delta^2 \leqslant 4/27$ 时有三个正实数根, 其中有两个小于 1; 我们将这两个根标记为 ρ_a^2 和 ρ_b^2, 而且 $\rho_a^2 < \rho_b^2$①. 公式 (110.17) 所确定的函数 $\rho_2^2(\zeta)$ 在这两个值的界限

① 在这些解之间, (110.18) 式左端的多项式在点 $u = 1/3$ 有等于 $4/27 - \delta^2$ 的极大值; 在 $\delta^2 = 4/27$ 时, 这一极大值等于零, 两个实根汇合, 之后随 δ 增大而消失.

之间以积分

$$\int_{\rho_a^2}^{\rho_b^2} \frac{\mathrm{d}u}{[u(1-u)^2-\delta^2]^{1/2}}. \tag{110.19}$$

为周期作周期性改变. 函数 $\rho_1^2(\zeta) = 1 - \rho_2^2(\zeta)$ 也以类似的方式变化, 而且当它们之间的一个为极大时, 另一个为极小.

量 ρ_a^2 应当等同于晶体表面 $(z = 0)$ 的边界条件给出的二次谐波的强度值 $\rho_2^2(0)$. 我们看到, 在晶体内部的 z 轴方向上发生着能量由基波向二次谐波以及逆向过程的周期性转移. 当 $\rho_2(0)$ 减小时这个过程的周期增大, 并当 $\rho_2(0) \to 0$ 时以对数律趋于无穷大. 对应于极限值 $\rho_2(0) = \rho_a = 0$ 的解

$$\rho_1 = \frac{1}{\cosh\zeta}, \quad \rho_2 = \tanh\zeta \tag{110.20}$$

是在 $\delta = 0$ 时用初等积分从方程 (110.17) 得到的, 其中二次谐波振幅单调增长, 并在 $\zeta \to \infty$ 时, 所有的能量都渐近地由基波转移到二次谐波上.

我们现在来研究相反的情况, 此时振幅 ρ_2 处处都比 ρ_1 要小. 我们将会看到, 这种情况对应于波的同步性的显著损失.

当 $\rho_2 \ll \rho_1$ 时, 在一级近似下, 可以把 ρ_1 当作常量 $(\rho_1 = \rho_1(0))$, 而将 ρ_2 和 θ 的方程的形式写为

$$\frac{\mathrm{d}\rho_2}{\mathrm{d}\zeta} = \rho_1^2(0)\sin\theta, \quad \frac{\mathrm{d}\theta}{\mathrm{d}\zeta} = -s + \frac{\rho_1^2(0)}{\rho_2}\cos\theta.$$

这些方程的在初始点 $\zeta = 0$ 处等于零的解为:

$$\rho_2(\zeta) = \frac{2}{s}\rho_1^2(0)\sin\frac{s\zeta}{2}, \quad \theta = \frac{\pi}{2} - \frac{s\zeta}{2}. \tag{110.21}$$

这些公式给出在间隔 $0 \leqslant \zeta \leqslant 2\pi/s$ (亦即 $0 \leqslant x \leqslant 2\pi/q$) 内场的变化, 此后过程周期性重复①. 条件 $\rho_2 \ll \rho_1$ 意味着必须有 $\rho_1^2(0)/s \ll \rho_1(0)$, 亦即 $s \gg \rho_1(0)$ 或者

$$qz_0 \gg 1, \quad z_0 \sim \frac{1}{\eta\rho_1(0)\sqrt{P}}.$$

这是相对大的同步性损失的条件. 一般而言, 参量 q 的大小决定何种效应限制谐波的产生 (亦即振幅 ρ_2 的增长)——到底是 $qz_0 \gg 1$ 时破坏同步性的线性效应还是 $qz_0 \ll 1$ 时的非线性效应 ②?

① 在每一个后续周期中, 都应在相位变量 θ 的常数项上加一个 π. 在 $\rho_2 = 0$ 的点上, 相位 φ_2 失去意义, 而且相位差 θ 可以经历跃变.

② 这里提醒大家, 我们的研究都是基于前提条件 $q \ll k_1$ 的. 在推导方程 (110.5) 时, 我们已充分地使用了这一条件, 而且在其中没有涉及小参量 q/k_1. 在处理 $qz_0 \gg 1$ 的情况时, 我们当然假定这个条件与条件 $q \ll k_1$ 是相容的.

迄今为止, 本节讨论的均是由基波产生二次谐波. 但是, 所研究的方程也描写相反的过程: 频率为 ω 的微弱信号在频率为 2ω 的强辐射场中的放大 (称为**参量放大**). 我们这里将要研究的这个过程是更为一般的现象——具有不同频率 ω_2 和 $\omega_1-\omega_2$ 的信号在具有频率 ω_1 的强波场中的放大 (C. A. 阿赫曼诺夫, P. B. 霍赫洛夫, 1962; R. H. 金斯顿, 1962) 的最简单情况.

首先, 我们要强调这个过程与二次谐波产生的下述区别. 二次谐波产生可以从谐波强度为零开始. 而基频放大则要求至少要有一个不为零的初始强度: 如果在初始点 $\rho_1(0)=0$, 则到处都会如此; 由方程 (110.10) 可见, ρ_1 和 ρ_2 的各阶导数与 ρ_1 一起也都等于零.

再一次来研究准确同步情况, 而且令相位变量的初始值 $\theta(0)=-\pi/2$; 在准确同步时, 这个值守恒. 此时由于等式 $\cos\theta=0$ 参量 $\delta=0$, 尽管 ρ_1 和 ρ_2 的初始值异于零. 在这种情况下, 方程 (110.10) 的解是

$$\rho_1=\frac{1}{\cosh(\zeta-\zeta_0)},\quad \rho_2=-\tanh(\zeta-\zeta_0), \tag{110.22}$$

其中 $\zeta_0>0$ 为常量. 当这个常量的取值很大时, 初值 $\rho_1(0)=1/\cosh\zeta_0$ 很小. 我们看到, 沿着 z 轴在晶体内部发生因谐波的强度引起的基频波放大. 谐波衰减至零 (当 $\zeta=\zeta_0$ 时), 然后重新增长, 一直到所有的强度渐近地不再集中在谐波内①.

§111 强电磁波

前一节研究的单一谐波产生问题的表述之所以可能, 与色散的存在有关. 现在我们研究相反的情况, 此时在所有的频率区间内可以认为没有色散, 因此介质中每点的电感应强度 $\boldsymbol{D}(t)$ 均取决于同一时刻的电场强度 $\boldsymbol{E}(t)$ 之值②. 我们将假设介质各向同性; 此时 $\boldsymbol{E}$ 和 $\boldsymbol{D}$ 的方向相同. 本节中不再假定非线性是小量, 因此 $D(E)$ 的依赖关系是任意函数.

忽略吸收和色散的根本意义在于, 此后任何频率量纲 (或者等价地, 长度量纲) 的参量都从场方程中消失. 这种情况使得构造一类精确解成为可能, 这种解是通常线性近似下一维平面波的推广 (A. B. 加邦诺夫, Г. И. 弗列德曼, 1959)③.

---

① $\zeta>\zeta_0$ 时, 相位变量应当记为值 $\theta=\pi/2$, 并改变 $\rho_2(\zeta)$ 中 tanh 函数前的正负号.

② 为了本章叙述方式的统一, 我们这里将提及 $\boldsymbol{D}$ 和 $\boldsymbol{E}$ 之间的非线性关系, 假定介质是非磁性的. 实际上, 与所研究的现象有关的通常是 $\boldsymbol{B}$ 对 $\boldsymbol{H}$ 有非线性依赖关系的介质.

③ 这个解类似于理想可压缩流体的一维流体动力学的所谓**简单波解** (参见本教程第六卷 §101).

设波在 x 轴方向传播, 电场方向沿 y 轴, 而磁场则沿 z 轴方向 (E_y 和 H_z 简单地标记为 E 和 H). 麦克斯韦方程

$$\operatorname{rot}\boldsymbol{H}=\frac{1}{c}\frac{\partial\boldsymbol{D}}{\partial t},\quad \operatorname{rot}\boldsymbol{E}=-\frac{1}{c}\frac{\partial\boldsymbol{H}}{\partial t}$$

取

$$-\frac{\partial H}{\partial x}=\frac{1}{c}\frac{\partial D}{\partial t}=\frac{\varepsilon}{c}\frac{\partial E}{\partial t},\quad -\frac{\partial E}{\partial x}=\frac{1}{c}\frac{\partial H}{\partial t},\tag{111.1}$$

的形式, 其中依照定义

$$\varepsilon(E)=\frac{\mathrm{d}D}{\mathrm{d}E}\tag{111.2}$$

(当 $E\to 0$ 时函数 $\varepsilon(E)$ 趋于通常的介电常量值 ε_0).

我们来寻找这样的解, 使得在解中 $E(t,x)$ 和 $H(t,x)$ 两者一个可以表示为另一个的函数: $H=H(E)$. 这时方程 (111.1) 可以改写为

$$\frac{\varepsilon}{c}\frac{\mathrm{d}E}{\mathrm{d}t}+\frac{\mathrm{d}H}{\mathrm{d}E}\frac{\partial E}{\partial x}=0,\quad \frac{1}{c}\frac{\mathrm{d}H}{\mathrm{d}E}\frac{\partial E}{\partial t}+\frac{\partial E}{\partial x}=0.\tag{111.3}$$

为了使得未知函数 $\partial E/\partial t$ 和 $\partial E/\partial x$ 满足这两个方程而且不取零值, 方程的系数行列式必须等于零. 这个条件给出

$$\left(\frac{\mathrm{d}H}{\mathrm{d}E}\right)^2=\varepsilon(E),$$

由此

$$H=\pm\int_0^E\sqrt{\varepsilon(E)}\mathrm{d}E.\tag{111.4}$$

从 (111.4) 将 $\mathrm{d}H/\mathrm{d}E$ 代入方程 (111.3) 中的一个, 我们有

$$-\frac{(\partial E/\partial t)_x}{(\partial E/\partial x)_t}=\left(\frac{\partial x}{\partial t}\right)_E=\pm\frac{c}{\sqrt{\varepsilon}}.$$

由此得出

$$x\mp\frac{c}{\sqrt{\varepsilon}}t$$

可以是 E 的任意函数. 将逆函数标记为 f, 我们有

$$E=f\left(x\mp\frac{c}{\sqrt{\varepsilon(E)}}t\right);\tag{111.5}$$

这里的正负号分别对应于波传播的两个方向. 选择函数 f 后公式 (111.5) 以隐含的方式决定 $E(t,x)$ 的依赖关系. 在可以令 $\varepsilon=\varepsilon_0$ 的弱场中, (111.5) 转变为

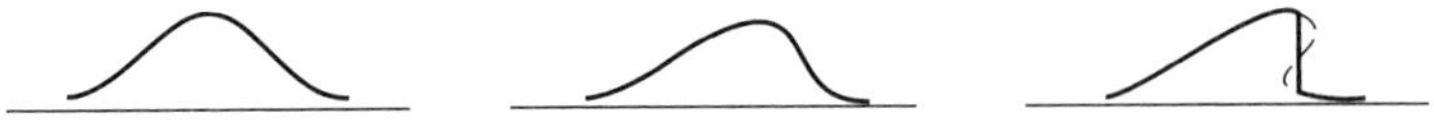

图 60

通常的相速度为 $c/\sqrt{\varepsilon_0}$ 的平面波. 我们注意到, 所得的解仅在 $\varepsilon > 0$ 时才存在, 这与稳定性条件 (18.8) 相符合①.

由于波的不同部分以不同速度运动, 初始给定的波的剖面随着波的传播发生畸变. 通常 $\varepsilon(E)$ 随 E 的增长而减小 (函数 $\varepsilon(E)$ 趋于饱和). 此时剖面上具有较大 E 值的点以较大的速度运动, 结果剖面前锋的陡度增大 (如图 60 所示, 其中示出了几个先后接续时刻的剖面形状). 在某一时刻发生剖面的折拐, 之后剖面必定成为非单值的. 事实上, 在此时刻波中出现了电磁激波——量 E 和 H 的间断. 间断面上的边界条件与在任何运动表面上的边界条件的形式 (76.13) 一样. 横平面波的边界条件为:

$$\begin{aligned} H_2 - H_1 &= \frac{v}{c}(D_2 - D_1), \\ E_2 - E_1 &= \frac{v}{c}(H_2 - H_1), \end{aligned} \tag{111.6}$$

其中下标 1 和 2 分别表示波前前面和后面的量. 将以上两个等式相乘, 求得激波的速度为:

$$v^2 = c^2 \frac{E_2 - E_1}{D_2 - D_1}. \tag{111.7}$$

在激波中发生能量耗散. 令 Q 为相对于间断面单位面积的耗散速度. 为计算这个速度, 我们跨间断面取一柱形体积元, 柱的一个底面在间断面后, 另一个底面在间断面前, 写出适用于介质的柱形体积元的能量守恒律:

$$\frac{c}{4\pi}(E_2H_2 - E_1H_1) = v(U_2 - U_1) + Q. \tag{111.8}$$

等式左端为过两个底面的能流之差, 等式右端为因区域 1 和 2 之间边界的移动引起的内能改变速度与在其中能量耗散速度之和. 内能之差 (密度、温度不变时) 为:

$$U_2 - U_1 = \frac{1}{4\pi}\int_{D_1}^{D_2} E\mathrm{d}D + \frac{1}{8\pi}(H_2^2 - H_1^2).$$

同样也利用 (111.6), (111.7) 式, 可使 (111.8) 式达到

$$Q = \frac{v}{4\pi}\left\{\frac{1}{2}(D_2 - D_1)(E_2 + E_1) - \int_{D_1}^{D_2} E\mathrm{d}D\right\}$$

① 在上述推导中假定了介质的密度、温度等等均不受到场的振动的影响. 这一假设由伸缩效应很小及波传播速度很大 (与声速相比) 得以证实.

的形式.

如果激波是弱激波 (亦即其中物理量的跃变很小), 则在计算 Q 时可将 D 与 E 的关系表示为展开式

$$D(E)=D_1+\varepsilon(E_1)(E-E_1)+\frac{1}{2}\varepsilon'(E_1)(E-E_1)^2$$

的形式, 其中 $\varepsilon'(E)=\mathrm{d}^2D/\mathrm{d}E^2$. 简单计算后得到结果

$$Q=-\frac{1}{48\pi}v\varepsilon'(E_1)(E_2-E_1)^3. \tag{111.9}$$

因此, 在弱电磁激波中的能量耗散为其中场强跃变量的三阶量. 因为必须有 $Q>0$, 则在 $\varepsilon'<0$ 时将有 $E_2>E_1$, 这与图 60 相符.

激波的出现破坏了所得解的适用性: 场的表达式 (111.4), (111.5) 与边界条件 (111.6) 相抵触. 不过重要的是, 当激波还可被认为是弱激波时, 波仍然近似地 (准确到包括二阶量在内) 是简单波①. 具有这样的精确度的间断面速度可以表示为

$$v=c\left[\varepsilon\left(\frac{E_1+E_2}{2}\right)\right]^{-1/2} \tag{111.10}$$

在这种近似下, 间断面在波的剖面中的位置由使图 60 中的竖直线和虚线之间的两块面积相等的条件确定.

习　题

一个形如 $E=f_i(t-x/c)$ 的平面波从真空垂直入射向介质边界, 试确定其反射波.

(L. J. 布洛耶, 1963)

解: 真空 (半空间 $x<0$) 中的场由入射波和反射波 (以下标 r 标记) 相加而成:

$$E=f_i\left(t-\frac{x}{c}\right)+f_r\left(t+\frac{x}{c}\right),$$
$$H=f_i\left(t-\frac{x}{c}\right)-f_r\left(t+\frac{x}{c}\right)$$

(在真空中场方程是线性的且两个解可以叠加!). 在介质中 $(x>0)$ 只有透射波, 其中

$$E=f_t\left(t-\frac{\sqrt{\varepsilon(E)}}{c}x\right),\quad H=\int_0^E\sqrt{\varepsilon}\mathrm{d}E.$$

---

① 这里的情况与通常流体动力学激波在强声波中产生时的情况完全相似 (参见本教程第六卷 §95), 故而我们不再重复相应的讨论.

由电场在 $x=0$ 点的连续性条件, 我们有

$$f_t(t) = f_i(t) + f_r(t).$$

然后 H 在同一边界的连续条件给出关系式

$$f_i(t) - f_r(t) = \int_0^{f_i(t)+f_r(t)} \sqrt{\varepsilon(E)}\mathrm{d}E,$$

函数 f_r 即可由此式以隐含的方式确定.

§112 受激拉曼散射†

具有某一频率 ω_1 的辐射 (泵浦波) 对在同一介质中传播的频率为 ω_2 的波的影响属于三阶非线性效应. 这些效应包含在对频率为 ω_2 的电感应强度作贡献的非线性介电常量

$$\varepsilon_{i,klm}(\omega_2, \omega_1, -\omega_1) \tag{112.1}$$

中①.

各向同性介质中, 计及上述贡献的频率为 ω_2 的电感应强度 $\boldsymbol{D}_2$ 的表达式为

$$\boldsymbol{D}_2 = \varepsilon_2 \boldsymbol{E}_2 + \alpha_2(\boldsymbol{E}_1 \cdot \boldsymbol{E}_1^*)\boldsymbol{E}_2 + \beta_2 \boldsymbol{E}_1(\boldsymbol{E}_1^* \cdot \boldsymbol{E}_2) + \gamma_2 \boldsymbol{E}_1^*(\boldsymbol{E}_1 \cdot \boldsymbol{E}_2), \tag{112.2}$$

其中

$$\boldsymbol{E}_1 = \boldsymbol{E}_{10}\mathrm{e}^{\mathrm{i}(\boldsymbol{k}_1\cdot\boldsymbol{r}-\omega_1 t)}, \quad \boldsymbol{E}_2 = \boldsymbol{E}_{20}\mathrm{e}^{\mathrm{i}(\boldsymbol{k}_2\cdot\boldsymbol{r}-\omega_2 t)}. \tag{112.3}$$

(112.2) 式右端的第一项中 $\varepsilon_2 = \varepsilon_2(\omega_2)$ 是通常的线性介电常量; 在剩下的项里 $\alpha_2, \beta_2, \gamma_2$ 是张量 (112.1) 的三个独立分量 (从由三个矢量 $\boldsymbol{E}_1, \boldsymbol{E}_1^*, \boldsymbol{E}_2$ 构造表达

† 原文为 “受激组合散射”. 我们为与通行文献一致, 将之译为 “受激拉曼散射”. 在苏联时期和以后的俄罗斯时期的俄文文献中, 长期以来一直坚持将通行物理文献中称为 “拉曼散射” 的过程称为 “组合散射”, 其原因似与对将发现这一现象的功绩全部归于印度物理学家 C. V. 拉曼而没有承认苏联物理学家 Г. С. 兰斯贝尔格和 Л. И. 曼德尔施塔姆重要贡献的不满有关. 关于这一发现的具体过程, 见《20 世纪物理学》第三卷 (北京, 科学出版社, 2016) 97-98 页中的记述. ——译者注

① 三阶介电常量 $\varepsilon_{i,klm}(\omega_1, \omega_2, \omega_3)$ 为实数的条件要求系统的能级差不仅不能与频率 $\omega_1, \omega_2, \omega_3$ 以及它们的和 ω_4 相同, 也不能与它们中任两个之和相同; 对于响应率 (112.1) 这些和就是 $\omega_1+\omega_2$ 和 $|\omega_1-\omega_2|$. 追溯 §108 节提到的通过介质与场相互作用矩阵元表示的非线性响应率表达式中的能量分母的起源, 可以确信这点; *Armstrong J. A., Bloembergen N., Ducuing J., Pershan P. S.* Phys. Rev. 1962. V. 127. P. 1918 中给出这个表达式.

式 (112.2) 的方法来看, 分量的数目是显然的). 我们看到, 场 $\boldsymbol{E}_1$ 对频率为 ω_2 的场的非线性作用可以通过引进各向异性介电常量

$$\varepsilon_{2ik} = (\varepsilon_2 + \alpha_2 \boldsymbol{E}_1 \cdot \boldsymbol{E}_1^*)\delta_{ik} + \beta_2 E_{1i}E_{1k}^* + \gamma_2 E_{1i}^* E_{1k} \tag{112.4}$$

来描写.

在非耗散介质中, 系数 $\alpha_2, \beta_2, \gamma_2$ 与 ε_2 一样是实数, 而且张量 (112.4) 是厄米张量. 当 $\omega_1 \to 0$ 且相应地 $\boldsymbol{E}_1$ 为实时, 作为特例, 张量 (112.4) 包含由公式 (100.1) 所描写的静态电场中的双折射. 当 $\omega_1 \neq 0$ 时, 表达式 (112.4) 也描写由场 $\boldsymbol{E}_1$ 引起的介质的旋光性. 将 (112.2) 式与 (101.8) 式比较, 我们得到回转矢量

$$\boldsymbol{g} = \frac{\mathrm{i}}{2}(\beta_2 - \gamma_2)\boldsymbol{E}_1^* \times \boldsymbol{E}_1. \tag{112.5}$$

如果 $\boldsymbol{E}_1$ 场是线偏振的, 回转矢量为零.

如果场与介质的非线性相互作用伴随有耗散, 则可能发生更为多样的现象. 在这种情况下, 系数 $\alpha_2, \beta_2, \gamma_2$ 是复数 (线性介电常量依旧被当作实数), 结果发现, 这样的耗散既可以减弱也可以放大 $\boldsymbol{E}_2$ 场. 后一种情况被称为**受激拉曼散射**①.

线性介电常量 $\varepsilon(\omega_1), \varepsilon(\omega_2)$ 为实数意味着, 对于频率 ω_1 和 ω_2 本身, 介质中没有耗散: 介质不会吸收 $\hbar\omega_1$ 和 $\hbar\omega_2$ 的量子. 设频率差 $\omega_1 - \omega_2$ 而不是频率和 $\omega_1 + \omega_2$ 处于介质的吸收频率域内. 耗散是通过将具有较大能量的量子转变为具有较小能量的量子并将多余能量释放给介质而实现的. 因此, 当 $\omega_1 > \omega_2$ 时, 泵浦波放大具有较小频率 ω_2 的波. $\boldsymbol{E}_2$ 场由于弱非线性效应 (在单位时间单位体积内) 所得到的按时间平均的能量, 可由表达式 (96.5) 反号后直接给出

$$\begin{aligned}\frac{\mathrm{d}\overline{U}_2}{\mathrm{d}t} &= -\frac{\mathrm{i}\omega_2}{8\pi}(\varepsilon_{2ik}^* - \varepsilon_{2ki})E_{2i}E_{2k}^* \\ &= -\frac{\omega_2}{4\pi}\{\alpha_2''|\boldsymbol{E}_1|^2|\boldsymbol{E}_2|^2 + \beta_2''|\boldsymbol{E}_1 \cdot \boldsymbol{E}_2|^2 + \gamma_2''|\boldsymbol{E}_1 \cdot \boldsymbol{E}_2^*|^2\}\end{aligned} \tag{112.6}$$

(试对照公式 (108.9) 的推导). 类似的表达式给出 $\boldsymbol{E}_1$ 场能量的改变:

$$\frac{\mathrm{d}\overline{U}_1}{\mathrm{d}t} = -\frac{\omega_1}{4\pi}\{\alpha_1''|\boldsymbol{E}_1|^2|\boldsymbol{E}_2|^2 + \beta_1''|\boldsymbol{E}_1 \cdot \boldsymbol{E}_2|^2 + \gamma_1''|\boldsymbol{E}_1 \cdot \boldsymbol{E}_2^*|^2\}, \tag{112.7}$$

其中 $\alpha_1, \beta_1, \gamma_1$ 是用于描写频率为 ω_2 的场对频率为 ω_1 的场影响的介电张量

$$\varepsilon_{i,klm}(\omega_1, \omega_2, -\omega_2)$$

① 从微观的量子观点看, 这里指的是, 当光子 $\hbar\omega_1$ 入射到处于光子 $\hbar\omega_2$ 的场中的原子上时, 发射一个 $\hbar\omega_2$ 光子. 此时能量 $\hbar(\omega_1 - \omega_2)$ 转移给了介质, 亦即产生了确定类型的介质元激发 (声子、激子以及其他). 在专门文献中, 对不同类型的散射过程存在特别的名称. 在我们的纯唯象描述中, 我们采用正文中的名称作为约定的通用名称.

的独立分量.

与在 §107 中用来推导曼利–罗定理相似的论据使我们确信

$$\frac{1}{\omega_1}\frac{\mathrm{d}\overline{U}_1}{\mathrm{d}t} = -\frac{1}{\omega_2}\frac{\mathrm{d}\overline{U}_2}{\mathrm{d}t} \tag{112.8}$$

即每产生一个 $\hbar\omega_2$ 量子必有一个 $\hbar\omega_1$ 量子消失. 由此得出

$$\alpha_1'' = -\alpha_2'', \quad \beta_1'' = -\beta_2'', \quad \gamma_1'' = -\gamma_2''. \tag{112.9}$$

耗散掉的能量由两个场能量和的减少决定:

$$Q = -\frac{\mathrm{d}\overline{U}_1}{\mathrm{d}t} - \frac{\mathrm{d}\overline{U}_2}{\mathrm{d}t} = \frac{\omega_1 - \omega_2}{\omega_2}\frac{\mathrm{d}\overline{U}_2}{\mathrm{d}t} \tag{112.10}$$

当 $\omega_1 > \omega_2$ 时, 由条件 $Q > 0$ 得出 $\mathrm{d}\overline{U}_2/\mathrm{d}t > 0$, 频率小的波被放大, 与前面的讨论相符合. 表达式 (112.6) 为正的条件由不等式

$$\alpha_2'' < 0, \quad \alpha_2'' + \beta_2'' < 0, \quad \alpha_2'' + \gamma_2'' < 0, \quad \alpha_2'' + \beta_2'' + \gamma_2'' < 0. \tag{112.11}$$

给出①.

我们注意到所研究的效应与场之间的相位关系无关. 这是因为泵浦波场是以 $\boldsymbol{E}_1$ 和 $\boldsymbol{E}_1^*$ 的双线型表达式的形式出现在方程内的, 其中消掉了相位因子. 这最终导致 ω_2 场的放大不要求场的同步, 与 §110 中研究过的谐波产生以及信号的参量放大现象正好相反.

有可能将受激拉曼散射的特征与通常的 (自发) 散射的特征联系起来, 这个问题将在第 15 章中讨论. 相应的计算将在 §118 的习题中给出.

假如如前所述能量被介质吸收只发生在差频 $\omega_1 - \omega_2$ 上, 则前面导出的关系是正确的. 如果不是差频而是和频 $\omega_1 + \omega_2$ 处于介质的吸收频率域内, 则出现另外的情况. 在这种情况下每吸收一个 $\hbar\omega_2$ 量子也会吸收一个 $\hbar\omega_1$ 量子, 给予介质的能量等于 $\hbar(\omega_1 + \omega_2)$ (双光子吸收). 在这种情况下, 两个频率的波自然都会减弱.

① 考察在场 $\boldsymbol{E}_1 = \boldsymbol{e}_1 E_1$ 和 $\boldsymbol{E}_2 = \boldsymbol{e}_2 E_2$ 取各种不同偏振 (包括相同的或相互垂直方向的线偏振, 同号或异号的圆偏振) 时表达式 (112.6) 的取值后, 可以确信这点. 在前两种情况下 $\boldsymbol{e}_1$ 和 $\boldsymbol{e}_2$ 是实数, 而且 $\boldsymbol{e}_1 \cdot \boldsymbol{e}_2 = 1$ 或 $\boldsymbol{e}_1 \cdot \boldsymbol{e}_2 = 0$. 在后两种情况下 $\boldsymbol{e}_1$ 和 $\boldsymbol{e}_2$ 是复数, 同时 $\boldsymbol{e}_1 \cdot \boldsymbol{e}_2 = 0, \boldsymbol{e}_1 \cdot \boldsymbol{e}_2^* = 1$ 或者 $\boldsymbol{e}_1 \cdot \boldsymbol{e}_2 = 1, \boldsymbol{e}_1 \cdot \boldsymbol{e}_2^* = 0$.

第十四章

快速粒子穿过物质

§113 快速粒子在物质中的电离损失：非相对论情况

快速带电粒子在穿过物质时使物质的原子电离，从而损失自己的能量①. 在气体中，电离损失可由快速粒子与单个原子的碰撞结果确定. 在凝聚态介质中，可以同时有许多原子与飞过的粒子产生相互作用. 这种情况对粒子能量损失的影响，从宏观观点看来，是粒子的电荷导致介质介电极化的结果. 我们首先在粒子非相对论速度情况下研究这一效应. 最后的结果表明，在这种情况下，介质的极化对粒子的能量损失影响很小. 但相应的结论对于类似方法的进一步应用具有方法论上的意义.

首先我们要讲清楚允许对这一现象进行宏观研究的条件. 运动速度为 v 的粒子在距其路径 r 处产生的场的谱分解中包含的主要是 v/r 量级的频率 (碰撞时间的倒数). 而频率 $\omega \gtrsim \omega_0$ 的场分量可以造成原子的电离，其中 ω_0 为与原子中大多数电子运动对应的某一个平均频率. 因此，如果长度 v/ω_0 比原子间距离大得多，则粒子将同时与许多原子发生相互作用；在凝聚态介质中，原子间距离在数量级上与原子本身的尺度 a 相同. 因此，我们得到条件 $v \gg a\omega_0$，也就是引起电离的粒子的速度应当比原子内电子的速度大得多 (或至少比其中大多数电子的速度大得多②).

---

① 我们惯常所说的 "电离" 损失，在其中实际上也包括了激发离散原子能级的损失.

② 对于粒子的能量 E，由此得到条件 $E \gg IM/m$，其中 M 为粒子质量，m 为电子质量，I 为对于原子中大多数电子的某一平均电离能.

我们来确定在物质介质中运动的粒子所产生的场. 在非相对论情况下, 只研究由标量势 φ 确定的电场就已足够. 标量势满足泊松方程

$$\hat{\varepsilon}\Delta\varphi = -4\pi e\delta(\boldsymbol{r} - \boldsymbol{v}t), \tag{113.1}$$

其中把介电常量理解为算符, 而等式右端的表达式 $e\delta(\boldsymbol{r} - \boldsymbol{v}t)$ 为以常速度 $\boldsymbol{v}$ 运动的点电荷所产生的电荷密度 ①.

将 φ 展开为坐标的傅里叶积分:

$$\varphi = \int_{-\infty}^{\infty} \varphi_{\boldsymbol{k}} e^{i\boldsymbol{k}\cdot\boldsymbol{r}} \frac{d^3k}{(2\pi)^3}. \tag{113.2}$$

以拉普拉斯算符作用于上式两端, 我们得到 $\Delta\varphi$ 的傅里叶分量等于

$$(\Delta\varphi)_{\boldsymbol{k}} = -k^2\varphi_{\boldsymbol{k}}.$$

另一方面, 取方程 (113.1) 两端的傅里叶分量, 我们有

$$\hat{\varepsilon}(\Delta\varphi)_{\boldsymbol{k}} = -\int 4\pi e\delta(\boldsymbol{r} - \boldsymbol{v}t)e^{-i\boldsymbol{k}\cdot\boldsymbol{r}}dV = -4\pi e e^{-it\boldsymbol{v}\cdot\boldsymbol{k}}.$$

比较两个公式后, 我们得到

$$\hat{\varepsilon}\varphi_{\boldsymbol{k}} = \frac{4\pi e}{k^2}e^{-it\boldsymbol{v}\cdot\boldsymbol{k}}.$$

由此可见, $\varphi_{\boldsymbol{k}}$ 通过因子 $\exp(-it\boldsymbol{v}\cdot\boldsymbol{k})$ 依赖于时间. 而算符 $\hat{\varepsilon}$ 作用于函数 $\exp(-i\omega t)$ 的结果为在其上乘以 $\varepsilon(\omega)$. 所以我们最后对于 $\varphi_{\boldsymbol{k}}$ 有以下表达式:

$$\varphi_{\boldsymbol{k}} = \frac{4\pi e}{k^2\varepsilon(\boldsymbol{k}\cdot\boldsymbol{v})}e^{-it\boldsymbol{v}\cdot\boldsymbol{k}}.$$

场强的傅里叶分量与电势的傅里叶分量的关系为

$$\boldsymbol{E}_{\boldsymbol{k}}e^{i\boldsymbol{k}\cdot\boldsymbol{r}} = -\operatorname{grad}(\varphi_{\boldsymbol{k}}e^{i\boldsymbol{k}\cdot\boldsymbol{r}}) = -i\boldsymbol{k}\varphi_{\boldsymbol{k}}e^{i\boldsymbol{k}\cdot\boldsymbol{r}}.$$

因此,

$$\boldsymbol{E}_{\boldsymbol{k}} = -i\boldsymbol{k}\varphi_{\boldsymbol{k}} = -\frac{4\pi i e\boldsymbol{k}}{k^2\varepsilon(\boldsymbol{k}\cdot\boldsymbol{v})}e^{-it\boldsymbol{k}\cdot\boldsymbol{v}}. \tag{113.3}$$

反过来对其傅里叶分量作反演, 我们得到总场强:

$$\boldsymbol{E} = \int_{-\infty}^{\infty} \boldsymbol{E}_{\boldsymbol{k}} e^{i\boldsymbol{k}\cdot\boldsymbol{r}} \frac{d^3k}{(2\pi)^3}. \tag{113.4}$$

---

① 假定粒子的运动为直线运动, 因此我们略去了散射, 在这类问题中, 这样作总是允许的. 如果粒子具有电荷 ze, 则在本节和以后几节中的能量损失公式中均应乘以 z^2.

我们感兴趣的运动粒子的能量损失, 正好是由粒子所产生的场反过来作用于粒子自身的滞阻力 eE 对它做的功. 取粒子所在点 $\boldsymbol{r}=\boldsymbol{v}t$ 的场值, 我们在 (113.4) 式的被积函数表达式中得到因子 $(\mathrm{i}t\boldsymbol{v}\cdot\boldsymbol{k})$, 它与 (113.3) 式中 $\boldsymbol{E_k}$ 的因子 $\exp(-\mathrm{i}t\boldsymbol{v}\cdot\boldsymbol{k})$ 相互抵消. 所以滞阻力 $\boldsymbol{F}$ 由以下积分给出:

$$\boldsymbol{F}=-4\pi\mathrm{i}e^2\int_{-\infty}^{\infty}\frac{\boldsymbol{k}}{k^2\varepsilon(\boldsymbol{k}\cdot\boldsymbol{v})}\frac{\mathrm{d}^3k}{(2\pi)^3}.$$

事先已经清楚, 力 $\boldsymbol{F}$ 的方向与速度 $\boldsymbol{v}$ 的方向相反, 我们将后者的方向取为 x 轴. 引入记号 $k_xv=\omega, q=\sqrt{k_y^2+k_z^2}$ 并将 $\mathrm{d}k_y\mathrm{d}k_z$ 换为 $2\pi q\mathrm{d}q$, 我们将 $\boldsymbol{F}$ 的大小改写为

$$F=\frac{\mathrm{i}e^2}{\pi}\int_{-\infty}^{\infty}\int_0^{q_0}\frac{q\omega\mathrm{d}q\mathrm{d}\omega}{\varepsilon(\omega)(q^2v^2+\omega^2)}\tag{113.5}$$

的形式 (有关积分上限 q_0 的选取见下文).

对于 (113.5) 式中对 ω 的积分, 有必要作下述说明. 当 $\omega\to\infty$ 时, 函数 $\varepsilon(\omega)\to 1$, 而且积分发散 (对数发散). 这种情况实际上与应当从场 $\boldsymbol{E}$ 中扣除若粒子在真空中 (亦即当 $\varepsilon=1$ 时) 运动时的场有关; 很清楚, 这个场与在物质内阻止粒子运动毫无关系. 这种扣除将导致 (113.5) 式中被积函数表达式内 $1/\varepsilon$ 换作 $1/\varepsilon-1$, 此后积分将收敛. 然而, 如果约定将从 $-\infty$ 至 ∞ 的积分理解为在从 $-\Omega$ 到 Ω 的对称积分限上积分, 然后令 $\Omega\to\infty$, 也可以不作上述代换而得到同样的结果. 由于 $\varepsilon'(\omega)$ 为偶函数, 被积函数表达式的实部为频率的奇函数, 用这种方法求积分结果为零; 而被积函数表达式虚部的积分收敛.

后面的讨论中, 有时使用符号

$$\frac{1}{\varepsilon(\omega)}=\eta(\omega)=\eta'+\mathrm{i}\eta''\tag{113.6}$$

会觉得更方便, 其中 $\eta'(\omega),\eta''(\omega)$ 分别为偶函数和奇函数, 而且 $\eta''=-\varepsilon''/|\varepsilon|^2<0$. 可以把公式 (113.5) 改写为明显的实数形式:

$$F=\frac{2e^2}{\pi}\int_0^{\infty}\int_0^{q_0}\frac{q\omega|\eta''(\omega)|}{q^2v^2+\omega^2}\mathrm{d}q\mathrm{d}\omega.\tag{113.7}$$

粒子在其单位长度路程上的能量损失为滞阻力在这段路程上所做的功, 该力的量值正好与 F 相同. 这个量称为物质对运动粒子的**阻止本领**.

按照量子力学的普遍规则, 具有波矢 $\boldsymbol{k}$ 的场的傅里叶分量向被电离的电子 (δ 电子) 传递的动量为 $\hbar\boldsymbol{k}$. 在 q 值足够大时 ($q\gg\omega_0/v$), 我们有 $k^2=q^2+\omega^2/v^2\approx q^2$, 所以传递的动量近似地等于 $\hbar\boldsymbol{q}$. 一个给定的 $\boldsymbol{q}$ 值与碰撞参量 $\sim 1/q$ 的碰撞相对应. 所以上述宏观方法的适用条件要求 $1/q\gg a$. 为此, 我们

选择满足条件 $\omega_0/v \ll q_0 \ll 1/a$ 的 q_0 值为积分的上限; 量 $F(q_0)$ 等于向原子中电子传递的动量不超过 $\hbar q_0$ 的快粒子的能量损失, 也称为滞阻*.

(113.7) 式中对 q 积分后, 我们得到

$$F(q_0)=\frac{2e^2}{\pi v^2}\int_0^\infty \omega|\eta''(\omega)|\ln\frac{q_0 v}{\omega}\mathrm{d}\omega. \tag{113.8}$$

这个公式的一般形式已不再可能作进一步的变换, 但通过引进相应的符号可表示为更方便的形式.

我们首先计算积分

$$\int_0^\infty \omega\eta''(\omega)\mathrm{d}\omega=-\frac{\mathrm{i}}{2}\int_{-\infty}^\infty \frac{\omega}{\varepsilon}\mathrm{d}\omega.$$

为此我们注意到, 如果在 ω 的复平面上沿由实轴和无穷远上半圆周 σ 组成的回路进行积分, 则积分为零, 因为被积函数表达式在上半平面没有极点. 在大宗量值时函数 $\varepsilon(\omega)$ 由公式 (78.1) 确定:

$$\varepsilon(\omega)=1-\frac{4\pi e^2 N}{m\omega^2}. \tag{113.9}$$

利用这个公式在无穷远半圆周 σ 上积分, 结果我们得到①

$$-\int_0^\infty \omega\eta''(\omega)\mathrm{d}\omega=-\mathrm{i}\frac{2\pi Ne^2}{m}\int_\sigma\frac{\mathrm{d}\omega}{\omega}=\frac{2\pi^2 Ne^2}{m}. \tag{113.10}$$

我们引进由等式

$$\begin{aligned}\ln\overline{\omega}&=\int_0^\infty \omega\eta''(\omega)\ln\omega\mathrm{d}\omega\Big/\int_0^\infty \omega\eta''(\omega)\mathrm{d}\omega=\\&=\frac{m}{2\pi^2 Ne^2}\int_0^\infty \omega|\eta''(\omega)|\ln\omega\mathrm{d}\omega\end{aligned} \tag{113.11}$$

定义的原子内电子运动频率的某种平均值. 借助这一符号, 公式 (113.8) 的形式可写为

$$F(q_0)=\frac{4\pi Ne^4}{mv^2}\ln\frac{q_0 v}{\overline{\omega}}. \tag{113.12}$$

在此我们作以下一些说明. 按照 (113.7) 或 (113.11) 的形式, 人们可能会认为, 给电离损失 (113.12) 带来主要贡献的只是那些具有显著吸收的频率区

---

* 这个词的俄文原文为 “торможение”, 按字义为 “阻止, 制动” 的意思, 此处的涵义是运动粒子因被阻滞减速而损失的能量. 本教程第三卷译者严肃先生在该卷 §149 中将其译作 “滞阻”, 颇为妥帖, 故我们沿用此译法. ——译者注

① 这个结果理所当然应与 (82.12) 式相同, 因为当 $|\omega|\to\infty$ 时我们有 $|\varepsilon|\to 1$, 因此 $\eta''\to-\varepsilon''$.

域. 但是并不一定如此, 上述公式内也可以包含由 ε'' 很小的频率区给出的显著贡献. 原因是在这些频率区内, 函数 $\varepsilon(\omega) \approx \varepsilon'(\omega)$ 可以通过零点, 而 $\varepsilon(\omega)$ 的零点是 (113.5) 式中被积函数的极点. 事实上, $\varepsilon''(\omega)$ 当然不严格等于零, 因此函数 $\varepsilon(\omega)$ 的零点并不正好位于实轴上, 而是稍稍低于实轴. 这意味着在使用通过零点的 $\varepsilon(\omega)$ 的实数表达式时, 应当从上方绕过被积函数的极点, 这样即给出对积分的相应贡献. 例如, 如果函数 $\varepsilon(\omega)$ 由公式 (84.5) 给出, 则由绕极点 $\pm\omega_1$ (该处 $\varepsilon(\omega_1) = 0$) 产生的对滞阻 (113.12) 的贡献等于

$$\frac{4\pi Ne^4}{mv^2a^2}\ln\frac{q_0v}{\omega_1},$$

通过直接计算 (113.7) 式的积分, 很容易证实这一结果.

为了求得传递动量不超过某一值 $\hbar q_1 > \hbar q_2$ 的滞阻 $F(q_1)$, 必须将公式 (113.12) 与量子力学碰撞理论中与单个原子碰撞对应的滞阻的公式 "缝合" 起来. 我们之所以可以如此做, 是因为两个公式的适用区域有重叠. 由碰撞理论可知, 动量传递在 $\hbar dq$ 区间的滞阻为

$$dF = \frac{4\pi Ne^4}{mv^2}\frac{dq}{q}, \tag{113.13}$$

而且这个公式适用于 (在非相对论情况下) 动量守恒和能量守恒定律所允许的任何 $q \gg \omega_0/v$ 值, 只要所传递的能量小于快速粒子的初始能量①. 包括 q_0 和 q_1 之间所有 q 值的滞阻相应地为

$$\frac{4\pi Ne^4}{mv^2}\ln\frac{q_1}{q_0}.$$

把这个量添加到公式 (113.12) 中后该式中的 q_0 换为 q_1, 因而

$$F(q_1) = \frac{4\pi Ne^4}{mv^2}\ln\frac{q_1 v}{\overline{\omega}}. \tag{113.14}$$

如果传递给原子内电子的动量 $\hbar q_1$ 大于原子动量, 则其获得的能量等于 $E_1 = \hbar^2 q_1^2/(2m)$. 引入这个量后, 我们写出

$$F(E_1) = \frac{2\pi Ne^4}{mv^2}\ln\frac{2mv^2E_1}{\hbar^2\overline{\omega}^2}. \tag{113.15}$$

① 参见本教程第三卷 §149; 量 F 与在该节引入的 "有效滞阻" 差一个因子 $N_a = N/Z$ —— 原子的数密度. 公式 (113.13) 对应于与自由电子的碰撞. 但是, 其适用范围 ($q \gg \omega_0/v$) 是从原子内电子事实上还不能看作自由电子的 q 值起始的. 自由电子要求 $q \gg \omega_0/v_0$ (v_0 为原子内大多数电子速度的数量级), 此时 δ 电子的能量 $\hbar^2q^2/(2m)$ 远大于原子中电子的能量.

公式 (113.14)—(113.15) 给出快速粒子由于电离而受到的滞阻, 此时快速粒子所传递的能量值不超过 E_1, 而 E_1 远小于粒子的初始能量. 我们要强调指出, 在这一条件下, 这些公式无论对于快速电子还是快速重粒子的能量损失都同样适用.

公式 (113.15) 与未考虑原子间相互作用的微观理论的结果 (见本教程第三卷 §149, (149.14) 式) 的差别仅在于 "电离能" I 的定义, 这里扮演该角色的是 $\hbar\varpi$. 然而, 原子的平均电离能 (对电子求平均) 一般很少依赖于它与其他原子的相互作用, 因为在其中起主要作用的是不涉及这些相互作用的内壳层电子. 况且在现在情况下, 这个量出现在对数符号下, 因此其精确定义对滞阻值的影响就更为微弱.

重粒子与电子碰撞时, 与粒子动量 Mv 相比, 即便是传递给电子的动量的极大值 $\hbar q_{\max}$ 也是小量. 所以重粒子能量的改变等于 $\boldsymbol{v}\cdot\hbar\boldsymbol{q}$; 设此量与电子能量相等, 我们得到

$$\frac{\hbar^2 q^2}{2m}=\hbar\boldsymbol{q}\cdot\boldsymbol{v}\leqslant\hbar qv,$$

由此 $\hbar q_{\max}=2mv$, 故 $E_{1\max}=2mv^2$. 将此值代入 (113.15) 式替代 E_1, 我们得到重粒子的总电离能损失:

$$F=\frac{4\pi Ne^4}{mv^2}\ln\frac{2mv^2}{\hbar\varpi}. \tag{113.16}$$

这个公式与通常所使用的公式 (见本教程第三卷, (150.10) 式) 的差别只在于电离能 $\hbar\varpi$ 的定义.

我们现在来追溯一下, (113.11) 式所定义的量 $\hbar\varpi$ 在稀疏介质中是如何转化为第三卷 (149.11) 式所定义的单个原子的平均电离能的. 为此我们注意到, 在稀薄气体中 (为简单起见, 假定气体由相同原子组成) 介电常量为

$$\varepsilon=1+4\pi N_a\alpha(\omega),$$

其中 N_a 为单位体积中的原子数, $\alpha(\omega)$ 为一个原子的极化率; 此时 $|\varepsilon-1|\ll 1$. 对于量 $\eta=1/\varepsilon$ 的虚部, 我们有

$$|\eta''|\approx 4\pi N_a\alpha''(\omega).$$

原子的极化率由本教程第四卷公式 (85.13) 给出; 将极化率的虚部分出来 (借助第四卷的公式 (75.19)), 在 $\omega>0$ 时我们得到:

$$|\eta''|=\frac{4\pi^2}{3}N_a\sum_n|\boldsymbol{d}_{0n}|^2\delta(E_n-E_0-\hbar\omega),$$

其中 E_0 和 E_n 分别为原子的基态及激发态能量. 将这个表达式代入 (113.11) 式, 进行积分并作代换 $N=N_aZ$, 我们就回到第三卷 (149.11) 式的定义.

§114 快速粒子在物质中的电离损失: 相对论情况

如我们将要看到的, 当粒子速度接近光速时, 介质对快速粒子能量损失亦即滞阻的影响可以变得极为重要, 而且不仅是在凝聚态物质中, 甚至在气体中也是如此①.

为了推导出相应的公式, 我们采用类似于上节用过的方法, 但此时必须从完备的麦克斯韦方程出发. 存在外电荷 (密度为 ρ_{ex}) 与外电流 (密度为 $\boldsymbol{j}_{\mathrm{ex}}$) 时, 这些方程为②

$$\operatorname{div}\boldsymbol{H}=0,\quad \operatorname{rot}\boldsymbol{E}=-\frac{1}{c}\frac{\partial\boldsymbol{H}}{\partial t},\tag{114.1}$$

$$\operatorname{div}\hat{\varepsilon}\boldsymbol{E}=4\pi\rho_{\mathrm{ex}},\quad \operatorname{rot}\boldsymbol{H}=\frac{1}{c}\frac{\partial\hat{\varepsilon}\boldsymbol{E}}{\partial t}+\frac{4\pi}{c}\boldsymbol{j}_{\mathrm{ex}}.\tag{114.2}$$

现在情况下, 外电荷和外电流的分布由下式给出:

$$\rho_{\mathrm{ex}}=e\delta(\boldsymbol{r}-\boldsymbol{v}t).\quad \boldsymbol{j}_{\mathrm{ex}}=e\boldsymbol{v}\delta(\boldsymbol{r}-\boldsymbol{v}t).\tag{114.3}$$

按照通常的定义引进标量势和矢量势:

$$\boldsymbol{H}=\operatorname{rot}\boldsymbol{A},\quad \boldsymbol{E}=-\frac{1}{c}\frac{\partial\boldsymbol{A}}{\partial t}-\operatorname{grad}\varphi,\tag{114.4}$$

结果方程 (114.1) 恒满足. 我们在势 $\boldsymbol{A}$ 和 φ 上附加补充条件

$$\operatorname{div}\boldsymbol{A}+\frac{1}{c}\frac{\partial\hat{\varepsilon}\varphi}{\partial t}=0,\tag{114.5}$$

这个条件是辐射理论中所加的**洛伦兹条件**的推广. 此时将 (114.4) 式代入 (114.2) 式, 得到对于势的以下方程:

$$\begin{aligned}\Delta\boldsymbol{A}-\frac{\hat{\varepsilon}}{c^2}\frac{\partial^2\boldsymbol{A}}{\partial t^2}&=-\frac{4\pi}{c}e\boldsymbol{v}\delta(\boldsymbol{r}-\boldsymbol{v}t),\\ \hat{\varepsilon}\left(\Delta\varphi-\frac{\hat{\varepsilon}}{c^2}\frac{\partial^2\varphi}{\partial t^2}\right)&=-4\pi e\delta(\boldsymbol{r}-\boldsymbol{v}t).\end{aligned}\tag{114.6}$$

将 $\boldsymbol{A}$ 和 φ 展开为坐标的傅里叶积分. 取方程 (114.6) 两端的傅里叶分量,

① E. 费米 (1940) 首先指出这个效应并对原子气体的特殊模型 (将原子当作谐振子) 作了计算. 以下讲述的普遍推导是朗道首先提出的.

② 我们假定处处 $\mu(\omega)=1$, 因为在对于电离损失起重要作用的那些频率下, 物质表现得如同非磁性物质一样.

我们得到

$$k^2\boldsymbol{A}_{\boldsymbol{k}}+\frac{\hat{\varepsilon}}{c^2}\frac{\partial^2\boldsymbol{A}_{\boldsymbol{k}}}{\partial t^2}=\frac{4\pi}{c}e\boldsymbol{v}\mathrm{e}^{-\mathrm{i}\boldsymbol{k}\cdot\boldsymbol{v}t},$$
$$\hat{\varepsilon}\left(k^2\varphi_{\boldsymbol{k}}+\frac{\hat{\varepsilon}}{c^2}\frac{\partial^2\varphi_{\boldsymbol{k}}}{\partial t^2}\right)=4\pi e\mathrm{e}^{-\mathrm{i}\boldsymbol{k}\cdot\boldsymbol{v}t}.$$

由此可见, $\boldsymbol{A}_{\boldsymbol{k}}$ 和 $\varphi_{\boldsymbol{k}}$ 对时间的依赖关系由因子 $\exp(-\mathrm{i}t\boldsymbol{k}\cdot\boldsymbol{v})$ 给出. 我们重新引入符号 $\omega=\boldsymbol{k}\cdot\boldsymbol{v}=k_xv$ 并得到

$$\begin{aligned}\boldsymbol{A}_{\boldsymbol{k}}&=\frac{4\pi e}{c}\frac{\boldsymbol{v}}{k^2-\omega^2\varepsilon(\omega)/c^2}\mathrm{e}^{-\mathrm{i}\omega t}.\\ \varphi_{\boldsymbol{k}}&=\frac{4\pi e}{\varepsilon(\omega)}\frac{1}{k^2-\omega^2\varepsilon(\omega)/c^2}\mathrm{e}^{-\mathrm{i}\omega t}.\end{aligned}\tag{114.7}$$

电场强度的傅里叶分量为

$$\boldsymbol{E}_{\boldsymbol{k}}=\frac{\mathrm{i}\omega}{c}\boldsymbol{A}_{\boldsymbol{k}}-\mathrm{i}\boldsymbol{k}\varphi_{\boldsymbol{k}}.\tag{114.8}$$

借助所得的公式, 作用于粒子上的滞阻力 $\boldsymbol{F}=e\boldsymbol{E}$ 仍如前一节中那样求得①. 使用同样的符号, 我们现在得到这个力的大小的以下公式:

$$F=\frac{\mathrm{i}e^2}{\pi}\int_{-\infty}^{\infty}\int_0^{q_0}\frac{\left(\dfrac{1}{v^2}-\dfrac{\varepsilon}{c^2}\right)\omega q\mathrm{d}q\mathrm{d}\omega}{\varepsilon\left[q^2+\omega^2\left(\dfrac{1}{v^2}-\dfrac{\varepsilon}{c^2}\right)\right]}\tag{114.9}$$

(在 $c\to\infty$ 时, 这个公式当然化为 (113.5) 式).

我们从对频率的积分开始. 因为打算在复平面 ω 上进行积分, 我们先要弄清楚, 在上半平面的哪些点上被积函数有极点. 函数 $\varepsilon(\omega)$ 在这一区域既无奇点也无零点. 所以所要寻找的极点只能是表达式

$$\omega^2\left(\frac{\varepsilon}{c^2}-\frac{1}{v^2}\right)-q^2$$

的零点. 我们将要证明, 在正实数 q^2 的所有取值下, 这个表达式只在一个 ω 值时为零.

为证明这点②, 我们使用复变函数的一个著名定理, 按照这个定理, 沿封闭回路 C 所取的积分

$$\frac{1}{2\pi\mathrm{i}}\int_C\frac{\mathrm{d}f(\omega)}{\mathrm{d}\omega}\frac{\mathrm{d}\omega}{f(\omega)-a},\tag{114.10}$$

① 至于磁力 $e\boldsymbol{v}\times\boldsymbol{H}/c$, 则从对称性概念考虑, 显然该力为零 (更不必说这个力垂直于粒子的速度, 一般而言不对它做功).

② 以下的讨论, 与本教程第五卷 §123 讲述过的对函数 $\varepsilon(\omega)$ 在上半平面没有零点的证明类似.

等于回路 C 所包围的区域内函数 $f(\omega)-a$ 的零点数目与极点数目之差. 设

$$f(\omega)=\omega^2\left(\frac{\varepsilon(\omega)}{c^2}-\frac{1}{v^2}\right),$$

$a=q^2$ 为正实数, 我们选择 C 为由实轴与无穷远半圆周所构成的回路 (图 61). $f(\omega)$ 在上半平面的任何地方 (以及实轴上①) 都没有极点; 因此积分 (114.10) 直接给出函数 $f(\omega)-a$ 在上半平面的零点的数目. 为了计算, 我们将这个积分的形式写为

$$\frac{1}{2\pi i}\int_{C'}\frac{df}{f-a}; \tag{114.11}$$

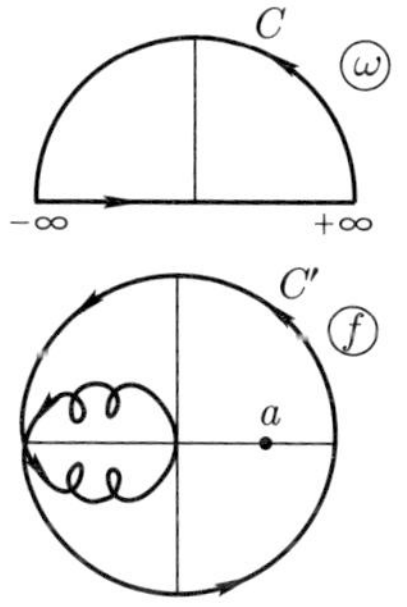

图 61

而且积分在复变量 f 的平面上沿回路 C' 进行. 回路 C' 是 ω 平面上回路 C 的映射, $\omega=0$ 时函数 $f=0$. ω 取正实值时, 我们有 $\operatorname{Im}f>0$, 而当其取负实值时, $\operatorname{Im}f<0$. 在无穷远处, $f\to-\omega^2(v^{-2}-c^{-2})$; 所以当 ω 通过无穷远半圆周时, f 通过一个无穷远圆周. 由此可见, f 平面上的积分回路 C' 如图 61 所示. 当 a 为正实数时 (如图 61 所示), 绕 C' 一周复数 $f-a$ 的辐角改变 2π 且积分 (114.11) 等于 1. 因此我们的论断得到证明 ②.

况且容易看出, 方程 $f(\omega)-q^2=0$ 的唯一的根在 ω 的虚轴上. 实际上, 在 ω 为纯虚数时, 函数 $f(\omega)$ 类似于函数 $\varepsilon(\omega)$ 为实数, 而且取遍从 0 到 ∞ 的所有值, 其中包括 q^2 的所有正值.

我们回到 (114.9) 式中对 ω 的积分

$$\int_{-\infty}^{\infty}\frac{[1/(\varepsilon v^2)-1/c^2]\omega d\omega}{q^2-\omega^2(\varepsilon/c^2-1/v^2)}.$$

可将它表示为沿回路 C 的积分以及沿无穷大半圆周积分之差的形式. 其中第

① 金属的 $\varepsilon(\omega)$ 在 $\omega=0$ 时有极点, 但 $\omega^2\varepsilon$ 总是趋于零.

② 如果 a 为负实数, 则绕 C' 一周, $f-a$ 的辐角改变 4π, 因此, 积分 (114.11) 等于 2; 换句话说, 方程 $f(\omega)=-|a|$ 在上半平面有两个零点.

二个积分等于 $\int \frac{\mathrm{d}\omega}{\omega} = \mathrm{i}\pi$, 而第一个积分等于 $2\pi\mathrm{i}$ 乘以其被积函数中唯一极点的留数. 我们将把 $\omega(q)$ 理解为由等式

$$\omega^2\left(\frac{\varepsilon}{c^2}-\frac{1}{v^2}\right)=q^2 \tag{114.12}$$

定义的函数. 此时, 依据寻求留数的熟知规则①, 我们求得沿回路 C 的积分等于

$$2\pi\mathrm{i}\frac{\omega\left(\dfrac{1}{\varepsilon v^2}-\dfrac{1}{c^2}\right)}{-\dfrac{\mathrm{d}}{\mathrm{d}\omega}\left[\omega^2\left(\dfrac{\varepsilon}{c^2}-\dfrac{1}{v^2}\right)\right]}=2\pi\mathrm{i}\frac{\omega\left(\dfrac{1}{\varepsilon v^2}-\dfrac{1}{c^2}\right)}{-\dfrac{\mathrm{d}q^2}{\mathrm{d}\omega}}.$$

整理所得表达式并代入 (114.9) 式后, 我们求得

$$F=e^2\int_0^{q_0}\left[\frac{\omega[1/(\varepsilon v^2)-1/c^2]}{q\mathrm{d}q/\mathrm{d}\omega}+1\right]q\mathrm{d}q$$

或者将上式右端方括号内第一项对 q 的积分换为对 ω 的积分,

$$\begin{aligned}F&=e^2\int_{\omega(0)}^{\omega(q_0)}\left(\frac{1}{v^2\varepsilon(\omega)}-\frac{1}{c^2}\right)\omega\mathrm{d}\omega+\frac{1}{2}e^2q_0^2\\&=\frac{e^2}{v^2}\int_{\omega(0)}^{\omega(q_0)}\left(\frac{1}{\varepsilon(\omega)}-1\right)\omega\mathrm{d}\omega+\frac{e^2q_0^2}{2}+\frac{e^2}{2}\left(\frac{1}{v^2}-\frac{1}{c^2}\right)[\omega^2(q_0)-\omega^2(0)].\end{aligned} \tag{114.13}$$

方程 (114.12) 的 ω 绝对值大的根对应于大的 q 值. 利用与此相应的 $\varepsilon(\omega)$ 的表达式 (113.9), 我们求得

$$\omega^2(q_0)=-v^2\gamma^2\left(q_0^2+\frac{4\pi Ne^2}{mc^2}\right),$$

其中我们引入了符号

$$\gamma=\left(1-\frac{v^2}{c^2}\right)^{-1/2}.$$

代入 (114.13) 式后, 我们得到

$$F=\frac{e^2}{v^2}\int_{\omega(0)}^{\mathrm{i}vq_0\gamma}\left[\frac{1}{\varepsilon(\omega)}-1\right]\omega\mathrm{d}\omega-\frac{2\pi Ne^4}{mc^2}-\frac{e^2\omega^2(0)}{2v^2\gamma^2} \tag{114.14}$$

(在积分中 $\omega(q_0)$ 只保留主导项 $\mathrm{i}vq_0\gamma$ 已足够).

① 表达式 $f(z)/\varphi(z)$ 相对于极点 $z=z_0$ 的留数为 $f(z_0)/\varphi'(z_0)$.

(114.14) 中的积分对 ω 的虚值进行. 按照 $\omega = \mathrm{i}\omega''$ 引入实变量, 将积分的下限标记为 $\omega(0) = i\xi$, 并重新引进符号 (113.6) $1/\varepsilon = \eta$. 我们应当计算的积分为

$$-\int_{\xi}^{vq_0\gamma}[\eta(\mathrm{i}\omega'') - 1]\omega''\mathrm{d}\omega''.$$

函数 $\eta(\omega)$ 在虚轴上的值可以按照公式

$$\eta(\mathrm{i}\omega'') - 1 = \frac{2}{\pi}\int_0^{\infty}\frac{x\eta''(x)}{x^2 + \omega''^2}\mathrm{d}x$$

通过其在实轴上的值的虚部表示出来 (参见 (82.15) 式). 因此, 对于所研究的积分, 我们得到 (与 $vq_0\gamma$ 相比略去 x):

$$\frac{2}{\pi}\int_0^{\infty}\int_{\xi}^{vq_0\gamma}\frac{x|\eta''(x)|\omega''\mathrm{d}\omega''\mathrm{d}x}{x^2 + \omega''^2} = \frac{1}{\pi}\int_0^{\infty}x|\eta''(x)|\ln\frac{v^2q_0^2\gamma^2}{x^2 + \xi^2}\mathrm{d}x.$$

将这个结果代入 (114.14) 式, 同时为了简化书写, 引入符号

$$\ln\Omega = \frac{1}{2}\overline{\ln(\omega^2 + \xi^2)}, \tag{114.15}$$

其中横杠表示是以权重 $\omega|\eta''(\omega)|$ 所作的平均, 如在 (113.11) 式中一样. 此时我们得到

$$F(q_0) = \frac{4\pi Ne^4}{mv^2}\ln\frac{q_0v\gamma}{\Omega} - \frac{2\pi Ne^4}{mc^2} + \frac{e^2\xi^2}{2v^2\gamma^2}. \tag{114.16}$$

在进一步探究这个公式时, 必须分别讨论两种情况. 首先我们假设介质是介电体, 而粒子的速度满足条件

$$v^2 < \frac{c^2}{\varepsilon_0}, \tag{114.17}$$

其中 $\varepsilon_0 = \varepsilon(0)$ 是介电常量的静电值. 函数 $\varepsilon(\omega)$ 在虚轴上的值从 $\omega = 0$ 时的 $\varepsilon_0 > 1$ 单调减少到 $\omega = \mathrm{i}\infty$ 时的 1. 而方程 (114.12) 左端的表达式此时则单调地从 0 增加到 ∞. 所以, 当 $q = 0$ 时, 方程 (114.12) 也给出 $\omega = 0$. 因此, 在 (114.16) 式中应当令 $\xi = 0$; 此时 Ω 变成平均原子频率 $\overline{\omega}$ (113.11):

$$F(q_0) = \frac{4\pi Ne^4}{mv^2}\left[\ln\frac{q_0v\gamma}{\overline{\omega}} - \frac{v^2}{2c^2}\right] \tag{114.18}$$

(当 $v \ll c$ 时, 这个公式理所应当地变为 (113.12) 式).

q_0 之值满足条件 $q_0 \ll 1/a$, 其中 a 为原子间距离的数量级 (在凝聚态物质中为原子的尺度). 为了使这个公式拓展到传递大动量值和大能量值的区域, 必须与前一节所作类似, 将它与通常碰撞理论的公式 “缝合” 起来. 但是这里

的缝合应当分两阶段进行. 首先借助公式 (113.13) 进入这样的 q 值区, 其对应的能量传递大于原子能量, 但仍然是非相对论的. 此时公式 (114.18) 的形式不变, 但其中可以引入 δ 电子的能量 $\hbar^2 q_1^2/(2m)$. 将这个能量标记为 E_1, 我们得到

$$F(E_1) = \frac{2\pi N e^4}{mv^2}\left[\ln\frac{2mE_1 v^2\gamma^2}{\hbar^2\overline{\omega}^2} - \frac{v^2}{c^2}\right]. \tag{114.19}$$

其次, 可以转入 E_1 的相对论值区, 利用相对论碰撞理论公式, 依照这个公式, 只要 E' 比在给定的快速粒子与自由电子碰撞时动量和能量守恒定律所允许的最大传递能量 $E_{1\max}$ 小①, 传递能量处于 E' 和 $E'+\mathrm{d}E'$ 之间的间隔内的滞阻即等于

$$\frac{2\pi N e^4}{mv^2}\frac{\mathrm{d}E'}{E'}. \tag{114.20}$$

由于积分表达式 (114.20) 式将会给出 $\ln E'$, 于是很清楚, 结果公式 (114.19) 的形式不变, 因此它适用于所有的 $E_1 \ll E_{1\max}$ 之值.

在快速重粒子 (质量 $M \gg m$, 能量 E 虽然是相对论性的, 但 $E \ll M^2c^2/m$) 被阻滞时, 传递给电子的最大能量为 $E_{1\max} \approx 2mv^2\gamma^2$, 仍远小于 E (参见本教程第四卷 §82, 公式 (82.23)). 这样的粒子与自由电子碰撞引起的微分能量损失的形式在 E' 为任意值时是

$$\frac{2\pi N e^4}{mv^2}\left(\frac{1}{E'} - \frac{1}{2mc^2\gamma^2}\right)\mathrm{d}E'$$

(参见本教程第四卷 §82, 公式 (82.24)). 传递由 E_1 到 $E_{1\max}$ (同时 $E_1 \ll E_{1\max}$) 能量的附加能量损失 (相对于 (114.19) 式) 在这种情况下为

$$\frac{2\pi N e^4}{mv^2}\left(\ln\frac{E_{1\max}}{E_1} - \frac{E_{1\max}}{2mc^2\gamma^2}\right) = \frac{2\pi N e^4}{mv^2}\left(\ln\frac{2mv^2\gamma^2}{E_1} - \frac{v^2}{c^2}\right). \tag{114.21}$$

将这个表达式添加到 (114.19) 式中, 我们求得快速重粒子的总滞阻为:

$$F = \frac{4\pi N e^4}{mv^2}\left(\ln\frac{2mv^2\gamma^2}{\hbar\overline{\omega}} - \frac{v^2}{c^2}\right). \tag{114.22}$$

这个公式与通常理论的差别仅在于 "电离能" $\hbar\overline{\omega}$ 的定义 (参见本教程第四卷, 公式 (82.26)).

现在转到第二种情况, 此时粒子速度满足条件

$$v^2 > \frac{c^2}{\varepsilon_0} \tag{114.23}$$

① 参见本教程第四卷中的公式 (81.15) 和 (82.24). 将这些散射截面的表达式乘以能量损失 $m\Delta$ 以及 N 即得到滞阻 F.

(特别的是, 金属永远属于这种情况, 因为它们的 $\varepsilon(0)=\infty$). 在这种情况下, 方程 (114.12) 左端的表达式 $\omega^2(\varepsilon/c^2-1/v^2)$ 两次 (在 ω 的虚轴上) 通过零点, 一次是当 $\omega=0$ 时, 另一次是当 $\omega=\mathrm{i}\xi$ 时, 其中 ξ 由等式

$$\varepsilon(\mathrm{i}\xi)=\frac{c^2}{v^2} \tag{114.24}$$

定义. 在 0 与 $\mathrm{i}\xi$ 之间的区间内这个表达式为负, 而在 $|\omega|>\xi$ 时, 它取从 0 到 ∞ 的所有正值. 所以, 当 $q\to 0$ 时, 方程 (114.12) 的根在这种情况下趋于 ξ 值, 即应当代入公式 (114.15) 和 (114.16) 之值.

此处可区分两种极限情况. 如果 ξ 值比原子频率 ω_0 小, 则在 (114.16) 式中可略去最后一项, 而 $\Omega\approx\overline{\omega}$. 于是我们又回到公式 (114.18). 特别有意思的是 $\xi\gg\omega_0$ 时的相反的极限情况. 由于在大 ξ 值时 $\varepsilon(\mathrm{i}\xi)$ 趋于 1, 由 (114.24) 式可知, 这种情况对应于粒子的极端相对论速度. 使用 $\varepsilon(\omega)$ 的表达式 (113.9), 我们从 (114.24) 式求得:

$$\xi^2=\frac{4\pi Ne^2v^2\gamma^2}{mc^2}\approx\frac{4\pi Ne^2\gamma^2}{m}.$$

当粒子速度增大时, 条件 $\xi\gg\omega_0$ 最终在任何介质都会得到满足, 亦即在电子密度 N 取任何值时 (包括在气体中) 都会满足. 不过 N 越小, 也就是说介质越稀薄, 所要求的速度越高.

由 (114.15) 式, 我们现在有 $\Omega\approx\xi$, 同样也设 $v\approx c$, 我们发现 (114.16) 式的最后两项相互抵消, 只留下

$$F(q_0)=\frac{2\pi Ne^4}{mc^2}\ln\frac{mc^2q_0^2}{4\pi Ne^2}.$$

像在上面所做过的那样, 将这个公式拓展到传递大动量和大能量值的区域, 我们求得能量传递不超过 E_1 (且 $E_1\ll E_{1\,\max}$) 的极端相对论性粒子的滞阻表达式:

$$F(E_1)=\frac{2\pi Ne^4}{mc^2}\ln\frac{m^2c^2E_1}{2\pi Ne^2\hbar^2}. \tag{114.25}$$

这个结果与未考虑介质极化的通常理论给出的结果有本质区别. 按照通常理论 (见本教程第四卷 §82), 在极端相对论情况下, 滞阻 $F(E_1)$ 在粒子能量增加时继续增长, 尽管是以较慢的对数律 ①

$$F(E_1)=\frac{2\pi Ne^4}{mc^2}\ln\left(\frac{2mc^2\gamma^2E_1}{I^2}-2\right)$$

① 这个公式是通过将第四卷的 (82.20) 式和 (82.25) 式相加而得到的, 而且在第二个公式中应将 $m\Delta_{\max}$ 理解为 E_1. 我们记得, 在传递能量 E_1 很小时, 这个公式既适用于快速电子, 也适用于快速重粒子.

增长. 介质的极化引起电荷屏蔽, 其结果是滞阻的增长最终停止, 并趋向一由公式 (114.25) 给出的不含 γ 的有限的极限值.

对于重粒子, 还可以写出其在直到 $E_{1\max}$ (在 $E_{1\max}$ 比粒子本身能量小的条件下) 的任何传递能量下的总滞阻. 重新使用表达式 (114.21) (现在可在其中置 $v=c$), 我们求得

$$F=\frac{2\pi Ne^4}{mc^2}\left[\ln\frac{m^3c^4\gamma^2}{\pi Ne^2\hbar^2}-1\right]. \tag{114.26}$$

我们看到, 总滞阻依然继续随粒子速度增加而增长, 增长依靠的是不出现介质极化屏蔽效应的具有很大能量传递的近碰撞. 不过, 这种增长比起按照未考虑极化的理论的增长来要慢一些. 按照后者

$$F=\frac{4\pi Ne^4}{mc^2}\left[\ln\frac{2mc^2\gamma^2}{I}-1\right]$$

(参见本教程第四卷, 公式 (82.28)) ; 此处带 $\ln\gamma$ 一项的系数为 (114.26) 式中同一项系数的二倍.

我们还注意到, 公式 (114.25) 和 (114.26) 中对数的宗量内存在的电子密度 N 导致极端相对论性粒子滞阻的以下性质: 当这样的粒子穿过含有同样数目电子 (相对单位面积表面) 的不同物质层时, 具有较大 N 的物质中的滞阻较小.

§115 切连科夫辐射

在透明介质中运动的带电粒子在特定的条件下发出一种独特的辐射; 这种辐射是首先由 С. И. 瓦维洛夫和 П. А. 切连科夫观察到的并由 И. Е. 塔姆和 И. М. 夫兰克作出了理论解释及计算 (1937). 这里我们要强调指出, 这个辐射与实际上 (在快速电子运动时) 总会产生的轫致辐射没有任何共同之处. 轫致辐射是由运动电子本身在其与原子碰撞时发出的. 在切连科夫现象中, 我们遇到的实质上是受到在介质内运动的粒子的场的影响而由介质发出的辐射. 当过渡到粒子质量任意大的极限时, 这两种类型辐射间的差别表现得特别明显: 此时轫致辐射完全消失, 而切连科夫辐射一般没有变化.

在透明介质中传播的电磁波的波矢和频率以关系式 $k=n\omega/c$ 相联系, 其中 $n=\sqrt{\varepsilon}$ 为实的折射率; 我们像以前一样假设介质是非磁性和各向同性的. 另一方面我们看到, 在介质中匀速运动的粒子的场的傅里叶分量的频率与波矢的 x 分量 (x 轴在粒子速度方向) 之间的关系是 $\omega=k_xv$. 为了使这一分量代表自由传播的波, 关系式 $k=n\omega/c$ 和 $k_x=\omega/v$ 不应当相互矛盾. 由于应当

有 $k > k_x$, 于是必须满足条件

$$v > \frac{c}{n(\omega)}. \tag{115.1}$$

因此, 如果粒子的速度超过给定介质中频率为 ω 的波的相速度, 则发生该频率的辐射①.

设 θ 为粒子运动方向与辐射方向之间的夹角. 我们有 $k_x = k\cos\theta = (n\omega/c)\cos\theta$, 而且与等式 $k_x = \omega/v$ 比较, 得到

$$\cos\theta = \frac{c}{nv}. \tag{115.2}$$

因此, 角度 θ 的一定值对应于一定频率的辐射. 换句话说, 每一频率的辐射向前发射并分布在顶角为 2θ 的锥面上, θ 由公式 (115.2) 确定*. 因此, 辐射的角分布和其按频率的分布具有确定的相互关系.

电磁波的辐射 (如果它们发生的话) 与运动粒子的一定能量损失有关. 这一损失构成前一节计算的总的电离损失 (其中未包括韧致辐射) 中的一部分, 尽管是并不显著的一小部分. 在这个意义上, 现在的情况下把总损失称作 "电离" 损失不完全准确. 现在我们把这一部分从总的损失中分出来; 并由此来确定切连科夫辐射的强度.

按照 (114.9) 式, 在频率间隔 $\mathrm{d}\omega$ 内的能量损失由表达式

$$\mathrm{d}F = -\mathrm{d}\omega\frac{\mathrm{i}e^2}{\pi}\sum\omega\left(\frac{1}{c^2}-\frac{1}{v^2\varepsilon}\right)\int\frac{q\mathrm{d}q}{q^2-\omega^2\left(\dfrac{\varepsilon}{c^2}-\dfrac{1}{v^2}\right)}$$

给出, 其中 Σ 表示应当对含 $\omega = \pm|\omega|$ 的表达式求和. 引入新变量

$$\xi = q^2 - \omega^2\left(\frac{\varepsilon}{c^2}-\frac{1}{v^2}\right).$$

于是

$$\mathrm{d}F = -\mathrm{d}\omega\frac{\mathrm{i}e^2}{2\pi}\sum\omega\left(\frac{1}{c^2}-\frac{1}{v^2\varepsilon}\right)\int\frac{\mathrm{d}\xi}{\xi}.$$

在沿 ξ 的实轴积分时, 应当以确定的方式绕过奇点 $\xi = 0$ (正好满足关系式 $q^2 + k_x^2 = k^2$). 绕过的方向由以下事实确定, 即虽然我们假设 $\varepsilon(\omega)$ 为实量 (介质透明), 但实际上它含有某一很小的虚部, 当 $\omega > 0$ 时虚部为正, 当 $\omega < 0$ 时

① 早在相对论出现之前, 索末菲就研究过真空中以速度 $v > c$ 匀速运动的电子的辐射这一纯形式性的问题 (A. 索末菲, 1904).

* 每种频率的辐射的电磁波都沿着以粒子运动方向为极轴, $\pi/2-\theta$ 为半顶角的圆锥面的法线方向辐射. 这个特殊的辐射方向, 是粒子在其运动轨迹上各点所辐射的波的干涉加强的方向. ——译者注

虚部为负. 相应地, ξ 具有很小的负的或正的虚部, 因此积分应当沿从实轴下面或上面通过的路径进行. 这表明, 当我们把积分路径移到实轴时, 应当从下面或上面的围道绕过奇点. 正是这些围道给出了对 $\mathrm{d}F$ 的贡献, 而实部在求和时被完全消去. 沿无限小半圆周围道绕过奇点, 我们得到

$$\sum \omega \int \frac{\mathrm{d}\xi}{\xi} = \omega \left(\int\limits_{\cup} \frac{\mathrm{d}\xi}{\xi} - \int\limits_{\cap} \frac{\mathrm{d}\xi}{\xi} \right) = 2\mathrm{i}\pi\omega.$$

因此, 我们最后得到公式

$$\mathrm{d}F = \frac{e^2}{c^2}\left(1 - \frac{c^2}{v^2 n^2}\right)\omega \mathrm{d}\omega, \tag{115.3}$$

这个公式给出了在频率间隔 $\mathrm{d}\omega$ 内的辐射强度. 根据 (115.2) 式, 这个辐射强度集中在角度范围

$$\mathrm{d}\theta = \frac{c}{vn^2 \sin\theta}\frac{\mathrm{d}n}{\mathrm{d}\omega}\mathrm{d}\omega \tag{115.4}$$

之内. 总辐射强度由表达式 (115.3) 对介质透明区所有频率的积分给出.

切连科夫辐射的偏振问题也很容易搞清楚. 由 (114.7) 式可见, 辐射场的矢量势指向速度 $\boldsymbol{v}$ 的方向. 因此, 磁场 $\boldsymbol{H}_k = \mathrm{i}\boldsymbol{k} \times \boldsymbol{A}_{\boldsymbol{k}}$ 垂直于通过 $\boldsymbol{v}$ 和光线 $\boldsymbol{k}$ 方向的平面. 而电场 (在辐射波区内) 垂直于磁场, 故在该平面内.

习 题

粒子在单轴非磁性晶体内 (a) 沿光轴方向匀速运动; (b) 垂直于光轴匀速运动. 试求两种情况下粒子的切连科夫辐射的波矢锥 (B. Л. 金兹堡, 1940).

解: (a) 当电荷在单轴晶体中运动时, 一般而言, 切连科夫辐射发生在对应于寻常波和非寻常波的两个圆锥内. 但是在沿光轴运动时寻常波不辐射 (尽管 (115.1) 类型的条件可被满足!). 寻常波始终是具有垂直于主截面 (亦即通过光轴 (z 轴) 与给定 $\boldsymbol{k}$ 方向的平面) 的矢量 $\boldsymbol{E}$ 的线极化波; 在现在情况下, 由功 $e\boldsymbol{E}\cdot\boldsymbol{v} = 0$ 亦即粒子没有能量损失就已可看出这种波不可能辐射. 非寻常辐射锥可通过将等式 (115.2) 中的 n 值代入 (98.5) 式得到, 其正确性与介质各向同性无关 (当前情况下 $\boldsymbol{k}$ 与 $\boldsymbol{v}$ 间的夹角 θ 和 $\boldsymbol{k}$ 与光轴间夹角相同). 我们求得:

$$\tan^2\theta = \frac{\varepsilon_\parallel}{\varepsilon_\perp}\left(\frac{v^2}{c^2}\varepsilon_\perp - 1\right),$$

而且必须有 $v > c/\sqrt{\varepsilon_\perp}$. 这个锥体是圆锥体, 辐射强度沿母线均匀分布 (如从对称性考虑所预料). 光线矢量锥的张角 2ϑ 与 θ 以等式 $\tan\vartheta = \varepsilon_\perp \tan\theta/\varepsilon_\parallel$ 相关.

(b) 在这种情况下存在两个切连科夫锥. 我们将 $\boldsymbol{v}$ 的方向选为 x 轴, 而将光轴选为 z 轴; θ 为 $\boldsymbol{k}$ 与 x 轴间夹角, φ 为 $\boldsymbol{k}$ 方向的方位角, 从 xy 平面起算 (图 62). 寻常波锥体的张角由等式

$$\cos\theta = \frac{c}{v\sqrt{\varepsilon_\perp}}$$

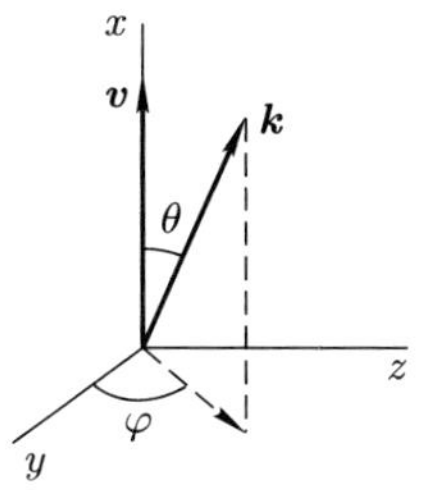

图 62

给出. 同时应当有 $v > c/\sqrt{\varepsilon_\perp}$. 这个锥体是圆锥体, 但辐射强度依赖于方位角①; 特别是在 xz 平面 ($\varphi = \pi/2$) 上没有辐射 (由于等式 $\boldsymbol{v}\cdot\boldsymbol{E} = 0$). 非寻常波锥不是圆锥, 其锥角依赖于 φ:

$$\cos^2\theta = \frac{(\varepsilon_\parallel - \varepsilon_\perp)\sin^2\varphi + \varepsilon_\perp}{(\varepsilon_\parallel - \varepsilon_\perp)\sin^2\varphi + \varepsilon_\perp\varepsilon_\parallel v^2/c^2},$$

同时应当有 $v > c/\sqrt{\varepsilon_\parallel}$. 非寻常辐射的偏振为矢量 $\boldsymbol{D}$ 在主截面上, 与 $\boldsymbol{k}$ 垂直. 如果 $\boldsymbol{k}$ 位于 xy 平面 ($\varphi = 0$), 则矢量 $\boldsymbol{D}$, 从而 $\boldsymbol{E}$ 的方向均沿 z 轴方向; 此时 $\boldsymbol{v}\cdot\boldsymbol{E} = 0$, 因此非寻常辐射强度在 xy 平面上为零.

§116 渡越辐射

切连科夫辐射的特征是它发生在带电粒子匀速运动时 (但在真空中匀速运动的电荷并不辐射). 在这个意义上, 与其类似的另一类现象是**渡越辐射**——当带电粒子在空间非均匀介质中 (包括从一种介质过渡到另一种介质) 作匀速运动时的辐射 (В. Л. 金兹堡, И. М. 大兰克, 1945). 这种辐射在一点上

① 类似于在 §114 中对各向同性介质所作的那样, 寻求强度分布要求计算滞阻力. 这些计算 (以及与切连科夫辐射有关的其他一些问题) 的详细论述可在 Б. М. 波洛托夫斯基的以下两篇综述文章中找到: Б. М. Болотовский, УФН. 1957. Т. 62. С. 201; 1961. Т. 75. С. 295(第二篇综述的英译本见 B. M. Bolotovskii, *Soviet physics Uspekhi* **4**, 781, 1962).

与切连科夫辐射有原则性区别, 即它在粒子以任何速度运动时都会发生, 而不仅是当粒子速度超过介质中光的相速时才辐射. 与切连科夫辐射一样, 渡越辐射与轫致辐射 (当带电粒子向两种介质的交界面入射时也会出现) 毫无共同之处. 也和切连科夫辐射一样, 当粒子质量变得任意大时, 这种差别特别直观——轫致辐射消失, 而渡越辐射不变.

我们来研究当带电粒子 (具有恒定速度 $\boldsymbol{v}$) 通过真空与具有复介电常量 ε 的非磁性介电体之间的边界时的渡越辐射. 运动发生在垂直于分界平面 ($x=0$ 平面) 的 x 轴上 (图 63).

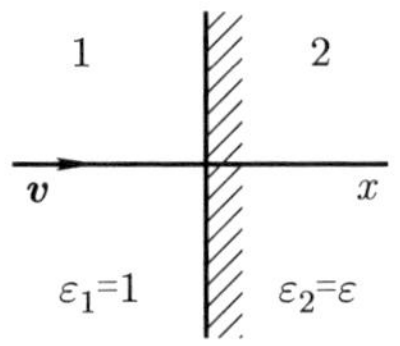

图 63

电磁场由方程 (114.1)—(114.3) 或与它们等价的方程 (114.6) 确定. 我们将方程中的所有物理量都展开为时间和坐标 y, z (相对于这两个坐标介质均匀) 的傅里叶积分, 如

$$\boldsymbol{E}=\int \boldsymbol{E}_{\omega\boldsymbol{q}}(x)\mathrm{e}^{\mathrm{i}(\boldsymbol{q}\cdot\boldsymbol{r}-\omega t)}\frac{\mathrm{d}\omega\mathrm{d}^2q}{(2\pi)^3} \tag{116.1}$$

等, 其中 $\boldsymbol{q}$ 为 yz 平面上的波矢. 在两个半空间的每一个中, 我们寻求形为非齐次方程 (114.6) 的特解 (电荷场, 标以下标 "e") 和齐次方程——右端为零的方程 (114.6)——的通解 (自由辐射场, 标以下标 "r") 之和的场. 解的第一部分由类似 (114.7) 式的公式

$$\varphi_{\omega\boldsymbol{q}}^{(e)}=\frac{4\pi e}{\varepsilon v}\left[q^2+\frac{\omega^2}{v^2}-\frac{\varepsilon\omega^2}{c^2}\right]^{-1}\mathrm{e}^{\mathrm{i}\omega x/v},$$
$$\boldsymbol{A}_{\omega\boldsymbol{q}}^{(e)}=\frac{\varepsilon\boldsymbol{v}}{c}\varphi_{\omega\boldsymbol{q}}^{(e)} \tag{116.2}$$

给出. 由此电场强度为

$$\boldsymbol{E}_{\omega\boldsymbol{q}}^{(e)}=\mathrm{i}\left[\omega\boldsymbol{v}\left(\frac{\varepsilon}{c^2}-\frac{1}{v^2}\right)-\boldsymbol{q}\right]\varphi_{\omega\boldsymbol{q}}^{(e)} \tag{116.3}$$

(因我们用不着 $\boldsymbol{H}_{\omega\boldsymbol{q}}^{(e)}$ 的表达式, 故不在此写出).

直接以场强的形式写出对应于自由辐射场的解的第二部分, 场强 $\boldsymbol{E}_{\omega\boldsymbol{q}}^{(r)}$ 的纵向分量写为

$$(\boldsymbol{E}_{\omega\boldsymbol{q}}^{(r)})_x=\mathrm{i}a\mathrm{e}^{\pm\mathrm{i}k_x x},$$

它带有一个现在尚属未知的系数 a; 对于 k_x, 我们现在有

$$k_x^2 + q^2 = \frac{\varepsilon\omega^2}{c^2}. \tag{116.4}$$

$\boldsymbol{E}_{\omega\boldsymbol{q}}^{(r)}$ 的横向分量 (我们预先知道它沿 $\boldsymbol{q}$ 方向, 即这个平面上唯一特殊方向) 由方程 $\operatorname{div}\boldsymbol{D} = 0$, 亦即 $\varepsilon(\boldsymbol{q} \pm k_x\boldsymbol{n}) \cdot \boldsymbol{E}_{\omega\boldsymbol{q}} = 0$ ($\boldsymbol{n}$ 为沿 x 轴方向的单位矢量) 确定, 为

$$\boldsymbol{E}_{\omega\boldsymbol{q}}^{(r)} = \mathrm{i}a\left[\boldsymbol{n} \mp \frac{\boldsymbol{q}}{q^2}\sqrt{\frac{\varepsilon\omega^2}{c^2} - q^2}\right]\exp\left[\pm\mathrm{i}x\sqrt{\frac{\varepsilon\omega^2}{c^2} - q^2}\right]. \tag{116.5}$$

式中指数上的 $+$ 号和 $-$ 号分别对应于半空间 $x > 0$ 和 $x < 0$: 波向离开两介质分界面的方向传播 ①.

两个半空间内的常数 a_1 和 a_2, 由电感应强度法向分量 $\varepsilon\boldsymbol{n} \cdot \boldsymbol{E}_{\omega\boldsymbol{q}}$ 和电场强度切向分量 $\boldsymbol{q} \cdot \boldsymbol{E}_{\omega\boldsymbol{q}}$ 在分界面的连续性条件确定 (不用说, 磁场强度的连续性给不出任何新要求). $x < 0$ 区 (真空) 内的系数为:

$$a_1 = \frac{4\pi e\beta\varkappa^2(\varepsilon - 1)(1 - \beta^2 + \beta\sqrt{\varepsilon - \varkappa^2})}{\omega(1 - \beta^2 + \beta^2\varkappa^2)(1 + \beta\sqrt{\varepsilon - \varkappa^2})(\sqrt{\varepsilon - \varkappa^2} + \varepsilon\sqrt{1 - \varkappa^2})}, \tag{116.6}$$

其中 $\beta = v/c, \varkappa = qc/\omega$.

我们现在来计算粒子在真空中 (亦即朝电子运动反方向的) 辐射的总能量 $\mathscr{U}_1$. 做到这点的简单办法是研究长时间 t 时的辐射波列, 此时波列已经向左走了很远; 电荷的辐射场和固有场此时已经分离. 总能量 $\mathscr{U}_1$ 由辐射场能量密度在全空间的积分得到. 如果把坐标原点沿 x 轴移到波列区, 则由于辐射波列的场在 x 两端的衰减, 对这个坐标的积分限可以从 $-\infty$ 取到 ∞.

在波区内电能密度和磁能密度是相同的. 因此

$$\mathscr{U}_1 = \frac{1}{4\pi}\int \mathrm{d}y\mathrm{d}z\int_{-\infty}^{\infty}\mathrm{d}x \cdot \boldsymbol{E}_1^2.$$

将 $\boldsymbol{E}_1$ 的展开式 (116.1) 代入上式, 把积分的平方写作二重积分的形式:

$$\boldsymbol{E}^2(t, \boldsymbol{r}) = \int \boldsymbol{E}_{\omega\boldsymbol{q}}(x) \cdot \boldsymbol{E}_{\omega'\boldsymbol{q}'}^*(x)\exp\{\mathrm{i}[\boldsymbol{r} \cdot (\boldsymbol{q} - \boldsymbol{q}') - t(\omega - \omega')]\}\frac{\mathrm{d}\omega\mathrm{d}\omega'\mathrm{d}^2q\mathrm{d}^2q'}{(2\pi)^6}.$$

这个表达式对 $\mathrm{d}y\mathrm{d}z$ 的积分给出 δ 函数 $(2\pi)^2\delta(\boldsymbol{q} - \boldsymbol{q}')$, 然后在对 d^2q' 积分时被消除. 因此,

$$\mathscr{U}_1 = \frac{1}{4\pi}\int_{-\infty}^{\infty}\mathrm{d}x\int \boldsymbol{E}_{\omega\boldsymbol{q}}(x) \cdot \boldsymbol{E}_{\omega'\boldsymbol{q}}^*(x)\mathrm{e}^{-\mathrm{i}t(\omega-\omega')}\frac{\mathrm{d}\omega\mathrm{d}\omega'\mathrm{d}^2q}{(2\pi)^4}. \tag{116.7}$$

① 在公式 (116.2)—(116.5) 中, 在 $x < 0$ 区内应将 ε 理解为 $\varepsilon_1 = 1$, 而在 $x > 0$ 区内 $\varepsilon = \varepsilon_2$. 在以下的公式中处处有 $\varepsilon \equiv \varepsilon_2$.

将 $\boldsymbol{E}_{\omega\boldsymbol{q}}$ 的表达式 (116.5) ($\varepsilon=1, a=a_1$) 代入上式并对 x 积分, 我们得到

$$\mathscr{U}_1=\frac{1}{2}\int|a_1|^2\frac{\omega^2}{q^2c^2}\delta\left[\sqrt{\frac{\omega^2}{c^2}-q^2}-\sqrt{\frac{\omega'^2}{c^2}-q^2}\right]\frac{\mathrm{d}^2q\mathrm{d}\omega\mathrm{d}\omega'}{(2\pi)^4};$$

这里已经考虑到, 由于存在 δ 函数将会有 $\omega=\omega'$; 因为这个理由, 坐标原点移动时, (116.5) 式 a_1 内产生的相位因子在乘积 $a_1(\omega,\boldsymbol{q})a_1^*(\omega',\boldsymbol{q})$ 中消失. 对 ω 和 ω' 的积分从 $-\infty$ 到 ∞ 进行; 通过对 ω' 的积分消除 δ 函数, 我们得到

$$\mathscr{U}_1=\int_0^\infty\int|a_1(\omega,\boldsymbol{q})|^2\frac{\omega^2}{cq^2}\sqrt{1-\frac{c^2q^2}{\omega^2}}\frac{\mathrm{d}^2q\mathrm{d}\omega}{(2\pi)^4};\tag{116.8}$$

由于被积函数是 ω 的偶函数, 故对 ω 的积分可以用从 0 到 ∞ 积分的二倍来表示.

对于 d^2q 的积分应当在 $q^2<\omega^2/c^2$ 区内进行, 在该区内 k_x 为实数, 因此场 (116.5) 确实在描述传播波①. 引入辐射波矢 $\boldsymbol{k}=(k_x,\boldsymbol{q})$ 与矢量 $-\boldsymbol{v}$ 方向之间的夹角 θ (因此 $\theta=0$ 对应于相对粒子运动方向严格向后的辐射). 此时 $q=(\omega/c)\sin\theta$; 由对 d^2q 积分转化为对 $2\pi q\mathrm{d}q=(2\pi\omega^2/c^2)\sin\theta\cos\theta\mathrm{d}\theta$ 的积分, 我们有

$$\mathscr{U}_1=\frac{1}{c(2\pi)^3}\int_0^\infty\int_0^{\pi/2}|a_1|^2\omega^2\frac{\cos^2\theta}{\sin\theta}\mathrm{d}\theta\mathrm{d}\omega\equiv\int_0^\infty\int_0^{\pi/2}\mathscr{U}_1(\omega,\theta)\cdot2\pi\sin\theta\mathrm{d}\theta\mathrm{d}\omega.$$

函数 $\mathscr{U}_1(\omega,\theta)$ 给出了辐射的谱分布和角分布. 取 (116.6) 式的 a_1, 我们最终得到

$$\mathscr{U}_1(\omega,\theta)=\frac{e^2\beta^2\sin^2\theta\cos^2\theta}{\pi^2c(1-\beta^2\cos^2\theta)^2}\left|\frac{(\varepsilon-1)(1-\beta^2+\beta\sqrt{\varepsilon-\sin^2\theta})}{(1+\beta\sqrt{\varepsilon-\sin^2\theta})(\varepsilon\cos\theta+\sqrt{\varepsilon-\sin^2\theta})}\right|^2\tag{116.9}$$

(В. Л. 金兹堡, И. М. 夫兰克, 1945). 渡越辐射是线偏振的, 而且电矢量在通过 $\boldsymbol{k}$ 和 $\boldsymbol{v}$ 的平面上 (从 (116.5) 式可见). 在非相对论速度下辐射强度正比于 v^2, 亦即正比于粒子的能量.

在与理想导体 ($\varepsilon=\infty$) 的交界面上公式 (116.9) 简化为

$$\mathscr{U}_1(\omega,\theta)=\frac{e^2v^2}{\pi^2c^3}\frac{\sin^2\theta}{(1-\beta^2\cos^2\theta)^2}.$$

① 当 $q^2>\omega^2/c^2$ 时, 表达式 (116.5) 中的指数因子应当写作 $\exp(\pm x\sqrt{q^2-\omega^2/c^2})$, 对应于从分界面衰减的表面波. 在渡越辐射情况下, 必须有这样的波存在; 这里不研究它们.

在极端相对论情况 ($\beta \approx 1$) 下, 辐射在小角度区域 $\theta \sim \sqrt{1-\beta^2}$ 有极大值. 确实, 此处公式 (116.9) 的形式变为

$$\mathscr{U}_1(\omega,\theta) = \frac{e^2}{\pi^2 c}\left|\frac{\sqrt{\varepsilon}-1}{\sqrt{\varepsilon}+1}\right|^2 \frac{\theta^2}{[\theta^2+(1-\beta^2)]^2}.$$

由此我们得到具有对数精确度的总的辐射谱密度

$$\mathscr{U}_1(\omega) \approx \int_0^{\sim 1} \mathscr{U}_1(\omega,\theta)\cdot 2\pi\theta \mathrm{d}\theta \approx \frac{e^2}{\pi c}\left|\frac{\sqrt{\varepsilon}-1}{\sqrt{\varepsilon}+1}\right|^2 \ln\frac{1}{1-\beta^2}. \tag{116.10}$$

如果在足够高的频率下使用介电常量的极限表达式 (78.1),

$$\varepsilon = 1 - \frac{\omega_0^2}{\omega^2}, \quad \omega_0^2 = \frac{4\pi N e^2}{m}, \tag{116.11}$$

则我们求得, 在 $\omega \gg \omega_0$ 时辐射的谱分布以 ω^{-4} 的方式减小. 这表明, 实际上是 $\omega \lesssim \omega_0$ 的频率对渡越辐射 (在向后方向上) 作出了主要贡献.

最后我们来仔细研究一下当粒子从介质进入真空时的渡越辐射. 这个问题与前一个问题的区别仅仅在于改变速度 $\boldsymbol{v}$ 的符号. 所以带电粒子脱离介质进入真空时的微分辐射强度由修正后的 (116.9) 式给出, 所谓修正指的是式中作 $v \to -v$ 的替换, 而且 θ 现在是 $\boldsymbol{k}$ 方向与 $\boldsymbol{v}$ 的夹角 (因此 $\theta = 0$ 对应于严格地向粒子运动前方的辐射) ①:

$$\mathscr{U}_1(\omega,\theta) = \frac{e^2\beta^2\sin^2\theta\cos^2\theta}{\pi^2 c(1-\beta^2\cos^2\theta)^2}\left|\frac{(\varepsilon-1)(1-\beta^2-\beta\sqrt{\varepsilon-\sin^2\theta})}{(1-\beta\sqrt{\varepsilon-\sin^2\theta})(\varepsilon\cos\theta+\sqrt{\varepsilon-\sin^2\theta})}\right|^2. \tag{116.12}$$

在极端相对论情况, 辐射在小角度区域 $\theta \sim \sqrt{1-\beta^2}$ 有极大值. 这时公式 (116.12) 的形式变为

$$\mathscr{U}_1(\omega,\theta) = \frac{e^2\theta^2}{\pi^2 c}\frac{|\sqrt{\varepsilon}-1|^2}{(1-\beta^2+\theta^2)^2|1-\beta\sqrt{\varepsilon-\theta^2}|^2}. \tag{116.13}$$

如果 ε 不是太接近 1, 上式右端分母中的后一个因子可换为 $|1-\sqrt{\varepsilon}|^2$, 于是精确到对数精度, 得到谱分布为

$$\mathscr{U}_1(\omega) = \frac{e^2}{\pi c}\ln\frac{1}{1-\beta^2}.$$

① 对于透明介质 (可认为 ε 是实数) 速度受到 $v < c/\sqrt{\varepsilon}$ 的限制. 在相反的情况下, 产生将粒子在介质中依其运动方向向前发出的切连科夫辐射和通过边界进到真空中的切连科夫辐射的贡献分开的问题. 辐射强度 (116.12) 式在 $\beta\sqrt{\varepsilon-\sin^2\theta} = 1$ 处的极点对应于进到真空的贡献. 由这个等式确定的角 θ 恰好是在边界上折射的切连科夫锥的光线的出射角.

对于高频, 我们重新使用表达式 (116.11), 并在 (116.13) 式中作以下替换:

$$1-\beta\sqrt{\varepsilon-\theta^2}\approx\frac{1}{2}\left(1-\beta^2+\frac{\omega_0^2}{\omega^2}+\theta^2\right),\quad \sqrt{\varepsilon}-1\approx-\frac{\omega_0^2}{2\omega^2}.$$

对角度积分给出

$$\mathscr{U}_1(\omega)=\frac{e^2}{\pi c}\ln\frac{\omega_0^2}{\omega^2(1-\beta^2)}(\text{当 }\omega_0\ll\omega\ll\frac{\omega_0}{\sqrt{1-\beta^2}}\text{ 时}),$$

$$\mathscr{U}_1(\omega)=\frac{e^2}{6\pi c}\left(\frac{\omega_0}{\omega}\right)^4\frac{1}{(1-\beta^2)^2}(\text{当 }\omega\gg\frac{\omega_0}{\sqrt{1-\beta^2}}\text{ 时}).$$

从这些公式可以看出, 对向前辐射的主要贡献是高频 $\omega\sim\omega_0/\sqrt{1-\beta^2}$ 给出的 (Г. М. 加里比扬, 1959). 对所有频率积分的辐射能量在此情况下正比于粒子的能量①:

$$\mathscr{U}_1=\frac{e^2\omega_0}{3c\sqrt{1-\beta^2}}.\tag{116.14}$$

① 有关渡越辐射问题的更详细的解释, 可以在 Ф. Г. 巴斯和 В. М. 亚科文柯以及 В. Л. 金兹堡和 В. Н. 齐托维奇的综述文章中找到: *Басс Ф. Г., Яковенко В. М.*//УФН. 1965. Т. 86. С. 189 (英译本见 F. G. Bass and V. M. Yakovenko, Soviet Physics Uspekhi. **8**, 420, 1965); *Гинзбург В. Л., Цытович В. Н.*//УФН. 1978. Т. 126. С. 553 (英译本见 V. L. Ginzburg and V N Tsytovich, Physics Report, **49**, 1, 1979).

第十五章

电磁波的散射

§117 各向同性介质中散射的普遍理论

在前几章讲述的电磁波在透明介质内的传播理论中, 完全没有研究相对较弱但又极为重要的**散射**现象. 这个现象指的是产生较弱的散射波, 其频率和传播方向与原来的基波的频率和传播方向都不同.

散射现象之所以发生, 是因为在入射波场的影响下介质内电荷运动的改变, 这种变化导致一种新的波亦即散射波的发射. 对散射的微观机制的研究, 应当在量子力学的基础上进行. 然而, 对于发展以下将要讲述的宏观理论来说并不需要如此. 所以, 这里我们仅限于对在散射时引起波频率改变的过程的特征作一些简短的说明.

散射的基本过程是, 散射系统吸收初始量子 $\hbar\omega$, 并同时发射出另一个量子 $\hbar\omega'$. 散射量子的频率 ω' 可以小于也可以大于频率 ω (这两种情况分别称作**斯托克斯散射**和**反斯托克斯散射**). 在第一种情况下, 系统吸收能量 $\hbar(\omega-\omega')$, 而在第二种情况下, 系统依靠跃迁到较低能量状态给出能量 $\hbar(\omega'-\omega)$. 例如, 在气体的最简单情况下, 散射在单个分子上发生, 频率的改变既可以靠分子跃迁到另外的能级, 也可以靠分子整体运动动能的改变.

另一种类型的散射过程是初始量子 $\hbar\omega$ 保持不变, 但在其影响下散射系统立即辐射两个量子: 一个频率和方向不变的量子 $\hbar\omega$ 和一个散射量子 $\hbar\omega'$. 此时从散射系统中取得能量 $\hbar(\omega+\omega')$. 但是与第一类过程相比, 这类过程在通常条件下极为稀少①.

① 在后面 (§118) 将会看到, 在温度 $T \ll \hbar(\omega+\omega')$ 时受激辐射效应很小. 在射频区它可能是重要的.

现在我们转而研究散射的宏观理论, 首先必须将其中求平均的意义精确化. 在宏观电动力学中, 对一个量求平均可以看作是两阶段操作的结合. 如果为了直观而从经典观点出发, 则可以区分为: 先在给定所有粒子位置的情况下对包含这些位置在内的物理上无穷小体积取平均, 然后再将所得到的结果对粒子运动求平均. 然而, 在散射理论中这样的平均一开始就无法进行, 因为对粒子运动求平均将使得我们所要研究的现象消失. 所以, 出现在散射理论中的诸如散射波场的场强和感应强度, 必须理解为仅是第一阶段求平均的结果.

应当注意到在作量子处理时, 所谓对体积求平均当然不是针对物理量本身, 而仅仅是针对其算符进行; 求平均的第二阶段操作, 在于借助量子力学概率确定这个算符的数学期望值. 因此, 严格地讲, 下面出现的电磁量应当理解为量子力学算符. 不过这种状况不会影响本节所讲述的最后结果, 而且为了公式书写的简化, 我们将所有的量都当作是经典量来处理.

在对散射波场的物理量作上述理解的情况下, 我们以下将用 $\boldsymbol{E}',\boldsymbol{H}'$, $\boldsymbol{D}',\boldsymbol{B}'$ 来表示散射波场的单色分量. 我们将用不带撇的字母 $\boldsymbol{E},\boldsymbol{H}$ 表示入射波场. 在本章中处处假定入射波是频率为 ω 的单色波.

对于散射波在介质中的传播过程本身, 电场强度与电感应强度间存在关系式 $\boldsymbol{D}'=\varepsilon(\omega')\boldsymbol{E}'$ (我们假定散射介质是各向同性介质). 然而, 这个关系式并没有包含散射现象亦即在入射波影响下产生散射波在内. 为了描写散射, 必须在 $\boldsymbol{D}'$ 的表达式中计及附加的一些小项. 在一级近似下, 这些项对入射波场必须是线性的, 这种依赖关系最普遍的形式为:

$$D_i'=\varepsilon' E_i'+\alpha_{ik}E_k+\beta_{ik}E_k^*. \tag{117.1}$$

其中 ε' 表示 $\varepsilon(\omega')$, 而 α_{ik},β_{ik} 为表征介质散射性质的张量. 一般情况下, 它们不具有任何对称性质, 但它们的分量既是散射波频率 ω' 的函数, 也是初始频率 ω 的函数. 这里要强调指出, 量 α 和 β 的张量性质当然与我们所假设的介质为各向同性没有矛盾. 只有充分平均了的介质的性质才是各向同性的; 对平均性质的局域性偏离, 其中包括 (117.1) 式中的那些附加项, 并不一定要是各向同性的.

(117.1) 式的最后一项与受激辐射过程引起的那一部分散射有关. 实际上, 等式 (117.1) 右端的所有项和等式左端的 $\boldsymbol{D}'$, 都应当对应于同一个 ω'. 由于 $\boldsymbol{E}^*$ 的频率为 $-\omega$, 为使得乘积 $\beta_{ik}E_k^*$ 的频率为 ω', 量 β_{ik} 的频率必须为 $\omega+\omega'$. 然而, $\omega+\omega'$ 正好是表征受激辐射过程的频率. 由于上面提过这一效应很小, 我们略去 (117.1) 式中相应的项, 并在下文中将其写为

$$D_i'=\varepsilon' E_i'+\alpha_{ik}E_k. \tag{117.2}$$

$\boldsymbol{B}'$ 和 $\boldsymbol{H}'$ 之间的关系也可用类似的公式表示. 但是, 我们将忽略通常对光的散射现象并不重要的介质的磁学性质, 因此设 $\boldsymbol{B}'=\boldsymbol{H}'$.

散射波场的麦克斯韦方程为:

$$\operatorname{rot}\boldsymbol{E}'=\mathrm{i}\frac{\omega'}{c}\boldsymbol{H}',\quad \operatorname{rot}\boldsymbol{H}'=-\mathrm{i}\frac{\omega'}{c}\boldsymbol{D}'.$$

从这些方程中消去 $\boldsymbol{H}'$, 我们得到

$$\operatorname{rot}\operatorname{rot}\boldsymbol{E}'=\frac{\omega'^2}{c^2}\boldsymbol{D}'.$$

按照 (117.2) 式将

$$\boldsymbol{E}'=\frac{1}{\varepsilon'}\boldsymbol{D}'-\frac{1}{\varepsilon'}(\boldsymbol{\alpha}\cdot\boldsymbol{E})$$

(其中 $(\boldsymbol{\alpha}\cdot\boldsymbol{E})$ 表示分量为 $\alpha_{ik}E_k$ 的矢量) 代入前式, 并考虑到 $\operatorname{div}\boldsymbol{D}'=0$, 我们得到 $\boldsymbol{D}'$ 的以下方程:

$$\Delta\boldsymbol{D}'+k'^2\boldsymbol{D}'=-\operatorname{rot}\operatorname{rot}(\boldsymbol{\alpha}\cdot\boldsymbol{E}),\tag{117.3}$$

其中 $k'=\omega'\sqrt{\varepsilon'}/c$ 为散射波的波矢.

为了精确地表述求解方程 (117.3) 的条件, 我们将散射介质分割成许多小区域 (不过, 这些小区域的尺度远大于分子间距离). 由于散射过程的分子特征, 在介质 (不是晶体介质!) 不同点上的这些过程之间的关联, 一般而言, 只能扩展到分子距离量级 ①. 所以从介质的不同小区域发出的散射光是非相干的. 因此我们可以这样来研究从一个小区域发出的散射, 似乎在介质的其余体积中, 光在传播时没有散射. 我们以这种方式来计算离物体散射区域很大距离处的散射波场. 利用离辐射源很远距离处的推迟势的众所周知的近似表达式 (参见本教程第二卷 §66), 可以马上写出所要求的方程 (117.3) 的解:

$$\boldsymbol{D}'=\frac{1}{4\pi}\operatorname{rot}\operatorname{rot}\frac{\mathrm{e}^{\mathrm{i}k'R_0}}{R_0}\int(\boldsymbol{\alpha}\cdot\boldsymbol{E})\mathrm{e}^{-\mathrm{i}\boldsymbol{k}'\cdot\boldsymbol{r}}\mathrm{d}V.\tag{117.4}$$

其中 $\boldsymbol{R}_0$ 为从散射体积 (积分在该体积内进行) 内某一点到场的观察点的径矢, 矢量 $\boldsymbol{k}'$ 的方向与 $\boldsymbol{R}_0$ 相同. 式中的积分与观察点的坐标无关; 对 (117.4) 式进行微分并与通常一样只保留含有 $1/R_0$ 的项, 我们得到

$$\boldsymbol{D}'=-\frac{\mathrm{e}^{\mathrm{i}k'R_0}}{4\pi R_0}\boldsymbol{k}'\times\left[\boldsymbol{k}'\times\int(\boldsymbol{\alpha}\cdot\boldsymbol{E})\mathrm{e}^{-\mathrm{i}\boldsymbol{k}'\cdot\boldsymbol{r}}\mathrm{d}V\right].$$

① 将在 §120 中讨论的散射的特殊情况是例外. 在这些情况下, 必须假定散射区域的尺度也比光的波长大.

由于在观察点我们将介质看作是非散射的, 故在这一点上 $\boldsymbol{D}'$ 和 $\boldsymbol{E}'$ 的关系直接写为关系式 $\boldsymbol{D}' = \varepsilon'\boldsymbol{E}'$. 在入射波的场中, 我们分离出一个空间周期因子, 将电场强度的形式表示为

$$\boldsymbol{E} = \boldsymbol{E}_0 \mathrm{e}^{\mathrm{i}\boldsymbol{k}\cdot\boldsymbol{r}} = E_0 \boldsymbol{e} \mathrm{e}^{\mathrm{i}\boldsymbol{k}\cdot\boldsymbol{r}}; \tag{117.5}$$

在第二个表示式中复振幅 $\boldsymbol{E}_0$ 被写作 $E_0\boldsymbol{e}$, 其中 E_0 为实数量 ($E_0^2 \equiv |\boldsymbol{E}_0|^2$), 而 $\boldsymbol{e}$ 为确定波的偏振的单位复矢量 ($\boldsymbol{e}\cdot\boldsymbol{e}^* = 1$). 之后引进符号

$$\boldsymbol{G} = \int (\boldsymbol{\alpha}\cdot\boldsymbol{e}) \mathrm{e}^{-\mathrm{i}\boldsymbol{q}\cdot\boldsymbol{r}} \mathrm{d}V, \quad \boldsymbol{q} = \boldsymbol{k}' - \boldsymbol{k}, \tag{117.6}$$

我们写出

$$\boldsymbol{E}' = -\mathrm{e}^{\mathrm{i}k'R_0} \frac{E_0}{4\pi R_0 \varepsilon'} \boldsymbol{k}' \times (\boldsymbol{k}' \times \boldsymbol{G}) = \mathrm{e}^{\mathrm{i}k'R_0} \frac{E_0 k'^2}{4\pi R_0 \varepsilon'} \boldsymbol{G}_\perp. \tag{117.7}$$

矢量 $\boldsymbol{E}'$ 垂直于散射波的 $\boldsymbol{k}'$ 方向并由垂直于 $\boldsymbol{k}'$ 的投影 $\boldsymbol{G}_\perp$ 确定.

用这样的方式确定了散射波的未被平均的场之后, 我们可以转而研究散射光的强度和偏振. 为此必须构造张量

$$I_{ik} = \langle E'_i E'^*_k \rangle, \tag{117.8}$$

其中角括号表示到现在为止尚未进行的对物体中粒子运动的平均; 二次表达式的平均自然给出不为零的结果. 由于 $\boldsymbol{E}' \perp \boldsymbol{k}'$, 故张量 I_{ik} 仅在垂直于 $\boldsymbol{k}'$ 的平面上有不为零的分量; 这些分量 (在这个平面上) 构成二维张量 $I_{\alpha\beta}$ (我们用希腊字母表示取两个值的下标). 根据定义, 张量 $I_{\alpha\beta}$ 为厄米张量: $I_{\beta\alpha} = I^*_{\alpha\beta}$. 可以将这个张量对角化, 其两个主值之比给出退偏振度, 而两个主值之和正比于光的总强度①.

在乘积 $E'_i E'^*_k$ 中含有 G_i 的积分的乘积, 对它们也必须求平均. 将两个积分的乘积写为二重积分的形式, 我们有

$$\langle G_i G^*_k \rangle = e_l e^*_m \iint \langle \alpha^{(1)}_{il} \alpha^{(2)*}_{km} \rangle \mathrm{e}^{-\mathrm{i}\boldsymbol{q}\cdot(\boldsymbol{r}_1 - \boldsymbol{r}_2)} \mathrm{d}V_1 \mathrm{d}V_2. \tag{117.9}$$

上标 (1) 和 (2) 表示 α 的值是在空间的两个不同点上取的.

---

① 参见本教程第二卷 §50. 将厄米张量对角化意味着将其表示为

$$I_{ik} = \lambda_1 n_{1i} n^*_{1k} + \lambda_2 n_{2i} n^*_{2k},$$

其中 $\boldsymbol{n}_1, \boldsymbol{n}_2$ 为一般情况下的相互正交的单位复矢量:

$$\boldsymbol{n}_1 \cdot \boldsymbol{n}^*_1 = \boldsymbol{n}_2 \cdot \boldsymbol{n}^*_2 = 1, \quad \boldsymbol{n}_1 \cdot \boldsymbol{n}^*_2 = 0.$$

厄米张量的主值 λ_1, λ_2 为实数.

在求被积函数的平均时, 必须计及物体不同点上 α 值之间的关联一般只扩展到分子间距离量级. 这表明取平均后被积函数表达式仅在 $|\boldsymbol{r}_1-\boldsymbol{r}_2|\sim a$ 时才显著地不为零, 其中 a 为分子间距离的数量级. 指数因子的指数 $\sim a/\lambda$, 其中 λ 为散射波波长; 但因宏观理论适用的必要条件为 $a/\lambda\ll 1$, 故我们可以用 1 代替指数因子 ①.

其次, 对坐标 $\boldsymbol{r}_1$ 和 $\boldsymbol{r}_2$ 的积分可换为对 $(\boldsymbol{r}_1+\boldsymbol{r}_2)/2$ 和 $\boldsymbol{r}=\boldsymbol{r}_1-\boldsymbol{r}_2$ 的积分. 由于被积函数 (取平均后) 仅依赖于 $\boldsymbol{r}$, 故

$$\langle G_iG_k^*\rangle = Ve_le_m^*\int\langle\alpha_{il}^{(1)}\alpha_{km}^{(2)*}\rangle\mathrm{d}V, \tag{117.10}$$

其中 V 为物体散射区域的体积; 散射必须正比于 V 的事实是显然的, 我们早已料到. 我们注意到, 入射波的波矢方向 $\boldsymbol{k}$ 从公式 (117.10) 中消失, 从而也从以下的所有公式中消失.

(117.10) 式中的积分构成一个只依赖于散射介质性质的四秩张量. 由于介质是各向同性的, 这个张量只可能通过单位张量 δ_{ik} (以及标量常数) 来表示. 在写出相应的表达式之前, 我们注意到, 张量 α_{ik} 如同所有的二秩张量一样, 在一般情况下可以表示为三个独立部分之和:

$$\alpha_{ik}=\alpha\delta_{ik}+s_{ik}+a_{ik}, \tag{117.11}$$

其中 α 为标量, s_{ik} 为不可约 (亦即迹为零的) 对称张量, a_{ik} 为反对称张量:

$$\alpha=\frac{1}{3}\alpha_{ii},\quad s_{ik}=\frac{1}{2}\left(\alpha_{ik}+\alpha_{ki}-\frac{2}{3}\alpha_{ll}\delta_{ik}\right),\quad a_{ik}=\frac{1}{2}(\alpha_{ik}-\alpha_{ki}). \tag{117.12}$$

在求乘积 $\alpha_{il}^{(1)}\alpha_{km}^{(2)*}$ 的平均值时, 可以发现只有上面指出的张量 α_{ik} 的三个部分的每一个的分量单独相乘的积不为零; 很清楚, 单位张量不能用来构成具有与矢量积相对应的对称性质的表达式. 根据这些考虑, 我们可以把待求的四秩张量写为以下形式:

$$\begin{aligned}\int\langle\alpha_{il}^{(1)}\alpha_{km}^{(2)*}\rangle\mathrm{d}V = G_0\delta_{il}\delta_{km}&+\frac{1}{10}G_s\left(\delta_{ik}\delta_{lm}+\delta_{im}\delta_{kl}-\frac{2}{3}\delta_{il}\delta_{km}\right)\\&+\frac{1}{6}G_a(\delta_{ik}\delta_{lm}-\delta_{im}\delta_{kl}),\end{aligned} \tag{117.13}$$

其中的三项按其对称性质正好分别对应于 $\alpha_{il}^{(1)}$ 和 $\alpha_{km}^{(2)}$ 的标量部分、对称部分和反对称部分的乘积. 对不同的下标对缩并这个表达式, 我们得到可解释 (117.13) 的系数意义的三个等式:

$$G_0=\int\langle\alpha^{(1)}\alpha^{(2)*}\rangle\mathrm{d}V,\quad G_s=\int\langle s_{ik}^{(1)}s_{ik}^{(2)*}\rangle\mathrm{d}V,\quad G_a=\int\langle a_{ik}^{(1)}a_{ik}^{(2)*}\rangle\mathrm{d}V. \tag{117.14}$$

① 但在所谓瑞利散射时 (见 §120), 只有在专门的附加条件下才允许作这一忽略.

这些量都是实的和正的①. 这样一来, 张量 I_{ik} 的形式为

$$I_{ik} = \text{const} \cdot \left[G_0 e_i e_k^* + \frac{1}{10} G_s \left(\delta_{ik} + e_i^* e_k - \frac{2}{3} e_i e_k^*\right) + \frac{1}{6} G_a (\delta_{ik} - e_i^* e_k)\right], \tag{117.15}$$

其中 const 不依赖于散射的方向和入射波的偏振. 这个张量当然还没有与 $\boldsymbol{k}'$ 方向成“横向”. 待求的张量 $I_{\alpha\beta}$ 是通过将 (117.15) 式投影到垂直于 $\boldsymbol{k}'$ 的平面得到的 (为此只需选取 $\boldsymbol{k}'$ 为坐标系的一个轴, 并求出在另外两个轴上的张量的分量).

我们注意到, 在普遍情况下, 散射可以表示为三个独立过程即**标量型散射**、**对称型散射**和**反对称型散射**的叠加, 这些过程分别对应于 (117.15) 式中的三项②.

如果对这种分类不感兴趣, 将表达式 (117.15) 表示为另外的形式可能更方便, 在其中归并相似项:

$$I_{ik} = \text{const} \cdot \left\{\frac{a+c}{2} e_i e_k^* + \frac{a-c}{2} e_i^* e_k + b\delta_{ik}\right\}, \tag{117.16}$$

其中

$$a = G_0 + \frac{1}{30} G_s - \frac{1}{6} G_a, \quad b = \frac{1}{10} G_s + \frac{1}{6} G_a, \quad c = G_0 - \frac{1}{6} G_s + \frac{1}{6} G_a. \tag{117.17}$$

公式 (117.15) 或 (117.16) 确定散射光的角分布及偏振性质. 特别是, 将这个张量投影到某一偏振矢量 $\boldsymbol{e}'$ (决定 $\boldsymbol{E}'$ 方向的矢量) 上, 我们即得到以特定方式偏振的散射光分量的强度, 它可被相应的检偏器检出:

$$\begin{aligned} I_{ik} e_i'^* e_k' = \text{const} \cdot \Big\{ & G_0 |\boldsymbol{e}\cdot\boldsymbol{e}'^*|^2 + \frac{1}{10} G_s \left(1 + |\boldsymbol{e}\cdot\boldsymbol{e}'|^2 - \frac{2}{3}|\boldsymbol{e}\cdot\boldsymbol{e}'^*|^2\right) \\ & + \frac{1}{6} G_a (1 - |\boldsymbol{e}\cdot\boldsymbol{e}'|^2)\Big\} \end{aligned} \tag{117.18}$$

或者

$$I_{ik} e_i'^* e_k' = \text{const} \cdot \left\{\frac{a+c}{2} |\boldsymbol{e}\cdot\boldsymbol{e}'^*|^2 + \frac{a-c}{2} |\boldsymbol{e}\cdot\boldsymbol{e}'|^2 + b\right\}. \tag{117.19}$$

---

① 张量 (117.13) 为实张量的性质以及从而其系数为实的性质, 已可从这个张量相对于指标对 il 和 km 交换的对称性看出, 而这种交换等价于取复共轭 (由于点 1 和点 2 等价). 系数为正的性质来自以下事实: 利用从 (117.9) 式变换为 (117.10) 式的反变换, 它们可以被表示为模的平方 (或模的平方之和). 例如,

$$G_0 = \frac{1}{V}\left\langle \left|\int \alpha^{(1)} \mathrm{d}V\right|^2 \right\rangle.$$

② 公式 (117.15) 以及由其所得的结论与本教程第四卷 §60 讲述的在单个自由取向分子上散射的普拉切克量子理论公式, 仅在 G_0, G_s, G_a 的定义上有差别.

我们来研究线偏振波的散射. 这样的偏振对应于实矢量 $\boldsymbol{e}$ (参见本教程第二卷的 §48 和 §50). 因此, 散射光张量 $I_{\alpha\beta}$ 的所有分量也是实的. 这表明, 散射光是部分偏振的, 而且可以被分解为两个独立的 (非相干) 波, 其中每一个都是线偏振的. 由于在垂直于 $\boldsymbol{k}'$ 的平面上总共只存在一个特定方向 (由矢量 $\boldsymbol{e}$ 的在这个平面上的投影给出), 事先就可以预料到, 这两个波中的一个具有处于 $\boldsymbol{ek}'$ 平面中的矢量 $\boldsymbol{e}'$ 的偏振 (其强度标记为 I_1), 而另一个波的偏振垂直于这一平面 (其强度①标记为 I_2).

在 $\boldsymbol{e}$ 为实矢量时表达式 (117.16) 简化为

$$I_{ik} = \text{const} \cdot (ae_ie_k + b\delta_{ik}). \tag{117.20}$$

我们立即注意到, 该表达式总共只有两个而不是三个独立常数. 相应地, 我们有

$$I_{ik}e'_ie'_k = \text{const} \cdot [a(\boldsymbol{e}\cdot\boldsymbol{e}')^2 + b],$$

而且在上面指出的两个方向中取 $\boldsymbol{e}'$ 后, 我们得到散射光的两个非相干分量的角分布:

$$I_1 = \text{const} \cdot (a\sin^2\theta + b), \quad I_2 = \text{const} \cdot b, \tag{117.21}$$

其中 θ 为 $\boldsymbol{e}$ 与散射方向 $\boldsymbol{k}'$ 之间的夹角. 我们注意到, 以上分布中的第二个是各向同性的.

当自然光通过介质时, 散射光将是部分偏振的. 通过对处于垂直于 $\boldsymbol{k}$ 的平面内的 $\boldsymbol{e}$ 的所有方向求平均, 从 (117.16) 式中得到相应的张量 I_{ik}. 这个平均值由公式

$$\overline{e_ie_k^*} = \frac{1}{2}(\delta_{ik} - n_in_k) \tag{117.22}$$

实现 (其中 $\boldsymbol{n} = \boldsymbol{k}/k$) ; 这是一个仅依赖于 $\boldsymbol{n}$ 的方向的二秩张量, 缩并时等于 1 且满足条件

$$n_i\overline{e_ie_k^*} = \overline{(\boldsymbol{n}\cdot\boldsymbol{e})e_k^*} = 0.$$

因此, 在自然光散射时

$$I_{ik} = \text{const} \cdot \left\{\frac{a}{2}(\delta_{ik} - n_in_k) + b\delta_{ik}\right\}. \tag{117.23}$$

由对称性考虑可知, 散射光的两个非相干分量是线偏振的, 一个的偏振矢量 $\boldsymbol{e}'$ 在 $\boldsymbol{kk}'$ 平面 (散射平面) 内, 另一个的偏振矢量 $\boldsymbol{e}'$ 垂直于 $\boldsymbol{kk}'$ 平面; 我们将这些分量的强度分别标记为 $I_\parallel$ 和 $I_\perp$. 从公式

$$I_{ik}e'_ie'_k = \text{const} \cdot \left\{\frac{a}{2}[1 - (\boldsymbol{n}\cdot\boldsymbol{e}')^2] + b\right\}$$

① 我们再一次强调, 必须将散射光的这种偏振状态与由探测器检测出来的偏振 $\boldsymbol{e}'$ 区分开来!!

我们得到

$$I_{\|} = \text{const} \cdot \left(\frac{a}{2}\cos^2\vartheta + b\right), \quad I_{\perp} = \text{const} \cdot \left(\frac{a}{2} + b\right), \tag{117.24}$$

其中 ϑ 为散射角 ($\boldsymbol{k}$ 与 $\boldsymbol{k}'$ 之间的夹角).

下面我们将分别列出三种类型散射中的每一个的角分布和偏振性质. 它们可通过将从 (117.17) 式给出的相应的 a 和 b 项直接代入 (117.21) 和 (117.24) 式后得到.

在线偏振光的标量散射时, 散射光也是完全偏振的, 而光强的角分布由公式

$$I = \frac{3}{2}\sin^2\theta \tag{117.25}$$

给出 (此处及今后 I 的表达式均归一化为使其对所有方向的平均值为一). 在自然光散射时, 光强的角分布与退偏振系数 ($I_{\|}, I_{\perp}$ 中小者与大者之比) 由公式

$$I = I_{\perp} + I_{\|} = \frac{3}{4}(1+\cos^2\vartheta), \quad \frac{I_{\|}}{I_{\perp}} = \cos^2\vartheta \tag{117.26}$$

给出①.

对于偏振光的对称散射, 我们有

$$I = I_1 + I_2 = \frac{3}{20}(6+\sin^2\theta), \quad \frac{I_2}{I_1} = \frac{3}{3+\sin^2\theta}, \tag{117.27}$$

而在自然光散射时:

$$I = \frac{3}{40}(13+\cos^2\vartheta), \quad \frac{I_{\|}}{I_{\perp}} = \frac{1}{7}(6+\cos^2\vartheta). \tag{117.28}$$

最后, 对于偏振光的非对称散射

$$I = \frac{3}{4}(1+\cos^2\theta), \quad \frac{I_1}{I_2} = \cos^2\theta, \tag{117.29}$$

而在自然光散射时:

$$I = \frac{3}{8}(2+\sin^2\vartheta), \quad \frac{I_{\perp}}{I_{\|}} = \frac{1}{1+\sin^2\vartheta}. \tag{117.30}$$

---

① 由 $I(\theta)$ 的公式变为 $I(\vartheta)$ 的公式对应于依照

$$\overline{\sin^2\theta} = \frac{1}{2}(1+\cos^2\vartheta)$$

所进行的平均 (对比从 (92.3) 式到 (92.6) 式的转化).

§118 色散的细致平衡原理

从细致平衡的量子力学普遍原理 (参见本教程第三卷 §144), 可以求得不同散射过程强度间的确定的关系式.

用 $\mathrm{d}w_{21}$ 标记量子 $\hbar\omega_1$ 受到散射 (在单位长度路径内) 后产生在立体角元 $\mathrm{d}o_2$ 内传播的量子 $\hbar\omega_2$ 的概率①. 再用 $\mathrm{d}w_{12}$ 标记量子 $\hbar\omega_2$ 在立体角元 $\mathrm{d}o_1$ 内产生量子 $\hbar\omega_1$ 的逆散射过程的概率. 细致平衡原理在这两个概率之间建立了以下关系:

$$\frac{\mathrm{d}w_{21}}{k_2^2\mathrm{d}o_2} = \frac{\mathrm{d}w_{12}}{k_1^2\mathrm{d}o_1},$$

其中 k_1, k_2 分别为两个量子的波矢. 代入 $k_1^2 = \varepsilon_1\omega_1^2/c^2, k_2^2 = \varepsilon_2\omega_2^2/c^2$ (其中 $\varepsilon_1 = \varepsilon(\omega_1)$, $\varepsilon_2 = \varepsilon(\omega_2)$) 我们得到

$$\varepsilon_1\omega_1^2\frac{\mathrm{d}w_{21}}{\mathrm{d}o_2} = \varepsilon_2\omega_2^2\frac{\mathrm{d}w_{12}}{\mathrm{d}o_1}. \tag{118.1}$$

在这个关系式中假定散射系统的初态和末态分别对应于离散能级 E_1 和 E_2, 二者相互之间以等式

$$E_1 + \hbar\omega_1 = E_2 + \hbar\omega_2$$

相联系. 这样的问题提法与物体的真实状况并不完全符合, 因为宏观物体的能谱非常密集, 必须看作是准连续谱.

所以, 代替具有严格确定的频率改变的散射概率 $\mathrm{d}w_{21}$, 我们必须引进在频率间隔 $\mathrm{d}\omega_2$ 内的散射概率, 亦即物体跃迁到处于能量间隔 $\mathrm{d}E_2 = \hbar\mathrm{d}\omega_2$ 内的能态的概率. 将这个概率标记为 (依然是在单位路径内的) $\mathrm{d}h_{21}$, 我们有

$$\mathrm{d}h_{21} = \mathrm{d}w_{21}\mathrm{d}\Gamma_2 = \mathrm{d}w_{21}\frac{\mathrm{d}\Gamma_2}{\mathrm{d}E_2}\hbar\mathrm{d}\omega_2,$$

其中 $\mathrm{d}\Gamma_2$ 为在能量间隔 $\mathrm{d}E_2$ 内的物体量子态的数目. 代替 (118.1) 式, 我们现在写出

$$\frac{\mathrm{d}\Gamma_1}{\mathrm{d}E_1}\varepsilon_1\omega_1^2\frac{\mathrm{d}h_{21}}{\mathrm{d}o_2\mathrm{d}\omega_2} = \frac{\mathrm{d}\Gamma_2}{\mathrm{d}E_2}\varepsilon_2\omega_2^2\frac{\mathrm{d}h_{12}}{\mathrm{d}o_1\mathrm{d}\omega_1}.$$

然而, 按照物体宏观状态的统计权重与其熵 $\mathscr{S}$ 的众所周知的关系, 导数 $\mathrm{d}\Gamma/\mathrm{d}E$ 基本上与 $\exp(\mathscr{S})$ 相同, 于是有关系式

$$\frac{\mathrm{d}\Gamma_1/\mathrm{d}E_1}{\mathrm{d}\Gamma_2/\mathrm{d}E_2} = \exp(\mathscr{S}_1 - \mathscr{S}_2).$$

① 还要注意两个量子的确定的偏振, 为了简洁我们这里没有写出偏振指标. 在记号 $\mathrm{d}\omega_{21}$ 中下标的排列顺序对应于量子力学中采用的顺序: 初态到末态由右向左排列.

由于因一个量子的散射而引起的物体能量变化与物体能量相比极为微小, 故熵的变化也相对很小, 因此可令其等于

$$\mathscr{S}_1-\mathscr{S}_2=\frac{\mathrm{d}\mathscr{S}}{\mathrm{d}E}(E_1-E_2)=\frac{\hbar}{T}(\omega_2-\omega_1).$$

考虑到这种情况, 我们最终将散射的细致平衡原理表达式写为以下形式:

$$\mathrm{e}^{-\hbar\omega_1/T}\varepsilon_1\omega_1^2\frac{\mathrm{d}h_{21}}{\mathrm{d}o_2\mathrm{d}\omega_2}=\mathrm{e}^{-\hbar\omega_2/T}\varepsilon_2\omega_2^2\frac{\mathrm{d}h_{12}}{\mathrm{d}o_1\mathrm{d}\omega_1}. \tag{118.2}$$

量 $\mathrm{d}h_{21}$ (具有 cm^{-1} 的量纲) 称为光在散射时的**微分消光系数**. 它的定义也可以用以下方式表述: 微分消光系数是单位时间在单位体积物体内散射到立体角 $\mathrm{d}o_2$ 和频率间隔 $\mathrm{d}\omega_2$ 的量子数与入射光中光子流密度之比. 将 $\mathrm{d}h_{21}$ 对散射光的所有方向和所有频率积分, 我们得到总消光系数, 它代表光在散射介质中传播时光子流密度的衰减率.

设 $\omega_2<\omega_1$. 关系式 (118.2) 将斯托克斯散射 (*1* → *2*) 与反斯托克斯散射 (*2* → *1*) 之间的强度 (消光系数) 联系起来. 我们看到, 反斯托克斯散射的强度比斯托克斯散射的强度小, 一般而言前者与后者之比基本上为因子

$$\exp\left(-\frac{\hbar(\omega_1-\omega_2)}{T}\right).$$

这种情况具有相当普遍的性质, 它对应于物体向电磁场的能量转移使得散射过程减弱为原来的 $\exp(-\Delta E/T)$, 其中 ΔE 为被转移的能量. 特别是由于这个原因, 受激发射通常非常弱, 因为在这种散射过程中物体一次要给出 $\hbar(\omega_1+\omega_2)$ 的能量. 在 $\hbar(\omega_1+\omega_2)\gg T$ 时, 这种过程的概率包含一个很小的因子

$$\exp\left(-\frac{\hbar(\omega_1+\omega_2)}{T}\right).$$

在散射时频率改变相对小的重要情况下, 普遍关系式 (118.2) 大为简化. 我们将 ω_1 直接标记为 ω, 而把小频率差 $\omega_2-\omega_1$ 标记为 $\varOmega(|\varOmega|\ll\omega)$. 除此而外, 我们引进符号

$$\frac{\mathrm{d}h_{21}}{\mathrm{d}o_2\mathrm{d}\omega_2}=I(\omega,\varOmega). \tag{118.3}$$

在 (118.2) 式的非指数因子 $\varepsilon\omega^2$ 中, 可以略去频率差 $\varOmega$, 此后它们在等式两端相互抵消, 结果余下

$$I(\omega,\varOmega)\mathrm{e}^{-\hbar\omega/T}=I(\omega+\varOmega,-\varOmega)\mathrm{e}^{-\hbar(\omega+\varOmega)/T}.$$

函数 $I(\omega+\varOmega,-\varOmega)$ 的第一个宗量是光的初始频率, 可以将其中的 $\varOmega$ 略去, 亦即把散射强度当作与入射光的略有移动的频率值有关. 此时有

$$I(\omega,\varOmega)=I(\omega,-\varOmega)\mathrm{e}^{-\hbar\varOmega/T}. \tag{118.4}$$

在这一近似中, 等式两端的 I 与同一频率的入射光有关. 换句话说, 关系式 (118.4) 建立起了有相同频率移动绝对值 Ω 的同一种光的斯托克斯散射与反斯托克斯散射之间的简单关系.

习 题

试确定受激拉曼散射强度 (参见 §112) 与通常的 (自发的) 散射强度之间的关系.

解: 受激散射的概率由自发散射概率乘以 $N_{\boldsymbol{k}_2}$ 得到, 其中 $N_{\boldsymbol{k}_2}$ 为具有波矢 $\boldsymbol{k}_2$ 的量子态内的光子数目. 为了将这个数目与散射波的电场强度 $\boldsymbol{E}_2$ 联系起来, 必须将后者看作近单色的, 并使通过量子数或通过场强表示的场能 (单位体积内的) 表达式彼此相等:

$$\int \hbar\omega_2 N_{\boldsymbol{k}_2}\frac{\mathrm{d}^3k_2}{(2\pi)^3} = \frac{c\sqrt{\varepsilon_2}}{8\pi}\frac{\mathrm{d}k_2}{\mathrm{d}\omega_2}|\boldsymbol{E}_2|^2 \tag{1}$$

(等式右端按照 (83.9) 式写出). 作代换

$$\mathrm{d}^3k_2 = k_2^2\frac{\mathrm{d}k_2}{\mathrm{d}\omega_2}\mathrm{d}o_2\mathrm{d}\omega_2 = \frac{\varepsilon_2\omega_2^2}{c^2}\frac{\mathrm{d}k_2}{\mathrm{d}\omega_2}\mathrm{d}o_2\mathrm{d}\omega_2$$

后, (1) 式左端可将在狭窄的频率间隔内变化很小的因子从积分号下提出. 于是

$$\int \hbar\omega_2 N_{\boldsymbol{k}_2}\frac{\mathrm{d}^3k_2}{(2\pi)^3} = \frac{\hbar\omega_2^3\varepsilon_2}{8\pi^3c^2}\frac{\mathrm{d}k_2}{\mathrm{d}\omega_2}\int N_{\boldsymbol{k}_2}\mathrm{d}\omega_2\mathrm{d}o_2,$$

从 (1) 式我们有

$$\int N_{\boldsymbol{k}_2}\mathrm{d}\omega_2\mathrm{d}o_2 = |\boldsymbol{E}_2|^2\frac{\pi^2c^3}{\hbar\omega_2^3\sqrt{\varepsilon_2}}.$$

入射光子流密度是 (参见 (83.11) 式)

$$\frac{1}{\hbar\omega_1}\overline{S}_1 = \frac{c\sqrt{\varepsilon_1}}{8\pi\hbar\omega_1}|\boldsymbol{E}_1|^2.$$

因此, 因光子 $\hbar\omega_1$ 的受激散射传递给场 $\boldsymbol{E}_2$ 的能量为 (引进 (118.3) 式的符号):

$$\frac{\mathrm{d}\overline{U}_2}{\mathrm{d}t} = \hbar\omega_2\frac{\overline{S}_1}{\hbar\omega_1}I(\omega_1,\Omega)\int N_{\boldsymbol{k}_2}\mathrm{d}\omega_2\mathrm{d}o_2 = \frac{\pi c^4\sqrt{\varepsilon_1}}{8\hbar\omega_1\omega_2^2\sqrt{\varepsilon_2}}|\boldsymbol{E}_1|^2|\boldsymbol{E}_2|^2I(\omega_1,\Omega) \tag{2}$$

($\Omega = \omega_2 - \omega_1$). 而在同时, 由于光子 $\hbar\omega_2$ 的受激散射并转换为光子 $\hbar\omega_1$, 使得场 $\boldsymbol{E}_2$ 损失能量. 场 $\boldsymbol{E}_1$ 通过这些过程得到的能量, 由将下标 1 和 2 交换后的 (2) 式给出. 由此求得场 $\boldsymbol{E}_2$ 所给出的能量要乘上一个因子 $-\omega_2/\omega_1$ (与 (112.8) 式对比) 并等于

$$-\frac{\pi c^4\sqrt{\varepsilon_2}}{8\hbar\omega_1^3\sqrt{\varepsilon_1}}|\boldsymbol{E}_1|^2|\boldsymbol{E}_2|^2I(\omega_2,-\Omega). \tag{3}$$

将 (2)、(3) 两式相加, 并利用 (118.2) 式将 $I(\omega_2,-\Omega)$ 用 $I(\omega_1,\Omega)$ 表示, 我们得到频率 ω_2 的场的总能量改变为:

$$\frac{\mathrm{d}\overline{U}_2}{\mathrm{d}t}=\frac{\pi c^4}{8\hbar\omega_1\omega_2^2}\sqrt{\frac{\varepsilon_1}{\varepsilon_2}}(1-\mathrm{e}^{\hbar\Omega/T})I(\omega_1,\Omega)|\boldsymbol{E}_1|^2|\boldsymbol{E}_2|^2. \tag{4}$$

引进频率为 ω_2 的散射的辐射强度在单位路径上增加的增长率 (在 $\omega_2<\omega_1$ 时)

$$q_2=\frac{1}{\overline{S}_2}\frac{\mathrm{d}\overline{U}_2}{\mathrm{d}t}$$

(量纲为 1/cm), 并将这个关系式改写为最终形式:

$$q_2=\frac{(2\pi)^3}{k_2^2\hbar\omega_1}(1-\mathrm{e}^{\hbar\Omega/T})\overline{S}_1\frac{\mathrm{d}h_{21}}{\mathrm{d}o_2\mathrm{d}\omega_2}, \tag{5}$$

其中 $k_2=\omega_2\sqrt{\varepsilon_2}/c$, 而 $\overline{S}_1$ 是频率为 ω_1 的入射光的能流密度.

§119　频率变化小的散射

§117 中发展的理论具有充分的普遍性, 适用于各向同性介质散射的所有情况, 而与散射的具体机制无关. 但是, 这样的普遍性讨论自然不可能推进得太远, 对散射现象的进一步研究只有在更特别的假设下才有可能.

光散射通常伴随有相对小的频率变化 $\Omega=\omega'-\omega$. 以下的计算正属于这种情况, 而且除了条件 $|\Omega|\ll\omega$ 之外, 我们还将假设在频率间隔 Ω 内介质的折射率变化很小. 这后一个条件意味着频率 ω 不应当与散射介质的某一吸收区 (或吸收线) 靠的太近.

如果 ω 属于频谱的光学波段, 则小 Ω 散射的微观机制可能与原子和分子的各种运动 (亦即与引起光学跃迁的纯电子运动相反的原子核的移动) 有关. 它们可能是分子内的原子振动、分子整体的转动或振动等等 ①.

设 $q=q(t)$ 为描写引起散射的运动的一组坐标 (为简单起见, 我们首先以经典观点进行讨论). 由于这种运动相对缓慢, 我们可以用新的观点对散射进行宏观描述. 这也就是可以引进介电张量 $\varepsilon_{ik}(q)$, 它的分量 (在每一时刻) 如同依赖于参数一样仅依赖于 q 在这一时刻的取值. 这种性质与假定 ε 变化的相对缓慢有关. 以这样的方式引进的介电常量与在给定原子核位置情况下对电子运动平均后的场有关. 对于完全平均 (包括对核运动平均) 后的场, 介电常量化为标量 $\varepsilon=\varepsilon(\omega)$. 我们将 ε_{ik} 与这个量的偏差标记为 $\delta\varepsilon_{ik}$,

$$\varepsilon_{ik}(q)=\varepsilon\delta_{ik}+\delta\varepsilon_{ik}(q). \tag{119.1}$$

① 此时假设相应的 Ω 值比电子跃迁的频率小得多. 在由具有简并电子基态的分子组成的气体中, 这一条件可能被破坏.

张量 ε_{ik} 给出作为时间函数的电场强度与电感应强度之间的关系. 我们强调, 入射波与过去一样仍然假定是单色的 (频率为 ω), 但散射波的场 $\boldsymbol{E}'$ 现在被当作没有被分解为单色分量的时间函数. 总场由入射波场 $\boldsymbol{E}$ 和散射波场 $\boldsymbol{E}'$ 相加而成; 因此,

$$D_i + D'_i = \varepsilon_{ik}(E_k + E'_k).$$

依照定义, 约去 $\boldsymbol{D}$ 与 $\varepsilon\boldsymbol{E}$ 项, 作为二阶小量略去 $\delta\varepsilon_{ik}E'_k$ 项, 我们得到

$$D'_i = \varepsilon E'_i + \delta\varepsilon_{ik}(q)E_k. \tag{119.2}$$

关系式 (119.2) 与公式 (117.2) 的形式一样. 然而二者的差别在于, 以上述方法处理问题时十分清楚, 当前情况下张量 $\alpha_{ik} = \delta\varepsilon_{ik}$ 是对称的. 这可从关于介电常量张量对称性的普遍定理直接得出. 除此而外, 与透明介质的介电常量为实数相一致, 可以确认张量 $\delta\varepsilon_{ik}$ 也是实的.

张量 α_{ik} 中没有反对称部分表明, 频率变化小的散射中缺少 §117 所指出的三种散射形式中的一种 (反对称散射).

我们来计算所有的频率移动 $\Omega \equiv \omega' - \omega \ll \omega$ 的散射的总强度. 在当前情况下, 采用以下方式很容易做到这点. 在方程 (117.3) 中, 可将散射波场的 k' 换作 $k = \omega\sqrt{\varepsilon}/c$ (同时取 $\omega' = \omega$ 时的 $\alpha_{ik} \equiv \delta\varepsilon_{ik}$ 值), 此后这个方程中一般不再含有 ω', 也就是说方程对于场的所有谱分量都相同. 因此, 这一方程也适用于未作傅里叶谱展开的散射波的场, 此处我们仍将其标记为 $\boldsymbol{E}'$. 使用方程 (117.3) 的形为 (117.7) 式的解, 我们得到

$$\langle|\boldsymbol{E}'|^2\rangle = \frac{E_0^2 k^4 \sin^2\theta}{16\pi^2\varepsilon^2 R_0^2}\langle|\boldsymbol{G}|^2\rangle = \frac{E_0^2\omega^4\sin^2\theta}{16\pi^2 c^4 R_0^2}\langle|\boldsymbol{G}|^2\rangle,$$

其中 θ 为 $\boldsymbol{k}$ 和 $\boldsymbol{G}$ 之间的夹角, 而角括号则像在 §117 中一样, 表示对粒子运动的最终平均值.

引进消光系数 h 为单位体积介质在所有方向上散射的光的总强度与入射光能流密度之比①:

$$h = \frac{1}{V|\boldsymbol{E}|^2}\int\langle|\boldsymbol{E}'|^2\rangle R_0^2 \mathrm{d}o' \tag{119.3}$$

(此处已设 $\varepsilon(\omega') \approx \varepsilon(\omega)$).

根据 §117 中所述理由, 在计算 $\langle|\boldsymbol{G}|^2\rangle$ 的平均值时我们将 $\boldsymbol{G}$ 的被积函数中的指数因子换为 1; 于是

$$\langle|\boldsymbol{G}|^2\rangle = Ve_l e_m^*\int\langle\delta\varepsilon_{il}^{(1)}\delta\varepsilon_{im}^{(2)}\rangle\mathrm{d}V$$

① 这个定义与 §118 按量子数给出的定义相差一个因子 ω'/ω. 在现在的情况下, 这个因子可以当作 1, 于是两个定义等价.

(试与 (117.9)—(117.10) 比较). 角括号内的表达式是一个二秩张量, 并因为介质各向同性的缘故平均后给出:

$$\langle\delta\varepsilon_{il}^{(1)}\delta\varepsilon_{im}^{(2)}\rangle = \frac{1}{3}\delta_{lm}\langle\delta\varepsilon_{ik}^{(1)}\delta\varepsilon_{ik}^{(2)}\rangle.$$

于是方均值

$$\langle|\boldsymbol{G}|^2\rangle = \frac{V}{3}\int\langle\delta\varepsilon_{ik}^{(1)}\delta\varepsilon_{ik}^{(2)}\rangle\mathrm{d}V$$

与散射方向无关, 而且 (119.3) 式中的积分结果为

$$h = \frac{\omega^4}{18\pi c^4}\int\langle\delta\varepsilon_{ik}^{(1)}\delta\varepsilon_{ik}^{(2)}\rangle\mathrm{d}V. \tag{119.4}$$

这里的被积函数是同一时刻在介质的不同点 $\boldsymbol{r}_1$ 和 $\boldsymbol{r}_2$ 的介电常量涨落的关联函数; 积分对两点的坐标差 $\boldsymbol{r} = \boldsymbol{r}_1 - \boldsymbol{r}_2$ 进行. 如果退回到对 $\mathrm{d}V_1$ 和 $\mathrm{d}V_2$ 积分, 则公式 (119.4) 的形式记为

$$h = \frac{\omega^4}{18\pi c^4}V\langle\delta\varepsilon_{ik}^2\rangle_V, \tag{119.5}$$

其中符号 $\langle\cdots\rangle_V$ 表示体积 V 内的涨落方均值. 我们注意到, 总消光系数与入射光的偏振无关.

利用所得公式, 可从宏观的观点把散射看作是起源于介质的涨落不均匀性. 在这样的解释下, 散射光的角分布和谱成分由涨落的时空特性确定, 亦即由空间不同点在不同时刻的涨落之间的涨落关联函数 ①

$$\langle\delta\varepsilon_{il}(t_1,\boldsymbol{r}_1)\delta\varepsilon_{km}(t_2,\boldsymbol{r}_2)\rangle$$

确定.

为了确认这点, 我们将依赖于时间的 $\delta\varepsilon_{ik}$ 展开为傅里叶积分:

$$\delta\varepsilon_{ik}(t) = \int_{-\infty}^{\infty}\delta\varepsilon_{ik\Omega}\mathrm{e}^{-\mathrm{i}\Omega t}\frac{\mathrm{d}\Omega}{2\pi},\quad \delta\varepsilon_{ik\Omega} = \int_{-\infty}^{\infty}\delta\varepsilon_{ik}(t)e^{\mathrm{i}\Omega t}\mathrm{d}t.$$

每一个分量 $\delta\varepsilon_{ik\Omega}\mathrm{e}^{-\mathrm{i}\Omega t}$ 现在扮演 $\boldsymbol{E}$ 和 $\boldsymbol{D}'$ 的单色分量之间关系式 (117.2) 中量 α_{ik} 的角色, 而且 $\omega' = \omega + \Omega$. 现在将场的平方表达式表示为二重积分的形式 (类似于 (117.9) 式), 我们不难得到对频率和方向的微分消光系数:

$$\mathrm{d}h = \frac{\omega^4}{16\pi^2 c^4}\{e_i'^*e_k'e_le_m^*(\delta\varepsilon_{il}\delta\varepsilon_{km})_{\Omega\boldsymbol{q}}\}\mathrm{d}o'\frac{\mathrm{d}\Omega}{2\pi}, \tag{119.6}$$

① 这个函数当然只与差值 $t = t_1 - t_2$ 有关. 将求平均的第二阶段 (用角括号表示) 应用于这里的涨落乘积时, 可以将其理解为在给定 t 时对初始时刻 t_2 求平均.

其中 (与本教程第九卷的第八章和第九章所采用的符号一致) 引进了关联函数的时空傅里叶展开分量

$$(\delta\varepsilon_{il}\delta\varepsilon_{km})_{\Omega\boldsymbol{q}} = \int\int_{-\infty}^{\infty}\langle\delta\varepsilon_{il}(t_1,\boldsymbol{r}_1)\delta\varepsilon_{km}(t_2,\boldsymbol{r}_2)\rangle \mathrm{e}^{\mathrm{i}(\Omega t-\boldsymbol{q}\cdot\boldsymbol{r})}\mathrm{d}t\mathrm{d}V \tag{119.7}$$

$(t = t_1 - t_2, \boldsymbol{r} = \boldsymbol{r}_1 - \boldsymbol{r}_2)$. 公式 (119.6) 与检偏器记录下来的具有偏振 $\boldsymbol{e}'$ 的散射光分量有关. 所谓谱分布指的是在散射谱线内对 Ω 的强烈依赖性; 缓变的因子 ω'^4 为 ω^4 所替代. 在 (119.6) 式的被积函数中保留有因子 $\mathrm{e}^{-\mathrm{i}\boldsymbol{q}\cdot\boldsymbol{r}}$. 在谱分布公式中将其替换为 1 可能是不允许的, 尽管对于对频率积分的散射可以这样做 (参见下一节).

迄今为止我们的论述都是在经典力学的语境内进行的. 在向量子力学描述过渡时, 坐标 q 以及量 $\delta\varepsilon_{ik}$ 换为海森伯表象中相应的量子力学算符. 可以证明 (见本节末), 此时如果将 $(\delta\varepsilon_{il}\delta\varepsilon_{km})_{\Omega\boldsymbol{q}}$ 理解为量

$$(\delta\varepsilon_{il}\delta\varepsilon_{km})_{\Omega\boldsymbol{q}} = \int\int_{-\infty}^{\infty}\langle\delta\hat{\varepsilon}_{km}(t_2,\boldsymbol{r}_2)\delta\hat{\varepsilon}_{il}(t_1,\boldsymbol{r}_1)\rangle \mathrm{e}^{\mathrm{i}(\Omega t-\boldsymbol{q}\cdot\boldsymbol{r})}\mathrm{d}t\mathrm{d}V. \tag{119.8}$$

公式 (119.6) 仍然是正确的. 角括号现在表示对介质状态的总的 (既包括量子力学平均也包括统计平均) 平均值. 由于在不同时刻处于介质不同点上的算符 $\delta\hat{\varepsilon}_{ik}$ 是非对易的, 故 (119.8) 式中算符的前后次序很重要. 这一非对易性与关系式 (118.4) 式所表达的散射强度依赖于 Ω 的符号有关; 在经典极限下这种依赖关系消失. 而量子公式自动满足上述关系.

对频率积分的消光系数由对 Ω 积分得到; 由于在吸收线之外的快速收敛, 积分可延伸到从 $-\infty$ 到 ∞ (我们记得, Ω 是差值 $\omega' - \omega$, 所以其正值与负值在物理上是不同的). 积分

$$\int_{-\infty}^{\infty}\mathrm{e}^{\mathrm{i}\Omega t}\frac{\mathrm{d}\Omega}{2\pi} = \delta(t),$$

此后 δ 函数在对时间 t 积分时被消去, 于是时差关联函数变成单时关联函数. 对方向的微分消光系数由公式

$$\mathrm{d}h = \frac{\omega^4}{16\pi^2c^4}\{e_i'^*e_k'e_le_m^*(\delta\varepsilon_{il}\delta\varepsilon_{km})_{\boldsymbol{q}}\}\mathrm{d}o' \tag{119.9}$$

给出, 其中

$$(\delta\varepsilon_{il}\delta\varepsilon_{km})_{\boldsymbol{q}} = \int\langle\delta\varepsilon_{il}^{(1)}\delta\varepsilon_{km}^{(2)}\rangle \mathrm{e}^{-\mathrm{i}\boldsymbol{q}\cdot\boldsymbol{r}}\mathrm{d}V \tag{119.10}$$

是单时关联函数的傅里叶分量. 在 $\boldsymbol{q} = 0$ 时角分布只与偏振因子有关, 于是又回到我们已知的公式.

在积分 (119.10) 中保留不为 1 的因子 $\mathrm{e}^{-\mathrm{i}\boldsymbol{q}\cdot\boldsymbol{r}}$ 使散射光的角分布和偏振性质大为复杂化①. 特别是, 将散射分为由 (117.18) 式的头两项给出的两部分 (标量部分和对称部分) 不再正确. 此时关键的是, 张量 $(\delta\varepsilon_{il}\delta\varepsilon_{km})_{\boldsymbol{q}}$ 不一定如 $\boldsymbol{q}=0$ 时那样必须是真张量; 其中可能存在赝张量成分 (见习题 1). 如果各向同性介质是由左右不对称分子组成, 那么就不是反演不变的, 则允许有这些赝张量项.

在结束本节前, 我们简短地研究一下公式 (119.6) 和 (119.8) 的量子力学推导.

在介质 + 场系统的哈密顿量中, 积分

$$\hat{V}=-\int\delta\hat{\varepsilon}_{ik}\frac{\hat{E}_i\hat{E}_k}{8\pi}\mathrm{d}V \tag{119.11}$$

起微扰算符的作用, 其中 $\hat{\boldsymbol{E}}$ 为量子电磁场算符 (对系统的量子定态取平均并对吉布斯分布取平均后, 算符 (119.11) 给出介电常量缓变时自由能的改变 $\delta\mathscr{F}$ —— 见 (101.24) 式).

算符 $\hat{\boldsymbol{E}}$ 由处于 $\omega,\boldsymbol{k},\boldsymbol{e}$ 状态的光子的湮灭算符和产生算符表示:

$$\hat{\boldsymbol{E}}=\mathrm{i}\sum_{\boldsymbol{k},\boldsymbol{e}}\left(\frac{2\pi\hbar\omega u}{c\sqrt{\varepsilon}}\right)^{1/2}\left\{\hat{c}_{\boldsymbol{ke}}\boldsymbol{e}\mathrm{e}^{\mathrm{i}(\boldsymbol{k}\cdot\boldsymbol{r}-\omega t)}+\hat{c}^{+}_{\boldsymbol{ke}}\boldsymbol{e}^{*}\mathrm{e}^{-\mathrm{i}(\boldsymbol{k}\cdot\boldsymbol{r}-\omega t)}\right\}, \tag{119.12}$$

其中 $u=\mathrm{d}\omega/\mathrm{d}k$ (我们设归一化体积为 1). 这个表达式与真空中场的表达式 (见本教程第四卷 §2) 的区别在于归一化系数中的因子 $(u/\sqrt{\varepsilon})^{1/2}$; 其来源与介质中平面电磁波的能量密度 (83.9) 内的因子 $\sqrt{\varepsilon}/u$ 有关②.

吸收光子 $\boldsymbol{k}$ 并发射光子 $\boldsymbol{k}'$, 同时介质从某一给定初态 (用指标 n 标记) 跃迁到任何末态 (f) 的跃迁概率由公式 (与本教程第三卷 (40.5) 式比较)

$$\mathrm{d}w=\sum_f\left|\frac{1}{\hbar}\int_{-\infty}^{\infty}\langle\boldsymbol{k}'f|V|\boldsymbol{k}n\rangle\mathrm{d}t\right|^2\frac{\mathrm{d}^3k'}{(2\pi)^3} \tag{119.13}$$

给出, 其中矩阵元

$$\langle\boldsymbol{k}'f|V|\boldsymbol{k}n\rangle=\frac{2\pi\hbar\omega u}{c\sqrt{\varepsilon}}\int(\delta\varepsilon_{ik})_{fn}\frac{e'^{*}_ie_k}{4\pi}\mathrm{e}^{\mathrm{i}(\varOmega t-\boldsymbol{q}\cdot\boldsymbol{r})}\mathrm{d}V,$$
$$\varOmega=\omega'-\omega,\quad \boldsymbol{q}=\boldsymbol{k}'-\boldsymbol{k}.$$

---

① 在 §121 — §123 中我们将遇到这样的情况, 那时甚至对频率积分的散射也不能在 (119.10) 中设 $\boldsymbol{q}=0$.

② (119.12) 式中的归一化系数是从场能密度算符的本征值必须等于 $\sum(N_{\boldsymbol{ke}}+1/2)\hbar\omega$ 这一条件得到的, 其中 $N_{\boldsymbol{ke}}$ 为光子的量子态占据数. 光子在介质中的能量是 $\hbar\omega$, 而动量为 $\hbar\boldsymbol{k}(k=\omega\sqrt{\varepsilon}/c)$; 这些量出现在 (119.12) 式中指数因子的指数上. 为了避免误解我们强调指出, 动量 $\hbar\boldsymbol{k}$ 中不仅包含了场本身对动量的贡献, 也包含了介质在光子辐射过程中取得的动量.

我们把 (119.13) 式中的积分写为对 $\mathrm{d}V_1\mathrm{d}V_2\mathrm{d}t_1\mathrm{d}t_2$ 的二重积分的形式, 并注意到

$$\sum_f (\delta\varepsilon_{il}^{(1)})_{fn}(\delta\varepsilon_{km}^{(2)})^*_{fn} = (\delta\varepsilon_{km}^{(2)}\delta\varepsilon_{il}^{(1)})_{nn}.$$

被积函数仅依赖于差值 $\boldsymbol{r}_1-\boldsymbol{r}_2, t_1-t_2$. 所以概率 $\mathrm{d}\omega$ 包含了因子 t——总观察时间. 待求的消光系数的定义为 $\mathrm{d}h=\mathrm{d}w/tu$. 在对介质状态作最后的统计平均后, 我们即得到所要求的结果.

习 题

1. 在计及传递给介质的动量 $\boldsymbol{q}$ 时, 试求出各向同性介质中散射对偏振依赖的普遍形式 (Б. Я. 泽尔多维奇, 1972).

解: 这个问题归结为寻求可以由单位张量 δ_{ik}、单位反对称张量 e_{ikl} 和矢量 $\boldsymbol{\nu}=\boldsymbol{q}/q$ 的分量组成的具有张量 $(\delta\varepsilon_{il}\delta\varepsilon_{km})_{\Omega\boldsymbol{q}}$ 的对称性的所有独立四秩张量的组合; 它们对指标对 il 和 km 中的每一个必须是对称的, 并且在同时改变 $\boldsymbol{\nu}$ 的符号时对指标对 il 和指标对 km 的交换 (等价于 $\boldsymbol{r}_1$ 和 $\boldsymbol{r}_2$ 交换从而 $\boldsymbol{r}$ 变号) 保持不变.

满足这些要求的组合为:

1) $\delta_{il}\delta_{km}$, 2) $\delta_{ik}\delta_{lm}+\delta_{lk}\delta_{im}$,
3) $\delta_{il}\nu_k\nu_m+\delta_{km}\nu_i\nu_l$, 4) $\delta_{ik}\nu_l\nu_m+\cdots$,
5) $\nu_i\nu_k\nu_l\nu_m$, 6) $\nu_p\mathrm{e}_{pik}\delta_{lm}+\cdots$,
7) $\nu_p\mathrm{e}_{pik}\nu_l\nu_m+\cdots$

(在 4), 6), 7) 中略去了与已写出项对称的其他三项). 这些组合的集合对应于以下形式的角分布:

$$f_1|\boldsymbol{e}\cdot\boldsymbol{e}'^*|^2+f_2\{1+|\boldsymbol{e}\cdot\boldsymbol{e}'|^2\}+f_3\{(\boldsymbol{e}\cdot\boldsymbol{e}'^*)(\boldsymbol{\nu}\cdot\boldsymbol{e}^*)(\boldsymbol{\nu}\cdot\boldsymbol{e}')+\text{c.c.}\}+f_4\{|\boldsymbol{\nu}\cdot\boldsymbol{e}|^2+$$
$$|\boldsymbol{\nu}\cdot\boldsymbol{e}'|^2+[(\boldsymbol{e}\cdot\boldsymbol{e}')(\boldsymbol{\nu}\cdot\boldsymbol{e}^*)(\boldsymbol{\nu}\cdot\boldsymbol{e}'^*)+\text{c.c.}]\}+f_5|(\boldsymbol{\nu}\cdot\boldsymbol{e})(\boldsymbol{\nu}\cdot\boldsymbol{e}')|^2+$$
$$\mathrm{i}f_6\boldsymbol{\nu}\cdot\{\boldsymbol{e}\times\boldsymbol{e}^*+\boldsymbol{e}'^*\times\boldsymbol{e}'+[\boldsymbol{e}\times\boldsymbol{e}'(\boldsymbol{e}^*\cdot\boldsymbol{e}'^*)-\text{c.c.}]\}+\mathrm{i}f_7\boldsymbol{\nu}\cdot$$
$$\{\boldsymbol{e}'^*\times\boldsymbol{e}'(\boldsymbol{\nu}\cdot\boldsymbol{e})(\boldsymbol{\nu}\cdot\boldsymbol{e}^*)+\boldsymbol{e}\times\boldsymbol{e}^*(\boldsymbol{\nu}\cdot\boldsymbol{e}')(\boldsymbol{\nu}\cdot\boldsymbol{e}'^*)+[\boldsymbol{e}\times\boldsymbol{e}'(\boldsymbol{\nu}\cdot\boldsymbol{e}^*)(\boldsymbol{\nu}\cdot\boldsymbol{e}'^*)-\text{c.c.}]\}$$

($f_1,\cdots,f_7$ 为 Ω 与 q 的实函数). 在允许反演变换的介质中只有前 5 项 (其中前两项等价于 (117.18) 中的前两项). 在没有反演中心的介质中还存在最后两项; 然而, 如果两个偏振 $\boldsymbol{e}$ 和 $\boldsymbol{e}'$ 是线偏振, 它们为零. 如果在 $\boldsymbol{q}$ 中忽略 ω 与 ω' 的差别, 则将有 $\boldsymbol{\nu}=(\boldsymbol{n}'-\boldsymbol{n})/|\boldsymbol{n}'-\boldsymbol{n}|$, 其中 $\boldsymbol{n}=\boldsymbol{k}/k, \boldsymbol{n}'=\boldsymbol{k}'/k$. 在此一近似下含 f_7 的一项恒等于零 (可以先将 $\boldsymbol{e}$ 和 $\boldsymbol{e}'$ 矢量中的每一个分解为处于散射平面和垂直于该平面的两个分量, 然后通过相当长的计算证实这一点).

2. 试确定在光散射介质中以亚光速运动的快速粒子的辐射 (С. П. 卡皮查, 1960).

解: 这种情况下的辐射可以看作是粒子的场在介质的介电常量涨落上的散射. 将单色散射场在单位时间从单位体积内辐射的能量写为

$$W = h\overline{S} = \frac{hc\sqrt{\varepsilon}}{8\pi}|\boldsymbol{E}|^2$$

($\overline{S}$ 取自 (83.11) 式; h 为光的消光系数). 公式的这种形式适用于任何起源的场 $\boldsymbol{E}$.

运动粒子的场具有连续频率谱. 所以, 为了得到在频率间隔 $\mathrm{d}\omega$ 中的辐射 (从单位体积发出, 但在整个飞行期间), 必须作代换

$$|\boldsymbol{E}|^2 \to 2|\boldsymbol{E}_\omega(\boldsymbol{r})|^2\frac{\mathrm{d}\omega}{2\pi}$$

(参见本教程第二卷 §66), 其中 $\boldsymbol{E}_\omega$ 为场的时间傅里叶分量. 对体积积分, 我们得到总辐射的谱分布:

$$\mathrm{d}W_\omega = \mathrm{d}\omega\frac{hc\sqrt{\varepsilon}}{8\pi^2}\int|\boldsymbol{E}_\omega(\boldsymbol{r})|^2\mathrm{d}V.$$

为了这个公式可以应用, 在原子距离上场的变化必须很小, 或者更准确地说, 在介质介电常量 ε 涨落的关联半径上场的变化必须很小. 除此而外, 为了在散射时略去频移, 介质分子的速度必须比运动粒子的速度 v 小.

运动粒子的场由公式 (114.7)—(114.8) 给出. 我们有

$$\boldsymbol{E} = \int\boldsymbol{E}_{\boldsymbol{k}}\mathrm{e}^{\mathrm{i}\boldsymbol{k}\cdot\boldsymbol{r}}\frac{\mathrm{d}^3k}{(2\pi)^3}.$$

但粒子运动时场的频率为 $\omega = vk_x$. 因此 $\mathrm{d}^3k = \mathrm{d}k_x\mathrm{d}^2q = v^{-1}\mathrm{d}\omega\mathrm{d}^2q$, 于是

$$\boldsymbol{E}_\omega(\boldsymbol{r})\mathrm{e}^{-\mathrm{i}\omega t} = \frac{1}{v}\int\boldsymbol{E}_{\boldsymbol{k}}\mathrm{e}^{\mathrm{i}\boldsymbol{k}\cdot\boldsymbol{r}}\frac{\mathrm{d}^2q}{(2\pi)^2},$$

同时 $\boldsymbol{k}\cdot\boldsymbol{r} = \omega x/v + \boldsymbol{q}\cdot\boldsymbol{r}$. 由此得出

$$\int|\boldsymbol{E}_\omega|^2\mathrm{d}V = \frac{1}{v^2}\int\boldsymbol{E}_{\boldsymbol{k}}\cdot\boldsymbol{E}_{\boldsymbol{k}'}\mathrm{e}^{\mathrm{i}(\boldsymbol{q}-\boldsymbol{q}')\cdot\boldsymbol{r}}\frac{\mathrm{d}^2q\mathrm{d}^2q'}{(2\pi)^4}\mathrm{d}V.$$

对 $\mathrm{d}x$ 的积分直接给出粒子路径的长度 l, 而对 $\mathrm{d}y\mathrm{d}z$ 的积分则给出 δ 函数 $(2\pi)^2\delta(\boldsymbol{q}-\boldsymbol{q}')$. 因此

$$\int|\boldsymbol{E}_\omega|^2\mathrm{d}V = \frac{l}{v^2}\int|\boldsymbol{E}_{\boldsymbol{k}}|^2\frac{\mathrm{d}^2q}{(2\pi)^2}.$$

在这个积分中，重要的是具有较大 q 值的区域:

$$\omega\left(\frac{1}{v^2}-\frac{\varepsilon}{c^2}\right)^{1/2} \ll q \ll \frac{1}{a}$$

(a 为原子尺度). 实际上, 在这个区域内 $\boldsymbol{E_k}$ 的表达式化为

$$\boldsymbol{E_k} \approx -\mathrm{i}\boldsymbol{k}\varphi_{\boldsymbol{k}} \approx -\mathrm{i}\boldsymbol{q}\frac{4\pi e}{\varepsilon q^2}\mathrm{e}^{-\mathrm{i}\omega t},$$

而且积分对数发散. 具有对数精确度, 积分应当在对应于上述区域边界的上、下限截断. 结果我们得到单位路径辐射强度谱分布 ($\mathrm{d}F=\mathrm{d}W/l$) 的以下最终表达式:

$$\mathrm{d}F=\frac{he^2c}{\pi v^2\varepsilon^{3/2}}\ln\frac{vc}{a\omega(c^2-\varepsilon v^2)^{1/2}}, \tag{1}$$

其中消光系数 h 由 (119.5) 式给出.

我们所研究的散射在与粒子质量无关的意义上与渡越辐射类似. 在可以相比的速度下 (不过这些速度处在极限值 $c/\sqrt{\varepsilon}$ 的相反两侧), 这个辐射的强度比切连科夫辐射的强度低. 例如, 对于气体在 $v\sim c$ 时, 比较 (1) 式和 (115.3) 式, 通过粗略估计我们求得

$$\frac{\mathrm{d}F}{\mathrm{d}F_{\mathrm{Ch}}}\sim\frac{\alpha^2}{\lambda^3d^3}\sim\frac{a^6}{\lambda^3d^3},$$

其中 d 为分子间距离; $\lambda\sim\omega/c$ (h 使用表达式 (120.4), 其中置 $n-1\sim N\alpha,\alpha\sim a^3$ 为分子的极化率). 设 $d\sim a$, 我们得到关于液体的估计值 $\mathrm{d}F/\mathrm{d}F_{\mathrm{Ch}}\sim(a/\lambda)^3$.

§120 气体和液体中的瑞利散射

按照光的频率改变的特征, 散射分为两类: 1) **拉曼散射** (**拉曼–兰斯贝尔格–曼德尔施塔姆效应**), 它引起散射光产生相对于激发光频率有偏移的谱线; 2) **瑞利散射**, 散射不发生明显的频率变化.

气体中拉曼散射的机制是: 在入射光的影响下, 分子的振动、转动或电子态发生了改变. 瑞利散射则与分子内部状态的任何变化无关. 在稀薄气体的极限情况下 (分子自由程长度 l 远大于波长 λ), 散射独立地发生在每一个分子上; 这种现象可以用纯微观的量子力学方式研究.

我们这里将研究 $l\ll\lambda$ 的相反的极限情况①. 在这种情况下, 气体中的瑞利散射可以分为两部分. 其中之一与分子取向的无规性有关 (称为**各向异性**

① 更准确地说, 必要条件是 $l\ll\lambda\sin(\vartheta/2)$, 其中 ϑ 是散射角. 原因是光的频率是以 (120.5) 式表示的带散射角的组合 q 包含到积分 (119.7) 中去的.

的涨落). 另一部分则是对分子密度涨落的散射. 分子的取向在几次碰撞后将完全改变, 亦即在量级为平均自由时间 τ 的时间内完全改变. 所以各向异性涨落引起的散射导致极大值在 $\omega' = \omega$ 处、宽度 $\sim \hbar/\tau$ 的较宽的谱线的产生. 而密度涨落引起的散射则导致在这个背景上的明显的更狭窄的谱线的出现. 我们在下面将会看到, 对于波长为 λ 的光的散射, 发生在体积 λ^3 内的密度涨落特别重要. 由于这些体积很大, 其中发生的涨落变化比较缓慢, 因此相应的散射谱线较窄. 我们约定以后称这一狭窄谱线为**未移动谱线**.

密度涨落引起的散射属于标量型散射; 因为密度 ρ 是标量, 故与密度 ρ 变化有关的介电张量的变化 $\delta\varepsilon$ 也是标量型的. 而在各向异性涨落时, 介电常量的变化由迹为零的对称张量 $\delta\varepsilon_{ik}$ 描写; 迹为零这个性质可从对所有方向求平均时这个效应必然消失看出. 因此, 各向异性涨落引起的散射属于对称型散射.

液体中情况更复杂. 这时拉曼散射只可能与分子的振动态 (或电子态) 的改变有关. 在液体中散射不产生转动的拉曼谱线. 原因在于, 由于液体中分子的相互作用很强, 故不存在具有离散能级的分子自由转动. 所以分子的转动和所有其他改变分子相互位置的运动一样, 只对在 $\omega' = \omega$ 周围产生较宽散射线带来贡献, 在此情况下, 这条谱线整体上自然被称作瑞利谱线. 上述运动的弛豫时间与液体的黏度有关.

从液体的总瑞利散射中分出与热力学涨落 (密度、温度涨落) 有关部分的可能性, 依赖于不同的弛豫时间数值的大小. 为此, 液体中建立平衡的所有过程的弛豫时间必须比上述涨落变化的时间小. 在这样的条件下, 将看到被较宽的背景 (称为瑞利线翼) 包围的狭窄的未移动线. 导致未移动线的散射是标量散射. 至于瑞利线翼这个背景, 则不同于气体散射, 在液体散射时一般不能断定它是没有混入标量散射部分的纯粹的对称散射.

未移动线内的角分布由属于标量散射的普遍公式 (117.25)—(117.26) 给出. 因此足以计算总消光系数. 在公式 (119.5) 中设 $\delta\varepsilon_{ik} = \delta\varepsilon\delta_{ik}$, 我们求得

$$h = \frac{\omega^4}{6\pi c^4} V \langle \delta\varepsilon^2 \rangle_V. \tag{120.1}$$

如果 $\delta\rho$ 及 δT 为密度和温度的变化, 则

$$\delta\varepsilon = \left(\frac{\partial\varepsilon}{\partial\rho}\right)_T \delta\rho + \left(\frac{\partial\varepsilon}{\partial T}\right)_\rho \delta T.$$

按照已知的公式 (参见本教程第五卷 §112), 密度涨落和温度涨落是统计独立的 ($\langle\delta\rho\delta T\rangle = 0$), 而其中每一个的方均值为:

$$\langle(\delta T)^2\rangle_V = \frac{T^2}{\rho c_v V}, \quad \langle(\delta\rho)^2\rangle_V = \frac{\rho T}{V}\left(\frac{\partial\rho}{\partial P}\right)_T$$

(c_v 为单位质量介质的比热容). 因此, 我们求得公式

$$h = \frac{\omega^4}{6\pi c^4}\left[\rho T\left(\frac{\partial\rho}{\partial P}\right)_T\left(\frac{\partial\varepsilon}{\partial\rho}\right)_T^2 + \frac{T^2}{\rho c_v}\left(\frac{\partial\varepsilon}{\partial T}\right)_\rho^2\right]; \tag{120.2}$$

这个公式是爱因斯坦首先得到的 (爱因斯坦, 1910).

将这个公式用其他的热力学导数表达, 可以将其表示为其他形式. 选取另一对统计独立量压强 P 和熵 s (相对于单位质量) 为独立变量, 我们写出

$$\delta\varepsilon = \left(\frac{\partial\varepsilon}{\partial P}\right)_s\delta P + \left(\frac{\partial\varepsilon}{\partial s}\right)_P\delta s$$

并使用熟知的这些量涨落的表达式:

$$\langle(\delta s)^2\rangle_V = \frac{c_p}{\rho V}, \quad \langle(\delta P)^2\rangle_V = \frac{\rho T u^2}{V}$$

(u 为介质中的绝热声速: $u^2 = (\partial P/\partial\rho)_s$). 同时作变换

$$\left(\frac{\partial\varepsilon}{\partial s}\right)_P = \left(\frac{\partial\varepsilon}{\partial T}\right)_P\left(\frac{\partial T}{\partial s}\right)_P = \frac{T}{c_p}\left(\frac{\partial\varepsilon}{\partial T}\right)_P, \quad \left(\frac{\partial\varepsilon}{\partial P}\right)_s = \left(\frac{\partial\varepsilon}{\partial\rho}\right)_s\frac{1}{u^2},$$

我们得到形为

$$h = \frac{\omega^4}{6\pi c^4}\left[\frac{T^2}{\rho c_p}\left(\frac{\partial\varepsilon}{\partial T}\right)_P^2 + \frac{\rho T}{u^2}\left(\frac{\partial\varepsilon}{\partial\rho}\right)_s^2\right] \tag{120.3}$$

的爱因斯坦公式.

对于气体, 公式 (120.2) 大为简化. 气体的介电常量 (在光学频段) 几乎不依赖于温度; 因此方括号内的第一项可以忽略. 而对密度的依赖关系则归结为 $\varepsilon - 1$ 与 ρ 的正比关系; 所以

$$\rho\left(\frac{\partial\varepsilon}{\partial\rho}\right)_T \approx \varepsilon - 1 \approx 2(n-1)$$

($n = \sqrt{\varepsilon}$ 为折射率). 再考虑到根据理想气体状态方程

$$\frac{1}{\rho}\left(\frac{\partial\rho}{\partial P}\right)_T = \frac{1}{NT}$$

(N 为单位体积内的粒子数), 我们得到

$$h = \frac{2\omega^4}{3\pi c^4}\frac{(n-1)^2}{N}. \tag{120.4}$$

这个公式是瑞利首先得到的 (瑞利, 1881).

下面我们转入未移动线的精细结构问题. 为此必须研究涨落随时间的变化. 在这方面热力学涨落分为两类. 在液体 (或气体) 中压强的绝热涨落呈非

衰减波的形式以声速 u 传播 (我们这里抛开声的吸收不管, 因为它只引起谱线的某种增宽; 具体讨论见后). 在恒定压强下, 熵的涨落一般不能相对液体传播 (仅在热传导的影响下逐渐衰减).

由于声扰动传播的波动特性, 压强涨落随时间的变化甚至在比分子间距更大的距离上即已关联. 这种情况在计算散射线的总 (对频率积分的) 强度时并不重要: 总强度是由空间不同点上在同一时刻的关联决定的, 而这种关联只延伸到近距离. 散射强度的谱分布由涨落的不同时间的关联函数决定, 长程关联的存在使得有必要在 (119.7) 式中保持因子 $\mathrm{e}^{-\mathrm{i}\boldsymbol{q}\cdot\boldsymbol{r}}$.

在不衰减的声波中, 频率 Ω 和波矢 $\boldsymbol{q}$ 以关系式 $\Omega^2 = u^2\boldsymbol{q}^2$ 相联系. 与此相应, 压强涨落关联函数的谱展开 (从而介电常量涨落关联函数的谱展开) 将由频率为

$$\Omega = \pm qu$$

时的两条锐线构成. 但对应于散射光的矢量 $\boldsymbol{q} = \boldsymbol{k}' - \boldsymbol{k}$ 的大小与散射角 ϑ ($\boldsymbol{k}$ 与 $\boldsymbol{k}'$ 之间的夹角) 的关系为等式

$$q = |\boldsymbol{k}' - \boldsymbol{k}| \approx 2n\frac{\omega}{c}\sin\frac{\vartheta}{2} \tag{120.5}$$

(由于差值 $\Omega = \omega' - \omega$ 很小, 这里设 $\omega' \approx \omega$). 将相应的 Ω 值标记为 Ω_0, 因此我们有

$$\Omega_0 = \pm 2n\omega\frac{u}{c}\sin\frac{\vartheta}{2}. \tag{120.6}$$

这样一来, 压强涨落引起的散射导致双线的产生, 双线分量之间的距离 $2|\Omega_0|$ 依赖于散射角. 这个双线称为**曼德尔施塔姆–布里渊双线** (Л. И. 曼德尔施塔姆, 1918; L. 布里渊, 1922)①

如前所述, 熵涨落的频率为零. 因此它所引起的散射导致 $\Omega = 0$ 的单一中心谱线的出现 (Л. Д. 朗道, G. 普拉切克, 1933)②.

我们现在来阐明在双线和中心线之间的未移动散射的强度是如何分布的. 我们将把双线强度理解为其两个分量强度之和, 亦即其中每一个分量强度的二倍③. 此时由公式 (120.2) 或 (120.3) 给出的总消光系数为: $h = h_{\mathrm{d}} + h_{\mathrm{cl}}$.

---

① 作为例证我们指出, 在 $u = 1.5\times10^5$ cm/s, $n = 1.5$, 散射光波长 $\lambda \approx 5\times10^{-5}$cm, 散射角 $\vartheta = 90^\circ$ 等典型取值时, 我们有双线的宽度 $\Omega_0/(2\pi c) = 0.05$ cm^{-1}. 瑞利线翼的宽度达到 $200 \sim 150$ cm^{-1}.

② 在超流液氦 (同位素 ^{4}He) 中熵扰动以弱衰减振动——第二声波的形式传播, 但其速度 u_2 远小于通常的声速. 因此在超流氦上的散射中心线同样也分裂为狭窄的双线; 其宽度也由公式 (120.6) 给出, 不过在式中要将 u 换作 u_2 (В. Л. 金兹堡, 1943).

③ 按照公式 (118.4) 两个分量强度的差别通常无关紧要, 因为 $\hbar\Omega_0 \ll T$.

由于双线是由压强的绝热涨落引起的散射形成的, 故其强度由 (120.3) 式中恰好由这些涨落产生的第二项给出. 变换到用独立变量 ρ, T 描述后, 可以把绝热导数 $(\partial\varepsilon/\partial\rho)_s$ 与等温导数联系起来:

$$\left(\frac{\partial\varepsilon}{\partial\rho}\right)_s = \left(\frac{\partial\varepsilon}{\partial\rho}\right)_T + \frac{T}{c_v\rho^2}\left(\frac{\partial P}{\partial T}\right)_\rho \left(\frac{\partial\varepsilon}{\partial T}\right)_\rho .$$

如果在密度不变时忽略 ε 随温度的变化, 则 $(\partial\varepsilon/\partial\rho)_s = (\partial\varepsilon/\partial\rho)_T$. 保持同样的精确度, 在形为 (120.2) 式的总强度表达式中可以忽略第二项 (未作这种忽略的计算见习题 1). 最后, 利用众所周知的绝热压缩率与等温压缩率之比的热力学公式 (参见本教程第五卷, (16.14) 式)

$$\left(\frac{\partial\rho}{\partial P}\right)_s = \frac{c_v}{c_p}\left(\frac{\partial\rho}{\partial P}\right)_T, \tag{120.7}$$

我们得到未移动线总强度中双线所占份额的朗道–普拉切克公式

$$\frac{h_\mathrm{d}}{h} = \frac{c_v}{c_p}. \tag{120.8}$$

为了确定谱线的形状, 必须研究计及引起涨落衰减的那些耗散过程的时差关联函数. 对于压强涨落, 这些耗散过程是黏滞过程和导热过程. 压强绝热涨落的关联函数的傅里叶分量为:

$$(\delta P^2)_{\Omega\boldsymbol{q}} = \frac{\rho T u^3\gamma}{(\Omega \mp qu)^2 + u^2\gamma^2}, \tag{120.9}$$

其中

$$\gamma = \frac{q^2}{2\rho u}\left[\frac{4}{3}\eta + \zeta + \varkappa\left(\frac{1}{c_v} - \frac{1}{c_p}\right)\right] \tag{120.10}$$

(参见本教程第九卷 §89). 量 γ 是单位长度上的声吸收系数; 其中 η, ζ 为黏滞系数, $\varkappa$ 为介质的热导率 (参见本教程第六卷 §79). 在给定散射方向时谱线中 (双线的每一个分量中) 的强度分布正比于表达式 (120.9). 将其归一化后, 我们得到

$$\mathrm{d}I = \frac{\Gamma}{2\pi[(\Omega - \Omega_0)^2 + \Gamma^2/4]}\mathrm{d}\Omega, \tag{120.11}$$

其中 $\Gamma = 2u\gamma$. 这种形状的谱线称作**色散形谱线**, 而量 Γ 为线宽. 取 (120.5) 式中的 q, 我们求得这个宽度为:

$$\Gamma = \frac{2\omega^2 n^2}{\rho c^2}(1 - \cos\vartheta)\left[\frac{4}{3}\eta + \zeta + \varkappa\left(\frac{1}{c_v} - \frac{1}{c_p}\right)\right]. \tag{120.12}$$

熵的等压涨落仅依靠热传导而衰减. 对于其关联函数我们有

$$(\delta s^2)_{\Omega\boldsymbol{q}} = \frac{2c_p}{\rho}\frac{\chi q^2}{\Omega^2 + \chi^2 q^4}, \tag{120.13}$$

其中 $\chi=\varkappa/\rho c_p$ 为温导率*. 中心线的形状仍由同样的散射公式 (120.11) 给出, 不过现在必须在其中设 $\Omega_0=0$, 而线宽为

$$\Gamma=2\chi q^2=4\chi\frac{n^2\omega^2}{c^2}(1-\cos\vartheta). \tag{120.14}$$

如在本节开始时所述, 仅在液体中的所有弛豫时间均小于涨落变化时间时, 这里所讲述的理论才适用于液体中的散射. 应当注意到, 在所有的液体中均存在不同数量级的弛豫时间. 液体中弹性应力的消散大概是最快的弛豫过程, 相应的弛豫时间 (**麦克斯韦弛豫时间**) $\tau_{\rm M}\sim\eta/G$, 其中 G 为剪切模量. 分子取向的重新分布亦即各向异性涨落的消散发生的较慢. 相应的弛豫时间 (所谓**德拜弛豫时间**) $\tau_{\rm D}\sim\eta a^3/T$, a 为分子尺度; 在含大分子的液体中 $\tau_{\rm M}$ 和 $\tau_{\rm D}$ 的差别特别大. 最后, 还可能有各种引起声的弥散的其他慢弛豫过程 (例如减缓能量向分子振动自由度间传输的化学反应等等). 对于散射最重要的是那些 $1/\tau$ 可与引起散射的声扰动的频率相比的过程. 不去讨论细节, 我们仅指出, 当液体的黏度足够高, 即当 $\tau_M\gg1/(qu)$ 时, 液体对于光散射表现得同非晶固体一样.

习　题

1. 试求散射的未移动谱线内的中心线与双线强度比的精确公式. (И. Л. 法别林斯基, 1956)

解: 如在正文中已指出的, 公式 (120.3) 中的第二项给出双线的强度. 而第一项与等压熵涨落有关从而给出中心线的强度. 因此,

$$\frac{h_{\rm cl}}{h_{\rm d}}=\frac{T}{c_p\rho^2}\left(\frac{\partial\varepsilon}{\partial T}\right)_P^2\Big/\left(\frac{\partial\varepsilon}{\partial\rho}\right)_s^2\left(\frac{\partial\rho}{\partial P}\right)_s.$$

从热力学关系 (120.7) 以及

$$\left(\frac{\partial\rho}{\partial P}\right)_s=\left(\frac{\partial\rho}{\partial P}\right)_T-\frac{T}{c_p\rho^2}\left(\frac{\partial\rho}{\partial T}\right)_P^2$$

(参见本教程第五卷, (16.15) 式) 我们求得

$$\left(\frac{\partial\rho}{\partial P}\right)_s=\frac{c_v}{c_p-c_v}\frac{T}{c_p\rho^2}\left(\frac{\partial\rho}{\partial T}\right)_P^2.$$

最终得到:

$$\frac{h_{\rm cl}}{h_{\rm d}}=\left(\frac{c_p}{c_v}-1\right)\left[\left(\frac{\partial\varepsilon}{\partial T}\right)_P\Big/\left(\frac{\partial\varepsilon}{\partial\rho}\right)_s\left(\frac{\partial\rho}{\partial T}\right)_P\right]^2.$$

* 关于这个术语为何采用这种中文译法, 本教程第七卷 §32 的译者注做了说明. ——译者注

在朗道–普拉切克近似下, 方括号中的表达式为 1.

2. 光在由线型分子组成的气体中散射, 分子沿轴向和垂直于轴向的极化率分别为 $\alpha_\parallel$ 和 $\alpha_\perp$. 试确定不同类型散射的强度.

解: 散射的总强度 (在分子的振动和电子态给定时) 包括了所有的瑞利散射和拉曼散射的转动部分. 由于散射是在气体的每个分子上独立发生的, 得到总消光系数最简单的办法是将公式 (92.4) 乘以单位体积内的分子数 N, 并将平方项 $|\alpha V|^2$ 换为 $(1/3)\alpha_{ik}^2 = (1/3)(\alpha_\parallel^2 + 2\alpha_\perp^2)$:

$$h_{\text{total}} = \frac{8\pi\omega^4 N}{9c^4}(\alpha_\parallel^2 + 2\alpha_\perp^2) \tag{1}$$

(这里的极化率定义与 §92 中的定义相差一个因子 V).

未移动瑞利线与极化率的标量部分有关, 亦即这条线就像是在分子的极化率张量等于 $(1/3)\alpha_{ll}\delta_{ik}$ 时产生的. 所以按照同样的公式 (92.4) 我们求得:

$$h_{\text{undisp}} = \frac{8\pi\omega^4 N}{9c^4}\frac{(\alpha_\parallel + 2\alpha_\perp)^2}{3}. \tag{2}$$

差值 $h_{\text{total}} - h_{\text{undisp}}$ 包括了未移动线的背景 (各向异性涨落引起的散射) 和转动拉曼散射. 为了将前者分离出来, 必须预先将分子的极化率张量对分子绕某一确定 (与分子轴垂直的) 轴的转动作平均. 显然, 以这样的方式得到的沿转动轴的平均极化率与 $\alpha_\perp$ 相同, 而沿垂直于转动轴的平面上任一方向的平均极化率等于 $1/2(\alpha_\perp + \alpha_\parallel)$. 换句话说, 必须把绕给定轴旋转的分子看作具有极化率张量主值

$$\alpha_\perp, \quad (\alpha_\perp + \alpha_\parallel)/2, \quad (\alpha_\perp + \alpha_\parallel)/2$$

的粒子. 利用这些值我们计算出迹为零的对称张量 $\alpha_{ik} - (1/3)\alpha_{ll}\delta_{ik}$, 然后类似于导出 (1) 式和 (2) 式的计算给出

$$h_{\text{backg}} = \frac{8\pi\omega^4 N}{9c^4}\frac{(\alpha_\perp - \alpha_\parallel)^2}{6}. \tag{3}$$

最后, 通过从 (1) 式减去 (2) 式和 (3) 式, 我们得到转动拉曼散射的强度

$$h_{\text{R}} = \frac{8\pi\omega^4 N}{9c^4}\frac{(\alpha_\perp - \alpha_\parallel)^2}{2}.$$

§121 临界乳光

大家知道, 物质的等温压缩率 $(\partial\rho/\partial P)_T$ 在接近临界点时无限制地增大. 瑞利散射总强度的表达式 (120.2) 也与它一起增大. 这说明了在临界点附近散

射急剧增强, 称为**临界乳光**①). 不过, 一般而言, 此时公式 (120.2) 本身已变得不再适用. 原因是, 在临界点附近空间不同点上的密度涨落 (以及因此产生的介电常量的涨落) 之间的单时关联延伸到量级为关联半径 r_c 的距离, 而 r_c 在接近临界点时无限制地增长 (参见本教程第五卷 §152, §153). 因此一般来说, 不可以将 (119.9) 式中的因子 $e^{-i\boldsymbol{q}\cdot\boldsymbol{r}}$ 代换为 1, 不仅在计算散射谱的精细结构时不可这样做, 即使在计算散射的总强度时也不可以这样做.

在整个散射角范围内只有在

$$kr_c \ll 1 \tag{121.1}$$

时才能允许这种代换, 其中 $k = n\omega/c$ 为散射光的波矢. 在这种情况下可以和过去一样使用总消光系数 (120.2), 同时在该式中只保留不断增长的第一项就已足够 (增长的只是密度涨落而不是温度涨落). 在 ρ, T 平面上沿任何方向接近临界点时, 除去临界等温线 $T = T_c$ 例外, 压缩率按照

$$\left(\frac{\partial\rho}{\partial P}\right)_T \propto |T - T_c|^{-\gamma}, \quad \gamma \approx 1.26$$

的规律增长②. 由于没有任何理由令导数 $(\partial\varepsilon/\partial\rho)_T$ 等于零或趋于无穷大, 则散射强度也将按照这样的规律变化:

$$h \propto |T - T_c|^{-\gamma}. \tag{121.2}$$

这一增长仅与瑞利线中心分量的强度增加有关, 并不涉及瑞利线精细结构其他分量强度的增加. 事实上, 按照 (120.8) 式, $h_d = hc_v/c_p$. 分母上的 c_p 因子抵消了 h 内 $(\partial\rho/\partial P)_T$, 因为二者以同样的规律增长. 所以双线的强度只像 c_v 一样增长, 亦即按照极为缓慢的

$$h_d \propto |T - T_c|^{-\alpha}, \quad \alpha \approx 0.1 \tag{121.3}$$

规律增长③.

在充分接近临界点处, 对于给定的 k 值不等式 (121.1) 显然遭到破坏, 因此不再允许将 $e^{-i\boldsymbol{q}\cdot\boldsymbol{r}}$ 换为 1, 散射角越小, 这一情况出现得越晚④. 设 dh 为散

① 将这一现象与密度涨落的增长联系起来的想法是斯莫卢霍夫斯基首先提出来的 (M. 斯莫卢霍夫斯基, 1908). 奥恩斯坦和泽尔尼克在临界点的范德瓦尔斯理论 (参见本教程第五卷 §152) 框架内研究了这一现象 (L. S. 奥恩斯坦, F. 泽尔尼克, 1914).

② 本节中用到的所有有关在临界点附近的热力学变化特征的知识, 均可在本教程第五卷 §153 中找到. 这里也使用了该节对临界指数的符号.

③ 所有这些论证当然都预先假定了不等式 (121.1) 与物质已经处于临界点附近的涨落区的假设相容.

④ 但是, 我们注意到, 这样的散射仅在角度低到衍射角 $\sim\lambda/L$ 量级时才值得研究, 其中 L 为物体的线度.

射进入立体角元 $\mathrm{d}o'$, 亦即给定值 $\boldsymbol{q}=\boldsymbol{k}'-\boldsymbol{k}$ 时的微分消光系数. 为明确起见, 我们只限于研究自然光的散射. 考虑到标量涨落引起的散射中与光的偏振状态相关的角度依赖关系由 (117.26) 式的 I 因子给出, 我们有

$$\mathrm{d}h=\frac{\omega^4}{6\pi c^4}(\delta\varepsilon^2)_{\boldsymbol{q}}\cdot\frac{3}{4}(1+\cos^2\vartheta)\frac{\mathrm{d}o'}{4\pi},\tag{121.4}$$

而且

$$(\delta\varepsilon^2)_{\boldsymbol{q}}=\left(\frac{\partial\varepsilon}{\partial\rho}\right)_T^2(\delta\rho^2)_{\boldsymbol{q}}.$$

在紧邻临界点处, 该处

$$kr_{\mathrm{c}}\gg 1,\tag{121.5}$$

在散射角不是太小时, 也将有 $qr_{\mathrm{c}}\gg 1$. 在这个角度范围内, 在积分 $(\delta\rho^2)_{\boldsymbol{q}}$ 中起主要作用的距离是 $r\sim 1/q\gg r_{\mathrm{c}}$, 其中密度涨落的关联函数具有幂函数特征①:

$$\langle\delta\rho^{(1)}\delta\rho^{(2)}\rangle\propto r^{-(1+\zeta)},\quad \zeta\approx 0.04.$$

此时关联函数的傅里叶分量

$$(\delta\rho^2)_{\boldsymbol{q}}\propto q^{-2+\zeta}\tag{121.6}$$

具有不依赖于温度的系数. 因此, 在所研究的区域内, 我们得到消光系数的以下角度与频率依赖关系:

$$\mathrm{d}h\propto\omega^{2-\zeta}\frac{1+\cos^2\vartheta}{(1-\cos\vartheta)^{1-\zeta/2}}\mathrm{d}o'.\tag{121.7}$$

我们看到, 在 $qr_{\mathrm{c}}\gg 1$ 范围内以固定角散射时, 随着向临界点的接近, 散射强度停止增长. 正好在临界点上时, 公式 (121.7) 适用于所有的角度.

§122 液晶中的散射

发生在液晶中的强烈的光散射在若干方面类似于临界乳光. 这里我们仅限于研究向列相液晶中的这一现象 (P. G. 德热纳, 1968).

我们在 §17 末尾已经提到过这种液晶, 并在那里写出了其介电张量的表达式

$$\varepsilon_{ik}=\varepsilon_0(\omega)\delta_{ik}+\varepsilon_a(\omega)d_id_k;\tag{122.1}$$

① 参见本教程第五卷 (148.7) 式. 由于临界点问题与二级相变 (具有一维序参量) 问题的等价性, 这个公式在临界点附近也适用.

系数 ε_0 和 ε_a 现在都是频率的函数.

介电常量的涨落首先与指向矢 $\boldsymbol{d}$ 的方向有关, 并因此是各向异性涨落. 在整个体积内所有点上这个指向矢的同时同一转动一般不改变物体的能量; 所以长波涨落只涉及很小的能量耗费, 故而很大. 介电常量的大涨落反过来引起光的强烈散射.

我们将涨落量 $\boldsymbol{d}$ 表示为

$$\boldsymbol{d}=\boldsymbol{d}_0+\boldsymbol{\nu} \tag{122.2}$$

的形式, 其中 $\boldsymbol{d}_0$ 为其恒定平均值, 而 $\boldsymbol{\nu}$ 为涨落时的小变化; 由于 $\boldsymbol{d}^2=\boldsymbol{d}_0^2=1$, 则因为 $\boldsymbol{\nu}$ 为小量:

$$\boldsymbol{\nu}\cdot\boldsymbol{d}_0=0. \tag{122.3}$$

涨落时介电常量的变化可通过 $\boldsymbol{\nu}$ 按照

$$\delta\varepsilon_{ik}=\varepsilon_a(d_{0i}\nu_k+d_{0k}\nu_i) \tag{122.4}$$

表达出来. 密度和温度涨落对 $\delta\varepsilon_{ik}$ 的影响可以忽略.

计及 (122.4) 式, 我们通过指向矢涨落的关联函数将介电常量涨落的单时关联函数表示为:

$$(\delta\varepsilon_{il}\delta\varepsilon_{km})_{\boldsymbol{q}}=\varepsilon_a^2\{d_{0i}d_{0k}(\nu_l\nu_m)_{\boldsymbol{q}}+d_{0i}d_{0m}(\nu_k\nu_l)_{\boldsymbol{q}}+d_{0k}d_{0l}(\nu_i\nu_m)_{\boldsymbol{q}}+d_{0l}d_{0m}(\nu_i\nu_k)_{\boldsymbol{q}}\}. \tag{122.5}$$

函数 $(\nu_i\nu_k)_{\boldsymbol{q}}$ 已在本教程第五卷 §141 中求得. 因为 (122.3) 式的原因, 这个张量仅在垂直于 $\boldsymbol{d}_0$ 的平面上有不为零的分量. 用字母 α,β 标记张量这个平面上的指标, 我们有

$$\begin{gathered}(\nu_\alpha\nu_\beta)_{\boldsymbol{q}}=a\left(\delta_{\alpha\beta}-\frac{q_\alpha q_\beta}{q_\perp^2}\right)+b\frac{q_\alpha q_\beta}{q_\perp^2},\\ a=\frac{T}{a_2q_\perp^2+a_3q_\parallel^2},\quad b=\frac{T}{a_1q_\perp^2+a_3q_\parallel^2},\end{gathered} \tag{122.6}$$

其中 a_1,a_2,a_3 为决定向列相液晶自由能对指向矢导数依赖关系的三个正模量; $q_\parallel$ 和 $q_\perp$ 分别为 $\boldsymbol{q}$ 在 $\boldsymbol{d}_0$ 方向与在垂直于 $\boldsymbol{d}_0$ 的平面上的投影.

如果认为介电常量的各向异性相对很小, 亦即 $|\varepsilon_a|\ll\varepsilon_0$, 则可将对各向同性介质求得的公式 (119.9) 应用于对方向的微分消光系数 (此时当然不能设 $\boldsymbol{q}=0$!). 我们将不在此写出通过这种方式得到的繁复的角分布和偏振依赖性公式.

我们所研究的散射的独特性质是其强度在小角散射时按规律

$$\mathrm{d}h\propto\frac{\mathrm{d}o'}{q^2} \tag{122.7}$$

增长. 这样的剧烈增长 (如同在临界点上按 (121.7) 式的增长一样) 与涨落关联函数随距离增大而缓慢地 (以幂函数方式) 减小有关. 对角度的积分在积分下限处对数发散. 这个积分应在对应于物体整体衍射的 $q \sim 1/L$ 处截断 (与 §121 第 4 个脚注对比), 因此, 散射总强度对数地依赖于物体尺度 L.

最后我们指出, 外磁场会限制关联函数 $(\nu_i\nu_k)_{\boldsymbol{q}}$ 在小 $\boldsymbol{q}$ 时的增长 (参见本教程第五卷 §141), 从而抑制散射, 使液晶变得透亮.

§123 非晶固体中的散射

非晶固体中的瑞利散射① 与液体和气体中的散射极为不同. 大家知道, 在各向同性固体中有不止一个, 而是两个声传播速度——纵向速度 u_l 和横向速度 u_t. 与此相关, 瑞利谱线的精细结构包含的不是一个, 而是两个曼德尔施塔姆–布里渊双线. 它们分别与横向声波和纵向声波引起的散射有关, 并分别距离谱线的中心

$$\Omega_l = \pm u_l q \text{ 与 } \Omega_t = \pm u_t q.$$

由于总是有 $u_l > u_t$, 故 $|\Omega_l| > |\Omega_t|$. 瑞利谱线的中心分量再次与那些不能在介质中传播的涨落的散射相联系. 在当前情况下, 这些涨落中起主要作用的是结构的涨落. 在原子不规则排列的非晶固体中, 这些涨落相对很大而且实际上不随时间变化 (由于固体中扩散过程的特别缓慢). 这些涨落引起的散射导致宽度实际上等于零的强谱线的产生. 根据散射的偏振和角分布, 这种散射是标量散射和对称散射的集合.

我们来考察非晶固体中瑞利谱线的双线. 固体中任何形变 (当前情况下是涨落形变) 都在相当大的距离上传播. 所以, 甚至在物体不同点上同时发生的涨落也在长 (与 $1/q$ 相比) 距离上关联. 于是我们又重新处于即使计算光散射的总强度 (以及偏振) 时也不能在涨落的关联函数中令 $\boldsymbol{q} = 0$ 的情况.

散射光波的场由公式

$$\boldsymbol{E}' = -\frac{\mathrm{e}^{\mathrm{i}kR_0}\omega^2}{4\pi R_0 c^2} E_0 \boldsymbol{n}' \times (\boldsymbol{n}' \times \boldsymbol{G}) \tag{123.1}$$

给出, 其中

$$G_i = \int \delta\varepsilon_{ik} \mathrm{e}^{-\mathrm{i}\boldsymbol{q}\cdot\boldsymbol{r}} \mathrm{d}V \cdot e_k, \tag{123.2}$$

而 $\boldsymbol{n}'$ 为散射方向的单位矢量. 各向同性物体形变引起的介电常量的改变由公式

$$\delta\varepsilon_{ik} = a_1 u_{ik} + a_2 u_{ll} \delta_{ik} \tag{123.3}$$

① 本书不讨论远为庞杂得多的固态晶体的散射理论.

给出, 其中 u_{ik} 为应变张量 (见 (102.1)). 由于积分 (123.2) 中从 $\delta\varepsilon_{ik}$ 中分离出了波矢为 $\boldsymbol{q}$ 的傅里叶空间分量, 故在 (123.3) 式中应将 u_{ik} 理解为具有这种波矢的声波内的形变. 所以, 我们可将形变时的位移矢量写为以下形式:

$$\boldsymbol{u} = \mathrm{Re}(\boldsymbol{u}_0 \mathrm{e}^{\mathrm{i}\boldsymbol{q}\cdot\boldsymbol{r}}) = \frac{1}{2}(\boldsymbol{u}_0 \mathrm{e}^{\mathrm{i}\boldsymbol{q}\cdot\boldsymbol{r}} + \boldsymbol{u}_0^* \mathrm{e}^{-\mathrm{i}\boldsymbol{q}\cdot\boldsymbol{r}}), \tag{123.4}$$

由此得到应变张量

$$u_{ik} = \frac{1}{2}\left(\frac{\partial u_i}{\partial x_k} + \frac{\partial u_k}{\partial x_i}\right) = \mathrm{Re}\left\{\frac{1}{2}\mathrm{i}(u_{0i}q_k + u_{0k}q_i)\mathrm{e}^{\mathrm{i}\boldsymbol{q}\cdot\boldsymbol{r}}\right\},$$

而对体积的积分为

$$\int u_{ik}\mathrm{e}^{-\mathrm{i}\boldsymbol{q}\cdot\boldsymbol{r}}\mathrm{d}V = \frac{\mathrm{i}V}{4}(u_{0i}q_k + u_{0k}q_i). \tag{123.5}$$

我们先来研究横声波引起的散射. 因为在横声波内 $\boldsymbol{u}\perp\boldsymbol{q}$ 及 $u_{ll} = 0$, 故

$$\delta\varepsilon_{ik} = a_1 u_{ik}.$$

使用 (123.5) 式, 我们因此求得

$$\boldsymbol{G} = \frac{\mathrm{i}V_{a_1}}{4}\{\boldsymbol{u}_0(\boldsymbol{q}\cdot\boldsymbol{e}) + \boldsymbol{q}(\boldsymbol{u}_0\cdot\boldsymbol{e})\}. \tag{123.6}$$

横声波可以有两个独立的偏振方向: 矢量 $\boldsymbol{u}$ 可以处于 $\boldsymbol{k}, \boldsymbol{k}'$ 平面内或者垂直于该平面. 再考虑到 $\boldsymbol{E}\perp\boldsymbol{k}$, 容易看出, 在第一种情况下 $\boldsymbol{G}$ 在垂直于 $\boldsymbol{k}'$ 的平面上的投影等于零. 因此, 偏振位于 $\boldsymbol{k}, \boldsymbol{k}'$ 平面内的横声波一般不散射光.

如果位移矢量 $\boldsymbol{u}$ 垂直于 $\boldsymbol{k}, \boldsymbol{k}'$ 平面, 则借助于 (123.1) 和 (123.6) 式的简单计算给出散射波场的以下表达式:

$$\begin{aligned} E'_{\parallel} &= \mathrm{e}^{\mathrm{i}kR_0}\frac{\omega^2 E_0}{4\pi R_0 c^2}\frac{a_1 \mathrm{i}V}{4}qu_0\cos\frac{\vartheta}{2}\cdot e_{\perp}, \\ E'_{\perp} &= \mathrm{e}^{\mathrm{i}kR_0}\frac{\omega^2 E_0}{4\pi R_0 c^2}\frac{a_1 \mathrm{i}V}{4}qu_0\cos\frac{\vartheta}{2}\cdot e_{\parallel} \end{aligned} \tag{123.7}$$

(与在其他各处一样, ϑ 为 $\boldsymbol{k}$ 与 $\boldsymbol{k}'$ 之间的夹角, 而下标 $\parallel$ 与 $\perp$ 分别标记矢量在散射平面的分量和垂直于该平面的分量). 这两个公式中的比例系数含有同一个涨落量 u_0. 这表明, 散射时没有发生退偏振——线偏振光仍然是线偏振的 (虽然是在另外的平面上).

由于 (123.7) 式中的两个公式的系数完全相同, 故消光系数 $\mathrm{d}h$ 不依赖于入射光的偏振状态, 并等于

$$\mathrm{d}h = \left(\frac{q\omega^2 a_1}{16\pi c^2}\right)^2 V|u_0|^2\cos^2\frac{\vartheta}{2}\mathrm{d}o. \tag{123.8}$$

下一步的目标是确定涨落位移 u_0 的方均值.

从热力学涨落普遍理论的观点看来, 可以把声波 (123.4) 当作两种 (向左与向右传播的波) 经典振子的集合, 其中每一个应当具有平均动能 $T/2$. 由于在当前情况下振动频率是 $\Omega = u_t q$, 故平均动能为

$$\frac{1}{2}V\langle\rho\dot{\boldsymbol{u}}^2\rangle = \frac{1}{4}V\rho(u_t q)^2\langle|u_0|^2\rangle.$$

令这个表达式等于 $2\cdot T/2$, 我们得到

$$\langle|u_0|^2\rangle = \frac{4T}{V\rho u_t^2 q^2}. \tag{123.9}$$

最后, 将 (123.9) 式代入 (123.8) 式, 我们终于得到

$$\mathrm{d}h = \frac{a_1^2\omega^4 T}{64\pi^2 c^4 u_t^2 \rho}\cos^2\frac{\vartheta}{2}\mathrm{d}o. \tag{123.10}$$

我们注意到这种散射的独特的角度依赖性, 它与我们在液体和气体中所得到的结果完全不同.

现在转到在纵声波上的散射. 在这些波中 $\boldsymbol{u}\|\boldsymbol{q}$, 借助 (123.3) 和 (123.4) 式, 我们求得

$$\boldsymbol{G} = \frac{\mathrm{i}V}{2}u_0 q\left\{a_1\frac{\boldsymbol{q}(\boldsymbol{q}\cdot\boldsymbol{e})}{q^2} + a_2\boldsymbol{e}\right\}E_0.$$

简单的计算给出散射波场:

$$\begin{aligned} E_\perp &= \frac{\mathrm{e}^{\mathrm{i}kR_0}\omega^2}{4\pi R_0 c^2}\frac{\mathrm{i}Vu_0 q}{2}a_2 E_0 e_\perp, \\ E_\| &= \frac{\mathrm{e}^{\mathrm{i}kR_0}\omega^2}{4\pi R_0 c^2}\frac{\mathrm{i}Vu_0 q}{2}\left[\frac{a_1}{2} + \left(\frac{a_1}{2} + a_2\right)\cos\vartheta\right]E_0 e_\|. \end{aligned} \tag{123.11}$$

在这一情况下, 散射时也没有退偏振. 但是, 角分布和消光系数的数值依赖于入射波偏振的状态和方向. 在此我们不给出相应的十分繁杂的公式; 它们的计算与前面进行的类似, 而且 $\langle|u_0|^2\rangle$ 的表达式的差别仅在于在 (123.9) 式中将 u_t 换成 u_l.

第十六章
晶体内 X 射线的衍射

§124 X 射线衍射的普遍理论

晶体内 X 射线的衍射现象在物质的电动力学中占据着特别的位置, 因为 X 射线的波长与原子间距不相上下. 由于这一原因, 通常把物质看成连续介质的宏观处理方法在这里根本不适用. 因此, 我们必须从研究单个带电粒子 (电子) 上的散射①出发.

原子内电子运动频率的数量级为 $\omega_0 \sim v/a$, 其中 v 为电子的速度, 而 a 为原子的尺度. 若 $\lambda \sim a$, 则由于 $v \ll c$, 这些频率小于 X 射线的频率 $\omega \sim c/\lambda$. 由于这种情况, 可以将电磁波场内电子运动方程写为

$$m\dot{\boldsymbol{v}}' = e\boldsymbol{E} \tag{124.1}$$

的形式, 亦即可以把电子看成是自由电子 (参见 §78).

从方程 (124.1) 我们求得电子在电磁波场作用下所得到的速度为:

$$\boldsymbol{v}' = \frac{\mathrm{i}e\boldsymbol{E}}{m\omega}.$$

我们用 $n(\boldsymbol{r})$ 表示晶体内的电子数密度, 这个量已对电子的量子态和晶格内原子核的热运动的统计分布作了平均. 但是应强调指出, 这里并未进行宏观理论中通常所作的对物理无穷小体积元的平均, 也即是 $n(\boldsymbol{r})$ 是晶格中真正的量子力学电子密度. 由波场产生的相应的电流密度为

$$\boldsymbol{j}' = en\boldsymbol{v}' = \frac{\mathrm{i}e^2 n}{m\omega}\boldsymbol{E}. \tag{124.2}$$

① 由于原子核的质量很大, 可想而知, 原子核上的散射是不重要的.

把这个电流代入到麦克斯韦微观方程:

$$\operatorname{rot} \boldsymbol{E} = \mathrm{i}\frac{\omega}{c}\boldsymbol{H}, \tag{124.3}$$

$$\operatorname{rot} \boldsymbol{H} = -\frac{\mathrm{i}\omega}{c}\boldsymbol{E} + \frac{4\pi}{c}\boldsymbol{j}' = -\frac{\mathrm{i}\omega}{c}\left(1 - \frac{4\pi e^2 n}{m\omega^2}\right)\boldsymbol{E}. \tag{124.4}$$

从而我们计及了它对场的反作用, 亦即散射效应. 当然这时假定这种效应很小, 亦即以下的不等式成立:

$$\frac{4\pi e^2 n}{m\omega^2} \ll 1. \tag{124.5}$$

通过引进与通常的感应强度定义相对应的符号 $\boldsymbol{D} = \varepsilon\boldsymbol{E}$, 其中

$$\varepsilon = 1 - \frac{4\pi e^2 n}{m\omega^2}, \tag{124.6}$$

可以将 (124.4) 式化为通常的形式: $\operatorname{rot} \boldsymbol{H} = \left(\frac{\mathrm{i}\omega}{c}\right)\boldsymbol{D}$. 在这种意义上, 介电常量的表达式 (124.6) (与 (78.1) 式对比) 在波长 $\lambda \sim a$ 时也可以应用. 当然这时应当记住, 这里出现的 $\boldsymbol{E}$ 和 $\boldsymbol{D}$ 的意义和以前的 $\boldsymbol{E}$、$\boldsymbol{D}$ 不相同, 因为它们现在是没有对物理无限小体积进行过平均的场. 相应地, ε 现在是坐标的函数.

X 射线在重原子上散射时, 可能出现这样的情况: 外壳层电子满足条件 $\omega \gg \omega_0$, 内壳层电子则不然, 对于这些内壳层电子 $\omega \lesssim \omega_0$, 因而不等式 $\lambda \gg a$ 成立. 在这种情况下, 也可以引进介电常量的概念 (作为 $\boldsymbol{D}$ 和 $\boldsymbol{E}$ 间的比例系数), 但是形为 (124.6) 的公式这时只能给出外壳层电子的贡献; 而内壳层电子的贡献在原则上必须由对这些电子壳层的体积求平均值算出. 由此可见, 若写出 $\boldsymbol{D} = \varepsilon\boldsymbol{E}$ 的普遍形式, 其中 ε 为坐标的函数, 则我们就自然而然地考虑到了各种可能情况. 为明确起见, 我们下面处处使用 (124.6) 式.

在 (124.2) 式中对电子的密度求平均值, 结果得到不含时间的 $n(\boldsymbol{r})$, 于是我们就排除了散射时频率的可能变化. 换句话说, 我们只研究频率没有改变的严格的相干散射.

从方程 (124.3) 和 (124.4) 内消去 $\boldsymbol{H}$, 我们得到

$$\operatorname{rot}\operatorname{rot} \boldsymbol{E} = \frac{\omega^2}{c^2}\boldsymbol{D}.$$

在上式中代入

$$\boldsymbol{E} = \boldsymbol{D} + \frac{4\pi e^2 n}{m\omega^2}\boldsymbol{E}$$

并将表达式 $\operatorname{rot}\operatorname{rot} \boldsymbol{E}$ 展开, 同时考虑到 $\operatorname{div} \boldsymbol{D} = 0$ (从 (124.4) 得出), 于是我们得到

$$\Delta\boldsymbol{D} + \frac{\omega^2}{c^2}\boldsymbol{D} = \operatorname{rot}\operatorname{rot} \frac{4\pi e^2 n}{m\omega^2}\boldsymbol{E}. \tag{124.7}$$

在包含有小量 $4\pi e^2 n/(m\omega^2)$ 的这个方程的右端, 应当把 $\boldsymbol{E}$ 理解为给定的入射波场. 我们来求出方程 (124.7) 在散射晶体之外离晶体很远处的解. 因为这个方程和方程 (117.3) 在形式上相同, 因而我们可以按照与 (117.4) 式的类比, 立即写出所求的解为①:

$$\boldsymbol{E} = \frac{e^2}{m\omega^2}\frac{\mathrm{e}^{\mathrm{i}kR_0}}{R_0}\boldsymbol{k}' \times (\boldsymbol{k}' \times \boldsymbol{E}_0)\int n\mathrm{e}^{-\mathrm{i}\boldsymbol{q}\cdot\boldsymbol{r}}\mathrm{d}V. \tag{124.8}$$

其中 R_0 为从晶体内的坐标原点至场观察点的距离; $\boldsymbol{q} = \boldsymbol{k}' - \boldsymbol{k}$; $k = k' = \omega/c$; $\boldsymbol{E}_0$ 为入射波的振幅; 在等式左端, 我们以 $\boldsymbol{E}$ 代替 $\boldsymbol{D}$, 因为在晶体外的真空内 $\boldsymbol{D} = \boldsymbol{E}$.

为了表征 X 射线衍射强度的特征, 我们引进**有效截面** σ, 其定义为衍射进入立体角 $\mathrm{d}o'$ 内的辐射强度与入射波的能流密度之比. 按照 (124.8) 式, 我们有

$$\mathrm{d}\sigma = \left(\frac{e^2}{mc^2}\right)^2 \sin^2\theta \left|\int n\mathrm{e}^{-\mathrm{i}\boldsymbol{q}\cdot\boldsymbol{r}}\mathrm{d}V\right|^2 \mathrm{d}o', \tag{124.9}$$

其中 θ 为 $\boldsymbol{E}_0$ 与 $\boldsymbol{k}'$ 之间的夹角. 若入射光线为 "自然光" (不是偏振光), 则上式中的因子 $\sin^2\theta$ 要换成 $\dfrac{1}{2}(1+\cos^2\vartheta)$, 其中 ϑ 为 $\boldsymbol{k}$ 和 $\boldsymbol{k}'$ 之间的夹角 (参阅 §117 的最后一个脚注), 于是

$$\mathrm{d}\sigma = \frac{1}{2}\left(\frac{e^2}{mc^2}\right)^2 (1+\cos^2\vartheta)\left|\int n\mathrm{e}^{-\mathrm{i}\boldsymbol{q}\cdot\boldsymbol{r}}\mathrm{d}V\right|^2 \mathrm{d}o'. \tag{124.10}$$

以下为明确起见, 我们将假定处处是这种情况.

我们看到, 在给定方向衍射的光线的强度主要由积分

$$\int n\mathrm{e}^{-\mathrm{i}\boldsymbol{q}\cdot\boldsymbol{r}}\mathrm{d}V \tag{124.11}$$

亦即电子密度的傅里叶空间分量的模平方给出. 当 $\boldsymbol{q} \to 0$ 时, 这个积分直接变成对晶体体积 (也即是对其晶胞) 平均的电子密度 $\overline{n}$. 但是, 若在方程 (124.3) 和 (124.4) 内用 $\overline{n}$ 代替 n, 我们就得到介电常量为

$$\varepsilon(\omega) = 1 - \frac{4\pi e^2\overline{n}}{m\omega^2}$$

的通常的宏观麦克斯韦方程. 按照这些方程, 当 X 射线通过晶体时, 它们按通常规律发生折射 (折射率为 $\sqrt{\varepsilon}$). 因此, 小角度衍射化为了我们在这里不感兴趣的通常的折射. 下面我们假设 $\boldsymbol{q}$ 与零有显著的区别.

---

① 在 §117 内求解 (117.3) 式时, 不允许考虑物体外的场, 因为这要求计及物体表面的边界条件 (由于 (117.3) 式左端所包含的量 ε' 在物体内和物体外不相等). 但 (124.7) 式左端在全部空间内都不改变形式.

与晶格中点的所有其他函数一样, 电子密度可以展开成形为

$$n=\sum_{\boldsymbol{b}} n_{\boldsymbol{b}} \mathrm{e}^{\mathrm{i}\boldsymbol{b}\cdot\boldsymbol{r}} \tag{124.12}$$

的傅里叶级数, 式中求和对倒格子的全部周期 $\boldsymbol{b}$ 进行 (参见本教程第五卷 §133). 将 (124.12) 代入 (124.11) 式并对晶体的体积进行积分时, 只在 $\boldsymbol{q}$ 接近 $\boldsymbol{b}$ 的某一个值的情况下, 我们才得到显著不为零的结果. 在这些值之间的其他值处, 强度实际上等于零. 因此我们可以分别研究每一个衍射极大值, 这时假定 $n=n_{\boldsymbol{b}}\mathrm{e}^{\mathrm{i}\boldsymbol{b}\cdot\boldsymbol{r}}$, 其中 $\boldsymbol{b}$ 取给定值. 将这个表达式代入 (124.10) 式内, 我们得到

$$\mathrm{d}\sigma=\frac{1}{2}\left(\frac{e^2}{mc^2}\right)^2(1+\cos^2\vartheta)|n_{\boldsymbol{b}}|^2\left|\int \mathrm{e}^{-\mathrm{i}(\boldsymbol{k}'-\boldsymbol{k}-\boldsymbol{b})\cdot\boldsymbol{r}}\mathrm{d}V\right|^2\mathrm{d}o'. \tag{124.13}$$

最强的极大值发生在精确地满足以下等式的方向上:

$$\boldsymbol{k}'-\boldsymbol{k}=\boldsymbol{b} \tag{124.14}$$

这个方程称为**劳厄方程**; 这些极大值称为**主极大**. 但是当 $\boldsymbol{b}$ 为给定时, 主极大并非在入射光线取任意方向 (及频率) 时出现. 把 (124.14) 式写为 $\boldsymbol{k}'=\boldsymbol{k}+\boldsymbol{b}$ 的形式, 并平方之, 再考虑到 $k=k'^2$, 我们得到

$$2\boldsymbol{b}\cdot\boldsymbol{k}=-b^2. \tag{124.15}$$

这个方程决定 $\boldsymbol{b}$ 为给定值时出现主极大的那些波矢量 $\boldsymbol{k}$ 值. 从几何意义上说, (124.15) 式是 $\boldsymbol{k}$ 空间内垂直于矢量 $\boldsymbol{b}$ 并距离坐标原点为 $b/2$ 的平面的方程. 特别是我们看到, 必定有 $k\geqslant b/2$.

因为 $|\boldsymbol{k}'-\boldsymbol{k}|=2k\sin\dfrac{\vartheta}{2}$, 于是从 (124.14) 式得出

$$2k\sin\frac{\vartheta}{2}=b, \tag{124.16}$$

由它可以求出主极大所对应的衍射角, 这个方程称为**布拉格 – 伍尔夫方程**.

大家知道, 倒格子的每一个矢量 $\boldsymbol{b}$ 决定由方程 $\boldsymbol{r}\cdot\boldsymbol{b}=2\pi m$ 表示的一族晶体平面, 其中常数 m 取整数值. 这些平面垂直于矢量 $\boldsymbol{b}$, 与条件 (124.14) 对应的矢量 $\boldsymbol{k}$ 和 $\boldsymbol{k}'$ 的方向与这些平面构成相等的 "入射角" 和 "反射角" (图 64). 为此, 主极大上的衍射有时称为从相应晶面上的 "反射".

将 (124.13) 式对 $\boldsymbol{k}'$ 方向周围的立体角进行积分, 我们就可得到某一极大值周围的**衍射 "斑"** 的总强度. 我们现在来求主极大周围的总强度.

我们用 $\boldsymbol{k}'_0$ 标记精确满足劳厄条件的 $\boldsymbol{k}'$ 的值 ($\boldsymbol{k}$ 为给定值) : $\boldsymbol{k}'_0=\boldsymbol{k}+\boldsymbol{b}$. 我们再引进 $\boldsymbol{\varkappa}=\boldsymbol{k}'-\boldsymbol{k}'_0$. 在极大周围的区域内 $\boldsymbol{\varkappa}$ 很小, 又因为 $\boldsymbol{k}'$ 和 $\boldsymbol{k}'_0$ 只是

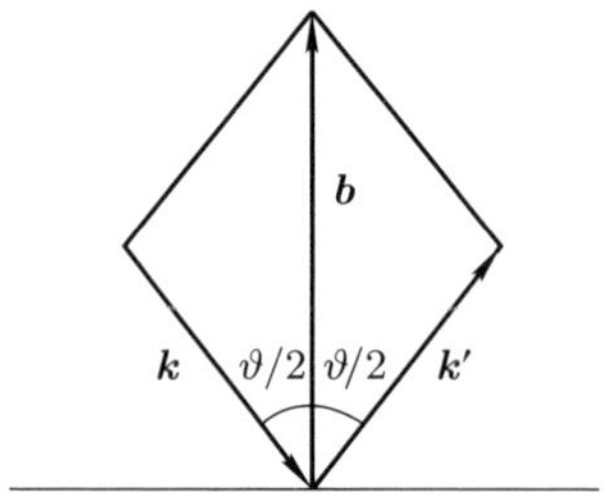

图 64

方向不同, 因而 $\boldsymbol{\varkappa}\perp\boldsymbol{k}_0'$. 所以立体角元可以写为

$$\mathrm{d}o' = \frac{1}{k'^2}\mathrm{d}\varkappa_x\mathrm{d}\varkappa_y = \frac{1}{k^2}\mathrm{d}\varkappa_x\mathrm{d}\varkappa_y, \tag{124.17}$$

其中取 z 轴在 $\boldsymbol{k}_0'$ 方向. 于是, 我们有

$$\sigma = \frac{1}{2k^2}\left(\frac{e^2}{mc^2}\right)^2(1+\cos^2\vartheta)|n_{\boldsymbol{b}}|^2\iint\mathrm{d}\varkappa_x\mathrm{d}\varkappa_y\left|\int\mathrm{e}^{-\mathrm{i}\boldsymbol{\varkappa}\cdot\boldsymbol{r}}\mathrm{d}V\right|^2.$$

在上式的体积分中, 可以对 $\mathrm{d}z$ 进行积分, 因为 $\mathrm{e}^{-\mathrm{i}\boldsymbol{\varkappa}\cdot\boldsymbol{r}}$ 与该坐标无关:

$$\int\mathrm{e}^{-\mathrm{i}\boldsymbol{\varkappa}\cdot\boldsymbol{r}}dV = \int Z\mathrm{e}^{-\mathrm{i}\boldsymbol{\varkappa}\cdot\boldsymbol{r}}\mathrm{d}f,$$

式中 $\mathrm{d}f = \mathrm{d}x\mathrm{d}y$, 而 $Z = Z(x,y)$ 为物体在 $\boldsymbol{k}_0'$ 方向的长度. 最后, 我们利用傅里叶积分理论中的熟知公式:

$$\int|\varphi_\varkappa|^2\frac{\mathrm{d}\varkappa_x\mathrm{d}\varkappa_y}{(2\pi)^2} = \int\varphi^2\mathrm{d}x\mathrm{d}y, \tag{124.18}$$

其中

$$\varphi_\varkappa = \int\varphi(x,y)\mathrm{e}^{-\mathrm{i}\boldsymbol{\varkappa}\cdot\boldsymbol{r}}\mathrm{d}x\mathrm{d}y$$

为二维傅里叶展开式的分量. 结果我们得到以下的最终公式:

$$\begin{aligned}\sigma &= \frac{2\pi^2}{k^2}\left(\frac{e^2}{mc^2}\right)^2(1+\cos^2\vartheta)|n_{\boldsymbol{b}}|^2\int Z^2\mathrm{d}f\\ &= \frac{8\pi^2}{b^2}\left(\frac{e^2}{mc^2}\right)^2\sin^2\frac{\vartheta}{2}\cdot(1+\cos^2\vartheta)|n_{\boldsymbol{b}}|^2\int Z^2\mathrm{d}f.\end{aligned} \tag{124.19}$$

这一积分的数量级为 L^4, L 是物体的线度. 由此可见, 总的有效衍射截面 (或者衍射斑总强度) 与 $V^{4/3}$ 成正比, V 为物体的体积. 我们注意到, 极大值处的强度与体积的不同幂次成正比: 当 $\boldsymbol{k}'-\boldsymbol{k}=\boldsymbol{b}$ 时, (124.13) 式中的体积分就是 V, 于是 $\mathrm{d}\sigma$ 与 V^2 成正比:

$$\left(\frac{\mathrm{d}\sigma}{\mathrm{d}o'}\right)_{\max} = \frac{1}{2}\left(\frac{e^2}{mc^2}\right)^2(1+\cos^2\vartheta)|n_{\boldsymbol{b}}|^2V^2. \tag{124.20}$$

和总强度与体积的关系相比与极大值处强度成正比的体积 V 的幂次更高这一事实, 直观地显示出了极大值的锐度. 极大值峰的 "宽度" 显然与 $V^{4/3}/V^2 = V^{-2/3}$ 成正比.

只有在所有的衍射效应很小时, 上述理论才能应用. 如我们现在见到的, 这一要求对晶体的尺度施加了一定条件, 即 σ 必须小于物体截面的几何面积 $(\sim L^2)$, 由此得出

$$\frac{e^2}{mc^2}\frac{L}{k}|n_{\boldsymbol{b}}| \ll 1. \tag{124.21}$$

如果上述条件得不到满足, 则推导 (124.8) 时所用的微扰论近似不再适用 ①.

习　　题

1. 试确定在边长分别为 L_x, L_y, L_z 的长方体晶体上发生衍射时主极大周围衍射斑内的强度分布.

解: 与在正文一中样, 我们引入矢量 $\boldsymbol{\varkappa} = \boldsymbol{k}' - \boldsymbol{k}_0'$, 选择坐标系的轴与长方晶体各边平行, 坐标原点选在晶体中心上.

积分 $\int \mathrm{e}^{-\mathrm{i}\boldsymbol{\kappa}\cdot\boldsymbol{r}}\mathrm{d}V$ 可分解为以下形式的三个积分的乘积:

$$\int_{-L/2}^{L/2}\mathrm{e}^{-\mathrm{i}\varkappa x}\mathrm{d}x = \frac{2}{\varkappa}\sin\frac{\varkappa L}{2}.$$

因此,

$$\mathrm{d}\sigma = 32\left(\frac{e^2}{mc^2}\right)^2(1+\cos^2\vartheta)\frac{|n_{\boldsymbol{b}}|^2}{\varkappa_x^2\varkappa_y^2\varkappa_z^2}\sin^2\frac{\varkappa_x L_x}{2}\sin^2\frac{\varkappa_y L_y}{2}\sin^2\frac{\varkappa_z L_z}{2}\mathrm{d}o'.$$

应当记住, 矢量 $\boldsymbol{\varkappa}$ 的分量不独立, 而是由条件 $\boldsymbol{\varkappa}\cdot\boldsymbol{k}_0' = 0$ 联系起来的.

2. 所求与上题相同, 但衍射发生在半径为 a 的球形晶体上.

解: 我们再次引进 $\boldsymbol{\varkappa} = \boldsymbol{k}' - \boldsymbol{k}_0'$, 选择坐标系的 z 轴沿 $\boldsymbol{\varkappa}$ 方向, 坐标原点在球心上. 我们有

$$\int \mathrm{e}^{-\mathrm{i}\varkappa z}\mathrm{d}V = \int_{-a}^{a}\pi(a^2-z^2)\mathrm{e}^{-\mathrm{i}\varkappa z}\mathrm{d}z = \frac{4\pi}{\varkappa^3}(\sin\varkappa a - \varkappa a\cos\varkappa a).$$

因此,

$$\mathrm{d}\sigma = 8\pi^2\left(\frac{e^2}{mc^2}\right)^2(1+\cos^2\vartheta)|n_b|^2\frac{1}{\varkappa^6}(\sin\varkappa a - \varkappa a\cos\varkappa a)^2\mathrm{d}o'.$$

① 不受 (124.21) 式限制的散射的**动力学理论**由 Z. G. 平斯克尔在下书中给出: Z. G. Pinsker, *Dynamical scattering of X-ray in crystals*, Springer, Berlin, 1978. 本节所讲述的理论称为**运动学理论**.

3. 试求副极大周围衍射斑的总强度.

解: 在现在情况下, 入射波的波矢量 $\boldsymbol{k}$ 不满足条件 (124.15), 如在正文中所指出的, (124.15) 式是垂直于矢量 $\boldsymbol{b}$ 的平面的方程; 我们用 $\eta\boldsymbol{b}$ 表示矢量 $\boldsymbol{k}$ 的端点偏离这平面的小位移, 此处 $\eta \ll 1$. 换句话说, 我们将 $\boldsymbol{k}$ 表示为 $\boldsymbol{k} = \boldsymbol{k}_0 + \eta\boldsymbol{b}$, 式中 $\boldsymbol{k}_0$ 满足 (124.15) 式 (图 65).

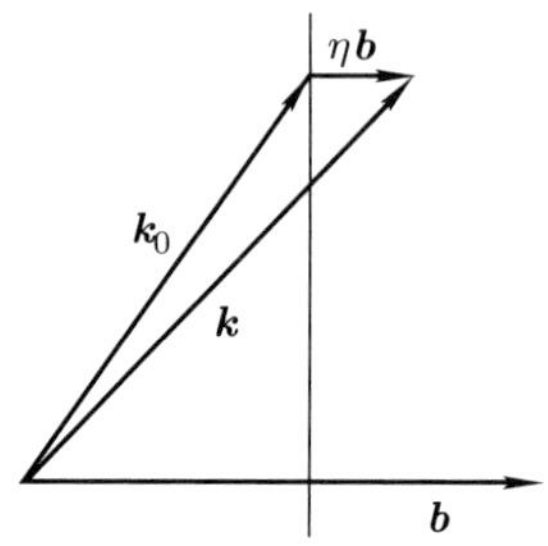

图 65

衍射斑内的强度的极大值对应于这样的 $\boldsymbol{k}'$ 方向, 即此时 $\boldsymbol{k}' - (\boldsymbol{k}+\boldsymbol{b})$ 取极小值 (因而 (124.13) 内的积分为极大值). 但是两个矢量 (其中一个的方向任意) 之差的绝对值在这两个矢量的方向重合时最小. 因此我们有 (考虑到 $k' = k$)

$$|\boldsymbol{k}' - \boldsymbol{k} - \boldsymbol{b}|_{\min} = k - |\boldsymbol{k}+\boldsymbol{b}| = \frac{k^2 - (\boldsymbol{k}+\boldsymbol{b})^2}{k + |\boldsymbol{k}+\boldsymbol{b}|}.$$

因为 $\boldsymbol{k}$ 接近 $\boldsymbol{k}_0$, 又因为我们研究靠近极大值的区域, 于是 $\boldsymbol{k}' \cong \boldsymbol{k}+\boldsymbol{b}$, 而且上式中的分母可用 $2k$ 来代替. 将分子中的括号展开, 我们得到

$$-2\boldsymbol{k}\cdot\boldsymbol{b} - \boldsymbol{b}^2 = (-2\boldsymbol{k}_0\cdot\boldsymbol{b} - \boldsymbol{b}^2) - 2\eta\boldsymbol{b}^2 = -2\eta b^2.$$

因此,

$$|\boldsymbol{k}' - \boldsymbol{k} - \boldsymbol{b}|_{\min} \approx -\frac{\eta b^2}{\boldsymbol{k}}.$$

其次, 按照

$$\boldsymbol{k}' = (\boldsymbol{k}+\boldsymbol{b})\left(1 - \frac{\eta b^2}{k^2}\right) + \boldsymbol{\varkappa}$$

引入 $\boldsymbol{\varkappa}$, 并选择 z 轴在 $\boldsymbol{k}+\boldsymbol{b}$ 方向, 于是问题变成计算积分 (试与 (124.19) 的推导比较):

$$\int \mathrm{d}\varkappa_x \mathrm{d}\varkappa_y \left|\int \exp\left(\mathrm{i}\frac{\eta b^2}{k}z - \mathrm{i}\boldsymbol{\varkappa}\cdot\boldsymbol{r}\right)\mathrm{d}V\right|^2 = \int \mathrm{d}\varkappa_x \mathrm{d}\varkappa_y \left|\int \mathrm{e}^{-\mathrm{i}\boldsymbol{\varkappa}\cdot\boldsymbol{r}} \frac{\sin(\eta b^2 Z/2k)}{\eta b^2/2k}\mathrm{d}f\right|^2.$$

最后, 我们利用公式 (124.18) 得到

$$\sigma=\frac{2\pi^2}{k^2}\left(\frac{e^2}{mc^2}\right)^2(1+\cos^2\vartheta)|n_{\boldsymbol{b}}|^2\int\frac{\sin^2(\eta b^2Z/2k)}{(\eta b^2/2k)^2}\mathrm{d}f.$$

当 $\eta\to 0$ 时, 这个公式变成 (124.19) 式. 若 $\eta b^2Z/2k\gg 1$ (这与条件 $\eta\ll 1$ 不矛盾), 则正弦函数的平方可用它的平均值 1/2 来代替并得到

$$\sigma=4\pi^2\left(\frac{e^2}{mc^2}\right)^2\frac{1+\cos^2\vartheta}{\eta^2b^4}|n_{\boldsymbol{b}}|^2S,$$

其中 S 为物体在 x,y 平面上投影 (暗影) 的面积.

§125 积分强度

前一节导出的公式给出了严格的单色平面波入射到晶体上的衍射强度. 我们现在来研究不满足这些条件时的一些情况.

首先, 我们研究入射波为平面波但非单色波的情况①. 换句话说, 它的谱分解中包含了波矢量 $\boldsymbol{k}$ 的方向相同但数值 $k=\omega/c$ 不同的波. 我们用 $\rho(k)$ 标记入射辐射强度按频率分布的密度, 并且用条件 $\int\rho(k)\mathrm{d}k=1$ 将其归一化.

衍射斑的总强度由 (124.13) 式对 $\mathrm{d}o'$ 和对 $\rho(k)\mathrm{d}k$ 积分所得的截面给出:

$$\sigma=\frac{1}{2}\left(\frac{e^2}{mc^2}\right)^2|n_{\boldsymbol{b}}|^2\iint\left|\int \mathrm{e}^{-\mathrm{i}(\boldsymbol{k}'-\boldsymbol{k}-\boldsymbol{b})\cdot\boldsymbol{r}}\mathrm{d}V\right|^2(1+\cos^2\vartheta)\rho(k)\mathrm{d}o'\mathrm{d}k. \quad (125.1)$$

我们暂且引进符号 $\boldsymbol{K}=\boldsymbol{k}'-\boldsymbol{k}-\boldsymbol{b}$, 并将上式中的模平方写成二重积分形式:

$$\left|\int \mathrm{e}^{-\mathrm{i}\boldsymbol{K}\cdot\boldsymbol{r}}\mathrm{d}V\right|^2=\iint \mathrm{e}^{\mathrm{i}\boldsymbol{K}\cdot(\boldsymbol{r}_2-\boldsymbol{r}_1)}\mathrm{d}V_1\mathrm{d}V_2.$$

引进变量 $(1/2)(\boldsymbol{r}_1+\boldsymbol{r}_2)$ 和 $\boldsymbol{r}=\boldsymbol{r}_2-\boldsymbol{r}_1$ 替代 $\boldsymbol{r}_1$ 和 $\boldsymbol{r}_2$, 并对第一个变量在物体体积内进行积分, 我们得到

$$\left|\int \mathrm{e}^{\mathrm{i}\boldsymbol{K}\cdot\boldsymbol{r}}\mathrm{d}V\right|^2=V\int \mathrm{e}^{\mathrm{i}\boldsymbol{K}\cdot\boldsymbol{r}}\mathrm{d}V.$$

在剩下的积分内, 现在可以对全部空间进行积分②, 结果为

$$\left|\int \mathrm{e}^{\mathrm{i}\boldsymbol{K}\cdot\boldsymbol{r}}\mathrm{d}V\right|^2=(2\pi)^3V\delta(\boldsymbol{K}). \quad (125.2)$$

① 这种情况对应于晶体 X 射线分析中熟知的劳厄法.

② 因为我们这里的目的仅是计算衍射斑的总强度而不是它的宽度, 故可以这样作.

将此结果代入 (125.1) 式, 可以把该式改写为

$$\sigma = 4\pi^3 \left(\frac{e^2}{mc^2}\right)^2 |n_{\boldsymbol{b}}|^2 V(1+\cos^2\vartheta_0) \iint \delta(\boldsymbol{k}'-\boldsymbol{k}-\boldsymbol{b})\rho(k)\mathrm{d}o'\mathrm{d}k; \qquad (125.3)$$

由于被积函数内存在 δ 函数, 我们已将因子 $1+\cos^2\vartheta$ 用它在 $\vartheta=\vartheta_0$ 时的值代换后移到积分号外, 其中 ϑ_0 为满足劳厄条件的矢量 $\boldsymbol{k}$ 和 $\boldsymbol{k}'$ (我们将其标记为 $\boldsymbol{k}_0$ 和 $\boldsymbol{k}_0'=\boldsymbol{k}_0+\boldsymbol{b}$) 间的夹角.

我们注意到, 对 $\mathrm{d}o'$ 的积分可以方便地进行, 它等价于在被积函数表达式内引入附加因子 $\left(\dfrac{2}{k}\right)\delta(k'^2-k^2)$ 的条件下对

$$\mathrm{d}^3k' = k'^2\mathrm{d}k'\mathrm{d}o' = \frac{1}{2}k'\mathrm{d}(k'^2)\mathrm{d}o'$$

积分. 由此可见, (125.3) 式中的积分可以用下面的积分代替:

$$\iint \frac{2}{k}\delta(\boldsymbol{k}'-\boldsymbol{k}-\boldsymbol{b})\delta(k'^2-k^2)\rho(k)\mathrm{d}^3k'\mathrm{d}k.$$

利用第一个 δ 函数对 d^3k' 进行积分时, 我们必须在第二个 δ 函数内用 $(\boldsymbol{k}+\boldsymbol{b})^2$ 代替 k'^2, 结果得到

$$\sigma = (2\pi)^3 \left(\frac{e^2}{mc^2}\right)^2 |n_{\boldsymbol{b}}|^2 V(1+\cos^2\vartheta_0) \int \frac{1}{k}\delta(2\boldsymbol{b}\cdot\boldsymbol{k}+b^2)\rho(k)\mathrm{d}k. \qquad (125.4)$$

最后, 我们对 $\mathrm{d}k$ 进行积分 (方向 $\boldsymbol{n}=\boldsymbol{k}/k$ 给定). 当 $k=k_0$ 时, δ 函数的宗量变为零, 于是积分等于

$$\frac{\rho(k_0)}{2k_0}\frac{1}{|\boldsymbol{b}\cdot\boldsymbol{n}|} = \frac{\rho(k_0)}{2|\boldsymbol{b}\cdot\boldsymbol{k}_0|} = \frac{\rho(k_0)}{b^2}.$$

这样一来, 最后得到

$$\sigma = (2\pi)^3 \left(\frac{e^2}{mc^2}\right)^2 |n_{\boldsymbol{b}}|^2 V(1+\cos^2\vartheta_0)\frac{\rho(k_0)}{b^2}. \qquad (125.5)$$

我们现在来研究另一种情况, 即入射波为单色波, 但包含有由绕某一轴相互转动而得到的不同 $\boldsymbol{k}$ 方向的分量①. 用 $\boldsymbol{l}$ 表示沿转动轴方向的单位矢量, 而绕它的转动角用 ψ 表示. 设函数 $\rho(\psi)$ 给出入射辐射强度的角分布, 并按照条件

$$\int_0^{2\pi}\rho(\psi)\mathrm{d}\psi = 1$$

① 这种情况相当于 X 射线结构分析中熟知的**布拉格法** (或**旋转法**), 而且实际上所指的并不是 $\boldsymbol{k}$ 方向的转动, 而是指晶体本身绕 $\boldsymbol{l}$ 轴的转动.

归一化.

推导 (125.4) 式时所进行的全部计算也完全适用于这种情况, 唯一的差别是对 $\rho(k)\mathrm{d}k$ 的积分必须用对 $\rho(\psi)\mathrm{d}\psi$ 的积分来代替:

$$\sigma = (2\pi)^3 \left(\frac{e^2}{mc^2}\right)^2 |n_{\boldsymbol{b}}|^2 V(1+\cos^2\vartheta_0)\int \frac{1}{k}\delta(2\boldsymbol{b}\cdot\boldsymbol{k}+b^2)\rho(\psi)\mathrm{d}\psi. \tag{125.6}$$

我们仍然用 $\boldsymbol{k}_0$ 表示 δ 函数的宗量变为零时的 $\boldsymbol{k}$ 值, 并从 $\boldsymbol{l}$, $\boldsymbol{k}_0$ 平面起始计算 ψ. 对于小 ψ 我们有

$$\boldsymbol{k} = \boldsymbol{k}_0 + (\boldsymbol{l}\times\boldsymbol{k}_0)\psi.$$

此时 (125.6) 式中的积分变为

$$\int \frac{1}{k}\delta[2\boldsymbol{b}\cdot(\boldsymbol{l}\times\boldsymbol{k}_0)\psi]\rho(\psi)\mathrm{d}\psi = \frac{\rho(0)}{2k|\boldsymbol{b}\cdot(\boldsymbol{l}\times\boldsymbol{k}_0)|} = \frac{\rho(0)}{2k^2|\boldsymbol{b}\cdot(\boldsymbol{l}\times\boldsymbol{n}_0)|}$$
$$= \frac{2\rho(0)\sin^2(\vartheta_0/2)}{b^2|\boldsymbol{b}\cdot(\boldsymbol{l}\times\boldsymbol{n}_0)|}.$$

因此,

$$\sigma = \frac{2(2\pi)^3}{b^2}\left(\frac{e^2}{mc^2}\right)^2 \sin^2\frac{\vartheta_0}{2}\cdot(1+\cos^2\vartheta_0)|n_{\boldsymbol{b}}|^2 V\frac{\rho(0)}{|\boldsymbol{b}\cdot(\boldsymbol{l}\times\boldsymbol{n}_0)|}. \tag{125.7}$$

最后, 我们研究单色平面波从取向无序的微晶组成的物体的衍射 ①.

我们用 $\boldsymbol{k}'_0$ 和 $\boldsymbol{b}_0$ 表示矢量 $\boldsymbol{k}'$ 和 $\boldsymbol{b}$, 其取向使劳厄条件 $\boldsymbol{k}'_0=\boldsymbol{k}+\boldsymbol{b}_0$ 得以满足. $\boldsymbol{k}'_0$ 和 $\boldsymbol{b}_0$ 的方向不是单值确定的, 因为当三角形 $\boldsymbol{k}\boldsymbol{b}_0\boldsymbol{k}'_0$ 绕 $\boldsymbol{k}$ 方向转动时, 劳厄条件当然仍然是满足的. 因此, 与主极大相对应的 $\boldsymbol{k}'$ 的方向占满了一个顶角为 $2\vartheta_0$ 的锥面. 于是, 我们现在得到一个衍射 "环", 而不是衍射 "斑".

所求总有效截面由与 (125.4) 式相似的公式给出, 这个公式与 (125.4) 式的差别是式中对 $\rho(k)\mathrm{d}k$ 的积分必须用对 $\boldsymbol{b}$ 的所有方向的平均来代替:

$$\sigma = (2\pi)^3 V\left(\frac{e^2}{mc^2}\right)^2 |n_{\boldsymbol{b}}|^2(1+\cos^2\vartheta_0)\int\frac{1}{k}\delta(2\boldsymbol{b}\cdot\boldsymbol{k}+b^2)\frac{\mathrm{d}o_{\boldsymbol{b}}}{4\pi} \tag{125.8}$$

其中 $\mathrm{d}o_{\boldsymbol{b}}$ 为在 $\boldsymbol{b}$ 方向的立体角元. 用 α 表示 $\boldsymbol{k}$ 和 $\boldsymbol{b}$ 之间的夹角, 我们可以将 (125.8) 式中的积分写为

$$\int\frac{1}{k}\delta(2bk\cos\alpha+b^2)\frac{2\pi\mathrm{d}\cos\alpha}{4\pi} = \frac{1}{4bk^2} = \frac{1}{b^3}\sin^2\frac{\vartheta_0}{2}.$$

因此,

$$\sigma = (2\pi)^3\left(\frac{e^2}{mc^2}\right)^2 |n_{\boldsymbol{b}}|^2\frac{V}{b^3}(1+\cos^2\vartheta_0)\sin^2\frac{\vartheta_0}{2}. \tag{125.9}$$

① 这种情况对应于 X 射线结构分析的**粉末法** (**德拜–谢勒法**)

在上述三种情况中, 每一种情况对应于一种对衍射图样求平均的特定方法. 我们注意到, 此时总平均衍射强度与物体体积的关系, 正如所预料的, 归结为简单的正比关系. 我们提醒大家, 在未作平均的衍射图样内, 衍射强度以及它在衍射斑上的分布对物体体积的依赖性更突出.

§126 X 射线的热漫散射

在前两节内, 我们曾把 $n(x,y,z)$ 理解为晶体中对时间平均的电子密度, 因此从其中排除了由不同原因所引起的密度涨落以及相应的 X 射线散射的非相干部分. 非相干散射来源之一是密度的热涨落. 这种散射 “弥漫” 地分布于所有方向, 但其标志性的特征是在前节所研究的 “结构” 散射的锐线方向附近有较大强度. 我们现在就研究热散射的这些极大值 (W. H. 扎哈里亚森, 1940).

晶格的热振动可以表示为许多单个声波的组合. 后面将会看到, 我们感兴趣的热散射的极大值是由波长大于晶格常数的波所产生的. 由这种波所引起的空间每一点的电子密度的改变, 可以看作是晶格简单地移动了等于波中位移矢量 $\boldsymbol{u}$ 的局部值的结果. 因此, 当给定声波通过时, 密度的改变 (未对时间平均!) 可以利用关系式

$$\delta n = n(\boldsymbol{r}-\boldsymbol{u}) - n(\boldsymbol{r}) \approx -\boldsymbol{u}\cdot\frac{\partial n}{\partial \boldsymbol{r}}$$

用平均密度表示. 研究确定的线附近的漫散射时, 我们必须用 $n_{\boldsymbol{b}}\mathrm{e}^{\mathrm{i}\boldsymbol{b}\cdot\boldsymbol{r}}$ 代替 n, 其中 $\boldsymbol{b}$ 给定, 于是

$$\delta n = -\mathrm{i}(\boldsymbol{b}\cdot\boldsymbol{u})n_{\boldsymbol{b}}\mathrm{e}^{\mathrm{i}\boldsymbol{b}\cdot\boldsymbol{r}}. \tag{126.1}$$

密度涨落所引起的散射与平均密度所引起的散射当然是非相干的, 因此它们不发生干涉. 所以, 漫散射的有效截面可以从 (124.10) 式求出, 只要在其中用 δn 代替 n, 然后对涨落进行统计平均:

$$\mathrm{d}\sigma = \frac{1}{2}\left(\frac{e^2}{mc^2}\right)^2 |n_{\boldsymbol{b}}|^2(1+\cos^2\vartheta)\left\langle\left|\int(\boldsymbol{u}\cdot\boldsymbol{b})\mathrm{e}^{-\mathrm{i}\boldsymbol{K}\cdot\boldsymbol{r}}\mathrm{d}V\right|^2\right\rangle \mathrm{d}o', \tag{126.2}$$

其中引进了符号 $\boldsymbol{K}=\boldsymbol{k}'-\boldsymbol{k}-\boldsymbol{b}$. 在矢量 $\boldsymbol{K}$ 很小 $(K\ll b)$ 的那些方向上, 散射强度非常大.

积分 $\displaystyle\int \boldsymbol{u}\mathrm{e}^{-\mathrm{i}\boldsymbol{K}\cdot\boldsymbol{r}}\mathrm{d}V$ 给出了波矢为 $\boldsymbol{K}$ 的 $\boldsymbol{u}$ 的傅里叶空间分量; 所以我们可以把 $\boldsymbol{u}$ 简单地理解为在波矢为 $\boldsymbol{K}$ 的声波内的位移矢量. 因而不等式 $K\ll b$ 表明, 散射声波的波长大于晶胞的线度.

如此一来, 我们写出

$$\boldsymbol{u}=\frac{1}{2}(\boldsymbol{u}_0\mathrm{e}^{\mathrm{i}\boldsymbol{K}\cdot\boldsymbol{r}}+\boldsymbol{u}_0^*\mathrm{e}^{-\mathrm{i}\boldsymbol{K}\cdot\boldsymbol{r}}), \tag{126.3}$$

以使得

$$\int(\boldsymbol{b}\cdot\boldsymbol{u})\mathrm{e}^{-\mathrm{i}\boldsymbol{K}\cdot\boldsymbol{r}}\mathrm{d}V=\frac{1}{2}V\boldsymbol{b}\cdot\boldsymbol{u}_0$$

以及有效截面为

$$\mathrm{d}\sigma=\frac{1}{8}\left(\frac{e^2}{mc^2}\right)^2|n_{\boldsymbol{b}}|^2(1+\cos^2\vartheta)b_ib_k\langle u_{0i}u_{0k}^*\rangle V^2\mathrm{d}o'. \tag{126.4}$$

对 $\boldsymbol{u}_0$ 分量乘积的平均的做法, 和在 §123 中对各向同性物体内的声波求平均类似. 形变晶体单位体积的弹性能为

$$\frac{1}{2}\lambda_{iklm}u_{ik}u_{lm},$$

其中 u_{ik} 为应变张量, 而 λ_{iklm} 为弹性模量张量 (参见本教程第七卷 §10). 因此, 整个晶体的平均弹性能等于

$$\frac{1}{2}V\lambda_{iklm}\langle u_{ik}u_{lm}\rangle.$$

我们将

$$u_{ik}=\frac{1}{2}\left(\frac{\partial u_i}{\partial x_k}+\frac{\partial u_k}{\partial x_i}\right)=\frac{1}{2}\mathrm{Re}\{(\mathrm{i}K_ku_{0i}+\mathrm{i}K_iu_{0k})\mathrm{e}^{\mathrm{i}\boldsymbol{K}\cdot\boldsymbol{r}}\}$$

代入上式. 含有因子 $\mathrm{e}^{\pm2\mathrm{i}\boldsymbol{K}\cdot\boldsymbol{r}}$ 的项平均时变为零. 考虑到张量 λ_{iklm} 的对称性 (对下角标 i,k 或 l,m 的交换的对称性以及对角标对 ik 与 lm 的交换的对称性), 我们得到

$$\frac{V}{4}\lambda_{iklm}K_kK_m\langle u_{0i}u_{0l}^*\rangle=\frac{V}{4}g_{ik}\langle u_{0i}u_{0k}^*\rangle,$$

其中引进了符号:

$$g_{ik}=\lambda_{ilkm}K_lK_m. \tag{126.5}$$

按照热力学涨落的普遍理论, 现在可以马上写出所求的平均值 ① 为

$$\langle u_{0i}u_{0k}^*\rangle=\frac{4T}{V}g_{ik}^{-1} \tag{126.6}$$

① 参见本教程第五卷 §111. 若涨落量 $x_1,x_2,\cdots$ 的概率分布形式为

$$\exp\left\{-\frac{1}{2}\lambda_{ik}x_ix_k\right\},$$

则 $\langle x_ix_k\rangle=\lambda_{ik}^{-1}$. 公式 (126.6) 中出现的多余因子 2 是因为每一复数 u_{0i} 是两个独立量的集合.

式中 g_{ik}^{-1} 为 g_{ik} 的逆张量, 而散射截面最终为

$$d\sigma = \frac{1}{2}\left(\frac{e^2}{mc^2}\right)^2 TV|n_{\boldsymbol{b}}|^2(1+\cos^2\vartheta)b_i b_k g_{ik}^{-1}\cdot do'. \tag{126.7}$$

因此, 如所预料, 漫散射强度与晶体体积成正比. 这种散射的特征是它的强度在衍射斑面积上的分布方式. 因子 $(1+\cos^2\vartheta)$ 对衍射斑实际上几乎为常数, 除此而外, 我们看到散射强度分布由表达式 $g_{ik}^{-1}b_i b_k$ 给出. 这个表达式是 K^{-2} 乘以矢量 $\boldsymbol{K}$ 相对于晶轴方向的一个相当复杂的函数. 当在主极大附近散射时, 漫散射强度在 $\boldsymbol{K}=0$ 点处也是极大 ((126.7) 式本身当 $\boldsymbol{K}=0$ 时趋于无穷大, 这时当然变得不再适用). 如果条件 (124.15) $2\boldsymbol{b}\cdot\boldsymbol{k}=-b^2$ 不满足, 则等式 $\boldsymbol{K}=0$ 不可能存在, 于是漫散射强度的极大值位于某一不为零的 $\boldsymbol{K}$ 上, 一般说来, 它不与结构散射取极大的位置不重合. 在两种情况下, 漫散射所形成的本底强度基本上都以 $1/K^2$ 的方式减小, 也即是比叠加在它上面的结构散射锐线强度的减小慢得多.

在本节的最后, 我们讨论一下 X 射线在液体内散射的问题. 因为液体平均而言是均匀的, 在这种情况下当然不存在相干散射. 为了计算非相干散射, 必须在 (124.10) 式中重新用 δn 代替 n, 并对涨落求平均, 结果我们得到

$$d\sigma = \frac{1}{2}\left(\frac{e^2}{mc^2}\right)^2 (1+\cos\vartheta) < |\delta n_{\boldsymbol{q}}|^2 > do', \tag{126.8}$$

其中 $\delta n_{\boldsymbol{q}} = \int \delta n e^{i\boldsymbol{q}\cdot\boldsymbol{r}} dV$. 方均值 $\langle|\delta n_{\boldsymbol{q}}|^2\rangle$ 用电子密度涨落关联函数的傅里叶分量表示. 计及液体的均匀性, 我们有

$$\langle|\delta n_{\boldsymbol{q}}|^2\rangle = V\int\langle\delta n^{(1)}\delta n^{(2)}\rangle e^{i\boldsymbol{q}\cdot\boldsymbol{r}}dV, \quad \boldsymbol{r}=\boldsymbol{r}_2-\boldsymbol{r}_1.$$

(对照本教程第五卷 (116.13) 式的推导).

X 射线在二维晶体膜上的散射具有有趣的特征. 如在本教程第五卷 §138 中所证明的, 热涨落会 “抹平” 这些系统内的晶体排列, 因此不存在相干散射. 与此相应, 涨落关联函数在这些系统内随距离按缓慢的幂次律减小. 由此导致, 在 $T=0$ 时 “未抹平” 结构中弹性散射有极大的那些方向上漫散射出现清晰的极大 (见本节的习题). 在近晶相层状液晶内的散射也有类似特征, 它的结构也被热涨落抹平 (参阅本教程第五卷 §139).

习 题

试确定出二维晶体膜在 $\boldsymbol{q}\approx\boldsymbol{b}$ 时的散射角分布 ($\boldsymbol{b}$ 为 $T=0$ 时的倒格矢).

解: 二维系统的电子密度涨落关联函数 $\langle\delta n(\boldsymbol{r}_1)\delta n(\boldsymbol{r}_2)\rangle$, 可以像在本教程第五卷 §138 中求密度涨落关联函数一样求出. 引起 $\boldsymbol{q}\approx\boldsymbol{b}$ 的散射的项的形式为

$$\frac{|n_{\boldsymbol{b}}|^2}{r^{T\alpha_{\boldsymbol{b}}}}\cos(\boldsymbol{b}\cdot\boldsymbol{r}), \tag{1}$$

其中 $n_{\boldsymbol{b}}$ 为 $T=0$ 时电子密度的傅里叶分量, $\alpha_{\boldsymbol{b}}$ 为依赖于晶体弹性模量的指数 (见本教程第五卷 (138.7) 式), 计算函数 (1) 的傅里叶分量, 得到涨落的方均值为

$$\langle|\delta n_{\boldsymbol{b}}|^2\rangle\sim\frac{|n_{\boldsymbol{b}}|^2}{\varkappa_{\parallel}^{2-T\alpha_{\boldsymbol{b}}}}, \tag{2}$$

其中 $\varkappa_{\parallel}$ 为 $\boldsymbol{\varkappa}=\boldsymbol{q}-\boldsymbol{b}$ 在膜平面上的投影. 公式 (2) 解决了所提问题.

§127 衍射截面与温度的关系

我们现在来阐明 X 射线相干散射截面对温度的依赖关系. 这个问题归结为求出晶体内平均微观电子密度与温度的关系, 电子密度进行平均时计及了原子的热运动.

我们假设原子足够重, 以致其中绝大多数电子都局域在不重叠的壳层内, 这些壳层在晶格振动时只有轻微形变. 我们还假设晶格只由一种原子组成, 每个单胞内只有一个原子; 我们要强调指出, 最后一个假设只是为了简化公式的写法, 并没有原则性意义.

此时可将精确的 (未作平均的) 微观电子密度表示为以下形式:

$$n(\boldsymbol{r})=\sum_{\boldsymbol{n}}F(\boldsymbol{r}-\boldsymbol{r}_{\boldsymbol{n}})=\sum_{\boldsymbol{n}}F(\boldsymbol{r}-\boldsymbol{r}_{\boldsymbol{n}0}-\boldsymbol{u}_{\boldsymbol{n}}), \tag{127.1}$$

其中 $F(\boldsymbol{r})$ 为单个原子内的电子密度 (原子形状因子), 求和对晶格内所有原子进行, 其中 $\boldsymbol{r}_{\boldsymbol{n}}$ 为原子核的径矢, 用矢量 (具有整数分量) 的下标 $\boldsymbol{n}$ 编号. 在把原子核的平衡位置的径矢 (亦即晶格的格点) 标记为 $\boldsymbol{r}_{\boldsymbol{n}_0}$、而用 $\boldsymbol{u}_{\boldsymbol{n}}$ 表示原子偏离这些平衡位置的位移矢量后, 我们有 $\boldsymbol{r}_{\boldsymbol{n}}=\boldsymbol{r}_{\boldsymbol{n}0}+\boldsymbol{u}_{\boldsymbol{n}}$, 如在公式 (127.1) 中最后一个等式中所用的那样.

把电子密度 (127.1) 展开为在晶格体积 V 内的傅里叶级数 (124.12), 将展开系数的形式表示为

$$n_{\boldsymbol{b}}=\frac{1}{V}\sum_{\boldsymbol{n}}\mathrm{e}^{-\mathrm{i}(\boldsymbol{r}_{\boldsymbol{n}0}+\boldsymbol{u}_{\boldsymbol{n}})\cdot\boldsymbol{b}}F_{\boldsymbol{b}},$$

其中

$$F_{\boldsymbol{b}}=\int F(\boldsymbol{r})\mathrm{e}^{-\mathrm{i}\boldsymbol{b}\cdot\boldsymbol{r}}\mathrm{d}V \tag{127.2}$$

为原子形状因子的傅里叶分量. 所有的乘积 $\boldsymbol{r}_{\boldsymbol{n}0}\cdot\boldsymbol{b}$ 均等于 2π 的整数倍. 因此所有的因子 $\exp(-\mathrm{i}\boldsymbol{r}_{\boldsymbol{n}_0}\cdot\boldsymbol{b})=1$, 故而

$$n_{\boldsymbol{b}}=\frac{F_{\boldsymbol{b}}}{V}\sum_{\boldsymbol{n}}\mathrm{e}^{-\mathrm{i}\boldsymbol{u}_{\boldsymbol{n}}\cdot\boldsymbol{b}}. \tag{127.3}$$

把这个表达式对原子运动求平均. 显然, 求和号内各项的平均值与编号 $\boldsymbol{n}$ 无关. 因此

$$\langle n_{\boldsymbol{b}}\rangle=\frac{F_{\boldsymbol{b}}}{v}\langle\mathrm{e}^{-\mathrm{i}\boldsymbol{b}\cdot\boldsymbol{u}}\rangle, \tag{127.4}$$

式中 $\boldsymbol{u}$ 为原子的位移矢量 (不区分是哪一个原子), 而 $v=V/N$ 为单胞体积 (N 为体积 V 内的单胞数). (127.4) 式中的平均应理解为完全的统计平均, 也即是对定态波函数平均后再对吉布斯分布的平均.

为进行这种平均, 应把 $\boldsymbol{u}$ 视为量子力学算符

$$\hat{\boldsymbol{u}}=\sum_{\boldsymbol{k}\alpha}\left(\frac{\hbar}{2MN\omega_\alpha(\boldsymbol{k})}\right)^{1/2}\left\{\hat{c}_{\boldsymbol{k}\alpha}\boldsymbol{e}_{\boldsymbol{k}\alpha}\mathrm{e}^{\mathrm{i}\boldsymbol{k}\cdot\boldsymbol{r}_{\boldsymbol{n}}}+\hat{c}^{+}_{\boldsymbol{k}\alpha}\boldsymbol{e}^{*}_{\boldsymbol{k}\alpha}\mathrm{e}^{-\mathrm{i}\boldsymbol{k}\cdot\boldsymbol{r}_{\boldsymbol{n}}}\right\} \tag{127.5}$$

(参见本教程第五卷 §72). 求和对体积 V 内声子波矢 $\boldsymbol{k}$ 的所有值及其用指标 $\alpha=1,2,3$ 标记的独立声子偏振进行; $\omega_\alpha(\boldsymbol{k})$ 为声子频率, $\boldsymbol{e}_{\boldsymbol{k}\alpha}$ 为声子的偏振矢量; M 为原子质量. 算符 $\hat{c}_{\boldsymbol{k}\alpha}$ 和 $\hat{c}^{+}_{\boldsymbol{k}\alpha}$ 分别为光子在 $\boldsymbol{k}\alpha$ 态的湮灭算符和产生算符.

对于形为 (127.5) 式的算符, 威克定理成立, 按照该定理, 任何偶数个算符乘积的平均值等于成对算符平均值的各种可能乘积之和 (奇数个算符乘积的平均值等于 0)①. 对于所有满足这一定理的算符 $\hat{L}$ 都适用的等式

$$\langle\mathrm{e}^{\hat{L}}\rangle=\exp\left(\frac{1}{2}\langle\hat{L}^2\rangle\right) \tag{127.6}$$

将会很重要; 只要把 $\exp\hat{L}$ 展开为级数并对展开式中每一项求平均, 即可很容易地证明它的正确性②.

把 (127.6) 式用于 (127.4) 式, 我们得到

$$\langle n_{\boldsymbol{b}}\rangle=\frac{F_{\boldsymbol{b}}}{v}\exp\left\{-\frac{1}{2}\langle(\boldsymbol{b}\cdot\boldsymbol{u})^2\rangle\right\}.$$

---

① 这个定理在相应于它在统计物理学中应用的 “宏观极限” ($N\to\infty$) 下的证明, 参见本教程第九卷 §13.

② 因子 $\hat{L}$ 的偶数 $2n$ 个乘积可用 $(2n-1)(2n-3)\cdots1$ 种方式分解配对 (从 $2n$ 个因子中选择一个, 可以使它与其余 $2n-1$ 个因子的任何一个配对; 每次从余下的 $2n-2$ 个算符中的一个, 可以用 $2n-3$ 种方式使它配对等等). 因此

$$\langle\hat{L}^{2n}\rangle=[(2n-1)(2n-3)\cdots1]\langle\hat{L}^2\rangle^n.$$

衍射截面与这个量的平方成正比, 因而它与温度的关系由单独的因子

$$D = \exp\{-\langle(\boldsymbol{b}\cdot\boldsymbol{u})^2\rangle\} \tag{127.7}$$

给出, 称为**德拜–沃勒因子** (P. 德拜, 1912; I. 沃勒, 1925).

剩下来的是计算方均值 $\langle(\boldsymbol{b}\cdot\boldsymbol{u})^2\rangle$. 从算符 $\hat{c}_{\boldsymbol{k}\alpha}, \hat{c}^+_{\boldsymbol{k}\alpha}$ 的所有成对乘积中, 不为零的平均值只有

$$\langle\hat{c}^+_{\boldsymbol{k}\alpha}\hat{c}_{\boldsymbol{k}\alpha}\rangle = N_{\boldsymbol{k}\alpha}, \quad \langle\hat{c}_{\boldsymbol{k}\alpha}\hat{c}^+_{\boldsymbol{k}\alpha}\rangle = N_{\boldsymbol{k}\alpha}+1,$$

其中 $N_{\boldsymbol{k}\alpha}$ 是平衡时平均声子态占据数. 因此

$$\begin{aligned}\langle(\boldsymbol{b}\cdot\boldsymbol{u})^2\rangle &= \sum_{\boldsymbol{k}\alpha}\frac{\hbar}{2MN\omega_\alpha(\boldsymbol{k})}|\mathrm{e}_{\boldsymbol{k}\alpha}\cdot\boldsymbol{b}|^2\langle\hat{c}_{\boldsymbol{k}\alpha}\hat{c}^+_{\boldsymbol{k}\alpha}+\hat{c}^+_{\boldsymbol{k}\alpha}\hat{c}_{\boldsymbol{k}\alpha}\rangle \\ &= \sum_{\boldsymbol{k}\alpha}\frac{\hbar}{MN\omega_\alpha(\boldsymbol{k})}|\boldsymbol{b}\cdot\boldsymbol{e}_{\boldsymbol{k}\alpha}|^2\left(N_{\boldsymbol{k}\alpha}+\frac{1}{2}\right).\end{aligned}$$

此时 $N_{\boldsymbol{k}\alpha}$ 由玻色分布

$$N_{\boldsymbol{k}\alpha} = \left[\exp\frac{\hbar\omega_\alpha(\boldsymbol{k})}{T}-1\right]^{-1} \tag{127.8}$$

给出. 将 (127.8) 代入 (127.7) 时, 含有零点振动的项给出一个与温度无关的因子, 应当将它略去 (或者更精确地说, 将其包含在 $F_{\boldsymbol{b}}$ 的定义中). 最后, 从对 $\boldsymbol{k}$ 求和转换到对 $V\mathrm{d}^3k/(2\pi)^3$ 积分, 我们最终得到

$$D = \exp\left\{-\frac{\hbar v}{M}\sum_\alpha\int\frac{|\boldsymbol{b}\cdot\boldsymbol{e}_{\boldsymbol{k}\alpha}|^2}{\omega_\alpha(\boldsymbol{k})}N_{\boldsymbol{k}\alpha}\frac{\mathrm{d}^3k}{(2\pi)^3}\right\}. \tag{127.9}$$

当 $T\to 0$ 时函数 $N_{\boldsymbol{k}\alpha}$ 变为零, 相应地 D 变为 1; D 随着温度增加而减小. 我们注意到, 温度的影响归结为散射线强度的普遍减小, 而保持其形状 (包括宽度) 不变.

原子偏离晶格格点的平均热位移通常比晶格常数小得多(即使在高温下). 于是, 对于 $\boldsymbol{b}$ 值不大的散射线, D 中的指数比 1 小得多, 从而温度效应只是一个小修正. 但对于和大的 $\boldsymbol{b}$ 值相对应的散射线, 强度的减小变得很显著.

当温度远高于德拜温度时, 方均值 $\langle\boldsymbol{u}^2\rangle\propto T$, 从而 D 中的指数与 T 成正比. 在低温时热声子主要属于能谱的声学支, 其频率 $\omega\propto k$; 在这种情况下 (127.9) 式对 ω 的积分可以延伸至 ∞, 于是 D 中的指数与 T^2 成正比.

最后我们指出, 在低温情况下只有长波声子重要时, (127.7)—(127.9) 式的正确性并不取决于可以将密度 $n(\boldsymbol{r})$ 表示为 (127.1) 式中对原子求和: 在长波振动中晶格的大部分区域以它们各自的电子密度值整体地移动, 只有这些条件对上述公式的推导才是重要的.

习 题

在计及密度的量子涨落的条件下, 试确定结构散射线附近的漫散射的强度.

解: 位移矢量分量乘积平均值的经典公式 (126.6), 仅在条件

$$T \gg \hbar c K \tag{1}$$

下才是正确的, 其中 c 为晶体内声速的数量级. 如果上述条件不满足, 则应当把振幅 $\boldsymbol{u}_0$ 当作算符, 并用本节正文中的公式算出平均值. 比较 (126.3) 式与 (127.5) 式的定义, 归并波矢为 $\boldsymbol{K}$ 的各项, 我们得到

$$u_0 = \sum_\alpha \left(\frac{2\hbar}{MN\omega_\alpha(\boldsymbol{K})}\right)^{1/2} \boldsymbol{e}_{\boldsymbol{K}\alpha} \cdot (\hat{c}_{\boldsymbol{K}\alpha} + \hat{c}^+_{-\boldsymbol{K}\alpha}).$$

像在推导 (127.8) 式时一样求平均值, 我们得到

$$b_i b_k \langle u_{0i} u_{0k} \rangle = \sum_\alpha \frac{4\hbar}{MN\omega_\alpha(\boldsymbol{K})} |\boldsymbol{b} \cdot \boldsymbol{e}_{\boldsymbol{K}\alpha}|^2 \left(N_{\boldsymbol{K}\alpha} + \frac{1}{2}\right). \tag{2}$$

将 (2) 式代入 (126.4) 式即可求出问题的解.

当 $T = 0$ 时, (2) 式中只剩下零点振动的项. 对于很小的 K 值, 截面与 $1/\omega_\alpha(\boldsymbol{K}) \sim 1/K$ 成正比. 在条件 (1) 的相反极限情况下, 可以近似地令

$$N_{\boldsymbol{K}\alpha} + \frac{1}{2} \approx \frac{T}{\hbar\omega_\alpha(\boldsymbol{K})},$$

于是 (2) 式右边变为

$$\frac{4T}{MN} \sum_\alpha \frac{|\boldsymbol{b} \cdot \boldsymbol{e}_{\alpha\boldsymbol{K}}|^2}{\omega_\alpha^2(\boldsymbol{K})}.$$

现在利用本教程第七卷弹性理论中的振动传播公式 (23.1), 对平面波, 这个公式可以改写为以下形式:

$$\frac{1}{\omega_\alpha^2(\boldsymbol{K})} \boldsymbol{e}_\alpha \times \boldsymbol{K}_i = g_{il}^{-1} \boldsymbol{e}_\alpha \times \boldsymbol{K}_l,$$

而且可以将偏振矢量 $\boldsymbol{e}_\alpha$ 当作实数. 最后借用对于三个相互垂直的单位矢量适用的恒等式

$$\sum_\alpha e_{\alpha i} e_{\alpha k} = \delta_{ik}, \tag{3}$$

把 (2) 式化为对应于 (126.6) 的形式.

附录
曲线坐标系

为便于参考起见,下面我们列出了在一般及某些特殊情况下涉及曲线坐标下矢量运算的若干公式.

在任意正交曲线坐标系 u_1, u_2, u_3 内,长度元平方的形式为

$$\mathrm{d}l^2 = h_1^2 \mathrm{d}u_1^2 + h_2^2 \mathrm{d}u_2^2 + h_3^2 \mathrm{d}u_3^2,$$

其中 h_i 为坐标的函数,在这些坐标系内的体积元为

$$\mathrm{d}V = h_1 h_2 h_3 \mathrm{d}u_1 \mathrm{d}u_2 \mathrm{d}u_3.$$

各种矢量运算可借助函数 h_i 用以下公式表示. 对标量的矢量运算为

$$\langle \mathrm{grad}\, f \rangle_i = \frac{1}{h_i} \frac{\partial f}{\partial u_i}, \quad \Delta f = \frac{1}{h_1 h_2 h_3} \sum \frac{\partial}{\partial u_1} \left(\frac{h_2 h_3}{h_1} \frac{\partial f}{\partial u_1} \right),$$

其中求和由循环交换下角标 1, 2, 3 进行. 对矢量的矢量运算为

$$\mathrm{div}\, \boldsymbol{A} = \frac{1}{h_1 h_2 h_3} \sum \frac{\partial}{\partial u_1} (h_2 h_3 A_1),$$

$$(\mathrm{rot}\, \boldsymbol{A})_1 = \frac{1}{h_2 h_3} \left[\frac{\partial}{\partial u_2} (h_3 A_3) - \frac{\partial}{\partial u_3} (h_2 A_2) \right]$$

($\mathrm{rot}\, \boldsymbol{A}$ 的其余分量可由循环交换下角标得到).

柱面坐标 r, φ, z. 长度元为

$$\mathrm{d}l^2 = \mathrm{d}r^2 + r^2 \mathrm{d}\varphi^2 + \mathrm{d}z^2, \quad h_r = 1, \quad h_\varphi = r, \quad h_z = 1.$$

矢量运算为

$$\Delta f = \frac{1}{r} \frac{\partial}{\partial r} \left(r \frac{\partial f}{\partial r} \right) + \frac{1}{r^2} \frac{\partial^2 f}{\partial \varphi^2} + \frac{\partial^2 f}{\partial z^2},$$

$$\mathrm{div}\, \boldsymbol{A} = \frac{1}{r} \frac{\partial}{\partial r} (r A_r) + \frac{1}{r} \frac{\partial A_\varphi}{\partial \varphi} + \frac{\partial A_z}{\partial z},$$

$$(\mathrm{rot}\,\boldsymbol{A})_r = \frac{1}{r}\frac{\partial A_z}{\partial \varphi} - \frac{\partial A_\varphi}{\partial z}, \quad (\mathrm{rot}\,\boldsymbol{A})_\varphi = \frac{\partial A_r}{\partial z} - \frac{\partial A_z}{\partial r},$$

$$(\mathrm{rot}\,\boldsymbol{A})_z = \frac{1}{r}\frac{\partial}{\partial r}(rA_\varphi) - \frac{1}{r}\frac{\partial A_r}{\partial \varphi},$$

$$(\Delta\boldsymbol{A})_r = \Delta A_r - \frac{A_r}{r^2} - \frac{2}{r^2}\frac{\partial A_\varphi}{\partial \varphi},$$

$$(\Delta\boldsymbol{A})_\varphi = \Delta A_\varphi - \frac{A_\varphi}{r^2} + \frac{2}{r^2}\frac{\partial A_r}{\partial \varphi}, \quad (\Delta\boldsymbol{A})_z = \Delta A_z.$$

在矢量 $\Delta\boldsymbol{A}$ 的分量的表达式内, ΔA_i 表示算符 Δ 作用在视为标量的 A_i 上的结果.

球面坐标 r, θ, φ. 长度元为

$$\mathrm{d}l^2 = \mathrm{d}r^2 + r^2\mathrm{d}\theta^2 + r^2\sin^2\theta\mathrm{d}\varphi^2,$$

$$h_r = 1, \quad h_\theta = r, \quad h_\varphi = r\sin\theta.$$

矢量运算为

$$\Delta f = \frac{1}{r^2}\frac{\partial}{\partial r}\left(r^2\frac{\partial f}{\partial r}\right) + \frac{1}{r^2\sin\theta}\frac{\partial}{\partial\theta}\left(\sin\theta\frac{\partial f}{\partial\theta}\right) + \frac{1}{r^2\sin^2\theta}\frac{\partial^2 f}{\partial\varphi^2},$$

$$\mathrm{div}\,\boldsymbol{A} = \frac{1}{r^2}\frac{\partial}{\partial r}(r^2A_r) + \frac{1}{r\sin\theta}\frac{\partial}{\partial\theta}(A_\theta\sin\theta) + \frac{1}{r\sin\theta}\frac{\partial A_\varphi}{\partial\varphi},$$

$$(\mathrm{rot}\,\boldsymbol{A})_r = \frac{1}{r\sin\theta}\left[\frac{\partial}{\partial\theta}(A_\varphi\sin\theta) - \frac{\partial A_\theta}{\partial\varphi}\right],$$

$$(\mathrm{rot}\,\boldsymbol{A})_\theta = \frac{1}{r\sin\theta}\frac{\partial A_r}{\partial\varphi} - \frac{1}{r}\frac{\partial}{\partial r}(rA_\varphi),$$

$$(\mathrm{rot}\,\boldsymbol{A})_\varphi = \frac{1}{r}\left[\frac{\partial}{\partial r}(rA_\theta) - \frac{\partial A_r}{\partial\theta}\right],$$

$$(\Delta\boldsymbol{A})_r = \Delta A_r - \frac{2}{r^2}\left[A_r + \frac{1}{\sin\theta}\frac{\partial}{\partial\theta}(A_\theta\sin\theta) + \frac{1}{\sin\theta}\frac{\partial A_\varphi}{\partial\varphi}\right],$$

$$(\Delta\boldsymbol{A})_\theta = \Delta A_\theta + \frac{2}{r^2}\left[\frac{\partial A_r}{\partial\theta} - \frac{A_\theta}{2\sin^2\theta} - \frac{\cos\theta}{\sin^2\theta}\frac{\partial A_\varphi}{\partial\varphi}\right],$$

$$(\Delta\boldsymbol{A})_\varphi = \Delta A_\varphi + \frac{2}{r^2\sin\theta}\left[\frac{\partial A_r}{\partial\varphi} + \cot\theta\frac{\partial A_\theta}{\partial\varphi} - \frac{A_\varphi}{2\sin\theta}\right].$$

人名索引

C

D

E

F

G

H

J

K

L

M

N

O

P

Q

R

S

斯图尔特, T. D. Stewart, 278
苏耳, H. Suhl, 218
索末菲, A. Sommerfeld, 401, 499

T

塔弗格尔, Б. А. Тавгер (B. A. Tavger), 171, 221
塔兰诺夫, В. И. Таланов (V. I. Talanov), 469, 470, 471
塔姆, И. Е. Тамм (I. E. Tamm), 498, 525, 528, 535
汤姆孙, W. Thomson, (开尔文, Lord Kelvin), 7, 129, 130, 132, 268
汤斯, C. H. Townes, 471
特勒, E. Teller, 299
托尔曼, R. C. Tolman, 278
托普蒂金, И. Н. Топтыгин (I. N. Toptygin), 17

W

瓦尔马, C. M. Varma, 202
瓦申纳, Х. Вашина (H. Vashina), 345
瓦维洛夫, С. И. Вавилов (S. I. Vavilov), 498
瓦因斯坦, С. И. Вайнштейн (S. I. Vainshtein), 二版序, 316
外斯 (P.), P. Weiss, 195
外斯 (M. T.), M. T. Weiss, 460
翁索夫斯基, С. В. Вонсовский (S. V. Vonsovskii), 193
维格林, А. С. Виглин (A. S. Viglin), 146
威克, G. C. Wick, 552
沃克, L. R. Walker, 335
沃勒, I. Waller, 553
沃伊特, W. Voigt, 428
伍尔夫, Г. В. Вульф (G. Wulff), 541

X

西维絮, G. Szivessy, 427
谢勒, P. H. Scherrer, 547
薛定谔, E. Schrödinger, 376, 472

Y

亚伯拉罕, M. Abraham, 323, 345
亚科文柯, В. М. Яковенко (V. M. Yakovenko), 506

Z

主题索引①

① 本索引补充书的目录,但不与其重复. 索引中包含未在目录中直接反映的术语、概念与习题.

D

E

F

G

H

J

Y

Z

译后记

《连续介质电动力学》是朗道和栗弗席兹的十卷本名著《理论物理学教程》的第八卷, 这是朗道亲自参与撰写的最后一卷书[①]。本书的俄文第一版于1957年由苏联国立技术理论书籍出版社出版 (1959年由苏联国立物理数学书籍出版社重印), 中文版于1963年由人民教育出版社出版, 译者是先后在科学出版社和中科院自然科学史研究所工作过的周奇先生。记得1964年我大学毕业后考到中科院原子能研究所做研究生时, 导师黄祖洽先生开列的三本必读书单中就有这本书。当时曾对这本书相当认真地钻研过一番, 心得是这是一本不寻常的电动力学书, 不仅许多内容在一般的电动力学书中找不见, 更重要的是它对许多问题的阐述相当深刻, 发人深思。从本书第一版的作者序言中也不难看出, 朗道和栗弗席兹二人在本卷所含内容的选择和阐述方式上的确付出了超常的努力。

1968年朗道逝世后, 栗弗席兹和皮塔耶夫斯基对本书第一版做了大量补充和修订, 于1982年由苏联科学出版社出版了增订第二版。1986年栗弗席兹逝世后, 皮塔耶夫斯基主持编辑了由俄罗斯物理数学书籍出版社出版的修订第三版 (1992) 和重印第四版 (2005)。修订后的俄文新版比第一版增加了很多内容, 除新写了空间色散和非线性光学两章外, 还全面改写了铁磁和反铁磁以及磁流体动力学两章, 全书的节数从原来的101节增加到127节, 新增加的内容约为第一版的三分之一[②]。

翻译新版的任务出版社本来是委托给第一版的译者周奇先生的, 后因周先生健康欠佳, 出版社王超编辑希望我能接替他。商得我同意后, 出版社大约

① 朗道在1962年出车祸前, 参与了《力学》《场论》《量子力学 (非相对论理论)》《统计物理学 I》《流体动力学》《弹性理论》《连续介质电动力学》等七卷书的撰写, 十卷本中的另外三卷《量子电动力学》《统计物理学 II》和《物理动理学》是他去世后由别列斯捷茨基、栗弗席兹和皮塔耶夫斯基合作撰写的.

② 考虑到新版将原来的电磁涨落一章的全部6节移到了第九卷, 新版实际比旧版多出了32节, 为第一版尚留95节的1/3.

在 2011 年左右把这个任务转交给了我, 连同转来的还有周先生已译出的少量译稿。因我当时正在主持物理学史名著《20 世纪物理学》的翻译, 故接到这一任务后未能立即开始翻译, 直到 2016 年底才将本书的译稿完成, 于 2017 年初将译稿交给出版社。译稿交稿后, 王超编辑利用朗道集结号微博和微信公布了部分译稿, 广泛征求读者意见, 同时将译稿发给了几位专家审阅, 得到了他们及时、认真的反馈。根据读者和专家们反馈回来的意见, 我又对译稿做了最后修改。

这个中译本是在周奇先生原译本的基础上, 按 2005 年的俄文第四版重新译出的, 翻译时参考了由 J. B. Sykes, J.S. Bell 和 M.J. Kearsley 翻译的英译本①。周奇先生的原译本无论在科学性和文字表达上均下了大功夫, 我有幸得以借鉴, 获益良多, 大大减轻了此次重译的难度。Sykes 等人的英译本则对原著的数学公式进行过认真核对, 纠正了原书中的一些错误, 中译本采用了他们的结果。可惜的是迄今为止发行的英译本均为按俄文第二版译出的版本, 没能包括俄文修订第三版中出现的一些新内容。由于书中出现了约 250 位各国物理学家的姓名且其中约有 80 多位俄罗斯物理学家, 为了读者方便, 我借鉴本教程第六卷《流体动力学》的译者李植教授的做法, 编制了一个人名索引, 并在俄语姓名后附上其拉丁字母拼写, 以便不懂俄语的读者参考。

借本书出版之机, 我要感谢对译稿提出修改意见的诸位同行们, 他们的意见帮助我改正了原译稿中的不少错误和遗漏, 对译文的质量提高大有裨益。

首先要感谢北京大学力学系的李植教授, 他认真审阅了第八章磁流体动力学的译稿, 提出了中肯的修改意见, 并对全书的序言译文做了修改。

特别感谢北京师范大学物理系裴寿镛教授和中国科学院半导体研究所姬扬研究员, 他们通读了全部译稿, 逐页标出了修改意见, 并对照英译本指出了译文中的误译、漏译之处, 为保证译文的质量做出了可贵的努力, 姬扬同志还对应当使用的公式书写格式等技术问题提出了建议, 实属难得。

需要特别感谢的还有邹嘉骅先生, 除了对译文提出若干修改意见外, 他认真地核对了全书 16 章的数学公式, 指出了一些公式存在的错误, 殊为不易。

对译文审核付出最大精力的是南京大学物理学院鞠国兴教授, 他花了大半年的时间, 以英译本为基础对译文进行核对。如果发现译文与英译本出入较大, 则通过翻译软件查看俄文原版, 乃至查阅文献, 以判断是否有误。他几乎是逐字逐句地对全部译文包括两个索引做了审核, 并且对部分公式重新推导以核对正误, 提出了数百条具体修改建议。他的无私付出使得译文质量得到较大提高, 他这种认真负责精神令人感动, 在此我谨对他致以由衷的感谢。

① Landau and Lifshitz. *Electrodynamics of Continuous Media.* 2nd edition. New York: Pergamon Press ,1984.

最后, 我要感谢本书的策划和责任编辑王超同志, 感谢他对本书出版的持续努力、对译文核对的一丝不苟及惊人的细心和耐心。自从 2009 年认识他以来, 我亲眼目睹了这位青年科学编辑的成长和逐步成熟, 深为他取得的成绩感到高兴。他不仅主持了朗道–栗弗席兹教程系列的出版, 而且策划了《汉译物理学世界名著》系列的出版, 为全国爱好物理学的读者奉献了丰盛的精神食粮。

随着本卷的出版, 高等教育出版社 2006 年开始的翻译全套十卷朗道–栗弗席兹《理论物理学教程》的宏伟计划终告完成, 能为这件功德无量的工作稍尽绵薄之力, 本人深感荣幸。然而, 受专业知识和语言能力的限制, 深知译文中必定会存在各种问题和错误, 恳切地希望各位读者发现后能及时通过朗道集结号微博或微信指出, 以便再版时加以修正。

就在本书即将付梓之时, 我们得悉周奇先生已于两年前去世, 但愿本书的出版能告慰他的在天之灵。

刘寄星
2019 年 6 月 16 日于北京西三旗

《汉译物理学世界名著(暨诺贝尔物理学奖获得者著作选译系列)》

已 出 书 目

朗道-理论物理学教程-第一卷-力学（第五版） Л. Д. 朗道, Е. М. 栗弗席兹 著, 李俊峰, 鞠国兴 译校	2007.4	ISBN 978-7-04-020849-8
朗道-理论物理学教程-第二卷-场论（第八版） Л. Д. 朗道, Е. М. 栗弗席兹 著, 鲁欣,任朗,袁炳南 译,邹振隆 校	2012.8	ISBN 978-7-04-035173-6
朗道-理论物理学教程-第三卷-量子力学（非相对论理论）（第六版） Л. Д. 朗道, Е. М. 栗弗席兹 著,严肃 译,喀兴林 校	2008.10	ISBN 978-7-04-024306-2
朗道-理论物理学教程-第四卷-量子电动力学（第四版） В. Б. 别列斯捷茨基， Е. М. 栗弗席兹， Л. П. 皮塔耶夫斯基 著,朱允伦 译,庆承瑞 校	2015.3	ISBN 978-7-04-041597-1
朗道-理论物理学教程-第五卷-统计物理学 I （第五版） Л. Д. 朗道, Е. М. 栗弗席兹 著,束仁贵,束莼 译,郑伟谋 校	2011.4	ISBN 978-7-04-030572-2
朗道-理论物理学教程-第六卷-流体动力学（第五版） Л. Д. 朗道, Е. М. 栗弗席兹 著,李植 译,陈国谦 审	2013.1	ISBN 978-7-04-034659-6
朗道-理论物理学教程-第七卷-弹性理论（第五版） Л. Д. 朗道, Е. М. 栗弗席兹 著,武际可,刘寄星 译	2011.5	ISBN 978-7-04-031953-8
朗道-理论物理学教程-第八卷-连续介质电动力学（第四版） Л. Д. 朗道, Е. М. 栗弗席兹 著,刘寄星,周奇 译	2020.4	ISBN 978-7-04-052701-8
朗道-理论物理学教程-第九卷-统计物理学 II （凝聚态理论）（第四版） Е. М. 栗弗席兹, Л. П. 皮塔耶夫斯基 著,王锡绂 译	2008.7	ISBN 978-7-04-024160-0
朗道-理论物理学教程-第十卷-物理动理学（第二版） Е. М. 栗弗席兹, Л. П. 皮塔耶夫斯基 著, 徐锡申,徐春华,黄京民 译	2008.1	ISBN 978-7-04-023069-7
量子电动力学讲义 R. P. 费曼 著,张邦固 译,朱重远 校	2013.5	ISBN 978-7-04-036960-1
量子力学与路径积分 R. P. 费曼 著,张邦固 译	2015.5	ISBN 978-7-04-042411-9

金属与合金的超导电性 P. G. 德热纳 著,邵惠民 译	2013.3	ISBN 978-7-04-036886-4
高分子物理学中的标度概念 P. G. 德热纳 著,吴大诚,刘杰,朱谱新 等译	2013.11	ISBN 978-7-04-038291-4
高分子动力学导引 P. G. 德热纳 著,吴大诚,文婉元 译	2014.1	ISBN 978-7-04-038562-5
软界面——1994年狄拉克纪念讲演录 P. G. 德热纳 著,吴大诚,陈谊 译	2014.1	ISBN 978-7-04-038693-6
液晶物理学（第二版） P. G. de Gennes, J. Prost著,孙政民 译	2017.6	ISBN 978-7-04-047622-4
统计热力学 E. 薛定谔 著,徐锡申译,陈成琳 校	2014.2	ISBN 978-7-04-039141-1
量子力学（第一卷） C. Cohen-Tannoudji, B. Diu, F. Laloë 著,刘家谟,陈星奎 译	2014.7	ISBN 978-7-04-039670-6
量子力学（第二卷） C. Cohen-Tannoudji, B. Diu, F. Laloë 著,陈星奎,刘家谟 译	2016.1	ISBN 978-7-04-043991-5
泡利物理学讲义（第一、二、三卷） W. 泡利 著,洪铭熙,苑之方 译	2014.8	ISBN 978-7-04-040409-8
量子论的物理原理 W. 海森伯 著,王正行,李绍光,张虞 译	2017.9	ISBN 978-7-04-048107-5
引力和宇宙学：广义相对论的原理和应用 S. 温伯格 著,邹振隆,张历宁,等译	2018.2	ISBN 978-7-04-048718-3
黑洞的数学理论 S. 钱德拉塞卡 著,卢炬甫 译	2018.4	ISBN 978-7-04-049097-8
弹性理论（第三版） S. P. 铁摩辛柯, J. N. 古地尔 著,徐芝纶 译	2013.5	ISBN 978-7-04-037077-5
统计力学（第三版） R. K. Pathria, Paul D. Beale 著,方锦清,戴越 译	2017.9	ISBN 978-7-04-047913-3

ISBN: 978-7-04-040409-8

ISBN: 978-7-04-036886-4 ISBN: 978-7-04-047622-4 ISBN: 978-7-04-038291-4

ISBN: 978-7-04-038693-6 ISBN: 978-7-04-038562-5

ISBN: 978-7-04-048107-5 ISBN: 978-7-04-039141-1

有ISBN号的截至本书出版时已出版